统计学精品译丛

（原书第5版）

应用多元统计

Using Multivariate Statistics

(Fifth Edition)

[美] 芭芭拉 · G. 塔巴尼克(Barbara G. Tabachnick)
琳达 · S. 菲德尔(Linda S. Fidell) 著

田金方 杨晓彤 译

机械工业出版社
CHINA MACHINE PRESS

本书是一本应用多元统计教材，是多元统计分析的实践指南. 书中介绍了各类多元统计分析方法，并结合 SAS、SPSS 和 SYSTAT 给出了各分析方法的实现. 本书主要侧重于应用，通过使用现实数据集的丰富实例，阐明了何时、为什么以及如何使用数据集，便于读者学习理解.

本书条理清晰，内容精练，言简意赅，可作为高等院校数学与应用数学、信息与计算科学等专业学生的教材，同时也可作为数学工作者和科技人员的参考书.

图书在版编目（CIP）数据

应用多元统计：原书第 5 版/（美）芭芭拉·G. 塔巴尼克，（美）琳达·S. 菲德尔著；田金方，杨晓彤译. —北京：机械工业出版社，2022.6

（统计学精品译丛）

书名原文：Using Multivariate Statistics, Fifth Edition

ISBN 978-7-111-71933-5

Ⅰ. ①应…　Ⅱ. ①芭…　②琳…　③田…　④杨…　Ⅲ. ①多元分析　Ⅳ. ①O212.4

中国版本图书馆 CIP 数据核字（2022）第 202176 号

机械工业出版社（北京市百万庄大街 22 号　邮政编码 100037）

策划编辑：王春华　　责任编辑：王春华

责任校对：李　杉　王明欣　　责任印制：常天培

北京铭成印刷有限公司印刷

2023 年 6 月第 1 版第 1 次印刷

186mm×240mm · 47 印张 · 1082 千字

标准书号：ISBN 978-7-111-71933-5

定价：169.00 元

电话服务

客服电话：010-88361066
　　　　　010-88379833
　　　　　010-68326294

封底无防伪标均为盗版

网络服务

机　工　官　网：www.cmpbook.com

机　工　官　博：weibo.com/cmp1952

金　　书　　网：www.golden-book.com

机工教育服务网：www.cmpedu.com

译 者 序

本书是美国加州州立大学北岭分校心理学荣誉教授芭芭拉·G. 塔巴尼克和琳达·S. 菲德尔合著的一本优秀的多元统计教材. 本书用实用的方法向读者展示了全面的多元统计技术，清晰易懂的语言、生动贴切的案例使得数理统计背景不是很深厚的读者使用起来亦得心应手. 本书最大的亮点是将理论知识与 SAS 和 SPSS 等语言结合起来，注重统计方法在数据集中的现实应用. 同时，本书全面介绍了软件的优缺点，清晰地告知读者什么时候、如何使用 SAS 和 SPSS 等软件. 本书英文版在 Google Scholar 的引用次数在方法类书籍中排前 10 名.

芭芭拉·G. 塔巴尼克教授发表学术论文 70 余篇，做技术报告 80 余场，做专业演讲 50 余次，是 2012 年西方心理学协会终身成就奖获得者. 她针对计算机应用领域举办过一元和多元数据分析研讨会，涉及的研究方向包括职业心理、年龄等因素对驾驶技术的影响，以及胎儿酒精综合征等. 琳达·S. 菲德尔教授在加州州立大学北岭分校教授统计学 30 多年，2015 年获得西方心理学协会终身成就奖.

译者看到本书的第 5 版后，深为其内容和特色吸引，并将此书当作学习多元统计的工具书. 这是一本不可多得的多元统计教材，其内容丰富、完善，涵盖了多元统计的实用方法，书中详细全面的程序介绍为自学提供了诸多便利.

根据本人粗浅的理解，概述本书的特色如下：

- 内容丰富，从简单的多元统计、因子分析到复杂的多层线性模型等，几乎涵盖了所有经典、前沿的多元统计理论和方法. 叙述过程化繁为简，用有效的语言呈现复杂的多元统计方法，即使没有深厚数理统计背景的读者也能轻松阅读此书.
- 结构清晰，每章先简短地介绍每个模型的理论部分，然后稍微深入地讲解基本方程和问题. 最后利用表格的形式对 SPSS 和 SAS 等软件包中的选项进行详细的比较. 每一章还会引用经典的参考文献，使得叙述更客观、权威.
- 为使概念更加清晰，依托作者的专业背景，书中提供了大量心理学、医学领域的真实案例. 真实生动的案例和风趣幽默的语言使得理论更通俗易懂.
- 注重理论与软件操作的结合，第 5～16 章的最后一节是 SAS、SPSS 等软件程序的比较，清晰地指出每个软件的特点和局限，使读者清楚什么时候、为什么和如何使用软件.

本书适合作为统计学、数学以及社会科学专业高年级本科生和研究生的教材，同时也可供相关领域技术人员参考. 译者希望本书不仅能成为读者学习多元统计的“捷径”，也能成为读者迈向其他相关学科前沿领域的“阶梯”.

在翻译过程中，译者努力做到“信、达、雅”，但由于水平有限，译稿难免存在不当之处，请博雅之士不吝赐教，在此先表示感谢.

本书是在机械工业出版社王春华编辑的大力支持下翻译完成的，译者对其认真负责、精益求精的工作表示感谢. 此外还要感谢翻译过程中提供宝贵意见的同事和同学（姜娅琼、刘伊然、梁致浩、张明轩、王晨、庄杉、亓伟长等），他们帮助我们不断提升本书的译文水平. 最后，感谢我的家人和朋友的理解与支持.

田金方

2021年9月9日于山东财经大学燕山校区

E-mail：tianjinfang@126. com

前　　言

由于篇幅过多，我们不得不考虑对章节内容进行缩减．本次修订仅仅增加了第 15 章，外加一些处理缺失数据的新方法（见第 4 章）．除此之外，我们进行了大量精简，删去了时间序列分析一章．另一个遗憾是 SYSTAT．然而，其恰到好处的统计分析结论和出色的图形分析技术使得我们依旧喜欢它．令人高兴的是，SYSTAT 的大部分图形已经整合到 SPSS 中．虽然我们没有详细解释 SYSTAT 的程序代码，但是为了对比不同软件的特征，还是将 SYSTAT 代码列在第 5～16 章的最后一节．我们调整了一些章节的顺序：典型相关相对较难，不适合较早介绍；生存分析似乎需要依赖 logistic 回归．实际上，顺序似乎并不重要．用书教师可以根据自己的需要选择任意章节进行讲解．

多层线性模型（Multilevel Linear Modeling，MLM）似乎已经风靡全球．如果没有它，我们会如何面对这个世界？现实生活是分层的——学生到不同的教室里上课；教师在不同的学校工作；病人共享着病房和医护人员；观众观看不同的表演．将群组分开进行研究会偏离研究目的，所以我们必须以完整的群组为样本数据来研究．MLM 能够在不违背模型假设的前提下实现上述分析功能．SAS 和 SPSS 可以处理这些模型，我们就准备好利用它们处理现实问题．因此，新增了一章．

SAS 和 SPSS 还提供了多种方法来利用多重插补技术估计缺失数据，并全面评估缺失数据模式．我们扩展了第 4 章演示这些增强技术．SPSS 和 SAS 不断添加一些好方法，我们都将其展示出来．和以前一样，我们将尽可能地利用 Windows 菜单调试程序．我们也更加注重效应大小（effect size），特别是效应大小的置信区间．澳大利亚国立大学的 Michael Smithson 教授非常友善地允许我们借用一些完美的 SPSS 和 SAS 语法以及数据文件．Jim Steiger 和 Rachel Fouladi 慷慨地允许我们使用他们的 DOS 程序计算 R^2 的置信区间．

有一件事我们永远不会改变，那就是实用，聚焦于统计模型分析数据集的益处和局限性——什么时候、为什么以及如何做．虽然数学很精彩，但是还是建议学生使用现成的软件来完成每章的矩阵或电子表格操作．而且，我们仍然认为，理解数学知识并不足以确保可以合理地分析数据．读者已经证实了确实能够运用软件，而不需要过多地关注数学内容．例子是小样本的，依旧很蠢．就最近有关本书的大部分评论（由出版商友情提供）而言，我们将其归结为三种情况：太难、太容易、刚刚好．所以我们没有改变基调或难度．

密苏里大学哥伦比亚分校的 Steve Osterlind 和南伊利诺伊大学艾德华兹维尔分校的 Jeremy Jewel 提供了一些非常有用的建议．我们也衷心感谢罗得岛大学的 Lisa Harlow，她为第 4 版写了一篇全面而富有洞察力的书评，发表在 2002 年的 *Structural Equation Modeling* 上．我们再次感谢本书前几版的审稿人，虽然他们不让将他们的名字列出，但我们依然记得他们！感谢这个版本的审稿人：内布拉斯加大学卡尼分校的 Joseph Benz、西弗吉尼亚大学的 Stanley Cohen、南达科他大学的 Michael Granaas、田纳西州立大学纳什维尔分校的 Marie Hammond、南伊利诺伊大学的 Josephine Korchmaros 和圣地亚哥州立大学的 Scott Roesch.

与往常一样，本书的改进在很大程度上要归功于审稿人以及那些通过电子邮件向我们提出建议和修订意见的同人．任何遗留的错误和表述不清晰都是我们的责任．同时，我们希望本书能为读者分析数据提供一些帮助．

Barbara G. Tabachnick

Linda S. Fidell

目　录

第1章 引 言

1.1 为什么选择多元统计

多元统计是日益流行的一门用于分析复杂数据集的技术，其中的研究问题涉及多个自变量(Independent Variable，IV)和/或多个因变量(Dependent Variable，DV)，并且变量之间存在不同程度的相关性．由于利用一元分析解决复杂研究问题具有一定的难度，并且已有多元分析软件包，多元统计的使用越来越广泛．实际上，标准的一元统计学教程仅仅教会我们阅读简单的统计读物，或者引导研究者深入钻研统计学科.

多元统计方法到底有多难呢？相比于多元方法，一元统计方法比较简单，并且结构整齐而清晰，不需要花费很大的精力就能精通它．然而，一元统计方法中，在搞清楚问题结构之前，很多研究人员就能应用并正确解释方差分析的复杂结论．同样的情况也适用于多元统计方法．尽管我们乐于洞悉完全多元的一般线性模型[⊖]，但是只有在恰当地选择和设定了多元分析方法以及解释了计算机输出结果之后，我们的研究目的才算达到.

多元方法至少在数量级上比一元方法复杂．但是，在大部分情况下，越复杂的方法需要的概念越少，仅仅是将常用的概念诠释得更加细致而已，例如，抽样分布和方差的时齐性.

多元模型的普及不是偶然的，亦不是恶意炒作的结果．多元统计的日益普及伴随着更复杂的现代研究问题．例如，在一些心理学的实验研究中，天真的大学一年级学生在预定的时间内为研究者反馈单一的行为测度变量，像这种简单、干净的实验方法越来越不是我们迷恋的对象.

1.1.1 多元统计的域：自变量和因变量的个数

多元统计方法是一元和二元统计学的推广．多元统计是完备(complete)的或一般情形，而一元和二元统计学是多变量模型的特殊形式．如果你的研究问题有多个变量，则多变量分析方法通常要求你进行一次分析，而不是一系列的一元或二元分析.

变量大致可以分为两种主要类型——自变量和因变量．自变量是受试者接受的不同实验条件(处理与安慰剂)，或者受试者进入实验情形的自然特征(高或矮)．由于自变量用来预测因变量——响应或结果变量，所以通常将其视作预测元变量．注意自变量和因变量的定义只在特定研究条件下有效，有时一种研究情形下的因变量有可能是另一种情形下的自变量.

自变量和因变量的另外术语是预测元-准则元、刺激-响应、任务-表现，或者简单的输

[⊖] 第17章试图详述这样的见解.

入-输出．在本书中，我们使用自变量和因变量识别方程两边的变量，但两者之间没有因果关系．也就是说，术语只是为了方便，而不是说明一部分变量由其余变量引起或者决定．

一元统计学(univariate statistic)指的是单个因变量的分析方法，但可以包含多个自变量．例如，研究生的社会行为的数量(因变量)可以视作课程负担(一个自变量)和社会技能培训类型(另一个自变量)的函数．方差分析是通常使用的一元统计方法．

二元统计学(bivariate statistic)通常指的是两个变量的分析方法，其中任何一个变量都不是实验性的自变量，分析的目的仅仅是研究两个变量之间的关系(例如收入和教育程度的关系)．当然，二元统计学也可以用在实验性研究中，但通常不这样做．二元统计学的典型例子是 Pearson 积矩相关系数和卡方分析．(第3章回顾了一元和二元统计．)

利用多元统计，我们可以同时分析多重因变量和多重自变量．这种能力在非实验性(相关性或调查)和实验性研究中都非常重要．

1.1.2　实验性和非实验性研究

实验性和非实验性研究的关键区别在于研究者能否操控自变量的取值．在实验性研究中，研究者至少可以控制一个自变量，确定受试者在自变量上的取值数据是多少，取值过程是如何实现的，何时以及如何对个案进行分配和取样．此外，实验者随机地分配受试者的自变量取值水平，并通过保持这些水平不变、平衡或随机化其影响来控制所有其他影响因素．除去自变量的影响，在随机波动范围内，因变量的得分应是一样的(Campbell & Stanley，1966)．如果不同自变量值相应的因变量得分之间存在系统性差异，那么这些差异是自变量造成的．

例如，如果为本科生组随机设计讲授同样的内容，但是采用不同类型的教学方式，那么在这之后，某些本科生组的表现优于其他组，我们可以说在某个置信度下，学生表现的差异是由教学方式的不同所引起的．在这类研究中，自变量和因变量具有明显的含义：因变量的值依赖于自变量的控制水平．实验者操控着自变量，因变量的得分依赖于自变量的水平．

在非实验性研究(相关性或调查)中，研究者不能操控自变量的水平值．研究者只能定义自变量，但是控制不了受试者的自变量水平．例如，我们可以按照居住地的地理位置(东北部、中西部等)将人群进行组别分类，可是，仅有居住地这一变量的定义在研究者的控制范围之内．除了监狱或部队，居住地很少受研究者的控制．然而，像这种自然形成的分类通常被视作自变量，用来预测其他的非实验性变量(因变量)，比如收入．在这类研究中，自变量和因变量之间的区别通常比较随意，很多研究者喜欢将自变量称为预测元(predictor)，将因变量称为准则变量(criterion variable)．

在非实验性研究中，很难界定自变量与因变量的因果关系．如果不同自变量值相应的因变量得分之间存在系统性差异，那么两个变量可以视作(在某个置信水平下)是有关的，但是关系的因果性是不确定的．例如，作为因变量，收入可能与地理位置有关，但是并不能说明它们之间存在因果关系．

非实验性研究有很多种形式，但常见的例子是调查．在通常情况下，研究问题需要调查很多人，每个受访者回答很多问题，我们得到许多变量．这些变量之间通常具有高度复杂的相关性，但是一元和二元统计学对此复杂性并不敏感．例如，在有些情况下，20～25个变量实际上仅仅由2个或3个“超级变量”所控制，这种统计规律不能由两两变量之间的二元相关所揭示．

或者，如果研究目标是基于各种态度变量判别区分样本中的子群（例如天主教徒和新教徒之间），那么我们可以利用几个一元 t 检验（或者方差分析）分别检验每个变量的组间差异．但是，如果在很多种情况下变量是相关的，那么 t 检验的结果具有误导性，在统计上是可疑的．

多元统计方法可以揭示变量之间的复杂相关性，并对其进行统计推断．此外，不管参与检验的变量个数是多少，我们完全有可能控制整体的第一类错误率大小，比方说，5%的错误率．

尽管大部分多元统计方法是用于非实验性研究，但是也可以将它们应用于实验性研究领域中，其中的自变量和因变量都可能是多重的．在具有多重自变量的情况下，研究者通常将自变量设计为相互独立的，并且对数值统计检验做一些简单的调整（见第3章）．在具有多重因变量的情况下，如果分别检验每个因变量，则会出现虚增错误率的问题．此外，至少部分因变量有可能是彼此相关的，这样分别检验每个因变量将会重新分析一些相同的方差，因此，必须使用多元检验方法．

同时实验设计具有多重因变量是不寻常的．然而，现在为了让实验设计更接近于实际，以及考虑到计算机程序的可获得性，实验通常具有多重因变量．仅有一个因变量的实验是很危险的，由于没有度量最敏感的因变量，所以这往往伴随着遗漏自变量影响的风险．多元统计能够在不偏离第一类错误容忍水平的情况下，允许在实验设计中出现多重因变量的度量，使得实验设计更有效且更加接近实际．

数据的实验性或者相关性是与统计方法选择无关的少有因素之一．统计方法“有效”与否与研究者操控自变量的水平无关．但是，实验与否严重影响着因果关系的结果解释．

1.1.3　计算机和多元统计

现代计算机可以实现多元统计方法，这是对“为什么使用多元统计?”这个问题的一个回答．在没有计算机的年代，仅有最专业的数字计算器才能解决多元统计中的现实问题．幸运的是，很多计算机软件包都可以实现优秀的多元技术程序．

本书介绍两种类型的软件包．书中的例子都是基于SPSS（人文社会科学领域里的统计软件包）和SAS程序．

如果你接触过这两种软件包，那么你的确很幸运．软件包中的程序不是完全重叠的，在一些问题的处理上，一种软件包会优于另外一种．例如，SPSS善于对同一数据集进行几种不同形式的相同基本分析，而SAS的最强大的功能主要集中在数据筛选或中间分析过程中衍生数据的存储上．

第5章到第16章（这几章专门介绍各种多元统计方法）提供了每个软件包程序[㊀]的解释和说明，并比较了程序的不同特点．我们希望你一旦理解了这些方法，就可以将其推广到

㊀ 我们尽管在本版中删除了这些程序的详细演示，但还是在这些章节中保留了SYSTAT的功能描述．

其他几乎所有的多元程序中.

这些程序的较新版本利用 Windows 实现，借助于菜单完成本书介绍的大部分多元分析方法．所有的多元统计方法也可以利用语法实现，而语法本身也是产自菜单．然后，你可以根据自己的分析需要增加或者修改语法．例如，你可以将菜单的选项“粘贴”到 SPSS 的语法窗口中，编辑和运行这些程序．此外，日志文件(spss.jnl)保存了 SPSS 菜单生成的语法，我们可以对其进行访问，复制到语法窗口中．SAS 菜单生成的语法被记录在“日志”文件中，我们可以将其复制到交互式窗口中，编辑和运行它．不要忽视这些程序包的帮助文档．

只要可行，本书的示例程序都来自菜单生成的语法．我们乐于展示所有的菜单选项，但受篇幅所限．同时，为了简约，我们编辑了程序的输出结果，仅仅解释说明我们认为最重要的部分内容．我们还删除了菜单选项生成的部分不必要(因为这部分是默认输出)的语法.

对于商业计算机软件包，你必须了解所使用的版本．程序是不断变化的，并不是所有的改变都能在每个计算机上得到立即实施．因此，不同的机构可能同时使用很多版本的程序软件包，甚至在同一个单位机构，有时也会用到多个版本的软件包.

程序升级通常是纠正早期版本中的一些错误．尽管偶尔也会对一个或多个程序做出重大修正，或者增加新的程序到软件包中去．升级有时改变默认值的设置，因此，尽管语法一样，但输出结果的形式可能不同．检查你所使用的每个软件包的版本，确保你使用的手册与你机器上的使用版本是一致的．此外，还需检查升级过程中与你之前运行的程序可能相关的错误纠正.

除了另有注明外，本书使用 SPSS 13 和 SAS 9.1 的 Windows 版本．诸如软件的有效性与版本、宏和书籍等信息几乎天天发生变化，我们推荐使用互联网“紧跟”这些时代演进的步伐.

1.1.4　垃圾进，玫瑰出

上面的叙述告诉我们软件是易于操作的，多元统计的技巧不在于计算，而在于选择可信而有效的测度、选择合适的软件包并且正确使用它，以及知道如何解释输出结果．商业计算机软件包的输出结果具有漂亮的格式化表格、图表和矩阵，能使垃圾看起来像玫瑰一样美丽．在整本书中，我们试图揭示输出结果里面的真实信息，它们更像是肥料，而不是鲜花.

其次，当你使用多元统计时，很少能像一元统计分析中那样理解原数据，因为一元方法涉及的数据个案相对较少．如果手工处理数据，那么数据的错误和异常将会比较明显，然而，当完全使用计算机分析数据时，上述问题不太容易被发现．计算机软件包中的程序可以用最简单的一元形式图示和描述数据，显示变量之间的二元关系．如第 4 章所述，要想确保多元程序的结论可信，我们就必须利用程序进行初步的数据分析.

多元统计方法的优点也会带来一定的代价．例如，研究设计的灵活性有时增加了结果解释的模糊性．另外，多元分析结论对分析策略(参见 1.2.4 节)的选择相当敏感，与一元统计方法相比，多元统计方法不能总是很好地规避统计误差．在有些情况下，你仍然无法确切地给出研究问题的统计答案，考虑到这样的事实，你可能会问，是否有必要增加研究的复杂性和难度.

坦率地说，我们认为是这样的．尽管有些概念和步骤是不明确的，但是这些统计方法提供了洞悉变量间关系的方式，使我们更加接近复杂的"真实"世界．有时我们至少可以得到问题的部分答案，在一元框架下有可能根本涉及不到这样的问题．为了得到完好的分析结论，挖掘数据信息通常需要多元和一元统计学的明智组合.

将多元统计方法增加到你的技能库中，它会为你的数据分析带来更多的乐趣．如果你喜欢一元统计学，那么你将会爱上多元统计[㊀].

1.2 一些有用的定义

为了便于介绍多元统计，我们需要回顾一些研究设计和基础统计学中的常用术语．上一节解释了自变量与因变量、实验性与非实验性研究之间的区别．这一节介绍本书中重复出现的其他一些术语，但它们之间没有必要的相互关联.

1.2.1 连续、离散和二分数据

在使用任何类型的统计方法时，我们必须考虑测度的类型，以及数字和其表示事件之间对应关系的本质．这里的区别包括连续、离散和二分变量，你可能更喜欢用区间(interval)或数量(quantitative)表示连续(continuous)，名义(nominal)、分类(categorical)或品质(qualitative)表示二分(dichotomous)和离散(discrete).

连续变量的测量值不是分级变化的，而是平滑式的．连续变量可以在数值范围内取任何值，数字的大小反映了变量的数量．精度受限于测量工具，而不是数值自身的性质．一些连续变量的例子有老式针式时钟显示的时间、年收入、年龄、温度、距离和平均成绩(GPA).

离散变量取有限数值，通常个数较少，类别和数值之间的过渡不平滑．例子包括数字时钟显示的时间、洲、宗教信仰和社区类型(农村或城市).

如果离散变量具有数值类，类别表示数量特征，那么我们可以类似于连续变量一样在多元分析中使用它．例如，年龄类别变量(其中，比方说，1 表示 0～4 岁，2 表示 5～9 岁，3 表示 10～14 岁，等等，直到正常的年龄上限)可以使用，因为有很多类别，并且数值说明了数量特征(增长的年龄). 但即使宗教信仰的类别与年龄一样多，我们也不宜将其用在有很多技术[㊁]的分析中，这是由于宗教不是定量连续的.

有些离散变量具有不同的品质类别，我们有时可以将其转化为一系列的二分或者两水平变量(例如天主教与非天主教、新教与非新教、犹太教与非犹太教等，直到耗尽所有的自由度)之后再对其进行分析．将离散变量再分类为一系列二分离散变量的过程称为虚拟变量编码(dummy variable coding). 只有二分变量与其他变量存在线性关系时才能进行离散变量的二分转化．两个类别以上的离散变量可以与另外的变量存在任何形式的相关关系，

㊀ 想都别想.

㊁ 一些多元技术(例如，logistic 回归、结构方程模型)适用于所有类型的变量.

如果改变类别的数字形式，那么离散变量和其他变量的关系就会任意发生改变．然而，二分变量仅有两个点，并且与其他变量仅能存在线性相关关系，因此，它们通过利用相关性的方法进行合理分析，仅能分析其中的线性关系．

连续和离散变量的区别并不总是那么明显．例如，如果数字时钟增加足够多的数字，我们完全可以将其视作连续的测量仪器加以使用，然而，我们亦可以读取针式时钟的离散值，比方说，一小时或半小时．事实上，设定连续值的某些阈值，在损失一些信息的情况下，任何连续测量都可以离散化(或二分化)．

就变量的性质而言，测量类型在多元方法应用中起到的作用不如分布形状重要，参见第4章和其他章节内容．非正态分布的连续变量以及类别出现不均匀分裂的二分变量在使用某些多元分析方法中都会产生一定的问题．第4章详细讨论了这些问题和它们的补救措施．

另一种有时使用的测量尺度是变量的次序(顺序)秩．这种尺度为实验对象分配一个数字，表示实验对象按照某个维度相对于其他实验对象的位置．例如，参赛选手的秩(第一名、第二名、第三名等)说明谁的成绩是最好的——但是没有给出优劣的程度差异．在顺序尺度中，除非允许结点秩，并且重叠在分布中间，否则它们的分布不是正态的，而是矩形的(每个数值具有单一的频率)．

在实践中，如果标的尺度是顺序的，且类别个数比较多——比方说，7个或8个，但可以将其视作连续的，同时数据满足其他的分析假设，那么我们通常将这样的尺度按照连续性的变量进行处理．例如，在客观测验中，正确的题目数从技术上来看不是连续的，因为它们不可能取分数值，但是我们可以将其视作诸如课程融会贯通程度这样的某些标的连续变量的度量．另外一种模棱两可的变量尺度是李克特量表，客户将他们的产品喜好度依次排序为“强烈喜欢”“适度喜欢”“轻度喜欢”“既不喜欢也不讨厌”“轻度讨厌”“适度讨厌”或“强烈讨厌”．如前所述，在一定条件下，二分变量甚至可以被视作连续的．因此，在本书的剩余部分，当测量尺度本身是连续的，或者变量可以被视作连续的时，我们通常将它们称为连续的，同时将具有少数类别的变量称为离散的，而不管这些类别在类型和数量上是否存在差异．

1.2.2 样本和总体

样本是总体的概括．理想情况下，通常按照某种随机步骤选择样本，以使其能够代表感兴趣的总体．然而，在现实生活中，样本通常是总体最好的定义，而不是相反．总体是我们能够从中随机抽样的群体．

抽样在非实验和实验性研究中的内涵稍微有些不同．在非实验性研究中，我们探讨某个预设总体中的变量关系．通常情况下，我们必须精心制作预防措施，以确保样本能够充分地代表总体．我们定义研究总体，然后尽最大可能地从中随机抽样[⊖]．

在实验研究中，我们从原本同质的群体中分割出子群体，然后对它们实施不同的治疗方法，以期得到不同的总体．这里的抽样目的是确保采取不同治疗方法之前所有的受试者都来自同样的总体．随机抽样是将受试者随机地分配到治疗组(自变量的水平)中，保证在

⊖ 介绍随机抽样方法的材料很多，参见Levy和Lemenshow(1999)、Rea和Parker(1997)和de Vaus(2002)．

不同治疗之前所有的子样本来自同样的总体．统计检验可以告诉我们，在治疗以后，所有的样本是否仍旧来自同样的总体．我们可以推广受试群体的治疗效应.

1.2.3　描述性和推断性统计

描述性统计从变量或者变量组合的角度解释样本．推断性统计方法基于样本特征值检验有关总体差异的假设．如果发现了可靠的差异，那么描述性统计就可以提供总体中诸如中心趋势之类的估计量．按照这种方式使用的描述性统计称为*参数估计*(parameter estimate).

推断性和描述性统计不是非此即彼的命题．我们通常对描述性和推断性数据集都感兴趣．我们描述数据，发现可靠的差异或关系，然后估计这些可靠结论的总体值．然而，与描述性统计相比，推断性统计的限制条件更多．多元统计方法的很多假设仅对推断性统计是必需的．如果分析的主要目标是简单地描述样本数据，很多假设都可以适当放宽，参见第 5、16 和 17 章的讨论.

1.2.4　正交：标准和序贯分析

正交是变量之间没有关联的完美形式．如果两个变量是正交的，已知其中一个变量的值并不能知晓另外一个变量的取值情况，它们之间的相关系数是零.

统计方法通常都需要正交．例如，如果自变量是两个或两个以上，具有同样的样本容量，在每个水平组合中完全地交织在一起，那么实验的因子设计是正交的．除了共同的误差项，主效应和交互作用的假设检验是独立进行的，每个检验结论不影响其他的检验过程. 在正交实验设计中，如果随机分配受试者，且很好地操控自变量的实验水平，那么因变量数值的改变毫不含糊地归因于各种主效应和交互作用的贡献.

同样，在多元分析中，自变量或因变量的集合正交也是有益的．如果所有自变量对是正交的，那么每个自变量以一种简单的方式预测因变量值．考虑将收入作为因变量，教育和职业声望作为自变量．如果教育和职业声望是正交的，教育预测了收入 35%的波动性，职业声望预测了另外不同的 45%，那么教育和职业声望共同预测了收入波动性的 80%.

维恩图可以很容易地解释正交，如图 1-1 所示．维恩图利用两个(或更多)圆的重叠区域表示共享方差(或相关性)．收入的全方差是一个圆．横条纹的区域表示教育预测收入的部分，纵条纹的区域表示职业声望预测的部分．教育圆面覆盖了收入圆面的 35%，职业声望圆面覆盖了 45%. 由于教育和职业声望是正交的，相互之间没有重叠信息，所以，它们共同解释了收入波动的 80%. 因变量集的正交性具有类似的益处，自变量的总效应可以按照加法方式分割成每个因变量的影响效应.

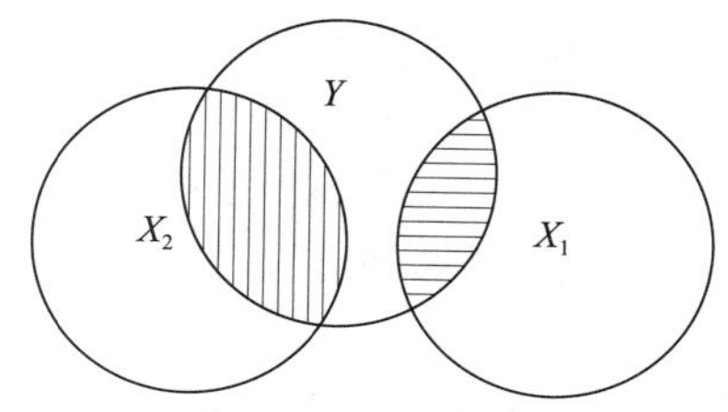

图 1-1　Y(收入)、X_1(教育)和 X_2(职业声望)的维恩图

然而，变量通常是相关的(非正交). 在非实验设计中，自变量经常是自然相关的．在实验设计中，当实验单元之间的受试个体数目不相等时，自变量也会变得相关．由于个体差异在很多属性上都是一致的，所以因变量通常是相关的.

当变量相关时，它们具有共同的，或重叠的方差．在图 1-2 所示的例子中，教育和职业声望相互相关．尽管教育的单独贡献仍然是 35%，职业声望的是 45%，但是它们的联合贡献不能预测收入的 80%，而是少于 80%，原因在于图 1-2a 中箭头所指的重叠区域．多元统计分析师的一个重要决策就是如何处理多个变量的预测方差问题．很多多元统计方法至少有两种解决办法，有些可能更多.

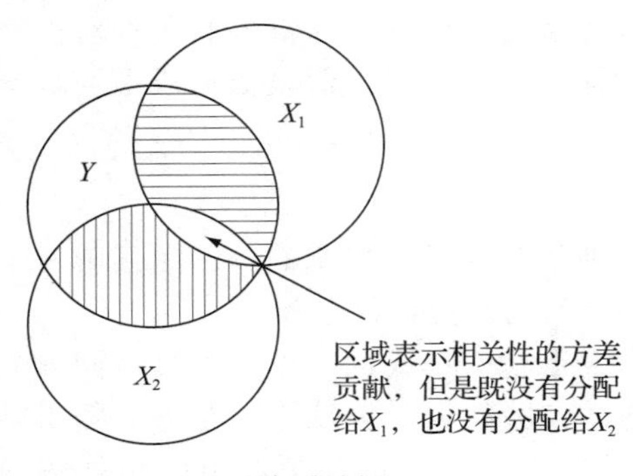

a）标准分析

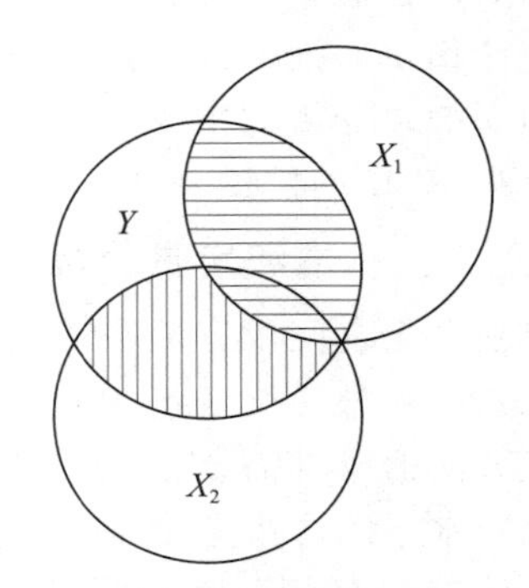

b）X_1的优先级高于X_2的序贯分析

图 1-2　Y、X_1 和 X_2 关系的标准分析和序贯分析. 水平阴影描绘了 X_1 的方差贡献，垂直阴影描绘了 X_2 的方差贡献

在标准分析中，重叠方差用来度量概括性大小统计量的整体相关性程度，但并不分配给每个变量．在评估每个变量的贡献性时，标准分析的解忽视了重叠方差．图 1-2a 是标准分析的维恩图，重叠方差显示在圆内的重叠区域内，在利用 X_1 和 X_2 预测 Y 时，它们的独特贡献分别是图中所示的水平和垂直区域，Y 与 X_1 和 X_2 组合的整体相关是这两个区域加上箭头所指的部分．如果 X_1 是教育，X_2 是职业声望，那么在标准分析中，X_1 的“信誉”是水平线所标记的区域，X_2 是垂直线所标记的区域．箭头所指的区域没有被分配任何的自变量．当 X_1 和 X_2 存在大幅重叠时，尽管它们都与 Y 相关，但是剩余的水平和垂直区域可能非常小，这实际上是两败俱伤的.

序贯分析是不同的，研究变量在进入方程时具有不同的优先级，第一个进入的变量既有其独特的方差贡献，又有与其他变量的重叠方差贡献．优先级较低的变量除了具有各自的独特方差贡献之外，还被分配其他剩余的重叠方差．图 1-2b 显示了与图 1-2a 类型相同的序贯分析，其中 X_1(教育)的优先级高于 X_2(职业声望). 全方差与图 1-2a 的是一样的，但是 X_1 和 X_2 的相对贡献发生了变化，与标准分析相比，教育与收入的关系更强烈，而职业声望和收入的关系保持不变.

解决重叠方差的策略选择是不简单的．如果变量是相关的，那么整体相关保持不变，但是变量的显式贡献程度将依赖于标准或者序贯策略的选择．如果多元方法的可靠性存在疑问的话，那是因为不同的变量分析策略得到的模型解有可能不同，有时会出现一些戏剧性的变化．然而，策略也会提出不同的数据问题，研究者必须肩负其责任，明确到底应该提出怎样的数据问题．我们在后面的章节中试着将这些策略选择解释清楚.

1.3　变量的线性组合

多元统计将变量组合起来进行分析，例如预测得分或者类别．组合的形式依赖于变量之间的关系和分析的目的，但是在大部分情况下，组合的形式是线性的．线性组合是给每个变量赋予一个权值(例如，W_1)，然后将权值和变量值的乘积进行加总，预测组合变量的得分．在公式(1.1)中，Y'(被预测的因变量)由 X_1 和 X_2 的(自变量)的线性组合进行预测.

$$Y' = W_1 X_1 + W_2 X_2 \tag{1.1}$$

例如，如果 Y' 是被预测的收入，X_1 是教育，X_2 是职业声望，那么收入的最好预测是在对教育(X_1)和职业声望(X_2)进行求和之前，首先利用权值 W_1 和 W_2 对它们分别加权．其他的 W_1 和 W_2 得不到如此好的预测值.

注意公式(1.1)既没有包含 X_1 或 X_2 的幂次项(指数项)，也没有包含 X_1 和 X_2 的乘积项．这似乎严格限制了多元变量的模型解，其实不然，公式(1.1)中的 X_1 可能是两个不同变量的乘积，或者单个变量的幂次形式．例如，X_1 可以是教育变量的平方．多元方法没有包含指数项或自变量的叉积项，以此来改进模型的解，但是研究者可以将自变量的叉积项或幂次项视作方程中的变量 X 进行分析．幂次项或叉积项对模型解来讲具有理论和实践并重的影响．Berry(1993)给出了很多这些问题的有益探讨.

W 值(或者它们的某些函数)的大小通常能够解释因变量和自变量之间的很多关系．例如，如果某个自变量的 W 值是零，那么自变量并不需要出现在因变量-自变量的最优关系方程中．或者如果某个自变量的 W 值较大，那么自变量往往在相关分析中起到很重要的作用．尽管多元模型解的复杂性忽略了有关 W 值的独自解释，但它们毕竟在多元分析中发挥着重要的作用.

变量的组合可以视作超级变量，不能对其进行直接度量，但是值得对其进行解释分析. 超级变量能够表示预测变量或最优化某种关系的基本维度．因此，很多多元分析方法试图理解自变量组合的含义.

在组合变量的最优权值搜索过程中，计算机不是遍历所有可能的权值集，而是利用各种算法计算权值．大部分算法涉及相关矩阵、方差-协方差矩阵或者平方和与叉积矩阵的运算．1.6 节借助非常简单的术语介绍了这些矩阵，并利用很小的数据集演示了它们的运算过程．附录 A 介绍了一些术语和矩阵运算．在第 5、16 和 17 章，利用手工运算分析了一个假设的样本数据集，演示每种分析方法是如何推导权值的．尽管这些信息有益于理解多元统计的基本原理，但是对于有效利用多元统计，它们并不是必需的，由此，可悲的是，讨厌数学的人往往将其分析过程忽略.

1.4　变量个数和性质

留意分析中需要的变量个数是很重要的．一般的原则是利用最少的变量得到最优的方法解．需要的变量越多，解的优度通常会越高，但仅仅是轻微的改进，有时，提高的优度不能补偿自由度所付出的代价，因此分析的势降低了.

第二个问题是过拟合(overfitting). 在过拟合情况下，模型解的结果十分好，以至于不可能将其推广到总体中．当分析中的变量个数相对于样本容量来说较大时，过拟合就会发生．样本越小，参与分析的变量就越少．一般地，研究者应该仅仅使用数量有限的不相关变量[⊖]，样本越小，变量越少．在第5～16章，我们将给出相对于样本容量而言所需变量个数的指导原则.

多元方法在分析变量个数的同时，还需考虑成本、可得性、含义以及变量之间的理论关系．除了结构分析，我们通常希望变量是有效的、廉价且容易获得的，同时还是不相关的，利用这些少量的变量去评价理论上支撑研究问题的所有重要维度．另外一个需要重点考虑的是信度．当在不同的时间点或利用不同的方式测量数值分布中特定位置的变量值时，其稳定性如何？不可靠的变量会减弱分析的能力，而可靠的变量会增强它．少数的可靠变量比大量的不太可靠变量得到的模型解更加有意义．的确，如果变量完全不可靠，整体解仅能反映测量误差．我们将在具体的分析方法中进一步考虑变量的选择问题.

1.5 统计势

在设计任何研究问题时，一个关键问题是需要保证研究具有足够的势．你可能还记得，势表示在最终的数据分析中，实际存在的效应能够通过显著性检验的概率．例如，如果GRE和GPA存在实际的相关关系，且非常强，你有没有足够多的样本使它们之间的关系是显著性的？如果关系比较弱，又会怎么样呢？你的样本能否多至揭示因变量的显著性处理效应？第3章会介绍势和推断误差之间的关系.

势问题最好在研究的计划阶段就进行考虑，这时研究者确定需要的样本容量．研究者估计预期效应(例如，预期的均值之差)的大小、检验效应的预期波动性、所需的α水平(通常取0.05)，以及所需的势(通常取0.80). 这四个估计量都需要确定必需的样本容量．在计划阶段不考虑势通常不能得到显著性的效应(并且不能将其研究成果进行发表). 感兴趣的读者可以参见Cohen(1965，1988)、Rossi(1991)或Sedlmeier和Gigerenzer(1989)的详细解释.

很多软件可以帮助我们估计各种样本容量的势，同时在给定所需的势水平(例如，如果效应存在，设定通过显著性检验的概率为80%)和相关的预期强弱情况下，帮助我们确定必需的样本容量．PASS(NCSS，2002)是估计统计势的其中一个软件包．互联网上有很多这类软件包(有时作为共享软件使用)的综述．每个统计方法的势问题将在涉及这些方法的章节中进行讨论.

1.6 多元统计数据

多元统计数据集由样品或个案的多个变量值组成．对于连续变量，取值是变量的得分.

⊖ 结构分析除外，例如因子分析，它需要测量大量的相关变量.

例如，如果连续变量是GRE(研究生入学考试成绩)，各个样品值是诸如500、650、420等的得分．对于离散变量，取值是组别或处理的数字代码．例如，如果共有三种教学方法，随机接受一种方法的学生取值为“1”，接受另外一种方法的取值为“2”，等等.

1.6.1 数据阵

数据阵是观测值的矩阵式表示，其中的行表示样品，列表示变量．表1-1是6个样品[㊀]和4个变量的数据阵例子．例如，X_1 可以是教学方法的类型，X_2 是GRE的分数，X_3 是GPA，X_4 是性别，女性标记为1，男性标记为2.

为了利用计算机技术分析多元数据集，我们必须将数据转化成计算机能够访问的数据文件长期存放起来．每个样品独占一行．通常辨别样品的信息首先要进入数据集，其次是样品的各个变量值．对于每个样品而言，变量值进入数据文件的顺序都是一样的．如果每个样品的数据比较多，以至于单行不能完全容纳，那么必须增加另外的行容纳剩余的数据，但是每个样品的所有数据是被封装在一起的．所有的计算机软件包操作手册都提供了建立数据阵的方法.

表1-1　假设的数据得分阵

学生	X_1	X_2	X_3	X_4
1	1	500	3.20	1
2	1	420	2.50	2
3	2	650	3.90	1
4	2	550	3.50	2
5	3	480	3.30	1
6	3	600	3.25	2

在这个例子中，每个样品的变量值都是完整的，然而，在现实情况下并不总是这样．如果样品和变量的个数比较多，那么某些样品的某些变量值通常是缺失的．例如，受访者可能拒绝回答某些问题，或者有些学生在考试当天缺席，等等．这样的数据阵含有缺失值.为了处理缺失值，首先在数据文件中利用某个符号标识数据是缺失的，为此，每个软件包都有其标准符号，比方说点(.)．你可以使用其他的符号，但是通常使用默认符号更方便．一旦数据集具有缺失值，我们通常利用第4章的方法来处理这类令人厌烦的(但是通常又不可避免的)问题.

1.6.2 相关矩阵

很多读者熟悉相关矩阵 $\boldsymbol{R}$，它是对称的方阵．不同的行(和不同的列)表示不同的变量，行和列交叉位置处的值是这两个变量的相关系数．例如，第二行和第三列交叉位置处的值是第二个变量和第三个变量的相关系数．同样的相关系数也会出现在第三行和第二列的交叉位置．因此，相关矩阵是关于主对角线对称的，这说明它从左上到右下将对角线以上的部分自映射到对角线以下．基于这个原因，通常只显示 $\boldsymbol{R}$ 的上半部分或下半部分．由于主

㊀ 当然，通常的样品个数多于6个.

对角线上的元素都是1——变量与自身相关[⊖]，通常也将其忽略掉.

表1-2显示了表1-1中 X_2、X_3 和 X_4 的相关矩阵.0.85是 X_2 和 X_3 之间的相关系数，在矩阵中出现了两次(如同其他相关系数).表中也给出了其他的相关系数.

很多软件包都允许研究者自主选择相关矩阵或方差-协方差阵.如果分析相关矩阵，得到无单位的结果.也就是说，模型解反映了变量之间的相关性，但是没有考虑它们的测量尺度.如果观测值的测量尺度比较随意，那么利用 $\boldsymbol{R}$ 进行分析是可行的.

表1-2　表1-1中部分假设数据的相关矩阵

		X_2	X_3	X_4
	X_2	1.00	0.85	−0.13
$\boldsymbol{R}=$	X_3	0.85	1.00	−0.46
	X_4	−0.13	−0.46	1.00

1.6.3　方差-协方差阵

另一方面，如果测量数值的尺度具有一定的含义，那么有时分析方差-协方差阵更合理一些.方差-协方差阵 $\boldsymbol{\Sigma}$ 也是对称的方阵，但是主对角线上的元素是每个变量的方差，非主对角线上的元素是不同变量之间的协方差.

正如你所理解的，方差是数值对其均值的平均平方离差.因为离差是平均的，数值个数不影响方差的计算，但是变量值的大小与其有关.值越大，方差越大；值越小，方差越小.

协方差是叉积(变量与其均值的离差乘以另一个变量与其均值的离差)的平均.协方差类似于相关系数，只不过存留了变量测量尺度的信息(与方差一样).表1-3显示了表1-1中连续数据的方差-协方差阵.

表1-3　表1-1中部分假设数据的方差-协方差阵

		X_2	X_3	X_4
	X_2	7026.66	32.80	−6.00
$\boldsymbol{\Sigma}=$	X_3	32.80	0.21	−0.12
	X_4	−6.00	−0.12	0.30

1.6.4　平方和与叉积矩阵

矩阵 $\boldsymbol{S}$ 是方差-协方差阵的前身，它不对离差取平均.因此，矩阵中元素的大小既依赖于个案的数目，又依赖于变量的测量尺度.表1-4显示了表1-1中 X_2、X_3 和 X_4 的平方和与叉积矩阵.

⊖　有时，诸如标准差之类的其他信息可以嵌入主对角线.

表 1-4 表 1-1 中部分假设数据的平方和与叉积矩阵

		X_2	X_3	X_4
$\boldsymbol{S}=$	X_2	35 133.33	164.00	−30.00
	X_3	164.00	1.05	−0.59
	X_4	−30.00	−0.59	1.50

$\boldsymbol{S}$ 矩阵的主对角线元素是变量值偏离其均值的平方和，因此称为“平方和(Sum of Square)”，或简记为 SS. 也就是说，对于每个变量，主对角线上的值是

$$\mathrm{SS}(X_i)=\sum_{i=1}^{N}(X_{ij}-\overline{X}_j)^2 \tag{1.2}$$

其中 $i=1,2,\cdots,N$，N=样品数，j=识别的变量，X_{ij}=样品 i 的第 j 个变量值，$\overline{X}_j$=第 j 个变量的均值.

例如，X_4 的均值是 1.5，其离差均值的平方之和，也即变量对应的主对角元素值是

$$\sum_{i=1}^{6}(X_{i4}-\overline{X}_4)^2=(1-1.5)^2+(2-1.5)^2+(1-1.5)^2+(2-1.5)^2+(1-1.5)^2+(2-1.5)^2 = 1.50$$

平方和与叉积矩阵的非对角元素是变量的*叉积——乘积之和*(Sum of Product，SP). 表 1-4 的行和列所示的每对变量，其元素是其中一个变量与其均值的离差乘以另一个变量与其均值的离差之和.

$$\mathrm{SP}(X_jX_k)=\sum_{i=1}^{N}(X_{ij}-\overline{X}_j)(X_{ik}-\overline{X}_k) \tag{1.3}$$

其中 j 是第一个变量，k 是第二个变量，所有的其他项如公式(1.1)所定义 .(注意如果 $j=k$，那么公式(1.3)等同于公式(1.2).)

例如，变量 X_2 和 X_3 的叉积项是

$$\sum_{i=1}^{N}(X_{i2}-\overline{X}_2)(X_{i3}-\overline{X}_3)=(500-533.33)(3.20-3.275)+(420-533.33)(2.50-3.275)+\cdots+(600-533.33)(3.25-3.275)=164.00$$

多数计算以 $\boldsymbol{S}$ 开始，然后导出 $\boldsymbol{\Sigma}$ 或 $\boldsymbol{R}$. 由平方和与叉积矩阵导出方差-协方差阵的过程是非常简单的.

$$\boldsymbol{\Sigma}=\frac{1}{N-1}\boldsymbol{S} \tag{1.4}$$

将平方和与叉积矩阵中的每个元素都除以 $N-1$ 就可以得到方差-协方差阵，其中 N 是样本容量.

将 $\boldsymbol{S}$ 矩阵主对角线上每个平方和元素除以自身(导出 $\boldsymbol{R}$ 主对角线上的元素是 1)，$\boldsymbol{S}$ 的每个叉积元素除以两个变量的标准差之积，这样导出的矩阵就是相关矩阵 . 也就是说，每个叉积项除以

$$\text{分母}(X_jX_k)=\sqrt{\sum(X_{ij}-X_j)^2\sum(X_{ik}-X_k)^2} \tag{1.5}$$

其中符号定义如公式(1.3)所示.

对于一些多元操作而言，我们没必要为计算机软件包提供数据阵．只需要 **S** 或 **R** 矩阵即可，其中的每个变量开启新的一行．通常，利用其他形式的矩阵代替原始数据资料阵可以节约很多计算时间和成本.

1.6.5 残差

分析或检验方法的效度通常在于其再现因变量值或变量相关阵的能力．例如，我们想利用 GPA(X_3)和性别(X_4)的信息预测 GRE(表 1-1 的 X_2)的得分．在进行合适的统计分析之后——在这里使用多元回归，利用 GPA 和性别的最优加权组合计算 GRE 的预测值．但是由于已经知道每个样本的 GRE 值，所以我们可以比较 GRE 的预测值和实际值．预测值和实际值之差称为*残差*(residual)，它度量了预测的误差.

在大部分分析方法中，所有样本的残差之和等于零．也就是说，有时预测值较大，有时预测值较小，但是所有的误差平均是零．然而，残差的平方是评价预测好坏的一个测度．当预测值接近真实值时，平方误差是小的．残差的分布形式将是我们下一步感兴趣的话题，它可以评价数据满足多元分析假设的程度，第 4 章和其他章节将对此展开讨论.

1.7 本书的结构安排

第 2 章给出了使用多元统计方法的一般指导原则，尽可能地将它们融入我们更加熟悉的一元和二元统计学的范畴．第 2 章按照主要的研究问题将统计方法的组织结构流程化．第 3 章简要介绍了我们感兴趣的一元和二元统计方法.

第 4 章处理多元统计方法的假设和限制性条件，分析假设的合理性，评估假设的偏离情况，以及在假设偏离时，需要采取的弥补措施．我们经常参考第 4 章的内容，并在第 5～16 章频繁地引导读者回到这一章来.

第 5～16 章涉及具体的多元方法．它们包括描述性和概念性的内容，并且引导读者合理地分析实际数据集．分析过程包括例子的结果输出部分，这些统计分析的结果适合发表在专业的杂志上．介绍每种方法的章节都包括计算机软件包的比较分析．在参考这些章节时，你可以随意调整它们的顺序.

第 17 章试图将一元、二元和多元统计学统一在多元一般线性模型的框架之下．重点强调了这些方法背后的共同点，而不是它们之间的差异．第 17 章在理念上而不是实务上将本书其余的章节汇总在一起．有些读者可能希望尽快地参考这些内容，比方说在第 2 章之后.

第 2 章　统计方法指南：使用本书

2.1　研究问题和相关方法

本章整理了书中主要研究问题的统计方法，结尾的决策树将引导我们合理地分析数据．根据主要的研究问题和数据集的特点，你可以确定合适的统计方法．选择方法最重要的标准是统计分析要回答的主要研究问题．在这里，研究问题分为变量间的关系程度、群组差异的显著性、群组成员的预测、结构以及针对时序事件的问题．本章强调利用不同统计方法解决的研究问题之间的差异，而这些方法是用非技术术语加以描述的，第 17 章则利用多元一般线性模型[㊀]中的一些基本等式综合概述了这些统计方法．

2.1.1　变量间的关系程度

如果分析的主要目的是评估两个或多个变量间的联系，那么相关/回归的一些形式或卡方是合适的．根据自变量和因变量的数目、变量的类型(连续或离散)、自变量中的任意一个是否能很好地概念化为协变量[㊁]，在五种不同的统计方法间做出选择．

2.1.1.1　二元 r

正如第 3 章所述，二元相关和回归评估了两个连续变量之间的关系程度，比如肚皮舞技巧和音乐训练年数之间的关系．二元相关测量两个变量之间的关系，这两个变量没必要区分自变量和因变量．另一方面，二元回归是在已知一个变量得分的情况下，预测另一个变量的得分(例如，用诸如音乐训练年数的单个预测变量来预测肚皮舞的技巧，而肚皮舞技巧则用对舞步的了解这一指标来度量)．将被预测的变量认为是因变量，预测变量认为是自变量．二元相关和回归不是多元分析方法，但在第 17 章都被整合到一般线性模型中．

2.1.1.2　多重 R

多重相关评估一个连续变量(因变量)和其他(通常情况下)一组连续变量(自变量)之间的相关程度，这组连续变量联合在一起，共同产生一个新的、复合的变量．多重相关是原始因变量和自变量产生的复合变量的二元相关．例如，肚皮舞技巧与音乐训练年数、身体柔韧性、年龄这一组自变量的关系有多大？

多重回归通常用来根据一组自变量的得分预测因变量的得分．在之前的例子中，用对舞步的了解程度来测量的肚皮舞技巧是因变量(正如二元回归中所述)，并将身体柔韧性和年龄合并到音乐训练的年数中作为一组自变量．再看其他的例子：由能力测试的成绩预测教育方案是否成功；由一系列地质和电磁的变量预测地震的大小；通过一系列政治和经济

㊀ 现在阅读第 17 章比最后再看有帮助．

㊁ 如果一些自变量的影响是在统计学上移除另一些自变量的影响后测量的，称后者为协变量．

的变量预测股市行为.

就二元相关和二元回归来说，多重相关强调因变量和一组自变量之间的相关程度，而多重回归强调的是由一组自变量出发对因变量进行的预测. 在多重相关和多重回归中，自变量可能是彼此相关的，也可能不是. 笼统地说，此方法还可以评估每个自变量对预测因变量的相对贡献，正如在第5章中讨论的那样.

2.1.1.3　序贯 R

在序贯(有时也称分层)多重回归中，在评估自变量对因变量预测的贡献之前，研究人员先给出自变量的优先级. 例如，在观察音乐训练年数对肚皮舞技巧的贡献之前，研究人员可能先评估年龄和身体柔韧性对技巧的影响，在从统计学角度“移除”舞者在年龄和身体柔韧性上的差异之后，再评估音乐训练年数对肚皮舞技巧的影响.

在一个教育项目的例子中，结果的成功可能先根据年龄和IQ这两个变量来预测，然后将各种能力测试的得分加进去，在调整年龄和IQ之后观察结果的预测是否有所提高.

一般而言，先评估首先进入的自变量的影响，在评估后进入的自变量的影响之前要将之前进入的自变量移除. 就序贯多重回归中的每个自变量而言，较高优先级的自变量对较低优先级的自变量来说相当于协变量. 在序贯回归的每一步都要评估因变量和自变量的相关程度. 换言之，在每个新的自变量(或自变量集)加进来时，都要重新计算一次多重相关. 当自变量的可预测性不再增加时，序贯多重回归对于建立一组自变量的简化集是有用的. 序贯多重回归将在第5章讨论.

2.1.1.4　典型 R

典型相关中有一些连续的因变量和连续的自变量，典型相关的目的是评估这两个变量集间的关系. 例如，我们可能研究肚皮舞技巧的一些指标(因变量，譬如对舞步的了解、表演指钹的能力、对音乐的反应)和自变量(柔韧性、音乐训练和年龄)之间的关系. 所以，典型相关将因变量(比如肚皮舞技巧的深层次指标)添加到二元和多重相关内单一的技巧指标中，因此在典型相关中有很多自变量和因变量.

也许我们会问小学的运算、阅读和拼写成绩与反映幼儿期发展的变量集(比如第一次说话、走路、进行排便训练的年龄)之间是否存在典型相关关系，诸如此类的研究问题可通过典型相关解决，这也是在第12章将学习的内容.

2.1.1.5　多重列联表分析

多重列联表分析(multiway frequency analysis)的目的是评估离散变量间的关系，没有哪个变量被认为是因变量. 例如，你可能对性别、职业类型和喜欢的阅读材料类型之间的关系感兴趣，或者研究问题可能包括性别、宗教信仰类别和对流产的态度之间的关系. 第16章将对多重列联表分析进行讨论.

正如2.1.3.3节中描述的，当一个变量被认为是因变量，其余的变量是自变量时，多重列联表分析称为logit分析.

2.1.1.6　多层次模型

在许多研究应用中，样本被嵌套在(通常发生的)群组中，而这些群组可能又被嵌套在其他群组中. 典型的例子是学生被嵌套在班级中，而班级又被嵌套在学校中.(另一个常用的例子涉及重复测量，例如，成绩被嵌套在学生中，而学生被嵌套在班级中，班级又被嵌套在学校中.)然而，相较于一般的学生，同一班级里的学生的分数很可能有更高的相关性. 当忽略班级和学校的划分，将所有学生合并到一个非常大的群组中进行分析时会产生其他问题. 多层次模型(第15章)虽然有点复杂，但却是处理此类问题更受推崇的方法.

2.1.2 群组差异的显著性

当样本被随机指派到群组(水平)中时，最主要的研究问题通常是统计上显著的因变量的均值差异和群组成员之间的相关程度. 一旦显著性的差异被找到，研究人员经常评估自变量和因变量之间的相关程度(影响大小或相关强度).

统计方法的选择视自变量和因变量的个数，以及是否有变量被概念化为协变量而定. 根据所有因变量是否都在同一水平上测量以及样本内自变量是怎样被处理的，进一步区分不同方法.

2.1.2.1 单因素方差分析和 t 检验

第3章回顾的两个统计量本质上是严格的一元统计量，而且被广泛地普及到大多数的标准统计教材中.

2.1.2.2 单因素协方差分析

利用统计方法将一个或多个协变量的影响移除后，采用单因素协方差分析来评估单个因变量的组间差异. 选择协变量是因为它们和因变量的联系已知. 不然，它们毫无用处. 例如，年龄和阅读能力的强弱通常与教育方案的结果(因变量)有关，如果随机指派儿童到不同类型的教育方案(自变量)中从而形成群组，那么在观测结果和方案类型之间的关系之前，首先移除年龄和阅读能力的差异是有益的. 儿童在年龄和阅读能力上的事先差异被当作协变量. 协方差分析的问题是：对年龄和阅读能力上的差异进行调整之后，与教育方案相关联的结果是否存在均值差异?

协方差分析通过使误差方差达到最小来更有力地观察自变量-因变量之间的关系(参考第3章). 因变量和协变量间的关系越强，协方差分析相对于方差分析的能力越大，第6章将讨论协方差分析.

当群组是自然出现的且无法实施随机指派时，协方差分析同样可用于调整群组间的差异. 例如，有人可能会问对待流产的态度(因变量)是否因宗教信仰的作用而变. 但是，随机指派人到宗教信仰群组中是不可能的. 在这种情况下，群组间很容易存在其他的系统差异，比如教育水平，它同样与对待流产的态度有关. 宗教群组间的明显差异很可能是由教育的不同引起的，而不是由宗教信仰的不同引起的. 为了更纯粹地测量对待流产的态度和宗教信仰间的关系，首先态度得分要针对教育差异进行调整，即教育被当作协变量. 第6章也讨论了协方差分析的这一点问题的应用.

当群组多于两个时，协方差分析中的事前或事后比较和方差分析中的一样有效. 在评估因变量的均值差异之前，协方差分析要对被选择的或合并的群组均值进行协变量上差异的调整.

2.1.2.3 多因素方差分析

第3章中回顾的多因素方差分析是大量统计学文献(比如，Brown、Michels & Winner

(1991)、Keppel & Wickens(2004)、Myers & Well(2002)、Tabachnick & Fidell(2007))的主题，而且被引入到大多数的基础教材中．多因素方差分析中只有一个因变量，它在一般线性模型中的地位将在第17章讨论．

2.1.2.4 多因素协方差分析

多因素协方差分析与单因素协方差分析的不同之处仅在于它有一个以上的自变量，协变量的可取性和用途是一样的．例如，在2.1.2.2节教育方案的例子中，另一个感兴趣的自变量可能是孩子的性别．在对年龄和先验的阅读能力大小调整之后，再评估性别、教育方案类型和它们的交互作用对结果的影响．二者的交互作用衡量的是继协变量调整之后，如果男孩和女孩不同，哪类教育方案更有效．

2.1.2.5 霍特林统计量

当自变量只有两个群组，因变量多于一个时用霍特林统计量(Hotelling's T^2)．例如，可能有两个因变量——学业成就测试的成绩和课堂上的注意力持续时间，教育方案的类型有两个水平——强调知觉训练和强调学术训练．通过对每个因变量进行单独的t检验来寻找群组间的差异是不合理的，这是因为对(很可能)相关的因变量做不必要的多重显著性检验使第一类错误变大．而霍特林统计量用于观察群组在两个组合的因变量上是否不同．研究人员衡量的是两个群组的重心(组合因变量的平均)是否存在非偶然的差异．

当自变量只有两个群组时，霍特林统计量是多元方差分析的特例，就像t检验是一元方差分析的特例一样．多元方差分析将在第7章讨论．

2.1.2.6 单因素的多元方差分析

多元方差分析评价的是当自变量有两个或更多的水平(群组)时一组因变量的重心(复合均值)间的差异．对于前面介绍的包含两个群组的教育方案例子，多元方差分析是有用的，当群组多于两个(例如加入不做处理的控制组)时多元方差分析同样也是有用的．

在多元方差分析中，当群组多于两个时，事前和事后的比较仍有效．例如，如果在多元方差分析中发现了处理的一个主效应，那么事后考虑以下问题可能很有意思：忽略控制组，接受不同教育方案类型的两个群组的重心是否存在差异，控制组的重心是否不同于两个教育方案群组组合的重心．

任意数目的因变量都可能被用到．这一过程处理的是它们之间的相关性，而且整个分析都是在第一类错误的预设水平内完成的．一旦找到了统计意义上显著的差异，合适的方法就可以评估自变量影响哪些因变量．例如，实验组的分配可能影响学业因变量而不影响注意力持续时间．

当存在样本内自变量时，多元方差分析同样是有效的．例如，针对两个因变量，对每个儿童方案开始后的第3、6、9个月进行三次测量．多元方差分析将在第7章讨论，第8章还有它特殊的例子(轮廓分析(profile analysis)，其中样本内自变量以多变量的形式处理)．轮廓分析是所有因变量在同一水平上测量时单因素样本间多元方差分析的替代．判别分析是另一种单因素样本间设计的替代，正如2.1.3.1节及第9章描述的那样．

2.1.2.7 单因素的多元协方差分析

除了处理多重因变量，多元方差分析还可应用到存在一个或多个协变量的问题中．此时，多元方差分析变成多元协方差分析——MANCOVA. 在 2.1.2.6 节教育方案的例子中，需要调整因变量的得分，以发现预处理前学业成绩和注意力上的差异. 这里协变量是因变量的前测，这是协方差分析的经典应用. 预处理得分调整之后，后测得分(因变量)的差异可以更清晰地归因于水平(教育方案的两种类型加上组成自变量的控制组).

2.1.2.2 节宗教群组的单因素协方差分析例子中，检验政治自由主义和保守主义、对待生态的态度和对待流产的态度，从而产生三个因变量可能是有意思的. 同样，态度的差异可能和宗教的差异、教育的差异相关(反过来，教育随宗教信仰的不同而不同). 在多元协方差分析情景下，教育是协变量，宗教信仰是自变量，态度是因变量. 在调整教育差异之后，再评估具有不同宗教信仰的群组间的态度差异.

如果自变量的水平多于两个，那么调整协变量后的事前和事后比较是有用的. 多元协方差分析(第 7 章)对主分析和比较(main analysis and comparisons)都是有效的.

2.1.2.8 多因素多元方差分析

多因素多元方差分析是多元方差分析的扩展，在多个自变量和多个因变量的情形下应用. 例如，性别(样本间自变量)和教育方案类型(另一个样本间自变量)是一组自变量，学业成绩和持续时间是因变量. 此时即为二因素样本间多元方差分析，它可以检验性别、教育方案类型及交互作用对因变量重心的主效应.

将方案的持续时间(3、6、9 个月)作为样本内自变量与另一个样本间自变量教育方案类型添加到设计中，检测持续时间、教育方案类型及交互作用对因变量的影响. 在这种情况下，此分析是有一个样本间和一个样本内自变量的多因素多元方差分析.

在设计的边际或单元间可以进行比较，还可以评估组合或单个因变量的各种效果的影响. 例如，研究人员可能计划(或事后决定)寻找得分的线性趋势，此得分分别与每个类型的方案持续时间(单元)或与所有的方案类型相关(边际). 可在组合的因变量间寻找线性趋势，或者利用第一类错误率进行适当调整，并对每个因变量单独进行线性趋势探究.

鉴于计算机软件的可获得性，事实上，任何复杂的有多重因变量的方差分析设计(参考第 3 章)都可通过多元方差分析进行分析. 多因素多元方差分析将在第 7 章进行介绍.

2.1.2.9 多因素多元协方差分析

有时将一个或多个协变量并入多因素多元协方差分析设计中进行多因素多元协方差分析是合理的. 例如，在二因素样本间设计中，若将性别和教育方案类型作为自变量，学业成绩和注意力的后测得分作为因变量，那么学业成绩和注意力持续时间的前测得分可作为协变量. 二因素样本间多元协方差分析提供了性别、教育方案类型及交互作用对因变量调整的、组合的重心的检验.

同样，自变量的群组或单元间的比较、评价及交互作用对各种因变量影响的程序都是可得的. 因素的多元协方差分析将在第 7 章讨论.

2.1.2.10 重复测量的轮廓分析

当所有的因变量都是在同一水平(或有相同心理属性的水平)上测量的，而你又想知道群组是否处于不同水平时，可以使用多元方差分析的特殊形式. 例如，你可能通过采用情绪状态分布的子量表作为因变量来评估肚皮舞者群组和芭蕾舞者群组的情绪状态是否不同.

有两种方法使上述设计概念化．第一个是看作单因素样本间设计，其中舞者类型是自变量，情绪状态分布的子量表是因变量；单因素的多元方差分析提供了舞者类型对组合因变量的主效应的检验．第二种是看作有一个分组变量(舞者类型)和一些子量表的轮廓研究；轮廓分析提供了舞者类型、子量表及交互作用的主效应(通常是研究人员最感兴趣的效应)的检验．

如果有一个分组变量和重复测量实验，例如多次测量同一个因变量，那么我们有三种方法使设计概念化．第一种是看作有多个因变量(每次实验的得分)的单因素样本间设计；多元方差分析提供了分组变量的主效应检验．第二种是看作二因素的样本间和样本内设计；方差分析提供了群组、实验及交互作用的检验，但这些检验需要很严格的假设，而这些假设很可能被违反．第三种是看作轮廓研究，其中轮廓分析提供了群组、实验及交互作用的主效应的检验，但没有限制性假设．有时也称为*重复测量的多因素方差分析*．

最后，我们可能会得到一个样本间和样本内的设计(群组和实验)，在这个设计中，每一个实验的因变量都可以测量．例如，我们可以在芭蕾舞演员和肚皮舞演员的训练中用情绪状态分布的子量表对它们进行评估．这种轮廓分析的应用通常涉及双变量．第8章将会讲到轮廓分析的所有形式．

2.1.3 组成员的预测

在群组已知的研究中，重点往往是由一组变量出发预测群组成员．判别分析、logit分析和logistic回归都可以完成这种预测．当所有的自变量均是连续的，而且分布良好时，倾向于选择判别分析，若自变量全是离散的则选择logit分析，当自变量既有连续的又有离散的或者分布很差时选择logistic回归．

2.1.3.1 单因素判别分析

单因素判别分析的目的是从一组自变量出发预测群组(因变量)的成员．例如，研究人员可能要根据对待流产的态度、政治自由主义和保守主义以及对生态问题的态度来预测其宗教信仰的类别．单因素判别分析告诉我们预测组成员关系的速度是否比随机预测的速度快得多．或者研究人员可能试图通过情绪状态子量表的得分从芭蕾舞者中判别出肚皮舞者．

判别分析解决的问题和多元方差分析解决的问题相同，只不过二者恰好相反．群组成员在多元方差分析中是自变量，在判别分析中则是因变量．在多元方差分析中，如果在一组变量上群组间显著不同，则在判别分析中，这组变量可以显著地预测群组成员．通过两者中的任一方法都能很好地分析单因素样本间设计，当联合运用这两种方法时分析的效果往往最好．

正如多元方差分析中的一样，进行判别分析时也有一些技术可以评估不同自变量对群组成员预测的贡献．例如，宗教群组间判别的主要信息来源可能是对流产的态度，少量的信息来源是对政治和生态的态度．

另外，判别分析提供了根据单个样本在自变量上的得分，评价单个样本如何分类到合适的群组中的分类程序．单因素判别分析将在第9章学习．

2.1.3.2 序贯单因素判别分析

在序贯判别分析中，有时研究人员有分配自变量的优先权，因此按建立好的顺序评价自变量作为群组成员来预测变量是有效的．例如，当态度的变量是宗教信仰的预测变量时，变量可能按它们对预测的期望贡献来分配优先权，给予流产态度最高优先权，给予政治自由主义和保守主义态度次高优先权，给予生态态度最低优先权．序贯判别分析首先评估流产态度对宗教信仰的预测程度，其概率大于随机概率．得到预测结果后再依次加入政治态度和生态态度进行预测评估.

序贯分析提供了两类有用的信息．第一，有助于消除不能提供比分析中已有预测变量更多贡献的预测变量．例如，如果政治和生态态度不能显著地增加流产态度对宗教信仰的预测能力，则将它们剔除．第二，序贯判别分析是一种协方差分析．在层次结构的每一步，高优先权的预测变量相对于低的来说都是协变量，因此，该分析允许评估预测变量的贡献，而其他预测变量的影响被移除.

序贯判别分析在评价预测变量的集合时同样是有用的．例如，如果在群组成员的预测中给予一组连续的人口统计变量比态度变量更高的优先权，可以观察继调整人口统计差异之后态度变量的预测能力是否显著增加．序贯判别分析将在第 9 章讨论．然而，通过序贯 logistic 回归回答这类问题通常是更有效的，尤其是在某些预测变量是连续的而其他一些是离散的情况下(2.1.3.5 节).

2.1.3.3 多重列联表分析(logit)

当所有的预测变量都是离散变量时，多重列联表分析的 logit 形式可能用于预测群组成员．例如，你可能要从一个人的性别、职业类型和喜欢的阅读材料(科幻小说、言情、历史、统计)中预测其是否为肚皮舞者(因变量).

此方法允许评估基于各类预测变量的取值(比如阅读科幻小说的女教授)个体在一个群组(比如肚皮舞者)中的概率，多重列联表分析的这种形式将在第 16 章讨论.

2.1.3.4 logistic 回归

当预测变量是连续的、离散的或二者结合时，logistic 回归可以预测群组成员，因此可将它看成判别分析和 logit 分析的替代物．例如，根据性别、职业类型、喜欢的阅读材料类别和年龄预测某人是否为肚皮舞者.

logistic 回归允许评估基于预测变量的联合值(比如，阅读科幻小说的 35 岁女教授)预测个体属于某个群组的概率．第 10 章将介绍 logistic 回归分析.

2.1.3.5 序贯 logistic 回归

正如在序贯判别分析中，有时预测变量被赋予优先级，按给定的优先级评估其对群组成员预测能力的贡献．例如，可以在调整了年龄、性别和职业类型上的差异之后，评估喜欢的阅读材料类型在预测某人是否为肚皮舞者时表现如何．序贯 logistic 回归也将在第 10 章进行介绍.

2.1.3.6 多因素判别分析

如果群组是根据多个属性形成的，可以通过多因素判别分析由一组自变量出发预测群组成员．例如，根据性别和宗教信仰这两者对调查对象进行分类，用对待流产、政治和生态的态度来预测性别(忽略宗教)、宗教(忽略性别)或者同时预测二者．而恰好多因素方差分析也能解决此类问题．出于一些原因，用于判别分析的程序不能很容易地扩展到群组的因素排列上．除非满足一些特殊的条件(参考第 9 章)，否则采用另一种方法表述研究问题，能使多因素多元方差分析可用则是更好的选择.

2.1.3.7 序贯多因素判别分析

多因素判别分析固有的困难延伸到预测变量的序贯排列上，然而，通常感兴趣的问题可以很容易地用多因素多元协方差分析重新表述.

2.1.4 结构

另一套问题与一组变量的潜在结构有关．根据对结构的研究是实证研究还是理论研究，可以选择主成分、因子分析或结构方程模型．其中，主成分是实证研究方法，而因子分析和结构方程模型往往是理论研究方法.

2.1.4.1 主成分

如果从一群个体那里得到很多变量的得分，那么研究人员可能会问这些变量是否组合在一起以及怎样组合．这些变量能否组合成更少数目的超级变量，而且个体在这些超级变量上是否有差异？例如，让人们对大量处理压力的方式(比如，"向朋友倾诉""看电影""慢跑""列出解决问题的方法")的效果排序．从经验上来说，这些方式可能只与几个基本的应对机制有关，比如增加或减少社会接触、参加体育活动和压力产生者的工具操作.

主成分分析利用变量间的相关性建立一小组成分，这些成分经验地概括了变量间的相关性．主成分分析给出的是关系的描述而不是理论分析，此分析将在第13章讨论.

2.1.4.2 因子分析

当存在基本结构的理论或当研究人员想了解基本结构时，经常用到因子分析．在这种情况下，研究人员相信对很多不同问题的回答只受几个基本结构的驱使，这里的基本结构称为因子(factor). 在处理压力机制的例子中，有人可能提前假设存在两个主要的因子：解决问题的一般方法(逃避与直接面对)和社会支持的利用(退出人群与追寻人群).

因子分析在建立和评价理论方面是有用的．性格的结构是什么？是否存在性格的一些基本维度，人们在这些维度上是否有差异？通过搜集很多人在可能反映性格不同方面的变量上的得分，研究人员可以利用因子分析解决关于基本结构的问题，这将在第13章讨论.

2.1.4.3 结构方程模型

结构方程模型将因子分析、典型相关和多重回归结合在一起．类似于因子分析，一些变量可以是潜变量，而其他的可以直接测量；类似于典型相关，可以有很多的自变量和因变量；类似于多重回归，目的可能是研究很多变量间的关系.

例如，有人可能要根据一些人口统计学、性格和态度(自变量)的观测来预测出生结果(因变量). 因变量包括几个可测变量的混合，比如出生体重、基于几种可测的态度对母亲对孩子接受程度的潜在评估以及母亲对婴儿反应能力的潜在评估；自变量包括一些人口统计的变量，比如社会经济地位、种族和收入、几个基于性格测量的潜在自变量以及待产前对养育子女的态度.

此方法评价了模型是否合理地拟合数据以及每个自变量对因变量的贡献，而且可选模型间的比较以及群组间差异的评估都是可操作的．第14章介绍了结构方程模型.

2.1.5 时序事件

有两种方法集中考虑时序事件．生存/故障分析(Survival/failure analysis)衡量的是某事发生需要多长时间，时间序列分析(Time-series analysis)观察因变量在时间跨度上的变化.

2.1.5.1 生存/故障分析

生存/故障分析是处理某事发生所需时间的统计方法：治愈、故障、雇员离职、复发、死亡等. 例如，被诊断出乳腺癌的患者的预期寿命是多少？化疗能否延长预期寿命？或者，在故障分析的情况下，硬盘出现故障前的预期时间是多少？DVD 比 CD 持续的时间更长吗？

生存/故障分析主要有两大类，第一类是描述一组或多组样本生存期的生命表，例如 DVD 和 CD；第二类是判断生存时间是否受一组变量中某些变量的影响. 后者包含成套的回归方法，其中生存时间是因变量. 第 11 章将学习此类分析.

2.1.5.2 时间序列分析

在数目很大(至少 50 个)的时间区间上测量因变量时可使用时间序列分析，时间是主要的自变量. 时间序列分析可根据过去事件的长序列预测未来的事件(股市指标、犯罪统计等)，还可用于评估干预的影响，比如，通过观察保护水资源项目实施前后很多区间的耗水量，评估实施保护水资源项目的影响.

2.2 进一步比较

在评估变量间的关系程度时，若只包含两个变量(一个因变量和一个自变量)，则二变量 r 是合适的，当自变量有多个变量(一个因变量和多个自变量)时多重 R 是合适的. 多元分析调整自变量间很可能出现的相关关系. 典型相关用于研究多个因变量和多个自变量间的关系，并调整它们之间的相关性. 这些方法通常应用于连续的(和叉状分支的)变量的情形，但当所有的变量是离散变量时，可以选择多重列联表分析(极大扩展的卡方).

大量的分析策略可用于研究群组的均值差异，具体的策略选择取决于有一个因变量还是多个因变量，以及是否有协变量. 只有一个因变量时用熟悉的方差分析(和协方差分析)，有多个因变量时用多元方差分析(和多元协方差分析). 本质上，多元协方差分析是利用权重把多个因变量结合成一个新的因变量，然后进行方差分析.

研究群组间的均值差异时，第三个重要的问题是是否存在重复观测(所熟悉的样本内方差分析). 你可能记得方差分析中严格但经常被违反的假设. 然而，重复观测方差分析的两个多元扩展(重复测量的轮廓分析和双重多变量轮廓分析)通过组合因变量规避了这个假设. 多元方差分析结合不同的因变量，而轮廓分析结合重复观测的同一因变量. 轮廓分析的另一个变化(这里称为重复观测的轮廓分析)是熟悉的“混合”(样本内和样本间)方差分析的多元扩展. 没有一个多元扩展像它们的一元“祖先”那样强大.

判别分析和 logistic 回归中的因变量都是离散变量. 在判别分析中，自变量通常是连续变量. 当因变量的群组多于两个时，判别分析可能会出现复杂方式，这是因为区分群组的方法像因变量的自由度一样多. 例如，如果因变量有三个水平和两个自由度，那么就有两种可能的自变量组合方法区分因变量的水平. 第一种组合可能是将第一组的样本与第二、三组样本分开(但不把第二组和第三组分开)；第二种组合可能是继续区分二组样本和三组样本. 熟悉方差分析的人可能把它当成处理群组多于两个时的过程，但二者的区别在于：在方差分析中，你规定分析中用到的比较系数，而在判别分析中是告诉你怎样将群组彼此区分得最好(如果可以区分).

logistic 回归分析的也是因变量为离散变量的情形，但自变量通常是连续变量和离散变量的混合．出于这个原因，我们的目的是预测样本落入因变量不同水平的概率，而不是预测群组成员本身．这样看来，此分析酷似我们所熟悉的卡方分析．和所有的多元统计方法一样，在 logistic 回归中，自变量也是被组合在一起的，但是以指数幂的形式而不是直接组合在一起．虽然从概念上来说分析变得更复杂，但却是值得深入探究的，尤其是在医药和生物科学领域，风险率是一种被定期讨论的 logistic 回归的产物.

现有几个检测结构的方法(越来越“投机”)，其中两个紧密结合的分析方法是主成分分析和因子分析．这些方法很有意思，因为它们没有因变量(或自变量)．相反，只有一堆变量，分析的目的是探索它们中的哪些会走到一起．基本思想是一些潜在的、基本的结构(比如，几个代表性格的成分不同的因子)驱使人们对相关的问题集做出类似的回答．研究人员的诀窍是预言在分析中建立的因子的“意义”．主成分给出了实证分析解，而因子分析给出了更加理论性的解.

结构方程模型将多重回归和因子分析结合在一起．因变量只有一个，但自变量既可以是离散的也可以是连续的，既可以是潜在的也可以是可观测的，即研究人员试图用可观测的变量(连续的和离散的)和潜在的变量(在分析过程中从很多可观测的变量中提取出的因子)预测可观测的因变量(连续或离散)的值．结构方程模型目前正处于快速发展阶段，并且向类似于 AMANOVA、处理缺失值的复杂程序等方面扩展.

多层次模型评估变量的显著性，其中样本被嵌套到不同的水平中(比如，学生被嵌套到班级，班级被嵌套到学校；病人被嵌套到病房，病房被嵌套到医院)．最低水平(学生)上只有一个因变量，但有些自变量从属于学生，有些自变量从属于班级，有些自变量从属于学校．此分析考虑了嵌套在同一班级中学生得分间和嵌套在同一学校中班级得分间(很可能)更高的相关性．在一个水平(比如，在父母教育水平上预测学生学习能力评估测试的得分)上建立的相关性(回归)成为下一个水平的因变量，等等.

最后，我们展示两个分析时序事件的方法：生存分析和时间序列分析．这两种方法的一个基本自变量是时间，也可能存在其他的自变量．在生存分析中，目的往往是决定实验组是否比给以现有照顾标准的对照组存活得更久．(在生产中称为故障分析，目的比如说是观察用新型铝合金制造出来的产品是否比用现有铝合金制造出来的产品更晚地出现故障．)至少在医学上，该方法的一个优点是分析数据的能力较强，即使在研究结束之前样本由于各种原因(离开、去另一家诊所治疗、由于另外的原因死掉)丢失了(这样的样本称为删失样本)，该方法依然可以对其进行分析.

在多重观测(至少 50 次)下，时间序列分析描绘因变量的模式，至多有一个自变量．如果有一个自变量，目的则是判断因变量在自变量的不同水平下观察到的时间跨度模式是否一样．自变量可以是自然发生的或可操作的.

一般来说，统计学就像工具——一种按照自己所需选择的工具.

2.3　决策树

表 2-1 显示了以主要研究问题开头的决策树．对每一个问题而言，方法的选择取决于

自变量和因变量的数目(有时只有微小的差别)以及某些变量是否被有效地视为协变量．此表还简单介绍了和某些统计方法相关的分析目的.

表 2-1　选择统计方法

主要研究问题	因变量数目（类型）	自变量数目（类型）	协变量	分析策略	分析目的
变量间的关系程度	一个（连续）	一个（连续）		二变量r	寻找自变量的线性组合，最优地预测因变量
		多个（连续）	无	多重R	
			一些	序贯多重R	
	多个（连续）	多个（连续）		典型R	使诸多自变量和诸多因变量线性组合的相关程度最大
	一个（可能重复）	多个（连续、离散；个案和自变量是嵌套的）		多层次模型	寻找同一水平上因变量和自变量的线性组合，为另一水平上的因变量服务
	无	多个（离散）		多重列联表分析	寻找诸多自变量对数线性组合，最优地预测分类频数
群组差异的显著性	一个（连续）	一个（离散）	无	单因素方差分析或t检验	确定平均组差异的可靠性
			一些	单因素协方差分析	
		多个（离散）	无	多因素方差分析	
			一些	多因素协方差分析	
	多个（连续）	一个（离散）	无	单因素方差分析或霍特林统计量	寻找因变量的线性组合，使平均组差异最大
			一些	单因素协方差分析	
		多个（离散）	无	多因素多元方差分析	
			一些	多因素多元协方差分析	
	一个（连续）	多个（S中有一个离散的）		重复观测的轮廓分析	寻找因变量的线性组合，使平均组差异和自变量水平间的差异最大
	多个（连续/相称）	一个（离散）		轮廓分析	
	多个（连续）	多个（S中有一个离散的）		双重-多变量轮廓分析	

（续）

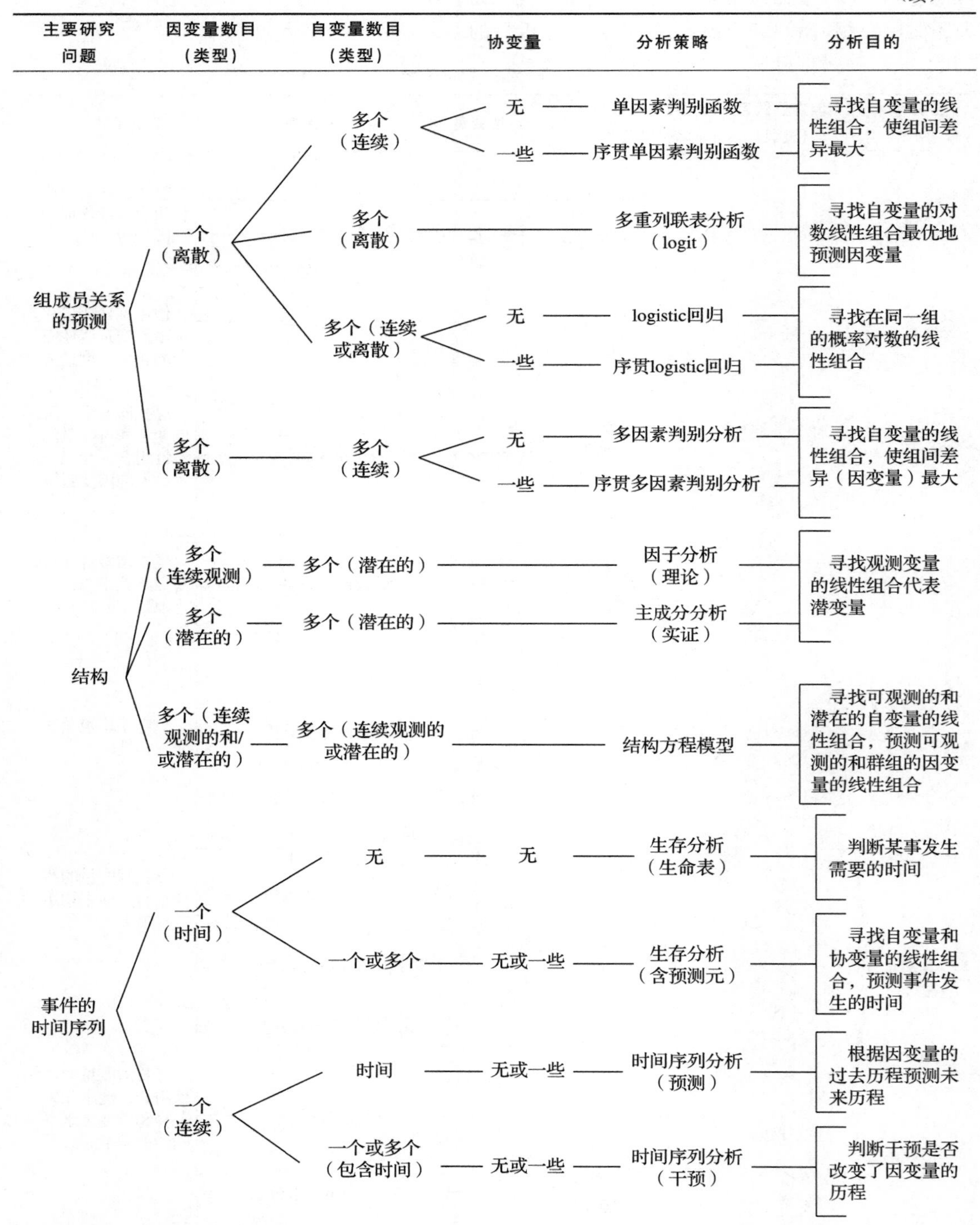

主要研究问题	因变量数目（类型）	自变量数目（类型）	协变量	分析策略	分析目的
组成员关系的预测	一个（离散）	多个（连续）	无	单因素判别函数	寻找自变量的线性组合，使组间差异最大
			一些	序贯单因素判别函数	
		多个（离散）		多重列联表分析（logit）	寻找自变量的对数线性组合最优地预测因变量
		多个（连续或离散）	无	logistic回归	寻找在同一组的概率对数的线性组合
			一些	序贯logistic回归	
	多个（离散）	多个（连续）	无	多因素判别分析	寻找自变量的线性组合，使组间差异（因变量）最大
			一些	序贯多因素判别分析	
结构	多个（连续观测）	多个（潜在的）		因子分析（理论）	寻找观测变量的线性组合代表潜变量
	多个（潜在的）	多个（潜在的）		主成分分析（实证）	
	多个（连续观测的和/或潜在的）	多个（连续观测的或潜在的）		结构方程模型	寻找可观测的和潜在的自变量的线性组合，预测可观测的和群组的因变量的线性组合
事件的时间序列	一个（时间）	无	无	生存分析（生命表）	判断某事发生需要的时间
		一个或多个	无或一些	生存分析（含预测元）	寻找自变量和协变量的线性组合，预测事件发生的时间
	一个（连续）	时间	无或一些	时间序列分析（预测）	根据因变量的过去历程预测未来历程
		一个或多个（包含时间）	无或一些	时间序列分析（干预）	判断干预是否改变了因变量的历程

表 2-1 中的路径只是关于分析策略的建议．研究人员经常发现他们需要两个或者多个程序，甚至更频繁地，将一元和多元程序适当组合才能充分地回答他们的研究问题．我们建议用灵活的数据分析方法(既有一元程序又有多元程序的方法)来进行分析.

2.4　统计方法的章节

第 5 章到第 16 章是介绍基本方法的章节，它们遵循共同的格式．首先描述方法并简单讨论使用此方法的一般目的．然后列出能用此方法解决的问题的具体类型，接下来讨论此方法的理论和实际限制；这一节特别列出了与此方法相关的假设，描述了对数据集假设检验的方法，给出了处理违背假设情况的建议．最后用一个小的假设的数据集说明程序的统计开发．大多数的数据集过于简单而且太小，以至于不能进行显著区分．建议学生利用 SPSS、SAS/IML 中的矩阵代数程序或诸如 Excel、Quattro 中的电子表格软件进行矩阵运算，然后利用两个计算机程序包进行简单分析.

下一节将在适当的时候介绍该方法的主要类型．并且介绍了使用该方法时要考虑的一些重要的问题，包括特殊的统计检验、数据探测等.

下一节介绍统计方法在搜集的实际数据中的应用，正如附录 B 中所述．由于数据集是真实的、数据量庞大而且要全面分析，所以相较于之前的章节，此节内容通常比较难．如果需要的话，还要检验假设并处理违背假设的情况．评估完主要假设后，按指示进行后续分析，就会得到结果部分，其格式是 APA，并可以提交给合适的专业期刊．我们建议你密切关注出版手册(APA，2001)上关于陈述简明扼要等的建议．这些结果部分是向读者呈现相当复杂的技术陈述的典范．如果读者对分析方法不熟悉，在结果部分之前讨论分析方法及其适用性是个好主意．对可使用多种主要方法类型的情形，同样有可利用实际数据的额外的完整例子．最后，详细比较了 SPSS、SAS 和 SYSTAT 软件的可用特性.

在学习这些统计方法的章节时，建议学生或研究者对一些感兴趣的大型数据集进行各种分析．很多数据库通过计算机注册都能轻松访问.

此外，虽然我们建议利用多元结果进行报告的方法，但在所有出版物上完全地报告结果可能并不合适．当然，至少要提及一元结果是由多元推断支持和引导的．但如果是在讨论会上全面地披露多元结果相关的细节，可能需要给予听众更多的关注．同样，某些期刊可能无法刊登完整的多元分析过程.

2.5　数据的初步检查

在应用任何方法之前，有时甚至在选择方法之前，应该判断数据是否与大多数多元统计学的一些基本假设吻合．虽然每种方法都有具体的假设，但最需要考虑第 4 章内容中所涉及的因素.

第3章　一元统计和二元统计回顾

本章简要回顾了一元和二元的统计分析．尽管它可能由于知识过于“密集”而不能作为学习的好资源，但希望能对已经掌握的内容起到良好的回顾作用，并且有助于读者建立基本的统计学术语库．3.1节主要回顾了统计假设检验的基本逻辑，3.2节、3.3节和3.4节简略介绍了方差分析的有关内容，为本书第6～9章的学习打下基础．3.5节对相关性和回归分析做了总结，便于大家学习本书后续第5、12、14和15章的有关内容．3.6节总结了卡方分布，为本书第10、14和16章的学习奠定了基础．

3.1　假设检验

统计学用于在不确定性条件下做出理性决策．关于对总体的推断(决策)主要是基于样本数据，而这些样本数据往往包含的都是不完整的信息．来自同一个总体的不同样本或者来自不同总体的样本会有所不同．因此，对于总体的推断总是有点冒险．

解决上述问题的传统方法是统计决策理论，建立两个假设的现实状态，每一个状态分别由概率分布来呈现，每一个分布代表有关事件真实性质的一个备择假设．给定样本结果，那么该样本服从哪个分布，我们可以通过使用统计学中定义“最佳”的原则来得出一个最优的猜测．

3.1.1　单样本 z 检验

通过运用标准正态分布作为两个假设的模型，单样本 z 检验能够很容易地对统计决策理论做出解释．假设给定一个样本容量是25的有关IQ得分的样本，需要确定该样本是来自一个满足均值 $\mu=100$、方差 $\sigma=15$ 的正态分布总体，还是来自满足均值 $\mu=108$、方差 $\sigma=15$ 的正态分布总体．

首先，意识到该检验是通过均值而非个人得分数据进行检验，因此用来呈现假设的分布是均值的分布而非样本值数据的分布．总体均值的分布产生了样本均值的分布，而样本均值的分布与样本实际数据的分布存在系统性差异．总体均值 μ 与样本均值 μ 是相同的，但是总体的标准差 σ 不等于样本的标准差 σ_Y．

$$\sigma_{\overline{Y}} = \frac{\sigma}{\sqrt{N}} \tag{3.1}$$

样本方差有比总体更小的标准差，变小的程度与样本容量 N 有关．例如，基于上述假定 $N=25$，则

$$\sigma_{\overline{Y}} = \frac{15}{\sqrt{25}} = 3$$

问题是，我们的容量为25的样本均值是来自一个 $\mu_{\overline{Y}}=100$、$\sigma_{\overline{Y}}=3$ 的抽样分布还是一

个 $\mu_{\overline{Y}}=108$、$\sigma_{\overline{Y}}=3$ 的抽样分布？图 3-1a 显示了第一个抽样分布，被定义为原假设H_0，即这个抽样分布是对从总体中抽取的所有可能的大小为 25 的样本计算得出的，总体的分布服从 $\mu=100$，$\sigma=15$.

抽样分布中的原假设在统计决策理论中占据着特殊的位置，因为原假设常被定义为“最好的猜测”. 关于接受还是拒绝原假设 H_0 的决定贯穿整个分布，因此错误地拒绝原假设的概率很小，这个很小的概率被定义为 α. 错误地拒绝正确原假设的概率为 α，也即第一类错误. 犯第一类错误的概率 α 是不可能消除的，一些传统的期刊编辑把它定义为 0.05 或者更小，那么便意味着当原假设正确时，它被错误地拒绝的概率不会大于 0.05.

通过标准正态分布表(z 分数表或标准正态偏差表)，我们能够正确地确定样本均值大于哪个点时的概率是 0.05 甚至更小. 在表 C-1 中查找 $\alpha=0.05$ 所对应的 z 值是 1.645(介于 1.64 和 1.65 之间). 可以注意到，z 值是图 3-1a 中两个轴线中的一个，如果将决策轴放在 $z=1.645$ 的位置，那我们就可以通过 z 值得到 $\overline{Y}$ 的值，变换的公式是

$$\overline{Y}=\mu+z\sigma_{\overline{Y}} \tag{3.2}$$

公式(3.2)是对单样本 z 检验中表述方式的一种转换[㊀]：

$$z=\frac{\overline{Y}-\mu}{\sigma_{\overline{Y}}} \tag{3.3}$$

将公式(3.2)应用到上述例子中，

$$\overline{Y}=100+1.645\times 3=104.935$$

只有当样本均值大于或者等于 104.935 时，记作 105，IQ 抽样分布均值是 100 的原假设才能被拒绝.

通常，只要我们采用这个模型，原假设要么被接受要么被拒绝. 然而，当原假设被拒绝时，就是在支持备择假设的正确性，记为H_α. 备择假设并不总是明确表明[㊁]，但当备择假设被明确地做出陈述时，我们可以知道备择假设正确时，错误地接受原假设的概率大小.

犯第二种类型错误的概率我们记作 β，即第二类错误. 因为在例子中备择假设 μ 的值是 108，抽样分布中备择假设 H_α 如图 3-1b 所示. 决策轴位置的确定与 H_0 相关，因此我们需要找到它落入 H_α包含的区域内的概率. 首先我们需要找到在一个$\mu_{\overline{Y}}=108$、$\sigma_{\overline{Y}}=3$ 的分布中与 IQ 为 105 相对应的 z 值，运用公式(3.3)，我们发现

$$z=\frac{105-108}{3}=-1.00$$

通过查表 $z=-1.00$，我们得知当总体均值是 108，即备择假设正确时，样本均值小于或等于 105 的可能性是 0.16. 因此，$\beta=0.16$.

H_0和H_α代表着可以相互替换的真实性，但仅有一个是正确的. 当研究接受还是拒绝原假设H_0时，会出现四种情形. 如果原假设正确，那么正确的决定是接受原假设，错误的

㊀ 检验一个单一均值的假设比较常用的方法是用基于样本均值和标准差的 z 值来解决，目的是看看样本均值是否在原假设条件下充分地远离样本分布的均值. 如果 z 值是 1.645 或者更大，我们将拒绝原假设.

㊁ 通常备择假设只是从总体样本中提取的一个样本，它不等同于原假设所代表的总体. 这里并没有试图去详细说明“不等同于”.

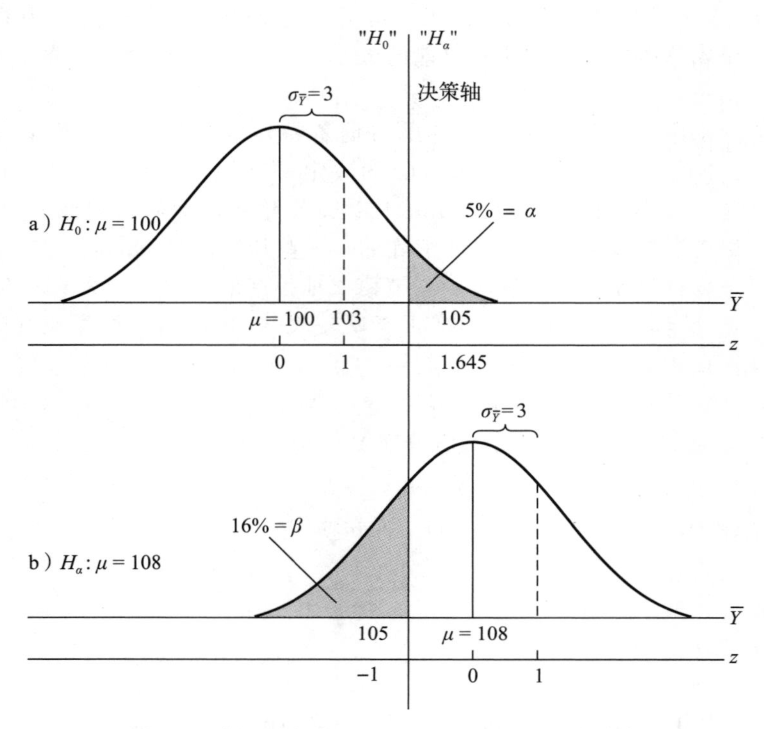

图 3-1　在两种假设下 $N=25$、$\sigma=15$ 的样本分布

决定是拒绝原假设．如果说做出错误决定的概率为 α，那么做出正确决定的概率就是 $1-\alpha$. 另一方面，如果备择假设 H_α 正确，做出正确决定拒绝原假设 H_0，即接受备择假设 H_α 的可能性是 $1-\beta$，那么做出错误决定的可能性就是 β. 我们可以用一个混淆矩阵对上述四种情况进行汇总，进而展示上述四种结果发生的可能性：

		真实性 H_0	真实性 H_α
统计	H_0	$1-\alpha$	β
决策	H_α	α	$1-\beta$
		1.00	1.00

对于上述例子，对应的概率是

		真实性 H_0	真实性 H_α
统计	H_0	0.95	0.16
决策	H_α	0.05	0.84
		1.00	1.00

3.1.2 势

混淆矩阵右下角方框中的数据代表了我们最想要得到的结果和研究的权威性．通常研究者都相信备择假设H_α是正确的，并且希望给出的样本数据能够使得原假设H_0被拒绝．当H_α正确时，我们将正确地拒绝原假设H_0的概率称为势．在图 3-1b 中，势表示的是决策轴右边的部分．在统计研究中很多决定是为了(着眼于)增加势的大小而做出的．因为一个势相对小的研究是不值得浪费精力的.

图 3-1 和公式(3.1)、公式(3.2)指出了多种增加势的方法，其中一种明显的方法就是将决策轴尽量往左移，然而，它不可能被移至足够远，或者使犯第一类错误的可能性小到一个不能接受的水平．若犯第一类错误的概率 α 介于 0.05 和 0.1 之间，那么支持 0.05 的决定能够使得势的值增大．第二种策略就是通过应用更强的处理方法使得曲线能移至更远.其余方法还包括减小抽样分布的标准差、想办法减小数据的差异性(例如，施加更强的实验控制)或者增加样本容量 N.

这种用于统计决策的模型和增加势的策略可以推广到其他抽样分布和假设检验中，而不仅仅只针对单样本的均值检验.

如果势过大也是不好的，原假设并不能做到那么准确，而且总体数据的任何一个样本都会与总体数据存在或多或少的差异．如果样本容量足够大，那么拒绝 H_0 几乎就是确定的. 较小但有意义的差异以及能够接受的影响尺度应该对样本容量的选择起到一定的导向作用(Kirk，1995). 样本容量应该大到足够显示出一些小但有意义的差异．如果样本大到足够显示出任何差异，那么拒绝原假设 H_0 便毫无意义．这个问题将在 3.4 节中进一步研究.

3.1.3 模型拓展

用来比较样本均值与总体均值之间区别的 z 检验可以很容易地拓展到用来比较两个样本均值之间的差异，抽样分布的产生是为了比较在$\mu_1=\mu_2$ 的原假设之下均值之间的差异，同时，样本抽样也被用作确定决策轴的位置．正如前面我们所讨论的，备择假设的势也是参考决策轴的位置得出的.

当总体方差未知或者样本容量足够大时，我们希望用 t 检验来代替 z 检验．在一元统计书籍中，运用 t 检验比较不同样本均值的例子有很多，这里我们就不一一呈现了．但是，需要指出的是，它涉及的原理跟我们在 3.1.1 节中讲到的原理是相似的.

3.1.4 显著性检验的争议

在社会科学中，虽然显著性检验无处不在，但仍存在着诸多争议．最近一轮有关显著性检验的争议开始于 Carver 在 1978 年发表、1993 年更新的一篇文章．在这些文章中，Carver 指出就显著性检验本身的应用而言，对于大部分的研究问题，它并不能给出作答．在相对宽泛的文学领域，McLean 和 Ernest(1998)对这些文章以及其他一些涉及显著性检验的文章做了总结概括．他们认为，显著性检验能区分结果的获得是否具有偶然性，但并不能传达有关差异的实际重要性(效应大小)、研究的质量，测量的可信度和有效度，处理的精确度以及结果是否可推广的信息．因此，显著性检验也许只是众多用来获得估计结果的方法中的一种.

由于这些争议的存在，1996年，美国心理协会召集了统计推断专门小组，并于1999年做出了最终报告(Wilkinson等人，1999). 在这篇报告中，作者强调了上面列出的几种因素的重要性，以及分析之前进行数据筛选的重要性．像那些反对使用显著性检验的人一样，他们强调报告效应大小，特别是效应大小估计值的置信区间．在接下来的几章中我们需要牢记这个建议，并对如何实现进行介绍．另一种方法(Cummings和Finch，2005)是绘制带有误差条的均值图，一种用眼睛直观完成统计推断的方法．他们提出了7条规则用于指导带误差条的图形的推理(170页).

3.2 方差分析

方差分析是用来比较两个或者多个均值之间是否存在显著性差异的方法，图3-2给出了三个假设样本的分布数据．方差分析可用于评估均值之间相对于样本分布中的离散度的差异．原假设为$\mu_1=\mu_2=\cdots=\mu_k$，从$\overline{Y}_1=\overline{Y}_2=\cdots=\overline{Y}_k$中可以估计出．其中$k$表示参与比较的均值的个数.

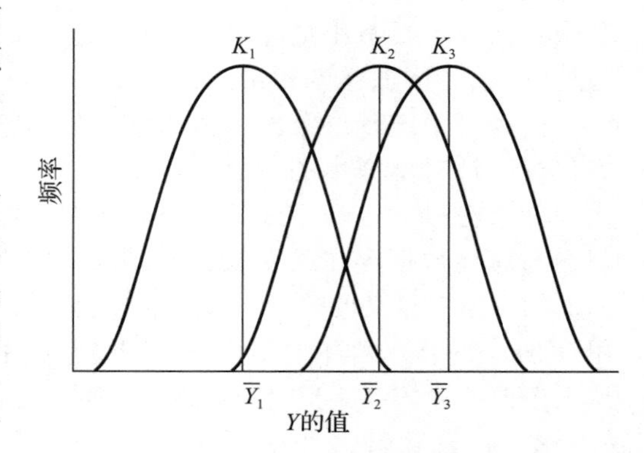

图3-2　三个样本的理想频率分布及其均值

方差分析(ANOVA)实际上是基于两个方差估计值比较的一种分析方法．一个估计值来自每个组内得分的差异，这个估计值被认为是随机或误差方差．另一个估计值来自各组数据之间的差异，这种估计被认为是组间差异的一种反映或者是处理效应加误差．如果这两个方差估计值没有明显差异，则可以得出结论：所有组的均值都来自同一抽样分布的均值，它们之间轻微的差异是由随机误差引起的．如果组间均值差异超出预期，则可以认为它们是来自不同抽样分布的均值，并且拒绝所有均值都相等的原假设.

方差之间的差异用比率进行评估，其中与样本均值之间差异相关的方差在分子上，而与误差相关的方差在分母上，这两部分方差之比构成了F分布．F分布是基于F比的分子和分母上的自由度改变形状的，因此，用于检验原假设的F临界值表取决于两个自由度参数(参见附录C，表C-3).

方差分析的许多变形可以根据*平方和*的划分简便地进行归纳，即样本数据与均值之间差的平方和．平方和(SS)仅仅是方差S^2的分子.

$$S^2=\frac{\sum(Y-\overline{Y})^2}{N-1} \tag{3.4}$$

$$SS=\sum(Y-\overline{Y})^2 \tag{3.5}$$

方差的平方根是标准差S，用来度量原始数据的变异性.

$$S=\sqrt{S^2} \tag{3.6}$$

3.2.1 单因素组间方差分析

我们在一个表中呈现了适用于单因素组间方差分析的 n 个自变量取值，表的 k 列表示组数，即因变量的个数，而每一组中又包含 n 个数据[⊖]. 表 3-1 展示了样本在这个设计中是如何分配到各组的.

每一列有一个均值 $\overline{Y}_j$($j=1,2,\cdots,k$，k 表示水平数). 我们用 Y_{ij}($i=1,2,\cdots,n$)来表示每个样本值. 因变量的每种情形只给出了一个对应的取值. 我们用符号 GM 来表示所有组中涉及的所有样本的平均值.

每个样本值和总体均值之间的差($Y_{ij}-\mathrm{GM}$)被认为是两部分差的总和，这个差包括样本与它们各自所在组的均值的差和各组的组均值与总体均值的差.

$$Y_{ij}-\mathrm{GM}=(Y_{ij}-\overline{Y}_j)+(\overline{Y}_j-\mathrm{GM}) \tag{3.7}$$

通过将等式减去一个组均值然后再加上一个组均值就得到了上述结果，然后将每一项分别平方再求和便能得到误差平方和以及回归平方和，基本的划分主要就是这两部分. 通常，由平方与求和产生的叉积项可以相互抵消，那么涉及所有数据的一个划分如下：

$$\sum_i\sum_j(Y_{ij}-\mathrm{GM})^2=\sum_i\sum_j(Y_{ij}-\overline{Y})^2+n\sum_j(\overline{Y}-\mathrm{GM})^2 \tag{3.8}$$

上式中的每一部分都是平方和的形式——所有样本数据(有时候均值也被视为样本数据来处理)和与之相关的均值之间差的平方和. 也就是说，上述的每一部分都可以看成公式(3.5)的一种特殊情形.

等式左边的部分表示各个样本值与总体均值之差的平方和，不考虑与各样本相关的组，这里定义为 $\mathrm{SS}_{\mathrm{total}}$. 等式右边的第一项表示各组样本与其所在组均值的离差平方和，然后把各组得到的平方和再加和，就变成了我们称之为 SS_{wg} 的组内平方和，最后一部分表示的是各组均值与总体均值之间的离差平方和，即组间平方和 SS_{bg}. 因此，公式(3.8)也可以这样表示：

$$\mathrm{SS}_{\mathrm{total}}=\mathrm{SS}_{wg}+\mathrm{SS}_{bg} \tag{3.9}$$

表 3-1 单因素组间方差分析中的样本分配

水平		
K_1	K_2	K_3
S_1	S_4	S_7
S_2	S_5	S_8
S_3	S_6	S_9

单因素方差分析中自由度的划分方法与平方和的划分方法一样：

$$\mathrm{df}_{\mathrm{total}}=\mathrm{df}_{wg}+\mathrm{df}_{bg} \tag{3.10}$$

总的自由度等于样本总个数减去 1，当我们对总体均值进行估计时，自由度往往要减 1，因此，

⊖ 本书中，n 表示的是单一组内或者单元格内的样本数，N 则表示总样本容量.

$$\mathrm{df}_{\text{total}} = N - 1 \tag{3.11}$$

组内自由度等于样本总个数减 k，当我们对 k 组均值进行估计时需要减去 k，因此，

$$\mathrm{df}_{wg} = N - k \tag{3.12}$$

组间自由度的数值等于 k 个样本组(每组的均值均视为一个值)减去 1，当我们对总体均值进行估计时这个 1 往往要被减去．因此有

$$\mathrm{df}_{bg} = k - 1 \tag{3.13}$$

验证公式(3.10)中所涉及的等价转换，因此我们得到

$$N - 1 = N - k + k - 1$$

与平方和的划分相似，这里我们把与组间均值相关的那部分自由度首先从等式中减去，然后再加回来．

公式(3.7)涉及划分的另一种比较常见的表示法：

$$\mathrm{SS}_{\text{total}} = \mathrm{SS}_K + \mathrm{SS}_{S(K)} \tag{3.14}$$

如表 3-2a 所示，在这种表示法中，总的平方和被划分成 k 个组间平方和(SS_K)和组内平方和 $\mathrm{SS}_{S(K)}$(需要注意的是上述等式右边的两部分与公式(3.9)正好相反)．

表 3-2　部分方差分析设计的平方和与自由度的划分

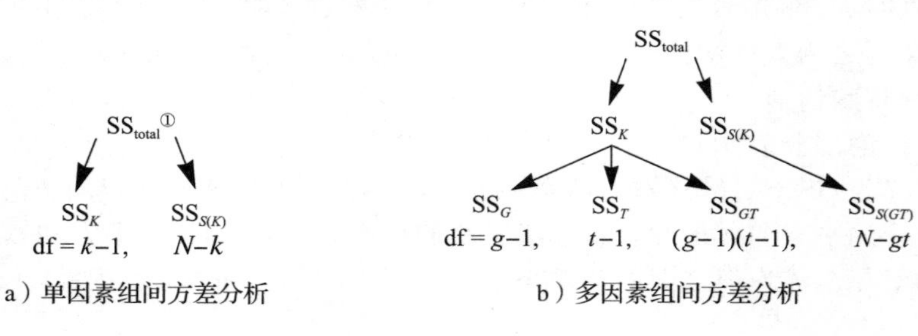

a）单因素组间方差分析　　b）多因素组间方差分析

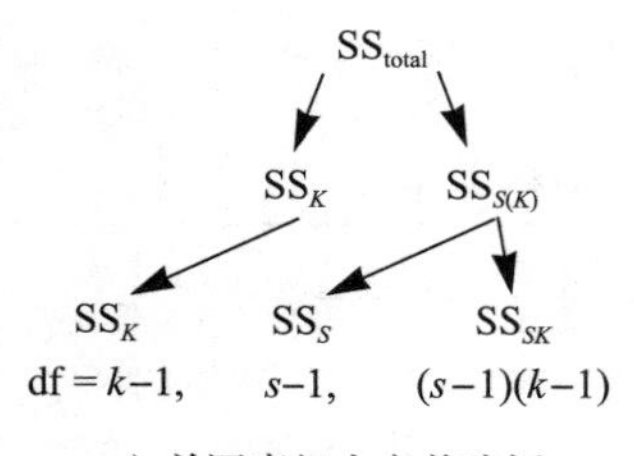

c）单因素组内方差分析

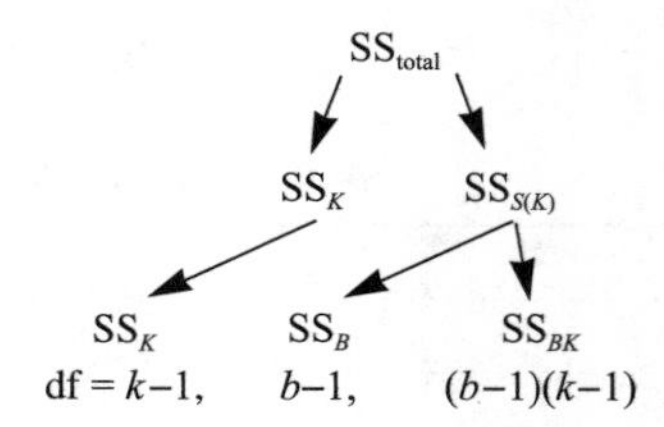

d）单因素随机区组方差分析

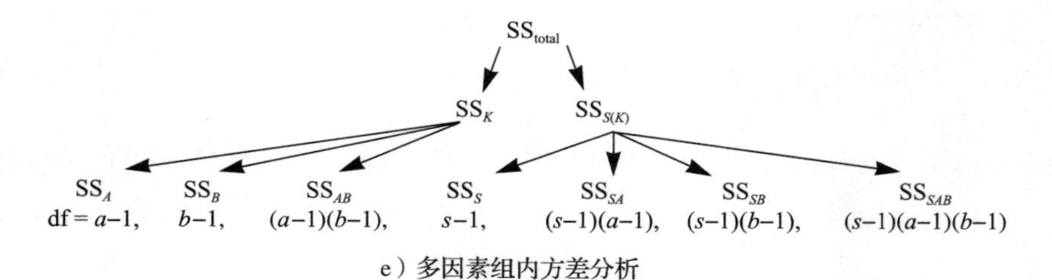

e）多因素组内方差分析

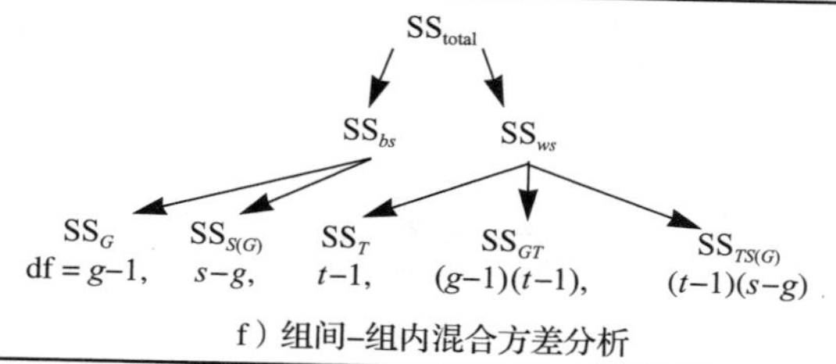

f）组间–组内混合方差分析

①对于所有 SS_{total}，$df=N-1$.

在方差分析中，对平方和进行的划分是基于自由度的，而这种划分进一步得到的方差在单因素方差分析中叫作均方(MS). 方差是一种平均平方和，方差分析中涉及三部分方差，一部分来自所有样本的总体波动性 MS_{total}，一部分是与组内波动性相关的方差，即 MS_{wg} 或 $MS_{S(K)}$，另一部分是与组间波动性相关的，即 MS_{bg} 或 MS_K. MS_K 和 $MS_{S(K)}$ 涉及的方差构成了一个 F 比率，可以用来检验原假设，$\mu_1=\mu_2=\cdots=\mu_k$.

$$F=\frac{MS_K}{MS_{S(K)}} \quad df=(k-1), N-k \tag{3.15}$$

只要计算出对应的 F 值，就可以在表 C-3 中找出在期望的 α 值下对应分子自由度为 $k-1$、分母自由度为 $N-k$ 的临界的 F 值，从而对原假设做出检验. 如果得到的 F 值超过了临界 F 值，那么我们就拒绝原假设，从而接受备择假设，即说明样本各组数据均值之间存在差异.

所有能够增加 F 值的途径都可以增大势，我们可以通过减少误差或者增大样本容量来增大势，这体现在 F 的分母($MS_{S(K)}$)上，或者可以通过增大样本组均值之差来增大势，这体现在分子(MS_K)上.

3.2.2 多因素组间方差分析

如果群组是由超过一维的数据组成的，那么均值之间差异的来源不止一个. 这里给出一个包含六组数据的例子，其中三组男性、三组女性，自变量是一次期末测试的统计学成绩. 有关均值的方差来源之一便是性别 SS_G. 如果这三组中不同性别的人采用不同的教学方法，那么均值差异的第二个来源就是教学方法 SS_T，最后一个差异的来源是性别和教学方法之间的交互作用 SS_{GT}. 这种交互作用能够检验教学方法的有效性是否随性别的不同而不同.

这次实验中受试者的分配情况如表 3-3 所示，自由度和平方和的划分方法按照表 3-2b，我们可以通过表 3-3 中六个单元中每个单元的得分变化 $SS_{S(GT)}$ 来估计误差，这里需要用 F 分布来检验三个原假设.

第一个需要检验的是男性和女性的均值是否来自同一个抽样分布的均值，我们对涉及教学方法的成绩做了平均，目的是避开由教学方法不同引起的方差，用 F 比率对性别差异进行检验. 如果拒绝了原假设，那么就意味着男性与女性在期末考试中的表现存在差异，即成绩跟性别有关系.

$$F=\frac{MS_G}{MS_{S(GT)}} \quad df=(g-1), N-gt \tag{3.16}$$

第二个需要检验的是来自三种教学方法的均值是否可能来自同一个抽样分布的均值，这里，我们对性别引起的差异做了平均，检验如下：

$$F=\frac{MS_T}{MS_{S(GT)}}\quad df=(t-1),N-gt \tag{3.17}$$

表 3-3 多因素组间因子设计中的样本分配

		教学方法		
		T_1	T_2	T_3
性别	G_1	S_1	S_5	S_9
		S_2	S_6	S_{10}
	G_2	S_3	S_7	S_{11}
		S_4	S_8	S_{12}

如果拒绝原假设，那么就意味着这三种教学方法的有效性之间存在差异.

第三个要检验的是每个单元格的均值，即对应各种教学方法下男性跟女性的均值是否来自同一抽样分布中均值之间的差异.

$$F=\frac{MS_{GT}}{MS_{S(GT)}}\quad df=(g-1)(t-1),N-gt \tag{3.18}$$

如果原假设被拒绝，那么说明就大部分教学方法来说，男性和女性之间存在差异.

在每一种情形下，在数据检验中通常会出现的误差估计是 $MS_{S(GT)}$，或者组内方差．在每一种情形下，对应的临界 F 值是对应给定的 α 值和适合的自由度查表得出的．如果我们求得的 F 值(公式(3.16)、(3.17)或(3.18))要比临界值 F 大，那么我们就应该拒绝原假设．当每一个单元格中的分数相等时，三个检验是独立的(共同误差项的使用除外)，每个主效应(性别和教学方法)的检验跟其他主效应的检验或者交互作用的检验是不相关的.

在单因素组间方差分析中(3.2.1节)，自由度 $k-1$ 是用来检验原假设中的组间差异，如果 k 等于双因素分析中单元格的数量，那么 G、T 和 GT 的检验需要的自由度为 $k-1$. 通过对双因素分析的合理设计，我们能够得到三个等价的检验.

在高阶组间因子设计中，由组间差异产生的方差被划分为每个自变量的主效应、每对自变量的双向交互作用、每三个自变量之间的三项交互作用等．在任何组间因子设计中，误差平方和是每个单元格内的差异的平方和.

3.2.3 组内方差分析

在一些设计中，我们需要检验的均值来自对同一组样本不同场合下的测量值，而不是来自不同的样本[㊀]，如表 3-4 所示．在这些设计中，平方和的计算和用以衡量自变量效应的均方误差与组间设计中的一样．然而，不同的是，误差项被进一步划分为基于样本的个体差异 SS_S 和不同处理方法下个体差异的交互作用 SS_{SK}. 由于样本是被重复测量的，那么它们的效应作为数据差异性的一个估计来源需要从 $SS_{S(K)}$ 中扣除，$SS_{S(K)}$ 是组间设计的误

㊀ 这种设计也被称为重复测量．每个单元一个得分，来自随机匹配的切换或者交叉的随机区组．

差项．个体差异的交互作用 MS_{SK} 被用作误差项：

$$F=\frac{MS_K}{MS_{SK}} \quad df=(k-1),(k-1)(s-1) \tag{3.19}$$

具有 k 水平的单因素组内设计中平方和的划分如表 3-2c 所示，其中，s 是样本的个数.

表 3-4　单因素组内设计中的样本分配

		处理		
		K_1	K_2	K_3
区组	S_1	S_1	S_1	S_1
	S_2	S_2	S_2	S_2
	S_3	S_3	S_3	S_3

MS_{SK} 被用作误差项，是因为一旦 SS_S 被减去，那么这个设计中每一个单元格不会再有方差．事实上，在每一个单元格里只有一个数据．个体差异之间的交互作用是剩余的唯一可以估计误差方差的项．如果样本在得分方面存在个体差异，个体反应同自变量相似．那么，交互作用便是对误差的一个好的估计．一旦个体差异被扣除，那么误差项通常要比样本间的设计中对应的误差项要小，因此，组内设计通常要比组间设计更敏感.

但是如果得分中不存在一致的个体差异[⊖]，或者在样本和处理方式中存在交互作用，那么误差项可能会比组间设计对应的误差项要大．统计检验是相对保守的，要拒绝均值间没有差异的原假设是比较困难的，并且检验的势也会减小．由于第一类错误没有受到影响，因此统计检验不会有争议，但是在这种情况下，组内设计并不是研究设计中一个好的选择.

组内分析也会同一个随机区组设计的方差分析一起使用，如表 3-5 和表 3-2d 所示，相匹配的样本主要是基于一些被认为与因变量高度相关的变量，样本因此被分解成许多不同的区组，每一个区组里所包含的样本个数与自变量的水平相等．最后，每一个区组的成员被随机地指派给自变量的水平值．尽管每个区域里的受试者是不同的人，但是在统计中他们被当作同一个人进行处理．在分析中，有自变量的检验和区组的检验(和样本内设计中的组内检验一样)，其中，区组和实验方式的交互作用被用作误差项．由于匹配只是为了使每一区组内的表现具有同质性，并且每一个区组的影响是要从误差项中扣除的．因此，这个设计应该比组间设计要灵敏得多．但是如果匹配不合适的话，就不会有这样的效果.

多因素组内设计(如表 3-6 所示)是单因素组内设计的一种拓展．双因素组内设计的划分在表 3-2e 中给出.

在这个分析中，误差平方和被分解成多个交互作用，正如平方和的效应被分成许多个来源一样．为每一个 F 检验制定一个单独的误差项很常见(虽然不普遍)．例如，A 的主效应的检验是

$$F=\frac{MS_A}{MS_{SA}} \quad df=(a-1),(a-1)(s-1) \tag{3.20}$$

⊖ 可以看出误差项的自由度 $(k-1)(s-1)$，要少于个体间设计中的自由度，除非误差方差的减少是由于个体差异大幅度减少，当计算个体差异的误差效应时，自由度的减少才有可能抵消由于较小的平方和所获得的增益.

对于 B 的主效应，检验是

$$F=\frac{\mathrm{MS}_B}{\mathrm{MS}_{SB}}\quad \mathrm{df}=(b-1),(b-1)(s-1) \tag{3.21}$$

交互作用的检验：

$$F=\frac{\mathrm{MS}_{AB}}{\mathrm{MS}_{SAB}}\quad \mathrm{df}=(a-1)(b-1),(a-1)(b-1)(s-1) \tag{3.22}$$

对于高阶因子设计来说，差异来源的划分急剧增加，每一个主效应和交互作用检验都形成一个误差项.

表 3-5　随机区组设计的样本分配[①]

		处理		
		A_1	A_2	A_3
区组	B_1	S_1	S_2	S_3
	B_2	S_4	S_5	S_6
	B_3	S_7	S_8	S_9

①同一区组中的样本关于某些相关变量匹配.

表 3-6　多因素组内设计的样本分配

		处理 A		
		A_1	A_2	A_3
处理 B	B_1	S_1	S_1	S_1
		S_2	S_2	S_2
	B_2	S_1	S_1	S_1
		S_2	S_2	S_2

组内分析所涉及的 F 检验的保守性与被单独分出来的误差项是否应该使用之间存在矛盾. 如果我们对单一样本做重复测量，那么就经常会有剩余效应，而这种效应就会把普遍性限定到样本被重复检验的情形下. 最后，当自变量有两个以上水平时，这个分析就会有球形假设. 球形假设的一个组成部分——协方差的一致性——简略地说就是假设受试者排序的分数在所有自变量水平上都相同. 如果一些水平在时间上很接近(如实验 2 和实验 3)，而一些水平在时间上又离得很远(如实验 1 和实验 10)，那么这个假设通常就不再成立了. 这样的违背假设是很严重的，因为犯第一类错误的概率会因此受到影响. 有关球形假设的内容，我们会在第 7 章，尤其是在第 8 章给出很详细的介绍，并且 Tabachnick 和 Fidell (2006)及 Frane (1980)也对此进行过讨论.

基于这些原因，组内的方差分析有时候会被轮廓分析所取代，在这个分析中，重复的因变量将会被转变为独立的因变量(第 8 章)并且运用多元统计检验.

3.2.4　组间-组内混合方差分析

通常在因子设计中，有一个或者多个自变量在样本间测量，而其他剩余的自变量将会在样本内部进行测量㊀. 最简单的组间-组内混合方差分析㊁的例子涉及了一个组间的自变量和一个组内的自变量，如表 3-7 所示㊂.

为了展示这个划分，我们把总的平方和划分为两部分来源，一部分是基于组间的设计(组)，另一部分是基于组内的设计(实验)，如表 3-2f 所示．每一部分来源又被进一步划分为效应和误差部分：组间和组内的误差项；组内的检验，按实验分组的交互作用；实验组内误差项.

表 3-7　组间－组内设计中的样本分配

		实验		
		T_1	T_2	T_3
组别	G_1	S_1	S_1	S_1
		S_2	S_2	S_2
	G_2	S_3	S_3	S_3
		S_4	S_4	S_4

随着更多的组间自变量被添加，组间主效应和交互作用会使划分中组间的部分变大．对于所有组间效应，有一个单独的误差项，这个误差项由被限定到组间自变量的各个组合里的样本的方差组成．随着更多的组内自变量被添加，这个设计中组内所占的比重会增大，差异的来源包括主效应、组内自变量的交互作用，以及组内、组间自变量的交互作用．误差项的分解是为了解释设计中组内那一部分的差异的不同来源㊃.

与组内设计(方差的一致性)相关的问题形成了混合设计，并且轮廓分析很多时候也是围绕这些问题使用.

3.2.5　设计复杂性

有关方差分析的讨论到目前为止仅限于因子设计．在因子设计中，每一个单元格有同等数量的得分，并且每一个自变量水平都是研究者精心选择出来的．这些直截了当的设计中存在一些偏差是完全可能的，接下来会提到一些设计复杂性的常见类型，但是经常使用这些设计的读者会发现一些更为全面的方差分析方法，如 Brown 等人(1991)、Keppel & Wickens (2004)、Myers 和 Well (2002)及 Tabachnick 和 Fidell(2007).

3.2.5.1　嵌套

在组间设计中，样本被认为是嵌套在自变量的水平中，也就是说，每一个样本都被限定在各个自变量的水平值或者自变量的组合中，当一个自变量的所有水平仅仅被限定在另一个自变量的水平下而不是其他所有变量的水平下时也会发生自变量嵌套.

㊀ 混合设计也有“区组”而不是对单个样本的重复测量作为设计的样本组内部分.

㊁ 本设计也称为分割图，重复测量或随机区组因子设计.

㊂ 当样本间变量是基于样本(如年龄、性别)之间自然产生的差异时，可以说这个设计关于样本变量是区组的．这是前面章节关于“区组”的不同的用法，在混合设计中，两种“区组”的含义都将用到.

㊃ “样本”在方差分析中不再起作用．因为样本被局限在样本间变量的水平．我们利用样本间的差异来估计误差，检验与样本间变量相关的方差.

举一个例子，自变量是不同水平的教学方法．在同一个教室里的孩子不可能被随机分配不同的教学方法，但是教室作为一个整体可以采用不同的教学方法．这个设计便是单因素组间设计．其中，教学方法是自变量，教室是充当样本．对于每一个教室，我们得到了所有孩子在这次测试中的平均成绩，而这些平均成绩充当单因素方差分析中的因变量．

如果教室的效应也需要估计，那么这个设计就是嵌套的或者分层的，如表3-8a所示，教室是被随机分配并嵌套在每一种教学方法中，而孩子们是被嵌套到教室内．教室检验的误差项是教室内的样本和教学方法，而教学方法检验的误差项是教学方法内的教室．嵌套模型也可以通过多层次建模来分析(第15章)．

表3-8 一些复杂的方差分析设计

a)嵌套设计

教学方法		
T_1	T_2	T_3
教室1	教室2	教室3
教室4	教室5	教室6
教室7	教室8	教室9

b)拉丁方设计①

		顺序		
		1	2	3
样本	S_1	A_2	A_1	A_3
	S_2	A_1	A_3	A_2
	S_3	A_3	A_2	A_1

①如表所示，不同的样本以不同的顺序体验了处理A的三个层次．

3.2.5.2 拉丁方设计

自变量水平值的呈现顺序会对因变量产生差异．在组内设计中，在受试者经历了自变量的多个水平后，他们往往会变得有经验或者疲倦，甚至有了实验智慧．在组间设计中，经常会有时间效应或者实验者效应，从而会改变对因变量的得分．为了得到对自变量效应最真实的观察，平衡日益增长的经验效应、时间效应等就变得尤为重要，以使它们跟自变量水平独立．如果组内自变量与实验的东西相像，那么平衡就是不可能的了，因为实验的顺序是不能变的．但是如果自变量是一些像幻灯片的背景色这样的东西，用来确定背景色是否会影响幻灯片材料的存储，此时我们通常用拉丁方设计来控制顺序效应．

拉丁方设计如表3-8b中所示．如果A_1代表黄色背景、A_2代表蓝色背景、A_3代表红色背景，那么受试者按照拉丁方设计中所规定的顺序依次观看幻灯片，第一个受试者依次被展示带有蓝色、黄色、红色背景的幻灯片，第二个受试者依次被展示带有黄色、红色、蓝色背景的幻灯片，以此类推．黄色幻灯片A_1分别在第一个位置出现一次，第二个位置出现一次，第三个位置出现一次，对于其他两个颜色也是一样的，这样顺序效应就会被均匀地分到各个自变量的各个水平中．

表3-8b的简单设计引出了自变量(A)的检验、样本的检验(如果希望的话)以及顺序的检验．顺序效应(像受试者效应一样)需要从误差项中剔除，使误差项比不分析顺序效应时更小．误差项本身是由交互作用组成的，因为效应并没有完全贯穿整个设计，所以这些交互作用无法进行分析．因此，当存在顺序效应而不存在交互作用时，这个设计要比组间设

计灵敏得多，而当没有顺序效应但存在交互作用时就没有组间设计灵敏．可以查看 Tabachnick 和 Fidell(2007)的文献或者其他方差分析的文献来获得更多的细节内容.

3.2.5.3 不同样本的正交性

在一个简单的单因素组间方差分析中，由于各组大小不同所产生的问题相对较小．计算相对来说稍微有点困难，但并不会造成很严重的影响，尤其是我们用计算机进行分析时就更不会造成严重的后果．然而，随着组容量的差异性变大，对于方差一致性的假设就显得越为重要．对于小样本容量的组，如果有很大的方差，那么 F 检验就显得太过随便，进而导致犯第一类错误的概率变大，α 值也会随之变大.

在有超过一个组间自变量的因子设计中，每一个单元格样本容量的不同会造成计算困难和结果的模糊性．样本容量不同的因子设计是非正交的．关于主效应和交互作用的假设并不是相互独立的，并且平方和也不可加．差异的不同来源会包含重叠的方差，相同的方差可能由不同的来源提供．如果我们进行效应检验时没有把重叠的方差考虑在内，那么犯第一类错误的概率将会增加，这是因为系统方差导致不止一个检验．目前有很多方法可以解决这个问题，但是却没有一个能够让人完全满意.

最简单的方法就是从带有较大样本容量的单元格中随机删除数据，直到所有的单元格样本容量相同．如果在一个最初设置相同样本容量的实验设计中，由于随机丢失了一些样本数据造成样本容量有所差异，那么删除相应的样本通常是不错的选择．在实验设计中，解决样本数据随机丢失的另一种办法就是非加权均值分析，本书第 6 章以及方差分析教材如 Tabachnick 和 Fidell(2007)都对这种方法进行了描述．非加权均值分析比删除样本数据要有效得多，并且只要是能够用计算机辅助，我们就一般比较倾向于使用非加权均值法.

但是在非实验的工作中，样本容量的不同往往来源于总体的特征．样本容量大小的差异反映了不同类型样本数量上的真实差异．人为地使样本容量变得相同实际上就是扭曲差异并使其失去代表性和概化性．在这些情形下，我们需要做出决定：怎样来调整效应检验中关于重叠的方差．对于不同样本容量的效应检验的标准调整方法，我们将会在第 6 章进行讨论.

3.2.5.4 固定效应和随机效应

目前为止，在我们所讨论的所有方差分析设计中，研究者对于每一个自变量水平的选择，都是基于他们对自变量检验意义的兴趣．这就是常见的固定效应模型．但是，有时候我们需要推广到一个自变量水平的总体中．为了能够推广到自变量水平的总体，我们从总体中随机选择了一些水平值，正如我们想要把结论推广到总体中时随机从总体中选择样本一样．例如，让我们考虑一个研究单词熟悉程度对回忆的影响的实验[⊖]，其中，我们希望通过这个实验可以把结果推广到所有水平的单词熟悉程度上．熟悉程度的一个有限的集合是从总体样本中随机选择出来的．这里单词熟悉程度便被认为是随机效应的自变量.

我们设定这个分析的目的是使结果能够推广到实验选择的水平以外的其他水平，推广到我们从中选择样本的水平总体中去．在分析过程中，我们需要用到为了计算随机效应自

⊖ 单词熟悉程度通常用英语中单词使用的频率来度量.

变量的统计显著性而设定的交替误差项．虽然计算机程序能够进行随机效应自变量分析，但是我们还是很少会用到．为了能够得到关于随机效应模型更加全面的讨论，有兴趣的读者可以参考一下涉及更加前沿的方差分析检验方法的教材，例如，Tabachnick 和 Fidell (2007)或者 Brown 等人(1991).

3.2.6 特定比较

当一个自变量有超过一个自由度(超过两个水平值)或者在两个甚至更多自变量之间存在交互作用，那么效应的总体检验是模糊的．自由度为 $k-1$ 的总体检验是 $k-1$ 个自由度为 1 的子检验的集合体．如果总体检验是显著的，那么一般情况下一个或者更多的子检验也会是显著的，但是我们没有方法具体说出是哪个子检验显著．为了找出具体哪个自由度为 1 的子检验是显著的，我们需要进行比较.

在分析中，自由度被认为是一个不可再生的资源，它们只能用传统的 α 值进行一次分析．但是进一步的分析则需要更加严格的 α 值．由于这个原因，最好的策略就是谨慎地计划如何分析才能使得在常规的 α 值下进行我们所感兴趣的对比．之后在更加严格的 α 水平下对不期望得到的结果和我们不太感兴趣的效应进行检验．一般只有在一个地方工作一段时间并且清楚知道选择目标的研究者才会使用这种策略.

遗憾的是，通常情况下研究者也只是尝试性的．因此，研究者会把自由度用到综合的(常规的)方差分析上，主要用于常规 α 水平下主效应和交互作用的检验，然后监测在更加严格的 α 水平下显著性效应的单自由度的比较．在方差分析结果已经知道之后，再对数据进行监测，我们称之为*事后比较*(conducting post hoc comparisons).

在这里我们主要呈现了一种最灵活的比较方法，同时提及了其他合适的比较方法．对于事前和事后比较，进行比较的步骤方法都是相同的，即我们所得到的 F 值是为了进一步估计临界的 F 值.

3.2.6.1 加权系数下的比较

对均值进行比较，首先我们需要给每一个单元格或者每一个边际均值分配一个因子权重，以便这个权重能够反映原假设．假设有一个带有 k 个样本均值的单因素设计，并对其进行比较．对于每一个比较，我们需要对每一个均值给予一个权重．尽管至少有两个均值的权重必须非零，但我们将零权重分配给那些不参与比较的均值(组). 彼此相反的均值被分配了具有相反符号(正数或负数)的权重，且权重之和为零，即

$$\sum_{j=1}^{k} \omega_j = 0$$

例如，我们考虑一个有四个水平的自变量，由此得出 $\overline{Y}_1$，$\overline{Y}_2$，$\overline{Y}_3$ 和 $\overline{Y}_4$. 如果你想对原假设 $\mu_1-\mu_3=0$ 进行检验，那么加权系数就是 1,0,−1,0. 从而，有 $1\,\overline{Y}_1+0\,\overline{Y}_2+(-1)\,\overline{Y}_3+0\,\overline{Y}_4$. 当 $\overline{Y}_1$ 和 $\overline{Y}_3$ 进行比较时，$\overline{Y}_2$ 和 $\overline{Y}_4$ 则被省略掉了．或者，你想检验原假设 $\frac{\mu_1+\mu_2}{2}-\mu_3=0$(省略第四组，比较前两组均值的平均与第三组均值)，那么加权系数分别为 $\frac{1}{2},\frac{1}{2},-1,0$(或者它们的任意倍数，如 1,1,−2,0). 如果你想检验原假设 $\frac{\mu_1+\mu_2}{2}-$

$\frac{\mu_3+\mu_4}{2}=0$(比较前两组均值的平均与后两组均值的平均)，那么加权系数分别为$\frac{1}{2}$，$\frac{1}{2}$，$-\frac{1}{2}$，$-\frac{1}{2}$(或者 1，1，−1，−1).

这个检验暗含的一点是当原假设正确时，所有均值权重之和是零．权重和越偏离零，我们就越有把握拒绝原假设.

3.2.6.2 加权系数的正交性

在每组样本数量相等的设计中，如果参与比较的权重叉积之和是零的话，任何一对比较都将是正交的．例如，在下面的三组对照中，对照 1 和对照 2 的权重叉积之和是

$$(1)\ (1/2)+(-1)\ (1/2)+(0)\ (-1)=0$$

因此，这两个对照是正交的.

	w_1	w_2	w_3
对照 1	1	−1	0
对照 2	1/2	1/2	−1
对照 3	1	0	−1

然而，对照 3 跟前两个对照中的任何一个都不正交．例如，以对照 1 为例进行验证，

$$(1)(1)+(-1)(0)+(0)(-1)=1$$

通常情况下，自由度的个数与相互正交的对照的个数是相等的．因为在本例中 $k=3$，自由度是 2，当存在自变量水平数为 3 时，只有两个相互正交的对照．同样，当自变量水平数为 4 时，也只有三个相互正交的对照.

如果正交对照符合研究的需要，那么使用它进行分析是有优势的．首先，它们的个数与自由度的个数相同，那么就会避免自由度的过度使用．其次，正交分析不会出现重叠方差．如果它们之间的一个是显著的，那么它不会承担其他任何一个的显著性．最后，由于它们是相互独立的，如果我们进行了所有的 $k-1$ 组正交对照，那么所有对照的平方和之和应该与综合方差分析中自变量的平方和相同．也就是说，这个效应的平方和已经被完全分解为构成它的 $k-1$ 组对照.

3.2.6.3 获得 F 值进行比较

一旦选定了加权系数，如果各组的样本容量相等，那么我们就可以用下面的等式来求得进行比较所需的 F 值.

$$F=\frac{n_c\left(\sum w_j\overline{Y}_j\right)^2/\sum w_j^2}{\mathrm{MS}_{\mathrm{error}}} \tag{3.23}$$

其中，n_c = 各组参与比较的均值的个数，$(\sum w_j\overline{Y}_j)^2$ = 加权均值的平方和，$\sum w_j^2$ = 系数的平方和，$\mathrm{MS}_{\mathrm{error}}$ = 方差分析中的均方误差．公式(3.23)的分子是这个对照的平方和以及均方，因为一个对照只有一个自由度.

对于因子设计，对应于主效应和交互作用的比较，一般在边际均值或单元格均值之间进行．每一个均值涉及的样本数量和误差项都遵循前面用过的方差分析设计．但是，如果

我们在组内效应中进行比较，那么通常情况下，我们需要为每一个比较建立一个单独的误差项，正如组内自变量综合检验中单独建立的误差项一样.

第6章将介绍更多关于主效应和交互作用对比的信息，包括通过一些比较流行的计算机程序执行的语法.

一旦我们获得了进行比较需要的 F 值，不论是手动计算还是计算机计算，我们都需要把这个 F 跟临界的 F 值进行比较，看一下在统计学上它是否可信. 如果求得的 F 值超过了临界的 F 值，那么我们就拒绝原假设. 但究竟用哪个临界 F 值取决于比较是事前的还是事后的.

3.2.6.4 事前比较的临界 F 值

如果你能够在收集数据之前计划比较并且你已经计划了不会超过效应的自由度，那么临界 F 就可以从常规的方差分析表中查到. 每一个比较都需要跟临界值 F 比较进行检验，而这个 F 值便是在常规的 α 值下在分子上有一个自由度，分母上的自由度与 MS_{error} 有关，如果我们求得的 F 值超过了临界 F 值，那么我们将拒绝由加权系数所呈现的原假设.

在事前比较情况下，将不会执行综合方差分析㊀，研究者将会直接进行比较. 然而，一旦把自由度用到事前比较中，在更加严格的 α 水平下处理数据就是完全可以接受的(3.2.6.5节)，包括综合方差分析中的主效应和交互作用(如果合适的话).

但是，很多情况下，研究者会试图计划比自由度更多的比较. 当检验很多时，即便比较是事先的，所有检验的 α 水平也将超过其他任何一个检验的 α 水平，并且需要对每一个检验的 α 水平做适当的调整. 通常的做法是使用 Bonferroni 类型的调整，在这种调整方法中会使用更加严格的 α 水平以保证所有检验中的 α 水平都是合理的. 例如，计划进行五组比较，并且每一个检验都在 $\alpha=0.01$ 的水平下进行检验，那么纵观所有检验的一个可以接受的 α 值是0.05(粗略地算是0.01乘以5，检验的个数)，然而，如果每一个比较在 $\alpha=0.05$ 水平下进行，那么贯穿所有检验的 α 水平是0.25(粗略地算是0.05乘以5)——在大部分标准下是不可接受的.

如果你想保持总体 α 值在0.10，并且要进行五次检验，那么你可以给每一个 α 分配0.02，或者可以给其中两个 α 分配0.04，其他三个0.01，粗略地算得犯第一类错误的概率是0.11，如何把 α 分摊到整个检验中去的决定也需要在搜集数据之前做出.

顺便说一下，重要的是要意识到，带有大量主效应和交互作用的常规方差分析设计遭遇着与带有很多检验的事前比较一样的问题，即贯穿整个检验的第一类错误率会变大. 如果所有的效应都需要评估，那么即便检验是事先的，在一些大的方差分析问题中，对于一些单独的检验，α 值也是需要做适当的调整.

3.2.6.5 事后比较的临界 F 值

如果你不能对比较进行事前计划而是选择常规的方差分析，那么你需要跟进事后比较的显著的主效应(两个以上的水平)和交互作用来发现不同的处理方法. 之所以会用事后比较对 α 值进行调整主要基于两个考虑. 第一个考虑是在进行常规的方差分析时，你用了自

㊀ 你可能会使用常规的 ANOVA 来计算误差项.

由度和较低的 α 值．因此，如果你没有对 α 值进行调整而直接进行其他分析便会增加总体的误差率．第二个考虑是，你已经看过了均值，那么对于识别很可能显著的比较就会相对容易．然而，这些均值的差异可能来自数据的随机波动，除非你有一定的理由去相信它们是真的——如果你认为它们是真的，那么你应该提前对它们进行检验.

标准方差分析教材(如 Tabachnick 和 Fidell(2007))中描述了避免增大犯第一类错误的概率的许多方法．这些检验在它们认可的数量和比较的类型以及进行调整所需的 α 值方面是有区别的．允许进行更多比较的检验对于临界值 F 会有相应更加严格的调整．例如，Dunnett 检验用来比较一个单一的控制组的均值和其他各组的均值，跟允许所有成对均值比较的 Tukey 检验相比，它的矫正程度较差．这个检验是选择最宽松的检验，目的是使你能够进行感兴趣的比较.

这里描述的检验方法(Scheffé，1953)是所有流行的检验方法中最保守也是最灵活的方法．一旦临界的 F 值是通过 Scheffé 调整计算得到的，那么进行比较的数量跟复杂性将会没有限制．你可以进行所有成对的比较，将所有处理均值的组合聚集起来与其他处理均值进行比较．一些聚合的可能性在 3.2.6.1 节进行了描述．给定研究设计，一旦你为灵活性“买单”，就可能会进行全部有意义的比较.

Scheffé 方法中为一个基于边际均值的比较计算临界 F 值的方法如下：

$$F_s = (k-1)F_c \tag{3.24}$$

其中，F_s 是调整的临界 F 值，$k-1$ 是效应的自由度，F_c 是被提交的分子自由度为 $k-1$、分母自由度与误差项相关的 F 值.

如果我们求得的 F 值要比临界的F_s值大，那么这个比较中由加权系数所呈现的原假设将会被拒绝(具体见第 8 章关于合适校正的更宽泛的讨论).

3.3 参数估计

如果我们发现均值之间统计意义上的显著性差异，那么通常情况下我们会对每一个均值的样本值感兴趣．既然样本均值是总体均值的无偏估计，那么关于总体均值(μ)的大小的最好的猜测就是从总体中随机选择的样本均值．因此，在大部分研究报告中，样本均值也会跟统计结果一同被报告.

样本均值仅仅只是总体均值的估计，由于系统看来它们既不会大也不会小，因此它们是无偏的，但是在估计总体均值上它们又很少是精确的——并且没有办法知道它们何时精确．因此，介绍统计中的估计误差以及熟悉的置信区间常常伴随着估计均值一起被报告．置信区间的大小取决于样本容量的大小、总体差异的估计，以及在估计 μ 时我们所希望的可信度．另外，标准差和标准误差是同样本均值一起呈现的，以便读者能够在需要时计算置信区间.

3.4 效应大小

虽然显著性检验、比较以及参数估计都有助于解释组间差异的特性，但是，它们并没有对自变量以及因变量的相关程度进行估计．评估关系的程度非常重要，可以避免将并没有实际效应的没有价值的结果公开．正如在 3.1.2 节中讨论的那样，有时过于强调研究会产生在统计上显著但是在现实生活中确是毫无意义的结果.

效应大小[1]反映了与一个自变量水平相关的因变量的方差的比例. 它估计了因变量中总体方差的量，而这个量是可以从自变量水平中提前预测到的. 如果我们把因变量和自变量总的方差在维恩图中用圆圈呈现出来，那么效应大小估计的是圆圈重叠的程度. 统计显著性检验评估的是因变量和自变量之间相互关联的可靠性(reliability)，效应大小衡量的是存在多大程度(how much)的关联.

对于每一个方差分析我们都可以通过 η^2(相关比)对效应大小做出粗略的估计：

$$\eta^2 = \frac{SS_{effect}}{SS_{total}} \tag{3.25}$$

当存在两水平的自变量时，η^2 是连续变量(因变量)和二分变量(自变量的两个水平)之间的(平方)点二列相关[2]. 在找到一个显著性的主效应或者交互作用后，η^2 显示的是因变量中总方差(SS_{total})的比例对于效应(SS_{effect})的贡献度. 在一个均衡的等样本容量的设计中，η^2 是多余的. 所有显著效应的 η^2 之和是因变量中方差的组成部分，这能够从自变量的一些信息中提前预见.

这个简单的关于效应大小的流行度量是有缺陷的，原因有两个. 第一是因为一个特定自变量的 η^2 取决于这个设计中所有其他自变量的数量和显著性. 一个单因素设计中用于自变量检验的 η^2 极有可能比一个两因素设计中同样的自变量检验的 η^2 大，两因素设计中其他的自变量和交互作用增大了总方差的大小，尤其是当一个或者两个额外的效应比较大时. 这主要是因为 η^2 的分母除了包括感兴趣的效应的误差方差和系统方差，还包括其他效应的系统方差.

因此，η^2 的一个代替形式，称作偏 η^2，它的分母只包括对感兴趣的效应和误差的效应有贡献的方差.

$$偏\ \eta^2 = \frac{SS_{effect}}{SS_{effect} + SS_{error}} \tag{3.26}$$

有了这个替换，在这个设计中所有显著性效应的 η^2 都不等于因变量的系统方差的比例. 事实上，总和有时候要比 1.00 大，因此，在做报告时你必须明确说明用的是哪个版本的 η^2.

第二个缺陷就是 η^2 描述了样本中系统方差的比例，却没有尝试估计一下总体中系统方差的比例. 总体中用来估计因变量跟自变量之间效应大小的统计量是 $\hat{\omega}^2$，

$$\hat{\omega}^2 = \frac{SS_{effect} - (df_{effect})(MS_{error})}{SS_{total} + MS_{error}} \tag{3.27}$$

这是 $\hat{\omega}^2$ 的一个附加的形式，其中，分母代表的是总方差，不仅仅是由于效应加误差引起的方差，并且仅限于所有单元格中相等样本容量的组间方差分析设计. $\hat{\omega}^2$ 的形式可用于包含重复测量(或者随机区组)的设计，正如 Vaughn 和 Corballis (1969)所描述的那样.

针对每一个设计中的主效应和交互作用，我们需要计算和报告效应大小的一个单独的度量. 置信区间也可以使用最新的软件围绕效应大小展开(Smithson，2003；Steiger 和 Fou-

[1] 也称为相关度(strength of association)或者处理量级(treatment magnitude).

[2] 所有的效应大小值都跟研究中使用的自变量的特定水平有关，而不能推广到其他水平.

ladi，1992)．这些都将会在接下来的章节中进行阐述．

描述效应大小可以从 0 到 1，因为效应大小是方差的比例．另一种效应大小的描述形式是科恩 d，基本上是标准化的均值之间的差异(均值除以它们共同的标准差)．在多元设计中，这个度量不是很实用，因为其中涉及的比较比单纯比较两个均值之间的差异要复杂得多．另外，Cohen (1988)展示了如何将 d 转化为 η^2 的公式．因此，本书中描述的方法是基于 η^2 的．

一个比较频繁问到的问题是"我能否有(或者期望发现)一个比较大的效应"，对于这个问题的回答取决于研究领域以及研究的方式．单纯的实验通常要比非实验性研究产生更少的方差(跟作为实验者我们充当的自己的角色比，性格通常会展示出对人更多的控制)．与社会学、经济学、感知/生理心理学相比，临床/人性/社会心理学以及教育学倾向于有比较小的效应．针对小效应($\eta^2=0.01$)、中效应($\eta^2=0.09$)和大效应($\eta^2=0.25$)，Cohen (1988)已经给出了一些相应的准则．这些准则被应用到实验和社会/临床心理学领域，针对非实验性研究、社会学以及更多的生理方面的心理学，可能期待有较大的值．

3.5 二元统计：相关性和回归

正如 3.4 节所描述的那样，效应大小是在一个连续的因变量和一个离散的自变量之间进行估计的．然而，通常情况下，研究者想要在两个连续变量之间来测量效应大小，其中自变量-因变量之间的区别是模糊的．例如，教育年限与收入之间的联系是有趣的，即使两者都没有被操纵，也不可能对因果关系进行推断．相关性用于测量两个变量之间线性相关关系的大小和方向，平方相关系数用于测量它们之间的相关程度．

相关性用于测量变量之间的相关程度，而回归则是由一个变量(或者其他更多的变量)来预测一个变量．但是，相关性和二元回归的计算公式非常相似，如下所示．

3.5.1 相关性

Pearson 积矩相关系数 r 是最常用来描述相关性的度量，也是许多多元计算的基础．对 Pearson r 最好解释的方程是

$$r=\frac{\sum Z_X Z_Y}{N-1} \tag{3.28}$$

其中，Pearson r 是标准化 X 和 Y 变量值的平均交叉积．

$$Z_Y=\frac{Y-\overline{Y}}{S}, Z_X=\frac{X-\overline{X}}{S}$$

S 如公式(3.4)和公式(3.6)中所定义的那样．

Pearson r 与测量的尺度是相互独立的(因为 X 和 Y 都被转化为标准化数据)，同时也与样本量是相互独立的(因为同时除以了 N)，r 值在-1.00 与$+1.00$ 之间，其中接近 0.00 的 r 值说明在变量 X 和 Y 之间不存在线性相关关系以及可预测性．当 r 值是$+1$ 或者-1 时，预示着当其他变量值已知时，我们可以完全预测出一个变量的值．当处于完全相关时，X 分布中所有样本数据在对应的 Y 分布中有相应的数据与之对应[⊖]．

⊖ 完全相关时，对每一对都有 $Z_X=Z_Y$，并且公式(3.28)的分子是 $\sum Z_X Z_Y$．由于 $\sum Z_X^2=N-1$，公式(3.28)变为 $(N-1)/(N-1)$ 或者 1.00．

公式(3.28)的原始分数形式也揭示了 r 的含义：

$$r=\frac{N\sum XY-(\sum X)(\sum Y)}{\sqrt{\left[N\sum X^2-(\sum X)^2\right]\left[N\sum Y^2-(\sum Y)^2\right]}} \tag{3.29}$$

Pearson r 是 X 和 Y 之间相对于 X 和 Y 的方差的协方差，在公式(3.29)中只有分子中出现了方差和协方差公式，因为分母中都相互抵消了.

3.5.2　回归

相关性用于测量两个变量线性相关关系的大小和方向，回归则是从其他变量的取值来预测一个变量的取值．在二元(双变量的)回归(仅仅只是线性回归)中，Y 是从 X 预测而来，两个变量之间存在一条直线．最佳的拟合直线穿过 X 和 Y 的均值，并且使得数据点与直线之间的距离平方和最小.

为了得到最佳拟合直线，有如下形式等式：

$$Y'=A+BX \tag{3.30}$$

其中 Y' 是预测值，A 是当 $X=0.00$ 时的 Y 值，B 是直线的斜率(Y 的改变量除以 X 的改变量)，X 是用来预测 Y 值的数据.

对应每一个 X 取值的 Y 的预测值与观察值之间的差代表了预测误差或者残差．最佳拟合直线是使得预测的平方误差最小的直线.

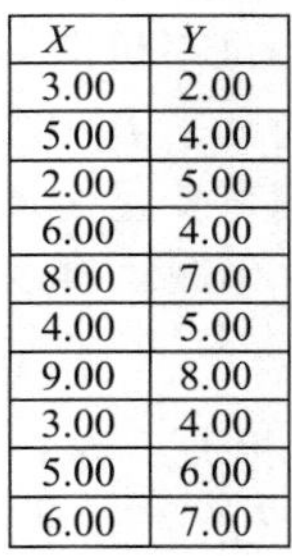

X	Y
3.00	2.00
5.00	4.00
2.00	5.00
6.00	4.00
8.00	7.00
4.00	5.00
9.00	8.00
3.00	4.00
5.00	6.00
6.00	7.00

为了求解公式(3.30)，我们需要求得 A 和 B，

$$B=\frac{N\sum XY-(\sum X)(\sum Y)}{N\sum X^2-(\sum X)^2} \tag{3.31}$$

二元回归系数 B 是变量的协方差与用来预测的变量的方差的比率.

注意一下公式(3.29)(相关性)和公式(3.31)(回归系数)之间的差异和相似点．它们的分子都是变量之间的协方差，但分母却不同．在相关性中，两变量的方差被用作分母．在回归中，参与预测的变量的方差充当分母．如果 Y 是从 X 预测得来的，那么 X 的方差就充当分母．然而，如果 X 是从 Y 预测得来的，那么充当分母的就是 Y 的方差．如果要得到最后的解，截距 A 的值也需要计算出来，

$$A=\overline{Y}-B\overline{X} \tag{3.32}$$

截距是被预测变量的观察值的均值减去回归系数乘以预测变量的均值.

图3-3阐述了斜率、截距、预测值和残差之间更多的关系.

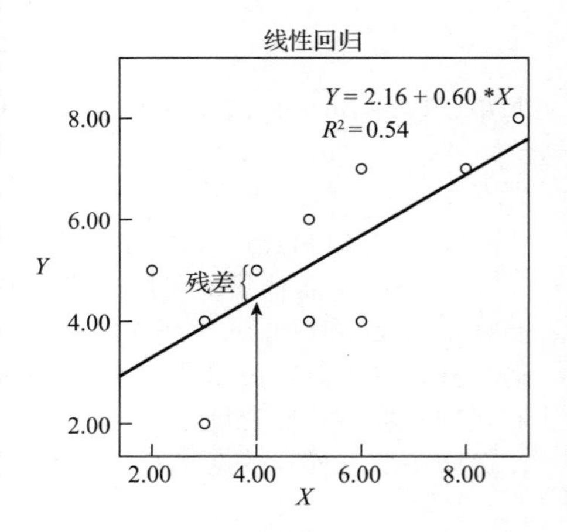

图3-3　二元回归中的斜率、截距、预测值和残差，图是用 SPSS 绘制的

小的数据集的截距是2.16，当 X 轴的数值为零时，回归线与 Y 轴相交于2.16．斜率是0.60，当 X

轴数值增加一个单位时，Y 轴上的值会相应地增加 0.60 个单位．预测 Y 值的公式(3.30)是 $Y'=2.16+0.60X$，对于 X 值为 4，相应的 Y 的预测值是[$2.16+0.60(4)=$]4.56．即图中向上的箭头表示的数值．但是实际上在数据集中 5 才是对应 X 取值 4 时的 Y 的取值．X 取值为 4 时的残差便是 Y 的实际值与预测值之间的差($5-4.56=0.44$)．括号内显示的是数据集中这个数值的残差．线性回归使整个数据集的残差平方和最小．

3.6 卡方分析

方差分析探讨的是一个离散变量(自变量)和一个连续变量(因变量)之间的关系，相关性和回归研究的是两个连续变量之间的关系．卡方(χ^2)检验的独立性则是用来检验两个离散变量之间的关系．例如，如果有人想要检验国家不同地区(东北、东南、中西、南、西)和对当前政治领导的赞同与否之间的关系，那么χ^2 是合适的分析方法．

在 χ^2 分析中，对观察频率进行检验时，原假设生成的是期望频率．如果频率观察值和频率期望值差距很小，那么χ^2 值就会很小，我们可以接受原假设．但是，如果频率观察值和频率期望值差距很大，χ^2 值就会很大，原假设就会被拒绝．我们可以很容易地从χ^2 值的计算公式中看出χ^2 值的大小跟频率观察值和期望值之差的关系，如下所示：

$$\sum_{ij} (f_o - F_e)^2 / F_e \tag{3.33}$$

其中 f_o 代表频率观察值，F_e 代表每一个单元格的频率期望值．对二位列联表中的所有单元格进行求和．

一般地，一个单元格的频率期望值是由它的列和以及行和得出的，

$$\text{单元 } F_e = (\text{行和})(\text{列和})/N \tag{3.34}$$

当我们用这个方法求频率期望值时，检验的原假设是行变量(也就是说，国家的不同地区)和列变量(对于当前政治领导的态度)是相互独立的．如果对频率观察值拟合得很好(使得χ^2 很小)，我们就可以得出这两个变量是相互独立的结论．拟合得不好便会产生很大的χ^2 值，那么我们就要拒绝原假设，并且得出结论：这两个变量之间是相关的而不是相互独立的．

本章介绍了有关对差异做出决策、估计总体均值、评估两个变量之间的相关性以及根据其他变量的取值来预测一个变量的取值的方法，同社会行为科学一样重要，并且在社会行为科学中应用也很广泛．它们为大部分的本科生——还有一些研究生——统计课程的学习奠定了基础．希望通过这个简短的回顾能够使你记起已经掌握的内容，以便我们在共同的学科背景和语言下，开始认真研究多元统计．

第4章 数据清洗

本章处理的是收集数据之后、进行分析之前有待解决的一系列问题．在进行主要分析之前检查数据要花费很长时间，该过程费时又枯燥．例如，在进行主要分析之前，通常要花费许多天来仔细检查数据，而主要分析本身只需要5分钟．但是，在进行主要分析之前考虑和解决该类问题是数据准确分析的基础．

首先关注已录入数据的准确性，并考虑可能产生相关性失真的因素．缺失数据(几乎)是每个研究者的痛苦之源，接下来的问题是对缺失数据的评估和处理．此外，大部分多元模型建立在假设的基础之上，在应用模型之前要检验数据集是否满足假设，若不满足，则可考虑对变量进行转换从而使其符合分析要求．极端样本即异常值也会产生一些问题，因为异常值过度影响分析结果，有时甚至扭曲结果．最后，变量间相关性过高也会影响到多元统计分析．

大多数分析都会应用到本章介绍的数据清洗的内容，然而数据清洗并不适用于所有分析．例如，多重列联表分析(第16章)和logistic回归(第10章)使用对数线性模型，其假设远远少于其他模型的假设．其他分析还有本章没有涉及的假设，因此本章的第3节中回顾了针对每种统计分析方法的假设和限制．

清洗分组数据和未分组数据是有区别的．当进行多重回归、典型相关、因子分析或结构方程模型分析时，样本没有分组，此时有一类模型用于清洗未分组数据．当进行协方差分析、方差或协方差的多元分析、轮廓分析、判别分析或多层次建模时，样本是分组的，此时有另一类模型用于筛选分组数据．4.2节的例子说明了这两类模型的区别．其他分析(生存分析和时间序列分析)在多数情况下使用未分组数据，有时采用分组数据，所以要相应调整数据清洗模型．

你可能会发现本章的内容较难．有时需要参考后面章节的内容来解释本章的一些问题，学习完后面章节的内容之后，再学习本章会更易于理解．因此，你可以现在就阅读本章内容，先对主数据分析前需要完成的工作有个大致的了解，在我们掌握了余下章节内容之后，再回过头来重读本章内容会有更清晰的理解．

4.1 数据清洗的系列问题

4.1.1 数据准确性

保证数据准确性的最好方法是在数据窗口中校对原始数据和已编译的数据文件．在SAS中，比较容易的是在交互性数据分析窗口中查看数据．对于较小的数据文件，强烈建议进行校对，但对于大的数据文件，校对似乎不可行．在这种情况下，数据清洗包括了描述性统计和变量的图形检验．

对大型数据集而言，首先检验一元描述性统计量，可通过诸如 SPSS FREQUENCIES、SAS MEANS、UNIVARIARE 或交互式数据分析之类的描述性程序来操作．对于连续变量来说，应考虑所有的值是否都在可取范围之内，均值和标准差是否合理．若有离散变量(比如宗教信仰的类别)，应考虑是否存在可取范围之外的数据，是否正确编写了缺失值的代码.

4.1.2 真实相关性

大多数多元模型分析的是变量间的相关(或协方差)模式．不管是两个连续变量间的相关性，还是二分类变量和连续变量间的相关性，重要的是相关性要尽可能精确．在普遍研究中，我们得出的相关性通常不同于数据真实的相关性.

4.1.2.1 膨胀相关性

复合变量的构建来自多个个别项，但是如果重复使用复合变量间的个别项，将会造成相关性膨胀．例如，个性测量、社会经济地位的测量、健康指标以及社会与行为研究中的许多变量，这些都属于复合变量．如果使用了含有某些相同个别项的复合变量，将会导致相关性膨胀．不要过度解读由相同个别项合成的两个变量间的高度相关性，如果合成的变量重叠得足够多，则在分析时考虑只利用其中一个复合变量.

4.1.2.2 压缩相关性

当样本点的抽取范围受到限制或二分类变量种类的分割非常不均匀时，样本的相关性可能会低于总体相关性[⊖]. 导致相关性降低的分布问题将在 4.1.5 节讨论.

如果样本中一个或两个变量的取值范围受到限制，则会得到一个虚小的两变量间相关系数．相关系数度量的是两个变量的得分同方向运动(正相关)或反方向运动(负相关)的程度．如果由于限制性抽样引起一个变量的得分范围狭小，那么该变量实际上是一个常数，不能和另一个变量高度相关．例如，在研究生院关于成功的研究中，如果所有学生的数学分析能力都有大致相同的高分，那么数学分析能力就不能表现出和其他变量高度相关.

如果相关系数太小是因为抽样时限制了抽样范围，并且我们能估计出大样本的标准差，那么我们可以按公式(4.1)估计大样本的相关系数大小．大样本的标准差是从先验的数据或总体分布的信息中估计出来的：

$$\tilde{r}_{xy} = \frac{r_{t(xy)}[S_x/S_{t(x)}]}{\sqrt{1 + r^2_{t(xy)}[S^2_x/S^2_{t(x)}] - r^2_{t(xy)}}} \tag{4.1}$$

其中，$\tilde{r}_{xy}$ = 调整后的相关系数，$r_{t(xy)}$ = X 被截断时 X 与 Y 的相关系数，S_x = X 的无限制标准差，$S_{t(x)}$ = X 的截断标准差．

很多模型可以对相关系数阵而不是原数据进行分析．在分析相关系数阵之前，将估计的相关系数插入到被截断的相关系数的位置．(然而，如 4.1.3.3 节所讨论的，插入估计的相关系数可能会产生相关系数阵的内在不一致性．)

如果二分类变量的大部分(假设超过 90%)取值落入同一个类型中，连续变量和二分类

⊖ 当计算机的计算精度较小时，很小的决定系数(标准差/均值)也与较低的相关性相联系．然而，现代统计软件包有较高的计算精度，除对天文学家而言外，此类问题不大可能出现．

变量间或者两个二分类变量间(除非它们具有相同的独特分割)的相关性也比较低，即使总体中连续变量和二分类变量高度相关，可得到的最高相关系数也远远低于1. 有人建议用得到的(但缩小的)相关系数除以给定类型间的分割可达到的最大值，并将所得结果用于后续分析. 这个模型很吸引人，但正如Comrey和Lee所说，此方法并不是零风险的.

4.1.3　缺失值

缺失数据是数据分析中最普遍的问题之一. 当老鼠死亡、机器出现故障、应答者拒绝回答问题或录入出错时，都会产生数据缺失的问题，其严重性取决于缺失数据的模式、数量以及原因. Schafer和Graham(2002)以及Graham、Cumsille和Elek-Fisk(2003)提供了围绕缺失数据问题的一些总结.

缺失数据的模式要比缺失数量重要得多，若缺失值在数据阵中随机分散，则产生的问题不太严重. 但是若缺失数据在数据阵中非随机分散，则不管缺失数据如何少，都会产生严重的问题，这是因为非随机的缺失数据会影响结果的普遍性. 假设在一个既有态度问题又有人口统计问题的问卷中，一些应答者拒绝回答关于收入的问题，而拒绝回答关于收入的问题很可能与态度有关. 若删除在收入上有缺失数据的应答者，则在态度这一变量上的样本值将会被扭曲. 此时需要一些方法来估计收入，从而为态度分析保留样本.

将缺失数据分为MCAR(Missing Completely At Random，完全随机地缺失)、MAR(Missing At Random，随机缺失，称为可忽略的非应答)、MNAR(Missing Not At Random or nonignorable，非随机的或不可忽略的缺失). MCAR中缺失数据的分布无法预测. 当数据是MAR时，缺失数据的模式可由数据集中的其他变量预测. 在MNAR中，缺失值与因变量(独立变量)有关，因此不能忽略掉.

对大型数据集而言，如果只有几个(例如≤5%)数据点是以随机模式缺失的，则问题不是太严重，而且几乎任何处理缺失值的模型都会产生相似的结果. 然而，对小到中等规模的数据集而言，大量的数据缺失将会产生非常严重的问题. 那么，对于给定大小的样本来说，多少缺失数据是可以容忍的？关于这一问题，到目前为止还没有明确的指导原则.

尽管可以假设数据是随机缺失的，但最安全的做法还是对其进行检验，利用我们所拥有的信息来检验缺失数据的模式. 例如，构建一个有两个分组的虚拟变量，其中一个组是收入缺失的样本，另一个组是收入不缺失的样本，检验这两组间的均值差异. 如果不存在差异，那么关于如何处理缺失数据的方式就不是那么重要(当然，除了关于收入的推论). 如果差异显著，而且η^2很大(参考公式(3.25))，则需要注意保留缺失值的样本以供其他分析使用，正如在4.1.3.2节讨论的那样.

SPSS MVA(Missing Values Analysis，缺失值分析)是专门设计用来突出数据集中缺失值的模式同时取代它们的模型. 表4-1显示了在ATTHOUSE项和INCOME项上的SPSS MVA语法和有缺失值的数据集的输出结果. 用TTEST观察缺失是否和其他变量有关，$\alpha=0.05$时，只对至少缺失5PERCENT数据的变量进行检验. EM语法需要相关系数表，并检验数据是否为完全随机缺失(MCHR).

表 4-1 SPSS MVA 语法和缺失数据的输出结果

```
MVA
 timedrs attdrug atthouse income mstatus race emplmnt
 /TTEST PROB PERCENT=5
 /MPATTERN
 /EM.
```

MVA

Univariate Statistics

	N	Mean	Std. Deviation	Missing		No. of Extremes[①]	
				Count	Percent	Low	High
TIMEDRS	465	7.90	10.948	0	.0	0	34
ATTDRUG	465	7.69	1.156	0	.0	0	0
ATTHOUSE	464	23.54	4.484	1	.2	4	0
INCOME	439	4.21	2.419	26	5.6	0	0
MSTATUS	465	1.78	.416	0	.0	.	.
RACE	465	1.09	.284	0	.0	.	.
EMPLMNT	465	.47	.500	0	.0	0	0

①超出范围的样本数 (Q1 – 1.5*IQR, Q3 + 1.5*IQR). 四分位数间距（IQR）为0.

Separate Variance t Tests[②]

		TIMEDRS	ATTDRUG	ATTHOUSE	INCOME	MSTATUS	RACE	EMPLMNT
INCOME	t	.2	–1.1	–.2	.	–1.0	–.4	–1.1
	df	32.2	29.6	28.6	.	29.0	27.3	28.0
	P(2-tail)	.846	.289	.851	.	.346	.662	.279
	# Present	439	439	438	439	439	439	439
	# Missing	26	26	26	0	26	26	26
	Mean(Present)	7.92	7.67	23.53	4.21	1.77	1.09	.46
	Mean(Missing)	7.62	7.88	23.69	.	1.85	1.12	.58

对于每个定量变量，成对的组均由指标变量形成（存在，缺失）.

②缺失少于5%的指标变量不会显示.

Missing Patterns (cases with missing values)

Case	# Missing	% Missing	Missing and Extreme Value Patterns[③]						
			TIMEDRS	ATTDRUG	MSTATUS	RACE	EMPLMNT	ATTHOUSE	INCOME
52	1	14.3			–	–			S
64	1	14.3	+		–	–			S
69	1	14.3			–	–			S
77	1	14.3			–	–			S
118	1	14.3			–	–			S
135	1	14.3			–	–			S
161	1	14.3			–	–			S
172	1	14.3			–	–			S
173	1	14.3			–	–			S
174	1	14.3			–	–			S
181	1	14.3			–	–			S

（续）

Missing Patterns (cases with missing values)

Case	# Missing	% Missing	Missing and Extreme Value Patterns③						
			TIMEDRS	ATTDRUG	MSTATUS	RACE	EMPLMNT	ATTHOUSE	INCOME
196	1	14.3			−	+			S
203	1	14.3	+		−	−			S
236	1	14.3			−	−			S
240	1	14.3			−	−			S
258	1	14.3			−	+			S
304	1	14.3			−	−			S
321	1	14.3			−	−			S
325	1	14.3			−	−			S
352	1	14.3			−	−			S
378	1	14.3			−	−			S
379	1	14.3			−	−			S
409	1	14.3	+		−	−			S
419	1	14.3			−	−			S
421	1	14.3			−	−			S
435	1	14.3			−	+		−	S
253	1	14.3			−	+		S	

−表示极低的值，+表示极高的值. 使用范围是 (Q1−1.5*IQR, Q3+1.5*IQR).

③样本和变量按缺失模式排序.

EM Estimated Statistics

EM Correlations④

	timedrs	attdrug	atthouse	income	mstatus	race	emplmnt
timedrs	1						
attdrug	.104	1					
atthouse	.128	.023	1				
income	.050	−.005	.002	1			
mstatus	−.065	−.006	−.030	−.466	1		
race	−.035	.019	−.038	.105	−.035	1	
emplmnt	.059	.085	−.023	−.006	.234	−.081	1

④ MCAR检验：Chi Square = 19.550, DF = 12, Sig. = 0.76.

一元统计表显示：ATTHOUSE 上有 1 个缺失值，INCOME 上有 26 个缺失值．分离方差 t 检验表显示 INCOME 上的缺失和其他任一变量都不存在系统性关系．没有对 ATTHOUSE 进行检验是因为其缺失值少于样本的 5%. 缺失模式表显示第 52 个样本缺失 INCOME，在表中用 S 标记，第 253 个样本缺失 ATTHOUSE. 最后一个表显示用 EM 方法填充缺失值的 EM 相关性．此表下面是 MCAR 检验——检验数据是否是完全随机缺失．统计上不显著的结果是令人满意的：$p=0.76$，表明缺失模式偏离随机的概率远高于 0.05，因此推断可能是 MCAR.

如果 MCAR 检验在统计上是显著的，但能利用分离方差 t 检验指示的变量(除了因变量)预测缺失，则可以推断为 MAR. 如果 t 检验表明缺失值和因变量有关，则可推断为 MNAR.

关于如何处理缺失数据的决定是重要的．充其量，这个决定是几个不好的选择之一，其中的几个将在接下来的小节中讨论.

4.1.3.1　删除样本或变量

处理缺失值的一种方法是简单地删除包含缺失值的样本点．如果只有一些样本点具有缺失值，而且这些样本点看似是全部样本的随机子样，那么删除是种好方法．在 SPSS 和 SAS 软件包中，大多数模型默认选择删除具有缺失值的样本点[⊖].

如果缺失值集中在几个变量身上，且这些变量在分析中并不重要，或这些变量和其他完整变量高度相关，那么删除这些变量是有利的.

但如果缺失值在样本点和变量中随机分布，删除样本则意味着大量的损失．当数据在实验设计中被分组时这种情况尤其严重，因为即使一个样本点的丢失都需要调整不相等的 n(见第 6 章). 而且如果研究人员在搜集数据时花费了相当多的时间和精力，他可能不想删除一些数据．正如前面所提到的，如果有缺失值的样本不是随机分布的，删除这些样本会导致样本失真.

4.1.3.2　估计缺失数据

处理缺失值的第二种选择是估计缺失值，并在数据分析中利用这些估计值．现有一些流行的方案：利用先验信息、插入均值、利用回归、最大期望和多元填充.

当研究人员用受到良好教育猜测得到的值代替缺失值时要利用先验信息(prior knowledge). 如果研究人员在某一领域工作了一段时间，且样本很大，缺失值的数目较小，那么利用先验信息通常是合理的．对特殊样本而言，研究人员通常相信，值会出现在中位数或其他什么数附近．另一种选择是，研究人员将连续变量降级为二分类变量(比如“高”和“低”)，从而自信地预测有缺失值的样本落在哪个类别．在这个分析中，离散变量代替了连续变量，但离散变量包含的信息少于连续变量包含的信息．纵向数据的一个选择是用最后观测的值在以后的某个时间点填充缺失的数据，然而，这需要预期数据不随时间而变.

其余的方法还包括通过软件来计算缺失的数据．表 4-2 显示了估计缺失数据的方法.

表 4-2　一些计算机模型中可得的缺失数据选项

方法		模型						
		SPSS MVA	SOLAS MDA	SPSS REGRESSION	NORM	SAS STANDARD	SAS MI 和 MIANALYZE	AMOS，EQS，和 LISREL
均值替代	总均值	否	组均值①	MEAN SUBSTITUTION	否	REPLACE	否	否
	组均值	否	组均值	否	否	否	否	否

⊖ 由于是默认选项，在研究人员毫不知情的情况下，可能会删除大量的样本．因此，检查分析中的样本数目以确保使用了所有的理想样本很重要．

（续）

方法	模型						
	SPSS MVA	SOLAS MDA	SPSS REGRESSION	NORM	SAS STANDARD	SAS MI 和 MIANALYZE	AMOS，EQS，和 LISREL
回归	回归	否	否	否	否	否	否
最大期望(EM)	EM	否	否	是[③]	否	PROC MI with NIMPUTE=	是
多步计算	否[②]	多步计算	否	是	否	是	否

①省略组标识.

②可以通过 EM 方法生成多个文件并计算额外的统计信息来完成.

③为多次输入前的数据准备，为一次随机输入提供缺失值.

均值替代法是一种估计缺失值的常用方法，但是由于更理想的方法可以通过计算机程序来实现，这种方法的使用越来越少．在分析之前，计算可得数据的均值并用其代替缺失值．在没有其他任何信息之前，均值是变量取值的最好猜测．该模型吸引人的地方在于其保守性，整体来说分布的均值没有改变，而且研究人员不需要猜测缺失值．另一方面，变量的方差减小了，这是因为均值离它本身比离所代替的缺失值更近，由于变量方差的减小，此变量和其他变量的相关性也减小了．方差损失的程度依赖于缺失数据的数量以及缺失的真实值.

折中的做法是在缺失值上插入组均值．例如，如果有一个缺失值的样本是共和党人，则计算共和党人的组均值，并将其插入缺失值的地方．该模型并不像插入整体均值那样保守，也不像利用先验信息那样自由．然而，组内方差的减小可使组间差异出奇的大.

很多模型对插入均值都有规定．SAS STANARD 允许用完整样本的变量均值代替缺失值，从而构建数据集．SOLAS MDA——致力于缺失数据分析的模型，用组均值代替缺失值，从而产生数据集．SPSS REGRESSION 允许 MEANSUBSTITUTION. 当然，任何模型都可通过变换指令用均值代替变量的任一已定义的值(包括缺失代码).

回归(regression)(见第 5 章)是估计缺失值的更成熟的方法．有缺失值的变量作为因变量，其他变量作为自变量，构建回归方程．利用完整数据的样本产生回归方程，用此方程预测不完整样本的缺失值．有时，将第一轮回归的预测值插入到缺失值的位置，然后对所有的样本进行第二次回归，将第二次得到的有缺失数据的变量的预测值用于建立第三个方程，如此循环往复，直到某一次的预测值和下一次的预测值相似(它们收敛)为止．用最后一轮得到的预测值代替缺失值.

回归的优点是它比研究人员的猜测更加客观，又不像简单地插入总均值那样盲目．利用回归的第一个缺点是样本值的整体拟合情况好于其真实拟合情况，因为缺失值是由其他变量预测得到的，相较于真实值而言，预测值很可能与其他变量更一致．第二个缺点是估计值可能离均值太近，造成方差减小．第三个缺点是要求数据集中有好的自变量，如果任一其他变量都不是有缺失值的变量的良好预测元，那么回归得到的估计值近似等同于简单地插入均值．最后一个缺点是，只有当回归得到的估计值落在完整样本的范围之内时才能利用此估计值；范围之外的估计值是不可接受的．在 SPSS MVA 中用回归估计缺失值是很方便的，此模型还允许调整计算出来的值，从而降低过度一致性.

最大期望(Expectation Maximization，EM)法可用于随机缺失的数据．EM通过假设部分缺失数据分布形态(比如正态)，并根据分布下的概率推断缺失值，从而形成缺失数据相关系数(或协方差)阵．它是两步迭代——期望和最大化的过程，对每次迭代而言．首先，E步根据观测值和参数的现有估计(比如相关系数)找到"缺失"数据的条件期望，然后用这些期望值代替缺失数据．其次，M步进行极大似然估计，就好像所有的缺失数据已被填写．最后，达到收敛之后，得到EM方差-协方差阵和保存在数据集中的填写数据.

然而，正如Granam等人(2003)指出的，由于EM计算的数据集不包含误差，对计算的数据集的分析是有偏的．因此，对假设检验而言，基于此数据集的分析存在不合适的标准误差．当对填写计算值的数据集进行分析时，产生的偏差最大，但当方差-协方差阵或相关阵被作为输入加以利用时，偏差仍然存在．不过，这些计算的数据集在做评估假设和不运用推断统计学的探索性分析时仍是有用的．如果谨慎地解释统计推断，在缺失数据的数量较少时，EM计算的数据集也可提供深层次的见解.

SPSS MVA执行EM运算，可产生有计算值的数据集以及方差-协方差阵和相关阵，且指定为除正态分布之外的分布．SPSS MVA在评价缺失数据的模式、提供由数据集中其他变量预测缺失的t检验和检验MCAR方面也是非常有用的，正如在表4-1所看到的.

结构方程模型(Structural Equations Modeling，SEM)(参考第14章的AMOS、EQS和LISREL)有自己内置的以EM为基础的计算模型．该模型不产生有计算值的数据集，但在对它们的分析中利用了合适的标准误差.

SAS、NORM和SOLAS MDA可通过运行m(计算的次数)=1的MI模型，产生EM计算的数据集，SPSS MVA中提到的注意事项同样适用于对计算的数据集的分析．NORM产生的EM方差-协方差阵建立在合适的标准误差下，因此基于这些矩阵的分析是无偏的(Graham等人，2003). Little和Rubin(1987)详细讨论了EM和其他方法．SPSS MVA的EM将在10.7.1.1节展示.

多步计算(multiple imputation)同样需要几步操作才能估计缺失值．首先，当在某个特殊变量上有缺失值和没有缺失值的样本形成二分类因变量时选用logistic回归(第10章).我们决定其余哪些变量作为logistic回归的预测变量，这些预测变量反过来又提供了估计缺失值的方程．接下来，从完整样本点中随机抽取一个子样(放回)来识别有缺失值变量的分布.

从有缺失值的变量的分布中抽取几个(m)随机样本(放回)，对m个刚产生的(现在是完整的)数据集中的每一个进行变量估计．Rubin(1996)表明，大多数情况下，5个(或某些情况下只需3个)这样的样本就足够了．然后，对这m个新数据集单独进行统计分析，得到多次运行结果的平均参数估计(比如回归系数).

多步计算的优点是它既可用于纵向数据(比如，组内自变量或时间序列分析)，也可用于每个变量上有单个观测的数据，而且多步计算还保留了抽样变异性(Statistical Solution，Ltd.，1997). 另一个优点是没有假设数据是否是随机缺失．这是提供给收集数据的机构以外进行分析的数据库所选择的方法．也就是说，产生了多个数据集，其他的用户可能选择单个数据集，也可能利用这多个数据集并报告联合结果．报告的结果是对多个数据集分析得到的估计参数的均值以及总方差估计，该方差包括计算内的方差和计算间的方差——由缺失数据引起数据集的不确定性的度量(A. McDonnell, personal communication, August 24, 1999).

SOLAS MDA 直接进行多步计算，并提供将由新建立的完整数据集得到的结果联合起来的 ROLLUP 编辑器(Statistical Solutions, Ltd., 1997). 该编辑器展现每个参数的均值、总方差估计以及方差估计．SOLAS MDA 手动演示了纵向数据的多步计算．Rubin(1996)提供了该模型的更多细节．利用 SPSS MVA，使用随机数种子通过 EM 模型将我们的方法运行 m 次，对每个新数据集而言，随机数种子是变化的．然后通过平均运算得到最终的参数估计.

NORM 是网上免费发布的用于多步计算的模型(Schafer, 1999). 该模型目前受限于正态分布的预测变量，包含了 EM 模型来估计参数，提供数据展开步(多步计算)的起始值，帮助决定合适的计算数目．可以得到由数据展开产生的多个数据集，以及结果总结.

SAS 的较新版本用三步完成缺失数据的多步计算．首先，PROC MI 分析缺失数据的模式，这与 SPSS MVA 很相似(表 4-1)，但没有 MCAR 诊断或由其他变量预测缺失的 t 检验．同时，由 m 个子集(默认 $m=5$)生成一个数据集，每个子集中对缺失数据的计算方法不同，将表示计算数目(比如 1～5)的列加入数据集．然后，用语法运行需要的分析模块(比如 REG、GLM 或 MIXED)，此语法要求对每个计算数目单独分析，并把一些(而非全部)结果加到数据文件中．最后，PROC MIANALYZE 在结果的数据文件上运行，此数据文件将 m 组结果组合到单个的汇总报表中[⊖]. Graham 和同事们(2003)报告了 m 往往在 5～20 间变动．Rubin(1996)建议只要缺失数据的数量相当小，通常 3～5 次计算就足够了，他还声称任一 $m>1$ 的数据集都好于只计算一次的数据集．5.7.4 节将展示 SAS MI 和 MIANALYZE，同时给出选择 m 的指导方针.

通过运行 m 次不同随机数种子的 EM 算法，SPSS MVA 可用于产生有不同运算的多个数据集．然而，接下来需要我们自己组合多重分析的结果，而且没有提供开发适当的标准误差的方法．Rubin(1987)详细讨论了多步计算.

还可以使用其他的方法，比如 hot decking，但需要专门的软件，而且在大多数情况下，它与 SAS、SOLAS 和 NORM 提供的其他计算方法相比没有什么优势.

4.1.3.3 利用缺失数据的相关阵

随机缺失数据的另一个选择涉及缺失数据相关阵的分析．在这个选择中，利用所有可得的成对值计算 R 中每个相关系数，有 10 个缺失值的变量和其他变量的所有系数都基于较少的 10 个成对数，如果其他变量中的一些也有缺失值，但是是在不同的样本中，则完整的成对变量数进一步减少，因此，R 中每个相关系数可基于不同的样本数和不同的子集，这取决于缺失值的模式．因为 r 的抽样分布的标准误差是基于 N 的，一些系数不如同一相关系数矩阵中的其他系数稳定.

⊖ 除了 SAS REG，其他模型的结果都特别稀疏．

但这不是唯一的问题. 在基于完整数据的相关阵中，一些系数的大小限制了其他系数的大小. 特别地，

$$r_{13}r_{23}-\sqrt{(1-r_{13}^2)(1-r_{23}^2)}\leqslant r_{12}\leqslant r_{13}r_{23}+\sqrt{(1-r_{13}^2)(1-r_{23}^2)} \tag{4.2}$$

在三个变量的相关系数阵中，变量 1 和变量 2 之间的相关系数r_{12}不能小于左边的值或大于右边的值. 如果$r_{13}=0.60$，$r_{23}=0.40$，则r_{12}不能小于-0.49或大于 0.97. 然而，如果r_{12}、r_{23}和r_{13}都基于由缺失数据引起的不同样本子集，则r_{12}的值可能在范围之外.

大多数多元统计学涉及相关阵的特征值和特征向量计算(见附录 A). 随着放松对缺失数据相关阵中系数大小的限制，特征值有时变为负数. 因为特征值代表方差，所以负的特征值代表类似于负方差之类的东西. 而且，由于在分析中被分割的总方差是个常数(经常等于变量的个数)，正的特征值被负特征值的大小扩大了，从而导致了方差的扩大. 在这些条件下得到的统计量完全失真了.

然而，对于大样本和在只有几个缺失值的情况下，特征值通常都是正的，即使一些相关系数基于稍微不同的成对样本. 在这些条件下，缺失数据相关阵提供了合理的多元解，而且具有利用了所有可得数据的优势. 不应马上拒绝对缺失数据问题的这一选择的利用，而应在谨慎地留意负特征值的同时利用它.

在 SPSS 的部分模型中，通过 PAIRWISE 删除选项可得到缺失值相关阵. 这是 SAS CORR 中的默认选项. 如果缺失值相关阵不是我们想运行的模型的选项，则先用其他的模型产生缺失数据相关阵，再将它输入我们所使用的模型.

4.1.3.4 把缺失数据当作数据

有可能缺失值本身就是研究中感兴趣变量的一个很好的估计. 如果引入虚拟变量，有完整数据的样本赋值为 0，有缺失数据的样本赋值为 1，那么缺失数据可称为一项资产. 用均值代替缺失数据，这样所有的样本都可用来分析，而且虚拟变量在分析中只是简单地作为另一个变量使用，正如 Cohen、Cohen、West 和 Aiken(2003，pp. 431-451) 所讨论的那样.

4.1.3.5 重复分析样本

如果我们使用了一些估计缺失值或者计算缺失数据的相关阵的方法，那么我们要考虑只利用完整样本重复分析一次. 如果样本集很小，缺失值的比重很大，或数据是以非随机模式缺失的，重复分析尤其重要. 如果两次的结果相似，则可以信赖它们. 但是如果两次的结果不同，那么我们需要探索导致不同的原因，评价哪个结果更接近“真实”或报告这两组结果.

4.1.3.6 在处理缺失数据的方法间选择

处理缺失数据的第一步是观察其模式，试图确定数据是否是随机缺失的. 如果模式表现出随机性，而且只有几个样本有缺失数据，并且这些样本在不同的变量上缺失数据，那么删除样本是合理的选择. 然而，当有证据显示存在缺失数据模式的非随机性时，首选保留所有样本以供进一步分析的方法.

只要变量对分析而言不是关键性的，删除有大量缺失数据的变量就是可接受的. 或者，如果变量是重要的，则利用虚拟变量对样本值缺失这一事实编码，外加均值替代以保留此变量，从而使分析所有样本和变量成为可能.

除非缺失值的比重非常小，而且我们没有其他可行的选择，否则最好避免使用均值替代．使用先验信息需要研究者对研究领域和预期结果有大量信心．在没有专门的软件的情况下也可执行回归分析(有一定的难度)，但不如 EM 方法令人满意.

EM 方法有时提供最简单、最合理的计算缺失数据的方法，只要之前的研究证明样本是随机缺失的(MCAR 或 MAR)．如果技术允许把 EM 协方差阵作为输入量，则使用 EM 协方差阵会为有计算值的数据集提供偏差较小的分析．然而，除非 EM 模型提供了合适的标准误差(如同第 14 章的 SEM 模型或 NORM)，否则此策略应受限于没有大量缺失数据的数据集，而且要注意推断结果(比如 p 值)的解释．EM 特别适合于不依赖推断统计学的技术，比如探索性因子分析(第 13 章)，将 EM 并入多步计算效果更好.

多步计算是目前被认为最可靠的处理缺失数据的方法．它有不需要 MCAR(也许，甚至不需要 MAR)的优点，而且可用于任何形式的 GLM 分析，比如回归、方差分析和 logistic 回归．多步计算的问题是执行起来更困难以及不提供其他方法拥有的典型的完美结果.

当我们的软件提供了缺失数据相关阵作为分析的选择时，可以利用缺失数据相关阵，因为它不需要额外的步骤．当缺失数据在变量间分散，而且没有大量缺失值的变量时，利用缺失数据相关阵很有意义．只要数据集是大的，而且几乎没有缺失值，应该最小化缺失数据相关阵的奇异性.

无论使用哪种计算方法或缺失数据相关阵，缺失值的比例有多高，尤其是当数据集较小时，强烈建议对有缺失数据的数据集和无缺失数据的数据集进行重复分析.

4.1.4　异常值

异常值是指样本中的个别值，其数值明显偏离它(或它们)所属样本的其余观测值．例如，考虑图 4-1 的二元散点图，其中有两条回归线，它们的斜率稍微不同，很好地拟合了群体中的数据点．但是当考虑散点图右上部分标识为 A 的数据点时，计算出的回归系数是对极值样本拟合最好的回归系数中的一个．该样本就是异常值，因为它对回归系数值的影响比群体中任一数据点的影响更大.

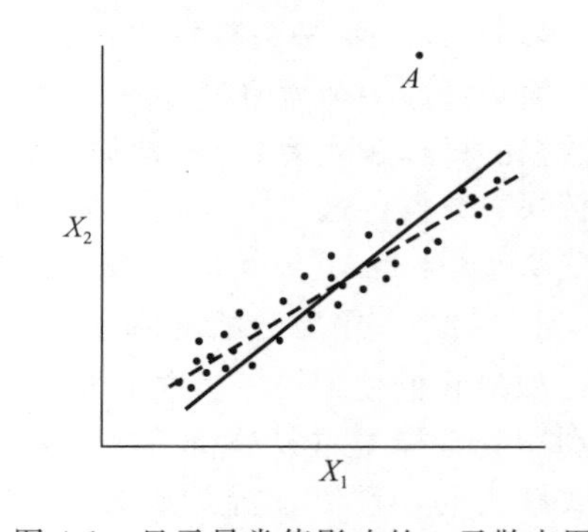

图 4-1　显示异常值影响的二元散点图

在一元和多元情况下，二分类变量和连续变量、自变量和因变量、数据和分析结果中都能发现异常值．异常值将导致第一类错误和第二类错误，通常在个别分析中不知道它们会产生什么样的影响．所得结果不能推广到其他具有相同类型异常值的样本中.

异常值会出现有四个原因．(1)数据输入不正确．应认真检查极值样本从而得知数据是否是正确录入的．(2)计算机语法中指定缺失值的代码失效，以至于缺失值指标被读作真实值．(3)异常值不是我们想要抽取的样本．如果该样本不应抽取，一旦检测到就删除．(4)样本来自想抽取的总体，但总体中变量的分布有比正态分布更多的极值．在这种情况下，研究人员保留该样本但要考虑更改变量的值，以使样本不再具有那么大的影响力．尽管数据输入和缺失值指定的错误容易被发现和纠正，但在第三个原因和第四个原因中，删除和保留之间的选择是困难的.

4.1.4.1 检测一元和多元异常值

一元异常值是在一个变量上出现极值的样本；多元异常值是两个或多个变量观测值的异常组合．例如，15 岁在年龄的允许范围内，一年挣 45 000 美元在收入的允许范围内，但 15 岁一年挣 45 000 美元的人是极少见的，这很有可能是个多元异常值．当几个不同的总体夹杂在同一样本中或忽略了某些重要的变量(当引入这些变量时，异常值将消失)时，都会出现多元异常值.

一元异常值容易发现．在二分类变量中，在极不均匀分割中“错误”一方的样本可能是一元异常值．Rummel(1970)建议用类别间 90-10 或更多的分割删除二分类变量，这么做一是因为二分类变量和其他变量间的相关系数被截断了，二是因为小分类中的样本得分比大类别中的样本得分更有影响．在常规的前期数据筛选中使用频率分布(SPSS FREQUENCIES、SAS UNIVARIATE 或交互式数据分析)的模型中，能很容易地找到极值分割的二分类变量.

至于连续变量，寻找异常值的过程依赖于数据是否是分组的．如果是分析未分组的数据(回归、典型相关、因子分析、结构方程模型或某些时间序列分析)，在所有样本中一次性搜索一元和多元异常值，正如 4.2.1.1 节(一元)和 4.2.1.4 节(多元)说明的那样．如果分析分组数据(ANCOVA、MANOVA 或 MANCOVA、轮廓分析、判别分析、logistic 回归、生存分析或多层次建模)，分别在每个组内搜索异常值，正如 4.2.2.1 节和 4.2.2.3 节说明的那样.

对于连续变量而言，一元异常值是在一个或多个变量上有很大的标准化得分——z 得分，这些得分和其他的 z 得分是无关的，标准化得分超过 3.29($p<0.01$，双尾检验)的样本是潜在的异常值．然而，标准化得分的极限值依赖于样本容量，对于很大的 N，只有几个标准化得分超过 3.29. 通过 SPSS EXPLORE 或 DESCRIPTIVES(z 得分被保存在数据文件中)可得到 z 得分，利用 SAS STANDARD(MEAN＝0，STD＝1)也能得到 z 得分，也可从提供均值、标准差、最小值和最大值的任何输出结果中手工计算 z 得分.

除了 z 得分之外，还可利用图方法发现一元异常值，有用的图有直方图、箱形图、正态概率图或去除趋势的正态概率图．变量的直方图容易理解和得到，而且可能揭示出一个或多个一元异常值．通常在均值附近有大量的样本拖尾．异常值是指似乎与分布的其余部分无关的一个样本点(或极少量样本点). 利用 SPSS FREQUENCIES(若是分组数据再加上 SORT 和 SPLIT)、SAS UNIVARIATE 或 CHART(若是分组数据则用 BY)产生连续变量的直方图.

箱形图更简单，按字面理解，就是把中位数附近的观测框起来．离箱子很远的样本是异常值．在评价变量分布的正态性时，正态概率图和去除趋势的正态概率图非常有用，这将在 4.1.5.1 节讨论．一元异常值在这些图中是可见的，这些点与其他点有相当大的距离.

一旦锁定了潜在的一元异常值，研究人员要决定转换异常值是否可行．对异常值进行转换(4.1.6 节)既可以提高分布的正态性(4.1.5.1 节)，又可以让一元异常值离分布的中心更近，从而减小异常值的影响．如果转换是可行的，则在搜索多元异常值之前就要进行转换，因为揭示多元异常值的统计量(马氏距离及其方差)同样对非正态性敏感.

马氏距离是样本偏离其他样本重心的距离，重心是所有变量均值交集的点．对大部分的数据集而言，在多元空间中，样本点围绕重心附近的样本形成一个群体，每个样本都由单个点代表，这个点是此样本在所有变量取值的联合，就像二元散点图中，每个样本点由X，Y联合确定的点代表．但是一个多元异常值的样本落在群体的外面，与其他样本点有一定的距离．马氏距离是多元距离的一种度量，可利用χ^2分布评估每个样本的马氏距离.

马氏距离受变量间方差和协方差结构的影响，赋予方差较大的变量和变量间相关性较强的群组较低的权重．在一些条件下，马氏距离会“掩盖”真正的异常值(产生假阴性)或“淹没”正常的样本(产生假阳性)，因此，马氏距离并不是非常可靠的多元异常值指标，使用的时候一定要谨慎.

4.2.1.4节和4.2.2.3节以及其他的很多地方都用到并解释了马氏距离．用马氏距离估计样本点是否为异常值时，选择一个非常保守的概率是合适的，比如χ^2值所对应的$p<0.001$.

用于识别多元异常值的其他统计度量有杠杆率、差异(discrepancy)和影响．尽管这三种度量是在多元回归(第5章)的背景下发展起来的，但目前可用于一些其他的分析．杠杆率和马氏距离(或其在“hat”矩阵中的其他变体)有关，而且有多种不同的叫法：HATDIAG、RHAT或h_{ii}. 杠杆率虽然和马氏距离有关，却是在不同的水平上度量的，因此，不能用基于χ^2分布的显著性检验⊖. 公式(4.3)显示了杠杆率h_{ii}和马氏距离的关系：

$$\text{马氏距离} = (N-1)(h_{ii}-1/N) \tag{4.3}$$

或者，有时更有用的形式为

$$h_{ii} = \frac{\text{马氏距离}}{N-1} + \frac{1}{N}$$

通过转换马氏距离的χ^2临界值，后一种形式能很容易地找到$\alpha=0.001$时杠杆率的临界值.

高杠杆率的样本离其他的样本很远，但可以与其他样本在基本相同的直线上远离，也可以是远离、偏离该直线．差异度量的是一个样本和其他样本的一致程度．图4-2a显示了一个高杠杆率、低差异的异常值；图4-2b显示了一个高杠杆率、高差异的异常值；图4-2c显示了一个低杠杆率、高差异的异常值．在所有的图中，似乎异常值和剩余的样本都是无关的.

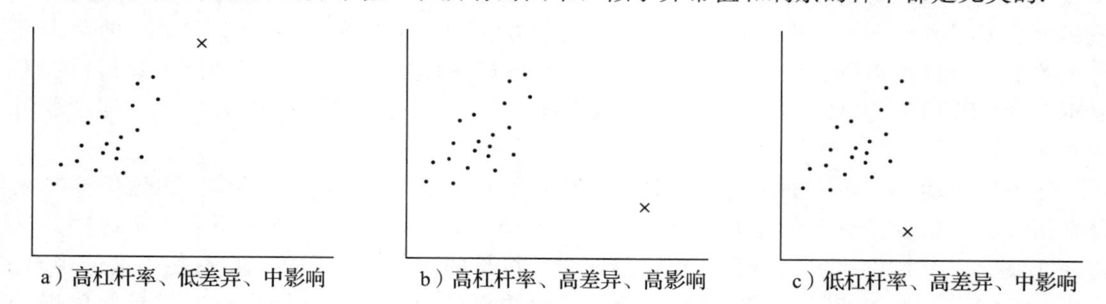

a）高杠杆率、低差异、中影响　b）高杠杆率、高差异、高影响　c）低杠杆率、高差异、中影响

图4-2　杠杆率、差异和影响之间的关系

⊖ Lunneborg(1994)建议将$h_{ii}\geqslant 2(k/N)$的样本定义为异常值.

影响是杠杆率和差异的产物(Fox，1991)，评估的是删除样本时回归系数的变化，影响值大于1.00的样本是可疑的异常值．度量影响的统计量是Cook距离的变体，在输出结果中被标识为Cook距离、修改的Cook距离、DFFITS和DBETAS. Fox(1991，pp. 29-30)详细描述了这些术语，感兴趣的读者可以查阅.

杠杆率和马氏距离作为观测异常值的统计学方法，它们的值在一元和多元统计模型包中都是可得的，然而，最近的研究(比如Egan和Morgan，1998；Hadi和Simonoff，1993；Rousseeuw和van Zomeren，1990)表明这些方法并不是完全可信的．不幸的是，替代方法的计算很烦琐，而且在统计软件包中并不容易得到．所以，马氏距离或其变体是目前最容易观测异常值的方法，但使用时一定要谨慎.

通过SPSS REGRESSION可以统计评估每个样本的距离，也可以统计评估每个样本和其他样本的距离，通过Regression菜单中的Save命令得到马氏距离值、Cook距离值或杠杆率值，并把它们作为单独的列保存在数据文件中，而且可以利用标准的描述性软件包检验这些值．然而，如果利用回归模型只是寻找异常值，必须指定某些变量(比如样本数)作为因变量，把感兴趣的变量集看作自变量，在自变量中寻找异常值．另外，利用SPSS REGRESSION中的子命令RESIDUALS可以输出前10个最大马氏距离的样本，正如4.2.1.4节展示的那样.

SAS回归模型也提供了每个样本的杠杆率h_{ii}的值，可以容易地转换成马氏距离(公式(4.3))，这些值同样被保存在数据文件中，而且可以用标准的统计和图形技术检验这些值.

在分组数据中找到的多元异常值是分别在每个群组中搜索找到的．SPSS和SAS REGRESSION需要对每个群组单独操作，而且每个群组都有自己的误差项．其他软件包中的模型则利用组内残差项给出每个样本的马氏距离，比如SYSTAT DISCRIM和BMDP7M. 因此，通过这些模型识别的异常值可能不同于SPSS和SAS REGRESSION识别的异常值.

SPSS DISCRIMINANT在解决方案中给出异常值，这对筛选异常值不是特别有用(我们不想只因为结果不能很好地拟合异常值而删除它)，但有助于评价结果的普遍性.

一些多元异常值经常隐藏在其他多元异常值之后——掩盖其他异常值的异常值(Rousseeuw和van Zomeren，1990). 当删除前几个被识别为异常值的样本后，数据集更加一致，然后其他的样本又成为极值．解决这一问题的稳健方法已被提出(比如，Egan和Morgan，1998；Hadi和Simonoff，1993；Rousseeuw和van Zomeren，1990)，但还未被写入流行的软件模型包中．这些方法的近似方法是多次筛选多元异常值来近似，每次处理上次运行中识别为异常值的样本，直到最终识别不出新的异常值．但当识别越来越多的异常值的过程无限延伸时，对有异常值的情况和没有异常值的情况分别试运行，从而观察后识别出的异常值是否真正地影响了结果．如果没有影响结果，则不能删除后来识别出的异常值.

4.1.4.2 描述异常值

一旦识别出多元异常值，我们需要发现为什么这些样本是极值．(已经知道一元异常值是极值．)识别样本在哪个变量上异常是很重要的．有三个理由：第一，此过程有助于我们决定此样本是否是我们样本的合适部分；第二，如果要修改样本点而不是删除样本，我们需要知道修改哪一个；第三，为之后样本的普遍性分析做出了提示.

如果只有少数多元异常值，单独地检查它们是合理的；如果有很多异常值，则将它们视为一个整体，观察是否有变量可将这群异常值和其他样本分开.

无论我们试图描述一个异常值还是一群异常值，技巧是产生一个虚拟的分组变量，异常值在虚拟变量上取一个值，其他的样本取另外一个值．此虚拟变量在判别分析(第9章)或logistic回归(第10章)中被当作分组因变量，在回归(第5章)中被当作因变量，我们的目的是识别出区分异常值和其他样本的变量．异常值区别于其余样本的变量进入方程，其他的变量则不进入．一旦识别出这些变量，通过常规的描述性模型就能得到偏远的和非偏远的样本在这些变量上的均值．异常值的描述在4.2.1.4节和4.2.2.3节加以说明.

4.1.4.3 减小异常值的影响

一旦识别出一元异常值，有一些策略可减小其影响，但在使用策略之前，要检查这些样本的数据，确保它们正确地进入数据文件．如果数据是正确的，考虑某个变量对大部分的异常值负有责任的概率．如果某个变量确实对大部分的异常值负有责任，则删除此变量能减少异常值的数目．如果此变量和其他变量高度相关或对分析来说不重要，则删除此变量是个好方法.

如果这些简单的方法都不合适，那么就必须判断为异常值的样本是否为想抽样的总体的合适部分．尽管样本有极值得分，但如果和其余样本明显相连，那么很可能是样本的合理部分．如果样本不是总体的一部分，那么删除它们不会对期望的总体结果的普遍性造成任何损失.

如果确定了异常值是从目标总体中抽取的样本点，则将它们保留在分析中，但要采取措施减小其影响——转换变量或改变得分.

减小一元异常值影响的第一个选择是变量转换，改变分布的形状，使其更接近正态．在这种情况下，异常值被认为是尾部过厚非正态分布的一部分，以至于过多的样本落在分布的极值上．未转换分布中的异常值样本依然在转换分布的尾部，但它们的影响减小了．正如4.1.6节所描述的，转换变量还有其他的有益影响.

减小一元异常值影响的第二个选择是改变偏远样本在一个(几个)变量上的取值，以至于它们虽然仍是不正常的，但不正常的程度减小．例如，指定偏远样本点在违反变量上的原始取值为比分布中次最大极值大(或小)一个单位的值．因为变量的度量有时是相当随意的，在减小一元异常值影响时，该方法通常是比较吸引人的.

对真正的多元异常值而言，转换或更换观测值可能是无效的，因为该问题涉及两个或多个变量取值的组合，而不是任意一个变量的取值．该样本在取值的组合上有异于其他样本．尽管转换或更换变量上的取值后通常会大幅减少可能的多元异常值的数目，但有时一些样本点仍远离其余样本，通常要删除这类样本点．如果将它们保留下来，它们会在几乎任一方向上扰乱结果．取值的任何转变、更改和删除都将在结果部分中与基本原理一起报告.

4.1.4.4 结果中的异常值

一些样本可能在结果中拟合得不好．通过选择的模型得到的这些样本的预测值与其真实值相差甚远．这类样本是在分析完成之后识别出来的，并不作为筛选过程的一部分．在进行主要分析之前识别并消除或改变这类样本的取值，会使分析看起来比实际情况更好．所以，先进行主要分析然后“改造”是最佳限于探索性分析的模型．描述未分组数据技术的章节在讨论技术局限性时，处理了结果中的异常值.

4.1.5 正态性、线性和同方差性

在一些多元统计模型和大部分对结果的统计检验背后，隐藏的是多元正态性假设．多元正态性是假设每个变量以及变量的所有线性组合的分布都是正态的．当满足假设时，分析的残差[㊀]同样是正态分布而且彼此独立．多元正态性假设并不容易检验，因为变量的线性组合有无穷多个，检验它们的正态性是不切实际的，而那些可以运用的检验又过于敏感.

多元正态性的假设是许多显著性检验推导的一部分．尽管当违反假设时，得到大多数推断统计量依然是稳健的[㊁]这个结论很诱人，但这并不能保证此结论的正确性[㊂]. Bradley(1982)报告说随着分布偏离正态性，统计推断越来越不稳健，许多条件下容易使稳健性迅速下滑．即使仅单纯地使用描述性统计，数据的正态性、线性和同方差性也可以增强分析效果．因此，最安全的策略是利用变量转换来提高其正态性，除非存在某些强制性的原因不能这么做.

多元正态性假设适用于不同的多元统计量. 对于未分组样本的分析而言，假设适用于变量自身的分布或残差的分布；对于分组样本的分析而言，假设适用于变量均值的抽样分布[㊃].

如果未分组的数据存在多元正态性，则每个变量本身是正态分布的，而且两两变量间的关系(如果存在)满足线性和*同方差性*(Homoscedasticity)(即一个变量的方差和其他所有变量的方差完全相同). 通过检查单个变量的正态性、线性和同方差性或通过检验涉及预测的分析中的残差[㊄]，可部分检验多元正态性假设．如果单个变量(或残差)不服从正态分布或两两变量间不存在线性和同方差性关系，则假设肯定被违反了，至少在某种程度上被违反了.

对于分组数据而言，要求变量均值的抽样分布服从正态分布．中心极限定理保证了当样本足够大时，不管变量的分布如何，其均值的抽样分布都是正态分布．例如，如果在一元方差分析中，残差至少有 20 个自由度，那么当变量违反正态性假设时，F 检验依然是稳健的(前提是没有异常值).

这些问题将在第 5～16 章中再次讨论，因为它们直接适用于一元或多元分析过程．非参数过程，例如多重列联表分析(第 16 章)和 logistic 回归(第 10 章)没有分布的假设．取而代之的是，先假设数据的分布，然后检验观察到的分布是否与假设的分布一致.

4.1.5.1 正态性

筛查连续变量的正态性是几乎所有多元分析的一个重要的早期步骤，尤其是在进行统计推断时尤为重要．尽管统计分析并不总是要求变量满足正态性，但如果变量都服从正态分布，结果通常会更好些．如果变量不是正态分布的，尤其当变量以各种不同的方式(即相当程度的右偏和左偏)呈现非正态性时，结果可能不是十分理想.

㊀ 残差是剩余量，是多元统计分析没有解释的部分．在分析提供预测得分的情况下，也被称为预测值和实际值间的“误差”. 注意：在利用诸如样本数的虚拟因变量观测多元预测值时，不能产生有意义的残差图．

㊁ 稳健意味着即使当分布不满足分析假设时，在给定的 α 水平下，研究人员依然能以相同的次数准确地拒绝原假设．通常，使用蒙特卡罗程序将某些具有已知属性的分布放入计算机中，从中重复抽样和重复分析．研究人员根据计算机中已知的分布特性，计算接受和拒绝原假设的概率．

㊂ 例如，对于大样本和等样本而言，即使违反了正态性假设和同方差假设，均值差异的一元 F 检验也经常被认为是稳健的，但 Bradley(1984)对这一普遍性提出了质疑．

㊃ 抽样分布是由从总体中重复抽取给定大小的随机样本计算的统计量(不是原始分值)的分布．例如，在一元方差分析中，检验了关于均值抽样分布的假设(第 3 章).

㊄ 多元回归利用残差分析检验正态性、线性和同方差性，这将在 5.3.2.4 节讨论．

变量的正态性可以用统计方法或图形方法评估．正态性的两个主要特征是偏度和峰度．偏度和分布的对称性有关，有偏变量是指均值不在分布中心的变量．峰度与分布的峰值有关，分布要么过于尖峰(具有短的厚尾)，要么过于扁平(具有长的薄尾)[㊀]．图 4-3 给出了正态分布、具有偏度的分布和具有非正态峰度的分布．变量可以有显著的偏度、峰度或两者兼有．

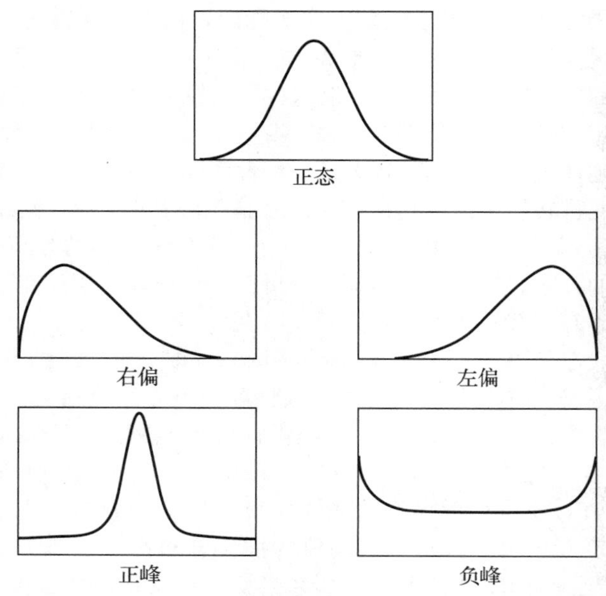

图 4-3　正态分布、具有偏度的分布和具有峰度的分布

当分布为正态时，偏度和峰度的值是零．如果分布是右偏的，则左边有大量的样本，并且右尾很长；如果分布是左偏的，则右边有大量的样本，且左尾很长．大于零的峰度值表示分布是过于尖峰的，尾部短而厚，小于零的峰度值表示分布是过于扁平的(尾部也有过多的样本)[㊁]．不服从正态分布的峰度会低估变量的方差．

对于偏度和峰度都有显著性检验，需要检验获得的值对零的原假设．例如，偏度的标准误差近似是

$$s_s = \sqrt{\frac{6}{N}} \tag{4.4}$$

其中，N 是样本个数．然后，利用 z 分布将得到的偏度值与零比较，其中

$$z = \frac{S - 0}{S_s} \tag{4.5}$$

S 是报告的偏度值．峰度的标准误差近似为

㊀ 如果我们确定异常值是从预期总体中抽样得到的，但在尾部有过多的样本，可以认为抽取异常值的分布有偏离正态的峰度．

㊁ 当分布为正态时，按照峰度公式计算的峰值是 3，但所有的统计软件包在输出峰度前都将计算的峰值减去 3，因此峰度的期望值为零．

$$s_k = \sqrt{\frac{24}{N}} \tag{4.6}$$

利用 z 分布将得到的峰度值与零比较，其中

$$z = \frac{K - 0}{s_k} \tag{4.7}$$

K 是报告的峰度值.

对于中小样本而言，常用比较保守的(0.01 或 0.001)α 水平评价偏度和峰度的显著性，但如果样本较大，则最好通过分布的形状而不是利用正式的推断来检验其显著性．因为偏度和峰度的标准差都随 N 的增大而减小，因此，即使只是稍微偏离正态性，对大样本而言很可能拒绝原假设.

在大样本中，统计上呈现显著偏度的变量通常不会偏离正态太多，以至于在分析中不会产生大的差异．换句话说，对大样本而言，分析偏度的显著性水平不像分析其实际大小(离零越远，情况越糟)和分布的视觉特征那样重要．在大样本中，偏离零峰度的影响也减小了．例如，当样本量达到或超过 100 时，低估正峰度(尾部短而厚的分布)变量方差的影响将消失；当样本量达到或超过 200 时(Waternaux，1976)，低估负峰度变量方差的影响将消失.

通过许多软件程序可以计算得到偏度值和峰度值．例如，SPSS FREQUENCIES 可选择输出偏度、峰度和它们的标准误差．另外，如果指定 HISTOGRAM＝NORMAL，可使变量的频率直方图为正态分布．DESCRIPTIVES 和 EXPLORE 同样可以输出偏度和峰度统计值，在 SAS UNIVARIATE[⊖] 中同样能得到直方图或茎叶图.

在评价正态性时，频率直方图是重要的图形工具，尤其是在叠加正态分布时，但比频率直方图更有用的是期望正态概率图和去趋势期望正态概率图．在这些图形中，对样本值进行排序和分类，然后计算每个样本的期望正态值，并和其实际正态值比较．期望正态值是此排名的样本在正态分布中保持的 z 值，正态值是此样本在实际分布中的 z 值．如果实际分布是正态的，则样本点沿从左下方到右上方的对角线分布，且由于随机过程，可能存在一些微小的偏离值．与正态分布的偏离会使点远离对角线.

观察图 4-4 中通过 SPSS PPLOT 得到的 ATTDRUG 和 TIMEDRS 的期望正态概率图．程序语法表明我们感兴趣的 VARIABLES 是 attdrug 和 timedrs，其余语法由 SPSS 窗口菜单系统默认产生．正如 4.2.1.1 节报告的那样，ATTDRUG 是合理的正态分布(峰度＝－0.447，偏度＝－0.123)，TIMEDRS 是尖峰、右偏的(峰度＝13.101，偏度＝3.248，二者均显著不为 0)．ATTDRUG 的样本沿对角线排列，而 TIMEDRS 的样本却没有．TIMEDRS 在取值较小的情况下，很多都在对角线之上，取值较大时，很多都在对角线之下，这反映了偏态和峰态的结构.

图 4-4 还给出了 TIMEDRS 和 ATTDRUG 的去趋势期望正态概率图．这些图与期望正态概率图相似，不同的是绘制了与对角线的偏差，而不是沿对角线的值．换句话说，移除了从左下角到右上角的线性趋势．如果像 ATTDRUG 一样，变量的分布是正态的，则样

⊖ 在结构方程模型(第 14 章)中，EQS 提供了每个变量的偏度值和峰度值，在 EQS、PRELIS 和 CALIS 中能得到 Mardia 系数(多元峰度值)．另外，可利用 PRELIS 通过替代的相关系数处理非正态性，比如多序列相关系数或多分格相关系数(参考 14.5.6 节).

本点在贯穿 Y 轴为 0.0 的水平线上下两侧均匀分布，该水平线是与期望正态值零偏离的线. TIMEDRS 的偏度和峰度再次明显 . TIMEDRS 取值较低时，点在线的上方集聚，取值较高时，点在线的下方集聚 . 在 SAS UNIVARIATE 和 SPSS MANOVA 中同样能得到变量的正态概率图，这些软件中的许多程序同样可以生成去趋势的正态概率图.

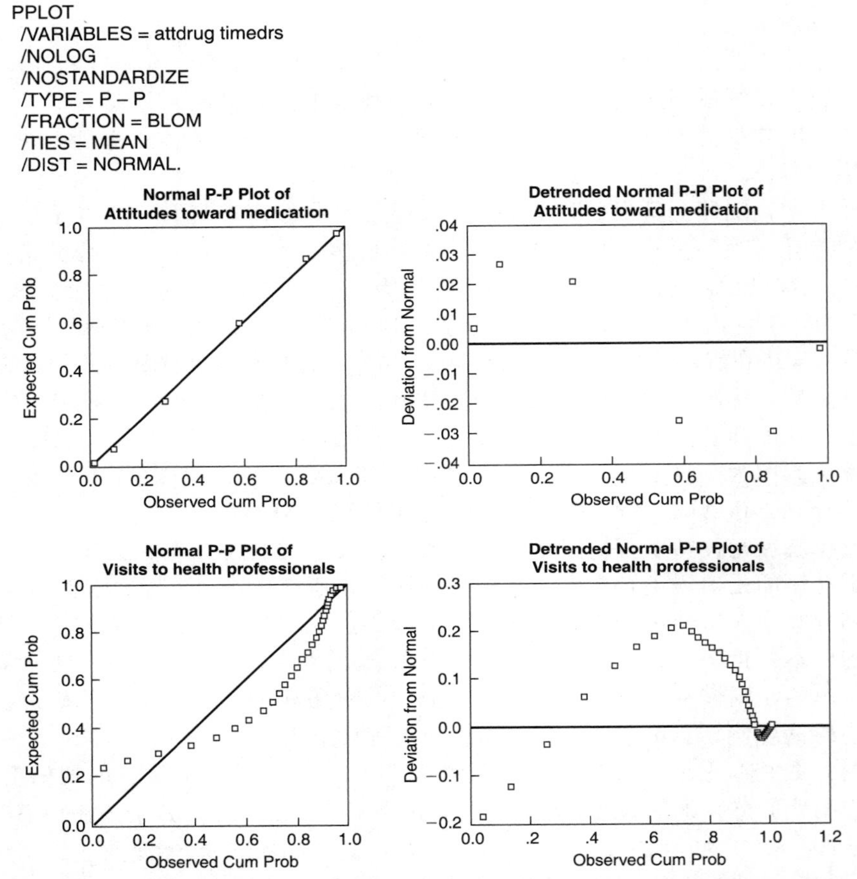

图 4-4　ATTDRUG 和 TIMEDRS 的期望正态概率图和去趋势的期望正态概率图、SPSS PPLOT 语法和输出结果

如果我们要分析未分组的数据，在分析之前筛选变量的另一种方法是先进行分析，然后计算残差(预测值和实际的因变量值之间的差值). 如果存在正态性，则残差也服从正态的独立分布 . 即预测值和实际值间的差异——误差——是关于零均值对称分布的，而且误差之间没有关联性 . 在多元回归中，也要通过期望正态概率图和去趋势的期望正态概率图筛选残差的正态性[⊖]. SPSS REGRESSION 提供了这种诊断技术(以及其他的诊断技术，将

⊖ 对于分组数据而言，残差和组内分布的形状一样，因为预测值是均值，减去一个常数项并不改变分布的形状. 许多用于分组数据的程序都将组内分布作为选项进行绘制，这将在接下来的几章中进行讨论 .

在第 5 章讨论). 如果残差是正态分布的，其期望正态概率图和去趋势的期望正态概率图看起来和变量是正态分布时的一样．回归中，如果残差图看起来是正态的，则没有必要再检验单个变量的正态性.

如果残差显示出偏离正态的现象，分析人员必须要查看其余输出结果，避免因“修改”变量和样本而产生一个预期结果．由于筛选变量和残差会得到一样的结论，因此，根据单独的筛选过程而非对分析结果的筛选[一]做出转换、删除异常值等的决定可能更客观些.

对于未分组数据，如果发现了非正态性，一般考虑转换变量．4.1.6 节将讨论常用的转换方法．除非有令人信服的理由不允许转换，否则在一般情况下对变量进行转换是比较好的．然而，要明白即使每个变量都是正态分布，或可转换成正态的，也不能保证这些变量的所有线性组合是正态分布的．即如果每个变量都符合一元正态分布，那么它们也不一定服从多元正态分布．但是，如果所有变量都是正态分布的，则更有可能满足多元正态性的假设.

4.1.5.2 线性

线性假设是指两个变量(也可以是多个变量的组合)间存在直线关系．从实际意义上讲，线性很重要，因为皮尔逊的 r 只包括变量间的线性关系．如果变量间存在实质性的非线性关系，那么这些非线性关系将被忽略掉.

在包含预测变量的分析中可以通过残差图诊断非线性，还可以通过两变量的二元散点图诊断非线性．在标准残差以及预测值的图中，当大部分的残差在一些预测值零线的上方，另一些在预测值零线的下方时，这意味着存在非线性(第 5 章).

通过观察二元散点图，可以粗略地评价两个变量间的线性关系．如果两个变量都是正态分布的，而且是线性相关的，则散点图是椭圆状的．如果一个变量是非正态的，则这个变量和其他变量的散点图不是椭圆状的．二元散点图的检查将在 4.2.1.2 节说明，同时还将说明转换变量能提高变量间的线性关系.

然而，有时变量间的关系并不是线性的．例如，考虑症状数量和药物剂量的关系，如图 4-5a 所示．当剂量小时有大量症状，剂量中等时只有几个症状，剂量大时又有大量症状，症状数量和药物剂量是曲线相关的．这种情况下，可选择使用症状数的平方代替分析中的症状数来刻画曲线关系．另一种做法是将剂量重新编码为两个虚拟变量(一个虚拟变量代表大对小，另一个虚拟变量代表大小组合对中等)，然后用虚拟变量取代分析中的剂量[二]．如果重新编码后变量间根本没有任何关系，则二分类虚拟变量只能与其他变量具有线性关系.

通常，两个变量间既有线性关系又有曲线关系，就像图 4-5b 显示的那样．一个变量通常随另一个变量增大(或减小)而减小(或增大)，但也有曲线的关系．例如，症状可能随剂量的增加而减小，但只是在到达某个点之前．超过了这个点，增加剂量并不能使症状进一步减少或增加．在这种情况下，线性成分可能足够强大，除非曲线成分有重要的理论意义，不然忽略曲线成分也不会有太大的损失.

㊀ 我们要明白其他人(例如，Berry，1993；Fox，1991)对筛选残差也有不同的看法．

㊁ 此处非常适合采用非线性分析策略，比如 SAS NLIN 的非线性回归，但此类策略超出了本书的范围．

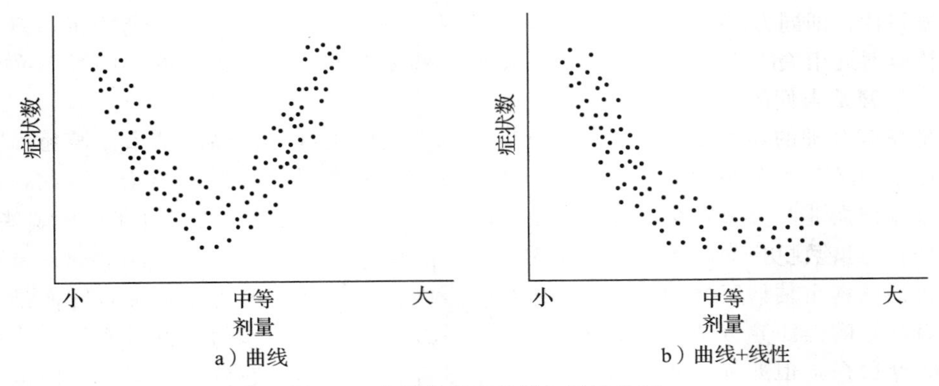

a）曲线　　b）曲线+线性

图 4-5　曲线关系和曲线加线性关系

当样本量比较小时，利用二元散点图评价线性关系．变量较多时要检查所有可能的变量对，特别地当样本被分组时，要在每个组内单独地进行分析．如果只有几个变量，筛选所有可能的对并不麻烦；如果有大量的变量，就要利用偏度统计量筛选可能偏离线性的变量对．同时，还要考虑可能存在真正非线性的变量对，并利用二元散点图检查它们的线性．SPSS GRAPH 和 SAS PLOT 可生成二元散点图．

4.1.5.3　同方差性、方差齐性和方差-协方差矩阵齐性

对未分组数据而言，同方差性假设是指一个连续变量的值的变异性与另一个连续变量的变异性大致相同．对于分组数据而言，当一个变量是离散变量(分组变量)，另一个变量是连续变量(因变量)时，这与方差齐性假设相同．在分组变量的所有水平上，因变量的变异性都大致相同．

同方差性和正态性假设有关，因为当满足多元正态性假设时，变量间的关系满足同方差性．两个变量间的二元散点图的宽度几乎处处相等，靠近中间的地方会有一些凸起．图 4-6a 说明了二元散点图的同方差性．

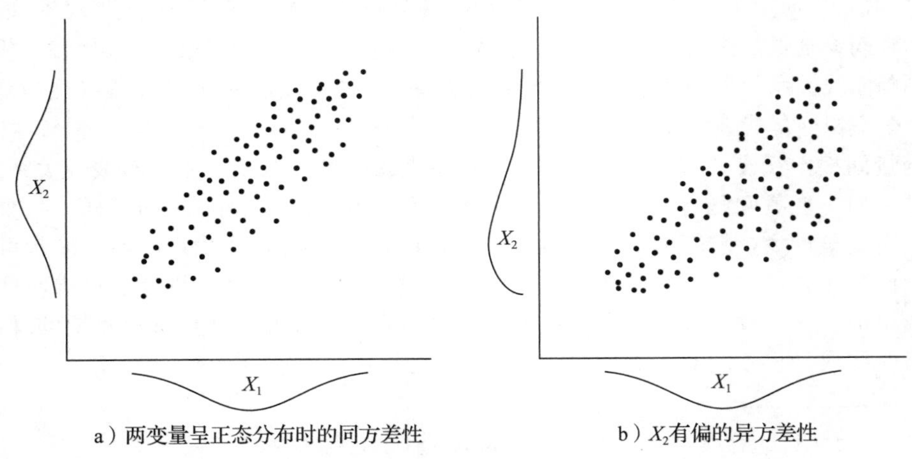

a）两变量呈正态分布时的同方差性　　b）X_2有偏的异方差性

图 4-6　在同方差性和异方差性条件下的二元散点图

异方差性，即同方差性的对立面，是由其中一个变量的非正态性或一个变量与另一变量的某些转换形式相关的事实引起的．例如，考虑年龄(X_1)和收入(X_2)的关系，用图 4-6b 加以描述，一开始人们的收入一样，随着年龄的增长，人们的收入出现越来越大的差距，这种关系是完全合理的，但不是同方差性的．在这个例子中，收入可能是右偏的，对收入进行转换可能会提高其与年龄关系的同方差性.

异方差性的另一个来源是自变量的某些水平上存在较大的测量误差．例如，年龄在 25 到 45 岁的人可能比更年轻的或更老的人更加关心体重，因此，更老的或更年轻的人会给出可信度较低的体重估计，从而增加了他们相应年龄阶段体重值的方差.

应该注意的是，异方差性对未分组数据的分析并不是致命的．通过分析可以捕获变量之间的线性关系，但如果考虑到异方差性，则可预测性会更高．如果没有解释异方差性，分析能力会减弱，但并不是无效的.

当数据被分组时，方差齐性又被称为方差的同质性．大量的研究评价了方差分析和类方差分析的稳健性(或缺乏稳健性)违反方差齐性．最近的指导原则比早期漫不经心的指导原则更加严厉，有正式的方差齐性检验，但大部分检验都太过严格，因为对它们的正态性也进行了评价．(一个例外是方差齐性的 Levene 检验，该检验对偏离正态性不是特别敏感.)相反，一旦消除异常值，就可以用 F_{max} 连同样本量比例评价方差齐性.

F_{max} 是最大的单元方差与最小的单元方差的比例．如果样本量相对相等(最大与最小单元的大小之比为 4∶1，甚至更小)，像 10 那么大的 F_{max} 是可接受的．随着单元大小间的差异增大(比如，最大单元与最小单元的大小之比达到 9∶1，而不是 4∶1)，如果较大的方差与较小的单元大小有关，像 3 那么小的 F_{max} 就与增大的第一类错误有关(Milligan、Wong 和 Thompson，1987).

违反齐性时，通常可以通过转换因变量值加以纠正，但是所做的解释仅限于转换后的因变量值．另一个选择是对未转换的变量施行更严格的 α 水平(轻度违反时将名义上的 $\alpha=0.05$ 换成 0.025；严重违反时用 0.01).

方差齐性的多元类似物是方差-协方差矩阵的齐性．对于一元方差齐性而言，当最大离差与最小样本量有关时，犯第一类错误的概率会增大．SPSS 使用的正式检验 Box's M 太过严格，方差分析的多元应用通常需要大样本量．9.7.1.5 节说明了通过 SAS DISCRIM 用 Bartlett 检验如何评价方差-协方差阵的齐性．SAS DISCRIM 允许通过严格的 α 水平判断异质性，而且当违反齐性假设时，判别分析将基于单个的方差-协方差阵进行分析.

4.1.6 常用的数据转换

尽管建议使用数据转换来补救异常值和正态性、线性以及同方差性的缺陷，但该方法并不是被普遍建议的．因为要从分析所包含的变量出发对分析做出解释，而转换后的变量有时难以进行解释．例如，尽管 IQ 得分被广泛地理解，而且能被有意义地解释，但却较难解释 IQ 得分的对数.

转换是否会增加解释的难度通常取决于测量变量的水平．如果测量水平是有意义的或广泛使用的，那么转换通常会阻碍解释，但如果测度规模是任意的(情况常常如此)，那么转换不会显著地增加解释的难度.

对于未分组数据而言，除非无法解释转换后的值，否则最好是将变量转换成正态的．对于分组数据而言，要用均值的抽样分布(不是样本值的分布)评价正态性假设，而且中心极限定理预测了合理大小的样本的正态性．变量转换可能会改善结果分析，也可能会减小异常值的影响．因此，我们建议在所有情况下都考虑转换变量，除非有理由认为不能进行转换．

如果我们决定进行变量转换，检查变量是否是正态的或转换后是否服从正态分布很重要．通常我们需要先尝试一种转换，然后尝试另一种转换，直到我们找到产生偏度和峰度最接近零、最好的图或最少的异常值的转换．

几乎所有数据集在进行变量转换后都大幅度地改善了分析结果．当一些变量是有偏的而另一些变量不是有偏的，或转换前变量有偏的程度不同时，上述结论尤为正确．然而，如果所有的变量都是有偏的，而且偏斜程度大致相同，则变量转换对分析的改进是微不足道的．

对于分组数据而言，转换之后的均值差异检验是原始数据中位数的差异检验．通过转换使分布正态化后，均值等于中位数．该转换影响均值却不影响中位数，因为中位数只依赖于样本的排列次序．因此，关于转换后均值分布的结论同样适用于未转换的中位数分布．之所以进行转换是因为分布是有偏的，而且均值不是分布中样本值集中趋势的良好指标．对于有偏的分布，不管怎么讲，中位数通常比均值更适合度量集中趋势，因此解释中位数的差异是合适的．

变量偏离正态的程度是不同的．图4-7介绍了几个分布以及有可能使分布正态的转换．如果分布与正态分布适度地不同，则首先尝试平方根转换．如果分布大大不同，则尝试对数转换．如果分布严重不同，则尝试取倒数．根据Bradley(1982)，对J形分布而言，取倒数是最好的方法，但即使取倒数也不能使分布呈正态．最后，如果分布偏离正态非常严重，而且没有合适的转换方法，则可以尝试将变量一分为二．

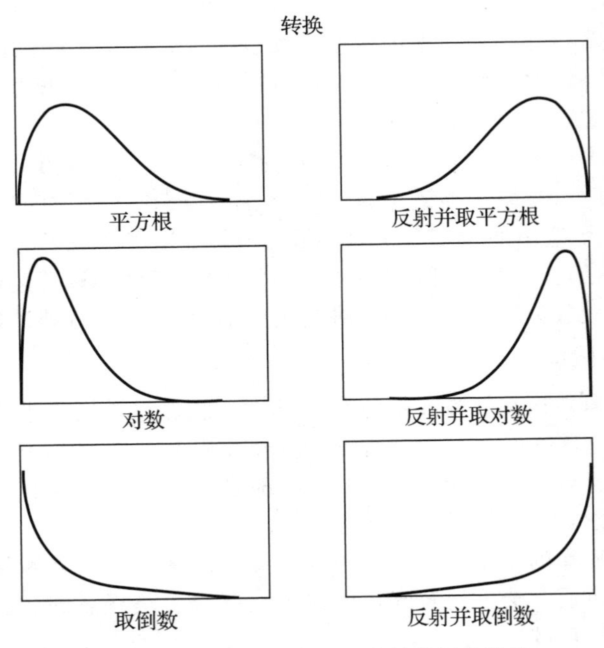

图4-7　原始分布和产生正态性常用的转换

还要考虑偏离的方向．当分布右偏时，正如前面讨论的，长尾位于右侧；当分布左偏时，长尾位于左侧．如果是左偏的，最好的策略是反射(reflect)这个变量，使其成为右偏分布，然后再对其进行合适的转换[㊀]．为了反射某个变量，首先要找到分布中的最大样本值，给其加上一个常数，该常数大于分布中任何样本点的值，然后通过从常数中减去样本值来创建一个新变量．这样，在进行转换之前就将左偏的分布转换成右偏的分布．当解释反射变量时，请确保反转了解释的方向(或考虑在转换之后重新对其进行反射).

记住在转换之后要对其进行检查．例如，如果一个变量只是适度地右偏，平方根转换可能使此变量适度地左偏，如此看来该转换没有任何优势．通常在找到最有用的转换之前需要尝试多个转换.

表 4-3 给出了 SPSS 和 SAS 转换变量的语法[㊁]．注意如果分布包含小于 1 的值，则也要加上一个常数．为每个得分加上一个常数(使最小值至少为 1)是为了避免对 0 取对数、平方根或倒数.

表 4-3　常用的数据转换的语法

	SPSS COMPUTE	SAS① DATA Procedure
适度右偏	NEWX＝SQRT(X)	NEWX=SQRT(X)
大幅度右偏	NEWX＝LG10(X)	NEWX=LOG10(X)
包含零	NEWX＝LG10(X＋C)	NEWX=LOG10(X+C)
严重右偏	NEWX＝1/X	NEWX=1/X
包含零的 L 形	NEWX＝1/(X＋C)	NEWX=1/(X+C)
适度左偏	NEWX＝SQRT(K－X)	NEWX=SQRT(K-X)
大幅度左偏	NEWX＝LG10(K－X)	NEWX=LOG10(K-X)
J 形严重左偏	NEWX＝1/(K－X)	NEWX=1/(K-X)

注：C 为给每个样本值加上的一个常数，使得最小样本值为 1；

K 为从每个样本值中减去的一个常数，使最小样本值为 1，通常等于最大样本值＋1.

①也可用 SAS Interactive Data Analysis.

在各种转换中，不同的软件包处理缺失数据的方式不同，一定要查看说明以确保该模型处理缺失数据的方式正是转换中我们想要的方式.

我们应该清楚地了解本节只触及转换变量相关问题的表面，现已知的关于转换的资料还有很多，感兴趣的读者可参考 Box 和 Cox(1964)或 Mosteller 和 Tukey(1977)，从中可以得到更灵活、更具挑战性的方法来解决转换问题.

4.1.7　多重共线性和奇异性

当变量高度相关时，相关系数矩阵会显示出现多重共线性和奇异性的问题．模型存在多重共线性问题，说明变量是高度相关的(比如相关系数大于等于 0.90)．在存在奇异性问题的模型中，变量是冗余的，即一个变量可以由两个或多个其他变量线性表示.

㊀　然而，要记住对反射变量的解释恰好与原来的解释相反．如果在反射变量之前大的数值意味着好，则反射之后大的数值则意味着不好．

㊁　还可在 PRELIS 中利用对数(LO)转换和势(PO)对结构方程模型(第 14 章)中用到的变量进行转换．在势转换中要指定 γ 值，例如，$\gamma=1/2$ 代表平方根转换(PO GA＝0.5).

例如，韦氏成人智力量表(Wechsler Adult Intelligence Scale，WAIS)上的得分和斯坦福-比内智力量表(Stanford-Binet Intelligence Scale)上的得分可能是多重共线性(multicollinear)的，因为它们是对同一事物的近似度量，但总的WAIS智力得分和其子量表得分是奇异(singular)的，因为总分是通过汇总子量表得分而得到的．具有多重共线性或奇异性的变量包含冗余的信息，进行某一分析不需要纳入所有变量．换句话说，模型中并不需要包含那么多的变量，相关系数矩阵不是满秩的，因为实际需要的变量比矩阵列数少.

二元或多元相关都会产生多重共线性或奇异性．如果二元相关性太高，在相关系数矩阵中表现为相关系数超过0.90，删除两个冗余变量中的一个后，将解决此问题．如果多元相关性太高，诊断多重共线性或奇异性稍微困难些，因为需要多元统计量来寻找有问题的变量．例如，尽管WAIS IQ是其子量表的组合，但总的IQ得分和每个子量表得分间的二元相关性并不都很高，通过检查相关系数矩阵无法得知是否存在奇异性.

多重共线性或奇异性既会引起逻辑问题也会引起统计问题．如果不是分析结构(因子分析、主成分分析和结构方程模型)，那么多重共线性往往会引起逻辑问题．如果分析中包含冗余变量，那么它会增大残差项，实际上减弱了分析．除非进行结构分析或处理同一变量的重复观测(就像包含轮廓分析的各种形式的方差分析)，否则将相关性达到或超过0.70的两个变量包含进同一分析之前要三思．解决多重共线性问题的方法包括忽略冗余变量中的某个变量或根据冗余变量创建一个综合得分.

奇异性或多重共线性产生的统计问题出现在十分高的相关性(大于等于0.90)上．问题是存在奇异性则无法进行矩阵求逆，多重共线性导致矩阵求逆不稳定．矩阵求逆在逻辑上等价于除法，不能对奇异矩阵进行除法的运算(相关内容有很多，查看第5～16章)，因为奇异矩阵的行列式等于零，不能用作除数(见附录A)．构造变量的叉积或变量的幂，将它们连同原始变量纳入分析时，通常会出现多重共线性，除非采取措施降低多重共线性(参见5.6.6节).

对于多重共线性而言，行列式并不确切为零，但小数点后几位都是零．除以接近于零的行列式会使逆矩阵中产生非常大的、不稳定的数值．R中相关系数的微小变动(比如，百分之几或千分之几)会引起逆矩阵中相应数值的剧烈浮动．由不稳定的逆矩阵产生的那部分多元的解也是不稳定的．例如，在回归中，误差项非常大，以至于任一系数都是不显著的(Berry，1993)，比方说当r是0.9时，回归系数的估计精度减半(Fox，1991).

很多模型通过计算变量的SMC来防止出现多重共线性和奇异性．SMC是一个变量的复相关系数的平方，其中，此变量在多重相关(参见第5章)中充当因变量，其他变量充当自变量．如果SMC很高，则此变量和集合中的其他变量高度相关，存在多重共线性．如果SMC为1，则此变量和集合中的其他变量完全相关，存在奇异性．很多模型将每个变量的SMC值转换成容忍度(1－SMC)，对容忍度进行处理.

辨析奇异性往往采用运行主要分析的形式来观察计算机是否运行正常．奇异性使大多数的运行中断，主成分分析(参见第13章)等分析例外，因为主成分分析不需要进行矩阵求逆．如果运行中断了，我们需要识别并删除有问题的变量．首先从变量本身出发，思考某个变量是否由其他变量产生，比方说，是否将两个变量加在一起产生一个新变量？如果是这样的，则删除其中一个变量会消除奇异性.

消除引起统计不稳定的多重共线性是大部分模型都需要进行的步骤，因为这些模型有纳入变量的容忍度标准．如果容忍度(1－SMC)太低，那么变量不能进入分析．通常情况下，如果容忍度水平在0.01和0.0001之间，即SMC介于0.99和0.9999之间，那么就需要剔除变量．若想要控制这一过程，则可以通过调整容忍度水平(许多软件中有此选项)或自行决定删除哪个(些)变量，而不是让模型仅仅根据统计特征做决定，因此，需要计算每个变量的SMC. 请注意分析分组数据时，不是单独地评价每个组的SMC.

在所有的软件包中，利用因子分析和回归模型都能得到SMC. PRELIS提供结构方程模型的SMC. SAS和SPSS均可进行Belsely、Kuh和Welsch(1980)提出的共线性诊断，共线性诊断产生一个调节指数，还产生每个标准化变量对每个根(见第12、13章和附录A中对根和维度的讨论)的变异比例．在同一维度上有较大变异比例的两个或多个变量存在问题.

调节指数用来度量一个变量对其他变量的紧密性和依赖性，它与SMC之间关系是单调的，但不是线性的．较大的调节指数与变量参数估计的标准误差的方差增大有关．当标准误差很大时，参数估计是高度不确定的．每个根(维度)都解释了每个估计参数的部分方差．当具有较大调节指数的根对两个或多个变量的方差做出很大贡献(很高的变异比例)时，就会出现共线性问题．Belsely等人(1980)提出的多重共线性的标准是，给定维度的调节指数大于30，外加至少两个不同变量的变异比例大于0.50. 4.2.1.6节展示了共线性诊断的相关内容.

如果发现存在共线性问题，现有几种处理方法．第一种方法，如果分析的唯一目的是预测，则可以忽略共线性．第二种方法是删除变异比例最高的变量．第三种方法是对共线性变量求和或求平均．第四种方法是计算主成分，将原始变量替换为主成分，用主成分做预测变量(见第13章). 最后一种方法是集中一个或多个变量，第5章和第15章有相关内容的介绍，这种方法适用于由连续变量的交互作用或幂引起的多重共线性．

4.1.8 数据筛选清单及可行的建议

表4-4介绍了筛选数据要从哪几个方面入手．在基本分析之前要考虑列表上的所有问题，以免基于有偏差的分析做出决定．如果选择通过残差筛选数据，则必须要同时分析．然而在这些情况下，当你制定筛选决策时往往会将注意力集中在残差上，而忽略了分析的其他特征.

表4-4 数据筛选清单

1. 检查一元描述性统计数据输入的准确性 a. 超出范围的值 b. 合理的均值和标准差 c. 一元异常值 2. 评估缺失数据的数值和分布，处理问题 3. 检查二元图是否存在非线性和异方差性 4. 识别并处理非正态变量和一元异常值 a. 检查偏度和峰度，概率图 b. 转换变量(如果需要的话) c. 检查转换结果	5. 识别并处理多元异常值 a. 导致多元异常值的变量 b. 多元异常值的描述 6. 评估多重共线性和奇异性的变量

筛选数据的顺序很关键，因为某一步骤的结果会影响后面步骤的结果．在既有非正态变量又有潜在一元异常值的情形中，基本解决方法包括转换变量、删除样本、更改样本值．如果首先转换变量，则异常值可能会减少；如果首先删除或修改异常值，则非正态的变量可能会减少．

在这两种选择中，通常优先选择转换变量．它会降低异常值的数目，产生变量的正态性、线性和同方差性，提高变量多元正态性的可能性，使数据符合大部分推断检验的基本假设．一方面，从非常实用的角度来看，即使推断不是目的，这样做也会利于分析；另一方面，如果变量转换可能不利于解释，那么此时所有的统计细节都无济于事．

如果采取另一种选择，即首先减小异常值的影响，则不太可能找到有偏的变量，因为显著的偏度有时是由分布尾部的极值样本引起的．如果有一元异常值的样本，则该样本并不属于我们想要抽样的总体，在检查分布之前务必要将其删除．

最后，尽管研究的问题不同，但数据筛选的过程可以类似，即同一过程通常会提供两个或多个问题的信息，这种情况在接下来的两节将会很明显．

4.2　数据筛选的完整案例

对分组数据和未分组数据的假设评估有一定的区别．如果要对未分组数据进行多元回归、典型相关、因子分析或结构方程模型分析，则有一种方法筛选数据；如果我们要对分组数据进行一元或多元方差分析(包括轮廓分析)、判别分析或多层次建模，则有另一种方法筛选数据㊀．

因此，利用同一变量集列举了两个完整的例子，此变量集来自附录B中所描述的研究：访问健康专家的次数(TIMEDRS)、对药物使用的态度(ATTDRUG)、对家务事的态度(ATTHOUSE)、收入(INCOME)、婚姻状态(MSTATUS)和种族(RACE)．分析分组数据时用到的分组变量是目前的就业状态(EMPLMNT)㊁．数据在标记为SCREEN.*的文件中．

在这些例子中，为了便于解释，尽可能地利用SPSS筛选未分组数据，利用SAS筛选分组数据．

4.2.1　未分组数据的筛选

图4-8展示了筛选未分组数据的流程图．流程方向表示如有必要，则进行数据转换．如果转换不可行，则利用处理异常值的其他方法．

4.2.1.1　输入精确度、缺失数据、分布和一元异常值

通过SPSS FREQUENCIES可完成对数据集的数据输入准确性、缺失数据、偏度和峰度的检查，如表4-5所示．

㊀ 如果我们利用多重列联表分析或logistic回归，那么假设远远少于其他分析的假设．

㊁ 主要根据统计特征选择的各种变量的集合．

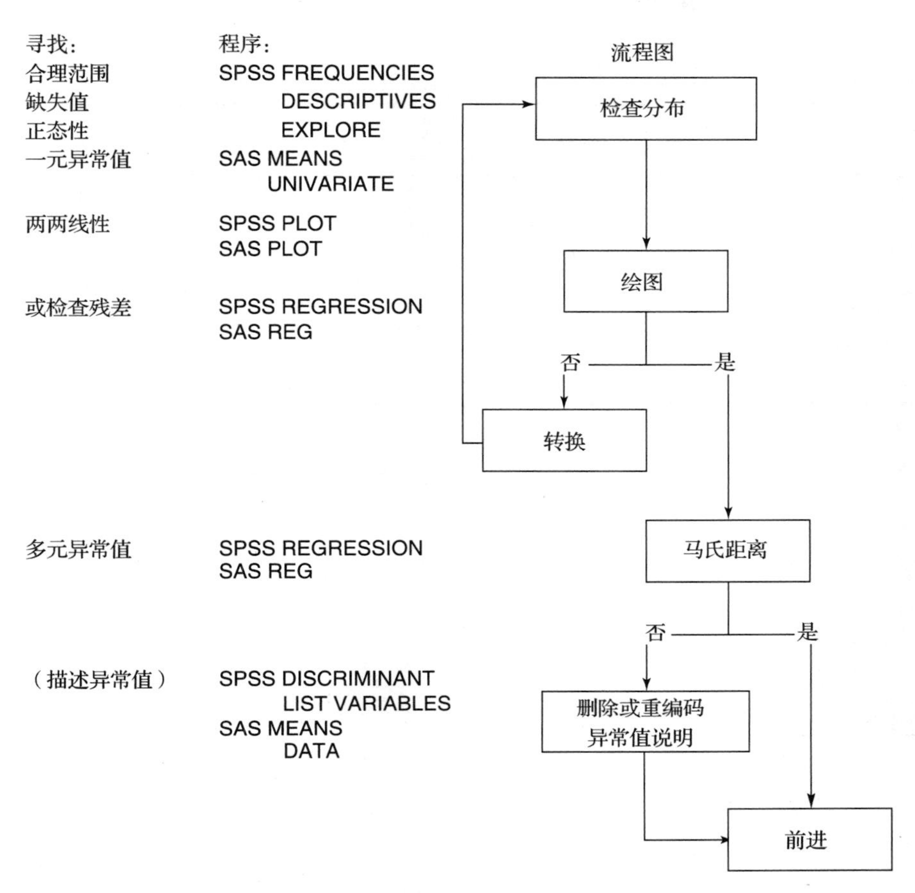

图 4-8　筛选未分组数据的流程图

检查每个变量的最小值和最大值、均值及标准差的合理性．例如，访问健康专家的次数(TIMEDRS)的最小值是 0，最大值是 81，最大值大于期望值，但检查数据表后发现它是正确的．该变量的均值是 7.901，高于自然水平，但并不是那么极端．标准差(Std. Deviation)是 10.948. 这些数值以及其他变量的此类数值都是合理的．例如，变量 ATTDRUG 的范围在 5 到 10 之间，5 和 10 作为最小值和最大值都是合理的.

表 4-5　语法和 SPSS FREQUENCIES 输出的未分组数据的描述性统计结果和直方图

```
FREQUENCIES
  VARIABLES=timedrs attdrug atthouse income mstatus race
  /FORMAT=NOTABLE
  /STATISTICS=STDDEV VARIANCE MINIMUM MAXIMUM MEAN SKEWNESS SESKEW KURTOSIS
  SEKURT
  /HISTOGRAM NORMAL
  /ORDER= ANALYSIS
```

（续）

Statistics

		Visits to health professionals	Attitudes toward medication	Attitudes toward housework	Income	Whether currently married	Race
N	Valid	465	465	464	439	465	465
	Missing	0	0	1	26	0	0
Mean		7.90	7.69	23.54	4.21	1.78	1.09
Std. Deviation		10.948	1.156	4.484	2.419	.416	.284
Variance		119.870	1.337	20.102	5.851	.173	.081
Skewness		3.248	–.123	–.457	.582	–1.346	2.914
Std. Error of Skewness		.113	.113	.113	.117	.113	.113
Kurtosis		13.101	–.447	1.556	–.359	–.190	6.521
Std. Error of Kurtosis		.226	.226	.226	.233	.226	.226
Minimum		0	5	2	1	1	1
Maximum		81	10	35	10	2	2

Histogram

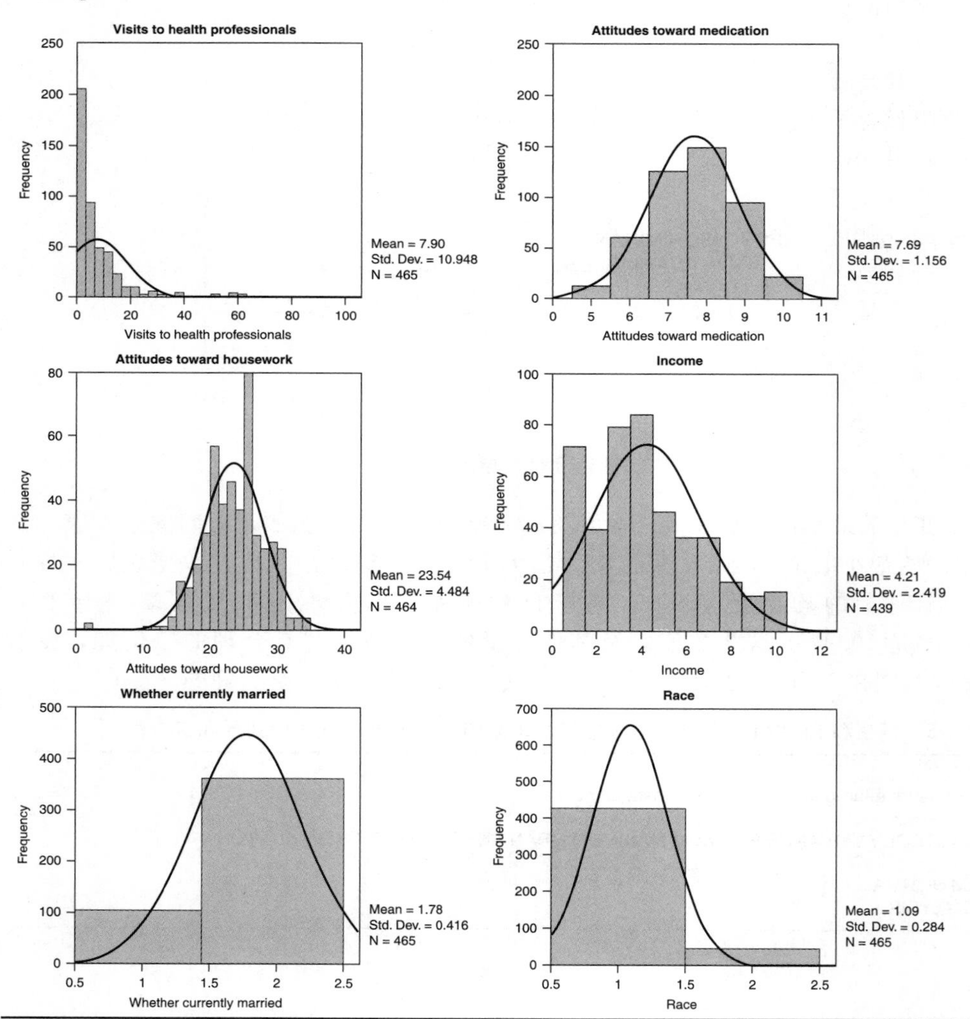

TIMEDRS 没有缺失样本，但是显著右偏(3.248)，用偏度值除以其标准误差评估偏度的显著性，如公式(4.5)所示：

$$z=\frac{3.248}{0.113}=28.74$$

上式显示 TIMEDRS 明显偏离了对称性．此分布的峰度也是显著的，如公式(4.7)所示：

$$z=\frac{13.101}{0.226}=57.97$$

观察正态分布(叠加的曲线)的期望频数和样本频数，发现该变量很明显地偏离了正态性．因为该变量是转换的一个备选变量，所以随后进行一元异常值的评估.

另一方面，ATTDRUG 表现得很好，没有缺失样本，偏度和峰度都在期望值域内. ATTHOUSE 有一个缺失值，去掉两个极低的样本值后分布表现良好，ATTHOUSE 有两个样本点的值比均值低 4.8 个标准差(远远超过 3.29 的标准，相应的 $p=0.001$，双尾检验)，并和其他样本断开．根据数据，我们并不清楚究竟是记录有误还是这两位妇女确实很喜欢做家务，不管是哪种原因，我们都决定删除这两个样本.

结果报告中包含了删除的信息，单个缺失值将替换为均值．(10.7.1.1 节说明了当缺失数量超过 5%时 SPSS 处理缺失值的更复杂的方法．)

然而，INCOME 变量有 26 个缺失值——超过了样本量的 5%. 如果 INCOME 对假设不是至关重要的，则可以在接下来的分析中将其删除；如果 INCOME 对假设很重要，则应将缺失值进行替换.

剩下的两个变量是二分类的，而且分类不均匀．MSTATUS 的分类比例是 362：103，近似为 3.5：1. 但 RACE 分类比例高于 10：1. 对于此分析而言，保留 RACE 这个变量，但要明白由于不均匀的分割，它和其他变量的关联度被缩减了.

表 4-6 显示了消除一元异常值的 ATTHOUSE 的分布．ATTHOUSE 的均值变为 23.634，在接下来的分析中，用此数值代替缺失的 ATTHOUSE 样本值．那么，在 ATTHOUSE 上有缺失值的样本就成了一个完整样本，在所有的计算中都可用．计算机命令过滤掉在 ATTHOUSE 中值小于等于 2 的样本(一元异常值)，重编码命令将缺失值设置为 23.63.

表 4-6 语法和 SPSS FREQUENCIES 输出的删除一元异常值的 ATTHOUSE 描述性统计结果和直方图

```
USE ALL.
COMPUTE filter_$=(atthouse > 2).
VARIABLE LABEL filter_$ 'atthouse > 2 (FILTER)'.
VALUE LABELS filter_$ 0 'Not Selected' 1 'Selected'.
FORMAT filter_$ (f1.0).
FILTER BY filter_$.
EXECUTE.
RECODE
 atthouse (SYSMIS=23.63).
EXECUTE.
FREQUENCIES
 VARIABLES=atthouse /FORMAT=NOTABLE
 /STATISTICS=STDDEV VARIANCE MINIMUM MAXIMUM MEAN SKEWNESS SESKEW KURTOSIS
 SEKURT
 /HISTOGRAM NORMAL
 /ORDER= ANALYSIS.
```

（续）

Frequencies

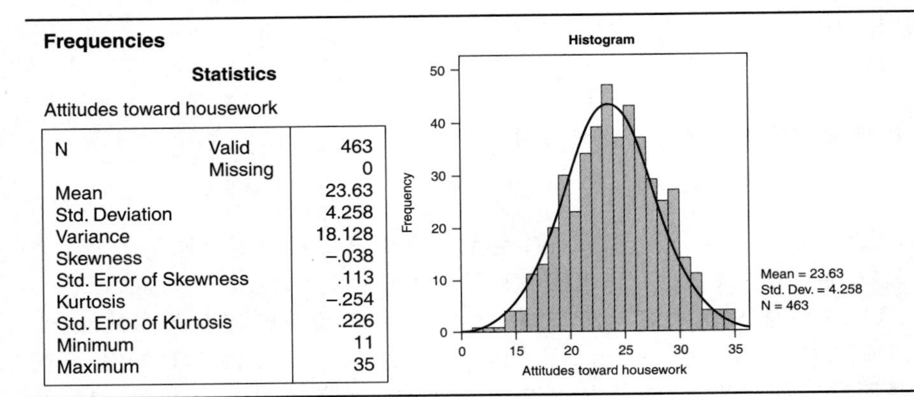

Statistics

Attitudes toward housework

N	Valid	463
	Missing	0
Mean		23.63
Std. Deviation		4.258
Variance		18.128
Skewness		−.038
Std. Error of Skewness		.113
Kurtosis		−.254
Std. Error of Kurtosis		.226
Minimum		11
Maximum		35

此时，我们已检查了数据录入的精度和所有变量的分布，确定了缺失值的数量，找到了替代缺失数据的均值，还找到了两个一元异常值，并将这两个样本删除，得到 $N=463$.

4.2.1.2 **线性和同方差性**

由于至少一个变量是非正态性的，需要运行 SPSS GRAPH 产生二元散点图，检查变量是否违背线性和同方差性的假设，如图 4-9 所示．作为最坏情况(worst case)选出来的变量是分布差异最大的变量：TIMEDRS 和 ATTDRUG. 前者与正态性差异最大，后者是很好的正态分布．(SELECT IF 命令消除了 ATTHOUSE 上的一元异常值．)

```
USEALL.
COMPUTE filter_$=(atthouse ~= 2).
VARIABLE LABEL filter_$ 'atthouse ~= 2 (FILTER)'
VALUE LABELS filter_$ 0 'Not Selected' 1 'Selected'.
FORMAT filter_$ (f1.0).
FILTER BY filter_$.
EXECUTE.
GRAPH
 /SCATTERPLOT(BIVAR)=timedrs WITH attdrug
 /MISSING=LISTWISE.
```

Graph

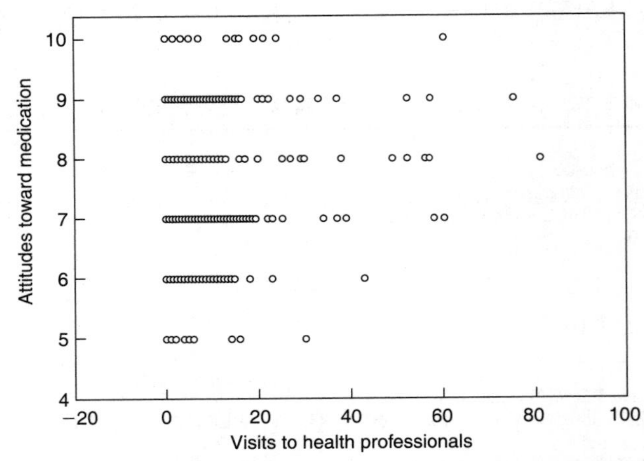

图 4-9 通过 SPSS GRAPH 产生的二元散点图评估线性．该图表明 ATTDRUG 是正态的，而 TIMEDRS 是非正态的

在图 4-9 中，ATTDRUG 沿 Y 轴分布，将此图转过来使 Y 轴成为 X 轴，观察 ATTDRUG 分布的对称性．TIMEDRS 沿 X 轴分布，变量值堆积在取值较低的地方，很明显分布是非对称的．由图可知，散点图中点分布的整体形状并不是椭圆形，变量间也不是线性相关的．异方差性也很明显，TIMEDRS 取值较低时 ATTDRUG 的波动性高于 TIMEDRS 取值较高时 ATTDRUG 的波动性.

4.2.1.3　变量转换

在检测多元异常值前要转换变量．对 TIMEDRS 实行对数转换，以降低其显著的偏度．因为变量的最小值是零，在转换的时候要对每个得分加 1，计算机命令中显示了计算方法．表 4-7 呈现了将 TIMEDRS 转换为 LTIMEDRS 后的分布.

表 4-7　语法和 SPSS FREQUENCIES 输出的对数转换后的 TIMEDRS 描述性统计结果和直方图

```
COMPUTE ltimedrs = lg10(timedrs+1).
EXECUTE.
FREQUENCIES
  VARIABLES=ltimedrs /FORMAT=NOTABLE
  /STATISTICS=STDDEV VARIANCE MINIMUM MAXIMUM MEAN SKEWNESS SESKEW KURTOSIS
  SEKURT
  /HISTOGRAM NORMAL
  /ORDER = ANALYSIS.
```

Frequencies

Statistics

ltimedrs

N	Valid	463
	Missing	0
Mean		.7424
Std. Deviation		.41579
Variance		.173
Skewness		.221
Std. Error of Skewness		.113
Kurtosis		−.183
Std. Error of Kurtosis		.226
Minimum		.00
Maximum		1.91

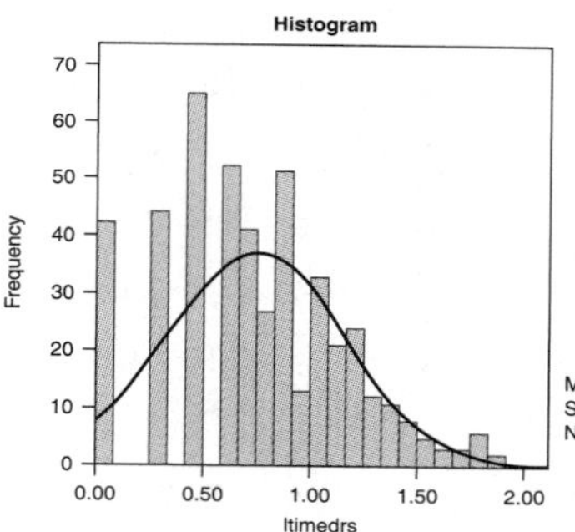

通过转换，偏度由 3.248 减小到 0.221，峰度由 13.101 减小到－0.183. LTIMEDRS 的频数图并不完全符合正态分布(低得分的频数依然很大)，却大幅提高了分布的统计特性.

图 4-10 是 ATTDRUG 和 LTIMEDRS 的二元散点图．与图 4-9 中的散点图相比，此散点图中点分布的整体形状更接近椭圆．即使转换了非正态变量，与此变量相联系的非线性仍不变，即它是“固定的”.

4.2.1.4　多元异常值的检测

将语法 RESIDUALS＝OUTLIERS(MAHAL)加入菜单选择，通过 SPSS REGRESSION(表 4-8)筛选将转换应用到 LTIMEDRS 的 463 个样本中的多元异常值．标记为(SUBNO)的样本作为虚拟因变量，这样做很方便，因为自变量中的多元异常值不受因变量[⊖]的影响．余下的变量作为自变量.

⊖　对多元回归分析而言，此处将利用实际的因变量而非作为虚拟因变量的 SUBNO.

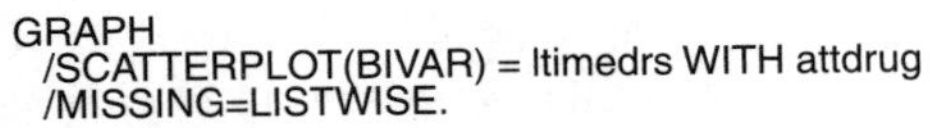

```
GRAPH
  /SCATTERPLOT(BIVAR) = ltimedrs WITH attdrug
  /MISSING=LISTWISE.
```

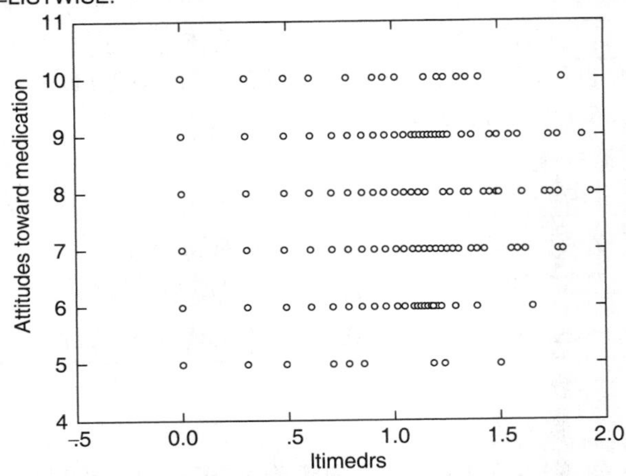

图4-10　通过 SPSS GRAPH 产生的图形评估对数转换后的 TIMEDRS 的线性

多元异常值的标准是 $p<0.001$ 的马氏距离．用自由度等于变量个数的χ^2 评估马氏距离，此处的自由度为 5：LTIMEDRS、ATTDRUG、ATTHOUSE、MSTATUS 和 RACE．表 4-8 中的马氏距离高于$\chi^2(5)=20.515$(参考表 C-4)的任一样本都是多元异常值．表 4-8 显示，样本点 117 和 193 是此数据集中这些变量间的异常值．

如果删除这两个多元异常值，则剩余 461 个样本．虽然这两个样本并没有和其余样本明确地断开，可通过转换处理异常值，但从样本中删除这两个新增异常值几乎没有损失．有必要确定这两个样本为什么是多元异常值，了解将它们删除如何限制了普遍性并将这类信息包含到结果部分．

表 4-8　语法及 SPSS REGRESSION 对多元异常值和多重共线性的部分输出结果

```
REGRESSION
  /MISSING LISTWISE
  /STATISTICS COEFF OUTS R ANOVA COLLIN TOL
  /CRITERIA=PIN(.05) POUT(.10)
  /NOORIGIN
  /DEPENDENT subno
  /METHOD=ENTER attdrug atthouse mstatus race ltimedrs
  /RESIDUALS=OUTLIERS(MAHAL).
```

Regression

Collinearity Diagnostics[a]

Model	Dimension	Eigenvalue	Condition Index	Variance Proportions					
				(Constant)	Attitudes toward medication	Attitudes toward housework	Whether currently married	Race	ltimedrs
1	1	5.656	1.000	.00	.00	.00	.00	.00	.01
	2	.210	5.193	.00	.00	.00	.01	.02	.92
	3	.060	9.688	.00	.00	.01	.29	.66	.01
	4	.043	11.508	.00	.03	.29	.46	.16	.06
	5	.025	15.113	.00	.53	.41	.06	.04	.00
	6	.007	28.872	.99	.43	.29	.18	.12	.00

[a]Dependent Variable: Subject number

（续）

Outlier Statistics[a]

		Case Number	Statistic
Mahal. Distance	1	117	21.837
	2	193	20.650
	3	435	19.968
	4	99	18.499
	5	335	18.469
	6	292	17.518
	7	58	17.373
	8	71	17.172
	9	102	16.942
	10	196	16.723

[a]Dependent Variable: Subject number

4.2.1.5 出现异常值的变量

利用 SPSS REGRESSION 来识别变量组合，在这个变量组合上，样本 117（数据编辑器中的个体编号为 137）和 193（个体编号为 262）偏离其余 462 个样本．首先创建一个区分偏离样本和剩余样本的虚拟变量，然后对每个偏离样本分别运行 SPSS REGRESSION，对偏离样本进行评估．在表 4-9 中，对样本 137，通过计算机命令 dummy=0 和 if(subno=137) dummy=1 创建虚拟变量．通过将虚拟变量作为因变量，其余变量作为自变量，就能找到区分异常值和其他样本的变量.

表 4-9 SPSS REGRESSION 语法和第 117 个样本为异常值的变量部分输出结果

```
COMPUTE dummy = 0.
EXECUTE.
IF (subno=137) dummy = 1.
EXECUTE.
REGRESSION
 /MISSING LISTWISE
 /STATISTICS COEFF OUTS
 /CRITERIA=PIN(.05) POUT(.10)
 /NOORIGIN
 /DEPENDENT dummy
 /METHOD=STEPWISE attdrug atthouse emplmnt mstatus race ltimedrs.
```

Coefficients[a]

Model		Unstandardized Coefficients		Standardized Coefficients	t	Sig.
		B	Std. Error	Beta		
1	(Constant)	−.024	.008		−2.881	.004
	race	.024	.008	.149	3.241	.001
2	(Constant)	.009	.016		.577	.564
	race	.025	.007	.151	3.304	.001
	Attitudes toward medication	−.004	.002	−.111	−2.419	.016
3	(Constant)	.003	.016		.169	.866
	race	.026	.007	.159	3.481	.001
	Attitudes toward medication	−.005	.002	−.123	−2.681	.008
	ltimedrs	.012	.005	.109	2.360	.019

[a]Dependent Variable: DUMMY

对样本 137(subno＝137)而言，RACE、ATTDRUG 和 LTIMEDRS 显示为此样本的显著预测变量(见表 4-10).

表 4-10 SPSS REGRESSION 语法和第 193 个样本为异常值的变量部分输出结果

```
IF (subno=137) dummy = 0.
EXECUTE.
IF (subno=262) dummy = 1.
EXECUTE.
REGRESSION
 /MISSING LISTWISE
 /STATISTICS COEFF OUTS
 /CRITERIA=PIN(.05) POUT(.10)
 /NOORIGIN
 /DEPENDENT dummy
 /METHOD=STEPWISE attdrug atthouse emplmnt mstatus race ltimedrs.
```

Coefficients[a]

Model		Unstandardized Coefficients		Standardized Coefficients	t	Sig.
		B	Std. Error	Beta		
1	(Constant)	–.024	.008		–2.881	.004
	race	.024	.008	.149	3.241	.001
2	(Constant)	–.036	.009		–3.787	.000
	race	.026	.007	.158	3.436	.001
	ltimedrs	.014	.005	.121	2.634	.009

[a]Dependent Variable: DUMMY

使样本 193(subno＝262)和其他样本分开的变量是 RACE 和 LTIMEDRS. 评估样本异常值的最后一步是：在出现异常值的变量上，确定异常样本得分为什么不同于其余样本得分．如表 4-11 所示，可利用 SPSS LIST 和 DESCRIPTIVES 解决这一问题．LIST 对每个异常样本都运行一次，显示相关变量的值，然后利用 DESCRIPTIVES 显示剩余样本的均值，将其与偏离样本的结果进行比较[⊖].

表 4-11 语法和 SPSS 对多元异常值的变量得分和所有样本描述性统计的输出结果

```
LIST VARIABLES=subno attdrug atthouse mstatus race ltimedrs
 /CASES FROM 117 TO 117.
LIST VARIABLES=subno attdrug atthouse mstatus race ltimedrs
 /CASES FROM 193 TO 193.
DESCRIPTIVES attdrug atthouse mstatus race ltimedrs.
```

List

```
subno   attdrug   atthouse   mstatus   race   ltimedrs
 137        5        24          2        2       1.49
Number of cases read: 117 Number of cases listed: 1
```

List

```
subno   attdrug   atthouse   mstatus   race   ltimedrs
 262        9        31          2        2       1.72
Number of cases read: 193 Number of cases listed: 1
```

⊖ 这些值等于之前运行 FREQUENCIES 显示的那些值，但要删除两个一元异常值．

（续）

Descriptives

Descriptive Statistics

	N	Minimum	Maximum	Mean	Std. Deviation
Attitudes toward medication	463	5	10	7.68	1.158
Attitudes toward housework	463	11	35	23.63	4.258
Whether currently married	463	1	2	1.78	.413
race	463	1	2	1.09	.284
ltimedrs	463	.00	1.91	.7424	.41579
Valid N (listwise)	463				

第 117 个样本的 RACE 是非白人，对药物使用很抗拒（ATTDRUG 可能得分最低），LTIMEDRS 的得分很高．第 193 个样本的 RACE 也是非白人，在 LTIMEDRS 的得分也很高．那么，对多次访问医生的非白人妇女的后续研究的普遍性存在一些问题，尤其是结合她们对药物使用的抗拒态度.

4.2.1.6 多重共线性

SPSS 中通过 STATISTICS COLLIN 命令评估是否存在多重共线性．从表 4-8 共线性诊断输出结果可知，很明显不存在多重共线性，尽管最后一个根的条件指数接近 30，但所有维度（行）最多只有一个大于 0.50 的方差比.

在期刊论文中的结果部分可能描述的筛选信息如下.

结果

在分析之前，通过 SPSS 分析咨询健康专家的次数、对待药物使用的态度、对待家务事的态度、收入、婚姻状态和种族等变量，对数据输入准确性、缺失值、分布拟合、多元分析的假设进行分析．用所有样本的均值代替对待家务事态度上的缺失值，而收入上的缺失值超过了样本的 5%，所以删除收入这一变量，种族上的两种状态的对比（424 对 41）截断了其与其他变量的相关性，但将其保留下来进行分析，为提高两个变量间的线性关系，减小极值偏度和峰度，对咨询健康专家这个变量进行对数转换.

在对待家务事态度这个变量上，发现两个 z 得分很低的一元异常值，另外两个样本通过马氏距离和 $p<0.001$[⊖] 被识别为多元异常值．删除这四个异常样本，最终留下 461 个样本进行分析.

4.2.2 分组数据的筛选

在这个例子中，根据变量 EMPLMNT（就业状态）将样本分成两组，246 个样本的人从事有报酬的工作（EMPLMNT＝1），219 个样本是家庭主妇（EMPLMNT＝0）．考虑到模型的可解释性问题，如非必要，不会进行变量转换．图 4-11 呈现了筛选分组数据的流程图.

⊖ 样本 117 是非白人，非常抗拒药物使用，但很多次访问医生．样本 193 也是白人，很多次访问医生．分析结果可能不能对很多次访问医生的非白人妇女一概而论，尤其是当她们非常抗拒药物使用时．

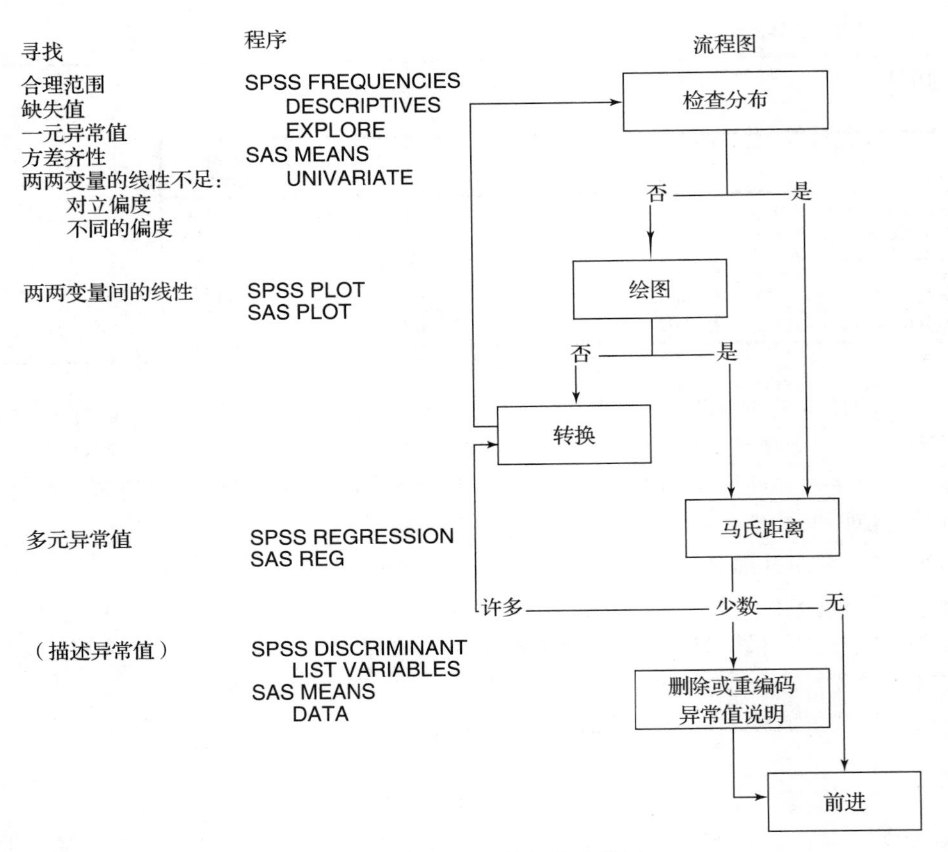

图 4-11　筛选分组数据的流程图

4.2.2.1　输入准确性、缺失数据、分布、方差齐性和一元异常值

如表 4-12 所示，SAS MEANS 和交互式数据分析分别提供了对每个组的描述性统计量和直方图，由于没有给出 SAS 的日志文件，所以图中还显示了 SAS 交互式数据分析的菜单选择．注意在分别分析各组之前，一定要按 EMPLMNT 对样本分组．和未分组数据一样，通过均值、标准差、最大值和最小值是否合理来判断输入的准确性，根据每组样本在图中分布的整体形状来判断分布．分组的 TIMEDRS 就如同未分组的一样严重有偏，但当基于 200 多个样本处理抽样分布时，对偏度的关注较少，除非偏度引起了变量间的非线性或存在异常值．每组的 ATTDRUG 依然分布得很好．正如表 4-12 所显示的，变量 ATTHOUSE 分布也很好，但就业状态=0(有报酬的工作)的组中得分很低的两个样本是异常值，两个样本都在所在组均值下方 4.48 个标准差处——超过了双尾检验的标准 3.29(相应的 $\alpha=0.001$)．因为从事有报酬工作组的样本较多，决定删除这两个极度喜欢家务事的样本，并在结果部分报告此删除信息．有报酬的工作组还有一个样本值是缺失的，ATTDRUG 和其他大部分变量在此组有 246 个样本，但 ATTHOUSE 只有 245 个样本．因为有缺失值的样本来自较大的组，所以决定在接下来的分析中删除此样本．

表 4-12　语法和 SAS MEANS 及 SAS 交互式数据分析得到的描述性统计量和直方图部分输出结果

```
proc sort data = SASUSER.SCREEN;
  by EMPLMNT;
run;
proc means data=SASUSER.SCREEN    vardef=DF
  N NMISS MIN MAX MEAN VAR STD SKEWNESS KURTOSIS;
  var TIMDRS ATTDRUG ATTHOUSE INCOME MSTATUS RACE ;
by EMPLMNT;
run;
```

----------------------------------Current employment status=0----------------------------------

The MEANS Procedure

Variable	Label	N	N Miss	Minimum	Maximum	Mean
TIMEDRS	Visits to health professionals	246	0	0	81.0000000	7.2926829
ATTDRUG	Attitudes toward use of medication	246	0	5.0000000	10.0000000	7.5934959
ATTHOUSE	Attitudes toward housework	245	1	2.0000000	34.0000000	23.6408163
INCOME	Income code	235	11	1.0000000	10.0000000	4.2382979
MSTATUS	Current marital status	246	0	1.0000000	2.0000000	1.6869919
RACE	Ethnic affiliation	246	0	1.0000000	2.0000000	1.1097561

Variable	Label	Variance	Std Dev	Skewness	Kurtosis
TIMEDRS	Visits to health professionals	122.4527626	11.0658376	3.8716749	18.0765985
ATTDRUG	Attitudes toward use of medication	1.2381616	1.1127271	-0.1479593	-0.4724261
ATTHOUSE	Attitudes toward housework	23.3376715	4.8309079	-0.6828286	2.1614074
INCOME	Income code	5.9515185	2.4395734	0.5733054	-0.4287488
MSTATUS	Current marital status	0.2159117	0.4646630	-0.8114465	-1.3526182
RACE	Ethnic affiliation	0.0981085	0.3132228	2.5122223	4.3465331

----------------------------------Current employment status=1----------------------------------

Variable	Label	N	N Miss	Minimum	Maximum	Mean
TIMEDRS	Visits to health professionals	219	0	0	60.0000000	8.5844749
ATTDRUG	Attitudes toward use of medication	219	0	5.0000000	10.0000000	7.7899543
ATTHOUSE	Attitudes toward housework	219	0	11.0000000	35.0000000	23.4292237
INCOME	Income code	204	15	1.0000000	10.0000000	4.1764706
MSTATUS	Current marital status	219	0	1.0000000	2.0000000	1.8812785
RACE	Ethnic affiliation	219	0	1.0000000	2.0000000	1.0639269

Variable	Label	Variance	Std Dev	Skewness	Kurtosis
TIMEDRS	Visits to health professionals	116.6292991	10.7995046	2.5624008	7.8645362
ATTDRUG	Attitudes toward use of medication	1.4327427	1.1969723	-0.1380901	-0.4417282
ATTHOUSE	Attitudes toward housework	16.5488668	4.0680298	-0.0591932	0.0119403
INCOME	Income code	5.7618082	2.4003767	0.5948250	-0.2543926
MSTATUS	Current marital status	0.1051066	0.3242015	-2.3737868	3.6682817
RACE	Ethnic affiliation	0.0601148	0.2451832	3.5899053	10.9876845

(b) 1. Open SAS Interactive Data Analysis with appropriate data set (here Sasuser.Screen).
2. Choose Analyze and then Histogram/Bar Chart(Y).
3. Select Y variables: TIMEDRS ATTDRUG ATTHOUSE INCOME MSTATUS RACE.
4. In Group box, select EMPLMNT.
5. In Output dialog box, select Both, Vertical Axis at Left, and Horizontal Axis at Bottom.

ED NOTE: REARRANGED TABLE AND FIGURE SLIGHTLY TO FIT IN SPACE ALLOTED.

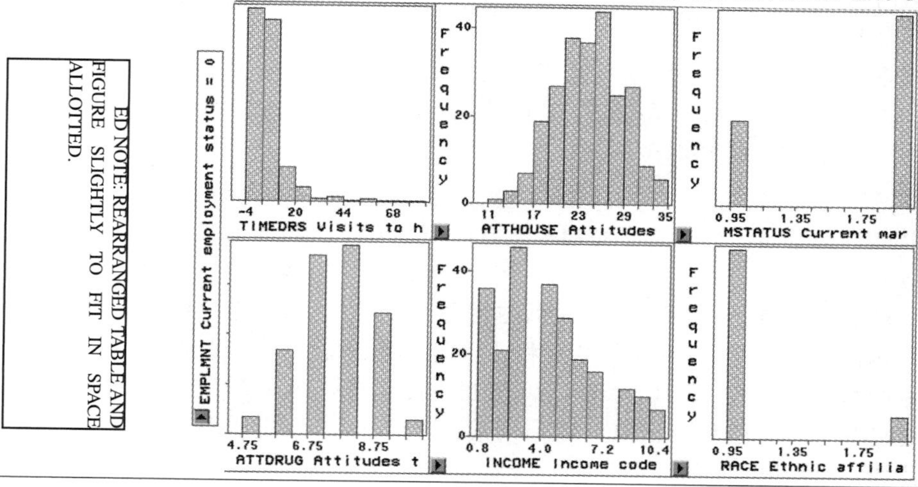

（续）

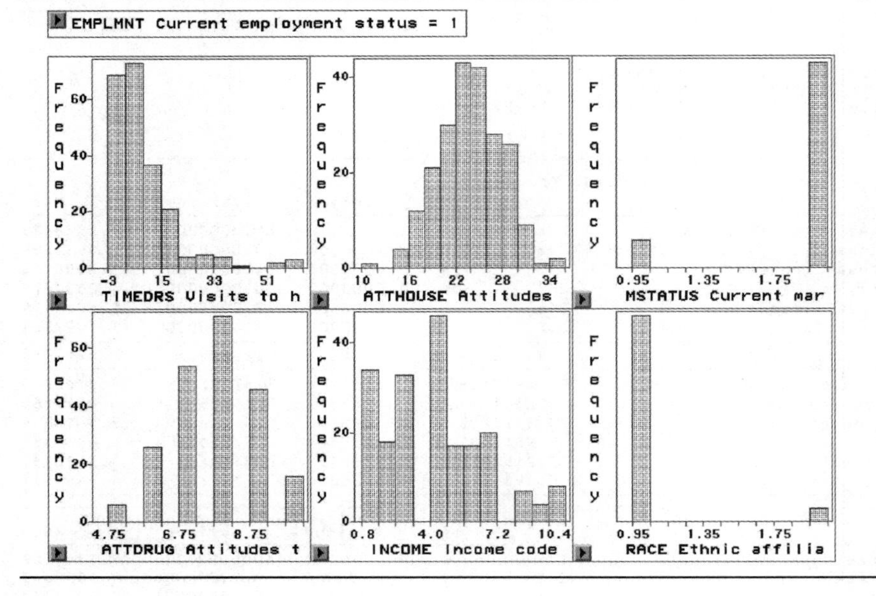

然而，较小的组——家庭主妇组在 INCOME 上的缺失值较多，几乎7%的样本没有 INCOME 值．因此，INCOME 是很好的候选删除变量，尽管存在其他的补救方法且删除变量会严重影响假设检验.

分组数据的两个二分类变量 MSTATUS 和 RACE 的分割与未分组数据的一样．MSTATUS(家庭主妇组)的分割和 RACE(两个组)的分割都很麻烦，但此处我们选择保留二者.

对于其余的分析而言，删除变量 INCOME，删除有缺失值的样本以及在 ATTHOUSE 上是一元异常值的两个样本，剩下的样本容量是462：有报酬的工作组有243个样本，家庭主妇组有219个样本.

因为单元样本容量差别不大，所以可以容忍的方差比可高达10，所有的F_{max}都低于这个标准．例如，对两个组的 ATTDRUG 而言，$F_{max}=1.197/1.113=1.16$. 因此，不需要担心违反方差齐性和方差-协方差阵的齐性.

4.2.2.2　线性

由于 TIMEDRS 的分布很差，有必要检查散点图观察 TIMEDRS 和其他变量是否有线性关系．没有必要检查 TIMEDRS 和 MSTATUS 以及 RACE 的线性关系，因为具有两个水平的变量仅与其他变量具有线性关系．对其他的两个变量 ATTHOUSE 和 ATTDRUG 来说，删除一元异常值后 ATTDRUG 的分布和 TIMEDRS 的分布差异最大.

首先适当地检查 ATTDRUG 和 TIMEDRS 的组内散点图，图4-12显示了用于在删除 ATTHOUSE 时创建包含极值和缺失值的数据集的(SASUSER. SCREENX)语法，以及产生散点图的设置和输出结果.

```
data SASUSER.SCREENX;
  set SASUSER.SCREEN;
  if ATTHOUSE < 3 then delete;
run;
```

```
1.Open SAS Interactive Data Analysis with appropriate data set (here
  SASUSER.SCREENX).
2.Choose Analyze and the Scatter Plot (Y X).
3.Select Y variable: ATTDRUG.
4.Select X variable: TIMEDRS.
5.In Group box, select EMPLMNT.
6.In Output dialog box, select Names, Y Axis Vertical, Vertical Axis at
  Left, and Horizontal Axis at Bottom.
```

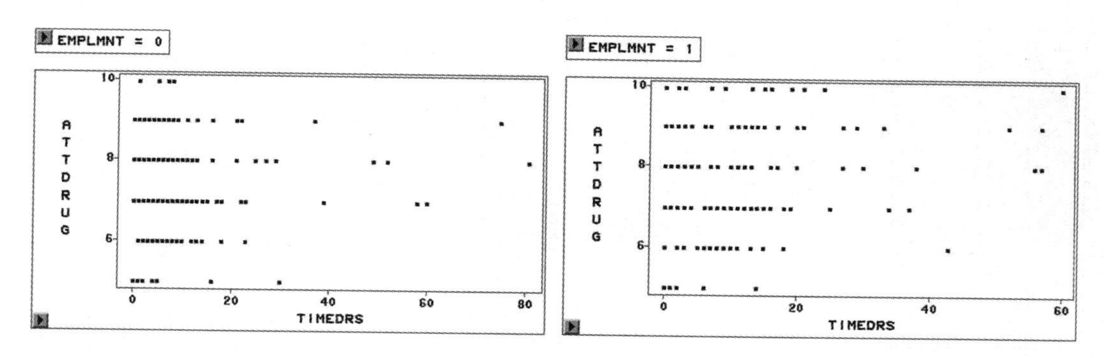

图 4-12 通过 SAS DATA 产生精简数据集的语法和通过 SAS 交互式数据分析显示 ATTDRUG 和 TIMEDRS 的组内散点图的设置和输出

在图 4-12 的组内散点图中，在 TIMEDRS 取值较低的地方样本值聚成一团，有充足的证据证明有偏度特征，但无论是对有报酬的工作组还是家庭主妇组而言，不存在这些变量是非线性的任何暗示．因为图形是合理的，没有证据证明 TIMEDRS 的极值偏度引起对线性的有害偏离，也没有任何理由认为非对称分布的 ATTHOUSE 是非线性的．

4.2.2.3 多元异常值的检测

将 EMPLMNT 视为因变量，通过 SAS REG 搜索组内的多元异常值，因为只是在自变量中搜索异常值，所以选择视为因变量是比较便利的．马氏距离不能直接获得，但可以根据杠杆值计算得出，该杠杆值会被放入数据文件中．表 4-13 显示了 SAS REG 语法和输出的数据文件(SASUSER. SCRN _ LEV)的选定部分，数据文件提供了每个样本的来自组重心的杠杆(H)．缺失数据和一元异常值已经被省略(见图 4-12 的语法)．

当 $\alpha=0.001$ 时，5 个变量的马氏距离的临界值是 20.515(表 C-4)．利用公式(4.3)将其转化成每个组的临界杠杆值．

家庭主妇组：

$$h_{ii}=\frac{20.515}{219-1}+\frac{1}{219}=0.103$$

有报酬的工作组：

表 4-13　识别多元异常值的 SAS REG 语法和输出文件的选定部分

```
proc reg data=SASUSER.SCREENX;
  by EMPLMNT
  model EMPLMNT = TIMEDRS ATTDRUG ATTHOUSE MSTATUS RACE;
  output out=SASUSER.SCRN_LEV H=H;
run;
```

SASUSER.SCRN_LEV

9 / 462	Int SUBNO	Int TIMEDRS	Int ATTDRUG	Int ATTHOUSE	Int INCOME	Int EMPLMNT	Int MSTATUS	Int RACE	Int H
1	2	3	7	20	6	0	2	1	0.0106
2	3	0	8	23	3	0	2	1	0.0089
3	6	3	8	25	4	0	2	1	0.0080
4	10	4	8	30	8	0	1	1	0.0231
5	16	2	8	19	3	0	2	2	0.0440
6	22	2	6	21	7	0	1	1	0.0256
7	24	5	10	25	9	0	2	1	0.0269
8	25	3	6	19	4	0	2	1	0.0188
9	26	4	5	31	5	0	2	1	0.0418
10	27	2	8	25	2	0	2	1	0.0084
11	29	13	9	26	2	0	2	1	0.0150
12	30	7	9	33	1	0	2	1	0.0302
13	33	2	6	27	3	0	1	1	0.0273
14	34	5	9	30	1	0	2	1	0.0212
15	35	4	7	31	4	0	2	1	0.0197
16	36	6	6	25	5	0	2	1	0.0149
17	37	2	9	27	5	0	2	1	0.0165
18	40	7	7	32	3	0	2	1	0.0222
19	46	1	8	28	6	0	2	2	0.0478
20	47	3	8	16	1	0	2	1	0.0207
21	48	60	7	24	1	0	2	1	0.1036
22	49	5	8	19	1	0	2	1	0.0124
23	50	3	9	23	6	0	2	1	0.0144

$$h_{ii}=\frac{20.515}{243-1}+\frac{1}{243}=0.089$$

数据集显示了有报酬工人(组＝0)的前几个样本，标记为 H 的最后一列显示杠杆值．第 21 个样本，SUBNO＃48 是有报酬工人中的多元异常值.

总共有 15 个样本(大约 3%)被识别为多元异常值：包括 3 个有报酬的工人和 10 个家庭主妇．尽管对删除样本而言不是非常大的数目，却是值得研究处理异常值的替代策略．表 4-12 中 TIMEDRS 的一元概括性统计量显示，最大值是 81，将其标准化：有报酬工作组的是 $z=(81-7.293)/11.066=6.66$，家庭主妇组的是 $z=4.76$；分布很差的变量在两个组中都产生了一元异常值．表 4-13 中有偏的直方图暗示着需要对 TIMEDRS 进行对数转换.

表 4-14 显示了第二次运行 SAS REG 的输出结果，除变量由 TIMEDRS 换成了其对数形式(显示了转换语法)LTIMEDR 之外，与表 4-13 中的运行一模一样．第 21 个样本不再是异常值，对转换的变量而言，整个数据集只包含 5 个多元异常值，它们全在家庭主妇组．其中的一个多元异常值 SUBNO＃262 在未分组数据集中也被识别为多元异常值[⊖].

4.2.2.4　出现异常值的变量

对于引起样本成为异常值的变量的识别方式，除了将样本的值与此样本所在组的均值进行比较，和未分组数据的识别方式一样．由于个体编号为 262 的是家庭主妇，因此回归分析局限于家庭主妇，见表 4-15. 首先，表 4-15 显示了产生虚拟变量的 SAS DATA 语法，SUBNO＃262 构成了虚拟变量的一个代码，其余的家庭主妇形成另一个代码，然后在 SAS REG 运行中将此虚拟变量视为因变量．此表显示引起这位妇女成为全部样本异常值和她所

⊖ 注意这里的多元异常值与本书前几版使用软件发现的多元异常值不同.

在组异常值的是同一些变量：它在 RACE 和 LTIMEDR 的组合上有所不同.

表 4-14 转换 TIMEDRS 的 SAS DATA 语法；SAS REG 语法及输出文件的选定部分

```
data SASUSER.SCREENT;
 set SASUSER.SCREENX;
 LTIMEDRS = log10(LTIMEDRS + 1) ;
run;
proc reg data=SASUSER.SCREENT;
 by EMPLMNT;
 model EMPLMNT = LTIMEDRS ATTDRUG ATTHOUSE MSTATUS RACE;
 output out=sasuser.Scrnlev2 H=H;
run;
```

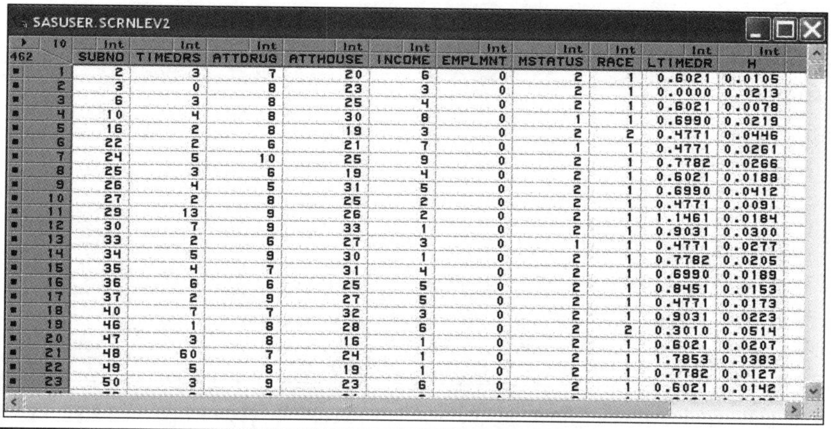

SASUSER.SCRNLEV2

10 / 462	SUBNO	TIMEDRS	ATTDRUG	ATTHOUSE	INCOME	EMPLMNT	MSTATUS	RACE	LTIMEDR	H
	Int	Int	Int	Int	Int	Int	Int	Int	Int	Int
1	2	3	7	20	6	0	2	1	0.6021	0.0105
2	3	0	8	23	3	0	2	1	0.0000	0.0213
3	6	3	8	25	4	0	2	1	0.6021	0.0078
4	10	4	8	30	8	0	1	1	0.6990	0.0219
5	16	2	8	19	3	0	2	2	0.4771	0.0446
6	22	2	6	21	7	0	1	1	0.4771	0.0261
7	24	5	10	25	9	0	2	1	0.7782	0.0266
8	25	3	6	19	4	0	2	1	0.6021	0.0188
9	26	4	5	31	5	0	2	1	0.6990	0.0412
10	27	2	8	25	2	0	2	1	0.4771	0.0091
11	29	13	9	26	2	0	2	1	1.1461	0.0184
12	30	7	9	33	1	0	2	1	0.9031	0.0300
13	33	2	6	27	3	0	1	1	0.4771	0.0277
14	34	5	9	30	1	0	2	1	0.7782	0.0205
15	35	4	7	31	4	0	2	1	0.6990	0.0189
16	36	6	6	25	5	0	2	1	0.8451	0.0153
17	37	2	9	27	5	0	2	1	0.4771	0.0173
18	40	7	7	32	3	0	2	1	0.9031	0.0223
19	46	1	8	28	6	0	2	2	0.3010	0.0514
20	47	3	8	16	1	0	2	1	0.6021	0.0207
21	48	60	7	24	1	0	2	1	1.7853	0.0383
22	49	5	8	19	1	0	2	1	0.7782	0.0127
23	50	3	9	23	6	0	2	1	0.6021	0.0142

表 4-15 形成虚拟因变量并将数据限制为家庭主妇的 SAS DATA 语法；语法和部分 SAS REG 输出的导致 SUBNO＃262 为家庭主妇中异常值的变量的结果

```
data SASUSER.SCREEND;
  set SASUSER.SCREENT;
    DUMMY = 0;
  if SUBNO=262 then DUMMY=1;
  if EMPLMNT=0 then delete;
  run;

proc reg DATA=SASUSER.SCREEND;
model DUMMY = LTIMEDR ATTDRUG ATTHOUSE MSTATUS RACE/
  selection=FORWARD SLENTRY=0.05;;
run;
```

```
                              The REG Procedure
                                Model: MODEL1
                         Dependent Variable: DUMMY

                         Forward Selection: Step 2

             Parameter       Standard
Variable      Estimate          Error     Type II SS     F Value      Pr > F
Intercept     -0.09729        0.02167        0.08382       20.16      <.0001
LTIMEDR        0.02690        0.00995        0.03041        7.31      0.0074
RACE           0.07638        0.01791        0.07565       18.19      <.0001

             Bounds on condition number: 1.0105, 4.0422
------------------------------------------------------------------------------
No other variable met the 0.0500 significance level for entry into the model.
```

没有展示其他4个样本的回归分析，但是它们在RACE上都不同．另外，一个样本在ATTDRUG上不同，另一个样本在MSTATUS上不同.

与未分组数据一样，在识别出异常值情况下的变量之后，再分析这些情况下的样本值. 首先，表4-16显示了家庭主妇组包含异常值的三个变量上的均值．查看数据集寻找这5个异常值的具体值.

表4-16　家庭主妇组描述性统计的语法和SAS MEANS的输出结果

```
data SASUSER.SCREEND;
   set SASUSER.SCREENT;
  if EMPLMNT=0 then delete;
  run;

proc means data=SASUSER.SCREEND
   N  MEAN  STD;
  var LTIMEDR ATTDRUG MSTATUS RACE;
  by EMPLMNT;
run;
----------------------Current employment status=1----------------------

                        The MEANS Procedure
```

Variable	Label	N	Mean	Std Dev
LTIMEDR		219	0.7657821	0.4414145
ATTDRUG	Attitudes toward use of medication	219	7.7899543	1.1969723
MSTATUS	Current marital status	219	1.8812785	0.3242015
RACE	Ethnic affiliation	219	1.0639269	0.2451832

数据集显示个体编号262在RACE上的值是2，在LTIMEDR上的值是1.763；个体编号119在RACE上的值是2，在ATTDRUG上的值是10；个体编号103和582在RACE上的值是2. 因此所有异常值都是非高加索家庭主妇．单独分析家庭主妇的描述性统计量(没有展示)显示219个样本中只有14个家庭主妇是非高加索人，其中有一个访问健康专家的次数也异常大，一个是未婚的，一个对药物使用持格外抗拒的态度.

4.2.2.5　多重共线性

删除5个多变量异常值后，利用SAS REG运行的共线性诊断评估两组的多重共线性(表4-17).

表4-17　SAS REG语法和选定的多重共线性输出结果

```
data SASUSER.SCREENT;
   set SASUSER.SCREENT;
   if subno=45 or subno=103 or subno=19 or subno=262 or
       subno=582 then delete;
run;
proc reg data=SASUSER.SCREENF;
   model SUBNO= ATTDRUG ATTHOUSE MSTATUS RACE LTIMEDR/ COLLIN;
run;

                 Collinearity Diagnostics
```

Number	Eigenvalue	Condition Index
1	5.66323	1.00000
2	0.20682	5.23282
3	0.05618	10.03997
4	0.04246	11.54953
5	0.02463	15.16319
6	0.00668	29.12199

（续）

Number	Intercept	ATTDRUG	ATTHOUSE	MSTATUS	RACE	LTIMEDR
	Proportion of Variation					
1	0.00026447	0.00066681	0.00092323	0.00149	0.00172	0.00583
2	0.00090229	0.00163	0.00169	0.01208	0.01714	0.91984
3	0.00033382	0.00097697	0.00308	0.34932	0.61742	0.00424
4	0.00374	0.03562	0.30196	0.39771	0.19527	0.06458
5	0.00393	0.54441	0.40672	0.05798	0.04279	0.00416
6	0.99082	0.41670	0.28563	0.18142	0.12567	0.00136

可能在期刊论文的结果部分描述的筛选信息显示如下.

结果

在分析之前，通过 SAS 检查访问健康专家的次数、对待药物使用的态度、对待家务事的态度、收入、婚姻状态和种族的数据输入准确性、缺失值、分布与多元分析假设的拟合程度．分别对 246 个已工作妇女和 219 个家庭主妇进行变量检查.

从已工作妇女组删除一个在对待家务事的态度上有缺失值的样本，此组剩余 245 个样本．由于在收入上的缺失值数量超过了样本的 5%，所以删除收入这一变量．利用组内散点图检查变量对之间的线性关系，发现结果是令人满意的.

在已工作组中，由于两个样本在对待家务事态度上的 z 得分非常低，为一元异常值，因此将这两个样本删除．利用 $p<0.001$ 时从杠杆得分中求得的马氏距离，各组有 15 个样本(大约 3%)被识别为多元异常值．由于 15 个样本中有几个样本在访问健康专家的次数上有极值 z 得分，且由于此变量严重有偏，因此对其进行对数转换．转换后的变量中只有 5 个样本被识别为多元异常值，且全部来自已工作组[㊀]．删除所有的 7 个异常值及有缺失值的样本之后，已工作组剩下 243 个有效样本，家庭主妇组剩下 214 个有效样本.

㊀ 所有的异常值都是非高加索的家庭主妇，因此，36%(5/14)的非高加索家庭主妇是异常值，其中一个访问健康专家的次数非常大，一个未婚的，一个对药物使用格外抗拒．因此，结果可能不能对所有的非高加索家庭主妇一概而论，特别是那些未婚的、经常访问专家的和非常抗拒药物使用的.

第5章 多重回归

5.1 概述

回归分析是评估一个因变量与多个自变量之间关系的统计方法．例如，小学生的阅读能力(因变量)是否受感知发展、运动发展和年龄等自变量的影响？在分析过程中，当把预测作为分析目的时，通常使用*回归*(regression)分析；当评估自变量与因变量之间关系时，则通常使用*相关*(correlation)分析，但一般来说回归分析和相关分析二者是互通的．

在许多学科中，多重回归是一种通用方法．例如，Stefl-Mabry(2003)曾用标准多重回归研究多种信息来源(口述、专家建议、互联网、新闻报纸、人文社科书籍、广播和电视新闻等)对满意度的影响．根据信息的可靠程度和一致性将其从高到低划分为40段，并对90名专业参与者进行个体回归分析，然后对标准化回归系数取平均．结果表明，参与测试的人一般对专家建议更为满意，其次是人文社科书籍与口述．并且，参与者对各种各样的消息来源的满意度是一致的．

Baldry(2003)曾用序贯/分层回归研究父母人身暴力的暴露对欺凌行为的影响，结果超出了人口统计变量和父母虐待儿童所能提供的预测．第一步，性别(是否为男孩)和年龄(是否为年长的)两个变量与欺凌行为是显著相关的；第二步，父亲(而不是母亲)虐待儿童的行为会助长欺凌的风气；最后，很显然，母亲对父亲的暴力行为会显著助长欺凌的风气，但是父亲对母亲的暴力行为却不是如此[⊖]．虽然整个模型是显著的，但它仅仅解释了欺凌行为信息变化的14%.

回归可以应用于自变量以不同的程度与其他自变量或因变量相关的数据集中．例如，评估自变量(教育水平、收入水平和社会地位)与因变量(职业威望)的关系．在自变量相关的情况下，回归是可以进行的，它们既可以用于实验性研究(例如，自变量之间的相关性是由单元中样本个数不相等造成的)，也可以用于观察性或调查研究中自然“操纵”的相关变量．对研究现实世界和复杂问题(如在实验环境中将其简化为正交设计是没有意义的)有浓厚兴趣的研究者来说，回归技术的灵活性是非常有意义的．

多重回归是二元回归(参照3.5.2节)的扩展，多重回归是用几个自变量来预测因变量，而不是用一个自变量去估计．回归的结果代表了根据多个连续(或者二分)自变量计算的因变量的最佳预测值．回归等式(公式(3.30)的推广)如下：

$$Y' = A + B_1 X_1 + B_2 X_2 + \cdots + B_k X_k$$

其中Y'是因变量的预测值，A是Y轴的截距(当所有的X值为0时Y的值)，X代表各个

⊖ 但没有完整相关性的报告，因此很难知道在分析的同一步骤中哪些变量可能是“相互击倒”.

自变量(一共有 k 个)，B 是回归分析过程中每个自变量的回归系数. 虽然使用相同的截距和系数来预测样本中所有情况下的因变量的值，但是由于每一个样本都有自己的 X 值被代入方程中，对于每一个样本都有不同的 Y 的预测值.

回归的目标是获得一组系数值(B 值)，称为*回归系数*(regression coefficient)，要求公式当中计算的 Y 的预测值尽可能接近从实际测量中获得的 Y 的真实值. 回归系数的计算应该在两个目标下完成：最大限度地减少预测值与真实值之间的预测偏差(残差平方和最小)；优化 Y 的预测值与观测值之间的相关性. 实际上，从回归分析得出的重要统计量之一是多重相关系数. 例如，Y 的观测值与预测值之间的 Pearson 积矩相关系数：$R=r_{yy'}$(见 5.4.1 节).

回归技术包括标准多重回归、序贯(分层)回归和统计(逐步)回归. 这些技术之间的差异涉及变量进入方程的方式：变量的方差是怎么产生的，谁决定变量进入方程的顺序?

5.2 几类研究问题

回归分析的首要目的通常是研究一个因变量与多个自变量之间的关系. 第一步，判定因变量和自变量之间的关系有多强；然后，伴随着某些模糊的情况，评估每一个自变量对因变量的重要性.

进一步的目标可能是调查在统计学意义上消除了其他自变量的影响后，一个因变量与多个自变量之间的关系. 我们通常使用回归来进行协变量分析，思考当其他自变量(协变量)已经进入回归方程后，把关键变量(或变量)添加到方程里会怎样. 例如，对数学训练的程度和难度进行统计调整后，把性别变量添加到方程内是否会增加对数学成绩的预测?

另一种策略是比较几个存在相互竞争关系的自变量预测因变量的能力. 用一组健康变量或一组态度变量哪个能更好地对安定剂的使用进行预测?

通常情况下，无论方程中变量的含义是什么，回归的目的都是寻找某些现象的最佳估计方程，这个目标可以通过统计(逐步)回归实现. 在几种统计回归中，仅根据单个样本计算出的统计标准即可确定哪些自变量进入方程，以及它们进入方程的顺序.

回归分析可以使用连续或二分的自变量. 如果一个变量最初是离散的，则可以用 1 和 0 的虚拟变量编码，将其转换成一组二元变量(虚拟变量的编号应比离散类别的数量少 1). 例如，考虑一个区分宗教信仰的初始离散变量，1 代表新教，2 代表天主教，3 代表犹太教，4 代表无宗教信仰或其他. 变量可以转换成三个新的变量(新教=1 与非新教=0，天主教=1 与非天主教=0，犹太教=1 与非犹太教=0)，每个变量都有一个自由度. 当新的变量作为一个组合进入回归方程时(如 Fox 的建议，1991)，分析由原始离散自变量导致的方差，此外，还可以检查新产生的虚拟变量组的效应. Cohen 等人(2003，8.2 节)还详细地描述了虚拟变量的编码.

方差分析(第 3 章)是回归的一种特殊情况，其中包含了主效应与一系列二分自变量的交互作用. 二分法是由“虚拟变量”编码创建的，用于执行统计分析. 方差分析的问题可以通过多重回归处理，但多重回归问题由于自变量之间的相关性及连续自变量的存在往往不能轻易地转化为方差分析. 如果通过方差分析来分析，则连续自变量要呈现离散形式(例如高、中、低)，这个过程往往造成信息流失和单元大小不等．在回归中，应当保留完整且连续的自变量．5.6.5节简要介绍了回归中简单的方差分析，在Tabachnick和Fidell(2007)中详细介绍了各种方差分析模型．

作为一个统计工具，回归在回答一些实际问题时是非常有帮助的，5.2.1～5.2.8节有相关讨论．

5.2.1 相关度

回归方程到底有多好？回归方程是否真的提供最优预测？当考虑到自然相关的波动时，多重相关系数真的不为0吗？例如，在感知发展、运动发展和年龄相关情况给定的基础上，能否可靠地预测阅读能力？5.6.2.1节中描述的统计过程可以帮助我们确定多重相关系数是否确实不为0.

5.2.2 自变量的重要性

如果多重相关系数不等于零，你也许想问在回归方程中哪些自变量是重要的，哪些自变量是不重要的．例如，是对运动发展情况的了解有助于预测阅读能力，还是只能用年龄和感知发展情况来比较好地预测阅读能力呢？5.6.1节中描述的方法可以帮助你评估各种自变量对回归解决方案的相对重要性．

5.2.3 增加自变量

假设你刚刚计算出了一个回归方程，并且想知道是否可以通过向方程中加入一个或多个自变量来改进对因变量的预测．例如，在方程中加入一个新的反映父母读书兴趣的变量，孩子阅读能力的预测值是否得到了提高？5.6.1.2节中给出了添加一个新变量后改善多重相关性的检验，在5.6.2.3节给出了添加多个新变量后改善多重相关性的检验．

5.2.4 改变自变量

虽然回归方程是一个线性方程(即它不包含平方值、立方值、变量的叉积以及类似情况等)，但是我们可以通过重新定义自变量来包含非线性关系．例如，通过把自变量平方或者将原始自变量提高到更高次幂来对曲线关系进行分析．交互作用可以通过创建一个新的自变量来进行分析，该自变量是两个或两个以上的原始自变量的叉积．当包括交互作用或自变量的幂时，建议对自变量做中心化处理(以偏离其均值的偏差取代原始值，见5.6.6节).

举一个存在曲线关系的例子，假设一个孩子的阅读能力会随着父母阅读兴趣的增强而提高，到达某一点后开始下降，并逐渐趋于平稳．因此，父母阅读兴趣的增强并不会一直促使孩子阅读能力提高．如果利用父母阅读兴趣的平方作为自变量的补充，则能更好地预测孩子的阅读能力．

Y的预测值和观测值之间的散点图(称为残差分析，见5.3.2.4节)可能会揭示因变量和自变量之间更复杂的关系，比如曲线性和交互作用．为了改进预测，或者出于理论上的考虑，人们可能想要包含一些更复杂的自变量．Cohen等人(2003)讨论了使用回归进行非线性曲线拟合的方法．然而，过于自由地使用幂或自变量的叉积会有风险．样本数据可能过拟合，从而使得结果无法推广到总体．

5.2.5 自变量的其他情况

你可能对一个自变量在一个或一组其他自变量中的表现形式感兴趣．序贯回归可以用来统计一些自变量的影响，同时检查所关心的自变量与因变量之间的关系．例如，在对感知发展和年龄差异进行调整后，运动发展能否预测阅读能力呢？该过程将在5.5.2节中描述．

5.2.6 自变量集的比较

一组自变量预测的因变量值是否优于另一组自变量的预测效果？例如，基于感知与运动发展、年龄对阅读能力的预测和基于家庭收入与父母受教育程度对阅读能力的预测一样吗？5.6.2.5节介绍了一种比较两组不同因素预测结果的方法．

5.2.7 对新样本中因变量的预测

回归更为重要的应用之一是为只有自变量数据可用的样本预测因变量值．在诸如人才甄选就业、研究生培养等方面的选择上，这是相当常见的应用．在相当长的一段时间内，研究人员只能收集一个因变量(比如研究生院录取情况)和多个自变量(比如学生平均绩点、GRE考试口语成绩和GRE考试数学成绩)的数据．根据这些数据进行回归分析并获得回归方程．如果自变量与因变量密切相关，那么对于一个新的研究生院的申请者样本来说，可以将回归系数应用于自变量数据，以提前预测研究生院的录取情况．事实上，研究生入学其实是基于回归对录取情况的预测．

在单一大样本情况下，新样本的一般化回归结果是通过称为交叉验证的方式来检验的.回归方程从部分样本中得出结果，然后应用到另一部分样本中去．如果该方案得到推广，那么回归方程预测的因变量值会比其他新方案要好．5.5.3节介绍了交叉验证与统计回归.

5.2.8 参数估计

多重回归中的参数估计得到的是非标准化回归系数(权重B)．在其他所有的自变量保持不变的情况下，回归系数代表了与特定自变量的变化相关联的因变量的变化．例如，假设我们想根据平均绩点(GPA)来预测研究生考试成绩(GRE)，并生成以下公式：

$$(\text{GRE})' = 200 + 100(\text{GPA})$$

$B=100$表示GPA每增加一单位(例如，GPA从2.0到3.0)，GRE成绩平均提高100分．有时候，这在因变量的增益百分比的表示上是非常有用的表达．例如，假设GRE的均值是500，GPA增加一个单位表示GRE平均增幅20%(100/500).

参数估计的准确性取决于是否符合多重回归分析的假设(参见5.3.2.4节)，包括假设自变量不存在测量误差．因此，解释参数含义必须了解自变量的可靠性．当用转换后的变量解释回归系数时，需要谨慎，因为系数以及解释仅适用于转换后的变量．

5.3 回归分析的局限性

围绕回归分析假设的讨论已经成为一个新的热点，一部分原因是与多元方法相比，回归相对简单，另一部分原因是在科学和商业的各个方面广泛使用多重回归．回顾一下在回归程序中大量可用的诊断检验，它就证实了这一观点．然而，还应当指出的是，许多比较流行的诊断检验更关注回归模型拟合度较差的情况(存在异常值)，而忽视了筛选变量这一环节．

这个讨论几乎没有介绍可用于筛选数据和评估样本是否适合你的解决方案的内容，但是应足以涵盖大多数严重违背假设的情况．Berry(1993)和Fox(1991)对回归假设和诊断提供了一些其他有趣的见解．

5.3.1 理论问题

回归分析揭示了变量之间的关系，但并不意味着这种关系是因果关系．因果关系的证明是逻辑学和实验设计的问题，而不是统计上的问题．变量之间显示出很强的关系可能有许多来源，包括其他当前无法衡量的变量的影响．只有当所有其他变量受到控制时，通过操纵其中某些变量而导致另一些变量发生变化，我们才能够确切地证明变量之间的因果关系．

另一个关于理论的而不是统计的问题是包含什么变量．应该使用哪个因变量，它如何被衡量？哪些自变量应进行检验，以及如何衡量它们？如果在方程中已经有一些自变量，哪些自变量应添加到方程中用于改进预测结果？这些问题的答案可以由理论、敏锐的观察、良好的预感或通过对残差分布的仔细检验来提供．

然而，选择自变量应当全面地考虑一些问题．当每个自变量与因变量有很强的相关性但与其他自变量不相关时，回归效果最好．那么回归的一般目标就是确定预测因变量的最少自变量数量，其中每个自变量独立地预测因变量的变异性．

在变量选择的时候，有其他一些方面的注意事项．如果研究的目标是操纵某些因变量(比如体重)，那么需要策略性地将自变量分为可操纵的变量(例如，热量摄取和体力活动)以及不能操纵的变量(例如，遗传因素)．或者，如果有人对预测一个变量有兴趣，例如邻里噪声引起的烦恼，如果两组变量的预测都一样好，则可以战略性地选择能够廉价获取的自变量组(例如，人口普查局发布的有关邻居的特征)，而不是花费昂贵的自变量组(例如，来自深度访谈的态度)．

应该清楚的是，回归方程的解对包含在方程中的变量组合是非常敏感的．自变量是否在回归方程中特别重要，取决于集合中的其他自变量．如果某个自变量是唯一可以评估因变量某些重要方面的变量，那么它就显得十分重要．如果某个自变量只是评估因变量的重要方面的几个变量之一，通常会显得不那么重要．最优的自变量应是有着最小依赖性、能够最大程度解释因变量的一组不相关变量．[⊖]

回归分析假设自变量的测量没有误差，但是这在大多数社会行为科学研究中是肯定不可能的．我们能做的就是选择最可靠的自变量．更巧妙的是，我们假定重要但不可测的自变量，虽然它造成误差，但它与任何可测的自变量不相关．Berry(1993)指出，如果不可测自变量与可测自变量相关，那么误差的组成与可测的自变量相关，这就违反了独立误差的假设．更糟糕的是，不可测的自变量和可测的自变量之间的关系可以改变回归系数的估计值．如果二者是正相关的，那么可测的自变量的系数可能被高估；如果二者负相关，则可

⊖ Knecht(个人交流，2003)指出，从大量潜在的自变量中选择前几个“好的”自变量会出现潜在的过拟合问题．仅凭偶然因素，回归可能是过于好的．

能被低估．如果回归方程要准确地反映每个自变量对预测因变量的贡献，那么必须包括所有相关的自变量．

在多重回归分析的理论和实际问题的解决中，残差分析提供了重要的信息．对残差的慎重检验有助于识别正在退化的变量，而不是增强预测．残差图可以检验观测值是否服从分布假设．此外，残差还有助于识别模型拟合度较差的异常观测值．检验残差正态性与同方差性的过程与那些检验其他变量的过程一样，这在第 4 章和 5.3.2.4 节有讨论．

5.3.2 实际问题

除了理论上的考虑，使用多重回归还需要考虑几个实际问题，相关问题将在 5.3.2.1～5.3.2.4 节进行介绍．

5.3.2.1 样本数与自变量个数的比率

样本数与自变量个数的比率必须很大，否则解决方案即使完美也毫无意义．当自变量个数超过样本数时，人们可以找到一个回归方案，它可以完全预测每个观测值的因变量，但这只在错误的观测值与自变量比率情况下成立．

所需的样本容量取决于若干问题，包括预期功效、α 水平、预测因子数和预期的效应大小．Green(1991)对这些问题进行了深入讨论并提供了一些程序，以帮助判断哪些情况是必要的．在检验多重相关性时，简单的经验法则是 $N\geqslant 50+8m$(其中 m 是自变量的个数)，而 $N\geqslant 104+m$ 用于检验单个预测因子．这些经验法则假设因变量与自变量之间存在中度关系，其中 $\alpha=0.05$，$\beta=0.2$. 例如，如果模型存在 6 个自变量，则需要 $50+8\times 6=98$ 个样本点来检验回归方程和 $104+6=110$ 个样本点来考察单个预测因子的显著性．如果对回归方程整体相关性和单个自变量都感兴趣的话，用这两种方式计算 n，然后选择其中的较大者．或者，可以参考用于估算多重回归的软件程序，例如 SAS POWER、SPSS Sample Power、PASS(NCSS，2002)或互联网上提供的软件程序(在搜索引擎中输入“统计势”，浏览器应该会产生大量有用的程序，其中许多是免费的).

当因变量是有偏的、预期效应量较小或不可靠的变量导致实质性的测量误差时，需要一个更高的样本数与自变量个数的比率．也就是说，如果因变量不是正态分布的，并且没有进行转换，则需要更多样本量．预期效应的大小也具有相关性，因为需要更多的样本来证明预期效应的大小．以下公式更为复杂，它是 Green(1991)提出的基于考虑效应大小的经验法则：$N\geqslant\left(\frac{8}{f^2}\right)+(m-1)$，其中，$f^2=0.02$，$0.15$，$0.35$，分别对应小、中、大的效应，$f^2=pr^2/(1-pr^2)$，其中 pr^2 是预期效应最小的自变量的偏相关系数．最后，如果变量不太可靠，测量误差增大，则需要更多的观测样本．

也可能存在样本太多的情况．由于样本数量变得相当大，几乎所有多重相关系数都将显著不为零，甚至它可以预测因变量中可以忽略不计的方差．因此，出于统计和现实的原因，我们希望测量最小样本数，在这个样本数下可以相当好地揭示自变量和因变量之间的关系．

如果是用于统计(逐步)回归，则需要更多的样本．样本数与自变量较为合理的比例应是 40∶1，因为除非大样本情况，否则回归方程所需的样本数一般不会超过某个定值．如果使用交叉验证(用一些样本推导出结果并在其他样本中进行测试)来检验结果的普遍性，那么统计回归就需要更大的样本．交叉验证是在5.5.3节中说明．

如果你不能衡量想要的样本数量的话，这有一些策略可以帮助你．你可以删除一些自变量或者创建一个或多个由其他变量复合的自变量．这些新复合的自变量用来在分析中代替原有的自变量．

请务必确认分析中包含你认为应该包含的尽可能多的样本．默认情况下，回归程序将删除其中有缺失值的变量，这可能会导致大量观测值缺失的情况．如果你有缺失值，并希望估计出而不是删除它们的话，请参阅第4章．

5.3.2.2 因变量和自变量中异常值的处理

极端观测值对回归方程有太多的影响，也影响回归权重的预测精度(Fox，1991)．高杠杆和低差异(图4-2)会导致回归系数的标准误差过小；低杠杆和高差异会导致回归系数的标准误差过大．这两种情况都不能很好地适用于总体．因此，异常值应该被删除、重新计算或转换变量．参照第4章的一般程序的概括，使用统计检验和图形方法(包括评估分离)来检测和处理一元和多元的异常值．

在回归中，样本是用来对因变量和每一个自变量进行一元极端性评估的．一元异常值初步筛选时(例如，用SPSS FREQUENCIES或SAS交互式数据分析)在其他图像或z得分中呈现为样本点远离均值或者与其他样本点不相关的情形．我们可以通过使用图形方法或者使用统计方法(如马氏距离)来寻找自变量中的多元异常值(通过第4章所述的SPSS REGRESSION或SAS GLM)．

筛选异常值可以在回归运行之前进行(如第4章建议的)或者在回归运行之后通过残差分析筛选．运行回归的问题首先是克服使筛选决策基于想要的结果的诱惑；其次，如果方案中的异常值连同变量中的异常值被删除，则可能出现过拟合．处理筛选变量中的异常值似乎更安全，然后再确定方案是否适合这些情况．

比起大多数其他方法，回归分析对于确定异常值能够提供更专业的检验．SPSS REGRESSION提供了多元异常值的马氏距离；SAS GLM提供了杠杆值．

5.3.2.3 多重共线性和奇异性的处理

回归系数的计算需要对自变量之间的相关性矩阵求逆(公式(5.6))，如果自变量是奇异的，则求逆是不可能的；如果自变量之间存在多重共线性，则求逆不稳定，正如第4章所讨论的．以下两个问题可能会产生多重共线性，因为自变量自身高度相关，或者在分析中已经包括了自变量或自变量的幂之间的交互作用．在后一种情况下，可以通过将变量中心化来使问题最小化，如5.6.6节所述．

奇异性和多重共线性是能够在筛选中被识别的，通常利用自变量中非常高的多重相关系数的平方(SMC)(每个自变量依次作为因变量，剩下的作为自变量)、非常低的容忍度(1－SMC)或多重共线性诊断(在第4章有说明)[⊖]．

在回归中，多重共线性也通过非常大的(相对于变量的尺度)回归系数的标准误差来表示．Berry(1993)报告说，当$r=0.9$时，回归系数的标准误差增加一倍；当多重共线性存在

⊖ 关于异常值和多重共线性之间的复杂关系的广泛讨论，参见Fox(1991)．

时，由于标准误差很大，回归系数可能不显著．即使容忍度高达0.5或0.6，也可能会在检验和解释回归系数时造成困难．

大多数多重回归程序有容忍度的默认值(1－SMC)，以保护用户避免包含自变量之间的多重共线性．如果程序中默认值已经设定，则不会允许与方程中的自变量高度相关的自变量进入回归方程．这在统计和逻辑上都是有意义的，由于膨胀的回归系数，自变量会影响分析，并且由于它们与其他自变量是相关的，所以不需要它们．

然而，如果要删除变量，你可以根据逻辑而不是统计的依据，通过考虑诸如变量的可靠性或测量变量成本等问题，自行选择删除哪个自变量．例如，你可能希望删除可靠性最低的变量，而不是容忍度很低的变量．从自变量的集合中删除可靠性低的自变量，使容忍度高的自变量足以进入方程．

如果检测到多重共线性，但是仍然想要维持一组自变量，则可以考虑岭回归．岭回归是一个有争议的过程，它试图通过扩大所分析的方差来稳定回归系数的估计．Dillon 和 Goldstein(1984，第7章)更详细地描述了岭回归．尽管一开始受到了广泛关注(参见 Price，1977)，但 Rozeboom(1979)和 Fox(1991)等人对这个程序提出了严肃的问题．如果在查阅了这些文献后，你仍然要采用岭回归，则可通过 SAS REG 和 SPSS 里的宏来实现．

5.3.2.4 残差的正态性、线性以及同方差性

第4章描述的常规预分析筛选程序可以检验残差的正态性、线性和同方差性．然而，回归程序也通过对残差进行分析，检验是否同时满足这三个假设．

通过残差散点图，可以检验正态性、线性和因变量估计值与预测误差之间的同方差性．回归分析假设：残差(因变量观测值和预测值之间的差异)服从正态分布，残差与因变量预测值有线性关系，残差的方差在所有的预测值中是一致的[㊀]．当满足这些假设时，残差如图5-1a所示．

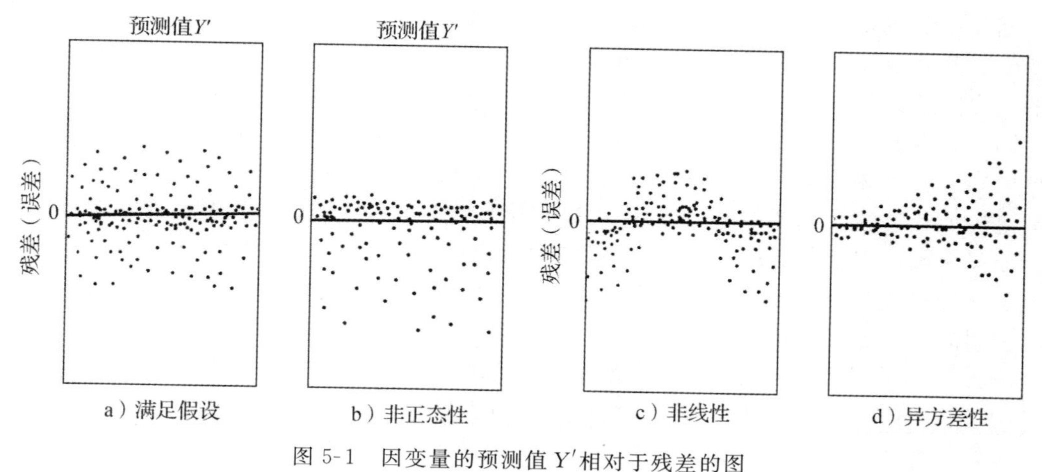

图5-1　因变量的预测值Y'相对于残差的图

㊀ 注意到这里没有关于自变量的分布的假设，除了它们与因变量之间的关系．然而，如果自变量服从正态分布，则预测方程会得到增强，主要是因为自变量与因变量之间的线性被增强．

残差散点图的检验可以代替初步筛选或者在初步筛选后进行．如果残差散点图代替初步筛选进行检验，并满足回归分析假设，则变量和观测值的进一步检查是不必要的．也就是说，如果残差满足正态性、线性和同方差性，如果没有明显的异常值，如果观测值是足够的，如果不存在多重共线性或奇异性，那么回归只需要运行一次．(值得注意的是，通过多年对大量数据集的多元分析，我们从未发现这样的情况．)另一方面，如果最初运行的残差散点图看起来很糟糕，则需要通过第4章中的程序进一步筛选．

所有本章讨论的统计方案都提供残差散点图．在这些散点图中，其中一个轴表示因变量的预测值，另一个轴表示预测误差．然而，哪一个轴表示什么，以及因变量的预测值和残差是否在不同程序中被标准化，因程序而异．

SPSS和SAS直接在它们的回归结果中提供这些图．在SPSS中，预测值和预测误差都是标准化的，但在SAS中则不是．无论如何，我们感兴趣的是散点图的整体形状．如果所有的假设都满足，那么残差将沿着中心近似呈矩形分布．如前所述，图5-1a展示了一个满足所有假设的分布．

正态性的假设是指预测误差在因变量预测值周围呈正态分布．残差散点图应当显示残差在每个预测值的中心的堆积，残差的正态分布从中心对称地向外扩散．图5-1b显示残差呈偏态分布，这说明残差是非正态的．

因变量的估计值和预测误差之间的线性关系也是假定的．如果存在非线性，散点图的整体形状是曲线形，而不是矩形，如图5-1c所示．在此图中，对于因变量的低预测值和高预测值，预测误差通常是负向的，对于中等预测值，预测误差是正向的．通常情况下，残差的非线性可以通过转换自变量(或因变量)为线性的，使得自变量和因变量之间存在线性关系．但是，如果自变量和因变量之间存在曲线关系，则可能有必要将自变量的平方包括在自变量集合中．

回归中的残差具有非线性不会使回归分析失效，但会削弱回归分析的效果．因变量和自变量之间的线性关系是一个非常好的关系，这个关系并非完全由线性相关系数决定．分析的能力降低到分析不能完全反映自变量和因变量之间的关系程度．

同方差性的假设是指对于所有预测值，预测误差的标准偏差大致相等．异方差性也不会使回归分析失效或回归效果被削弱．同方差性意味着残差带在预测因变量的所有值处宽度都是近似相等的．如图5-1d所示，典型的异方差性就是这样一种情况，即残差带在较大的因变量预测值下变宽．在此图中，预测误差随着预测值的增加而增加．当残差标准差在最宽处比最窄处高出3倍时将引起严重的异方差性(Fox，1991)．当一些变量偏斜而其他变量不偏斜时，异方差性可能会出现．变量的变换可能会降低或消除异方差性．

异方差性也可能由自变量与一个不在回归方程中的变量的交互作用产生．例如，随着年龄的增长，收入可能与教育有关．对受过高等教育的人来说，收入随着年龄有较大的增长，包括教育和年龄作为自变量来预测收入将加强回归模型，还会消除异方差性．

另一种补救方法是在所有主要回归程序中使用加权(广义)最小二乘回归．在这个过程中，你通过使用产生异方差性的变量的方差来对回归加权．例如，如果知道因变量的方差(例如收入)随着自变量值(例如年龄)的增加而增加，则按年龄对回归进行加权．与在模型中添加“交互式”变量(教育)的方法相比，后一种补救办法没有太大优势，但如果你不能识别或测量交互变量，或者异方差性因测量误差而产生，那么加权(广义)最小二乘回归可能会更实用.

在特殊和罕见的情况下，显著性检验适用于线性和同方差性情况. Fox(1991，64～66页)总结了非线性和异方差性情况下的显著性检验，他认为在非线性和异方差性的情况下，在当一些自变量是离散的并且只有几个类别时，显著性检验是有用的.

5.3.2.5 误差项的独立性

回归的另一个假设是指预测误差之间是相互独立的，这可以通过残差分析检测. 在某些情况下，时间或距离与样本顺序是相关的，通常不满足这个假设. 例如，在早期调查中，样本因为我们对调查问卷的不熟悉而表现出过多的回应，在这种情况下，时间就会影响调查并造成误差的非独立性. 再者，当距离有毒物质较远的样本表现出更多的变化反应时，距离就会造成误差的非独立性. 那么，误差的非独立性要么是剔除多余变量，要么是一个值得研究的问题.

误差的非独立性与变量的顺序有关，误差的非独立性是通过按顺序引进变量或通过观测变量残差图来评估的. 相关的 Durbin-Watson 统计量是对样本序列中误差自相关性的度量，如果检验显著，则表示误差具有非独立性. 正自相关会使误差方差的估计值略小，并导致第一类错误发生的概率变大. 负自相关使得误差方差的估计值略大，并导致估计效力的损失. Wesolowsky(1976)给出了这个统计量使用和检验的重要性. 如果发现误差存在非独立性，那么请参考 Dillon 和 Goldstein(1984)的研究，以了解可供选择的方案.

5.3.2.6 回归方程中异常值的处理

有些观测值可能不适合回归方程，这些观测值降低了多重相关性. 对我们来说，检验这些观测值是有意义的，因为它们的存在使回归不能很好地预测情况.

在回归方程中具有较大残差的观测值是异常值. 无论是否删除了远离中心的变量，残差都以原始或标准化的形式提供. 基于残差的图形方法用 X 轴表示杠杆，用 Y 轴表示残差. 在常规残差图中，回归结果的异常值一般落在其余观测值产生的点群之外.

检查残差图. 如果异常值很明显，则通过个别变量的标准化残差来识别它们. 检验解决方案中异常值的统计标准取决于样本大小. 样本越大，越有可能存在一个或多个残差. 当 $N<1000$ 时，$p=0.001$ 的标准是合适的. 这个 p 与围绕 3.3 上下波动的标准化残差有关.

5.4 多重回归的基本公式

一个适合于多重回归的数据集包括一些研究单位(如研究生)的样本，这些研究单位可以在多个自变量和一个因变量上获得样本值. 表 5-1 举例说明了一个假想的小样本，其中有三个自变量和一个因变量.

表 5-1 列出了 6 名学生在三个自变量中的分数，这三个自变量的含义为：专业动机的测量(MOTIV)、研究生培训入学资格的综合评分(QUAL)和研究生课程综合评分(GRADE). 因变量是对研究生综合考试(COMPR)的评分. 我们需要知道如何通过 MOTIV、QUAL 和 GRADE 来预测 COMPR.

表 5-1　假设数据的小样本，用于说明多重相关

样本编号	自变量			因变量
	MOTIV(X_1)	QUAL (X_2)	GRADE (X_3)	COMPR (Y)
1	14	19	19	18
2	11	11	8	9
3	8	10	14	8
4	13	5	10	8
5	10	9	8	5
6	10	7	9	12
均值	11.00	10.17	11.33	10.00
标准差	2.191	4.834	4.376	4.517

当然，6 个样本量是远远不够的，但是这个样本足以说明多重相关的计算，并用计算机程序来展示一些分析．鼓励读者通过手工或计算机程序处理涉及这些数据的问题．本例中的语法和选定输出通过 SPSS REGRESSION 和 SAS REG 显示在 5.4.3 节中．有多种方法可用来开发多重相关的“基本”方程．

5.4.1　一般线性方程

计算多重相关的一种方法是获得 Y' 的预测公式，以便将因变量的预测值与所获得的 Y 进行比较：

$$Y' = A + B_1X_1 + B_2X_2 + \cdots + B_kX_k \tag{5.1}$$

其中 Y' 是 Y 的预测值，A 是当所有 X 均为零时 Y' 的值，B_1 至 B_k 表示回归系数，而 X_1 至 X_k 表示自变量．

最优拟合回归系数构成估计的回归方程，这个回归方程使观测值与预测值差值的平方和达到最小．因为预测的平方误差 $(Y-Y')^2$ 被最小化，所以这个解被称为最小二乘解．

在这个问题中，$k=3$．也就是说，有三个自变量可用于预测因变量(COMPR)．

$$(\text{COMPR})' = A + B_M(\text{MOTIV}) + B_Q(\text{QUAL}) + B_G(\text{GRADE})$$

为了预测学生的 COMPR 分数，可用自变量(MOTIV、QUAL 和 GRADE)乘以它们各自的回归系数，将乘积相加并加上截距项或基线值(A)，这样就得到了 COMPR 分数的预测值．

将因变量的观测值(Y)、Y 的均值($\overline{Y}$)和 Y 的预测值(Y')之间的差值平方并相加，作为方差的不同来源的估计．Y 的总平方和被划分为回归平方和与残差平方和．

$$SS_Y = SS_{reg} + SS_{res} \tag{5.2}$$

Y 的总平方和：

$$SS_Y = \sum (Y - \overline{Y})^2$$

通常，每个 Y 的观测值与所有 N 个样本均值 Y 之间差值的平方总和为回归平方和：

$$SS_{reg} = \sum (Y' - \overline{Y})^2$$

它代表的是 Y 的变化由自变量所解释的部分．也就是说，它是预测的 Y' 和 Y 的均值之间的平方差的和，因为 Y 的均值是在没有任何有用自变量的情况下对 Y 值的最好预测．残差平方和

$$SS_{res} = \sum (Y - Y')^2$$

是观测值 Y 和预测值 Y' 之间差的平方和，代表预测误差．

多重相关的平方(判定系数)是

$$R^2 = \frac{SS_{reg}}{SS_Y} \tag{5.3}$$

多重相关的平方 R^2 是回归平方和占 Y 的总平方和的比例．

因此，判定系数就是因变量的变化比例，它可以从自变量的最佳线性组合中预测出来．多重相关本身就代表观测值 Y 和预测值之间的相关性，即 $R = r_{yy'}$．

总平方和 SS_Y 直接根据因变量观测值计算．例如，在示例问题中，综合考试成绩的均值为 10，

$$SS_C = (18-10)^2 + (9-10)^2 + (8-10)^2 + (8-10)^2 + (5-10)^2 + (12-10)^2 = 102$$

为了找到剩余的变化来源，有必要解出 Y' 的预测方程(5.1)．这意味着找到最合适的 A 和 B_i．推导方程的最直接方法涉及考虑个体相关的多重相关．

5.4.2 矩阵方程

另一种观察 R^2 的方法是根据每个自变量和因变量之间的相关性．多重相关的平方是因变量与第 i 个自变量之间的相关系数与标准化回归系数的乘积之和：

$$R^2 = \sum_{i=1}^{k} r_{yi}\beta_i \tag{5.4}$$

其中 r_{yi} = 因变量与第 i 个自变量之间的相关系数，β_i = 标准化回归系数或者 β 的权重[⊖]．

标准化回归系数是对 X_i 值标准化(X_i 值的 z 得分)来预测标准化 Y' 的回归系数．

因为 r_{yi} 是从数据中直接计算出来的，R^2 的计算包括求出 k 个自变量的标准化回归系数(β_i)．k 个未知数的 k 个方程推导超出了本书的范围．然而，这些方程的解很容易用矩阵代数来说明．对于那些不熟悉矩阵代数的人，可以在附录 A 中找到矩阵代数的基础知识．A.5 节(矩阵乘法)和 A.6 节(矩阵求逆或除法)是矩阵代数执行后续步骤所需的部分．我们鼓励使用专业矩阵程序，如 SAS IML、MATLAB、SYSTAT MATRIX 或 SPSS MATRIX，或者使用 Quattro Pro、Excel 等标准电子表格程序．

矩阵形式：

$$R^2 = \boldsymbol{R}_{yi}\boldsymbol{B}_i \tag{5.5}$$

其中 $\boldsymbol{R}_{yi}$ = 因变量和 k 个自变量之间的相关系数的行矩阵，$\boldsymbol{B}_i$ = 对于相同 k 个自变量，标准化回归系数的列矩阵．

标准化回归系数可以是自变量间系数矩阵的逆与因变量和自变量之间系数矩阵的乘积：

$$\boldsymbol{B}_i = \boldsymbol{R}_{ii}^{-1}\boldsymbol{R}_{iy} \tag{5.6}$$

其中 $\boldsymbol{B}_i$ = 标准化回归系数的列矩阵，$\boldsymbol{R}_{ii}^{-1}$ = 自变量之间相关系数矩阵的逆，$\boldsymbol{R}_{iy}$ = 因变量和自变量之间相关系数的列矩阵．

⊖ β 常常用于指示样本的标准化回归系数，而不是与软件包一致的非标准化系数的原始估计．

因为乘以逆与除法是相同的，即自变量和因变量之间的系数列矩阵除以自变量间的系数矩阵．

那么，这些方程[⊖]用来计算表5-1样本中COMPR数据的R^2．所需的所有相互关系在表5-2中．

求逆矩阵的程序充分展示在其他地方（例如Cooley和Lohnes，1971；Harris，2001），通常是在计算机装置和电子表格程序中可以找到．因为手工计算过程极其烦琐，矩阵变得越来越大，样本数据的逆矩阵没有在表5-3内计算．

表5-2　表5-1样本数据中自变量和因变量之间的相关系数

		R_{ii}			R_{iy}
		MOTIV	QUAL	GRADE	COMPR
	MOTIV	1.000 00	0.396 58	0.376 31	0.586 13
	QUAL	0.396 58	1.000 00	0.783 29	0.732 84
	GRADE	0.376 31	0.783 29	1.000 00	0.750 43
R_{yi}	COMPR	0.586 13	0.732 84	0.750 43	1.000 00

表5-3　表5-1样本数据中自变量之间的相互关系矩阵的逆

	MOTIV	QUAL	GRADE
MOTIV	1.202 55	−0.316 84	−0.204 35
QUAL	−0.316 84	2.671 13	−1.973 05
GRADE	−0.204 35	−1.973 05	2.622 38

从公式(5.6)看，$\boldsymbol{B}_i$矩阵是由$\boldsymbol{R}_{ii}^{-1}$矩阵与$\boldsymbol{R}_{iy}$矩阵相乘得到的：

$$\boldsymbol{B}_i = \begin{bmatrix} 1.202\,55 & -0.316\,84 & -0.204\,35 \\ -0.316\,84 & 2.671\,13 & -1.973\,05 \\ -0.204\,35 & -1.973\,05 & 2.622\,38 \end{bmatrix} \begin{bmatrix} 0.586\,13 \\ 0.732\,84 \\ 0.750\,43 \end{bmatrix} = \begin{bmatrix} 0.319\,31 \\ 0.291\,17 \\ 0.402\,21 \end{bmatrix}$$

所以，$\beta_M=0.319$，$\beta_Q=0.291$，$\beta_G=0.402$. 那么，根据公式(5.5)，我们得到

$$R^2 = \begin{bmatrix} 0.586\,13 & 0.732\,84 & 0.750\,43 \end{bmatrix} \begin{bmatrix} 0.319\,31 \\ 0.291\,17 \\ 0.402\,21 \end{bmatrix} = 0.702\,37$$

在这个例子中，毕业综合考试成绩方差的70%是由入学动机、录取资格和研究生课程成绩解释的．

一旦标准化回归系数可用，它们就用于写出预测COMPR(Y')的等式．如果始终使用z得分，则使用β权重(β_i)来建立预测方程．除了没有A(截距)，自变量和预测的因变量都是标准化的形式之外，该公式与公式(5.1)是类似的．

而如果需要原始值形式的公式，系数必须先转化到非标准化系数B_i：

⊖ 相似的方程可以根据$\boldsymbol{\Sigma}$(方差-协方差)矩阵或$\boldsymbol{S}$(平方和与叉积)矩阵解决，与系数矩阵相似．如果使用$\boldsymbol{\Sigma}$或$\boldsymbol{S}$矩阵，回归系数是非标准化系数．见公式(5.1)．

$$B_i = \beta_i \left(\frac{S_Y}{S_i}\right) \tag{5.7}$$

非标准化系数(B_i)等于标准化系数(权重β_i)乘以因变量和自变量之间的标准差的比率，其中 S_i是第 i 个自变量的标准差，S_Y是因变量的标准差，

$$A = \overline{Y} - \sum_{i=1}^{k} (B_i \overline{X}_i) \tag{5.8}$$

截距是因变量的均值减去自变量的均值乘以各自的非标准化系数的和 .

对于表 5-1 的样本问题：

$$B_M = 0.319\left(\frac{4.517}{2.191}\right) = 0.658$$

$$B_Q = 0.291\left(\frac{4.517}{4.834}\right) = 0.272$$

$$B_G = 0.402\left(\frac{4.517}{4.366}\right) = 0.416$$

$$A = 10 - [(0.658)(11.00) + (0.272)(10.17) + (0.416)(11.33)] = -4.72$$

对于 COMPR 原始值，曾经的 MOTIV、QUAL 和 GRADE 的预测方程是已知的，它是

$$(\text{COMPR})' = -4.72 + 0.658(\text{MOTIV}) + 0.272(\text{QUAL}) + 0.416(\text{GRADE})$$

如果一个研究生在 MOTIV、QUAL 和 GRADE 上的三个自变量对应值为 12、14 和 15，则 COMPR 的预测值为

$$(\text{COMPR})' = -4.72 + 0.658(12) + 0.272(14) + 0.416(15) = 13.22$$

预测方程还表明，如果其他自变量中的值保持不变，则 GRADE 每变化一个单位，COMPR 平均变化 0.4 个单位 .

5.4.3 小样本示例的计算机分析

表 5-4 和表 5-5 使用默认值演示了表 5-1 中数据的计算机分析的语法和选定输出 . 表 5-4 演示了 SPSS REGRESSION. 表 5-5 显示了通过 SAS REG 的运行结果 .

表 5-4　表 5-1 中样本数据的标准多重回归语法和选定的 SPSS REGRESSION 输出

```
REGRESSION
  /MISSING LISTWISE
  /STATISTICS COEFF OUTS R ANOVA
  /CRITERIA=PIN(.05) POUT(.10)
  /NOORIGIN
  /DEPENDENT compr
  /METHOD=ENTER motiv qual grade
```

Regression

Model Summary

Model	R	R Square	Adjusted R Square	Std. Error of the Estimate
1	.838[a]	.702	.256	3.8961

[a]Predictors: (Constant), GRADE, MOTIV, QUAL

（续）

ANOVA[b]

Model		Sum of Squares	df	Mean Square	F	Sig.
1	Regression	71.640	3	23.880	1.573	.411[a]
	Residual	30.360	2	15.180		
	Total	102.000	5			

[a]Predictors: (Constant), GRADE, MOTIV, QUAL
[b]Dependent Variable: COMPR

Coefficients[a]

Model		Unstandardized Coefficients		Standardized Coefficients	t	Sig.
		B	Std. Error	Beta		
1	(Constant)	–4.722	9.066	.319	–.521	.654
	MOTIV	.658	.872	.291	.755	.529
	QUAL	.272	.589	.402	.462	.690
	GRADE	.416	.646		.644	.586

[a]Dependent Variable: COMPR

表 5-5　表 5-1 中样本数据的标准多重回归语法和 SAS REG 输出结果

```
proc reg data=SASUSER.SS_REG;
    model COMPR= SUBJNO MOTIV QUAL GRADE;
run;
                             The REG Procedure
                               Model: MODEL1
                         Dependent Variable: COMPR

      Number of Observations Read                          7
      Number of Observations Used                          6
      Number of Observations with Missing Values           1

                           Analysis of Variance

                                   Sum of        Mean
   Source                DF       Squares      Square    F Value    Pr > F

   Model                  3      71.64007    23.88002       1.57    0.4114
   Error                  2      30.35993    25.17997
   Corrected Total        5     102.00000

         Root MSE               3.89615    R-Square     0.7024
         Dependent Mean        10.00000    Adj R-Sq     0.2559
         Coeff Var             38.96148

                           Parameter Estimates

                             Parameter     Standard
     Variable     DF          Estimate        Error    t Value    Pr > |t|

     Intercept     1          -4.72180      9.06565      -0.52      0.6544
     MOTIV         1           0.65827      0.87213       0.75      0.5292
     QUAL          1           0.27205      0.58911       0.46      0.6896
     GRADE         1           0.41603      0.64619       0.64      0.5857
```

在 SPSS REGRESSION 中，因变量指定为 compr. METHOD＝ENTER，后面是自变量列表，指定标准多重回归的命令．

在标准多重回归中，结果可以在 Model Summary 表中看到．表中包括 R，R^2，调整的 R^2（见 5.6.3 节）和预测值 Y' 的标准误差（Std. Error of the Estimate）．然后，ANOVA 表显示了假设多重回归系数为零的 F 检验的详细信息（见 5.6.2.1 节）．以下是回归系数和它们的显著性检验：回归系数的估计值 B、B 的标准误差（Std. Error）、标准化回归系数 β 的估计值（Beta）、回归系数的 t 检验值（见 5.6.2.2 节）、它们的显著性水平（Sig.）．常数项（Constant）是指截距（A）．

在使用 SAS REG 进行标准多重回归时，回归方程的变量在 MODEL 语句中指定，因变量在等式的左边，自变量在等式的右边．

在 ANOVA 表中，回归平方和叫作模型（Model），残差叫作误差（Error）．在行标签中总的 SS 和 df 标注为 C Tatal. ANOVA 下面是估计的标准误差，显示误差项的平方根 MS_{res}（Root MSE）．还显示有因变量的均值（Dep Mean）、R^2 以及调整的 R^2 和变异系数（Coeff Var）——在这里定义为 100 倍的估计标准误差除以因变量的均值．本节标记的参数估计（Parameter Estimates）部分包括通常在参数估计（Parameter Estimates）标记的 B 系数、标准误差，系数的 t 检验值和它们的显著性水平．除非要求，否则不显示标准化回归系数．

在 5.8 节讨论这些程序的其他功能．

5.5 多重回归的主要类型

在多重回归中有三种主要的分析方法：标准多重回归、序贯（分层）回归和统计（逐步）回归．这些方法之间的差异包括：由于自变量相关而导致的重叠方差，自变量进入方程的顺序．

考虑图 5-2a 中的维恩图，其中有三个自变量和一个因变量．自变量 1 和自变量 2 彼此相关，且都与因变量显著相关．自变量 3 与因变量的关联程度较低，且自变量 3 与自变量 2 的关联程度可以忽略不计．这种情况下的 R^2 解释了 $a+b+c+d+e$ 的区域总和．区域 a 明确地来自自变量 1，区域 c 明确地来自自变量 2，区域 e 来自自变量 3. 但是，区域 b 和 d 的来源是不明确的．这两个区域的来源可以是两个自变量中的任何一个：来自自变量 1 或自变量 2 的区域 b，来自自变量 2 或自变量 3 的区域 d. 有争议的区域应分配给哪个自变量？方法选择很大程度上影响了分析的解释，因为自变量对回归方程的重要性发生了变化．

5.5.1 标准多重回归

在表 5-1 中，标准回归模型是研究生小样本数据回归方程中使用的模型．在标准模型或联立模型中，所有自变量都立即进入回归方程．在所有其他自变量进入之后，评估每一个进入回归的自变量．每个自变量都是根据因变量预测值所增加的内容来评估的，这与所有其他自变量提供的可预测性不同．

考虑图 5-2b. 图中的阴影区域表示当使用 5.6.1.1 节的程序时各自变量所赋予的变异性．区域 a 表示自变量 1 对“研究生考试得分”的贡献，区域 c 表示自变量 2 的贡献，区域 e 表示自变量 3 的贡献．也就是说，每个自变量只分配其独特贡献的区域．重叠区域 b 和 d 对 R^2 有贡献，但是没有被分配给任何自变量．

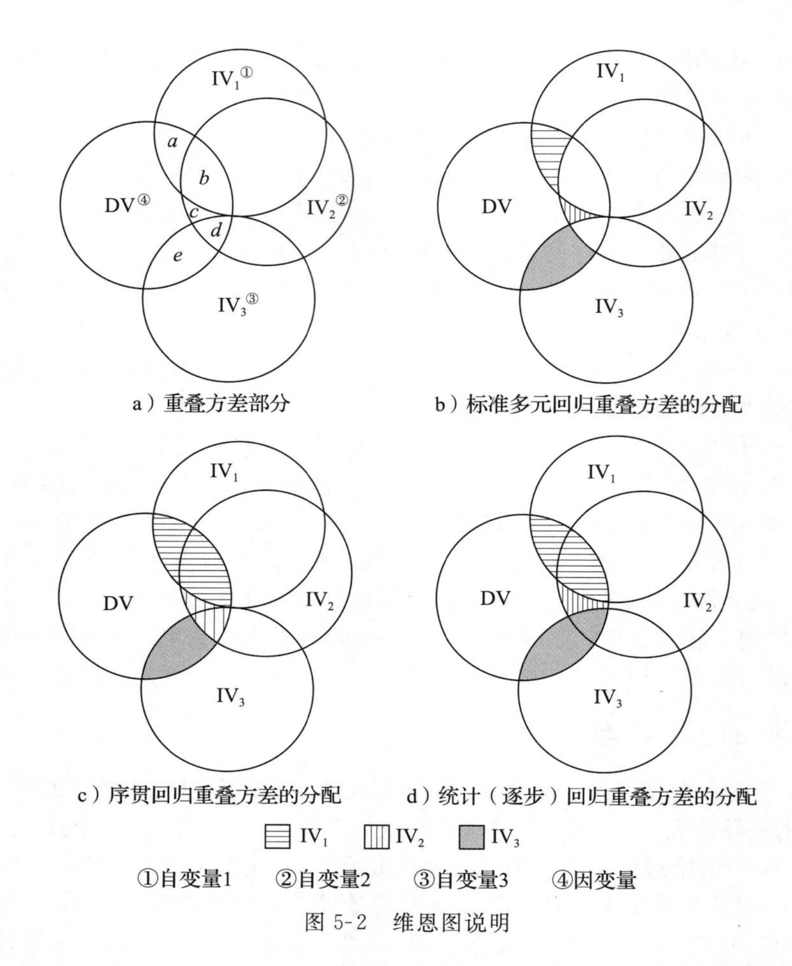

图 5-2　维恩图说明

在标准多重回归中，当自变量与因变量实际高度相关时(例如自变量 2)，自变量可能在回归方程中显得不重要．如果这种相关区域被其他自变量削弱，尽管与因变量有实质性的相关性，但自变量的独特贡献通常非常小．因此，在解释中需要考虑自变量的完全相关性和独特贡献．

在 SPSS 中，标准多重回归是通过 REGRESSION 进行的．所有其他类型的多重回归也是通过 REGRESSION 进行的．对于表 5-1 的样本问题，输出的选定部分在表 5-4 中给出．(本章后面的示例将提供对程序输出的完整解释．)SAS REG 常用于标准分析，如表 5-6 所示．

5.5.2　多重序贯回归

在序贯回归(有时称为分层回归)中，自变量按我们指定的顺序进入回归方程．每一个自变量(或一组自变量)都是根据为回归方程带来的变化评估的．考虑图 5-2c 中的例子．假设我们让自变量 1 首先进入方程，其次自变量 2 进入，最后自变量 3 进入．按照 5.6.1.2 节的程序评估变量的重要性．自变量 1 在区域 a 和 b 上“取得分数”，自变量 2 在区域 c 和 d

上“取得分数”，自变量 3 在区域 e 上“取得分数”．每个自变量都被赋予了各自的变异性、独特性和重叠性．特别注意到，如果自变量 2 第一个进入方程，则自变量 2 的重要性会大大增加，因此，区域 b、c 和 d 对“取得分数”的贡献也会相应增加．

研究者通常根据逻辑或理论考虑变量进入方程的顺序．例如，假定赋予某个(或操作)具有因果优先的自变量优先进入权．例如，与训练量相比，在评估篮球运动员成绩的时候，可以考虑赋予身高更高的优先进入权．具有较大理论重要性的变量也可以提前进入．

或者可以采取相反的方式．当给予“冗余”变量更高的优先进入权时，研究者在后续的操作中可能会添加控制变量或其他重要变量进入方程．首先引入一组较小或冗余的变量，然后主要变量将根据在较小变量之上预测的增加来评估．例如，我们可能想知道在阅读速度的原始差异(冗余自变量)保持不变时，从阅读速度(主要自变量)的强度和长度来预测快速阅读教程(因变量)的效果有多好．这是回归中协方差问题的基本分析．

自变量可以逐个地或整体地进入回归方程．按照计算机每个步骤给出的关于变量内外的信息输出，分步进行回归分析．最后，在输入所有变量之后，提供概括性统计量以及最后一步的信息．

在 SPSS 软件包中，序贯回归由 REGRESSION 程序执行．SAS REG 具有交互式模式，可以依次单个输入自变量．

使用 SPSS REGRESSION 显示表 5-1 的样本问题的语法和选定输出．在表 5-6 中，对于录取资格和课程表现给予较高的优先级，对于动机给予较低的优先级，通过有两个 ENTER 指令来指示序列，模型的每一步都有一个指令．CHANGE 被添加到 STATISTICS 中，提供一个表格，表格显示模型中由 motiv、qual 和 grade 提供的预测增益．SPSS REGRESSION 序贯分析在 5.7.3 节中有详细解释．

5.5.3 统计(逐步)回归

统计回归(有时通常称作逐步回归)是一个有争议的过程，输入变量的顺序完全基于统计标准．变量的含义或解释是不相关的．哪些变量包含在内和哪些变量从方程中删除的决定，要基于特定样本的统计计算：统计上微小的差异对自变量的含义有显著的影响．

考虑图 5-2d 中的例子．自变量 1 和自变量 2 都与因变量充分相关，自变量 3 与之相关性则较小．自变量 1 和自变量 2 谁先进入方程，这基于哪个自变量和因变量有更高的相关性，即使这个高相关性出现在小数点后第二位或第三位．我们认为自变量 1 与因变量的相关性更高，所以自变量 1 首先进入．这时其从区域 a 和 b 中“取得分数”．随后，比较自变量 2 和自变量 3，自变量 2 可从区域 c 和 d“取得分数”，同时自变量 3 可从区域 e 和 d“取得分数”．在这一点上，自变量 3 对 R^2 的贡献更强，所以先进入方程．现在评估自变量 2 的区域 c 是否对 R^2 有显著的贡献．如果有显著的贡献，则自变量 2 进入方程；否则，有一个不能忽视的事实，即它与先进入方程的变量一样，与因变量高度相关．鉴于此，除非我们特别关心因变量与自变量的相关性，否则这样解释统计回归方程是不可取的．

实际上有三个统计回归版本：前进法、后退法和逐步回归．在前进法中，方程开始是空的，满足标准的自变量一次一个地加入方程中．在前进法中，Bendel 和 Afifi(1977)提出了预测因子向前进入回归的标准．当显著性水平不是 0.05 而是 0.15 到 0.20 的时候，重要变量不太可能从模型中被剔除．在后退法中，方程以所有自变量进入开始，如果它们对回归没有显著性，则一次剔除一个不显著的自变量．逐步回归方程开始是空的，如果它们满足统计标准，自变量一次一个地加入进去，但当不显著时，它们也可能在任何一步被剔除．

表 5-6　表 5-1 中样本数据的多重序贯回归语法和选定的 SPSS REGRESSION 输出

```
REGRESSION
  /MISSING LISTWISE
  /STATISTICS COEFF OUTS R ANOVA CHANGE
  /CRITERIA=PIN(.05) POUT(.10)
  /NOORIGIN
  /DEPENDENT compr
  /METHOD=ENTER qual grade /METHOD=ENTER motiv.
```

Regression

Model Summary

Model	R	R Square	Adjusted R Square	Std. Error of the Estimate	Change Statistics				
					R Square Change	F Change	df1	df2	Sig. F Change
1	.786[a]	.618	.363	3.6059	.618	2.422	2	3	.236
2	.838[b]	.702	.256	3.8961	.085	.570	1	2	.529

[a]Predictors: (Constant), GRADE, QUAL
[b]Predictors: (Constant), GRADE, QUAL, MOTIV

ANOVA[c]

Model		Sum of Squares	df	Mean Square	F	Sig.
1	Regression	62.992	2	31.496	2.422	.236[a]
	Residual	39.008	3	13.003		
	Total	102.000	5			
2	Regression	71.640	3	23.880	1.573	.411[b]
	Residual	30.360	2	15.180		
	Total	102.000	5			

[a]Predictors: (Constant), GRADE, QUAL
[b]Predictors: (Constant), GRADE, QUAL, MOTIV
[c]Dependent Variable: COMPR

Coefficients[a]

Model		Unstandardized Coefficients		Standardized Coefficients	t	Sig.
		B	Std. Error	Beta		
1	(Constant)	1.084	4.441		.244	.823
	QUAL	.351	.537	.375	.653	.560
	GRADE	.472	.594	.456	.795	.485
2	(Constant)	–4.722	9.066		–.521	.654
	QUAL	.272	.589	.291	.462	.690
	GRADE	.416	.646	.402	.644	.586
	MOTIV	.658	.872	.319	.755	.529

[a]Dependent Variable: COMPR

统计回归通常适用于一组可用于预测因变量的自变量，并剔除那些在方程中没有为因变量提供信息的自变量．因此，如果我们的目标是预测回归方程，统计回归是很实用的．

即便这样，来自已有的方程的样本应该是大的且有代表性的，因为统计回归趋于利用偶然性和过拟合数据．它利用偶然性是因为决定方程中包含哪些变量依赖于从单一样本计算的潜在微小差异，统计上来自样本到样本的波动性是可以被估计的．由于方程来源于太过接近的单一样本，不能很好地推广到总体，所以会导致数据过拟合．

就 R^2 而言，统计分析的另一个问题是没有得出最优解．一起考虑多个自变量会使 R^2 增加，而只考虑它们中的任何一个就不会使 R^2 变大．在简单的统计回归中，没有自变量进入回归方程．简单统计回归能根据样本建立序贯关系和统计回归方程．自变量间进行顺序上的对抗，一组具有高优先权的自变量通过它们自己之间的比较，逐步确认进入方程的顺序．然后第二组自变量再进行比较从而确认进入方程的顺序．回归在组间是连续的，但在组内是统计的．

在统计回归中，强烈建议使用第二个样本进行交叉验证并通过以下几个步骤来完成．首先，数据集被分成两个随机样本，建议其中 80%做统计回归分析，其余 20%作为交叉验证样本(SYSTAT Software Inc.，2004，p. Ⅱ-16)．在运行较大子样本的统计回归之后，使用交叉验证样本数据进行分析时产生的回归系数来得出预测分数．最后，将预测分数和实际分数相关联，以找到较小样本的 R^2．对于较小和较大的样本来说，R^2 之间的较大差异表明方程过拟合或分析结果缺乏普遍性．

表 5-7 和表 5-8 显示了通过 SAS 进行的统计回归交叉验证．假设数据集有与 5.4 节相同的变量，统计回归分析 100 个样本中 80%的样本，然后使用其余 20%的样本进行交叉验证．表 5-7 中的语法首先创建两个随机样本，80%的样本编码为 1，20%的样本编码为 0．然后形成两个样本 SAMP80 和 SAMP20，并选择 80%的样品(SAMP80)进行统计回归分析．

表 5-7　在 80%子样本上的前进法统计回归．语法和选定的 SAS REG 输出

```
data SASUSER.REGRESSX;
      set SASUSER.CROSSVAL;
            samp = 0;
            if uniform(13068) < .80 then samp = 1;
run;
data SASUSER.SAMP80;
            set SASUSER.REGRESSX;
            where samp = 1;
data SASUSER.SAMP20;
            set SASUSER.REGRESSX;
            where samp = 0;
run;
proc reg data=SASUSER.SAMP80;
     model COMPR= MOTIV QUAL GRADE/ selection= FORWARD;
run;

                         The REG Procedure
                           Model: MODEL1
                     Dependent Variable: COMPR

          Number of Observations Read              77
          Number of Observations Used              77

                     Forward Selection: Step 1
```

（续）

```
    Variable GRADE Entered: R-Square = 0.5828 and C(p) = 52.7179

                         Analysis of Variance

                                   Sum of         Mean
   Source                DF       Squares       Square    F Value    Pr > F

   Model                  1     797.72241    797.72241     104.77    <.0001
   Error                 75     571.04564      7.61394
   Corrected Total       76    1368.76805

              Parameter     Standard
 Variable      Estimate        Error    Type II SS    F Value       Pr > F

 Intercept      1.19240      0.95137      11.96056       1.57       0.2140
 GRADE          0.79919      0.07808     797.72241     104.77       <.0001

                    Bounds on condition number: 1, 1
-------------------------------------------------------------------------
                      Forward Selection: Step 2

    Variable MOTIV Entered: R-Square = 0.7568 and C(p) = 2.2839

                         Analysis of Variance

                                   Sum of         Mean
   Source                DF       Squares       Square    F Value    Pr > F

   Model                  2    1035.89216    517.94608     115.14    <.0001
   Error                 74     332.87589      4.49832
   Corrected Total       76    1368.76805

              Parameter     Standard
 Variable      Estimate        Error    Type II SS    F Value       Pr > F

 Intercept     -5.86448      1.21462     104.86431      23.31       <.0001
 MOTIV          0.78067      0.10729     238.16975      52.95       <.0001
 GRADE          0.65712      0.06311     487.68516     108.41       <.0001
```

输出结果表明只有 MOTIV 和 GRADE 才能进入方程．当根据统计标准决定这 77 个样本进入方程的顺序时，QUAL 并不能可靠地增加对另外两个自变量所产生的 COMPR 预测．（注意 80％的随机样本实际产生了 77 个，而不是 80 个．）

表 5-8 中的语法显示根据 20％交叉验证样本创建的预测得分，以及该样本的预测(PREDCOMP)得分和实际(COMPR)得分之间的相关性．预测方程取自表 5-7 的最后一部分．前两行语句表示关闭 80％样本的选择并打开交叉验证样本的选定．

表 5-8　预测得分和实际得分之间的相关性．语法和选定的 SAS CORR 输出

```
data SASUSER.PRED20;
   set SASUSER.SAMP20
  PREDCOMP = -5.86448 + 0.78067*MOTIV + 0.65712*GRADE
run;
proc corr data=SASUSER.PRED20 PEARSON;
     var COMPR  PREDCOMP;
run;

                  The CORR Procedure
       Pearson Correlation Coefficients, N = 23
              Prob > |r| under H0: Rho=0
```

（续）

	COMPR	PREDCOMP
COMPR	1.00000	0.90417 <.0001
PREDCOMP	0.90417 <.0001	1.00000

预测得分与实际得分之间的相关系数的平方($R^2=0.904\ 17^2\approx0.817\ 52$)与较大样本的$R^2=0.726$进行比较．在这种情况下，交叉验证的样本比方程生成的样本能更好地通过回归方程来预测．这是一个不寻常的结果，但使我们松了一口气的是可以使用统计回归．

SPSS REGRESSION 以类似于序贯回归的方式提供统计回归方法．但是，STEPWISE 被选择为 METHOD，而不是 ENTER.

避免过拟合的另一个选择是 bootstrapping 方法，可以在使用 SPSS 时安装可用的宏：oms_bootstrapping. sps. 宏指令是可用的．bootstrapping 是一个过程，通过这个过程，可以利用有限的样本资料经过多次重复抽样，重新建立起足以代表母体样本分布的新样本．例如，从 6 个小样本数据集中抽取 6 个样本可能有 1000 个 bootstrap 样本．每个样本可能因为替换而不止出现一次，或者根本不出现．例如，在一个给定的样本中，样本 1 可能会被抽取两次，样本 2 被抽取两次，样本 3 被抽取一次，样本 4 被抽取一次，样本 5 和 6 未被抽取．然后查看描述性统计数据和直方图以获得所需的统计数据．例如，小样本数据集的 1000 个复制 bootstrap 样本拥有-4.74的平均截距与 0.68、-0.12和 1.07 的平均权重 B. 对于这样一个小样本，QUAL 和 GRADE 的值完全不同于 5.4 节的值．

最重要的是，至少应该对现有样本的两份进行单独分析，以避免过拟合，否则结论仅限于对两个分析的结果都一致的情况．

另一方面，如 4.2.1 节和 4.2.2 节所示，统计回归是确定哪些变量与异常值和其余样本之间的差异相关的简便(可接受的)程序．在这里，没有任何概念推广到总体中——统计回归的使用只是描述样本的一些特征．

5.5.4 回归策略之间的选择

为了简单评估变量之间的关系，并回答多重相关的基本问题，选择的方法是标准多重回归．然而，标准多重回归是非理论的——枪弹法．使用序贯回归的原因是理论上的或者是为了检验明确的假设．

序贯回归允许我们控制回归过程的进展．自变量在预测方程中的重要性由研究者根据逻辑或理论确定．根据自变量变动引起的方差的比例检验假设的正确性．

虽然在序贯回归和统计回归中使用的程序和输出有相似之处，但自变量进入预测方程的方式和结果的解释存在根本差异．在序贯回归中，我们控制变量的进入，而在统计回归中，我们根据控制进入次序的样本数据计算统计量．因此，统计回归是一个模型建立过程而不是模型检验过程．作为一种探索性技术，它可能有助于消除明显多余的变量，以加强未来的研究．但是，任何程序都会显示冗余的自变量．此外，除非基于大量样本或高度代表总体特征的样本，否则统计回归的结果可能非常具有误导性．当存在多重共线性或异常值时，统计回归可能有助于识别多重共线性的变量，如第4章所述．

例如5.4节中，从专业动机(MOTIV)、研究生培训资格(QUAL)和研究生课程成绩(GRADE)预测研究生综合考试成绩(COMPR)，回归策略之间的差异可能有如下几种．如果使用标准多重回归，那么就会有两个基本问题：(1)COMPR和自变量集(MOTIV、QUAL和GRADE)之间的整体关系的大小是多少呢？(2)每个自变量的独特贡献是多少？如果使用序贯回归，QUAL和GRADE先于MOTIV进入，那么问题是：在QUAL和GRADE之间的差异被统计消除后，MOTIV对COMPR的预测是否有显著的贡献？如果使用统计回归，那么问题是：在这个样本中，预测因变量的自变量最佳线性组合是什么？

5.6　一些重要问题

5.6.1　自变量的重要性

如果自变量是彼此不相关的，则评估每个自变量对多重回归的贡献是很直接的．具有较大相关性或较高标准化回归系数的自变量比具有较低(绝对)值的自变量更重要．(因为非标准化回归系数的度量标准取决于原始变量的度量标准，所以它们的大小更难解释．与因变量相关性较低的自变量的较大回归系数也可能是有误导性的，因为自变量仅在抑制其他自变量无关方差之后才能很好地预测因变量，如5.6.4节所示．)

如果自变量是相互关联的，那么评估它们各自对于回归的重要性是比较模糊的．自变量和因变量之间的相关性反映了与因变量共有的方差，但是其中一些方差可以从其他自变量中预测．

为了得到关于自变量对回归的重要性的最直接的答案，需要考虑回归的类型，以及自变量和因变量之间的完整和唯一关系．本节回顾了在评估自变量对标准多重回归、序贯回归或统计回归的重要性时需要考虑的几个问题．在所有情况下，都需要比较自变量与因变量的整体关系、自变量与因变量的独特关系以及自变量彼此的相关性，以便全面地了解自变量在回归中的功能．在相关矩阵中给出了自变量与因变量(相关性)的总体关系以及自变量之间的相关性．自变量对预测因变量的独特贡献通常通过偏相关系数或半偏相关系数来评估．

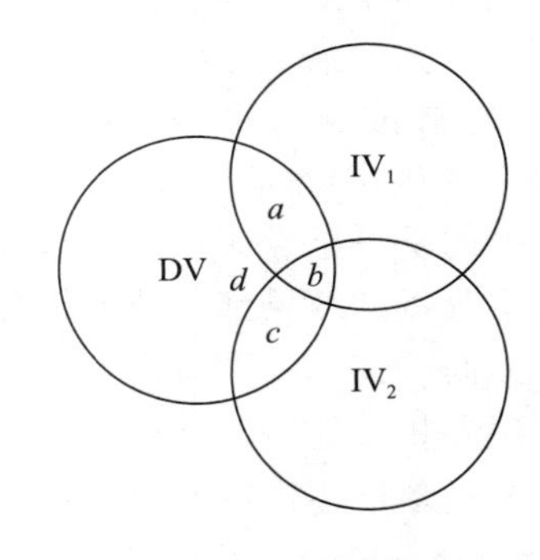

		标准多重回归	序贯回归
r_i^2	IV_1	$(a+b)/(a+b+c+d)$	$(a+b)/(a+b+c+d)$
	IV_2	$(c+b)/(a+b+c+d)$	$(c+b)/(a+b+c+d)$
sr_i^2	IV_1	$a/(a+b+c+d)$	$(a+b)/(a+b+c+d)$
	IV_2	$c/(a+b+c+d)$	$c/(a+b+c+d)$
pr_i^2	IV_1	$a/(a+d)$	$(a+b)/(a+b+d)$
	IV_2	$c/(c+d)$	$c/(c+d)$

图5-3　在标准多重回归和序贯回归中(其中自变量1优先于自变量2)表示相关系数的平方、半偏相关系数的平方和偏相关系数的平方的区域

对于标准多重回归和序贯回归，图5-3给出了一个因变量和两个自变量的简单情况下的相关系数、偏相关系数和半偏相关系数之

间的关系．在图中，相关系数、偏相关系数和半偏相关系数的平方被定义为由重叠圆表示的区域．区域 $a+b+c+d$ 表示因变量的总区域，在许多公式中用 1 表示总和．区域 b 是因变量可变性的一部分，可以用自变量 1 或自变量 2 来解释，是产生歧义的部分．请注意，分母在半偏相关系数的平方和偏相关系数的平方之间变化．

在偏相关系数中，其他自变量的贡献是从自变量和因变量中提取出的．而在半偏相关系数中，自变量的贡献仅从自变量中提取．因此，半偏相关系数的平方表达了自变量对因变量总方差的独特贡献．方差的半偏相关系数(sr_i^2)是自变量重要性的有效度量[㊀]．然而，随着所采用的多重回归的类型不同，sr_i^2的解释会有所不同．

5.6.1.1 标准多重回归

在标准多重回归中，自变量的 sr_i^2 表示从回归方程中删除该自变量时 R^2 的减少量．也就是说，sr_i^2 代表了这个自变量在一组自变量中对 R^2 的独特贡献．

当自变量相关时，半偏相关系数的平方的和不一定等于 R^2 的值．sr_i^2 的总和通常小于 R^2 的值(尽管在一些相当极端的情况下，总和可以大于 R^2 的值)．当总和较小时，R^2 与所有自变量的 sr_i^2 总和之间的差值表示共享方差，即由两个或多个自变量贡献给 R^2 的方差．因为所有的自变量的 sr_i^2 都相当小，所以一般 R^2 的数值较大．

表 5-9 总结了通过 SPSS 和 SAS 求用于标准多重回归和序贯回归的 sr_i^2(和 pr_i^2)的程序．

作为其输出的一部分，SPSS 和 SAS 提供了 sr_i^2．如果使用 SPSS REGRESSION，则通过请求 STATISTICS＝ZPP(“统计”菜单上的部分相关系数和偏相关系数)，sr_i 可以表示部分相关系数(Part Correlations)．当请求 SCORR2 时，SAS REG 提供半偏相关系数的平方(参数估计菜单：打印类型Ⅱ半偏相关系数的平方)．

在所有的标准多重回归程序中，F_i(或 T_i)是检验 sr_i^2、pr_i^2、B_i 和 β_i 显著性的统计量，如 5.6.2 节所述．

5.6.1.2 序贯或统计回归

在这两种回归形式中，sr_i^2 被解释为每个自变量进入回归方程时 R^2 的变动量．所研究的问题是，在分析完较为重要的自变量对因变量预测的贡献后，该自变量如何增加多重 R^2？因此，自变量的重要性很可能取决于其进入方程的次序．在序贯和统计回归中，sr_i^2 的和约等于 R^2，参见图 5-2.

回顾表 5-9，当需要 CHANGE 统计信息时，SPSS REGRESSION 会在序贯和统计回归的输出结果中提供半偏相关系数的平方[㊁]．对于 SPSS，sr_i^2 是 Model Summary 表中每个自变量的 R Square Change(见表 5-6)．

SAS REG(用于序贯回归)为每一步提供 R^2．你可以通过后续步骤之间的相减运算来计算 sr_i^2 的值．

㊀ 本书的前几版中提供了获取偏相关系数的过程，但本版中省略了这些过程．

㊁ 如果在 PROC REG 中请求统计回归选项，半偏相关系数的平方将作为部分 R^2 被打印在总结表中．

表 5-9　通过 SPSS 和 SAS 对标准多重回归和序贯回归求 sr_i^2 和 pr_i^2 的程序

	sr_i^2	pr_i^2
标准多重回归 SPSS REGRESSION	STATISTICS ZPP Part	STATISTICS ZPP Partial
SAS REG	SCORR2	PCORR2
序贯回归 SPSS REGRESSION	R Square Change in Model Summary table	Not available
SAS REG	SCORR1	PCORR1

5.6.2　统计推断

本节涵盖多重回归的显著性检验以及个体自变量的回归系数的显著性检验，还将描述在序贯分析或统计分析中，用检验 F_{inc} 评估向预测方程中添加两个或多个自变量的统计显著性．本节将总结非标准化回归系数的置信限的计算以及用于比较两组不同自变量的预测能力的程序．

当研究人员使用统计回归作为探索性工具时，任何类型的推断过程都可能是不合适的．推断过程要求研究人员有一个假设来检验．当使用统计回归来审查数据时，即使统计方法本身可用，也可能没有假设．

5.6.2.1　相关系数的检验

多重回归的总体推断需要检验得分的样本是否来自独立总体．这相当于原假设为：因变量和自变量之间的所有相关系数和所有回归系数均为零．对于大的 N，这个假设的检验变得没有意义，因为原假设几乎肯定被拒绝．

对于标准多重回归和序贯回归，这个假设的检验在所有计算机输出结果中以方差分析的形式输出结果．对于序贯回归(以及通过逐步执行程序的标准多重回归)，最后一步的方差分析表给出了有关信息．均方回归比均方残差的 F 统计量可以检验相关系数的显著性．均方回归是公式(5.2)中回归平方和除以 k 个自由度计算的值；均方残差是同一公式中残差平方和除以$(N-k-1)$个自由度计算的值．

如果你坚持在统计回归中推断，那么调整是有必要的，因为所有潜在的自变量都没有进入方程，R^2 的检验统计量也不服从 F 分布．因此，最后一步的方差分析表(或最优方程)是有误导性的，F 统计量是有偏差的，它实际上反映了超过显著性水平 α 的犯第一类错误的概率．

Wilkinson 和 Dallal(1981)研究出选择 R^2 临界值的表格，这个表格在用前进法增加变量时开始选择，当下一个变量的 F 输入值小于某个预设值时停止选择．表 C-5 显示了给定 N、k 和 F 时，在 0.05 或 0.01 的水平下，R^2 必须多大才有统计显著性，其中 N 是样本量，k 是潜在自变量的数量，F 是指定的最小 F 输入值．F 输入值的可选值是 2、3 或 4.

例如，假设有 100 名受试者，20 个潜在自变量，并设回归方程的 F 输入值为 3，在显著性水平 $\alpha=0.05$ 时，认为大约需要 R^2 达到 0.19 才能证明相关系数明显不同于 0 (在显著性水平 $\alpha=0.01$ 时 R^2 应达到 0.26)．Wilkinson 和 Dallai 声称基于 N 和 k 的线性插值的效果很好．然而，他们指出不要对表中给出的 N 和 k 的值进行大量的外推．在序贯回归中，一旦 R^2 达到统计上的显著性，就做出事后决定以终止回归，该表也同样用于发现 R^2 的临界值．也可以用适当的 F 输入值替代 R^2 作为停止规则．

Wilkinson 和 Dallal 在赞同其他方法(例如逐步法)的同时，推荐使用前进法．他们认为，在实践中，使用不同方法的结果不太可能有实质性的差异．此外，前进法在计算上简单而有效，并允许直接指定停止规则．如果你能够事先指定希望选择的变量数量，则 Wilkinson(1979)提供了一组替代表格来评估前进法中 R^2 的显著性．

在查看这些数据之后，你可能希望检验一些自变量的子集在预测因变量中的重要性，其中的子集甚至可以由单个自变量组成．如果需要做上述事后检验，则犯第一类错误的概率可能越来越大．Larzelere 和 Mulaik(1977)推荐使用保守的 F 检验，以保证所有自变量组合的第一类错误率低于 α：

$$F=\frac{R_s^2/k}{(1-R_s^2)/(N-k-1)} \tag{5.9}$$

其中 R_s^2 是检验显著性的多重(或二元)相关系数的平方，k 是自变量的总个数．将获得的 F 与表中的 F 相比较，具有 k 和$(N-k-1)$个自由度(表 C-3)．也就是说，每个子集的 F 的临界值与全部相关系数 R 的临界值相同．

在 5.4 节的样本问题中，MOTIV 和 COMPR(来自表 5-2)之间的二元相关性事后检验如下：

$$F=\frac{0.586\ 13^2/3}{(1-0.586\ 13^2)/2}=0.349,\ \mathrm{df}=3,\ 2$$

这显然不显著(注意，对于非常小的样本，结果可能是无意义的)．

5.6.2.2 回归成分的检验

在标准多重回归中，对每个自变量进行相同的显著性检验，评估 B_i、β_i、pr_i 和 sr_i 的显著性．检验简单明了，结果在计算机输出中给出．在 SPSS 中，T_i 检验每个自变量对方程的显著性，并出现在 Coefficients 输出部分(见表 5-4)．自由度是 1 和 $\mathrm{df}_{\mathrm{res}}$，显示在随附的 ANOVA 表中．在 SAS REG 中，给出每个自变量的 T_i 或 F_i 值，根据方差分析表(见表 5-5 和表 5-6)中的 $\mathrm{df}_{\mathrm{res}}$ 进行检验．

回顾一下这些显著性检验的局限性．显著性检验仅对自变量加到 R^2 的唯一方差敏感．在分析中尽管两个自变量在很大程度上能解释 R^2 的变化，但在分析中与另一个自变量有共享方差的非常重要的自变量可能并不显著．与因变量高度相关但回归系数不显著的自变量可能已经遭受了这样的命运．为此，每个自变量除 F_i 以外，报告并解释 r_{iy} 是非常重要的．如后面的表 5-13 所示，它汇总了一个完整的例子．

对于统计回归和序贯回归，变量贡献的评估更加复杂，计算机的输出结果中可能不会出现适当的显著性检验．首先，每个变量的检验都存在固有的模糊性．在统计回归和序贯回归的约束下，sr_i^2 的检验与回归系数(B_i 和 β_i)的检验不同．回归系数的检验与自变量的进入顺序无关，而 sr_i^2 的检验直接取决于自变量进入的顺序．因为 sr_i^2 反映了序贯回归或统计回归中的“自变量重要性”问题，因此在此讨论基于 sr_i^2 的检验[⊖].

SPSS 和 SAS 在汇总表中提供了 sr_i^2 的显著性检验．当使用 SPSS 时，F 统计量的值是随着显著性水平与 Sig F 变化的．如果使用 SAS REG，则需要通过减法计算 sr_i^2 的 F 值，如以下公式所示(参见 5.6.1.2 节)：

$$F_i = \frac{sr_i^2}{(1-R^2)/\mathrm{df}_{\mathrm{res}}} \tag{5.10}$$

每个自变量的 F_i 的取值都基于 sr_i^2(半偏相关系数的平方)、在最后一步的 R^2 以及从方差分析表获得的残差平方和的自由度．

请注意，这些是增量 F 比率 F_{inc}，因为它们检验 R^2 每步中的变量被添加到预测的增量变化．

5.6.2.3　增加自变量子集的检验

对于序贯回归和统计回归，可以检验一个由两个或多个变量所预测的 R^2 是否显著高于下面方程中已经存在的一组变量所预测的 R^2：

$$F_{\mathrm{inc}} = \frac{(R_{wi}^2 - R_{wo}^2)/m}{(1-R^2)/\mathrm{df}_{\mathrm{res}}} \tag{5.11}$$

其中，F_{inc} 是增量 F 比率，R_{wi}^2 是新变量集合组成的回归方程的 R^2，R_{wo}^2 是方程中除去新变量集合的其他自变量组成的回归方程的 R^2，m 是新变量集合的自变量个数，$\mathrm{df}_{\mathrm{inc}}=(N-k-1)$ 是最终方差分析表中的残差自由度．

R_{wi}^2 和 R_{wo}^2 都可以在任何程序的汇总表中找到．原假设“R^2 没有增加”，根据自由度为 m 和 $\mathrm{df}_{\mathrm{res}}$ 计算 F 统计量来检验．如果原假设被拒绝，则表示新自变量集合对方差的解释显著增加．

虽然这是一个不好的例子，因为只有一个变量在新变量集合中，但我们可以使用表 5-6 中的序贯回归例子来检验变量 MOTIV 是否显著增加了前两个变量(QUAL 和 GRADE)进入方程所贡献的方差：

$$F_{\mathrm{inc}} = \frac{(0.702\,35 - 0.617\,57)/1}{(1-0.702\,35)/2} = 0.570, \quad \mathrm{df} = 1,2$$

由于只输入了一个变量，所以此检验与模型汇总输出中的表 5-6 中模型 2 的 F 变化相同．因此，当变量集合中只有一个变量时，可以使用 F_{inc}，但是输出中已经提供了信息．事实上，如前所述，序贯模型中任何步骤的检验都是 F_{inc} 的一种形式．

5.6.2.4　回归系数 B 与 R^2 的置信限

为了估计总体值，需要计算非标准化回归系数(B_i)的置信限．公式(5.12)中使用了非标准化回归系数的标准误差、非标准化回归系数以及置信水平下的(基于 $N-2$ 个自由度，其中 N 是样本量)t 临界双尾值：

$$\mathrm{CL}_{B_i} = B_i \pm \mathrm{SE}_{B_i}(t_{\alpha/2}) \tag{5.12}$$

第 i 个自变量的非标准化回归系数(CL_{B_i})的 $1-\alpha$ 置信限是回归系数(B_i)加上或减去回归系

⊖ 对于联合的标准序贯回归，可能希望对所有自变量使用“标准”方法来保持一致性．如果是这样，那么一定要说明 F 检验是对回归系数进行检验．

数的标准误差(SE_{B_i})乘以临界值$t_{\alpha/2}$，其中($N-2$)为在显著性水平α处的自由度个数．

如果要求95%的置信限，则在SPSS REGRESSION输出中，置信限在Coefficients部分给出．需要其他输出或需要99%的置信限时，也可以使用公式(5.12)．非标准化的回归系数和这些系数的标准误差可以在Coefficients或Parameter Estimates部分找到．

例如表5-4的例子，GRADE的95%(df=4)置信限是

$$CL_{BG}=0.416\pm0.646(2.78)=0.416\pm1.796=-1.380\leftrightarrow2.212$$

如果置信区间包含零，则我们需要保留总体回归系数为零的原假设．

还可以计算R^2的置信限以估计总体的R^2. Steiger和Fouladi(1992)提供了一个计算机程序R2(包含在本书的数据集中)来找到总体参数．选择置信区间(Confidence Interval)作为选项(Option)，选择准确性最大化(Maximize Accuracy)作为算法(Algorithm)．使用0.702的R^2值，图5-4a显示6个观测值、4个变量(包括3个自变量加上因变量)和0.95的置信度．如图5-4b所示，R2程序提供了(0.00，0.89)的95%置信限．同样，包含零表明在统计学上没有显著的理由拒绝原假设．

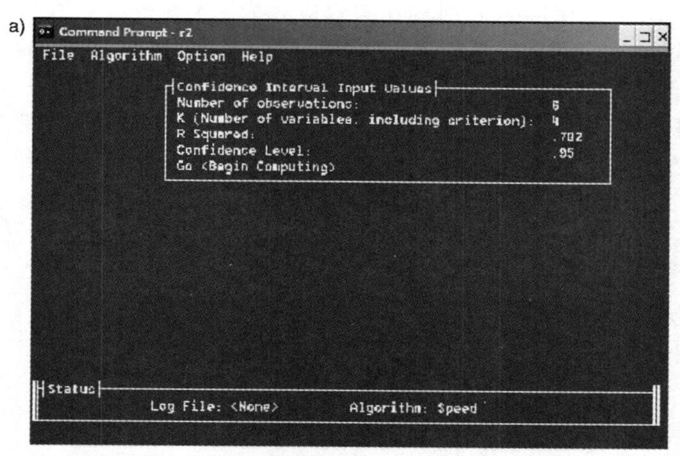

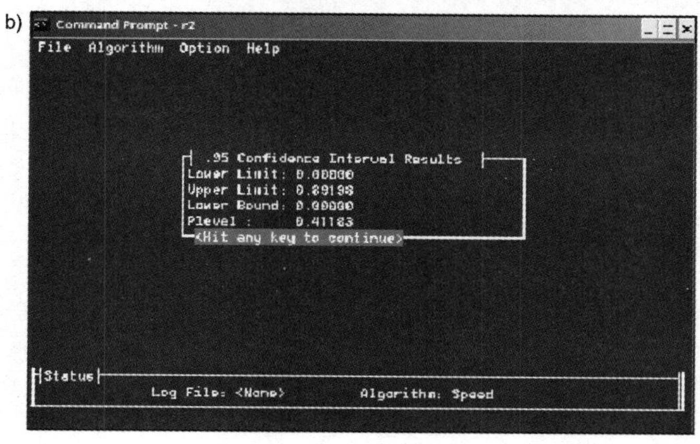

图5-4　使用Steiger和Fouladi(1992)软件的R^2的置信限

该程序也可以在 SAS 和 SPSS 中找到，使用 F 比率和自由度作为输入，求 R^2 的置信限. Smithson(2003)开发的这些程序也包含在本书的数据集中，在6.6.2节、7.6.2节和其他地方都有说明.

5.6.2.5　比较两组预测变量

有时我们想知道一组自变量是否能比另一组自变量更好地预测因变量. 例如，通过个性检验或过去的舞蹈和音乐训练能否更好地预测当前肚皮舞的能力等级?

探索的过程相当复杂，但是如果你有大量样本，并且愿意为样本中的每个受试者开发一款带有预测得分的数据文件，那么可以检验两个“相关性”之间差异的显著性(两种相关性均基于相同的样本并共享一个变量)(Steiger，1980).(如果样本量较小，那么预测得分之间的非独立性会严重违反检验的假设.)

正如5.4.1节所建议的那样，多重相关性可以认为是获得的因变量和预测的因变量之间的简单相关性，即 $R=r_{yy'}$. 如果存在两组预测变量 $y_{a'}$ 和 $y_{b'}$(例如，$y_{a'}$ 是根据个性预测的肚皮舞能力评分，而 $y_{b'}$ 是根据过去训练预测的肚皮舞能力评分)，通过检验 $r_{yy'a}$ 和 $r_{yy'b}$ 之间差异的显著性来比较它们在预测 Y 时的相关效应. 为了简单起见，我们称其为 r_{ya} 和 r_{yb}.

为了检验这个差异，我们需要知道集合 A(个性)和集合 B(训练)的预测得分之间的相关性，即 $r_{ya'yb'}$ 或简化的 r_{ab}. 这使得操作程序或手动输入变得非常有必要.(SPSS REGRESSION 根据要求将预测得分保存到数据文件中，以便你可以把两组预测因子作为自变量进行多重回归，并将结果保存到同一个数据文件中.)

检验 r_{ya} 和 r_{yb} 之间的差异的 z 检验是

$$\overline{Z^*}=(z_{ya}-z_{yb})\sqrt{\frac{N-3}{2-2\,\overline{s_{ya,yb}}}} \tag{5.13}$$

其中 N 通常为样本量，

$$z_{ya}=(1/2)\ln\left(\frac{1+r_{ya}}{1-r_{ya}}\right)\qquad z_{yb}=(1/2)\ln\left(\frac{1+r_{yb}}{1-r_{yb}}\right)$$

$$\overline{s_{ya,yb}}=\frac{[(r_{ab})(1-2\,\bar{r}^2)]-[(1/2)(\bar{r}^2)(1-2\,\bar{r}^2-r_{ab}^2)]}{(1-\bar{r}^2)^2}$$

其中 $\bar{r}=(1/2)(r_{ya}+r_{yb})$.

因此，例如，如果当前测得的能力与根据个性得分预测的能力之间的相关性是0.40($R_a=r_{ya}=0.40$)，则当前测得的能力与根据过去训练所预测的能力之间的相关性是0.50($R_b=r_{yb}=0.50$)，并且根据过去的训练预测的肚皮舞能力和根据个性得分预测的肚皮舞能力之间的相关性为0.10($r_{ab}=0.1$)，$N=103$，

$$\bar{r}=(1/2)(0.40+0.50)=0.45$$

$$\overline{s_{ya,yb}}=\frac{[(0.10)(1-2(0.45)^2)]-[(1/2)(0.45^2)(1-2(0.45^2)-0.10^2)]}{(1-0.45^2)^2}=0.000\,422\,6$$

$$z_{ya}=(1/2)\ln\left(\frac{1+0.40}{1-0.40}\right)=0.423\,65$$

$$z_{yb}=(1/2)\ln\left(\frac{1+0.50}{1-0.50}\right)=0.549\,31$$

最终

$$\overline{Z^*}=(0.42365-0.54931)\sqrt{\frac{103-3}{2-0.000845}}=-0.88874$$

由于$\overline{Z^*}$落在双尾检验的临界值±1.96范围内，因此当从Y'_a或Y'_b预测Y时，相关系数之间在统计学上没有显著差异．也就是说，从过去的训练或个性检验来预测当前的肚皮舞能力评分没有统计上的显著差异．

Steiger(1980)与Steiger和Browne(1984)对因变量和自变量均不同但是来自同一样本的情况进行了额外的显著性检验，并且比较了相关矩阵内任何两个相关系数之间的差异．

5.6.3 R^2 的调整

正如样本中简单r_{xy}会在总体相关系数的附近波动一样，样本R会在总体值附近波动．但是R从来没有出现负值，所以R所有的波动都是正向的，并增加了R的大小．与任何抽样分布一样，随着样本量减小，波动幅度也越大．因此，R往往被高估，样本越小，高估越严重．为此，在估计R的总体值时，对样本R中的期望波动进行调整．

5.8节讨论的所有程序都提供了调整后的R^2. Wherry(1931)为此调整提供了一个简单的公式，即$\widetilde{R}^2$：

$$\widetilde{R}^2=1-(1-R^2)\left(\frac{N-1}{N-k-1}\right) \tag{5.14}$$

其中N=样本量，k=自变量的个数，R^2=多重相关的平方.

对于小样本问题：

$$\widetilde{R}^2=1-(1-0.70235)(5/2)=0.25588$$

SPSS输出结果如表5-4所示．

对于统计回归，Cohen等人(2003)建议基于考虑纳入的自变量的数目k进行决策，而不是程序选择的自变量数量．他们还建议当$\widetilde{R}^2$变成负值时报告$\widetilde{R}^2=0$.

当样本的数量是60或更少，并有许多自变量(例如，超过20)时，公式(5.15)对R^2的调整可能不充分．调整后的值可能相差最大为0.10(Cattin，1980)．在N很小且自变量很多的情况下，

$$R_s^2=\frac{(N-k-3)\widetilde{R}^4+\widetilde{R}^2}{(N-2k-2)\widetilde{R}^2+k} \tag{5.15}$$

公式(5.16)(Browne，1975)提出了进一步调整：

$$\widetilde{R}^4=(\widetilde{R}^2)^2-\frac{2k\ (1-\widetilde{R}^2)^2}{(N-1)(N-k+1)} \tag{5.16}$$

对于小样本，如公式(5.15)所示，调整后的R^2是样本个数N、自变量数目k和$\widetilde{R}^2$值的函数．

当N小于50时，Cattin(1980)提供了一个公式，它有更少的偏差，但需要更多的计算．

5.6.4 抑制变量

有时候你可能会发现这样一个自变量，它既可以预测因变量，又可以通过与其他自变

量的相关性来增加 R^2 的数值．这个自变量称为抑制变量，因为它抑制了与因变量预测无关的方差．因此，一个抑制变量不是由它自己的回归权重来定义的，而是由它对这组自变量中的其他变量的影响增量来定义的．它只对那些回归权重增加的变量起抑制作用(Conger，1974)．在对抑制变量的全面讨论中，Cohen 等人(2003)描述并提供了几种抑制的例子．

例如，可以把两个纸笔检验当作自变量，一个检验列举舞蹈模式的能力，一个检验应试的能力．就其本身而言，第一个检验本身就不能很好地预测因变量(比如肚皮舞能力)，第二个检验根本不能预测因变量．然而，在考试检验的背景下，列举舞蹈模式的能力和肚皮舞能力之间的关系得到改善．第二个自变量作为一个抑制变量，因为通过消除由于检验考试能力引起的方差，增强了通过第一个自变量对因变量的预测．

上述是古典抑制的一个例子(Conger 称为传统，1974)．另一种类型是合作或相互抑制，其中自变量与因变量正相关且自变量彼此负相关(反之亦然)．自变量在被调整后，最终与因变量具有更高的相关性．例如，列出舞蹈模式的能力和以前的音乐训练的能力可能是负相关的．虽然两者都能预测肚皮舞能力，但在两个预测因子的共同作用下，预测肚皮舞能力比两个自变量的单独预测更充分．

当自变量的回归权重的符号与其基于与因变量的相关性的预期相反时，将发生第三种抑制，称为消极或净抑制．预测仍然是增强的，因为在抑制因子的存在下，自变量效应的幅度更大(尽管符号相反)．假设舞步知识和过去的舞蹈训练对肚皮舞能力有正向预测作用，而且自变量呈正相关关系．过去的舞蹈训练的回归权重可能是负的，但是其与肚皮舞能力的二元相关性强于预期．因此，舞步知识对于过去的舞蹈训练来说是一种消极抑制．

在输出中，抑制变量的存在通过回归系数模式和每个自变量与因变量的相关性来识别．将相关矩阵中每个自变量和因变量的相关系数与自变量的标准化回归系数(β 权重)进行比较．如果 β 权重显著不为零，则以下两种情况中的任一种都表示存在抑制变量：(1)自变量和因变量之间的简单相关系数的绝对值远小于自变量的 β 权重；(2)简单相关系数与 β 权重符号相反．目前还没有统计学检验可以通过评估回归权重和简单相关系数的不同来确认存在抑制变量(Smith、Ager 和 Williams，1992)．

如果有两个或三个以上的自变量，往往难以确定哪个变量是抑制变量．如果想知道抑制变量是否存在，那么需要在自变量的回归系数和相关性中进行搜索．抑制因子通常与因变量的相关系数和回归系数在大小和方向上是一致的．一种策略是系统地将每个一致性自变量排除在等式之外，并检查原始方程中不一致的自变量回归系数和相关系数的变化．

如果识别出抑制变量，应当将其解释为一个变量，通过抑制其中的不相关变量来增强其他自变量的重要性．如果抑制因子未被识别，Tzelgov 和 Henik(1991)提出了一种方法，其重点是寻找抑制条件，而不是特定的抑制变量．

5.6.5 方差分析的回归方法

方差分析和回归分析是一般线性回归模型的一部分．事实上，方差分析可以看作一种多重回归的形式，其中自变量是离散变量的水平，而不是更常见的回归的连续变量．这里简要回顾一下这种方法．感兴趣的读者可以参考 Tabachnick 和 Fidell(2007)对各种 ANOVA 模型回归方法的更全面描述和演示．

第 2 章回顾了方差分析中计算平方和的传统方法．计算平方和的回归方法涉及为每个分离自变量的水平的自变量的 df 创造变量．例如，两个主体的单因素方差分析只需要一个变量 X 来分离其类别．如果使用对比编码，则 a_1 中的情况编码为 1，a_2 中的情况编码为 −1，如表 5-10 所示．(还有其他几种形式的编码，但对于许多应用，对比编码效果最好．)

表 5-10　单因素方差分析的对比编码，其中 A 有两个水平

A 的水平	样本	X	Y(因变量得分)
a_1	s_1	1	
	s_2	1	
	s_3	1	
a_2	s_4	−1	
	s_5	−1	
	s_6	−1	

当添加了因变量得分列 Y 时，X 和 Y 之间的二元相关系数、截距和回归系数 B 可以按照公式(3.31)和公式(3.32)来计算．因此，数据集适合于二元回归模型，即公式(3.30)．

为了将其转换成 ANOVA，使用公式(3.5)计算 Y 的总平方和，其中 $\overline{Y}$ 是因变量列的均值(相当于公式(3.9)的 SS_{total})．还计算了回归平方和(A 的影响)与残差平方和(误差)，它们分别对应于公式(3.10)的 SS_{bg} 和 SS_{wg}[㊀]．A 的自由度是 A 的水平所需的 X 列的数量(在本例中为 1)．总自由度是样本数减 1 的情况(这里是 6−1=5)．而误差的自由度是其他两个 df 之间的差(这里是 5−1=4)．均方和 F 比率可以按通常的方式求得．

A 的额外水平使得编码更有趣，因为需要更多的 X 列来分离 A 的水平，将问题从二元回归转移到多重回归．例如，如果有 A 的三个水平和对比编码，那么你需要两个 X 列，如表 5-11 所示．

X_1 列对 a_1 和 a_2 之间的差值进行编码，a_3 中的所有情况都被赋值为零．X_2 列将 a_1 和 a_2(通过给两个水平的所有情况相同的代码 1)与 a_3(代码为−2)相结合．

如公式(5.1)，除一个 Y 向量外，还有两个 X 向量以及一个适合多重回归的数据集．总平方和按照通常方式计算求出．分别计算 X_1 和 X_2 列的平方和，并加在一起形成 SS_A(只要使用 3.2.6.2 节的正交编码且每个单元中的样本量相等)．通过减法求出误差平方和，以通常的方式求出 A 的总效应的均方和 F 比率．

因为这些是在 X 列中的编码，所以当需要正交比较时，回归方法特别方便．这个过程和传统的比较方法的区别在于，加权系数适用于每个样本，而不是分组均值．可以分别评估 X_1 和 X_2 列的平方和，以检验这些列中表示的比较结果．

随着方差分析问题的增加，对自变量及其交互作用[㊁]编码所需的列数也相应增加，多重回归的复杂性也增加，但一般原理保持不变．在几种情况下，如果不计算的话，方

㊀ Tabachnick 和 Fidell(2007)提供了用回归方法计算 ANOVA 平方和的细节．

㊁ 如果在主效应之前的回归方程中存在交互作用，则可能会出现解释参数估计的问题．

差分析的回归方法比传统方法更容易理解．这个主题在 Tabachnick 和 Fidell(2007)中有详细探讨．

表 5-11　单因素方差分析的对比编码，其中 A 有三个水平

A 的水平	样本	X_1	X_2	Y(因变量得分)
	s_1	1	1	
a_1	s_2	1	1	
	s_3	1	1	
	s_4	−1	1	
a_2	s_5	−1	1	
	s_6	−1	1	
	s_7	0	−2	
a_3	s_8	0	−2	
	s_9	0	−2	

5.6.6　包含自变量的交互作用和幂时的中心化

离散自变量之间的交互作用是常见的，并在任何标准方差分析的文本中都有讨论．连续自变量之间的交互作用不太常见，但是如果我们想检验一个自变量(X_1)的回归系数或重要性是否与另一自变量(X_2)的范围相同，则是有意义的．如果是的话，则说 X_2 减轻 X_1 和因变量之间的关系．例如，教育在预测职业声望方面的重要性是否与收入范围相同？如果存在交互作用，则回归方程中教育的回归系数(B)取决于收入．不同的收入需要不同的教育回归系数．想一想如果收入和教育是离散的变量，交互作用会是什么样．如果收入有三个层次(低、中、高)，教育也有三个层次(高中毕业、大学毕业、研究生学位)，那么你可以在每个收入水平上划一条教育线(反之亦然)，每条线将有不同的斜率．可以为连续变量生成相同的图，但必须使用不同的收入值．

当你想在预测方程中包含自变量的交互作用或自变量的幂时，它们可能会导致多重共线性问题，除非它们已经被中心化为标准得分，每个变量的均值为零(Aiken 和 West, 1991)．请注意中心化不要求得分是标准化的．因为没有必要通过标准差来将得分与均值的偏差相除．以自变量为中心并不影响其与其他变量的简单相关性，但它确实影响回归方程中包含的自变量的交互作用，或幂的回归系数．(中心化因变量没有好处．)

回顾第 4 章，当自变量高度相关时，就会出现计算问题．如果具有交互作用的自变量不中心化，则它们的乘积(以及高阶多项式项，比如 X_1^2)与分量自变量高度相关．也就是说，X_1X_2 既和 X_1 高度相关，也与 X_2 高度相关，X_1^2 也与 X_1 高度相关．注意，在这种情况下，多重共线性的问题是严格统计的．有时逻辑问题与不同预测值之间的多重共线性无关．在自变量或自变量的幂之间交互作用的情况下，多重共线性是由分量自变量的测量范围引起的，并且可以通过将它们中心化来改善．

对于方程中的简单项，中心化变量的分析导致的非标准化回归系数(例如，对于 X_1 是 B_1，对于 X_2 是 B_2)与非中心化时相同．交互作用的显著性检验也是相同的，尽管非标准化回归系数不是(例如，对于 X_1X_2 是 B_3)．然而，标准化回归系数(β)对所有效应是不同的．当需要标准化的解时，Friedrich(1982)提出的策略是将所有得分转换为 z 得分，包括因变量，并应用通常的解分析和计算．显示“非标准化”回归系数(Parameter Estimate, Coefficient, B)的计算机输出列实际上显示标准化回归系数 β. 忽略任何涉及标准化回归系数的输出．但是，中心化数据的标准回归方程的截距不一定是零，因为它始终是非中心化数据．

当交互作用项在统计上显著时，图对于解释是有用的．通过选定的 X_2 水平(通常为高、中、低水平)求解回归方程来生成图．在没有选择水平的理论原因的情况下，Cohen 等人(2003)建议对应于 X_2 的均值的水平、高于均值水平一个标准差和低于均值水平一个标准差分别作为中等水平、高水平和低水平．然后，对于每个斜率，在重新排列的回归方程中，用所选择的 X_2 值替换：

$$Y' = (A + B_2X_2) + (B_1 + B_3X_2)X_1 \tag{5.17}$$

其中 B_3 是交互作用的回归系数．

例如，假设 $A=2$，$B_1=3$，$B_2=3.5$，$B_3=4$，并且在均值以下一个标准差的 X_2 值是 -2.5. 因变量在 X_2 的低值处的回归线是

$$\begin{aligned} Y' &= [2+(3.5)(-2.5)]+[3+(4)(-2.5)]X_1 \\ &= -6.75-7.00X_1 \end{aligned}$$

如果 X_2 在均值以上一个标准差是 2.5，则在 X_2 的高值处，因变量的回归线是

$$\begin{aligned} Y' &= [2+(3.5)(2.5)]+[3+(4)(2.5)]X_1 \\ &= 10.00+13.00X_1 \end{aligned}$$

图 5-5 是结果图．对于每个回归方程在合理的数值范围内求解 X_1 的两个值，并绘制所得到的因变量值．对于这个例子，最简单的选择是：$X_1=-1$ 和 $X_1=1$. 对于 $X_2(-2.5)$的低值，当 $X_1=-1$ 时，$Y'=0.25$；当 $X_1=1$ 时，$Y'=-13.75$. 对于 X_2 的高值(2.5)，当 $X_1=-1$ 时，$Y'=-2.25$，当 $X_1=1$ 时，$Y'=23.15$.

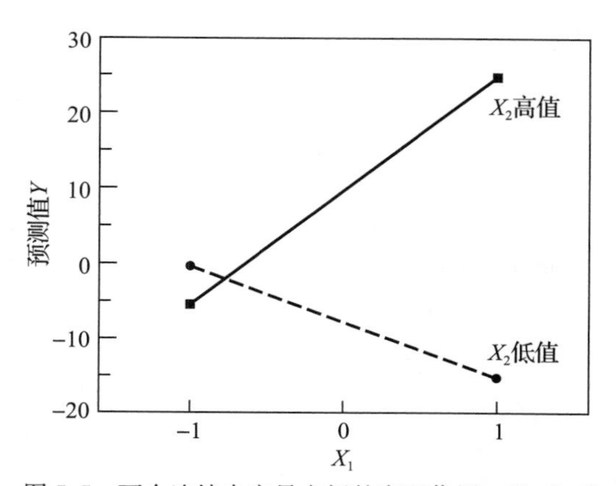

图 5-5 两个连续自变量之间的交互作用：X_1 和 X_2

在多重回归中往往通过一个简单的效应分析来发现显著的交互作用，就像在方差分析中一样(参见第 8 章)．在多重回归中，这意味着 Y 和 X_1 之间的关系在 X_2 的选定水平上分别进行检验．Aiken 和 West(1991)称这是一个简单的斜率分析，并提供技术来检验每个斜率的显著性，无论是作为事前比较还是事后比较．

Aiken 和 West(1991)提供了关于连续变量之间交互作用的大量信息，包括高阶交互作用、高阶幂之间的关系，以及离散变量和连续变量之间交互作用的处理．如果你打算进行多重回归方面的研究，强烈推荐看他们的书．另外，Holmbeck(1997)建议，当连续变量之

间的交互作用(大概是它们的幂)被包括在内，且样本量很大时，应使用结构方程模型(第14章).

5.6.7 因果关系的中介变量

如果假设有三个(或更多)变量之间存在因果关系，那么中间变量就被认为是一个中介变量(间接效应)，它至少代表了导致因变量变化的事件链的一部分．例如，性别和健康保健专家的就诊次数之间有关系，但这种关系背后的机制是什么？你可能会说这种关系是个性的一面．也就是说，你可能假设性别会“引起”一些个性差异，反过来又促使女性对健康保健专家进行更多的访问．性别、个性和访问是有因果顺序的：性别作为自变量，个性作为中介变量，访问作为因变量．

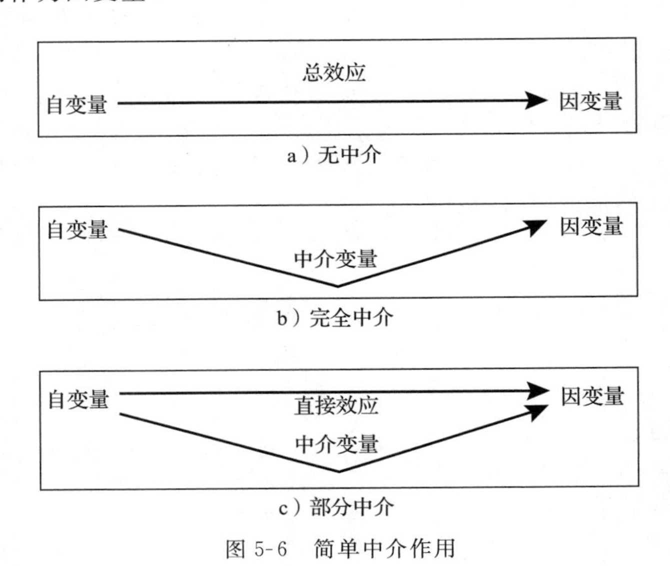

图5-6 简单中介作用

如图5-6所示，自变量与因变量之间的关系称为*总效应*．*直接效应*是“控制”中介变量后自变量与因变量之间的关系．根据Baron和Kinney(1986)的说法，如果一个变量被确认为中介变量，则：

1)自变量和因变量之间存在显著关系；

2)自变量与中介变量之间有显著关系；

3)中介变量仍然预测自变量控制后的因变量；

4)当中介变量在方程中时，自变量和因变量之间的关系减弱．

当中介变量在方程中时，如果自变量和因变量之间的关系变为零，则中介被认为是完美的(完全或完整，图5-5b)；如果关系减弱，但不为零，则称中介作用是部分的(图5-5c).

在这个例子中，如果性别与访问之间存在关系，个性就是一个中介变量，性别与个性之间有一定的关系，即使在控制了性别之后个性也可以预测访问，当个性在方程中时，性别与访问之间的关系较小．当个性在方程中时，如果性别与访问之间的关系为零，则中介是完美的．如果关系较小，但不是零，则中介是部分的．在这个例子中，由于生育，你可能期望由于生育使得它们的关系减弱，但不会减少为零．

需要注意的是三个变量(自变量、中介变量和因变量)发生的因果顺序．在这个例子中，性别被认为是“导致”个性，反过来“导致”对健康保健专家的访问．三个变量之间还有其他类型的关系(例如交互作用，5.6.6 节)，但这些关系不涉及因果关系．还要注意，这个讨论是用三个变量进行简单的中介．正如第 14 章(结构方程模型)所看到的，还有许多其他形式的中介．例如，一个序列中可能有多个中介，或者中介可能并行存在，而不是按顺序发生．此外，在 SEM 中，中介变量可以直接测量．

Sobel(1982)等人提出了一种通过检验总效应和直接效应之间的差异来检验中介变量的方法．在上述例子中，个性的中介效应被作为性别与访问之间的差异在考虑和不考虑性格影响的两种情况下来考察．如果在方程中添加个性后，性别和访问之间的联系没有减少，则说明个性不是关系的中介变量．Sobel 方法只需要一个显著性检验而不需要 Baron 和 Kinney 提出的多个显著性检验，因此不易受多重 α 错误的影响．Preacher 和 Hayes(2004)提供了 SPSS 和 SAS 宏模块，用于跟踪 Baron 和 Kinney 程序，并按照 Sobel 的建议检验中介变量．他们还讨论了检验的假设(抽样分布的正态性)以及规避它的自助抽样法．SEM 中间接效应的检验将会在 14.6.2 节中说明．

5.7 回归分析的完整案例

为了说明回归分析的应用，从 B.1 节所述的研究所测量的变量中选择变量．这里讲述了两个回归分析的例子，都以健康专家的访问人数(TIMEDRS)作为因变量，并均使用 SPSS REGRESSION 程序．文件是 REGRESS.*．

第一个例子是因变量与身体健康症状的数量(PHYHEAL)、精神健康症状的数量(MENHEAL)和急性生活变化的压力(STRESS)之间的标准多重回归．从这个分析中，可以评估因变量和自变量之间的关系程度，并通过回归预测因变量中的方差比例以及各种自变量对解的相对重要性．

第二个例子展示了具有相同因变量和自变量的序贯回归．分析的第一步是输入 PHYHEAL，以确定在健康专家在访问次数上有多大的差异可以由身体健康差异来解释．第二步是输入 STRESS，以确定当压力的差异加在方程中时 R^2 是否有显著增加．最后一步是输入 MENHEAL，以确定在统计了身体健康和压力的差异后，确定精神卫生的差异是否与对健康专家的访问次数有关．

5.7.1 假设的评估

因为两种分析都使用相同的变量，所以这种筛选适用于两者．

5.7.1.1 样本量与自变量个数的比例

在 465 个样本和 3 个自变量的条件下，样本数量远远高于标准多重回归预测的最低要求 107(104+3)，且没有缺失数据．

5.7.1.2 残差的正态性、线性、同方差性和独立性

我们出于教学目的选择通过残差进行初步筛选．通过 SPSS REGRESSION 适用标准多重回归中的未转换变量来产生残差与预测因变量得分的散点图，如图 5-7 所示．

请注意散点图的整体形状，它表示违反了许多回归假设．图 5-7 与图 5-1a(5.3.2.4 节)的比较表明，需要进一步分析变量的分布．(顺便注意到，虽然我们不想审查 R^2 的结果是显著的，但是只有 0.22.)

```
REGRESSION
  /MISSING LISTWISE
  /STATISTICS COEFF OUTS R ANOVA
  /CRITERIA=PIN(.05) POUT(.10)
  /NOORIGIN
  /DEPENDENT timedrs
  METHOD=ENTER phyheal menheal stress
  /SCATTERPLOT=(*ZRESID ,*ZPRED).
```

Scatterplot

Dependent Variable: Visits to health professionals

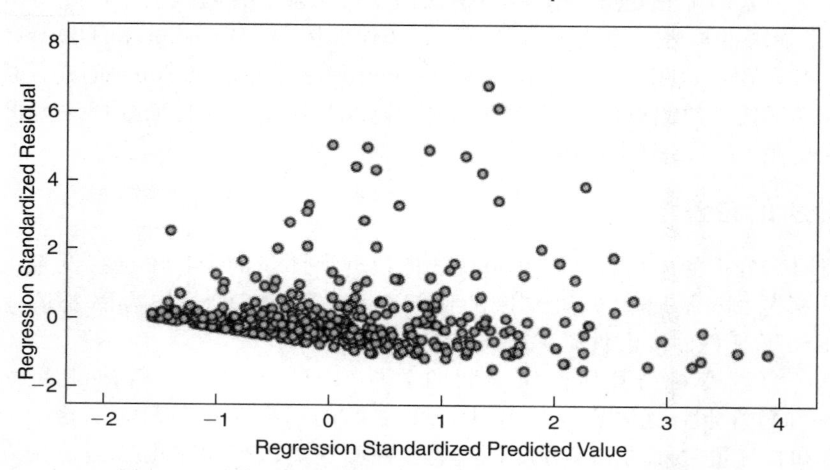

图 5-7　原始变量的 SPSS REGRESSION 语法和残差散点图

SPSS EXPLORE 用于检验变量的分布情况，如表 5-12 所示．所有的变量都有显著正偏性(见第 4 章)，这至少部分地解释了残差散点图中的问题．适当地应用对数和平方根变换，并且再次检查变换后的分布偏度．因此，TIMEDRS 和 PHYHEAL(用对数变换)变成 LTIMEDRS 和 LPHYHEAL，而 STRESS(用平方根变换)变成 SSTRESS㊀．在 MENHEAL 的情况下，应用更温和的平方根变换使变量显著负偏，所以没有进行转换．

表 5-12　通过 SPSS EXPLORE 检查变量分布的语法和输出

```
EXAMINE
  VARIABLES=timedrs phyheal menheal stress
  /PLOT BOXPLOT HISTOGRAM NPPLOT
  /COMPARE GROUP
  /STATISTICS DESCRIPTIVES EXTREME
  /CINTERVAL 95
  /MISSING LISTWISE
  /NOTOTAL.
```

㊀　注意因变量(TIMEDRS)被转换为满足多重回归的假设．自变量的转换是为了加强预测．

（续）

Descriptives

			Statistic	Std. Error
Visits to health professionals	Mean		7.90	.508
	95% Confidence Interval for Mean	Lower Bound	6.90	
		Upper Bound	8.90	
	5% Trimmed Mean		6.20	
	Median		4.00	
	Variance		119.870	
	Std. Deviation		10.948	
	Minimum		0	
	Maximum		81	
	Range		81	
	Interquartile Range		8	
	Skewness		3.248	.113
	Kurtosis		13.101	.226
Physical health symptoms	Mean		4.97	.111
	95% Confidence Interval for Mean	Lower Bound	4.75	
		Upper Bound	5.19	
	5% Trimmed Mean		4.79	
	Median		5.00	
	Variance		5.704	
	Std. Deviation		2.388	
	Minimum		2	
	Maximum		15	
	Range		13	
	Interquartile Range		3	
	Skewness		1.031	.113
	Kurtosis		1.124	.226
Mental health symptoms	Mean		6.12	.194
	95% Confidence Interval for Mean	Lower Bound	5.74	
		Upper Bound	6.50	
	5% Trimmed Mean		5.93	
	Median		6.00	
	Variance		17.586	
	Std. Deviation		4.194	
	Minimum		0	
	Maximum		18	
	Range		18	
	Interquartile Range		6	
	Skewness		.602	.113
	Kurtosis		−.292	.226
Stressful life events	Mean		204.22	6.297
	95% Confidence Interval for Mean	Lower Bound	191.84	
		Upper Bound	216.59	
	5% Trimmed Mean		195.60	
	Median		178.00	
	Variance		18439.662	
	Std. Deviation		135.793	
	Minimum		0	
	Maximum		920	
	Range		920	
	Interquartile Range		180	
	Skewness		1.043	.113
	Kurtosis		1.801	.226

Extreme Values

			Case Number	Value
Visits to health professionals	Highest	1	405	81
		2	290	75
		3	40	60
		4	168	60
		5	249	58
	Lowest	1	437	0
		2	435	0
		3	428	0
		4	385	0
		5	376	0[①]

（续）

Extreme Values

			Case Number	Value
Physical health symptoms	Highest	1	277	15
		2	373	14
		3	381	13
		4	391	13
		5	64	12②
	Lowest	1	454	2
		2	449	2
		3	440	2
		4	419	2
		5	418	2③
Mental health symptoms	Highest	1	52	18
		2	103	18
		3	113	18
		4	144	17
		5	198	17
	Lowest	1	462	0
		2	454	0
		3	352	0
		4	344	0
		5	340	0①
Stressful life events	Highest	1	403	920
		2	405	731
		3	444	643
		4	195	597
		5	304	594
	Lowest	1	446	0
		2	401	0
		3	387	0
		4	339	0
		5	328	0①

①低极值表中只显示了部分具有0值的样本列表
②高极值表中只显示了部分具有12的样本列表
③低极值表中只显示了部分具有2的样本列表

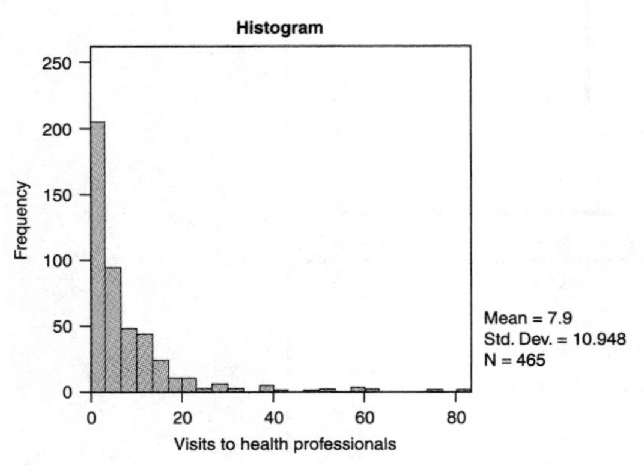

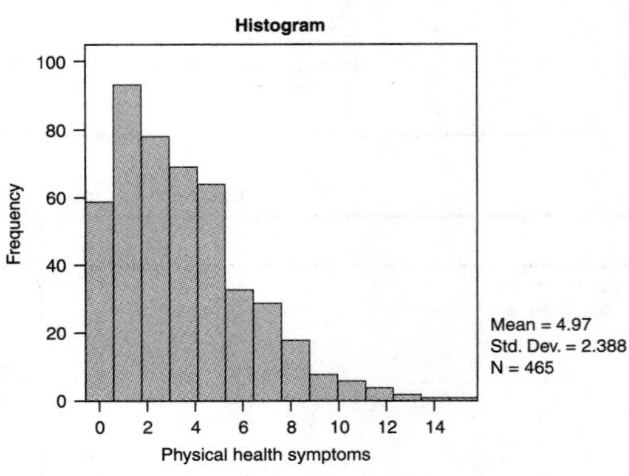

（续）

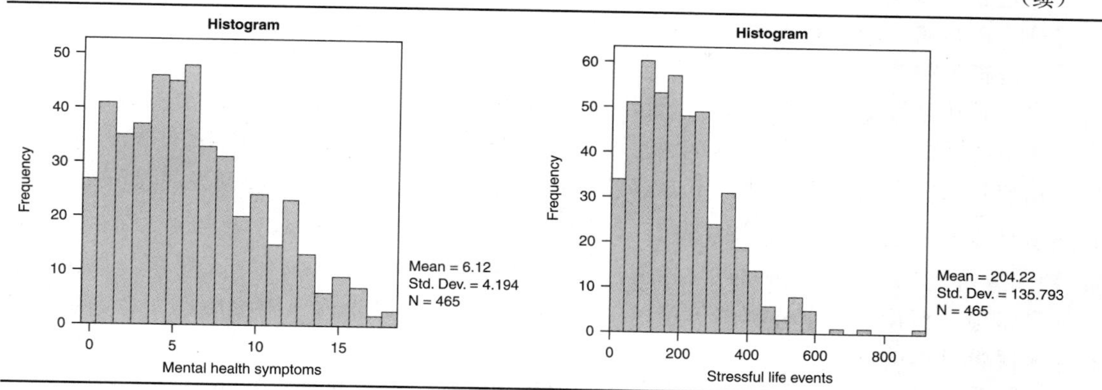

表 5-13 显示了其中一个转换变量 LTIMEDRS 的 FREQUENCIES 输出，该变量在转换前效果最不理想．转换同样可以减少其他两个转换变量的偏度．

用转换后的变量进行回归，来自 SPSS REGRESSION 的残差散点图如图 5-8 所示．虽然散点图仍然不是完美的矩形，但其形状与图 5-7 相比有了明显的改善．

表 5-13 通过 SPSS FREQUENCIES 检查转换变量分布的语法和输出

```
FREQUENCIES
  VARIABLES=ltimedrs/
  /STATISTICS=STDDEV VARIANCE MINIMUM MAXIMUM MEAN SKEWNESS SESKEW
  KURTOSIS
  SEKURT
  /HISTOGRAM NORMAL
  /ORDER = ANALYSIS.
```

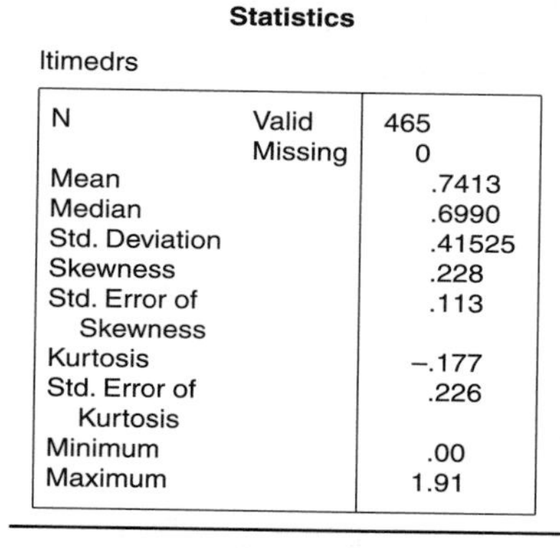

Statistics

ltimedrs

N	Valid	465
	Missing	0
Mean		.7413
Median		.6990
Std. Deviation		.41525
Skewness		.228
Std. Error of Skewness		.113
Kurtosis		−.177
Std. Error of Kurtosis		.226
Minimum		.00
Maximum		1.91

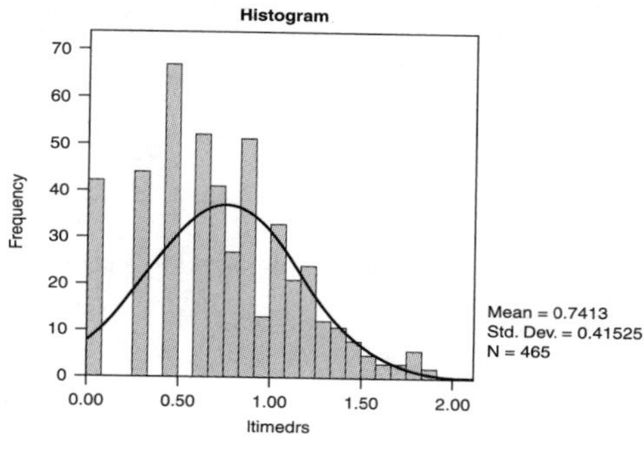

5.7.1.3 异常值

因变量和自变量中的一元异常值是使用表 5-12 来寻找的．直方图中的最高值似乎与 TIMEDRS 和 STRESS 的下一个最高得分点断开了联系．从极值表中，TIMEDRS 的两个最高值（81 和 75）分别具有 6.68 和 6.13 的 z 得分．STRESS 的三个最高值（920、731 和 643）的 z 得分分别为 5.27、3.88 和 3.23．PHYHEAL 的最高值（15）的 z 得分为 4.20，但是它似乎没有与分布的其余部分断开．由于异常值和非正态 PHYHEAL 的存在，我们对 TIMEDRS 和 STRESS 进行转换．

一旦变量转换后，LTIMEDRS(见表 5-13)、LPHYHEAL 和 SSTRESS(未显示)的最高得分不再与其余的分布无关．与最高得分相关的 z 得分现在分别是 2.81、2.58 和 3.41．在这个规模的样本中，这些值似乎是合理的．

多元异常值是使用转换后的自变量作为 SPSS REGRESSION 运行的一部分寻找的，在这个过程中计算每个点到所有点的质心的马氏距离．输出距离最大的 10 个样本(见表 5-14)．马氏距离服从卡方(χ^2)分布，其自由度等于自变量的个数．为了确定哪些情况是多元异常值，在显著性水平 α 上查找临界值 χ^2(表 C-4)．在这种情况下，对于 df=3，在 α=0.001 时的临界值 χ^2 是 16.266．异常值统计表 Statistic 列中的任何大于 16.266 的样本都是自变量中的多元异常值．但没有一个样本的值超过 16.266．(如果发现异常值，则按照第 4 章中详述的程序来降低其影响．)

请注意，图 5-8 显示了这个解决方案中没有异常值．标准化残差均不超过 3.29．

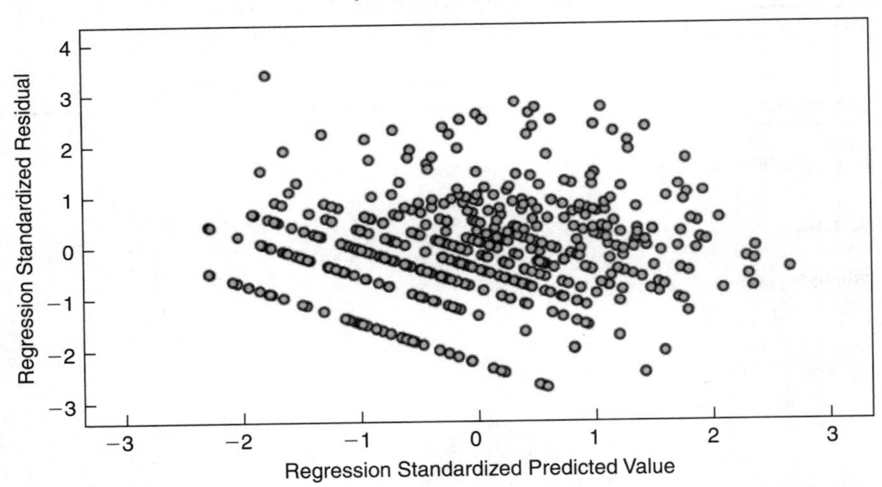

图 5-8　用转换后的变量绘制回归后的残差散点图．输出来自 SPSS REGRESSION．语法见表 5-15

5.7.1.4　多重共线性和奇异性

表 5-14 中列出的容忍度(1−SMC)都没有接近零．使用 4.1.7 节的准则，共线性诊断无须担心．表 5-15 的回归分析解决了转换的自变量中可能的多重共线性和奇异性的问题．所有的变量进入方程，且不违反容忍度的默认值(参见第 4 章)．此外，自变量中 MENHEAL 和 LPHYHEAL 之间的最高相关系数是 0.511．(如果表示存在多重共线性，则按照第 4 章处理多余的自变量．)

5.7.2　标准多重回归

SPSS REGRESSION 用于计算 LTIMEDRS(转换后的因变量)与 MENHEAL、LPHY-

HEAL 和 SSTRESS(自变量)的标准多重回归，如表 5-15 所示．

在 REGRESSION 输出中的是描述性统计量，包括相关性表，R，R^2 和调整的 R^2，以及回归方差分析的总结．R 的显著性水平可以在方差分析表中查询，其中 $F(3,461)=92.90$，$p<0.001$. 在标记为 Coefficients 的表格中，打印了非标准化和标准化回归系数及其显著性水平、95%置信区间和它们的三个相关系数——Zero-order(匹配相关系数表的自变量-因变量值)、半偏相关系数(Part)和偏相关系数(Partial).

表 5-14　从 SPSS REGRESSION 显示多元异常值和共线性诊断的语法和输出

```
REGRESSION
  /MISSING LISTWISE
  /STATISTICS COEFF OUTS R ANOVA COLLIN TOL
  /CRITERIA=PIN(.05) POUT(.10)
  /NOORIGIN
  /DEPENDENT ltimedrs
  /METHOD=ENTER lphyheal menheal sstress
  /SCATTERPLOT=(*ZRESID,*ZPRED)
  /RESIDUALS = outliers(mahal).
```

Collinearity Diagnostics[a]

Model	Dimension	Eigenvalue	Condition Index	Variance Proportions			
				(Constant)	lphyheal	Mental health symptoms	sstress
1	1	3.685	1.000	.00	.00	.01	.01
	2	.201	4.286	.06	.01	.80	.03
	3	.076	6.971	.07	.25	.00	.85
	4	.039	9.747	.87	.74	.19	.11

[a]Dependent Variable: LTIMEDRS

Outlier Statistics[a]

		Case Number	Statistic
Mahal. Distance	1	403	14.135
	2	125	11.649
	3	198	10.569
	4	52	10.548
	5	446	10.225
	6	159	9.351
	7	33	8.628
	8	280	8.587
	9	405	8.431
	10	113	8.353

[a]Dependent Variable: LTIMEDRS

回归系数的显著性水平是通过 t 统计量来检验的，t 统计量是根据 df=461 或者置信区间进行检验的．自变量只有两个 SSTRESS 和 LPHYHEAL，t 统计量的值分别为 4.67 和 11.928. SSTRESS 和 LPHYHEAL 的重要性通过其 95%置信区间确认，其不包括零作为可能值．

表 5-15 具有 MENHEAL、SSTRESS 和 LPHYHEAL(自变量)的 LTIMEDRS(SPSS REGRESSION 因变量)的标准多重回归分析 . SPSS REGRESSION 语法和选定输出

```
REGRESSION
  /DESCRIPTIVES MEAN STDDEV CORR SIG N
  /MISSING LISTWISE
  /STATISTICS COEFF OUTS CI R ANOVA ZPP
  /CRITERIA=PIN(.05) POUT(.10)
  /NOORIGIN
  /DEPENDENT ltimedrs
  /METHOD=ENTER lphyheal menheal sstress.
```

Regression

Descriptive Statistics

	Mean	Std. Deviation	N
ltimedrs	.7413	.41525	465
lphyheal	.6484	.20620	465
Mental health symptoms	6.12	4.194	465
sstress	13.3995	4.97217	465

Correlations

		ltimedrs	lphyheal	Mental health symptoms	sstress
Pearson Correlation	ltimedrs	1.000	.586	.355	.359
	lphyheal	.586	1.000	.511	.317
	Mental health symptoms	.355	.511	1.000	.383
	sstress	.359	.317	.383	1.000
Sig. (1-tailed)	ltimedrs	.	.000	.000	.000
	lphyheal	.000	.	.000	.000
	Mental health symptoms	.000	.000	.	.000
	sstress	.000	.000	.000	.
N	ltimedrs	465	465	465	465
	lphyheal	465	465	465	465
	Mental health symptoms	465	465	465	465
	sstress	465	465	465	465

Model Summary

Model	R	R Square	Adjusted R Square	Std. Error of the Estimate
1	.614[a]	.377	.373	.3289

[a]Predictors: (Constant), sstress, lphyheal, Mental health symptoms

ANOVA[b]

Model		Sum of Squares	df	Mean Square	F	Sig.
1	Regression	30.146	3	10.049	92.901	.000[a]
	Residual	49.864	461	.108		
	Total	80.010	464			

[a]Predictors: (Constant), sstress, lphyheal, Mental health symptoms
[b]Dependent Variable: ltimedrs

（续）

Coefficients[a]

Model		Unstandardized Coefficients B	Std. Error	Standardized Coefficients Beta	t	Sig.	95% Confidence Interval for B Lower Bound	Upper Bound	Correlations Zero-order	Partial	Part
1	(Constant)	-.155	.058		-2.661	.008	-.270	-.041			
	lphyheal	1.040	.087	.516	11.928	.000	.869	1.211	.586	.486	.439
	Mental health symptoms	.002	.004	.019	.428	.669	-.007	.011	.355	.020	.016
	sstress	.016	.003	.188	4.671	.000	.009	.022	.359	.213	.172

a Dependent Variable: ltimedrs

半偏相关系数在 Coefficients 中被标记为 Part. 这些值在被平方时表示从等式中省略了自变量时 R^2 将减少的量．两个重要的自变量的总和($0.172^2 + 0.439^2 = 0.222$)是可归因于唯一来源的 R^2 的总和．R^2 和唯一方差之间的差($0.377 - 0.222 = 0.155$)表示 SSTRESS、LPHYHEAL 和 MENHEAL 共同贡献 R^2 的方差．

表 5-16 总结了这一分析的信息，其形式可能适合在专业期刊上公开发表．根据 5.6.2.4 节，使用 Steiger 和 Fouladi(1992)软件求出 R^2 的置信限．

从表 5-15 中的相关矩阵可以看出，MENHEAL 与 LTIMEDRS 的相关系数 $r=0.355$，但其对回归没有显著贡献．如果方程(5.10)用于事后评估相关系数的显著性，则

$$F=\frac{(0.355)^2/3}{1-(0.355)^2/(465-3-1)}=22.16$$

MENHEAL 和 LTIMEDRS 之间的相关性显著不为零．$F(3, 461)=22.16$，$p<0.01$.

因此，尽管 MENHEAL 和 LTIMEDRS 之间的二元相关性显著地不同于零，但这种关系似乎是集合中 LTIMEDRS 和其他自变量之间关系的中介或冗余．研究人员只测量了 MENHEAL 和 LTIMEDRS. 然而，这种显著相关性可能会产生比心理健康与健康专家访问次数之间的关系更可靠的结论．

表 5-17 包含了使用标准多重回归进行分析的清单．接下来会显示日志格式中结果部分的示例．

表 5-16 健康和压力变量在健康专家访问数量上的标准多重回归

变量	访问健康专家(log)(DV)	身体健康(log)	压力(平方根)	心理健康	B	β	sr^2(唯一)
身体健康(log)	0.59				1.040**	0.52	0.19
压力(平方根)	0.36	0.32	0.38		0.016**	0.19	0.03
心理健康	0.36	0.51			0.002	0.02	
				截距＝－0.155			
均值	0.74	0.65	13.40	6.12			
标准差	0.42	0.21	4.97	4.19			$R^2=0.38$①
							调整的 $R^2=0.37$
							$R=0.61$**

注：** $p<0.01$.

①唯一贡献＝0.22；共有贡献＝0.16，95％置信限为 0.30 到 0.44.

表 5-17　标准多重回归的清单

1. 问题 a. 样本数与自变量分数的比率以及缺失数据 b. 残差的正态性、线性及同方差性 c. 异常值 d. 多重共线性和奇异性 e. 异常值的处理 2. 主要分析 a. 多重 R^2 及其置信限，F 比率 b. 调整的 R^2，方差占总体的比例 c. 回归系数的显著性 d. 半偏相关系数的平方	3. 其他分析 a. 事后相关系数的显著性 b. 非标准化回归系数 B，置信限 c. 标准化回归系数 β d. 唯一贡献和共有贡献 e. 抑制变量 f. 预测方程

结果

标准多重回归展示了健康专家访问次数作为因变量与身体健康、心理健康以及压力作为自变量之间的关系．样本分析是基于 SPSS REGRESSION 和 SPSS EXPLORE 进行评估假设．

假设评估的结果使得对变量进行转换，以减少偏度、减少异常值的数量并改善残差的正态性、线性和同方差性．对于压力测量进行平方根转换．对健康专家的访问次数和身体健康采用对数转换．自变量、身体健康(在没有转换的情况下)为右偏分布，它没有改变．对于马氏距离，使用 $p<0.001$ 的标准，结果没有发现样本中明显的异常值．没有发现缺失数据样本，也没有发现抑制变量，$N=465$.

表 5-16 展示了变量间的相关系数、非标准化回归系数 B、截距、标准化回归系数 β、半偏相关系数 sr_i^2、R^2 和调整的 R^2．回归的 R 显著不为 0，$F(3,461)=92.90$，$p<0.001$，R^2 为 0.38，95%的置信限为(0.30，0.44)．调整的 R^2 为 0.37，表明根据身体健康、压力和心理健康数据，可以预测超过三分之一访问健康专家的变化．对于两个显著不为 0 的回归系数，计算出 95%的置信限．压力(平方根)的置信限为(0.0091，0.0223)，身体健康的置信限为(0.8686，1.2113).

三个自变量对方差的共有贡献为 0.15．整体来看，38%(调整的 37%)访问健康专家的变化是由三个自变量通过已知得分预测的．这种关系的大小和方向表明，在身体健康症状很多、压力更大的女性中，有更多的人去访问了健康专家．然而，在这两者之间，身体健康症状的数量更为重要，正如半偏相关系数的平方所示．

使用事后校正相关系数，访问健康专家(对数)与心理健康两个变量的相关性在统计上显著不为 0，$r=0.36$，$F(3, 461)=22.16$，$p<0.01$，心理健康对于回归没有显著贡献．显然，访问健康专家与心理健康之间的关系是由身体健康、压力和访问健康专家之间的关系来调节的．

5.7.3 序贯回归

第二个例子包括按研究者确定的顺序依次进入方程的三个相同自变量．LPHYHEAL 是第一个进入的自变量，其次是 SSTRESS，然后是 MENHEAL. 主要的研究问题是在统计学上消除身体健康和严重压力的差异之后，是否可以使用关于心理健康差异的信息来预测对健康专家的访问次数．换句话说，如果人们的身体健康和压力与其他人相似，那么他们是否会因为更多的心理健康症状而去找健康专家？

表 5-18 显示了使用 SPSS REGRESSION 程序进行序贯分析的语法和选定输出部分．请注意，每个步骤在结束时都会提供完整的回归解决方案．LTIMEDRS 和 LPHYHEAL 之间的二元关系的显著性在步骤 1 结束时评估，$F(1,463)=241.83$，$p<0.001$. 二元相关系数为 0.59，占方差的 34%．在步骤 2 之后，对于方程中的 LPHYHEAL 和 SSTRESS，$F(2,462)=139.51$，$p<0.01$，$R=0.61$ 和 $R^2=0.38$. 加上 MENHEAL，$F(3,461)=92.90$，$R=0.61$，$R^2=0.38$. 在每个步骤，R^2 中的增量可以直接从模型汇总表的 R Square Change 列中查阅．因此，$sr^2_{\text{LPHYHEAL}}=0.34$，$sr^2_{\text{SSTRESS}}=0.03$，$sr^2_{\text{MENHEAL}}=0.00$.

表 5-18　SPSS 序贯回归的语法和选定输出

```
REGRESSION
  /MISSING LISTWISE
  /STATISTICS COEFF OUTS CI R ANOVA CHANGE
  /CRITERIA=PIN(.05) POUT(.10)
  /NOORIGIN
  /DEPENDENT ltimedrs
  /METHOD=ENTER lphyheal /METHOD=ENTER sstress /METHOD=ENTER menheal.
```

Regression

Variables Entered/Removed[b]

Model	Variables Entered	Variables Removed	Method
1	lphyheal[a]	.	Enter
2	sstress[a]	.	Enter
3	Mental health symptoms[a]	.	Enter

[a]All requested variables entered.
[b]Dependent Variable: ltimedrs

Model Summary

Model	R	R Square	Adjusted R Square	Std. Error of the Estimate	Change Statistics				
					R Square Change	F Change	df1	df2	Sig. F Change
1	.586[a]	.343	.342	.3369	.343	241.826	1	463	.000
2	.614[b]	.377	.374	.3286	.033	24.772	1	462	.000
3	.614[c]	.377	.373	.3289	.000	.183	1	461	.669

[a]Predictors: (Constant), lphyheal
[b]Predictors: (Constant), lphyheal, sstress
[c]Predictors: (Constant), lphyheal, sstress, Mental health symptoms

（续）

ANOVA[d]

Model		Sum of Squares	df	Mean Square	F	Sig.
1	Regression	27.452	1	27.452	241.826	.000[a]
	Residual	52.559	463	.114		
	Total	80.010	464			
2	Regression	30.126	2	15.063	139.507	.000[b]
	Residual	49.884	462	.108		
	Total	80.010	464			
3	Regression	30.146	3	10.049	92.901	.000[c]
	Residual	49.864	461	.108		
	Total	80.010	464			

[a]Predictors: (Constant), lphyheal
[b]Predictors: (Constant), lphyheal, sstress
[c]Predictors: (Constant), lphyheal, sstress, mental health symptoms
[d]Dependent Variable: ltimedrs

Coefficients[a]

Model		Unstandardized Coefficients		Standardized Coefficients	t	Sig.	95% Confidence Interval for B	
		B	Std. Error	Beta			Lower Bound	Upper Bound
1	(Constant)	–2.4	.052		–.456	.648	–.125	.078
	lphyheal	1.180	.076	.586	15.551	.000	1.031	1.329
2	(Contstant)	–.160	.057		–2.785	.006	–.272	–.047
	lphyheal	1.057	.078	.525	13.546	.000	.903	1.210
	sstress	1.61	.003	.193	4.977	.000	.010	.022
3	(Constant)	–.155	.058		–2.661	.008	–.270	–.041
	lphyheal	1.040	.087	.516	11.928	.000	.869	1.211
	sstress	1.57	.003	.188	4.671	.000	.009	.022
	Mental health symptoms	1.88	.004	.019	.428	.669	–.007	.011

[a]Dependent Variable: ltimedrs

Excluded Variables[c]

Model		Beta In	t	Sig.	Partial Correlation	Collinearity Statistics
						Tolerance
1	sstress	.193[a]	4.977	.000	.226	.900
	Mental health symptoms	.075[a]	1.721	.086	.080	.739
2	Mental health symptoms	.019[b]	.428	.669	.020	.684

[a]Predictors in the Model: (Constant), lphyheal
[b]Predictors in the Model: (Constant), lphyheal, sstress
[c]Dependent Variable: ltimedrs

通过使用5.6.2.3节的程序，将SSTRESS添加到等式中的显著性在第二步(SSTRESS输入的模型2)的输出中标记为Change Statistics段中SSTRESS的F统计量．由于24.772的F值超过了自由度为1和461的临界值F(分析结束时的df_{res})，所以SSTRESS在这一步对这个方程做出了重大贡献．

类似地，模型3指出了MENHEAL加到方程中的显著性，其中MENHEAL的F统计量的值是0.183．由于这个F值不超过自由度为1和461的临界值F，所以MENHEAL在进入时并没有显著地提升R^2．

半偏相关系数的平方的显著性水平也可以在模型汇总表中以F Change获得，P值的变化评估添加的自变量的显著性．

因此，如果已经计算了 LPHYHEAL 和 SSTRESS 的差异，则通过将 MENHEAL 添加到方程中，并没有显著增加对 LTIMEDRS 的预测．显然，答案是否定的：如果身体健康和压力与其他人相似，有许多心理健康症状的人会更频繁地去访问健康专家吗？表 5-19 显示了这个结果信息的汇总．

表 5-20 是在序贯回归中要考虑的项目清单．接下来会显示日志格式中结果部分的示例．

表 5-19 健康和压力变量对健康专家访问次数的序贯回归

变量	访问健康专家(log)(DV)	身体健康(log)	压力(平方根)	心理健康	B	$SE\ B$	β	sr^2(增量)
身体健康(log)	0.59				1.04	1.04**	0.52	0.34**
压力(平方根)	0.36	0.32			0.02	0.016**	0.19	0.03**
心理健康	0.36	0.51	0.38		0.00	0.002	0.02	0.00
截距					−0.16	−0.155		
均值	0.74	0.65	13.40	6.12				
标准差	0.42	0.21	4.97	4.19				$R^2=0.38$[①]
								调整的 $R^2=0.37$
								$R=0.61$**

注：* $p<0.05$.

** $p<0.01$.

①95%置信限为 0.30 到 0.44.

表 5-20 序贯回归分析的清单

1. 问题
   - a. 样本数与自变量分数的比率以及缺失数据
   - b. 残差的正态性、线性及同方差性
   - c. 异常值
   - d. 多重共线性和奇异性
   - e. 异常值的处理
2. 主要分析
   - a. 多重 R^2 及其置信限，F 比率
   - b. 调整的 R^2，方差占总体的比例
   - c. 半偏相关系数的平方
   - d. 回归系数的显著性
   - e. 增量 F
3. 其他分析
   - a. 非标准化回归系数 B，置信限
   - b. 标准化回归系数 β
   - c. 逐步分析的预测方程
   - d. 事后相关系数的显著性
   - e. 抑制变量
   - f. 交叉验证(逐步)

结果

采用序贯回归来确定是否增加了压力以及心理健康症状的相关信息，从而改善对访问健康专家的预测，这超出了身体健康方面贡献的差异．分析将基于 SPSS REGRESSION 和 SPSS EXPLORE 进行假设评估．

结果显示需要对变量进行转换以减少偏度、减少异常值的数量并改善残差的正态性、

线性和同方差性．对于压力测量进行平方根转换．对健康专家访问次数和身体健康取对数转换．自变量、身体健康为右偏分布，分布没有改变．对于马氏距离，在 $p<0.001$ 标准下，在样本中没有识别到异常值．样本中没有缺失数据和抑制变量，$N=465$.

表 5-19 展示了输入三个自变量后的变量间的相关系数、非标准化回归系数 B、截距、标准化回归系数 β、半偏相关系数 sr_i^2、R^2 和调整后的 R^2. 每一步结束后 R 都显著不为 0. 在第 3 步结束后，在方程中所有自变量下，$R^2=0.38$，在 95% 的置信度下，置信限为(0.30,0.44). $F(3,461)=92.90$，$p<0.01$. 调整后的 R^2 为 0.37. 根据身体健康症状和压力的数据，可以预测访问健康专家的超过三分之一的方差．

第一步之后，在方程中身体健康取对数的情况下，$R^2=0.34$，$F_{\text{inc}}(1,461)=241.83$，$p<0.001$. 第 2 步之后，将压力的平方根添加到通过身体健康(对数)的预测来对访问健康专家(对数)次数进行预测，$R^2=0.38$. $F_{\text{inc}}(1,461)=24.77$，$p<0.01$. 将压力的平方根添加到有身体健康变量的方程中，$R^2$ 显著增加．第 3 步之后，将心理健康添加到包含取对数的身体健康和取平方根的压力变量中对访问健康专家次数进行预测，$R^2=0.38$，调整 $R^2=0.37$，$F_{\text{inc}}(1,461)=0.18$，将心理健康加入方程中并不能显著地改善 R^2，这种结果形式表明，通过身体健康症状的数据可以预测访问健康专家次数的三分之一以上的差异．压力水平对预测有适度的贡献，而心理健康症状数则对预测没有产生进一步的贡献．

5.7.4 多重估算缺失值的标准多重回归示例

在转换后，从 SASUSER. REGRESS 文件中随机删除了一些样本，以创建一个新文件 SASUSER. REGRESSMI，其中包含大量的缺失数据．表 5-21 显示了前 15 个数据集的情况．在因变量 LTIMEDRS 上没有缺失的数据．

通过 SAS 进行多重估算是一个三步过程．

1. 运行 PROC MI 用 m 个插入(子集)创建多重估算数据集，其中缺失值是从缺失值的分布中估算出来的．

2. 对具有 m 个子集的文件运行每个估算值的分析(例如 PROC REG)，并将参数估计(回归系数)保存在第二个文件中．

3. 运行 PROC MIANALYZE 将 m 个分析的结果合并为一组参数估计值．

表 5-22 显示了创建 5 个插值(默认 m)的 SAS MI 命令和选定输出，并将结果数据集保存在 SASUSER. ANCOUTMI 中. 因变量不包括在 var 列表中；包括 LTIMEDRS 可能会通过因变量影响估算值来人为地扩大预测值．相反，数据集中只包含因变量无缺失数据的情况．

输出首先显示缺失的数据模式，其中有 7 个．第一个也是最常见的模式是完整的数据，共 284 个样本(占 465 个样本的 61.08%). 第二个最常见的模式是 MENHEAL 缺失 69 个样本(14.84%)，等等．该表还显示了每种模式的每个未丢失变量的均值．例如，当 SSTRESS 和 LPHYHEAL 均缺失时，MENHEAL 的均值是 10，而数据完整时 MENHEAL 的均值是 6.05.

表 5-21 缺失数据的 SASUSER. REGRESSMI 的部分视图

SASUSER.REGRESSMI

5 / 465	SUBJNO (Int)	MENHEAL (Int)	LTIMEDRS (Int)	LPHYHEAL (Int)	SSTRESS (Int)
1	1	.	0.3010	0.6990	.
2	2	.	0.6021	0.6021	20.3715
3	3	4	0.0000	.	9.5917
4	4	2	1.1461	0.3010	15.5242
5	5	6	1.2041	0.4771	9.2736
6	6	5	0.6021	0.6990	15.7162
7	7	6	0.4771	0.6990	.
8	8	5	0.0000	.	3.4641
9	9	4	0.9031	0.6990	16.4012
10	10	9	0.6990	0.4771	19.7737
11	11	.	1.2041	0.7782	15.3948
12	12	.	0.0000	0.4771	3.6056
13	13	10	0.4771	0.4771	9.1652
14	14	9	1.1461	.	12.0000
15	15	2	0.4771	0.4771	11.6190

标记为 EM(Posterior Mode)Estimates 的表格显示了用于多重估算的第一步，即形成 EM 协方差矩阵(4.1.3.2 节)的均值和协方差(参见 1.6.3 节)．下一个表格 Multiple Imputation Variance Information 显示了将缺失数据的变量的总方差划分为估算之内的方差和估算之间的方差．也就是说，预测变量的平均值在每个估算数据子集中有多少变化，它们的平均值在 5 个估算数据子集中就有多少变化．Relative Increase in Variance 是由于缺少数据而导致不确定性增加的一种度量．请注意，数据缺失最多的变量 MENHEAL，方差相对增加最大．相对效率与幂有关，较大的相对效率与检验参数估计的较小标准误差相关．同样，数据缺失越少，相对效率越高．m 的选择也会影响相对效率[⊖]．最后，Mutiple Imputation Parameter Estimates 是在 5 个估算数据集上平均缺失数据的变量均值的平均值、最小值和最大值．H_0 检验平均值是否显著不为零的 t 检验是无意义的．因此，MENHEAL 的均值在 5 个数据子集中从 5.95 到 6.16 不等，平均为 6.05，95%置信限为 5.63 到 6.48.

表 5-22 创建多重估算数据集的语法和选定 SAS MI 输出

```
proc mi data=SASUSER.REGRESSMI seed=45792
  out=SASUSER.REGOUTMI; var LPHYHEAL MENHEAL SSTRESS;
run:

                         Missing Data Patterns

                                                   ---------Group Means---------
Group LPHYHEAL MENHEAL SSTRESS  Freq  Percent LPHYHEAL    MENHEAL    SSTRESS
    1 X        X       X         284    61.08 0.647020   6.049296 13.454842
    2 X        X       .          26     5.59 0.630585   4.884615 .
    3 X        .       X          69    14.84 0.646678 .           12.948310
    4 X        .       .          12     2.58 0.774916 .          .
    5 .        X       X          56    12.04 .          6.375000 13.820692
    6 .        X       .           4     0.86 .         10.000000 .
    7 .        .       X          14     3.01 .         .          14.053803

                    EM (Posterior Mode) Estimates

         _TYPE_    _NAME_      LPHYHEAL      MENHEAL      SSTRESS
         MEAN                  0.652349     6.079942    13.451916
         COV       LPHYHEAL    0.041785     0.441157     0.310229
```

⊖ 参数估计的相对效率取决于 m 和缺失的数据量．Rubin(1987)为相对效率提供了以下等式：$\%Efficiency=\left(1+\frac{\gamma}{m}\right)^{-1}$，其中 γ 是缺失数据的比率．例如，$m=5$ 和 10%的数据缺失，相对效率为 98%.

（续）

```
      COV         MENHEAL      0.441157       17.314557      7.770443
      COV         SSTRESS      0.310229        7.770443     24.269465

                    Multiple Imputation Variance Information
                     -----------------Variance----------------
  Variable              Between            Within          Total           DF
  LPHYHEAL          0.000006673       0.000092988       0.000101       254.93
  MENHEAL              0.007131          0.037496       0.046054       88.567
  SSTRESS              0.002474          0.052313       0.055281       332.44

                    Multiple Imputation Variance Information
      Variable   Relative Increase   Fraction Missing     Relative
      LPHYHEAL         in Variance        Information   Efficiency
      MENHEAL             0.086119           0.082171     0.983832
      SSTRESS             0.228232           0.199523     0.961627
                          0.056744           0.055058     0.989108

                     Multiple Imputation Parameter Estimates
Variable               Mean    Std Error   95% Confidence      Limits          DF
LPHYHEAL           0.651101     0.010050          0.63131     0.67089      254.93
MENHEAL            6.054922     0.214601          5.62849     6.48136      88.567
SSTRESS           13.423400     0.235120         12.96089    13.88591      332.44

                     Multiple Imputation Parameter Estimates
                                                          t for H0:
Variable          Minimum       Maximum       Mu0          Mean=Mu0      Pr > |t|
LPHYHEAL         0.646559      0.652602         0             64.79        <.0001
MENHEAL          5.953237      6.160381         0             28.21        <.0001
SSTRESS         13.380532     13.502912         0             57.09        <.0001
```

表 5-23 显示了估算数据集的一部分，具有估算变量(1 到 5)以及填充的缺失值．估算 1 的后续部分被列出．连同估算 2 的前 15 个样本．

表 5-23　SASUSER. REGOUTMI 具有估算变量和估算的缺失数据的部分视图

SASUSER.REGOUTMI

2325	_Imputation_ (Int)	SUBJNO (Int)	MENHEAL (Int)	LTIMEDRS (Int)	LPHYHEAL (Int)	SSTRESS (Int)
459	1	717	11.1393	1.2788	0.7782	12.8841
460	1	724	9.0000	1.1761	0.7709	18.1934
461	1	754	6.0000	0.6021	0.4771	8.5440
462	1	755	5.3851	0.6990	0.6021	8.1240
463	1	756	6.0000	1.2041	0.9542	11.9164
464	1	757	4.0000	0.6990	0.7782	9.3274
465	1	758	2.0000	0.6021	0.6990	12.2066
466	2	1	7.7236	0.3010	0.6990	3.6336
467	2	2	9.4462	0.6021	0.6021	20.3715
468	2	3	4.0000	0.0000	0.6812	9.5917
469	2	4	2.0000	1.1461	0.3010	15.5242
470	2	5	6.0000	1.2041	0.4771	9.2736
471	2	6	5.0000	0.6021	0.6990	15.7162
472	2	7	6.0000	0.4771	0.6990	9.1690
473	2	8	5.0000	0.0000	0.7080	3.4641
474	2	9	4.0000	0.9031	0.6990	16.4012
475	2	10	9.0000	0.6990	0.4771	19.7737
476	2	11	3.6350	1.2041	0.7782	15.3948
477	2	12	5.3116	0.0000	0.4771	3.6056
478	2	13	10.0000	0.4771	0.4771	9.1652
479	2	14	9.0000	1.1461	0.7556	12.0000
480	2	15	2.0000	0.4771	0.4771	11.6190
481	2	16	4.0000	0.4771	0.4771	17.0587
482	2	21	-0.2698	0.3010	0.4771	12.1751
483	2	22	3.8717	0.4771	0.8451	15.2643
484	2	23	6.0000	0.7782	0.6021	12.1244
485	2	24	9.4105	0.7782	1.1047	17.5499
486	2	25	12.0000	0.6021	0.6021	11.0454
487	2	26	3.0000	0.6990	0.3010	17.5214
488	2	27	4.0000	0.4771	0.4771	15.7480
489	2	28	8.9444	0.0000	0.6990	11.0454
490	2	29	8.2556	1.1461	0.8451	19.5959

下一步是在 5 个估算值上运行 SAS REG. 这是通过在语法中包含 by_Imputation_指令来完成的，如表 5-24 所示．根据参数估计(回归系数 B)和方差-协方差矩阵的分析结果被发送到输出文件 REGOUT 上．

所有的拟合结果都显示出类似的结果，F 值范围从 62.55 到 72.39(所有 $p<0.0001$)，但这些都比 5.7.2 节的全数据标准多重回归分析的 $F=92.90$ 小得多．调整后的 R^2 范围为 0.28 至 0.32，而表 5-16 中报告的全数据的 R^2 为 0.37.

表 5-24　SAS REG 语法和所有 5 个估算的多重回归的选定输出

```
proc reg data=SASUSER.REGOUTMI outest=REGOUT covout;
    model LTIMEDRS = LPHYHEAL MENHEAL SSTRESS;
    by_Imputation_;
run;

-------------------------Imputation Number=1-------------------------
                         The REG Procedure
                          Model: MODEL 1
              Dependent Variable: LTIMEDRS LTIMEDRS

          Number of Observations Read                   465
          Number of Observations Used                   465

                       Analysis of Variance

                             Sum of        Mean
Source              DF      Squares      Square    F Value    Pr > F
Model                3     25.62241     8.54080      72.39    <.0001
Error              461     54.38776     0.11798
Corrected Total    464     80.01017

          Root MSE              0.34348    R-Square    0.3203
          Dependent Mean        0.74129    Adj R-Sq    0.3158
          Coeff Var            46.33561

                       Parameter Estimates

                             Parameter     Standard
Variable    Label        DF   Estimate        Error   t Value   Pr > |t|
Intercept   Intercept     1   -0.10954      0.06239     -1.76     0.0798
LPHYHEAL    LPHYHEAL      1    0.91117      0.09324      9.77     <.0001
MENHEAL     MENHEAL       1    0.00275      0.00467      0.59     0.5566
SSTRESS     SSTRESS       1    0.01800      0.00361      4.98     <.0001
-------------------------Imputation Number=2-------------------------
                         The REG Procedure
                          Model: MODEL1
              Dependent Variable: LTIMEDRS LTIMEDRS

          Number of Observations Read                   465
          Number of Observations Used                   465

                       Analysis of Variance

                         Sum of         Mean
Source              DF  Squares       Square     F Value    Pr > F
Model                3  23.14719      7.71573      62.55    <.0001
Error              461  56.86297      0.12335
Corrected Total    464  80.01017
```

（续）

```
          Root MSE             0.35121    R-Square    0.2893
          Dependent Mean       0.74129    Adj R-Sq    0.2847
          Coeff Var           47.37826

                           Parameter Estimates

                                    Parameter    Standard
Variable    Label        DF         Estimate        Error    t Value    Pr > |t|
Intercept   Intercept     1         -0.03392      0.06067      -0.56      0.5764
LPHYHEAL    LPHYHEAL      1          0.79920      0.09270       8.62      <.0001
MENHEAL     MENHEAL       1          0.00259      0.00481       0.54      0.5902
SSTRESS     SSTRESS       1          0.01770      0.00358       4.94      <.0001
--------------------------Imputation Number=3--------------------------

                            The REG Procedure
                             Model: MODEL 1
                  Dependent Variable: LTIMEDRS LTIMEDRS

            Number of Observations Read                   465
            Number of Observations Used                   465

                           Analysis of Variance

Source              DF   Sum of Squares   Mean Square   F Value     Pr > F
Model                3         24.22616       8.07539     66.74     <.0001
Error              461         55.78401       0.12101
Corrected Total    464         80.01017

          Root MSE             0.34786    R-Square    0.3028
          Dependent Mean       0.74129    Adj R-Sq    0.2983
          Coeff Var           46.92661

                           Parameter Estimates
                                    Parameter    Standard
Variable    Label        DF         Estimate        Error    t Value    Pr > |t|
Intercept   Intercept     1         -0.09996      0.06381      -1.57      0.1179
LPHYHEAL    LPHYHEAL      1          0.86373      0.09238       9.35      <.0001
MENHEAL     MENHEAL       1          0.00255      0.00464       0.55      0.5826
SSTRESS     SSTRESS       1          0.01954      0.00354       5.51      <.0001
--------------------------Imputation Number=4--------------------------

                            The REG Procedure
                             Model: MODEL 1
                  Dependent Variable: LTIMEDRS LTIMEDRS

            Number of Observations Read                   465
            Number of Observations Used                   465


                           Analysis of Variance

Source              DF   Sum of Squares   Mean Square   F Value     Pr > F
Model                3         24.27240       8.09080     66.92     <.0001
Error              461         55.73777       0.12091
Corrected Total    464         80.01017

          Root MSE             0.34772    R-Square    0.3034
          Dependent Mean       0.74129    Adj R-Sq    0.2988
          Coeff Var           46.90716
```

（续）

Parameter Estimates

Variable	Label	DF	Parameter Estimate	Standard Error	t Value	Pr > |t|
Intercept	Intercept	1	-0.07371	0.06260	-1.18	0.2396
LPHYHEAL	LPHYHEAL	1	0.87685	0.09194	9.54	<.0001
MENHEAL	MENHEAL	1	0.00138	0.00475	0.29	0.7725
SSTRESS	SSTRESS	1	0.01790	0.00362	4.95	<.0001

-------------------------Imputation Number=5-------------------------

The REG Procedure
Model: MODEL1
Dependent Variable: LTIMEDRS LTIMEDRS

Number of Observations Read:	465
Number of Observations Used:	465

Analysis of Variance

Source	DF	Sum of Squares	Mean Square	F Value	Pr > F
Model	3	25.12355	8.37452	70.34	<.0001
Error	461	54.88662	0.11906		
Corrected Total	464	80.01017			

Root MSE	0.34505	R-Square	0.3140
Dependent Mean	0.74129	Adj R-Sq	0.3095
Coeff Var	46.54763		

Parameter Estimates

Variable	Label	DF	Parameter	Standard	t Value	Pr > |t|
Intercept	Intercept	1	Estimate	Error	-1.42	0.1569
LPHYHEAL	LPHYHEAL	1	-0.08577	0.06050	9.72	<.0001
MENHEAL	MENHEAL	1	0.88661	0.09123	-0.18	0.8605
SSTRESS	SSTRESS	1	-0.00083306	0.00474	5.37	<.0001
			0.01879	0.00350		

表 5-25 显示了通过 SAS MIANALYZE 组合 5 次估算结果的语法和输出．使用的数据来自 5 个估算．变量是 Parameter Estimates 部分发送到 REGOUT 数据集的变量．

表 5-25　结合 5 个多重回归分析结果的参数估计的 SAS MIANALYZE 语法和输出

```
proc mianalyze data=REGOUT:
    var Intercept LPHYHEAL MENHEAL SSTRESS
run;
```

The MIANALYZE Procedure

Model Information

Data Set	WORK.REGOUT
Number of Imputations	5

Multiple Imputation Variance Information

Parameter	Variance: Between	Variance: Within	Variance: Total	DF
Intercept	0.000866	0.003845	0.004884	88.288
LPHYHEAL	0.001760	0.008520	0.010631	101.37
MENHEAL	0.000002286	0.000022309	0.000025052	333.65
SSTRESS	0.000000589	0.000012756	0.000013462	1453.4

（续）

Multiple Imputation Variance Information

Parameter	Relative Increase in Variance	Fraction Missing Information	Relative Efficiency
Intercept	0.270411	0.230099	0.956005
LPHYHEAL	0.247882	0.213998	0.958957
MENHEAL	0.122956	0.114783	0.977559
SSTRESS	0.055366	0.053762	0.989362

Multiple Imputation Parameter Estimates

Parameter	Estimate	Std Error	95% Confidence	Limits	DF
Intercept	-0.080582	0.069888	-0.21946	0.058300	88.288
LPHYHEAL	0.867511	0.103108	0.66298	1.072042	101.37
MENHEAL	0.001687	0.005005	-0.00816	0.011533	333.65
SSTRESS	0.018384	0.003669	0.01119	0.025581	1453.4

Multiple Imputation Parameter Estimates

Parameter	Minimum	Maximum	Theta0	t for H0: Parameter=Theta0	Pr > |t|
Intercept	-0.109545	-0.033922	0	-1.15	0.2520
LPHYHEAL	0.799195	0.911169	0	8.41	<.0001
MENHEAL	-0.000833	0.002750	0	0.34	0.7363
SSTRESS	0.017697	0.019539	0	5.01	<.0001

参数估计不同于5.7.2节的标准多重回归的结果，但结论相同．同样，只有LPHYHEAL和SSTRESS有助于LTIMEDRS的预测，而MENHEAL则没有．请注意，DF是基于缺失数据的一部分和m：缺失的数据越多，DF越小．如果DF值接近1，则需要更大的m值，因为估计值不稳定．

MIANALYZE没有提供方差分析表来评估整体预测或任何形式的多重R^2的结果．相反，结果的范围是从表5-24的PROC REG运行报告的．这个样本多重估算分析的结果是，相对于SASUSER.REGRESS的完整数据，有一些预测能力的损失．

作为另一个比较，表5-26显示了仅使用SASUSER.REGRESSMI的284个完整情况的标准多重回归结果(部分见表5-22).SAS REG默认情况下使用逐列表删除，以便在分析之前删除在任何变量上有缺失数据的样本．

表5-26　SAS REG按列表删除缺失值的语法和标准多重回归的输出

```
proc reg data=SASUSER.REGRESSMI
  model LTIMEDRS = LPHYHEAL MENHEAL SSTRESS;
run;
```

The REG Procedure
Model: MODEL 1
Dependent Variable: LTIMEDRS LTIMEDRS

Number of Observations Read	465
Number of Observations Used	284
Number of Observations with Missing Values	181

Analysis of Variance

Source	DF	Sum of Squares	Mean Square	F Value	Pr > F

(续)

Model	3	18.43408	6.14469	57.36	<.0001
Error	280	29.99510	0.10713		
Corrected Total	283	48.42918			

Root MSE	0.32730	R-Square	0.3806
Dependent Mean	0.78354	Adj R-Sq	0.3740
Coeff Var	41.77218		

Parameter Estimates

Variable	Label	DF	Parameter Estimate	Standard Error	t Value	Pr > |t|
Intercept	Intercept	1	-0.09014	0.07529	-1.20	0.2322
LPHYHEAL	LPHYHEAL	1	1.05972	0.11127	9.52	<.0001
MENHEAL	MENHEAL	1	0.00398	0.00555	0.72	0.4741
SSTRESS	SSTRESS	1	0.01219	0.00435	2.80	0.0055

通过删除缺失数据的样本，估计结果丧失了额外的统计显著性．整体 F 已经降低到 57.36(尽管 p 仍然 <0.0001)，并且 SSTRESS 的检验 p 值更大．然而，与多重估算不同，调整后的 R^2 并没有通过这种方法降低．此外，在这种情况下，参数估计似乎更接近完整数据集的分析．

5.8 程序的比较

多重回归的普及反映在适用程序的丰富性上．SPSS、SYSTAT 和 SAS 每个都有一个针对各种多重回归的高度灵活的程序．这些软件包还有更复杂的多重回归程序，例如非线性回归、probit 回归、logistic 回归(参考第 10 章)，等等．

表 5-27 汇总了标准回归方案的直接比较．表 5-28 总结了统计回归和序贯回归的其他特征，包括只能通过语法提供的特征．5.7.1 节至 5.7.4 节阐述了其中部分内容．

5.8.1 SPSS 软件包

表 5-27 和 5-28 中总结了 SPSS REGRESSION 的显著特点是灵活性．SPSS REGRESSION 提供了 4 个选项来处理缺失的数据(在磁盘上的帮助系统中进行了描述)．数据可以是原始输入，也可以是相关或协方差矩阵．数据可以被限制在样本的一个子集中，针对选定和未选择的样本分别由残差统计量和图报告．

有一个可用的特殊选项，使得只有当一个或多个相关性不能计算时才输出相关矩阵．对于标准多重回归的半偏相关系数和回归系数的 95%置信区间，打印区域可选性也是很方便的．

统计程序用几个用户可修改的变量选择的统计标准，提供向前、向后和逐步回归的变量选择．

一系列 METHOD=ENTER 子命令用于序贯回归．依次评估每个 ENTER 子命令．在每个 ENTER 子命令之后列出的自变量按该顺序进行评估．在单个子命令中，SPSS 按照容忍度递减顺序输入自变量．如果子命令中有多个自变量，则在 Model Summary 表中对其进行处理，评估方程的变化．

可以对残差进行广泛的分析．例如，可以请求预测得分和残差的表，并绘制标准化残差对因变量的标准化预测值(Y′值的 z 得分)的关系图．标准化残差与序贯样本的图也是能够被找到的．对于序贯样本，可以请求一个 Durbin-Watson 统计量，用于检验相邻样本之间的自相关性．另外，你可以请求马氏距离作为评估异常值的简便方法．这是 SPSS 软件包中唯一提供马氏距离的程序．可以指定一个样本标签变量，这样可以很容易地识别异常值的主题编号．SPSS REGRESSION 中也提供了部分残差图(除了其中一个自变量外的所有部分)．

SPSS REGRESSION 程序的输入灵活性不会延续到输出上．标准回归和统计或序贯回归之间的唯一区别在于每个表格中的每个步骤(Model)的输出以及通过 CHANGE 指令可用的模型汇总表的扩展．否则，回归分析和参数估计是相同的．然而，根据分析的类型，这些值具有不同的含义．例如，你可以通过 ZPP 统计数据请求半偏相关系数(称为"Part")．但是这些只适用于标准多重回归．正如 5.6.1 节所指出的那样，用于统计或序贯分析的半偏相关系数出现在 Model Summary 表中(通过 CHANGE 统计量得到)显示为 R Square Change.

表 5-27 标准多重回归程序的比较

特征	SPSS REGRESSION	SAS REG	SYSTAT REGRESS
输入			
相关矩阵输入	是	是	是
协方差矩阵输入	是	是	是
SSCP 矩阵输入	否	是	是
缺失数据选项	是	否	否
通过原始数据回归	ORIGIN	NOINT	是[③]
容忍选项	TOLERANCE	SINGULAR	Tolerance
事后假设[①]	TEST	是	是
可选误差项	否	是	否
共线性诊断	COLLIN	COLLIN	PRINT=MEDIUM
选择样本子集	是	WEIGHT	WEIGHT
加权最小二乘	REGWGT	是	WEIGHT
多元多重回归	否	MTEST	否
逐步回归	否	是	否
岭回归	否	RIDGE	是
识别标记变量的样本	RESIDUALS ID	否	否
贝叶斯回归	否	否	是
重抽样	否	否	是
回归输出			
回归的方差分析	ANOVA	Analysis of Variance	Analysis of Variance
多重 R	R	否	Multiple R
R^2	R Square	R-square	Squared multiple R
调整的 R^2	Adjusted R Square	Adj R-sq	Adjusted Squared Multiple R
Y'标准误差	Std. Error of the Estimate	Root MSE	Std. error of estimate

（续）

特征	SPSS REGRESSION	SAS REG	SYSTAT REGRESS
变异性系数	否	Coeff Var	否
相关矩阵	是	CORR	否
相关矩阵的显著性水平	是②	否	否
平方和与叉积(SSCP)矩阵	是	USSCP	否
协方差矩阵	是	否	否
均值和标准差	是	是	否
相关系数矩阵(若一些不可计算)	是	N. A.	N. A.
每个相关系数的 N	是	N. A.	N. A.
每个变量的平方和	否	Uncorrected SS	否
非标准化回归系数	B	Parameter Estimate	Coefficient
回归系数的标准误差	Std. Error	Standard Error	Std. Error
回归系数的 F 或 t 检验	t (F optional)	t Value	t
回归系数的显著性	Sig.	Pr> | t |	P
截距(常数)	(Constant)	Intercept	CONSTANT
标准化回归系数	Beta	Standardized Estimate	Std. Coef
β 的近似标准误差	Std. Error	否	否
偏相关	Partial	Squared Partial Corr Type Ⅱ	否
半偏相关或 sr_i^2	Part	Squared Semipartial Corr Type Ⅱ	否
与因变量的二元相关	否	Corr	Zero Order
容忍	是	是	是
非标准化系数 B 的方差-协方差矩阵	是	是	否
系数 B 的相关矩阵	否	否	是
非标准化系数 B 的相关矩阵	是	是	是(PRINT=LONG)
B 的 95%置信区间	是	是	是(PRINT=MEDIUM)
指定 B 的 CI 的替代变体	否	是	否
假设矩阵	否	是	否
共线性诊断	是	是	是
残差			
预测得分、残差和标准化残差	是	是	Data file
偏残差	否	否	Data file
预测值的 95%置信区间	否	95% CL Predict	否
标准化残差与预测得分图	是	是	是
残差的正态图	是	否	否
Durbin-Watson 统计量	是	是	是
杠杆诊断(例如马氏距离)	Mahal. Distance	Hat Diag H	Data file (Leverage)
影响诊断(例如库克距离)	Cook's Distance	Cook's D	Data file

（续）

特征	SPSS REGRESSION	SAS REG	SYSTAT REGRESS
直方图	是	否	否
逐样本图	是	否	否
部分图	是	是	否
其他图	是	是	否
残差的汇总统计量	是	是	否
保存预测值/残差	是	是	是

注：SAS 和 SYSTAT GLM 也可以用于标准多重回归.

①对于标准 MR 使用 Type Ⅱ.

②不使用 Larzeler 和 Mulaik(1997)相关性.

③忽略来自 MODEL 的 CONSTANT.

5.8.2　SAS 系统

目前，SAS REG 是 SAS 系统中的通用回归程序．另外，GLM 可以用于回归分析．它比 SAS 更加灵活和强大，但使用起来也更加困难．

SAS REG 处理相关性、协方差或 SSCP 矩阵输入，但没有处理缺失数据的选项．如果样本包含任何缺失值，则将其删除．

表 5-28　逐步回归和序贯回归的附加特征的比较

特征	SPSS REGRESSION	SAS REG	SYSTAT REGRESS
输入			
指定阶梯算法	是	是	是
指定 F 输入或删除	FIN/FOUT	否	FEnter/FRemove
指定 F 概率输入或删除	PIN/POUT	SLE/SLS	Enter/Remove
指定最大步骤数	MAXSTEPS	MAXSTEP	Max step
指定最大变量数	否	STOP	否
请求选择统计量(例如，AIC，Mallow 的 C_p)	SELECTION	是	否
强制变量进入方程	ENTER	INCLUDE	FORCE
指定项的顺序(分层)	ENTER	否	否
单步中项的自变量集	ENTER	GROUPNAMES	否
交互式处理	否	是	是
回归输出			
每一步回归分析的方差分析	ANOVA	Analysis of Variance	否①
多重 R，每步	R	否	R
R^2，每步	R Square	R-Square	R-Square
Mallow 的 C_p，每步	Mallow's Prediction Criterion	C(p)	否
Y'标准误差，每步	Std. Error of the Estimate	否	否①
调整的 R^2，每步	Adjusted R Square	否	否①

（续）

特征	SPSS REGRESSION	SAS REG	SYSTAT REGRESS
方程/系数中的变量/Coefficients（每步）			
非标准化回归系数	B	Parameter Estimate	Coefficient
回归系数的标准误差	Std. Error	Std. Error	Std. Error
B 的 95%置信区间	是	否	是
标准回归系数	Beta	Standardized Estimate	Std. Coef
F（或 T）去删除	t (F optional)	F Value	F
p 去删除	Sig.	Pr>F	'P'
截距	(Constant)	Intercept	Constant
容忍性	否	否	Tol.
不在方程中的变量/不包括的变量（每步）			
输入的标准化回归系数	Beta In	否	否
输入的偏相关系数	Partial Correlation	否	Part. corr.
容忍性	是	否	是
F（或 T）去输入	t (F optional)	否	F
p 去输入	Sig.	是	'P'
汇总表/变化统计量多重 R	R	否	否
R^2	R Square	Model R-Square	否
调整的 R^2	Adjusted R Square	否	否
R^2 中的变化（半偏相关系数平方）	R Square Change	Partial R-Square	否
F_{inc}	F Change	F Value	否
F_{inc}的自由度	df1，df2		否
F_{inc}的 p	Sig. F Change	Pr>F	否
标准回归系数	Beta	否	否
Mallow 的 C_p	Mallow's Prediction Criterion	C(p)	否
方程中的变量数目	否	Number Vars In	否

①每步通过独立运行标准多重回归可获得.

在 SAS REG 中，有两种类型的半偏相关系数．适用于标准多重回归的 sr_i^2 是使用 TYPE Ⅱ（部分）平方和．SAS REG 也作为典型相关分析的一种形式进行多元多重回归，可以检验特定的假设．

对于使用 SAS REG 的统计回归，除常用的 5 个标准之外，还可以使用通常的向前、向后和逐步的选择标准．可用的统计标准是从方程中进入自变量的 F 概率以及从方程中去除自变量的 F 概率，也就是使自变量达到最大个数的概率．交互式处理可用于构建序贯模型.

几个标准可用于逐步回归．你可以通过比较所选标准或 R^2 上的值来选择最佳子集．没有给出各个子集中的个体自变量的相关信息．

序贯回归是交互处理的，其中一个初始化模型语句后面跟着指令，每个后续步骤都添加一个或多个变量．在每个步骤结束时都有完整的输出结果，但没有汇总表．

包括库克距离和帽子对角线［衡量杠杆作用，参见公式(4.3)］在内的残差和其他诊断表格非常丰富，但保存到文件而不是打印．然而，SAS REG 内的绘图工具可以大量绘制残差图．SAS REG 还提供了局部残差图，其中除了一个自变量，其他的所有自变量都被列出. SAS REG 最近的更新大大提高了它的绘图能力.

5.8.3 SYSTAT 系统

尽管也可以使用 GLM，但通过 REGRESS 更容易完成 SYSTAT Version 11 中的多重回归. 统计回归选项包括前进和后退法回归. 也可以修改进入和删除的 α 水平、改变容忍性，以及使前 k 个变量进入公式中. 通过选择逐步回归的交互模式，可以指定单个变量在每步输入方程，从而允许简单形式的序贯回归. 这是唯一允许使用重抽样和贝叶斯多重回归进行标准多重回归的程序.

SYSTAT REGRESS 中接受矩阵输入，但处理矩阵或描述性统计数据的输出需要使用 SYSTAT 包中的其他程序. 残差和其他诊断通过将值保存到文件中进行处理，然后可以通过 SYSTAT PLOT 打印输出(在输出中显示预测得分的非标准化残差图). 通过这种方式，你可以查看库克值或杠杆率，从中可以计算马氏距离，即公式(4.3). 或者，你可以通过 SYSTAT STATS(描述性统计程序)求得残差和诊断的汇总值.

第 6 章　协方差分析

6.1　概述

协方差分析是方差分析的扩展．其中，调整因变量值，评估其与一个或多个协变量(CV)相关的差异后，可以评估自变量的主效应以及交互作用．协变量是指先于因变量测量并且与之相关的变量[㊀]．*协方差分析*(ANCOVA)中的主要问题和方差分析基本一致：调整后的因变量组间均值差异是否可能是偶然发生的？例如，在对前测值(协变量)的差异进行调整后，实验组和对照组在后测值(因变量)上是否存在均值差异？

协方差的应用主要有三个目的．第一个目的主要是通过降低误差项来增加主效应和交互作用检验的敏感性．误差项根据协变量和因变量之间的关系进行调整，同时，我们也希望通过协变量和因变量之间的关系来减小误差项．第二个目的是，在所有样本协变量值相等的情况下，把因变量的均值调整到理想的水平．协方差分析的第三个应用发生在*多元方差分析*(MANOVA，第 7 章)中，在多元方差分析中，研究者对一个因变量的估计是在被视作协变量的其他因变量得到调整之后进行的．

协方差分析的第一个应用是非常普遍的．在一项实验设置中，通过移除与来自误差项中协变量相关的可预测方差来增加主效应和交互作用的 F 检验的势．也就是说，通过协变量值(例如，预测)估计到的因变量中存在着一些不希望得到的方差(例如，个体差异)，我们称之为“噪声”，而协变量正是被用来估计这些“噪声”的．Tabachnick 和 Fidell(2007)讨论了协方差分析在实验中的应用．

Copeland、Blow 和 Barry(2003)采用了一种实验性的协方差分析策略，他们运用重复测量的协方差分析来探讨一个简短的干预性方案，这个方案旨在减少有风险性的饮酒对退伍军人医疗保险的影响．协变量包括年龄、种族或民族、是否一个人生活、教育程度，以及干预前的利用情况．干预之后 9 到 18 个月进行干预效应的检验．退伍军人被随机分配一本普通健康建议手册或一本简短的酒精干预手册．这是一个 2×2 的组内和组间的协方差分析，其中，它带有两水平的组间自变量干预和两水平的组内自变量时间评估．我们发现干预小册子在短期内能够增加门诊医疗服务率，但在长期内对住院或者门诊服务率没有明显的效果．

协方差分析的第二个普遍应用主要在无法安排受试者随机治疗的非实验情形，正如 6.3.1 节所讨论的，尽管解释充满着困难，协方差分析仍被用作一个统计匹配的过程．当所有受试者在协变量上的得分一致时，我们将主要利用协方差分析来调整组间均值以达到

㊀ 严格来讲，跟多元回归相同，协方差分析并非一种多元方法，因为它只涉及一个单一的因变量．然而，出于本书的目的，可以方便地将其与多元分析放在一起考虑．

理想值．在移除受试者在协变量上的差异时，我们假定只剩下与分组自变量效应相关的差异．(当然，这些差异也可以来源于没有被用作协变量的属性．)

协方差分析的第二个应用主要是描述性模型的建立：协变量加强了因变量的可预见性，但是却不包含因果关系的含义．如果要回答的研究问题涉及因果关系，那么协方差分析不能代替进行实验．

例如，假设我们想要看看在政治态度方面的地区差异，在这个案例中，因变量是自由主义-保守主义的某种度量．美国的各地区——南部、东南部、中西部以及西部组成了自变量．预计会随着政治态度和地理区域的不同而变化的两个变量是社会经济地位和年龄，这两个变量充当协变量．通过统计分析检验原假设，即社会经济状况和年龄调整之后，政治态度不会因地区的不同而有所差异．然而，如果年龄和社会经济状况的差异跟地理位置密切相关，那么对它们进行调整将是不现实的．当然，这并不意味着政治态度是由地理区域以任何方式造成的．进一步，协变量以及协变量-因变量之间关系测量的不可信性有可能导致得分和均值的过度调整或者调整度不够，进而导致错误的结果，这些问题我们将会在本章做详细的讨论．

Brambilla 等人(2003)采用了这种非实验性的协方差分析，他们研究了 24 位被诊断患有双向性障碍的成年人与 36 位健康的对照者在大脑杏仁体体积方面的差异[⊖]．对大脑杏仁体体积的测量以及其他结构都是通过半自动软件进行的．协变量是年龄、性别以及颅内体积．研究者明显发现双向性障碍患者的大脑杏仁体体积跟对照者比明显更大，但在两组的其他颞叶结构上没有明显差异．

Vevera、Žukor、Morcinek 和 Papežeová(2003)对企图暴力自杀或者非暴力自杀的女性的血清胆固醇浓度进行了检测．他们的样本是由一个追溯病例对照设计中，住进精神科的三组妇女组成．其中，19 名妇女有企图暴力自杀的历史，51 名有过非暴力企图，还有 70 名是与精神诊断和实际年龄相匹配的没有自杀企图的对照组．Scheffé 调整事后检验发现暴力自杀企图者在血清胆固醇水平上显著低于非暴力企图者或者没有自杀企图的妇女．后两组之间却没有发现明显差异．

协方差分析的第三个主要应用，我们将在第 7 章进行全面的讨论，当若干个因变量被用于多元方差分析时，通常运用协方差分析来解释自变量的差异．在多元方差分析之后，我们通常希望估计不同的因变量对自变量中显著性差异所做出的贡献．估计的一种方法是对因变量进行检验，反过来，除去其他因变量的效应．可以通过把其他因变量看作协变量除去其他因变量的效应，这种方法称为*逐步分析*(stepdown analysis)．

在协方差分析的三种主要应用中，统计操作都是相同的．正如在协方差分析中，方差分析被分为来自组间差异的方差和来自组内差异的方差．把样本值和不同均值之间的差进行平方后再求和(见第 3 章)，根据合适的自由度对这些平方和进行区分，可以估计出平方和的不同来源(自变量的主效应、自变量之间的交互作用和误差项)．方差比率提供了有关自变量对因变量的影响的假设检验．

⊖ 我们不愿使用这种普遍的但是有误导性的“控制组”．这里我们更倾向使用“比较”组，为被随机分配到对照组的保留“控制”一词．

然而，在协方差分析中，首先对一个或者多个协变量关于因变量的回归进行估计．然后，对因变量值和均值进行调整，以除去协变量的线性效应，进而在这些调整值的基础上进行方差分析．

Lee(1975)提出了关于这种方式的一种直观且有吸引力的例子．其中，协方差分析以一种带有三个水平的自变量的单向组间设计来减少误差方差(图 6-1)．注意到图右侧的垂直轴显示了方差分析中的得分和组均值．误差项是根据因变量取值和与之相关的组均值的偏差平方和计算得到的．在这个案例中，误差项是很大的，因为各组内的得分有相当大的差异．

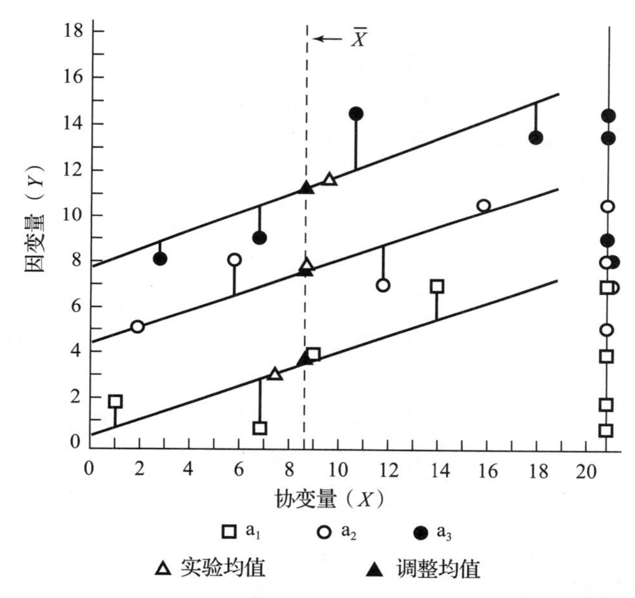

图 6-1 假设数据图．具有共同斜率的直线最适合三种处理的数据．数据点也会沿着右侧的一条垂直线绘制，就像在方差分析中分析它们一样

协方差分析中，当我们分析的是相同的得分时，首先需要找到一条把因变量联系到协变量上的回归直线．误差项是基于因变量得分与各种回归直线均值的偏差(平方和)，而不是来自均值本身．考虑一下图 6-1 左下角的得分．这个得分靠近回归直线(协方差分析误差项中一个小的偏差)，但是却远离本组的均值(在方差分析中误差项的一个大的偏差)．只要回归直线的斜率不是零，协方差分析就要比方差分析产生较小的误差平方和．如果斜率是零，误差平方和同方差分析相同，但是由于协变量占据了所有自由度，均方误差就大．

协变量可以运用在所有的方差分析设计中——组间设计、组内设计、组内组间混合设计、正交设计等．然而，仅仅一少部分程序能够处理这些比较复杂的设计分析．类似地，协方差分析中可以对调整后均值作具体比较和趋势分析，但并不总是可以通过程序实现．

6.2 几类研究问题

与方差分析相比，协方差分析研究的问题是组间因变量的均值差异是否会偶尔比预期的大．在协方差分析中，在除去协变量的影响之后，我们可以更加精确地研究自变量和因变量之间的关系．

6.2.1　自变量的主效应

保持其他一切不变，与不同水平的自变量相关的变化是否比随机波动产生的预期改变大？例如，在保持考试焦虑的个体差异不变之后，检验考试焦虑是否会受到实验的影响？在保持社会经济状况和年龄差异不变的情况下，政治态度是否会随地理位置的不同而不同？6.4节中描述的程序通过检验原假设回答了这个问题，即自变量对因变量没有系统性的影响．

如果有不止一个自变量，我们可以对每一个自变量进行一次统计检验．假设在政治态度这个例子中存在着第二个自变量．例如，宗教信仰有四个群体：新教、天主教、犹太教和无教派．除了地理位置的检验，还有与社会经济状况和年龄差异调整之后，对与宗教信仰相关的政治态度的差异的检验．

6.2.2　自变量间的交互作用

保持其他所有条件不变，一个自变量水平的改变是否依赖于另一个自变量的水平？也就是说，自变量表现的变化是否存在交叉？（见第3章关于交互作用的讨论.）对于政治态度的例子，把宗教信仰看作第二个自变量，那么在社会经济状况和年龄调整之后，地理位置不同引起的政治态度的差异对所有的宗教来说是否是一样的？

交互作用的检验，虽然与主效应的解释不同，但是在统计上却是类似的．正如6.6节所讲到的，有超过两个自变量，那么就会产生无数的交互作用．除了误差项，每一个交互作用的检验都与其他交互作用以及主效应分开进行．当所有组内样本量相等并且设计平衡时，所有的检验都将是独立的．

6.2.3　具体对比和趋势分析

当我们在带有超过两水平的单一自变量的设计中，发现了一个统计意义上的显著效应时，我们通常希望找出差异的本质．哪些组彼此之间有显著性差异？或者，一个自变量的连续水平是否存在着一个简单的趋势？对于考试焦虑的例子，我们问：(1)在调整了测试焦虑的个体差异之后，两个实验组在减少焦虑方面是否比对照组更加有效？(2)在调整了考试焦虑的差异之后，在这两个实验组中，脱敏对减少焦虑是否比放松训练更加有效．

我们可以在预先计划好的对比中提出这两个问题，而不是通过常规的协方差分析，提出自变量三个水平的均值都相同这样一个综合性的问题．或者，在敏感度有所下降的情况下，这两个问题可以在找到协方差分析中自变量的一个主效应之后再提出来．6.5.4.3节将会讨论事前和事后比较．

6.2.4　协变量效应

协方差分析是基于协变量和因变量之间的一个线性回归(第5章)，但是不能保证这个回归就一定是统计显著的．正如6.5.2节所讨论的，可以通过检验协变量作为因变量的方差来源来进行统计回归．例如，考虑一下考试焦虑的例子，其中协变量是先验，因变量是后验．在不考虑不同实验方法的影响下，可以在多大程度上从先验焦虑中预测后验焦虑？

6.2.5 效应大小

如果自变量的主效应以及交互作用和因变量的改变是可靠相关的，那么下一个逻辑问题是：多大程度？因变量得分的方差有多大一部分——协变量调整之后——是跟自变量相关的？在考试焦虑的例子中，如果在脱敏、放松训练和对照组之间存在一种主效应，有人可能会问：在这个调整后的考试焦虑得分中有多大比例的方差是由自变量造成的？6.4.2 节、6.5.4.4 节和 6.6.2.1 节将会对效应大小和置信区间做出说明 .

6.2.6 参数估计

如果主效应和交互作用是统计显著的，那么针对自变量的每一个水平或者自变量水平组合的总体参数(调整后的均值和标准差或者置信区间)估计是多少？在协变量进行调整之后，各组因变量均值是如何不同的？对考试焦虑的例子，如果存在主效应，那么三组中各自的平均调整事后焦虑得分是多少？6.6 节中展示了参数估计的报告 .

6.3 协方差分析的局限性

6.3.1 理论问题

与方差分析一样，统计检验也不能确保因变量的改变都是由自变量引起的 . 因果关系的推断是一个逻辑问题而不是统计问题，它取决于把受试者分配到不同水平的自变量的方式，研究者对自变量水平的控制以及在研究中使用对照 . 统计检验可以检验非实验性研究和实验性研究的假设，但只有在后一种情况下，因果关系才是合理的 .

协变量的选择也是一种逻辑做法 . 作为一般规则，我们想要的协变量数量很少，它们和因变量都相关，而相互之间并不相关 . 我们的目标是，在误差的自由度损失降为最小的情况下，获得因变量的最大修正 . 因变量关于协变量回归的计算将导致每个协变量误差损失一个自由度 . 因此，误差平方和的增加引起的势的变大有可能会被自由度的减少而抵消 . 当因变量和协变量之间相关性较强时，由于减少的误差方差导致的敏感性的增加抵消了误差项自由度的损失 . 然而，对于多元协变量，会迅速达到收益递减点，尤其是如果协变量之间彼此相关(见 6.5.1 节).

在实验中，需要注意的是协变量必须是跟实验相互独立的 . 通常建议在进行实验之前收集协变量有关数据 . 如果不这样做，将会导致自变量对因变量影响的部分消失——影响跟协变量相关的部分 . 这种情形下，调整后的组均值可能比未调整的组均值的联系更加紧密 . 进一步，调整后的组均值可能更难解释 .

在非实验性工作中，需要对均值中与协变量相关的先前差异进行修正 . 如果修正之后因变量的均值差异变小了，正是如此——未修正的差异反映了对因变量(而不是自变量)来说不必要的影响 . 换句话说，只要协变量的差异不是由自变量引起的，同一个自变量相关联的协变量的均值差异就可以进行合理修正(Overall & Woodward，1977).

当协方差分析用来估计多元方差分析之后一系列的因变量时，“协变量”和自变量可以不再相互独立 . 因为协变量实际上就是因变量，我们希望它们依赖于自变量 .

然而，在协方差分析的所有使用中，对调整后的均值的解释必须特别谨慎，因为调整后的均值因变量得分可能不符合现实世界中的任何情况．只有当受试者在协变量有相同的得分时才进行均值的修正．特别是在非实验性工作中，使得调整后的值毫无意义，这种情形可能并不现实．

协方差分析中偏差的来源有很多，也很微妙，并且会引起因变量的过度修正或者修正度不够．充其量，协方差分析非实验性应用能让你看到根据协变量效应而调整的自变量-因变量的关系(非因果)．如果需要关于效应的因果关系，那么将无法替代受试者的随机分配．不要期待协方差分析能对非随机分配组效应进行因果推断．如果随机分配是完全不可能的，或者如果由于非随机缺失样本而导致分配失败，那么一定要查阅在这种情况下使用协方差分析的文献，比如 Cook 和 Campbell(1979)．

应用在协方差分析中的普遍性限制和在方差分析与其他统计检验中的限制是相同的．我们只能总结从中抽取样本的那些总体．在一些限制性意义上，协方差分析有时候在不能随机分配样本给组时进行调整．但是这不会影响到我们所能总结的样本和总体之间的关系．

6.3.2　实际问题

除方差分析通常的正态性和方差齐性假设之外，协方差分析模型还假定了协变量的可靠性、协变量对之间与协变量和因变量之间的线性，以及回归齐性．

6.3.2.1　不同样本量、数据缺失和样本-自变量数量比

一个组间协方差分析中因变量值有缺失，这反映了样本量不等的问题，因为所有水平的自变量或者自变量水平的组合都没有包含相等数量的样本．参考 6.5.4.2 节，了解处理不同样本量的方法．如果一些受试者在因变量上有缺失的得分，或者在组内协方差分析中，一些受试者的部分因变量得分缺失，这明显是一个数据缺失问题．关于处理缺失数据的方法，请参考第 4 章．

每个单元中的样本量必须充足才能保证足够的势．事实上，在分析中包含协变量的目的通常是增加势．有很多软件包可以用来根据方差分析中需要的势、期望均值和标准差来计算所需要的样本量．尝试在网页中搜索“统计势”找到一些相关内容．通过替代预期的修正均值或者预期的调整均值之间的差异，这些都可以应用到协方差分析中．

6.3.2.2　异常值的处理

在各组中，一元异常值发生在因变量或者任何一个协变量中．多元异常值则发生在因变量和协变量之间的空间中．因变量和协变量之间的异常值能产生回归的异质性(6.3.2.7 节)，从而导致协方差分析的拒绝或者至少导致因变量的不合理修正．如果在大多数分析中协变量的使用比较方便，那么因为多元异常值的存在而拒绝协方差分析是非常困难的．

从第 4 章可以查到因变量或协变量中的一元异常值与因变量或协变量中的多元异常值的处理方法．关于各组中一元和多元异常值的检验见 6.6.1 节．

6.3.2.3　多重共线性和奇异性的处理

如果存在多元协变量，那么它们之间不应该高度相关．应该消除高度相关的协变量，因为它们不能增加对因变量的任何修正，并且如果它们是多重共线的或者奇异的，则计算起来可能会很困难．大多数进行协方差分析的程序会自动防止协变量统计意义上的多重共

线性和奇异性．然而，协变量之间冗余的逻辑关系要远远低于该标准．任何多重相关性的平方(SMC)超过 0.50 的因变量都认为是冗余的，并在进一步的分析中被删掉．协变量之间 SMC 的计算将在 6.6.1.5 节中介绍．

6.3.2.4 样本分布的正态性

正如第 3 章中所描述的那样，我们假定所有的方差分析中各组的均值的样本分布都是正态的．需要注意的是各组是均值的抽样分布而不是需要服从正态分布的原始数据．如果没有总体的信息或也不知道均值的实际抽样分布，我们就没有办法检验这个假设．然而，根据中心极限定理，如果样本足够大，即使原始数据不是正态的，抽样分布也会是正态的．在各组中样本量相对相等、没有异常值并进行双边检验的情况下，对于自由度是 20 的误差来说，分析是稳健的．(误差自由度的计算见第 3 章．)

单边检验需要更大的样本．对于小样本、不等样本或存在异常值，则需要考虑对数据进行转换(见第 4 章)．

6.3.2.5 方差齐性

在协方差分析中，假设设计中每一个单元的因变量的方差是对同一个总体方差的一个单独的估计．协方差分析中协方差也被评估为方差齐性．如果一个协变量没有通过检验，则需要对主效应和交互作用进行更加严格的检验(例如 $\alpha=0.025$ 而不是 0.05)，或者把这个协变量从分析中剔除．4.1.5.3 节提供了方差齐性检验的标准和假设检验，以及违背假设的补救措施．

6.3.2.6 线性

协方差分析模型是基于这样的假设：每一个协变量和因变量之间以及协变量之间的关系都是线性的．与多重回归(第 5 章)一样，违背这个假设会减少统计检验的势；统计决策的误差倾向于保守的方向．误差项没有被充分地减少，各组的最优匹配没有实现，并且组均值也没有完全调整．4.5.1.2 节讨论了评估线性的方法．

如果显示了非线性，那么我们可能需要对一些协变量进行调整．或者，由于解释转换变量的困难，可能会考虑剔除产生非线性的协变量．或者可以用一个高阶的协变量来生成包含非线性影响的替代协变量．

6.3.2.7 回归齐性

协方差分析得分的修正是以单元格内回归系数的平均为基础的．假设各单元内因变量和协变量之间的回归斜率是对同一总体回归系数的估计，即所有的单元格的斜率都相等．

回归的异质性意味着设计中一些单元格内因变量-协变量斜率存在着差异，或者，自变量和协变量之间存在着交互作用．如果自变量和协变量相互交叉，在自变量的不同水平下，协变量和因变量之间的关系是不同的，并且不同单元格所需要的协变量的修正也是不同的．图 6-2 阐明了三个组的回归的完全齐性(斜率相等)和回归的异质性(斜率不相等)．

当使用组间设计时，根据 6.5.3 节描述的方法对回归齐性假设进行检验．如果使用任何其他设计，并且怀疑自变量和协变量之间存在交互作用，那么协方差分析是不合适的．如果没有理由怀疑自变量-协变量之间存在着交互作用，那么在模型的稳健性基础上用协方差分析处理可能是安全的．对协方差分析的替代将在 6.5.5 节进行讨论．

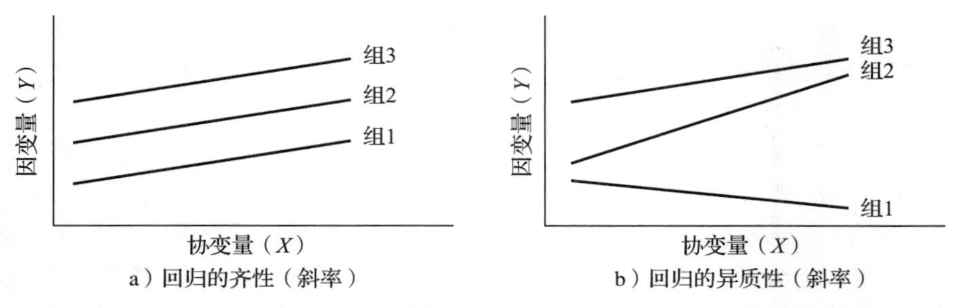

图 6-2　在回归齐性和回归异质性的条件下，在同一坐标上绘制的三组因变量-协变量回归线

6.3.2.8　协变量的可靠性

在协方差分析中假设对协变量的测量没有误差，它们是完全可靠的．在诸如性别年龄这样的情况下，这个假设通常是合理的．对于人口统计变量和心理上测量的变量的例子，这样的假设就不是那么容易了．如态度这样的变量在测量时可能是可靠的，但会在短期内波动．

在实验性研究中，不可靠的协变量会导致势的损失，并且误差项修正度不够会导致保守型的统计检验．然而，在非实验性应用中，不可靠的协变量可能会导致均值的过度修正或修正不足．组均值要么是相距太远(第一类错误)，要么是压缩的太紧密(第二类错误)．误差项的度取决于协变量的可信性．在非实验性研究中，把协变量限制在能够有效测量的水平上($r_{xx}>0.8$)．

如果协变量的错误是完全不能避免的，那么可以对其不可靠性进行调整．然而，没有一种方法可以适合所有情形，在关于哪种方法更合适方面也没有达成一致的结论．由于这一分歧和修正程序需要用到复杂的程序，因此本书不对其进行介绍．感兴趣的读者可以参照 Cohen 等人(2003)或者 St. Pierre(1978)讨论的方法．

6.4　协方差分析的基本公式

在协方差分析最简单的应用中，每个受试者都有一个因变量得分、一个组变量(自变量)和一个协变量得分．表 6-1 显示了一个小的假想数据集的例子．自变量是对包含 9 个学习障碍性孩子的样本的不同实验方法．三个孩子被分到两个实验组中的一个，或分到对照组，这样每一组的样本量都是三．对这九个孩子，分别测量协变量得分和因变量得分．协变量是广域成就检验(Wide Range Achievement Test，WRAT-A)阅读子检验的前验得分，在研究开始之前进行测量．因变量是在研究结尾对同一个检验估计的后验得分．因为协方差分析的目标是调整实验之后每个人在阅读成就得分方面的差异，这种差异是在实验受到影响之前，所以广域成就检验上的先验得分是协变量．我们希望通过这样的调整来减少每一个实验组内后验得分中的差异，从而使得实验差异检验更有效．

研究问题是：在对儿童先前的阅读能力上的差异做出调整之后，对学习有障碍儿童的不同处理是否会影响阅读能力？当然，样本量对一个实际研究问题的检验来说是不充足的，但是却方便阐述协方差分析中的方法．鼓励读者手动计算学习这个例子．计算机分析则使用两种比较普遍的程序来跟进这一部分．

表 6-1　用于说明协方差分析的小样本数据

	组					
	实验 1		实验 2		对照	
	前	后	前	后	前	后
	85	100	86	92	90	95
	80	98	82	99	87	80
	92	105	95	108	78	82
总和	257	303	263	299	255	257

6.4.1　平方和与叉积

协方差分析公式是对第 3 章讨论的协方差分析的推广．来自均值的平均离差平方和——方差——分成了跟不同水平的自变量相关的方差(组间方差)和与组内得分差异相关的方差(未说明的或者误差方差)．方差是通过加和并平方得分与不同均值之差而划分的．

$$\sum_{i}\sum_{j}(Y_{ij}-\mathrm{GM})^2=n\sum_{j}(\overline{Y}_j-\mathrm{GM})^2+\sum_{i}\sum_{j}(Y_{ij}-\overline{Y}_j)^2 \tag{6.1}$$

或者

$$\mathrm{SS}_{\mathrm{total}}=\mathrm{SS}_{bg}+\mathrm{SS}_{wg}$$

Y(因变量)和总均值(GM)之差的总平方和分成了两部分：组均值($\overline{Y}_j$)和总均值(即系统性或组间的方差)之间差的平方和，以及个体得分Y_{ij}和它们各自所在组的均值之差的平方和．

在协方差分析中，有两个附加分区．首先，协变量得分与其总均值之差又分成了组间平方和与组内平方和：

$$\mathrm{SS}_{\mathrm{total}\,(x)}=\mathrm{SS}_{bg\,(x)}+\mathrm{SS}_{wg\,(x)} \tag{6.2}$$

协变量(X)的差的总平方和分成了组间差异和组内差异．类似地，协方差(因变量和协变量之间的线性关系)被划分为与组间协方差相关的平方和以及与组内协方差相关的平方和．

$$\mathrm{SP}_{\mathrm{total}}=\mathrm{SP}_{bg}+\mathrm{SP}_{wg} \tag{6.3}$$

平方和意味着把得分与均值(如 $X_{ij}-\overline{X}_j$ 或者$Y_{ij}-\overline{Y}_j$)的偏差平方之后，然后进行求和；总和意味着从同一总体中得到两个偏差(如 $X_{ij}-X_j$ 和 $Y_{ij}-Y_j$)，把它们相乘(而不是平方)．然后把所有受试者的乘积求和(1.6.4 节)．正如在第 3 章讨论的，由于在研究设计中方差的来源不同，产生离差的均值的方法也不同．

协变量的划分公式(6.2)和协变量与因变量之间相关性的划分公式(6.3)可以根据以下公式来调整因变量的平方和：

$$\mathrm{SS}'_{bg}=\mathrm{SS}_{bg}-\left[\frac{(\mathrm{SP}_{bg}+\mathrm{SP}_{wg})^2}{\mathrm{SS}_{bg\,(x)}+\mathrm{SS}_{wg\,(x)}}-\frac{(\mathrm{SP}_{wg})^2}{\mathrm{SS}_{wg\,(x)}}\right] \tag{6.4}$$

调整的组间平方和 SS'_{bg} 通过从未调整的组间平方和中减去一项基于同协变量和 X 相关的平方和以及因变量和协变量之间线性关系的乘积和求得．

$$\mathrm{SS}'_{wg}=\mathrm{SS}_{wg}-\frac{(\mathrm{SP}_{wg})^2}{\mathrm{SS}_{wg\,(x)}} \tag{6.5}$$

调整的组内平方和 SS'_{wg} 通过从未调整的组内平方和中减去一项基于组内平方和同与协变量以及因变量/协变量之间关系相关的乘积求得．

这可以用另一种形式表达．对每一个得分的调整是从得分与总均值之间的离差中减去一个值，该值基于与协变量对应的值跟协变量对应的总均值之间的离差，并用由协变量预测因变量的回归系数进行加权．象征性地，对于个体得分：

$$(Y-Y')=(Y-GM_y)-B_{y.x}(X-GM_x) \tag{6.6}$$

对任何受试者得分 $Y-Y'$ 的调整是通过从未调整的离差得分 $Y-GM_y$ 中减去基于协变量的个人离差 $X-GM_x$ 并用回归系数 $B_{y.x}$ 加权之后的值．

一旦我们找到了调整后的平方和，就可以通过自由度的划分来求得均值平方．方差分析和协方差分析之间在自由度上唯一的不同是在协方差分析中，误差项的自由度对每一个协变量来说只减少了一个，这是因为在估计每一个回归系数时用掉了一个自由度．

为了计算方便，表 6-2 中给出的是公式(6.4)和公式(6.5)的原始数据公式而不是离差公式．值得注意的是这些公式只适用于等样本量设计．

当应用表 6-1 中的数据时，这六种平方和以及乘积如下：

$$SS_{bg}=\frac{(303)^2+(299)^2+(257)^2}{3}-\frac{(859)^2}{(3)(3)}=432.889$$

$$SS_{wg}=(100)^2+(98)^2+(105)^2+(92)^2+(99)^2+(108)^2+(95)^2+(80)^2+(82)^2-\frac{(303)^2+(299)^2+(257)^2}{3}=287.333$$

$$SS_{bg(x)}=\frac{(257)^2+(263)^2+(255)^2}{3}-\frac{(775)^2}{(3)(3)}=11.556$$

$$SS_{wg(x)}=(85)^2+(80)^2+(92)^2+(86)^2+(82)^2+(95)^2+(90)^2+(87)^2+(78)^2-\frac{(257)^2+(263)^2+(255)^2}{3}=239.333$$

$$SP_{bg}=\frac{(257)(303)+(263)(299)+(255)(257)}{3}-\frac{(775)(859)}{(3)(3)}=44.889$$

$$SP_{wg}=(85)(100)+(80)(98)+(92)(105)+(86)(92)+(82)(99)+(95)(108)+(90)(105)+(87)(80)+(78)(82)-\frac{(257)(303)+(263)(299)+(255)(257)}{3}=181.667$$

表 6-2 单因素组间协方差分析平方和与叉积的计算公式

来源	因变量的平方和	协变量的平方和	乘积和
组间	$SS_{bg}=\frac{\sum^k\left(\sum^n Y\right)^2}{n}-\frac{\left(\sum^k\sum^n Y\right)^2}{kn}$	$SS_{bg(x)}=\frac{\sum^k\left(\sum^n X\right)^2}{n}-\frac{\left(\sum^k\sum^n X\right)^2}{kn}$	$SP_{bg}=\frac{\sum^k\left(\sum^n Y\right)\left(\sum^n X\right)}{n}-\frac{\left(\sum^k\sum^n Y\right)\left(\sum^k\sum^n X\right)}{kn}$
组内	$SS_{wg}=\sum^k\sum^n Y^2-\frac{\sum^k\left(\sum^n Y\right)^2}{n}$	$SS_{wg(x)}=\sum^k\sum^n X^2-\frac{\sum^k\left(\sum^n X\right)^2}{n}$	$SP_{wg}=\sum^k\sum^n (XY)-\frac{\sum^k\left(\sum^n Y\right)\left(\sum^n X\right)}{n}$

注：k=组数；n=每一组内的样本数目．

这些值可以简单地概括为平方和与叉积(参见第1章). 对于组间平方和与叉积，

$$\boldsymbol{S}_{bg}=\begin{bmatrix}11.556 & 44.889\\44.889 & 432.889\end{bmatrix}$$

第一个条目(第一行第一列)是协变量的平方和，最后一个条目(第二行第二列)是因变量的平方和；乘积和显示在矩阵的非对角线位置上. 对于组间平方和与叉积，以相似的方式排列，

$$\boldsymbol{S}_{wg}=\begin{bmatrix}239.333 & 181.667\\181.667 & 287.333\end{bmatrix}$$

从这些值中，通过公式(6.4)和公式(6.5)可以求得调整后的平方和.

$$\mathrm{SS}'_{bg}=432.889-\left[\frac{(44.889+181.667)^2}{11.556+239.333}-\frac{(181.667)^2}{239.333}\right]=366.202$$

$$\mathrm{SS}'_{wg}=287.333-\frac{(181.667)^2}{239.333}=149.438$$

6.4.2 显著性检验和效应大小

把这些值总结到源表(如表6-3). 组间方差的自由度是 $k-1$，组内方差的自由度是 $N-k-c$. (N=总样本量，k=自变量水平的个数，c=协变量的个数)

通常，均值平方是根据平方和除以自由度计算的. 组间没有差异的假设通过将组间的均方值除以组内的均方值所形成的 F 比来检验.

$$F=\frac{183.101}{29.888}=6.13$$

从一个标准的 F 表中，我们发现在 $\alpha=0.05$ 水平下自由度分别是2和5的临界 F 值为5.79，求得的 F 值为6.13，超过了临界值. 因此在对检验前阅读得分进行了调整之后，我们拒绝与三个治疗水平相关的广域成就检验阅读得分没有差异的原假设.

表6-3　表6-1中数据的协方差分析

方差来源	调整的SS	df	MS	F
组间	366.202	2	183.101	6.13*
组内	149.439	5	29.888	

注：* $p<0.05$.

效应大小用 η^2 进行估计：

$$\eta^2=\frac{\mathrm{SS}'_{bg}}{\mathrm{SS}'_{bg}+\mathrm{SS}'_{wg}}\tag{6.7}$$

对样本数据来说，

$$\eta^2=\frac{366.202}{366.202+149.438}=0.71$$

我们得出结论，调整的因变量得分中的71%的方差是跟实验有关的. 可以通过Smithson(2003)SPSS或者SAS文件获得围绕 η^2(R^2 的一种形式)的置信区间. 6.6.2节阐述了Smithson的SAS程序查找效应大小及其置信限的方法. 7.6.2节则讲了SPSS程序查找效

应大小及其置信限的方法．使用 NoncF3. sps，偏 η^2 95%的置信区间为 0 到 0.83.

对同一数据的方差分析如表 6-4 所示．把结果同表 6-3 中显示的协方差分析的结果相比较，看得出方差分析产生更大的平方和，特别是误差项．由于没有协变量，所以误差项的自由度超过 1. 然而，在方差分析中，原假设是被保留的，而在协方差分析中，原假设是被拒绝的．因此，在这个例子中，协变量的使用减少了误差项中的“噪声”.

表 6-4 表 6-1 中数据的方差分析

方差来源	SS	df	MS	*F*
组间	432.889	2	216.444	4.52
组内	287.333	6	47.889	

协方差分析适用于因素的组内设计(6.5.4.1 节)、不等样本量(6.5.4.2 节)和多重协变量(6.5.2 节). 在所有的情形下，都是根据调整后的因变量而不是原始的因变量数据进行分析．

6.4.3 小样本示例的计算机分析

表 6-5 和表 6-6 显示了使用 SPSS GLM 和 SAS GLM 对小数据集进行的协方差分析．每一个程序都给出了较少的输出，尽管根据要求可以提供更多的输出．

表 6-5 用于分析表 6-1 中样本数据的协方差的语法和 SPSS GLM 输出

```
UNIANOVA
 POST BY TREATMNT WITH PRE
 /METHOD = SSTYPE(3)
 /INTERCEPT = INCLUDE
 /CRITERIA = ALPHA(.05)
 /DESIGN = PRE TREATMNT
```

Univariate Analysis of Variance

Tests of Between-Subjects Effects

Dependent Variable: POST

Source	Type III Sum of Squares	df	Mean Square	F	Sig.
Corrected Model	570.784[a]	3	190.261	6.366	.037
Intercept	29.103	1	29.103	.974	.369
PRE	137.895	1	137.895	4.614	.084
TREATMNT	366.201	2	183.101	6.126	.045
Error	149.439	5	29.888		
Total	82707.000	9			
Corrected Total	720.222	8			

[a] R Squared = .793 (Adjusted R Squared = .668)

在 SPSS GLM UNIANOVA 协方差分析(菜单项中的一般因子)中，如表 6-5 所示，在协方差分析语段中，指定因变量(POST)后面跟着自变量(TREATMNT)和协变量(PRE). 菜单系统生成的一些默认语法(但不是分析所必需的)未在此处显示．

输出是一个协方差分析源表，其中包含一些无关的变化源．唯一感兴趣的来源是

PRE、TREATMNT 和 Error(S/A). 当使用 Type Ⅲ Sums of Squares(GLM 中的默认值)时，PRE 和 TREATMNT 的平方和会相互调整. 误差项的平方和也需要调整(与表 6-3 进行比较). Corrected Total 不适合用于 η^2 的计算，而是通过把调整后的 TREATMNT 和 Error 的平方和加起来形成调整后的总和，即公式(6.7). 这里显示的 R Squared 和 Adjusted R Squared 不是对实验的效应大小的测量.

SAS GLM 要求在 class 指令中指定自变量. 然后，设置 model 指令，其中因变量在等式的左侧，而自变量和协变量在右侧，如表 6-6 所示. 提供了两个源表，一个用于回归问题，另一个用于更标准的协方差分析问题，两者均具有相同的 Error 项.

回归表中的第一个检验是问通过自变量和协变量的组合是否对因变量有显著预测. 输出结果类似于标准多重回归(第 5 章)，包括了 R-Square(也可能不适合). 未修正的 POST 的均值(因变量)、均方误差的平方根(ROOT MSE)，以及 Coeff Var 方差系数(Root MSE 的 100 倍除以因变量的均值).

在类似协方差分析的表中，默认情况下会给出两种形式的检验，记为 Type Ⅰ SS 和 Type Ⅲ SS. 两种形式的 TREATMNT 的平方和相同，因为 Type Ⅲ SS 中协变量(PRE)的平方和的实验进行了调整，而 Type Ⅰ SS 中没有对实验的效应进行协变量平方和的调整.

表 6-6 用于分析表 6-1 中样本数据的协方差的语法和 SAS GLM 输出

```
proc glm data=SASUSER.SS_ANCOV;
     class TREATMNT;
     model POST = PRE TREATMNT
run;
```

General Linear Models Procedure

Class Level Information

Class	Levels	Values
TREATMNT	3	1 2 3

Number of Observations Read 9

Number of Observations Used 9

Dependent Variable: POST

Source	DF	Sum of Squares	Mean Square	F Value	Pr > F
Model	3	570.7835036	190.2611679	6.37	0.0369
Error	5	149.4387187	29.8877437		
Corrected Total	8	720.2222222			

R-Square	Coeff Var	Root MSE	POST Mean
0.792510	5.727906	5.466968	95.444444

Source	DF	Type I SS	Mean Square	F Value	Pr > F
PRE	1	204.5822754	204.5822754	6.85	0.0473
TREATMNT	2	366.2012282	183.1006141	6.13	0.0452

Source	DF	Type III SS	Mean Square	F Value	Pr > F
PRE	1	137.8946147	137.8946147	4.61	0.0845
TREATMNT	2	366.2012282	183.1006141	6.13	0.0452

6.5 一些重要问题

6.5.1 协变量的选择

如果有多个协变量可用，我们通常会选择一组最优的协变量集．当使用很多协变量并且它们之间彼此相关时，修正因变量的收益递减点很快就会出现．由于相等的误差平方和没有移除掉，数个相关的协变量要从误差项中减去自由度，因此导致了势的减小．对协变量的初步分析提高了选择一个好的集合的机会．

从统计上讲，我们的目标是找出一小组彼此不相关但是跟因变量相关的协变量集．从概念上讲，人们希望选择可调整因变量并适于预测的协变量而不是作为变异性来源的协变量．可以根据理论基础或文献中有关控制变异性重要来源的知识选择协变量．

如果没有理论可用或者文献不够充足，无法为因变量中变异性的重要来源提供指导，则统计的考虑有助于协变量的选择．一个策略是观察协变量之间的相关系数，并从每组中潜在的彼此高度相关的协变量中选择一个，一般选择和因变量相关性最高的那个．又或者，我们可以使用逐步回归来做出最优集合．

如果 N 很大且势不是问题，那么为了节省成本，找一个协变量的小数据集也是值得的. 在协方差分析运行的第一轮就会识别无用的协变量．然后进一步运行，逐步减少协变量的个数，直到确定一小部分有用的协变量．报告了使用最小的协变量数据集的分析，但是在丢弃的协变量的结果部分提到了结果的模式，当它们被消除时，结果的模式并没有改变．

6.5.2 协变量的估计

协方差分析中的协变量本身可以解释为因变量的预测变量．从序贯回归的角度(第5章)，每个协变量都是一个高优先级的连续自变量，这些自变量是在协变量和因变量之间的关系被移除之后进行估计的．

协变量的显著性检验估计了它们在修正因变量上的效应．如果一个协变量是显著的，那么它就能对因变量的得分进行修正．对于表6-5中的例子，协变量PRE并没有对因变量提供显著性的调整，其中 $F(1,5)=4.61$，$p>0.05$. 对PRE的解释方式与多重回归(第5章)中任何自变量的解释一样．

对于多重协变量，所有的协变量进入多重回归的等式，并作为一个集合被视作标准多重回归(5.5.1节). 在这组协变量数据集中，对每一协变量的估计都好像它们是最后一个被选入方程一样．只有在同其他协变量的重叠差异以及它们和因变量之间的关系被移除之后，才进行协变量和因变量之间关系的显著性检验．因此，虽然单独考虑时，协变量可能与因变量显著相关，但最后它可能并没有有助于因变量的显著性调整．在解释协变量的效应时，需要考虑到协变量之间的相关性、协变量和因变量之间的相关性，以及在协方差分析中报告的每一个协变量的显著性水平．协变量的估计在6.6节讲到．

非标准化的回归系数是由大多数计算机程序根据要求提供的，其含义与第5章中所描述的回归系数相同．然而，当样本量不相同时，回归系数的解释取决于修正的方法．当使用方法1(标准多重回归——见表6-10和6.5.4.2节)时，对协变量的回归系数显著性的估计，就好像协变量在所有的主效应和交互作用之后都进入了回归方程一样．然而，对于其他方法，协变量首先进入方程，或者在主效应之后但是在交互作用之前．在协变量进入方程的任何点都可以进行回归系数的估计．

6.5.3 回归齐性的检验

回归齐性的假设对于所有的设计单元来说，因变量对协变量回归的斜率都是相同的(第 5 章中描述的回归系数和 B 权重)．回归的齐性和异质性如图 6-2 所示．由于所有单元的斜率的平均值都用来调整因变量，那么我们假设斜率彼此之间或从总体值的单个估计上没有显著差异．如果斜率相等的原假设被拒绝，则协方差分析是不适合的，应该使用 6.3.2.7 节和 6.5.5 节中所描述的另一种策略．

手动计算回归齐性的检验(例如，Keppel&Wickens，2004 或者 Tabachnick 和 Fidell，2007)是非常乏味的．检验回归齐性最直接的程序是 SPSS MANOVA(仅在语法模式下可用)．

正如表 6-7 所示，SPSS MANOVA 检验中提供了用于检验的一些特殊语言．协变量交互作用产生的自变量的包含物(PRE BY TREATMNT)，在协变量和自变量之后，提供了回归齐性的检验，其中，因变量交互作用是作为 DESIGN 结构中的最后一个效应．把这个效应放在最后，并要求 METHOD＝SEQUENTIAL 保证了交互作用检验有助于协变量和自变量的修正．ANALYSIS 指令把 POST 标识为因变量．对 PRE BY TREAMNT 的检验表明没有违背回归齐性：$p=0.967$.

表 6-7　SPSS MANOVA 语法和选择回归齐性的输出

```
MANOVA
 POST BY TREATMNT(1, 3) WITH PRE
 /PRINT=SIGNIF(BRIEF)
 /ANALYSIS = POST
 /METHOD=SEQUENTIAL
 /DESIGN PRE TREATMNT PRE BY TREATMNT.
```

Manova

```
* * * * * * A n a l y s i s   o f   V a r i a n c e -- design 1 * * * * * *

Tests of Significance for POST using SEQUENTIAL Sums of Squares
Source of Variation          SS      DF        MS         F  Sig of F

WITHIN+RESIDUAL          146.15       3     48.72
PRE                      204.58       1    204.58      4.20      .133
TREATMNT                 366.20       2    183.10      3.76      .152
PRE BY TREATMNT            3.29       2      1.64       .03      .967
```

基于一般线性模型(SPSS 和 SAS GLM)的程序通过自变量交互作用评估协变量(例如 PRE BY TREATMNT)作为进入模型的最后效应来检验回归的齐性(第 5 章).

6.5.4 设计复杂性

只要每个单元的样本量是相等的，就可以直接将协方差分析推广到组内因子设计中．对方差来源的划分遵循协方差分析(第 3 章)把“单元内受试者”作为简单的误差项．在每个单元格中，根据协变量和因变量之间的平均关联来调整平方和，正如对 6.4 节中描述的单因素设计一样．

然而，出现了两个主要的设计复杂性：组内自变量和因子设计单元中不相等的样本容量．并且，就像与方差分析中一样，对比适用于超过两个水平的自变量显著性，效应大小的评估也适用于所有的效应．

6.5.4.1　**组内设计以及混合组间设计**

正如一个因变量可以被一次或者多次测量，协变量也可以进行一次或者多次测量．事实上，同一个设计中可能包含一个或者多个测量一次的协变量和其他多次重复测得的协变量．

只经过一次测量的协变量并没有对组内效应做出调整，因为它对效应的每一个水平都做了相同的调整(等于没调整)．然而，协变量会在同一设计中调整任何组间效应．对于增加自变量组间检验的势来说，若协变量在设计中同时存在组内和组间效应，带有一个或者更多只经过一次测量的协变量的协方差分析是有用的．组内和组间的效应都是对重复测量的协变量进行调整．

带有重复测量的方差分析和协方差分析(组内效应)要比仅有组间效应的设计更复杂．一个复杂的问题是一些程序并不能对重复测量的协变量做出处理．第二个复杂的问题是第8章讨论的(同时还讨论了违背假设的替代方法)球形假设．第三个复杂的问题(更多的是计算而不是概念上的)是对不同部分的组内效应的独立误差项的建立．

(1)各单元相同的协变量

对至少一个组内自变量的设计来说有两种分析方法，传统的方法和一般的线性模型．在传统的方法中，设计中的组内效应没有对协变量做出修正．在一般线性模型(GLM)中，重复测量是通过组内效应的协变量的交互作用进行调整的．SPSS MANOVA 对协方差分析采用的是传统的方法[⊖]．SAS 和 SPSS 中标有 GLM 的程序都是使用一般线性模型．所有的程序都提供了边际的以及单元格均值．Tabachnick 和 Fidell(2007)对两种方法进行了举例．目前不清楚 GLM 策略在因子分析中是否更加有意义或者增强了统计势．通常没有一个先验的理由能在不同水平的组内自变量下，预测因变量和协变量之间的不同关系．如果不存在这样的关系，估计这种效应的自由度的损失将远远抵消误差平方和的减少，进而导致组内效应的检验无效．使用 GLM 程序时，你可以在不使用协变量的情况下重新运行分析，以获得源表中传统的组内部分．

(2)单元内不同的协变量

对于单元内不同的协变量，有两个常见的设计：一个是随机匹配区组设计，即在组内自变量的样本点实际上是不同的样本点(参考3.2.3节)；另一个设计是，在每个水平的组内自变量进行分析前先对协变量进行重新评估．此外，逐步分析使用更高优先级的因变量作为协变量，它在不同水平的组内自变量中是不一样的．当协变量因组内自变量的水平不同而不同时，它们可能有助于增强效应的势．

在 SPSS MANOVA 中，随着组内水平变化而变化的协变量在 WITH 指令后列出(见表6-7)．然而 GLM 程序和 SPSS MIXED MODELS 没有特殊的语法指定随着组内自变量水平变化而变化的协变量．取而代之的是，将问题设置为随机分组设计，其中一个自变量代表每个实验的测量值均位于单独一行．在本例中，每个样本点都有两行，分别对应于每个

[⊖] 组内设计中不随实验变化而变化的协变量列在 WITH 后的括号内(见表6-7)．

实验．每一行都有实验数、协变量值、因变量值．通过考虑随机组自变量的样本点和实验来模拟组内设计．表 6-8 显示了为这次分析安排的假设数据集．

表 6-9 显示了此分析的 SAS GLM 设置和输出．因为没有要求交互作用，T 交互作用的 CASE 是误差项，要求 Type Ⅲ平方和(ss3)来限制输出．

通过这种方式使用的 SAS GLM 源表提供了作为自变量的 CASE 检验，通常在组内设计中是不可用的．然而，如果有两个以上的水平有关的组内自变量，也没有对使用这个设置的球形假设的检验．如果有理由拒绝球形假设，则可以使用一些一元组内分析来替代，例如趋势分析．这个问题将在 8.5.1 节详细讨论．

表 6-8　每次实验设置随协变量变化而变化的组内协方差分析的假设数据

CASE	T	X	Y	CASE	T	X	Y
1	1	4	9	5	2	9	15
1	2	3	15	6	1	10	10
2	1	8	10	6	2	9	9
2	2	6	16	7	1	5	7
3	1	13	14	7	2	8	12
3	2	10	20	8	1	9	12
4	1	1	6	8	2	9	20
4	2	3	9	9	1	11	14
5	1	8	11	9	2	10	20

表 6-9　组内协方差分析：SAS GLM 中变化的协变量

```
proc glm data=SASUSER.SPLTPLOT;
   class T CASE;
   model Y = T CASE X / ss3;
   lsmeans T/;
   means T;
run;
```

```
                        Class Level Information

                    Class     Levels    Values

                    CASE           9    1 2 3 4 5 6 7 8 9
                    T              2    1 2

                    Number of Observations Read       18
                    Number of Observations Used       18

                           The GLM Procedure
Dependent Variable: Y

Source                 DF      Sum of Squares     Mean Square    F Value    Pr > F

Model                  10         295.5359231      29.5535923       7.93    0.0059
Error                   7          26.07518880      3.7250269
Corrected Total        17         321.6111111

          R-Square          Coeff Var          Root MSE          Y Mean

          0.918923           15.17056          1.930033         12.72222

Source                 DF         Type III SS     Mean Square    F Value    Pr > F

T                       1          99.1581454      99.1581454      26.62    0.0013
CASE                    8         105.1901182      13.1487648       3.53    0.0569
X                       1           0.7025898       0.7025898       0.19    0.6771
```

（续）

```
                    The GLM Procedure
                   Least Squares Means
                      T      Y LSMEAN
                      1    10.3575606
                      2    15.0868839
                    The GLM Procedure

Level of      ------------Y-----------      ------------X-----------
T       N       Mean         Std Dev          Mean          Std Dev
1       9    10.3333333    2.78388218      7.66666667     3.74165739
2       9    15.1111111    4.42844342      7.44444444     2.78886676
```

6.5.4.2　不等样本量

在一个因子设计中如果单元的样本数量不等，那么会产生两个问题．第一，来自不同样本量的单元的边际均值存在着歧义．边际均值是均值的均值还是样本值的均值？第二，所有效应的总的平方和要比 SS_{total} 大得多，并且关于重叠平方和的来源分配存在着歧义．设计已经变成非正交的并且主效应和交互作用的检验也不再是独立的(3.2.5.3 节)．这个问题直接延伸到协方差分析．

如果通过随机删除样本点来使得单元格大小相等是不现实的，有很多方法来处理不相等的样本量．策略的选择取决于研究类型．在 Overall 和 Spiegel(1969)所描述的三种主要的方法中，方法一通常适合于实验性研究，方法二适用于调查或者非实验性研究，而方法三适用于研究者对效应有明确的优先权的研究．

表 6-10 总结了一些需要不同方法的研究情况，并且标注了不同来源使用的一些术语．正如表 6-10 所示，有很多种方法查看这些方法．不同的作者对这些观点的解释是完全不同的，甚至有时候看起来是相互矛盾的．方法的选择影响调整(估计)平均值以及效应的显著性．

表 6-10　在单元格样本量不同时，不同调整策略的术语

研究类型	Overall 和 Spiegel(1969)	SPSS GLM	SPSS MANOVA	SAS
1.实验性研究，样本量相等，随机剔除．所有单元同等重要	方法1	METHOD=SSTYPE(3)—(默认) METHOD=SSTYPE(4)①	METHOD=UNIQUE—(默认)	TYPE III和TYPE IV①
2.非实验性研究，其中样本量反映单元的重要性.主效应有相等的优先级②	方法2	METHOD=SSTYPE(2)	METHOD=EXPERIMENTAL	TYPE II
3.像上面的2一样，只是所有效应的优先级不等	方法3	METHOD=SSTYPE(1)	METHOD=SEQUENTIAL	TYPE I

①Ⅲ型和Ⅳ型只有当存在缺失单元时才不同．

②程序采用不同的方法调整交互作用．

从多重回归的角度，很容易理解这些方法中的差异(第 5 章). 方法 1 像一个标准多重回归，其中对主效应和交互作用的估计是在所有其他的主效应和交互作用得到修正之后，对协变量也是一样. 在未加权均值方法中每一个单元均值不管其样本量都会给出相等的权重，也会进行这样的假设检验. 即使在方法 1 中，交互作用是在它们的组成部分主效应之后列出来的，因为排列的顺序可能会影响参数的估计，这也是实验性研究推荐的方法.

原因包括出于对重要性的考虑，或者由于处理的不同导致了总体规模大小的不同，我们希望给这些效应比其他效应更大的权重.(如果一个设计旨在相等的样本量但结果却完全不相等，这个问题就不再是调整的问题了，更加严重的是，可能会剔除.)

方法 2 推行了一系列有层次的效应检验，其中主效应之间彼此修正，也对协变量进行了主效应的修正，同时对主效应、协变量同水平和低水平的交互作用都进行了交互作用的修正.(SAS 的运行也对更高阶的效应进行了修正.)修正的优先顺序也强调了主效应超过交互作用，低阶交互作用要高于和高阶的交互作用. 在 SPSS MANOVA 中这被标示为 METHOD＝EXPERIMENTAL，尽管它通常被用在希望通过计算单元的样本量来衡量边际均值的非实验性工作中. 在计算边际均值和低阶交互作用时，分配给样本量较大的单元格更大的权重. 方法 3 允许研究者自己设置协变量、主效应和交互作用的修正顺序.

回顾程序包中所有程序运行的都是不等样本量的协方差分析. SAS GLM 和 SPSS MANOVA 以及 GLM 在对不等样本的调整提供了设计的复杂性和灵活性.

一些研究者总是提倡使用方法 1，因为方法 1 是最保守的，在使用它时几乎不会招致批评. 另一方面，如果采用非实验性设计，将所有单元格视为具有相同的样本量，则可能会导致结果的解释性和可归纳性效力降低.

6.5.4.3 特定比较和趋势分析

如果有超过两水平的自变量，在方差分析或者协方差分析中寻找一个显著的主效应或者交互作用往往不足以充分解释自变量对因变量的影响. 主效应或者交互作用的 F 检验并不能提供关于哪一个均值显著不同于其他哪个均值的任何信息. 对于一个定性的自变量(它在类别方面有不同的水平)研究者生成对比系数，将一些修正的均值与其他一些修正的均值进行比较. 对于一个定量的自变量(它们的水平是因数量而不同，并不是因类别而不同)，使用趋势系数来判断是否因变量修正后的均值符合一个线性或者二次模型，即超过自变量增长水平.

对于方差分析(第 3 章)，特定比较或者趋势可以再作为研究设计的一部分进行规划，或者也可以在综合分析完成之后作为数据窥探程序的一部分进行事后检验. 对于计划的比较，我们可以通过进行小部分的比较而不是综合的 F(其中，数值不会超过可行的自由度)，也可以通过跟一个正交的系数集一起运行，来防止第一类错误的增大. 对于事后比较来说，第一类错误的概率会随着比较次数的增大而增加，因此需要对增加的 α 值进行修正.

我们可以通过指定系数来进行比较，并且在这些系数的基础上进行分析. 比较可以很简单(只在两个边际或单元均值之间进行比较将其他均值省去)也可以很复杂(拿出一些单元或边际的均值合并去跟其他单元和边际的均值进行比较，或者，使用趋势系数——线性的、二次的，等等). 进行比较的困难取决于设计的复杂性和分析的效应. 如果设计中组内自变量单独出现或者跟组间自变量相结合，比较都将是复杂的，因为问题在于对每一次比较都需要建立一个误差项．对交互作用的比较要比对主效应的比较复杂得多，原因是交互作用的比较方法比较多．这些问题将会在 8.5.3 节进行回顾．

对修正后的均值进行两两检验可以在 SPSS MANOVA 和 SAS GLM 的选项中得到实现．此外，SAS GLM 提供了若干跟事后修正相结合的检验，例如 Bonferroni.

表 6-11 显示了用于正交对比和两两比较的输出语法和位置，并要求通过 SPSS MANOVA 和 GLM 以及 SAS GLM 进行 Tukey 调整．

表 6-11　正交比较和用 Tukey 两两比较的语法

比较的类型	程序	语法	部分输出	效应名称
正交比较	SPSS GLM	UNIANOVA POST BY TREATMNT WITH PRE /METHOD = SSTYPE(3) /INTERCEPT = INCLUDE /CRITERIA = ALPHA(.05) /LMATRIX "LINEAR" TREATMNT 1 0 –1 /LMATRIX "QUADRATIC" TREATMNT 1 –2 1 /DESIGN = PRE TREATMNT.	**Custom Hypothesis Tests:** **Test Results**	Contrast
	SPSS MANOVA	MANOVA POST BY TREATMNT(1,3) WITH PRE /METHOD = UNIQUE /PARTITION (TREATMNT) /CONTRAST(TREATMNT)=SPECIAL(1 1 1, 1 0 -1, 1 -2 1) /ANALYSIS POST /DESIGN = PRE TREATMNT(1) TREATMNT(2).	Tests of significance for POST using UNIQUE sums of squares	TREATMNT(1), TREATMNT(2)
	SAS GLM	PROC GLM DATA=SASUSER.SS_ANCOV; CLASS TREATMNT; MODEL POST = TREATMNT PRE; CONTRAST 'LINEAR' TREATMNT 1 0 -1; CONTRAST 'QUADRATIC' TREATMNT 1 -2 1; run;	Contrast	linear, quadratic
用Tukey两两比较	PSS GLM	对于协变量，Tukey修正不可用①		
	SPSS MANOVA	具有修正的两两比较不可用		
	SAS GLM	PROC GLM DATA=SASUSER.SS_ANCOV ; CLASS TREATMNT; MODEL POST = TREATMNT PRE ; LSMEANS TREATMNT / ADJUST=TUKEY P ; RUN;	Least Squares Means for effect TREATMNT	i/j

①LSD、Sidak 和 Bonferroni 可以用作 EMMEANS 指令中事后两两比较的修正.

正交比较是基于系数来分别检验处理的线性趋势和二次趋势[⊖]，(由于样本中的自变量并不是定量的，所以趋势分析是不合适的，这里的趋势分析只是为了解释说明)注意第一个比较(线性)也是一个“两两”比较；第一组(处理组 1)和第三组(对照组)进行比较．

所有程序的打印结果都是假设正交比较是事先计划的．此外，进行事后检验时，还需要手动调整第一类错误率的增大．公式(3.24)显示了一个单一自变量的 Scheffé 修正．得到的 F 值需要跟修正的临界 F 值进行比较，而临界 F 是通过跟单元格数相关的自由度或者 $k-1$ 乘以表的 F 值(在这个例子中，第一自由度是 2、第二自由度是 5 的临界 F 值是 5.79，$\alpha=$

⊖ 正交多项式的系数在大部分标准 ANOVA 教材中都能够看到，诸如 Tabachnick 和 Fidell(2007)、Keppel&Wickens(2004)，或者 Brown 等人(1991).

0.05)而得到的．对于这个例子，修正的临界 F 值是 2(5.79)＝11.58，并且第一个处理组和对照组(F＝11.00)的差异虽然作为计划比较，但没有达到统计学上的显著性．

在一个有不止一个自变量的设计中，对事后比较的临界 F 值的 Scheffé 修正的尺度取决于所分析的效应的自由度．例如，对一个双边设计，A 和 B 是自变量，A 修正的临界 F 值是对应表中的临界 F 值乘以($a-1$)(其中，a 是 A 的水平的个数)；B 修正的临界 F 值是对应的表中的临界 F 值乘以($b-1$)；AB 交互作用修正的临界 F 值是对应表中的交互作用的临界 F 值乘以($a-1$)($b-1$)[⊖].

如果找不到合适的程序，只要样本量对每一个单元格来说都是一样的，那么手动计算特定比较(也包括两两比较)并不是特别困难．公式(3.23)适用于对比的手动计算，获得修正的单元或者边际均值以及来自一个综合协方差分析程序的误差平方．

6.5.4.4 效应大小

一旦发现一个效应是统计显著的，下一个合乎逻辑的问题是：这种效应有多重要？现在即使效应统计上并不显著，报告效应的大小和它们的置信限度变得越来越普遍．重要性通常用跟自变量相关的因变量的方差的百分比来评估．对于单向设计，效应和因变量之间相关性对平方和修正的大小可以通过公式(6.7)求得．对于因子设计，我们可以用公式(6.7)的一个推广．

η^2 的分子是估计的主效应或者交互作用的平方和修正，分母是修正后的总平方和．总修正平方和包括主效应、交互作用和误差项的修正平方和，但是不包括协变量或均值的组成部分，它们是在计算机程序中打印出来的．为了找到效应和修正的因变量值之间的相关强度，则

$$\eta^2=\frac{\mathrm{SS}'_{\mathrm{effect}}}{\mathrm{SS}'_{\mathrm{total}}} \tag{6.8}$$

在多因子设计中，一个特定效应的 η^2 的大小部分取决于设计中其他效应的强度．在一个设计中，如果存在若干主效应和交互作用，一个特定效应的 η^2 的大小会因为其他效应增大了分母而变小．另一种计算 η^2(偏 η^2)的方法是在分母中只使用检验效应的修正平方和与相应误差项的修正平方和(见第 3 章合适的误差项)．

$$偏\,\eta^2=\frac{\mathrm{SS}'_{\mathrm{effect}}}{\mathrm{SS}'_{\mathrm{effect}}+\mathrm{SS}'_{\mathrm{error}}} \tag{6.9}$$

关于偏 η^2 的置信区间(等于单向设计中的 η^2)在 6.6.2.1 节中显示．

6.5.5 协方差分析替代

由于对协方差分析的严格限制以及解释协方差分析结果时存在的潜在的歧义，我们通常试图去找寻其他替代的统计策略．替代的可能性取决于诸如协变量和因变量测量尺度、在协变量的测量以及分配处理之间的时间以及解释结果的困难性这类问题．

当协变量和因变量在同一尺度上进行测量时，有两个备选方案可供选择：使用不同

⊖ 经过了大量事后比较之后，交互作用的修正临界 F 是不充分的，然而，如果执行的次数适中的话，那么它应该是充分的．如果进行大量事后比较，要乘以($ab-1$)而不是($a-1$)($b-1$)．

(改变)取值；在一个组内自变量事前和事后取值之间的转换．在第一种方法，需要计算每一个样本事前取值(先前的协变量)和事后取值(先前的因变量)之间的差异，并将其用作协方差分析的因变量．如果研究问题的措辞是“改变”，那么取值的差异能提供答案．例如，假设对一年之前和之后的肚皮舞或有氧舞蹈班级的自尊心进行了测量．如果使用差异得分，研究的问题是：一年的肚皮舞培训是否比参加有氧舞蹈课对自尊心的影响更大？如果是使用协方差分析，研究的问题是：在对自尊心方面的差异提前做了修正之后，肚皮舞课程是否比有氧舞蹈课程产生更强的自尊心？

改变得分和混合方差分析的问题是天花板和地板效应(或更普遍地，偏度)．因为事前测量的取值非常接近尺度的末端并且没有处理效应能很好地改变它，所以改变的取值(或者交互作用)可能很小，或者因为处理的效应是小的——结果是相同的，在这两种情况下，研究员很难决定，所以它可能很小．此外，因变量有偏时，均值的改变也将改变分布的形状和潜在的误导性的显著性检验(Jamieson 和 Howk，1992 年)．另一个取值差异的问题是其潜在的不可靠性．它们没有事前或者事后取值那么可靠，所以不推荐，除非使用一个高度可靠的检验(Harlow，2002 年)．如果协方差分析或方差分析在改变取值方面都是可行的，那么当数据是有偏的，并且不能进行转换时，协方差分析通常是更好的方法(Jamieson，1999 年)．

当协变量以任何连续尺度衡量时，有其他的替代方法可用：随机区组和分区组．在随机区组设计中，样本在协变量值的基础上被匹配成区组——换算的．每个区组拥有的样本个数与一个单项设计中自变量的水平数相等或者与一个较大设计中单元的个数相等(参见 3.2.3 节)．每区组内的样本是随机分配到自变量的水平或单元内进行处理．在分析阶段，在一个组内分析中，把在同一个区组中的样本当作一个样本来处理．

这种方法的缺点是需要一个组内分析的球形的强假设，以及如果用于区组的变量和因变量不高度相关，则误差项的自由度损失和误差项平方和损失不能相称．此外，实施随机区组设计还需要在随机分配处理样本之前增加一个步骤，在某些应用中，这一步骤可能不方便，甚至不可能．

另一种方法是使用区组．样本根据潜在的协变量来测量，然后根据自己的取值进行分组(例如，在事前取值的基础上分为高、中、低自尊心组)．样本的组成为另一个完全规模自变量的水平，而这些水平是跟因子设计中自变量水平相交叉的．自变量主效应的解释是直接的，并且基于潜在的协变量的变化从误差方差的估计中被移除，并作为一个单独的主效应进行估计．此外，如果协方差分析中违背了回归齐性的假设，那么它表现为区组自变量和感兴趣自变量之间的交互作用．

与协方差分析和这里列出的其他替代方法相比，区组有几个优点．第一，它没有协方差分析或者组内协方差分析的假设．第二，潜在的协变量和因变量之间的关系不必是线性的(当协变量和因变量之间的关系是线性时，区组不适合于解释)；在方差分析中，当分析三个或者更多的自变量时，曲线关系可以被捕捉．因此，在很多情形下区组比协方差分析更受欢迎，特别是对实验性的而不是相关性的研究来说．

区组也可以扩展到多个协变量的情况．也就是说，在因子设计中，一些新的自变量对应一个协变量，可通过区组和有一定难度的交叉来开发．然而，随着自变量的数量增加，设计也迅速变得非常大，并且很难实现．

然而，对一些应用来说，协方差分析要好于使用区组．当因变量和协变量之间存在线性关系时，协方差分析要比区组更强．并且，如果符合协方差分析的假设，那么连续协变量向离散自变量的转变可能会导致信息的遗失．最后，在完成等量样本随机分配到设计中的各个单元的处理之前，实际的限制可能会阻止潜在的协变量的充分测量．当在处理之后尝试使用区组时，单元内的样本量可能高度不符，从而导致样本量不等的问题．

在有些应用中，区组和协方差分析结合可能是最好的．一些潜在的协变量可以用来产生新的自变量，而其他的则当作协变量来分析．

最后一种选择是多层线性模型(MLM，第 15 章)．多层线性模型没有回归齐性的假设，通过创建组的第二级分析并指定可能具有不同斜率(因变量之间的关系)和不同截距(因变量的均值)的组来处理异质性．

6.6 协方差分析的完整案例

在附录 B，B.1 节描述的研究为阐述协方差分析提供了数据．研究的问题是人们对药物的态度是否与当前就业状况或宗教信仰有关．文件是 ANCOVA.*．

把对药物的态度(ATTDRUG)作为因变量，并且取值越高表示态度好．两个自变量是：两类当前就业状况(EMPLMNT)——(1)在职和(2)失业；四类宗教信仰(RELIGION)——(1)没有或其他宗教信仰、(2)天主教、(3)新教和(4)犹太教．

在研究女性样本的其他数据时，有三个明显的变量，这三个变量可能与对药物的态度相关，并且可能会掩盖就业状况和宗教信仰的影响．这三个变量是身体健康状况、心理健康状况和精神药物的使用情况．为了控制这三个变量对药物的态度的影响，它们被视为协变量．那么，协变量就是身体健康(PHYHEAL)、心理健康(MENHEAL)，以及所有精神科药物的使用、处方药和非处方药(PSYDRUG)的总和．对于这三个协变量，较高的取值反映了健康状况越来越差或者使用了更多的药物．

2×4 的协方差分析提供了在调整了身体健康、心理健康和精神药物使用的差异后，分析就业状况、宗教信仰及其交互作用对药物态度的影响．请注意，这是协方差分析的一种形式，其中不存在因果推理．

6.6.1 假设估计

正如 6.3.2 节所述，这些变量根据协方差分析的实际限制来检验．

6.6.1.1 不等样本量和缺失数据

SAS MEANS 提供了一个初步的过滤式运行来查看这 8 组中因变量和协变量的描述性统计量．465 名女性中有三名女性未能提供有关宗教信仰的信息(没有显示)．因为宗教信仰是任何情形下单元样本量都不等的自变量之一，因此这三个个案要被删掉．前两组因变量和三个协变量的输出值如表 6-12 所示：RELIGION＝1 EMPLMNT＝1(有工作或无宗教信仰的女性)以及 RELIGION＝3 EMPLMNT＝2(失业新教女性)．8 组的样本量在表 6-13 中．

本研究选择了处理不等样本的单元容量法(6.5.4.2 节的方法 3)，该方法通过样本量对单元进行加权，在这项研究中，这是有意义的，因为它们代表的是这些分组的总体大小．宗教信仰被赋予更高的优先级别，以反映其暂时优先于就业状况的地位．

6.6.1.2　正态性

表6-12显示了一些变量的正偏度．因为正态性假设是应用在均值的抽样分布中，而不是原始数据，偏度本身不会产生任何问题．随着大样本量和双边检验的使用，均值的抽样分布的正态性是可以被预测的．

6.6.1.3　线性

考虑到所使用的变量和这些变量在倾斜时都向同一个方向倾斜的事实，我们没有理由期望曲线性．如果有理由来怀疑曲线性的存在，则可以通过运行SAS PLOT来检验组内散点图．

6.6.1.4　异常值

表6-13中SAS MEANS运行结果的最大值表明，尽管因变量没有明显的异常值，但是有几个个案存在两个协变量的一元异常值，即PHYHEAL和PSYDRUG. 请注意，例如，$z=(43-5.096)/8.641=4.39$ 在失业的新教女性中是最大的PSYDRUG取值．可以看见这些变量都存在着正偏度．

为了便于在变量转换和异常值删除之间做出决策，通过SAS REG对8个组分别进行回归分析，同时要求获得h(杠杆)统计量．在 $\alpha=0.001$ 水平下带有三个协变量的临界的 χ^2 值是16.266. 根据样本量(表6-13)，使用等式(4.3)将其转化为8个组中每个组的杠杆临界值，正如表6-14中所示．例如，

$$h_{ii}=\frac{\text{马氏距离}}{N-1}+\frac{1}{N}=\frac{16.266}{45}+\frac{1}{46}=0.3832$$

对于第一组，是在职并且没有或者有其他宗教信仰的女性．

表6-15显示了使用SAS REG生成的值的语法和输出数据集的一部分．DATA这一步确保了分析中不存在自变量有缺失值的个案．在杠杆值的计算中只包含了三个协变量，ATTDRUG作为一个因变量的用法对计算没有影响．

表6-12　使用SAS MEANS筛选分布和一元异常值的语法和部分输出

```
proc sort data = SASUSER.ANCOVA;
  by RELIGION EMPLMNT;
run;

proc means data = SASUSER.ANCOVA    vardef=DF
    N NMISS MIN MAX MEAN VAR STD SKEWNESS KURTOSIS;
    var ATTDRUG PHYHEAL MENHEAL PSYDRUG;
    by RELIGION EMPLMNT;
run;
```

```
------------------- Religious affiliation=1 Current employment status=1 --------------------

                                                           N
    Variable  Label                               N      Miss       Minimum         Maximum
    ---------------------------------------------------------------------------------------
    ATTDRUG   Attitudes toward use of medication  46        0     5.0000000      10.0000000
    PHYHEAL   Physical health symptoms            46        0     2.0000000       9.0000000
    MENHEAL   Mental health symptoms              46        0             0      17.0000000
    PSYDRUG   Use of psychotropic drugs           46        0             0      32.0000000
```

（续）

Variable	Label	Mean	Variance	Std Dev
ATTDRUG	Attitudes toward use of medication	7.6739130	1.8246377	1.3507915
PHYHEAL	Physical health symptoms	5.0652174	3.5734300	1.8903518
MENHEAL	Mental health symptoms	6.5434783	16.4314010	4.0535665
PSYDRUG	Use of psychotropic drugs	5.3478261	58.6318841	7.6571459

Variable	Label	Skewness	Kurtosis
ATTDRUG	Attitudes toward use of medication	-0.2741204	-0.6773951
PHYHEAL	Physical health symptoms	0.3560510	-0.9003343
MENHEAL	Mental health symptoms	0.6048430	0.1683358
PSYDRUG	Use of psychotropic drugs	1.6761585	2.6270392

---------------- Religious affiliation=3 Current employment status=2 ----------------

Variable	Label	N	N Miss	Minimum	Maximum
ATTDRUG	Attitudes toward use of medication	83	0	5.0000000	10.0000000
PHYHEAL	Physical health symptoms	83	0	2.0000000	13.0000000
MENHEAL	Mental health symptoms	83	0	0	16.0000000
PSYDRUG	Use of psychotropic drugs	83	0	0	43.0000000

Variable	Label	Mean	Variance	Std Dev
ATTDRUG	Attitudes toward use of medication	7.8433735	1.4263885	1.1943151
PHYHEAL	Physical health symptoms	5.3734940	7.7246547	2.7793263
MENHEAL	Mental health symptoms	6.3132530	20.2177490	4.4964151
PSYDRUG	Use of psychotropic drugs	5.0963855	74.6735234	8.6413843

Variable	Label	Skewness	Kurtosis
ATTDRUG	Attitudes toward use of medication	-0.1299988	-0.3616168
PHYHEAL	Physical health symptoms	0.8526678	0.2040353
MENHEAL	Mental health symptoms	0.4068114	-0.8266558
PSYDRUG	Use of psychotropic drugs	2.3466630	5.8717433

表 6-13　8 个组的样本量

	宗教信仰			
就业状况	没有或其他	天主教	新教	犹太教
在职	46	63	92	44
失业	30	56	83	48

表 6-14　每个组的杠杆临界值

	宗教信仰			
就业状况	没有或其他	天主教	新教	犹太教
在职	0.3832	0.2782	0.1896	0.4010
失业	0.5942	0.3136	0.2104	0.3669

表 6-15 显示，第 213 个受试者在失业天主教组中是一个多元异常值，其杠杆值是 0.3264，其中有一个临界值 0.3136.（请注意，案例数是删除了 3 例的排序的数据文件）在 4 个不同的组中，共有 4 个案例是多元异常值．

表 6-15　多元异常值检验．SAS REG 语法和输出数据集的选定部分

```
data SASUSER.ANC_LEV;
  set SASUSER.ANCOVA;
  if RELIGION =. or EMPLMNT =. then delete;
run;
proc reg;
     by RELIGION EMPLMNT;
   model ATTDRUG= PHYHEAL MENHEAL PSYDRUG;
   output out=SASUSER.ANC_LEV h=LEVERAGE;
run;
```

SASUSER.ANC_LEV1

8	Int	Int	Int	Int	Int	Int	Int	Int
462	SUBNO	ATTDRUG	PHYHEAL	MENHEAL	PSYDRUG	EMPLMNT	RELIGION	LEVERAGE
148	97	8	3	6	0	2	2	0.0367
149	119	10	4	0	0	2	2	0.0559
150	126	8	5	10	0	2	2	0.0483
151	130	8	8	15	13	2	2	0.1013
152	131	8	5	12	0	2	2	0.0742
153	138	8	6	11	10	2	2	0.0510
154	148	10	8	7	3	2	2	0.0701
155	183	10	9	12	10	2	2	0.0847
156	205	9	5	3	0	2	2	0.0358
157	213	10	7	10	25	2	2	0.3264
158	228	8	4	16	6	2	2	0.1487
159	235	10	6	11	9	2	2	0.0448
160	238	9	6	8	8	2	2	0.0314
161	250	6	3	4	4	2	2	0.0420
162	251	8	3	4	0	2	2	0.0331
163	253	9	4	1	7	2	2	0.0799

这是一个在“少数”和“很多”之间是否要转换变量或删除异常值的边界情况．对两个偏斜变量进行对数变换，以查看变换后是否仍然有异常值．LPSYDRUG 的创建是作为 PSYDRUG 对数(递增了 1，因为许多的值为 0)和 LPHYHEAL 则是作为 PHYHEAL 对数．表 4-3 给出了 SAS DATA 数据转换语法．转换后的以及原始的变量都存入了一个叫作 ANC_LEVT 的文件．

在 $\alpha=0.001$ 的情形下使用 SAS REG 对三个协变量(其中两个是转换后的)的第二次运行并没有显示异常值．在两个协变量转换后，原来的 4 个异常值的距离都在其组可以接受的范围内．尽管在这种情形下另一种决定也是可行的，但是，我们仍然决定使用这两个转变后的协变量继续分析，而不是删除个案．

6.6.1.5　多重共线性和奇异性

SAS FACTOR 为每个变量提供了平方的多元相关性作为因变量，剩下的变量作为自变量．这有助于检测协变量之间是否存在多重共线性和奇异性，正如表 6-16 所示的转换后的变量．由于最大的 SMC(R^2)＝0.30，所以不存在多重共线性或奇异性的危险，在任何情况下，SAS GLM 都可以防止由于多重共线性而出现的统计问题．

表 6-16　通过 SAS FACTOR 检查多重共线性．语法和选择的输出

```
proc factor data=SASUSER.ANC_LEVT priors = smc;
   var LPHYHEAL MENHEAL LPSYDRUG;
run;

                    The FACTOR Procedure
           Initial Factor Method: Principal Factors
               Prior Communality Estimates: SMC

               LPHYHEAL       MENHEAL      LPSYDRUG
             0.30276222    0.28483712    0.16531267
```

6.6.1.6 方差齐性

通过对转换后的变量运行 SAS MEANS 可以求得样本方差，只需要样本量、均值和方差，表 6-17 显示了一部分．对因变量，找到组的最大和最小的方差．例如，在在职的天主教组中，ATTDRUG 的方差＝0.968(最小的方差)．最大的方差在第一组中(在职的没有或者有其他宗教信仰)，$S^2=1.825$．方差比(F_{max})＝1.89，在 10∶1 的规则下．由于样本量的比率小于 4∶1 并且没有异常值，因此在这个方差比之下没有必要进行方差齐性检验．协变量之间的方差齐性检验同样不考虑方差的异质性．

表 6-17 通过 SAS MEANS 对变换后的变量求样本量．均值和方差的语法和选择的输出

```
proc means data=SASUSER.ANC_LEVT vardef=DF
    N MEAN VAR;
    var ATTDRUG LPHYHEAL MENHEAL LPSYDRUG;
    by RELIGION EMPLMNT;
run;

------------- Religious affiliation=1 Current employment status=1 -------------

                                  The MEANS Procedure

Variable   Label                                N          Mean        Variance
-------------------------------------------------------------------------------
ATTDRUG    Attitudes toward use of medication  46     7.6739130       1.8246377
LPHYHEAL                                       46     0.6733215       0.0289652
MENHEAL    Mental health symptoms              46     6.5434783      16.4314010
LPSYDRUG                                       46     0.4881946       0.2867148

------------- Religious affiliation=2 Current employment status=1 -------------

Variable   Label                                N          Mean        Variance
-------------------------------------------------------------------------------
ATTDRUG    Attitudes toward use of medication  63     7.6666667       0.9677419
LPHYHEAL                                       63     0.6095463       0.0477688
MENHEAL    Mental health symptoms              63     5.8412698      22.5873016
LPSYDRUG                                       63     0.3275272       0.1631570
```

6.6.1.7 回归齐性

在 SAS 的任何方差分析程序中都不会自动地进行回归齐性检验．然而，可以通过下一节讲的协方差分析方法形成效应(主效应和交互作用)和协变量之间的交互作用来估计．虽然协变量不能合并起来，但是可以对每个协变量单独计算．因此，对协方差进行主要分析后，回归齐性检验将在 6.6.2 节进行说明．

6.6.1.8 协方差的可靠性

MENHEAL、PHYHEAL 和 PSYDRUG 这三个协变量作为症状或者药物使用的计数来测量，“你有过……?”假设人们在报告有无症状时保持一致并且很可能具有高度的可靠性．因此对于协方差的不可靠性，我们不做协方差分析的调整．

6.6.2 协方差分析

6.6.2.1 主要的分析

主要的双向协方差分析选择的方案是 SAS GLM. 利用单元大小权重(表 6-10，3 号，

方法 3，SSTYPE Ⅰ)的方法来调整不等样本量的这组调查数据．因此，SAS GLM 的易用性使得它成了这个不等样本量数据集的一个方便的程序．

SAS GLM 应用程序对这些数据的语法和选择的输出见表 6-18. model 指令在等式的左边显示了因变量，在等式的右边显示了协变量和自变量．Ⅰ型平方和的输入顺序遵循等式右侧的顺序．

表 6-18　SAS GLM 分析协方差运行的语法和选择的输出

```
proc glm data=SASUSER.ANC_LEVT;
   class RELIGION EMPLMNT;
   model ATTDRUG = LPHYHEAL MENHEAL LPSYDRUG RELIGION EMPLMNT RELIGION*EMPLMNT;
run;
```

The GLM Procedure

Dependent Variable: ATTDRUG　　Attitudes toward use of medication

Source	DF	Sum of Squares	Mean Square	F Value	Pr > F
Model	10	78.6827786	7.8682779	6.58	<.0001
Error	451	539.1786932	1.1955182		
Corrected Total	461	617.8614719			

R-Square	Coeff Var	Root MSE	ATTDRUG Mean
0.127347	14.22957	1.093398	7.683983

Source	DF	Type I SS	Mean Square	F Value	Pr > F
LPHYHEAL	1	9.90840138	9.90840138	8.29	0.0042
MENHEAL	1	0.13429906	0.13429906	0.11	0.7377
LPSYDRUG	1	45.72530836	45.72530836	38.25	<.0001
RELIGION	3	10.25921450	3.41973817	2.86	0.0366
EMPLMNT	1	3.78463591	3.78463591	3.17	0.0759
RELIGION*EMPLMNT	3	8.87091941	2.95697314	2.47	0.0611

Source	DF	Type III SS	Mean Square	F Value	Pr > F
LPHYHEAL	1	0.62999012	0.62999012	0.53	0.4683
MENHEAL	1	1.42886911	1.42886911	1.20	0.2749
LPSYDRUG	1	46.73742309	46.73742309	39.09	<.0001
RELIGION	3	12.19374680	4.06458227	3.40	0.0178
EMPLMNT	1	1.07961032	1.07961032	0.90	0.3425
RELIGION*EMPLMNT	3	8.87091941	2.95697314	2.47	0.0611

Ⅰ型平方和与Ⅲ型平方和的源表如表 6-18 所示．Ⅲ型平方和对其他所有的效应都进行了修正，用于评估协变量．Ⅰ型平方和是对所有先前的而不是后来的效应进行了修正，所以用来估计宗教信仰和就业状况的效应以及它们之间的交互作用．

在这个例子中，宗教信仰的主要效应达到统计显著性，$F(3,451)=2.86$，$p=0.0366$. 唯一达到统计可靠性的协变量是 LPSYDRUG. $F(1,451)=39.09$，$p<0.0001$. 源表汇总于表 6-19 中．

源表中平方和列中的条目可以用来计算测量主效应和交互作用的偏 η^2 效应的大小(6.4 节和 6.5.4.4 节). 对于 RELIGION，

$$\text{偏}\ \eta^2=\frac{10.259}{10.259+539.179}=0.02$$

表 6-19 对毒品态度的协方差分析

方差来源	修正的 SS	df	MS	F
宗教信仰	10.26	3	3.42	2.86*
就业状况(对宗教信仰修正的)	3.78	1	3.78	3.17
交互作用	8.87	3	2.95	2.47
协变量(对所有效应修正的)				
身体健康(log)	0.63	1	0.63	0.42
心理健康	1.43	1	1.43	1.20
药物使用(log)	46.74	1	46.74	39.09
误差	539.18	451	1.20	

表 6-20 显示了应用 Smithson(2003)方法来计算偏 η^2 和它的所有效应的置信限，不管是否是统计上显著的．效应大小的置信限以及偏 η^2 都是通过增加值的语法文件 NoncF2. sas 来求得的．表 6-20 显示了部分增加值的语法文件．填充值(来自表 6-19)分别是 F、分子自由度、分母自由度和所需的置信区间的比例，这里是 0.95，分别取代默认值填充到 NoncF2. sas. 效应按如下顺序出现在表 6-20 中：RELIGION、EMPLMNT 和交互作用．输出列标记 rsq 的是偏 η^2，置信下限和上限分别被标记为 rsqlow 和 rsqupp.

表 6-20 95%置信限下 NoncF2. sas 文件效应大小(rsq)的输出数据集(rsqlow 和 rsqupp)

```
          .
          .
          .
          rsqlow = ncplow / (ncplow + df1 + df2 + 1);
          rsqupp = ncpupp / (ncpupp + df1 + df2 + 1);
          cards;

     2.860     3     451     0.95
     3.170     1     451     0.95
     2.470     3     451     0.95

     ;
     proc print;
     run;
```

Obs	F	df1	df2	conf	prlow	prupp	ncplow	ncpupp	rsq	rsqlow	rsqupp
1	2.860	3	451	0.95	0.975	0.025	0.000	21.385	0.01867	0.00000	0.04489
2	3.170	1	451	0.95	0.975	0.025	0.000	14.009	0.00698	0.00000	0.03000
3	2.470	3	451	0.95	0.975	0.025	0.000	19.347	0.01616	0.00000	0.04079

因此，使用 Smithson(2003)SAS 程序计算的 RELIGION 效应大小的 95%置信区间是从 0.00 到 0.04. 就业状况的效应大小是 0.01，95%置信区间是从 0.00 到 0.03. 对于交互作用，偏 $\eta^2=0.02$，95%的置信区间是从 0.00 到 0.04.

表 6-21 显示了 SAS GLM 提供的 RELIGION 的未修正的和修正的(Least Squares)边际均值和置信区间．在进行协方差分析时，这些都是需要的．

请注意，给出了协变量和因变量的未修正的均值．由于没有一个有关宗教信仰组之间差异的先验假设产生，有计划的比较是不适当的．看一下表 6-21 中 4 个修正的均值暗示了一个简单的解释；没有或有其他宗教信仰组对使用精神药物持最不支持的态度，天主教组持最支持的态度，新教和犹太教组持中立态度．由于缺乏关于均值之间差异的特定问题，没有令人信服的理由评估这些差异的事后显著性，尽管它们一定会为今后的研究提供丰富的推测来源．表 6-22 汇总了相关的均值．均值的 95％的置信限如图 6-3 所示．

表 6-21　4 类宗教信仰对精神药物的修正和未修正的平均态度，SAS GLM 语法和选择输出

```
proc glm data=SASUSER.ANC_LEVT;
   class RELIGION EMPLMNT;
   model ATTDRUG = LPHYHEAL MENHEAL LPSYDRUG RELIGION|EMPLMNT;
   means RELIGION;
   lsmeans RELIGION;
run;


Level of          ----------ATTDRUG---------  ---------LPHYHEAL---------
RELIGION    N             Mean       Std Dev          Mean       Std Dev

1          76       7.44736842    1.31041710    0.65639689    0.16746166
2         119       7.84033613    1.04948085    0.63034302    0.20673876
3         175       7.66857143    1.14665216    0.66175666    0.22091000
4          92       7.70652174    1.16296366    0.64575134    0.20602015

Level of          ---------MENHEAL----------  ---------LPSYDRUG---------
RELIGION    N             Mean       Std Dev          Mean       Std Dev

1          76       5.93421053    3.99444790    0.40110624    0.49754148
2         119       6.13445378    4.65764247    0.32712918    0.43952791
3         175       6.08571429    4.10054264    0.43477410    0.51643966
4          92       6.40217391    3.97259785    0.50695061    0.53592293


                         Least Squares Means

                                    ATTDRUG
                       RELIGION      LSMEAN

                       1         7.40744399
                       2         7.91776374
                       3         7.66041635
                       4         7.64441304


                  ATTDRUG
       RELIGION    LSMEAN      95% Confidence Limits

       1         7.407444      7.154984     7.659903
       2         7.917764      7.719421     8.116106
       3         7.660416      7.497559     7.823274
       4         7.644413      7.419188     7.869639
```

表 6-22　4 种宗教信仰对精神药物的修正和未修正的平均态度

宗教信仰	修正的均值	未修正的均值
没有或其他	7.41	7.45
天主教	7.92	7.84
新教	7.66	7.67
犹太教	7.64	7.71

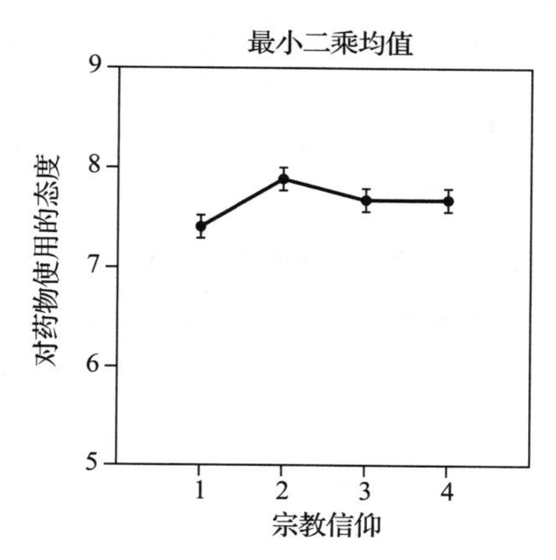

图 6-3 对药物使用态度的修正均值，误差条表示均值的 95%置信区间．通过 SYSTAT 11 生成的图

6.6.2.2 协变量的估计

表 6-18 提供了有关协变量效用的信息，其中，在考虑了所有其他协变量和效应的修正之后，表 6-18 只显示了 LPSYDRUG 用于因变量 ATTDRUG 的修正．表 6-23 显示了 SAS GLM 运行出来的因变量和协变量中合并的单元内相关性．这些相关性已经对单元的差异做了修正——计算出每一个单元内找到二元相关系数，然后对其平均(合并)．但是，这些相关性彼此之间并没有进行修正．运行多元方差分析时，把因变量和协变量都看作多重因变量．通过这种方式，显示了所有 4 个变量之间的关系．printe 指令要求合并的单元内的关联表．nouni 指令限制了输出．

表 6-23 在因变量和协变量中合并单元内的相关性，SAS GLM 语法和选择的输出

```
proc glm data=SASUSER.ANC_LEVT;
   class RELIGION EMPLMNT;
   model ATTDRUG LPHYHEAL MENHEAL LPSYDRUG =
         RELIGION|EMPLMNT /nouni;
   manova h=_all_ / printe;
run;
```

Partial Correlation Coefficients from the Error SSCP Matrix / Prob > |r|

DF = 454	ATTDRUG	LPHYHEAL	MENHEAL	LPSYDRUG
ATTDRUG	1.000000	0.121087 0.0097	0.064048 0.1726	0.301193 <.0001
LPHYHEAL	0.121087 0.0097	1.000000	0.509539 <.0001	0.364506 <.0001
MENHEAL	0.064048 0.1726	0.509539 <.0001	1.000000	0.333499 <.0001
LPSYDRUG	0.301193 <.0001	0.364506 <.0001	0.333499 <.0001	1.000000

表 6-23 显示，LPHYHEAL 和 LPSYDRUG 都和因变量 ATTDRUG 是相关的．但是，只有 LPSYDRUG 作为协变量对其他协变量和效应进行一次调整之后是有效的，如表 6-18

所示．表 6-23 显示了原因，LPHYHEAL 和 LPSYDRUG 自身是相关的．那么，根据 6.5.1 节的标准，作为协变量使用的 MENHEAL 在今后的研究中是没有必要的(其实是有必要的，它已经降低了这一分析的势)，并且 LPHYHEAL 的使用也值得商榷．表 6-24 总结汇集了单元内的相关性．

表 6-24 三个协变量和因变量(对药物的态度)之间合并的单元相关性

	身体健康(log)	心理健康	药物使用(log)
对药物使用的态度	0.121*	0.064	0.301*
身体健康(log)		0.510*	0.365*
心理健康			0.333*

注：* $p<0.01$.

6.6.2.3 回归齐性的运行

用 SAS GLM 来运行回归齐性的检验(表 6-25)把所有效应和协变量之间的交互作用加到表 6-18 的分析中．分层符号把一个"|"用在效应对交互作用和所有低阶效应的分隔上．例如，MENHEAL | RELIGION | EMPLMNT 包括 MENHEAL、RELIGION、EMPLMNT、MENHEAL * RELIGION、MENHEAL * EMPLMNT、RELIGION * EMPLMNT 和 MENHEAL * RELIGION * EMPLMNT.

表 6-25 评估回归齐性的协方差分析．SAS GLM 语法和选择输出

```
proc glm data=SASUSER.ANC_LEVT;
   class RELIGION EMPLMNT;
   model ATTDRUG = RELIGION|EMPLMNT LPHYHEAL|RELIGION|EMPLMNT
                   LPSYDRUG|RELIGION|EMPLMNT MENHEAL|RELIGION|EMPLMNT;
run;
```

Source	DF	Type III SS	Mean Square	F Value	Pr > F
RELIGION	3	1.87454235	0.62484745	0.52	0.6663
EMPLMNT	1	0.80314068	0.80314068	0.67	0.4125
RELIGION*EMPLMNT	3	1.83822082	0.61274027	0.51	0.6732
LPHYHEAL	1	1.18143631	1.18143631	0.99	0.3203
LPHYHEAL*RELIGION	3	0.49791878	0.16597293	0.14	0.9366
LPHYHEAL*EMPLMNT	1	0.62917073	0.62917073	0.53	0.4682
LPHYHE*RELIGI*EMPLMN	3	2.96516036	0.98838679	0.83	0.4789
LPSYDRUG	1	37.24237057	37.24237057	31.20	<.0001
LPSYDRUG*RELIGION	3	5.14751739	1.71583913	1.44	0.2312
LPSYDRUG*EMPLMNT	1	2.09112695	2.09112695	1.75	0.1863
LPSYDR*RELIGI*EMPLMN	3	9.69187356	3.23062452	2.71	0.0449
MENHEAL	1	0.44710058	0.44710058	0.37	0.5408
MENHEAL*RELIGION	3	3.92657123	1.30885708	1.10	0.3503
MENHEAL*EMPLMNT	1	0.05659585	0.05659585	0.05	0.8277
MENHEA*RELIGI*EMPLMN	3	4.80558448	1.60186149	1.34	0.2601

这里感兴趣的效应是指和协变量交互的那些，其中只有 LPSYDRUG * RELIGION * EMPLOYMENT 在 $\alpha=0.05$ 的水平下是统计显著的，并且表明了 8 组女性中 ATTDRUG 和 LPSYDRUG 之间不同的关系．然而，比 0.05 更严格的 alpha 标准适用于用这种方法进

行的大量回归齐性评估检验.(事实上，SPSS MANOVA 的运行，协变量被合并到一个单独的检验中，没有显示违反假设.)

协方差分析清单显示如表 6-26 所示. 下面是结果部分示例.

表 6-26 协方差分析清单

1. 问题
   A. 样本量不等和数据缺失
   B. 单元内的异常值
   C. 正态性
   D. 方差的齐性
   E. 单元内的线性
   F. 回归的齐性
   G. 协变量的可靠性
2. 主要分析
   A. 主效应和计划比较. 如果显著：调整边际均值和标准差、标准误差或置信区间
   B. 交互作用和计划比较. 如果显著：调整单元均值和标准差、标准误差或置信区间(在表或交互作用图中)
   C. 所有效应的效应大小和置信区间
3. 额外分析
   1. 协方差效应的评估
   2. 相关性的评估
   3. 事后比较(如果合适)
   4. 对于非实验性应用，未修正的边际或单元均值(如果主效应和相互作用显著)

结果

关于对待药物的态度进行 2×4 样本间协方差分析. 自变量包括当前的就业状况(在职和失业)和宗教身份(没有或者其他、天主教、新教和犹太教)，因子组合. 协变量是身体健康、心理健康和精神药物使用的总和. 采用 SAS GLM 软件进行分析，根据样本量对单元进行加权以调整 n 不相等的情况.

对抽样分布的正态性、线性、方差齐性、回归齐性、协变量的可靠性等假设的评估结果均令人满意. 异常值的存在导致了两个协变量的变化. 对身体健康和精神药物使用总量进行对数变换. 变换后没有异常值. 由于三名妇女不提供有关宗教信仰的资料，原始样本的 465 人减少到 462 人.

经协变量调整后，不同宗教信仰对药物的态度的影响显著，如表 6-19 所示，$F(3, 451)=2.86$，$p<0.05$. 然而，调整后的对药物的态度与宗教信仰之间的关系强度较弱，当 $\eta^2=0.02$ 时，95%置信限是从 0.00 至 0.04. 调整后的边际均值显示在表 6-22 中，95%置信区间在图 6-2 中显示，表明天主教的女性对药物持最支持态度，而持最不支持态度的则是不属于任何宗教或信仰三种主要宗教以外的其他宗教的女性. 在这个样本中，新教徒和犹太教女性的态度几乎相同，并且落在其他两组之间.

当前就业状况的主效应无统计显著性. 在调整协变量后，就业状况与宗教信仰之间也不存在显著的交互作用. 就业方面，偏 $\eta^2=0.01$，95%置信限是从 0.00 到 0.03. 对于交互作用，偏 $\eta^2=0.02$，95%置信限是从 0.00 到 0.04.

协变量和对药物的态度之间合并的单元内相关性如表6-24所示. 其中两个协变量——身体健康的对数和药物使用的对数，与因变量显著相关. 然而，只有药物使用的对数形式调整了态度得分，$F(1,451)=39.09$，$p<0.01$，在调整了其他协变量、主效应和交互作用后. 剩下的两个协变量(心理健康和生理健康对数)没有提供统计上显著的唯一调整.

6.7 程序的比较

对于新手来说，SPSS有一系列现成的计算机程序(REGRESSION、GLM和MANOVA)，和针对协方差分析的SYSTAT(ANOVA、GLM和REGRESS)软件包. 出于我们的目的，并没有讨论基于回归的程序(SYSTAT REGRESS和SPSS REGRESSION)，因为它们并不比其他更容易使用的程序具有优势.

SAS有一个单一的一般线性模型，专门为离散变量和连续变量而设计的程序. 该程序能够很好地进行协方差分析. 8个方案的特点在表6-27进行了描述.

6.7.1 SPSS软件包

两个SPSS程序进行协方差分析：GLM和MANOVA. 这两个程序都很丰富并且有高度的灵活性. 两者都提供了大量关于修正的和未修正的统计量的信息，并且对于不等n的处理也有可以替换的方法. 它们是唯一能够进行势分析和以偏η^2的形式进行效应大小分析的程序. 均值的划分在GLM中也是可能的. 多元方差分析有能力进行诸如回归齐性的假设检验(见6.5.2节). 它提供了修正的单元和边际均值，特定比较和趋势分析也是可以的. 但是，SPSS并不能进行每一个组内因变量和协变量中多元异常值的研究. 只有一个影响度量(Cook距离)在GLM中是可行的(单元内产生的杠杆值是不相同的).

6.7.2 SAS系统

SAS GLM是一个进行一元及多元方差和协方差分析的程序. SAS GLM能够进行复杂设计的分析、不等样本的若干修正、组内自变量球形假设的检验、一个完整的描述性统计以及大量的事后检验，除了使用者特定的比较和趋势分析. 尽管SAS手册中并没有回归齐性检验的具体例子，但是在6.6.2.3节描述的方法也是可行的.

6.7.3 SYSTAT系统

SYSTAT协方差分析版本11是一个能够处理所有类型的方差分析和协方差分析的简单可用的程序. 另外，SYSTAT协方差分析是一个一般多元线性程序，它能够进行所有方差分析程序所能够做到的，甚至更多，但是不太容易编写. 多元方差分析是最近刚加到目录中去的，但提供了与GLM相同的对话框. 所有这三个程序都能够进行重复测量和事后比较. 对于一些未知的原因，球形检验不适用于在“长”输出中进行重复测量. 该方案提供了大量控制误差项和比较的方法. 产生并绘制了协变量的修正的单元均值. 该方案还提供了可转换为马氏距离的杠杆值，正如公式(4.3)所示. 该方案还对违背组内设计的球形假设提供了修正.

与ANOVA相比，使用SYSTAT GLM的最主要优势就是不等样本量设计的灵活性更强．只有方法 1 在 ANOVA 程序中是可行的．只有 GLM 允许一个特定的 MEANS 模型，其中，当把 WEIGHTS 应用到单元均值中时，它可以进行加权均值的分析．使用手册针对不等样本量的四种平方和类型的修正描述了多种能够给出平方和的模型估计．GLM 也是唯一针对简单效应和诸如 Latin 平方、嵌套和不完整区组之类设计而设立的 SYSTAT 程序．

表 6-27　协方差分析所选程序的比较

特点	SPSS GLM	SPSS MANOVA①	SPSS GLM①	SYSTAT ANOVA①、GLM①和 MANOVA①
输入				
自变量的最大值	无限	10	无限	无限
不等样本量修正的选择	是	是	是	否④
组内自变量	是	是	是	是
指定公差	EPS	否	SINGULAR	是
指定用于对比的单独方差误差项	否	否	是	是
重抽样	否	否	否	是
输出				
源表	是	否	是	是
未修正的单元均值	是	是	是	否
未修正的单元均值的置信区间	否	是	否	否
未修正的边际均值	是	是	是	否
单元标准差	是	是	是	否
修正的单元均值	EMMEANS	PMEANS	LSMEAN	PRINT MEDIUM
修正的单元均值的标准误差或 SD	是	否	STDERR	PRINT MEDIUM
修正的边际均值	是	是②	LSMEAN	否
修正的边际均值的标准误差	是	是	STDERR	否
势分析	OPOWER	POWER	否⑤	否
效应大小	ETASQ	POWER	否	否
多重协变量的斜率相等性（回归齐性）检验	否	是	否	是
有修正的事后检验	是	是③	是	是
使用者指定的比较	是	是	是	是
假设 SSCP 矩阵	否	是	是	否
合并的单元内误差 SSCP 矩阵	否	是	是	否
假设协方差矩阵	否	是	否	否
合并的单元内协方差矩阵	否	是	否	否
组协方差矩阵	否	是	否	否
合并的单元内相关矩阵	否	是	是	否
组相关矩阵	否	是	否	否
未修正的组均值的协方差矩阵	否	否	数据文件	否
每个协变量的回归系数	是	是	是	否
每个单元的回归系数	否	否	是	否
多重 R 或 R^2	是	是	是	是
方差齐性的检验	是	是	否	否

（续）

特点	SPSS GLM	SPSS MANOVA①	SPSS GLM①	SYSTAT ANOVA①、GLM①和MANOVA①
球形的检验	是	是	是	否
协方差异质性的修正	是	是	是	是⑥
预测值与残差	是	是	是	数据文件
均值图	是	否	否	是
多元影响或单元的杠杆统计量	否	否	否	数据文件

①第7章(MANOVA)描述的其他功能.

②可通过CONSPLUS程序获得.

③Bonferroni和Scheffé置信区间.

④GLM可能具有一定的灵活性.

⑤ANCOVA的势分析在一个单独的程序中：GLMPOWER.

⑥“长”输出结果不可获得.

第7章 多元方差和协方差分析

7.1 概述

多元方差分析(MANOVA)是*方差分析*(ANOVA)在多个因变量情形下的推广．例如，我们想研究不同种类的治疗方案是否对如下几种不同类型的焦虑起作用：考试焦虑、应对生活压力而产生的焦虑，以及所谓的自由浮动性焦虑．在这里自变量即为有三个水平的治疗方案(脱敏疗法、放松训练疗法和候补名单控制疗法)．随机将受试者分配给三种不同的治疗方案组，经过一个阶段的治疗后，测量受试者在考试焦虑、压力焦虑和自由浮动性焦虑中的指标．将每个受试者在所有三个测量中的分数作为因变量．多元方差分析是研究三种焦虑测量的组合是不是治疗方案的函数．多元方差分析在统计意义上与判别分析(见第9章)一样，在这里我们只重点说明它们的不同．多元方差分析强调组与组之间的均值差异以及差异的统计显著性，判别分析则强调组成员的预测以及组差异的维度．

方差分析检验单个因变量下组间的均值差异是否由偶然因素造成．多元方差分析检验各组在因变量组合上的均值差异是否由偶然因素造成．在多元方差分析中，我们从因变量集中创建一个新的变量以使组间差异最大化．这个新的变量是测量的因变量的线性组合，其目的是最大限度地对各组进行区分．在这基础之上，我们对这个新的变量使用方差分析．与方差分析一样，在多元方差分析中对于均值的假定是通过比较方差来实现的，因此也就是方差的多元分析．

在因子或者更加复杂的多元方差分析中，对于每个主效应和交互作用都要创建不同的因变量线性组合．如果在以上例子中加入受试者的性别作为第二个自变量，就需要一个能够最大化三个治疗方案组差异的因变量线性组合、一个能够最大化两个性别组差异的线性组合和一个能够最大化两者交互单元差异的线性组合．进一步，如果自变量治疗方案有多于两个水平，那么因变量也可以用其他方法重新组合以最大化对照组之间的差异[㊀]．

多元方差分析与方差分析相比较有很多优势．第一个优势是，通过测量多个因变量而非单个因变量，发现哪些变量在不同的治疗方案和它们的交互作用下而发生变化的可能性增加了．例如，脱敏疗法可能会比放松训练疗法和候补名单控制疗法更有效，但仅限于治疗考试焦虑，如果考试焦虑不被包含在因变量中，那么这种效应就不存在了．第二个优势是多个因变量可以避免由于相关因变量的多组检验而造成第一类错误的膨胀．

多元方差分析的第三个优势是在某些情况下(可能极其少见)能够揭示在单独的几个方差分析中不能被体现的差异．图7-1展示了这种情况，它对应的是一个两水平的单因素设

㊀ 判别分析(第9章)关注的是线性组合本身．

计．在图中，横轴和纵轴分别代表两个因变量的频率分布 Y_1 和 Y_2．从每一个轴来看，分布很大程度上重合，均值的差异在单个的方差分析中不一定能够被发现．然而，象限中的椭圆分别代表了每组 Y_1 和 Y_2 的分布．当对于因变量的反应以联合的形式被考虑时，组间的差异就很明显了．因此，由于考虑了因变量的线性组合，多元方差分析可能偶尔会比几个单独的方差分析更有效．

但是统计领域中也没有免费的午餐．多元方差分析是比方差分析复杂得多的一个模型．有几个重要的假定需要被考虑，并且在解释自变量对单个因变量的影响时常常存在一些不明确性．而且多元方差分析比方差分析有效的情况十分有限，通常多元方差分析比方差分析的效果差得多，特别是在针对某个特定的因变量发现其组间显著差异时．因此，我们的建议是，考虑到分析的复杂性和不确定性，以及多个因变量可能会冗余，所以要非常谨慎地考虑使用一个以上因变量的重要性(另见 7.5.3 节)，即使是适度相关的因变量也会降低多元方差分析的效果．图 7-2 展示了一个自变量和四个因变量之间的一组假设关系．因变量 1 与自变量高度相关并且与因变量 2 和因变量 3 有一部分共有的方差；因变量 2 与因变量 1 和因变量 3 都相关并且与自变量独有很少一部分共有的方差，尽管在一元方差分析中它可能与自变量是相关的；因变量 3 与自变量有一些相关性但也同其他所有的因变量相关；因变量 4 与自变量高度相关且只与因变量 3 共有小部分方差．因此，因变量 2 完全与其他因变量重合，并且因变量 3 只给集合增添了很少独有的方差．然而，如果在概念上合理，因变量 2 用来当作协变量将会很有效．因变量 2 减少了因变量 1 和因变量 2 的总方差，减少的大部分方差与自变量没有关系．因此，因变量 2 减少了因变量 1 和因变量 3 的误差方差(即没有与自变量重合的方差)．

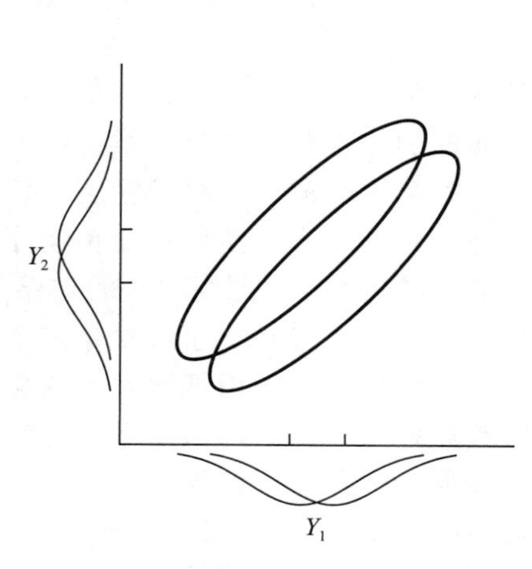

图 7-1　组合因变量条件下多元方差分析相对于方差分析的优势．每一个轴代表一个因变量，将频率分布投影到轴上显示出相当大的重合，而表示因变量组合的椭圆则没有重合

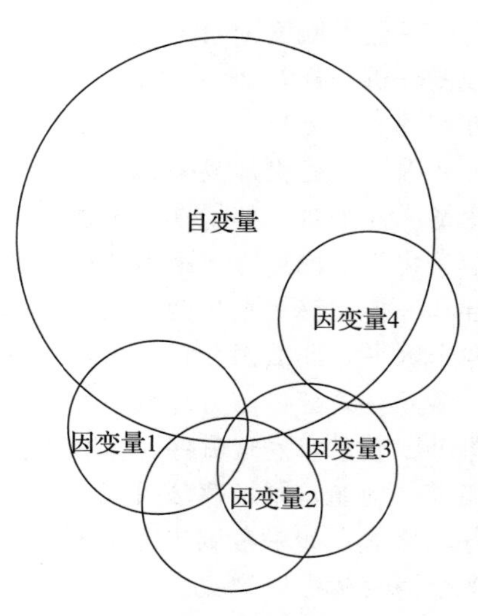

图 7-2　一个自变量和四个因变量之间的假设关系

多元协方差分析是协方差分析(第 6 章)的多元推广．在为了消除协变量上的差异而调整新创建的因变量后，多元协方差分析研究组之间在统计上是否有显著的均值差异．例如，假定在治疗之前受试者分别接受考试焦虑、压力焦虑和自由浮动性焦虑的预先检验．多元协方差分析把预先检验的分数作为协变量，在对三种焦虑类型之前存在的差异进行调整后，研究三个治疗组的综合分数上的均值焦虑是否存在差异．

多元协方差分析与协方差分析以同样的方式发挥作用．首先，在实验性研究中，它可以作为降低噪声的策略把误差方差中与协变量有关的部分剔除，而更小的误差方差使组间均值差异的检验更加有效．其次，在非实验性研究中，当无法实现随机分配组时，多元协方差分析提供了组与组的统计匹配．如果所有受试者在协变量上得分相同，则通过调整因变量来解释组间的先验差异(回顾第 6 章，关于这样使用协变量的逻辑困难的讨论)．

在 Roy-Bargmann 逐步分析中，使用多元方差分析(或多元协方差分析)后再使用方差分析，其目的是评估不同因变量对显著效应的贡献．有人可能会问，在对作为协变量的较高优先级因变量差异进行调整后，较低优先级因变量的组间均值差异是否还会具有显著性？即除了已经用到的因变量所提供的组间分离，较低优先级因变量是否还能提供额外的组间分离？从这个意义上来说，协方差分析可以当作解释多元方差分析结果的工具．

尽管多元方差分析和多元协方差分析的计算机实现程序不如方差分析和协方差分析那样完善，但是在理论上模型的推广是不会被限制的，虽然随之也会产生相应的问题．所有类型的设计——单因素、多因素、重复测量、非正交等没有理由不能被推广到多个因变量下的研究．效应大小、具体的比较以及趋势分析也依然是多元方差分析关注的问题．除此之外，还存在因变量重要性的问题，即哪个因变量受到自变量的影响而哪些没有受到影响．

多元方差分析沿袭方差分析的传统而发展．习惯上，多元方差分析应用于实验性研究．在这类研究中，所有的或者至少某些自变量都被操纵且受试者被随机分配到各组，通常每组样本量一样．判别分析(第 9 章)在非实验性研究的背景下发展起来，其中组是自然形成的并且每组样本量不一样．多元方差分析研究各组在联合因变量上的均值差异比期望大是否由于偶然因素产生，判别分析研究是否存在变量的组合能够可靠地分离各组．但是在数学上两者之间没有差异．在应用操作层面，判别分析的计算机程序内容更加丰富但大部分仅限于单因素设计．因此，单因素多元方差分析在第 9 章说明，本章涵盖了因子多元方差分析和多元协方差分析．

Mason(2003)使用一个 2×5 的样本间多元方差分析，目的是研究高中生的性别对于数学学科的观点是否会产生影响．作为因变量的 6 个标准与以下 6 项内容保持一致：解决数学难题的能力、解决文字问题的复杂程序需求、理解概念的重要性、文字问题的重要性、努力的影响以及数学在日常生活中的有用性．多元检验的两个主效应在统计上都是显著的，但是交互作用不显著．采用 Tukey HSD 事后检验来检验单个因变量．关于数学在日常生活中的有用性和解决文字问题的复杂程序需求的观点随着年级的增加而增强，关于解决数学难题的能力的信心在第一年至第二年间增加然后紧接着下降．研究发现，女生比男生更相信理解概念的重要性．

Pisula(2003)使用了一个更加复杂的多元方差分析来研究高回避型和低回避型大鼠对

于新奇事物的反应．自变量是大鼠的性别、亚系(高回避与低回避)和8个时间间隔．因此这是一个2×2×8的三因子混合多元方差分析．因变量是在4个不同区域内花费的时间、目标接触的持续时间、地板嗅探持续时间和行走次数．分析的结果没有报告，但是一元F检验表(可能)显示除性别和亚系的交互作用外其他所有的效应均是显著的．所有与不同区域内花费的时间有关的自变量和行走次数一样，都在高回避亚系和低回避亚系之间有显著差异．目标接触的持续时间与行走次数显示出性别差异．除了行走次数，所有其他的因变量也显示出显著的双因素交互作用并且目标接触的持续时间显示出显著的三因素交互作用．

Hay(2003)采用多元协方差分析方法来调查贪食性饮食失调患者的生活质量．他确定了两种类型的疾病：常规暴饮暴食和极端体重控制．二者分别与多元协方差分析中的非饮食紊乱组比较．我们不清楚研究者为什么(或是否)没有将这些组合成单个三组的单因素多元协方差分析来比较每个饮食障碍组和对照组．协变量包含年龄、性别、收入水平和BMI(身体质量指数)．对于每次比较，三组因变量(身体和精神健康成分的SF-36得分、8个SF-36子量表得分、6个实用的AqoL得分)分别被分配到3个单独的多元协方差分析中，所以总共有6个多元协方差设计．解释的重点在于每个分析的方差解释(η^2)．例如，在调整协变量后，身体和精神得分23%的方差与常规暴饮暴食有关，但只有5%的方差与极端体重控制行为有关．类似地，暴饮暴食与SF-36子量表得分和AqoL得分的相关方差大于极端体重控制行为的方差．

7.2　几类研究问题

采用多元方差分析进行研究的目的是探索自变量水平的变化是否会对由因变量体现的变化产生影响．现在已有相应的统计方法来解决7.2.1～7.2.8节所提出的各类问题．

7.2.1　自变量的主效应

保持其他因素不变，如果不同水平组之间复合因变量的均值差异比所期望的大，那么这种情况的发生是不是由偶然因素造成的？通过检验原假设(即自变量对于因变量的最佳线性组合没有系统性的影响)，7.4.1节和7.4.3节所涉及的统计程序将会回答这个问题．

与方差分析一样，“保持其他因素不变”包含以下几个方面的含义：①通过因素排序交叉来控制其他自变量的效应；②通过使其保持恒定(例如，只选择女性作为受试者)、抵消或随机化其效应来控制无关变量；③通过在统计上调整协变量上的差异使用协变量来产生“似乎恒定”的状态．

在上一节提到的治疗焦虑的例子中，对主效应的检验研究的是以下问题：采用不同治疗方案的组间均值(由考试焦虑、压力焦虑和自由浮动性焦虑进行测量)是否有差异？现在再加上协变量之后，问题就变为：在对治疗前已经存在的个体焦虑差异进行调整后，不同治疗组是否还存在组间均值差异？

如果有两个或两个以上的自变量，那么对于每个自变量要进行单独的检验．进一步，当所有组的样本量一样时，单独的检验之间是相互独立的(除非使用了共有的误差项)，使得自变量的检验结果不可能用于预测另一个自变量的检验结果．如果以上例子中加入了性别这个自变量并且每组中有相同数目的受试者，那么便产生了对治疗方案主效应的检验和对受试者性别主效应的检验，且两个检验之间相互独立．

7.2.2 自变量之间的交互作用

保持其他因素不变，在一个自变量不同水平上因变量的差异是否依靠另一个自变量的水平？交互作用的检验与主效应的检验类似，但是在解读上有些不同，在第3章、7.4.1节和7.4.3节中有详细的说明．在此例中，对交互作用的检验提出了这样一个问题：男受试者对于三种治疗方案的反应模式是否与女受试者一样？如果交互作用显著，那么说明一种治疗方案对于男受试者“更有效”而另一种治疗方案对于女受试者“更有效”.

如果自变量多于两个，那么就有更多个交互作用．每个交互作用都与主效应的检验和其他交互作用的检验分离开来，并且在每组样本量相同的情况下这些检验相互独立(除非有共同的误差项).

7.2.3 因变量的重要性

如果各组均值在一个或多个主效应或交互作用上存在显著的差异，我们通常想要研究哪些因变量产生了变化和哪些未受自变量的影响．如果治疗方案的主效应是显著的，那么可能只有考试焦虑组产生变化，而压力焦虑和自由浮动性焦虑不受治疗方案的影响．正如在7.1节中提到的，Roy-Bargmann逐步分析通常在评估方差分析的每一个因变量且把较高优先级因变量作为协变量的情况下使用．逐步分析和其他评估因变量重要性的方法将会在7.5.3节中讨论．

7.2.4 参数估计

通常，对于主效应来说，边际均值是总体参数最好的估计，而对于交互作用来说，组均值是对总体最好的估计．但是Roy-Bargmann逐步分析在检验因变量重要性时检验的是调整后的均值而非样本均值．在此例中，自由浮动性焦虑排在第一位，压力焦虑排在第二位，考试焦虑排在第三位．假定逐步分析表明只有考试焦虑受不同治疗方案的影响．被检验的考试焦虑均值不是样本均值而是根据压力焦虑和自由浮动性焦虑调整后的样本均值．在多元协方差分析中还要对协变量进行额外的调整．结果的解读和报告既要基于调整的均值也要基于样本均值，7.6节将会举例说明这一点．无论怎样，均值都会伴随一定程度的变异性因素：标准差、标准误差，有时可能还有置信区间．

7.2.5 具体比较和趋势分析

如果超过两个水平的自变量的交互作用或主效应是显著的，那么你可能想知道哪些水平的主效应或者单元的交互作用与其他的不同．在这个例子中，如果三个水平的治疗方案是显著的，那么研究人员可能会想知道两个受试组的联合均值是否和候补名单控制疗法组的均值有差异，以及放松训练疗法组的均值是否与脱敏疗法组的均值有差异．事实上，研究者可能早就打算探究这些问题，而不是仅根据综合的 F 统计量来得出结论．类似地，如果性别和治疗方案的交互作用是显著的，那么你可能还想知道男女对某一治疗方案(比如脱敏疗法)的反应均值是否存在显著差异．

具体比较和趋势分析在7.5.4节、3.2.6节、6.5.4.3节和8.5.2节中有充分的讨论．

7.2.6 效应大小

如果主效应或交互作用确实能够影响行为，那么我们自然会问：影响有多大？因变量得分的线性组合中有多大一部分方差是由这些效应造成的？例如，你可以确定治疗方案主效应对焦虑得分线性组合方差的贡献比例．这些步骤会在7.4.1节说明．确定自变量对每个显著因变量的效应大小也有相应的方法，这些方法将在7.6节展示，除此之外，还有对效应大小的置信区间的说明．

7.2.7 协变量的效应

在引入协变量时，研究者通常想要评估它们的效用．协变量能否提供统计学意义上显著的调整？因变量与协变量关系的本质是什么？例如，将对考试焦虑、压力焦虑和自由浮动性焦虑的预先检验作为协变量，每一个协变量能在多大程度上调整复合因变量？协变量的评估将会在7.6.3.1节说明．

7.2.8 重复测量方差分析

在重复测量方差分析中，当对于组内自变量不同水平的响应仅被视为单独的因变量时可以用多元方差分析替代．在这个例子中，假设在治疗前、治疗后和治疗后六个月三个检验场景分别对焦虑进行了三次测量(而不是一次性测量三种不同的焦虑)．可以将其作为二因素方差分析来分析其结果，治疗方案是组间自变量，检验作为组内因变量；或者可以将其视为单因素多元方差分析，治疗方案是组间自变量，三个检验场景是三个因变量．

正如3.2.3节和8.5.1节所讨论的，重复测量方差分析也需要满足经常违反的球形假设．当违反假定时，显著性检验就太宽泛了，有必要用其他方法来替代方差分析．其他替代方法是组内自变量(比如Huynh-Feldt)显著性的调整检验，把重复测量方差分析分解为一系列正交的单个自由度检验(比如趋势分析)和重复测量的轮廓分析(第8章)．

7.3 多元方差和协方差分析的局限性

7.3.1 理论问题

跟其他方法一样，统计检验无法保证自变量的因果关系．这个问题尤其重要，因为多元方差分析作为方差分析的推广来自实验性研究，其中实验者操控自变量并且对于因果性推断的需求为复杂的控制提供了背后的原因．但是，无论自变量是否被操纵，受试者是否被随机分配，以及控制是否被实施，统计检验都是可以进行的．因此因变量的显著变化的推断是伴随自变量的变化所产生的，是一种逻辑推断而非统计推断．

变量的选择也是一个逻辑和研究设计问题而非统计问题．选择自变量及其水平，以及选择能够体现自变量效用的因变量需要技巧．选择因变量还要进一步考虑因变量之间可能相关的程度，最好的选择是使用一组不相关的因变量，因为这样它们可以分别测量自变量影响的某一单独方面．当因变量相关时，它们仅以稍微不同的方式来测量行为的相同或相似的方面．把同一事物的几个测量都加入模型中我们又能获得什么呢？是否有方法来组合因变量或者删除一些因变量以使分析更加简单？

除了因变量数量和类型的选择，如果Roy-Bargmann逐步分析F用来评估因变量的重要性(见 7.5.3.2 节)，那么因变量进入分析的顺序选择也要被考虑．更加重要的或者在理论上被认为比其他因变量优先的因变量通常被给予优先权．因变量顺序的选择绝非微不足道，因为一个因变量的显著性可能在很大程度上依赖于它所被赋予的优先级的高低，就像在序贯多重回归中，自变量的显著性可能会依赖于它在序列中的位置．

在协方差分析中存在的局限性在多元协方差分析中同样存在．读者可以查阅 6.3.1 节和 6.5 节相关内容，以审查与包含协变量的设计解释相关的一些风险．

最后，还有关于模型普遍适用性的局限．多元方差分析和多元协方差分析的结果只适用于研究人员随机抽样的总体中．尽管在一些非常有限的情况下，多元协方差分析可能会对未能将受试者随机分配到组中进行调整，但是它不能对从分段总体中抽样失败的情况进行调整，而这恰恰是我们想要推广到的地方．

7.3.2　实际问题

除了以上讨论的这些理论和逻辑问题，统计过程还需要考虑一些实际问题．

7.3.2.1　样本量不等、缺失数据和势

6.5.4.2 节已经讨论了单元样本数量不等的有关问题．由数据的不完整引起的问题已在第 4 章和第 6 章(特别是 6.3.2.1 节)中讨论．这些讨论同样适用于多元方差分析，事实上甚至更加重要，因为当大量因变量或者协变量使实验更加复杂时，缺失数据存在的可能性也提高了．

除此之外，在使用多元方差分析时，每个单元的样本多于因变量是有必要的．如果因变量很多，这个要求可能变得十分繁重，特别是当设计很复杂并且存在大量单元时．这个要求有两个原因．第一个原因与方差-协方差矩阵的齐性假设(参考 7.3.2.4 节)有关．如果某单元含有少于因变量的样本，那么这个单元就是奇异的且假设是不可检验的．如果单元内的样本点比因变量多，假设就有可能被拒绝．因此如果多元方差分析未满足假设，即当样本-因变量比太低时，作为一种分析策略它就会被丢弃．

第二，因为误差的自由度减少了，所以模型的势将会被削弱，除非在每个单元里样本都比因变量多．势的降低造成的结果之一就是多元 F 统计量不显著，但是会有一个或更多显著的一元 F 统计量(这显然不是我们所希望的)．不管怎样，每个单元的样本量必须要足以确保有充足的势．在方差分析中确定了想要达到的势、期望均值和标准差后，有许多软件程序可以计算所需达到的样本量．在网上搜索“statistical power”会显示许多相应的免费程序．一种快速而粗糙的方法是选取拥有能够展示统计显著性的最小期望差异的因变量，即显著性最低的因变量．GANOVA(Woodward，Bonett，& Brecht，1990)是一个为评估多元方差分析中的势所特别设计的程序．另一个是 NCSS PASS(2002)，它现在包含对组间多元方差分析的势分析．所需样本量也可以通过 SPSS MANOVA 来实现，它采取的是一个连续逼近过程．对于在给定样本量时势的事后分析估计，我们通常会计算出一个权重恒定的变量并根据它来对样本赋予权重，然后再次运行这个分析直到到达理想的势．在使用 SPSS MANOVA 时，输入矩阵对于样本量的先验估计是有用的(D'Amico，Neilands，& Zambarano，2001)．

多元方差分析中的势也依赖于因变量之间的关系．当两个因变量的合并单元内相关性很

高且为负时，多元检验的势是最高的．当相关性为正、0或较小的负值时，多元检验的势就小得多．然而，当两个因变量中一个受治疗方案影响而另一个不受影响时，一个有趣的现象会发生．两个因变量之间相关性的绝对值越高，多元检验的势越大(Woodward et al.，1990).

7.3.2.2　多元正态性

多元方差分析、多元协方差分析和其他多元方法的显著性检验都基于多元正态分布．多元正态性意味着每个单元中不同因变量的均值抽样分布和它们的线性组合的分布是正态分布．在大样本和一元 F 统计量的前提下，中心极限定理说明，即使原始数据的均值的分布不是正态分布，样本均值的分布也接近正态分布．一元 F 统计量对于正态性原则适度的违反是稳健的，只要在一元方差分析中误差的自由度至少达到20并且原则的违反不是由异常值造成的(4.1.5节)．即使每组的样本量 n 不同且仅有几个因变量，样本量最小组如果能达到大约20个样本就可以保证稳健性(Mardia，1971)．在蒙特卡罗研究中，Seo、Kanda和Fujikoshi (1995)证实了在多元方差分析中总样本量为 $N=40$(每组 $n=10$ 个样本)的非正态分布的稳健性．

在样本量较小且不均等的情况下，基于对判断的依赖评估因变量的正态性．在总体中单个因变量是否预计达到相当程度的正态性？如果没有，那么有没有一些转换可能产生正态性？如果协变量不符合正态分布，则考虑转换或者删除．协变量通常在减少误差时作为一种便利工具被引入，但是它如果降低了势就很难成为一种便利的工具．

7.3.2.3　异常值的处理

多元方差分析(和方差分析)一个更严重的限制是它对异常值的敏感度．尤其麻烦的是异常值既能制造第一类错误也能制造第二类错误，而在分析中完全没有线索来判断哪种错误正在发生．因此，在使用任何多元方差分析时，强烈建议同时对异常值进行检验．

对于一元和多元异常值的筛选已有可用的程序(参见第4章)．对于设计的每个单元分别运行一元和多元异常值检验，然后改变、转换或者清除异常值并对这些操作形成报告．单元内一元和多元异常值的筛选运行在6.6.1.4节和7.6.1.4节中有展示．

7.3.2.4　方差-协方差矩阵的齐性

对于每个因变量，方差齐性的多元推广是方差-协方差矩阵的齐性(见4.1.5.3节)[㊀]．假设为：设计的每个单元的方差-协方差矩阵是从同样的总体方差-协方差矩阵抽样得出的，并且可以被合并来产生误差的单个估计[㊁]．如果单元内的误差矩阵是不同的，那么合并的矩阵作为误差方差的估计将会具有误导性．

下面检验多元方差分析中此假设的指导方针是基于蒙特卡罗法检验 T^2 稳健性(Hakstian，Roed & Lind，1979)的推广．如果样本量是相等的，那么显著性的稳健性检验是可行的，而不用理会Box的 M 检验结果，众所周知，此检验对于方差-协方差矩阵的齐性非常敏感，并且可以通过SPSS MANOVA来实现．

然而，如果样本量不一致并且Box的 M 检验在 $p<0.001$ 的水平上是显著的，那么稳

㊀ 在多元方差分析中还假设每个因变量的方差齐性，对此的讨论和建议见8.3.2.4节．

㊁ 不要把这一假设和与重复测量方差分析或多元方差分析相关的球形假设相混淆．如6.5.4.1节和8.5.1节所述．

健性不能被保证．因变量越多，单元样本量的差异和 α 水平失真的可能性越大．观察每单元样本量以及方差和协方差的大小：如果拥有较多样本的单元方差和协方差更大，则 α 水平是保守的，可以肯定地拒绝原假设；而如果拥有较少样本的单元方差和协方差更大，则显著性检验变得过于宽泛．原假设被肯定地保留但是均值差异还是可疑的．我们可以使用 Pillai 的标准而不是 Wilks' lambda(见 7.5.2 节)来评估多元显著性(Olson，1979)，或者，如果势可以维持在一个合理的水平，那么可以通过样本的随机删除来平衡样本量．

7.3.2.5 线性

多元方差分析和多元协方差分析假定每个单元中所有的因变量对、所有的协变量对以及所有的因变量-协变量对存在线性关系．偏离线性会降低统计检验的势，因为：①因变量的线性组合无法最大限度地分离自变量的组；②协变量不能最大限度地调整误差．4.1.5.2 节提供了检查和处理非线性的方法．如果发现协变量有严重的曲线性，则考虑删除它；如果发现因变量有严重的曲线性，则考虑转换它(当然如果转换后的因变量的解释难度增加，那么其势也会增加)．

7.3.2.6 回归的齐性

在 Roy-Bargmann 逐步分析(7.5.3.2 节)和多元协方差分析(7.4.3 节)中，假定一组中协变量和因变量的回归与其他组中的回归相同，这样使用平均回归来调整所有组中的协变量是合乎情理的．

在多元方差分析和协方差分析中，如果使用 Roy-Bargmann 逐步分析，那么一个层级中因变量的重要性用协方差分析评估，更高优先级的因变量作为协变量．当每次一个因变量加入协变量列表时，模型都要求回归的齐性．如果在某一步发现了回归的异质性，则剩余的逐步分析将不能被解释．一旦违反了这个要求，自变量-协变量的交互作用就将自己解释自己，并且造成违反的因变量在后续的步骤中会被淘汰．

在多元协方差分析(和协方差分析一样)回归的异质性说明自变量和协变量间存在交互作用，并且每组中都要为了协变量对因变量进行调整．如果自变量和协变量间有交互作用的嫌疑，则多元协方差分析无论在统计上还是在逻辑上都不是一个恰当的分析策略．参考 6.3.2.7 节和 6.5.5 节查看当存在回归异质性时多元协方差分析的替代方法．

*对于多元方差分析，检验逐步回归的齐性；对于多元协方差分析，检验全部和逐步回归的齐性．*这些步骤将在 7.6.1.6 节展示．

7.3.2.7 协变量的可靠性

和在协方差分析中一样，多元协方差分析中均值差异的 F 检验在协变量可靠的情况下更加有效．如果协变量不可靠，则会增加第一类错误或第二类错误的发生．协变量的可靠性在 6.3.2.8 节中已经被充分讨论．

在 Roy-Bargmann 逐步分析中除最低优先级因变量外其他所有的因变量都会充当协变量来评估其他的因变量，任何因变量的不可靠性(比如 $r_{yy}<0.8$)都将对逐步分析和剩下的研究结果提出疑问．当因变量不可靠时，应使用另外一种方法来评估因变量的重要性(7.5.3 节)，并在结果部分中汇报已知或可疑的协变量和高优先级因变量的不可靠性．

7.3.2.8　多重共线性和奇异性的处理

当因变量之间的相关性很高时，一个因变量是其他因变量的近似线性组合，这个因变量提供了在其他因变量中也存在的冗余信息．把所有的因变量都加入分析之中在统计和逻辑上都是备受怀疑的，常见的解决方法是删除冗余的因变量．然而，如果有可信的理论原因保留所有的因变量，则对合并的单元内相关矩阵应用主成分分析(参考第13章)，并且成分得分作为因变量集的替代进入分析之中．

SAS和SPSS GLM可以通过计算每个因变量合并的单元内公差(1－SMC)来防止多重共线性和奇异性，没有足够公差的因变量将被从分析中剔除．在SPSS多元方差分析中，奇异性和多重共线性可能会在单元内相关矩阵的行列式接近0(比如小于0.0001)时出现．4.1.7节讨论了多重共线性和奇异性并且给出了识别冗余变量的建议．

7.4　多元方差和协方差分析的基本公式

7.4.1　多元方差分析

多元方差分析的一个最小的数据集有一个或多个自变量，每个有两个或更多水平，并且在每个自变量组合中对于每个受试者有两个或更多的因变量．表7-1展示了有两个因变量和两个自变量的虚构小样本．第一个自变量是残疾的程度(有三个水平：轻度、中度和重度)，第二个自变量是有两个水平的治疗方案——治疗和不治疗．这两个自变量在因子安排中产生了6个单元．每个单元被分配三个儿童，则在这个研究中一共有18个受试儿童．每个儿童对应两个相应的因变量：广域成就阅读得分(WRAT-R)和算数(WRAT-A)得分．除此之外，在7.4.3节中每个儿童的IQ得分在这里括号中作为协变量给出．

对治疗方案主效应的检验研究这样一个问题：不考虑残疾的程度，从两个子检验得出的综合得分是否受治疗方案的影响？对交互作用的检验研究：治疗方案对于两个子检验的不同得分的影响是否与残疾程度有关？

表7-1　多元方差分析案例：小样本数据

	轻度			中度			重度		
	WRAT-R	WRAT-A	(IQ)	WRAT-R	WRAT-A	(IQ)	WRAT-R	WRAT-A	(IQ)
治疗	115	108	(110)	100	105	(115)	89	78	(99)
	98	105	(102)	105	95	(98)	100	85	(102)
	107	98	(100)	95	98	(100)	90	95	(100)
不治疗	90	92	(108)	70	80	(100)	65	62	(101)
	85	95	(115)	85	68	(99)	80	70	(95)
	80	81	(95)	78	82	(105)	72	73	(102)

分析中自动提供了残疾主效应的检验，但在这个例子中，这是微不足道的．问题是：WRAT的得分是否受到残疾程度的影响？因为残疾程度至少部分由阅读和算术困难来定义，所以显著的效应没有提供有用信息．另一方面，这种效应的缺失会导致我们质疑分类的充分性．

每个单元三个儿童的样本量对于一个现实的检验来说是非常不充分的，但也能够说明多元方差分析的具体步骤．此外，如果意图进行因果推断，那么研究人员应将儿童随机分配到不同的治疗水平．鼓励读者用手和计算机分析这些数据．这个例子适用的几个程序的语法和选择输出结果见 7.4.2 节．

多元方差分析遵循了方差分析模型，其中得分方差被分解为组内得分差异和组间得分差异引起的方差．对得分和各个均值之间的平方差求和(见第 3 章)，这些平方和通过除以适当的自由度可以估算出不同来源(自变量的主效应、自变量之间的交互作用，以及误差)造成的方差．方差的比率提供了关于自变量对因变量的影响的假设检验．

然而，在多元方差分析中，每个受试者在几个因变量上都有得分．当测量每个对象的几个因变量时，会有一个得分矩阵，而不是一个简单的组内因变量集合．差异矩阵通过从每个得分中减去一个合适的均值形成，然后对差异矩阵求平方．当平方差被加总时，就形成了平方和与叉积矩阵和 $\boldsymbol{S}$ 矩阵，类似于方差分析中的平方和(6.4 节)．求各种 $\boldsymbol{S}$ 矩阵的行列式，它们之间的比率提供关于自变量对因变量线性组合的影响的假设检验[⊖]．在多元协方差分析中，$\boldsymbol{S}$ 矩阵中的平方和与叉积被调整为协变量，就像在协方差分析中调整平方和一样(第 6 章)．

样本量相等的多元方差分析方程通过方差分析的扩展得到下面的发展．最简单的划分是将方差分解成系统性的来源(组间方差)和未知的误差来源(组内方差)．出于这个目的，对得分和各个均值之间的差平方且求和．

$$\sum_i \sum_j (Y_{ij} - \mathrm{GM})^2 = n\sum_j (\overline{Y}_j - \mathrm{GM})^2 + \sum_i \sum_j (Y_{ij} - \overline{Y}_j)^2 \tag{7.1}$$

在 Y(因变量)上的得分与总均值(GM)之差的总平方和被划分为组间均值($\overline{Y}_j$)与总均值(即系统或组间变异)之差的平方和，以及个体得分(Y_{ij})与其各自组均值之差的平方和．或者

$$\mathrm{SS}_{\mathrm{total}} = \mathrm{SS}_{bg} - \mathrm{SS}_{wg}$$

对于多于一个自变量的设计，SS_{bg} 被进一步划分为与第一个自变量(比如残疾程度，简写为 D)有关的方差、与第二个自变量(治疗方案 T)有关的方差和与残疾程度和治疗方案的交互作用(DT)有关的方差．

$$\begin{aligned} n_{km}\sum_k \sum_m (DT_{km} - \mathrm{GM}_{km})^2 &= n_k \sum_k (D_k - \mathrm{GM})^2 + n_m \sum_m (T_m - \mathrm{GM})^2 + \\ &\left[n_{km}\sum_k \sum_m (DT_{km} - \mathrm{GM})^2 - n_k \sum_k (D_k - \mathrm{GM})^2 - n_m \sum_m (T_m - \mathrm{GM})^2\right] \end{aligned} \tag{7.2}$$

单元间均值(DT_{km})与总均值之差的平方和被划分为：①与残疾程度(D_k)的不同水平有关的均值和总均值之差的平方和；②与治疗方案(T_m)的不同水平有关的均值和总均值之差的平方和；③与治疗方案和残疾程度的组合(DT_{km})有关的均值和总均值之差的平方和，从中减去与 D_k 和 T_m 有关的差．每个 n 是组成相关的边际或单元均值的得分的数目．或者

$$\mathrm{SS}_{bg} = \mathrm{SS}_D + \mathrm{SS}_T + \mathrm{SS}_{DT}$$

因子组间设计的全部分解为

⊖ 如附录 A 所述，行列式可以看作矩阵广义方差的测量．

$$\sum_i \sum_k \sum_m (Y_{ikm} - \mathrm{GM})^2 = n_k \sum_k (D_k - \mathrm{GM})^2 + n_m \sum_m (T_m - \mathrm{GM})^2 +$$
$$\left[n_{km} \sum_k \sum_m (DT_{km} - \mathrm{GM})^2 - n_k \sum_k (D_k - \mathrm{GM})^2 - n_m \sum_m (T_m - \mathrm{GM})^2\right] +$$
$$\sum_i \sum_k \sum_m (Y_{ikm} - DT_{km})^2 \tag{7.3}$$

对于多元方差分析，没有单个的因变量而是有一个每个因变量上所有Y_{ikm}得分值的列矩阵(或向量)．对于表 7-1 中的例子，在设计的第一个单元(轻度残疾且接受治疗)中三个儿童 Y 得分的列矩阵是

$$\boldsymbol{Y}_{i11} = \begin{bmatrix}115\\108\end{bmatrix}\begin{bmatrix}98\\105\end{bmatrix}\begin{bmatrix}107\\98\end{bmatrix}$$

类似地，存在一个残疾程度($\boldsymbol{D}_k$)均值的列矩阵(由轻度、中度和重度残疾组的均值构成)，对于每个因变量都有一个均值在每个矩阵中．

$$\boldsymbol{D}_1 = \begin{bmatrix}95.83\\96.50\end{bmatrix} \quad \boldsymbol{D}_2 = \begin{bmatrix}88.83\\88.00\end{bmatrix} \quad \boldsymbol{D}_3 = \begin{bmatrix}82.67\\77.17\end{bmatrix}$$

其中 95.83 是轻度残疾的儿童在 WRAT-R 上的平均得分，96.50 是其在 WRAT-A 上的平均得分，这个平均值是实验组(治疗组)和对照组(不治疗组)的平均得分．

治疗方案均值矩阵$\boldsymbol{T}_m$是通过计算各残疾水平儿童的平均值得来的，它们为

$$\boldsymbol{T}_1 = \begin{bmatrix}99.89\\96.33\end{bmatrix} \quad \boldsymbol{T}_2 = \begin{bmatrix}78.33\\78.11\end{bmatrix}$$

类似地，共有 6 个单元均值(DT_{km})矩阵，由每组三个儿童的平均得分得来．

最后，有一个单独的总均值($\boldsymbol{GM}$)矩阵，每个因变量对应一个，通过对实验中所有的儿童进行平均得到：

$$\boldsymbol{GM} = \begin{bmatrix}89.11\\87.22\end{bmatrix}$$

正如附录 A 所举例说明的，通过简单的一个矩阵与另一个矩阵相减可以得到差异矩阵．于是差异得分的矩阵对等物就是一个差异矩阵．为了在此例中得出误差项，从每个个体得分矩阵($\boldsymbol{Y}_{ikm}$)中减去总均值矩阵($\boldsymbol{GM}$)，从而得出此例中第一个儿童的误差项矩阵：

$$(\boldsymbol{Y}_{111} - \boldsymbol{GM}) = \begin{bmatrix}115\\108\end{bmatrix} - \begin{bmatrix}89.11\\87.22\end{bmatrix} = \begin{bmatrix}25.89\\20.78\end{bmatrix}$$

在方差分析中，差异得分被平方．对应矩阵的平方计算通过转置来实现，即每个列矩阵和它相应的行矩阵相乘(查看附录 A 中矩阵转置和乘法)计算出一个平方和与叉积矩阵．比如，对于此设计中的第一个儿童可以进行如下计算：

$$(\boldsymbol{Y}_{111} - \boldsymbol{GM})(\boldsymbol{Y}_{111} - \boldsymbol{GM})' = \begin{bmatrix}25.89\\20.78\end{bmatrix}\begin{bmatrix}25.89 & 20.78\end{bmatrix} = \begin{bmatrix}670.29 & 537.99\\537.99 & 431.81\end{bmatrix}$$

然后将这些矩阵在个体间和组间相加，正如在一元方差分析中平方差被加总一样[⊖]．求

⊖ 我们强烈建议使用矩阵代数程序(如电子表格或 SPSS MATRIX、MATLAB 或 SAS IML)来得出更复杂的矩阵方程．

和与平方的顺序在多元协方差分析中与方差分析中一样．产生的矩阵($\boldsymbol{S}$)有多种名称：平方和与叉积矩阵、叉积或乘积和．在此因子案例中，多元方差分析对平方和与叉积的分解以公式(7.3)的矩阵形式展示如下：

$$\begin{aligned}&\sum_i\sum_k\sum_m(\boldsymbol{Y}_{ikm}-\boldsymbol{GM})(\boldsymbol{Y}_{ikm}-\boldsymbol{GM})'\\&=n_k\sum_k(\boldsymbol{D}_k-\boldsymbol{GM})(\boldsymbol{D}_k-\boldsymbol{GM})'+n_m\sum_m(\boldsymbol{T}_m-\boldsymbol{GM})(\boldsymbol{T}_m-\boldsymbol{GM})'+\\&\Big[n_{km}\sum_k\sum_m(\boldsymbol{DT}_{km}-\boldsymbol{GM})(\boldsymbol{DT}_{km}-\boldsymbol{GM})'-n_k\sum_k(\boldsymbol{D}_k-\boldsymbol{GM})(\boldsymbol{D}_k-\boldsymbol{GM})'-\\&n_m\sum_m(\boldsymbol{T}_m-\boldsymbol{GM})(\boldsymbol{T}_m-\boldsymbol{GM})'\Big]+\sum_i\sum_k\sum_m(\boldsymbol{Y}_{ikm}-\boldsymbol{DT}_{km})(\boldsymbol{Y}_{ikm}-\boldsymbol{DT}_{km})'\end{aligned}$$

或

$$\boldsymbol{S}_{\text{total}}=\boldsymbol{S}_D+\boldsymbol{S}_T+\boldsymbol{S}_{DT}+\boldsymbol{S}_{S(DT)}$$

总叉积矩阵($\boldsymbol{S}_{\text{total}}$)根据与残疾程度、治疗方案、治疗方案和残疾的交互作用有关的差异和组内个体误差 $\boldsymbol{S}_{S(DT)}$ 被分解为相应的叉积矩阵．对于表 7-1 中的例子，4 个生成的叉积矩阵[⊖]为

$$\boldsymbol{S}_D=\begin{bmatrix}570.29 & 761.72\\761.72 & 1126.78\end{bmatrix}\qquad\boldsymbol{S}_T=\begin{bmatrix}2090.89 & 1767.56\\1767.56 & 1494.22\end{bmatrix}$$

$$\boldsymbol{S}_{DT}=\begin{bmatrix}2.11 & 5.28\\5.28 & 52.78\end{bmatrix}\qquad\boldsymbol{S}_{S(DT)}=\begin{bmatrix}544.00 & 31.00\\31.00 & 539.33\end{bmatrix}$$

注意所有的这些矩阵都是对称的，左上方至右下方这条对角线上的元素代表平方和(当除以自由度时会产生方差)，而非对角线上的元素代表叉积和(当除以自由度时会产生协方差)．在这个例子中，主对角线上的第一个元素是第一个因变量(WRAT-R)的平方和，第二个元素是第二个因变量(WRAT-A)的平方和．非对角线上的元素是 WRAT-R 和 WRAT-A 之间的叉积的总和．

在方差分析中，平方和除以自由度后得到方差或者均方差．在多元方差分析中，方差的矩阵对应一个行列式(见附录 A)，每个叉积矩阵都对应一个行列式．在方差分析中，方差的比率用来检验主效应和交互作用．在多元方差分析中，行列式的比率在使用 Wilks' lambda 标准(见 7.5.2 节，以查看更多的标准)时用来检验主效应和交互作用．这些比率遵循一般形式：

$$\Lambda=\frac{|\boldsymbol{S}_{\text{error}}|}{|\boldsymbol{S}_{\text{effect}}+\boldsymbol{S}_{\text{error}}|}\tag{7.4}$$

Wilks' lambda(Λ)是误差叉积矩阵的行列式与误差和效应叉积矩阵之和的行列式的比率．

为了得到 Wilks' lambda，组内矩阵在得到行列式前被加到与主效应和交互作用对应的矩阵上．例如，把 $\boldsymbol{S}_{DT}$ 矩阵加到 $\boldsymbol{S}_{S(DT)}$ 矩阵上得到的矩阵是

$$\boldsymbol{S}_{DT}+\boldsymbol{S}_{S(DT)}=\begin{bmatrix}2.11 & 5.28\\5.28 & 52.78\end{bmatrix}+\begin{bmatrix}544.00 & 31.00\\31.00 & 539.33\end{bmatrix}=\begin{bmatrix}546.11 & 36.28\\36.28 & 592.11\end{bmatrix}$$

⊖ 生成这些矩阵的数字在四舍五入前保留 8 位数．

对于用来检验残疾主效应、治疗方案主效应和治疗方案-残疾交互作用所需的4种矩阵，行列式为

$$|\boldsymbol{S}_{S(DT)}|=292\ 436.52$$

$$|\boldsymbol{S}_D+\boldsymbol{S}_{S(DT)}|=1\ 228\ 124.71$$

$$|\boldsymbol{S}_T+\boldsymbol{S}_{S(DT)}|=2\ 123\ 362.49$$

$$|\boldsymbol{S}_{DT}+\boldsymbol{S}_{S(DT)}|=322\ 040.95$$

此时类似于方差分析的源表会很有用(见表7-2). 第一列列举了方差的来源，在这个例子中即为两个主效应和一个交互作用，误差项没有被列举出来. 第二列包含了Wilks' lambda值.

Wilks' lambda是行列式的比率，见公式(7.4). 例如，对于残疾和治疗方案的交互作用，Wilks' lambda是

$$\Lambda=\frac{|\boldsymbol{S}_{S(DT)}|}{|\boldsymbol{S}_{DT}+\boldsymbol{S}_{S(DT)}|}=\frac{292\ 436.52}{322\ 040.95}=0.908\ 068$$

用于直接计算Wilks' lambda值的表很少，但是已经得出F的近似可以很好地拟合Λ. 表7-2中的最后三栏代表了近似的F值和它们相应的自由度.

表7-2　WRAT-R和WRAT-A得分的多元方差分析

方差来源	Wilks' Lambda	df_1	df_2	多元 F
治疗方案	0.137 72	2.00	11.00	34.435 70[①]
残疾	0.255 26	4.00	22.00	5.386 02[②]
治疗方案与残疾的交互作用	0.908 07	4.00	22.00	0.271 70

① $p<0.001$.
② $p<0.01$.

下面计算近似F(Rao,1952)的步骤基于Wilks' lambda和与之相关的不同自由度.

$$\text{近似}\ F(df_1,df_2)=\left(\frac{1-y}{y}\right)\left(\frac{df_2}{df_1}\right) \tag{7.5}$$

其中df_1和df_2作为检验F比率的自由度被定义如下，y为

$$y=\Lambda^{1/s} \tag{7.6}$$

Λ的定义见公式(7.4)，s为[⊖]

$$s=\min(p,\ df_{effect}) \tag{7.7}$$

其中p为因变量的个数，df_{effect}是被检验的效应的自由度. 并且

$$df_1=p(df_{effect})$$

$$df_2=s\left[(df_{error})-\frac{p-df_{effect}+1}{2}\right]-\left[\frac{p(df_{effect})-2}{2}\right]$$

其中df_{error}是误差项的自由度.

为了检验样本问题中的交互作用，我们有：

⊖ 当$p=1$时，就是一元方差分析.

$p=2$ 因变量的数目

$\mathrm{df}_{\mathrm{effect}}=2$ 治疗方案的水平数目减 1 与残疾水平数目减 1 的乘积或者$(t-1)(d-1)$

$\mathrm{df}_{\mathrm{error}}=12$ 治疗方案的水平数目乘以残疾的水平数目再乘以数量 $n-1$(n 是对于每个因变量每个单元的得分数目)，即 $\mathrm{df}_{\mathrm{error}}=dt(n-1)$

因此

$$s=\min(p,\mathrm{df}_{\mathrm{effect}})=2$$

$$y=0.908\ 068^{1/2}=0.952\ 926$$

$$\mathrm{df}_1=2(2)=4$$

$$\mathrm{df}_2=2\left[12-\frac{2-2+1}{2}\right]-\left[\frac{2(2)-2}{2}\right]=22$$

$$\text{近似 } F(4,22)=\left(\frac{0.047\ 074}{0.952\ 926}\right)\left(\frac{22}{4}\right)=0.2717$$

这个近似的 F 值通过使用通常的 F 表选择 α 来检验显著性．在此例中，自由度分别是 4 和 22 的残疾和治疗方案的交互作用在统计上并不显著，因为得出的 F 值 0.2717 没有超过 $\alpha=0.05$ 时的临界值 2.82.

按照同样的步骤，治疗方案的效应在统计上是显著的，因为 F 值为 34.44. 超过了 $\alpha=0.05$ 且自由度为 2 和 11 时的临界值 3.98. 残疾程度的主效应在统计上也是显著的，其 F 值为 5.39，超过了自由度为 4 和 22 且 $\alpha=0.05$ 时的临界值 2.82.（正如之前所提到的，主效应不是研究所关心的，但是有助于使分类步骤被认可．）在表 7-2 中，按照标准步骤，在最高水平的 α 值上依然具有显著性．

从 Wilks' lambda 值中可以得到效应大小的测量[⊖]. 对于多元方差分析：

$$\eta^2=1-\Lambda \tag{7.8}$$

如下面解释的一样，这个公式代表了能够被因变量最佳线性组合所解释的方差．

在单因素分析中，根据公式(7.4)，Wilks' lambda 是误差矩阵行列式和总平方和与叉积矩阵行列式的比率．误差矩阵的行列式 Λ 是因变量的线性组合所不能解释的那部分方差，所以 $1-\Lambda$ 是它所能解释的那部分方差．

因此，对于每个统计显著的效应，被解释方差的比例可以从公式(7.8)中很容易地得出．例如，治疗方案的主效应所解释方差的比例为

$$\eta_{\mathrm{T}}^2=1-\Lambda_{\mathrm{T}}=1-0.137\ 721=0.862\ 279$$

在这个例子中，WRAT-R 和 WRAT-A 最佳线性组合的 86%的方差被分配到不同的处理水平．η^2 的平方根($\eta=0.93$)是 WRAT 得分和治疗方案相关关系的一种表现形式．

然而，不像在方差分析中那样，在多元方差分析中所有效应对应的 η^2 之和可能会大于 1.0，因为对于每个效应，因变量都要重新组合．这一点会降低多元方差分析在解读方差所被解释的比例方面的吸引力，但是 η^2 依然是测量效应重要性大小的工具．

使用 η^2 的另一个困难在于效应在多元方差分析中往往比在一元方差分析中更大．因

⊖ 测量效应大小的另一个替代方法是典型相关分析，可以通过计算机程序得出相应结果．典型相关关系是自变量水平最佳线性组合和因变量最佳线性组合的相关系数，这两个最佳线性组合是使二者相关系数最大的组合．典型相关关系将在第 12 章中说明，典型相关分析和多元方差分析的关系将在第 17 章中简要说明．

此，当 $s>1$ 时推荐使用以下替代测量：

$$偏\,\eta^2 = 1 - \Lambda^{1/s} \tag{7.9}$$

在对于现有的数据使用偏 η^2 估计效应大小时，数值降到了 0.63，这是一个更加合理的估计．效应大小的置信限在 7.6 节有相应说明．

7.4.2　小样本示例的计算机分析

表 7-3 到表 7-5 分别展示了 SPSS MANOVA、SPSS GLM 和 SAS GLM 的语法和最小输出结果．

在 SPSS MANOVA(表 7-3)中，当语句 PRINT＝SIGNIF(BRIEF)被请求时，就会输出类似于方差分析中的简单源表．在输出解读部分(未展示)后，就得到标签为 `Test using UNIQUE sums of squares and WITHIN+RESIDUAL` 的源表．`WITHIN+RESIDUAL` 指的是合并的单元内误差平方和与叉积矩阵(见 7.4.1 节)加上未被检验到的其他效应(多元方差分析默认选取的误差项)．

例如，二因素多元方差分析的源表包含了两个主效应和一个交互作用．对每一个来源，给出了相应的 Wilks' lambda、近似(多元)F 值、分子自由度和分母自由度(分别为 Hyp. DF 和 Error DF)，以及显著性检验设定的概率水平．

除了括号中没有显示自变量的水平外，SPSS GLM 的语法与 MANOVA 的语法类似. METHOD、INTERCEPT 和 CRITERIA 命令由菜单系统默认生成．

输出包括含有 4 个多元效应检验的源表，分别为 Pillai、Wilks、Hotelling 和 Roy 的检验(这些检验在 7.5.2 节中讨论)．当组间自变量只有两个水平时，所有的这些检验方法都是相同的．Wilks' Lambda 检验的结果与表 7-3 中 SPSS MANOVA 的结果相匹配．在此之后在标签为 `Tests of Between-Subjects Effects` 的表中包含对每个因变量的一元检验．表格的格式遵循一元方差分析中的表格格式(见表 6-5)．要注意的是我们不推荐通过一元方差分析来解读多元方差分析(参见 7.5.3.1 节)．

表 7-3　通过 SPSS MANOVA 进行小样本示例的多元方差分析(语法和输出结果)

```
MANOVA
 WRATR WRATA BY TREATMNT(1,2) DISABLTY(1,3)
 /PRINT=SIGNIF(BRIEF)
 /DESIGN = TREATMNT DISABLTY TREATMNT*DISABLTY.

* * * * * * A n a l y s i s   o f   V a r i a n c e—design 1 * * * * * *

Multivariate Tests of Significance
Tests using UNIQUE sums of squares and WITHIN+RESIDUAL error term
Source of Variation     Wilks   Approx F   Hyp. DF   Error DF   Sig of F

TREATMNT                 .138    34.436      2.00     11.000      .000
DISABLTY                 .255     5.386      4.00     22.000      .004
TREATMNT * DISABLTY      .908      .272      4.00     22.000      .893
```

表 7-4　通过 SPSS GLM 进行小样本示例的多元方差分析(语法和选定输出结果)

```
GLM
 wratr wrata BY treatmnt disablty
 /METHOD = SSTYPE(3)
 /INTERCEPT = INCLUDE
 /CRITERIA = ALPHA(.05)
 /DESIGN = treatmnt disablty treatmnt*disablty.
```

（续）

General Linear Model

Between-Subjects Factors

		Value Label	N
Treatment type	1.00	Treatment	9
	2.00	Control	9
Degree of disability	1.00	Mild	6
	2.00	Moderate	6
	3.00	Severe	6

Multivariate Tests[c]

Effect		Value	F	Hypothesis df	Error df	Sig.
Intercept	Pillai's Trace	.998	2687.779[a]	2.000	11.000	.000
	Wilks' Lambda	.002	2687.779[a]	2.000	11.000	.000
	Hotelling's Trace	488.687	2687.779[a]	2.000	11.000	.000
	Roy's Largest Root	488.687	2687.779[a]	2.000	11.000	.000
Treatmnt	Pillai's Trace	.862	34.436[a]	2.000	11.000	.000
	Wilks' Lambda	.138	34.436[a]	2.000	11.000	.000
	Hotelling's Trace	6.261	34.436[a]	2.000	11.000	.000
	Roy's Largest Root	6.261	34.436[a]	2.000	11.000	.000
Disablty	Pillai's Trace	.750	3.604	4.000	24.000	.019
	Wilks' Lambda	.255	5.386[a]	4.000	22.000	.004
	Hotelling's Trace	2.895	7.238	4.000	20.000	.001
	Roy's Largest Root	2.887	17.323[b]	2.000	12.000	.000
Treatmnt * disablty	Pillai's Trace	.092	.290	4.000	24.000	.882
	Wilks' Lambda	.908	.272[a]	4.000	22.000	.893
	Hotelling's Trace	.101	.252	4.000	20.000	.905
	Roy's Largest Root	.098	.588[b]	2.000	12.000	.571

[a]Exact statistic
[b]The statistic is an upper bound on F that yields a lower bound on the significance level.
[c]Design: Intercept+Treatmnt+Disablty+Treatmnt * Disablty

Tests of Between-Subjects Effects

Source	Dependent Variable	Type III Sum of Squares	df	Mean Square	F	Sig.
Corrected Model	WRAT - Reading	2613.778[a]	5	522.756	11.531	.000
	WRAT - Arithmetic	2673.778[b]	5	534.756	11.898	.000
Intercept	WRAT - Reading	142934.222	1	142934.222	3152.961	.000
	WRAT - Arithmetic	136938.889	1	136938.999	3046.848	.000
Treatmnt	WRAT - Reading	2090.889	1	2090.889	46.123	.000
	WRAT - Arithmetic	1494.222	1	1494.222	33.246	.000
Disablty	WRAT - Reading	520.778	2	260.389	5.744	.018
	WRAT - Arithmetic	1126.778	2	563.389	12.535	.001
Treatmnt * Disablty	WRAT - Reading	2.111	2	1.056	.023	.977
	WRAT - Arithmetic	52.778	2	26.389	.587	.571
Error	WRAT - Reading	544.000	12	45.333		
	WRAT - Arithmetic	539.333	12	44.944		
Total	WRAT - Reading	146092.000	18			
	WRAT - Arithmetic	140152.000	18			
Corrected Total	WRAT - Reading	3157.778	17			
	WRAT - Arithmetic	3213.111	17			

[a]R Squared = .828 (Adjusted R Squared = .756)
[b]R Squared = .832 (Adjusted R Squared = .762)

在 SAS GLM(表 7-5)中，class 命令定义了自变量，model 命令定义了因变量和需要考虑的效应 . nouni 命令停止了描述性统计量和一元 F 检验的打印 . Manova h= _all_ 命令请求 model 命令里列出的所有主效应和交互作用的检验，short 命令可以压缩打印输出 .

输出结果以一些解读性信息(未在本书中展示)开始，然后是单独的 TREATMNT、DISABLTY 和 TREATMNT*DISABLTY 部分 . 在每一个源表之前都有特征根和向量误差平方和与叉积矩阵的信息(未在本章展示，这些会在第 9、12 和 13 章中讨论)以及三个自由度参数(7.4.1 节). 每个源表展示了 4 个多元检验的结果且都有完整的标签(参见 7.5.2 节).

表 7-5　在小样本示例中通过 SAS GLM 的多元方差分析(语法和选定输出结果)

```
proc glm data=SASUSER.SS_MANOV;
   class TREATMNT DISABLTY;
   model WRATR WRATA=TREATMNT DISABLTY TREATMNT*DISABLTY / nouni;
   manova h=_all_ / short;
run;
```

```
          MANOVA Test Criteria and Exact F Statistics for
           the Hypothesis of NO Overall TREATMNT Effect
              H = Type III SSCP Matrix for TREATMNT
                     E = Error SSCP Matrix

                      S=1    M=0    N=4.5

Statistic                      Value    F Value    Num DF    Den DF    Pr > F

Wilks' lambda             0.13772139      34.44         2        11    <.0001
Pillai's Trace            0.86227861      34.44         2        11    <.0001
Hotelling-Lawley Trace    6.26103637      34.44         2        11    <.0001
Roy's Greatest Root       6.26103637      34.44         2        11    <.0001

      Characteristic Roots and Vectors of: E Inverse * H, where
              H = Type III SSCP Matrix for DISABLTY
                     E = Error SSCP Matrix

Characteristic                            Characteristic Vector V'EV=1
         Root      Percent                           WRATR          WRATA

   2.88724085        99.73                      0.02260839     0.03531017
   0.00779322         0.27                     -0.03651215     0.02476743


          MANOVA Test Criteria and F Approximations for
           the Hypothesis of NO Overall DISABLTY Effect
              H = Type III SSCP Matrix for DISABLTY
                     E = Error SSCP Matrix

                    S=2    M=-0.5    N=4.5

Statistic                      Value    F Value    Num DF    Den DF    Pr > F

Wilks' lambda             0.25526256       5.39         4        22    0.0035
Pillai's Trace            0.75048108       3.60         4        24    0.0195
Hotelling-Lawley Trace    2.89503407       7.79         4    12.235    0.0023
Roy's Greatest Root       2.88724085      17.32         2        12    0.0003

   NOTE: F Statistic for Roy's Greatest Root is an upper bound.
          NOTE: F Statistic for Wilks' lambda is exact.
```

（续）

```
      Characteristic Roots and Vectors of: E Inverse * H, where
           H = Type III SSCP Matrix for TREATMNT*DISABLTY
                      E = Error SSCP Matrix

 Characteristic                        Characteristic Vector V'EV=1
          Root      Percent                    WRATR          WRATA

    0.09803883        97.11               0.00187535     0.04291087
    0.00291470         2.89               0.04290407    -0.00434641

              MANOVA Test Criteria and F Approximations for
           the Hypothesis of NO Overall TREATMNT*DISABLTY Effect
               H = Type III SSCP Matrix for TREATMNT*DISABLTY
                          E = Error SSCP Matrix

                          S=2    M=-0.5    N=4.5

 Statistic                        Value        F    Num DF    Den DF  Pr > F

 Wilks' Lambda               0.90806786     0.27         4        22  0.8930
 Pillai's Trace              0.09219163     0.29         4        24  0.8816
 Hotelling-Lawley Trace      0.10095353     0.27         4    12.235  0.8908
 Roy's Greatest Root         0.09803883     0.59         2        12  0.5706

    NOTE: F Statistic for Roy's Greatest Root is an upper bound.
           NOTE: F Statistic for Wilks' Lambda is exact.
```

7.4.3 多元协方差分析

在多元协方差分析中，根据协变量的差异调整因变量的线性组合．调整的因变量线性组合是使所有的受试者在协变量上得分相同后得到的线性组合．对于这个示例，实验前的IQ得分(在表7-1中作为插入部分展示)被用作协变量．

在多元协方差分析中，基本的方差分解与在多元方差分析中一样．然而，所有的矩阵——$\boldsymbol{Y}_{ikm}$、$\boldsymbol{D}_k$、$\boldsymbol{T}_m$、$\boldsymbol{DT}_{km}$和$\boldsymbol{GM}$——在此例中有3个元素：第一个是协变量(IQ得分)，第二个是两个因变量得分(WRAT-R和WRAT-A)．例如，对于患有轻度残疾并接受治疗的第一个儿童，协变量和因变量得分的列矩阵是

$$\boldsymbol{Y}_{111}=\begin{bmatrix}110\\115\\108\end{bmatrix}\begin{matrix}(\text{IQ})\\(\text{WRAT-R})\\(\text{WRAT-A})\end{matrix}$$

和多元方差分析中的一样，通过矩阵减法可以得到差异矩阵，然后通过每一个差异矩阵和自身的转置相乘得到平方和叉积矩阵$\boldsymbol{S}$.

下面这一步会与多元方差分析有所不同．$\boldsymbol{S}$矩阵被分解为与协变量、因变量和协变量与因变量叉积有关的部分．例如，治疗方案的主效应的叉积矩阵为

$$\boldsymbol{S}_T=\begin{bmatrix}[2.00] & [64.67 \quad 54.67]\\ \begin{bmatrix}64.67\\54.67\end{bmatrix} & \begin{bmatrix}2090.89 & 1767.56\\1767.56 & 1494.22\end{bmatrix}\end{bmatrix}$$

右下角的部分是因变量的$\boldsymbol{S}_T$矩阵(或$\boldsymbol{S}_T^{(Y)}$)，此部分与7.4.1节中推导的$\boldsymbol{S}_T$一样．左上角的部分是协变量的平方和(或$\boldsymbol{S}_T^{(X)}$)．(如果有更多的协变量，那么这部分会变为一个完整的平方和与叉积矩阵．)最后，两个非对角线部分包含了协变量和因变量的叉积(或$\boldsymbol{S}_T^{(XY)}$)．

调整后的矩阵或 $\boldsymbol{S}^*$ 矩阵就是从这些部分得来的．$\boldsymbol{S}^*$ 矩阵是经过协变量的效应调整后的平方和与因变量叉积矩阵．每个平方和与每个叉积都会被一个能够反映协变量上差异的方差值所调整．

在矩阵层面，这个调整如下：

$$\boldsymbol{S}^* = \boldsymbol{S}^{(Y)} - \boldsymbol{S}^{(YX)}(\boldsymbol{S}^{(X)})^{-1}\boldsymbol{S}^{(XY)} \tag{7.10}$$

通过从未调整的因变量叉积矩阵($\boldsymbol{S}^{(Y)}$)中减去协变量的叉积矩阵的逆$(\boldsymbol{S}^{(X)})^{-1}$和协变量与因变量的关联叉积矩阵($\boldsymbol{S}^{(YX)}$和$\boldsymbol{S}^{(XY)}$)的乘积得到调整后的叉积矩阵 $\boldsymbol{S}^*$.

这个调整针对的是因变量(Y)对协变量(X)的回归．因为 $\boldsymbol{S}^{(XY)}$ 是 $\boldsymbol{S}^{(YX)}$ 的转置，它们相乘相当于一个平方运算．乘以 $\boldsymbol{S}^{(X)}$ 的逆矩阵类似于除法运算．正如第 3 章所示，对于简单标量，回归系数是 X 与 Y 之间的叉积和除以 X 的平方和．

对每个 $\boldsymbol{S}$ 矩阵调整后得到相应的 $\boldsymbol{S}^*$ 矩阵．$\boldsymbol{S}^*$ 矩阵是 2×2 的矩阵，但是它们的元素通常比最初的多元方差分析中的元素小．例如，简化后的 $\boldsymbol{S}^*$ 矩阵为

$$\boldsymbol{S}_D^* = \begin{bmatrix} 388.18 & 500.49 \\ 500.49 & 654.57 \end{bmatrix} \qquad \boldsymbol{S}_T^* = \begin{bmatrix} 2059.50 & 1708.24 \\ 1708.24 & 1416.88 \end{bmatrix}$$

$$\boldsymbol{S}_{DT}^* = \begin{bmatrix} 2.06 & 0.87 \\ 0.87 & 19.61 \end{bmatrix} \qquad \boldsymbol{S}_{S(DT)}^* = \begin{bmatrix} 528.41 & -26.62 \\ -26.62 & 324.95 \end{bmatrix}$$

注意右下角的矩阵，除了主对角线上的元素是平方和，叉积矩阵可能会有为负值的元素.

将适合多元方差分析的检验用于 $\boldsymbol{S}^*$．使用的准则为 Wilks' lambda 准则，即公式(7.4)，用矩阵行列式的比率来检验关于主作用和交互作用的假设．例如，4 个矩阵行列式用于检验三个假设(两个主作用和一个交互作用)为

$$|\boldsymbol{S}_{S(DT)}^*| = 171\ 032.69$$

$$|\boldsymbol{S}_D^* + \boldsymbol{S}_{S(DT)}^*| = 673\ 383.31$$

$$|\boldsymbol{S}_T^* + \boldsymbol{S}_{S(DT)}^*| = 1\ 680\ 076.69$$

$$|\boldsymbol{S}_{DT}^* + \boldsymbol{S}_{S(DT)}^*| = 182\ 152.59$$

多元协方差分析的源表与多元方差分析的类似，见表 7-6.

表 7-6　WRAT-R 以及 WRAT-A 得分的多元协方差分析

方差来源	Wilks' Lambda	df_1	df_2	多元 F
协方差	0.584 85	2.00	10.00	3.549 13
治疗方案	0.137 72	2.00	10.00	44.115 54①
残疾	0.255 26	4.00	22.00	4.921 12②
治疗方案与残疾的交互	0.908 07	4.00	22.00	0.159 97

① $p<0.001$.

② $p<0.01$.

在这个源表中多了一个 7.4.1 节的多元方差分析源表中没有的新项目——由于协变量而造成的因变量方差．(如果协变量多于一个，那么会有一行表示联合协变量，一行表示每个单独的协变量．) 正如在方差分析中那样，对于每个协变量都会使用一个误差自由度来修改公式(7.5)中的 df_2 和 s. 然后，对于多元协方差分析有

$$s=\min(p+q,\ \mathrm{df}_{\mathrm{effect}}) \tag{7.11}$$

其中 q 是协变量的个数，其他项与公式(7.7)中的定义一致.

$$\mathrm{df}_2=s\left[(\mathrm{df}_{\mathrm{error}})-\frac{(p+q)-\mathrm{df}_{\mathrm{effect}}+1}{2}\right]-\left[\frac{(p+q)(\mathrm{df}_{\mathrm{effect}})-2}{2}\right]$$

使用近似 F 来检验协变量-因变量关系以及主作用和交互作用的显著性. 如果发现显著关系，那么使用 Wilks' lambda 来确定效应大小[如公式(7.6)或公式(7.9)所示].

7.5 一些重要问题

7.5.1 多元方差分析与方差分析

多元方差分析对于高度负相关的因变量最有效，对于在正负两个方向上适度相关(大约 |0.6|)的因变量也有可接受的良好效果. 例如，有两个因变量，分别是完成一项任务的时间和其中错误的数目，这两个因变量预计有适度的负相关关系，可以通过多元方差分析很好地被分析. 如果因变量之间的相关系数为较大的正数或者接近 0，则多元方差分析没有那么有效(Woodward et al.，1990).

在多元方差分析中使用高度正相关的因变量是无效的. 例如，使用多元方差分析检验启智计划的效果可能会用到 WISC 和 Stanford－Binet 作为因变量. 整体多元检验效果比较令人满意，但是在最高优先级因变量进入逐步分析后，剩余因变量的检验就会不明确. 一旦这个因变量变为一个协变量，较低优先级因变量与自变量主效应或交互作用有关的方差就不存在. 一元检验也具有高度误导性，因为它们说明了效应对于不同行为的影响，但实际上是重复测量一种行为. 对于方差分析，更好的策略是挑选一个单个因变量(尽可能选最可靠的)或者创建一个复合得分(如果因变量是相同维度的就使用平均数，如果是不同维度的就使用主成分得分).

如果因变量之间不相关，那么多元方差分析也是无效的，显然，如果因变量为因子或成分得分，那么此时多元方差分析也是无效的. 多元检验比一元检验的势更低并且单元和逐步分析的结果之间没有差异. 多元方差分析优于多个单独的方差分析的原因是它可以控制第一类错误. 然而，这种错误同样可以在每个方差分析中使用 Bonferroni 纠正[见公式(7.12)]来控制，尽管与多元方差分析相比，这可能会产生一个更加保守的潜在结果.

有时既存在互相相关的因变量又存在互相不相关的因变量. 例如，可能会有一组适度相关的因变量与执行任务的表现相关，而另一组适度相关的因变量与执行任务的态度相关. 只要针对多个多元方差分析的误差率做出了合适的调整，对两组适度相关的因变量进行单独的多元方差分析就可能会产生最有趣的解释. 或者一个因变量集作为一个单一多元协方差分析的协变量.

7.5.2 统计推断准则

在多元方差分析中有几个多元统计量可以用来检验主效应和交互作用的显著性：Wilks' lambda 准则、Hotelling 迹准则、Pillai 准则和 Roy 的 gcr 准则. 当一个效应只有两个水平时($s=1$，在一元分析中是自由度为 1 的意思)，Wilks' lambda 准则、Hotelling 迹准则、Pillai 准则和 Roy 的 gcr 准则对应的 F 检验是相同的. 通常，当一个效应有 2 个以上的水平时(对应一元检验中 $s>1$ 且 $\mathrm{df}>1$)，几个 F 值略有不同，但是三个统计量要么全部显著要么全部不显著．然而有时一些统计量是显著的而另一些却不显著，研究人员不知道应该相信哪一个结果．

当效应只有一个自由度时，只有一种方法可以联合因变量来将两个组彼此分开．然而，当效应的自由度大于1时，不止有一种方法联合因变量以区分各组．例如，在有三个组时，因变量的一种组合可能会把第一组与其他两个组区分开，而因变量的第二种组合可能会把第二组与第三组分开．每个因变量组合的方法都是一个维度，各组之间沿维度不同(第9章中有详细的说明)，并且每个组合都会生成一个统计数据．

当效应的自由度不止一个时，Wilks' lambda 准则、Hotelling 迹准则和 Pillai 准则合并了各个维度的统计数据来检验效应，而 Roy 的 gcr 准则只使用第一个维度(在我们的例子中为将第一组从另外两组中区分开的因变量组合)，并且 Roy 的 gcr 准则是少数研究者(Harris，2001)首选的检验统计准则．然而大多数研究者采用一个合并统计量来检验效应(Olson，1976)．

公式(7.4)和7.4.1节中定义的 Wilks' lambda 是一个似然比统计量，用于在总体均值向量与不同组样本均值向量相同的假设下，对数据的可能性进行检验．Wilk' lambda 是误差方差与效应方差的合并比率加上误差方差，Hotelling 迹是效应方差与误差方差的合并比率，而 Pillai 准则只是合并效应方差．

当存在多个维度但第一个贡献了绝大多数组区分时，Wilks' lambda、Hotelling 迹和 Roy 的 gcr 准则通常比 Pillai 准则更加有效．当组的区分分布在各个维度上时，它们就没有如此有效．但是据说 Pillai 准则比其他三个准则更稳健(Olson，1979)．随着样本量变小，样本量 n 不相等的情况出现，且方差-协方差矩阵的齐性假定将被违反(7.3.2.2节)，Pillai 准则在稳健性上的优势更加明显．当研究设计不太理想时，Pillai 准则是选择的标准．

就可用性而言，和所有其他的研究报告一样，所有本章提到的多元方差分析程序都提供了 Wilks' lambda 准则，因此除非有理由需要使用 Pillai 准则，否则 Wilks' lambda 准则是我们所应选择的准则．随着需要提供的其他统计信息的不同，所对应的程序也不同(见7.7节)．

除了多元 F 显著性检验潜在的不一致性，还有多元 F 检验不显著而某个因变量的单元检验却显著所带来的困扰．如果研究者只测量了一个正确的因变量，那么其效应是显著的，但是因为更多的因变量被测量，它的效应不再显著．为什么多元方差分析组合因变量的时候不将显著因变量的权重取值为1而其他因变量的权重取值为0呢？事实上，多元方差分析几乎做到了这点，但是多元 F 通常不如一元或逐步 F 更有效，并且显著性有时会丢失．如果这种情况发生，最好的做法是汇报不显著的多元 F 并且提供一元或者逐步结果作为未来研究的指导．

7.5.3 评估因变量

当一个主效应或者一个交互作用在多元统计分析中显著时，我们通常想要进一步研究哪些因变量受到了影响．但是在显著多元效应方面评估因变量的问题与在多元回归中给自变量分配重要性的问题(第5章)类似．首先，有多个显著性检验，所以针对膨胀的第一类错误进行相应的调整是必要的．其次，如果因变量之间是不相关的，那么对它们的方差分配不会有歧义，但是当因变量相关时，对因变量分配重叠方差是有问题的．

7.5.3.1　一元 F

如果因变量之间的合并组间相关系数为 0(当然它们永远都不会全部为 0，除非它们是由主成分分析形成的)，那么每个因变量的一元方差分析给出了它们重要性的相关信息．对不相关的因变量使用方差分析与在多元回归中通过每个自变量与因变量相关系数的大小来评估其重要性类似．统计上显著的一元 F 统计量是重要的变量，并且可以通过效应大小对因变量重要性进行排序．然而，由于多个检验导致第一类错误率膨胀，因此需要更加严格的 α 水平．

由于存在多重方差分析，因此需要对膨胀的第一类错误进行 Bonferroni 调整．对于每个因变量我们都设定一个 α 水平以使因变量集合的 α 水平不超过临界值．

$$\alpha = 1-(1-\alpha_1)(1-\alpha_2)\cdots(1-\alpha_p) \tag{7.12}$$

第一类错误率(α)基于检验第一个因变量、第二个因变量和剩余其他的因变量到第 p 个值或最后一个因变量的错误率．

所有的 α 都可以设置为同一水平，或更重要的因变量可以使用更宽泛的 α. 例如，如果有 4 个因变量且每一个因变量的 α 都设为 0.01，那么根据公式(7.12)，总体 α 水平为 0.039；或者如果将两个因变量的 α 设为 0.02，另外两个因变量的 α 设为 0.001，则总体的 α 水平为 0.042，同样低于 0.05. 如果所有的 α_i 都相等，则其近似值为

$$\alpha_i = \alpha_{fw}/p$$

其中 α_{fw} 是多重错误率(比如 0.05)，p 是检验的数目．

在一元 F 检验中，因变量之间的相关性会造成两个问题．第一个问题是相关的因变量测量了同一行为的重叠部分．两个因变量都“显著”这个结论错误地暗示自变量影响了两个不同的行为．例如，如果两个因变量分别是 Stanford-Binet IQ 和 WISC IQ，那么它们之间的相关性很高，以至于自变量如果影响一个因变量势必也会影响另一个因变量．报告相关因变量的一元 F 统计量的第二个问题是第一类错误率的膨胀．因为因变量之间的相关性，一元 F 统计量之间不是相互独立的，且不可能直接调整错误率．在这种情况下，对一元方差分析的结果报告违背了多元方差分析的本质．然而，这仍是解读多元方差分析结果的最常用方法．

尽管对每个因变量报告一元 F 统计量是一个简单的策略，但是解读报告还应包含因变量之间的合并组内相关系数，以便读者可以做出必要的解读性调整．合并组内相关系数矩阵可以由 SPSS 多元方差分析和 SAS GLM 给出．

在表 7-2 的示例中，治疗方案的多元效应是显著的(残疾程度的效应同样显著，但是正如之前提到的，在这个示例中，这不是我们感兴趣的地方). 探究两个因变量中哪一个受治疗的影响是合适的．对 WRAT-R 和 WRAT-A 的一元方差分析分别展示在表 7-7 和表 7-8 中．WRAT-R 和 WRAT-A 之间的合并组内相关系数是 0.057，自由度为 12. 因为因变量之间相对不相关，所以针对多个检验调整 α 后的单元 F 统计量可能被认为是合适的选择(但是要注意下面部分中的逐步分析结果). 有两个因变量，所以每一个的 α 都被设定为

0.025[一]. 因为自由度分别为2和12，所以临界 F 值为5.10. 如果自由度为1和12，临界 F 值则是6.55. 治疗方案(和残疾程度)对WRAT-A和WRAT-R都有主效应.

表 7-7　WRAT-R 得分的一元方差分析

来源	SS	df	MS	F
D	520.7778	2	260.3889	5.7439
T	2090.8889	1	2090.8889	46.1225
DT	2.1111	2	1.0556	0.0233
$S(DT)$	544.0000	12	45.3333	

表 7-8　WRAT-A 得分的一元方差分析

来源	SS	df	MS	F
D	1126.7778	2	563.3889	12.5352
T	1494.2222	1	1494.2222	33.2460
DT	52.7778	2	26.3889	0.5871
$S(DT)$	539.5668	12	44.9444	

7.5.3.2　Roy-Bargmann 逐步分析

与因变量相关的一元 F 检验带来的问题可以通过逐步分析[二]来解决(Bock, 1966; Bock & Haggard, 1968). 因变量的逐步分析与在多元回归中通过序贯分析检验自变量的重要性类似. 根据理论或实践为因变量分配优先级[三]. 在对 α 进行适当的调整后使用一元方差分析检验最高优先级的因变量. 其余的因变量在一系列的协方差分析中被检验. 每个连续的因变量都在更高优先级的因变量作为协变量的情况下被检验，以查看它对已检验的因变量有什么补充(如果有的话). 因为连续的方差分析是独立的，因此对由多个检验造成的膨胀的第一类错误进行的调整与7.5.3.1节中的调整相同.

对于这个例子，我们给WRAT-R得分分配更高的优先级，因为阅读问题代表学习障碍儿童最常见的症状. 为了使总体 α 水平低于0.05，两个因变量的 α 水平都设为0.025. 通过一元方差分析分析WRAT-R分数(见表7-7). 因为残疾程度的主效应不是我们所关心的，且在多元方差分析中交互作用在统计上是不显著的(见表7-2)，所以我们唯一关心的是治疗方案的效应. 检验治疗方案的效应得到的 F 值46.1225明显超过了临界值(自由度为1和12，$\alpha=0.025$ 时 F 值为6.55).

在协方差分析中，WRAT-A得分是在WRAT-R得分作为协变量的基础上被分析的，分析结果如表7-9所示[四]. 对于治疗方案的效应，在自由度分别为1和11，$\alpha=0.025$ 时临

[一] 当设计极其复杂并产生许多主效应和交互作用时，有必要进一步调整 α，以使贯穿所有因变量的方差分析中的 α 低于0.15左右.

[二] 当一个显著的逐步 F 统计量被解读为主效应和交互作用的显著多元效应时，逐步分析可以代替多元方差分析被运行.

[三] 依据统计准则(比如一元 F 统计量)来分配优先级也是可以实现的，但是分析要面对逐步回归所固有的问题(第5章已讨论).

[四] 通过SPSS MANOVA可以获得作为选项的全面的逐步分析. 然而，为了举例说明，展示分析是如何形成的是非常有用的.

界 F 值是 6.72，超过了得到的 F 值 5.49. 因此，根据逐步分析，治疗方案的显著效应在 WRAT-R 得分中体现，而 WRAT-A 得分什么都未增添.

注意到 WRAT-A 得分显示显著的一元 F 统计量而不是逐步 F 统计量. 因为 WRAT-A 得分在逐步分析中不显著并不意味它们不受治疗方案的影响，而是在对 WRAT-R 得分差异进行调整后，WRAT-A 与治疗方案没有唯一的共有方差. 尽管因变量之间的相关性相对较低，但仍然会出现这种结果.

这个过程还可以通过多元协方差分析拓展到多个因变量集合. 如果因变量被分类，比如与教学有关的变量和与学习态度有关的变量，那么我们可以研究在对与教学有关的变量上存在的差异进行调整后，自变量是否会影响与学习态度有关的变量. 与学习态度有关的变量在多元协方差分析中作为因变量，而与教学有关的变量作为协变量.

表 7-9 WRAT-A 得分的协方差分析(WRAT-R 得分作为协变量)

来源	SS	df	MS	F
协变量	1.7665	1	1.7665	0.0361
D	538.3662	2	269.1831	5.5082
T	268.3081	1	268.3081	5.4903
DT	52.1344	2	26.0672	0.5334
$S(DT)$	537.5668	11	48.8679	

7.5.3.3 使用判别分析

正如第 9 章更充分讨论的，判别分析提供了评估因变量的有用信息(在判别分析的背景下因变量是预测因子). 生成的结构矩阵包含了最大化治疗方案差异的因变量线性组合与因变量本身的相关系数. 与组合高度相关的因变量对组间的判别更加重要.

判别分析也可用于检验标准多重回归意义下的因变量，在对所有其他因变量调整后评估每个因变量的效应. 也就是说，每个因变量都得到评估，就好像它是最后一个加入方程的变量. 这会在 9.6.4 节中说明.

7.5.3.4 评估因变量方法的选择

当一个有多于两水平的多元主效应显著时，你可能发现 9.6.3 节和 9.6.4 节的步骤比一元或逐步分析的 F 统计量在评估因变量时更有效. 类似地，如果多元交互作用是显著的，那么你可能会发现 8.5.2 节中描述的步骤有助于评估因变量.

在一元和逐步分析的 F 中进行选择是不容易的，我们通常想同时使用两者. 当因变量之间没有相关关系时，可以接受第一类错误进行调整后的 F. 当因变量之间具有相关关系时(大多数情况是如此)，基于统计的纯粹性逐步分析的 F 更可取，但是我们必须对因变量的优先级进行排序并且结果可能难以解读.

如果因变量之间相关且它们优先级的排序是可信的，那么很明显应使用逐步分析，一元 F 统计量和合并组间相关关系仅作为补充信息报告. 对于显著的较低优先级因变量，应该汇报并解释针对较高优先级因变量调整的边际和单元均值.

如果因变量是相关的并且它们的排序有些随意，则应首先选择逐步分析. 鉴于一元结果的模式，如果逐步分析的结果模式有意义，则解释时应对两者都进行考虑且要强调在逐步分析中显著的因变量．例如，如果一个因变量的一元 F 显著而逐步分析 F 不显著，解读很简单：因变量与自变量共有的方差已经通过与一个或多个更高优先级因变量重合的方差得到解释．这是前面部分对 WRAT-A 的解读以及接下来 7.6 节中讨论的方法．

但是如果因变量的一元 F 是不显著的而逐步分析 F 是显著的，那么解读就会变得很困难．当更高阶因变量作为协变量时，此因变量突然具有"重要性"．在这种情况下，解读与因变量进入逐步分析的背景有关．放弃对因变量统计显著性的估计而寻求简单的描述在这一点上可能是值得的，尤其是当对因变量排序的理论基础很薄弱时．在得到一个显著的多元效应后，对于单元数值较大的 F，未调整的边际或组均值会在报告中显示但是显著性水平不会给出．

如 9.6.3.2 节所述，解读一元或逐步 F 的另一种替代方法是解读判别分析中的载荷矩阵．当使用 SPSS MANOVA 或 SAS GLM 时，这一过程更容易实现，因为判别方程会作为常规输出给出．或者，可以直接对数据应用判别分析．

另一个研究视角是探究自变量对不同因变量的效应是否有显著差异．例如，治疗方案对阅读的影响是否比其对算术的影响更加显著？在元分析的背景下，对于因变量之间对比的检验得到了发展，重点是比较效应大小．Rosenthal(2001)展示了这些检验方法．

7.5.4　具体比较和趋势分析

当一个显著的多元主效应有多于两个水平并且某个因变量对主效应非常重要时，我们通常想要对因变量进行具体比较和趋势分析以准确找到显著性差异的来源．类似地，当一个多元交互作用显著且某个因变量对此交互作用很重要时，我们会进一步对此因变量进行具体比较．对于多元效应也可以进行具体比较．除非所有的因变量在同一个方向上被缩放或者基于因子或主成分得分，否则这些方法通常不如单个因变量的可比较性．回顾 3.2.6 节、6.5.4.3 节和 8.5.2 节用于比较的案例和讨论．多元方差分析中单个因变量的问题和步骤与在方差分析中相同．

比较要么是计划好的(代替综合 F 被执行)，要么是后验的(在综合 F 之后被执行来窥探数据)．当比较为事后比较时，可以使用 Scheffé 步骤的拓展来避免由于多个检验所造成的膨胀的第一类错误．这个步骤非常保守但是不限制比较的次数．根据方差分析的 Scheffé 步骤(见 3.2.6 节)，将表中的 F 临界值乘以检验效应的自由度得到一个调整后的且更为严格的 F．如果对比一个主效应的边际均值，则自由度是与主效应相关联的自由度．如果对比单元均值，我们的建议是使用与交互作用相关的自由度．

对单个因变量不同类型的对比在 8.5.2.1 节和 8.5.2.3 节中展示．对单个因变量建立对比和对组合建立对比的区别是所有的因变量都包含在语法之中．表 7-10 展示了小样本案例的趋势分析的语法和指定使用者的关于 DISABLTY 的主效应正交对比．列举的正交对比系数实际上是趋势系数．注意 SPSS GLM 需要 LMATRIX 命令中的部分分数来生成正确的结果．

此语法的使用也提供了每个因变量对比的一元检验．所有这些对比都没有针对事后分析进行调整．除非计划进行比较，否则要使用常见的纠正来最小化膨胀的第一类错误(参见 3.2.6.5 节、6.5.4.3 节和 8.5.2 节)．

表 7-10 正交比较和趋势分析的语法

Type of Comparison	Program	Syntax	Section of Output	Name of Effect
Orthogonal	SPSS GLM	GLM WRATR WRATA BY TREATMNT DISABLTY /METHOD = SSTYPE(3) /INTERCEPT = INCLUDE /CRITERIA = ALPHA(.05) /LMATRIX "LINEAR" DISABLTY 1 0 -1 TREATMNT*DISABLTY 1/2 0 -1/2 1/2 0 -1/2 /LMATRIX "QUADRATIC" DISABLTY 1 -2 1 TREATMNT*DISABLTY 1/2 -2/2 1/2 1/2 -2/2 1/2 /DESIGN = TREATMNT DISABLTY TREATMNT*DISABLTY.	**Custom Hypothesis Tests:** **Multivariate Test Results**	Wilks' Lambda
	SPSS MANOVA	MANOVA WRATR WRATA BY TREATMNT (1, 2) DISABLTY (1, 3) /METHOD = UNIQUE /PARTITION (DISABLTY) /CONTRAST(DISABLTY)=SPECIAL(1 1 1, 1 0-1, 1-2 1) /DESIGN = TREATMNT DISABLTY(1) DISABLTY(2) TREATMNT BY DISABLTY.	EFFECT... DISABLTY(2) EFFECT... DISABLTY(1)	Wilks' Lambda
	SAS GLM	PROC GLM DATA=SASUSER.SS_MANOV; CLASS TREATMNT DISABLTY; MODEL WRATR WRATA = TREATMNT DISABLTY TREATMNT*DISABLTY; CONTRAST 'LINEAR' DISABLTY 1 0 -1; CONTRAST 'QUADRATIC' DISABLTY 1 -2 1; manova h=_all_/short; run;	MANOVA Test Criteria.... No Overall linear (quadratic) Effect	Wilks' Lambda
Trend Analysis	SPSS GLM	No special syntax; done as any other user-specified contrasts.	EFFECT... DISABLTY(2)	Wilks' Lambda
	SPSS MANOVA	MANOVA WRATR WRATA BY TREATMNT(1,2) DISABLTY(1,3) /METHOD = UNIQUE /PARTITION (DISABLTY) /CONTRAST(DISABLTY)= POLYNOMIAL (1,2,3) /DESIGN = TREATMNT DISABLTY(1) DISABLTY(2) TREATMNT BY DISABLTY.	EFFECT... DISABLTY(1)	
	SAS GLM	No special syntax for between-subjects IVs.		

7.5.5 设计复杂性

当组间设计的自变量多于两个时，只要每个单元的样本量一致，多元方差分析的拓展就十分简单易懂．方差的划分继续遵循方差分析，并为每个主效应和交互作用都计算出其方差分量．由单元内个体差异形成的合并方差-协方差矩阵充当单个误差项．因变量的评估和比较按 7.5.3 节和 7.5.4 节的描述进行．

然而，会出现两个主要的复杂性设计，它们分别是组内自变量的加入和单元内样本量不相等．

7.5.5.1 组内和组间设计

最简单的重复测量设计是在不同的情况下对同一受试者的因变量进行测量的单因素组

内设计．此设计可能会因为组间自变量或者更多组内自变量的加入而变得复杂．参考第3章和第6章，查看关于重复测量方差分析中出现的问题的讨论．

当我们对多个因变量在几个不同情况下进行测量时，重复测量就推广到多元方差分析．我们可以从两方面来看待这几种不同的情况．在传统意义上，情况被当作一个组内自变量，它的水平与情况个数一致(第3章)．或者每种情况可以被视为单独的因变量——每个因变量对应一种情况(7.2.8节)．在后一种观点中，如果同一情况测量不止一个因变量，则称该设计具有双重多元性——在多个情况下测量多个因变量．(当组内自变量只有两个水平时，两种视角没有差异．)

8.5.3节讨论了具有一个组间自变量(PROGRAM)、一个组内自变量(MONTH)和两个因变量(WTLOSS和ESTEEM)的小数据集双重多元分析案例，两个因变量都被测量了三次．8.6.2节展示了一个完整的双重多元设计案例．

在有多个因变量的情况下却按对待一元情况对待组内自变量也是有可能的．在出现下面几种情况时这种处理是非常有用的：①组内自变量只有两个水平；②不涉及违反球形假设(3.2.3节和8.5.1节)；③计划用趋势分析来代替组内自变量的综合检验和其他任何具有组内自变量的交互作用．所有双重多元分析的程序也会显示一元分析的结果，因此语法与8.5.3节中使用的语法相同．

7.5.5.2　样本量不相等

当一个因子方差分析的单元样本量不相等时，效应的平方和加误差平方和不再等于总平方和，并且主效应和交互作用的检验相互关联．有许多方法可以调整平方和的重叠部分(参见Woodward和Overall，1975)，详细见6.5.4.2节的讨论，特别是表6-10. 所有的问题和解决方案都可以推广到多元方差分析．

7.7节中描述的所有多元方差分析程序都对不相等的样本量做了调整．SPSS MANOVA提供了默认的调整方法1(METHOD = UNIQUE)和调整方法3(METHOD = SEQUENTIAL). 7.6.2节显示了通过SPSS MANOVA对统计数据调整的方法3. 方法1(称为SSTYPE(3))是SPSS GLM四个选项中的默认选项．在SAS GLM中，方法1(称为TYPE Ⅲ或TYPE Ⅳ)也是四个可用选项中的默认选项．

7.6　多元方差和协方差分析的完整案例

在B.1节描述的研究中，我们关心几个变量的均值是否随着性别角色的不同而不同．女性的男性化(masculinity，MASC)和女性化(femininity，FEM)在自尊心、内向度-外向度、神经质等方面是否存在差异？相关文件是MANOVA.*.

性别角色识别是通过Bem性别角色量表(Bem，1974)中的男性化和女性化程度定义的．每个程度在其中位数上分为产生男性化的两个水平(高和低)、女性化的两个水平(高和低)以及四个组：无差别组(低女性化、低男性化)、女性化组(高女性化、低男性化)，男性化组(低女性化、高男性化)和雌雄同体组(高女性化、高男性化)．此设计生成了一个男性化主效应、一个女性化主效应和一个男性化-女性化交互作用[⊖]．

⊖ 有些人可能对把男性化和女性化视为单独的自变量的处理方法以及用中位数来分组的操作有异议．这个例子只是作为案例．

此分析的因变量为自尊心(ESTEEM)、内控点与外控点(CONTROL)、对女性角色的态度(ATTROLE)、社会经济水平(SEL2)、内向度-外向度(INTEXT)和神经质(NEUROTIC). 对程度进行编码，使得高得分通常代表更加"负面"特点：缺乏自尊心、更神经质等.

综合多元方差分析(7.6.2节)研究这些因变量是否与这两个自变量(女性化和男性化)或者它们的交互作用有关. Roy-Bargmann逐步分析和一元 F 值使我们可以检测因变量与每个自变量之间的关系模式.

在第二个例子中(7.6.3节)，用 SEL^2、CONTROL、ATTROLE作为协变量，ESTEEM、INTEXT和NEUROTIC作为因变量进行多元方差分析. 研究问题是在对社会经济水平、对女性角色的态度和关于加强控制点的信念上的差异进行调整后，三个个性因变量是否随着性别角色识别(两个自变量及其交互作用)而变化.

7.6.1 假设评估

在进行多元方差分析和多元协方差分析之前，我们必须对受实际技术限制的变量进行评估.

7.6.1.1 样本量不相等和存在缺失值

SPSS FREQUENCIES与SORT、SPLIT FILE一起运行，把样本分为四组. 检查各组每个因变量的数据和分布是否有缺失值、形状和方差(有关女性组内控点与外控点变量的输出参见表7-11). 程序显示了内控点与外控点数据缺失的情况. 其他任何因变量在369个受到Bem性别角色量表识别的女性数据上没有缺失数据. 删除具有缺失数据的样本，然后将样本量减少到368.

表7-11 通过组划分的多元方差分析变量的SPSS FREQUENCIES语法和选定输出

```
MISSING VALUES CONTROL (0)
SORT CASES BY ANDRM.
SPLIT FILE
  SEPARATE BY ANDRM.
FREQUENCIES
  VARIABLES=ESTEEM CONTROL ATTROLE SEL2 INTEXT NEUROTIC /FORMAT NOTABLE
  /STATISTICS=STDDEV VARIANCE MINIMUM MAXIMUM MEAN SKEWNESS SESKEW KURTOSIS
  SEKURT
  HISTOGRAM NORMAL
  /ORDER=ANALYSIS.
```

Frequencies　　**Groups-4 = Feminine**

Statistics[a]

		Self esteem	Locus of control	Attitude toward role of women	Socio-economic level	Introversion-extroversion	Neuroticism
N	Valid	173	172	173	173	173	173
	Missing	0	1	0	0	0	0
Mean		16.4913	6.7733	37.0520	40.402643	11.3266	8.9653
Std. Deviation		3.48688	1.26620	6.28145	24.659579	3.66219	5.10688
Variance		12.158	1.603	39.457	608.095	13.412	26.080
Skewness		.471	.541	.076	−.235	−.327	.238
Std. Error of Skewness		.185	.185	.185	.185	.185	.185
Kurtosis		.651	−.381	−.204	−1.284	−.335	−.689
Std. Error of Kurtosis		.367	.368	.367	.367	.367	.367
Minimum		9.00	5.00	22.00	.00000	2.00	.00
Maximum		28.00	10.00	55.00	81.00000	20.00	23.00

aGroups-4 = Feminine

（续）

Histogram

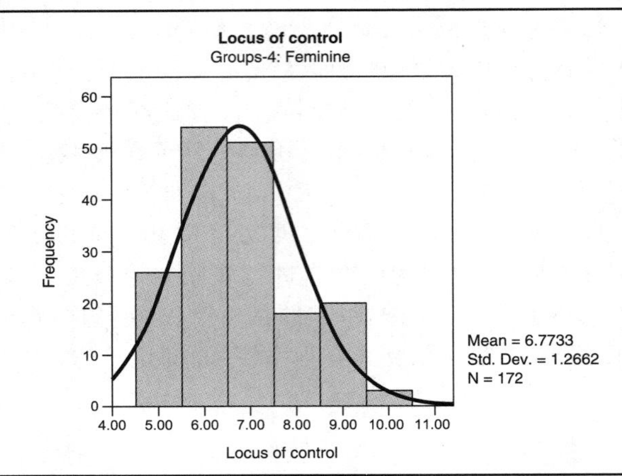

四组的样本量有很大的差异：有71个无差别组、172个女性化组、36个男性化组和89个雌雄同体组．因为我们假定样本量的差异反映真实的总体分布过程，调整不均等的n的序贯方法是使女性化优先于男性化，并考虑二者的交互作用．

7.6.1.2　多元正态性

大小为368的样本量包含了2×2组间设计中每个单元的35个样本，超过了为保证均值抽样分布的多元正态性所建议的自由度20(甚至在样本量不均等时也可达到这一点)．在最小的单元里样本的数量远远大于因变量的数量．更进一步，完整程序(表7-11就是其中一部分)的分布没有生成警告信息．偏度并不极端，并且当它存在的时候，因变量的偏度也大致相等．

双尾检验可以通过使用过的计算机程序自动执行．也就是说，F检验会在其两个方向上寻找均值间的差异．

7.6.1.3　线性

表7-11中完整的程序输出说明没有必要担心线性问题．每组中所有的因变量分布都是较为平衡的，因此没必要检查组内每对因变量的散点图．如果需要使用散点图，可以通过表7-11中的SORT以及SPLIT FILE语法来使用SPSS PLOT实现．

7.6.1.4　异常值

在表7-11包含最大值和最小值的完整输出中，依据$z=|3.3|$($\alpha=0.001$)的准则没有找到一元异常值．SPSS REGRESSION使用分割文件在适当的位置检查每组中的异常值(表7-12)．RESIDUALS＝OUTLIERS(MAHAL)命令生成了每组中10个离中心最远的异常值．通过6个变量和$\alpha=0.001$的准则，得出临界值$\chi^2=22.458$，发现没有多元异常值．

表7-12　评估多元异常值的马氏距离(语法和SPSS REGRESSION的选定输出)

```
REGRESSION
 /MISSING LISTWISE
 /STATISTICS COEFF OUTS R ANOVA
```

（续）

```
/CRITERIA=PIN(.05) POUT(.10)
/NOORIGIN
/DEPENDENT CASENO
/METHOD=ENTER ESTEEM CONTROL ATTROLE SEL2 INTEXT NEUROTIC
/RESIDUALS=OUTLIERS(MAHAL).
```

Regression

Groups-4 = Undifferentiated

Outlier Statistics[a,b]

		Case Number	Statistic
Mahal. Distance	1	32	14.975
	2	71	14.229
	3	64	11.777
	4	5	11.577
	5	41	11.371
	6	37	10.042
	7	55	9.378
	8	3	9.352
	9	1	9.318
	10	25	8.704

a Dependent Variable: CASENO
b Groups-4 = Undifferentiated

Groups-4 = Masculine

Outlier Statistics[a,b]

		Case Number	Statistic
Mahal. Distance	1	277	14.294
	2	276	11.773
	3	249	11.609
	4	267	10.993
	5	251	9.175
	6	253	8.276
	7	246	7.984
	8	271	7.917
	9	278	7.406
	10	273	7.101

a Dependent Variable: CASENO
b Groups-4 = Masculine

Groups-4 = Feminine

Outlier Statistics[a,b]

		Case Number	Statistic
Mahal. Distance	1	209	19.348
	2	208	15.888
	3	116	14.813
	4	92	14.633
	5	167	14.314
	6	233	13.464
	7	150	13.165
	8	79	12.794
	9	138	12.181
	10	179	11.916

a Dependent Variable: CASENO
b Groups-4 = Feminine

Groups-4 = Androgynous

Outlier Statistics[a,b]

		Case Number	Statistic
Mahal. Distance	1	326	19.622
	2	301	15.804
	3	315	15.025
	4	312	10.498
	5	288	10.381
	6	347	10.101
	7	285	9.792
	8	338	9.659
	9	318	9.203
	10	302	8.912

a Dependent Variable: CASENO
b Groups-4 = Androgynous

7.6.1.5 方差-协方差矩阵的齐性

作为稳健性的初步检查，比较四个组中每个因变量的样本方差（在表 7-11 中的完整程序中）. 因为没有一个因变量的最大方差与最小方差的比率接近 10∶1. 事实上，最大的比率大约为 1.5∶1（无差别组与雌雄同体组在 CONTROL 上的方差比）.

样本量的差异度很大，女性化与男性化样本量的比几乎为 5∶1. 然而，由于方差和双尾检验上的微小差异，样本量的不一致并不影响多元方差分析使用的合理性．敏感度很高的 Box M 检验可以对离差矩阵的齐性进行检验（通过 SPSS MANOVA 来执行，作为表 7-15 中的主要分析的一部分）且生成了 $F(63,63020)=1.07$，$p>0.05$ 的结果，支持了方差-协方差矩阵齐性的结论．

7.6.1.6 回归的齐性

因为Roy-Bargmann逐步分析是为了在多元方差分析之后评估因变量的重要性，所以逐步分析的每一步都必须进行回归齐性检验．表7-13展示了SPSS MANOVA检验回归齐性的语法，其中每个因变量都在第一步作为因变量，然后在剩下所有步骤中作为协变量(首先关闭split file命令).

表7-13也包含了最后两步(CONTROL作为因变量，ESTEEM、ATTROLE、NEUROTIC和INTEXT作为协变量，以及SEL2是因变量而ESTEEM、ATTROLE、NEUROTIC和INTEXT作为协变量)的输出．在每一个步骤中，相关的效应出现在具有SourceofVariation标签的最后一列，所以对于SEL2，回归齐性的F值为$F(15,344)=1.46$，$p>0.01$.(这里使用更严格的临界值，因为需要稳健性.)所有步骤都会形成回归的齐性．

表7-13　多元方差逐步分析的回归齐性检验(语法和SPSS MANOVA最后两个检验的选定输出)

```
SPLIT FILE
 OFF.
MANOVA ESTEEM,ATTROLE,NEUROTIC,INTEXT,CONTROL,SEL2 BY FEM, MASC(1,2)
    /PRINT=SIGNIF(BRIEF)
    /ANALYSIS=ATTROLE
    /DESIGN=ESTEEM,FEM,MASC,FEM BY MASC, ESTEEM BY FEM BY MASC
    /ANALYSIS=NEUROTIC
    /DESIGN=ATTROLE,ESTEEM,FEM,MASC,FEM BY MASC, POOL(ATTROLE,ESTEEM)
        BY FEM + POOL(ATTROLE,ESTEEM) BY MASC + POOL(ATTROLE,
        ESTEEM)BY FEM BY MASC/
    /ANALYSIS=INTEXT
    /DESIGN=NEUROTIC,ATTROLE,ESTEEM,FEM,MASC,FEM BY MASC, POOL(NEUROTIC,
        ATTROLE,ESTEEM) BY FEM + POOL(NEUROTIC,ATTROLE,ESTEEM)
        BY MASC + POOL(NEUROTIC,ATTROLE,ESTEEM) BY FEM BY MASC
    /ANALYSIS=CONTROL
    /DESIGN=INTEXT,NEUROTIC,ATTROLE,ESTEEM FEM,MASC FEM BY MASC,
        POOL(INTEXT,NEUROTIC,ATTROLE,ESTEEM) BY FEM +
        POOL(INTEXT,NEUROTIC,ATTROLE,ESTEEM) BY MASC +
        POOL(INTEXT,NEUROTIC,ATTROLE,ESTEEM) BY FEM BY MASC
    /ANALYSIS=SEL2
    /DESIGN=CONTROL,INTEXT,NEUROTIC,ATTROLE,ESTEEM,FEM,MASC,FEM BY MASC,
        POOL(CONTROL,INTEXT,NEUROTIC,ATTROLE,ESTEEM) BY FEM +
        POOL(CONTROL,INTEXT,NEUROTIC,ATTROLE,ESTEEM) BY MASC +
        POOL(CONTROL,INTEXT,NEUROTIC,ATTROLE,ESTEEM) BY FEM BY MASC.
```

Tests of Significance for CONTROL using UNIQUE sums of squares

Source of Variation	SS	DF	MS	F	Sig of F
WITHIN+RESIDUAL	442.61	348	1.27		
INTEXT	2.19	1	2.19	1.72	.190
NEUROTIC	42.16	1	42.16	33.15	.000
ATTROLE	.67	1	.67	.52	.470
ESTEEM	14.52	1	14.52	11.42	.001
FEM	2.80	1	2.80	2.20	.139
MASC	3.02	1	3.02	2.38	.124
FEM BY MASC	.00	1	.00	.00	.995
POOL(INTEXT NEUROTIC ATTROLE ESTEEM) BY FEM + POOL(INTEXT NEUROTIC ATTROLE ESTEEM) BY MASC + POOL(INTEXT NEUROTIC ATTROLE ESTEEM) BY FEM BY MASC	19.78	12	1.65	1.30	.219

（续）

```
Tests of Significance of SEL2 using UNIQUE sums of squares
Source of Variation              SS        DF        MS           F    Sig of F

WITHIN+RESIDUAL           220340.10       344    640.52
CONTROL                     1525.23         1   1525.23        2.38       .124
INTEXT                          .99         1       .99         .00       .969
NEUR                         262.94         1    262.94         .41       .522
ATT                          182.98         1    182.98         .29       .593
EST                          157.77         1    157.77         .25       .620
FEM                         1069.23         1   1069.23        1.67       .197
MASC                          37.34         1     37.34         .06       .809
FEM BY MASC                 1530.73         1   1530.73        2.39       .123
POOL (CONTROL INTEXT       14017.22        15    934.48        1.46       .118
NEUROTIC ATTROLE EST
EEM) BY FEM + POOL(C
ONTROL INTEXT NEUROT
IC ATTROLE ESTEEM) B
Y MASC + POOL(CONTRO
L INTEXT NEUROTIC AT
TROLE ESTEEM) BY FEM  BY MASC)
```

对于多元协方差分析，除了逐步分析还需要对回归齐性进行总体检验．表 7-14 展示了所有检验的语法．具有三个因变量的 ANALYSIS 语句制定了整体检验，而具有一个因变量的 ANALYSIS 语句对应一个逐步分析．整体检验的输出和最后的逐步分析检验的输出在表 7-14 中显示．因为有三个因变量，所以整体检验输出为多元输出．对于逐步检验，一元结果被给出．所有的结果都显示了此分析具有充分的回归齐性．

表 7-14　多元协方差和逐步分析的回归齐性检验(语法和 SPSS MANOVA 最后两个检验的选定输出)

```
MANOVA   ESTEEM,ATTROLE,NEUROTIC,INTEXT,CONTROL,SEL2 BY FEM MASC(1,2)
      /PRINT=SIGNIF(BRIEF)
   /ANALYSIS=ESTEEM,INTEXT,NEUROTIC
   /DESIGN=CONTROL,ATTROLE,SEL2,FEM,MASC,FEM BY MASC,
      POOL(CONTROL,ATTROLE,SEL2) BY FEM +
      POOL(CONTROL,ATTROLE,SEL2) BY MASC +
      POOL(CONTROL,ATTROLE,SEL2) BY FEM BY MASC
   /ANALYSIS=ESTEEM
   /DESIGN=CONTROL,ATTROLE,SEL2,FEM,MASC,FEM BY MASC,
      POOL(CONTROL,ATTROLE,SEL2) BY FEM +
      POOL(CONTROL,ATTROLE,SEL2) BY MASC +
      POOL(CONTROL,ATTROLE,SEL2) BY FEM BY MASC
   /ANALYSIS=INTEXT
   /DESIGN=ESTEEM,CONTROL,ATTROLE,SEL2,FEM,MASC,FEM BY MASC,
      POOL(ESTEEM,CONTROL,ATTROLE,SEL2) BY FEM +
      POOL(ESTEEM,CONTROL,ATTROLE,SEL2) BY MASC +
      POOL(ESTEEM,CONTROL,ATTROLE,SEL2) BY FEM BY MASC
   /ANALYSIS=NEUROTIC
   /DESIGN=INTEXT,ESTEEM,CONTROL,ATTROLE,SEL2,FEM,MASC,FEM BY MASC,
      POOL(INTEXT,ESTEEM,CONTROL,ATTROLE,SEL2) BY FEM+
      POOL(INTEXT,ESTEEM,CONTROL,ATTROLE,SEL2) BY MASC +
      POOL(INTEXT,ESTEEM,CONTROL,ATTROLE,SEL2) BY FEM BY MASC.


   * * * * * * A n a l y s i s   o f   V a r i a n c e — design 1 * * * * * *

   Multivariate Tests of Significance
   Tests using UNIQUE sums of squares and WITHIN+RESIDUAL error term
   Source of Variation        Wilks  Approx F   Hyp. DF   Error DF   Sig of F
```

（续）

```
CONTROL                 .814    26.656     3.00   350.000        .000
ATTROLE                 .973     3.221     3.00   350.000        .023
SEL2                    .999      .105     3.00   350.000        .957
FEM                     .992      .949     3.00   350.000        .417
MASC                    .993      .824     3.00   350.000        .481
FEM BY MASC             .988     1.414     3.00   350.000        .238
POOL(CONTROL ATTROL     .933      .911    27.00  1022.823        .596
E SEL2) BY FEM + POO
L(CONTROL ATTROLE SE
L2) BY MASC + POOL(C
ONTROL ATTROLE SEL2)
 BY FEM BY MASC

* * * * * * A n a l y s i s   o f   V a r i a n c e — design 1 * * * * * *

Tests of Significance for NEUROTIC using UNIQUE sums of squares
Source of Variation          SS      DF       MS         F  Sig of F

WITHIN+RESIDUAL         6662.67     344    19.37
INTEXT                    82.19       1    82.19      4.24      .040
ESTEEM                   308.32       1   308.32     15.92      .000
CONTROL                  699.04       1   699.04     36.09      .000
ATTROLE                    1.18       1     1.18       .06      .805
SEL2                       2.24       1     2.24       .12      .734
FEM                         .07       1      .07       .00      .952
MASC                      74.66       1    74.66      3.85      .050
FEM BY MASC                1.65       1     1.65       .09      .770
POOL(INTEXT ESTEEM C     420.19      15    28.01      1.45      .124
ONTROL ATTROLE SEL2)
BY FEM + POOL(INTEX
T ESTEEM CONTROL ATT
ROLE SEL2) BY MASC +
POOL(INTEXT ESTEEM
CONTROL ATTROLE SEL2
) BY FEM BY MASC
```

7.6.1.7　协变量的可靠性

对于多元方差分析中的逐步分析，除了自尊心外的所有因变量都必须是可靠的，因为它们都充当协变量．基于规模开发性质和数据搜集程序，没有理由担心程度较大的不可靠性会对 ATTROLE、NEUROTIC、INTEXT、CONTROL 和 SEL2 的协方差分析造成影响．这些同样的变量在多元协方差分析中充当真正的或逐步分析协变量．

7.6.1.8　多重共线性和奇异性

（通过表 7-15 中的 SPSS MANOVA 语法）发现合并单元内相关系数矩阵行列式的对数值为－0.4336，生成一个值为 2.71 的行列式．这与 0 差距很大，即多重共线性不会造成影响．

7.6.2　多元方差分析

SPSS MANOVA 生成的综合多元方差分析的语法和选定输出见表 7-15．在这个不均衡-n 设计中，多元方差分析语句中列出的自变量的顺序与 METHOD＝SEQUENTIAL 一起设置了在男性化之前检验女性化的优先级．输出中依次报告了女性化与男性化的交互作用以及男性化和女性化的主效应检验结果．按照调整的顺序报告检验结果，其中，针对男性化和女性化调整女性化和男性化的交互作用，针对女性化调整男性化．

表 7-15 复合因变量(ESTEEM、CONTROL、ATTROLE、SEL2、INTEXT 和 NEUROTIC)的多元方差分析，自顶向下作为 FEMININITY 与 MASCULINITY 交互作用、MASCULINITY 和 FEMININITY 的函数(SPSS MANOVA 的语法和选定输出)

```
MANOVA       ESTEEM,ATTROLE,NEUROTIC,INTEXT,CONTROL,SEL2 BY FEM,MASC(1,2)
       /PRINT=SIGNIF(STEPDOWN), ERROR(COR),
         HOMOGENEITY(BARTLETT,COCHRAN,BOXM)
       /METHOD=SEQUENTIAL
       /DESIGN FEM MASC FEM BY MASC.

EFFECT.. FEM BY MASC
Multivariate Tests of Significance (S = 1, M = 2 , N = 178 1/2)

Test Name          Value     Exact F Hypoth. DF    Error DF  Sig. of F

Pillais           .00816      .49230       6.00      359.00       .814
Hotellings        .00823      .49230       6.00      359.00       .814
Wilks             .99184      .49230       6.00      359.00       .814
Roys              .00816
Note.. F statistics are exact.
EFFECT.. MASC
Multivariate Tests of Significance (S = 1, M = 2 , N = 178 1/2)

Test Name          Value     Exact F Hypoth. DF    Error DF  Sig. of F

Pillais           .24363   19.27301        6.00      359.00       .000
Hotellings        .32211   19.27301        6.00      359.00       .000
Wilks             .75637   19.27301        6.00      359.00       .000
Roys              .24363
Note.. F statistics are exact.

EFFECT.. FEM
Multivariate Tests of Significance (S = 1, M = 2 , N = 178 1/2)

Test Name          Value     Exact F Hypoth. DF    Error DF  Sig. of F

Pillais           .08101     5.27423       6.00      359.00       .000
Hotellings        .08815     5.27423       6.00      359.00       .000
Wilks             .91899     5.27423       6.00      359.00       .000
Roys              .08101
Note.. F statistics are exact.
```

输出报告了每个效应的四个多元统计量．因为每个效应只有一个自由度，所以其中三个检验——Pillai、Hotelling 和 Wilks——都产生同样的 F[⊖]．两个主效应都非常显著，但是没有显著的交互作用．如果需要，对于每个主效应的复合因变量的效应大小可以使用公式(7.8)(在 SPSS MANOVA 中为 Pillai 值)或公式(7.9)得出．在这种情况下，全部和偏 η^2 对于每一个效应都是相同的，因为它们所有的 $s=1$．将表 7-15 中的值(`Exact F`、`Hypoth. DF`、`Error DF`，以及所期望置信区间的百分比)输入 Smithson(2003)的 NoncF. sav 中，并通过 NoncF3. sps 运行，得到了效应大小的置信限．如表 7-16 所示，将结果添加到 NoncF. sav 中．(注意偏 η^2 也被报告为 `r2`．)因此，对于女性化的主效应，偏 $\eta^2=0.08$ 时 95%置信限为从 0.02 到 0.13．对于男性化的主效应，偏 $\eta^2=0.24$ 时 95%的置信限为从 0.16 到 0.30．对于交互作用，偏 $\eta^2=0.01$ 时 95%的置信限为从 0.00 到 0.02．

⊖ 更复杂的设计，包含所有效应的单个源表可以通过 PRINT＝SIGNIF(BRIEF)获得，但该表只显示 Wilks' lambda.

表 7-16　95%置信限(lr2 和 Ur2)下男性化与女性化交互作用、男性化和女性化各自的效应大小(r2)的 NoncF3. sps 数据集输出

	fval	df1	df2	conf	lc2	ucdf	uc2	lcdf	power	r2	lr2	ur2
1	.4923	6	359	.950	.000	.186	5.875	.02	.1306	.01	.00	.02
2	19.2730	6	359	.950	70.0	.975	160.0	.02	1.000	.24	.16	.30
3	5.2742	6	359	.950	9.08	.975	52.34	.02	.9910	.08	.02	.13

由于综合多元方差分析显示出显著的主效应，进一步调查自变量和因变量之间的关系性质是合适的．相关系数、一元 F 和逐步 F 有助于阐明它们的关系．

因变量相关程度提供了有关行为的独立性的信息．表 7-17 显示了由 SPSS MANOVA 中的 PRINT＝ERROR(COR)命令生成的针对自变量进行调整后的合并单元内相关系数．(对角线上的元素是合并的标准差．)自尊心、神经质和内控点与外控点之间的相关性超过 0.30，所以逐步分析是合适的．

表 7-17　合并单元内 6 个因变量的相关系数(SPSS MANOVA 的选定输出——见表 7-15 的语法)

```
WITHIN+RESIDUAL Correlations with Std. Devs. on Diagonal

              ESTEEM    ATTROLE   NEUROTIC     INTEXT    CONTROL      SEL2

ESTEEM         3.533
ATTROLE         .145      6.227
NEUROTIC        .358       .051      4.965
INTEXT         -.164       .011      -.009      3.587
CONTROL         .348      -.031       .387      -.083      1.267
SEL2           -.035       .016      -.015       .055      -.084    25.501
```

尽管逐步分析是主要步骤，但需要了解一元 F 才能正确解释逐步 F 的模式．而且，虽然这些 F 值的统计显著性具有误导性，但是我们经常对每个因变量单独检验的一元方差分析感兴趣．这些一元分析由 SPSS MANOVA 自动生成，并在表 7-18 中依次显示三个效应的检验结果：女性化和男性化的交互作用、男性化的主效应、女性化的主效应．除了社会经济水平对男性化和自尊心的效应、对女性角色的态度和内向度-外向度对女性化的效应，F 值对其他所有的因变量验证其效应的显著性基本上都足够．

最后，在控制了第一类错误率的条件下，由 PRINT＝SIGNIF(STEPDOWN)产生的 Roy-Bargmann 逐步分析允许从纯粹的统计意义上来看待因变量的显著性．

表 7-18　对于女性化与男性化的交互作用、男性化和女性化的主效应的 6 个因变量的一元方差分析(SPSS MANOVA 的选定输出——见表 7-15 的语法)

```
EFFECT.. FEM BY MASC (Cont.)
Univariate F-tests with (1,364) D. F.

Variable   Hypoth. SS    Error SS Hypoth. MS    Error MS          F  Sig. of F

ESTEEM       17.48685  4544.44694   17.48685    12.48474    1.40066       .237
ATTROLE      36.79594  14115.1212   36.79594    38.77781     .94889       .331
NEUROTIC       .20239  8973.67662     .20239    24.65296     .00821       .928
INTEXT         .02264  4684.17900     .02264    12.86862     .00176       .967
CONTROL        .89539   584.14258     .89539     1.60479     .55795       .456
SEL2        353.58143  236708.966  353.58143   650.29936     .54372       .461
```

（续）

EFFECT.. MASC (Cont.)
Univariate F-tests with (1,364) D. F.

Variable	Hypoth. SS	Error SS	Hypoth. MS	Error MS	F	Sig. of F
ESTEEM	979.60086	4544.44694	979.60086	12.48474	78.46383	.000
ATTROLE	1426.75675	14115.1212	1426.75675	38.77781	36.79313	.000
NEUROTIC	179.53396	8973.67662	179.53396	24.65296	7.28245	.007
INTEXT	327.40797	4684.17900	327.40797	12.86862	25.44235	.000
CONTROL	11.85923	584.14258	11.85923	1.60479	7.38991	.007
SEL2	1105.38196	236708.966	1105.38196	650.29936	1.69980	.193

EFFECT.. FEM (Cont.)
Univariate F-tests with (1,364) D. F.

Variable	Hypoth. SS	Error SS	Hypoth. MS	Error MS	F	Sig. of F
ESTEEM	101.46536	4544.44694	101.46536	12.48474	8.12715	.005
ATTROLE	610.88860	14115.1212	610.88860	38.77781	15.75356	.000
NEUROTIC	44.05442	8973.67662	44.05442	24.65296	1.78698	.182
INTEXT	87.75996	4684.17900	87.75996	12.86862	6.81968	.009
CONTROL	2.83106	584.14258	2.83106	1.60479	1.76414	.185
SEL2	9.00691	236708.966	9.00691	650.29936	.01385	.906

对于这项研究，因变量的优先顺序如下(从最重要到最不重要)：自尊心、对女性角色的态度、神经质、内向度-外向度、内控点与外控点、社会经济水平．按照逐步分析的程序分析(7.5.3.2 节)，最高优先级的自尊心在一元方差分析中进行检验．第二优先级的对女性角色的态度在协方差分析(自尊心作为协变量)中得到评估．第三优先级的神经质在自尊心和对女性角色的态度作为协变量的情况下被检验，以此类推，直到所有因变量都被分析．交互作用和两个主效应的逐步分析结果见表 7-19.

表 7-19　女性化与男性化的交互作用、男性化和女性化对于 6 个排序因变量(自上到下)的逐步分析(SPSS MANOVA 的选定输出见表 7-16)

Roy-Bargman Stepdown F-tests

Variable	Hypoth. MS	Error MS	Stepdown F	Hypoth. DF	Error DF	Sig. of F
ESTEEM	17.48685	12.48474	1.40066	1	364	.237
ATTROLE	24.85653	38.06383	.65302	1	363	.420
NEUROTIC	2.69735	21.61699	.12478	1	362	.724
INTEXT	.26110	12.57182	.02077	1	361	.885
CONTROL	.41040	1.28441	.31952	1	360	.572
SEL2	297.09000	652.80588	.45510	1	359	.500

Roy-Bargman Stepdown F-tests

Variable	Hypoth. MS	Error MS	Stepdown F	Hypoth. DF	Error DF	Sig. of F
ESTEEM	979.60086	12.48474	78.46383	1	364	.000
ATTROLE	728.51682	38.06383	19.13935	1	363	.000
NEUROTIC	4.14529	21.61699	.19176	1	362	.662
INTEXT	139.98354	12.57182	11.13471	1	361	.001
CONTROL	.00082	1.28441	.00064	1	360	.980
SEL2	406.59619	652.80588	.62284	1	359	.431

（续）

```
Roy-Bargman Stepdown F-tests
Variable  Hypoth. MS    Error MS Stepdown F Hypoth. DF  Error DF  Sig. of F
ESTEEM     101.46536    12.48474    8.12715          1       364       .005
ATTROLE    728.76735    38.06383   19.14593          1       363       .000
NEUROTIC     2.21946    21.61699     .10267          1       362       .749
INTEXT      47.98941    12.57182    3.81722          1       361       .052
CONTROL       .05836     1.28441     .04543          1       360       .831
SEL2        15.94930   652.80588     .02443          1       359       .876
```

为了进行报告，表 7-18 和表 7-19 中的关键信息合并为表 7-20，使其既包含单元分析结果也包含逐步分析结果．每个因变量的 α 水平与逐步 F 的显著性水平一起被报告．最后三列显示了所有逐步效应 95%置信限的偏 η^2，稍后会做介绍．

表 7-20　女性化、男性化和它们交互作用的检验

自变量	因变量	一元 F	df	逐步 F	df	α	偏 η^2	每个 α 的偏 η^2 的置信	
								下限	上限
女性化	ESTEEM	8.13①	1/364	8.13②	1/364	0.01	0.02	0.00	0.07
	ATTROLE	15.75①	1/364	19.15②	1/363	0.01	0.05	0.01	0.12
	NEUROTIC	1.79	1/364	0.10	1/362	0.01	0.00	0.00	0.01
	INTEXT	6.82①	1/364	3.82	1/361	0.01	0.01	0.00	0.05
	CONTROL	1.76	1/364	0.05	1/360	0.01	0.00	0.00	0.01
	SEL2	0.01	1/364	0.02	1/359	0.001	0.00	0.00	0.00
男性化	ESTEEM	78.46①	1/364	78.46②	1/364	0.01	0.18	0.09	0.27
	ATTROLE	36.79①	1/364	19.14②	1/363	0.01	0.05	0.01	0.12
	NEUROTIC	7.28①	1/364	0.19	1/362	0.01	0.00	0.00	0.02
	INTEXT	25.44①	1/364	11.13②	1/361	0.01	0.03	0.00	0.09
	CONTROL	7.39①	1/364	0.00	1/360	0.01	0.00	0.00	0.00
	SEL2	1.70	1/364	0.62	1/359	0.001	0.00	0.00	0.04
男性化与女性化的交互作用	ESTEEM	1.40	1/364	1.40	1/364	0.01	0.00	0.00	0.04
	ATTROLE	0.95	1/364	0.65	1/363	0.01	0.00	0.00	0.03
	NEUROTIC	0.01	1/364	0.12	1/362	0.01	0.00	0.00	0.01
	INTEXT	0.00	1/364	0.02	1/361	0.01	0.00	0.00	0.00
	CONTROL	0.56	1/364	0.32	1/360	0.01	0.00	0.00	0.03
	SEL2	0.54	1/364	0.46	1/359	0.001	0.00	0.00	0.04

①显著性水平无法评估，但在单变量环境下 $p<0.01$.

② $p<0.01$.

对于女性化的主效应，自尊心和对女性角色的态度是显著的．(内向度-外向度在方差分析中是显著的，但是它的方差已经通过与自尊心方差重叠部分得到解释，正如合并单元内相关系数矩阵所指出的那样．)男性化对自尊心、对女性角色的态度和内向度-外向度的主效应是显著的．(神经质和内控点与外控点在方差分析中是显著的，但是它们的方差也已经通过与自尊心和对女性角色的态度的重叠部分得到解释，同样内控点与外控点的方差也已经在神经质和内向度-外向度重叠的部分得到解释．)

对于在逐步分析中显著的因变量，需要相关调整后的边际均值来解释．检验女性化对自尊心的效应和针对女性化调整后的男性化的主效应需要使用边际均值．在自尊心作为协变量的情况下，检验对女性角色的态度对女性化和针对女性化调整后的男性化的主效应也需要使用边际均值．最后，在自尊心、对女性角色的态度和神经质作为协变量的情况下，检验内向度-外向度对针对女性化调整后的男性化的主效应也需要使用边际均值．表 7-21 包含语法和通过 SPSS MANOVA 生成的这些边际均值的选定输出．在表中，效应等级通过 PARAMETER 确定，均值通过 Coeff. 确定．因此，在女性化水平 1 上自尊心的均值是 16.57. 表 7-22 展示了为了检验针对女性化调整后的男性化主效应而得到神经质和内控点与外控点均值的情况下的一元而非逐步分析差异的效应边际均值．

表 7-21　ESTEEM、ATTROLE(ESTEEM 作为协变量)和 INTEXT(ESTEEM、ATTROLE 和 NEUROTIC 作为协变量)的修正边际均值(语法和来源于 SPSS MANOVA 的选定输出)

```
MANOVA       ESTEEM,ATTROLE,NEUROTIC,INTEXT,CONTROL,SEL2 BY FEM,MASC(1,2)
     /PRINT=PARAMETERS(ESTIM)
   /ANALYSIS=ESTEEM /DESIGN=CONSPLUS FEM
          /DESIGN=FEM,CONSPLUS MASC
   /ANALYSIS=ATTROLE WITH ESTEEM /DESIGN=CONSPLUS FEM
                 /DESIGN=FEM, CONSPLUS MASC
   /ANALYSIS=INTEXT WITH ESTEEM,ATTROLE,NEUROTIC
       /DESIGN=FEM, CONSPLUS MASC.


Estimates for ESTEEM
--- Individual univariate .9500 confidence intervals

CONSPLUS FEM

Parameter      Coeff.  Std. Err.    t-Value   Sig. t Lower -95%  CL- Upper

     1   16.5700935     .37617   44.04964   .00000   15.83037   17.30982
     2   15.4137931     .24085   63.99636   .00000   14.94016   15.88742

Estimates for ESTEEM
--- Individual univariate .9500 confidence intervals

CONSPLUS MASC

Parameter      Coeff.  Std. Err.    t-Value   Sig. t Lower -95%  CL- Upper

     2   17.1588560     .24196   70.91464   .00000   16.68304   17.63468
     3   13.7138144     .32770   41.84820   .00000   13.06939   14.35824

Estimates for ATTROLE adjusted for 1 covariate
--- Individual univariate .9500 confidence intervals

CONSPLUS FEM

Parameter      Coeff.  Std. Err.    t-Value   Sig. t Lower -95%  CL- Upper

     1   32.5743167     .61462   52.99941   .00000   31.36568   33.78295
     2   35.9063146     .39204   91.58908   .00000   35.13538   36.67725

Estimates for ATTROLE adjusted for 1 covariate
--- Individual univariate .9500 confidence intervals

CONSPLUS MASC

Parameter      Coeff.  Std. Err.    t-Value   Sig. t Lower -95%  CL- Upper

     2   35.3849271     .44123   80.19697   .00000   34.51726   36.25260
     3   32.1251995     .60108   53.44537   .00000   30.94316   33.30723
```

（续）

```
Estimates for INTEXT adjusted for 3 covariates
- Individual univariate .9500 confidence intervals

CONSPLUS MASC

Parameter      Coeff.  Std. Err.     t-Value    Sig. t Lower -95%  CL- Upper

      2   11.0013930     .25372    43.36122   .00000   10.50245   11.50033
      3   12.4772029     .35546    35.10172   .00000   11.77818   13.17623
```

注：Coeff.＝调整的边际均值；第一个参数＝低，第二个参数＝高．

表 7-22　神经质和内控点与外控点的未调整边际均值(语法和来源于 SPSS MANOVA 的选定输出)

```
MANOVA     ESTEEM,ATTROLE,NEUROTIC,INTEXT,CONTROL,SEL2 BY FEM,MASC(1,2)
       /PRINT=PARAMETERS(ESTIM)
       /ANALYSIS=NEUROTIC /DESIGN=FEM, CONSPLUS MASC
       /ANALYSIS=CONTROL /DESIGN=FEM, CONSPLUS MASC.

Estimates for NEUROTIC
--- Individual univariate .9500 confidence intervals

CONSPLUS MASC

Parameter      Coeff.  Std. Err.     t-Value    Sig. t Lower -95%  CL- Upper

      2   9.37093830     .33937    27.61309   .00000    8.70358   10.03830
      3   7.89610411     .45962    17.17971   .00000    6.99227    8.79994

Estimates for CONTROL
--- Individual univariate .9500 confidence intervals

CONSPLUS MASC

Parameter      Coeff.  Std. Err.     t-Value    Sig. t Lower -95%  CL- Upper

      2   6.89163310     .08665    79.53388   .00000    6.72124    7.06203
      3   6.51258160     .11735    55.49504   .00000    6.28181    6.74336
```

注：Coeff.＝未调整的边际均值；第一个参数＝低，第二个参数＝高．

每个因变量的效应大小被评估为偏 η^2，见公式(3.25)、公式(3.26)、公式(6.7)、公式(6.8)或公式(6.9)．计算 η^2 需要的信息可在 SPSS MANOVA 逐步表中获得(请参阅表 7-19)，但它不是一个方便的形式．表中给出了均方，但是我们需要平方和来计算 η^2．Smithson(2003)的程序(NoncF3. sps)计算了效应大小的置信限，并根据 F(逐步或以其他方式)计算效应大小、效应的自由度(df1)和误差的自由度(df2)，以及与期望得到的置信限有关的百分比．将这四个值输入数据表(NoncF. sav)．当 NoncF3. sps 运行时，将填充 NoncF. sav 的其余列．相关输出列是 r2(相当于公式(6.9)的偏 η^2)，lr2 和 ur2 分别为效应大小的置信下限和置信上限．表 7-23 显示了所有遵循表 7-20 顺序的逐步分析效应的输入/输出数据集，例如 1＝ESTEEM for FEM，2＝ATTROLE for FEM，3＝NEUROTIC for FEM，等等．填入前三列的数据来自表 7-20．填入的 0.990 或 0.999 这两个置信度反映对于每个效应所选择的 α 水平．

多元方差分析的清单如表 7-24 所示，下面是结果部分示例．

表 7-23 95%置信限(Lr2 和 Ur2)下对于效应大小(r2) NoncF3. sps 逐步效应的数据集输出

	fval	df1	df2	conf	lc2	ucdf	uc2	lcdf	power	r2	lr2	ur2
1	8.1300	1	364	.990	.0208	.9950	29.5824	.0050	.5146	.02	.00	.07
2	19.1500	1	363	.990	3.1051	.9950	48.7540	.0050	.9403	.05	.01	.12
3	.0100	1	362	.990	.0000	.0796	.4300	.0642	.0052	.00	.00	.00
4	3.8200	1	361	.990	.0000	.9486	20.5773	.0050	.1955	.01	.00	.05
5	.0500	1	360	.990	.0000	.1768	2.1500	.0614	.0061	.00	.00	.01
6	.0200	1	359	.999	.0000	.1124	.8600	.0733	.0006	.00	.00	.00
7	78.4600	1	364	.990	37.6976	.9950	133.7230	.0050	1.0000	.18	.09	.27
8	19.1400	1	363	.990	3.1034	.9950	48.7472	.0050	.9402	.05	.01	.12
9	.1900	1	362	.990	.0000	.3368	8.1700	.0072	.0094	.00	.00	.02
10	11.1300	1	361	.990	.5444	.9950	35.1617	.0050	.6985	.03	.00	.09
11	.0000	1	360	.990	.0000	.1587	.0000	.1587	.0015	.00	.00	.00
12	.6200	1	359	.999	.0000	.5684	16.6625	.0005	.0035	.00	.00	.04
13	1.4000	1	364	.990	.0000	.7625	14.1422	.0050	.0519	.00	.00	.04
14	.6500	1	363	.990	.0000	.5794	11.4359	.0050	.0227	.00	.00	.03
15	.1200	1	362	.990	.0000	.2708	5.1600	.0227	.0077	.00	.00	.01
16	.0200	1	361	.990	.0000	.1124	.8600	.0733	.0054	.00	.00	.00
17	.3200	1	360	.990	.0000	.4280	9.8200	.0050	.0128	.00	.00	.03
18	.4600	1	359	.999	.0000	.5019	15.7550	.0005	.0025	.00	.00	.04

表 7-24 多元方差分析的清单

1. 问题
   a. 样本量不等和数据缺失
   b. 抽样分布的正态性
   c. 异常值
   d. 方差-协方差矩阵的齐性
   e. 线性
   f. 当因变量充当协变量时，在逐步中
      (1)回归的齐性
      (2)因变量的可靠性
   g. 多重共线性和奇异性
2. 主要分析：计划比较或综合 F 检验．当呈现显著性时，因变量的重要性
   a. 单元内相关性，逐步 F，一元 F
   b. 具有显著逐步 F 的置信区间的效应大小
   c. 显著 F 的均值或调整的边际或单元均值，具有标准差、标准误差或置信区间
3. 具有置信区间的多元效应大小，用于计划比较或综合 F
4. 附加分析
   a. 事后比较
   b. 自变量-协变量交互作用的解释(如果违反回归的齐性)

结果

采用 2×2 组间多元方差分析方法，对自尊心、对女性角色的态度、神经质、内向度-外向度、内控点与外控点和社会经济水平 6 个因变量进行多元方差分析．自变量为女性的男性化(低和高)和女性化(低和高)．

采用 SPSS MANOVA 进行非正交性序贯调整分析。自变量的进入顺序先是女性化，然后是男性化．删除一个在内控点与外控点上没有得分的样本，总体 N 从 369 减少到 368．在 $p<0.001$ 时，没有一元或多元的单元内异常值．对正态性、方差-协方差矩阵齐性、线性和多重共线性的假设进行了评估，结果是令人满意的．

根据 Wilks 标准，合并因变量受男性化的显著影响($F(6,359)=19.27$，$p<0.001$)和女性化的显著影响 $F(6,359)=5.27$，$p<0.001$)，但不受两者交互作用的影响($F(6,359)=0.49$，$p>0.05$). 这些结果反映了男性化得分(低与高)组合的偏 $\eta^2=0.24$，95%置信限为从 0.16 到 0.30. 女性化与因变量之间的关联性甚至更小，偏 $\eta^2=0.08$，95%置信限为从 0.02 到 0.13. 对于不显著的交互作用，偏 $\eta^2=0.08$，95%置信限为从 0.00 到 0.02.[F 和 Pillai 值(偏 η^2)来自表 7-16，偏 η^2 的置信限通过 NoncF3. sps 求得.]

为了研究每个主效应对单个因变量的影响，对优先因变量进行了 Roy-Bargmann 逐步分析. 为判断所有因变量足够可靠，可以进行逐步分析. 在逐步分析中，依次对每个因变量进行分析，将较高优先级的因变量视为协变量，并使用一元方差分析检验最高优先级的因变量. 逐步分析的所有组成部分均实现了回归的齐性. 分析的结果总结在表 7-20 中. 如表 7-20 的最后两列所示，对于每个因变量，通过分配 α 达到 5%的实验错误率.

在预测女性化高低之间的差异方面，自尊心做出了独特的贡献，将 $F(1,364)=8.13$，$p<0.01$，偏 $\eta^2=0.02$，99%的置信限从 0.00 到 0.07. 自尊心的得分是负的，所以女性化得分高的女性表现出更强的自尊心(平均自尊心=15.41，SE=0.24)，而女性化得分较低的女性(平均自尊心=16.57，SE=0.38). 输入自尊心的差异模式后，对女性角色的态度也有所差异，逐步 $F(1,363)=19.15$，$p<0.01$，偏 $\eta^2=0.05$，置信限为从 0.01 到 0.12. 女性化得分较高的女性比女性化得分较低的女性(调整后的平均态度=32.57，SE=0.61)具有更积极的态度(调整后的平均态度=35.90，SE=0.35). 尽管一元比较显示女性化得分较高的人也比较外向，一元 $F(1,364)=6.82$，但这种差异已在高优先级因变量的逐步分析中得到体现.

三个因变量——自尊心、对女性角色的态度以及内向度-外向度对复合因变量做出了独特的贡献，即最能区分男性化得分的高低. 最大的贡献来自自尊心，最高优先级因变量，逐步 $F(1,364)=78.46$，$p<0.01$，偏 $\eta^2=0.18$，置信限为从 0.09 到 0.27. 男性化得分高的女性比得分低的女性(平均自尊心=17.16，SE=0.24)的自尊心强(平均自尊心=13.71，SE=0.33). 由于已经存在自尊心的差异，对女性角色的态度做出了独特的贡献，逐步 $F(1,363)=19.14$，$p<0.01$，偏 $\eta^2=0.05$，置信限为从 0.01 到 0.12. 男性化得分较低的女性对女性应有的角色的态度比得分较高的女性(调整后的平均态度=32.13，SE=0.60)更加保守(调整后的平均态度=35.39，SE=0.44). 内向度-外向度，通过自尊心、对女性角色的态度和神经质进行调整，也对复合因变量做出了独特的贡献，逐步 $F(1,361)=11.13$，$p<0.01$，偏 $\eta^2=0.03$，且置信限为从 0.00 到 0.09. 男性化得分较高的女性比男性化得分较低的女性(均值调整的内向度-外向度得分=11.00)更外向(均值调整的内向度-外向度得分=12.4). 一元分析显示男性化得分较高的女性也较少神经质，一元 $F(1,364)=7.28$，并且有更多的内在内控点与外控点，一元 $F(1,364)=7.39$，这些差异已经被高优先级因变量在复合因变量中解释了.(针对主效应和其他因变量的调整均值见表 7-21，偏 η^2 和置信限来自表 7-23. 表 7-22 为主效应的调整均值，但不包括一元解释的其他因变量.)

因此，与男性化低的女性相比，男性化高的女性具有更强的自尊心，对女性角色的保守态度更少，表现力更高．女性化高的女性与女性化低的相比，具有更强的自尊心和对女性角色更保守的态度．但是，在这5个效应中，只有男性化和自尊心之间的关联显示出适度比例的共有方差．

表7-17显示了因变量之间的合并单元内的相关性．

只有自尊心和神经质(r=0.36)、内控点与外控点和自尊心(r=0.35)及神经质和内控点与外控点(r=0.39)之间的关系才能解释10%以上的方差．神经质高的女性往往自尊心较弱，更容易产生外部内控点与外控点．

7.6.3 多元协方差分析

对于多元协方差分析，使用与多元方差分析相同的6个变量，但自尊心、内向度-外向度和神经质被用作因变量，内控点与外控点、对女性角色的态度和社会经济水平被用作协变量．现在的问题是，在调整态度和社会经济地位差异后，是否有与女性化、男性化及其交互作用相关的性格差异．

在SPSS MANOVA中生成综合多元协方差分析的语法和部分输出如表7-25所示．与在多元方差分析中一样，对不均等n进行调整的方法3以及针对女性化调整了男性化，并且针对女性化和男性化调整了交互作用．而且，和多元方差分析一样，这两个主效应是非常显著的，但没有显著的交互作用．这三种效应的效应大小是Pillai值．输入Approx. F和适当的自由度以及百分比值到NoncF. sav程序中并运行NoncF3. sps，得到这些效应大小的95%置信限为：0.00至0.08(女性化)、0.08至0.21(男性化)和0.00到0.01(交互作用).

表7-25 女性化与男性化的交互作用、女性化和男性化的函数的复合因变量(ESTEEM、INTEXT和NEUROTIC)的多元协方差分析，协变量ATTROLE、CONTROL和SEL2(SPSS MANOVA的语法和选定输出)

```
MANOVA      ESTEEM,ATTROLE,NEUROTIC,INTEXT,CONTROL,SEL2 BY FEM,MASC(1,2)
        /ANALYSIS=ESTEEM,INTEXT,NEUROTIC WITH CONTROL,ATTROLE,SEL2
        /PRINT=SIGNIF(STEPDOWN), ERROR(COR),
           HOMOGENEITY(BARTLETT,COCHRAN,BOXM)
        /METHOD=SEQUENTIAL
        /DESIGN FEM MASC FEM BY MASC.

EFFECT .. WITHIN+RESIDUAL Regression
Multivariate Tests of Significance (S = 3, M = -1/2, N = 178 1/2)

Test Name          Value   Approx. F Hypoth. DF   Error DF  Sig. of F

Pillais           .23026   10.00372        9.00    1083.00       .000
Hotellings        .29094   11.56236        9.00    1073.00       .000
Wilks             .77250   10.86414        9.00     873.86       .000
Roys              .21770

EFFECT.. FEM BY MASC
Multivariate Tests of Significance (S = 1, M = 1/2, N = 178 1/2)

Test Name          Value   Approx. F Hypoth. DF   Error DF  Sig. of F

Pillais           .00263     .31551        3.00     359.00       .814
Hotellings        .00264     .31551        3.00     359.00       .814
Wilks             .99737     .31551        3.00     359.00       .814
Roys              .00263
Note.. F statistics are exact.
```

（续）

```
EFFECT.. MASC
Multivariate Tests of Significance (S = 1, M = 1/2, N = 178 1/2)

Test Name          Value  Approx. F Hypoth. DF   Error DF  Sig. of F

Pillais           .14683   20.59478       3.00     359.00       .000
Hotellings        .17210   20.59478       3.00     359.00       .000
Wilks             .85317   20.59478       3.00     359.00       .000
Roys              .14683
Note.. F statistics are exact.

EFFECT.. FEM
Multivariate Tests of Significance (S = 1, M = 1/2, N = 178 1/2)

Test Name          Value  Approx. F Hypoth. DF   Error DF  Sig. of F

Pillais           .03755    4.66837       3.00     359.00       .003
Hotellings        .03901    4.66837       3.00     359.00       .003
Wilks             .96245    4.66837       3.00     359.00       .003
Roys              .03755
Note.. F statistics are exact.
```

7.6.3.1 评估协变量

在 EFFECT.. WITHIN + RESIDUAL Regression 下面是在调节自变量后对因变量(自尊心、内向度-外向度和神经质)集和一组协变量(内控点与外控点、对女性角色的态度和社会经济水平)之间关系的多元显著检验. 偏 η^2 是通过 NoncF3. sps 算法(Pillai 的标准不适用，除非 $s=1$)计算出来的，它使用了近似 F 和适当的自由度，并且值为 0.10，95%置信区间为 0.06 到 0.13.

因为有多元显著性，所以依次观察每个因变量的三个多重回归分析是有用的，其中协变量作为自变量(参见第 5 章). 表 7-25 的语法自动生成了这些回归，它们在合并单元内相关系数矩阵上进行，从而消除自变量的影响.

因变量-协变量多重回归的结果如表 7-26 所示. 在表 7-26 的顶端是一元和逐步分析的结果，分别总结了三个因变量的多重回归结果，然后按照优先级排序总结回归结果(见 7.6.3.2 节). 表 7-26 的底部(Regression analysis for WITHIN+RESIDUAL error term 之下)是每个因变量的独立回归，其中协变量为自变量. 对于自尊心、两个协变量内控点与外控点和对女性角色的态度显著相关，但社会经济水平不具有显著相关性. 三个协变量都与内向度-外向度不相关. 最后，对于神经质，只有内控点与外控点是与其呈显著相关关系. 因为社会经济水平不提供对任何因变量的调整，所以可以在将来的分析中省略它.

表 7-26 协变量的评估：有三个协变量的三个因变量的一元分析、逐步分析和多重回归分析(SPSS MANOVA 的选定输出，语法见表 7-25)

```
EFFECT.. WITHIN+RESIDUAL Regression (Cont.)
Univariate F-tests with (3,361) D. F.

Variable    Hypoth. SS    Error SS  Hypoth. MS    Error MS          F

ESTEEM       660.84204  3883.60490   220.28068    10.75791   20.47616
INTEXT        43.66605  4640.51295    14.55535    12.85461    1.13231
NEUROTIC    1384.16059  7589.51604   461.38686    21.02359   21.94615

Variable     Sig. of F
```

（续）

```
ESTEEM              .000
INTEXT              .336
NEUROTIC            .000

-------------------------------------------------------------------------
Roy-Bargman Stepdown F-tests

Variable   Hypoth. MS    Error MS Stepdown F Hypoth. DF  Error DF  Sig. of F

ESTEEM      220.28068   10.75791   20.47616          3       361       .000
INTEXT        6.35936   12.60679     .50444          3       360       .679
NEUROTIC    239.94209   19.72942   12.16164          3       359       .000
-------------------------------------------------------------------------
Regression analysis for WITHIN+RESIDUAL error term
--- Individual Univariate .9500 confidence intervals
Dependent variable .. ESTEEM              Self-esteem

COVARIATE                 B          Beta   Std. Err.     t-Value   Sig. of t

CONTROL              .98173        .32005        .136       7.205        .000
ATTROLE              .08861        .15008        .028       3.208        .001
SEL2                -.00111       -.00723        .007       -.164        .869

Regression analysis for WITHIN+RESIDUAL error term
Dependent variable .. ESTEEM              Self-esteem

COVARIATE   Lower -95%  CL- Upper

CONTROL           .714      1.250
ATTROLE           .034       .143
SEL2             -.014       .012

Dependent variable .. INTEXT              Introversion-extroversion

COVARIATE                 B          Beta   Std. Err.     t-Value   Sig. of t

CONTROL             -.22322      -.07655        .149      -1.499        .135
ATTROLE              .00456       .00812        .030        .151        .880
SEL2                 .00682       .04662        .007        .922        .357

COVARIATE   Lower -95%  CL- Upper

CONTROL          -.516       .070
ATTROLE          -.055       .064
SEL2             -.008       .021

Dependent variable .. NEUROTIC           Neuroticism

COVARIATE                 B          Beta   Std. Err.     t-Value   Sig. of t

CONTROL             1.53128       .39102        .190       8.040        .000
ATTROLE              .04971       .06595        .039       1.287        .199
SEL2                 .00328       .01670        .009        .347        .729

COVARIATE   Lower -95%  CL- Upper

CONTROL          1.157      1.906
ATTROLE          -.026       .126
SEL2             -.015       .022
```

7.6.3.2 评估因变量

现在对协变量进行调整的因变量评估程序遵循 7.6.2 节多元方差分析中的规定．所有因变量之间、协变量之间以及因变量与协变量之间的相关性是信息丰富的，所以表 7-17 中的所有相关系数仍然相关[⊖].

现在一元 F 针对协变量进行了调整. 由表 7-25 中指定的 SPSS MANOVA 运行生成的一元协方差分析展示在表 7-27 中. 虽然显著性水平具有误导性，但对于检验自尊心和内向度-外向度对男性化(针对女性化调整后)和女性化，它们的 F 值都很大.

表 7-27 对女性化与男性化交互作用、男性化和女性化调整后的三个因变量的一元协方差分析(SPSS MANOVA 的选定输出，语法见表 7-25)

```
EFFECT.. FEM BY MASC (Cont.)
 Univariate F-tests with (1,361) D. F.

Variable    Hypoth. SS   Error SS Hypoth. MS   Error MS         F  Sig. of F

ESTEEM         7.21931 3883.60490    7.21931   10.75791    .67107       .413
INTEXT         2.59032 464051.295    2.59032 1285.46065    .00202       .964
NEUROTIC       1.52636 7589.51604    1.52636   21.02359    .07260       .788

EFFECT.. MASC (Cont.)
Univariate F-tests with (1,361) D. F.

Variable   Hypoth. SS    Error SS  Hypoth. MS    Error MS          F  Sig. of F

ESTEEM      533.61774  3883.60490   533.61774    10.75791   49.60237       .000
INTEXT     26444.5451  464051.295  26444.5451  1285.46065   20.57204       .000
NEUROTIC     35.82929  7589.51604    35.82929    21.02359    1.70424       .193

EFFECT.. FEM (Cont.)
Univariate F-tests with (1,361) D. F.

Variable    Hypoth. SS   Error SS Hypoth. MS   Error MS         F  Sig. of F

ESTEEM       107.44454 3883.60490  107.44454   10.75791   9.98749       .002
INTEXT      7494.31182 464051.295 7494.31182 1285.46065   5.83006       .016
NEUROTIC      26.81431 7589.51604   26.81431   21.02359   1.27544       .259
```

为了解释自变量对针对协变量调整后的因变量的影响，逐步 F 与一元 F 的比较再次提供最好的解读信息. 此分析中因变量的优先级顺序为自尊心、内向度-外向度和神经质. 在只对 3 个协变量进行调整后对自尊心进行评估. 针对自尊心的效应和 3 个协变量调整内向度-外向度，针对自尊心、内向度-外向度和 3 个协变量调整神经质. 实际上，针对 4 个协变量调整内向度-外向度，针对 5 个协变量调整了神经质.

交互作用和两个主效应的逐步分析都在表 7-28 中. 除对 4 个协变量进行调整后不再具有女性化和内向度-外向度的主效应之外，结果与多元方差分析中的结果一致. 女性化和内向度-外向度的关系已经通过女性化和自尊心之间的关系来代表. 来自表 7-27 和表 7-28 的联合信息，以及来自表 7-26 中的部分信息汇总在表 7-29 中，其中还包含给不同的检验分配 0.05 的 α 误差以及基于选定的 α 误差所对应的置信区间下的效应大小.

对于具有显著效应的因变量，解读需要相关的边际均值. 表 7-30 包含了针对自尊心和内向度-外向度(针对自尊心以及协变量调整后的)对女性化的效应和针对女性化调整后的男性化的调整边际均值. 女性化对内向度-外向度主效应(一元而非逐步效应)的边际均值见表 7-31.

⊖ 对于 MANCOVA，SPSS MANOVA 会给出经协变量调整后的因变量之间的单元内相关性(称为标准). 要获得协变量和因变量的合并单元内相关矩阵，需要运行程序，其中因变量集中包含协变量.

表 7-28 对三个协变量(女性化与男性化的交互作用、男性化和女性化)调整后的三个有序因变量的逐步分析(SPSS MANOVA 的选定输出，语法见表 7-25)

```
Roy-Bargman Stepdown F-tests

Variable    Hypoth. MS   Error MS  StepDown F Hypoth. DF   Error DF   Sig. of F

ESTEEM         7.21931   10.75791      .67107          1        361        .413
INTEXT          .35520   12.60679      .02817          1        360        .867
NEUROTIC       4.94321   19.72942      .25055          1        359        .617

Roy-Bargman Stepdown F-tests

Variable    Hypoth. MS   Error MS  StepDown F Hypoth. DF   Error DF   Sig. of F

ESTEEM       533.61774   10.75791    49.60237          1        361        .000
INTEXT       137.74436   12.60679    10.92621          1        360        .001
NEUROTIC       1.07421   19.72942      .05445          1        359        .816

Roy-Bargman Stepdown F-tests

Variable    Hypoth. MS   Error MS  StepDown F Hypoth. DF   Error DF   Sig. of F

ESTEEM       107.44454   10.75791     9.98749          1        361        .002
INTEXT        47.36159   12.60679     3.75683          1        360        .053
NEUROTIC       4.23502   19.72942      .21466          1        359        .643
```

表 7-29 协变量、女性化、男性化(对女性化调整后)和交互作用的检验

IV	DV	一元 F	df	逐步 F	df	α	偏 η^2	每 α 偏 η^2 的置信限	
								下限	上限
协变量	ESTEEM	20.48①	3/361	20.48②	3/361	0.02	0.15	0.07	0.22
	INTEXT	1.13	3/361	0.50	3/360	0.02	0.00	0.00	0.02
	NEUROTIC	21.95①	3/361	12.16②	3/359	0.01	0.09	0.03	0.17
女性化	ESTEEM	9.99①	1/361	9.99②	1/361	0.02	0.03	0.00	0.08
	INTEXT	5.83①	1/361	3.76	1/360	0.02	0.01	0.00	0.05
	NEUROTIC	1.28	1/361	0.21	1/359	0.01	0.00	0.00	0.02
男性化	ESTEEM	49.60①	1/361	49.60②	1/361	0.02	0.12	0.06	0.20
	INTEXT	20.57①	1/361	10.93②	1/360	0.02	0.03	0.00	0.08
	NEUROTIC	1.70	1/361	0.05	1/359	0.01	0.00	0.00	0.01
女性化与男性化交互作用	ESTEEM	0.67	1/361	0.67	1/361	0.02	0.00	0.00	0.03
	INTEXT	0.00	1/361	0.03	1/360	0.01	0.00	0.00	0.00
	NEUROTIC	0.07	1/361	0.25	1/359	0.01	0.00	0.00	0.03

①显著性无法评估，但在一元情况下将达到 $p<0.02$.

② $p<0.01$.

表 7-30 对三个协变量调整后的 ESTEEM 和对 ESTEEM＋三个协变量调整后的 INTEXT 的调整的边际均值(语法和 SPSS MANOVA 的选定输出)

```
MANOVA      ESTEEM,ATTROLE,NEUROTIC,INTEXT,CONTROL,SEL2 BY FEM,MASC(1,2)
    /PRINT=PARAMETERS(ESTIM)
    /ANALYSIS=ESTEEM WITH CONTROL,ATTROLE,SEL2
    /DESIGN=CONSPLUS FEM /DESIGN=FEM,CONSPLUS MASC
    /ANALYSIS=INTEXT WITH CONTROL,ATTROLE,SEL2,ESTEEM
    /DESIGN=FEM, CONSPLUS,MASC.

Estimates for ESTEEM adjusted for 3 covariates
--- Individual univariate .9500 confidence intervals
```

（续）

```
CONSPLUS FEM
 Parameter       Coeff.  Std. Err.      t-Value    Sig. t Lower -95%  CL- Upper

       1   16.7151721     .34268    48.77769    .00000    16.04128    17.38906
       2   15.3543164     .21743    70.61815    .00000    14.92674    15.78189

Estimates for ESTEEM adjusted for 3 covariates
--- Individual univariate .9500 confidence intervals

CONSPLUS MASC
 Parameter       Coeff.  Std. Err.      t-Value    Sig. t Lower -95%  CL- Upper

       2   16.9175545     .22684    74.57875    .00000    16.47146    17.36365
       3   14.2243700     .31940    44.53415    .00000    13.59625    14.85249

Estimates for INTEXT adjusted for 4 covariates
--- Individual univariate .9500 confidence intervals

CONSPLUS MASC
 Parameter       Coeff.  Std. Err.      t-Value    Sig. t Lower -95%  CL- Upper

       2   11.0058841     .25416    43.30276    .00000    10.50606    11.50571
       3   12.4718467     .35617    35.01620    .00000    11.77141    13.17228
```

注：Coeff. =调整的边际均值；第一个参数=低，第二个参数=高．

表 7-31　只对三个协变量进行调整的 ZNTEXT 的边际均值(语法和 SPSS MANOVA 的选定输出)

```
MANOVA ESTEEM,ATTROLE,NEUROTIC,INTEXT,CONTROL,SEL2 BY FEM,MASC(1,2)
      /PRINT=PARAMETERS(ESTIM)
      /ANALYSIS=INTEXT WITH CONTROL,ATTROLE,SEL2, ESTEEM
      /DESIGN=CONSPLUS FEM.

Estimates for INTEXT adjusted for 4 covariates
--- Individual univariate .9500 confidence intervals

CONSPLUS FEM
 Parameter       Coeff.  Std. Err.      t-Value    Sig. t Lower -95%  CL- Upper

       1   11.1014711     .35676    31.11753    .00000    10.39989    11.80305
       2   11.9085923     .22495    52.93984    .00000    11.46623    12.35096
```

注：Coeff. =调整的边际均值；第一个参数=低，第二个参数=高．

逐步效应的大小和它们的置信区间可以通过 Smithson(2003)关于多元方差分析的程序得到．表 7-32 展示了使用表 7-28 中的值进行分析的输入/输出．为置信区间选定的值反映了 α 的分配．多元协方差分析的清单见表 7-33. 下面是一个结果部分示例，它可能适合于期刊发表．

表 7-32　95％置信限下 NoncF3. sps 效应大小(r2)数据集输出

	fval	df1	df2	conf	lc2	ucdf	uc2	lcdf	power	r2	lr2	ur2
1	20.4800	3	361	.980	27.6000	.9900	102.9400	.0100	1.0000	.15	.07	.22
2	.5000	3	360	.980	.0000	.3175	9.1211	.0100	.0485	.00	.00	.02
3	12.1600	3	359	.990	10.0225	.9950	72.9125	.0050	.9960	.09	.03	.17
4	9.9900	1	361	.980	.6643	.9900	30.2627	.0100	.7187	.03	.00	.08
5	3.7600	1	360	.980	.0000	.9467	18.2345	.0100	.2610	.01	.00	.05
6	.2100	1	359	.990	.0000	.3530	9.0300	.0052	.0099	.00	.00	.02
7	49.6000	1	361	.980	21.4579	.9900	89.1734	.0100	1.0000	.12	.06	.20
8	10.9300	1	360	.980	.9188	.9900	31.8934	.0100	.7655	.03	.00	.08
9	.0500	1	359	.999	.0000	.1768	2.1500	.0614	.0007	.00	.00	.01
10	.6700	1	361	.980	.0000	.5864	9.8825	.0100	.0397	.00	.00	.03
11	.0300	1	360	.980	.0000	.1374	1.2900	.0726	.0111	.00	.00	.00
12	.2500	1	359	.999	.0000	.3826	10.7500	.0027	.0015	.00	.00	.03

表 7-33 多元协方差分析清单

1. 问题
    a. 样本量不等和缺失数据
    b. 抽样分布的正态性
    c. 异常值
    d. 方差-协方差矩阵的齐性
    e. 线性
    f. 回归的齐性
        (1)协变量
        (2)用于逐步分析的因变量
    g. 协变量(及用于逐步分析的因变量)的可靠性
    h. 多重共线性和奇异性
2. 主要分析：计划比较或综合 F 检验．当呈现显著性时，因变量的重要性
    a. 单元内相关性，逐步分析 F，一元 F
    b. 具有显著逐步 F 的置信区间的效应大小
    c. 显著 F 的调整的边际或单元均值，具有标准差、标准误差或置信区间
3. 具有置信区间的多元效应大小，用于计划比较或综合 F
4. 附加分析
    a. 评估协变量
    b. 自变量-协变量交互作用的解释(如果违反回归的齐性)
    c. 事后比较

结果

采用 2×2 多元组间协方差分析方法，这三个变量与受访者的个性有关：自尊心、内向度-外向度和神经质．对三个协变量进行了调整：对女性角色的态度、内控点与外控点和社会经济水平．自变量是男性化程度(高和低)和女性化程度(高和低).

采用 SPSS MANOVA 进行非正交性序贯调整分析．自变量的进入顺序先是女性化，然后是男性化．删除一个在内控点与外控点上没有得分的样本，总体 N 从 369 减少到 368. 在 $\alpha=0.001$ 时，没有一元或多元的单元内异常值．对正态性、方差-协方差矩阵的齐性、线性和多重共线性的假设进行了评估，结果是令人满意的．协变量被证明对于协方差分析是非常可靠的．

采用 Wilks 标准，复合因变量与综合协变量显著相关，近似值 $F(9,873)=10.86$，$p<0.01$，与女性化显著相关 $F(3,359)=4.67$，$p<0.01$，与男性化显著相关，$F(3,359)=20.59$，$p<0.001$，但与交互作用无关，$F(3,359)=0.32$，$p>0.05$. 因变量和协变量之间有适度的关联，偏 $\eta^2=0.10$，置信限为从 0.06 到 0.29. 在复合因变量和男性化的主效应之间发现了更大的关联，$\eta^2=0.15$，置信限为从 0.08 到 0.21，但女性化的主效应和复合因变量之间的关联较小，$\eta^2=0.04$，置信限为从 0.00 到 0.08. 不显著交互作用的效应大小为 0.00，置信限为从 0.00 到 0.01.[F 来自表 7-25；通过 Smithson 的 NoncF3.sps 求出主效应、交互作用和协变量的偏 η^2 及其置信限.]

为了更具体地研究协变量调整因变量的能力，依次对每个因变量进行多重回归，协

变量充当多个预测变量．在三个协变量中，内控点与外控点和对女性角色的态度对自尊心做出了重大调整．内控点与外控点的 B 值为 0.98(置信区间为 0.71 至 1.25)显著不为零，$t(361)=7.21$，$p<0.001$，对女性角色的态度的 B 值为 0.09(置信区间为 0.03 至 0.14)，$t(361)=3.21$，$p<0.01$. 没有协变量提供内向度-外向度量表的调整．对于神经质，只有内控点与外控点达到统计学显著性，$B=1.53$(置信区间为 1.16 至 1.91)，$t(361)=8.04$，$p<0.001$. 没有一个因变量为社会经济水平做出重大调整．(有关各个单个因变量和协变量的关系的信息，参见表 7-26).

用一元和 Roy-Bargmann 逐步分析研究了男性化和女性化对协变量调整后因变量的影响，其中自尊心被赋予最高优先权，内向度-外向度被赋予第二优先权(因此，对自尊心和三个协变量进行了调整)，神经质被赋予第三优先级(因此对自尊心和内向度-外向度以及三个协变量进行了调整). 回归的齐性对此分析是令人满意的，并且因变量被认为足够可靠，可以充当协变量．分析的结果在表 7-29 中得到了概括．通过根据表最后两列中显示的值分配 α 值，可以估计每个效应的 5%实验错误率．

在调整了协变量上的差异后，自尊心对区分女性化高或低的因变量的组合有显著贡献，$F(1,361)=9.99$，$p<0.01$，$\eta^2=0.03$，置信限为从 0.00 到 0.08. 在自尊心得分相反的情况下，女性化得分较高的女性在调整协变量后(调整后的平均自尊心＝15.35，SE＝0.22)比女性化得分较低的女性(调整后的平均自尊心＝16.72，SE＝0.34)表现出更强的自尊心．一元分析显示，内向度-外向度度量也存在显著的统计学差异，女性化程度更高的女性更易外向，一元 $F(1,361)=5.83$，已经由协变量和较高优先级因变量造成了差异．(调整后的平均值来自表 7-30 和表 7-31；偏 η^2 和置信限来自表 7-32.)

较低和较高男性化的女性的自尊心不同，最高优先级因变量，在对协变量进行调整后，逐步 $F(1,361)=49.60$，$p<0.01$，$\eta^2=0.12$，置信限为从 0.06 至 0.20. 在男性化较高的女性(调整的均值＝14.22，SE＝0.32)中，自尊心程度比在男性化较低的女性(调整的均值＝16.92，SE＝0.23)中更高．内向性和外向性的量度，针对协变量和自尊进行了调整，也与男性化的差异有关，逐步 $F(1,360)=10.93$，$p<0.01$，$\eta^2=0.03$，置信限为从 0.00 至 0.08. 在男性化评分上得分较高的女性(调整后的平均外向度＝11.01，SE＝0.25)与那些在男性化较低的女性(调整后的平均外向度＝12.6，SE＝0.36)相比更倾向于外向性．

因此，当对社会经济水平、对女性角色的态度和内控点与外控点的差异进行调整时，男性化高的女性比男性化低的女性具有更高的自尊心和外向性．在对这些协变量进行调整后，高女性化女性比低女性化女性表现出更强的自尊心．

表 7-17 显示了因变量和协变量之间的合并单元内相关性．导致差异超过10%的是自尊心和神经质($r=0.36$)、内控点与外控点和自尊心($r=0.35$)之间以及神经质和内控点与外控点之间($r=0.39$)的关系．神经质倾向高的女性往往自尊心较弱，更有可能将外在力量归因于女性化．

7.7 程序的比较

SPSS、SAS 和 SYSTAT 都具有高度灵活和全功能的多元方差分析程序，如表 7-34 所示．单因素组间多元方差分析也可以通过判别函数程序获得，如第 9 章所述．

表 7-34 多元方差和协方差分析的程序比较[①]

特点	SPSS GLM	SPSS MANOVA	SAS GLM	SYSTAT ANOVA，GLM 和 MANOVA[⑦]
输入：				
针对不等样本量的各种策略	是	是	是	是
指定公差	EPS	否	SINGULAR	是
指定用于多元效应的准确检验	否	否	MSTAT =EXACT	否
输出：				
Wilks' lambda 标准源表	否	PRINT= SIGNIF(BRIEF)	否	否
单元协方差矩阵	否	是	否	否
单元协方差矩阵行列式	否	是	否	否
单元相关矩阵	否	是	否	否
单元 SSCP 矩阵	否	是	否	否
单元 SSCP 行列式	否	是	否	否
因子设计的未调整的边际均值	是	是	是	否
未调整的单元均值	是	是	是	否
未调整的单元标准差	是	是	是	否
未调整的单元均值的置信区间	否	是	否	否
调整的单元增值	EMMEANS	PMEANS	LSMEANS	PRINT MEDIUM
调整的单元增值的标准误差	EMMEANS	否	LSMEANS	PRINT MEDIUM
调整的边际均值	EMMEANS	是[②]	LSMEANS	否
调整的边际均值的标准误差	EMMEANS	否	LSMEANS	否
具有近似 F 统计量的 Wilks' lambda	是	是	是	是
除 Wilks 外的其他准则	是	是	是	是
单元多元影响/杠杆统计量	否	否	否	数据文件
曲型(判别函数)统计量[③]	否	是	是	是
一元 F 统计量	是	是	是	是
平均的一元 F 检验	否	是	否	否
逐级 F 检验(因变量)	否	是	否	否
球形检验	是	是	否	是[⑧]
对球形度失败的调整	是	是	是	否
一元方差齐性的检验	是	是	是[⑤]	否
协方差矩阵齐性的检验	Box 的 M	Box 的 M	否	否
残差的主成分分析	否	是	否	是
假设 SSCP 矩阵	是	否	是	是
假设协方差矩阵	否	是	否	否
假设 SSCP 矩阵的逆	否	否	是	是
合并单元内误差 SSCP 矩阵	是	是	是	是
合并单元内协方差矩阵	否	是	否	是
合并单元内相关矩阵	否	是	是	是
总 SSCP 矩阵	否	否	否	是

（续）

特点	SPSS GLM	SPSS MANOVA	SAS GLM	SYSTAT ANOVA，GLM 和 MANOVA⑦
合并单元内相关矩阵的行列式	否	是	否	否
调整的单元均值的协方差矩阵	否	否	数据文件	否
一元检验的效应大小	ETASQ	POWER	否	否
势分析	OPOWER	POWER	否⑥	否
每个因变量具有效应的 SMC	否	否	否	是
多元检验的置信区间	否	是	否	否
调整的事后检验	POSTHOC	是④	是	是
特定比较	是	是	是	是
简单效应(完全)的检验	否	是	否	否
回归的齐性	否	是	否	是
有单独回归估计的 ANCOVA	否	是	否	否
每个协变量的回归系数	PARAMETER	是	否	PRINT LONG
每个单元的回归系数	是	否	是	否
模型的 R^2	是	否	是	否
差异的系数	否	否	是	否
因变量和协变量的正态图	否	是	否	否
每个样本的预测值和残差	数据文件	是	是	数据文件
预测值的置信限	否	否	是	否
残差图	否	是	否	否

①额外的特点已在第6章(ANCOVA)讨论.

②通过 CONSPLUS 程序可获得，见7.6节.

③更详细的讨论见第9章.

④Bonferroni 和 Scheffé 置信区间.

⑤仅单因素设计.

⑥在单独的程序 GLMPOWER 中可获得.

⑦SYSTAT 11 版中添加的 MANOVA 只是访问菜单与 GLM 不同.

⑧“长”输出中不可用.

7.7.1　SPSS 软件包

SPSS 有两个程序——MANOVA(仅通过语法提供)和 GLM 二者的特点是完全不同的，所以你可能需要使用这两个程序进行分析.

这两个程序都提供了几种调整不均等 n 的方法和几个检验多元效应的统计准则. 在重复测量设计中，两个程序都提供了球形度检验来评估球形假设. 如果假设被拒绝(即如果检验是显著的)，重复测量 ANOVA 的一个替代方法(比如 MANOVA)是合适的. 还有 Greenhouse-Geisser、Huynh-Feldt 和下限 epsilon 来调整球形度的自由度. SPSS MANOVA 和 GLM 可以进行相应的调整并且为具有调整后的自由度的效应提供显著性水平.

SPSS MANOVA 具有的几个特征使其优于此处任何其他提到的程序. 它是唯一能够执行 Roy-Bargmann 逐步分析的程序(7.5.3.2节). 使用其他程序需要在最高优先级之后对每一个因变量执行单独的协方差分析. SPSS MANOVA 也是唯一具有能够合并协变量并检验

多元协方差分析和逐步分析的齐性的语法的程序(7.6.1.6节)．如果违反了这个假设，手册将描述ANCOVA的步骤并且具有单独的回归估计(如果这是你的选择的话)．完整的简单效应分析可以通过使用MWITHIN指令来实现(8.5.2节)．SPSS MANOVA还可以更轻松地用于用户指定的比较．SPSS MANOVA可以很容易地对双变量共线性和方差-协方差矩阵的齐性进行检验，分别通过单元内相关系数和离差矩阵的齐性来实现．多重共线性通过单元内相关系数矩阵的行列式来评估(参见4.1.7节)．

这两个方案对于未调整的均值和标准差提供了完整的描述统计量，然而，在SPSS GLM中通过EMMEANS指令更容易指定调整后的边际和单元效应均值．SPSS MANOVA很轻松地提供了调整的单元均值，但边际均值需要相当复杂的CONSPLUS指令，如7.6节所示．SPSS GLM提供了杠杆值(很容易转化为马氏距离)来评估多元异常值．

对于组间设计，这两个程序都提供了Bartlett的球形度检验，该检验用来检验因变量之间的相关性为零的原假设．如果是，用一元F(用Bonferroni调整后)而不是逐步F来检验因变量的重要性(7.5.3.1节)．

如手册中描述，可以通过SPSS MANOVA对因变量进行主成分分析．在因变量之间存在多重共线性或奇异性的情况下(见第4章)，主成分分析可以用来产生彼此正交的复合变量．然而程序仍然对原始因变量得分而不是成分得分执行MANOVA．如果需要使用成分得分的MANOVA，请使用PCA和COMPUTE工具来生成成分得分作为因变量．

7.7.2 SAS系统

SAS中的多元方差分析是通过PROC GLM实现的．这种一般的线性模型程序，像SPSS GLM一样，在检验模型和具体比较方面具有很大的灵活性．有4种对不等n进行调整的方法，称为TYPE Ⅰ到TYPE Ⅳ可估计函数(参见6.5.4.2节)．有些人认为这个程序对不等的n提供了调整原型．调整的单元和边际均值可用LSMEANS指令打印出来．SAS通过添加杠杆值(可以被转换成马氏距离)到数据集中来检验多元异常值(参见6.6.1.4节)．可能会要求准确的多元效应检验来代替通常的F近似值．

SAS GLM提供了针对自由度的Greenhouse-Geisser和Huynh-Feldt调整以及使用调整自由度的显著性检验，没有明确的回归齐性检验．但是因为这个程序可以用于任何形式的多重回归，假设可以作为一个回归问题被检验，其中在协变量和自变量之间的交互作用在回归方程(6.5.3节)中是一个明确项．

关于残差有充足的信息，这点可以通过进行多重回归的程序推断出来．然而我们可能想对残差画图，所以还需要PLOT程序来实现这一目的．与大多数SAS程序一样，输出需要相当大的努力来解码，直到你习惯了这种模式．

7.7.3 SYSTAT系统

在SYSTAT中，GLM、ANOVA和MANOVA程序可能会被用于简单而完全的因子多元方差分析，然而因为特征的多样性和灵活性，还是建议使用GLM和多元方差分析进行更复杂的设计，而且这两个程序建立起来并不困难．

默认情况下，模型1对不等的n进行调整，它有强大的理论支持．然而通过误差项的确定和一系列的序贯回归分析，也可以使用其他的选择．它还提供了多元假设检验的几个标准，在指定假设方面具有很大的灵活性．杠杆值会按要求保存到一个数据集，可能还会被转化为马氏距离(公式(4.3))来评估异常值．

程序提供了单元最小二乘均值及其标准误差(针对协变量进行调整后)．其他的一元统计量在此程序中没有提供，但是它们可以通过STATS模块获得．

与SPSS MANOVA一样，在合并单元内相关系数矩阵的基础上可以进行主成分分析．但是，还是与SPSS程序一样，MANOVA只能在原始数据的基础上执行．

第8章　轮廓分析：重复测量的多元方法

8.1　概述

轮廓分析是多元方差分析的一种特殊应用，适用于存在多个因变量，且所有测量是同一尺度测量的情况[⊖]．一组因变量可以是多次测量的，或者是一次测量的几个不同因变量．该分析也有一个常用的延伸，即在不同的时间测量几个不同的因变量，称为双变量设计(doubly-multivariate design)．

在研究中更加普遍的应用是，受试者在同一个因变量上被重复地测量．例如，在一个学期不同时点上进行数学成绩测试，用于测试替代教育项目的效果，比如传统课堂与计算机辅助教学．使用这种方法，轮廓分析为组间效应及其交互作用提供了一元 F 检验的一个多元替代选择(见第3章)[⊜]．轮廓分析和单因素重复测量的方差分析之间的选择取决于样本量、势以及重复测量方差分析的统计假设是否成立．这些问题将在8.5.1节中详细讨论．

不太普遍的是，轮廓分析用于同时比较两个或多个在不同尺度上测得的轮廓．例如，精神分析学家和行为治疗师都被提供情绪状态轮廓(Profile of Mood State，POMS)．因变量是POMS的各种量表、紧张焦虑、活力、愤怒敌意等，这些都在同一尺度上测量．所要分析的问题是这两组在子量表上是否有相同的均值模式．

在双变量设计中，重复测量多元方差分析的方法越来越受欢迎．在这种方法中，多个因变量被重复测量，但其中并非所有因变量都在同一尺度下测量．例如，数学能力在一个学期被测量多次，每次都是通过数学测试上的分数(第一个因变量)和数学焦虑的尺度(第二个因变量)进行测量的．关于双变量多元分析的讨论见8.5.3节，完整示例见8.6.2节．

当前的计算机程序允许轮廓分析应用到复杂的设计中，例如，将组别沿着两个或多个维度分类来创造两个或者更多的组间自变量，如在方差分析中．例如，对男性和女性精神分析学家和行为治疗师都进行情绪状况的轮廓检验，或者评估一个学期中，传统教育或计算机辅助教学对小学生和初中生数学能力的改变．

Rangaswamy及其同事(2002)使用轮廓分析来检查酗酒者脑电图中的 β 势．对男性和女性的三个 β 波段分别进行独立重复测量的多元方差分析，组内自变量由额叶、中央和顶叶位置处的22对电极组成．组间自变量为是否依赖酒精，每组有307名参与者．事后分析检查了这三组位置发现，在三个波段中，酗酒者的 β 系数都有所提高，且男性高于女性，而在中央区域 β 系数上升幅度更大．另外，后续还进行了单因素分析．

Martis等人(2003)使用重复测量多元协方差分析研究了在重复经颅磁刺激(rTMS)后，

⊖　除了本章的多元方差分析描述，本书还将“轮廓分析”应用于通过聚类分析测量轮廓模式之间的相似性．

⊜　为了方便起见，“轮廓分析”在这里用作“采用多元方法重复测量”的同义词．

15例重度抑郁患者神经认知功能的变化．一个2×4×2设计采用了2个时间段(基期和实验后)、4个神经心理学领域和2个组(就减少抑郁症而言，rTMS响应者和非响应者)．通过将一系列测试合并到每个域的单个z分数中来创建域．协变量可假定为哈密尔顿抑郁症等级量表(Hamilton Depression Rating Scale，HDRS)得分和实验时间(尚不明确为什么基准得分也未用作协变量)．没有观察到显著的主效应，但发现了几个显著的交互作用，交互作用在每一个区域中均被视作简单的效应．时间和神经心理学领域之间的交互作用表明在基期和实验后的4个领域中，有3个领域在得分上有所改善：工作记忆执行功能、目标记忆和精细运动速度．响应和神经心理领域之间的交互作用显示，对于其中一个领域，响应者和非响应者之间在注意力与心理速度方面有显著差异．

8.2　几类研究问题

轮廓分析最主要的问题是各组在一组测量上是否有不同的轮廓．要应用轮廓分析，所有度量必须具有相同的可能分数范围，并且相同的分数值对所有度量有相同的含义．由于在轮廓分析两个主要的检验(平行性和平坦性)中，实际检验的数字是在相邻情况下测量的因变量间的差异[⊖]得分或一组因变量的其他转换．差异得分在轮廓分析中称为分段．

8.2.1　轮廓的平行性

不同的组有平行的轮廓吗？这通常被称为平行性检验，并且是轮廓分析所要解决的首要问题．当将轮廓方法运用到单因素重复测量的方差分析中时，平行性检验是交互作用检验．例如，在测试过程中传统教学和计算机辅助教学是否会带来同样的成绩增长模式？或者成绩的改变取决于哪种教学方式的使用？以治疗师为例，精神分析学家和行为治疗师在情绪状态轮廓测量的不同情绪状态上是否有相同的情绪起伏模式？

8.2.2　组间总体差异

各组是否产生平行的轮廓，平均而言，一组收集的样本值是否比另一组更高？例如，一种教学方法比另一种方法是否更能提高整体的数学成绩？或者是否有一种类型的治疗师在POMS检验的一系列状态中比另一种的得分更高？

在普通单因素方差分析中，这个问题是通过“组”假设的检验来回答的．在轮廓分析的术语中，这是“水平”假设．它解决了与重复测量方差分析中组间主效应相同的问题．

8.2.3　轮廓的平坦性

轮廓分析解决的第三个问题涉及对所有因变量响应的相似性，与组无关．所有的因变量都会引起相同的平均响应吗？用轮廓的术语来说，这检验了平坦性假设．这个问题通常只在轮廓是平行时才相关．如果轮廓不是平行的，那么其中至少一个是不平坦的．尽管可以想象来自两个或者更多组的非平坦的轮廓可以抵消，从而产生一个平坦的轮廓，但这个结果通常不能令人产生研究兴趣．

在教学案例中，平坦性检验评估成绩是否在测试期间发生变化．在这种情况下，平坦

⊖ 众所周知，差异得分是不可靠的，这里使用它们仅仅是为了统计上的方便(在任何其他转换方式中)．差异得分本身没有被解释．

性检验评估的假设与重复测量方差分析中组间方差分析主效应的假设相同．以治疗师为例，如果精神分析学家和行为治疗师在情绪状态的轮廓上有相同的情绪状态模式(也就是说，他们有平行的轮廓)，人们也许会问治疗师整体上在任何状态下是否为显著的高或者低.

8.2.4 轮廓分析后的对比

对于 2 个以上的组或者 2 种以上的测量，平行性、平坦性和水平中的差异可能有多种来源．例如，如果将一组以客户为中心的治疗师添加到治疗师的研究中，且拒绝平行性或者水平假设，那么这组行为治疗师是否不同于其他两组(或者确切地说哪一组不同于其他组)不是很明显．关于对比以下轮廓分析的讨论见 8.5.2 节.

8.2.5 参数估计

只要组间或者测量中发现统计显著性差异就可以进行参数估计．对于轮廓分析，结果的主要描述通常是轮廓的一个图，在图中对于每一个组绘制每一个因变量的均值．此外，如果关于水平的原假设被拒绝，那么评估组均值和组标准差、标准误差或者置信区间是有用的．如果关于平坦性的原假设被拒绝，而这个发现是有趣的，则基于组合的分数图，连同标准差或者标准误差都是有教学意义的．关于轮廓图的展示见 8.4 节与 8.6 节.

8.2.6 效应大小

与所有统计方法一样，效应大小的评估适用于所有感兴趣的效应．关于这种影响效应大小的度量及其周围置信区间的展示见 8.4 节和 8.6 节.

8.3 轮廓分析的局限性

8.3.1 理论问题

与通常的多元统计应用相比，轮廓分析中因变量的选择会受到更多限制，因为除了在双变量的多元应用中，因变量必须是相称的．也就是说，它们必须使用相同的标度.

在使用轮廓分析替代单因素重复测量方差分析的应用中，这个要求必须满足，因为所有的因变量实际上是相同的测量．然而，在轮廓分析的应用中，需要仔细考虑因变量的测量，以确保测量单位相同．产生可比性的一种方法是使用标准化分数(例如 z 分数)，而不是因变量原始的分数．在这种情况下，使用因变量的单因素组间方差分析提供的合并的组内标准差(因变量平方误差均值的平方根)对每个因变量进行标准化．然而，用这种方法泛化结果有一些危险，因为是利用样本标准差来形成 z 分数．当基于样本数据的因子或者成分分析以因子或者成分分数来度量时，也会出现类似的问题．更常见的是，相应的因变量是标准化检验的子量表，其中子检验以相同的方式尺度化.

当且仅当通过随机分配形成组、操作自变量的水平和恰当的实验控制操作时，轮廓之间的差异才归因于各组间处理的差异．像往常一样，因果关系无法通过统计检验解决．普遍性也受抽样策略的影响，而不受统计检验选择的影响．也就是说，轮廓分析泛化的结果仅适用于从总体中随机抽取的样本.

如 8.4 节所描述和 8.6 节所推导的，对于组内自变量的邻近水平，轮廓分析中的因变量之间或其他转换之间存在差异(分段)．创建差异得分是使因变量的数目和组内自变量的自由度相等的方法之一．尽管不同的程序使用不同的转换，但是结果的综合分析对它们不敏感．因此，从技术上讲，应该评估关于分段或者其他转换的因变量的限制．然而，用它们原始的形式来评估因变量是合理的，且更加简单．也就是说，出于评估局限性目的，将组内自变量的水平分数作为一组因变量．

8.3.2　实际问题

8.3.2.1　样本量、缺失数据和势

正如多元方差分析，每一组的样本量是轮廓分析的重要问题．因为与因变量相比，应该以最小的单元进行研究．出于势方面的考虑以及方差-协方差矩阵的齐性假设，建议这样讨论和研究(参见7.3.2.1节和7.3.2.4节)．在一元重复测量方差分析和轮廓分析之间选择时，每组的样本量通常是决定因素．

样本量不等通常不会对轮廓分析造成特殊的困难，因为每一个假设似乎都是在单因素设计下检验，正如6.5.4.2节所讨论的，不等的 n 仅在以下情况的解释中存在困难：设计中受试者的自变量超过一个．然而，不等的 n 有时候会对方差-协方差矩阵的齐性评估产生影响，正如8.3.2.4节所讨论的．如果在某些情况下缺失少数测量值，则将第4章中所讨论的常见问题和解决方案进行修改以进行轮廓分析，因为所有的测量是相称的，并且实际上可能是相同的测量．缺失值的填补在8.5.5节讨论．

总之，在其他所有条件都相同时，较大的样本产生较大的势．在一元方法和多元方法之间进行重复测量时，选择中也涉及幂．通常，考虑到一元方法经常需要对违反球形度进行调整，因此多元方法有更大的势，但是确实会出现意外情况．7.3.2.1节讨论了用势和软件估计样本量的问题．

8.3.2.2　多元正态性

与其他形式的多元方差分析(参见7.3.2.2节)一样，轮廓分析对于违反正态性也同样可靠．因此，除非在最小的组中有比因变量更少的样本以及高度不等的 n，否则抽样分布的正态偏离是不被期望的．然而，在样本小、样本不等的情况下，应按顺序查看每一组因变量的分布．如果因变量的分布是显著的，且是高度显著偏态的，则可以研究一些规范化的转换(参见第4章)．

8.3.2.3　异常值的处理

与所有的多元方差分析一样，轮廓分析对异常值极其敏感．第4章详述了应用于因变量的一元和多元异常值检验．这些检验在8.6.1节中展示．

8.3.2.4　方差-协方差矩阵的齐性

如果样本量相等，就没有必要进行方差-协方差矩阵齐性评估．然而，如果样本量有明显的差异，则可以通过SPSS MANOVA，使用Box的 M 检验作为方差-协方差矩阵的齐性的一个初步检验．在常规 α 水平下，使用Box的 M 非常敏感，但是如果在高的显著水平下拒绝齐性检验，则7.3.2.4节中的准则是合适的．

同时还假定了方差的一元齐性，但是方差分析的稳健性可以概括为轮廓分析．除非样本量是高度相异的或者有很强的因变量的齐性(10∶1或者更大的方差比)证据(参见

6.3.2.5 节)，否则可以安全地忽略这个假设.

8.3.2.5 线性

对于平行性和平坦性检验，假设因变量之间的关系为线性，利用 SPSS PLOT 或者 SAS CORR、PLOT 分析所有成对因变量间的散点图，进而评估这一假设．因为不满足线性的主要后果是在平行性检验中势的损失，而大样本量在某种程度上减轻了违背这一假设的影响．因此，对于许多对称分布的因变量和大样本量，这个问题可以忽略．另一方面，如果不同方向上的分布是显著偏态的，那么检查变量的散点图，找出分布差异最大的变量，以确保不会严重地违反这个假设.

8.3.2.6 多重共线性和奇异性的处理

7.3.2.8 节讨论了多元方差分析的多重共线性和奇异性．然而，对于重复测量的多元方法，逻辑上多重共线性的标准完全不同．如果因变量是同一段时间内采用相同的测量方法，则我们会期望因变量之间的相关性相当高．因此，仅统计多重共线性就会造成困难，甚至只在组间测量值公差(1－SMC)小于 0.001 的情况下也是如此.

8.4 轮廓分析的基本公式

表 8-1 是假设的一个数据集，适用于使用轮廓分析作为重复测量方差分析的替代方法．进行比较的三个组(自变量)是肚皮舞者、政治家和管理者(或换成你最喜欢的)．这些职业群体中的五个采访者参加了四项休闲活动(因变量)，并在每项活动中被要求以 10 分制对他们的满意程度进行评分．这些休闲活动是阅读、跳舞、看电视和滑雪．轮廓如图 8-1 所示，其中绘制了每项活动的每组均值评分.

平行性和平坦性的轮廓分析检验是多元的，涉及平方和与叉积矩阵．但是水平检验是一元检验，在重复测量方差分析中相当于组间的主效应.

8.4.1 水平差异

对于这个案例，水平检验检查了四项活动中的三个职业组的平均收入间的差异．7.30、5.00 和 3.15 的组均值是否显著不同?

划分方差的相关公式由公式(3.8)推导如下：

$$\sum_i \sum_j (Y_{ij} - \mathrm{GM})^2 = np \sum_j (\overline{Y}_j - \mathrm{GM})^2 + p \sum_i \sum_j (Y_{ij} - \overline{Y}_j)^2 \tag{8.1}$$

这里 n 是每组中受试者的数目，p 是测量的数目，在这个例子中是每个受访者的评分的数目.

表 8-1 轮廓分析的假设数据小样本说明

组别	案例编号	活动				组合活动
		阅读	跳舞	看电视	滑雪	
肚皮舞者	1	7	10	6	5	7.00
	2	8	9	5	7	7.25
	3	5	10	5	8	7.00
	4	6	10	6	8	7.50
	5	7	8	7	9	7.75
均值		6.60	9.40	5.80	7.40	7.30

（续）

组别		案例编号	活动				组合活动
			阅读	跳舞	看电视	滑雪	
政治家		6	4	4	4	4	4.00
		7	6	4	5	3	4.50
		8	5	5	5	6	5.25
		9	6	6	6	7	6.25
		10	4	5	6	5	5.00
	均值		5.00	4.80	5.20	5.00	5.00
管理者		11	3	1	1	2	1.75
		12	5	3	1	5	3.50
		13	4	2	2	5	3.25
		14	7	1	2	4	3.50
		15	6	3	3	3	3.75
	均值		5.00	2.00	1.80	3.80	3.15
总均值			5.53	5.40	4.27	5.40	5.15

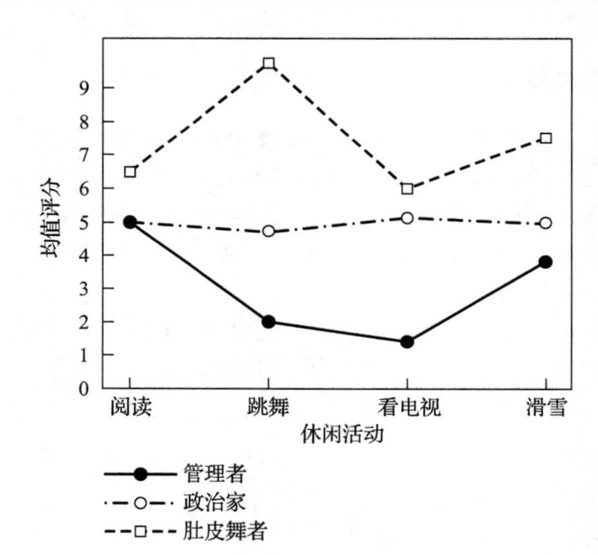

图 8-1　三个职业的休闲时间评分的轮廓

在公式(8.1)中划分方差分别产生了总和、组内和组间平方和，如公式(3.9)所示．因为对于水平检验中每个受试者的分数是受试者在四项活动中的平均分数，自由度分别如公式(3.10)到公式(3.13)所示，其中 N 等于受试者总的数目，k 等于组的数目.

对于表 8-1 的假设数据：

$$SS_{bg} = (5)(4)[(7.30-5.15)^2+(5.00-5.15)^2+(3.15-5.15)^2]$$

$$SS_{wg} = (4)[(7.00-7.30)^2+(7.25-7.30)^2+\cdots+(3.75-3.15)^2]$$

$$df_{bg} = k-1 = 2$$

$$df_{wg} = N-k = 12$$

这个例子的水平检验产生了单因素一元检验的标准方差分析来源表，如表 8-2 所示．在这四项休闲活动中，职业类别之间的满意度平均评分在统计上有显著差异.

标准一元 η^2 用来评估职业群体的效应大小：

$$\eta^2 = \frac{SS_{bg}}{SS_{bg} + SS_{wg}} = \frac{172.90}{172.90 + 23.50} = 0.88 \tag{8.2}$$

通过前面描述的 Smithson(2003)的程序发现，置信区间范围为从 0.61 到 0.92.

表 8-2　表 8-1 的小样本案例的水平效应检验的方差分析汇总表

方差来源	SS	df	MS	F
组间	172.90	2	86.45	44.14①
组内	23.50	12	1.96	

① $p<0.001$.

8.4.2　平行性

平行性和平坦性检验是通过假设轮廓的相邻段进行的．例如，平行性的检验询问对于肚皮舞者、政治家和管理者，阅读和跳舞间的差异(分段)是否是相同的．跳舞和看电视有什么区别?

平行性检验最直接的演示是将数据矩阵转换成差异得分[⊖]．例如，将示例中的四个因变量转变成三个差值，如表 8-3 所示．差异得分是通过相邻元素创建的，但在这个案例中，如在许多轮廓分析中一样，因变量的顺序是任意的．在轮廓分析中，通常由任意变换的因变量形成段，并且没有内在的意义．这有时在解释计算机软件的统计结果时会造成困难，并可能导致决定应用一些其他变换，例如多项式(进行趋势分析).

在表 8-3 中，第一个案例的第一个条目是阅读和跳舞得分之间的差异，即 7－10＝－3. 她的第二个得分是跳舞和看电视在评分上的差异，即 10－6＝4，等等.

表 8-3　小样本假设数据的相邻段的得分

组别		案例编号	分段		
			阅读和跳舞	跳舞和看电视	看电视和滑雪
肚皮舞者		1	−3	4	1
		2	−1	4	−2
		3	−5	5	−3
		4	−4	4	−2
		5	−1	1	−2
	均值		−2.8	3.6	−1.6
政治家		6	0	0	0
		7	2	−1	2
		8	0	0	−1
		9	0	0	−1
		10	−1	−1	1
	均值		0.2	−0.4	0.2

⊖ 其他的转换一样有效，但通常更复杂．

（续）

组别	案例编号	分段		
		阅读和跳舞	跳舞和看电视	看电视和滑雪
管理者	11	2	0	−1
	12	2	2	−4
	13	2	0	−2
	14	6	−1	0
	15	3	0	−2.0
均值		3.0	0.2	
总均值		0.13	1.13	−1.13

分段上的单因素多元方差分析检验了平行性假设．因为每个段代表了两个原始因变量间的斜率，如果组间存在多元差异，那么一个或多个斜率不同，并且轮廓不平行.

使用第 7 章开发的程序，总平方和与叉积矩阵($\boldsymbol{S}_{\text{total}}$)被划分为组间矩阵($\boldsymbol{S}_{bg}$)和组内矩阵或者误差矩阵($\boldsymbol{S}_{wg}$)[⊖]．为了得到组内矩阵，将每一个人的得分矩阵 $\boldsymbol{Y}_{ikm}$ 减去该组的均值矩阵 $\boldsymbol{M}_m$．由此产生的差异矩阵乘以它的转置即可创建平方和与叉积矩阵．对于第一个肚皮舞者：

$$(\boldsymbol{Y}_{111}-\boldsymbol{M}_1)=\begin{bmatrix}-3\\4\\1\end{bmatrix}-\begin{bmatrix}-2.8\\3.6\\-1.6\end{bmatrix}=\begin{bmatrix}-0.2\\0.4\\2.6\end{bmatrix}$$

$$(\boldsymbol{Y}_{111}-\boldsymbol{M}_1)(\boldsymbol{Y}_{111}-\boldsymbol{M}_1)'=\begin{bmatrix}-0.2\\0.4\\2.6\end{bmatrix}\begin{bmatrix}-0.2 & 0.4 & 2.6\end{bmatrix}$$

$$=\begin{bmatrix}0.04 & -0.08 & -0.52\\-0.08 & 0.16 & 1.04\\-0.52 & 1.04 & 6.76\end{bmatrix}$$

这是第一个案例的平方和与叉积矩阵．当将这些矩阵加到所有的案例和组上时，结果就是误差矩阵 $\boldsymbol{S}_{wg}$：

$$\boldsymbol{S}_{wg}=\begin{bmatrix}29.6 & -13.2 & 6.4\\-13.2 & 15.2 & -6.8\\6.4 & -6.8 & 26.0\end{bmatrix}$$

为了产生组间矩阵 $\boldsymbol{S}_{bg}$，从每个均值矩阵 $\boldsymbol{M}_k$ 减去总体均值矩阵 $\boldsymbol{GM}$，以形成每个组的差异矩阵．案例中每组的均值矩阵为

$$\boldsymbol{M}_1=\begin{bmatrix}-2.8\\3.6\\-1.6\end{bmatrix}\quad \boldsymbol{M}_2=\begin{bmatrix}0.2\\-0.4\\0.2\end{bmatrix}\quad \boldsymbol{M}_3=\begin{bmatrix}3.0\\0.2\\-2.0\end{bmatrix}$$

总体均值矩阵为

$$\boldsymbol{GM}=\begin{bmatrix}0.13\\1.13\\-1.13\end{bmatrix}$$

⊖ 形成 $\boldsymbol{S}$ 矩阵的其他方法可以用于产生相同的结果．

组间平方和与叉积矩阵 $\boldsymbol{S}_{bg}$ 是通过每一组的差异矩阵乘以其转置，并将这三个结果矩阵相加形成的．在将每个元素乘以 $n=5$ 之后，可以得出受试者的总和：

$$\boldsymbol{S}_{bg}=\begin{bmatrix}84.133 & -50.067 & -5.133\\ -50.067 & 46.533 & 11.933\\ -5.133 & -11.933 & 13.733\end{bmatrix}$$

Wilks' Lambda(Λ)通过评估组内叉积矩阵的行列式与组内叉积矩阵和组间叉积矩阵之和形成的矩阵的行列式之比来检验平行性假设：

$$\Lambda=\frac{|\boldsymbol{S}_{wg}|}{|\boldsymbol{S}_{wg}+\boldsymbol{S}_{bg}|} \tag{8.3}$$

对于这个例子，检验平行性的 Wilks' Lambda 为

$$\Lambda=\frac{6325.2826}{6325.2826+76\,598.7334}=0.076\,279$$

通过运用 7.4.1 节的程序，我们发现了一个近似 $F(6, 20)=8.74$，$p<0.001$，从而拒绝平行性假设．也就是说，图 8-1 的三个轮廓是不平行的．效应大小按偏 η^2 衡量[㊀]：

$$偏\ \eta^2=1-\Lambda^{1/2} \tag{8.4}$$

那么，对于该案例，

$$偏\ \eta^2=1-0.076\,279^{1/2}=0.72$$

三组轮廓的形状差异解释了该检验组合中 72% 的方差．置信限(根据 Smithson，2003)为 0.33 到 0.78．回顾第 7 章，这里分段的组合是为了最大限度地提高平行性的组差异．分段的不同组合用于平坦性的检验.

8.4.3 平坦性

因为在该案例中平行性假设被拒绝，所以平坦性的检验是无关紧要的．图 8-1 的组合轮廓的平坦性问题毫无意义，因为至少它们中的一个(在这个例子中可能是两个)是不平坦的．本节通过计算平坦性检验结束该案例的演示.

在统计上，将表 8-3 的三个分段组合在一起，检验是否偏离零．也就是说，如果在图 8-1 中分段被解释为斜率，那么组合组的斜率是否不同于零(非水平)？检验从真实的总体均值矩阵中减去代表原假设的一组假设的总体均值：

$$(\boldsymbol{GM}-\boldsymbol{0})=\begin{bmatrix}0.13\\1.13\\-1.13\end{bmatrix}-\begin{bmatrix}0\\0\\0\end{bmatrix}=\begin{bmatrix}0.13\\1.13\\-1.13\end{bmatrix}$$

平坦性检验是第 3 章中所演示的单样本 t 检验的多元推广．因为它是一个单样本检验，所以最方便的评估是 Hotelling T^2，或者迹[㊁]：

$$T^2=N(\boldsymbol{GM}-\boldsymbol{0})'\boldsymbol{S}_{wg}^{-1}(\boldsymbol{GM}-\boldsymbol{0}) \tag{8.5}$$

这里的 N 为总样本数量，$\boldsymbol{S}_{wg}^{-1}$ 是 8.4.2 节所建立的组间平方和与叉积矩阵的和的逆．例如，

㊀ 通过 SPSS GLM 和之前讨论的 Smithson(2003)的程序可以获得偏 η^2.

㊁ 这有时被称为 Hotelling T.

$$T^2=(15)[0.13\quad 1.13\quad -1.13]\begin{bmatrix}0.05517 & 0.04738 & -0.00119\\0.04738 & 0.11520 & 0.01847\\-0.00119 & 0.01847 & 0.04358\end{bmatrix}\begin{bmatrix}0.13\\1.13\\-1.13\end{bmatrix}$$

$$=2.5825$$

从这里可以发现，F 的自由度为 $p-1$ 和 $N-k-p+2$，其中 p 是原始的因变量的个数(在这个案例中是 4)，k 是组的个数(3)：

$$F=\frac{N-k-p+2}{p-1}(T^2) \tag{8.6}$$

因此

$$F=\frac{15-3-4+2}{4-1}(2.5825)=8.608$$

自由度为 3 和 10，$p<0.01$，该检验显示与平坦性有显著偏差.

通过 Hotelling T^2 可以找到效应大小的度量，它与 lambda 具有简单的关系：

$$\Lambda=\frac{1}{1+T^2}=\frac{1}{1+2.5825}=0.27913$$

反过来，lambda 可以用来得到 η^2(注意 η^2 和偏 η^2 之间没有不同，因为 $s=1$)：

$$\eta^2=1-\Lambda=1-0.27913=0.72$$

结果表明，在该分段组合中，72%的方差是由轮廓的非平坦性引起的 . Smithson(2003)的程序求得置信限为从 0.15 到 0.81.

8.4.4 小样本示例的计算机分析

表 8-4 到表 8-6 显示了表 8-1 数据的计算机分析结果和语法 . 表 8-4 说明了 SPSS MANOVA 的简要输出结果 . SPSS GLM 在表 8-5 中给出说明 . 表 8-6 通过 SAS GLM 演示了轮廓分析，并给出简要输出结果 . 所有的程序都以重复测量的方差分析为基础，可自动生成一元和多元结果.

表 8-4　通过 SPSS MANOVA 的小样本案例轮廓分析(语法和部分输出结果)

```
MANOVA   READ TO SKI BY OCCUP(1,3)
         /WSFACTOR=ACTIVITY(4)
         /WSDESIGN=ACTIVITY
         /PRINT=SIGNIF(BRIEF)
         /DESIGN.

Tests of Between-Subjects Effects.

Tests of Significance for T1 using UNIQUE sums of squares

Source of Variation           SS       DF        MS          F  Sig of F

WITHIN+RESIDUAL            23.50       12      1.96
occup                     172.90        2     86.45      44.14      .000

Multivariate Tests of Significance

Tests using UNIQUE sums of squares and WITHIN+RESIDUAL error term

Source of Variation      Wilks     Approx F   Hyp. DF  Error DF   Sig of F

ACTIVITY                  .279        8.608      3.00    10.000       .004
occup BY ACTIVITY         .076        8.736      6.00    20.000       .000
```

表 8-5 通过 SPSS GLM 的小样本案例的轮廓分析(语法和输出结果)

```
GLM
 read dance tv ski BY occup
 /WSFACTOR = activity 4 Polynomial
 /MEASURE = rating
 /METHOD = SSTYPE(3)
 /EMMEANS = TABLES(occup)
 /EMMEANS = TABLES(activity)
 /EMMEANS = TABLES(occup*activity)
 /CRITERIA = ALPHA(.05)
 /WSDESIGN = activity
 /DESIGN = occup.
```

General Linear Model

Multivariate Tests[c]

Effect		Value	F	Hypothesis df	Error df	Sig.
activity	Pillai's Trace	.721	8.608[a]	3.000	10.000	.004
	Wilks' Lambda	.279	8.608[a]	3.000	10.000	.004
	Hotelling's Trace	2.582	8.608[a]	3.000	10.000	.004
	Roy's Largest Root	2.582	8.608[a]	3.000	10.000	.004
activity * occup	Pillai's Trace	1.433	9.276	6.000	22.000	.000
	Wilks' Lambda	.076	8.736[a]	6.000	20.000	.000
	Hotelling's Trace	5.428	8.142	6.000	18.000	.000
	Roy's Largest Root	3.541	12.982[b]	3.000	11.000	.001

[a]Exact statistic
[b]The statistic is an upper bound on F that yields a lower bound on the significance level.
c.
Design: Intercept+occup
Within Subjects Design: activity

Tests of Between-Subjects Effects

Measure: rating
Transformed Variable: Average

Source	Type III Sum of Squares	df	Mean Square	F	Sig.
Intercept	1591.350	1	1591.350	812.604	.000
occup	172.900	2	86.450	44.145	.000
Error	23.500	12	1.958		

Estimated Marginal Means

1. Occupation

Measure: rating

Occupation	Mean	Std. Error	95% Confidence Interval	
			Lower Bound	Upper Bound
Belly dancer	7.300	.313	6.618	7.982
Politician	5.000	.313	4.318	5.682
Administrator	3.150	.313	2.468	3.832

（续）

2. activity

Measure: rating

activity	Mean	Std. Error	95% Confidence Interval	
			Lower Bound	Upper Bound
1	5.533	.327	4.822	6.245
2	5.400	.236	4.886	5.914
3	4.267	.216	3.796	4.737
4	5.400	.380	4.572	6.228

3. Occupation * activity

Measure: rating

Occupation	activity	Mean	Std. Error	95% Confidence Interval	
				Lower Bound	Upper Bound
Belly dancer	1	6.600	.566	5.367	7.833
	2	9.400	.408	8.511	10.289
	3	5.800	.374	4.985	6.615
	4	7.400	.658	5.966	8.834
Politician	1	5.000	.566	3.767	6.233
	2	4.800	.408	3.911	5.689
	3	5.200	.374	4.385	6.015
	4	5.000	.658	3.566	6.434
Administrator	1	5.000	.566	3.767	6.233
	2	2.000	.408	1.111	2.889
	3	1.800	.374	.985	2.615
	4	3.800	.658	2.366	5.234

表 8-6 通过 SAS GLM 的小样本案例的轮廓分析(语法和选定的输出结果)

```
proc glm data=SASUSER.SSPROFIL;
    class OCCUP;
    model READ DANCE TV SKI = OCCUP/NOUNI;
    repeated ACTIVITY 4 profile/short;
run;

      Manova Test Criteria and Exact F Statistics for the Hypothesis of no ACTIVITY Effect
                        H = Type III SSCP Matrix for ACTIVITY
                            E = Error SSCP Matrix

                         S=1      M=0.5      N=4

Statistic                    Value      F Value     Num DF     Den DF     Pr > F

Wilks' Lambda           0.27913735         8.61          3         10     0.0040
Pillai's Trace          0.72086265         8.61          3         10     0.0040
Hotelling-Lawley Trace  2.58246571         8.61          3         10     0.0040
Roy's Greatest Root     2.58246571         8.61          3         10     0.0040
```

（续）

```
Manova Test Criteria and F Approximations for the Hypothesis of no ACTIVITY*OCCUP Effect
                    H = Type III SSCP Matrix for ACTIVITY*OCCUP
                              E = Error SSCP Matrix

                          S=2     M=0     N=4

   Statistic                       Value    F Value   Num DF     Den DF     Pr > F

   Wilks' Lambda              0.07627855       8.74        6         20     <.0001
   Pillai's Trace             1.43341443       9.28        6         22     <.0001
   Hotelling-Lawley Trace     5.42784967       8.73        6     11.714     0.0009
   Roy's Greatest Root        3.54059987      12.98        3         11     0.0006

          NOTE: F Statistic for Roy's Greatest Root is an upper bound.
                   NOTE: F Statistic for Wilks' Lambda is exact.

                            The GLM Procedure
                  Repeated Measures Analysis of Variance
              Tests of Hypotheses for Between Subjects Effects

 Source                  DF     Type III SS     Mean Square    F Value    Pr > F

 OCCUP                    2     172.9000000      86.4500000      44.14    <.0001
 Error                   12      23.5000000       1.9583333
```

这三个程序在检验语法和表现形式上显著不同．设置 SPSS MANOVA 以进行轮廓分析，在 MANOVA 语句中因变量(组间效应水平)READ TO SKY 紧跟在关键词 BY 和它的水平分组变量 OCCUP(1,3)．在 WSFACTOR 指令中将因变量组合起来进行轮廓分析，并记为 ACTIVITY(4)，以说明组内因子的四个水平.

在 SPSS MANOVA 的输出结果中，组间差异的水平检验是标有 `Tests of Significance for T1...` 的 OCCUP 检验．然后是有关球形检验和调整的信息(未显示，参见 8.5.1 节)．平坦性和平行性检验分别在标有 `Tests using UNIQUE sums of squares and WITHIN+RESIDUAL` 的 ACTIVITY 和 ACTIVITY 的 OCCUP 部分中显示．在这个案例中，通过 `PRINT=SIGNIF(BRIEF)`指令限制输出结果．如果没有这条语句，则为平坦性和平行性打印单独的源表，每个源表都包含几个多元检验(在 8.6.1 节中说明)．重复测量因子(ACTIVITY 和 ACTIVITY 的 OCCUP)的一元检验和球形检验同样被输出，但在此处被省略.

SPSS GLM 对重复测量的方差分析有相似设置．EMMEANS 指令要求将修正的均值表作为参数估计.

ACTIVITY(平坦性)和 OCCUP 的 ACTIVITY(平行性)显示了 7.5.2 节的所有四个标准的多元检验．职业水平检验显示在标记为 `Tests of Between-Subjects Effects` 的部分中．这三种效应的参数估计表，包括均值、标准误差，以及 95%的置信区间．关于OCCUP和ACTIVITY的 OCCUP 的一元检验信息(包括趋势分析和球形检验)在此处被省略.

在 SAS GLM 中，`class` 指令将 `OCCUP` 作为分组变量．`model` 指令显示因变量在公式左端，自变量在公式右端．轮廓分析区别于传统多元方差分析开头代码行 `repeated` 中的指令，如表 8-6 所示.

这个结果显示在两个多元表和一个一元表中．第一个表被标记为...Hypothesis of no ACTIVITY Effect，显示了四个完全标记的平坦性多元检验．第二个表被标记为...Hypothesis of no ACTIVITY*OCCUP Effect，显示了相同的四个平行性多元检验．水平检验是第三个表中对 OCCUP 的检验，被标记为 Test of Hypotheses for Between Subjects Effects. 此处省略 ACTIVITY 和 ACTIVITY 的 OCCUP 一元检验．如果省略 SHORT 指令，则可以提供更多输出.

8.5 一些重要问题

这里讨论的问题是轮廓分析独有的，或者至少它们对轮廓分析的影响不同于传统的多元方差分析，例如，统计标准之间的选择等问题等同于是直接分析因变量(如在多元方差分析中)还是转化成分段或者其他一些转换(如在轮廓分析中). 因此，对于这些问题的考虑，读者需参考 7.5 节.

8.5.1 重复测量的一元与多元方法对比

在许多科学领域中，使用相同的指令重复测量同一案例的研究很普遍．纵向或发展性的研究、需要及时跟进的研究、关注时间变化的研究都需要重复测量．此外，许多短期现象的研究已经在几个实验条件下对同一受试者进行了重复测量，从而产生了经济的研究设计.

在采取重复测量方法时，可运用多种分析策略，各种方法均有优缺点．策略的选择取决于研究设计的细节和数据与分析假设之间的一致性.

对于重复测量的自变量，自由度超过 1 的一元重复测量的方差分析需要满足球形性假设．尽管协方差(球形性的一部分)的齐性检验相当复杂，但是在概念上很简单．组内变量的所有成对水平需要有相等的相关性．例如，考虑一项纵向研究，其中每年测量 5 岁到 10 岁的儿童．如果协方差是齐性的，则 5 岁和 6 岁之间在因变量上的得分相关性应该与 5 岁和 7 岁之间的得分相关性，或者 5 岁和 8 岁、6 岁和 10 岁等之间的得分相关性大约相同．然而，在像这样的应用中，几乎肯定违反齐性假设．在时间上越近测量的物体往往比时间越远测量的物体具有更高的相关性．5 岁和 6 岁测量得分之间的相关性可能远远高于 5 岁和 10 岁测量得分之间的相关性．因此，只要时间是一个组内自变量，协方差的齐性假设就会被违背，从而增加第一类错误．这两个程序包通常都在它们的输出结果中直接提供关于球形性的信息：SPSS GLM 和 MANOVA 均显示了球形检验，以说明偏离假设的显著性．当仅有组内自变量的两个水平时，这个问题就没有意义了．在这种情况下，球形性不是问题，且一元结果与多元结果匹配.

如果违反球形性，可以运用几种替代方法，如 6.5.4.1 节中所述．第一种是使用针对违反假设进行调整的显著性检验之一，比如 Greenhouse-Geisser 或者 Huynh-Feldt[㊀]．在三个软件包所有可运用的程序中都提供了 Greenhouse-Geisser(G-G)和 Huynh-Feldt(H-F)的值，以及调整后的显著性水平.

㊀ 见 Keppel 和 Wickens(2004，pp. 378-379)两种类型的调整之间的差异讨论(将 Huynh-Feldt 程序称为 Box 校正). 通过访问原始数据甚至可以有更深入的了解：Greenhouse 和 Geisser(1959)以及 Huynh 和 Feldt(1976).

第二种策略(可以通过所有三个程序获得)，是一个更严格的统计标准的调整，从而产生一个更真实的第一类错误率但是势更低．这种策略的优点是解释的简单性(因为评估了相似的主效应和交互作用)和决策制定的简单性(在进行分析之前先决定其中一种策略，然后对势进行尝试)．

然而，对于所有的多元程序，轮廓分析的结果也会被打印出来．不管你是否有意这样做，你已经运用了第三种策略．轮廓分析被称为重复测量的多元方法，是重复测量方差分析统计上可接受的替代方法．必须满足其他的要求，如方差-协方差矩阵的齐性和不存在多重共线性与奇异点，但是一般情况下不太可能违反它们．

轮廓分析比单因素重复测量的方差分析要求更多的样本——在最小的组中也要有比自变量更多的样本．如果样本太小，那么会自动在多元和一元方法之间做出选择，偏向一元方法，并根据需要对球形性破坏进行调整．

然而，有时候选择不是那么简单，你会发现你自己有两套结果．如果来自两套结果的结论是一样的，则通常更容易报告单因素的解决方案，并指出多元解决方案是类似的．但是，如果两套结果的结论是不同的，那么你将陷入两难的境地．在相互矛盾的结果之间选择需要注意研究设计的细节．干净、平衡的实验设计“更适合”一元模型，而非实验设计或受污染的设计通常要求在统计上更宽容，但解释起来更模糊的多元模型．

最好的解决方案，即第四个选择，通常是进行趋势分析(或者一些其他组的单个自由度对比)而不是轮廓分析或重复测量方差分析(如果在研究设计背景下具有概念意义)．许多纵向的、及时跟进的以及其他与时间相关的研究就都可以很好地解释趋势．因为趋势和其他的对比显示统计检验都使用了组内自变量的单一自由度，所以没有违反球形性的可能性．而且，任何的多元方法假设都不需要被满足．SPSS GLM 自动打印出完整的趋势分析以进行重复测量分析．

第五个选择是简单的多元方差分析(参照第 7 章)，直接处理因变量，不需要转换．该设计成为一种群体变量的单因素组间分析，重复测量简单地作为多重因变量．将重复测量转化为多元方差分析存在两个问题．第一，因为这个设计现在是组间单因素的，所以多元方差分析不产生重复测量设计中经常涉及的交互作用(平行性)检验；第二，多元方差分析允许一个 Roy-Bargmann 逐步分析，但不允许在发现多元效应后对因变量进行趋势分析．

最后一个选择是使用多层建模(参见第 15 章)，其中重复测量形成层次分析的第一级．尽管这个方法充满了随机效应和最大似然分析的复杂性，但是在处理缺失数据和两次测量之间的变化间隔方面却非常灵活．球形性不是问题，因为每个分析仅处理仅一个比较，例如线性趋势．

总而言之，如果自变量的水平在时间或剂量等某一维度上存在差异，并且趋势分析是有意义的，那么就使用趋势分析．或者，如果这个设计是一个干净的实验，其中样本已经被随机分配处理且预计没有延迟效应，则一元重复测量方法可能是合理的．(但为了安全起见，使用程序检验是否违反球形性．)然而，如果自变量的水平不随着一个单一维度变化，但有可能违背球形性，并且如果有比因变量更多的样本，则选择轮廓分析或者多元方差分析中的一个可能相对较好．

8.5.2 轮廓分析中的对比

当轮廓分析中有两个以上的显著效应水平时，通常需要进行对比，以查明变异的来源．例如，因为管理者、肚皮舞者和政治家在休闲时间活动的满意度上有一个整体上的差异(参见8.4节)，所以需要对比发现哪个组不同于其他的组．肚皮舞者是否和管理者一样？政治家呢？还是都不一样？

可能最容易想到的是，轮廓分析后的对比来自常规的方差分析设计，该设计(至少)用一个分组变量和一个重复测量，即使该方法应用于多个相称的因变量．也就是说，轮廓分析之后最能解释的对比有可能是混合的组间和组内的方差分析．

当然，它们之间存在许多的对比程序和选择，这取决于在给定的研究背景中最有意义的是什么．在只有单一控制组的情况下，Dunnett的程序往往最有意义．或者，如果需要所有的成对比较，那么Tukey检验是最合适的．如果有许多重复测量或标准数据可用，则最合理的方法是使用置信区间程序，如8.6.1节中所使用的方法．用相对较少的重复测量，Scheffé类型程序可能是最普通的(可能也是最保守的)，这个程序将在本节进行说明．

重要的是要记住，这里所推荐的对比探索原始因变量得分的差异性，然而轮廓分析中对于平行性和平坦性的显著性检验通常评估的是分段．尽管在分段的基础上进行显著性检验并根据原始数据进行对比存在逻辑上的问题，但是在分段上或者一些其他变量的转换上进行对比似乎更差，因为结果难以解释．

你可能还记得，重复测量方差分析(包括分组变量和重复测量)中的对比并不是最容易的问题．第一，当平行性(交互作用)显著时，可以在简单效应分析和一个交互作用对比分析之间选择；第二，在某些情况下，有必要为某些对比制定单独的误差项；第三，需要对F检验进行调整，如Scheffé，以避免过分随意地拒绝原假设．对这些问题感兴趣的研究者可以参考Tabachnick和Fidell(2007)来了解更详细的讨论．目前的工作是说明几种可能的方法，并就每种方法何时可能合适提供建议．

最合适的对比取决于哪个效应或者效应的组合——水平、平坦性或者平行性——是显著的．如果水平或者平坦性是显著的，但平行性(交互作用)不显著，则按边际均值进行对比．如果水平的检验是显著的，则在分组变量的边际值上形成对比．如果平坦性检验是显著的，则在重复测量的边际值上形成对比，因为在边际值上形成的对比"脱离"计算机运行的交互作用的对比，这在8.5.2.3节进行说明．

8.5.2.1节和8.5.2.2节描述了简单效应分析，如果平行性是显著的，则简单效应分析是合适的．在简单效应分析中，一个变量在一些值上保持不变，而在其他变量的水平上检验均值差异，如图8-2中所示．例如，在肚皮舞者组的水平上保持不变，而在休闲时间活动上检验均值差异(图8-2a)．研究者询问肚皮舞者在不同的休闲活动满意度上是否有均值差异．或者休闲活动在跳舞上保持不变，而探索管理者、政治家和肚皮舞者之间的均值差异(图8-2c)．研究者询问这三组在跳舞时是否有不同的均值满意度．

8.5.2.1节说明了一个遵循简单对比(图8-2c和d)的简单效应分析，其中平行性和平坦性效应都是显著的，但是水平效应不显著．8.5.2.2节说明了一个遵循简单对比(图8-2a和b)的简单效应分析，在这个案例中，平行性和水平都是显著的，但平坦性不显著．建议使用这种特殊的简单效应分析模式，因为在分析简单效应时会存在固有的混淆.

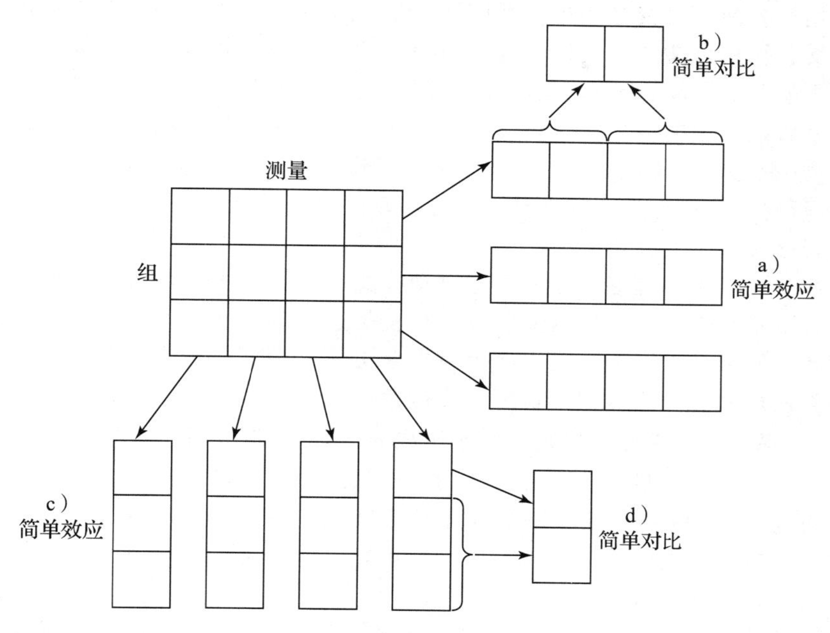

图 8-2 简单效应分析探索

a)每组测量上的差异；b)一个组测量间的简单对比；

c)对于每个测量，各组的差异；d)对于测量，组间的简单对比

这个分析是混乱的，因为当组(水平)效应保持不变，用一个单因素组内方差分析去分析重复测量时，要划分交互作用的平方和与重复测量的平方和．当重复测量保持不变，在单因素组间方差分析中分析组(水平)效应时，划分交互作用的平方和与组效应的平方和．因为在简单效应分析中交互作用的平方和与一个或者其他主效应混淆在一起，所以在可能的情况下最好使其和一个不显著的主效应混淆在一起．8.5.2.1 节和 8.5.2.2 节遵循了此建议.

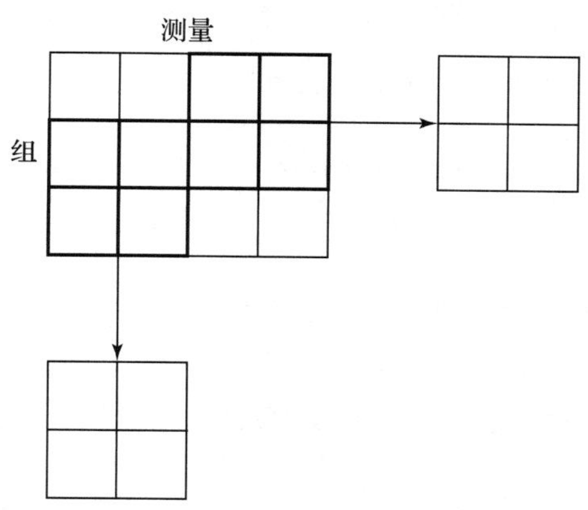

图 8-3 交互作用对比分析探索了通过划分一个大的(3×4)交互作用而形成的小的(2×2)交互作用

8.5.2.3 节描述了一个交互作用对比分析．在这样一个分析中，通过一个或者多个更小的交互作用检验两个自变量间的交互作用(图 8-3)．例如，本例中在四项休闲活动上的三组间显著的交互作用可能减少到仅检验在两项活动上的两组间差异．例如，当看电视和跳舞时，我们可能问肚皮舞者和管理者之间在满意度上是否有一个显著的交互作用．我们可以汇总管理者和政治家的结果，并在交互作用的一侧将其与肚皮舞者进行对比．同时汇总两项久坐活动(看电视和阅读)的结果，并在交互作用的另一方面将其与两项活跃活动(跳舞和滑雪)进行对比．研究者询问在从事久坐不动的休闲活动时，跳舞者和其他职业之间在满意度上是否存在一个交互作用.

交互作用对比分析不是混淆分析，它只划分交互作用的平方和．因此，只要交互作用是显著的，且不管其他两个效应的显著性，它就是适当的．然而，因为简单分析通常更容易理解和解释，所以在可能的情况下执行效果会更好．因此，当水平和平坦性效应都显著时，我们推荐使用交互作用对比分析探索平行性效应.

8.5.2.1　平行性和平坦性显著，水平不显著(简单效应分析)

当平行性和平坦性都显著时，推荐使用简单效应分析，其中在重复测量的每一个水平上分别检验组均值间的差异(图 8-2c)．对于这个案例，首先寻求在阅读变量中政治家、管理者、肚皮舞者在均值上的差异，然后分别在跳舞、看电视和滑雪中寻找差异．(当然，如果不感兴趣的话，并非所有这些效应都需要检验．)

表 8-7 显示了 SPSS ONEWAY、GLM 和 MANOVA 以及 SAS GLM 的输出语法和位置，该语法用于在重复测量保持不变的情况下对组进行简单效应分析.

表 8-7　保持活动不变，对职业的简单效应分析的语法

程序	语法	输出结果部分	效应名
SPSS Compare Means	ONEWAY dance BY occup /MISSING ANALYSIS.	**ANOVA**	Between Groups
SPSS MANOVA	MANOVA read TO ski BY occup(1,3) /WSFACTOR=activity(4) /WSDESIGN=MWITHIN activity(1) MWITHIN activity(2) MWITHIN activity(3) MWITHIN activity(4) /RENAME=READ, DANCE, TV, SKI /DESIGN.	Tests involving 'MWITHIN ACTIVITY(2).. etc.	occup BY MWITHIN ACTIVITY(2), etc.

SAS GLM	proc glm data=SASUSER.SSPROFIL;
	class OCCUP;
	model DANCE = OCCUP;
	run;
		Dependent Variable: DANCE Source Type III SS	OCCUP

表 8-7 的语法显示了只有一个因变量 DANCE 职业的简单效应(SPSS MANOVA 除外，它被设置一次执行所有简单效应)．平行语法为其他因变量生成简单效应．为了评估简单效应的显著性，在事后进行这些假设检验，研究者想要控制整体的第一类错误的假设下，将 Scheffé 调整(见 3.2.6 节)运用到未经调整的临界 F 值．对于这些对比，Scheffé 调整是

$$F_s = (k-1)F_{(k-1),k(n-1)} \tag{8.7}$$

这里的 k 是组的数量，n 是每个组中受试者的数量．对于这个案例，使用 $\alpha=0.05$，

$$F_s = (3-1)F_{(2,12)} = 7.76$$

按此标准，当因变量是 READ 时，组间没有统计上的显著均值差异，但是当因变量是 DANCE、TV 或者 SKI 时，则有统计上的显著差异．

因为有三个组，所以这些发现仍然是模棱两可的．哪个组或者哪些组与其他一组或者几组是不同的？为了分析此问题，进行简单对比(图 8-2d)．分组变量的水平运用了对比系数来确定差异的来源．对于这个案例，对比系数将肚皮舞者的均值和 DANCE 的其他两个组组合的均值进行比较．这三个组的语法和输出结果的位置在表 8-8 中展示．

表 8-8　保持活动不变，对职业的简单对比的语法

程序	语法	输出结果部分	效应名
SPSS Compare Means	ONEWAY dance BY occup /CONTRAST= 2 –1 –1 /MISSING ANALYSIS.	**Contrast Tests**	Assume equal variances[①]
SPSS MANOVA	MANOVA dance BY occup(1,3) /PARTITION(occup) /CONTRAST(occup)=SPECIAL (1 1 1, 2 -1 -1, 0 1 -1) /DESIGN=occup(1).	Tests of Significance for dance using...	OCCUP(1)

SAS GLM	proc glm data=SASUSER.SSPROFIL;
	class OCCUP;
	model DANCE = OCCUP;
	contrast 'BD VS. OTHERS' OCCUP 2 –1 –1;
	run;
		Dependent Variable: DANCE
		
		Contrast
			BD VS. OTHERS

①t 给定，而 F 未给定；回顾 $t^2=F$.

这两个程序都使用了 CONTRAST 程序．对于这个分析，对比的平方与均方的和是 120.000，误差均值平方是 0.83333，F 值是 144.00(t=12.00)．这个 F 值超过了F_s调整的临界值 7.76．当从事 DANCE 时，肚皮舞者和其他职业之间在满意度上有统计上的显著差异也就不足为奇了．

8.5.2.2　平行性和水平显著，平坦性不显著(简单效应分析)

这种结果的组合很少发生，因为如果平行性和水平是显著的，则只有在不同组的轮廓是可以相互抵消的镜像时，平坦性才不显著．

这里推荐的简单效应分析检验了不同因变量间的均值差异，这些因变量在受试者内部的一系列单因素组内方差分析依次保持不变(图 8-2a)．对于这个案例，READ、DANCE、TV 和 SKI 之间的均值差异首先是肚皮舞者，然后是政治家，最后是管理者．研究者反过来询问每个组在某些活动中是否比在其他活动中更满意．

表 8-9 显示了三个程序中肚皮舞者(OCCUP=1)的语法和输出结果的位置．

SPSS GLM 要求独立运行每个职业．SAS GLM 和 SAS MANOVA 允许通过 OCCUP 分析，以便一次打印出职业在所有水平上的简单效应结果．

对于这些简单效应，临界值 F 的 Scheffé 调整是

$$F_s = (p-1)\,F_{(p-1),k(p-1)(n-1)} \tag{8.8}$$

其中 p 是重复测量的数目，n 是每组中受试者的数目. k 是组的数目．对于这个案例，

$$F_s = (4-1)\,F_{(3,36)} = 8.76$$

在 SPSS 和 SAS GLM 的输出结果中，肚皮舞者活动的简单效应的 F 值(7.66)没有超过调整后的临界 F 值，仅基于单个职业(df=12)使用误差项．然而，SPSS MANOVA 使用基于所有职业(df=36)的误差项，得到 F=10.71，导致模棱两可的结果．在任何情况下，该效应作为一个计划的比较是显著的，或者因为整体的第一类错误率的调整是不太严格的.

在这个案例中，因为有 2 个以上的活动，所以统计上显著的发现也是模棱两可的．因此将对比系数运用于重复测量的水平来更详细地检验差异模式(图 8-2b).

表 8-10 给出了三个程序的简单对比，显示了语法和输出位置．所显示的对比将两项久坐活动(READ 和 TV)的合并均值与肚皮舞者的两项活跃活动(DANCE 和 SKI)的合并均值进行了比较.

SAS 和 SPSS GLM 得出的 F 值是 15.365，超过了 F_s 的 8.76，即调整后的临界 F 值，这表明肚皮舞者的活跃活动与久坐活动在满意度上有显著的均值差异．SPSS MANOVA 得到的 F 值为 16.98，也超过了临界的 F 值．F 值中的差异是通过不同的误差项产生的．只有 SPSS MANOVA 基于所有三个职业使用了一个误差项，df_{error}=12 而不是 4.

表 8-9　保持职业不变，关于活动的简单效应的语法

程序	语法	输出结果部分	效应名
SPSS GLM	SELECT IF (occup = 1). GLM read dance tv ski /WSFACTOR = activity 4 Polynomial /METHOD = SSTYPE(3) /CRITERIA = ALPHA(.05) /WSDESIGN = activity.	**Tests of Within-Subjects Effects**	ACTIVITY
SPSS MANOVA	MANOVA read TO ski BY occup(1,3) /WSFACTOR=activity(4) /PRINT=SIGNIF(BRIEF) /DESIGN=MWITHIN occup(1), MWITHIN occup(2), MWITHIN occup(3).	AVERAGED Tests of Signficance for MEAS.1 using	MWITHIN OCCUP(1), etc.

SAS GLM	proc glm data=SASUSER.SSPROFIL;
	by OCCUP;
	class OCCUP;
	model READ DANCE TV SKI = /nouni;
	repeated ACTIVITY 4 /short;
	run;
		OCCUP=1
		Source
			ACTIVITY

8.5.2.3　平行性、水平和平坦性显著(交互作用对比)

当所有三个效应都显著时，交互作用对比分析往往是最合适的．该分析将交互作用的平方和划分成一系列更小的交互作用(图 8-3). 通过使用合适的对比系数删除或者组合组或测量来获得更小的交互作用.

对于这个案例，如表 8-11 所示，将管理者和政治家的均值组合与肚皮舞者的均值进行比较，以及将看电视和阅读的组合均值与跳舞和滑雪的组合均值进行比较．研究人员询问肚皮舞者和其他人在久坐与活跃的休闲活动中是否有相同的满意度.

表 8-10　保持职业不变，活动的简单对比分析语法

程序	语法	输出结果部分	效应名
SPSS GLM	SELECT IF (occup = 1). GLM read dance tv ski /WSFACTOR activity 4 SPECIAL(1 1 1 1 -1 1 -1 1 -1 0 1 0 0 -1 0 1) /METHOD = SSTYPE(3) /CRITERIA = ALPHA(.05) /WSDESIGN = activity.	**Tests of Within-Subjects Contrasts**	activity L1
SPSS MANOVA	MANOVA read TO ski BY occup(1,3) /WSFACTOR=activity(4) /PARTITION(activity) /CONTRAST(activity)=SPECIAL (1 1 1 1, -1 1 -1 1, -1 0 1 0, 0 -1 0 1) /WSDESIGN=activity(1) /RENAME=overall, sedvsact, readvstv, danvssk/ /PRINT=SIGNIF(BRIEF) /DESIGN=MWITHIN occup(1).	Tests of Significance for SEDVSACT using...	MWITHIN OCCUP(1) BY ACTIVITY(1)
SAS GLM	proc glm data=SASUSER.SSPROFIL; where OCCUP=1: model READ DANCE TV SKI =; manova m = –1*READ + 1*DANCE – 1*TV + 1*ski H=INTERCEPT; run;	MANOVA Test...no Overall Intercept Effect	Wilks' Lambda

表 8-11　交互作用对比的语法，肚皮舞与其他人以及主动与久坐活动

程序	语法	输出结果位置	效应名
SPSS GLM	GLM read dance tv ski BY occup /METHOD = SSTYPE(3) /CRITERIA = ALPHA(.05) /INTERCEPT = INCLUDE /DESIGN = occup /MMATRIX = "sed vs. act" read -1 dance 1 tv -1 ski 1 /LMATRIX = "bd vs. other" occup 2 -1 -1.	**Test Results**	Contrast
SPSS MANOVA	MANOVA read TO ski BY occup(1,3) /WSFACTOR=activity(4) /WSDESIGN=activity /CONTRAST(activity)=SPECIAL (1 1 1 1, -1 1 -1 1, -1 0 1 0, 0 -1 0 1)/ /WSDESIGN=activity(1)/ /RENAME=OVERALL, SEDVSACT, READVSTV, DANVSSK/ /PARTITION(occup)/ /CONTRAST(occup)=SPECIAL (1 1 1, 2 -1 -1, 0 1 -1)/ /PRINT=SIGNIF(BRIEF)/ERROR=WITHIN/ /DESIGN=occup(1) VS WITHIN.	Tests involving 'ACTIVITY(1)' Within-Subject Effect	OCCUP(1) BY ACTIVITY(1)

SAS GLM	proc glm data=SASUSER.SSPROFIL;
	class OCCUP;
	model READ DANCE TV SKI = OCCUP;
	contrast 'BD VS. OTHERS' OCCUP 2 -1 -1;
	manova m = -1*READ + 1*DANCE -1*TV + 1*SKI;
	run;
		Manova Test .... no Overall BD VS. OTHERS Effect	Wilks' Lambda①

①这是一个多元检验，但产生了与其他程序相同的 F 比和自由度.

由于算法的细微差异，SPSS 和 SAS GLM 的对比 F 值是 15.37，SPSS MANOVA 的 F 值是 15.21.

交互作用对比也需要对临界值 F 进行 Scheffé 调整来降低整体误差率．对于这个交互作用，Scheffé 调整是

$$F_s = (p-1)(k-1)\,F_{(p-1)(k-1),k(p-1)(n-1)} \tag{8.9}$$

其中 p 是重复测量的数目，k 是组的数目，n 是每个组中受试者的数目．对于这个案例，

$$F_s = (4-1)(3-1)\,F_{(6,36)} = 14.52$$

因为交互作用对比的 F 值超过了F_s，所以在久坐与活跃的休闲时间活动对比中，肚皮舞者和其他人在满意度方面存在交互作用．根据表 8-1 中的均值，可以发现肚皮舞者要比其他人更喜欢活跃的休闲时间活动.

8.5.2.4 只有平行性显著

如果唯一的显著性是重复测量的组的交互作用，则 8.5.2 节中的任何分析都是合适的．简单效应分析和交互作用对比之间的决定是基于哪个信息量更大和更容易解释．笔者和读者似乎更容易解释 8.5.2.2 节中程序的结果.

8.5.3 双重多元设计

在一个双重多元设计中，非相称的因变量是被重复测量的．例如，在整个学期中，根据学习成绩、一般信息和数学成绩在几个点对接受传统教学或计算机辅助教学的课堂上的孩子进行测量，有两种方法来概念化这个分析．如果以多元方式处理，那么这是一个多重因变量的组内设计(按时间分组)．然而，时间效应有球形性的假设．为了规避这一假设，这个分析变成双重多元的，即对设计的组内部分和多重因变量都进行多元分析．组间效应是单一多元的；组内效应和交互作用是双重多元的.

通过组间效应确定所需样本的数量，使用与多元方差分析中一样的标准(7.3.2.1 节)．然而，由于组内自变量，在每个组中增加一些额外的受试者可能是明智的，尤其是有理由去怀疑方差-协方差矩阵的异质性时.

对于 SPSS GLM 和 MANOVA，这个程序并不难．这两个程序的语法是相似的，但是输出结果看起来相当不同(8.6.2 节会介绍一个通过 SPSS MANOVA 进行双重多元分析的完整案例)．SAS 手册在广义线性模型这章有一个双重多元设计的案例.

考虑一个关于重复测量的非对称因变量的研究．组间(水平)自变量是三个减肥计划(PROGRAM)：一个对照组(CONTROL)、一个节食组(DIET)和一个既节食又运动组(DIET-EX)．主要的因变量是体重的减少(WTLOSS)，次要因变量是自尊心(ESTEEM)．在治疗的第一个月、第二个月、第三个月结束时测量因变量．组内自变量(平坦性)进行多元处理，然后按月测量．也就是说，对应的因变量是 MONTH1、MONTH2 和 MONTH3.

表 8-12 显示了在 SPSS GLM 和 MANOVA，以及 SAS GLM 中多元与一元效应检验的语法和输出位置，通过 SPSS 程序的语法相当简单．SAS 需要矩阵形式或因变量组合的特定语法来实现这三个效应：平行性、平坦性和水平．通过默认的 SPSS GLM 设置重复测量

的效应作为每一个因变量的单因素趋势分析．表 8-12 中的语法要求每一个因变量进行一元(对 SPSS MANOVA 逐步分析)的趋势分析对于剩下的程序也一样．如果趋势分析对于组内自变量和交互作用不适用，那么可以使用其他选项编码单因素效应．避免球形假设需要将一元效应分解到趋势分析或者其他特定的比较中.

这三个程序都提供了完全相同的这三种效应的多元检验：双重多元检验的平行性和平坦性，以及单一多元检验的水平．使用表 8-12 中的语法，所有程序也显示了每一个因变量的完整的平坦性(月份的边际均值的趋势)和平行性(月份通过程序的趋势)的趋势分析. SPSS GLM 显示了不等的 n 调整后的单元和边际均值．SAS 显示了调整后的单元均值，但是边际均值必须通过平均单元均值来获得.

SPSS MANOVA 提供逐步分析和一元检验、针对水平效应(程序)以及平坦性以及平行性效应的趋势分析．根据 7.6 节，对于不等的 n，调整后的均值和逐步分析要求独立运行 CONSPLUS.

如果使用除 SPSS MANOVA 外的任何程序，则要求对于除第一个因变量外的每一个因变量均独立运行，以创建一个逐步分析．这是通过声明更高优先级的因变量是混合的组间方差分析的协变量来实现的．因为协变量和因变量在每一个时间段都被测量，所以这就是协变量随着组内自变量水平变化而变化的案例(见 6.5.4.1 节)．然而，正如表 6-8 中所示，这需要对数据集进行重新排列，使每个案例的行与组内自变量的水平相同.

表 8-12　双重多元方差分析的语法和输出结果位置

a) MULTIVARIATE EFFECTS

程序	语法	平行		平坦		水平	
		输出结果部分	效应名	输出结果部分	效应名	输出结果部分	效应名
SPSS GLM	GLM wtloss1 wtloss2 wtloss3 esteem1 esteem2 esteem3 BY program /WSFACTOR = month 3 Polynomial /MEASURE = wtloss esteem /METHOD = SSTYPE(3) /EMMEANS = TABLES(program) /EMMEANS = TABLES(month) /EMMEANS = TABLES(program*month) /CRITERIA = ALPHA(.05) /WSDESIGN = month /DESIGN = program.	**Multivariate Tests**	Within Subjects: month * program	**Multivariate Tests**	Within Subjects: month	**Multivariate Tests**	Between Subjects: program
SPSS MANOVA	MANOVA wtloss1 TO esteem3 BY program(1,3) /WSFACTOR=month(3) /MEASURES= wtloss, esteem /TRANSFORM(wtloss1 to esteem3) = polynomial /RENAME = WTLOSS WTLIN WTQUAD ESTEEM ESTLIN ESTQUAD /WSDESIGN=MONTH /PRINT=SIGNIF(UNIV, STEPDOWN) /DESIGN=PROGRAM.	EFFECT... PROGRAM BY MONTH	Multivariate Tests of Significance	EFFECT... MONTH	Multivariate Tests of Significance	EFFECT... PROGRAM	Multivariate Tests of Significance

（续）

a) MULTIVARIATE EFFECTS

程序	语法	平行		平坦		水平	
		输出结果部分	效应名	输出结果部分	效应名	输出结果部分	效应名
SAS GLM	proc glm data=SASUSER.SSDOUBLE; class PROGRAM; model WTLOSS1 WTLOSS2 WTLOSS3 ESTEEM1 ESTEEM2 ESTEEM3=PROGRAM; /*Test for LEVELS effect */ manova h=PROGRAM m=WTLOSS1+WTLOSS2+WTLOSS3, ESTEEM1+ESTEEM2+ESTEEM3/summary; /*Test for FLATNESS effect*/ manova h=intercept m = (-1 0 1 0 0 0, 1 -2 1 0 0 0, 0 0 0 -1 0 1, 0 0 0 1 -2 1)/summary; /*Test for PARALLELISM effect */ manova h=PROGRAM m =(-1 0 1 0 0 0, 1 -2 1 0 0 0, 0 0 0 -1 0 1, 0 0 0 1 -2 1)/summary; lsmeans PROGRAM; run;	MANOVA Test Criteria... No Overall PROGRAM Effect *(Final portion of output)*	Statistic	MANOVA Test Criteria... No Overall Intercept Effect	Statistic	MANOVA Test Criteria... No Overall PROGRAM Effect *(First portion of output)*	Statistic

b) UNIVARIATE AND TREND EFFECTS AND MEANS

程序	平行		平坦		水平		(未针对逐步分析调整的)均值
	输出结果部分	效应名	输出结果部分	效应名	输出结果部分	效应名	
SPSS GLM	**Univariate Tests**	month * program	**Univariate Tests**	month	**Tests of Between-Subjects Effects**	program	**Estimated Marginal Means**
SPSS MANOVA	EFFECT... PROGRAM BY MONTH	Univariate F-tests... WTLIN WTQUAD ESTLIN ESTQUAD	EFFECT... MONTH WTLIN WTQUAD ESTLIN ESTQUAD	Univariate F-tests...	EFFECT... PROGRAM	Univariate F-tests... WTLOSS ESTEEM	See CONSPLUS procedure of Section 7.6, Table 7.21.
SAS GLM	MANOVA Test Criteria... No Overall PROGRAM Effect *(Final portion of output)*	Dependent Variable: MVAR1 *(Wtloss linear)* MVAR2 *(Wtloss quadratic)* MVAR3 *(Esteem linear)* MVAR4 *(Esteem quadratic)*	MANOVA Test Criteria... No Overall Intercept Effect	Dependent Variable: MVAR1 *(Wtloss linear)* MVAR2 *(Wtloss quadratic)* MVAR3 *(Esteem linear)* MVAR4 *(Esteem quadratic)*	MANOVA Test Criteria... No Overall PROGRAM Effect *(First portion of output)*	Dependent Variable: MVAR1 *(Wtloss)* MVAR2 *(Esteem)*	Least Squares Means

注：斜体标签不会出现在输出中.

8.5.4 轮廓分类

在为判别分析设计的程序中，通常可用的一种程序是根据最佳拟合统计函数将样本点分类成组．分类的原则往往是轮廓分析适用的研究中感兴趣的．如果发现不同组在它们的轮廓上是不同的，则根据它们的轮廓将新的样本点分到组中将是非常有用的.

例如，给定一个不同组在标准化测试中得分的轮廓，比如伊利诺伊心理语言能力测试，可能会使用一个新的孩子的轮廓，去看那个孩子是否与一组有阅读困难的孩子或者一组没有显示这样困难的孩子相似．如果在儿童开始学习阅读的年龄之前存在统计学上显著的轮廓差异，那么根据这个轮廓进行分类就可以提供一个有力的分析工具.

注意到这与使用判别分析(参见第 9 章)中的分类程序毫无差异．这里简单地提及是因为选择轮廓分析作为检验组差异的初始工具并没有妨碍分类的使用．为了使用判别程序进行分类，简单地定义自变量的水平作为“组”，因变量的水平作为“预测变量”.

8.5.5　缺失值的估算

4.1.3.2 节的问题适用于重复测量的多元方差分析．该节尽管描述了缺失值估算的许多程序，但是没有考虑到轮廓分析中测量的对称性质，或者对于这个问题，没有考虑到任何具有重复测量的设计．通过 SOLAS MDA 进行多重估算适用于纵向数据(或者任何其他重复测量)，但是很难实现．或者，如果你偶然有 BMDP5V(Dixon，1992)，那么这个程序为一元重复测量分析估算和输出缺失值，之后可能将其加入数据集以进行多元分析．表 4-2 的其他任何程序都没有利用相称测量.

一种受欢迎的方法(例如 Myers 和 Well，2002)是用一个重复因子水平和这个案例下均值的估计值代替这个缺失值．下面的公式既解释了那个案例的均值，也解释了 A 水平的均值(即相称因子)，以及组 B 的均值.

$$Y_{ij}^{*} = \frac{sS_i' + aA_j' - B'}{(a-1)(s-1)} \tag{8.10}$$

这里 Y_{ij}^{*} =预测的得分代替缺失的得分，s=组中案例的数目，S_i'=案例已知值的和，a=水平 A 的数目，即组内因子，$A_j'=A$ 的已知值的和，B'=组的所有已知值的和.

从表 8-1 中看到最终得分，a_4 中的s_{15}是缺失的．对于这个案例(在a_1、a_2 和a_3 中)，剩下来的得分的和为 $6+3+3=12$. 对b_3 中的a_4，剩下来的得分(管理者)的和为 $2+5+5+5+4=16$. 整个表剩下来的得分的和为 60. 将这些值添加到公式(8.10)中，得

$$Y_{15,4}^{*} = \frac{5(12)+4(16)-60}{(3)(4)} = 5.33$$

这个程序可能产生一个有点小的误差项，因为估计的值往往和其他值过于一致．如果估算的缺失值的比例大于 5%，那么对于所有的检验推荐一个更加保守的 α 水平.

8.6　轮廓分析的完整案例

该部分呈现了轮廓分析的两个完整案例．首先是对于三类有学习障碍儿童 WISC 的子集的分析(相称测量)；其次是对一个字母或者一个符号在 5 个会话内的心理旋转进行研究，将利用四个旋转角度计算的反应时间的斜率和截距作为因变量.

8.6.1　WISC 分量表的轮廓分析

附录 B 中描述了来自学习障碍数据库中的变量，B.2 节说明轮廓分析的应用．三个组是基于学生时代学习障碍的儿童对玩伴的偏爱(AGEMATE)形成的：孩子们的父母报告说

孩子们对比他们年轻的玩伴有偏爱、对比他们大的玩伴有偏爱以及对和他们一样大的孩子有偏爱或者没有偏爱．数据在 PROFILE．* 中．

因变量是 WISC 的 11 个子检验，以其原始或者修订形式(WISC-R)给出，这取决于检验的日期．子检验包括信息(INFO)、理解(COMP)、算术(ARITH)、相似点(SIMIL)、词汇(VOCAB)、数字广度(DIGIT)、填图(PICTCOMP)、拼图(PARANG)、分组设计(BLOCK)、实物组合(OBJECT)和编码(CODING)．

首要的问题是如果孩子们是基于他们对玩伴年龄的选择来分组(平行性检验)，那么在 WISC 分量表上有学习障碍的儿童的轮廓是否是不同的．其次的问题是对玩伴年龄的偏爱是否和整体的 IQ 相关(水平检验)，以及有学习障碍儿童的组合的子检验模式是否是平坦的(平坦性检验)，就像 WISC 所标准化的人群一样．

8.6.1.1 假设评估

轮廓分析的假设和局限的评估正如 8.3.2 节中所描述的．

(1)不等的样本量和缺失值

从 177 个有学习障碍的儿童样本中给出 WISC 或者 WISC-R，SAS MEANS 的一个初步运行(表 8-13)用来反映缺失值的程度和模式．正如 By AGEMATE 指令中所示，缺失值从 AGEMATE 分组的案例的因变量(子检验、组内自变量的水平)中寻求．9 个案例不能通过对玩伴年龄的偏爱来分组，留下 168 个有组标记的案例．四个儿童通过 SAS MEANS 运行被识别为缺失数据．由于个案有缺失数据的情况很少，以及缺失变量散落在组和因变量中，因此决定将它们从分析中删除，$N=164$．处理缺失数据的其他策略已在第 4 章和 8.5.5 节讨论．

表 8-13 缺失值的确认(来自 SAS MEANS 的语法和输出结果)

```
proc sort data=SASUSER.PROFILE;
   by AGEMATE;
run;
proc means vardef=DF
   N NMISS;
   var INFO COMP ARITH SIMIL VOCAB DIGIT PICTCOMP PARANG BLOCK OBJECT CODING;
   by AGEMATE;
run;
```

```
  ---------------- Preferred age of playmates=. ----------------

                    The MEANS Procedure

                                                  N
          Variable   Label                   N   Miss
          ------------------------------------------
          INFO       Information             9      0
          COMP       Comprehension           9      0
          ARITH      Arithmetic              9      0
          SIMIL      Similarities            9      0
          VOCAB      Vocabulary              9      0
          DIGIT      Digit Span              9      0
          PICTCOMP   Picture Completion      9      0
          PARANG     Picture Arrangement     9      0
          BLOCK      Block Design            9      0
          OBJECT     Object Assembly         9      0
          CODING     Coding                  9      0
          ------------------------------------------
```

（续）

```
---------------- Preferred age of playmates=1 ----------------

                                                       N
           Variable    Label                    N   Miss
           -------------------------------------------
           INFO        Information             46      0
           COMP        Comprehension           46      0
           ARITH       Arithmetic              46      0
           SIMIL       Similarities            46      0
           VOCAB       Vocabulary              46      0
           DIGIT       Digit Span              45      1
           PICTCOMP    Picture Completion      46      0
           PARANG      Picture Arrangement     46      0
           BLOCK       Block Design            46      0
           OBJECT      Object Assembly         46      0
           CODING      Coding                  46      0
           -------------------------------------------


---------------- Preferred age of playmates=2 ----------------
                     The MEANS Procedure

                                                       N
           Variable    Label                    N   Miss
           -------------------------------------------
           INFO        Information             55      0
           COMP        Comprehension           55      0
           ARITH       Arithmetic              55      0
           SIMIL       Similarities            55      0
           VOCAB       Vocabulary              55      0
           DIGIT       Digit Span              55      0
           PICTCOMP    Picture Completion      55      0
           PARANG      Picture Arrangement     55      0
           BLOCK       Block Design            55      0
           OBJECT      Object Assembly         55      0
           CODING      Coding                  54      1
           -------------------------------------------

---------------- Preferred age of playmates=3 ----------------

                                                       N
           Variable    Label                    N   Miss
           -------------------------------------------
           INFO        Information             67      0
           COMP        Comprehension           65      2
           ARITH       Arithmetic              67      0
           SIMIL       Similarities            67      0
           VOCAB       Vocabulary              67      0
           DIGIT       Digit Span              67      0
           PICTCOMP    Picture Completion      67      0
           PARANG      Picture Arrangement     67      0
           BLOCK       Block Design            67      0
           OBJECT      Object Assembly         67      0
           CODING      Coding                  67      0
           -------------------------------------------
```

对于剩下的 164 个儿童，45 个在更偏爱年轻的玩伴的组中，54 个在更偏爱年长玩伴的组中，65 个在更偏爱同样年龄的玩伴或者没有偏爱的组中．这是最小组因变量案例数的 4.5 倍．对于多元分析并没有问题.

(2)多元正态性

组比较大，在规模上没有明显差异．因此，对于在轮廓分析中使用的中心极限定理应该确保接受均值的正态抽样分布．表8-14中的 data 步骤删除了缺失数据和没有组标识的个案情况，提供了一个标签为PROFILEC的新的、完整的数据文件，用于所有的后续分析．SAS MEANS这些数据的输出结果显示了所有因变量都表现得很好，如表8-14中给出了第一组(更喜欢年轻的玩伴)的概括性统计量．在所有的组中对于所有的因变量，偏度和峰度值是可接受的．

水平检验基于因变量的平均．然而，这应该没有问题，因为每个因变量的表现都很好，所以没有理由期望它们的平均值有问题．因变量已经显示出严重偏离正态，那么通过转换可以创造一个“平均”变量，并通过4.2.2.1节的常规程序来检验它．

(3)线性

考虑这些因变量表现良好的性质以及WISC的子检验之间已知的线性关系，线性预期不会受到威胁．

(4)异常值

正如表8-14第一组中所见到的一元概括性统计量，一个标准的得分(ARITH)是 $z=(19-9.22)/2.713=3.6$，暗示了一个一元异常值．没有其他的标准得分大于 $|3.3|$．按照表6-15执行了一个具有保存的杠杆值的SAS REG运行，在 $p=0.001$(没有显示)的标准下显示不存在多元异常值．之所以做出保留一元异常值的决定，是因为子检验得分19是可以接受的，并且实验分析是否移除异常值对结果没有影响(参见4.1.4.3节)．

表8-14　通过完整数据的SAS MEANS的一元概括性统计量(语法和选定的输出结果)

```
data SASUSER.PROFILEC;
  set SASUSER.PROFILE;
  if AGEMATE=. or DIGIT=. or COMP=. or CODING=. then delete;
run;

proc means data=SASUSER.PROFILEC vardef=DF
    N MIN MAX MEAN VAR STD SKEWNESS KURTOSIS; ;
   var INFO COMP ARITH SIMIL VOCAB DIGIT PICTCOMP PARANG BLOCK OBJECT CODING;
   by AGEMATE;
run;
```

------------------------------ Preferred age of playmates=1 ------------------------------

The MEANS Procedure

Variable	Label	N	Minimum	Maximum	Mean	Variance
INFO	Information	45	4.0000000	19.0000000	9.0666667	11.0636364
COMP	Comprehension	45	3.0000000	18.0000000	9.5111111	8.3919192
ARITH	Arithmetic	45	5.0000000	19.0000000	9.2222222	7.3585859
SIMIL	Similarities	45	5.0000000	19.0000000	9.8666667	10.6181818
VOCAB	Vocabulary	45	2.0000000	19.0000000	10.2888889	12.1191919
DIGIT	Digit Span	45	3.0000000	16.0000000	8.5333333	7.2090909
PICTCOMP	Picture Completion	45	5.0000000	17.0000000	11.2000000	7.1181818
PARANG	Picture Arrangement	45	5.0000000	15.0000000	10.0888889	5.6282828
BLOCK	Block Design	45	3.0000000	19.0000000	10.0444444	8.8616162
OBJECT	Object Assembly	45	3.0000000	14.0000000	10.4666667	6.8000000
CODING	Coding	45	4.0000000	14.0000000	8.6444444	6.3707071

（续）

Variable	Label	Std Dev	Skewness	Kurtosis
INFO	Information	3.3262045	0.5904910	0.4696812
COMP	Comprehension	2.8968809	0.8421902	1.6737862
ARITH	Arithmetic	2.7126714	1.0052275	2.6589394
SIMIL	Similarities	3.2585552	0.7760773	0.4300328
VOCAB	Vocabulary	3.4812630	0.5545930	0.8634583
DIGIT	Digit Span	2.6849750	0.5549781	0.5300003
PICTCOMP	Picture Completion	2.6679921	-0.2545848	-0.1464723
PARANG	Picture Arrangement	2.3724002	0.2314390	-0.1781970
BLOCK	Block Design	2.9768467	0.3011471	1.3983036
OBJECT	Object Assembly	2.6076810	-0.8214876	0.3214474
CODING	Coding	2.5240260	0.2440899	-0.5540206

(5)方差-协方差矩阵的齐性

从表 8-14 完整的 SAS MEANS 运行中可得方差相对相等的证据，其中每一组中每个变量的方差是给定的．组间的所有方差在值上是相当接近的，没有哪个变量的最大方差与最小方差的组间比率接近 10∶1.

(6)多重共线性和奇异性

WISC 子检验的标准化说明，尽管子检验是相关的，特别是在这两组组成的口头的和表现的 IQ，但是不用担心 SMC 将会十分大，从而造成统计多重共线性或者奇异性．在任何情况下，SAS GLM 都会防止这样的变量进入分析.

8.6.1.2 轮廓分析

通过 SAS GLM 产生的三个组的 11 个 WISC 子检验的轮廓分析，其语法和主要的输出结果出现在表 8-15 中．显著性检验反过来依次显示了平坦性(SUBTEST)、平行性(SUBTEST *AGEMATE)和水平(AGEMATE).

表 8-15 来自 11 个 WISC 子检验的 SAS GLM 轮廓分析的语法和选定的输出结果

```
proc glm data=SASUSER.PROFILEC;
   class AGEMATE;
   model INFO COMP ARITH SIMIL VOCAB DIGIT
        PICTCOMP PARANG BLOCK OBJECT CODING = AGEMATE/nouni;
        repeated SUBTEST 11 / summary;
   means AGEMATE;
run;
```

Manova Test Criteria and Exact F Statistics for the Hypothesis of no SUBTEST Effect
H = Type III SSCP Matrix for SUBTEST
E = Error SSCP Matrix

S=1 M=4 N=75

Statistic	Value	F Value	Num DF	Den DF	Pr > F
Wilks' Lambda	0.53556008	13.18	10	152	<.0001
Pillai's Trace	0.46443992	13.18	10	152	<.0001
Hotelling-Lawley Trace	0.86720415	13.18	10	152	<.0001
Roy's Greatest Root	0.86720415	13.18	10	152	<.0001

Manova Test Criteria and F Approximations for the Hypothesis of no SUBTEST*AGEMATE Effect
H = Type III SSCP Matrix for SUBTEST*AGEMATE
E = Error SSCP Matrix

（续）

S=2　M=3.5　N=75

Statistic	Value	F Value	Num DF	Den DF	Pr > F
Wilks' Lambda	0.78398427	1.97	20	304	0.0087
Pillai's Trace	0.22243093	1.91	20	306	0.0113
Hotelling-Lawley Trace	0.26735297	2.02	20	253.32	0.0070
Roy's Greatest Root	0.23209691	3.55	10	153	0.0003

NOTE: F Statistic for Roy's Greatest Root is an upper bound.
NOTE: F Statistic for Wilks' Lambda is exact.

The GLM Procedure
Repeated Measures Analysis of Variance
Tests of Hypotheses for Between Subjects Effects

Source	DF	Type III SS	Mean Square	F Value	Pr > F
AGEMATE	2	49.611331	24.805665	0.81	0.4456
Error	161	4916.226807	30.535570		

The GLM Procedure

Level of AGEMATE	N	INFO Mean	INFO Std Dev	COMP Mean	COMP Std Dev	ARITH Mean	ARITH Std Dev
1	45	9.0666667	3.32620450	9.5111111	2.89688094	9.22222222	2.71267135
2	54	10.1851852	3.27410696	10.4259259	2.87212926	8.79629630	2.25187243
3	65	9.3692308	2.54072597	10.1230769	2.88047138	9.13846154	2.49297089

Level of AGEMATE	N	SIMIL Mean	SIMIL Std Dev	VOCAB Mean	VOCAB Std Dev	DIGIT Mean	DIGIT Std Dev
1	45	9.8666667	3.25855517	10.2888889	3.48126298	8.53333333	2.68497503
2	54	11.2037037	2.98031042	11.4629630	2.80641424	9.01851852	2.53645675
3	65	10.7538462	3.44615170	10.3692308	2.75323237	8.73846154	2.62367183

Level of AGEMATE	N	PICTCOMP Mean	PICTCOMP Std Dev	PARANG Mean	PARANG Std Dev	BLOCK Mean	BLOCK Std Dev
1	45	11.2000000	2.66799209	10.0888889	2.37240023	10.0444444	2.97684668
2	54	9.7962963	3.33296644	10.7037037	2.95008557	10.2962963	2.89195129
3	65	11.1538462	2.77956139	10.3846154	2.59622507	10.6461538	2.45859951

Level of AGEMATE	N	OBJECT Mean	OBJECT Std Dev	CODING Mean	CODING Std Dev
1	45	10.4666667	2.60768096	8.64444444	2.52402596
2	54	10.9074074	2.87650547	8.81481481	2.97203363
3	65	11.0769231	2.92781751	8.20000000	2.80735641

平行性检验称作 SUBTEST*AGEMATE 效应检验，它显示三个 AGEMATE 组显著不同的轮廓．不同平行性的多元检验产生的 α 概率水平略有不同，所有的都低于 0.05. 这个检验显示了在 WISC 上，三个 AGEMATE 组在它们的轮廓中有统计上的显著差异．图 8-4 中说明了这个轮廓．表 8-15 的输出结果的单元均值部分给出了该图的均值，由语句 **means AGEMATE** 产生．通过 Smithson(2003)的 NoncF2. sas 程序求得了三个检验各自的效应大小——平坦性、平行性和水平．部分语法和结果见表 8-16.

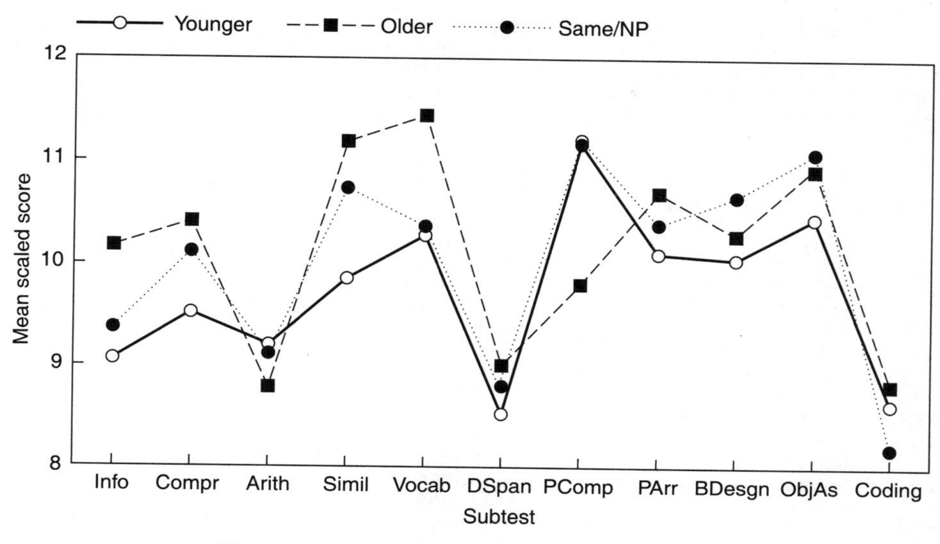

图 8-4 三个 AGEMATE 组的 WISC 得分的轮廓

表 8-16 WISC-R 子检验的轮廓分析的带有更低和更高置信限(rsqlow 和 rsqupp)的效应大小(rsq)：部分语法和输出结果

```
.
.
.
rsq = df1 * F / (df2 + df1 * F);
rsqlow = ncplow / (ncplow + df1 + df2 + 1);
rsqupp = ncpupp / (ncpupp + df1 + df2 + 1)
cards;

13.180    10    152    .95
 1.970    20    304    .95
 0.810     2    151    .95

;
proc print;
run;
```

The SAS System

Obs	F	df1	df2	conf	prlow	prupp	ncplow	ncpupp	rsq	rsqlow	rsqupp
1	13.180	10	152	0.95	0.975	0.025	74.900	181.205	0.46441	0.31484	0.52644
2	1.970	20	304	0.95	0.975	0.025	2.534	47.014	0.11474	0.00774	0.12638
3	0.810	2	151	0.95	0.975	0.025	0.000	8.836	0.01061	0.00000	0.05427

为了解释非平行的轮廓，需要一个对比程序决定哪个 WISC 子检验将三组儿童区分开．然而，由于有如此多的子检验，因此不便使用 8.5.2 节中的程序．做这个决定是就子检验而言的轮廓评估，组平均落在合并轮廓的置信区间之外的轮廓．表 8-17 显示了每个子检验用来推导这些置信区间的边际均值和标准差．

表 8-17 每一个子检验的边际均值和标准差的语法及输出结果：组合所有组

```
proc means data=SASUSER.PROFILEC vardef=DF MEAN STD;
 var INFO COMP ARITH SIMIL VOCAB DIGIT PICTCOMP PARANG BLOCK
     OBJECT CODING ;
run;
```

The Means Procedure

Variable	Label	Mean	Std Dev
INFO	Information	9.5548780	3.0360877
COMP	Comprehension	10.0548780	2.8869349
ARITH	Arithmetic	9.0487805	2.4714440
SIMIL	Similarities	10.6585366	3.2699394
VOCAB	Vocabulary	10.7073171	3.0152488
DIGIT	Digit Span	8.7743902	2.6032689
PICTCOMP	Picture Completion	10.7195122	2.9980541
PARANG	Picture Arrangement	10.4085366	2.6557358
BLOCK	Block Design	10.3658537	2.7470551
OBJECT	Object Assembly	10.8536585	2.8202682
CODING	Coding	8.5243902	2.7857024

为了弥补多重检验的不足，需要对于每一个检验制造一个更宽的置信区间，以反映一个实验上 95%的置信区间．每一个检验的 α 比率设置为 0.0015，以考虑现有的 33 个比较——11 个子检验中每个都有 3 组——产生一个 99.85%的置信区间．因为 $N=164$ 时，产生一个近似于 z 的 t 分布，所以将置信区间设为 $z=3.19$ 是合适的．

对于第一个子检验 INFO，

$$P(\overline{Y}-zs_m<\mu<\overline{Y}+zs_m)=99.85 \tag{8.11}$$

$$P(9.554\,88-3.19(3.036\,09)/\sqrt{164}<\mu<9.554\,88+3.19(3.036\,09)/\sqrt{164})=99.85$$

$$P(8.798\,60<\mu<10.311\,16)=99.85$$

因为 INFO 上的组均值没有落在 INFO 子检验置信区间之外，所以基于 WISC 的信息子检验的轮廓是没有差异的．没有必要为任何变量计算区间，对于这些变量，所有组都不偏离 95%的置信区间，因为它们不能偏离一个较宽的区间．因此，仅仅计算 SIMIL、COMP、VOCAB 和 PICTCOMP 的区间．将公式(8.11)应用于这些变量，发现填词和填图有显著的轮廓偏差．(接下来结果部分给出了差异的方向．)

通过 SAS GLM 产生的第一个综合性的检验是 SUBTEST 效应，该效应拒绝了平坦性假设．所有的多元标准都显示了相同的结果，但是 Hotelling 准则(近似的 $F(10,152)=13.18$，$p<0.001$)是最合适的报告，因为它是一个单一组的检验(组合所有组)．

虽然我们通常对于拒绝平行性假设不感兴趣，但是我们却对这个案例中的平坦性检验(标记为 SUBTEST)感兴趣，因为它反映了有学习障碍儿童(我们组合的三个组)和用于标准化 WISC 的样本之间的差异，对此这个轮廓必须是平坦的．(WISC 被标准化，这样所有的子检验都产生相同的均值．)任何不同于平坦轮廓(即在不同的子检验上有不同的均值)的样本都偏离了 WISC 的标准轮廓．

在这个案例中，平坦性检验合适的对比是简单的单样本 z 检验(参见 3.1.1 节)与每个均值为 10.0 和标准差为 3.0 的子检验的标准化总体值的对比．在这种情况下，我们对子检验彼此之间的差异不那么感兴趣，而对它们与标准人群之间的差异感兴趣．(如果我们对这个案例的子检验间的差异感兴趣，那么可以运用 8.5.2 节的对比程序．)

作为对实验中第一类错误率的事后膨胀的修正，将 11 个 z 检验的每一个 α 设置为 0.0045，依据公式(7.12)满足要求

$$\alpha_{ew} = 1-(1-0.0045)^{11} < 0.05$$

因为大部分的 z 得分表(参见表 C-1)被设置用来检验单边假设，所以将临界值 α 分成两半，以求得拒绝我们的样本和总体之间无差异的假设的临界 z 值，由此产生的标准 z 得分是±2.845.

对于第一个子检验 INFO，整个样本的均值(来自表 8-17)是 9.554 88. 将 z 检验的结果运用到

$$z = \frac{\overline{Y}-\mu}{\sigma/\sqrt{N}} = \frac{9.55488-10}{3.0/\sqrt{164}} = -1.900$$

对于 INFO，有学习障碍的组和正常人群之间没有显著的差异．这些个别的 z 检验的结果见表 8-18.

表 8-18　z 检验结果与 WISC 总体均值比较(α＝0.0045，双尾检验)

Subtest	Mean for Entire Sample	z for Comparison with Population Mean
Information	9.554 88	−1.90
Similarities	10.658 54	2.81
Arithmetic	9.048 78	−4.06①
Comprehension	10.054 88	0.23
Vocabulary	10.707 32	3.02①
Digit span	8.774 39	−5.23①
Picture completion	10.719 51	3.07①
Picture arrangement	10.408 54	1.74
Block design	10.365 85	1.56
Object assembly	10.853 66	3.64①
Coding	8.524 39	−6.30①

① $p<0.0045$.

最后的显著性检验是在 AGEMATE(水平)，在标签为 `Tests of Hypotheses for Between Subjects Effects` 的部分中，并显示了各组在子检验的平均上没有统计上显著的差异，$F(2,161)=0.81$，$p=0.4456$. 当平行性被拒绝时，这通常也是不重要的.

表 8-19 为轮廓分析的清单．随后的则是一个 APA 期刊格式的结果部分的案例.

表 8-19　轮廓分析清单

1. 问题
   a. 不等样本量和缺失数据
   b. 抽样分布的正态性
   c. 异常值
   d. 方差-协方差矩阵的齐性
   e. 线性
   f. 多重共线性和奇异性

（续）

2. 主要分析
  a. 平行性检验．显著性：图像显示偏离平行性的轮廓
  b. 如果合适，检验不同水平之间的差异．显著性：组和标准差、标准误差或置信区间的边际均值
  c. 如果合适，检验与平坦性的偏差．显著性：测量值和标准差、标准误差或置信区间的均值
  d. 具有置信限的所有三种检验的效应大小
3. 附加分析
  a. 计划比较
  b. 适合显著效应的事后比较
    (1)组间比较
    (2)测量方式间比较
    (3)组内测量值的比较
  c. 非显著效应的势分析

结果

在韦氏儿童智力量表(WISC)的11个子检验上进行了一个轮廓分析：常识、相似点、算术、理解、词汇、数字广度、填图、排列、分组设计、拼图和译码．分组变量是对玩伴年龄的偏爱，分成喜欢年龄更小的玩伴、喜欢年龄更大的玩伴和没有偏爱或者喜欢和他们自己同龄的玩伴．

采用 SAS MEANS 和 REG 进行数据的筛选．原始样本中的四个孩子分散在各组和因变量中，在一个或者更多的子检验中有缺失数据，将样本量减少到164．在这些儿童中没有发现一元或者多元的异常值，$p=0.001$．在删除案例中的缺失数据的情况下，假设满足样本抽样的正态性、方差-协方差矩阵的齐性、线性和多重共线性假设．

SAS GLM 用于主要分析．使用 Wilk 准则进行轮廓分析，如图8-4所示，显著地偏离平行性，$F(20,304)=1.97$，$p=0.009$，偏 $\eta^2=0.11$，置信限为从0.01到0.13．对于水平检验，当所有子检验得分取平均时，没有发现组间有统计上的显著差异，$F(2,161)=0.81$，$p=0.45$，偏 $\eta^2=0.01$，置信限为从0到0．当组间取平均时，通过 Hotelling 准则发现子检验显著地偏离平坦性，$F(10,152)=13.18$，$p<0.001$，偏 $\eta^2=0.46$，置信限为从0.31到0.53．

为了评估这些轮廓与平行性的偏离，计算三个组合组轮廓的均值附近的置信限．为了实现一个5%的实验误差率，将每个置信区间的 α 误差设置为0.0015．因此，对合并的轮廓进行了99.85%的限值评估．对于子检验中的两个，一个或者更多个组有落在这些限外面的均值．喜欢年龄更大的玩伴的儿童比起合并的组在词汇的子检验(均值=11.46)上有显著更高的均值(这里的99.85%的置信限是从9.956到11.458)．喜欢年龄更大的玩伴的儿童比起合并的组在填图的子检验上有显著更低的得分(99.85%的置信限是从9.973到11.466)．

通过明确哪些子检验与韦氏儿童智力量表的标准化群体不同(其中每个子检验的均值为10，标准差为3)来评估平坦性的偏差．通过设置每个检验的 α 为0.0045来获得实验的 $\alpha=0.05$．正如在表8-18中所见，有学习障碍的儿童在算术、数字广度和译码中比 WISC 正常人群有显著更低的得分．另一方面，这些儿童在词汇、填图和拼图组合上的表现比正常人群有显著更高的得分．

> 因此，与有学习障碍儿童的平均相比，更喜欢年长玩伴的有学习障碍的儿童词汇量更多，填图能力得分更低．作为一组，样本中有学习障碍的儿童比起年龄大的儿童在算术、数字广度和译码上有更低的得分，但是在词汇、填图和拼图上有更高的得分．

8.6.2 反应时间的双重多元分析

这个分析来自由Damos(1989)进行的心里旋转实验的一个数据集，在附录B中进行了详细描述．组间自变量(水平)为目标对象是字母G还是一个符号．组内自变量进行了多元处理，包含前四个检验会话．这两个不相称的因变量是由四个旋转角度上的反应时间计算的(1)斜率和(2)截距．因此，截距是平均反应时间，斜率是反应时间随旋转角度变化的函数．数据文件是DBLMULT.*．主要的问题是，这四个会话的练习效果对两个目标对象是否不同.

8.6.2.1 假设评估

(1)不等的样本量和缺失数据、多元正态性、线性

这个数据集中的样本量是相等的：每组10个案例，8个因变量中不存在缺失数据(四种情况下的2次测量)．组虽然小，但是在大小上相等，在每个组中的案例数都比因变量多一些．因此，不需要担心偏离多元正态性．表8-20的SPSS DESCRIPTIVES的输出结果确实显示了非常小的偏度和峰度值．这些表现良好的变量也不会对线性构成威胁.

(2)异常值

表8-20的语法中的SAVE指令将每个变量以及每个案例的标准化得分添加到SPSS数据文件中．这为寻找一元异常值提供了一个便利的方法，尤其当样本量很小时．使用一个标准$\alpha=0.01$，因此任何具有z得分$>|2.58|$的案例都被认为是该变量上的异常值．只有一个得分接近那个标准：案例数目13在第二个会话的斜率的测量中z得分为2.58.

按照表7-12，通过SPSS REGRESSION求多元异常值．自由度为8的标准χ^2在$\alpha=0.01$时是20.09. 根据这个标准，没有哪个案例是一个多元异常值，两个组中最大的马氏距离是8.09. 因此，所有的案例都被保留下来用于分析.

(3)方差-协方差矩阵的齐性

表8-20显示了所有8个变量在可接受的范围内的方差比，尤其是对于相等n的数据集. 事实上，所有的方差比是2.5∶1或者更小.

(4)回归的齐性

SPSS MANOVA用于检验所有回归的齐性，进行逐步分析，其中第二个因变量(斜率)对第一个因变量(截距)进行调整．表8-21显示了检验的语法和输出结果的最终部分．最后的方差来源是回归的齐性检验．$p=0.138$支持了这个假设，因为它的p值大于0.05.

(5)因变量的可靠性

在逐步分析中，截距对斜率起一个协变量作用．毫无疑问，将截距作为一个测量的可靠性，因为它是基于定期检查的设备上电子记录的度量(响应时间)的派生值.

(6)多重共线性和奇异性

预期因变量之间的相关性是很高的，尤其是在斜率和截距的集合内，但不会高到威胁

到统计上的多重共线性．斜率和截距之间的相关性预计不会很大．主分析中的方差-协方差矩阵的行列式保证了不存在统计上的多重共线性(p>0.00001)，正如表8-21的主分析中所示．

表8-20 8个因变量的描述统计量(SPSS DESCRIPTIVES语法和输出结果)

```
SPLIT FILE
  SEPARATE BY group.
DESCRIPTIVES
  VARIABLES=slope1 intrcpt1 slope2 intrcpt2 slope3 intrcpt3 slope4 intrcpt4
  /SAVE
  /STATISTICS=MEAN STDDEV VARIANCE KURTOSIS SKEWNESS.
```

Descriptives

Group identification = Letter G

Descriptive Statistics[a]

	N	Mean	Std.	Variance	Skewness		Kurtosis	
	Statistic	Statistic	Statistic	Statistic	Statistic	Std. Error	Statistic	Std. Error
SLOPE1	10	642.62	129.889	16871.090	1.017	.687	.632	1.334
INTRCPT1	10	200.70	42.260	1785.917	.160	.687	–.077	1.334
SLOPE2	10	581.13	97.983	9600.605	.541	.687	–.034	1.334
INTRCPT2	10	133.75	46.921	2201.560	.644	.687	–.940	1.334
SLOPE3	10	516.87	64.834	4203.427	.159	.687	–.354	1.334
INTRCPT3	10	90.46	30.111	906.651	.421	.687	–1.114	1.334
SLOPE4	10	505.39	67.218	4518.283	–.129	.687	–.512	1.334
INTRCPT4	10	72.39	26.132	682.892	.517	.687	–.694	1.334
Valid N (listwise)	10							

[a]Group identification = Letter G

Group identification = Symbol

Descriptive Statistics[a]

	N	Mean	Std.	Variance	Skewness		Kurtosis	
	Statistic	Statistic	Statistic	Statistic	Statistic	Std. Error	Statistic	Std. Error
SLOPE1	10	654.50	375.559	141044.9	–.245	.687	1.015	1.334
INTRCPT1	10	40.85	49.698	2469.870	.514	.687	–1.065	1.334
SLOPE2	10	647.53	153.991	23713.180	2.113	.687	5.706	1.334
INTRCPT2	10	24.30	29.707	882.521	1.305	.687	1.152	1.334
SLOPE3	10	568.22	59.952	3594.241	–.490	.687	.269	1.334
INTRCPT3	10	22.95	29.120	847.957	.960	.687	–.471	1.334
SLOPE4	10	535.82	50.101	2510.106	–.441	.687	–.781	1.334
INTRCPT4	10	22.46	26.397	696.804	1.036	.687	.003	1.334
Valid N (listwise)	10							

[a]Group identification = Symbol

表8-21 回归的齐性检验的语法和选定的SPSS MANOVA输出结果

```
SPLIT FILE
 OFF.
MANOVA
 INTRCPT1 INTRCPT2 INTRCPT3 INTRCPT4 SLOPE1 SLOPE2 SLOPE3 SLOPE4
      BY GROUP(1, 2)
```

（续）

```
/PRINT=SIGNIF(BRIEF)
/ANALYSIS = SLOPE1 SLOPE2 SLOPE3 SLOPE4
/DESIGN = POOL(INTRCPT1 INTRCPT2 INTRCPT3 INTRCPT4) GROUP
         POOL(INTRCPT1 INTRCPT2 INTRCPT3 INTRCPT4) BY GROUP.

Multivariate Tests of Significance
Tests using UNIQUE sums of squares and WITHIN+RESIDUAL error term
Source of Variation          Wilks  Approx F   Hyp. DF  Error DF   Sig of F

POOL(INTRCPT1 INTRC           .054     2.204     16.00    22.023       .043
PT2 INTRCPT3 INTRCPT
4)
GROUP                         .570     1.320      4.00     7.000       .350
POOL(INTRCPT1 INTRC           .091     1.644     16.00    22.023       .138
PT2 INTRCPT3 INTRCPT
4) BY GROUP
```

8.6.2.2　斜率和截距的双重多元分析

主分析选择 SPSS MANOVA，它包括对重复测量的效应进行一个完整的趋势分析：平坦性(会话的主效应)和平行性(会话组间交互作用)．这个程序也提供了一个不需要重新配置数据集的逐步分析(参见 6.5.4.1 节)．

表 8-22 显示了综合分析和逐步趋势分析的语法和输出结果．ERROR(COR)要求残差(合并的单元内)相关矩阵，HOMOGENEITY(BOXM)提供合并的单元内方差-协方差矩阵的行列式．RENAME 指令使得输出结果更容易读取．INT_LIN 是通过截距的会话交互作用的组的线性趋势，INT_QUAD 是截距的交互作用的二次趋势，SL_CUBIC 是通过斜率的会话交互作用的组的三次趋势，等等．在 PRINT 段的 EFSIZE 要求伴随一元和逐步分析结果的效应大小．

表 8-22　斜率和截距的双重多元分析(SPSS MANOVA 语法和选定的输出结果)

```
MANOVA
INTRCPT1 INTRCPT2 INTRCPT3 INTRCPT4 SLOPE1 SLOPE2 SLOPE3 SLOPE4
    BY GROUP(1, 2)
/WSFACTOR = SESSION(4)
/MEASURES = INTERCPT, SLOPE
/TRANSFORM(INTRCPT1 TO SLOPE4) = POLYNOMIAL
/RENAME=INTERCPT INT_LIN INT_QUAD INT_CUBIC
         SLOPE SL_LIN SL_QUAD SL_CUBIC
/WSDESIGN = SESSION
/PRINT=SIGNIF(UNIV, STEPDOWN, EFSIZE) ERROR(CORR) HOMOGENEITY(BOXM)
/DESIGN = GROUP.

Determinant of pooled Covariance matrix of dependent vars. = 7.06128136E+23
LOG(Determinant) =                                                54.91408
------------------------------------------------------------------------
 WITHIN+RESIDUAL Correlations with Std. Devs. on Diagonal

              INTERCPT       SLOPE

 INTERCPT       64.765
 SLOPE            .187     232.856

 EFFECT.. GROUP
 Multivariate Tests of Significance (S = 1, M = 0, N = 7 1/2)

 Test Name          Value     Exact F Hypoth. DF   Error DF  Sig. of F
```

（续）

```
Pillais           .73049   23.03842         2.00         17.00        .000
Hotellings       2.71040   23.03842         2.00         17.00        .000
Wilks             .26951   23.03842         2.00         17.00        .000
Roys              .73049
Note.. F statistics are exact.
----------------------------------------------------------------------

Multivariate Effect Size
TEST NAME    Effect Size
(All)               .730
----------------------------------------------------------------------

Univariate F-tests with (1,18) D. F.
Variable    Hypoth. SS   Error SS Hypoth. MS   Error MS          F  Sig. of F
INTERCPT    186963.468 75501.1333 186963.468 4194.50740  44.57340        .000
SLOPE       32024.7168 975990.893 32024.7168 54221.7163    .59063        .452
Variable    ETA Square
INTERCPT        .71234
SLOPE           .03177
----------------------------------------------------------------------

Roy-Bargman Stepdown F-tests
Variable     Hypoth. MS    Error MS  Stepdown F Hypoth. DF  Error DF  Sig. of F
INTERCPT     186963.468  4194.50740    44.57340          1        18       .000
SLOPE        63428.5669  55404.9667     1.14482          1        17       .300
----------------------------------------------------------------------
EFFECT.. GROUP (Cont.)
Tests involving 'SESSION' Within-Subject Effect.
EFFECT.. GROUP BY SESSION
Multivariate Tests of Significance (S = 1, M = 2 , N = 5 1/2)
Test Name          Value     Exact F Hypoth. DF    Error DF   Sig. of F
Pillais           .82070     9.91711       6.00       13.00        .000
Hotellings       4.57713     9.91711       6.00       13.00        .000
Wilks             .17930     9.91711       6.00       13.00        .000
Roys              .82070
Note.. F statistics are exact.
----------------------------------------------------------------------
Multivariate Effect Size
TEST NAME    Effect Size
(All)               .821
----------------------------------------------------------------------

Univariate F-tests with (1,18) D. F.
Variable    Hypoth. SS   Error SS Hypoth. MS   Error MS          F  Sig. of F
INT_LIN     34539.9233 11822.7068 34539.9233  656.81704  52.58683        .000
INT_QUAD    1345.75055 4783.30620 1345.75055  265.73923   5.06418        .037
INT_CUBI      63.15616 2160.40148   63.15616  120.02230    .52620        .478
SL_LIN       412.00434 677335.981  412.00434 37629.7767    .01095        .918
SL_QUAD     7115.88944 165948.577 7115.88944 9219.36538    .77184        .391
SL_CUBIC    1013.73020 35227.3443 1013.73020 1957.07469    .51798        .481
Variable    ETA Square
INT_LIN         .74499
INT_QUAD        .21957
INT_CUBI        .02840
SL_LIN          .00061
SL_QUAD         .04112
SL_CUBIC        .02797
----------------------------------------------------------------------
```

（续）

Roy-Bargman Stepdown F-tests

Variable	Hypoth. MS	Error MS	Stepdown F	Hypoth. DF	Error DF	Sig. of F
INT_LIN	34539.9233	656.81704	52.58683	1	18	.000
INT_QUAD	209.21632	195.44139	1.07048	1	17	.315
INT_CUBI	2.36753	45.37427	.05218	1	16	.822
SL_LIN	6198.06067	39897.8795	.15535	1	15	.699
SL_QUAD	710.44434	1472.26563	.48255	1	14	.499
SL_CUBIC	917.69207	255.81569	3.58732	1	13	.081

EFFECT.. SESSION

Multivariate Tests of Significance (S = 1, M = 2, N = 5 1/2)

Test Name	Value	Exact F	Hypoth. DF	Error DF	Sig. of F
Pillais	.88957	17.45295	6.00	13.00	.000
Hotellings	8.05521	17.45295	6.00	13.00	.000
Wilks	.11043	17.45295	6.00	13.00	.000
Roys	.88957				

Note.. F statistics are exact.

Multivariate Effect Size

TEST NAME	Effect Size
(All)	.890

Univariate F-tests with (1,18) D. F.

Variable	Hypoth. SS	Error SS	Hypoth. MS	Error MS	F	Sig. of F
INT_LIN	58748.6922	11822.7068	58748.6922	656.81704	89.44453	.000
INT_QUAD	5269.58732	4783.30620	5269.58732	265.73923	19.82992	.000
INT_CUBI	40.83996	2160.40148	40.83996	120.02230	.34027	.567
SL_LIN	207614.672	677335.981	207614.672	37629.7767	5.51730	.030
SL_QUAD	755.44788	165948.577	755.44788	9219.36538	.08194	.778
SL_CUBIC	7637.13270	35227.3443	7637.13270	1957.07469	3.90232	.064

Variable	ETA Square
INT_LIN	.83247
INT_QUAD	.52419
INT_CUBI	.01855
SL_LIN	.23461
SL_QUAD	.00453
SL_CUBIC	.17817

Roy-Bargman Stepdown F-tests

Variable	Hypoth. MS	Error MS	Stepdown F	Hypoth. DF	Error DF	Sig. of F
INT_LIN	58748.6922	656.81704	89.44453	1	18	.000
INT_QUAD	26.62826	195.44139	.13625	1	17	.717
INT_CUBI	1.74540	45.37427	.03847	1	16	.847
SL_LIN	70401.2193	39897.8795	1.76454	1	15	.204
SL_QUAD	6294.30308	1472.26563	4.27525	1	14	.058
SL_CUBIC	96.64789	255.81569	.37780	1	13	.549

标记 Multivariate Test of Significance(为 GROUP、GROUP BY SESSION 和 SESSION)的三个部分显示所有三种效应在统计上都是显著的，$p<0.0005$. 由于平行性被拒绝，在一个很强的 SESSION BY GROUP 交互作用中，多元 $F(6,13)=9.92$，因此不解释平坦性和水平的效应．表 8-23 通过 Smithson(2003)所有三个效应的程序分别显示了效应大小和它们的置信限：平行性、平坦性和水平.

表 8-23　反应时间的双重多元分析的更低和更高置信限(lr2 和 ur2)的效应大小(r2)

	fval	df1	df2	conf	lc2	ucdf	uc2	lcdf	power	r2	lr2	ur2
1	9.9171	6	13	.950	11.6604	.9750	120.0513	.0250	.9999	.82	.37	.86
2	17.4530	6	13	.950	27.1680	.9750	206.4357	.0250	1.0000	.89	.58	.91
3	23.0384	2	17	.950	13.2066	.9750	93.7622	.0250	1.0000	.73	.40	.82

两个因变量的趋势分析是表 8-22 中 EFFECT..GROUP BY SESSION 部分标签为 Roy-Bargman Stepdown F-tests 的部分，用 $\alpha=0.0083$ 来抵消 6 个因变量的膨胀的第一类错误率，只有截距的交互作用的线性趋势在统计上是可靠的，$F(1,18)=52.59$. 使用公式(3.26)计算效应大小：

$$偏\ \eta^2=\frac{34\ 539.92}{34\ 539.92+11\ 822.71}=0.74$$

注意到可以使用一元效应大小，因为这个趋势在第一优先的因变量中．表 8-24 以适合出版的形式显示了通过会话交互作用的组的逐步趋势分析的总结.

表 8-24　通过会话交互作用组的趋势分析的逐步检验

IV	Trend	一元 F	df	逐步 F	df	偏 η^2	偏 η^2 的 99.17% 置信限	
							Lower	Upper
截距	线性	52.59①	1/18	52.59②	1/18	0.75	0.32	0.87
	二次	5.06	1/18	1.07	1/17	0.06	0.00	0.42
	三次	0.53	1/18	0.05	1/16	0.00	0.00	0.11
斜率	线性	0.01	1/18	0.16	1/15	0.01	0.00	0.29
	二次	0.77	1/18	0.48	1/14	0.03	0.00	0.41
	三次	0.52	1/18	3.59	1/13	0.22	0.00	0.59

①显著性水平不能被评估但在一元情况下可以达到 $p<0.0083$.

②$p<0.0083$.

图 8-5 绘制出了两个组在四个会话上的轮廓．图 8-5 显示符号的反应时间截距比字母 G 的更长，但是在四个会话上减少得相当快，而字母 G 的反应时间截距在四个会话中较低且相当稳定．因此，交互作用的线性趋势显示符号的线性趋势比字母的更大.

表 8-25 总结了表 8-20 的单元均值和标准差.

合并的单元内相关矩阵(这个部分中相关性的标签为 WITHIN+ RESIDUAL Correlations with Std. Devs. On Diagonal)表明，截距和斜率的测量之间的相关性很小.

表 8-26 是双重多元分析的清单，随后是刚刚所描述的分析的一个期刊格式的结果部分.

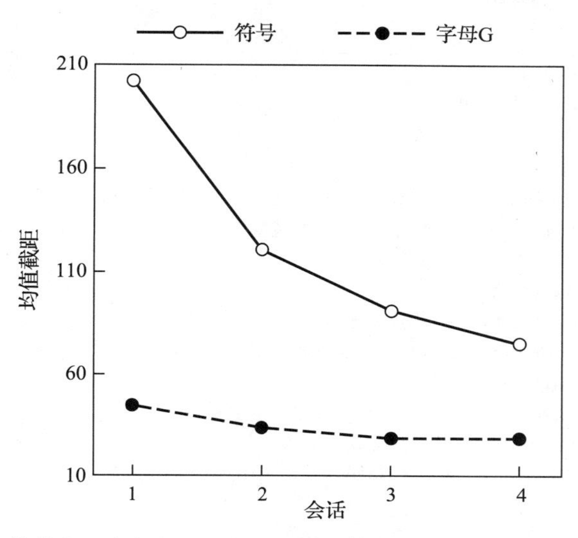

图 8-5 在旋转的四个角度上反应时间截距作为会话和目标对象的一个函数

表 8-25 前四个会话的 2 个目标对象的反应时间在旋转的四个角度上的截距和斜率

目标对象	会话			
	1	2	3	4
		截距		
字母 G				
M	200.70	133.75	90.46	72.39
SD	42.46	46.92	30.11	26.13
符号				
M	40.85	24.30	22.95	22.46
SD	49.70	29.71	29.12	24.12
		斜率		
字母 G				
M	642.62	581.13	516.87	505.39
SD	129.89	97.98	64.83	67.22
符号				
M	654.50	647.53	568.22	535.82
SD	375.56	153.99	59. 95	50.10

表 8-26 方差的双重多元分析清单

1. 问题
   - a. 不等样本量和缺失数据
   - b. 抽样分布的正态性
   - c. 异常值
   - d. 方差-协方差矩阵的齐性
   - e. 线性
   - f. 在逐步分析中，当因变量充当协变量时
     - (1)回归的齐性
     - (2)因变量的可靠性
   - g. 多重共线性和奇异性

（续）

2. 主要分析：当显著时，进行比较或综合 F
   a. 平行性．显著性：因变量的重要性
      (1)单元内相关性，逐步 F，F 是一元的
      (2)显著逐步 F 的置信限效应大小
      (3)单元均值或修正单元均值和标准差、标准误差或置信区间的轮廓图和表
   b. 如果合适，检验水平之间的差异．显著性：因变量的重要性
      (1)单元内相关性，逐步 F，F 是一元的
      (2)显著逐步 F 的置信限效应大小
      (3)边际或修正边际均值和标准差、标准误差或置信区间
   c. 如果合适，检验与平坦性的偏差．显著性：因变量的重要性
      (1)单元内相关性，逐步 F，F 是一元的
      (2)显著逐步 F 的置信限效应大小
      (3)边际或修正边际均值和标准差、标准误差或置信区间
   d. 平行性、水平和平坦性检验的效应大小和置信区间
3. 附加分析
   a. 适用于显著效应的事后比较
      (1)组间比较
      (2)测量方式间比较
      (3)组内测量值的比较
   b. 非显著效应的势分析

结果

对反应时间的两个度量进行双重多元方差分析：回归线在旋转的四个角度上的截距和斜率．截距代表整体的反应时间；斜率代表作为旋转角度的一个函数在反应时间上的改变．两个目标对象形成组间自变量：字母 G 和一个符号．对全套 20 个会话的前四个会话的组内自变量进行多元处理．通过会话交互作用对会话和组的主效应进行趋势分析．每一个组的 $N=10$.

没有数据是缺失的，在 $\alpha=0.01$ 时没有一元或者多元异常值．双重多元方差分析的假设的评估结果是令人满意的．组和会话的所有组合中两个因变量的单元均值和标准差见表 8-25.

通过会话交互作用的组(偏离平行性)是很强的，统计上显著的多元 $F(6,13)=9.92$，$p<0.005$，偏 $\eta^2=0.82$ 的置信限为从 0.37 到 0.86. 这两种目标类型的四个会话中的反应时间变化是不同的．尽管组和会话的主效应在统计上也是显著的，但在强交互作用存在的情况下，它们不能被解释．组主效应的偏 η^2 是 0.73，置信限为从 0.40 到 0.82. 对于会话的主效应，偏 $\eta^2=0.89$，置信限为从 0.58 到 0.91.

对因变量的趋势分析进行了一个 Roy-Bargmann 逐步分析，截距的三个趋势作为第一个因变量，截距调整后的斜率的三个趋势作为第二个．作为斜率的一个协变量，截距被认为对保证逐步分析是足够可靠的．逐步分析达到了回归齐性．一个 5% 的理想的实验误差率是通过设置 6 个分量(截距和斜率中每一个的三个趋势)中每一个的 $\alpha=0.083$ 实现的．表 8-24 显示了趋势分析的结果.

通过会话交互作用组的唯一显著逐步效应是截距的线性趋势，$F(1,18)=52.59$，$p<0.005$，偏 $\eta^2=0.74$，置信限为从 0.32 到 0.87. 图 8-5 绘制了四个会话上的两个组(字母 G 和符号)的轮廓．符号的均值反应时间(截距)比字母 G 的更长，但是在四个会话上快速下降．在四个会话上字母 G 的反应时间很低并且相当稳定．没有证据证明反应时间随旋转角度(斜率)的变化对于两个目标对象是不同的.

因此，字母 G 的反应时间是相当快的，并且不会随着实践发生改变．符号的反应时间要慢得多，但是随着实践不断提高．与目标对象不同旋转相关的反应时间的变化不依赖于对象或实践的类型.

8.7 程序的比较

第 7 章详细介绍了多元方差分析的程序．因此，本节只介绍与轮廓分析非常相关的那些特性．SPSS 和 SYSTAT 都有两个用于轮廓分析的程序．SAS 有一个额外的程序可以用于轮廓分析，但是它仅限于相等 n 的设计．SAS 手册通过实例说明了如何建立双重多元设计．SYSTAT 在在线帮助的文件中提供了一个可运用的案例．SPSS GLM 的双重多元设计的语法显示在手册中，但是对于 SPSS MANOVA 并没有这样的帮助可用，除非你碰巧有一个旧的(1986)SPSS^X 手册．所有程序都为一元和多元中形式的组内效应提供输出结果．所有程序也都为决定多元和一元方法提供有用信息，对一元中球形性的违背使用 Greenhouse-Geisser 和 Huynh-Feldt 调整．程序的特征出现在表 8-27 中.

表 8-27 轮廓分析的程序比较[1]

	SPSS MANOVA	SPSS GLM	SAS GLM 和 ANOVA	SYSTAT GLM 和 ANOVA
输入				
针对 n 不相等问题的各种策略	是	是	是[2]	否
双重多元分析专用规则	是	是	是	否
简单效应的专用规则	是	否	否	否
输出				
Wilks' lambda 的单个源表	PRINT=SIGNIF(BRIEF)	是	否	否
具体比较	是	是	是	是
单元内相关矩阵	是	是	是	是
单元内方差-协方差矩阵的行列式	是	否	否	否
单元均值和标准差	PRINT=CELLINFO(MEANS)	EMMEANS	LSMEANS	PRINT MEDIUM
边际均值	OMEANS	EMMEANS	LSMEANS	否
边际标准差或标准误差	否	是	STDERR	否
单元均值的置信区间	是	是	否	否
平行性的 Wilks' lambda 和 F	是	是	是	是
Pillai 准则	是	是	是	是
额外的统计准则	是	是	是	是

（续）

	SPSS MANOVA	SPSS GLM	SAS GLM 和 ANOVA	SYSTAT GLM 和 ANOVA
协方差或球形性的齐性检验	是	否	否	否
Greenhouse-Geisser epsilon 和调整后的 p 值	是	是	是	是
Huynh-Feldt epsilon 和调整后的 p 值	是	是	是	是
每个样本的预测值和残差	是	是	是	数据文件
残差图	是	否	否	否
方差-协方差矩阵的齐性	Box 的 M	Box 的 M	否	否
多元异常值的检验	否	否	数据文件	数据文件
效应大小(关联强度)	EFSIZE	ETASQ	否	否

①这些程序的其他特性将会在第 9 章(MANOVA)中介绍.

②SAS ANOVA 要求 n 相等.

8.7.1　SPSS 软件包

SPSS MANOVA 或者 GLM 中轮廓分析的运行像任何其他重复测量的设计．输出结果包括所有组内效应(平坦性)和混合交互作用(平行性)的一元和多元检验.

`MEASURES` 命令允许多重因变量每一个在双重多元设计中都给予一个通用的名称，使得输出结果有更强的可读性．同时，在一个单独的运行中可以指定几个重复测量分析.

当重复测量被分析时，SPSS MANOVA 中的 `MWITHIN` 特性用于检验简单效应. SPSS MANOVA 完整输出结果包括三个独立的源表，分别为平行性、水平和平坦性. `PRINT=SIGNIF(BRIEF)`用来简化多元输出结果．单元内相关矩阵的行列式用来帮助决定是否需要进一步研究多重共线性．这只是给一个双重多元设计提供逐步分析的程序，同时提供回归齐性检验的直接语法．然而，修正均值不是很容易获得，正如 7.6 节说明的.

SPSS GLM 提供更容易解释的输出结果，为现有的不等的 n 调整均值(但是不是双重多元设计中的逐步分析). 尽管方差-协方差矩阵的行列式是不可得的，但是这个程序防止了统计上的多重共线性和奇异性.

SPSS 的两个程序都允许残差图，它为偏度和异常值提供了证据．Box 的 M 检验作为方差-协方差矩阵齐性的一个超灵敏检验在两者中都是可用的．但是在 SPSS GLM 或者 MANOVA 中线性和齐性的检验不是直接可用的，并且多元异常值的检验要求在每组中独立使用 SPSS REGRESSION.

8.7.2　SAS 系统

通过 SAS 的 GLM(一般线性模型)程序，或者(如果组有相等的样本量)通过方差分析，轮廓分析是可用的．这两个程序使用非常相似的语法规则并提供一样的输出结果．在一般线性模型和方差分析中，将轮廓分析作为重复测量的方差分析的一个特殊案例来处理．产生组内因子相邻水平间的分段的一条明确语句是可用的：`profile`.

一元和多元结果的提供是默认的，多元输出结果提供平行性和平坦性的检验．然而，这个输出结果不是特别容易阅读．每个多元效应独立出现而不是每个效应一个单独的表，而且多个部分充满了神秘的符号，这些符号定义在该效应输出的上面．只有水平检验出现在一个相似的源表中．repeated 语句中的 short 说明为平坦性和平行性的多元检验提供了精简的输出结果，但是每个效应的检验仍然是独立的.

8.7.3 SYSTAT 系统

SYSTAT 中的 GLM 和 MANOVA 程序通过 REPEAT 格式处理轮廓分析．(SYSTAT ANOVA 也处理轮廓分析，但是特性较少，灵活性较低)．打印输出结果有三种形式——长的、中等的和短的．短的形式是默认选项．长的形式提供了诸如误差相关矩阵和典型分析之类的额外内容，以及因变量的单元均值和标准误差．通过 STATS 程序，额外的统计量是可用的，但是数据集必须按组分类．SYSTAT GLM 自动打印出组内变量的一个完整的趋势分析．手册中没有给出可用于双重多元分析的例子.

通过运用 SYSTAT 手册中详述的判别程序来找到多元异常值．每个组的杠杆值可以转化为马氏距离保存到一个文件中．尽管诸如线性和方差的齐性这样的假设可以通过 STATS 和 GRAPH 来评估，但是，其他假设没有直接通过 GLM 程序进行检验．没有方差-协方差矩阵的齐性检验可用.

第9章 判别分析

9.1 概述

判别分析(DISCRIM)的目的是从一组预测变量出发去预测群组成员的身份．例如，正常的孩子、有学习障碍的孩子和有情感障碍的孩子能否从一组心理测试分数中鉴别诊断出来？这三个组分别是正常的孩子、有学习障碍的孩子和有情感障碍的孩子．预测变量是一组心理测试成绩，例如，伊利诺伊心理语言能力测试、广泛成就测试的子测试、图形绘画测试和韦氏儿童智力量表.

判别分析是多元方差分析(MANOVA)的转换．在多元方差分析中，我们询问在一个因变量的组合中，群组成员身份是否与统计显著的均值差异相关．如果问题的答案是肯定的，那么这个变量组合可以被用来预测群组成员身份——判别分析视角．就一元项而言，组间的一个显著差异意味着，给定一个分数，你就可以(毫无疑问地)预测它来自哪个组.

然而，在语义上，多元方差分析和判别分析之间产生了混淆，因为在多元方差分析中自变量是组，因变量是预测变量，而在判别分析中自变量是预测变量，因变量是组．为了避免这种混淆，我们总是把自变量作为预测变量，因变量作为组或者分组变量[⊖].

在数学上，尽管强调侧重点不同，但是多元方差分析和判别分析是一样的．多元方差分析中主要的问题是：群组成员身份是否与因变量组合得分中统计显著的均值差异相关．类似地，在判别分析中的问题是：是否可以将预测变量组合在一起可靠地预测群组成员身份，在许多案例中，判别分析确实能用一种称作分类的过程达到将案例分组的目的.

分类是判别分析在多元方差分析上的一大延伸，大多数判别分析的计算机程序都会评估分类的充分性．到底分类程序做得如何呢？在原始样本或者一个交叉验证的样本中，有多少学习存在障碍的孩子被正确分类呢？当判别错误的时候，他们的本性是什么呢？有学习障碍的孩子更容易与正常的孩子混淆还是与有情感障碍的孩子混淆？

第二个差异涉及对预测变量之间差异的解释．在多元统计分析中，人们经常努力判断哪些因变量和组差异有关，但很少努力解释因变量作为一个整体之间的差异模式．在判别分析中，经常致力于从整体上解释不同预测变量之间的差异模式，以理解组差异的维度.

然而，这种尝试带来了挑战，因为随着组数超过 2 组，可能就有多种方法组合这些预测变量，以区分这些组．事实上，判别这些群组的维度可能与这些群组的自由度或者预测变量的数量(以较小的为准)一样多．例如，如果仅仅只有两个组，那么只有一个预测变量

⊖ 许多教材也将自变量或预测变量作为判别变量，因变量或组作为分类变量．然而，有的也使用判别函数和分类函数．因此这个术语变得相当复杂．本书将其简称为预测变量和组．

的线性组合能最好地将它们分离．图 9-1a 说明两组重心(多元均值)$\overline{Y}_1$ 和 $\overline{Y}_2$ 的分离，在一个单一维度的坐标系中，X 代表了分离组 1 和组 2 的预测变量的最佳线性组合．一条平行于连接两个重心的虚线代表了 X 的线性组合，或者 X 的第一判别函数⊖．然而，一旦加入第三个组，可能就不再沿着那条线排列．为了最大化分离这三个组，可能需要添加 X 的第二个线性组合，或者第二个判别函数．在图 9-1b 的例子中，第一个判别函数将第一个组的重心与其他两个组的重心分开，但是没有区分开第二个组和第三个组的重心．第二个判别函数分离了第三个组和其他两个组的重心，但是没有将前两个组的重心分开.

另一方面，即使有三个(或者更多)组，组均值可能沿着单一直线排列．如果这样的话，只需要第一个判别函数来描述这些组之间的差异．描述组之间的差异所需的判别函数的数目可能小于可用的最大数目(就是预测变量的数目或者组数－1，以较少者为准)．那么，对于两个以上的组，判别分析可以解释为一种真正的多元方法．多个 Y 代表组，多个 X 代表预测变量．

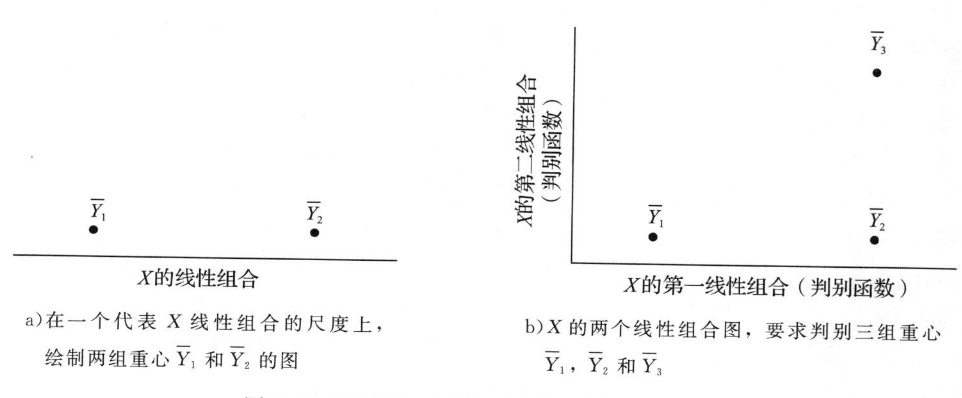

a)在一个代表 X 线性组合的尺度上，绘制两组重心 $\overline{Y}_1$ 和 $\overline{Y}_2$ 的图

b)X 的两个线性组合图，要求判别三组重心 $\overline{Y}_1$，$\overline{Y}_2$ 和 $\overline{Y}_3$

图 9-1　两组重心的图及 X 的两个线性组合图

在我们三组孩子(正常的、有学习障碍的、有情感障碍的)的例子中给予了多种心理测试，组合这些心理测试分数的一种方法可能倾向于将正常的孩子组与两组有障碍的孩子组分开，然而组合这些心理测试分数的第二种方法倾向于将有学习障碍的孩子组与有情感障碍的孩子组分开．研究者试图通过组合测试分数的两种方法来理解“信息”，从而区分不同的群组．将正常孩子与有障碍的孩子区分开的分数组合有什么意义？将有一种障碍的孩子与存在另一种障碍的孩子区分开的分数组合有什么意义？判别分析固定的计算机程序中的统计信息促进了上述问题的探究，这些统计信息在多元统计分析中并未给出.

因此判别分析有两个方面，在任何给定的研究应用中都可能被强调．研究者感兴趣的可能仅仅是分类情况下的一个决策规则，与他们的维度数量和意义无关．或者就预测变量的组合而言，强调的可能是判别分析结果的解释——叫作判别函数，其将各种组之间相互区分开.

⊖　判别函数也被称为根、典型变量、主成分、维度等，这取决于它们所开发的统计方法．

一个协变量分析(多元协方差分析)的判别版本是可用的，因为判别分析可以用一种连续的方式建立起来．当连续的判别分析被使用的时候，协变量仅仅是一个给予最高优先级的预测变量．例如，研究人员可能会考虑孩子们在韦氏儿童智力量表上的协变量得分，并询问广泛成就测验、心理语言能力的伊利诺斯测试和图像绘画测试再区分正常孩子、有学习障碍和有情感障碍孩子智商上的差异.

如果组是按因子设计来安排，最好将研究问题重新表述，使它的回答在多元统计分析的框架内.(但是在某些情况下，判别分析可以直接应用于9.6.6节所讨论的因子设计中.)类似地，判别分析程序不需要对组内变量做任何准备．如果要进行组内变量分析，问题应该按多元统计分析或者轮廓分析的形式重新表述．因此本章的重点是单向组间的判别分析.

Honigsfeld和Dunn(2003)使用了两组判别分析(以及其他分析)去检验国际上性别在学习方式上的差异．来自5个国家的1637名7年级到13年级的学生参与了此次调查．男孩和女孩之间存在显著的多元差异，这表明学习方式元素的线性组合在他们之间被判别，效应大小(R^2)大约为0.08. 研究发现，女孩在责任感、自我激励、老师激励、坚持、多途径学习、父母激励等方面组成的判别函数上得分较高.

Diefenbach等人(2003)用一个三组逐步判别分析[可诊断的GAD(广泛性焦虑症)、轻度亚综合征GAD和正常志愿者]研究了年龄更大人群中的GAD. 最初的预测变量是由四种自我报告测量组成：宾夕法尼亚州立大学的焦虑问卷(PSWQ)、状态－特质焦虑量表特质量表(STAI特质)、贝克抑郁量表(BDI)以及生活存货质量(QOLI). 最后一组两个预测变量宾夕法尼亚州立大学的焦虑问卷与状态-特质焦虑量表特质量表形成了一个单一判别函数，可以将这三组显著地判别开，占方差的99%. 也就是说，三组沿一个维度变化，GAD组重心高于亚综合征GAD重心，后者又高于正常组重心．该解决方案将73%的案例分到正确的组(用交叉验证重复进行). 然而，对亚综合征轻微GAD的分类相当差，其中有38%的参与者被分到了GAD组．也就是说，与正常的焦虑症状参与者相比，亚综合征轻微GAD参与者更类似于GAD参与者.

9.2　几类研究问题

判别分析的主要目标是找到一个或者多个维度来区分不同的群体，并寻找分类函数预测群组成员的身份．当然，这些目标的实现程度取决于预测变量的选择．通常，做出的选择要基于变量应提供关于组成员身份信息的理论，或者基于务实的考虑，比如花费、便利度或者不可见性.

应该强调的是，相同的数据可以通过多元方差分析或者判别分析程序进行有效的分析，通常是这两种程序同时使用，这取决于你提出的问题类型．如果群组的大小非常不等，或者分布假设站不住脚，logistic回归也可以回答大部分相同的问题．在任何情况下，统计过程都可以很容易地在现有的计算机程序中使用，它可以用于回答下列与判别分析相关的问题.

9.2.1　预测的意义

从一组预测变量中能够可靠地预测群组身份吗？例如，我们是否可以基于一组心理测试分数预测孩子是有学习障碍、有情感障碍还是正常的？这是 9.6.1 节中描述的统计过程旨在解答判别分析的主要问题．这个问题和单因素多元方差分析中的“自变量主效应”问题相一致.

9.2.2 显著判别函数的数量

到多少维数群组的差异才是可靠的？对于我们示例中的三组儿童，可能有两个判别函数，而其中一个或两个可能都不是统计上显著的．例如，第一个函数可能将正常组和其他两组分开，然而第二个函数，将有学习障碍的组和有情感障碍的组分开，不是统计上显著的．这种模式的结果表明了预测变量可以将正常的孩子和有障碍的孩子区分开，但不能将有学习障碍的孩子和有情感障碍的孩子区分开.

在判别分析中，第一判别函数提供了群组间最好的分离．第二判别函数与第一个正交，可以根据第一判别函数中未使用的关联将组进行最好的分离．查找连续正交判别函数的过程将持续进行，直到评估了所有可能的维数为止．可能的维数要么比组数少一个，要么等于预测变量的数量，以两者中小的一个为准．通常情况，只有第一和第二判别函数有效地区分群组，剩下的函数没有提供群组成员身份的额外信息，最好忽略．判别函数显著性检验在 9.6.2 节中讨论.

9.2.3 判别的维数

如何解释群组分离的维数？沿着这些判别函数的群组在哪里，以及预测变量和判别函数怎样相关？在我们的例子中，如果找到两个显著判别函数，那么哪个预测变量和每个函数相关性高？什么模式的测试得分将正常孩子和其他两组的孩子判别开(第一判别函数)？什么模式的得分将有学习障碍的孩子和有情感障碍的孩子判别开(第二判别函数)？这些问题将在 9.6.3 节讨论.

9.2.4 分类函数

什么样的线性方程可以分组新案例？例如，假设我们对一组未确诊的儿童进行了一系列心理测试．我们怎样才能把他们的得分结合起来得到最可靠的诊断呢？推导和使用分类函数的程序在 9.4.2 节和 9.6.7 节讨论[⊖].

9.2.5 分类的充分性

给定分类函数，正确分类的案例比例是多少？当错误发生的时候，情况是怎样被误判的？例如，有多少比例有学习障碍的孩子被正确地分类，而在那些被错误分类的有学习障碍的孩子中，他们是更经常地被放到正常孩子的组还是有情感障碍孩子的组？

分类函数用来预测新情况下的组群成员身份，并通过交叉验证检查相同样本情况下的分类是否充分．如果研究者知道某些群组更容易出现，或者某些类型的错误分类特别不受欢迎，那么可以修改这个分类程序．推导和修改分类函数的程序在 9.4.2 节会讨论，它们的检验会在 9.6.7 节会讨论.

⊖ 至少对于派生分类函数的样本而言，判别分析提供了将案例归类为已知群组成员身份的组的方法．聚类分析是一个类似的过程，只是群组成员身份未知．相反，该分析基于案例之间的相似性来加速分组.

9.2.6 效应大小

群组成员身份和预测变量之间的相关程度是什么样的？如果第一判别函数将正常组和其他两组区别开，有多少组的方差和综合测试分数的方差重叠？如果第二判别函数将有学习障碍的组与有情感障碍的组区分开，那么对于这个判别函数，这些组的方差有多少与综合测试分数的方差重叠？这是一个基本的方差解释比例问题，见9.4.1节，通过(第12章)典型相关来回答．典型相关是一个多重相关，因为在回归方程的两侧有多个变量．多重相关有多个预测变量(自变量)和单一标准(因变量)．典型相关也有多个标准——群组的自由度提供了判别分析中的多个标准．每个判别函数都有一个典型相关，当它平方时，表示在该函数中群组和预测变量之间共享方差比例，这些效应大小的度量可以用置信限表示．所有的效应大小和它的置信限可用于整体判别分析，同样也可用于综合多元方差分析．最后，可以找到群组间对比的效应大小和相关的置信区间．9.6.5节将讨论所有这些效应大小的测量方法．

9.2.7 预测变量的重要性

在预测群组成员身份时，哪个预测变量最重要？哪个测试得分对于将正常孩子和有障碍的孩子分开有帮助？哪个对于将有学习障碍的孩子和有情感障碍的孩子分开有帮助？

关于预测变量的重要性的问题类似于多元方差分析中因变量的重要性问题、多元回归中自变量的重要性问题和典型相关中自变量与因变量的重要性问题．判别分析的一个步骤被用来解释预测变量和判别函数之间的相关性，该问题在9.6.3.2节讨论．第二个步骤通过将它们如何更好地与其他各组分离开来评估预测变量，正如9.6.4节所讨论的．(或者如多元方差分析中重要性的评估，7.5.3节．)

9.2.8 用协变量预测的显著性

在统计上移除一个或者多个协变量的效应之后，能从一组预测变量中可靠地预测群组成员身份吗？在判别分析中，正如在多元方差分析中，在对先验变量进行调整后，可以对某些预测因子促进群体分离的能力进行评估．如果韦氏儿童智力量表(WISC)得分被认为是协变量，并给出判别分析中第一个条目，那么当它们被加入方程中时，心理语言能力的伊利诺伊测试、广泛成就测试和图像绘画测试的得分是否有助于预测群组成员的身份？

按照序贯判别分析的说法，问题变成了心理语言能力的伊利诺伊测试、广泛成就测试和图像绘画测试的得分是否比单独提供韦氏儿童智力量表的得分能提供更好的分类？序贯判别分析将在9.5.2节讨论．添加预测变量的贡献的相关检验将在9.6.7.3节中给出．

9.2.9 组均值的估计

如果预测变量在不同的群组中进行区分，那么报告群组在这些变量上的差异是非常重要的．总体趋势的最好估计就是样本均值．例如，如果有学习障碍组和有情感障碍组的孩子在心理语言能力的伊利诺伊测试上进行区分，那么用心理语言能力的伊利诺伊测试得分对有学习障碍和有情感障碍的孩子进行区分时，有学习障碍组和有情感障碍组的心理语言能力的伊利诺伊测试得分均值是值得比较和报告的．

9.3 判别分析的局限性

9.3.1 理论问题

因为判别分析通常是用于预测自然形成的群组成员的身份，而不是用于预测随机分配形成的群组成员的身份，所以诸如为什么我们可以可靠地预测群组成员的身份，或者什么导致不同的群组成员的身份这样的问题通常是不会被问到的．然而，如果通过随机分配确定群组成员的身份，那么只要制定适当的实验控制，推断因果关系就是合理的．接下来判别分析问题就变成了：随机分配到组的处理是否在预测变量上产生足够的差异，以致我们现在可以在这些变量的基础上可靠地分离群组？

正如所说明的，判别分析的局限性和多元方差分析的局限性是相同的．普遍性的困难同样也在判别分析中存在．但在 9.6.7.1 节中所述的交叉验证过程给出了解决方案普遍性的一些提示.

9.3.2 实际问题

判别分析的实际问题基本上和多元方差分析一样．因此，这里讨论的问题只是确定多元方差分析和判别分析之间的相似性程度，并确定多元方差分析和判别分析产生差异的假设的情况.

分类比推断需要更少的统计需求．如果分类是主要目标，则下列要求(除了异常值和方差-协方差矩阵的齐性)大部分是宽松的．例如，如果你在分类中达到 95%的准确率，那么你几乎不用担心分布的形状．不过，在多元方差分析是最优的条件下，判别分析也是最优的，如果分类率不令人满意，则可能是因为违反了假设或者限制．当然，正如多元方差分析，偏离假设的推断可能扭曲统计显著性检验.

9.3.2.1 样本量不等、数据缺失和势

由于判别分析是一个典型的单因素分析，所以没有因群组中样本量不等而产生的特殊问题[㊀]．然而，在分类中需要决定是否希望分配到群组的先验概率受样本量的影响．也就是说，你是否希望将一个案例分配到一个群组中的概率反映了这个群组本身是否更有可能(或没可能) 在这个样本中的事实？9.4.2 节将讨论这个问题，并且 9.7 节将演示不等先验概率的使用．关于缺失数据(某些情况缺失预测变量的得分)，请查阅 6.3.2.1 节和第 4 章回顾问题和潜在的解决方案.

正如 7.3.2.1 节所讨论的，最小的群组的样本量应该超过预测变量的数目．虽然序贯和逐步判别分析在每一步通过允许公差检验避免了多重共线性和奇异性的问题，但是如果在最小组中案例的数目没有明显超过预测变量的数量[㊁]，那么过拟合(产生的结果如此接近该样本，以至于它们不会推广到其他样本)发生在所有形式的判别分析中.

如果要运用统计显著性检验，那么势的问题和多元方差分析一样．7.3.2.1 节讨论了这

㊀ 事实上，如果判别函数需要旋转则会产生问题，因为不等的 n 个判别函数可能不正交(参见第 13 章)，但是轴的旋转在判别分析中是不常见的.

㊁ 同样，与判别分析相比，logistic 回归(第 10 章)能更好地处理异常不等的样本量.

些问题，并确定了获得所想要的势的样本量的方法.

9.3.2.2　多元正态性

当在判别分析中使用统计推断时，多元正态性假设预测变量的得分是独立且随机地从一个总体中抽样，预测变量的任何一个线性组合的抽样分布都是正态分布．目前还没有一种检验方法能够可靠地检验预测变量均值样本分布的所有线性组合的正态性.

然而，类似多元方差分析，如果假设的违背是由偏度而不是异常值引起的，则判别分析对正态性失效具有稳健性．回想一下，在一元方差分析的情况下，只要样本量是相等的，并且使用双尾检验，那么样本量产生 20 误差自由度应该能确保关于多元正态性的稳健性．(3.2.1 节讨论了一元情况下误差自由度的计算．)

因为判别分析的检验通常是双尾的，所以这个要求不会造成任何困难．然而，对于判别分析的应用来说，样本量往往不相等，因为自然形成的群组很少出现，或者在群组中很少以相同数目的案例抽样．随着群组间样本量的差异的增加，需要更大的总体样本量来确保稳健性．提一个保守的建议，如果只有少数预测变量(例如，5 个或更少)，那么预计在最小的组中有 20 个案例会具有稳健性.

如果样本都是样本量不等的小样本，正态性评估是一个判断的问题．预测变量在被抽样的总体中是否服从正态抽样分布？如果不是的话，转换一个或者多个预测变量(参见第 4 章)可能是值得的.

9.3.2.3　异常值的缺失

像多元方差分析一样，判别分析对异常值高度敏感．因此，分别对每组一元异常值和多元异常值进行检验，在判别分析之前转换或者消除显著的异常值(见第 4 章).

9.3.2.4　方差-协方差矩阵的齐性

在推断中，像多元方差分析(7.3.2.4 节)一样，当样本量相等或者较大时，判别分析对组内方差-协方差(离散)矩阵相等性假设的违背是稳健的．然而，当样本量不等且较小时，如果方差-协方差矩阵存在异质性，则显著性检验的结果可能会产生误导.

虽然对于具有适当大小样本的方差-协方差矩阵的异质性，推断通常是稳健的，但分类却不是，案例往往被过度划分为分散程度更大的群组．如果分类是分析的一个重要目标，那么要做方差-协方差矩阵的齐性检验.

方差-协方差矩阵的齐性通过 7.3.2.4 节的步骤或者通过检查在前两个判别函数上产生分离的每一组的得分散点图评估．这些散点图可以通过 SPSS DISCRIMINANT 得到．散点图在整体规模上的粗糙不等是方差-协方差矩阵齐性的证据．Anderson 检验在 SAS DISCRIM(`pool=test`) 中可用于评估方差-协方差矩阵的齐性，但是它也对非正态性敏感．这个检验将在 9.7.1.5 节演示．另一个过于敏感的检验—Box M，可在 SPSS MANOVA 和 DISCRIMINANT 中使用.

如果发现异质性，可以转换预测变量、在分类期间使用分离的协方差矩阵、使用二次判别分析(见 9.7 节)，或者使用非参数分类．预测变量的转换遵循第 4 章的步骤．第二种补救方法是利用独立协方差矩阵进行分类，可通过 SPSS DISCRIMINANT 和 SAS DISCRIM 使用．因为这个步骤经常导致过拟合，所以只有当样本足够大，允许交叉验证时才能使用(9.6.7.1 节). 第三种补救方法是二次判别分析，在 SAS DISCRIM 中可以使用(参考 9.7 节). 这种方法避免了在分散程度较大的群组中进行过度分类，但小样本表现不佳(Norušis，1990).

SAS DISCRIM 通过指令 `pool=no` 使用分离矩阵并计算二次判别函数. 只要方差-协方差矩阵异质性不显著(9.7.2 节)，就用指令 `pool=test`，SAS DISCRIM 使用合并的方差-协方差矩阵. 在小样本、非正态的预测变量和方差-协方差矩阵存在异质性的情况下，SAS DISCRIM 提供了第四种补救方法——非参数分类方法——它可以避免过度分类到分散度更大的群组中并且对非正态性是稳健的.

因此，如果显著违背齐性，样本小且不等，以及推断是主要的目标，则转换变量. 如果重点在分类上，分散作用是不等的，那么(1)若样本大而且变量是正态的，则使用分离协方差矩阵或者二次判别分析；(2)若变量是非正态的或者样本是小的，则使用非参数分类方法.

9.3.2.5 线性

判别分析模型假设在每组内所有成对的预测变量是线性关系. 然而，这个假设(从一些观点来看)没有其他假设那么重要，因为违反假设会导致势的减少而不是第一类错误的增加. 6.3.2.6 节中的步骤可能被运用于检验和提升线性程度和增加势.

9.3.2.6 多重共线性和奇异性的处理

过多的预测变量可能导致多重共线性和奇异性，从而使得矩阵求逆不可靠. 幸运的是，判别分析的大多数计算机程序通过检验公差来防范这种可能性. 公差不足的预测变量被排除在外.

评估多重公共线性和奇异性程序的指南不包括公差检验，当它出现时，对于多重共线性或者奇异性的处理参见 7.3.2.8 节. 注意分析是在 DISCRIM 中的预测变量而不是“因变量”上进行的.

9.4 判别分析的基本公式

为了演示判别分析，对三组有学习障碍的孩子的四个预测变量进行了假设评分，三组中每组三个案例的得分如表 9-1 所示.

表 9-1 用于判别分析所假设的小样本数据集

组	预测变量			
	WISC 的智商量表表现	WISC 的信息分测验	ITPA 的口头表达分测验	年龄
记忆	87	5	31	6.4
	97	7	36	8.3
	112	9	42	7.2
视觉	102	16	45	7.0
	85	10	38	7.6
	76	9	32	6.2
语言	120	12	30	8.4
	85	8	28	6.3
	99	9	27	8.2

这三组是 MEMORY(主要困难似乎是与记忆相关的任务的孩子)、PERCEPTION(在视觉方面有困难的孩子)和 COMMUNICATION(有语言困难的孩子)．四个预测变量是 PERF(WISC 的智商量表表现)、INFO(WISC 的信息子测试)、VERBEXP(ITPA 的口头表达子测试)和 AGE(按年数计算的实际年龄)．分组变量是学习障碍的类型，预测变量是从心理诊断工具和年龄中选择的分数．

基本公式呈现了判别分析的两个主要部分：判别函数和分类方程．对于这个例子，SPSS DISCRIM 和 SAS DISCRIM 的语法和选定的输出见 9.4.3 节．

9.4.1　判别函数的推导与检验

检验一组判别函数显著性的基本公式与第 7 章讨论的多元方差分析相同．预测变量的方差被分为两个来源：组间差异的方差和组内差异的方差．通过公式(7.1)到公式(7.3)所示的步骤，形成叉积矩阵．

$$\boldsymbol{S}_{\text{total}} = \boldsymbol{S}_{bg} + \boldsymbol{S}_{wg} \tag{9.1}$$

总叉积矩阵($\boldsymbol{S}_{\text{total}}$)被分成组间差异的叉积矩阵($\boldsymbol{S}_{bg}$)和组内差异的叉积矩阵($\boldsymbol{S}_{wg}$)．

对于表 9-1 中的例子，叉积矩阵的结果是

$$\boldsymbol{S}_{bg} = \begin{bmatrix} 314.89 & -71.56 & -180.00 & 14.49 \\ -71.56 & 32.89 & 8.00 & -2.22 \\ -180.00 & 8.00 & 168.00 & -10.40 \\ 14.49 & -2.22 & -10.40 & 0.74 \end{bmatrix}$$

$$\boldsymbol{S}_{wg} = \begin{bmatrix} 1186.00 & 220.00 & 348.33 & 50.00 \\ 220.00 & 45.33 & 73.67 & 6.37 \\ 348.33 & 73.67 & 150.00 & 9.73 \\ 50.00 & 6.37 & 9.73 & 5.49 \end{bmatrix}$$

这些矩阵的行列式[㊀]是

$$|\boldsymbol{S}_{wg}| = 4.700\,347\,89 \times 10^{13}$$

$$|\boldsymbol{S}_{bg} + \boldsymbol{S}_{wg}| = 448.634\,89 \times 10^{13}$$

根据公式(7.4)中的步骤，这些矩阵的 Wilks' lambda[㊁]是

$$\boldsymbol{\Lambda} = \frac{|\boldsymbol{S}_{wg}|}{|\boldsymbol{S}_{bg} + \boldsymbol{S}_{wg}|} = 0.010\,477$$

为了求近似 F 比，根据公式(7.5)，使用下列值：$p=4$(预测变量的个数)，$\mathrm{df}_{bg}=2$(组数减一个数，或者 $k-1$)，$\mathrm{df}_{wg}=6$(组数乘以数量 $n-1$，其中 n 是每组案例数目，因为判别分析中所有组的 n 通常是不等的，df_{wg} 的一个替代公式是 $N-k$，其中 N 是所有组中案例的总数，这种情况下是 9)．

因此我们得到

$$s = \min(p, k-1) = \min(4,2) = 2$$

㊀　如附录 A 中所描述的，一个判别可以被视为矩阵广义方差的一个度量．

㊁　9.6.1.1 节讨论了可供选择的统计标准．注意在这些公式中，bg 和 wg 分别用来代替效应和误差．

$$y = (0.010\,477)^{1/2} = 0.102\,357$$

$$df_2 = (2)\left[6 - \frac{4-2+1}{2}\right] - \left[\frac{4(2)-2}{2}\right] = 6$$

$$df_1 = 4(2) = 8$$

$$\text{近似 } F(8,6) = \left(\frac{1-0.102\,357}{0.102\,357}\right)\left(\frac{6}{8}\right) = 6.58$$

自由度是 8 和 6，$\alpha=0.05$ 的临界 F 是 4.15. 因为获得的 F 超过了临界的 F. 我们的结论是：这三组儿童可以根据四个预测变量的组合来区分.

这是对群组和预测变量之间整体关系的一个检验. 这与多元方差分析中的主效应的整体检验相同. 在多元方差分析中，这个结果之后是对各种因变量对主效应重要性的评估. 然而，在判别分析中，当在群组和预测变量之间找到一个整体关系时，下一步就是检验构成整体关系的判别函数.

判别函数的最大数量是预测变量的数目或者群组的自由度，以两者中较小者为准. 因为在这个例子中有三个群组(四个预测变量)，所以可能有两个判别函数促成了整体关系. 因为这个整体关系在统计上是显著的，所以至少第一判别函数非常可能是显著的，甚至两者都可能是显著的.

判别函数类似于回归方程，一个案例的一个判别函数得分的预测来自一系列预测变量的总和，每个预测变量由一个系数来加权. 第一判别函数有一组判别函数系数，第二判别函数有第二组系数，以此类推. 当它们在预测变量上的得分被插入方程中时，研究对象得到每个判别函数的单独判别函数得分.

为了计算第 i 个函数的(标准化)判别函数得分，使用公式(9.2)：

$$D_i = d_{i1}z_1 + d_{i2}z_2 + \cdots + d_{ip}z_p \tag{9.2}$$

一个孩子在第 i 个判别函数(D_i)上的标准化得分的计算是通过将每个预测变量(z)的标准化得分与它的标准化判别函数系数(d_i)相乘，然后将所有预测变量的乘积相加.

判别函数系数的计算方法和(12.4.2 节描述的)典型变量系数的计算方法相同. 事实上，判别分析基本上是一个典型相关的问题，在方程的一边是群组成员，另一边是预测变量，其中计算了连续的典型变量(这里称为判别函数). 在判别分析中，选择 d_i 是为了最大化群组之间相对于群组内部的差异.

正如在多重回归中一样，公式(9.2)既可以使用原始得分也可以使用标准化得分. 那么，一个案例的判别函数得分可以通过将每个预测变量上原始得分与相关的未标准化的判别函数系数相乘，然后将所有预测变量的乘积相加，并加上一个常数来调整均值. 用这种方法得到的得分和公式(9.2)中得到的 D_i 是一样的. 所有案例的判别函数均值都是 0，因为在标准化时，每个预测变量的均值都是 0. 每个 D_i 的标准差都是 1.

正如每个案例都可以计算 D_i，每一组也都可以计算 D_i 的均值. 每一组的成员一起被认为在判别函数上有一个均值得分，那是群组以标准差为单位与均值为 0 的判别函数之间的距离. 在 D_i 上的群组均值通常称为在退化空间的重心，这个空间已经从 p 个预测变量的空间降低到一个维度，或者判别函数的空间.

每个判别函数都有一个典型相关. 典型相关是通过解出相关矩阵的特征值和特征向量

求得的，在第 12 章和第 13 章描述的步骤中可以找到．特征值是典型相关平方的一种形式，正如相关系数平方一样，通常表示变量之间重叠的方差，在这个例子中表示预测变量和群组之间重叠的方差．评估连续的判别函数的显著性，正如 9.6.2 节所讨论的．在以后的章节还讨论了载荷和群组重心的结构矩阵.

如果只有两个组，则可以使用判别函数得分对案例进行分组．一个案例，如果它的 D_i 得分大于 0 则被分类到一个组，如果它的 D_i 得分小于 0 就会被分类到另一个组．对于大量的群组，可以用判别函数进行分类，但是用接下来介绍的步骤会更简单.

9.4.2　分类

为了将案例进行分组，为每个组建立一个分类方程．为表 9-1 中的例子建立三个分类方程，其中有三个组．每个案例的数据被插入每个分类方程中，为案例的每一群组建立分类得分．案例被分配到有最高分类得分的群组.

在其最简形式中，第 j 组的基本分类方程是

$$C_j = c_{j0} + c_{j1}X_1 + c_{j2}X_2 + \cdots + c_{jp}X_p \tag{9.3}$$

第 j 组分类函数上得分(C_j)是通过将每个预测变量(X)上的原始得分乘以其相关的分类函数系数(c_j)，再将所有的预测变量求和，同时加上一个常数 c_{j0} 得到的.

分类系数 c_j 是从由这 p 个预测变量的均值和合并的组内方差-协方差矩阵 $\boldsymbol{W}$ 求得的．组内协方差矩阵是通过叉积矩阵 $\boldsymbol{S}_{wg}$ 中的每一个元素除以组内自由度 $N-k$ 得到的．矩阵形式

$$\boldsymbol{C}_j = \boldsymbol{W}^{-1}\boldsymbol{M}_j \tag{9.4}$$

组 j 的分类系数列矩阵($\boldsymbol{C}_j = c_{j1}, c_{j2}, \cdots, c_{jp}$)是通过将组内方差-协方差矩阵的逆($\boldsymbol{W}^{-1}$)乘以组 j 在 p 个变量上的均值的列矩阵($\boldsymbol{M}_j = X_{j1}, X_{j2}, \cdots, X_{jp}$)得到的．组 j 的常数 c_{j0} 如下：

$$c_{j0} = \left(-\frac{1}{2}\right)\boldsymbol{C}_j'\boldsymbol{M}_j \tag{9.5}$$

对于样本数据，9.4.1 节的 $\boldsymbol{S}_{wg}$ 矩阵的每一个元素除以 $\mathrm{df}_{wg} = \mathrm{df}_{\mathrm{error}} = 6$ 来产生组内方差-协方差矩阵：

$$\boldsymbol{W}_{bg} = \begin{bmatrix} 214.33 & 36.67 & 58.06 & 8.33 \\ 36.67 & 7.56 & 12.28 & 1.06 \\ 58.06 & 12.28 & 25.00 & 1.62 \\ 8.33 & 1.06 & 1.62 & 0.92 \end{bmatrix}$$

组内方差-协方差矩阵的逆是

$$\boldsymbol{W}^{-1} = \begin{bmatrix} 0.043\,62 & -0.201\,95 & 0.009\,56 & -0.179\,90 \\ -0.210\,95 & 1.629\,70 & -0.370\,37 & 0.606\,23 \\ 0.009\,56 & -0.370\,37 & 0.200\,71 & -0.012\,99 \\ -0.179\,90 & 0.606\,23 & -0.012\,99 & 2.050\,06 \end{bmatrix}$$

$\boldsymbol{W}^{-1}$乘以第一组的均值列矩阵得到该组的分类系数矩阵，如公式(9.4)所示：

$$\boldsymbol{C}_1 = \boldsymbol{W}^{-1}\begin{bmatrix} 98.67 \\ 7.00 \\ 36.33 \\ 7.30 \end{bmatrix} = \begin{bmatrix} 1.92 \\ -17.56 \\ 5.55 \\ 0.99 \end{bmatrix}$$

那么根据公式(9.5)组1的常数，是

$$c_{1,0}=(-1/2)[1.92,\quad -17.56,\quad 5.55,\quad 0.99]\begin{bmatrix}98.67\\7.00\\36.33\\7.30\end{bmatrix}=-137.83$$

(这些计算中使用的值在运行之前进行了四舍五入)，当这些步骤在组2和组3中重复进行时，就得到了完整的分类方程，如表9-2所示.

表9-2 表9-1的样本数据的分类函数系数

	组1:	组2:	组3:
	记忆	视力	语言
WISC的智商量表表现	1.924 20	0.587 04	1.365 52
WISC的信息分测验	−17.562 21	−8.699 21	−10.587 00
ITPA的口头表达分测验	5.545 85	4.116 79	2.972 78
年龄	0.987 23	5.017 49	2.911 35
常数项	−137.828 92	−71.285 63	−71.241 88

以最简形式，对第1组第一个案例进行如下分类：根据公式(9.3)计算三个分类得分，每个组一个：

$$C_1=-137.83+(1.92)(87)+(-17.56)(5)+(5.55)(31)+(0.99)(6.4)=119.80$$

$$C_2=-71.29+(0.59)(87)+(-8.70)(5)+(4.12)(31)+(5.02)(6.4)=96.39$$

$$C_3=-71.24+(1.37)(87)+(-10.59)(5)+(2.97)(31)+(2.91)(6.4)=105.69$$

因为这个孩子在组1中有最高的分类得分，所以这个孩子被分配到第1组，在这个案例中是一个正确的分类.

这个简单的分类方案是最适用于具有相同群组规模大小的情况．如果群组规模大小不相等，那么分类程序可以通过设置一个群组规模大小的先验概率来修正．组 j 的分类方程(C_j)就变成

$$C_j=c_{j0}+\sum_{i=1}^{p}c_{ji}X_i+\ln(n_j/N) \tag{9.6}$$

其中 n_j 等于群组 j 的规模大小，N 等于总样本量.

应该再次强调分类步骤对方差-协方差矩阵的异质性高度敏感．案例更有可能被分到分散度最大的群组，也就是说，分到组内协方差矩阵行列式最大的组．9.3.2.4节提供了解决这个问题的建议.

9.6.7节将更充分地讨论分类程序的使用.

9.4.3 小样本示例的计算机分析

对表9-1中的数据进行计算机分析的语法和选择的输出，使用最简单的方法分别是表9-3中的SPSS DISCRIMINANT和表9-4中的SAS DISCRIM.

表 9-3 表 9-1 中样本数据判别分析的 SPSS DISCRIMINANT 语法和选择的输出

```
DISCRIMINANT
 /GROUPS=GROUP(1 3)
 /VARIABLES=PERF INFO VERBEXP AGE
 /ANALYSIS ALL
 /PRIORS EQUAL
 /STATISTICS = TABLE
 /CLASSIFY=NONMISSING POOLED.
```

Summary of Canonical Discriminant Functions

Eigenvalues

Function	Eigenvalue	% of Variance	Cumulative %	Canonical Correlation
1	13.486[a]	70.7	70.7	.965
2	5.589[a]	29.3	100.0	.921

[a]First 2 canonical discriminant functions were used in the analysis.

Wilks' Lambda

Test of Function(s)	Wilks' Lambda	Chi-square	df	Sig.
1 through 2	.010	20.514	8	.009
2	.152	8.484	3	.037

Standardized Canonical Discriminant Function Coefficients

	Function	
	1	2
Performance IQ	–2.504	–1.474
Information	3.490	–.284
Verbal expression	–1.325	1.789
AGE	.503	.236

Structure Matrix

	Function	
	1	2
Information	.228*	.066
Verbal expression	–.022	.446*
Performance IQ	–.075	–.173*
AGE	–.028	–.149*

Pooled within-groups correlations between discriminating variables and standardized canonical discriminant functions
Variables ordered by absolute size of correlation within function
* 每个变量和任何判别函数之间的最大绝对相关性

Functions at Group Centroids

Group	Function	
	1	2
Memory	–4.102	.691
Perception	2.981	1.942
Communication	1.122	–2.633

Unstandardized canonical discriminant functions evaluated at group means

（续）

Classification Statistics

Classification Results[a]

Group			Predicted Group Membership			Total
			Memory	Perception	Communication	
Original	Count	Memory	3	0	0	3
		Perception	0	3	0	3
		Communication	0	0	3	3
	%	Memory	100.0	.0	.0	100.0
		Perception	.0	100.0	.0	100.0
		Communication	.0	.0	100.0	100.0

a 100.0%的原始分组案例被正确分类

表 9-4　表 9-1 中的小样本数据进行判别分析的语法和选定的 SAS DISCRIM 输出

```
proc discrim data=SASUSER.SS_DISC manova can;
      class GROUP;
      var PERF INFO VERBEXP AGE;
run;
                         The DISCRIM Procedure

      Observations      9          DF Total               8
      Variables         4          DF Within Classes      6
      Classes           3          DF Between Classes     2

                         Class Level Information

        Variable                                                 Prior
GROUP   Name          Frequency    Weight    Proportion    Probability

    1   _1                    3    3.0000      0.333333       0.333333
    2   _2                    3    3.0000      0.333333       0.333333
    3   _3                    3    3.0000      0.333333       0.333333
                    Multivariate Statistics and F Approximations

                                S=2    M=0.5    N=0.5

                                            F    Num       Den
Statistic                        Value   Value    DF        DF    Pr > F

Wilks' Lambda               0.01047659    6.58     8         6    0.0169
Pillai's Trace              1.77920446    8.06     8         8    0.0039
Hotelling-Lawley Trace     19.07512732    8.18     8    2.8235    0.0627
Roy's Greatest Root        13.48590176   13.49     4         4    0.0136

                 NOTE: F Statistic for Roy's Greatest Root is an upper bound.
                       NOTE: F Statistic for Wilks' Lambda is exact.

                            Canonical Discriminant Analysis

                                 Adjusted    Approximate        Squared
                   Canonical    Canonical       Standard      Canonical
                 Correlation  Correlation          Error    Correlation

               1    0.964867     0.944813       0.024407       0.930967
               2    0.920998            .       0.053656       0.848237

                                  Test of H0: The canonical correlations in
Eigenvalues of Inv(E)*H           the current row and all that follow are zero
  = CanRsq/(1-CanRsq)
```

（续）

	Eigenvalue	Difference	Proportion	Cumulative	Likelihood Ratio	Approximate F Value	Num DF	Den DF	PR > F
1	13.4859	7.8967	0.7070	0.7070	0.01047659	6.58	8	6	0.0169
2	5.5892		0.2930	1.0000	0.15176290	7.45	3	4	0.0409

Pooled Within Canonical Structure

Variable	Can1	Can2
PERF	-0.075459	-0.173408
INFO	0.227965	0.066418
VERBEXP	-0.022334	0.446298
AGE	-0.027861	-0.148606

Class Means on Canonical Variables

GROUP	Can1	Can2
1	-4.102343810	0.690967850
2	2.980678873	1.941686409
3	1.121664938	-2.632654259

Linear Discriminant Function

$$\text{Constant} = -.5\ \bar{X}_j'\ \text{COV}^{-1}\ \bar{X}_j \qquad \text{Coefficient Vector} = \text{COV}^{-1}\ \bar{X}_j$$

Linear Discriminant Function for GROUP

Variable	1	2	3
Constant	-137.81247	-71.28575	-71.24170
PERF	1.92420	0.58704	1.36552
INFO	-17.56221	-8.69921	-10.58700
VERBEXP	5.54585	4.11679	2.97278
AGE	0.98723	5.01749	2.91135

Classification Summary for Calibration Data: SASUSER.SS_DISC
Resubstitution Summary using Linear Discriminant Function

Generalized Squared Distance Function

$$D_j^2(\bar{X}) = (X-\bar{X}_j)'\ \text{COV}^{-1}\ (X-\bar{X}_j)$$

Posterior Probability of Membership in Each GROUP

$$\Pr(j|X) = \exp(-.5\ D_j^2(X))\ /\ \text{SUM}_k\ \exp(-.5\ D_k^2(X))$$

Number of Observations and Percent Classified into GROUP

From GROUP	1	2	3	Total
1	3	0	0	3
	100.00	0.00	0.00	100.00
2	0	3	0	3
	0.00	100.00	0.00	100.00

（续）

```
     3          0          0          3          3
             0.00       0.00     100.00     100.00

  Total         3          3          3          9
            33.33      33.33      33.33     100.00

 Priors   0.33333    0.33333    0.33333

       Error Count Estimates for GROUP

                1          2          3     Total

 Rate      0.0000     0.0000     0.0000    0.0000
 Priors    0.3333     0.3333     0.3333
```

SPSS DISCRIMINANT（表 9-3）默认情况下为每一组分配相等的先验概率．这个TABLE指令要求一个分类表．这个输出总结了这两个表中 Canonical Discriminant Functions. 第一个显示的是各个函数的 Eigenvalue，% of Variance 和 Cumulative%，以及每个判别函数的 Canonical Correlation. 平方的典型相关和每个判别函数的效应大小分别是$(0.965)^2=0.93$和$(0.921)^2=0.85$. 在结果中第一判别函数解释了组间方差的 70.7%，第二判别函数解释了剩下的组间方差．Wilks' Lambda 表显示了连续判别函数的“剥离”显著性检验．对于两种判别函数的组合，1 through 2——所有的函数一起检验，Chi square＝20.514. 在删除第一个函数后，函数 2 的检验显示 Chi square＝8.484，在$\alpha=0.05$时仍然是统计学上显著的，因为 Sig.＝0.0370. 这意味着第二判别函数和第一判别函数一样重要．如果不是的话，第二判别函数将不会被标记为保留在分析中的函数之一．

Standardized Canonical Discriminant Function Coefficients（公式（9.2））被用于从标准化预测变量推导判别函数得分．在 Structure Matrix 中给出了预测变量和判别函数之间的相关性（载荷）. 这些是有序的，使得第一判别函数上的预测变量载荷第一个被列出，第二判别函数上的载荷第二个被列出．然后显示 Functions at Group Centroids，显示各组在每一个函数上的平均判别得分（即重心或者多元均值）.

在 Classification Results（通过 STATISTICS 部分中的 TABLE 指令产生）中，行代表真实群组成员身份，列代表预测的群组成员身份．在每个单元内，显示了案例正确分类的数目和百分比．对于这个例子，所有的对角单元显示出完美的分类（100.0%）.

SAS DISCRIM 的语法（表 9-4）要求一个常用的多元输出的 manova 表．对 can 的这个请求提供典型相关系数、载荷矩阵和更多的信息.

SAS DISCRIM 的输出（表 9-4）首先给出输入和自由度的一个总结，紧接着给出 GROUP，Frequency（案例的个数）、weight（这个案例中的样本量）、案例在每一组中的 Proportion 和 Prior Probability（默认设置相等）. 然后通过请求 manova 来得到每个 SAS GLM 的多元结果．can 根据对 can 请求，得到有关每个判别函数的典型相关性和特征值的信息，其与 SPSS 的信息相匹配．但是 SAS 明确包含平方典型相关．连续判别函数的显著相关检验是关于“剥离”的多样化，同 SPSS. SAS DISCRIM 使用 F 检验而不是通过 SPSS 使用的 χ^2 检验．而且标记 Likelihood Ratio 的列是 SPSS 的 Wilks' Lambda. 但结果与 SPSS 一致．结构矩阵会出现在一个标签为 Pooled within Canonical Structure 的表中，也可以通过请求 can 产生(该请求产生的大量额外输出这里可忽略)．这个 Class Means on Canonical Variables 是 SPSS 的组重心．

分类函数和分类系数的公式(公式(9.6))在接下来的矩阵中给出，标记为 Linear Discriminant Function for GROUP．最后，分类的结果呈现在标签为 Number of Observations and Percent Classified into GROUP 表中，像往常一样，行代表实际组，列代表预测组．单元值显示了被分类案例的数目和被正确分类的百分比．每组的错误分类数目都展示在表格中，并在这个表的底部重复了一遍先验概率．

9.5　判别分析的类型

三种类型的判别分析——标准(直接)、序贯和统计(逐步)——类似 5.5 节讨论的三种类型的多重回归．选择这三种策略的标准和 5.5.4 节讨论的多重回归是一样的．

9.5.1　直接判别分析

在标准(直接)判别分析中，就像标准的多重回归一样，所有的预测变量一次进入方程，并且每个预测变量只能被分配与群组有唯一的关联．各预测变量之间共享的方差对总体关系而不是对任何一个预测变量有贡献．

在直接判别分析中预测变量和群组之间关系的整体检验和多元方差分析中的主效应检验是一样的，在多元方差分析中所有的判别函数都是组合的，且因变量是同时考虑的．直接判别分析是 9.4.1 节中演示的模型．在表 9-18 后面所描述的所有计算机程序都可以进行直接判别分析，表 9-3 和表 9-4 中展示了其中一些程序的使用情况．

9.5.2　序贯判别分析

当预测变量按研究者决定的顺序进入方程时，序贯(一些人更喜欢称它为分层)判别分析被用来评估预测变量对预测群组成员身份的贡献．当一个新的预测变量被添加到一组先前的预测变量中时，研究者评估分类方面的改进．当新的预测变量或者多个预测变量加入时，案例的分类是否得到可靠的改善(参见 9.6.7.3 节)?

如果早期输入的预测变量被视为协变量，而新添加的预测变量被看作是一个因变量，则使用判别分析进行协方差分析．实际上，序贯判别分析可以用于多元方差分析之后的逐步分析(参见 7.5.3.2 节)，因为逐步分析是一个协方差分析序列．

当想要的是一组简化的预测变量并且需要在它们之间建立优先级顺序时，序贯判别分析非常有用．例如，如果有些预测变量很容易获得或成本不高，并且很早就获得了，那么可以通过序贯过程找到一个有用的、具有经济效益的预测变量集．

无论是 SPSS DISCRIMINANT 还是 SAS DISCRIM[⊖] 都不能提供一个按优先顺序输入预测变量的方便方法．相反，序列是通过对每一步分别进行一个独立的判别分析建立的，第一步有最高优先级的变量进入，第二步具有两个最高优先级的变量同时进入，以此类

⊖ 序贯判别分析在 BMDP4M 中(见 Tabachnick 和 Fidell 于 1989 年发表的论文)以及交互地通过 SYSTAT DISCRIM(见 Tabachnick 和 Fidell 于 2007 年发表的论文)是可用的．

推．在每个步骤可以加入一个或多个变量．然而，在缺乏非常大的样本的情况下，对预测改进的显著性检验是烦琐的(9.6.7.3 节)．如果你只有 2 个组并且样本量近似相等，那么你可能考虑通过 SPSS REGRESSION 或者交互的 SAS REGRESS 进行序贯判别分析，这里因变量是一个代表群组成员身份的二分变量，群组编码为 0 和 1．如果需要分类，可以先进行预测变量完全灵活进入的初步多重回归分析，判别分析紧随其后去进行分类．

如果你有超过 2 个组或者你的组大小非常不等，那么应该选择序贯 logistic 回归，正如第 10 章所见．

9.5.3 逐步判别分析

当研究者没有理由给某些预测变量赋予更高的优先级时，可以使用统计标准来确定初步研究的进入顺序．也就是说，如果研究者想要一组简化的预测变量集，但是对它们之间没有偏好，则可以用逐步判别分析产生简化的组．预测变量的进入通过用户指定的标准决定，如 9.6.1.2 节所讨论的，其中几个是可用的．

逐步判别分析有着与一般逐步步骤大体一样的争议．进入的顺序可能取决于样本中不反映总体差异的预测变量之间关系的细微差异．然而，如果使用交叉验证的话，这个偏差会减少(参见 9.6.7.1 节和 9.7.2 节)．Costanza 和 Afifi (1979)推荐的概率进入标准比 0.05 更灵活．他们建议选择的范围是 0.15 到 0.20 以确保重要变量的进入．

在 SAS 中，逐步判别分析是通过一个独立的程序——STEPDISC 提供的．三种进入方式可用(参见 9.6.1.7 节)其中两种还有额外的统计标准．SPSS DISCRIMINANT 有统计判别分析的几种方法，在 9.8.2 节的表 9-16 有所展示．

9.6 一些重要问题

9.6.1 统计推断

9.6.1.1 节讨论，用于评估预测群组成员身份的预测变量集整体显著性的标准．9.6.1.2 节总结指导逐步判别分析进展的方法和预测变量进入的统计标准．

9.6.1.1 整体统计显著性标准

在判别分析中评估整体显著性的标准和多元方差分析中的一样．对 Wilks' lambda、Roy's gcr、Hotelling 迹和 Pillai 标准的选择，与 7.5.2 节所讨论的内容是基于相同的考虑．9.8 节指出了在不同程序中可以得到不同统计数据．

另外两个统计标准——Mahalanobis' D^2 和 Rao's V 尤其与逐步判别分析有关．Mahalanobis' D^2 是基于两个群组重心之间的距离，然后推广到多对群组之间的距离．Rao's V 是另一个广义的距离测度，当群组之间的整体距离最大时，其值是最大的．

这两个标准既可直接用于逐步判别分析，又可用于评估一组预测变量预测群组成员身份的可靠性．像 Wilks' lambda、Mahalanobis' D^2 和 Rao's V 是基于所有的判别函数而不是一个．注意到 lambda, D^2 和 V 是描述性统计量，尽管运用了推断统计，但它们并不是推断统计量．

9.6.1.2 步进方法

与统计推断标准相关的是逐步判别分析中指导预测变量进入的方法选择．根据不同的统计标准，不同的进展方法使组间差异最大.

步进方法的选择取决于程序的可用性和统计标准的选择．例如，如果统计标准是Wilks' lambda，选择使得 Λ 最小的步进方法是有利的．(在 SPSS DISCRIMINANT 中，Λ 是最方便的方法，在没有特殊原因时，推荐使用．)或者，如果统计标准是“Rao's V 中的变化”，则步进方法的选择显然是 RAO.

统计标准也可以用于修改步进．例如，使用者可以修改一个预测变量进入的最小 F、避免删除的最小 F，等等．SAS 允许向前、向后和“逐步”步进(参见 5.5.3 节). 为模型中的变量、进入(向前步进)或者保留(向后步进)选择偏 R^2 或者显著性水平．公差(之前没有被方程中的预测变量解释的一个潜在预测变量的方差比例)可以在 SAS 和 SPSS 的逐步程序中修改．这些逐步统计标准程序的比较会在后文的表 9-16 中提供.

9.6.2　判别函数的数量

大量的判别函数在超过两组的判别分析中被提取出来．函数的最大数量是组的自由度中最小的，或者像在典型相关、主成分分析和因子分析中，等于预测变量的数量，两者任选其一．在这些其他的分析中，一些函数经常携带有价值的信息．通常情况是这样的，前一种或者前两个判别函数占判别势的最大份额，而其余的函数没有提供额外的信息.

许多程序评估连续判别函数．对于表 9-3 中的 SPSS DISCRIMINANT 例子，注意对于表 9-1 的小样本数据，每个判别函数都给出了特征值、方差比例和典型相关．这两个函数都包括在内，$\chi^2(8)$是 20.514 表明群组和预测变量之间的关系，这种关系不太可能由偶然因素造成．随着第一判别函数被移除，群组和预测变量之间仍然有一个可靠的关系，正如 $\chi^2(3)=8.484$，$p=0.037$ 所表明的．这个发现表明了第二判别函数也是可靠的.

每个判别函数解释多少组间变化？判别函数相关的%of Variance Values(在 Eigenvalues 的表中)表明被每个函数解释的组间变异的相对比例．在表 9-3 的小样本例子中，第一判别函数解释了组间变异的 70.70%，第二判别函数解释了 29.3%. 这些值在 SAS DISCRIM 输出的特征值部分以 Proportions 形式出现.

SPSS DISCRIMINANT 在判别函数的数量上提供了最大的灵活度(仅仅通过语法模式). 用户可以选择函数的数量、方差被解释的比例的临界值(一旦超过这个临界值后，后续的判别函数就会消失)或者附加函数的显著性水平．SAS DISCRIM 和 CANDISC(而不是 STEPDISC)提供连续函数的检验.

9.6.3　解释判别函数

如果分析的主要目的是发现并解释用不同的方法将群组分离的预测变量组合(判别函数)，那么接下来的两节是相关的．9.6.3.1 节揭示了沿着不同的判别函数，群组是如何被分离的．9.6.3.2 节讨论预测变量和判别函数之间的相关性.

9.6.3.1　判别函数图

根据群组的重心，群组沿各种判别函数被隔开．回忆 9.4.1 节，重心是函数上每组的平均判别得分．判别函数形成轴并且沿轴绘制群组的重心．如果一个群组的重心和另一个群组的重心沿着判别函数轴存在较大的差异，则判别函数会将两个群组分开．如果差距不大，则判别函数不会将这两组分开．可以沿着单个轴绘制许多组．

关于 9.4 节数据的判别函数图的例子在图 9-2 中说明．重心从表 9-3 中叫作 Functions at Group Centroids 和 Class Means on Canonical Variables 的部分获得．它们也可在 SAS DISCRIM 中通过请求 canonical 信息(表 9-4)获得．

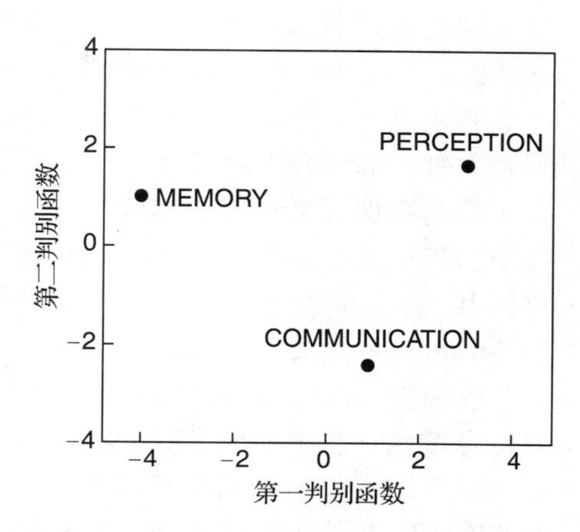

图 9-2　从表 9-1 样本数据得出的两个判别函数上三个有学习障碍组的重心

图 9-2 强调了两个判别函数在分离三个组上的效用．在第一判别函数上(X 轴)，MEMORY 组与其他两组有一些距离，但是 COMMUNICATION 和 PERCEPTION 相近．在第二判别函数上(Y 轴) COMMUNICATION 组远离 MEMORY 和 PERCEPTION 组．因此，需要两个判别函数才能将三个组彼此分开．

如果有四个或者更多的组，并且有超过两个判别函数统计上显著，那么会使用成对的轴绘图．一个判别函数是 X 轴，另一个判别函数是 Y 轴．对于每个判别函数，每个组都有一个重心，成对的重心根据它们各自在 X 轴和 Y 轴上的值进行绘制．因为重心仅仅成对绘制，所以三个显著判别函数需要三个图(函数 1 与函数 2；函数 1 和函数 3；函数 2 和函数 3)，以此类推．

SPSS DISCRIMINANTANT 提供了第一对判别函数的群组重心图．绘制了案例和均值，与使用简单图相比，更难以看到组之间的分隔，但有助于分类的评估．

如果所附加的成对的判别函数是统计显著的，那么群组重心图必须通过手动绘制，或者可以将判别得分传递给“绘制”程序，如 SPSS PLOT. SAS 将判别得分传递给绘制程序．

用因子设计(9.6.6 节)分离几组图要求每个主效应和交互作用均显著．主效应图的格式与图 9-2 相同，每组每个边际上一个重心，而交互作用图的重心数量和单元格数量一样多．

9.6.3.2　载荷的结构矩阵

重心图告诉你如何用判别函数将组分离，但是它们无法揭示判别函数的意义．各种各样矩阵的存在表明了分离组的预测变量组合的性质．标准化判别(典型)函数的矩阵是回归权重，将该权重运用到每个案例的得分上，从而为这些案例求得一个标准化的判别函数得分(公式(9.2))．但在解释方面也遇到了像标准化回归系数一样的困难，这已在 5.6.1 节讨论过．

结构矩阵(又称载荷矩阵)包含预测变量和判别函数之间的相关性．研究人员从相关(负载)的这种模式推断出函数的含义．预测变量和函数之间的相关性在判别分析、典型相关分析(第 12 章)和因子分析(见第 13 章)中称为载荷或负载．如果预测变量 X_1，X_2 和 X_3 与函数负载(相关)程度高，但是预测变量 X_4 和 X_5 与函数负载程度不高，那么研究者会试图理解 X_1，X_2 和 X_3 之间的共同点，以及它们与 X_4 和 X_5 的不同之处．函数的意义就是通过这种理解去界定．(阅读 13.6.5 节可以进一步了解解释载荷的技巧．)

在数学上，载荷矩阵是合并的组内相关矩阵乘以标准化的判别函数系数矩阵：

$$A = R_w D \tag{9.7}$$

预测变量和判别函数之间相关性结构矩阵 $\boldsymbol{A}$ 是通过标准化的判别函数系数矩阵 $\boldsymbol{D}$（使用合并的组内标准差标准化）乘以所有预测变量的组内相关矩阵 $\boldsymbol{R}_w$ 得到的.

对于表 9-1 的例子，表 9-3 中 Structure Matrix 作为中间矩阵出现．结构矩阵按列读入；列是判别 Function（1 或者 2），行是预测变量（information to age），列中输入的是相关性．对于这个案例，第一判别函数和 Information（WISC 信息得分，$r=0.228$）相关度最高，然而第二判别函数和 Verbal expression（ITPA 口头表达分，$r=0.446$）相关度最高．结构矩阵可以用 SAS DISCRIM 与指令 `canonical` 得到，并标为 `Pooled Within Canonical Structure`，如表 9-4 所示.

这些发现和完整解释的判别函数图（例如图 9-2）相关．第一判别函数在很大程度上是对信息度量，它将有 MEMORY 问题的组与有 PERCEPTION 和 COMMUNICATION 问题的组区分开．第二判别函数是对口头表达的度量，它将有 COMMUNICATION 问题的组与有 PERCEPTION 和 MEMORY 问题的组区分开．本例的解释是相当简单的，因为只有一个预测变量与每个判别函数高度相关．当多个预测判变量和一个判别函数相关时，解释会更加有趣.

关于结构矩阵中多高的相关性才能被解释没有统一的标准．按照惯例，相关性超过 0.33（方差的 10%）可能被认为是符合条件的，而低于 0.33 就不是符合的．Comrey 和 Lee（1992）建议的指导方针包含在 13.6.5 节．然而，载荷的大小取决于总体中相关性的值和所取样本得分的齐性．如果样本关于一个预测变量有不同寻常的齐性，那么这个预测变量的载荷会更低，可能需要降低标准来确定是否将预测变量作为判别函数的一部分去解释.

但是，在解释载荷时需要谨慎一点，因为它们是完全相关的，而不是偏相关或半偏相关．如果和其他预测变量的相关性被部分化了，则载荷可能会大大降低．要回顾这部分内容，请阅读 5.6.1 节．9.6.4 节主要介绍其他预测变量相关的方差被移除之后解释预测变量的方法.

在某些情况下，结构矩阵的旋转可能有助于解释载荷矩阵，如第 13 章所讨论的．SPSS DISCRI MINANT 和 MANOVA 允许判别函数的旋转．但是判别结构矩阵的旋转被认为是有问题的，因此不建议新手使用.

9.6.4　评估预测变量

SAS 和 SPSS GLM 提供了另一个评估预测变量在分离群组中贡献的工具，方法是将每个组的预测变量的均值与其他组合并的均值进行对比．例如，如果有三个组，则将组 1 在预测变量上的均值与来自组 2 和组 3 合并的均值进行对比，然后组 2 的均值与来自组 1 和组 3 合并的均值进行对比，最后组 3 的均值与组 1 和组 2 合并的均值进行对比．这个过程用于确定将一个组与其他组分离开时哪个预测变量是重要的.

在表 9-1 的例子中，需要使用 12 次 GLM：三个对比各需要 4 次．在三个对比的每一个中，将来自每一个组的均值分离开，并将它们的均值与其他组的均值对比，四个预测变量都要单独地执行一遍，其中每个预测变量都针对剩余的预测变量进行了调整．运行时，感兴趣的预测变量标为因变量，剩下的预测变量标为协变量．结果是在调整将每个组从剩余的组中分离出来的所有其他预测变量后，对每个预测变量进行的一系列显著性检验．

为了避免过度解释，在调整组中预测变量数量误差之后，最好是仅仅考虑比值 F“显著”的预测变量．做出的调整是基于 7.5.3.1 节的公式(7.12)．9.7 节的完整案例演示了这个过程．即使进行了这种调整，也有第一类错误率上升的风险，因为实施了多个非正交对比．如果有许多的组，则可以考虑进一步的调整，例如将临界值 F 乘以 $k-1$，其中 $k=$组的数量．或者解释可以进行得非常谨慎，不需要强调统计的合理性.

当组的数量小并且组的分离在前两个函数的判别函数图上完全一致时，本节详述的这个过程最有用．对于众多的组，一些是紧密聚集的，判别函数图可以进行其他类型的对比(例如，组 1 和组 2 可能被合并，并和合并的组 3、组 4 和组 5 进行对比)，或者对于非常多的组，9.6.3 节的过程可能是足够的.

如果对预测变量分配的优先级有逻辑依据，则可以使用一个序贯方法而不是标准的对比方法．它并非在调整所有其他预测变量之后评估每一个预测变量，而只是在调整更高优先级的预测变量之后进行评估．这个策略是通过一系列 SPSS MANOVA 的运行来完成的，其中，每个对比都评估了 Roy-Bargmann 逐步 F(参见第 7 章).

多元方差分析中所有因变量评估步骤都适用于判别分析中预测变量的评估．逐级分析、一元 F、预测变量合并的组内相关性或者标准判别函数系数的解释对 DISCRIM 和 MANOVA 都是一样适用(或者不适用)．7.5.3 节对这些过程进行了总结.

9.6.5 效应大小

在判别分析中，对三种类型的效应大小感兴趣：那些描述与整个分析相关的方差的效应大小，以及两类描述与各个预测变量相关的方差的效应大小．可以使用 Smithson(2003)的步骤从 Wilks' lambda 或者相关的 F 和 df 求得 η^2(或偏 η^2)，提供整个分析所需的效应大小．Smithson(2003)的步骤也可以用于求这些 F 的置信区间，如第 6、7 和 8 章的完整案例所示．SAS DISCRIM 提供了标记为 **Multivariate Statistics and F Approximations** 所需要的 F 值和自由度.

SPSS DISCRIMINANT 使用 χ^2 而不是 F 值去评估统计显著性，但是提供 Λ 去计算效应大小.

从表 9-3 中的 Λ 计算偏 η^2，

$$\text{偏 } \eta^2 = 1-\Lambda^{1/3} = 1-0.01^{1/3} = 1-0.215 = 0.78$$

Steiger 和 Fouladi(1992)的软件可以用于求置信区间．**Confidence Interval** 作为 **Option**，**Maximize Accuracy** 作为 **Algorithm**. 使用 0.78 的 R^2，图 9-3a 显示了 9 个观察值、6 个变量(包括 4 个预测变量，2 个群组自由度变量，考虑了标准值)和 0.95 的概率值. 如图 9-3b 所见，R^2 程序提供 95%的置信限为从 0.00 到 0.88.

每个判别函数的各自效应大小可作为典型相关的平方．SPSS DISCRI MINANT 显示输出部分的典型相关标为 **Eigenvalues**(见表 9-3)．因此，这两个函数典型相关的平方分别是 $(0.965)^2=0.93$ 和 $(0.921)^2=0.85$. 对于 SAS，在标签为 **Canonical**

Discriminant Analysis 的输出的第一部分直接给出了平方值．Steiger 程序也可以用于求这些值的置信限．

结构矩阵用每个判别函数以及每个预测变量的相关性形式提供载荷．当这些相关性平方时，它们是效应大小，表明每个预测变量和每个函数之间共享的方差比例．结构矩阵在 SAS DISCRIM 中标为 Pooled Within Canonical Structure. 对于小样本，INFO 在判别函数 1 上的效应大小(r^2)是$(0.228)^2=0.05$，信息子检验和第一判别函数之间共享 5%的方差.

另一种形式的效应大小是 η^2，它是指当每个组和剩下组之间进行对比时，每个预测变量为其他所有变量做出的调整(9.6.4 节). 对比方便地提供了 F 值和相关的自由度，因此也可以通过 Smithson(2003)的步骤获得置信限．这在 9.7 节说明.

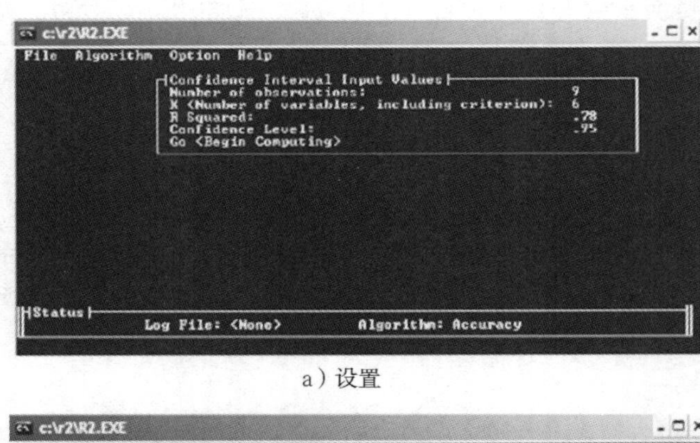

a）设置

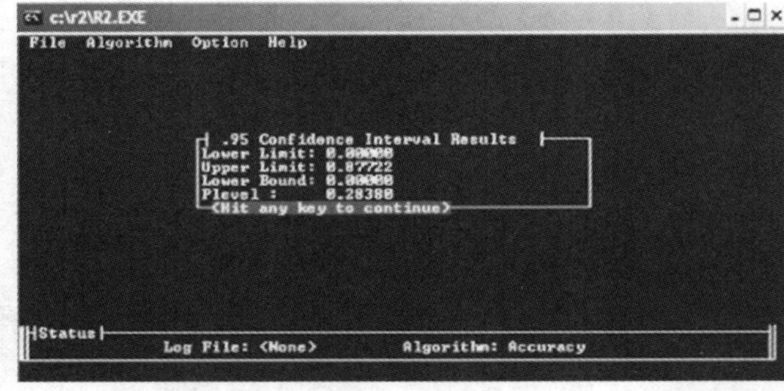

b）结果

图 9-3 使用 Steiger 和 Fouladi(1992)的软件计算 R^2 周围的置信限

9.6.6 设计复杂性：因子设计

将事件进行分组的概念很容易延伸到多个维度上的差异构成群组的情形．组的因子安排如 7.6.2 节的完整案例所示，其中女性基于在 Bern Sex Role Inventory(BSRI)上的得分通过女性气质(高或者低)和男性气质(高或者低)进行分类．女性气质和男性气质的维度被因子组合分成四个组：高-高，高-低，低-高，低-低．除非你想对案例进行分类，否则最好通过多元方差分析进行因子设计．如果你的目标是分类，则需要注意一些问题.

最好的分析是两阶段分析．第一，多元方差分析回答了预测变量组的分离显著性问题．第二，如果在多元方差分析之后进行分类，则可以通过判别分析程序实现．

对于判别分析，组的形成取决于多元方差分析的输出结果．如果交互作用是统计显著的，则组的形成来源于设计的单元．也就是说，在一个 2 乘 2 的设计中，形成四个组并在判别分析中作为分组变量．请注意在这个过程中，主效应和交互作用都影响组均值(单元均值)，但对于大多数目的，将案例分成单元似乎是合理的．

如果交互作用不是统计显著的，则分类是基于显著的主效应．例如，在 7.6.2 节的数据中，交互作用在统计上是不显著的，但是男性气质的主效应和女性气质的主效应都是统计显著的．运行一个判别分析来产生男性气质的主效应的分类方程，然后运行第二个来产生女性气质的主效应的分类方程．也就是说，主效应的分类是基于边际组的．

9.6.7 分类过程的使用

将案例分类的基本技术已经在 9.4.2 节概述．分类的结果见表，如 SPSS 的 Classification results(表 9-3)，或者 SAS 的 `Number of Observations and Percents Classified into GROUP`(表 9-4)，其中将实际的组身份和预测的组身份进行比较．从这些表中可以发现正确分类案例的百分比、分类错误的数量和性质．

但是分类的效果有多好？当每组中案例的数量相等时，可以很容易确定仅凭偶然性就被正确分类案例的百分比，并与按照分类过程正确分类的百分比比较．如果有两个相等大小的组，仅凭偶然性就可以正确地分类 50%的案例(案例被随机分配到两个组，各组中一半的分配是正确的)，而三个大小相等的组则偶然产生 33%的正确分类，以此类推．然而，当组中有不相等数量的案例时，仅凭偶然性就正确分类的案例的百分比要复杂一些．

寻找它[⊖]最简单的方法是首先计算在每个组中通过随机分配正确分类的案例的数目，然后各组相加得出整体预期百分比．考虑一个包含 60 个案例的例子，组 1 中有 10 个，组 2 中有 20 个，组 3 中有 30 个．如果先验概率分别指定为 0.17，0.33 和 0.50，程序将会分配 10 个、20 个和 30 个案例到这些组中．如果将 10 个案例随机分配到组 1，那么它们中 0.17 (或者 1.7 个)是仅凭偶然性正确分类的．如果 20 个案例随机分配到组 2，那么它们中 0.33 (或者 6.6 个)应该是仅凭偶然性正确分类的，并且如果 30 个案例分配到组 3，那么它们中 0.50(或者 15 个)应该是仅凭偶然性正确分类的．将 1.7，6.6 和 15 加在一起，就有 23.3 个案例是仅凭偶然性正确分类的，占总共的 39%．如果这个公式是有用的，那么使用分类方程分类正确的百分比要比仅凭偶然性预期分类正确的百分比大得多．

一些计算机程序提供了复杂的附加功能，这些功能在许多分类情况下都非常适用．

9.6.7.1 交叉验证和新案例

分类是基于从样本中得到的分类系数，并且它们通常对从中提取出的样本来说效果很好．因为这些系数仅仅是总体分类系数的估计值，所以通常希望知道这些系数推广到新案例样本表现如何．检验在新样本上系数的效用称为交叉验证．交叉验证的一种形式是把单

⊖ 寻找它更难的方法是拓展多项分布，这一过程在技术上更正确，但这里展示了产生相同结果的更简单的方法．

个大样本随机分成两部分，在一部分上推导分类函数，在另一部分上测试它们．交叉验证的第二种形式是在一次测量的样本中推导分类函数，在以后的一次测量的样本中对其进行测试．无论哪种情况，交叉验证在SAS DISCRIM和SPSS DISCRIMINANT程序中都发展得非常好.

对于随机分成多个部分的大样本，你只需忽略某些案例的真正组成员身份信息(隐藏在程序中)，如9.7.2节所示．SPSS DISCRIMINANT不将这些情况纳入推导分类函数中，而是将其归纳在分类阶段．在SAS DISCRIM中，保留的案例将放在单独的数据文件中．然后检查分类函数预测案例中组成员身份的准确性．这种“校准”步骤在9.7.2节会说明．(注意SAS把这个作为校准，而不是交叉验证．后者术语被用来标注称为jackknifing的程序，参见9.6.7.2节．)

当一个新的案例在稍后的时间被度量时，除非你使用SAS DISCRIM(以交叉验证或校准相同的方式)，否则对它们进行分类会更加复杂．这是因为判别分析的其他计算机程序不允许在没有重复输入原始案例的情况下对新案例进行分类，从而得出分类函数．你可以“隐藏”新的案例，从旧案例推导分类函数，并且在所有的案例上测试分类．或者，你可以用原始的数据给新的案例输入分类系数，并且仅在分类阶段运行数据．或者可能最容易的方式是基于分类案例的分类系数去写你自己的程序，如9.4.2节所示.

9.6.7.2　jackknife分类

如果分配案例到群组的系数部分来自案例本身，则偏差进入分类．在jackknife分类中，当计算用于将案例分配给组的系数时，将忽略案例中的数据．每个案例都有一组从其他案例得到的系数．jackknife分类给予了一个更实际的评估预测变量的分组能力.

SAS DISCRIM和SPSS DISCRIMINANT提供jackknife分类(SAS称其为`crossvalidata`，SPSS称其为leave-one-out classification)．当将所有的预测变量强加到方程中时使用该方法(即直接或者序贯，包括所有的预测变量在内)，分类中的偏差被消除．当它与逐步进入预测变量(这里它们不是所有的都进入)一起使用时，偏差减小．jackknife分类的一个应用将在9.7节展示.

9.6.7.3　评估分类改进

在序贯判别分析中，当在分析中加入一组新的预测变量时，判断分类是否得到改进是非常有用的．McNemar为重复测量χ^2提供了一个简单、直接的改进检验，即手动将案例制成表格，在添加预测变量步骤之前或之后，判断它们是否被正确分类．

		添加预测变量步骤之前分类	
		正确	错误
添加预测变量步骤之后分类	正确	(*A*)	*B*
	错误	*C*	(*D*)

我们可以忽略在两个步骤上有着相同结果的案例(正确的分类——单元A或不正确的分类——单元D)，因为它们不会发生改变，因此这个改变的χ^2为

$$\chi^2 = \frac{(|B-C|-1)^2}{B+C} \quad df = 1 \tag{9.8}$$

通常，研究人员对改进的 χ^2 感兴趣，也就是说，在 $B>C$ 的情形下由于加入预测变量可以正确分类更多的案例．当 $B>C$ 且 χ^2 值大于 3.84(在自由度为 1，$\alpha=0.05$ 时 χ^2 的临界值)时，添加的预测变量可靠地改进了分类.

当样本非常大时，手工制表是不合理的．一个替代方案是用程序来检验两个 lambda 之间差异的显著性，如 Frane(1977)所示，但结果可能不太理想．来自更大数量的预测变量的 Wilks' lambda Λ_2，除以来自更少数量的预测变量的 lambda Λ_1，继而产生 Λ_D：

$$\Lambda_D = \frac{\Lambda_2}{\Lambda_1} \tag{9.9}$$

Wilks' lambda(Λ_D)用于检测两个 lambda 之间差异的显著性，计算是通过更小的 lambda (Λ_2)除以更大的 lambda(Λ_1).

Λ_D 用三个自由度参数来评估：p 为添加新预测变量之后的预测变量数目；df_{bg} 为组数减 1；这一步 df_{wg} 添加了预测变量．通过 9.4.1 节的步骤可以得到近似 F 值.

例如，假设仅使用 AGE 作为预测变量(没有展示)对小样本数据[㊀]进行分析，得到 Wilks' lambda 值为 0.882. 使用这个值，可以检验对于整体而言($\Lambda_2=0.010$)，相比方程中仅仅有 AGE($\Lambda_1=0.882$)，当添加了 INFO、PERF 和 VERBEXP 时，分类是否得到了可靠的改善.

$$\Lambda_D = \frac{0.010}{0.882} = 0.0113$$

其中

$$df_p = p = 4$$
$$df_{bg} = k-1 = 2$$
$$df_{wg} = N-k = 6$$

根据 9.4.1 节求近似 F 值：

$$s = \min(p, k-1) = 2$$
$$y = 0.0113^{1/2} = 0.1063$$
$$df_1 = (4)(2) = 8$$
$$df_2 = (2)\left[6 - \frac{4-2+1}{2}\right] - \left[\frac{4(2)-2}{2}\right] = 6$$
$$\text{近似 } F(8,6) = \left(\frac{1-0.1063}{0.1063}\right)\left(\frac{6}{8}\right) = 6.40$$

因为临界值 $F(8,6)$ 在 $\alpha=0.05$ 时为 4.15，所以当 AGE 的得分增加 INFO、PERF 和 VERBEXP 的得分时，分类分成三组，统计显著性得到明显改善.

9.7 判别分析的完整案例

本节中直接判别分析的例子探索了角色不满意的家庭主妇、角色满意的家庭主妇和职

㊀ 这个过程对于这样一个小样本是不合适的，但这里只是为了便于说明.

业女性在态度上有何差异．附录 B 中 B.1 节描述了 465 个女性的样本．分组变量是角色不满意的家庭主妇(UNHOUSE)、角色满意的家庭主妇(HAPHOUSE)和职业女性(WORKING)．数据在 DISCRIM. * 中．

预测变量是内控点与外控点(CONTROL)、对目前婚姻状况的态度(ATTMAR)、对女性角色的态度(ATTROLE)和对家务的态度(ATTHOUSE)．得分会按比例调整，以使低得分代表更积极的或“适宜”的态度．因为数据仅适用于过去 5 年内在职的女性，并且这些预测变量的使用涉及非随机缺失值(参见第 4 章)，所以我们剔除第五个态度变量——对待有报酬工作的态度．然后 DISCRIM 的示例涉及根据四个态度变量预测组成员身份．

基于这些态度，我们可以通过直接判别分析评估这三个组的区别，探索各组中差异的维度以及在这些维度上影响组差异的预测变量，并根据贡献程度将组成员准确分类到它们自己的组．我们还用交叉验证样本来评估分类的效率．

9.7.1 假设的评估

首先根据判别分析的实际局限性对数据进行评估．

9.7.1.1 不等样本量和缺失数据

通过 SAS 交互式数据分析进行筛选(参见 4.2.2.1 节)，所有四个态度预测变量中有 7 个案例有缺失值．缺失值显然以随机的方式分散在预测变量和组中，因此案例的删除被认为是合适的[⊖]．完整的数据集包括 458 个案例，一旦案例有缺失值就会被删除．

在分类期间，使用不等的样本量来修改将案例分组的概率．因为样本是随机从感兴趣的总体中抽取的，所以组中的样本量被认为代表一些总体中应该被反映在分类中的实际过程．例如，认为超过一半的在职女性意味着应该给予 WORKING 组更大的权重．

9.7.1.2 多元正态性

在剔除有缺失数据的案例之后，每个组仍然有超过 80 个案例．尽管 SAS MEANS 运行显示了在 ATTMAR 中的偏度，但样本量足够大，也可显示均值的抽样分布的正态性．因此，我们没有理由因多元正态性的失效而预期结果失真．

9.7.1.3 线性

尽管 ATTMAR 是有偏的，但在此变量与其余预测变量之间并没有预期的曲线关系．在最坏的情况下，ATTMAR 和其余表现好的连续预测变量的结合可能会有助于略微降低相关性．

9.7.1.4 异常值

为了识别一元异常值，我们可以通过 SAS MEANS 为每组调查与四个预测变量的最大值和最小值相关的 z 得分，如 4.2.2 节所述．在 ATTHOUSE 上有一些非常积极的(低)得分，这些值比其组均值大约低 4.5 个标准差，使得它们可以被删除或者更改．然而，为了寻找多元异常值，这些案例会被保留下来．

多元异常值通过 SAS REC 借助子集(组)和对包含杠杆统计量的输出表请求进行查找，

⊖ 处理缺失数据的另一种方法已在第 4 章中讨论．

如表 9-5 所示．数据首先按 WORKSTAT 排序，然后在 Proc reg 中成为 by 变量．杠杆值(H)保存在一个标为 DIS _ OUT 的文件夹中．表 9-5 显示了职业女性的部分输出数据文件(WORKSTAT=1).

当案例对各组有非常大的一个 Mahalanobis D^2 时，异常值被识别，当 χ^2 的自由度等于预测变量的个数时，异常值被评估．自由度为 4、$\alpha=0.001$ 的临界值 χ^2 为 18.467，任何一个 $D^2>18.467$ 的案例都是异常值．使用公式(4.3)上的变化将该临界值转换为第一组的杠杆值(h_{ii})：

$$h_{ii}=\frac{\text{马氏距离}}{N-1}+\frac{1}{N}=\frac{18.467}{240}+\frac{1}{241}=0.081$$

在表 9-5 中，CASESEQ 346(H=0.0941)和 CASESEQ 407(H=0.0898)被确定为 WORKING 女性组中的异常值．WORKING 女性组内未发现其他异常值．

表 9-5　多元异常值的识别(SAS SORT 和 REG 语句以及 SAS REG 输出文件的选定部分)

```
proc sort data = Sasuser.Discrim;
  by WORKSTAT;
run;

proc data=Sasuser.Discrim;
     by WORKSTAT;
   model CASESEQ= CONTROL ATTMAR ATTROLE ATTHOUSE/ selection=

     RSQUARE COLLIN;
output out=SASUSER.DISC_OUT H=H;
run;
```

SASUSER.DISC_OUT

465	CASESEQ	WORKSTAT	CONTROL	ATTMAR	ATTROLE	ATTHOUSE	H
136	345	1	8	19	38	19	0.0144
137	346	1	5	20	41	2	0.0941
138	347	1	6	28	34	26	0.0079
139	348	1	7	23	26	24	0.0103
140	349	1	5	25	31	30	0.0211
141	355	1	6	25	27	30	0.0148
142	357	1	6	17	38	22	0.0087
143	358	1	8	42	36	26	0.0276
144	359	1	7	21	22	30	0.0204
145	362	1	8	24	35	24	0.0088
146	365	1	5	14	36	18	0.0186
147	369	1	7	23	27	34	0.0249
148	372	1	7	18	45	13	0.0284
149	378	1	5	26	23	21	0.0284
150	380	1	7	.	29	28	.
151	381	1	6	35	30	20	0.0224
152	383	1	7	30	44	25	0.0176
153	384	1	7	25	41	27	0.0136
154	386	1	7	20	30	25	0.0067
155	387	1	7	23	29	22	0.0082
156	397	1	5	16	35	15	0.0245
157	398	1	6	30	23	33	0.0267
158	399	1	9	12	25	24	0.0361
159	400	1	7	25	23	29	0.0160
160	401	1	5	42	35	21	0.0393
161	403	1	6	35	27	29	0.0191
162	404	1	7	20	30	21	0.0087
163	406	1	7	39	35	18	0.0306
164	407	1	6	20	42	2	0.0898
165	425	1	6	30	33	22	0.0098

表 9-6　SAS DISCRIM 检查方差-协方差矩阵齐性的语法和选定输出

```
proc discrim data=Sasuser.Discrim short noclassify
      pool=test slpool=.001;
   class workstat;
   var CONTROL ATTMAR ATTROLE ATTHOUSE;
   priors proportional;
   where CASESEQ^=346 and CASESEQ^=407;
run;


        Test of Homogeneity of Within Covariance Matrices

Notation: K     = Number of Groups

          P     = Number of Variables

          N     = Total Number of Observations - Number of Groups

          N(i) = Number of Observations in the i'th Group - 1

                                             N(i)/2
                 __
                 || |Within SS Matrix(i)|
          V     = -------------------------------------
                                           N/2
                    |Pooled SS Matrix|

                           _               _      2
                          |        1        1  |  2P + 3P - 1
          RHO   = 1.0 - | SUM ----- - --- | -------------
                          |_      N(i)      N _|  6(P+1)(K-1)

          DF    = .5(K_1)P(P+1)
                                                    _                  _
                                                   |     PN/2           |
                                                   |   N        V       |
Under the null hypothesis:         -2 RHO ln | ----------------- |
                                                   |   __       PN(i)/2 |
                                                   |_  || N(i)         _|

is distributed approximately as Chi-Square(DF).

                 Chi-Square          DF          Pr > ChiSq
                 50.753826           20           0.0002

Since the Chi-Square value is significant at the 0.001 level,
the within covariance matrices will be used in the discriminant
function.
Reference: Morrison, D.F. (1976) Multivariate Statistical
Methods p252.
```

多元异常值和在 ATTHOUSE 上有着极端的一元得分的案例是一样的．因为对于 ATTHOUSE转换是有问题的(其中仅对两个案例的预测变量进行转换似乎是不合理的)，所以它用来决定删除多元异常值.

因此，465 个原始案例中有 7 个由于缺失数据而丢失，其中 2 个是多元异常值，总共留下 456 个案例用于分析.

9.7.1.5　方差-协方差矩阵的齐性

表 9-6 中的 SAS DISCRIM 运行，为了评估方差-协方差矩阵的齐性需要删除异常值．在此省略了大部分的输出．产生方差-协方差矩阵齐性的检验指令是 pool=test.

该检验显示了方差-协方差矩阵具有显著的齐性．如果 `pool=test` 是确定的且检验显示显著的齐性，那么这个程序在判别分析的分类阶段使用独立的矩阵.

9.7.1.6 多重共线性和奇异性

因为用于主要分析的 SAS DISCRIM 通过检查公差防止多重共线性，所以无须进行正式评估(参照第 4 章). 但是，表 9-6 评估多元异常值的 SAS REG 语法也要求共线性信息，如表 9-7 所示. 不存在多重共线性问题．

表 9-7 SAS REG 输出显示所有组合组的共线性信息(语法在表 9-6 中)

```
                    Collinearity Diagnostics

                                           Condition
          Number         Eigenvalue            Index

               1            4.83193          1.00000
               2            0.10975          6.63518
               3            0.03169         12.34795
               4            0.02018         15.47559
               5            0.00645         27.37452

                    Collinearity Diagnostics

            ---------------Proportion of Variation---------------
Number    Intercept     CONTROL      ATTMAR     ATTROLE      ATTHOUSE

     1   0.00036897     0.00116     0.00508     0.00102    0.00091481
     2      0.00379     0.00761     0.94924     0.02108       0.00531
     3      0.00188     0.25092     0.04175     0.42438       0.10031
     4      0.00266     0.61843     0.00227     0.01676       0.57008
     5      0.99129     0.12189     0.00166     0.53676       0.32339
```

9.7.2 直接判别分析

直接判别分析通过含有 4 个所有都被强行进入方程的态度预测变量的 SAS DISCRIM 进行．程序指令和一些输出见表 9-8. 简单的统计量被要求提供预测变量均值，有助于解释. `anova` 和 `manova` 指令要求为每个变量在组差异上进行一元统计和组间差异的多元检验. `Pcorr` 要求合并的组内相关矩阵，`crossvalidata` 要求 jackknife 分类．`priors proportional` 指令对于样本量给分类比例指定先验概率．

当使用所有 4 个预测变量时，F 值为 6.274(基于 Wilks' lambda 分别为 8 和 900 的自由度)是高度显著的．也就是说，基于所有 4 个预测变量的组合中，这三个组是统计显著的，如 9.6.1.1 节所讨论的．通过 Smithson(2003)的 NoncF2. sas 程序(如表 8-16 所示)求得偏 η^2 和它的 95%置信区间，得到 $\eta^2=0.05$，置信限为从 0.02 到 0.08.

每个判别函数的典型相关(0.267 和 1.84)(在多元分析的输出部分)尽管很小，但是对于这两个判别函数来说相对相等．调整后的值与这个相对较大的样本没有太大差异．“剥离”的检验显示这两个函数在组之间存在显著差异．也就是说，即使删除第一个判别函数，仍然存在显著的差别，$P_r > F=0.0014$. 因为只有 2 个可能的判别函数，所以这是一个对第二判别函数的检验．Steiger 的 R2 程序(在 5.6.2.4 节展示)可用于找到 0.07 和 0.02 的 `Squared Canonical Correlations` 的置信限．具有 6 个变量(组的 2 个自由度的 4 个预测变量和 2 个变量)和 456 个观察值，第一判别函数的置信限是从 0.03 到 0.11，第二判别函数的置信限是从 0.00 到 0.06.

载荷矩阵（预测变量和判别函数之间的相关关系）出现在标签为 Pooled Within Canonical Structure 的输出部分．典型变量上的类均值是组的判别函数的重心，这在 9.4.1 节和 9.6.3.1 节进行了讨论.

图 9-4 显示了三个组重心在这两个判别函数（典型变量）上的位置图．绘制的点在表 9-9 中为 Class means on canonical variables.

表 9-8　4 个态度变量的 SAS DIACRIM 分析的语法和选定输出

```
proc discrim data=Sasuser.Discrim simple anova manova pcorr can
                                  crossvalidate pool=test;

   class workstat;
   var CONTROL ATTMAR ATTROLE ATTHOUSE;
   priors proportional;
   where CASESEQ^=346 and CASESEQ^=407;
run;
```

Pooled Within-Class Correlation Coefficients / Pr > |r|

Variable	CONTROL	ATTMAR	ATTROLE	ATTHOUSE
CONTROL	1.00000	0.17169	0.00912	0.15500
Locus-of-control		0.0002	0.8463	0.0009
ATTMAR	0.17169	1.00000	-0.07010	0.28229
Attitude toward current marital status	0.0002		0.1359	<.0001
ATTROLE	0.00912	-0.07010	1.00000	-0.29145
Attitudes toward role of women	0.8463	0.1359		<.0001
ATTHOUSE	0.15500	0.28229	-0.29145	1.00000
Attitudes toward housework	0.0009	<.0001	<.0001	

Simple Statistics

Total-Sample

Variable	Label	N	Sum	Mean	Variance	Standard Deviation
CONTROL	Locus-of-control	456	3078	6.75000	1.60769	1.2679
ATTMAR	Attitude toward current marital Status	456	10469	22.95833	72.73892	8.5287
ATTROLE	Attitudes toward role of women	456	16040	35.17544	45.68344	6.7590
ATTHOUSE	Attitudes toward housework	456	10771	23.62061	18.30630	4.2786

WORKSTAT = 1

Variable	Label	N	Sum	Mean	Variance	Standard Deviation
CONTROL	Locus-of-control	239	1605	6.71548	1.53215	1.2378
ATTMAR	Attitude toward current marital status	239	5592	23.39749	72.76151	8.5300
ATTROLE	Attitudes toward role of women	239	8093	33.86192	48.38842	6.9562
ATTHOUSE	Attitudes toward housework	239	5691	23.81172	19.85095	4.4554

WORKSTAT = 2

Variable	Label	N	Sum	Mean	Variance	Standard Deviation
CONTROL	Locus-of-control	136	902.00000	6.63235	1.71569	1.3098
ATTMAR	Attitude toward current marital status	136	2802	20.60294	43.87081	6.6235
ATTROLE	Attitudes toward role of women	136	5058	37.19118	41.71133	6.4584
ATTHOUSE	Attitudes toward housework	136	3061	22.50735	15.08143	3.8835

（续）

Simple Statistics

WORKSTAT = 3

Variable	Label	N	Sum	Mean	Variance	Standard Deviation
CONTROL	Locus-of-control	81	571.00000	7.04938	1.57253	1.2540
ATTMAR	Attitude toward current marital status	81	2075	25.61728	106.03920	10.2975
ATTROLE	Attitudes toward role of women	81	2889	35.66667	33.17500	5.7598
ATTHOUSE	Attitudes toward housework	81	2019	24.92593	15.66944	3.9585

Univariate Test Statistics

F Statistics, Num DF=2, Den DF=453

Variable	Label	Total Standard Deviation	Pooled Standard Deviation	Between Standard Deviation	R-Square	R-Square / (1-RSq)	F Value	Pr > F
CONTROL	Locus-of-control	1.2679	1.2625	0.1761	0.0129	0.0131	2.96	0.0530
ATTMAR	Attitude toward current marital status	8.5287	8.3683	2.1254	0.0415	0.0433	9.81	<.0001
ATTROLE	Attitudes toward role of women	6.7590	6.6115	1.7996	0.0474	0.0497	11.26	<.0001
ATTHOUSE	Attitudes toward housework	4.2786	4.2061	1.0184	0.0379	0.0393	8.91	0.0002

Average R-Square

Unweighted	0.0348993
Weighted by Variance	0.0426177

Multivariate Statistics and F Approximations

S=2 M=0.5 N=224

Statistic	Value	F Value	Num DF	Den DF	Pr > F
Wilks' Lambda	0.89715033	6.27	8	900	<.0001
Pillai's Trace	0.10527259	6.26	8	902	<.0001
Hotelling-Lawley Trace	0.11193972	6.29	8	640.54	<.0001
Roy's Greatest Root	0.07675307	8.65	4	451	<.0001

NOTE: F Statistic for Roy's Greatest Root is an upper bound.
NOTE: F Statistic for Wilks' Lambda is exact.

Canonical Discriminant Analysis

	Canonical Correlation	Adjusted Canonical Correlation	Approximate Standard Error	Squared Canonical Correlation
1	0.266987	0.245497	0.043539	0.071282
2	0.184365	0.182794	0.045287	0.033991

Eigenvalues of Inv(E)*H = CanRsq/(1-CanRsq)

Test of H0: The canonical correlations in the current row and all that follow are zero

	Eigenvalue	Difference	Proportion	Cumulative	Likelihood Ratio	Approximate F Value	Num DF	Den DF	Pr > F
1	0.0768	0.0416	0.6857	0.6857	0.89715033	6.27	8	900	<.0001
2	0.0352		0.3143	1.0000	0.96600937	5.29	3	451	0.0014

（续）

```
              Canonical Discriminant Analysis
             Pooled Within Canonical Structure
Variable Label                                  Can1          Can2
CONTROL   Locus-of-control                  0.281678      0.444939
ATTMAR    Attitude toward
          current marital status            0.718461      0.322992
ATTROLE   Attitudes toward
          role of women                    -0.639249      0.722228
ATTHOUSE  Attitudes toward housework        0.679447      0.333315
             Class Means on Canonical Variables
        WORKSTAT              Can1                Can2
               1       0.1407162321      -.1505321835
               2       -.4160079128      0.0539321812
               3       0.2832826750      0.3536100644
                    The DISCRIM Procedure
Classification Summary for Calibration Data: SASUSER.DISCRIM
Resubstitution Summary using Quadratic Discriminant Function

          Generalized Squared Distance Function

  2                    -1
D (X) = (X-X )' COV   (X-X ) + ln |COV | - 2 ln PRIOR
 j          j       j     j           j                j
    Posterior Probability of Membership in Each WORKSTAT

                   2                      2
     Pr(j|X) = exp(-.5 D (X)) / SUM exp(-.5 D (X))
                       j         k            k
Number of Observations and Percent Classified into WORKSTAT
 From WORKSTAT          1           2           3      Total
            1         184          48           7        239
                    76.99       20.08        2.93     100.00

            2          73          59           4        136
                    53.68       43.38        2.94     100.00

            3          59          12          10         81
                    72.84       14.81       12.35     100.00

        Total         316         119          21        456
                    69.30       26.10        4.61     100.00

       Priors     0.52412     0.29825     0.17763

             Error Count Estimates for WORKSTAT
                       1           2           3       Total
     Rate         0.2301      0.5662      0.8765      0.4452
     Priors       0.5241      0.2982      0.1776

 Classification Summary for Calibration Data: SASUSER.DISCRIM
           Cross-validation Summary using Quadratic
                  Discriminant Function

           Generalized Squared Distance Function
 2                   -1
D (X) = (X-X     )' COV     (X-X     ) + ln |COV     | - 2 ln PRIOR
 j          (X)j       (X)j     (X)j            (X)j               j
```

（续）

```
        Posterior Probability of Membership
                 in Each WORKSTAT

                         2                          2
   Pr(j|X) = exp(-.5 D (X)) / SUM exp(-.5 D (X))
                         j         k                k

           Number of Observations and Percent
                 Classified into WORKSTAT
From WORKSTAT            1           2          3      Total

            1          179          50         10        239
                     74.90       20.92       4.18     100.00

            2           78          53          5        136
                     57.35       38.97       3.68     100.00

            3           60          13          8         81
                     74.07       16.05       9.88     100.00

        Total          317         116         23        456
                     69.52       25.44       5.04     100.00

       Priors      0.52412     0.29825    0.17763

           Error Count Estimates for WORKSTAT
                     1           2          3      Total

  Rate          0.2510      0.6103     0.9012     0.4737
  Priors        0.5241      0.2982     0.1776
```

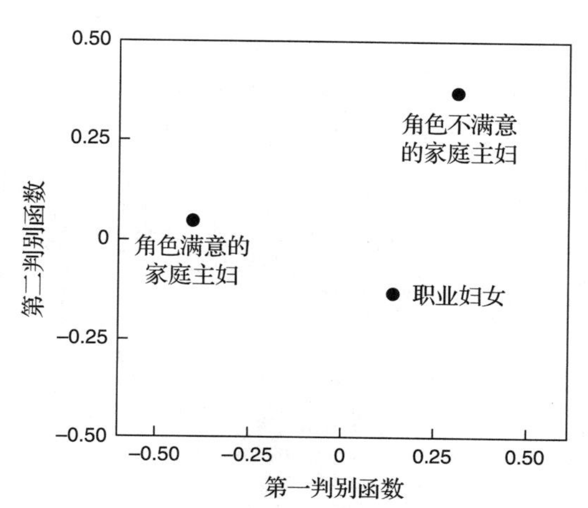

图 9-4　由 4 个态度变量衍生的两个判别函数上的三个组的重心图

表 9-8 显示了将案例分成三组的分类函数（见公式(9.3)）以及使用和没有使用 jackknifing 的分类结果（见 9.6.7 节）. 在这个例子中，分类是基于一个修正的方程进行的，在这个方程中，不等的先验概率用来反映不等的组大小，在语法中使用 `prior proportional`. 分类是基于二次判别函数，以弥补各种协方差矩阵的异质性.

通过一般步骤正确分类的案例总数为 55%（`1-Error Count Rateof 0.4452`），通过

jackknife过程正确分类的案例总数为52%. 这些和随机分配相比如何？先验概率分别指定为0.52(WORKING)，0.30(HAPHOUSE)和0.18(UNHOUSE)，在WORKING组放了237个案例(0.52×456)、HAPHOUSE组放了137个案例、UNHOUSE组放了82个案例．随机地分配到WORKING组的人应该有123例(0.52×237)是正确的，而随机分配在HAPHOUSE组和UNHOUSE组分别有41.1例(0.30×137)和14.8例(0.18×82)应该是正确的．对于所有这三个组，456个案例仅凭偶然性应该有178.9个或者39%是正确分类的.

交叉验证的其他SAS DISCRIM运行结果在表9-9中展示．SAS DISCRIM没有形成和使用交叉验证样本的直接步骤．相反，必须使用其他的方法将文件拆分成用于开发(校准)分类方程的"训练案例"和用于验证分类的"测试案例".

表9-9　通过4个态度变量案例分类的交叉验证(SAS DATA的语法：来自SAS DISCRIM的语法和选定输出)

```
data Sasuser.Discrimx;
    set SASUSER.DISCRIM;
    if ATTHOUSE=2 or ATTHOUSE=. or ATTMAR=. or ATTROLE=.
       or CONTROL=. then delete;
    TEST1=0;
    if uniform(11738) <= .25 then TEST1=1;
run;

data Sasuser.Disctrng;
    set Sasuser.Discrimx;
    where TEST1=0;
data Sasuser.Disctest;
    set Sasuser.Discrimx;
    where TEST1=1;
run;

proc discrim data=SASUSER.Disctrng outstat=INFO pool=test;
    class WORKSTAT;
    var CONTROL ATTMAR ATTROLE ATTHOUSE;
    priors proportional;
run;

proc discrim data=INFO testdata=SASUSER.Disctest pool=test;
    class WORKSTAT;
    var CONTROL ATTMAR ATTROLE ATTHOUSE;
    priors proportional;
run;
```

```
                    The DISCRIM Procedure
           Classification Summary for Calibration
                    Data: SASUSER.DISCTRNG
           Resubstitution Summary using Quadratic
                    Discriminant Function

           Generalized Squared Distance Function

  2                   -1
 D (X) = (X-X̄ )' COV   (X-X̄ ) + ln |COV | - 2 ln PRIOR
  j          j     j     j            j              j

   Posterior Probability of Membership in Each WORKSTAT
                                          2            2
                                Pr(j|X) =
   exp(-.5 D (X)) / SUM exp(-.5 D (X))
                                          j      k     k
```

（续）

```
Number of Observations and Percent Classified into WORKSTAT
 From WORKSTAT           1           2           3       Total
           1           129          32          11         172
                     75.00       18.60        6.40      100.00
           2            49          46           7         102
                     48.04       45.10        6.86      100.00
           3            45           9          11          65
                     69.23       13.85       16.92      100.00
       Total           223          87          29         339
                     65.78       25.66        8.55      100.00
      Priors       0.50737     0.30088     0.19174

               Error Count Estimates for WORKSTAT
                     1           2           3       Total
    Rate        0.2500      0.5490      0.8308      0.4513
    Priors      0.5074      0.3009      0.1917

    Classification Summary for Test Data: SASUSER.DISCTEST
 Classification Summary using Quadratic Discriminant Function

            Generalized Squared Distance Function
      2                     -1
     D (X) = (X-X )' COV   (X-X ) + ln |COV | - 2 ln PRIOR
      j          j       j      j          j                j
     Posterior Probability of Membership in Each WORKSTAT
                            2                         2
        Pr(j|X) = exp(-.5 D (X)) / SUM exp(-.5 D (X))
                            j         k               k
Number of Observations and Percent Classified into WORKSTAT
 From WORKSTAT           1           2           3       Total
           1            40          16          11          67
                     59.70       23.88       16.42      100.00
           2            17          15           2          34
                     50.00       44.12        5.88      100.00
           3            10           2           4          16
                     62.50       12.50       25.00      100.00
       Total            67          33          17         117
                     57.26       28.21       14.53      100.00
 Priors            0.50737     0.30088     0.19174

               Error Count Estimates for WORKSTAT
                     1           2           3       Total
    Rate        0.4030      0.5588      0.7500      0.5164
    Priors      0.5074      0.3009      0.1917
```

首先创建一个新的数据集：数据 SASUSER. DISCRIMX. 原始数据集被确定为集 SASUSER. DISCRIM. 然后忽略异常值和有缺失数据的案例．最后，创建一个变量用来拆分数据集，这里称作 TEST1，设为 0，然后将 25%的案例变为 1. 之后基于 TEST1 用集 SASUSER. DISCRIMX 创建额外的两个文件：通过数据 SASUSER. DISCRIM 创建一个校准（训练）文件；通过数据 SASUSER. DISCTEST 创建一个交叉验证（测试）文件．最后，对训练文件（339 个案例）进行判别分析，将校准信息保存在一个叫作 INFO 的文件中，然后将校准信息应用于测试文件(117 个案例). 再次使用二次分类步骤.

适合发表的信息摘要见表 9-10. 表中是载荷、每个预测变量的一元 F 和所有预测变量合并的组内相关性.

SAS DISCRIM 没有对比步骤，也不为针对所有其他变量调整的预测变量提供 F 或者 t 比率. 然而，可以在广义线性模型中使用每个变量的独立协方差分析的对比来获得信息. 在每个协方差分析中，感兴趣的变量是因变量，剩下的变量称为协变量. 表 9-11 和表 9-13 中所需的 12 个对比运行展示了该过程，将每个组针对所有其他预测变量调整的每个预测变量的均值和其他两组的合并均值进行对比. 将表 9-11 中 WORKING 女性与 HAPHOUSE 和 UNHOUSE 的合并均值进行对比，从而决定哪些预测变量使得 WORKING 女性和其他组区分开. 表 9-12 中将 HAPHOUSE 组和其他两组进行对比. 表 9-13 显示了 UNHOUSE 组和其他两组的对比. 需要注意的是误差的自由度 $=N-k-c-1=450$.

表 9-10　态度变量的判别分析结果

预测变量	载荷		一元	所有预测变量合并的组内相关性		
	1	2	$F(2,453)$	ATTMAR	ATTROLE	ATTHOUSE
CONTROL	0.28	0.44	2.96	0.17	0.01	0.16
ATTMAR	0.72	0.32	9.81		0.07	0.28
ATTROLE	0.64	0.72	11.26			−0.29
ATTHOUSE	0.68	0.33	8.91			
典型 R	0.27	0.18				
特征值	0.08	0.04				

表 9-11　SAS GLM 对比 WORKING 组和其他两个组的语法和高度简短的输出

```
proc glm data=Sasuser.Discrim;
    class WORKSTAT;
    model ATTHOUSE = WORKSTAT CONTROL ATTMAR ATTROLE ;
        where CASESEQ^=346 and CASESEQ^=407;
    contrast  WORKING VS. OTHERS' WORKSTAT -2 1 1 ;
run;
proc glm data=Sasuser.Discrim;
    class WORKSTAT;
    model ATTROLE = WORKSTAT ATTHOUSE CONTROL ATTMAR ;
        where CASESEQ^=346 and CASESEQ^=407;
    contrast  WORKING VS. OTHERS' WORKSTAT -2 1 1 ;
run;
proc glm data=Sasuser.Discrim;
    class WORKSTAT;
    model ATTMAR = WORKSTAT CONTROL ATTHOUSE ATTROLE ;
        where CASESEQ^=346 and CASESEQ^=407;
    contrast  WORKING VS. OTHERS' WORKSTAT -2 1 1 ;
run;
proc glm data=Sasuser.Discrim;
    class WORKSTAT;
    model CONTROL = WORKSTAT ATTROLE ATTHOUSE ATTMAR ;
        where CASESEQ^=346 and CASESEQ^=407;
    contrast 'WORKING VS. OTHERS' WORKSTAT -2 1 1 ;
run;
Dependent Variable: ATTHOUSE Attitudes toward housework
```

（续）

Contrast	DF	Contrast SS	Mean Square	F Value	Pr > F
WORKING VS. OTHERS	1	12.32545468	12.32545468	0.83	0.3626

Dependent Variable: ATTROLE Attitudes toward role of women

Contrast	DF	Contrast SS	Mean Square	F Value	Pr > F
WORKING VS. OTHERS	1	676.9471257	676.9471257	16.87	<.0001

Dependent Variable: ATTMAR Attitude toward current marital status

Contrast	DF	Contrast SS	Mean Square	F Value	Pr > F
WORKING VS. OTHERS	1	13.99801413	13.99801413	0.22	0.6394

Dependent Variable: CONTROL Locus-of-control

Contrast	DF	Contrast SS	Mean Square	F Value	Pr > F
WORKING VS. OTHERS	1	1.20936265	1.20936265	0.79	0.3749

表 9-12 SAS DISCRIM 对比 HAPHOUSE 组和其他两个组的语法和高度简短的输出

```
proc glm data=Sasuser.Discrim;
    class WORKSTAT;
    model ATTHOUSE = WORKSTAT CONTROL ATTMAR ATTROLE ;
        where CASESEQ^=346 and CASESEQ^=407;
    contrast 'HAPHOUSE VS. OTHERS' WORKSTAT 1 -2 1 ;
run;
proc glm data=Sasuser.Discrim;
    class WORKSTAT;
    model ATTROLE = WORKSTAT ATTHOUSE CONTROL ATTMAR ;
        where CASESEQ^=346 and CASESEQ^=407;
    contrast 'HAPHOUSE VS. OTHERS' WORKSTAT 1 -2 1 ;
run;
proc glm data=Sasuser.Discrim;
    class WORKSTAT;
    model ATTMAR = WORKSTAT CONTROL ATTHOUSE ATTROLE ;
        where CASESEQ^=346 and CASESEQ^=407;
    contrast 'HAPHOUSE VS. OTHERS' WORKSTAT 1 -2 1 ;
run;
proc glm data=Sasuser.Discrim;
    class WORKSTAT;
    model CONTROL = WORKSTAT ATTROLE ATTHOUSE ATTMAR ;
        where CASESEQ^=346 and CASESEQ^=407;
    contrast 'HAPHOUSE VS. OTHERS' WORKSTAT 1 -2 1 ;
run;
```

Dependent Variable: ATTHOUSE Attitudes toward housework

Contrast	DF	Contrast SS	Mean Square	F Value	Pr > F
HAPHOUSE VS. OTHERS	1	60.74947570	60.74947570	4.09	0.0436

Dependent Variable: ATTROLE Attitudes toward role of women

Contrast	DF	Contrast SS	Mean Square	F Value	Pr > F
HAPHOUSE VS. OTHERS	1	218.5434340	218.5434340	5.45	0.0201

（续）

```
Dependent Variable: ATTMAR  Attitude toward current
                    marital status

Contrast             DF  Contrast SS  Mean Square  F Value  Pr > F

HAPHOUSE VS. OTHERS  1  615.1203307  615.1203307     9.66  0.0020

Dependent Variable: CONTROL Locus-of-control

Contrast             DF  Contrast SS  Mean Square  F Value  Pr > F

HAPHOUSE VS. OTHERS  1   1.18893484   1.18893484     0.78  0.3789
```

表 9-13　SAS DISCRIM 对比 UNHOUSE 组和其他两个组的语法和高度简短的输出

```
proc glm data=Sasuser.Discrim;
    class WORKSTAT;
    model ATTHOUSE = WORKSTAT CONTROL ATTMAR ATTROLE ;
        where CASESEQ^=346 and CASESEQ^=407;
    contrast 'UNHOUSE VS. OTHERS' WORKSTAT 1 1 -2 ;
run;
proc glm data=Sasuser.Discrim;
    class WORKSTAT;
    model ATTROLE = WORKSTAT ATTHOUSE CONTROL ATTMAR ;
        where CASESEQ^=346 and CASESEQ^=407;
    contrast 'UNHOUSE VS. OTHERS' WORKSTAT 1 1 -2 ;
run;
proc glm data=Sasuser.Discrim;
    class WORKSTAT;
    model ATTMAR = WORKSTAT CONTROL ATTHOUSE ATTROLE ;
        where CASESEQ^=346 and CASESEQ^=407;
    contrast 'UNHOUSE VS. OTHERS' WORKSTAT 1 1 -2 ;
run;
proc glm data=Sasuser.Discrim;
    class WORKSTAT;
    model CONTROL = WORKSTAT ATTROLE ATTHOUSE ATTMAR ;
        where CASESEQ^=346 and CASESEQ^=407;
    contrast 'UNHOUSE VS. OTHERS' WORKSTAT 1 1 -2 ;
run;

Dependent Variable:  ATTHOUSE Attitudes toward housework

Contrast            DF  Contrast SS   Mean Square  F Value  Pr > F

UNHOUSE VS. OTHERS   1  92.00307841   92.00307841    6.20  0.0131

Dependent Variable: ATTROLE Attitudes toward role of women

Contrast            DF  Contrast SS   Mean Square  F Value  Pr > F

UNHOUSE VS. OTHERS  1   45.69837169  45.69837169     1.14  0.2865

Dependent Variable: ATTMAR  Attitude toward
                    current marital status

Contrast            DF  Contrast SS   Mean Square  F Value  Pr > F

UNHOUSE VS. OTHERS   1  354.1278220  354.1278220     5.56  0.0188

Dependent Variable: CONTROL  Locus-of-control

Contrast            DF  Contrast SS   Mean Square  F Value  Pr > F

UNHOUSE VS. OTHERS   1   3.27205950   3.27205950     2.13  0.1447
```

基于 $\alpha=0.05$，$\alpha_i=0.0125$，在对其他预测变量进行调整之后，最明显地将 WORKING 组和其他两组区分开的预测变量是 ATTROLE. 在对其余预测变量进行调整之后，基于 ATTMAR，HAPHOUSE 组不同于其他两个组．当每个预测变量针对所有其余预测变量做出调整时，UNHOUSE 组与其他两个组没有区别．如果对那些能将每个组都从其他组分离出来而不对其他预测变量进行调整的预测变量感兴趣的话，则需要没有协变量的单独运行．表 9-14 总结了为寻找所有 12 个运行的效应大小和 98.75%的置信限的 Smithson 方法的结果.

表 9-14　对于针对其他三个预测变量调整后的每个预测变量，每个组和其他两个合并组对比的效应大小和 98.75%置信限

对比		预测变量(对其他变量调整后)			
		对家务的态度	对女性角色的态度	对婚姻的态度	控制点
职业女性对比其他	效应大小	0.00	0.04	0.00	0.00
	98.75%置信限	0.00—0.03	0.01—0.09	0.00—0.42	0.00—0.02
角色满意家庭主妇对比其他	效应大小	0.01	0.01	0.02	0.01
	98.75%置信限	0.00—0.04	0.00—0.05	0.00—0.07	0.00—0.02
角色不满意家庭主妇对比其他	效应大小	0.01	0.01	0.01	0.01
	98.75%置信限	0.00—0.05	0.00—0.03	0.00—0.05	0.00—0.03

直接判别函数分析的清单如表 9-15 所示．后面是刚刚所描述的分析的一个期刊格式的结果部分的示例．

表 9-15　直接判别分析的清单

1. 问题
   a. 样本量不等和数据缺失
   b. 抽样分布的正态性
   c. 异常值
   d. 线性
   e. 方差-协方差矩阵的齐性
   f. 多重共线性和奇异性
2. 主要分析
   a. 判别函数的显著性．如果显著：
      (1)每个显著函数的方差和置信限
      (2)判别函数图
      (3)结构矩阵
   b. 解决方案的效应大小和置信限
   c. 用效应大小和置信限将组分离的变量
3. 其他分析
   a. 高载荷变量的组均值和标准差
   b. 所有预测变量合并的组内相关性
   c. 分类结果
      (1)jackknife 分类
      (2)交叉验证
   d. Rao's V(或逐步 F)的变化加上预测变量的一元 F

结果

一个直接判别分析使用 4 个态度变量作为三个组中成员身份的预测变量．预测变量是控制点、对婚姻状况的态度、对女性角色的态度和对家务的态度．组是职业女性、角色满意的家庭主妇和角色不满意的家庭主妇.

原始有465个案例，由于缺失数据有7个从分析中剔除．缺失数据随机分散在组和预测变量中，两个额外的案例被识别为 $p<0.001$ 的多元异常值，也被删除．两个边缘的案例都在工作组中，她们都是对家务有着非常良好态度的女性．剩下的456个案例(239个职业女性、136个角色满意的家庭主妇和81个角色不满意的家庭主妇)都满足线性、正态性、多重共线性或者奇异性的假设评估．由于观察到方差-协方差矩阵有统计显著异质性($p<0.10$)，因此通过SAS PROC DISCRIM使用二次分析步骤进行分析．

计算出两个判别函数，其中 $F(8,900)=6.27$，$p<0.01$，$\eta^2=0.05$，95%的置信限为从0.02到0.08. 在第一个函数被移除之后，组和预测变量之间仍然有很强的相关性，$F(3,451)=5.29$，$p<0.01$. 第一判别函数的典型 $R^2=0.07$，95%的置信限为从0.03到0.11，第二判别函数的典型 $R^2=0.03$，置信限为从0.00到0.06. 因此这两个函数分别解释了大概7%和3%的预测变量与组之间的整体关系．这两个判别函数分别解释69%和31%的组间变异性(F 值-典型相关系数的平方和方差的百分比来自表9-8，参见9.6.2节). 如图9-4所示，第一判别函数最大限度地将角色满意的家庭主妇组和其他两组分离开．第二判别函数将角色不满意的家庭主妇和职业女性区分开，而角色满意家庭主妇介于这两者之间.

如表9-10所示，预测变量和判别函数之间相关性的结构(载荷)矩阵表明区分角色满意的家庭主妇和其他两个组(第一函数)的最好的预测变量是对目前婚姻状况的态度、对女性角色的态度和对家务的态度．角色满意的家庭主妇(均值=20.60，标准差=6.62)相比职业女性(均值=23.40，标准差=8.53)或者角色不满意的家庭主妇(均值=25.62，标准差=10.30)对婚姻状况有更良好的态度，并且相比职业女性(均值=33.86，标准差=6.96)或者角色不满意的家庭主妇(均值=35.67，标准差=5.76)对女性的角色有更保守的态度(均值=37.19，标准差=6.46). 相比职业女性(均值=23.81，标准差=4.55)或者角色不满意的家庭主妇(均值=24.93，标准差=3.96)，角色满意的女性对家务的态度更加良好(均值=22.51，标准差=3.88). (组均值和标准差在表9-8中展示．)载荷小于0.50的没有解释.

对女性角色的态度的预测变量在第二判别函数上有一个载荷超过0.05，它将角色不满意的家庭主妇和职业女性区分开．角色不满意的家庭主妇比起职业女性对于女性角色更加保守(均值已经被引用).

在每个组中进行12个对比操作，反过来，与其他两个组进行对比汇总，从而确定在其他预测变量做出调整之后哪些预测变量可以可靠地将每个组与其他两个组区分开．表9-14显示了12个对比的效应大小和它们的98.75%置信限(保持整体的置信水平在0.95). 当职业女性与合并的家庭主妇组对比时，在对其他所有预测变量做出调整之后，仅对女性角色的态度显著地将职业女性与其他两个组分开，$F(1,450)=16.87$，$p<0.05$.

角色满意的家庭主妇在对婚姻状况的态度上不同于其他两组，$F(1,450)=9.66$，$p<0.05$.

对所有其他的预测变量做出调整之后，角色不满意的家庭主妇组与其他两个组没有差异.

因此，三组妇女群体在对待社会中女性适当角色的态度上的差异最为显著．职业女性有最自由的态度，其次是角色不满意的家庭主妇，其中角色满意的家庭主妇显示出最保守的态度．角色满意的家庭主妇比起其他两个组的组合对待婚姻有着更加积极的态度．

4 个预测变量的合并组内相关性如表 9-8 所示．如果单独进行检验，在 $\alpha=0.01$ 时，6 个相关性中的 4 个将会显示统计显著性．控制点和对婚姻状况的态度之间有很小的正向关系，$r(454)=0.17$ 表示那些更加满意当前婚姻状况的女性不太可能将强化控制归因于外部来源．对家务的态度和控制点之间正向相关，$r(454)=0.16$，和对婚姻状况的态度之间正向相关，$r(454)=0.28$，和对女性的角色态度是负相关的，$r(454)=-0.29$．这表明那些对家务持消极态度的女性很可能将控制归因于对外界来源、对她们目前的婚姻状况不满意，以及对女性的角色有着更加自由的态度．

使用 jackknife(一次删除一个案例）二次分类方法对整体可用的 456 个女性样本进行分类，正确分类了 240(53%)个女性角色，相比之下，仅凭偶然性就可以正确分类 178.9(39%)个女性．53%的分类正确率是通过把不成比例的案例数归类为职业女性而达成的．尽管 52%的女性事实上是在联的，但使用样本比例作为先验概率的这个分类方案却将 70%的女性分类为在职的[317/456 来自表 9-8 中的交叉验证分类矩阵]．这意味着相比角色满意的家庭主妇(39%正确分类)和角色不满意的家庭主妇(10%正确分类)，职业女性更可能被正确分类(75%正确分类)．

通过运行交叉验证来检查分类方法的稳定性．在本次运行中，大约 25%的案例来进行分类函数的计算．对于另外 75%进行分类函数计算的案例，有 54%的正确分类率．对于交叉验证的案例，分类正确率是 55%．这表明分类方案具有高度一致性，尽管为职业女性提供了正确的分类，但牺牲了角色满意的家庭主妇．

9.8　程序的比较

在统计软件包中有许多程序用于判别分析，包含一般性和特殊目的．SPSS 具有通用的判别分析程序，执行直接、序贯或逐步判别分析分类．此外，SPSS MANOVA 执行判别分析，但不进行分类．SAS 有两个程序，一个独立用于逐步分析．SYSTAT 有一个单独的判别程序．最后，如果唯一的问题是预测变量分组的可靠性，那么第 7 章讨论的任何多元方差分析程序都是合适的．表 9-16 比较了直接判别程序的特性．表 9-17 比较了逐步判别分析的特性．

9.8.1　SPSS 软件包

表 9-16 和表 9-17 中所描述的 SPSS DISCRIMINANT 特性，是判别分析软件包中的基本程序．该程序有众多的选项，提供了直接的(标准的)、序贯的或者逐步的预测变量，但是一些特性仅在语法模型中可用．优点包括几种类型的图和足够的分类信息．如果仅仅只有很少的案例要分类，则可以使用判别函数得分对区域图进行分类．此外，通过图提供方差-协方差矩阵的一个齐性检验，如果发现异质性，则可基于独立的矩阵进行分类．其他有用的特性是连续判别函数的评估和结构矩阵的默认可用性．

SPSS MANOVA 也可以用于判别分析，并有一些在任何其他的判别分析程序中无法获得的特性．SPSS MANOVA 在表 7-34 中描述得相当充分，但是在某些方面尤其是与判别分析相关的特性在表 9-16 中．多元方差分析提供了多种统计标准来检验一整套预测变量的显著性(参见 7.6.1 节)．许多矩阵可以打印出来，这些矩阵及行列式对更复杂的研究非常有用．如在 SPSS DISCRIMINANT 中，评估连续的判别函数.

SPSS MANOVA 为更加复杂的设计提供判别函数，如有着不等样本量的因子安排．然而，这个程序是有限制的，因为它包括不分类阶段．此外，只有标准的 DISCRIM 是可用的，除了第 7 章所描述的 Roy-Bargmann 逐步分析，不支持逐步或者序贯分析.

9.8.2　SAS 系统

在 SAS 中，有三个独立的程序用来处理判别分析的不同方面，而逐步和直接程序之间几乎没有重叠．然而，较早的直接程序 CANDISC 已经被 DISCRIM 所替代，在这里不进行回顾．判别分析的两个 SAS 程序在 SSCP、相关性与协方差矩阵的输出中是非常丰富的.

最全面的程序是 DISCRIM，但它不执行逐步或序贯分析．该程序在分类新的案例或者执行交叉验证(9.6.7.1 节)以及检验和处理方差-协方差矩阵的齐性的违反方面特别方便. DISCRIM 提供了替代推理检验、降维分析和所有判别结果的标准矩阵.

表 9-16　直接判别分析的程序比较

特性	SAS DISCRIM	SPSS DISCRIMINANT	SPSS MANOVA[①]	SYSTAT DISCRIM
输入				
可选矩阵输入	是	是	是	否
缺失数据选项	否	是	否	否
限制判别函数的数量	NCAN	是	否	否
指定特征值总和的累积百分比	否	是	否	否
指定要保留的函数的显著性水平	否	是	ALPHA	否
组的因子排列	否	否	是	CONTRASTS
指定公差	SINGULAR	是	否	是
判别函数的旋转	否	是	是	否
二次判别分析	POOL＝NO	否	否	是
可选先验概率	是	是	N. A.[②]	是
为分类指定单独的协方差矩阵	POOL＝NO	是	N. A.	否
分类阈值	是	否	N. A.	否
非参数分类方法	是	否	N. A.	否
输出				
Wilks' lambda 与近似 F	是	是	是	是
χ^2	否	是	否	否
组间的广义距离(Mahalanobis' D^2)	是	是	否	否
Hotelling 迹准则	是	否	是	是
Roy's gcr(最大根)	是	否	是	否
Pillai 准则	是	否	是	是
连续维度检测(根)	是	是	是	否[③]
一元 F 比率	是	是	是	是

（续）

特性	SAS DISCRIM	SPSS DISCRIMINANT	SPSS MANOVA①	SYSTAT DISCRIM
组均值	是	是	是	PRINT MEDIUM
总计和组内标准组均值	是	否	否	否
组标准差	是	是	是	否
总计、组内和组间标准差	是	否	否	否
标准化判别函数（典型）系数	是	是	是	PRINT MEDIUM
非标准化（原始）判别函数（典型）系数	是	是	是	PRINT MEDIUM
组重心	是	是	否	是
合并的组内（残差）SSCP 矩阵	是	否	是	否
组间 SSCP 矩阵	是	否	否	否
假设 SSCP 矩阵	否	否	是	否
总 SSCP 矩阵	是	否	否	否
组 SSCP 矩阵	是	否	否	否
合并的组内（残差）相关矩阵	是	是	是	PRINTLONG
组内相关矩阵的行列式	否	否	是	否
组间相关矩阵	是	否	否	否
组相关矩阵	是	否	否	PRINTLONG
总相关矩阵	是	否	否	PRINTLONG
总协方差矩阵	是	是	否	PRINTLONG
合并的组内（残差）协方差矩阵	是	是	是	PRINTLONG
组协方差矩阵	是	是	否	否
组间协方差矩阵	是	否	否	否
组协方差矩阵的行列式	是	否	是	否
方差-协方差矩阵的齐性	是	是	是	是
F 矩阵，两两组比较	否	是	否④	是
典型相关	是	是	是	是
调整后的典型相关	是	否	否	否
特征值	是	是	是	是
每个变量的 SMC	R-Squared	否	否	否
SMC 除以每个变量的公差	RSQ/(1－RSQ)	否	否	否
结构（载荷）矩阵（合并组内）	是	是	否	否
总结构矩阵	是	否	否	否
结构矩阵间	是	否	否	否
个体判别（典型变量）得分	数据文件	是	否	是
分类特征				
案例分类	是	是	N. A.②	是
分类函数系数	是⑤	是	N. A.	PRINT MEDIUM
分类矩阵	是	是	N. A.	是
分类的后验概率	数据文件	是	N. A.	PRINTLONG
案例的 Mahalanobis' D^2 或杠杆（异常值）	否	是⑥	N. A.	PRINTLONG
jackknife（留一法）分类矩阵	是	是	N. A.	是

（续）

特性	SAS DISCRIM	SPSS DISCRIMINANT	SPSS MANOVA[①]	SYSTAT DISCRIM
使用交叉验证样本进行分类	是	是	N. A.	是
图像				
所有组散点图	否	是	N. A.	是
重心包含在所有组散点图中	否	是	N. A.	否
按组分隔散点图	否	是	N. A.	否
领土地图	否	是	N. A.	否

①7.7 节介绍了其他特性.
②SPSS MANOVA 不对案例进行分类.
③可在带有 PRINT-LONG 的 GLM 中使用. 有关其他特性，请参见第 7 章.
④可以通过 CONTRAST 程序获得.
⑤标记的线性判别函数.
⑥解决方案中的异常值.

表 9-17　逐步和序贯判别分析的程序比较

特性	SPSS DISCRIMINANT	SAS STEPDISC	SYSTAT DISCRIM
输入			
可选矩阵输入	是	是	是
缺失数据选项	是	否	否
指定对比度	否	否	是
组的因子排列	否	否	CONTRAST
抑制中间步骤	否	否	否
隐藏除汇总表以外的所有内容	NOSTEP	SHORT	否
顺序输入/剔除的可选方法	3	5	2
按级别强制进入(序贯)	否	否	是
在模型中加入一些变量	是	INCLUDE	FORCE
指定公差	是	SINGULAR	是
指定最大步数	是	是	否
指定最终逐步模型中的变量数量	否	STOP=	否
对进入/剔除指定 F	FIN/FOUT	否	FEnter/Fremove
对进入/剔除指定 F 的显著性	PIN/POUT	SLE/SLS	Enter/Remove
对进入/剔除指定偏 R^2	否	PR2E/PR2S	否
限制判别函数的数量	是	否	否
指定特征值总和的累积百分比	是	否	否
指定要保留的函数的显著性水平	是	否	否
判别函数的旋转	是	否	否
可选的先验概率	是	N. A.[①]	是
为分类指定单独的协方差矩阵	是	N. A.	否
输出			
Wilks' lambda 与近似 F	是	是	PRINT MEDIUM

（续）

特性	SPSS DISCRIMINANT	SAS STEPDISC	SYSTAT DISCRIM
χ^2	是	否	否
组间 Mahalanobis' D^2	是	否	否
Rao 的 V	是	否	否
Pillai 准则	否	是	PRINT MEDIUM
连续维度检验（根）	是	否	否
一元 F 比率	是	STEP 1 F	是②
组均值	是	是	PRINT MEDIUM
组标准差	是	是	否
总计和合并的组内标准差	否	是	否
标准化判别函数（典型）系数	是	否	PRINT MEDIUM
非标准化（原始）判别函数（典型）系数	是	否	PRINT MEDIUM
组重心	是	否	是③
合并的组内相关矩阵	是	是	PRINT LONG
总相关矩阵	否	是	PRINT LONG
总协方差矩阵	是	是	PRINT LONG
总 SSCP 矩阵	否	是	否
合并的组内协方差矩阵	是	是	PRINT LONG
合并的组内（残差）SSCP 矩阵	否	是	否
组协方差矩阵	是	是	PRINT LONG
组相关矩阵	否	是	PRINT LONG
组 SSCP 矩阵	否	是	否
组间相关矩阵	否	是	否
组间协方差矩阵	否	是	否
组间 SSCP 矩阵	否	是	否
方差-协方差矩阵的齐性	是	否	是
F 矩阵，两两组比较	是	否	是
典型相关，每个判别函数	是	否	是
典型相关，平均值	否	是	否
特征值	是	否	是
结构（载荷）矩阵	是	否	否
每一步中进入/剔除的偏 R^2（或公差）	是	是	是
F 进入/剔除，每一步	是	是	是
分类特征			
案例分类	是	N. A. ①	是
分类函数系数	是	N. A.	PRINT MEDIUM
分类矩阵	是	N. A.	是
个体判别（典型变量）得分	是	N. A.	PRINT LONG
分类的后验概率	是	N. A.	PRINT LONG
案例的 Mahalanobis' D^2（异常值）	是④	N. A.	PRINT LONG
jackknife 分类矩阵	CROSS VALIDATE	N. A.	是

（续）

特性	SPSS DISCRIMINANT	SAS STEPDISC	SYSTAT DISCRIM
使用交叉验证样本进行分类	是	N. A.	是
每一步的分类信息	否	N. A.	否
图像			
单独绘制组重心	否	N. A.	否
所有组散点图	是	N. A.	是
按组分隔散点图	是	N. A.	否
领土地图	是	N. A.	否

①SAS STEPDISC 不对案例进行分类(请参见 SAS DISCRIM，表 9-16).

②F 在第一步之前进入.

③均值的典型得分.

④解决方案中的异常值.

逐步(但不是序贯)分析通过 STEPDISC 来完成．如表 9-17 中所见，很少有另外的便捷方法可运用在这个程序中．没有分类，也没有关于判别函数的信息．另一方面，对于预测变量的进入和移除，这个程序提供了很多选择.

9.8.3　SYSTAT 系统

SYSTAT DISCRIM 是判别分析程序．这个程序处理所有种类的判别分析，提供自动(向前和向后)和交互式步进，以及控制变量的对比程序．这个对比程序对于比较一个组的均值和其他组的合并均值也非常有用．jackknife 分类通过默认来产生，也可以进行交叉验证．降维分析不再可用，但是可以通过将这个问题改述为多元方差分析以及通过带有 PRINT＝LONG 的 GLM 运行它来获得降维的效果．这样的策略也很适合样本不等的组的因子排列.

散点图矩阵(SYSTAT SPLOM)可以用于评估方差-协方差矩阵的齐性，如果违反假设，则可以通过 DISCRIM 进行二次判别分析．几个一元和多元的推理检验也是可用的. SYSTAT DISCRIM 也可以通过每个案例到每个组重心之间的马氏距离来评估异常值.

第 10 章　logistic 回归

10.1　概述

logistic 回归允许预测离散的结果，例如一组变量可能是连续的、离散的、二分的或混合的．由于 logistic 回归在健康科学中非常普及，所以离散结果往往是患病/未患病．例如，能否通过地域、季节、鼻塞的程度和体温等特征来判别个体存在花粉过敏体征？

logistic 回归和判别分析是相关的，两者可以解决相同的问题，当因变量是离散变量时，使用多重列联表的逻辑形式；当因变量是二分变量时，使用多重回归分析．然而，logistic 回归比其他方法更加灵活．不同于判别分析，logistic 回归没有关于变量分布的假设．在 logistic 回归中，预测变量不需要服从正态分布、线性相关或组内的方差相等．不同于多重列联表分析，预测变量不需要是离散的，该预测变量可以是连续变量、离散变量和二分变量的任意组合．多重回归分析对预测变量的分布有要求，与多重回归分析不同，logistic 回归不会产生负的预测概率.

在 logistic 回归中，可能有两个或更多的结果(组). 如果结果超过两个，则可能是有序或无序的(例如，无花粉症、中度花粉症和严重花粉症). logistic 回归强调对于每种情况的特定结果的概率．例如，logistic 回归通过对地域、季节、鼻塞和温度等问题的研究，可以估算特定的人有花粉症的概率.

当预测因变量和一个或几个自变量之间是非线性关系时，logistic 回归分析尤其有用．例如，低血压人群(例如 110 与 120)的 10 点差异可能几乎不会影响心脏病的概率(例如 1%)，但是随着血压的升高，同样具有 10 点差异时，高血压(180 与 190)的人患心脏病的概率可能会发生很大变化(例如 5%). 因此，心脏病和血压之间的关系不是线性的.

Bennett 和他的同事(1991 年)对非溃疡性消化不良(NUD)患者与对照组进行了一项应用 logistic 回归的病例对照研究．研究对象根据年龄、性别和社会地位进行匹配，每一位患者匹配一个对照组．预测变量包括生活压力、性格、情绪状态以及应对措施．一元分析显示患者在 17 个心理变量上与对照组不同，而 logistic 回归分析显示单个预测变量．仅就具有高度威胁性的慢性疾病提供了一个高度适当的模型．98%的 NUD 受到至少一个这样的压力源，而只有 2%的对照组受到这样的压力源．当 logistic 回归存在时，没有其他预测变量可以改善该模型.

Fidell 和他的同事(1995)研究了与某些事件有关的夜间睡眠觉醒的概率，它是 4 个噪声特征、3 个个人特征、3 个时间相关的特征以及 3 个睡眠前特征的函数．在标准 logistic 回归中，7 个变量成功地预测了受噪声事件影响的觉醒行为．预测的噪声特征是声音水平(正相关)和环境水平(负相关). 预测觉醒概率的个人特征是自然醒的数量(负相关)和年龄

(也负相关). 退休后的时间是很有效的预测变量(正相关), 居住时间是正向的、统计上显著的预测变量, 但微不足道. 夜晚之前的疲劳程度有效和正向地预测了觉醒. 然而, 包含所有预测变量的模型仅占睡醒概率方差的13%. 对没有睡醒的正确预测率为97%, 但正确预测睡眠觉醒的概率只有8%.

Kirkpatrick 和 Messias(2003)在流行病学领域中研究了精神分裂症患者滥用药物的预测变量. 根据滥用药物的不同, 将精神分裂症患者分为3组: 酒精和大麻滥用、多种药物滥用以及无滥用药物的人(作为对照组). 协变量为性别、年龄和种族. 可以用作预测变量的临床特征包括思维混乱、普遍缺陷(例如情绪低落, 2周抑郁情绪)和幻觉/妄想. 思维混乱与滥用6倍剂量的乙醇/大麻有关. 普遍缺陷发生率较高的人群与多种药物混合滥用风险增加5倍以上有关.

因为 logistic 回归产生的模型是非线性的, 所以相比较于多重回归, 描述 logistic 回归的结果的公式更复杂. 结果变量 $\hat{Y}$ 是根据最佳变量线性或非线性组合得到的一个结果或另一个结果的概率. 有两个结果:

$$\hat{Y}_i = \frac{e^u}{1+e^u} \tag{10.1}$$

其中 $\hat{Y}_i$ 是一个类别中第 $i(i=1,\cdots,n)$ 个案例的估计概率, u 是普通的线性回归方程:

$$u = A + B_1X_1 + B_2X_2 + \cdots + B_kX_k \tag{10.2}$$

方程有常数项 A、系数 B_j 和 k 个自变量 $X_j(j=1,2,\cdots,k)$.

该线性回归方程建立了对数单位(logit)或者优势的对数(log of the odds):

$$\ln\left(\frac{\hat{Y}}{1-\hat{Y}}\right) = A + \sum B_jX_{ij} \tag{10.3}$$

即线性回归方程是在其中一组中的概率除以在其他组中的概率的自然对数. 用于估计系数的方法是最大似然法. 目标是找到最佳的预测变量的线性组合, 最大化获得所观察到的结果出现率的可能性. 最大似然估计可以从一组变量系数的任意值开始, 并确定系数变化的方向和大小的迭代过程以最大限度地获得观测频率的可能性. 然后对这些系数确定下来的预测模型的残差进行检验, 并再次确定系数变化的方向及大小. 依此类推, 直到系数的变化非常小, 即达到收敛. 实际上, 最大似然估计是最大化发现实际样本数据概率的参数估计(Hox, 2002).

像多重列联表一样, logistic 回归可以用于拟合和比较模型. 最简单的(也是最差的拟合)模型只包含常数项, 而不含任何自变量. 最复杂的(最佳的拟合)包含常数项、所有的自变量, 也许还有自变量的交互作用项. 然而, 通常并不是所有的自变量都和因变量相关, 研究者采用拟合优度检验来选择能够最好地产生预测结果并且含有最少自变量的模型.

10.2　几类研究问题

分析的目的是正确预测个别案例的类别. 第一步是确定因变量和自变量之间的关系. 若有关, 则应试着去掉一些自变量来简化模型, 使之仍保持很强的预测能力. 等找到了最简的自变量组合, 就可以预测新案例的类别了.

10.2.1 组成员或因变量的预测

可以根据一组变量预测结果吗？例如，是否可以从地域、季节、鼻塞程度和体温预测患有花粉过敏症？logistic 回归中有几种关系检验．最直接的是将含有常数项和自变量的模型与只含有常数项的模型进行比较．模型之间统计学的显著差异表明自变量和因变量之间存在关系．此过程会在 10.4.2 节进行说明.

另一种方法是检验只含有一部分变量的模型和含有所有变量的模型(叫作全模型)．目标是找到一个不显著的 χ^2，表明只包含一部分自变量的模型和全模型之间没有统计上的显著差异．这些方法和其他拟合优度检验方法的使用将在 10.6.1.1 节讨论.

10.2.2 预测变量的重要性

哪些变量能够预测结果？变量怎么影响结果？一个特定的变量会增加或减少结果的概率，还是对结果没有影响？包括有关地理区域的信息是否会改善对花粉过敏症的预测？某一特定区域与患有花粉过敏症概率的增加和减少是否相关联？logistic 回归提供了几种方法来解决这几个问题．例如，有的可以衡量减少一个自变量会多大程度影响模型的拟合效果，有的可以评估每个自变量系数的统计显著性，或者可以检查自变量有多大可能性改变观测结果．这些方法我们会在 10.4 节和 10.6.8 节讨论.

10.2.3 预测变量之间的交互作用

与多重列联表分析一样，logistic 回归模型中也包含预测变量之间的交互作用：双向交互作用和高阶交互作用(如果含有很多的自变量)．例如，地理区域和季节信息的组合，可能对花粉过敏症的预测很有用，或者是鼻塞程度和发热的组合也可能对花粉过敏症的预测有用．地理位置可能只在某个特定的季节中和花粉过敏症有关系，鼻塞可能只有不发热时才会发生．但是，温度和地理区域之间的其他组合可能并不会带来帮助．如果有连续变量(或者它们的幂)之间存在交互作用，则需要进行变量的中心化(5.6.6 节)来避免多重共线性.

类似单个预测变量，交互作用可能会使模型复杂化，不会显著提高预测结果．就像决定是否添加某个单个预测变量的方法一样，交互作用运用同样的方法来判断是否添加到模型中．我们会在 10.6.7 节讨论该方法，来判断是否将交互作用以及它们单独的组成项添加到模型中.

10.2.4 参数估计

logistic 回归中的参数估计值是模型中包含的预测变量的系数．它们和公式(10.2)中 A 和 B 的值有关．10.4.1 节将介绍计算参数估计值的方法．10.6.3 节将展示如何使用参数估计来计算和解释优势(odds)．例如，给定的居住在中西部地区、鼻塞、没有发热的人在春天患花粉过敏症的优势是多少？

10.2.5 分类

对于所有结果已知的分类情形，在统计上显著的模型究竟有多好？例如，有多少患有花粉过敏症的患者被正确诊断？又有多少没有患花粉过敏症的患者被正确诊断？研究人员建立了一个分割点(如 0.5)，然后提出问题，例如：如果每个人以预测概率 0.5 或者更大概率被诊断为患有花粉过敏症，那么有多少患有花粉过敏症的患者被正确诊断？我们会在 10.6.6 节讨论这个问题.

10.2.6 具有协变量的预测的显著性

在建立模型的时候，研究人员可能会考虑将一些变量作为协变量，其他的变量作为自变量. 例如，研究人员可能在预测模型中将鼻塞和体温作为协变量，地理区域信息和季节信息作为自变量，问是否地理区域信息、季节信息和身体症状的综合信息的预测效果比只有单独身体症状信息的预测效果要好. 10.5.2 节讨论序贯 logistic 回归，并且 10.7.3 节会展示序贯 logistic 回归的一个完整示例.

10.2.7 效应大小

在选择的模型中，结果和预测变量集之间的关系有多强？结果中有多少比例的方差和预测变量有关？例如，在花粉过敏症的方差中，有多少是由地理区域、季节、鼻塞和体温提供的？

logistic 回归中评价效应大小的方法与常规的假设检验方法不同. 在常规的假设检验中，可能不会给出假设检验不显著项的效应大小. 然而，在模型检验中，目标往往是找到不显著项和并非完全不同于全模型的效应大小. 然而，当样本很大时，即使这个模型有比较不错的预测效果，也可能会与全模型有统计上显著的偏差. 因此，效应大小也被报告为显著偏离偶然性的模型. 我们会在 10.6.2 节讨论效应大小的测量.

10.3 logistic 回归分析的局限性

logistic 回归相对没有限制，并且具有分析混合所有类型变量(离散的、连续的、二分的)的能力，因此，所能分析的数据集的多样性和复杂性几乎是没有限制的. 结果变量确实必须是离散的，但是如果有必要，可以将连续变量转换成离散变量.

10.3.1 理论问题

当分析中一个变量是结果时，应用因果推断有一些注意事项. 如果说，正确诊断花粉过敏的概率和地域、季节、鼻塞、发热有关，但这并不意味着任意一个变量都会引发花粉过敏.

作为判别分析和分对数形式的多重列联表分析的灵活替代方案，logistic 回归分析的受欢迎程度正在上升. 该方法有时具备产生预测值的概率介于 0 和 1 之间的有用特性. 然而，当假定预测变量的分布满足假设时，判别分析可能是一种更有力和高效的分析策略. 另一方面，判别分析有时会高估与二分预测变量的关联大小(Hosmer 和 Lemeshow，2000). 当结果连续且满足有关它和预测变量的假设时，多重回归可能比 logistic 回归更有效.

当所有的预测变量都是离散的时候，多重列联表分析提供一些便利的筛选程序，使得它成为更理想的选择.

在所有的研究中，根据一个合理的理论模型来选择适当的预测变量是十分重要的. 就像其他建模策略一样，在 logistic 回归中，也是先在模型中包含大量的预测变量，然后基于单个数据集去除那些统计不显著的预测变量. 这种方法在研究活动中经常用到. 但是在

logistic 回归中使用这种方法格外的危险，因为 logistic 回归经常用于研究医疗政策和实践中涉及生命的问题(Harlow，2020).

10.3.2　实际问题

虽然假定 logistic 回归不需要关于预测变量分布的假设，但是预测变量之间的多元正态性和线性可能会提高功效，因为使用了预测变量的线性组合来构建指数，见公式(10.1)和公式(10.2). 而且，也假设连续预测变量与因变量的对数单位是线性关系．下文会提出其他限制.

10.3.2.1　案例量与变量数量的比率

相对于预测变量的数目而言，数据的个数太少可能会出现许多问题．logistic 回归可能会产生非常大的参数估计值和标准差．而且，当离散变量的线性组合导致太多的单元没有案例时，可能会导致收敛失败．如果发生这种情况，则需要重新分类、删除有问题的类别或删除对分析不重要的离散变量.

当结果组完全分开时，极大似然方法也无法解决上面的问题．当每个结果组中的所有数据只有一个特定的值的时候，就说这是二分变量的最佳分组(例如，一组中是都有花粉过敏症且鼻塞，另一组是没有花粉过敏症且不鼻塞). 这可能是由于样本太小而不是偶然发现了能够推广到总体的最佳预测变量的结果．完全的分组也可能发生在很多的预测变量和极少的案例相关的时候(Hosmer & Lemeshow，2000). 这本质上是一个过拟合问题，因为多重回归中案例数量和变量数量的比率很小(参见 5.3.2.1 节).

极大的参数估计值和标准差表明存在问题．随着后续迭代(或方程解不收敛)，这些估计值上升．如果出现这种情况，可以增加观测值的数目或者去掉一个或几个预测变量．相比较于多重回归，小样本的过拟合问题在 logistic 回归中更难被识别，因为 logistic 回归中没有调整的 R^2，当调整的 R^2 和多重回归中未调整的 R^2 非常不同时，它可以表明样本量不充足.

10.3.2.2　期望频率和势

当我们用拟合优度检验比较离散变量组合形成的单元中的观测频率和期望频率时，如果期望频率很小，那么分析的势可能会很小．如果你要使用拟合优度检验，那么要估计所有离散变量的期望单元频率，包括结果变量．回顾普通的卡方分布(3.6 节)，期望频率＝[(行和×列和)]/总和．最好的结果是，所有的期望频率都大于 1 并且其中不超过 20%是小于 5 的．如果这两个条件中的任何一个达不到，可以选择：(1)接受降低的分析势；(2)减少两个以上的变量的分类；(3)删除离散变量以减少单元的数量；(4)使用不基于由分类变量构建的单元的观测频率与期望频率的拟合优度准则，在 10.6.1.1 节讨论.

就像所有的统计方法一样，势随着样本量的增加而增加．一些统计软件有确定 logistic 回归分析的样本量和势的功能，包括 NCSS PASS (Hintze，2002)和 nQuery Advisor (Elashoff，2000).

10.3.2.3　对数单位中的线性关系

logistic 回归假设连续自变量和因变量的对数单位形式之间存在线性关系，见公式

(10.3)，虽然这里没有关于自变量本身之间线性关系的假设.

这里有几种图形和统计方法可用于检验这个假设，BoxTidwell 方法(Hosmer & Lemeshow，2000)是这些方法中最简单的．在这个方法中，项被加入由每一个自变量和它的自然对数的交互作用构成的 logistic 回归模型中．如果添加的一个或多个交互作用统计显著，那么就违背了假设．违反假设会导致违规自变量的变换(4.1.6 节). logistic 回归中的线性检验会在 10.7 节进行说明.

10.3.2.4 多重共线性的处理

像所有多重回归一样，logistic 回归对自变量之间的高度相关性很敏感，这通过参数估计的超大标准误差和计算机运行中的容忍度检验失败来表示．为找到离散变量之间多重共线性的来源，可以使用多重列联表分析(参见第 16 章)找到它们之间非常强的关系．要找到连续变量之间多重共线性的来源，可以用二分虚拟变量代替离散自变量，然后使用 4.17 节的方法．从模型中删除一个或多个冗余变量来消除多重共线性.

10.3.2.5 模型中的异常值的处理

该解决方案可能无法很好地预测一个或多个个体，实际上属于一个结果类别的案例可能显示出属于另一个类别的可能性很高．如果这样的个体有很多，那么方程的拟合是非常差的．可以通过残差检验发现异常的个体，这也可以帮助解释 logistic 回归分析的结果. 10.4.4 节讨论如何检查残差值以评估异常值.

10.3.2.6 误差的独立性

logistic 回归假定不同个体的响应之间相互独立．即假定每一个响应都来自不同的、不相关的情况．因此，logistic 回归基本上是一个组间的策略.

然而，如果设计是重复测量的，则因变量的水平是由接受测量的某个时期(在某些处理之前或之后)形成的，或者说因变量的水平代表在一对一的基础(称为配对案例对照研究)上的实验组与对照组的匹配程度，通常 logistic 回归过程不当是因为相关误差.

logistic 回归中非独立的效应是产生过度分散，这种情况下条件是单元频率的离散程度大于潜在模型所期望的．这会导致实验自变量的第一类错误率增高．一种补救的办法是在因变量分类中做多层次建模，其中独立性被考虑为模型的一部分(参见 15.5.4 节).

这里有两种提供自变量保守检验的方法，以弥补由于非独立性而增加的第一类错误率．在 logistic 回归模型中，一个解决过度离散的简单方法就是通过方差膨胀因子重新调整每个参数(10.1.1 节)的 Wald 标准误差．这是通过计算出的标准误差乘以$(\chi^2/\text{df})^{\frac{1}{2}}$来完成的，其中$\chi^2$和 df 的值来源于方差和 Pearson 拟合优度统计量(由 SAS LOGISTIC 和 SPSS NOMREG 提供，也可以用来做缩放). 事实上，有迹象表明过度离散是一个很大的问题，即 Pearson 和偏差检验统计量之间有巨大差异．两个值中较大的那个用来计算方差膨胀因子.

如果所有预测变量都是离散的，则 SAS LOGISTIC 通过 `scale` 指令和匹配标示符(例如个体和配对数)变量 `aggregate` 指令来缩放标准误差，从而提供更复杂的补救方法，这给参数检验提供了合适的标准误差，但偏差和 Pearson χ^2 检验不能用来评价模型的拟合优度.

此外，在两个统计软件包中都可以使用特定的程序进行配对案例对照研究，将在

10.6.9 节介绍．组内(重复测量)分析也可以通过 SAS CATMOD 来实现，但同样，自变量必须是离散的．当案例被定义成集群时，SPSS COMPLEX SAMPLES 可以用来进行二分变量的重复测量设计.

10.4 logistic 回归的基本公式

表 10-1 表示一个假设的数据集，用在滑雪道上是否跌倒(0=不跌倒，1=跌倒)来检验赛道的难度(从 1 到 3 的顺序尺度，视为连续的)和季节(分类变量，其中 1=秋天，2=冬天，3=春天). 数据来源于 15 名滑雪者．logistic 回归使用类似于多重回归和多重列联表分析的方法．就像多重回归，预测方程包含自变量的线性组合，例如，有三个自变量且不存在交互作用：

$$\hat{Y}_i = \frac{e^{A+B_1X_1+B_2X_2+B_3X_3}}{1+e^{A+B_1X_1+B_2X_2+B_3X_3}} \tag{10.4}$$

logistic 回归和多重回归的区别是方程的线性部分($A+B_1X_1+B_2X_2+B_3X_3$)，对数单位自身并不是终点，而是为了在给定自变量 X 的特定得分组合情况下，找到因变量中某一类的优势．与多重列联表分析类似，通过评估每个模型(自然对数)的似然值对模型进行评估．然后通过计算它们的对数似然值的差来比较模型.

表 10-1 小样本的假设数据以解释 logistic 回归分析

是否跌倒	难度	季节	是否跌倒	难度	季节
1	3	1	1	2	3
1	1	1	1	2	1
0	1	3	0	2	2
1	2	3	0	2	3
1	3	2	1	3	2
0	2	2	1	2	2
0	1	2	0	3	1
1	3	1			

本节中详细地介绍了较简单的计算，而那些涉及演算或矩阵求逆的算法仅进行了描述，并用计算机软件求解．在本节的最后，将针对小型数据集演示每个软件包中最简单的程序(SPSS LOGISTIC REGRESSION 和 SAS LOGISTIC). 对于更多分析更复杂数据集的程序将在 10.8 节介绍.

在分析之前，离散变量重新编码为一系列二分(虚拟)变量，比类别少一．因此创建两种二分变量——季节(1)和季节(2)——以代表季节的三个类别．遵循大多数软件的惯例，如果季节是秋天，季节(1)编码成 1，其他季节编码成 0；如果季节是冬天，季节(2)编码成 1，其他季节编码成 0. 春天使用两个虚拟变量都编码成 0 识别.

10.4.1 检验和解释系数

logistic 回归系数 A 和 B 以及它们的标准误差的求解涉及微积分，该值是使用最大似然法得到的．这些值反过来用于评估一个或多个模型的拟合度(参见 10.4.2 节). 如果找到一个可以接受的模型，则每个系数的统计显著性检验通过 Wald 检验评估，这里 Wald 检验通过系数的平方除以标准误差平方得到[1]：

$$W_j = \frac{B_j^2}{SE_{B_j^2}} \tag{10.5}$$

参数估计值的平方除以标准误差的平方就是 χ^2 统计量．表 10-2 显示了这些系数，它们的标准误差和 Wald 统计量都是从统计软件获得的．在这个小数据集下，没有一个自变量是统计显著的．

表 10-2 小样本示例的系数、标准误差和 Wald 检验

指标	系数	标准误差	χ^2 检验
(常数)	−1.776	1.89	0.88
难度	1.010	0.90	1.27
季节(1)	0.927	1.59	0.34
季节(2)	−0.418	1.39	0.91

logistic 回归方程是

$$Prob(\text{跌倒}) = \hat{Y}_i = \frac{e^{-1.776+(1.010)(DIFF)+(0.927)(SEAS1)+(-0.418)(SEAS2)}}{1+e^{-1.776+(1.010)(DIFF)+(0.927)(SEAS1)+(-0.418)(SEAS2)}}$$

由于方程是针对结果“跌倒”求解的，所以编码为 1 时[2]，得出的概率也是跌倒．因为没有一个系数是显著的，所以方程不会应用于任何情况．然而，为了进行说明，将下面的等式用于第一种情况，一名滑雪者在秋天进行困难滑行的结果是跌倒．概率是

$$Prob(\text{跌倒}) = \hat{Y}_i = \frac{e^{-1.776+(1.010)(3)+(0.927)(1)+(-0.418)(0)}}{1+e^{-1.776+(1.010)(3)+(0.927)(1)+(-0.418)(0)}}$$

$$= \frac{e^{2.181}}{1+e^{2.181}}$$

$$= \frac{8.855}{9.855} = 0.899$$

在这种情况下的预测是非常好的，因为跌倒的概率是 0.899(残差是 1－0.899＝0.101，其中 1 代表实际的结果：跌倒)．10.6.3 节将进一步讨论系数的解释．

10.4.2 拟合优度

对于一个候选模型，对数似然值可以基于每种情况下预测和实际结果相关的概率求和来计算：

$$\text{对数似然值} = \sum_{i=1}^{N}[Y_i \ln(\hat{Y}_i) + (1-Y_i)\ln(1-\hat{Y}_i)] \tag{10.6}$$

表 10-3 展示了小样本示例中 15 种情况的实际结果(Y)和跌倒的预测概率，以及计算对数似然所需的值．

---

[1] 出于方便教学的目的，首先说明系数，然后显示如何将其用于开发模型的拟合优度检验．

[2] 某些文字和软件默认情况下求解结果编码为 0 的方程，在上面的示例中为“not falling”．

表 10-3 小样本示例对数似然的计算

实际结果 Y	预测概率 $\hat{Y}$	$1-\hat{Y}$	$Y\ln\hat{Y}$	$(1-Y)\cdot\ln(1-\hat{Y})$	对数似然值 $\sum[Y\ln\hat{Y}+(1-Y)\ln(1-\hat{Y})]$
1	0.899	0.101	−0.106	0	−0.106
1	0.540	0.460	−0.616	0	−0.616
0	0.317	0.683	0	−0.381	−0.381
1	0.516	0.439	−0.578	0	−0.578
1	0.698	0.302	−3.360	0	−0.360
0	0.457	0.543	0	−0.611	−0.611
0	0.234	0.766	0	−0.267	−0.267
1	0.899	0.101	−0.106	0	−0.106
1	0.451	0.439	−0.578	0	−0.578
1	0.764	0.236	−0.267	0	−0.269
0	0.457	0.543	0	−0.611	−0.611
0	0.561	0.439	0	−0.823	−0.823
1	0.698	0.302	−0.360	0	−0.360
1	0.457	0.543	−0.783	0	−0.783
0	0.899	0.101	0	−2.293	−2.293
					SUM=−8.74①

① −2×对数似然值=17.48.

通过计算对数似然值(乘以−2)的差异并使用卡方来比较两个模型．较大的模型是在较小模型中加入了自变量的模型．模型必须嵌套以进行比较，较小模型的组成部分必须包含在较大模型中.

$$\chi^2 = (-2\times\text{较小模型的对数似然值})-(-2\times\text{较大模型的对数似然值}) \tag{10.7}$$

当较大的模型包含了所有的自变量，而较小的模型只包含截距，公式(10.7)的一个常用的表达方法是：

$$\chi^2 = 2[\mathrm{LL}(B)-\mathrm{LL}(0)]$$

在这个例子中，只包含截距项的较小的模型的对数似然值是−10.095. 当较大模型包含所有的自变量时，如表 10-3 所示，对数似然值是−8.740. 将两个对数似然比的差值乘2，以构建一个服从卡方分布的统计量．在这个例子中，差值(乘以 2)是

$$\chi^2 = 2[(-8.740)-(-10.095)] = 2.71$$

自由度是较大模型和较小模型的自由度之差．只包含截距模型的自由度是 1(为常数)，而全模型的自由度是 4(每个个体效应的自由度是 1，常数自由度为 1). 因此，χ^2 通过 3 个自由度进行评估．因为当 $\alpha=0.5$ 时，χ^2 不是统计显著的，所以包含所有自变量的模型并不优于不包含自变量的模型，这是一个期望结果，因为没有找到任何统计显著的自变量. 10.6.1.1 节将介绍其他拟合优度统计量.

10.4.3 模型比较

拟合优度 χ^2 过程也经常用于评估从全模型中删除的自变量，或者是添加到小模型中的自变量(和交互作用). 在一般情况下，当自变量增加/减少时，对数似然值减少/增加．模型比较中的问题是，当增加/减少自变量时，对数似然值是否显著地减少/增加?

例如，对于难以去除的小样本示例的$-2\times$对数似然值为 18.87. 和全模型相比，利用公式(10.7)，χ^2 为

$$\chi^2 = 18.87 - 17.48 = 1.39$$

自由度为1时，表明滑雪赛道难度的信息并没有显著提高对于跌倒的预测.

10.4.4 残差的解释和分析

如10.4.2节所示，第一种情形的残差是0.101，跌倒的预测概率为0.899，和这种情形的实际跌倒结果1.0相比，下降了0.101. 计算每种情形的残差，然后将其标准化以协助评估模型在每种情形下的拟合程度.

有几种标准化残差的方案．这里使用的是软件包中常用的方法，并将一种情形下的标准化残差定义为

$$std\ residual_i = \frac{(Y_i - \hat{Y}_i)/\hat{Y}_i(1-\hat{Y}_i)}{\sqrt{1-h_i}} \tag{10.8}$$

其中

$$h_i = \hat{Y}_i(1-\hat{Y}_i)\boldsymbol{x}'_i(\boldsymbol{X}'\boldsymbol{V}\boldsymbol{X})^{-1}\boldsymbol{x}_i \tag{10.9}$$

这里 $\boldsymbol{x}_i$ 是这种情形下自变量的向量，$\boldsymbol{X}$ 是所有样本数据包括截距的矩阵，而 $\boldsymbol{V}$ 是一般元素的对角矩阵：

$$\hat{Y}_i(1-\hat{Y}_i)$$

表10-4为小样本示例中每种情形的残差和标准残差．最后一种情形有很大的残差，滑雪者没有跌倒，但是预测跌倒的概率是0.9. 这是模型预测最糟糕的情况．在这样大小的样本中，标准化残差(z)=3.326，则这种情形是解决方案中的异常值.

表10-4 小样本示例的残差和标准化残差

结果	残差	标准化残差	结果	残差	标准化残差
1	0.101	0.375	1	0.439	1.034
1	0.460	1.403	1	0.236	0.646
0	−0.317	−0.833	0	−0.457	−1.019
1	0.439	1.034	0	−0.561	−1.321
1	0.302	0.770	1	0.302	0.770
0	−0.457	−1.019	1	0.543	1.213
0	−0.234	−0.678	0	−0.899	3.326
1	0.101	0.375			

10.4.5 小样本示例的计算机分析

表10-1中数据的计算机分析的语法和选定的输出显示在表10-5和表10-6中：表10-5中的SAS LOGISTIC和表10-6中的SPSS LOGISTIC REGRESSION.

如表 10-5 所示，SAS LOGISTIC 使用 CLASS 指令来指定分类自变量；param=glm 产生与手工计算和默认 SPSS 编码相匹配的内部编码.

结果中的 Response Profile 显示每个结果组的编码和案例的个数．三个 Model Fit Statistics 给出了 Intercept Only 模型和全模型(Intercept and Covarites)，还包括-2 LogL，即 10.4.2 节中的对数似然值的－2 倍．在 Testing Global Null Hypotheses 下：BETA=0 是对于整体模型的三个 χ^2 拟合优度检验．Likelihood Ratio 检验是全模型相对于只包含常数项模型的检验(参见 10.4.2 节).

Analysis of Type 3 Effects 显示每个自变量的显著性检验，并结合了单一检验 SEASON 的 df. Analysis of Maximum Likelihood Estimates 提供预测不跌倒(0 是 FALL 的编码，SAS 处理 0 编码)的概率的权重 B(Parameter Estimates)、B 的 Standard Error 和 Wald Chi-Square 以及它们的 Pr(概率). 还提供了 Standardized(参数)、Estimates 和 Odds Ratios 以及 95%的置信限 SAS LOGISTIC 还为自变量集提供了几种有效的衡量方法：Somers' D、Gamma、Tau-a 和 Tau-c (见 10.6.2 节).

表 10-5 小样本示例的 SAS LOGISTIC 分析的语法和选定输出

```
proc logistic data=SASUSER.SSLOGREG;
     class season / param=glm;
     model FALL=DIFFCLTY SEASON;
run;

                    The LOGISTIC Procedure

                       Response Profile

              Ordered                        Total
               Value          FALL        Frequency

                   1             0                6
                   2             1                9

              Probability modeled is FALL=0.

                   Class Level Information

                                   Design Variables

         Class        Value          1       2       3

         SEASON       1              1       0       0
                      2              0       1       0
                      3              0       0       1

                    Model Fit Statistics

                            Intercept      Intercept and
       Criterion              Only           Covariates

       AIC                  22.190           25.481
       SC                   22.898           28.313
       -2 Log L             20.190           17.481

            Testing Global Null Hypothesis: BETA=0

    Test                    Chi-Square        DF       Pr > ChiSq

    Likelihood Ratio            2.7096         3           0.4386
    Score                       2.4539         3           0.4837
    Wald                        2.0426         3           0.5636
```

（续）

```
                 Type 3 Analysis of Effects

                                   Wald
        Effect          DF    Chi-Square    Pr > ChiSq

        DIFFCLTY         1        1.2726        0.2593
        SEASON           2        0.8322        0.6596

            Analysis of Maximum Likelihood Estimates

                              Standard          Wald
Parameter      DF   Estimate     Error    Chi-Square   Pr > ChiSq

Intercept       1     1.7768    1.8898        0.8841       0.3471
DIFFCLTY        1    -1.0108    0.8960        1.2726       0.2593
SEASON     1    1    -0.9275    1.5894        0.3406       0.5595
SEASON     2    1     0.4185    1.3866        0.0911       0.7628
SEASON     3    0          0     .             .            .

                      Odds Ratio Estimates

                              Point          95% Wald
     Effect                Estimate      Confidence Limits

     DIFFCLTY                 0.364       0.063      2.107
     SEASON     1 vs 3        0.396       0.018      8.914
     SEASON     2 vs 3        1.520       0.100     23.016

            Association of Predicted Probabilities
                    and Observed Responses

      Percent Concordant       72.2    Somers' D    0.556
      Percent Discordant       16.7    Gamma        0.625
      Percent Tied             11.1    Tau-a        0.286
      Pairs                      54    c            0.778
```

SPSS LOGISTIC REGRESSION（在菜单系统访问 Binary Logistic Regression）默认情况下使用 Indicator 编码，并以最后一类（在这个示例中是跌倒）为参考．ENTER 指令可确保所有自变量在第 1 步上同时进入 logistic 回归方程．

输出的前两个表显示因变量和自变量的编码．在只包含截距项模型（没有显示）的信息之后，对步骤、区（只对序贯 logistic 回归感兴趣）和标签为 Omnibus Tests of Model Coefficients的表中的模型给出整体 χ^2 检验．注意，模型的检验与 SAS 中的全模型和只含截距项模型的差异检验相匹配．

Model Summary 表提供－2 Log－Likelihood（参看表 10-3 脚注）．效应大小（R Square）在 10.6.2 节讨论．Classification Table 如下，显示将所有预测值低于 0.5 的案例分类为 0（不跌倒）并将所有预测值高于 0.5 的案例分类为 1（跌倒）的结果．在没有跌倒的滑雪者中，66.67％的人被模型正确分类；对于跌倒的滑雪者，88.89％的预测结果为正确分类．Variables in the Equation表提供 B 系数、B 的标准误差（S. E.）、每个系数的 Wald 检验（$\chi^2 = B^2/S.E.^2$）和 e^B．

表 10-6　小样本示例的 SPSS LOGISTIC REGRESSION 分析的语法和选定输出

```
LOGISTIC REGRESSION VAR=FALL
 /METHOD=ENTER DIFFCLTY SEASON
 /CONTRAST (SEASON)=INDICATOR (1)
 /CRITERIA-PIN(.05) POUT(.10) ITERATE(20) CUT(.5).
```

（续）

Logistic Regression

Case Processing Summary

Unweighted Cases[a]		N	Percent
Selected Cases	Included in Analysis	15	100.0
	Missing Cases	0	.0
	Total	15	100.0
Unselected Cases		0	.0
Total		15	100.0

[a] If weight is in effect, see classification table for the total number of cases.

Dependent Variable Encoding

Original Value	Internal Value
0	0
1	1

Categorical Variables Coding

		Frequency	Parameter coding	
			(1)	(2)
SEASON	1	5	1.000	.000
	2	6	.000	1.000
	3	4	.000	.000

Block 1: Method = Enter

Omnibus Tests of Model Coefficients

		Chi-square	df	Sig.
Step 1	Step	2.710	3	.439
	Block	2.710	3	.439
	Model	2.710	3	.439

Model Summary

Step	–2 Log likelihood	Cox & Snell R Square	Nagelkerke R Square
1	17.481[a]	.165	.223

[a] Estimation terminated at iteration number 4 because parameter estimates changed by less than .001.

Classification Table[a]

Observed			Predicted		
			FALL		Percentage Correct
			0	1	
Step 1	FALL	0	4	2	66.7
		1	1	8	88.9
	Overall Percentage				80.0

[a] The cut value is .500

（续）

Variables in the Equation

		B	S.E.	Wald	df	Sig.	Exp(B)
Step 1[a]	DIFFCLTY	1.011	.896	1.273	1	.259	2.748
	SEASON			.832	2	.660	
	SEASON(1)	−1.346	1.478	.829	1	.362	.260
	SEASON(2)	−.928	1.589	.341	1	.560	.396
	Constant	−.849	2.179	.152	1	.697	.428

a. Variable(s) entered on step 1: DIFFCLTY, SEASON.

10.5　logistic 回归的类型

类似于多重回归和判别分析，这里有三种主要的 logistic 回归类型：直接型(标准型)、序贯型和统计型．logistic 回归程序往往比判别程序有更多的选项来控制方程的建立，但是比多重回归程序的选项少.

10.5.1　直接 logistic 回归

在直接 logistic 回归中，所有的自变量同时进入方程中(只要不违反公差，参照第 4 章)．与多重回归和判别分析一样，如果没有关于预测变量的顺序或重要性的特定假设，则这是一种可选择的方法．这种方法提供每个自变量基于其他自变量之上的贡献度的评估．换句话说，每个自变量的评估就好像它最后加入方程一样.

这种方法当自变量相关时通常难以解释．一个和结果高度相关的自变量在其他自变量出现的情况下可能会显示很低的预测能力(参见 5.5.1 节，图 5-2b).

SAS LOGISTIC 和 SPSS LOGISTIC REGRESSION 默认情况下使用直接 logistic 回归分析(表 10-5 和表 10-6).

10.5.2　序贯 logistic 回归

因为研究者指定自变量进入模型的顺序，所以序贯 logistic 回归类似于序贯多重回归和序贯判别分析．SPSS LOGISTIC REGRESSION 通过使用连续的 `ENTER` 指令输入一个或多个自变量．在 SAS LOGISTIC 中，你可以使用 `sequential` 添加自变量，以 `model` 指令列出的顺序输入，但每次只能加入一个自变量．你还必须指定 `selection=forward` 并为 `slentry` 和 `slstay` 选择大的置信水平(例如，0.9)，确保所有的变量都加入了等式并保留.

用任何 logistic 回归程序的另一种选择是简单地进行多次运行，对于意图顺序的每一步运行一次．例如，人们可能会首先从鼻塞的程度和温度来预测花粉过敏症．然后，第二次运行时，将季节和地理区域加入鼻塞和温度中去．使用在 10.4.3 节介绍的技术和 10.7.3 节说明的大样本示例，对两个模型之间的差异进行评估，以确定地理区域和季节是否显著提高基于单独症状提供的预测.

表 10-7 展示了 SPSS LOGISTIC REGRESSION 的小样本示例的序贯 logistic 回归．难度被赋予最高优先级，因为它有望成为跌倒的最强预测变量．序贯过程会询问季节是否加

入对滑雪跌倒的预测.

表 10-7 小样本示例的 SPSS LOGISTIC REGRESSION 分析的语法和序贯 logistic 回归的部分输出

```
LOGISTIC REGRESSION VAR=FALL
 /METHOD=ENTER DIFFCLTY /METHOD=ENTER SEASON
 /CONTRAST (SEASON)=INDICATOR
 /CRITERIA-PIN(.05) POUT(.10) ITERATE(20) CUT(.5).
```

Block 1: Method = Enter

Omnibus Tests of Model Coefficients

		Chi-square	df	Sig.
Step 1	Step	1.804	1	.179
	Block	1.804	1	.179
	Model	1.804	1	.179

Model Summary

Step	−2 Log likelihood	Cox & Snell R Square	Nagelkerke R Square
1	18.387[a]	.113	.153

[a]Estimation terminated at iteration number 4 because parameter estimates changed by less than .001.

Variables in the Equation

		B	S.E.	Wald	df	Sig.	Exp(B)
Step 1[a]	DIFFCLTY	1.043	.826	1.593	1	.207	2.837
	Constant	−1.771	1.783	.986	1	.321	.170

[a]Variable(s) entered on step 1: DIFFCLTY.

Block 2: Method = Enter

Omnibus Tests of Model Coefficients

		Chi-square	df	Sig.
Step 1	Step	.906	2	.636
	Block	.906	2	.636
	Model	2.710	3	.439

Model Summary

Step	−2 Log likelihood	Cox & Snell R Square	Nagelkerke R Square
1	17.481	.165	.223

Block 中的 $\chi^2(2, N=15)=0.906$，$p>0.05$，表明添加 SEASON 作为自变量没有明显的改善．注意，拟合统计量提高的是 **Block 1** 的 −2 Log Likelihood(18.387)和全模型的 −2 Log Likelihood(17.481)的差异．分类表、模型总结、第二区域末尾的 logistic 回归方程、方程中的所有自变量，与直接 logistic 回归和序贯 logistic 回归一样(未示出).

10.5.3 统计(逐步)logistic 回归

在统计 logistic 回归中，添加和去除方程自变量都完全基于统计准则．因此，统计

logistic回归最好被作为一种筛选或假设生成技术，因为其具有与统计多重回归和判别分析(5.5.3节和9.5.3节)一样的问题．当使用统计分析时，很容易错误解释预测变量的排除：预测变量可能会和结果高度相关，但是没有包含在等式中，因为它被其他预测变量或者预测变量的组合“抵消”．在logistic回归中，基于数据驱动的模型而不是理论驱动的模型进行决策，这种做法特别危险，因为logistic回归经常应用于关乎生死的生物医学问题．至少，序贯logistic回归应该是一个交叉验证策略的一部分，以研究样本结果可以更广泛化的程度．Hosmer and Lemeshow(2000)推荐一个不严格小于0.05的纳入变量准则，他们建议0.15到0.20的范围更为合适，以保证系数不同于零的变量的输入．

回顾两个计算机软件包都提供允许替代逐步回归方法和标准统计logistic回归的规范．SPSS LOGISTIC REGRESSION提供向前或者向后统计回归，两者中的任何一个都可以基于Wald或最大似然比统计量，并具有用户指定的尾部概率．

SAS LOGISTIC允许向前、向后或者是“逐步”步进．(在向前选择中，一个自变量只要进入方程就留在里边，如果选择逐步，变量进入方程还有可能离开)．研究者可以在过程中指定最大步数、进入或者保留在方程的显著性水平、全模型包含的自变量以及包含自变量个数的最大值．研究人员还可以根据残差卡方检验指定自变量的移除或添加．

如果你建立统计模型，则可能会需要考虑将交互作用作为潜在自变量．Hosmer and Lemeshow (2000)讨论围绕交互作用的使用和它们的连续变量的合适缩放比例(70～74页)．

10.5.4　概率单位分析和其他分析

概率单位分析和logistic回归高度相关，经常应用于分析生物医学中的剂量-反应数据．例如，在一半心脏病患者的总体中，用来防止心脏病发作的阿司匹林的中值剂量是多少？

概率单位分析和logistic回归都侧重于两个或多个因变量类别中案例的比例．两者都类似于多重回归，因为因变量(两者中的比例)都是从一组连续的或者二分法编码的自变量中预测出来的．在给定一组自变量的情况下，两者都会产生因变量等于1的概率估计值．

logistic回归和概率单位分析之间的区别在于变换所形成因变量的比例，反过来又反映出因变量潜在分布的假设．logistic回归采用了比例的分对数变换，如公式(10.3)所示(其中比例表示为$\hat{Y}$)．概率单位分析使用概率变换，其中将每个观察比例用标准正态曲线(z值)的值替换，在该值下可以找到观察比例的部分．因此，logistic回归假设一个潜在的定性因变量(或在某些应用中为有序因变量)，概率单位分析假设一个潜在的正态分布因变量．

当比例是0.5的时候，这两个变换都会产生零值，对于概率单位分析，因为正态分布中有一半的案例低于$z=0$．对于分对数变换，

$$\ln\left(\frac{0.5}{1-0.5}\right)=0$$

它在极端的时候值不同．例如，当比例是0.95．概率单位(z)$=1.65$，分对数是2.94．然而，分对数和概率单位分布的形状很相似，只要比例不是极端情况，两类分析的结果是非常相似的．然而，潜在分布是正态的这个假设使得概率单位分析比logistic回归要严格一点．因此，如果这里有太多具有非常高或非常低的值的案例，使得潜在的正态分布站不住

脚，则 logistic 回归被认为比概率单位分析更好．

概率单位系数表示自变量的单位变化会导致对结果累积正态概率的影响（z 值下的自变量对结果值的影响）．结果的概率取决于自变量的水平．自变量中等水平处的单位变化对结果概率的影响不同于自变量极端水平值处的影响．因此，自变量的基准点是有必要的，通常设置在所有自变量的样本均值上．

这两个程序在结果方面的侧重点也不同．logistic 回归强调优势比．概率单位分析往往侧重于不同响应率下自变量的有效值，例如，药物的中间有效剂量、致死剂量等．

这两个软件包都有 PROBIT 模块，可以提供模型的似然比 χ^2 检验和自变量的参数估计．SPSS PROBIT 更完整，包含期望剂量（致死或其他）的置信区间、不同组的有效剂量和不同组的期望剂量．SAS PROBIT 允许除概率单位之外的变换，包括 logit 和 Gompertz（对于非对称 gombit 模型），并输出有效剂量的置信区间．

SAS LOGISTIC 允许泊松回归，当因变量是时间或空间上分开计数的形式时非常有用．例如，从大学图书馆借出的图书的数量可以按照学期和专业进行预测．

10.6 一些重要问题

10.6.1 统计推断

logistic 回归有两种类型的推断检验：模型的检验和单个自变量的检验．

10.6.1.1 评价模型的拟合优度

在 logistic 回归中有大量的模型：只包含常数项（截距）没有自变量的模型、即包含常数项和一部分自变量的不完全模型、包含常数项和所有自变量（包括达到一定值的交互作用和自变量）的全模型以及完美（假设）的模型．只要能测量到正确的一组自变量，模型就能提供期望频率对观测频率的精确拟合．

因此，这里有许多比较：在只包含常数项的模型和全模型之间、在只包含常数项的模型和不完全模型之间、在不完全模型和全模型之间、在两个不完全模型之间、在选择的模型和完美模型之间等，你可以想象得到．

这里不仅有许多可能的模型比较，也有无数的检验来评估拟合度．因为没有一个统一的检验方法被普遍接受，所以计算机程序报告了多种模型间差异的检验．更糟的是，有时一个好的拟合显示不显著的结果（例如，一个不完全的模型被检验对比一个完美的模型）而其他的时候，一个好的拟合是由一个显著的结果表示的（例如，一个全模型被检验对比一个只包含常数项的模型）．

样本量也是相关的，因为如果样本量非常大，那么几乎所有的模型之间的差异都有可能是统计上显著的，即使差异没有实际的重要性，并且每一个模型的分类都很好．因此，分析者在解释结果时既需要考虑样本量（模型大＝找到显著的可能性更大）的效应，也要兼顾检验（好的拟合＝显著，或者好的拟合＝不显著）的方法．

（1）仅包含常数项的模型与全模型

在任何分析中，通常第一步是询问自变量作为一组是否有助于结果的预测．在 logistic 回归中，这是仅包含常数项的模型和全模型之间的比较．如果所有的自变量都被加入，模型也没有改进，那么这些自变量和结果无关.

在 10.4.2 节，公式(10.7)显示了将仅包含常数项的模型和全模型进行比较的对数似然技术．这两个计算机程序都做了对数似然检验，但是用了不同的术语表示．表 10-8 总结了这两个程序中介绍的检验.

表 10-8　仅包含常数项的模型和全模型检验的软件标签概要

程序	χ^2 检验的标签
SPSS LOGISTIC REGRESSION	Model Chi square 在表格标签 Omnibus Test of Model Coefficients 内
SAS LOGISTIC	Likelihood Ratio Chi Square 在表格标签 Testing Global Null Hypotheses 内

人们希望至少在 $p<0.05$ 的水平下，全模型和仅包含常数(截距)项的模型之间存在统计显著性差异．SAS LOGISTIC 提供第二个统计标签 Score，其解释方式与对数似然之间的差异相同.

通过在语法中加入一些但不是全部自变量，使这些相同的步骤被用来检验不完全模型(只包含一些自变量)相对于仅包含常数项的模型的充分性.

(2)与完美(假设)模型比较

完美模型包含所有正确的自变量来重复观测频率．不管是全模型(所有的自变量)还是不完全模型(一部分自变量)都可以通过几种不同的方式与完美模型进行对比检验．然而，这些统计量基于观测频率和期望频率之间的差异，并假设离散自变量之间有足够的期望单位频率，如 10.3.2.2 节所述．在这种情况下，该组自变量有时叫作协变量模式，协变量模式指的是组合所有自变量的分数，包括连续的和离散的.

这些统计量需要非显著差异．一个非显著差异表明所检验的全模型或不完全模型和完美模型是没有较大区别的．换句话说，一个非显著差异表明全模型或不完全模型在不同的结果水平下充分重复了观测频率.

(3)风险的十分位数

风险统计量的十分位数通过创建有序的受试者组来评估拟合优度，然后将每一组的实际的值和每一组通过 logistic 回归模型预测的值进行比较.

受试者首先根据对结果变量的估计概率进行排序．然后根据估计概率将受试者分为 10 组；第一组中是那些估计概率小于 0.1(最低十分位数)的，依此类推，直到那些估计概率为 0.9 或更大的(最高十分位数)[⊖]．下一步是根据结果变量将受试者进一步分为两组(例如，跌倒，没有跌倒)来形成一个 2×2 的观测频率矩阵．20 组中每一组的期望频率都从模型中获得．如果 logistic 回归模型非常好，那么大部分的结果是 1 的受试者在风险较高的十分位数中，大多数结果是 0 的在风险较低的十分位数中．如果模型不好，那么受试者在结果是 1 和 0 的风险十分位数之间大致均匀分布．拟合优度使用 Hosmer-Lemeshow 统计量来评估，其中好的模型产生不显著的卡方值．可在 SPSS LOGISTIC REGRESSION 中输入 GOODFIT 来获得 Hosmer-Lemeshow 统计量．该程序还为每个风险十分位数生成观测频率

⊖ 有时会将受试者分为 10 组：将前 $N/10$ 个受试者放在第一组，第二个 $N/10$ 中的受试者放在第二组，依此类推．但是，Hosmer 和 Lemeshow(2000)展示了一些更好的方法．

与期望频率，对于每个结果组分别报告为 Contingency Table for Hosmer and Lemeshow Test.

10.6.1.2 单个变量的检验

有三种类型的检验可用于评估模型中单个变量的贡献：(1)Wald 检验；(2)评估去掉一个自变量的影响；(3)得分(拉格朗日乘数)检验．所有的这些检验中，统计显著的结果都表明这个自变量和结果可靠相关.

Wald 检验是最简单的，它是默认选项，在 SPSS 中称为 Wald，在 SAS 中叫作 `WALD Chi Square`. 如 10.4.1 节所示，这个检验是 logistic 回归系数的平方除以它的方差[⊖]．然而，一些人对 Wald 的使用表示怀疑．例如，Menard (2001)指出，当回归系数的绝对值很大的时候，估计的标准差趋于更大，从而导致第二类错误的增加，使检验过于保守.

比较有无每个自变量的模型的检验(有时也叫似然比检验)被认为比 Wald 检验更好，但是它是计算机密集型的．当每个自变量添加到模型时，通过检验模型拟合提高的程度来评估每个自变量，或者当从模型中去掉自变量时，通过检验模型拟合减少的程度来评估每个自变量(使用公式(10.7))．这两种方法都需要运行带有和不带有每个自变量的模型，从而产生似然比检验，以评估当一个自变量加入模型时模型提高的统计显著性．SPSS NOMREG 提供该检验.

SAS 提供得分检验，且可能在逐步 logistic 回归中有优势.

10.6.2 模型的效应大小

在 logistic 回归中提出了与多重线性回归中 R^2 一样的许多测量方法．对于线性回归，这些方法都不具有与 R^2 相同的方差解释，但是都和它相似．一种选择(但是只对于二分类模型)是从实际结果分数(1 或者 0)和预测分数直接计算 R^2，其可以从任何 logistic 回归程序中保存下来．二元回归运行提供 r. 或者可以进行方差分析，通过以预测分数作为因变量，以实际结果作为分组变量，用 η^2 作为模型效应大小的度量，见公式(3.25).

McFadden ρ^2 (Maddala，1983)是似然比统计量的一个变换，这个统计量意图在 0 到 1 的范围上模仿 R^2.

$$\text{McFadden } \rho^2 = 1 - \frac{\text{LL}(B)}{\text{LL}(0)} \tag{10.10}$$

这里 LL(B)是全模型的对数似然值，LL(0)是仅包含常数项的模型的对数似然值．SAS 和 SPSS LOGISTIC 程序以 $-2\times$ 对数似然的形式提供对数似然值．对于这个小样本示例，

$$\text{McFadden } \rho^2 = 1 - \frac{-8.74}{-10.095} = 0.134$$

然而，McFadden ρ^2 在考虑高度满意的范围(0.2～0.4)内往往比多重回归中的 R^2 小很多(Hensher & Johnson，1981)．SPSS NOMREG 提供 McFadden ρ^2.

SPSS LOGISTIC REGRESSION 和 NOMREG 都提供由 Nagelkerke、Cox 和 Snell 设计的 R^2 度量(Nagelkerke，1991)．Cox 和 Snell 度量是基于对数似然值，同时需要考虑样本量.

⊖ SYSTAT LOGIC 报告 t 比率，该比率是参数估计除以其标准误差．

$$R_{CS}^2 = 1 - \exp\left[-\frac{2}{n}[\mathrm{LL}(B) - \mathrm{LL}(0)]\right] \tag{10.11}$$

对于这个小样本示例，

$$R_{CS}^2 = 1 - \exp\left[-\frac{2}{15}[-8.74 - (-10.095)]\right] = 1 - 0.835 = 0.165$$

然而，Cox 和 Snell 的 R^2 不能达到最大值 1.

Nagelkerke 调整 Cox 和 Snell 的方法，这样就能取到值 1.

$$R_N^2 = \frac{R_{CS}^2}{R_{MAX}^2} \tag{10.12}$$

其中 $R_{MAX}^2 = 1 - \exp[2(N^{-1})\mathrm{LL}(0)]$.

对于该小样本示例，

$$R_{MAX}^2 = 1 - \exp[2(15^{-1})(-10.095)] = 1 - 0.26 = 0.74$$

和

$$R_N^2 = \frac{0.165}{0.74} = 0.223$$

Steiger 和 Fouladi(1992)的软件可以用来提供测量周围的置信区间(参见图 9-3)，尽管它们不能被解释为可解释的方差．例如，所使用的 R_N^2 的值是 0.233，$N=15$，变量的个数(包括自变量和因变量)=4，概率值设置为 0.95. 预测变量的数量被认为是 3 而不是 2，这是由于 SEASON 变量的自由度是 2. 使用这些值得到 R^2 的 95%的置信区间是从 0 到 0.52. 区间包含 0 表示在 $\alpha=0.05$ 时统计上不显著．注意，在表 10-5 和表 10-6 中，概率水平 0.40819 和卡方显著水平 0.439 是相似的.

SAS LOGISTIC 也提供许多关联性的度量：Somer's D、Gamma、Tau-a 和-c. 这些都是处理一致和不一致结果对的不同方法，在一个二分类结果和一个简单二分类自变量的背景下更好理解．如果响应值越大，发生的概率也越大，则两种结果是一致的．这四种相关性度量(有的需要平方之后才能解释为效应大小)在怎样处理一致和不一致结果对的数量和如何处理关联对的方式上有所不同．所有这些都被认为是等级顺序的相关性.

最后的 SAS 度量 c 是当因变量是二元的时候 ROC 曲线下面的面积．信号检测理论的爱好者都会把它识别为 d' 的一种形式．这可能被解释为从每个结果类别中随机选择一对案例进行正确分类的概率．它的值从 0.5(表明可能的预测)变化到 1.0(表明完美的预测)不等.

效应大小的另一个度量是优势比(10.6.3 节)，适用于一个 2×2 的列联表，列联表中一个维度代表一个结果，另一个维度代表一个预测变量(例如处理组).

10.6.3　优势系数解释

优势比是当预测变量的值增加一个单位时，存在于某一个结果类别的优势的变化．预测变量的系数 B 是优势比的自然对数：优势比$=e^B$. 因此，预测变量部分一个单位的改变通过 e^B 与优势相乘得到．例如，在表 10-5 中，滑雪过程中跌倒的优势增加了乘法因子 2.75 的难度，从 1 增加到 2(或者 2 到 3)代表滑雪难度水平的上升．一名滑雪者在等级 2 滑雪道上跌倒的优势几乎是在等级 1 滑雪道上跌倒优势的三倍.

优势比大于 1 反映预测变量增加一个单位，结果为 1(因变量的类)的优势的增加．优势比小于 1 反映预测变量变化一个单位，结果的优势的减少．例如，优势比是 1.5 意味着预测变量增加一个单位，标签为 1 的结果就为原来的 1.5 倍．也就是说，优势增加了 50%．优势比是 0.8 意味着预测变量增加一个单位，标签为 1 的结果就为原来的 0.8 倍．优势下降了 20%．

在线性回归中，系数在其他预测变量的背景下解释．即在对于其他预测变量调整之后，才能解释跌倒的优势，跌倒的优势是难度水平的函数．(一般情况下，只有统计显著的系数才被解释，本示例仅用于说明．)

在 2×2 表格中，优势比有清晰直观的表示：它是在一个特定类别的预测变量中案例的一个结果的优势除以在另一个类别的预测变量中结果的优势．假设结果是孩子患有多动症，预测变量是多动症家族史：

		多动症家族史	
		是	否
多动症	是	15	9
	否	5	150

$$优势比 = \frac{15/5}{9/150} = 50$$

那些有家族多动症史的孩子比没有家族多动症史的孩子患多动症的概率高 50 倍．在有家族多动症史的孩子中，患有多动症和不患多动症的优势是 3∶1；在没有家族多动症史的孩子中，患有多动症和不患多动症的优势是 9∶150．因此，优势比是 3/0.6=50．这也经常表示为倒数，即 1/50=0.02．这个优势比的倒数可以解释为多动症的发生相对于那些有多动症家族史的家庭只有 2%的可能发生在那些没有多动症家族史的家庭．(即如果没有多动症家族史，整体的优势低于 0.06)．无论哪种解释都是正确的，一个好的选择是选择最容易表达的．例如，如果有一种治疗可以减少疾病的发生，那么我们最感兴趣的可能是疾病的减少．这个问题的进一步讨论在 10.6.4 节．

SPSS LOGISTIC REGRESSION 和 SAS LOGISTIC 可以直接输出优势比．在 SAS LOGISTIC 中叫作 `Odds Ratio`，在 SPSS LOGISTIC REGRESSION 和 NOMREG 中叫作 Exp(B)．

记住，优势比在 SPSS 中将结果编码为 1，在 SAS 中将结果编码为 0(除非你指定参考类别)．使用默认的 SAS 编码[⊖]，这个例子的优势比是 0.02．因此优势比的解释依赖于结果被如何编码．你要注意，结果变量编码的方向能够反映你想要的最终解释．

分类预测变量的编码同样很重要，在 10.6.4 节会介绍．例如，在 SPSS 中你可能会想

⊖ SPSS 和 SAS 都将预测因子和结果变量的编码转化为 0，1．如果任意值，则该输出表明了转化来自你的原始编码．

要指定一个明确的分类预测变量作为参考类，比如家族史是第一类(0，“没有多动症家族史”)，而不是最后一类(默认的“有多动症家族史”)．根据默认选择，SPSS 输出的优势比是 50．如果预测变量的参考类变化了，优势比就变为 0.02．这种情况在 SAS 中是相反的．将预测变量设置为默认结果编码的分类(class)变量，产生的结果优势比是 50；预测变量和结果都使用默认编码，优势比是 0.02.

优势比可以解释为效应大小．优势比越接近 1，效应越小．如同其他的效应大小一样，想要的是报告估计值周围的置信区间．SPSS 和 SAS 都提供优势比的置信限——SAS 默认产生，SPSS 需要通过请求提供．Chinn(2000)展示了如何将优势比转化为 Cohen's d，d 反过来可以转化为 η^2(Cohen，1988)．首先，$d=\ln(\text{优势比})/1.81$．在这个例子中，$\ln(50)/1.81=3.91/1.81=2.16$．$d$ 到 η^2 的转化为

$$\eta^2=\frac{d^2}{d^2+4}=\frac{2.16^2}{2.16^2+4}+\frac{4.67}{8.67}=0.54$$

相对风险是个类似的度量，可以用于生物医学研究，预测变量是治疗方法，结果是疾病．当预测变量明显先于结果出现时，相对风险也可用于其他应用．不同在于，优势比是基于列和．例如，(可能不适合这种类型的分析)，RR(相对风险比)是

$$RR=\frac{15/(15+5)}{9/(9+150)}=\frac{0.75}{0.57}=13.16$$

有多动症家族史的孩子患多动症的风险(概率)是 75%；没有多动症家族史的孩子患多动症的风险是 6%；那些有多动症家族史的孩子患有多动症的相对风险是那些没有多动症家族史的 13 倍．优势比常用于回顾性研究(例如，观察一个多动症儿童的样本和一个非多动症儿童的样本，之后回顾他们的家族史)，而 RR 常用于前瞻性、实验性的研究，其中有风险的样本分为实验组和对照组，结果在实验之后才能观测到．例如，一组多动症儿童的样本可能被分配到教育治疗组和等待名单对照组，一年之后评估阅读障碍是否存在．如果第一行非常少(例如，这个例子中的存在多动症)，优势比和 RR 的差异就会非常小.

10.6.4　编码结果和预测变量类别

结果类编码的方式取决于优势比的方向和 B 系数的符号．如果密切关注编码的类别，则可以简化解释．在大多数软件程序对编码为 1 的二分结果类别求解 logistic 回归方程，少数软件程序对编码为 0 的类别进行求解．如果一个问题在第一种程序中运行的优势比是 4，那么第二类程序产生的优势比是 0.25.

设置编码的一种简便方法是遵循 SYSTAT LOGIT 的行业术语，对于结果，将“响应”类(例如，疾病)编码为 1，将“参照”类(健康)[⊖] 编码为 0．因此，将实验组和对照组进行比较往往是有益的．例如，生病的人和健康的人做比较．给定预测变量的值，结果告诉你响应组中的优势．如果你也为一个最可能与“响应”有关联的预测变量类别提供更高的编码，那么解释会更加便利，因为参数估计是正的．例如，如果 60 岁以上的人更容易生病，那么将“健康”和“小于 60 岁”编码为 0，将“疾病”和“大于 60 岁”编码为 1.

⊖ Hosmer 和 Lemeshow(2000)要求对所有二分类变量进行 0 和 1 编码.

这个建议扩展到具有多元离散级别的预测变量，其中除了一个级别的离散预测变量以外，所有级别都形成了虚拟变量(例如，小样本示例中三个季节的季节 1 和季节 2)．对于一个预测变量级别，虚拟变量编码为 1，其他预测变量级别，虚拟变量编码为 0．如果可能的话，编码等级和“对照”组 0 以及“响应”组 1 相关联．优势比用标准方式计算，并对每个虚拟变量进行通常的解释(例如，季节 1)．

其他的编码方案也可以使用，例如，正交多项式编码(趋势分析)，但是通过优势比解释困难得多．然而，在某些情况下，显著性检验可能会比优势比更受关注．

SPSS 程序(LOGISTIC REGRESSION 和 NOMREG)将计算结果编码为 1．然而，SAS LOGISTIC 将结果编码为 0．你可能会想要使用 SAS 中的 `param=glm` 来简化解释．

这里有编码离散变量的其他方法，每一种都对解释有不同的影响．例如，二分(−1,1)编码可能被使用．或者离散的类别被编码为趋势分析，或者其他．Hosmer 和 Lemeshow (2000)讨论各种编码理论的可取性和在参数估计方面的影响(pp. 48-56)．计算机软件包中编码理论的进一步讨论在 10.8 节．

10.6.5 结果类别的数量和类型

logistic 回归分析可以应用于两个或多个结果类别，当这里有多个结果类别时，它们可以有顺序也可以没有顺序．也就是说，有两种以上类别的结果可以是名义的(没有顺序)也可以是顺序的(有顺序)．当响应在一个类别上的分布严重偏离正态性，且很难证明使用有序分类变量是否连续时，logistic 回归比多重回归更加的合适．

当这里有两种以上的类别时，分析称为多项式 logistic 回归、多选择 logistic 回归或者 MLOGIT，并且会产生不止一个 logistic 回归模型/方程．事实上，就像判别分析一样，这里有多少结果类别的自由度就有多少个模型/方程．模型的数量等于结果类别的数量减去 1．

当结果有序时，第一个方程计算案例高于第一个(最底下的)类别的概率，第二个方程计算案例高于第二个类别的概率，等等，如公式(10.13)所示，

$$P(Y > j) = \frac{e^u}{1 + e^u} \tag{10.13}$$

这里 u 是公式(10.1)所示的线性回归方程，Y 是结果，j 为类别．

除最后一个类别之外其他类别都产生了一个方程，因为没有一个案例会在最后一个类别之上．(SAS LOGISTIC 基于一个案例低于而不是高于一个类别的概率的方程，所以它是被忽略的最低类别．)

如果这里的结果类别多于两种，而且是没有顺序的，那么每个方程预测的是案例在(或者是不在)一个特定类别之内的概率．除了最后一种类别之外的其他类别都建立了方程．具有这种结果类型的 logistic 回归在 10.7.3 节用一个大样本示例来进行说明．

除了 SPSS LOGISTIC REGRESSION 只分析两类结果，这些程序处理多类结果，但是总结多重模型结果的方法不同．SPSS NOMREG 可以处理多类别的结果，在 9.0 版就可以运行．而 PLUM，在 10.0 版才能运行．

SPSS NOMREG 假定无序类别，SPSS PLUM 假定有序类别．分类和预测成功的表格

(参见 10.6.6 节)用来评估综合起来的方程组的成功性.

SAS LOGISTIC 将所有多项式模型中的类别都当作是有序的，这里没有无序类别的规定.单个预测变量的 logistic 回归系数适用于方程组的组合．分类、预测成功表格和效应大小被用来从整体上评估方程组．无序模型的参数估计可能与一次使用两个类别运行分析的方法相近.例如，如果这里有三组，那么可以用组 1 和组 3 做一个分析，用组 2 和组 3 做另一个分析.

当然，如果有研究兴趣，可以将多项式/多选择模型简化为二分类模型．简单地将数据重新编码，将其中一个类作为“响应”类别，而所有其他的类别作为“对照”类别．10.7.3 节演示了用 SPSS NOMREG 对结果进行无序分类分析.

表 10-9 演示了用 SAS LOGISTIC 分析一个数据集，它假定响应的类别是有序的．这是一个频率分析，即分析心理治疗师他们曾经在自己的心理治疗中被性吸引的频率[㊀]．较高编号类别代表更大频率的性吸引(0＝完全没有，等等)．预测变量是在他们自己的心理治疗中治疗师的年龄、性别、理论取向(心理动力学与否).

表 10-9　有序类别的 logistic 回归(语法和 SAS LOGISTIC 输出)

```
proc logistic data=SASUSER.LOGMULT;
    model ATTRACT = AGE SEX THEORET;
run;

                           Response Profile

               Ordered                          Total
                Value          ATTRACT      Frequency

                    1                0            232
                    2                1             31
                    3                2             52
                    4                3             26
                    5                4             23

NOTE: 112 observation(s) were deleted due to missing values for
      the response or explanatory variables.

                       Model Convergence Status

          Convergence criterion (GCONV=1E-8) satisfied.

         Score Test for the Proportional Odds Assumption

               Chi-Square        DF      Pr > ChiSq

                  12.9147         9          0.1665

                         Model Fit Statistics

                                               Intercept
                                 Intercept           and
              Criterion               Only    Covariates

              AIC                  836.352       805.239
              SC                   851.940       832.519
              -2 Log L             828.352       791.239
```

㊀ 心理治疗师自己也要接受心理治疗，这是他们培训的一部分.

（续）

```
                    The LOGISTIC Procedure

             Testing Global Null Hypothesis: BETA=0

     Test                 Chi-Square       DF      Pr > ChiSq

     Likelihood Ratio        37.1126        3          <.0001
     Score                   35.8860        3          <.0001
     Wald                    33.7303        3          <.0001

            Analysis of Maximum Likelihood Estimates

                                  Standard         Wald
  Parameter     DF    Estimate       Error   Chi-Square    Pr > ChiSq

  Intercept0     1      0.0653      0.7298       0.0080        0.9287
  Intercept1     1      0.4940      0.7302       0.4577        0.4987
  Intercept2     1      1.4666      0.7352       3.9799        0.0460
  Intercept3     1      2.3372      0.7496       9.7206        0.0018
  AGE            1    -0.00112      0.0116       0.0094        0.9227
  SEX            1     -1.1263      0.2307      23.8463        <.0001
  THEORET        1      0.7555      0.2222      11.5619        0.0007

                     Odds Ratio Estimates

                     Point          95% Wald
        Effect     Estimate      Confidence Limits

        AGE           0.999       0.977       1.022
        SEX           0.324       0.206       0.510
        THEORET       2.129       1.377       3.290

  Association of Predicted Probabilities and Observed Responses

       Percent Concordant      62.5    Somers' D    0.317
       Percent Discordant      30.8    Gamma        0.340
       Percent Tied             6.7    Tau-a        0.177
       Pairs                  36901    c            0.659
```

Score Test for the Proportional Odds Assumption（参见第 11 章）显示两个临近的结果类之间的优势比没有显著差异（$p=0.1664$）. Testing Global Null…表中的 Likelihood Ratio 检验显示仅包含常数项的模型和全模型之间的显著差异，说明该模型与三个预测变量（协变量）拟合得很好.

输出中的下表显示对三个预测变量的 Wald 检验，显示除了 AGE 以外，SEX 和 THEORET 方向都能显著地预测响应类 . Estimates for Parameters 显示预测变量和输出变量之间的关系方向（回顾 SAS LOGISTIC 求解的是响应低于一个常规类别的概率）. 因此 SEX 的负值表明男性治疗师和较低编码的类别相关（被自己的治疗师性吸引的频率低）. 理论取向的正值表明心理动力方向的治疗师和较高编码的类别相关（被自己的治疗师性吸引的频率高）. 注意，AGE 在这个模型中不是一个显著的预测变量，该模型是类别有序的并且参数估计是结合所有的类别进行的 . 进一步，预测变量集和吸引力之间的关联度很小.

10.6.6 案例分类

评估模式好坏的一种方法是当所有的结果已知时，评估其正确预测案例结果类别的能力 . 例如，如果一个病例患有花粉过敏症，我们可以看看案例是否可以按照鼻塞的程度、体温、地域分布和季节被正确地分类为患有花粉过敏症 . 分类仅适用于二分类结果.

在假设检验中，这里也有两类错误：将一个没有患病的个体分类为患病(第一类错误或误报)或者将一个患病的个体分类为不患病(第二类错误或者遗漏). 对于不同的研究项目，与两种类型的错误相关联的损失可能也不同. 例如，当有一个非常有效的治疗时，但如果案例被分类为非患病，那么该病例将不会受到治疗，因此第二类错误的代价会很大. 例如，当治疗有很大的风险时，第一类错误的代价也会很大，尤其是对那些没有患病的个体. 一些计算机程序允许有不同的截止值来决定“患病”还是“未患病”. 因为极端截止值可能会导致每个人或没有人被分类为患病，因此推荐使用中间截止值，但这些都可以被选来反映第一类错误和第二类错误的相对代价. 然而，提高分类的整体准确率的唯一办法是找到一组更好的预测变量集.

由于 logistic 回归分析的结果是基于一个特定结果(例如，患有花粉热)的概率，因此分配到一个类别的截止值对于评估模型的成功是至关重要的.

SAS LOGISTIC 的分类只适用于二分类结果. 然而，该程序允许指定截止标准，并且可以在一些附加截止标准下输出结果. SAS LOGISTIC 的分类过程包括 jackknife 分类(参见 9.6.7.2 节).

SPSS LOGISTIC REGRESSION 只分析两种结果的数据，在默认情况下输出一个分类表，分配时基于截止概率标准 0.5. 虽然在 SPSS 中截止标准不能改变，但是 CLASSPLOT 指令产生预测概率的直方图，显示分类错误的案例的概率是否接近标准. SPSS LOGISTIC REGRESSION 也有 SELECT 指令，选择某些案例来计算方程，然后以交叉验证的形式对所有的案例进行分类. 这为分类结果提供了较少的偏差估计. SPSS NOMREG 将案例分类到预测概率最高的类别.

10.6.7　层次和非层次分析

层次和非层次 logistic 回归分析的区别与多重列联表分析中的一样. 当模型中包括预测变量的交互作用时，如果这些预测变量所有主效应和低阶的交互作用也包括在模型中[⊖]，那么模型是层次的.

在大多数程序中，MODEL 指令指定了交互作用，惯例是交互作用构成项用星号连接(例如，X1 * X2). 然而，SAS LOGISTIC 需要在 DATA 步骤中创建一个新的变量来形成交互作用，接下来可以在 `model` 指令中像任何其他变量一样使用它.

虽然 Steinberg 和 Colla(1991)建议不要包括没有主效应的交互作用，但所有之前的程序都提供非层次模型.

10.6.8　自变量的重要性

评估回归中预测变量重要性的一般问题也适用于 logistic 回归. 此外，在 logistic 回归中没有与 sr_i^2 类似的度量. 一种策略是评估优势比：统计上最能改变结果优势的显著的预测变量被当作是最重要的变量. 换句话说，优势比越远离 1，预测变量的影响越大.

另一种策略是计算与多重回归中的 β 权重相当的标准化回归系数. 这种策略在大多数的统计软件包中都不提供. SAS LOGISTIC 提供的标准化估计仅是部分标准化，和完全标准化系数相比，更有可能在 −1 和 1 界限外徘徊(Menard, 2001, p. 55). 得到标准化回归系数最简

⊖ Hosmer 和 Lemeshow(2000)讨论了模型中交互作用使用方面的问题.

单的方法是在回归之前对预测变量进行标准化，然后将产生的系数进行标准化解释.

10.6.9 匹配组的 logistic 回归

虽然 logistic 回归通常是一种受试者之间的分析，但这里有一个叫作条件 logistic 回归的形式，可以用于匹配研究对象或者案例对照分析. 基于年龄、性别、社会经济地位等自变量，患有疾病的案例和不患病的案例进行匹配. 对于每一个患病受试者可能只有一个匹配对照受试者，也可能有多个匹配对照受试者. 当仅有一个匹配对照受试者时，结果有两个类别(疾病和对照)，而当有多个匹配对照受试者时会导致多个结果类别(疾病、对照 1、对照 2，等等). 通常情况下，模型是基于所包含的预测变量，但是没有常数项(截距项).

SAS LOGISTIC 通过指定 `noint`(无截距)使用条件 logistic 回归程序来进行单对照的案例对照研究，并且要求每对匹配的案例转换成一个单一的观察值，其中响应变量是每个案例与其对照之间的得分差. SPSS NOMREG 也使用了一个程序，程序的结果是每一个病例和它的对照之间的差异并且截距项被忽略.

10.7 logistic 回归的完整案例

这些分析数据是附录 B 中描述的数据集. 本节演示两个完整的例子. 首先是一个简单的直接 logistic 回归分析，其中工作状态(在职和失业)是一个二分类结果，该结果是通过 SAS LOGISTIC 由四个态度变量预测.

第二个分析更加复杂，涉及结果的三个类别和预测变量的顺序输入. 我们在第二个分析中的目标是预测由工作状态和对工作状态的态度所形成的三种结果类别中的一种. 变量从两个集合输入：人口统计变量和态度变量. 主要的问题是态度变量是否在人口统计变量预测后显著提高了对结果的预测. 人口统计变量包括各种连续的、离散的和二分的变量：婚姻状况(离散)、有无孩子(二分)、宗教信仰(离散)、种族(二分)、社会经济水平(连续)、年龄(连续)和获得教育程度(连续). 用于两个分析的态度变量都是连续的：它们是控制点、对现在婚姻状态的态度、对女性角色的态度、对家务的态度.(注意，在这三种类型中，仅基于态度变量的结果预测在第 9 章的大样本判别分析中进行了说明.)此分析通过 SPSS NOMREG 运行. 两个分析的数据文件是 LOGREG. *. 对于每个分析，分别检验对数单位中的线性.

10.7.1 局限性的评估

10.7.1.1 变量与案例的比率和缺失数据

10.7.2 节和 10.7.3 节没有显示异常大的参数估计或者标准误差. 因此我们没有理由怀疑这里有太多的数据缺失或者结果组能够被任何变量准确预测的问题. 表 10-10 显示运行 SPSS MVA 来调查样本缺失数据和声明 SEL 上 0 值被认为是缺失值之后评估它的随机性. 对任一分析中使用的所有变量进行了调查，并确定了分类变量. EM 算法用于填补缺失值，并将一个完整的数据集保存到一个标记为 LOGREGC. SAV 的文件中. 在分组变量缺失或者不缺失的情况下，对所有缺失值到 1%以上的定量(连续)变量进行独立方差 t 检验. 虽然当 SPSS MVA 中的 EM 执行时，对于偏差存在一些担忧，但这里缺失值的数量(大约 5%)是足够低的，即使标准误差被夸大，参数估计也被认为是合适的. 推断统计的结果将会被谨慎地解释.

表 10-10　通过 SPSS MVA 分析缺失值(语法和选定的输出)

```
RECODE AGE SEL (0 = SYSMIS).
MVA
  CONTROL ATTMAR ATTROLE SEL ATTHOUSE AGE EDUC WORKSTAT MARITAL CHILDREN
  RELIGION RACE
  /MAXCAT = 25
  /CATEGORICAL = WORKSTAT MARITAL CHILDREN RELIGION RACE
  /NOUNIVARIATE
  /TTEST PROB PERCENT=1
  /CROSSTAB PERCENT=1
  /MPATTERN DESCRIBE=CONTROL ATTMAR ATTROLE SEL ATTHOUSE AGE EDUC WORKSTAT
  MARITAL CHILDREN RELIGION
  /EM (TOLERANCE=0.001 CONVERGENCE=0.0001 ITERATIONS=25
  OUTFILE='C:\DATA\BOOK.5TH\LOGISTIC\LOGREGC.SAV').
```

MVA

Separate Variance t Tests[a]

		CONTROL	ATTMAR	ATTROLE	SEL	ATTHOUSE	AGE	EDUC
ATTMAR	t	.6	.	3.3	1.8	−1.1	.0	−.1
	df	4.5	.	4.2	3.0	4.2	4.2	4.0
	P(2-tail)	.582	.	.027	.164	.336	.995	.914
	# Present	459	460	460	449	459	456	460
	# Missing	5	0	5	4	5	5	5
	Mean(Present)	6.7495	22.9804	35.2065	52.7016	23.5251	4.3947	13.2391
	Mean(Missing)	6.6000	.	28.6000	28.5000	25.0000	4.4000	13.4000
SEL	t	.0	−.6	−.4	.	−.3	−2.3	.8
	df	11.4	10.3	11.8	.	11.5	11.5	11.2
	P(2-tail)	.996	.532	.686	.	.786	.040	.463
	# Present	452	449	453	453	452	449	453
	# Missing	12	11	12	0	12	12	12
	Mean(Present)	6.7478	22.9287	35.1170	52.4879	23.5310	4.3541	13.2605
	Mean(Missing)	6.7500	25.0909	35.8333	.	23.9167	5.9167	12.5000

For each quantitative variable, pairs of groups are formed by indicator variables (present, missing).

[a]Indicator variables with less than 1% missing are not displayed.

Crosstabulations of Categorical Versus Indicator Variables

WORKSTAT

			Total	Working	Role-satisfied housewives	Role-dissatisfied housewives
ATTMAR	Present	Count	460	242	137	81
		Percent	98.9	98.4	100.0	98.8
	Missing	% SysMis	1.1	1.6	.0	1.2
SEL	Present	Count	453	243	132	78
		Percent	97.4	98.8	96.4	95.1
	Missing	% SysMis	2.6	1.2	3.6	4.9

Indicator variables with less than 1% missing are not displayed.

（续）

Missing Patterns (cases with missing values)

Case	# Missing	% Missing	Missing and Extreme Value Patterns[a]												Variable Values										
			ATTROLE	EDUC	WORKSTAT	MARITAL	CHILDREN	RACE	CONTROL	ATTHOUSE	RELIGION	AGE	ATTMAR	SEL	CONTROL	ATTMAR	ATTROLE	SEL	ATTHOUSE	AGE	EDUC	WORKSTAT	MARITAL	CHILDREN	RELIGION
37	1	8.3		–										S	7.00	11.00	39.00	.	21.00	4.00	9.00	Role-satisfied housewives	Broken	Yes	Catholic
95	1	8.3												S	5.00	14.00	32.00	.	16.00	8.00	16.00	Role-satisfied housewives	Married	No	Protestant
118	1	8.3												S	7.00	16.00	45.00	.	28.00	8.00	10.00	Role-satisfied housewives	Single	No	Catholic
159	1	8.3												S	7.00	11.00	45.00	.	22.00	5.00	11.00	Working	Married	Yes	Protestant
196	1	8.3		–										S	8.00	35.00	38.00	.	29.00	8.00	6.00	Role-dissatisfied housewives	Broken	Yes	Catholic
219	1	8.3												S	6.00	39.00	37.00	.	25.00	5.00	16.00	Role-dissatisfied housewives	Broken	No	Protestant
265	1	8.3												S	6.00	25.00	27.00	.	30.00	2.00	16.00	Working	Married	No	Jewish
314	1	8.3												S	5.00	35.00	32.00	.	23.00	8.00	13.00	Role-satisfied housewives	Broken	Yes	Protestant
341	1	8.3		–										S	10.00	35.00	40.00	.	27.00	3.00	9.00	Role-dissatisfied housewives	Broken	Yes	Protestant
448	1	8.3												S	5.00	35.00	35.00	.	22.00	8.00	13.00	Role-satisfied housewives	Broken	No	Protestant
457	1	8.3												S	8.00	20.00	29.00	.	16.00	8.00	16.00	Working	Married	Yes	Catholic
300	2	16.7											A	S	7.00	.00	31.00	.	28.00	4.00	15.00	Role-dissatisfied housewives	Broken	Yes	Protestant
135	1	8.3											A		6.00	.00	30.00	7.00	21.00	4.00	12.00	Working	Single	No	Protestant
280	1	8.3											A		7.00	.00	29.00	61.00	28.00	6.00	12.00	Working	Broken	Yes	Jewish
317	1	8.3		+									A		7.00	.00	21.00	7.00	24.00	2.00	18.00	Working	Broken	No	None-or-other
113	1	8.3											A		6.00	.00	32.00	39.00	24.00	6.00	10.00	Working	Broken	Yes	Catholic
83	1	8.3		–							A				5.00	21.00	50.00	81.00	16.00	8.00	8.00	Role-satisfied housewives	Married	Yes	.00
80	1	8.3									A				6.00	29.00	26.00	62.00	23.00	4.00	15.00	Role-satisfied housewives	Married	Yes	.00
437	1	8.3									A				6.00	16.00	36.00	52.00	27.00	7.00	12.00	Working	Married	Yes	.00
208	1	8.3										S			8.00	13.00	39.00	13.00	20.00	.	13.00	Role-dissatisfied housewives	Married	Yes	Protestant
209	1	8.3										S			8.00	42.00	29.00	25.00	25.00	.	13.00	Working	Married	Yes	Protestant
206	1	8.3										S			5.00	29.00	28.00	53.00	24.00	.	15.00	Role-dissatisfied housewives	Married	No	Protestant
207	1	8.3										S			8.00	31.00	39.00	87.00	29.00	.	14.00	Working	Married	Yes	Catholic
253	1	8.3													9.00	44.00	32.00	45.00	1.00	1.00	13.00	Working	Single	No	Catholic
303	1	8.3								A					.00	18.00	40.00	62.00	23.00	4.00	13.00	Role-satisfied housewives	Married	Yes	Protestant

– indicates an extreme low value, while + indicates an extreme high value. The range used is (Q1 – 1.5*IQR, Q3 + 1.5*IQR).

[a]Cases and variables are sorted on missing patterns.

EM Estimated Statistics

EM Correlations[a]

	CONTROL	ATTMAR	ATTROLE	SEL	ATTHOUSE	AGE	EDUC
CONTROL	1.000						
ATTMAR	.195	1.000					
ATTROLE	.001	–.096	1.000				
SEL	–.132	–.027	–.196	1.000			
ATTHOUSE	.185	.304	–.307	–.022	1.000		
AGE	–.126	–.061	.246	.121	–.082	1.000	
EDUC	–.092	–.056	–.379	.341	.100	–.009	1.000

[a]Little's MCAR test: Chisquare = 38.070, df = 35, Prob = .331

Separate Variance t Tests 显示两个有 1%或者更多缺失值（ATTMAR 和 SEL）的定量变量，以及缺失性和其他定量变量之间的关系．例如，有一种建议说 ATTMAR 上缺失的数据是否和 ATTROLE 有关，$t(4.2)=3.3$，$p=0.027$. 然而，对每个变量 6 次 t 检验的第一类错误率的调整，使每个检验的标准为 $\alpha=0.008$. 使用这个标准，ATTMAR 或 SEL 上的缺失数据与其他任何定量变量之间没有太大关联.

ATTMAR 和 SEL 上的缺失值与分类变量之间的关系在标记为 Crosstabulations of Categorical Versus Indicator Variables 的部分．只有 WORKSTAT 表显示两组变量在不同的缺失值百分比组并不会产生很大的差异．

对于每一种至少有一个缺失值的案例，Missing Patterns 表显示数据缺失的变量、四分标准表明有极端值的案例以及这个案例下所有其他变量的值．注意，在分类变量 RELIGION 中有三个案例是有缺失值的．这些缺失值没有被填补．

输出最关键的部分是 Little's MCAR test，在表 EM Correlations 的底部显示．这表明"完全随机缺失"的值的模式并不会产生显著的偏差，$\chi^2(35)=38.07$，$p=0.331$. 因此，支持使用 EM 算法填补缺失值．其余的分析使用填补之后的数据集．

10.7.1.2 多重共线性

10.7.2 节和 10.7.3 节中的分析表明，收敛性没有问题，参数的标准误差也不是很大．因此，没有多重共线性是显而易见的．

10.7.1.3 模型中的异常值

10.7.2 节和 10.7.3 节中显示适当的模型拟合．因此，没有必要找出模型中的异常值．

10.7.2 二分类结果和连续预测变量的直接 logistic 回归

这个分析只用到了三个 WORKSTAT 分类中的两个，因此需要对 WORKSTAT 进行重新编码．表 10-11 展示了从原始文件 LOGREG 创建新文件 LOGREGCC 的语法．

10.7.2.1 局限性：对数单位的线性

主分析有四个连续的态度变量．每一个预测变量与其自然对数之间的交互作用被添加来检验假设．SAS Interactive Data Analysis 用来在连续变量与其自然对数之间创建交互作用，然后把它们加到数据集 LOGREGIN 中．在表 10-12 中，使用同样为 WORKSTAT 编码值的新的数据集，以原始的四个连续变量和四个交互作用作为预测变量，进行二分类直接 logistic 回归分析．

唯一的违规提示是针对 ATTROLE 的，Pr＞ChiSq＝0.0125. 然而，确定这九项的检验显著性合理的标准是 $\alpha=0.05/9=0.006$. 因此，该模型按照最初提出的方式运行．

10.7.2.2 二分类结果的直接 logistic 回归

表 10-13 显示了二分类结果的直接 logistic 回归分析的主要结果，SAS LOGISTIC 运行的指令包括优势比 95%置信区间的一个请求(CLOUD＝WALD)和显示预测好坏的表(CTABLE).

样本被分为 245 个职业女性(编码为 0)和 217 个家庭主妇(编码为 1). 仅包含常数项的模型和全模型(似然比)的比较显示高度显著的概率值，$\chi^2(4, N=440)=23.24$，$p<0.0001$，表明预测变量作为一个集合能够可靠地预测工作状态．

参数表显示唯一成功的预测变量是女性对角色的态度．职业女性和家庭主妇的主要不同之处在于她们如何看待女性的适当角色．控制点、对婚姻状态的态度和对家务的态度的系数不显著．对女性角色的态度的系数是负值意味着职业女性(编码 0：看 `Probability modeled is WORKSTAT＝0`)在这个预测变量上有较低的得分，表明她们持更开明的态度. `Adjusted odds Ratios` 因为重复的是未经调整的，所以在这里不再赘述．(请注意，这些发现和表 9-12 的判别分析的职业女性和其他组的对比结果相一致．)Somers' D 表明工作状态和预测变量集之间的共享方差约 7%($0.263^2=0.07$). 使用 Steiger 和 Fouladi (1992)的软件(参见图 9-3)，可得 95%置信区间的范围为从 0.03 到 0.12. 因此，预测方面的增益是不显著的.

表 10-11 将 WORKSTAT 编码为二分类的 SAS DATA 语法

```
data Sasuser.Logreg;
    set Sasuser.Logregcc;
    if WORKSTAT=1 then WORKSTAT=0;
    if WORKSTAT=3 or WORKSTAT=2 then WORKSTAT=1;
run;
```

表 10-12 用直接 logistic 回归检验对数单位的线性(SAS Data 和 logistic 回归的语法及选定的输出)

```
proc logistic data=Sasuser.Logregin;
model WORKSTAT = CONTROL ATTMAR ATTROLE ATTHOUSE LIN_CTRL
                 LIN_ATMR LIN_ATRL LIN_ATHS;
run;
```

The LOGISTIC Procedure

Analysis of Maximum Likelihood Estimates

Parameter	DF	Estimate	Error	Chi-Square	Pr > ChiSq
Intercept	1	12.8762	7.4039	3.0245	0.0820
CONTROL	1	1.9706	2.1771	0.8193	0.3654
ATTMAR	1	0.2215	0.2344	0.8923	0.3449
ATTROLE	1	-1.5562	0.6231	6.2375	0.0125
ATTHOUSE	1	-0.8193	0.6314	1.6836	0.1944
LIN_CTRL	1	-0.6863	0.7396	0.8610	0.3534
LIN_ATMR	1	-0.0475	0.0549	0.7481	0.3871
LIN_ATRL	1	0.3263	0.1362	5.7391	0.0166
LIN_ATHS	1	0.1905	0.1529	1.5531	0.2127

SAS LOGISTIC 在 `Classification Table` 中使用 jackknife 分类. 在 `Prob Level` 为 0.500 时，正确分类的比率是 57.8%. 灵敏度是“响应”类别(职业女性编码 0)中正确预测案例的比例. 特异性是“对照”类别(家庭主妇)中正确预测案例的比例.

由于 Wald 检验(参见 10.6.1.2 节)的困难性，需要一个额外的运行来谨慎地评估模型中的预测变量. 另外执行 SAS LOGISTIC(表 10-14)来评估不包括对女性角色的态度的模型. 应用公式(10.7)，该模型与包括 ATTROLE 的模型之间的差异是

$$\chi^2 = 636.002 - 615.534 = 20.468$$

df=1，$p<0.01$. 此公式加强了 Wald 检验的发现，即对女性角色的态度显著提升了对工作状态的预测. 还要注意，表 10-14 显示了包含剩余三个预测变量的模型与仅包含常数项的模型之间没有统计显著差异，因此确认这些预测变量和工作状态之间没有关系.

表 10-13 对态度变量与工作状态进行 logistic 回归分析的 SAS LOGISTIC 的语法和输出

```
proc logistic data=Sasuser.Logregin;
model WORKSTAT = CONTROL ATTMAR ATTROLE ATTHOUSE / CTABLE
      CLODDS=WALD;
run;
```

Response Profile

Ordered Value	WORKSTAT	Total Frequency

（续）

1	0	245
2	1	217

Probability modeled is WORKSTAT=0.

Model Fit Statistics

Criterion	Intercept Only	Intercept and Covariates
AIC	640.770	625.534
SC	644.906	646.212
−2 Log L	638.770	615.534

Testing Global Null Hypothesis: BETA=0

Test	Chi-Square	DF	Pr > ChiSq
Likelihood Ratio	23.2362	4	0.0001
Score	22.7391	4	0.0001
Wald	21.7498	4	0.0002

Analysis of Maximum Likelihood Estimates

Parameter	DF	Estimate	Standard Error	Wald Chi-Square	Pr > ChiSq
Intercept	1	3.1964	0.9580	11.1319	0.0008
CONTROL	1	−0.0574	0.0781	0.5410	0.4620
ATTMAR	1	0.0162	0.0120	1.8191	0.1774
ATTROLE	1	−0.0681	0.0155	19.2977	<.0001
ATTHOUSE	1	−0.0282	0.0238	1.4002	0.2367

Odds Ratio Estimates

Effect	Point Estimate	95% Wald Confidence Limits	
CONTROL	0.944	0.810	1.100
ATTMAR	1.016	0.993	1.041
ATTROLE	0.934	0.906	0.963
ATTHOUSE	0.972	0.928	1.019

Association of Predicted Probabilities and Observed Responses

Percent Concordant	62.9	Somers' D	0.263
Percent Discordant	36.6	Gamma	0.265
Percent Tied	0.5	Tau-a	0.131
Pairs	53165	c	0.632

Classification Table

Prob Level	Correct Event	Correct Non-Event	Incorrect Event	Incorrect Non-Event	Correct	Sensi-tivity	Speci-ficity	False POS	False NEG
0.200	245	0	217	0	53.0	100.0	0.0	47.0	.
0.220	244	0	217	1	52.8	99.6	0.0	47.1	100.0
0.240	244	0	217	1	52.8	99.6	0.0	47.1	100.0
0.260	244	2	215	1	53.2	99.6	0.9	46.8	33.3
0.280	243	3	214	2	53.2	99.2	1.4	46.8	40.0
0.300	241	5	212	4	53.2	98.4	2.3	46.8	44.4
0.320	237	9	208	8	53.2	96.7	4.1	46.7	47.1
0.340	232	10	207	13	52.4	94.7	4.6	47.2	56.5
0.360	231	15	202	14	53.2	94.3	6.9	46.7	48.3
0.380	226	25	192	19	54.3	92.2	11.5	45.9	43.2
0.400	220	34	183	25	55.0	89.8	15.7	45.4	42.4

（续）

0.420	207	48	169	38	55.2	84.5	22.1	44.9	44.2
0.440	197	67	150	48	57.1	80.4	30.9	43.2	41.7
0.460	189	74	143	56	56.9	77.1	34.1	43.1	43.1
0.480	180	90	127	65	58.4	73.5	41.5	41.4	41.9
0.500	164	103	114	81	57.8	66.9	47.5	41.0	44.0
0.520	151	117	100	94	58.0	61.6	53.9	39.8	44.5
0.540	142	129	88	103	58.7	58.0	59.4	38.3	44.4
0.560	127	138	79	118	57.4	51.8	63.6	38.3	46.1
0.580	114	153	64	131	57.8	46.5	70.5	36.0	46.1
0.600	90	164	53	155	55.0	36.7	75.6	37.1	48.6
0.620	71	185	32	174	55.4	29.0	85.3	31.1	48.5
0.640	53	196	21	192	53.9	21.6	90.3	28.4	49.5
0.660	39	201	16	206	51.9	15.9	92.6	29.1	50.6
0.680	28	208	9	217	51.1	11.4	95.9	24.3	51.1
0.700	16	214	3	229	49.8	6.5	98.6	15.8	51.7
0.720	9	215	2	236	48.5	3.7	99.1	18.2	52.3
0.740	7	216	1	238	48.3	2.9	99.5	12.5	52.4
0.760	2	216	1	243	47.2	0.8	99.5	33.3	52.9
0.780	1	216	1	244	47.0	0.4	99.5	50.0	53.0
0.800	1	216	1	244	47.0	0.4	99.5	50.0	53.0
0.820	0	216	1	245	46.8	0.0	99.5	100.0	53.1
0.840	0	217	0	245	47.0	0.0	100.0	.	53.0

表 10-14　不包含 ATTROLE 的模型的 SAS LOGISTIC 的语法和选定输出

```
proc logistic data=Sasuser.Logregin;
    model WORKSTAT = CONTROL ATTMAR ATTHOUSE;
run;

                    The LOGISTIC Procedure

                     Model Fit Statistics

                                          Intercept
                           Intercept            and
            Criterion         Only       Covariates

            AIC            640.770          644.002
            SC             644.906          660.544
            -2 Log L       638.770          636.002
```

表 10-15 总结了预测变量的统计数据．表 10-16 包含了一个二分类结果的直接 logistic 回归的检查清单．后面的结果部分可能会适合提交给期刊.

表 10-15　工作状态作为态度变量函数的 logistic 回归分析

变量	B	Wald 卡方	优势比	优势比 95％置信区间	
				下限	上限
控制点	−0.06	0.54	0.94	0.81	1.10
对当前婚姻状况的态度	0.02	1.82	1.02	0.99	1.04
对女性角色的态度	−0.07	19.30	0.93	0.91	0.96
对家务的态度	−0.03	1.40	0.97	0.93	1.02
（常数）	3.20	11.13			

表 10-16　二分类结果的标准 logistic 回归的检查清单

1. 问题	(1)每个预测变量的显著性检验
a. 变量与案例的比率和缺失值	(2)参数估计
b. 期望频率的充分性(如果必要)	b. 模型的效应大小
c. 模型中的异常值(如果拟合不充分)	c. 没有预测变量的模型的评估
d. 多重共线性	3. 额外的分析
e. 对数单位的线性	a. 优势比
2. 主要分析	b. 分类或预测的成功表
a. 整体拟合度的评估，如果充分：	c. 按方法或百分比进行解释

结果

以工作状态为结果，采用直接 logistic 回归分析四个态度预测变量：控制点、对当前婚姻状况的态度、对女性角色的态度和对家务的态度. 分析采用 SAS LOGISTIC 分析. 在使用 Little 的 MCAR 检验，$p=0.331$，发现与随机性无统计显著偏差后，通过 SPSS MVA 使用 EM 算法估算 22 例连续预测变量有缺失值的案例. 删除 3 例宗教信仰有缺失值的案例，分析 462 名女性的数据：217 名家庭主妇和 245 名每周在外工作超过 20 小时的职业女性.

对包含所有四个预测变量的全模型与仅包含常数项的模型的检验具有统计显著性，$\chi^2(4,N=440)=23.24$，$p<0.001$，表明作为一个集合，预测变量可靠地区分了职业女性和家庭主妇. 然而，利用 Steiger 和 Fouladi(1992)的 R2 软件，McFadden 的 $D=0.263$ 解释了工作状态的方差很小，对于效应大小为 0.07 的 95%置信区间是从 0.02 到 0.12. 分类结果并不令人印象深刻，有 67%的职业女性和 48%的家庭主妇被正确预测，总体成功率为 58%.

表 10-15 显示了四个预测变量的回归系数、Wald 统计量、优势比及其 95%置信区间. 根据 Wald 准则，只有对女性角色的态度才能可靠地预测工作状态，$\chi^2(1,N=440)=19.30$，$p<0.0001$. 省略对女性角色的态度的模型与仅包含常数项的模型并没有可靠差异，但该模型与全模型有可靠差异，$\chi^2(1,N=440)=20.47$，$p<0.001$. 这一发现表明，在四个态度变量中，对女性角色的态度是唯一具有统计显著性的工作状态预测变量. 然而，0.94 的优势比表明，在对女性角色的态度发生一单位的变化时，工作的可能性几乎没有变化.

因此，每周至少在外工作 20 小时和不在外工作的女性对女性在社会中的适当角色的态度有所不同，但差别不是很大.

10.7.3　三类别结果的序贯 logistic 回归

序贯分析主要通过主要的两步来完成，其中一步有人口预测变量，另一步没有人口预测变量.

10.7.3.1　多项式 logistic 回归的局限性

(1)期望频率的充分性

仅当拟合优度标准用于比较观测频率和期望频率时 logistic 回归才有局限性 . 如在

10.3.2.2 节所讨论的，所有成对的离散预测变量的期望频率必须满足一般的"卡方"需求.（此要求仅适用于序贯分析这一部分，因为直接分析的预测变量都是连续的.）

过滤掉 RELIGION 上数据缺失的案例之后，表 10-17 显示了 SPSS CROSSTABS 运行的结果，以此来检查所有离散预测变量对的期望频率的充分性.（只显示了前 7 个表，剩下的 3 个表省略.）之后要求调出观测频率（COUNT）和期望频率（EXPECTED）相关的表.

表 10-17　SPSS CROSSTABS 的语法和部分输出，用于筛选所有双向表的期望频率的充分性

```
USE ALL.
COMPUTE FILTER_$=(RELIGION < 9).
VARIABLE LABEL FILTER_$ 'RELIGION < 9 (FILTER)'.
VALUE LABELS FILTER_$ 0 'NOT SELECTED' 1 'SELECTED'.
FORMAT FILTER_$ (F1.0).
FILTER BY FILTER_$.
EXECUTE.
CROSSTABS
  /TABLES=MARITAL CHILDREN RELIGION RACE BY WORKSTAT
  /FORMAT= AVALUE TABLES
  /CELLS= COUNT EXPECTED.
CROSSTABS
  /TABLES=CHILDREN RELIGION RACE BY MARITAL
  /FORMAT= AVALUE TABLES
  /CELLS= COUNT EXPECTED.
```

Crosstabs

Current marital status * Current work status Crosstabulation

			Current work status			
			Working	Role-satisfied housewives	Role-dissatisfied housewives	Total
Current marital status	Single	Count	24	3	4	31
		Expected Count	16.4	9.1	5.5	31.0
	Married	Count	168	127	64	359
		Expected Count	190.4	104.9	63.7	359.0
	Broken	Count	53	5	14	72
		Expected Count	38.2	21.0	12.8	72.0
Total		Count	245	135	82	462
		Expected Count	245.0	135.0	82.0	462.0

Presence of children * Current work status Crosstabulation

			Current work status			
			Working	Role-satisfied housewives	Role-dissatisfied housewives	Total
Presence of children	No	Count	57	1.3	12	82
		Expected Count	43.5	24.0	14.6	82.0
	Yes	Count	188	122	70	380
		Expected Count	201.5	111.0	67.4	380.0
Total		Count	245	135	82	462
		Expected Count	245.0	135.0	82.0	462.0

（续）

Religious affiliation * Current work status Crosstabulation

			Current work status			Total
			Working	Role-satisfied housewives	Role-dissatisfied housewives	
Religious affiliation	None-or-other	Count	46	21	9	76
		Expected Count	40.3	22.2	13.5	76.0
	Catholic	Count	63	29	27	119
		Expected Count	63.1	34.8	21.1	119.0
	Protestant	Count	92	52	31	175
		Expected Count	92.8	51.1	31.1	175.0
	Jewish	Count	44	33	15	92
		Expected Count	48.8	26.9	16.3	92.0
Total		Count	245	135	82	462
		Expected Count	245.0	135.0	82.0	462.0

RACE * Current work status Crosstabulation

			Current work status			Total
			Working	Role-satisfied housewives	Role-dissatisfied housewives	
RACE	White	Count	218	131	73	422
		Expected Count	223.8	123.3	74.9	422.0
	Non-white	Count	27	4	9	40
		Expected Count	21.2	11.7	7.1	40.0
Total		Count	245	135	82	462
		Expected Count	245.0	135.0	82.0	462.0

Presence of children * Current marital status Crosstabulation

			Current marital status			Total
			Single	Married	Broken	
Presence of children	No	Count	29	38	15	82
		Expected Count	5.5	63.7	12.8	82.0
	Yes	Count	2	321	57	380
		Expected Count	25.5	295.3	59.2	380.0
Total		Count	31	359	72	462
		Expected Count	31.0	359.0	72.0	462.0

Religious affiliation * Current marital status Crosstabulation

			Current marital status			Total
			Single	Married	Broken	
Religious affiliation	None-or-other	Count	9	48	19	76
		Expected Count	5.1	59.1	11.8	76.0
	Catholic	Count	4	98	17	119
		Expected Count	8.0	92.5	18.5	119.0
	Protestant	Count	9	136	30	175
		Expected Count	11.7	136.0	27.3	175.0
	Jewish	Count	9	77	6	92
		Expected Count	6.2	71.5	14.3	92.0
Total		Count	31	359	72	462
		Expected Count	31.0	359.0	72.0	462.0

（续）

RACE * Current marital status Crosstabulation

			Current marital status			Total
			Single	Married	Broken	
RACE	White	Count	28	330	64	422
		Expected Count	28.3	327.9	65.8	422.0
	Non-white	Count	3	29	8	40
		Expected Count	2.7	31.1	6.2	40.0
Total		Count	31	359	72	462
		Expected Count	31.0	359.0	72.0	462.0

表中的最后一个交叉表显示，对于单身的非白人女性，期望单位频率小于 5：2.4. 这是唯一小于 5 的期望频率，以致在双向表中没有超过 20%的个体的频率小于 5，也没有任何期望频率小于 1. 因此，用于评估模型的拟合优度标准没有限制.

(2)对数单位的线性

表 10-18 展示了运行 SPSS NOMREG 来检验对数单位的线性．先要计算连续变量和它们的自然对数之间的交互作用，例如，LIN_SEL = SEL * LN(SEL). NOMREG 指令将 workstat 标识为因变量，marital、children、religion 和 race 作为类别“因子”(离散预测变量，紧跟 BY 指令)，其余的变量作为协变量(连续预测变量，紧跟 WITH 指令). 增加的交互作用作为协变量被包括在内．MODEL 默认包含主效应，原始预测变量的交互作用可能会被要求包含在内.

表 10-18 显示没有严重违反对数线性的假定.

10.7.3.2 序贯多项式 logistic 回归

表 10-19 显示通过 SPSS NOMREG 从七个人口学变量集合中预测三个结果类别(在职，满意家庭主妇角色，不满意家庭主妇角色)进行的 logistic 回归的结果．这是一个基准模型，用来评估添加了态度预测变量后模型的改进．也就是说，我们感兴趣的是调整人口统计学差异之后评估态度变量的预测能力．这个基准模型只要求最小的输出——拟合优度和分类.

该模型提供了数据可以接受的拟合．包含模型中所有预测变量的 Goodness-of-Fit 统计量(对比观测频率和期望频率)在 Deviance 标准下显示良好的拟合，其中 $p=0.872$，在 Pearson 标准下 $p=0.245$. 在只有人口变量的基础上正确分类的个体占整体的 54%：82% 是职业女性(最大的组)但是对家庭主妇角色不满意的组没有一个是被正确分类的.

表 10-20 显示通过 SPSS NOWREG 从七个人口学变量和四个态度变量的集合中预测三个结果类别(在职，角色满意家庭主妇，角色不满意家庭主妇)产生的 logistic 回归分析的结果．为了进行单自由度检验(组间比较)，将参照(BASE)组设置为所述第一种类别，即职业女性．除了基本模型中要求的统计量以外，在最后的模型中要求参数估计、效应大小统计量(SUMMARY)、似然比检验(LRT)和案例进程摘要(CPS).

表 10-18　SPSS NOMREG 的语法和选定的输出，用于一个带有人口统计量和态度变量的工作状态的 logistic 回归分析的对数单位线性检验

```
NOMREG
 WORKSTAT BY MARITAL CHILDREN RELIGION RACE WITH
 CONTROL ATTMAR ATTROLE SEL ATTHOUSE AGE EDUC
 LIN_CTRL LIN_ATMR LIN_ATRL LIN_ATHS LIN_SEL LIN_AGE LIN_EDUC
 /CRITERIA = CIN(95) DELTA(0) MXITER(100) MXSTEP(5) LCONVERGE(0)
 PCONVERGE(1.0E-6) SINGULAR(1.0E-8)
 /MODEL
 /PRINT = LRT.
```

Likelihood Ratio Tests

Effect	–2 Log Likelihood of Reduced Model	Chi-Square	df	Sig.
Intercept	781.627[a]	.000	0	.
CONTROL	783.778	2.151	2	.341
ATTMAR	785.478	3.851	2	.146
ATTROLE	489.738	8.111	2	.017
SEL	786.633	5.006	2	.082
ATTHOUSE	784.800	3.173	2	.205
AGE	784.032	2.405	2	.300
EDUC	782.310	.683	2	.711
LIN_CTRL	783.700	2.073	2	.355
LIN_ATMR	785.861	4.234	2	.120
LIN_ATRL	789.239	7.612	2	.022
LIN_ATHS	784.925	3.298	2	.192
LIN_SEL	787.330	5.703	2	.058
LIN_AGE	783.332	1.705	2	.426
LIN_EDUC	782.214	.587	2	.746
MARITAL	794.476	12.849	4	.012
CHILDREN	785.607	3.980	2	.137
RELIGION	789.446	7.819	6	.252
RACE	494.095	12.468	2	.002

The chi-square statistic is the difference in –2 log-likelihoods between the final model and a reduced model. The reduced model is formed by omitting an effect from the final model. The null hypothesis is that all parameters of that effect are 0.

[a] This reduced model is equivalent to the final model because omitting the effect does not increase the degrees of freedom.

表 10-19　SPSS NOMREG 的语法和选定的输出，用于仅有人口变量的工作状态的 logistic 回归分析

```
NOMREG
  WORKSTAT BY CHILDREN RELIGION RACE MARITAL WITH
  SEL AGE EDUC
  /CRITERIA = CIN(95) DELTA(0) MXITER(100) MXSTEP(5) LCONVERGE(0)
  PCONVERGE(1.0E-6) SINGULAR(1.0E-8)
  /MODEL
  /PRINT = CLASSTABLE FIT STEP MFI.
```

Model Fitting Information

Model	–2 Log Likelihood	Chi-Square	df	Sig.
Intercept Only	910.459			
Final	832.404	78.055	20	.000

（续）

Goodness-of-Fit

	Chi-Square	df	Sig.
Pearson	892.292	864	.245
Deviance	816.920	864	.872

Classification

Observed	Predicted			
	Working	Role-satisfied housewives	Role-dissatisfied housewives	Percent Correct
Working	200	43	2	81.6%
Role-satisfied housewives	86	48	1	35.6%
Role-dissatisfied housewives	59	23	0	.0%
Overall Percentage	74.7%	24.7%	.6%	53.7%

表 10-20　SPSS NOMREG 的语法和选定的输出，用于一个带有人口学变量和态度变量的工作状态的 logistic 回归分析

```
NOMREG
  WORKSTAT (BASE=FIRST ORDER=ASCENDING) BY MARITAL CHILDREN RELIGION
    RACE WITH CONTROL ATTMAR ATTROLE SEL ATTHOUSE AGE EDUC
  /CRITERIA = CIN(95) DELTA(0) MXITER(100) MXSTEP(5) LCONVERGE(0)
  PCONVERGE(1.0E-6) SINGULAR(1.0E-8)
  /MODEL
  /PRINT = CLASSTABLE FIT PARAMETER SUMMARY LRT CPS MFI .
```

Nominal Regression

Case Processing Summary

		N	Marginal Percentage
Work status	Working	245	53.0%
	Role-satisfied housewives	135	29.2%
	Role-dissatisfied housewives	82	17.7%
Current marital status	Single	31	6.7%
	Married	359	77.7%
	Broken	72	15.6%
Presence of children	No	82	17.7%
	Yes	380	82.3%
Religious affiliation	None-or-other	76	16.5%
	Catholic	119	25.8%
	Protestant	175	37.9%
	Jewish	92	19.9%
RACE	White	422	91.3%
	Non-white	40	8.7%
Valid		462	100.0%
Missing		0	
Total		462	
Subpopulation		462[a]	

[a]The dependent variable has only one value observed in 462 (100.0%) subpopulations.

（续）

Model Fitting Information

Model	–2 Log Likelihood	Chi-Square	df	Sig.
Intercept Only	926.519			
Final	806.185	120.334	28	.000

Goodness-of-Fit

	Chi-Square	df	Sig.
Pearson	930.126	894	.195
Deviance	806.246	894	.983

Pseudo R-Square

Cox and Snell	.229
Nagelkerke	.265
McFadden	.130

Likelihood Ratio Tests

Effect	–2 Log Likelihood of Reduced Model	Chi-Square	df	Sig.
Intercept	806.246[a]	.000	0	.
CONTROL	807.098	.851	2	.653
ATTMAR	809.404	3.157	2	.206
ATTROLE	824.412	18.166	2	.000
SEL	813.061	6.814	2	.033
ATTHOUSE	814.700	8.453	2	.015
AGE	810.898	4.651	2	.098
EDUC	813.287	7.040	2	.030
MARITAL	821.474	15.228	4	.004
CHILDREN	810.283	4.036	2	.133
RELIGION	813.149	6.903	6	.330
RACE	817.969	11.723	2	.003

The chi-square statistic is the difference in −2 log-likelihoods between the final model and a reduced model. The reduced model is formed by omitting an effect from the final model. The null hypothesis is that all parameters of that effect are 0.

[a]This reduced model is equivalent to the final model because omitting the effect does not increase the degrees of freedom.

Parameter Estimates

Work Status[a]		B	Std. Error	Wald	df	Sig.	Exp(B)	95% Confidence Interval for Exp(B) Lower Bound	Upper Bound
Role-satisfied housewives	Intercept	–4.120	1.853	4.945	1	.026			
	CONTROL	–.016	.101	.025	1	.874	.984	.808	1.199
	ATTMAR	–.012	.019	.384	1	.536	.988	.953	1.025
	ATTROLE	.088	.022	16.479	1	.000	1.092	1.047	1.140
	SEL	.015	.006	6.612	1	.010	1.015	1.004	1.027
	ATTHOUSE	–.029	.031	.911	1	.340	.971	.915	1.031
	AGE	–.091	.063	2.118	1	.146	.913	.808	1.032
	EDUC	–.126	.067	3.526	1	.060	.882	.773	1.006
	[MARITAL=1.00]	.551	.884	.388	1	.533	1.735	.307	9.821
	[MARITAL=2.00]	1.758	.536	10.761	1	.001	5.803	2.029	16.591
	[MARITAL=3.00]	0[b]	.	.	0	.	.	.	.
	[CHILDREN=.00]	–.811	.419	3.744	1	.053	.445	.196	1.011
	[CHILDREN=1.00]	0[b]	.	.	0	.	.	.	.
	[RELIGION=1.00]	.226	.399	.321	1	.571	.798	.365	1.743
	[RELIGION=2.00]	–.620	.371	2.786	1	.095	.538	.260	1.114
	[RELIGION=3.00]	–.494	.328	2.272	1	.132	.610	.321	1.160
	[RELIGION=4.00]	0[b]	.	.	0	.	.	.	.
	[RACE=l.00]	1.789	.598	8.938	1	.003	5.983	1.852	19.330
	[RACE=2.00]	0[b]	.	.	0	.	.	.	.

[a]This reference category is: Working.
[b]This parameter is set to zero because it is redundant.

（续）

Parameter Estimates

Work Status[a]		B	Std. Error	Wald	df	Sig.	Exp(B)	95% Confidence Interval for Exp(B) Lower Bound	Upper Bound
Role-dissatisfied housewives	Intercept	−4.432	1.994	4.940	1	.026			
	CONTROL	.088	.108	.657	1	.418	1.092	.883	1.350
	ATTMAR	.025	.018	1.958	1	.162	1.025	.990	1.061
	ATTROLE	.049	.024	4.143	1	.042	1.050	1.002	1.101
	SEL	.005	.006	.709	1	.400	1.005	.993	1.018
	ATTHOUSE	.084	.036	5.381	1	.020	1.087	1.013	1.167
	AGE	−.135	.070	3.712	1	.054	.874	.761	1.002
	EDUC	−.164	.074	4.864	1	.027	.849	.734	.982
	[MARITAL=1.00]	−.280	.746	.141	1	.707	.756	.175	3.258
	[MARITAL=2.00]	.439	.400	1.202	1	.273	1.551	.708	3.399
	[MARITAL=3.00]	0[b]	.	.	0	.	.	.	.
	[CHILDREN=.00]	−.352	.456	.595	1	.441	.704	.288	1.719
	[CHILDREN=1.00]	0[b]	.	.	0	.	.	.	.
	[RELIGION=1.00]	−.445	.501	.787	1	.375	.641	.240	1.712
	[RELIGION=2.00]	−.218	.422	.268	1	.604	1.244	.544	2.844
	[RELIGION=3.00]	−.023	.393	.003	1	.954	1.023	.473	2.211
	[RELIGION=4.00]	0[b]	.	.	0	.	.	.	.
	[RACE=l.00]	.658	.481	1.875	1	.171	1.932	.753	4.957
	[RACE=2.00]	0[b]	.	.	0	.	.	.	.

[a] The reference category is: Working

[b] This parameter is set to zero because it is redundant.

Observed	Predicted: Working	Role-satisfied housewives	Role-dissatisfied housewives	Percent Correct
Working	199	39	7	81.2%
Role-satisfied housewives	65	68	2	50.4%
Role dissatisfied housewives	57	16	9	11.0%
Overall Percentage	69.5%	1626.6%	3.9%	59.7%

表 10-20 显示了受试者在三类结果每一种中的数量和受试者在每个离散预测变量类别中的数量．包含所有预测变量的模型的 Goodness-of-Fit 统计量(对比观测频率和期望频率)在 Deviance 标准下显示极好的拟合，其中 $p=0.983$，在 Pearson 标准下 $p=0.195$．使用 Steiger 和 Fouladi (1992)软件中的 Nagelkerke 度量可得，$R^2=0.265$，其 95％置信区间的范围是从 0.15 到 0.29．注意，这里变量数量被认为是 28(即用于最终模型卡方检验的自由度)．

似然比检验显示三个预测变量显著地增强了工作状态的预测，每个检验设置一个临界值 $\alpha=0.0045$ 来弥补与 11 个预测变量相关导致的整体误差的增大，以及因为 EM 估算可能出现的偏差．预测变量的临界值取决于自由度：自由度是 2 时临界值是 10.81，自由度是 4 时临界值是 15.089，自由度是 6 时临界值是 18.81．因此，对女性角色的态度、对当前婚姻状况的态度和对种族的态度在三组女性中有显著差异．

两个 Parameter Estimates 的表显示每个自由度的结果．第一个表比较职业女性和对家庭主妇角色满意的女性，第二个表比较职业女性和对家庭主妇角色不满意的女性．使用标准$\alpha=0.0045$(来弥补和11个自变量相关联的第一类错误率的增大，以及因为EM估算可能出现的偏差)，自由度为1的χ^2的临界值是8.07．按照这一标准，对女性角色的态度、对当前婚姻状况的态度和对种族的态度将职业女性与对家庭主妇角色满意的女性分开来．在对女性社会中角色的态度上，对角色满意的女性比职业女性的得分高(更保守)．对角色满意的女性早结婚的优势几乎是职业女性的6倍，她们是白种人的优势也几乎是6倍．没有可靠的预测变量将职业女性和对家庭主妇角色不满意的女性区分开．参数估计与优势比及其95%置信限在表10-21和表10-22中以适合报告的形式列出．

分类表显示现在有60%的案例被正确分类：从81%的职业女性(和基础模型下的人数基本相同)到现在增加的11%的对家庭主妇角色不满意的女性(该组从没有正确分类开始增加)．

表10-21 工作状态作为态度变量的函数的logistic回归分析：职业女性与对家庭主妇角色满意的女性

变量	B	Wald卡方检验	优势比	优势比95%置信区间	
				下限	上限
控制点	−0.02	0.03	0.98	0.81	1.20
对当前婚姻状况的态度	−0.01	0.38	0.99	0.95	1.03
对女性角色的态度	0.09	16.48	1.09	1.05	1.14
社会经济水平	0.02	6.61	1.02	1.00	1.03
对家务的态度	−0.03	0.91	0.97	0.92	1.03
年龄	−0.09	2.12	0.91	0.81	1.03
受教育水平	−0.13	3.53	0.88	0.77	1.01
单身与离异	0.55	0.39	1.74	0.32	9.82
已婚与离异	1.76	10.73	5.80	2.03	16.59
有孩子与无孩子	−0.81	3.74	0.45	0.20	1.01
基督教与没有或其他宗教	−0.23	0.32	0.80	0.37	4.17
天主教与没有或其他宗教	−0.62	2.79	0.54	0.26	1.11
犹太教与没有或其他宗教	−0.49	2.27	0.61	0.32	1.16
白种人与非白种人	1.79	8.94	5.98	1.85	19.33
(常数)	−4.12	4.95			

表10-22 工作状态作为态度变量和人口变量的函数的logistic回归分析：职业女性与对家庭主妇角色不满意的女性

变量	B	Wald χ^2检验	优势比	优势比95%置信区间	
				下限	上限
控制点	0.09	0.66	1.09	0.87	1.35
对当前婚姻状况的态度	0.03	1.96	1.03	0.99	1.06
对女性角色态度	0.05	4.14	1.05	1.00	1.10
社会经济水平	0.08	5.38	1.09	1.01	1.17
对家务的态度	0.01	0.71	1.01	0.99	1.02
年龄	−0.14	3.71	0.87	0.76	1.00
受教育水平	−0.16	4.86	0.85	0.73	0.98

（续）

变量	B	Wald χ^2 检验	优势比	优势比 95%置信区间	
				下限	上限
单身与离异	−0.28	0.14	0.76	0.18	3.26
已婚与离异	0.44	1.20	1.55	0.71	3.40
有孩子与无孩子	−0.35	0.60	0.70	0.29	1.72
基督教与没有或其他宗教	−0.45	0.79	0.64	0.24	1.71
天主教与没有或其他宗教	0.22	0.27	1.24	0.54	2.84
犹太教与没有或其他宗教	0.02	0.00	1.02	0.47	2.21
白种人与非白种人	0.66	1.88	1.93	0.75	4.96
（常数）	4.32	4.94			

对模型中加入态度变量的评估最容易通过计算两个模型之间的差异来实现．当人口预测变量和态度预测变量都包括时，df=28，$\chi^2=120.273$；当仅包含人口预测变量时，df=20，$\chi^2=78.055$. 应用公式(10.7)来评估模型的改善，

$$\chi^2 = 120.273 - 78.055 = 42.22$$

df=8，$p<0.05$. 这表明在模型中加入态度预测变量后，模型在统计学上得到了显著改善.

剩下的问题是，通过 SPSS NOMREG 很难解释统计显著效应，因为结果和预测变量的效应都被分解为自由虚拟变量的单个自由度．对于分类预测变量，组内差异可以从每个分类结果中每个预测变量类别中的案例比例观测到．例如，我们可以看到 69%(168/245)的职业女性是已婚、94%对家庭主妇角色满意的女性以及 78%对家庭主妇角色不满意的女性是已婚.

对于连续预测变量，解释是基于显著预测变量在每一类结果上的平均差异．表 10-23 显示在将文件分为 WORKATAT 组后，SPSS DESCRIPTIVES 的输出给出了在统计显著预测变量 ATTROLE 上的每一类结果的均值.

表 10-23　SPSS DESCRIPTIVES 的语法和部分输出，用于显示 Atthouse 的组均值

```
SORT CASES BY WORKSTAT.
SPLIT FILE
 SEPARATE BY WORKSTAT.
DESCRIPTIVES
 VARIABLES=ATTROLE
 /STATISTICS=MEAN STDDEV.
```

Descriptives

Current work status = Working

Descriptive Statistics[a]

	N	Mean	Std. Deviation
Attitudes toward role of women	245	33.8122	6.96577
Valid N (listwise)	245		

a Current work status = Working.

（续）

Current work status = Role-satisfied housewives

Descriptive Statistics[a]

	N	Mean	Std. Deviation
Attitudes toward role of women	135	37.2000	6.31842
Valid N (listwise)	135		

[a]Current work status = Role-satisfied housewives.

Current work status = Role-dissatisfied housewives

Descriptive Statistics[a]

	N	Mean	Std. Deviation
Attitudes toward role of women	82	35.6098	5.74726
Valid N (listwise)	82		

[a]Current work status = Role-dissatisfied housewives.

表10-24总结了序贯分析的结果．表10-25显示了统计上显著的离散变量的列联表．表10-26提供了超过两种结果的序贯logistic回归的检查清单．下面是一个期刊格式的结果部分.

表10-24　工作状态作为人口变量和态度变量的函数的logistic回归分析

变量	删除的 X^2	自由度	模型 X^2
人口特征			
婚姻状况	15.23*	4	
有无孩子	4.04	2	
宗教信仰	6.90	6	
种族	11.72	2	
经济水平	6.81	2	
年龄	4.65	2	
受教育水平	7.04	2	
总人口特征			78.06
态度			
控制点	0.85	2	
对当前婚姻状况的态度	3.16	2	
对女性角色的态度	18.17①	2	
对家务的态度	8.45	2	
所有变量			120.27

① $p<0.0045$

表 10-25 婚姻状况和种族与工作状态的关系

	工作状态①			
	1	2	3	总计
婚姻状况				
单身	24	3	4	31
已婚	168	127	64	359
离异	53	5	14	72
总计	245	135	82	462
种族				
白人	218	131	73	422
非白人	27	4	9	40
总计	245	135	82	462

① 1=职业女性，2=对家庭主妇角色满意的女性，3=对家庭主妇角色不满意的女性.

表 10-26 多重结果序贯 logistic 回归的检查清单

1. 问题
   a. 变量与案例的比率以及缺失数据
   b. 期望频率的充分性(如果必要)
   c. 模型中的异常值(如果拟合不充分)
   d. 多重共线性
   e. 对数单位的线性
2. 主要分析
   a. 评估每一步的整体拟合度
      (1)在感兴趣的每一步对每个预测变量进行显著性检验
      (2)在感兴趣的每一步进行参数估计
      (3)感兴趣的每一步的效应大小
   b. 评估模型中每一步的改善
3. 额外的分析
   a. 优势比
   b. 分类或预测的成功表
   c. 按方法或百分比进行解释
   d. 没有单个预测变量的模型的评估

结果

采用 SPSS NOMREG 进行序贯 logistic 回归分析，以评估三种结果(职业女性、对角色满意的家庭主妇和对角色不满意的家庭主妇)之一的成员身份预测，首先以 7 个人口预测变量为基础，然后再加上 4 个态度预测变量. 人口预测变量是儿童(存在与否)、种族(高加索人或其他人种)、社会经济水平、年龄、宗教信仰(新教、天主教、犹太教、没有或其他宗教)和婚姻状况(单身、已婚、离异). 态度预测变量为控制点、对当前婚姻状况的态度、对女性角色的态度和对家务的态度.

对于 22 例连续预测变量有缺失数据的案例，在使用 Little 的 MCAR 检验，$p=0.331$，发现与随机性无统计显著偏差后，采用 SPSS MVA 的 EM 算法进行估算. 删除 3 例宗教信仰价值观缺失的案例，分析 462 名女性的数据：217 名家庭主妇和 245 名每周在外工作超过 20 小时的职业女性. 对分类人口预测变量的期望频率充分性的评估表明，不需要限制模型拟合优度检验. 在对数单位中没有观察到严重对线性的违反.

仅基于 7 个人口预测变量的模型拟合良好(组间的区分)，$\chi^2(864, N=462)=816.92$，$p=0.87$，此时使用离差标准. 四种态度预测变量加在一起后，$\chi^2(894, N=462)=806.25$，$p=0.98$，Nagelkerke $R^2=0.27$，95%置信区间是从 0.15 到 0.29(Steiger 和 Fouladi，1992). 比较具有和不具有态度变量的模型的对数似然比(表 10-24)，在加入态度预测变量后，其有统计显著改善，$\chi^2(8, N=462)=42.22$，$p<0.05$.

总体分类并不令人印象深刻．仅根据 7 个人口变量，职业女性的正确分类率为 82％，对角色满意女性为 36％，对角色不满意女性为 0％，总体正确分类率为 54％．增加 4 个态度预测变量后，三组的成功率分别为 81％、50％和 11％，总体正确率提高到 60％．显然，案例被过度划分为最大的一类：职业女性．

表 10-24 通过比较有和没有每个预测变量的模型，显示了各个预测变量对模型的贡献．两个来自人口学的预测变量和一个来自态度的预测变量在统计上显著提高了模型的预测，$p<0.0045$．结果可以从婚姻状况、种族和对女性角色的态度来预测．

表 10-20 和表 10-21 显示了回归系数和卡方检验，以及优势比和 95％置信区间．与职业女性相比，对角色满意的家庭主妇对家务的态度更积极．她们早结婚的优势(odds)是职业女性的近 6 倍，她们是白种人的优势也是职业女性的 6 倍．

表 10-25 显示了工作状态和两种人口预测变量分类之间的关系．职业女性已婚的比例(69％)低于对角色满意的家庭主妇(94％)或对角色不满意的家庭主妇(78％)．对角色满意的家庭主妇(97％)与职业女性或对角色不满意的家庭主妇(两组均为 89％)相比更可能是白种人．

对女性角色的态度和对家务的态度的组间均值差异不大．然而，对角色满意的家庭主妇(均值 ＝ 37.2)比对角色不满意的家庭主妇(均值＝ 35.6)或职业女性(均值 ＝ 33.83)态度更为保守．

因此，这三组女性是根据三个预测变量来区分的．完好的婚姻在对角色满意的家庭主妇中最常见，在职业女性中最不常见．与其他两组相比，对角色满意的女性更可能是白种人，并且对女性在社会中的适当角色持更保守的态度．对女性的角色持最自由态度的是每周在外工作至少 20 个小时的职业女性，但是这些态度上的差异并不大．

10.8　程序的比较

我们这里只讨论专门针对 logistic 回归设计的 3 个软件包里的程序．所有的主要程序包都有非线性回归的程序，如果研究者指定了基本的 logistic 回归方程，那么也可以进行 logistic 回归．

logistic 回归程序在对输出结果的编码方式上有所不同：一些基于结果的概率和其他统计信息编码为“1”(例如成功、疾病)，还有一些基于结果的统计信息编码为“0”．这些名称有时候在预测变量的标记上存在不一致和混淆的情况，其中自变量、预测变量和协变量可以交换使用．表 10-27 比较了 3 个主要软件包中的 5 个程序．

10.8.1　SPSS 软件包

SPSS LOGISTIC REGRESSION[⊖] 只处理二分变量，并基于编码为“1”的结果进行统计分析．SPSS NOMREG(名义回归)和 PLUM 是处理多重结果类别的程序．

SPSS LOGISTIC REGRESSION 提供了控制预测变量进入的最灵活的程序．所有这些都可以在一步中输入，也可以在每一步中指定一个或多个预测变量输入的顺序．对于统计

⊖ PROBIT 程序也可以做 logistic 回归．

logistic 回归，用户可以通过 Wald 检验或似然比检验的信息选择向前或者向后步进．用户也可以选择几个标准终止用于寻找最优解的迭代过程：参数估计的改变、最大迭代次数、对数似然百分比变化、预测变量输入统计得分的概率、用于删除一个变量的 Wald 概率和似然比统计量，以及用于冗余检查的 ε 值.

SPSS LOGISTIC REGRESSION 有一个简单的 SELECT 指令，用来选择一些计算 logistic 回归方程的案例子集，然后对所有的案例进行分类来检验方程的普遍性.

这个程序提供了一整套可以显示或保存的残差统计量，包括预测概率、预测组、观测值与预测值之间的差异(残差)、离差、残差的对数单位、学生化残差、归一化残差、杠杆值、Cook 影响以及去掉缺乏 logistic 回归方程后的贝塔值的差异．该列表可以通过用户指定的异常值标准来确定异常值.

SPSS NOMREG 处理多项式模型(多重结果类别)，从第 12 版开始，用来做统计分析，并提供了多种诊断方法．丰富的诊断值保存到了数据集中，例如，在每个类别中每个案例的估计响应概率、每个案例的预测类别和每个案例的预测与实际类别的概率．离散的预测变量规定为“因子”，连续的预测变量规定为“连续”．默认模型包括所有预测变量的主效应，但全因子模型可以被指定为任何所需的主效应、交互作用和统计输入的自定义模型．该程序假定多重结果类别是无序的，并给出每个结果类别的回归系数(除了一个指定 BASE，默认情况下是最后一类)与基础类别的对比．常规输出 3 个 R^2 度量，Pearson 和离差拟合优度统计量是可得到的．SPSS NOMREG 在过度离散的情况下有一个缩放比例的指令.

表 10-27　logistic 回归的程序比较

特性	SPSS LOGISTIC REGRESSION	SPSS NOMREG	SPSS PLUM	SAS LOGISTIC	SYSTAT LOGIT
输入					
接受离散预测变量，而无需重新编码	是	是	是	CLASS	是
离散预测变量的替代编码方案	8	否	否	是	2
接受表格数据	否	否	否	是	是
指定参数估计的参考类别和顺序	是	是	NA	是	否
在模型中指定截距的包含部分	是	是	是	是	是
指定如何定义协变量模式	否	是	否	否	否
指定精确 logistic 回归	否	否	否	是	否
指定步进的方法和条件	是	是	否	是	是
指定预测变量的输入和检验	是	否	否	是	交互
指定一个案例控制设计(有条件的)	否	否	否	STRATA	是
可以为优势比指定置信限的大小(e^b)	是	是	N. A.	否	否
指定分类表的截止概率	否	否	N. A.	是	否
接受多种无序的结果类别	否	是	否	否	是
处理多重有序结果类别	否	否	是	是	否
能否指定等优势模型	N. A.	否	否	否	否
能否指定离散的选择模型	否	否	否	否	是
能否指定重复测量的结果变量	否④	否	否	是③	否
能否指定泊松回归	否	否	否	是	否
选择仅供分类的案例子集的语法	是	否	否	否	SP

（续）

特性	SPSS LOGISTIC REGRESSION	SPSS NOMREG	SPSS PLUM	SAS LOGISTIC	SYSTAT LOGIT
为没有重新拟合模型的新数据集进行评分	否	否	否	是	否
指定拟极大似然协方差矩阵	否	否	否	否	是
指定案例权重	否	否	否	是	是
指定开始值	否	否	否	否	是
指定响应概率的链接函数	否	否	LINK	是	否
能否将诊断程序的输出限制为异常值	是	否	否	否	否
将增量添加到观测到的单元频率	否	DELTA	是	否	否
指定对数似然收敛标准	LCON	LCONVERGE	LCONVERGE	否	CONVERG
指定最大的迭代次数	ITERATE	MXITER	MXITER	MAXITER	否
指定允许的最大减半步长	否	MXSTEP	MXSTEP	MAXSTEP	否
参数估计收敛准则	BCON	PCONVERGE	PCONVERGE	CONVERGE	是
附加收敛准则	否	是	是	是	否
指定公差	否	SINGULAR	SINGULAR	SINGULAR	TOL
用于冗余检验的 ε 值	EPS	否	否	否	否
指定规模组件	否	否	是	否	否
指定校正过散	否	是	否	是	否
回归输出					
全模型的对数似然(或−2倍对数似然)	是	是	是	是	是
仅包含常数项的模型的对数似然(或−2倍对数似然)	是	是	是	是	是
离差和 Pearson 拟合优度统计量	否	是	是	SCALE	否
Hosmer-Lemeshow 拟合优度 χ^2	是	是	是	是	是
拟合优度 χ^2：仅包含常数项的模型与全模型	是	是	是	是	是
拟合优度 χ^2：基于观测频率与期望频率	是	Pearson	Pearson	否	是
赤池信息指数(AIC)	否	否	否	是	否
Schwartz 标准	否	否	否	是	否
得分统计量	否	否	否	是	是
自上一步以来拟合优度的提高	是	N. A.	否	是	否
特定模型中单个预测变量的拟合优度 χ^2 检验	是(LR)	是	否	否	否
多类别组合预测变量的 Wald 检验	是	否	否	CLASS	是[3]
回归系数	B	B	估计	参数估计	估计
回归系数的标准误差	S. E.	Std. Error	Std. Error	是	是
回归系数除以标准误差	否	否	否	否	t-ratio
平方回归系数除以平方标准误差	Wald	Wald	Wald	Wald 卡方	否
系数的概率值除以标准误差	Sig	Sig	Sig	Pr>ChiSq	p-value
部分标准化回归系数	否	否	否	是	否
e^B(优势比)	Exp(B)	Exp(B)	否	优势比	优势比
模型的 McFadden rho 平方	否	是	否	否	是
模型的 Cox and Snell R^2	是	是	是	否	否

(续)

特性	SPSS LOGISTIC REGRESSION	SPSS NOMREG	SPSS PLUM	SAS LOGISTIC	SYSTAT LOGIT
模型的 Nagelkerke R^2	是	是	是	否	否
观测响应和预测概率之间的关联度量	否	否	否	是	否
结果与每个预测变量之间的部分相关性(R)	是	否	否	否	否
回归系数之间的相关性	是	是	是	是	否
回归系数之间的协方差	否	是	是	是	否
分类表	是	是	否	是②	是
预测成功表	否	否	否	是②	是
每组预测概率的直方图	CLASSPLOT	否	否	否	否
分位数表	否	否	否	否	QNTL
导数表	否	否	否	否	是
作为分对数函数的预测概率图	是	否	否	否	否
保存到文件的诊断信息					
每个案例成功的预测概率	是	否	是	是	是
针对预测概率的选项	否	否	否	是	否
每个案例的原始残差	是	否	否①	否	否
每个案例的标准化(Pearson)残差	是	是①	是①	是②	是
每个案例的标准化(Pearson)残差方差	否	否	否	否	是
每个案例的标准化(赋范的)残差	是	否	否	否	是
每个案例的学生化残差	是	否	否	否	否
每个案例的分对数残差	是	否	否	否	否
每种预测变量模式的预测对数优势	否	否	否	否	否
每个案例的离差	是	否	否	是②	是
帽子矩阵的对角线(杠杆)	是	否	否	是②	是
每个案例的 Cook 距离	是	否	否	是②	否
累积残差	否	否	否	否	否
预测变量(协变量)模式的总 χ^2	否	否	否	否	否
每个案例的离差残差	是	否	否	是②	是
每个案例的 Pearson χ^2 的变化	是	否	否	是②	是
每个案例的系数(beta)的更改	是	否	否	是②	是
每个案例的置信区间移动诊断	否	否	否	是②	否
有序响应变量的特殊诊断	否	否	否	是	否
每个案例的预测类别	是	是	是	否	是
每个类别中每个案例的估计响应概率	否	是	是	否	是
每个案例的预测类别概率	否	是	是	否	是
每个案例的实际类别概率	否	是	是	否	否

① 每个单元格都可用(协变量模式).

② 仅限于两类结果分析.

③ 仅离散预测，也可在 SAS CATMOD 中获得.

④ 可以通过 SPSS COMPLEX SAMPLES LOGISTIC REGRESSION 来完成.

SPSS PLUM 是最新的 logistic 回归程序，可分析有序多类别结果的模型. PLUM(在菜单系统中作为有序回归的方式进行访问)有 NOMREG 大部分的特性，同时也包括其他一些特性. 它不产生分类表，但可由每个案例下预测类别和实际类别的交叉表构成分类表.

PLUM 提供了多种可选择的链接函数，包括 Cauchit(针对具有许多极端值的结果)、互补双对数(使更高的分类更有可能)、负对数(使更低的分类更有可能)和概率单位(假定是一个正态分布的潜在变量). 用户还有机会将结果扩展到一个或多个预测变量来调整预测类别的变异性差异．PLUM 有一个关于平行性的检验，用于评估所有类别的参数是否相同.

10.8.2 SAS 系统

SAS LOGISTIC 用于处理多重或二分响应类别，但需要假定多重类别是有序的．该分类预测变量没有默认编码，编码是在调用 PROC LOGISTIC 之前用户指定的．二分结果的统计量一般是基于类别代码为“0”的，除非另有规定.

在替代(以分对数)链接函数可以指定的情形下，这是最灵活的 logistic 回归程序，包括 normit(反标准化正态概率积分函数)和互补双对数函数．该程序还做泊松回归．当预测变量是离散的时候，SAS LOGISTIC 还提供对过度发散的校正，其中单元频率的方差大于基本模型假定的方差，当有重复测量时，该情况很容易出现.

SAS LOGISTIC 有基本拟合优度统计量，同时还有独特的统计信息，例如 Akaike 的信息准则和 Schwartz 准则. 使用 Somers' *D*、Gamma、Tau-*a* 或 Tau-*c* 来评估预测集和结果之间的关联强度，这是一个比其他程序更强大的关联强度统计量集合.

分类通过 jackknife 来完成. 可以指定一个截止准则，但是也显示了不同截止准则的结果．结果包括每一类数字的校正，以及敏感性、特异性、误报和漏报的百分比．分类仅适用于具有两类别结果的分析．SAS LOGISTIC 自 8 版就可以进行精确的 logistic 回归．这允许分析比正常的渐近程序可以分析的数据集更小的数据集.

可以通过保存的文件或通过“influence plot”访问完整的回归诊断，来查找在解中的异常值．该图包括回归统计值的逐个案例列表，以及与这些统计值的偏差图. 通过 IPLOT 可以产生额外的一组图，其中每个统计数据的值作为案例数的函数绘制.

10.8.3 SYSTAT 系统

LOGIT 是 SYSTAT 中 logistic 回归分析的主要程序．虽然 logistic 回归也可以通过 NONLIN(非线性估计)模块来执行，但是通常不选择这样做.

SYSTAT LOGIT 在被允许的各种类型的模型中是高度灵活的，对于二分结果，以类别为基础的统计信息编码为“1”. 对于两种类别的结果，类别被认为是无序的．离散预测变量允许两种类型的编码(包括通常的虚拟变量 0，1 编码). 可以指定案例控制模型．这是唯一允许规范拟极大似然协方差的程序，它修正了因错误指定模型造成的问题．并且，只有这个程序除了提供分类表之外还提供预测成功表.

基本输出是相当稀少的，但包含了全模型的检验而不是仅包含常数项的模型的检验(使用 McFadden 的 p^2 作为关联强度的度量)、每个预测变量的优势比及其置信区间. Hosmer-Lemeshow 拟合优度检验可以通过选项进行．步进选项也很丰富．虽然在每一步的拟合改进没有给出，但每一步它都可以很容易用手工计算对数似然比．大量的诊断可用于各种案例．然而，它们必须被保存到一个文件中以供查看. 它们不能作为打印输出结果的一部分.

第11章　生存分析

11.1　概述

生存分析/故障分析是处理特定事件发生所需时间的一系列方法，例如，病人治愈时间、零件损坏时间、员工离职时间、癌症病人病情复发时间以及死亡时间等．生存分析(Survival Analysis)是建立在医疗应用的基础上，即研究接受不同治疗的群体之间复发或死亡的时间．接受化疗的病人比不接受化疗的病人活得更长久吗？生存时间还取决于患者年龄、性别或是患者的婚姻状况吗？在制造业中，故障分析(Failure Analysis)应用于零件发生故障的时间．发生故障的时间是否取决于所使用的原材料？是否取决于制造部件车间的温度？如果控制车间的温度，它是否还取决于原材料？在这一章中，我们通常使用生存分析这一术语．

生存分析一个有趣的特点是，通常在研究结束时，许多病例的生存时间往往是未知的．有一些案例仍在研究中没有失效，如雇员还没有离职、一些零件还未损坏、一些患者有好转的现象或者一些患者还活着．对于其他案例来说，由于患者可能退出了研究或者出于某些原因导致失访，我们不知道其生存时间的确切值．由于中途失访或者其他原因而导致生存时间(因变量)未知，我们称之为删失(Censored)．

在生存分析的众模型中，根据数据自身的性质和最感兴趣的问题类型，使用不同的方法．寿命表描述了病例存活(或失效)时间，通常伴随作为时间函数的存活率的图形表示，称之为生存函数．生存函数由两个及以上的组并排绘制而成(例如，接受治疗的病人和未接受治疗的病人)，统计检验用来检验组间生存时间的差异．

另外一些模型可以用来分析生存时间是否受到一些其他变量的影响(例如，公司的寿命是否受员工的年龄或性别的影响)．利用一组变量预测生存时间的基础回归模型中，实验变量可以是一个也可以是多个．然而，在数据有删失案例的情况下，我们一般采用对数线性模型而不是线性模型，这是因为线性模型关于删失的假设条件更为严格，常用的对数线性模型包括 logistic 回归和多重列联表分析(Multiway Frequency Analysis)．与 logistic 回归分析一样，分析可以是直接的，也可以是序贯的，研究包含和不包含实验变量的模型之间的差异．

一个潜在的混淆来源是，所有的预测变量，包括实验变量，如果有的话，被称为协变量．在之前大多数的分析中，协变量是用来描述早期引入序贯方程的变量，并且在更感兴趣的变量进入之前，先分析调整它们与因变量的关系．协变量以传统的方式应用于序贯生存分析，即使生存分析不是序贯的，协变量也可在模型中当作自变量使用．

本章强调了在生存分析中处理组间生存差异的全部方法，无论这些差异是来自实验的还是自然发生的处理方法．

Mayo 和他的同事(1991)每天监测中风患者的身体康复情况，建立了从入院到独立行走的时间模型．发现有 4 个变量影响恢复时间：(1)年龄影响步行和爬楼梯恢复率；(2)知觉障碍影响独自起居以及爬楼梯成功率；(3)抑郁症影响步行；(4)理解力影响步行．

Nolan 和合著者(1991)研究了是否使用通便剂对儿童原发性大便失禁行为矫正的影响．经过多模式治疗的儿童其症状得到缓解的速度明显比单独进行行为矫正的儿童要快很多，在前 30 周的随访中，缓解曲线的差异最为显著．

Van der Pol、Ooms、van't Hof 和 Kuper(1998)确定了可以消除集成电路老化的条件．他们回顾之前的故障分析：没有观察到磨损，因此故障主要是由于缺陷造成的．在此基础上，对产品故障率建立新的通用模型，将其作为产品批量成品率的函数．他们研究发现，尽管低产量批次存在老化的现象，但高产量批次比低产量批次出现的故障要少．同时，他们还发现对于很多应用来说，比起标准老化，通过屏幕能更有效地发现潜在缺陷．

Singer 和 Willett(2003)在他们关于纵向数据建模的方法和其他方法的文章中提出了对生存/故障分析的综合解决办法．Allison(1995)对生存分析进行了多方面的表述，并提供了如何运用 SAS 进行生存分析的实用指南．

11.2　几类研究问题

一种生存分析的主要目的是描述一组内或不同组中在不同时间段的案例存活比例．该分析可以扩展到组间差异的统计检验．另一种生存分析的主要目的是评估生存时间和一组协变量(预测变量)之间的关系，将实验变量看作是一个协变量，用统计方法控制其他协变量后，以确定实验变量间是否存在差异．

11.2.1　不同时间段内的生存比例

不同时间点的生存率是多少？例如，过去三个月的员工比例是多少？第一年零件发生故障比例是多少？寿命表(Life table)描述在不同时间案例生存(失效)的比例．例如，19%的员工在三个月后离职，35%的员工在六个月后离职，等等．生存函数常用图形来表示这些信息．11.4 节将对生存函数和与之相关的统计量进行讨论．

11.2.2　生存组差异

不同组的生存率是否不同？编制内的员工是否会比编制外的员工会在公司待得更久？有一些检验可用来评估组间差异，其中一种将会在 11.4.5 节说明．如果发现了统计上显著的组间差异，则在每一组应单独使用寿命表和生存函数进行分析．

11.2.3　含有协变量的生存时间

11.2.3.1　实验效果

控制其他变量后，各实验组之间的生存时间是否会存在差异？例如，在调整就业年龄和起薪的差异后，实验组和对照组雇员的平均寿命是否会存在差异？在生存分析的回归形式中，可以对存活量和实验水平之间关系进行若干的检验．11.6.4.1 节将讨论实验效果的检验统计量，11.5.2 节将描述在控制其他协变量后，对实验差异的检验．

11.2.3.2 协变量的重要性

生存时间与哪个协变量有关？如果协变量影响生存时间，那么对生存时间是正影响还是负影响？工作时间是否取决于就业时的年龄？刚进入工作岗位时，年纪大的员工比年纪小的员工工作时间更长还是更短？这和起薪有关系吗？高起薪会使员工工作时间更久吗？对这些问题的检验实质上就是对回归系数的检验，11.6.4.2 节将对此进行说明．

11.2.3.3 参数估计

生存分析中的参数估计是对协变量的回归系数进行估计．因为回归是对数线性的，所以其系数通常用优势表示．例如，如果某人 30 岁开始这份工作，年薪为 40 000 美元，则这个人能从事这份工作 4 年的优势是多少？11.6.5 节将说明如何用优势解释回归系数．

11.2.3.4 协变量间的偶然性

在单独分析时，一些协变量可能与实验组的差异有关，但调整其他协变量后就不再有关．例如，当单独考虑工资水平时，本身可能会影响工作时间的实验效果，但调整入职时年龄差异后，工作时间将不会受到影响．在 11.5.2.2 节，通过序贯生存分析阐明了这些偶然事件．

11.2.3.5 效应大小和势

故障/生存和协变量的关联度有多大？在 0 到 1 的水平下，年龄和工资的组合在预测工作时间方面有多好？没有一个统计软件包能直接提供这个信息，但 11.6.3 节将说明如何从几个程序的输出结果中计算 R^2，并将讨论有关势的问题．

11.3 生存分析的局限性

11.3.1 理论问题

生存分析面临的问题是结果变量(outcome variable)的性质，即时间本身．进行生存或失效分析之前，有些事件必须一定会发生：零件一定要出现故障，员工必须离职，患者必须死于疾病．然而，治疗的目的往往是延缓这种情况的发生，或完全阻止它．治疗效果越好，研究者能及时收集到的数据就越少．

生存分析通常受到因果推断其注意事项的影响．例如，不同组间的生存率差异不能归因于治疗效果，除非对治疗水平的分配以及实施经过适当的实验控制．

11.3.2 实际问题

在生存分析的描述性统计中，不要求关于协变量和生存时间的分布假设．然而，在评估协变量的生存分析的回归形式中，协变量之间的多元正态性、线性、方差齐性尽管不是必需的，但有助于提高分析能力，以形成有用的预测变量的线性方程．

11.3.2.1 样本量和缺失数据

生存分析中的一些统计检验基于极大似然方法．通常情况下，只有在大样本下这些检验结果才可靠．Eliason(1993 年)建议：如果要估计 5 个或更少协变量的参数(包括处理)，样本量 60 就可以．较大样本量需要更多协变量．确定实验组之间的不同样本量不会很难．

在生存分析中，数据缺失可能以多种方式发生．最常见的是，有些案例在研究结束时还不知道何时失效．在研究结束之前，患者可能退出或中途失访，尽管最后一次见时还是完整的，这被称为右删失案例．另外，在开始监测前，关键事件可能在一个不确定时间内已经发生．例如，疾病在开始观察前已经产生，但你并不知道确切是什么时候，这被称为左删失案例．不过这些案例不常见．11.6.2 节讨论了各种删失数据．

如果某些案例中缺少一些协变量分数，通常也会出现数据的缺失．4.1.3 节讨论了与数据缺失相关的问题：随机性、数量及解决方案．

11.3.2.2 抽样的正态分布、线性和方差齐性

虽然生存分析对多元正态分布、线性和方差齐性(第 4 章)这些假设没有必须的要求．但满足这些假定往往会产生更大的势，且运用这些假设能得到更好的预测值，减少处理异常值的困难．因此，如 4.1.5 节中所述，在分析之前，用统计或图形方法去评估每个协变量的分布是有用的，也比较容易．

11.3.2.3 异常值的处理

少数情况下，与小组中的其他情况有很大差异的数据会对结果产生不应有的影响，必须加以处理．异常值可以单独或联合出现在协变量中．异常值影响生存时间变量和协变量集(包括代表实验组的协变量)之间关系的推断检验．4.1.4 节讨论了检验和修正异常值的方法．

11.3.2.4 删除和保留样本的区别

生存分析中的假设是研究中失访的案例与在研究结束时命运已知的案例没有系统性差异．如果违反假设，它本质上是非随机丢失案例的数据缺失问题．在实验研究的开始，如果包含缺失数据的案例与完整数据的案例存在系统性差异，那么它将不再是一个实验，因为在研究结束时可用于分析的案例不再是随机分配给实验组的产物．

11.3.2.5 生存条件的变化

另一个假设是在研究开始时影响生存率的因素会在研究结束时也影响生存率，而其他条件没有改变．例如，在减少员工离职的实验中，若这个因素在观察开始时就有影响，则研究结束时也会有影响．如果在研究过程中其他工作条件发生变化而影响到生存，则违反了这一假设。

11.3.2.6 风险比例

评估生存分析中预测变量效应的最常用模型是 Cox 比例风险模型．它假设随着时间的推移，生存函数的形式对所有案例都相同，并且对所有组可扩展．否则，在生存率方面，组和时间之间或其他协变量和时间之间会产生交互作用．11.6.1 节将说明如何检验这个假设，并讨论在违反这个假设时如何评估组间差异。

11.3.2.7 多重共线性的处理

有协变量的生存分析对于协变量间极高的相关性很敏感．在多重回归中，参数估计中高的标准误差或计算机分析中公差检验的失败都能引发多重共线性．多重共线性的来源可以用多重回归模型找到，方法是将每个协变量轮流视为因变量，剩余的协变量视为自变量. 任何协变量多重相关系数的平方(SMC)超过 0.9 就视为冗余，在后面进一步分析中会被删除. 11.7.1.6 节阐述了通过 SPSS FACTOR 评估多重共线性，4.1.7 节进一步讨论了这个问题．

11.4 生存分析的基本公式

表 11-1 是假设数据集，用来评估肚皮舞者随年龄增长能继续上课多久的函数．在这个例子中，因变量是月，直到在 12 个月的随访期间有舞者辍学，该时间为舞者辍学的月份．舞者是删失变量，表示在研究结束时该舞者是否已经放弃跳舞(1＝放弃，0＝继续跳舞)．研究中没有案例丢失．因此，只对最后一个案例进行删失，因为在长达一年随访期间，她的总生存时间仍然未知．12 个案例包含在两个组(0＝对照组，1＝实验组)．实验包括在中东餐厅用晚餐后出去散步、听现场音乐、跳肚皮舞：7 个案例在对照组和 5 个案例在实验组．将开始跳肚皮舞时的年龄作为协变量，以便日后分析使用．

表 11-1　生存分析的小样本假设数据

案例	月份	舞者	实验	年龄
1	1	1	0	16
2	2	1	0	24
3	3	1	0	18
4	4	1	0	27
5	5	1	0	25
6	6	1	0	21
7	7	1	1	26
8	8	1	1	36
9	10	1	1	38
10	10	1	1	45
11	11	1	0	55
12	12	0	1	47

11.4.1 寿命表

寿命表建立在时间区间上，在这个例子中(表 11-2)，区间宽度为 1.2 个月．生存函数 P 是从开始到第 $i+1$ 个区间的存活案例累积比例，估计如下：

$$P_{i+1} = p_i P_i \tag{11.1}$$

其中

$$p_i = 1 - q_i$$

$$q_i = \frac{d_i}{r_i}$$

表 11-2　舞者晚上是否出去散步的生存函数

区间(月)	参与	删失[①]	放弃	放弃比例	生存比例	累积生存比例
			不出去散步的对照组			
0.0—1.2	7	0	1	0.1429	0.8571	1.0000
1.2—2.4	6	0	2	0.3333	0.6667	0.8571
2.4—3.6	4	0	1	0.2500	0.7500	0.5714
3.6—4.8	3	0	1	0.3333	0.6667	0.4286
4.8—6.0	2	0	1	0.5000	0.5000	0.2857

（续）

区间(月)	参与	删失[①]	放弃	放弃比例	生存比例	累积生存比例
6.0—7.2	1	0	0	0.0000	1.0000	0.1429
7.2—8.4	1	0	0	0.0000	1.0000	0.1429
8.4—9.6	1	0	0	0.0000	1.0000	0.1429
9.6—10.8	1	0	0	0.0000	1.0000	0.1429
10.8—12	1	0	1	1.0000	0.0000	0.0000
出去散步的实验组						
0.0—1.2	5	0	0	0.0000	1.0000	1.0000
1.2—2.4	5	0	0	0.0000	1.0000	1.0000
2.4—3.6	5	0	0	0.0000	1.0000	1.0000
3.6—4.8	5	0	0	0.0000	1.0000	1.0000
4.8—6.0	5	0	0	0.0000	1.0000	1.0000
6.0—7.2	5	0	1	0.2000	0.8000	1.0000
7.2—8.4	4	0	1	0.2500	0.7500	0.8000
8.4—9.6	3	0	0	0.0000	1.0000	0.6000
9.6—10.8	3	0	2	0.6667	0.3333	0.6000
10.8—12	1	1	0	0.0000	1.0000	0.2000

①注意表 11-1，舞者的编码是 1＝无删失的，0＝删失的，本表中删失列的编码相反.

这里 d_i 等于区间内的响应数量(放弃)和

$$r_i = n_i - \frac{1}{2}c_i$$

其中n_i等于进入区间的数量，c_i等于区间内的删失数量(是由于某种原因失访而不是放弃).

总之，存活到第 $i+1$ 个区间的案例的比例就是第 i 个区间段开始的存活比例乘以第 i 个区间段结束时的存活比例(不是放弃案例或在区间内删失数据).

对于第一个区间(0,1.2)，对照组的全部 7 名舞者进入区间，这样从第一个区间开始累积生存比例是 1. 在第一个区间内没有删失案例，但对照组中有一个案例被删除．因此，

$$r_1 = 7 - \frac{1}{2}(0) = 7$$

$$q_1 = \frac{1}{7} = 0.1429$$

$$p_1 = 1 - 0.1429 = 0.8571$$

也就是说，在第一个区间里有 85.71%(0.8571)(7)＝6 的案例生存．

对于第二区间(1.2,2.4)，区间开始的累积生存比例是

$$P_2 = p_1 P_1 = (0.8571)(1) = 0.8571$$

剩余 6 名舞者进入区间，没有删失案例，但是有两个案例放弃，也就是说，

$$r_2 = 6 - \frac{1}{2}(0) = 6$$

$$q_2 = \frac{2}{6} = 0.3333$$

$$p_2 = 1 - 0.3333 = 0.6667$$

对于第三个区间(2.4,3.6)，区间开始的累积生存比例是

$$P_3 = p_2 P_2 = (0.6667)(0.8571) = 0.5714$$

等等．

在对照组，到第 3 个月的中旬(第 4 个区间的开始)差不多有一半的案例放弃，在第 6 个月开始时仅仅有 14%的生存率．研究结束时，所有人都辍学了．在实验组，到第 9 个月中旬(第 10 个区间开始时)差不多有一半生存，研究结束时，只有一个案例仍在上课．

各种统计方法和标准误差的不断发展促使生存函数的推断检验更加完善，如下所述．

11.4.2 累积生存比例的标准误差

在某区间内案例累积生存比例的标准误差近似为

$$s.e.(P_i) \cong P_i \sqrt{\sum_{j=1}^{i-1} \frac{q_j}{r_j p_j}} \tag{11.2}$$

第二个区间(1.2－2.4)对照组的标准误差近似为

$$s.e.(P_2) \cong 0.8571\sqrt{\frac{0.1429}{7(0.8571)}} \cong 0.1323$$

11.4.3 风险和密度函数

风险(有时也称为故障率)是指在给定的区间开始处存活，但没有存活到区间中间位置的比率．

$$\lambda_i = \frac{2q_i}{h_i(1+p_i)} \tag{11.3}$$

其中h_i等于第 i 个区间的宽度．对照组的舞者在第二个区间时，其风险是

$$\lambda_2 = \frac{2(0.3333)}{1.2(1+0.6667)} = 0.3333$$

即存活到第二个区间开始的病例到第二个区间中间位置时退出率是三分之一．有 6 个案例进入第二个区间，放弃跳舞的期望比率是区间的中值乘以它们的个数 $0.333\times 6=2$.

风险的标准误差近似于

$$s.e.(\lambda_i) \cong \lambda_i \sqrt{\frac{1-(h_i\lambda_i/2)^2}{r_i q_i}} \tag{11.4}$$

第二个区间中对照组的风险的标准误差近似为

$$s.e.(\lambda_2) \cong 0.3333\sqrt{\frac{1-(1.2(0.3333/2))^2}{6(0.3333)}} \cong 0.2309$$

概率密度是在给定区间的开始存活，但不能存活到区间中间位置的概率：

$$f_i = \frac{P_i q_i}{h_i} \tag{11.5}$$

第二个区间中对照组的概率密度为

$$f_2 = \frac{0.8571(0.3333)}{1.2} = 0.2381$$

对照组中 6 名舞者在 1.2 月时仍在跳舞，在 1.8 月时放弃跳舞的概率是 0.2381.

密度的近似标准误差为

$$s.e.(f_i) \cong \frac{P_i q_i}{h_i} \sqrt{\frac{p_i}{r_i q_i} + \sum_{j=1}^{i-1} \frac{q_j}{r_j p_j}} \tag{11.6}$$

第二个区间中对照组的密度的近似标准误差是

$$s.e.(f_2) \cong \frac{0.8571(0.3333)}{1.2} \sqrt{\frac{0.6667}{6(0.3333)} + \frac{0.1429}{7(0.8571)}} \cong 0.1423$$

注意风险函数和概率密度函数之间的区别．风险函数是在一个特定的时间(例如，1.8 月是第二个区间的中间点)，存活到至少该区间开始(如 1.2 月)的案例的瞬时退出率．而概率密度函数是指在指定时间点给定的案例放弃的概率．

11.4.4　寿命表的绘制

寿命表是将案例累积生存比例(P_i)作为每个时间区间的函数绘制出来的．例如，参考表 11-2，绘制第一点是从第 0 个月区间开始，这时所有组的累积生存比例为 1.0. 第二个区间开始是在 1.2 月，这时实验组的舞者，其累积生存比例仍在 1.0，而对照组的累积生存比例为 0.8571，以此类推．图 11-1 显示了得到的生存函数．

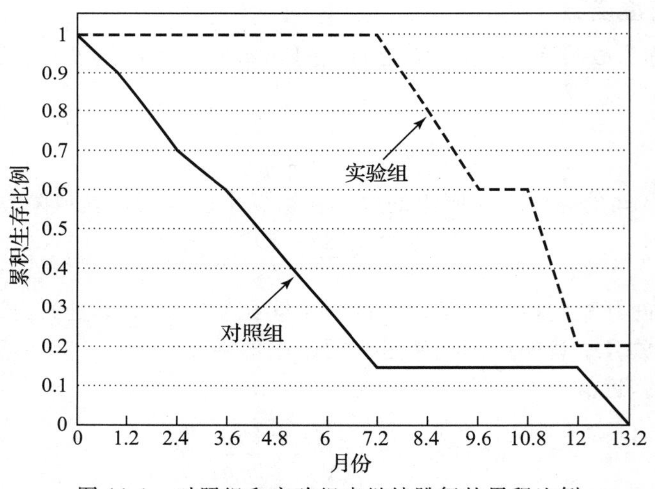

图 11-1　对照组和实验组中继续跳舞的累积比例

11.4.5　组差异检验

我们通过 χ^2 检验对生存组间差异进行检验，其自由度为组数减 1. 当然我们可以用多种检验方法进行分析，这里将重点介绍 SAS LIFETEST 和 SPSS KM 中的 Log-Rank 检验. 当只有两个组时，对整体检验的统计量是

$$\chi^2 = \frac{v_j^2}{V_j} \tag{11.7}$$

在没有组间差异的原假设下，χ^2 等于所有区间内每一组幸存者人数的实际频率减去幸存人数的期望频率的平方值的加总，除以组的方差(V_j).

此检验的自由度为(组个数－1). 当只有两个组时，每组分子的值是相同的，但符号相反．每组分母的值也相同．因此，计算每组的 χ^2 值都相同．

v_j 为每组在每个区间中分别计算观测频率减去期望频率的累积和．对于对照组的舞者(组号记为 0)：

$$v_0 = \sum_{i=1}^{k} (d_{0i} - n_{0i} d_{Ti} / n_{Ti}) \tag{11.8}$$

其中 v_0 是每组观测频率与期望频率之差，d_{0i}是每个区间中幸存者个数，n_{0i}是区间内处于风险下案例数量，d_{Ti}是这个区间内所有组幸存者总数，n_{Ti}是这个区间内所有风险组的案例总数．

例如，在对照组中，第一个区间有 6 个幸存者(有 7 个处在风险中)，两组共有 11 个幸存者(12 个处于风险中)．因此，

$$v_{01} = 6 - 7(11)/12 = -0.417$$

对于第二个区间，对照组有 4 个幸存者(6 个处在风险中)，两组共有 9 个幸存者(11 个处在风险中)．因此，

$$v_{02} = 4 - 6(9)/11 = -0.909$$

等等．

所有对照组的 10 个区间总计是－2.854.(实验组是 2.854.)每组的方差 V 是

$$V_0 = \sum_{i=1}^{k} [(n_{Ti} n_{0i} - n_{0i}^2) d_{Ti} s_{Ti}]/[n_{Ti}^2 (n_{Ti} - 1)] \tag{11.9}$$

其中V_0是对照组的方差，n_{Ti}是一个区间中幸存者的总数，n_{0i}是对照组在此区间中的幸存者总数，d_{Ti}是该区间幸存者总数，$s_{Ti} = n_{Ti} - d_{Ti}$.

在专业术语中，在某一区间(n_{Ti})存活下来的案例总数称为风险集(risk set).

对照组中，第一个区间对照组的方差V_0是

$$V_{01} = [(12 \cdot 5 - 25)11(1)]/[144(12-1)] = 385/1584 = 0.24306$$

第二个区间的方差为

$$V_{02} = [(11 \cdot 5 - 25)9(2)]/[121(11-1)] = 540/1210 = 0.4462$$

等等．所有 10 个区间的总和为 2.1736.(当仅有两组时，这也是第二组的值．)

用公式(11.7)计算这个值得：

$$\chi^2 = \frac{(-2.854)^2}{2.1736} = 3.747$$

表 C.4 可得出在自由度为 1，显著性水平为 $\alpha=0.05$ 下χ^2 的临界值是 3.84. 因此，在 Log-rank 检验中，组差异在统计上不显著．如果有两组以上，那么矩阵方程使用起来更方便.(如果仅有两个组，则矩阵方程一点也不方便使用，因为这个过程需要奇异方差-协方差矩阵的逆)

11.4.6 小样本示例的计算机分析

表 11-3 和表 11-4 是对表 11-1 中的数据分别用 SPSS SURVIVAL 和 SAS LIFETEST 的方法进行分析所得到的输出结果以及所用语法．表 11-3 是 SPSS SURVIVAL 的语法和输出结果. 因变量(MONTHS)和组变量(TREATMNT)及其水平用 TABLE 指令可以列出．在表 11-1 中

STATUS =DANCING(1)指令显示了放弃变量和放弃变量的水平．在 SPSS 需要明确的指令来设置时间区间及绘制生存(或风险)图．COMPARE 指令是检验两组的生存函数相等性．

寿命表对每个组都有所呈现，首先是对照组，呈现了进入区间的案例数量、从研究区间(删失)中退出研究的案例数以及标为 Number of Terminal Events 的列中每个区间退出的案例数量．其余列的比例及其标准误差如 11.4.1 节至 11.4.3 节中所述，但符号上会有些变化．Number Exposed to Risk 是 Number Entering Interval 减去 Number Withdrawing during Interval. 终止事件是放弃事件．请注意，Cumulative Proportion Surviving at End of Interval 是区间末端的累积生存比例，而不是区间始端的累积生存比例，如表 11-2 所示．

表 11-3　通过 SPSS SURVIVAL 对小样本示例分析的语法与输出结果

```
SURVIVAL
 TABLE=MONTHS BY TREATMNT (0 1)
 /INTERVAL=THRU 12 BY 1.2
 /STATUS=DANCING(1)
 /PRINT=TABLE
 /PLOTS (SURVIVAL)=MONTHS BY TREATMNT
 /COMPARE=MONTHS BY TREATMNT.
```

Life Table

First-order Controls	Interval Start Time	Number Entering Interval	Number Withdrawing during Interval	Number Exposed to Risk	Number of Terminal Events	Proportion Terminating	Proportion Surviving	Cumulative Proportion Surviving at End of Interval	Std. Error of Cumulative Proportion Surviving at End of Interval	Probability Density	Std. Error of Probability Density	Hazard Rate	Std. Error of Hazard Rate
TREATMENT 0	0	7	0	7.000	1	.14	.86	.86	.13	.119	.110	.13	.13
	1.2	6	0	6.000	2	.33	.67	.57	.19	.238	.142	.33	.23
	2.4	4	0	4.000	1	.25	.75	.43	.19	.119	.110	.24	.24
	3.6	3	0	3.000	1	.33	.67	.29	.17	.119	.110	.33	.33
	4.8	2	0	2.000	1	.50	.50	.14	.13	.119	.110	.56	.52
	6	1	0	1.000	0	.00	1.00	.14	.13	.000	.000	.00	.00
	7.2	1	0	1.000	0	.00	1.00	.14	.13	.000	.000	.00	.00
	8.4	1	0	1.000	0	.00	1.00	.14	.13	.000	.000	.00	.00
	9.6	1	0	1.000	0	.00	1.00	.14	.13	.000	.000	.00	.00
	10.8	1	0	1.000	1	1.00	.00	.00	.00	.119	.110	1.67	.00
1	0	5	0	5.000	0	.00	1.00	1.00	.00	.000	.000	.00	.00
	1.2	5	0	5.000	0	.00	1.00	1.00	.00	.000	.000	.00	.00
	2.4	5	0	5.000	0	.00	1.00	1.00	.00	.000	.000	.00	.00
	3.6	5	0	5.000	0	.00	1.00	1.00	.00	.000	.000	.00	.00
	4.8	5	0	5.000	0	.00	1.00	1.00	.00	.000	.000	.00	.00
	6	5	0	5.000	1	.20	.80	.80	.18	.167	.149	.19	.18
	7.2	4	0	4.000	1	.25	.75	.60	.22	.167	.149	.24	.24
	8.4	3	0	3.000	0	.00	1.00	.60	.22	.000	.000	.00	.00
	9.6	3	0	3.000	2	.67	.33	.20	.18	.333	.183	.83	.51
	10.8	1	0	1.000	0	.00	1.00	.20	.18	.000	.000	.00	.00

Median Survival Times

First-order Controls		Med Time
TREATMNT	0	3.000
	1	9.900

(续)

First-order Control: TREATMNT

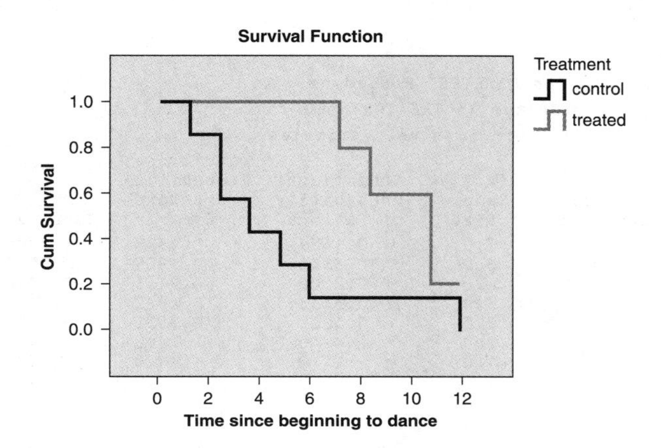

Comparisons for Control Variable: TREATMNT

Overall Comparisons[a]

Wilcoxon (Gehan) Statistics	df	Sig.
4.480	1	.028

[a]Comparisons are exact.

给定每个组的中位生存时间．然后显示了比较两个组的生存函数．两组采用 `Wilcoxon` (`Gehan`)检验进行比较．$\chi^2(1, N=12)=4.840, p=0.28$；这个检验表明组间生存函数存在显著差异．最后，汇总表显示了两组的整体删失比例，以及各组的平均得分．

表 11-4 是 SAS LIFETEST 的语法及输出结果．此程序要求一个明确精算表(`method=life`)、特定时间区间的说明和生存图．`TREATMNT` 指令标识了分组变量(IV)．`time MONTHS * DANCING (0)`指令标识了 `MONTHS` 作为时间变量、`DANCING` 作为响应变量以及 0 表示删失(因变量值未知)数据．

SAS 输出结果与 SPSS 的有所不同，部分原因是因为统计量在区间的中间位置进行估计，而不是在每个区间的始端．`Number Failed` 对应 SPSS 中 Number of Terminal Events. `Number Censored` 对应 Number Withdrawing during Interval. `Effective Sample size` 是 Number Exposed to Risk(或 Number Entering this Interval). `Conditional Probability of failure` 是在区间内未存活的比例(在 SPSS 中是 Proportion Terminating)，生存比例是 1 减去那个值．标签为 `Survival` 的那一列是区间开始时的生存累积比例．标签为 `Failure` 的那一列是 1 减去那个值．

表 11-4 通过 SAS LIFETEST 对小样本示例分析的语法与输出结果

```
proc lifetest data=SASUSER.SURVIVAL
      plots=(s) method=life interval=0 to 12 BY 1.2;
      time MONTHS*DANCING(0);
      strata TREATMNT;
run;
```

The LIFETEST Procedure

Stratum 1: TREATMNT = 0

Life Table Survival Estimates

Interval [Lower,	Upper)	Number Failed	Number Censored	Effective Sample Size	Conditional Probability of Failure	Conditional Probability Standard Error	Survival	Failure
0	1.2	1	0	7.0	0.1429	0.1323	1.0000	0
1.2	2.4	2	0	6.0	0.3333	0.1925	0.8571	0.1429
2.4	3.6	1	0	4.0	0.2500	0.2165	0.5714	0.4286
3.6	4.8	1	0	3.0	0.3333	0.2722	0.4286	0.5714
4.8	6	1	0	2.0	0.5000	0.3536	0.2857	0.7143
6	7.2	0	0	1.0	0	0	0.1429	0.8571
7.2	8.4	0	0	1.0	0	0	0.1429	0.8571
8.4	9.6	0	0	1.0	0	0	0.1429	0.8571
9.6	10.8	0	0	1.0	0	0	0.1429	0.8571
10.8	12	1	0	1.0	1.0000	0	0.1429	0.8571

Evaluated at the Midpoint of the Interval

Interval [Lower,	Upper)	Survival Standard Error	Median Residual Lifetime	Median Standard Error	PDF	PDF Standard Error	Hazard	Hazard Standard Error
0	1.2	0	3.0000	1.5875	0.1190	0.1102	0.128205	0.127825
1.2	2.4	0.1323	2.4000	1.4697	0.2381	0.1423	0.333333	0.23094
2.4	3.6	0.1870	2.4000	1.2000	0.1190	0.1102	0.238095	0.235653
3.6	4.8	0.1870	1.8000	1.0392	0.1190	0.1102	0.333333	0.326599
4.8	6	0.1707	1.2000	0.8485	0.1190	0.1102	0.555556	0.523783
6	7.2	0.1323	.	.	0	.	0	.
7.2	8.4	0.1323	.	.	0	.	0	.
8.4	9.6	0.1323	.	.	0	.	0	.
9.6	10.8	0.1323	.	.	0	.	0	.
10.8	12	0.1323	.	.	0.1190	0.1102	1.666667	0

Stratum 2: TREATMNT = 1

Life Table Survival Estimates

Interval [Lower,	Upper)	Number Failed	Number Censored	Effective Sample Size	Conditional Probability of Failure	Conditional Probability Standard Error	Survival	Failure
0	1.2	0	0	5.0	0	0	1.0000	0
1.2	2.4	0	0	5.0	0	0	1.0000	0
2.4	3.6	0	0	5.0	0	0	1.0000	0
3.6	4.8	0	0	5.0	0	0	1.0000	0
4.8	6	0	0	5.0	0	0	1.0000	0
6	7.2	1	0	5.0	0.2000	0.1789	1.0000	0
7.2	8.4	1	0	4.0	0.2500	0.2165	0.8000	0.2000
8.4	9.6	0	0	3.0	0	0	0.6000	0.4000
9.6	10.8	2	0	3.0	0.6667	0.2722	0.6000	0.4000
10.8	12	0	0	1.0	0	0	0.2000	0.8000
12	.	0	1	0.5	0	0	0.2000	0.8000

Evaluated at the Midpoint of the Interval

Interval [Lower,	Upper)	Survival Standard Error	Median Residual Lifetime	Median Standard Error	PDF	PDF Standard Error	Hazard	Hazard Standard Error
0	1.2	0	9.9000	0.6708	0	.	0	.
1.2	2.4	0	8.7000	0.6708	0	.	0	.
2.4	3.6	0	7.5000	0.6708	0	.	0	.
3.6	4.8	0	6.3000	0.6708	0	.	0	.
4.8	6	0	5.1000	0.6708	0	.	0	.
6	7.2	0	3.9000	0.6708	0.1667	0.1491	0.185185	0.184039
7.2	8.4	0.1789	3.0000	0.6000	0.1667	0.1491	0.238095	0.235653
8.4	9.6	0.2191	2.1000	0.5196	0	.	0	.
9.6	10.8	0.2191	0.9000	0.5196	0.3333	0.1826	0.833333	0.51031
10.8	12	0.1789	.	.	0	.	0	.
12	.	0.1789	.	.	.	.	.	.

（续）

```
     Summary of the Number of Censored and Uncensored Values
Stratum   TREATMNT   Total   Failed   Censored   Percent Censored
      1          0       7        7          0               0.00
      2          1       5        4          1              20.00
-------------------------------------------------------------------
   Total                12       11          1             8.3333
   Testing Homogeneity of Survival Curves for MONTHS over Strata

                    Rank Statistics

         TREATMNT    Log-Rank    Wilcoxon

         0             2.8539      27.000
         1            -2.8539     -27.000

    Covariance Matrix for the Log-Rank Statistics

         TREATMNT            0            1

         0             2.17360     -2.17360
         1            -2.17360      2.17360

    Covariance Matrix for the Wilcoxon Statistics

         TREATMNT            0            1

         0             148.000     -148.000
         1            -148.000      148.000

             Test of Equality over Strata

                                          Pr >
      Test          Chi-Square    DF    Chi-Square

      Log-Rank          3.7472     1        0.0529
      Wilcoxon          4.9257     1        0.0265
      -2Log(LR)         3.1121     1        0.0777
```

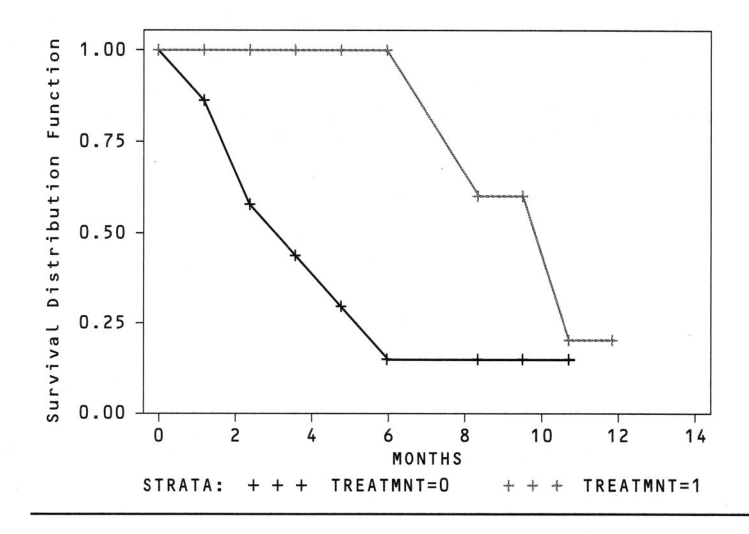

SAS LIFETEST 显示了 Median Residual Lifetime(还有它的标准误差)，即处于风险中的案例数量减少到一半之前所经过的时间．PDF 指概率密度函数，这在 SPSS 中是 Probability Density. 这些统计量后面通常是删失值和故障值的汇总表．然后给出了计算组间差异的矩阵(见公式(11.7)到公式(11.9))，最后一个表是三个 χ^2 检验的结果. Wilcoxon test 对应 GENERALIZED Wilcoxon(BRESLOW)检验，在 11.6.4.1 节有所讨论．然后是高分辨率的生存函数图，在 SAS 的一个单独的窗口中打印输出．

11.5　生存分析的类型

生存分析主要有两种类型：寿命表(包括在不同时间内的生存比例和生存函数，并且带有组间差异检验)和从一个或多个协变量(其中一些可能代表组间差异)预测生存时间．寿命表由精算或乘积极限法(Kaplan-Meier 法)来估计．协变量的生存时间预测最经常涉及的是 Cox 比例风险模型(Cox 回归).

11.5.1　精算和乘积极限寿命表及生存函数

11.4 节说明了如何使用精算方法计算寿命表和检验组间差异．建立寿命表以及检验组间差异也可使用乘积极限方法来替代精算方法．这是因为乘积极限法不使用指定的时间区间，而是计算每次观测事件发生时的生存统计数据．在无删失和时间区间不超过一个时间单位时，这两种方法有相同的结果．乘积极限法(也称为 Kaplan-Meier 法)是使用最广泛的方法，特别是在生物医药方面(Allison，1995)．它的优点是产生一个汇总生存时间的统计量，如均值和中位数。

对寿命表估计既可以通过 SAS LIFETEST 运行精算或乘积极限方法，也可通过 SPSS SURVIVAL 运行精算表或 KM 运行乘积极限法．表 11-5 显示了用乘积极限法对一个小样本进行数据分析的 SPSS KM 语法和输出结果．

表 11-5　用 SPSS Kaplan-Meier 对小样本数据进行分析的语法和输出结果

```
KM
 MONTHS BY TREATMNT
 /STATUS=DANCING(1)
 /PRINT TABLE MEAN
 /PLOT SURVIVAL
 /TEST LOGRANK
 /COMPARE OVERALL POOLED.
```

Kaplan-Meier

Case Processing Summary

Treatment	Total N	N of Events	Censored	
			N	Percent
control	7	7	0	.0%
treated	5	4	1	20.0%
Overall	12	11	1	8.3%

（续）

Survival Table

Treatment		Time	Status	Cumulative Proportion Surviving at the Time: Estimate	Cumulative Proportion Surviving at the Time: Std. Error	N of Cumulative Events	N of Cumulative Events
control	1	1.000	dropped out	.857	.132	1	6
	2	2.000	dropped out	.	.	2	5
	3	2.000	dropped out	.571	.187	3	4
	4	3.000	dropped out	.429	.187	4	3
	5	4.000	dropped out	.286	.171	5	2
	6	5.000	dropped out	.143	.132	6	1
	7	11.000	dropped out	.000	.000	7	0
treated	1	7.000	dropped out	.800	.179	1	4
	2	8.000	dropped out	.600	.219	2	3
	3	10.000	dropped out	.	.	3	2
	4	10.000	dropped out	.200	.179	4	1
	5	12.000	still dancing	.	.	4	0

Means and Medians for Survival Time

Treatment	Mean[a]				Median			
	Estimate	Std. Error	95% Confidence Interval: Lower Bound	95% Confidence Interval: Upper Bound	Estimate	Std. Error	95% Confidence Interval: Lower Bound	95% Confidence Interval: Upper Bound
control	4.000	1.272	1.506	6.494	3.000	1.309	.434	5.566
treated	9.400	.780	7.872	10.928	10.000	.894	8.247	11.753
Overall	6.250	1.081	4.131	8.369	5.000	2.598	.000	10.092

[a]Estimation is limited to the largest survival time if it is censored.

Overall Comparisons

	Chi-Square	df	Sig.
Log Rank (Mantel-Cox)	3.747	1	.053

Test of equality of survival distributions for the different levels of Treatment.

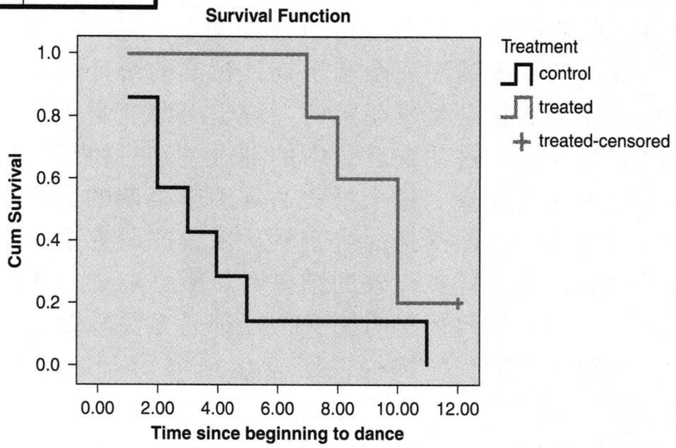

输出的结果一般按事件发生的时间而不是按指定的时间区间排列．例如，有两个输出线，一个是对照组里有两名舞者在第 2 个月退出，另一个为两个实验组的舞者在第 10 个月

退出．给定生存时间的均值和中位数，以及它们的标准误差及 95%置信区间．生存函数图与包含删失情况的信息使用精算法得出的表 11-3 略有不同．对此例子可以通过 Log Rank 检验来检验组间差异，而不是用 SPSS SURVIVAL 的 Wilcoxon 检验．

11.5.2 从协变量预测组生存时间

含有协变量的生存时间的预测与 logistic 回归相似(第 10 章)，但是得提供删失数据．这种方法在分析事件之间的相对时间而不是预测事件的发生．Cox 比例风险模型(Cox 回归)是目前最常用的方法．使用者也可使用更复杂的加速失效时间模型．

与其他形式的回归一样(参看第 5 章)，生存分析可以是直接的、序贯的或统计的．如果存在实验自变量，则其分析与其他离散协变量的分析一样。当仅有两个实验水平时，实验组通常记为 1，对照组记为 0. 如果有两个以上实验水平，则使用虚拟变量编码来表示组成员，如 5.2 节所述．以自变量为基础的成功预测表明了实验效应的显著性．

11.5.2.1 直接分析、序贯分析和统计分析

协变量生存分析的三种主要分析策略是直接分析(标准)、序贯分析(分层)和统计分析(逐步)．策略之间的差异涉及由于相关协变量(包括实验组)而导致的方差重叠的情况，以及如何决定协变量进入方程的顺序．

在直接或同时的模型中，所有的协变量都同时进入回归方程，并且每一个都被评估，仿佛都是最后进入的．因此，每一个协变量都被评估对生存时间的预测贡献了什么，并且这与所有其他协变量提供的是不同的．

在序贯模型(有时也称为分层模型)中，协变量按研究者指定的顺序进入方程．每个协变量都是通过它在自己进入方程时添加到方程中的东西进行评估．协变量一次进入一个或以块的形式进入．分析是分步骤进行的，每一步都有方程协变量的信息．使用实验的自变量进行生存分析的一个典型方法是，在第一步，输入所有非实验协变量，然后在第二步输入代表实验变量的协变量．第二步后的输出结果表明，在对其他协变量的效应进行统计调整后，实验变量对预测生存的重要性．

变量的输入顺序完全基于统计标准的统计回归(有时也称为逐步回归)是一个有争议的过程．变量的含义是不相关的，决定哪些变量进入方程是完全基于从抽取的特定样本中计算出的统计量．这些统计量中的细微差别对协变量的表面重要性有深刻影响，其中包括代表实验组的协变量．这个过程通常用于早期的研究阶段，用在评估非实验协变量与生存的关系时．预测作用不强的协变量从后续的研究中剔除．像 logistic 回归一样，当决策基于可能无法概括所选样本以外的结果时，数据驱动的策略尤其危险．除了最初步的调查，统计/逐步方法用于任何情况时交叉验证都是至关重要的．

两种审查的程序都提供了直接分析．SPSS COXREG 软件还提供了序贯和逐步分析. SAS LIFEREG 仅提供了直接分析，但 SAS PHREG 提供了直接、序贯、逐步和 setwise 分析(其中评估了包括所有可能协变量组合的模型).

11.5.2.2 Cox 比例风险模型

在 Cox 比例风险模型中，事件发生(故障、死亡)率作为预测变量的对数线性函数，称为协变量．回归系数给出了每个协变量对生存函数的相对效应．通过 SPSS COXREG 和

SAS PHREG 可以使用 Cox 模型.

表 11-6 显示了对表 11-1 的数据运用 SAS PHREG 给出 Cox 回归分析的结果. 实验(一个二分变量)和年龄为这次分析目的的协变量. 本次分析假设风险成比例(所有实验水平的生存函数形状是相同的). 11.6.1 节显示了如有检验假设, 如果违背假设, 如何评估组间差异. 在 model 指令中标识时间变量(月份)和响应变量(舞者, 0 代表删失数据), 并由两个协变量来预测: 年龄和实验.

表 11-6 通过 SAS PHREG 使用直接 Cox 回归分析的语法和输出

```
proc phreg data=SASUSER.SURVIVE;
    model months*dancing(0) = age treatmnt;
    run;

                        The PHREG Procedure

                         Model Information

          Data Set                  SASUSER.SURVIVE
          Dependent Variable        MONTHS
          Censoring Variable        DANCING
          Censoring Value(s)        0
          Ties Handling             BRESLOW

      Summary of the Number of Event and Censored Values

                                                 Percent
         Total      Event       Censored        Censored

            12         11              1            8.33

                       Model Fit Statistics

                            Without             With
          Criterion      Covariates       Covariates

          _2 LOG L           40.740           21.417
          AIC                40.740           25.417
          SBC                40.740           26.213

           Testing Global Null Hypothesis: BETA=0

      Test                  Chi-Square      DF      Pr > ChiSq

      Likelihood Ratio         19.3233       2          <.0001
      Score                    14.7061       2          0.0006
      Wald                      6.6154       2          0.0366

          Analysis of Maximum Likelihood Estimates

                     Parameter     Standard      Chi-        Pr >      Hazard
Variable      DF      Estimate        Error    Square       ChiSq       Ratio

AGE            1      -0.22989      0.08945    6.6047      0.0102       0.795
TREATMNT       1      -2.54137      1.54632    2.7011      0.1003       0.079
```

Model Fit Statistics 用于模型间的比较, 就像 logistic 回归分析一样(第 10 章), 评估所有回归系数为 0 的假设检验有 3 种. 例如, Likelihood Ratio 检验显示了年龄和实验的组合显著性地预测生存时间, $\chi^2(2, N=12)=19.32, p<0.0001$. (注意, 这是一个大样本

检验，不能处理只有 12 个案例的情况．)在 Chi-Square 检验中也显示了单个预测变量的显著性检验．这样，在调整实验的差异后，年龄显著性地预测生存时间，$\chi^2(1,N=12)=6.60$，$p=0.01$．然而，调整年龄的差异后，实验却不能预测生存时间，$\chi^2(1,N=12)=2.70$，$p=0.10$．因此，这个分析显示实验效应不显著．回归系数的参数估计(Parameter Estimate)的显著性效应和优势比(Hazard Ratio)会在 11.6.5 节进行解释．

表 11-7 显示了使用 SPSS COXREG 进行的序贯 Cox 回归分析．年龄首先进入预测方程，随后是实验．Block 0 显示了模型拟合，－2 Log Likelihood 对应 SAS 中的-2 Log L 指令，用于模型间的比较(参见 10.6.1.1 节)．

表 11-7　通过 SPSS COXREG 进行序贯 Cox 回归分析的语法和输出

```
COXREG
  MONTHS /STATUS=DANCING(1)
  /CONTRAST (TREATMNT)=indicator
  /METHOD=ENTER AGE /METHOD=ENTER TREATMNT
  /CRITERIA=PIN(.05) POUT(.10) ITERATE(20).
```

Cox Regression

Case Processing Summary

		N	Percent
Cases available in analysis	Event[a]	11	91.7%
	Censored	1	8.3%
	Total	12	100.0%
Cases dropped	Cases with missing values	0	.0%
	Cases with non-positive time	0	.0%
	Censored cases before the earliest event in a stratum	0	.0%
	Total	0	.0%
Total		12	100.0%

[a]Dependent Variable: Time since beginning to dance

Categorical Variable Codings[a,b]

		Frequency	(1)
TREATMNT	.00=control	7	1.000
	1.00=treated	5	.000

[a]Indicator Parameter Coding
[b]Category variable: TREATMNT (Treatment)

Block 0: Beginning Block

Omnibus Tests of Model Coefficients

–2 Log Likelihood
40.740

（续）

Omnibus Tests of Model Coefficients[a,b]

-2 Log Likelihood	Overall (score)			Change From Previous Step			Change From Previous Block		
	Chi-square	df	Sig.	Chi-square	df	Sig.	Chi-square	df	Sig.
25.395	11.185	1	.001	15.345	1	.000	15.345	1	.000

[a]Beginning Block Number 0, initial Log Likelihood function: –2 Log likelihood: –40.740
[b]Beginning Block Number 1. Method: Enter

Block1: Method = Enter

Variables in the Equation

	B	SE	Wald	df	Sig.	Exp(B)
AGE	–.199	.072	7.640	1	.006	.819

Variables not in the Equation[a]

	Score	df	Sig.
TREATMNT	3.477	1	.062

[a]Residual Chi Square = 3.477 with 1 df Sig. = .062

Block2: Method = Enter

Omnibus Tests of Model Coefficients[a,b]

-2 Log Likelihood	Overall (score)			Change From Previous Step			Change From Previous Block		
	Chi-square	df	Sig.	Chi-square	df	Sig.	Chi-square	df	Sig.
21.417	14.706	2	.001	3.978	1	.046	3.978	1	.046

[a]Beginning Block Number 0, initial Log Likelihood function: –2 Log likelihood: –40.740
[b]Beginning Block Number 2. Method: Enter

Variables in the Equation

	B	SE	Wald	df	Sig.	Exp(B)
AGE	-.230	.089	6.605	1	.010	.795
TREATMNT	2.542	1.546	2.701	1	.100	12.699

Covariate Means

	Mean
AGE	31.500
TREATMNT	.583

第一步(Block1)显示了通过 Wald 检验(平方的 z 检验，系数除以它的标准误差，$p=0.006$)和似然比检验[$\chi^2(1,N=12)=15.345, p<0.001$] 只有一个年龄的显著效应．然而，对于这两个不同标准，实验的结果不同．Wald 检验与上述针对年龄差异对实验进行微调的直接分析得到的结果相同，而且统计上不显著．另一方面，似然比检验显示了添加实验为一个预测变量的显著变化，$\chi^2(1,N=12)=3.98, p<0.05$. 在小样本量下，可能更安全的做法是依赖 Wald 检验，该检验表明实验效应在统计学上不显著．

11.5.2.3　加速故障时间模型

在特定的分布(指数、正态或其他一些分布)下，这些加速故障时间模型代替 Cox 模型的一般风险函数．然而，熟练的用户需要选择分布．加速故障时间模型由 SAS LIFEREG 处理．SPSS 没有加速故障时间模型的程序．

表 11-8 显示了通过 SAS LIFEREG，使用默认的韦布尔分布对 11.5.2.2 节的 Cox 模型进行的加速故障时间分析．

表 11-8　通过 SAS LIFEREG 进行加速故障时间模型分析的语法和输出

```
proc     lifereg data=SASUSER.SURVIVE;
         model MONTHS*DANCING(0)= AGE TREATMNT;
run;

                     The LIFEREG Procedure

                       Model Information

             Data Set                  SASUSER.SURVIVE
             Dependent Variable            Log(MONTHS)
             Censoring Variable                DANCING
             Censoring Value(s)                      0
             Number of Observations                 12
             Noncensored Values                     11
             Right Censored Values                   1
             Left Censored Values                    0
             Interval Censored Values                0
             Name of Distribution              Weibull
             Log Likelihood               -4.960832864

             Number of Observations Read            12
             Number of Observations Used            12

Algorithm converged.

                    Type III Analysis of Effects

                                  Wald
           Effect       DF    Chi-Square     Pr > ChiSq

           AGE           1       15.3318         <.0001
           TREATMNT      1        5.6307         0.0176

                  Analysis of Parameter Estimates

                                 Standard  95% Confidence   Chi-     Pr >
Parameter       DF  Estimate     Error          Limits      Square   ChiSq

Intercept        1    0.4355    0.2849  -0.1229   0.9939     2.34   0.1264
AGE              1    0.0358    0.0091   0.0179   0.0537    15.33   <.0001
TREATMNT         1    0.5034    0.2121   0.0876   0.9192     5.63   0.0176
Scale            1    0.3053    0.0744   0.1894   0.4923
Weibull Shape    1    3.2751    0.7984   2.0311   5.2811
```

年龄和实验这两个变量对预测生存的作用都很显著(Pr> Chi 小于 0.05)，从而得出结论：在指令开始时，经过调整年龄的差异后，实验对肚皮舞课程的生存有显著性的影响．只有分类预测变量自由度大于 1 时，Type III Analysis of Effects 才是有用的．

加速故障时间模型分布的选择对风险函数有一定的影响，因此基于不同分布的模型可能会出现不同的解释．在 SAS LIFEREG 可利用的分布有韦布尔分布、正态分布、logistic 分布、伽马分布、指数分布、对数正态分布以及对数 logistic 分布．表 11-9 总结了加速故障时间模型在 SAS LIFEREC 中可利用的各种分布．

表 11-9　加速故障时间模型在 SAS LIFEREG 中可利用的分布

模型分布	危险函数的形状	参数	语法	注解
指数分布	随时间保持不变	1(位置)规模始终为 1	D=EXPONENTIAL	最简单的模型，危险率不依赖于时间
韦布尔分布	随时间增加或减少	2(位置和规模)	D=WIEBULL	最常用的模型
对数正态分布	单峰	2(位置和规模)	D=LNORMAL	通常适用于可重复的事件
正态分布	单峰	2(位置和规模)	D=NORMAL	按照对数正态分布，但没有响应的对数变换
对数 logistic 回归	随时间减少或出现单峰	2(位置和规模)	D=LLOGISTIC	根据规模参数具有韦布尔或对数正态的特性
logistic 回归	随时间减少或出现单峰	2(位置和规模)	D=LOGISTIC	按照对数 logistic，但没有响应的对数变换
伽马分布	随时间减少、随时间增加，或随时间保持不变	3(位置、规模和形状)	D=GAMMA	非简约计算机密集型

指数分布的使用假设，对特定组的案例随着时间的推移风险率的百分比不变．例如，每一个月的风险率是 0.1 表明在接下来的每个月份中，都有 10%的案例出故障．因此，风险率不依赖于时间．

另一方面，韦布尔分布允许特定组的风险率随时间改变．例如，硬盘在前几个月出现故障的概率远远高于以后的几个月．因此，故障率取决于时间，或增加或减少．指数模型是韦布尔模型的一个特殊形式．因为指数模型嵌套在韦布尔模型中，所以可以检验基于这两个模型的结果之间的差异(如 Allison 于 1995 年所发论文第 89 页所示)．

对数正态分布基本上是一个倒 U 形分布，风险函数先上升到一个高峰，然后随着时间的推移下降．此函数经常与可重复发生的事件有关，如婚姻或住宅搬迁．(SAS LIFEREG 还允许指定正态分布，但其中没有响应变量和时间的对数变换．)

当尺度参数(σ)小于 1 时，对数 logistic 分布也是一个倒 U 形分布，但当 σ 大于或等于 1 时，则表现为韦布尔分布．这是一个比例优势模型，这意味着随着时间的推移，对数优势的改变是个常数．在 SAS LIFEREG 中，可以指定 logistic 分布(没有时间的对数变换)．

伽马模型(在 SAS LIFEREG 中使用的是广义伽马模型)是最通用的模型．指数模型、韦布尔模型和对数正态分布模型都是伽马模型的特殊情况．因为这种关系，伽马模型和其他三种模型之间的差异可以通过似然比卡方统计量(Allison，1995，第 89 页)来进行评估．

伽马模型也可以有其他模型没有的形状，例如 U 形——随着时间的推移风险函数降到最低程度，然后再增加．人类的死亡率(可能还有硬盘)在整个生命周期也遵循这个分布(尽管硬盘在出现危险前，可能其规模和速度已经过时了)．因为没有比伽马模型更通用的模型，所以没有将它作为潜在分布的充分性的检验．因为这个模型太普遍，所以它总是能够提供至少和其他模型一样好的拟合度．然而，对简约的考虑限制了它的使用，以及更实际的考虑，比如更大的计算时间和无法收敛于一个解也限制了它的使用．

模型的选择基于逻辑、图形拟合或者在嵌套模型的案例中、拟合优度检验．例如，机械设备的预期故障率理应随时间推移而成指数增加，这表明，韦布尔分布是最合适的．在单独的逻辑基础上，指数模型、对数正态模型或对数 logistic 模型可以很容易地排除．

Allison(1995)为生成 Kaplan-Meier 估计的适当转换图提供了指导．线性关系图表明提供转换的分布是合适的．Allison 还说明了应用拟合优度统计量对竞争模型进行统计评估的过程．如表 11-8 所示，加速故障时间分析产生了χ^2 对数似然值(负值接近于零，表明数据和模型拟合得更好)．因此，两倍的嵌套模型之间的差异提供了似然比 χ^2 统计量．嵌套模型中，伽马分布是最普遍的，随后是韦布尔分布，然后是指数分布，最后是对数正态分布．也就是说，对数正态分布嵌套在指数分布中，而指数分布又嵌套在韦布尔分布中，等等．

例如，表 11-8 显示了使用韦布尔分布(SAS LIFEREG 的默认情况下)的对数似然值是 -4.96. 使用指定的伽马(未显示)运行产生的对数似然值是 -3.88. 因此似然比是

$$2[(-3.88)-(-4.96)]=2.16$$

df=1(因为在韦布尔和伽马之间只嵌套了一“步”)．在 $\alpha=0.05$ 水平下，临界值 $\chi^2(df=1)=3.84$，在韦布尔和伽马模型之间不存在显著差异．因此，韦布尔模型是首选，因为它要求更少．

另一方面，指数模型(未显示)的对数似然值是 -12.43. 与韦布尔模型相比，

$$2[(-4.96)-(-12.43)]=14.94,\quad df=1$$

显然在 $\alpha=0.05$ 有显著差异．韦布尔模型仍然是选择之一，因为指数模型要糟糕得多．

11.5.2.4　方法的选择

用协变量分析生存数据最直接的方法是 Cox 回归．它比加速故障时间的方法更稳健(Allison，1995)，也不需要研究者在表 11-9 的分布中进行选择．然而，正如下节所述，Cox 模型确实假设了随着时间的推移的风险比例．

11.6　一些重要问题

生存分析的问题包括检验风险比例的假设、处理删失数据、评估模型和单个协变量的效应大小、从各种统计检验中确定实验组之间的差异和协变量的贡献以及解释优势比．

11.6.1　风险比例

当使用 Cox 回归分析离散协变量(如实验)的水平之间的差异时，假设随着时间的推移，所有组的生存函数的形状都是相同的．也就是说，一组开始出现故障的时间可能比另一组长，但是一旦故障开始，所有组的故障发生率就都相同．当满足假设时，不同组的生存函数线大致平行，如图 11-1、表 11-3 和表 11-4 所示．虽然检查这些图是有益的，但也需要对假设进行正式检验．

该假设与协方差分析中回归的齐性是相似的．这就要求在所有的实验水平下因变量和

协变量之间的关系相同．风险比例假设是对所有的实验水平(或任何其他协变量)，生存率和时间之间的关系是相同的．在协方差分析中，违反回归齐性表示协变量和实验水平间有交互作用．在生存分析中，违背风险比例表示时间和实验水平(或任何其他协变量)间有交互作用．为了检验此假设，构造一个时间变量，并检验它与实验水平(和其他协变量)的交互作用．

在表 11-6 和表 11-7 的 Cox 回归示例中，实验和年龄都是协变量．问题是这些协变量中的一个(或两个)是否与时间有交互作用．若有，则违背了风险比例假设．为了检验这个假设，创建一个连续或者离散的时间变量，并检验与每个协变量的交互作用．表 11-10 显示了通过 SAS PHREG 进行的风险比例检验．该模型包括两个新的预测变量：MONTHTRT 和 MONTHAGE．下面的指令将它们定义为每个协变量和时间变量的自然对数之间的交互作用．例如，MONTHTRT=TREATMNT*LOG(MONTHS)．如果时间变量的值很大(Cantor，1997 年)，建议使用对数变换来补偿数值问题．

下面这个例子符合比例的假设，其中 MONTHAGE 不显著，MONTHTRT 也不显著．因此，表 11-6 和表 11-7 的 Cox 回归分析对实验效应提供了适当的检验．如果违反该假设，则在直接或序贯回归中，对实验效应的检验需要包含其他协变量的交互作用．也就是说，在调整与其他协变量间的交互作用后，再进行实验引起的差异检验．

另一个补救方法是，如果一个协变量是离散的(或转换成离散的)并且没有直接关系，则使用这个与时间交互作用的协变量作为分层变量．例如，假设年龄与时间之间有显著的交互作用，而年龄没有研究意义．同时年龄至少可分为两个水平，然后在 Cox 回归中，用作分层变量．

SPSS COXREG 具有用于创建和检验时间依赖性协变量的内置程序．该程序将在 11.7.1.5 节进行说明

表 11-10　通过 SAS PHREG 进行比例检验的语法和部分输出

```
Proc phreg data=SASUSER.SURVIVAL2;
        Model MONTHS*DANCING(0)=AGE TREATMNT MONTHAGE MONTHTRT;
        MONTHTRT=TREATMNT*LOG(MONTHS); MONTHAGE=AGE*LOG(MONTHS);
run;
```

The PHREG Procedure

Analysis of Maximum Likelihood Estimates

Variable	DF	Parameter Estimate	Standard Error	Wald Chi-Square	Pr > ChiSq	Hazard Ratio
AGE	1	-0.22563	0.21790	1.0722	0.3004	0.798
TREATMNT	1	-3.54911	8.57639	0.1713	0.6790	0.029
MONTHAGE	1	-0.0001975	0.12658	0.0000	0.9988	1.000
MONTHTRT	1	0.47902	3.97015	0.0146	0.9040	1.614

11.6.2　删失数据

删失案例是指被研究的时间仍然未知或仍然含糊的事件(辍学、死亡、故障、毕业)．如果故障在研究结束没有发生(例如，部分仍然正常运行，舞者仍在上课，等等)，则认为是右删失．如果你知道故障在特定的时间之前发生(例如，当病例进入你的研究时，肿瘤已

经发展)，则此案例被认为是左删失．如果你知道只有在宽泛的时间区间内某个时间发生了故障，则此案例被认为是区间删失．一个数据集可以包含几种删失形式的混合情况．

11.6.2.1　右删失数据

右删失是最常见的删失形式，所研究的事件在数据搜集停止时尚未发生．当“删失”一词在一些文本和计算机程序使用时，它一般是指右删失．

有时右删失在研究人员的控制下．例如，研究人员决定监测案例，直到某个预定数量的事件已经失败，或直到每个案例都发生了三年．然后，删失案例，因为研究人员会在事件发生前终止数据收集．其他时候，研究人员不能控制右删失．例如，一个案例可能会丢失，因为一个人参与者拒绝继续到研究结束，或因为研究中的疾病以外的其他因素而死亡．或者，存活时间可能未知，因为案例的进入时间不受研究人员的控制．例如，对病例进行监测直到预定的时间，但病例进入研究的时间(例如，手术时间)是随机变化的，所以，总生存时间未知．也就是说，你所了解的事件发生的时间(失败、恢复)只是在特定的时间后，即它大于某个值(Allison，1995)．

生存分析的大部分方法无法区分右删失的类型，但是，研究中丢失的案例可能会带来问题，因为需要假定它们与剩余案例(11.3.2.4 节)之间没有系统性差异．当案例自愿离开研究时，这个假设可能会被违背．例如，从研究生课程退学的学生(如果他们留下来的话)不太可能与继续学习的学生一样毕业．取而代之的是，那些辍学的学生可能将用更长的时间才能毕业．关于这个问题，唯一的解决办法是尝试包括与这种删失形式相关的协变量．

这里回顾的所有程序都处理右删失数据，但没有区分各种类型的右删失．因此，如果违背关于右删失的假设，那么结果会具有误导性．

11.6.2.2　其他形式的删失

如果感兴趣的事件发生在观测时间之前，则案例就是左删失，这样你只知道生存时间要少于总观测时间．实验中不太可能会发生左缺失，因为通常对条件的随机分配只针对完整的案例．然而，左删失可能发生在非实验性研究中．例如．如果你正在研究某个组件发生故障的时间，则有些部件可能在你开始观察前已经出现故障，所以你不知道它们的总生存时间．

对于区间删失，你知道事件发生的时间区间，但不知道区间内的确切时间．区间删失可能发生在事件监测不频繁时．Allison(1995)提供了一个示例——艾滋病毒感染的年度检验，其中一个人在第 2 年检测结果呈阴性，但在第 3 年检测呈阳性反应，则区间删失就是 2 到 3 之间．

SAS LIFEREG 通过要求两个时间变量来处理右删失、左删失和区间删失．这两个变量是上限时间和下限时间．对于右删失的情况，缺失上限时间值；对于左删失的情况，缺失下限时间值；区间删失由两个变量的差值表示．

11.6.3　效应大小和势

Cox 和 Snell(1989)为 logistic 回归提供了一种效应大小的度量，Allison(1995)在生存分析中证明了这一点．它基于 G^2——一种似然比卡方统计量(11.6.4.2 节)，可以用 SAS PHREG、LIFEREG 和 SPSS COXREG 计算．

在有无协变量的情况下，模型都适用，且差值 G^2 如下：

$$G^2 = (-2\text{倍较小模型的对数似然值}) - (-2\text{倍较大模型的对数似然值}) \quad (11.10)$$

然后，R^2 如下：

$$R^2 = 1 - e^{(-G^2/n)} \quad (11.11)$$

当应用于实验时，调整其他协变量后，最感兴趣的 R^2 是生存和实验之间的相关度．因此，较小模型包括协变量，但不包括实验，较大模型包括协变量和实验．

对于表 11-7 的例子，(针对年龄对实验进行调整的序贯分析)，仅有年龄的－2 倍对数似然是 25.395，有年龄和实验的－2 倍对数似然值是 21.417，所以，

$$G^2 = 25.395 - 21.417 = 3.978$$

对于实验．(请注意，此值也由 SPSS COXREG 提供，作为 Change from PreviousBlock.)

应用公式(11.11)：

$$R^2 = 1 - e^{(-3.978/12)} = 1 - 0.7178 = 0.28$$

可以使用 Steiger 和 Fouladi(1992)的软件求得这个值的置信区间(参见图 9-3)．变量的数目(包括这个标准，但没有协变量)是 2，$N=12$．该软件给出 95％置信限为从 0 到 0.69.

Allison(1995 年)指出，R^2 不是由协变量解释的生存率方差比例，而仅代表在年龄调整后的实验案例下，生存率和所检验的协变量之间的相对关联程度．

生存分析的势通常由更大的样本和更强的效应的协变量来提高．删失的数量和案例进入研究的模式也影响势．实验组间的相关规模也是如此．不相等的样本量减少势，而相等的样本规模则增加势．本书讨论的软件不能评估样本量和生存分析的势，但 NCSS(2002) PASS 除外，该程序根据 Lachin 和 Foulkes(1986)为生存检验提供势和样本量的估计．另一程序独立地为几种类型的生存分析提供势分析：nQuery Advisor 4.0(Elashoff，2000).

11.6.4 统计准则

如 11.6.4.1 节所述，由于精算寿命表或乘积极限法分析的实验效应，有许多统计检验可以用于评估组间差异．11.6.4.2 节将讨论评估生存时间和各种协变量(包括实验)之间关系的检验．

11.6.4.1 生存函数中组间差异的统计检验

一些统计检验可以用于评估组间差异，且程序间的标签不一致．这些检验的主要区别是案例如何进行加权，加权基于群组在生存的过程中开始发散的时间．例如，如果群组马上开始发散(未经实验的案例很快故障，但实验的案例不这样)，则对于快速有故障的案例较大加权的统计量显示的分组差异大于对所有案例均等加权的统计量．表 11-11 总结了程序中组间的差异信息．

SAS LIFETEST 提供了三种检验，即 Log-Ran k、Wilcoxon 统计量和似然比检验，标记为-2Log(LR)，它们假设各组的故障都为指数分布．SPSS KM 提供了三种统计量作为 Kaplan-Meier 分析的一部分：Log-Rank 检验、Tarone-Ware 统计量和 Breslow 统计量，这个与 SAS 中的 Wilcoxon 统计量一样．SPSS SURVIVAL 提供了 Wilcoxon 检验的另一种形式，即 Gehan 统计量，该检验似乎使用了介于 Breslow(Wilcoxon)和 Tarone-Ware 之间的权重．

表 11-11　精算表和乘积极限法中组间差异的检验

检验	术语 SAS[①] LIFETEST	SPSS SURVIVAL	SPSS KM	注解
1	Log-Rank	N. A.	Log Rank	所有观测值等权重
2	Tarone	N. A.	Tarone-Ware	比早期观测(检验 1 到检验 3)权重略大
3	Wilcoxion	N. A.	Breslow	早期观测权重更大
4	N. A.	Wilcoxion(Gehan)	N. A.	与检验 3 略有不同
5	−2Log(LR)	N. A.	N. A.	假设每个组的故障案例服从指数分布

①其余的 SAS 检验在表 11-24 中列出.

11.6.4.2　预测协变量的统计检验

对数似然卡方检验(G^2 在 11.6.3 节描述过)用于检验 Cox 比例风险模型中的假设，即所有协变量回归系数均是零，并评估有无特定协变量集合的模型之间的差异，如 11.6.3 节所示．后者使用公式(11.10)的应用，最常见的就是调整其他协变量后评估实验的效应．所有这些似然比统计量都是大样本检验，并没有采取 11.4 节那样的小样本示例．

统计量也可用来分别检验每个协变量的回归系数．这些 Wald 检验即 z 检验，是其系数除以其标准误差．当检验适用于实验协变量时，它是调整所有其他协变量后，对实验效应的另一个检验．

SPSS COXREG 在一个序贯运行中提供了所需的所有信息，如表 11-7 所示．最后一步(其中包括实验)显示了 Change(−2 Log Likelihood) from Previous Block 中的Chi-Square 作为实验的对数似然比检验，与包括实验和年龄的协变量的 Wald 检验一样．

SAS PHREG 提供 `Model Chi-Square` 它是有无协变量下的整体 G^2. 对于有无实验(其他协变量也在模型中)的模型，似然比检验要求先进行序贯运行，然后将公式(11.10)应用于有无实验的模型．另一方面，SAS LIFEREG 没有提供总体的卡方似然比检验，但为每个协变量提供了卡方检验，并根据它们的系数平方除以标准误差对所有其他协变量进行了调整．还提供了整个模型的对数似然值，以便两次运行(一个有实验而另一个无实验)提供了公式(11.10)必要的统计量．

11.6.5　预测生存率

11.6.5.1　回归系数(参数估计)

来自协变量的生存预测统计量需要计算每个协变量的回归系数，其中一个或多个“协变量”可能代表实验．回归系数给予了每个协变量对生存函数的相对效应，但大小取决于协变量的规模．这些系数可以用来作为因变量，以制定一个风险的回归方程．11.7.2.2 节将提供一个这方面的例子．

11.6.5.2　优势比

由于生存分析是基于指数的线性组合(如第 10 章的 logistic 回归)，而不是效应的简单线性组合(如第 5 章的多重回归)．效应经常被解释为优势．协变量的变化如何影响生存的优势？例如，年龄增长一岁如何改变舞蹈课留存的优势？

优势可以通过将回归系数(B)作为 e^B 来求得．不过，为获得正确的解释，你还必须考虑生存编码的方向．以小样本为例(表 11-1)，辍学编码为 1，“生存”(仍然跳舞)编码为 0．因此，正的回归系数是指随着年龄的增加，辍学的可能性也增加，而负的回归系数是指随着年龄的增长，辍学的可能性减少．实验也编码为 1 和 0，其中 1 表示这一组有预定在镇子晚上出去散步，0 表示对照组．对于这个变量，实验协变量值从 0 到 1 的变化意味着如果回归系数为正，则随着晚上出去，舞者放弃的可能性变大；如果回归系数为负，则随着晚上出去，舞者放弃的可能性变小．这是因为正回归系数导致优势比比 1 大，而负回归系数导致优势比比 1 小．

Cox 比例风险模型的程序显示了回归系数和优势比(见表 11-6 和表 11-7)．回归系数被标记为 B 或 Estimate．优势比标记为 EXP(B)或 Hazard Ratio．

表 11-7 显示，对一个肚皮舞者，年龄与生存显著相关．负回归系数(优势比小于 1)表明，年长的舞者退学的可能性较小．回想一下，$e^B=0.79$，这表明随着年龄的增加，辍学的优势下降了约 21%[(1－0.79)100]．例如，25 岁辍学的风险仅为 24 岁辍学风险的 79%．(如果年龄的优势比为 0.5，则表明辍学的可能性随年龄每增加一岁而减半．)

虽然实验协变量在一些检验中未能达到统计学显著，但如果我们认为这是小样本中势的缺乏而不是实验有效性的缺乏，则我们可以解释优势比以进行说明．实验的优势比为 0.08($e^{-2.542}$)，表明实验将辍学优势降低了 92%．

11.6.5.3 期望生存率

对于特定的协变量值，预测不同时间段内的期望生存率需要更为复杂的方法，如 Allison(1995，第 171～172 页)用 SAS 中方法所描述的．例如，对照组中 25 岁的生存函数是什么？这需要创建一个在特定感兴趣的协变量下的数据集，例如，实验为 0，年龄为 25．使用原始数据集运行模型，然后将打印出的方法应用到新创建的数据集中．表 11-12 显示了对于两个案例预测运行的语法和部分输出结果，两个案例分别是对照组的 25 岁舞者和实验组的 30 岁舞者．

在对照组条件下，s 列中 25 岁舞者生存的似然比在第一个月很快下降，到第五个月，已经很低了；另一方面，在实验组条件下，30 岁舞者生存的似然比在这五个月中一直保持平稳．

11.7 生存分析的完整案例

这些实验数据是来自梅奥诊所(1973 年至 1983 年间)研发的新药(D-青霉胺)与安慰剂治疗原发性胆汁性肝硬化(PBC)的临床实验．这些数据已复制到互联网上，摘自 Fleming 和 Harrington(1991)的附录 D．数据集描述如下：

在十年的区间内共有 424 个 PBC 病人就诊于梅奥诊所，符合 D-青霉胺药的随机安慰剂对照实验标准．数据集中的前 312 个案例参与了随机实验并包含了大量的完整数据(第 359 页)．

因此，在几乎完整参加实验的 312 个案例中，研究实验性药物或安慰剂治疗后生存时间的差异．药品编码是 1 为 D-青霉胺，2 为安慰剂．其他协变量是“评估原发性胆汁性肝硬化的自然史的存活率”的 Mayo 模型(Markus 等人，1989 年，1710 页)中的协变量．其中包括年龄(年)、血清胆红素(毫克/分升)、血清白蛋白(克/分升)，凝血素的时间(秒)和水肿的存在．水肿有三个连续治疗的层次：(1)无水肿，无利尿剂治疗水肿，编码 0.00；(2)没有利尿剂，水肿存在，或利尿剂消除了水肿，编码为 0.50；(3)尽管有利尿剂但仍有水肿，编码 1.00. 状态代码 0＝删失，1＝肝移植，2＝事件(未存活).

表 11-12　预测对照组 25 岁舞者和实验组 30 岁舞者的生存函数(用 SAS PHREG 的语法和部分输出结果)

```
data      surv;
  set SASUSER.SURVIVE;
data      covals;
          input TREATMNT AGE;
          datalines;
0 25
1 30
run;
proc      phreg data=SASUSER.SURVIVE;
          model MONTHS*DANCING(0)= AGE TREATMNT;
          baseline out=predict covariates=covals survival=s
          lower=lcl upper=ucl / nomean;
run;
proc      print data=predict;
run;
```

Model Fit Statistics

Criterion	Without Covariates	With Covariates
-2 LOG L	40.740	21.417
AIC	40.740	25.417
SBC	40.740	26.213

Testing Global Null Hypothesis: BETA=0

Test	Chi-Square	DF	Pr > ChiSq
Likelihood Ratio	19.3233	2	<.0001
Score	14.7061	2	0.0006
Wald	6.6154	2	0.0366

Analysis of Maximum Likelihood Estimates

Variable	DF	Parameter Estimate	Standard Error	Chi-Square	Pr > ChiSq	Hazard Ratio
AGE	1	-0.22989	0.08945	6.6047	0.0102	0.795
TREATMNT	1	-2.54137	1.54632	2.7011	0.1003	0.079

Obs	AGE	TREATMNT	MONTHS	s	lcl	ucl
1	25	0	0	1.00000	.	.
2	25	0	1	0.93135	0.82423	1.00000
3	25	0	2	0.69114	0.48766	0.97953
4	25	0	3	0.53449	0.28983	0.98567
5	25	0	4	0.38533	0.16137	0.92013
6	25	0	5	0.09404	0.02674	0.33066
7	25	0	7	0.00000	0.00000	1.00000
8	25	0	8	0.00000	0.00000	1.00000
9	25	0	10	0.00000	0.00000	1.00000
10	25	0	11	0.00000	0.00000	1.00000
11	30	1	0	1.00000	.	.
12	30	1	1	0.99823	0.99159	1.00000
13	30	1	2	0.99083	0.96435	1.00000
14	30	1	3	0.98449	0.93576	1.00000
15	30	1	4	0.97649	0.90254	1.00000
16	30	1	5	0.94272	0.83716	1.00000
17	30	1	7	0.46191	0.23216	0.91903
18	30	1	8	0.02934	0.00024	1.00000
19	30	1	10	0.00001	0.00000	1.00000
20	30	1	11	0.00000	0.00000	1.00000

数据集的剩余变量是性别、是否有腹水、肝肿大存在与否、胆固醇(毫克/分升)、尿铜(微克/天)、碱性磷酸酶(单位/升)、谷草转氨酶(单位/毫升)、甘油三酸酯(毫克/分升)、血小板(每立方毫升/100)以及疾病的病理阶段．这些变量在目前的分析中没有使用．

临床实验的主要目的是对其他协变量进行调整后，评估在生存时间上实验性药物的效应．第二个目标是评估其他协变量对生存时间的效应．数据文件是 SURVIVAL. *.

11.7.1 假设的评估

11.7.1.1 输入的准确性、样本量的充分性、缺失数据和分布

SPSS DESCRIPTIVES 软件用于数据的初步观察，如表 11-13 所示．/SAVE 要求产生用于评估一元异常值的每一种案例的每个协变量的标准得分．

大多数协变量的值看起来很合理．例如，平均年龄大约是 50 岁．312 个样本足以进行生存分析．案例将平分为实验组和安慰剂组(平均值=1.49，两组的编码分别为 1 和 2).

表 11-13 通过 SPSS DESCRIPTIVES 对协变量的描述(语法和输出)

```
DESCRIPTIVES
 VARIABLES=AGE ALBUMIN BILIRUBI DRUG EDEMA PROTHOM
 /SAVE
 /STATISTICS=MEAN STDDEV MIN MAX KURTOSIS SKEWNESS.
```

Descriptives

Descriptive Statistics

	N	Minimum	Maximum	Mean	Std.	Skewness		Kurtosis	
	Statistic	Statistic	Statistic	Statistic	Statistic	Statistic	Std. Error	Statistic	Std. Error
Age in days	312	9598.00	28650.00	18269.44	3864.805	.168	.138	−.534	.275
Albumin in gm/dl	312	1.96	4.64	3.5200	.41989	−.582	.138	.946	.275
Serum bilirubin in mg/dl	312	.30	28.00	3.2561	4.53032	2.848	.138	8.890	.275
Experimental drug	312	1.00	2.00	1.4936	.50076	.026	.138	−2.012	.275
Edema presence	312	.00	1.00	.1106	.27451	2.414	.138	4.604	.275
Prothrombin time in seconds	312	9.00	17.10	10.7256	1.00432	1.730	.138	6.022	.275
Valid N (listwise)	312								

所有协变量都没有缺失数据．不过，除了年龄和药物(治疗方法)．所有的协变量都严重偏斜，偏度的 z 分数从血清白蛋白的(−0.582)/0.138=−4.22 到胆红素的(2.85)/0.138=20.64. 表 11-13 中列出的峰度值在大样本中没有问题(参见 11.3.2.2 节)．直到评估了异常值，才做关于变换的决定．

11.7.1.2 异常值

一元异常值由每个协变量的最低和最高分数得到的 $z=(Y-\overline{Y})/S$ 来评估．表 11-13 运行的 SPSS DESCRIPTIVES 的/SAVE 指令针对每个协变量的每个案例在 z 分数的数据文件添加了一列．在这些标准得分上运行的 SPSS DESCRIPTIVES 显示了最小值和最大值(表 11-14).

使用$|z|=3.3$作为标准(见 11.3.2.3 节)，白蛋白的最低分数是一元异常值，胆红素和凝血酶原时间的最高分数也是如此．考虑到这些分布中的偏度，决定转换它们为既可以处理异常值，也可以处理由于协变量的非正态性而导致的生存时间的可预见性降低的可能性．对变换后的变量进行多元异常值检验．

胆红素的对数变换[LBILIRUB＝LG10(BILIRUBI)]减少了其偏度(虽然$z>4.6$)和峰度，并将异常情况处于可接受的范围内．然而，凝血酶原时间和白蛋白的各种变换(对数、倒数、平方根)并不能消除异常值，因此决定保留这些变量的原始规模．把年龄(天)转化为年龄(年)：Y_AGE＝(AGE/365.25)．表 11-15 显示胆红素对数和年龄转换的描述性统计量．

通过 SPSS REGRESSION 计算马氏距离来评估多元异常值，并通过 SPSS SUMMARIZE 进行检验．表 11-16 首先显示了 SPSS REGRESSION 的语法，每个案例的马氏距离保存为数据文件的一列，标记为 mah_1．在$\alpha=0.001$下，自由度为 6 的χ^2的临界值为 22.458．选择 mah_1 中案例比 22.458 大的，并通过 SPSS SUMMARIZE 打印案例 ID 号、这些案例的四个连续协变量的得分和马氏距离．表 11-16 显示了多元异常值的选择语法以及 SPSS SUMMARIZE 的输出．

表 11-14　通过 SPSS DESCRIPTIVES 的标准得分描述(语法和选定的输出)

```
DESCRIPTIVES
 VARIABLES=ZAGE ZALBUMIN ZBILIRUB ZDRUG ZEDEMA ZPROTHOM
 /STATISTICS=MIN MAX.
```

Descriptives

Descriptive Statistics

	N	Minimum	Maximum
Zscore: Age in days	312	−2.24369	2.68592
Zscore: Albumin in gm/dl)	312	−3.71524	2.66735
Zscore: Serum bilirubin in mg/dl	312	−.65251	5.46185
Zscore: Experimental drug	312	−.98568	1.01128
Zscore: Edema presence	312	−.40282	3.24008
Zscore: Prothrombin time in seconds	312	−1.71821	6.34692
Valid N (listwise)	312		

表 11-15　通过 SPSS DESCRIPTIVES 的协变量变换的说明(语法和输出)

```
DESCRIPTIVES
 VARIABLES=LBILIRUBI Y_AGE
 /SAVE
 /STATISTICS=MEAN STDDEV MIN MAX KURTOSIS SKEWNESS.
```

Descriptives

Descriptive Statistics

	N	Minimum	Maximum	Mean	Std.	Skewness		Kurtosis	
	Statistic	Statistic	Statistic	Statistic	Statistic	Statistic	Std. Error	Statistic	Std. Error
LBILIRUB	312	−.52	1.45	.2500	.44827	.637	.138	−.376	.275
Y_AGE	312	26.28	78.44	50.0190	10.58126	.168	.138	−.534	.275
Valid N (listwise)	312								

表 11-16 多元异常值的马氏距离和协变量分数(SPSS REGRESSION 和 SUMMARIZE 的语法和选定的输出)

```
REGRESSION
 /MISSING LISTWISE
 /STATISTICS COEFF OUTS R ANOVA
 /CRITERIA=PIN(.05) POUT(.10)
 /NOORIGIN
 /DEPENDENT ID
 /METHOD=ENTER ALBUMIN DRUG EDEMA PROTHOM LBILIRUB Y_AGE
 /SAVE MAHAL.
USE ALL.
COMPUTE filter_$=(MAH_1>22.458).
VARIABLE LABEL filter_$ 'MAH_1>22.458 (FILTER)'.
VALUE LABELS filter_$ 0 'NOT SELECTED' 1 'SELECTED'.
FORMAT filter_$ (f1.0).
FILTER BY filter_$.
EXECUTE
SUMMARIZE
 /TABLES=ALBUMIN DRUG EDEMA PROTHOM LBILIRUB Y_AGE MAH_1 ID
 /FORMAT=VALIDLIST NOCASENUM TOTAL LIMIT=100
 /TITLE='Case Summaries' /FOOTNOTE"
 /MISSING=VARIABLE
 /CELLS=COUNT.
```

Summarize

Case Summaries[a]

	Albumin in gm/dl	Experimental drug	Edema presence	Prothrombin time in seconds	LBILIRUB	Y_AGE	Mahalanobis Distance	ID
1	2.27	Placebo	Edema despite therapy	11.00	-.10	56.22	23.28204	14.00
2	4.03	Placebo	No edema	17.10	-.22	62.52	58.81172	107.00
3	3.35	Placebo	No edema	15.20	1.39	52.69	28.79138	191.00
Total N	3	3	3	3	3	3	3	3

[a]Limited to first 100 cases.

三个案例是多元异常值．表 11-17 显示了对案例编号 14 的回归分析，以确定哪个协变量将其余剩下的 311 个案例区分开．根据案例识别号创建一个二分因变量，标记为虚拟变量，然后运行 SPSS REGRESSION 以确定哪些变量显著预测虚拟因变量．请注意，基于马氏距离的选择每次运行时必须改变，以便文件夹会再次包括所有的案例．

协变量的显著性水平在 0.05 以下，会导致多元异常值的极值出现，其中正系数表示案例的变量得分较高(因为对于虚拟因变量，异常值具有较高的代码(1)，高于其余案例(0))．案例 14 不同于其余案例在白蛋白和胆红素对数低分数与水肿高分数的组合．表 11-17 显示了这些得分值：与均值 3.52(可见表 11-13)相比，白蛋白为 2.27；与均值 0.49 相比，胆红素的对数为 0.26；水肿得分为 1 而均值为 0.11. 对剩下的两个异常值的类似回归分析(未显示)表明，由于在凝血酶原时间较高(17.10)，案例 107 是异常值，以及由于在凝血酶原时间较高(15.20)和水肿得分低(0)，案例 191 是异常值．决定从后续分析中消除这些多元变量异常值案例，并在结果部分报告有关它们的详细信息．表 11-13 和表 11-14 中删除了多元异常值的语法的重新运行表示，表 11-14 仅剩下一个一元异常值，白蛋白 z 分数为 -3.715 的案例．决定将这个案例保留在随后的分析中，因为它没有表现为多元异常值，而且考虑到样本量，它也不是非常极端．

表 11-17　造成多元异常值的协变量的识别(SPSS REGRESSION 语法和选定的输出)

```
USE ALL.
COMPUTE            DUMMY = 0.
IF          (id EQ 14) DUMMY=1.
REGRESSION
 /MISSING LISTWISE
 /STATISTICS COEFF OUTS R ANOVA
 /NOORIGIN
 /DEPENDENT dummy
 /METHOD=ENTER albumin drug edema prothom lbilirub y_age.
```

Regression

Coefficients[a]

Model		Unstandardized Coefficients		Standardized Coefficients		
		B	Std. Error	Beta	t	Sig.
1	(Constant)	.106	.051		2.079	.038
	Albumin in gm/dl	–.023	.009	–.168	–2.661	.008
	Experimental drug	.008	.006	.068	1.216	.225
	Edema presence	.041	.013	.200	3.069	.002
	Prothrombin time in seconds	–.003	.004	–.046	–.740	.460
	LBILIRUB	–.021	.008	–.167	–2.630	.009
	Y_AGE	.000	.000	–.023	–.387	.699

[a]Dependent Variable: DUMMY

11.7.1.3　删失和保留案例的区别

删失几个案例，因为这些案例从肝移植的临床实验中撤回了．假设其余删失案例在研究结束时仍活着．表 11-18 显示一种用于形成二分因变量标记为 xplant 的回归分析，其中值 1 表示进行肝脏移植手术撤回的案例，值 0 表示其他案例．这 6 个协变量作为回归分析的自变量．需要注意的是此处和所有后续分析均忽略了多元异常值．

那些接受肝脏移植的和其余的案例之间存在显著性差异，但这种差异仅限年龄在 $\alpha=0.008$ 下对于这 6 个协变量相关的第一类错误进行 Bonferroni 型修正．负系数表明平均来说肝脏移植是针对年轻的案例进行的，这并不奇怪．因为年龄是区别其余案例与这些案例的唯一变量，因此决定将其留在分析中，并在检验阶段结束时将其与其他删失案例分组．

11.7.1.4　生存经验随着时间的改变

数据集或支持文件中没有迹象表明在研究十年期间方法发生改变．当然，其他因素(如污染和经济形势)仍是未知的和不受控制的潜在变异来源．由于案例随机分配到药物条件，因此没有理由期望这两种药物条件下的环境差异来源不同．

11.7.1.5　风险比例

进行 Cox 回归分析前，先进行风险比例检查，以确定是否违反了假设．表 11-19 显示了通过 SPSS COXREG 进行的风险比例检验．TIME PROGRAM 指令设置内部时间变量 T_(转化的时间变量的保留名称)．然后使用 COMPUTE 创造 T_COV_作为时间的自然对数(LN)．所有协变量的 *T-COV_的交互作用都包含在 COXREG 指令中．

只使用代表 T_COV 与协变量的交互作用来评估风险比例．(暂时忽略其余的输出，特别是药物的结果．)如果使用 $\alpha=0.008$ 水平是因为评估时间变量交互作用的数量，则没有一个协变量显著地与时间相关．因此，我们认为符合假设．

表 11-18 肝移植和其余案例之间差异的 SPSS REGRESSION(语法和选定的输出)

```
USE ALL.
COMPUTE filter_$=(MAH_1 LE 22.458).
VARIABLE LABEL filter_$ 'MAH_1 LE 22.458 (FILTER)'.
VALUE LABELS filter_$ 0 'Not Selected' 1 'Selected'.
FORMAT filter_$ (f1.0).
FILTER BY filter_$.
EXECUTE.

COMPUTE XPLANT = 0.
IF        (STATUS EQ 1) XPLANT = 1.
REGRESSION
 /MISSING LISTWISE
 /STATISTICS COEFF OUTS R ANOVA
 /CRITERIA=PIN(.05) POUT(.10)
 /NOORIGIN
 /DEPENDENT XPLANT
 /METHOD=ENTER ALBUMIN DRUG EDEMA LBILIRUB PROTHOM Y_AGE.
```

Regression

ANOVA[b]

Model		Sum of Squares	df	Mean Square	F	Sig.
1	Regression	1.144	6	.191	3.449	.003[a]
	Residual	16.688	302	.055		
	Total	17.832	308			

[a]Predictors: (Constant), Y_AGE, LBILIRUB, Experimental drug, Prothrombin time in seconds, Albumin in gm/dl, Edema presence
[b]Dependent Variable: XPLANT

Coefficients[a]

Model		Unstandardized Coefficients		Standardized Coefficients	t	Sig.
		B	Std. Error	Beta		
1	(Constant)	.536	.243		2.208	.028
	Albumin in gm/dl	.006	.037	.010	.164	.870
	Experimental drug	−.018	.027	−.037	−.662	.509
	Edema presence	−.015	.060	−.017	−.255	.799
	LBILIRUB	.075	.035	.139	2.143	.033
	Prothrombin time in seconds	−.025	.017	−.092	−1.422	.156
	Y_AGE	−.004	.001	−.197	−3.351	.001

[a]Dependent Variable: XPLANT

11.7.1.6 多重共线性

生存分析程序可以防止与多重共线性相关的统计问题．然而，最好还是用一组不是高度相关的协变量来进行分析．因此，有必要研究每个协变量与其余协变量的相关度．

表 11-19　通过 SPSS COXREG 进行风险比例的检验(语法和选定的输出)

```
TIME PROGRAM.
COMPUTE T_COV_ = LN(T_).
COXREG
 DAYS /STATUS=STATUS(2)
 /METHOD=ENTER ALBUMIN T_COV_*ALBUMIN DRUG T_COV_*DRUG EDEMA
                    T_COV_*EDEMA
 PROTHOM T_COV_*PROTHOM LBILIRUB T_COV_*LBILIRUB Y_AGE T_COV_*Y_AGE
 /CRITERIA=PIN(.05) POUT(.10)ITERATE(20).
```

Variables in the Equation

	B	SE	Wald	df	Sig.	Exp(B)
ALBUMIN	−1.821	1.892	.927	1	.336	.162
DRUG	2.379	1.382	2.963	1	.085	10.798
EDEMA	5.685	2.390	5.657	1	.017	294.353
PROTHOM	1.449	.734	3.904	1	.048	4.261
LBILIRUB	−.371	1.815	.042	1	.838	.690
Y_AGE	.087	.075	1.349	1	.245	.1091
T_COV_*ALBUMIN	.129	.272	.226	1	.635	1.138
T_COV_*DRUG	−.319	.197	2.637	1	.104	.727
T_COV_*EDEMA	−.778	.364	4.569	1	.033	.459
T_COV_*PROTHOM	−.164	.106	2.387	1	.122	.849
T_COV_*LBILIRUB	.339	.261	1.690	1	.194	1.404
T_COV_*Y_AGE	−.008	.011	.542	1	.461	.992

多重相关平方(SMC)可由 SPSS FACTOR 通过指定主轴因子得到，因为这种类型的因子分析以 SMC(13.6.1 节)作为初始共同度开始．表 11-20 显示了生存分析中使用的一组协变量的 SPSS FACTOR 的语法和选定的输出．

冗余协变量是初始共同度(SMC)超过 0.90 的那些协变量．如表 11-20 所示，在这个集合中，没有任何概念上或统计上多重共线性的危险，水肿存在时，最高 SMC＝0.314.

表 11-20　SPSS FACTOR 产生的 SMC(共同度)(语法和选定的输出)

```
SELECT IF mah_1 LE 22.458
FACTOR
 /VARIABLES ALBUMIN DRUG EDEMA PROTHOM LBILIRUB Y_AGE /MISSING LISTWISE
 /ANALYSIS ALBUMIN DRUG EDEMA PROTHOM LBILIRUB Y_AGE
 /PRINT INITIAL EXTRACTION
 /CRITERIA MINEIGEN(1) ITERATE(25)
 /EXTRACTION PAF
 /ROTATION NOROTATE
 /METHOD=CORRELATION.
```

Factor Analysis

Communalities

	Initial	Extraction
Albumin in gm/dl	.239	.319
Experimental drug	.026	.048
Edema presence	.314	.472
Prothrombin time in seconds	.266	.356
LBILIRUB	.264	.455
Y_AGE	.105	.466

Extraction Method: Principal Axis Factoring.

11.7.2 生存分析 Cox 回归

SPSS COXREG 用于评估肝脏药物和其他协变量对原发性胆汁性肝硬化患者生存时间的效应. 表 11-21 显示序贯 Cox 回归分析的语法和输出，其中首先输入除药物之外的一组协变量，其次是药物实验组. 在对其他协变量进行统计调整后，对药物实验效应进行似然比检验.

表 11-21 通过 SPSS COXREG 对 PBC 患者进行 Cox 回归分析(语法和输出)

```
SELECT IF mah_1 LE 22.458
COXREG
 DAYS /STATUS=STATUS(2)
 /METHOD=ENTER ALBUMIN EDEMA PROTHOM LBILIRUB Y_AGE
 /METHOD=ENTER DRUG
 /CRITERIA=PIN(.05) POUT(.10) ITERATE(20).
```

Cox Regression

Case Processing Summary

		N	Percent
Cases available in analysis	Event[a]	123	39.8%
	Censored	186	60.2%
	Total	309	100.0%
Cases dropped	Cases with missing values	0	.0%
	Cases with negative time	0	.0%
	Censored cases before the earliest event in a stratum	0	.0%
	Total	0	.0%
Total		309	100.0%

[a]Dependent Variable: DAYS

Block 0: Beginning Block

Omnibus Tests of Model Coefficients

–2 Log Likelihood
1255.756

Block1: Method = Enter

Omnibus Tests of Model Coefficients[a,b]

–2 Log Likelihood	Overall (score)			Change From Previous Step			Change From Previous Block		
	Chi-square	df	Sig.	Chi-square	df	Sig.	Chi-square	df	Sig.
1062.899	261.098	5	.000	192.857	5	.000	192.857	5	.000

[a]Beginning Block Number 0, initial Log Likelihood function: –2 Log likelihood: –1255.756
[b]Beginning Block Number 1. Method: Enter

（续）

Variables in the Equation

	B	SE	Wald	df	Sig.	Exp(B)
ALBUMIN	-.884	.242	13.381	1	.000	.413
EDEMA	.743	.311	5.712	1	.017	2.101
PROTHOM	.307	.104	8.668	1	.003	1.359
LBILIRUB	1.988	.235	71.799	1	.000	7.298
Y_AGE	.034	.009	15.592	1	.000	1.035

Variables not in the Equation[a]

	Score	df	Sig.
DRUG	.555	1	.456

[a]Residual Chi Square = .555 with 1 df Sig. = .456

Block2: Method = Enter

Omnibus Tests of Model Coefficients[a,b]

-2 Log Likelihood	Overall (score)			Change From Previous Step			Change From Previous Block		
	Chi-square	df	Sig.	Chi-square	df	Sig.	Chi-square	df	Sig.
1062.346	261.200	6	.000	.553	1	.457	.553	1	.457

[a]Beginning Block Number 0, initial Log Likelihood function: -2 Log likelihood: -1255.756
[b]Beginning Block Number 2. Method: Enter

Variables in the Equation

	B	SE	Wald	df	Sig.	Exp(B)
ALBUMIN	-.894	.241	13.735	1	.000	.409
EDEMA	.742	.308	5.795	1	.016	2.100
PROTHOM	.306	.104	8.736	1	.003	1.358
LBILIRUB	1.994	.234	72.305	1	.000	7.342
Y_AGE	.036	.009	16.005	1	.000	1.036
DRUG	.139	.187	.555	1	.456	1.150

Covariate Means

	Mean
ALBUMIN	3.523
EDEMA	.108
PROTHOM	10.690
LBILIRUB	.249
Y_AGE	49.950
DRUG	1.489

11.7.2.1 药物实验的效应

评估 D-青霉胺与安慰剂的药物实验效应作为 Block 2 的 Change from Previous Block. 调整其他变量后，药物治疗要成功地预测生存时间，需要 Sig for Chi-Square 值小于 0.05. 在这里，$\chi^2(1)=0.553$，$p=0.457$，表明在考虑年龄、血清白蛋白水平、水肿状态、凝血酶原时间和血清胆红素水平的对数后，药物实验对 PBC 患者的生存时间没有统计显著效应．也就是说，D-青霉胺药物对生存时间的长短没有影响．因为两组之间没有统计学的显著差异，所以没有显示两组的生存曲线．

11.7.2.2 其他协变量的评估

表 11-21 的 Block1 的输出显示了生存时间和其他协变量之间的关系．在这项研究中，这些变量没有一个被实验操作，然而，将它们作为一组，形成了预测 PBC 患者生存时间的 Mayo 模型．Change from Previous Step $\chi^2(5)$为 192.857，$p<0.0005$，表明作为一组，协变量可靠地预测了生存时间．应用公式(11.11)，一组协变量和生存时间的效应大小是

$$R^2 = 1 - e^{(-192.867/309)} = 0.46$$

使用 Steiger 和 Fouladi(1992)R2 软件可以得到 95%置信区间为 0.37 到 0.53(该软件的演示参见图 9-3)．

调整所有其他的变量，每个协变量的贡献都在第一区块标记为 Variables in the Equation部分中进行评估．如果用 $\alpha=0.01$ 来调整 5 个协变量膨胀错误发现率，则由于年龄、血清白蛋白水平、凝血酶原时间和血清胆红素水平的对数，存在统计上的显著差异．(如果使用 $\alpha=0.05$ 替代，水肿也是统计上显著的)．因为 STATVS 编码为 2 表示死亡，编码为 0 或 1 表示生存，所以负系数与更长的生存时间相关．因此，较高的血清白蛋白可以预测较长生存期，但较短的生存则与较大的年龄(毫不惊奇)、较长的凝血酶原时间、较高水平的血清胆红素的对数有关．生存时间的整体风险得分是

$$\text{风险} = -0.88(\text{白蛋白,以 g/dl 为单位}) + 0.31(\text{凝血酶原时间,以秒为单位}) + 1.99\log_{10}(\text{胆红素,以 mg/dl 为单位}) + 0.03(\text{年龄,以年为单位})$$

Exp(B)是每个协变量的风险比(参见 11.6.5 节)，其中 B 值的负号意味着生存率的增加，正号意味着死亡率的增加．血清白蛋白水平每增加 1 个点，死亡风险大约降低 60%：(1−0.4132)100. 水肿测量结果每升高 1 单位，死亡的风险增加 1 倍以上．凝血酶原时间每增加 1 秒钟，死亡的风险增加 36%左右．血清胆红素水平的对数每增加 1 个点，死亡的风险增加 7 倍多．最后，随着每年年龄的增加，死亡风险增加 3.5%(优势比＝1.0347)．表 11-22 总结非药物协变量的分析结果．

表 11-22 关于 PBC 患者的生存时间中非药物变量的 Cox 回归分析

协变量	B	df	概率	优势比
血清白蛋白	−0.884	1	0.0003	0.413
水肿	0.743	1	0.0168	2.101
凝血酶原时间	0.307	1	0.0032	1.359
对数(血清胆红素)	1.988	1	0.0000	7.298
年龄	0.034	1	0.0001	1.035

图 11-2 显示了在所有协变量的均值下(参见表 11-21)，患者的预期 5 年生存率略小于 80%(1826.25 天)．10 年的生存率是 40%左右．

表 11-23 是从协变量预测生存率的清单．结果部分给出了一个以期刊格式描述刚刚的研究的例子．

```
COXREG
 DAYS /STATUS=STATUS(2)
 /METHOD=ENTER ALBUMIN EDEMA PROTHOM LBILIRUB Y_AGE
 /PLOT=SURVIVAL
 /CRITERIA=PIN(.05) POUT(.10) ITERATE(20).
```

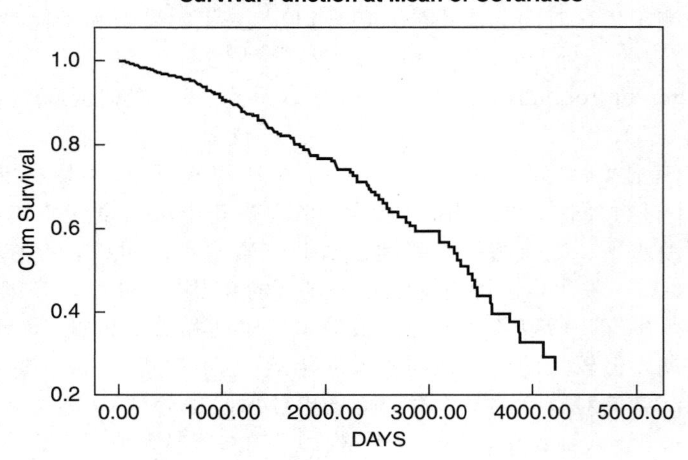

图 11-2 生存函数的5个协变量均值：血清白蛋白水平、水肿得分、凝血酶原时间、胆红素水平的对数和年龄(岁)

表 11-23 从协变量(包括实验)预测生存率的清单

1. 问题
   a. 样本量的充分性和缺失数据
   b. 分布的正态性
   c. 异常值处理
   d. 删除案例和剩余案例之间的差异
   e. 生存经验随时间的变化
   f. 风险比例
   g. 多重共线性
2. 主要分析
   a. 检验实验效应(如果显著)：
      (1)生存率的实验差异
      (2)参数估计，包括优势比
      (3)效应大小和置信限
      (4)按组显示生存函数
   b. 重要协变量的效应：
      (1)效应方向
      (2)参数估计，包括优势比
      (3)效应大小和置信限
3. 附加分析
   a. 协变量之间的偶然性
   b. 仅基于协变量的生存函数

结果

在调整了Mayo临床模型中预测生存率的五个协变量的效应后，在一项随机临床实验中，进行Cox回归生存分析来评估药物D-青霉胺对原发性胆汁性肝硬化的有效性．五个协变量分别是：年龄、水肿程度(轻度、中度或重度)、血清胆红素(mg/dl)、凝血酶原时间和血清白蛋白(g/dl)．对数变换可减少偏斜度以及异常值对胆红素水平的影响．但是，仍然存在三个多元异常值．一个案例血清白蛋白和胆红素对数的分数较低并伴随严重水肿，第二个案例有极高的凝血酶原时间，第三个案例合并有极高的凝血酶原时间且水肿分数低．删除了三个异常值后，仍然有309个案例，其中有186个删失案例，原因是它们在10年实验结束时还活着，或者已经退出实验进行肝移植．(退出的案例与留在研究中的案例的不同之处仅在于他们更年轻．)这些案例在服用药物的人和服用安慰剂的人之间大致相等．

在调整了五个协变量之后，药物实验没有统计上的显著效应，$G^2(1)=0.553$，$p=0.46$．然而，使用Steiger和Fouladi(1992)的R2软件，通过协变量集相对较好地预测了生存时间，$R^2=0.46$，95%置信区间是从0.37到0.53．除水肿外，所有协变量都能可靠地预测$\alpha=0.01$下的生存时间：风险$=-0.88$(白蛋白，以g/dl为单位)$+0.31$(凝血酶原时间，以秒为单位)$+1.99\log_{10}$(胆红素，以mg/dl为单位)$+0.03$(年龄，以年为单位)．表11-22显示了每个协变量的回归系数、自由度、p值和优势比．血清胆红素水平的对数提供最大的贡献．其每增加1个单位，死亡风险大约增加7倍．随着年龄的增长，死亡风险每年增加3.5%，凝血酶原时间每增加1个单位，死亡风险大约增加36%．另一方面，血清白蛋白水平每升高1个单位，死亡风险就会降低约60%．

从协变量的均值来看，五年生存率略低于80%，十年生存率约为40%，如图11-2所示．

因此，生存时间是通过几个协变量预测的，而不是通过药物实验预测的．风险增加与高血清胆红素水平、年龄和凝血酶原水平相关，但风险随高血清白蛋白水平降低．

11.8　程序的比较

SPSS和SAS有两个或两个以上的程序做不同类型的分析．SAS有一个生存函数的程序和两个用于回归类问题的程序：一个用于比例风险模型，另一个用于其他各种非比例风险模型．SPSS有三个程序：一个用于比例风险模型，两个用于生存函数(一个用于精算，一个用于乘积极限法)．表11-24比较了生存曲线的程序．表11-25比较了协变量预测生存的程序．

11.8.1　SAS系统

SAS有应用于寿命表和生存函数的LIFETEST，以及从协变量中预测生存的LIFEREG和PHREG. SAS LIFETEST提供了生存函数的精算和乘积极限法．然而，每组的中位数生存期仅适用于乘积极限法．LIFETEST是唯一的生存函数程序，可以让你指定生存置信限的水平α. 为每个小组提供一个汇总表．

SAS LIFEREG和PHREG是完全不同的程序．LIFEREG提供了多种模型，PHREG仅限于Cox比例风险模型．LIFEREG只做直接分析，而PHREG可以直接、序贯和逐步建模，并且它是唯一评价最佳子集建模的程序．LIFEREG允许分析有两个以上的水平的离散协变量，但PHREG没有．反而，你需要对离散变量进行虚拟代码转换．然而，PHREG中的`Test`程序可以同时检验一个关于一组回归系数的假设，因此，你可以检验这样一个原假设，即所有单个协变量的虚拟编码变量都是零.

LIFEREG程序允许按组单独分析，但没有分层变量. 另一方面，PHREG允许指定一个分层变量，该变量进行分析无须比例风险的假设(11.6.1节). PHREG也允许指定与时间相关的协变量，并有几个处理捆绑数据的选项. PHREG提供了初始对数似然比估计，没有任何协变量，以及模型中所有协变量的得分和Wald卡方统计量. PHREG提供了每个协变量的优势比(风险比率)和标准误差，LIFEREG则未提供. 这两个程序都可以根据要求保存预测得分和标准误差，但只有PHREG提供残差，如果分析中省略了案例，则会改变响应的日志(时间)，回归系数也就改变了. LIFEREG也显示出了第Ⅲ类效应分析，当分类预测有两个以上的水平时，这一分析非常有用.

11.8.2 SPSS软件包

SPSS有一组不寻常的生存分析程序组. 对于生存函数，有不同的程序用于精算(SURVIVAL，在生存菜单中的寿命表)和乘积极限法(KM，生存菜单中的Kaplan-Meier)，但是从协变量中预测生存只有一个程序(COXREG，生存菜单中的Cox回归). 其他(非比例)建模方法并未在SPSS中实现.

SURVIVAL和KM允许检验组间差异，以及两组以上的成对比较. 当它们按顺序排列时，KM也提供了组间的比较. 也只有KM能进行组间合并的层间检验，每一层提供单独的块. SURVIVAL(而不是KM)能用表格式数据作为输入. KM提供了生存时间的中位数和均值，还有标准误差和置信区间；SURVIVAL仅提供了生存时间的中位数. 两者都提供了各种图.

表11-24 寿命表和生存函数的程序比较

特性	SAS LIFETEST	SPSS SURVIVAL	SPSS KM	SYSTAT SURVIVAL
输入				
精算法	是	是	否	是
乘积极限(Kaplan-Meier)法	是	否	是	是
缺失数据选项	是	是	否	否
组比较	STRATA	COMPARE	COMPARE	STRATA
有序组比较	否	否	是	否
组间成对比较	否	是	是	否
指定精确或近似的比较	N. A.	是	N. A.	N. A.
分组合并的检验区域	否	否	STRATA	否
使用表格式数据作为输入	否	是	否	否
指定一个频率变量来指示案例数	是	否	否	否
指定公差	SINGULAR	否	否	TOLERANCE
指定生存置信限	是	否	否	否
为组和层的组合指定百分位数	否	否	是	否
指定生存函数的置信区间	SURVIVAL	否	否	否
指定区间删失	是	否	否	是
指定左删失	是	否	否	否

（续）

特性	SAS LIFETEST	SPSS SURVIVAL	SPSS KM	SYSTAT SURVIVAL
输出				
Mantel-Cox 对数秩检验	LOGRANK	否	是	仅 KM
Breslow 检验(广义 Wilcoxon)	是	否	是	否
Peto-Prentice 检验(广义 Wilcoxon)	PETO	否	否	否
改进的 Peto-Prentice 检验	MODPETO	否	否	否
Tarone-Ware 检验	TARONE	否	是	仅 KM
Gehan(Wilcoxon)-对数秩	WILCOXON	是	否	仅 KM
Fleming-Harrington G^2 系列检验	FLEMING	否	否	否
似然比检验统计量	是	否	否	否
输入每个区间的数字	是	是	N. A.	仅 KM
每个区间的丢失数量(故障、死亡、终止)	是	是	N. A.	仅 KM
每个区间的删失数量	是	是	否	否
剩余/有效样本量的数量	是	否	是	否
故障比例/故障的条件概率	是	是	否	否
生存比例	否	是	否	仅 KM
生存标准误差	是	否	否	仅 KM
累积生存比例	是	是	是	否
累积生存比例的标准误差	否	是	是	否
累积故障比例	是	否	否	否
累积故障比例的标准误差	是	否	否	否
累积事件	否	N. A.	是	否
风险和标准误差	是	是	否	仅 ACT
密度和标准误差	是	是	否	仅 ACT
每组的中位生存期	仅 KM	是	是	否
每组中位生存期的标准误差	否	否	是	否
中位生存期的置信区间	否	否	是	否
每组第 75 分位数生存误差和标准误差	仅 KM	否	否	否
每组第 25 分位数生存误差和标准误差	仅 KM	否	否	否
其他生存分位数	否	否	否	仅 KM
平均生存时间	是	否	是	仅 KM
平均生存时间的标准误差	仅 KM	否	是	否
平均生存的置信区间	否	否	是	否
每个区间剩余寿命的中位数	仅 ACT	否	否	否
每个区间的标准误差中位数	仅 ACT	否	否	否
汇总表	是	否	是	否
组检验的秩统计量和矩阵	是	否	否	否
图				
累积生存函数	SURVIVAL	SURV	SURVIVAL	是(默认)
对数尺度上的累积生存函数	LOGSURV	LOGSURV	LOGSURV	TLOG
双对数尺度上的累积生存函数	LOGLOGS	否	否	否
累积风险函数	HAZARD	HAZARD	HAZARD	CHAZ
对数尺度上的累积风险函数	否	否	否	LHAZ
累积密度函数	PDF	DENSITY	否	否

表 11-25 从协变量中预测生存时间的程序比较

特性	SAS LIFEREG	SAS PHREG	SPSS COXREG	SYSTAT SURVIVAL
输入				
指定一个频率变量来指示案例数	否	是	否	是
缺失数据选项	否	否	是	否
差分案例加权	是	是	否	否
除协变量外，还应指定区域	否	STRATA	STRATA	STRATA
指定分类协变量	是	否	是	否
对于分类协变量对比中的选择	否	否	是	否
检验回归系数的线性假设	否	TEST	否	否
指定与时间相关的协变量	否	是	是	是
指定区间删失	是	是	否	是
指定左删失	是	是	否	否
求解的选项：				
最大迭代次数	MAXITER	MAXITER	ITERATE	MAXIT
一个或多个收敛标准	CONVERGE	多个	LCON	CONVERGE
参数估计的变化	N. A.	是	BCON	否
公差	SINGULAR	SINGULAR	否	TOLERANCE
指定起始值	是	否	否	是
固定比例和形状参数	是	否	否	否
直接分析	是	是	ENTER	是
序贯分析	否	是	是	否
最佳子集分析	否	SCORE	否	否
逐步分析的类型：				
向前步进	N. A.	是	BSTEP	是
向后步进	N. A.	是	BSTEP	是
交互式步进	N. A.	是	否	是
逐步分析中去除的检验统计量				
条件统计量	N. A.	否	COND	否
Wald 统计量	N. A.	否	WALD	否
似然比	N. A.	STOPRES	LR	否
逐步分析的标准				
最大步数	N. A.	MAXSTEP	否	MAXSTEP
进入的得分统计量的概率	N. A.	SLENTRY	PIN	ENTER
移除统计量的概率	N. A.	SLSTAY	POUT	REMOVE
将多个协变量纳入模型	N. A.	INCLUDE	否	FORCE
指定图和表的协变量值模式	否	否	PATTERN	否
模型类型(分布函数，参见表 11.9)：				
Cox 比例风险	否	是	是	是
韦布尔	是	否	否	是
非加速韦布尔分布	否	否	否	是
logistic 回归	是	否	否	否
对数 logistic 回归	是	否	否	是
指数	是	否	否	是
非加速指数	否	否	否	是

（续）

特性	SAS LIFEREG	SAS PHREG	SPSS COXREG	SYSTAT SURVIVAL
正态	是	否	否	否
对数正态	是	否	否	是
伽马	是	否	否	是
不请求响应的对数变换	NOLOG	否	否	否
无截距请求	NOINT	否	否	否
按组指定生存分析	是	否	否	是
处理绑定数据的特殊特性	否	是	否	否
输出				
观测数和删失数	是	是	是	是
删失事件的百分比	否	是	是	否
每个协变量的描述性统计量	否	是	否	否
初始对数似然	否	是(－2)	是(－2)	否
每一步后的对数似然	N. A.	是(－2)	是(－2)	是
最终对数似然	是	是(－2)	是(－2)	是
总体(得分)卡方	否	是	是	否
整体 Wald 卡方	否	是	否	否
与前一区块相比可能性变化的卡方	N. A.	否	是	否
与上一步相比可能性变化的卡方检验	N. A.	否	是	否
每一步的残差卡方	N. A.	是	是	否
对于等式中的每个协变量：				
回归系数 B	估计	参数估计	B	估计
回归系数的标准误差	Std Err	标准误差	S. E.	S. E.
回归系数的置信区间	否	否	否	是
带有自由度和显著性水平的 Wald 统计量(B/S. E. 或者 χ^2)	Chi-Square	Chi-Square	Wald	t 比率
优势比，e^b	否	风险比率	EXP(B)	否
优势比的置信区间	否	是	是	否
Ⅲ型 SS 分析(结合多种自由度效应)	是	否	否	否
逐步结果汇总表	N. A.	是	否	否
协变量均值	否	否	是	是
对于方程中没有的协变量				
具有自由度和显著性水平的得分统计量	N. A.	是	Score	否
响应变量的偏相关估计	N. A.	否	R	否
t 比率(或卡方输入)和显著性	N. A.	否	否	是
如果删除了最后输入项(或要删除卡方)，则模型的卡方(具有自由度和显著性水平)	N. A.	否	Loss Chi-Square	否
参数估计的相关/协方差矩阵	是	是	是	是
每个底层的基线累积风险表	否	否	是	否
生存函数	否	否	否	是
输出残差	否	否	否	否
输出历史迭代	ITPRINT	ITPRINT	否	是

（续）

特性	SAS LIFEREG	SAS PHREG	SPSS COXREG	SYSTAT SURVIVAL
图				
累积生存分布	否	否	SURVIVAL	是(默认)
对数尺度上的累积生存函数	否	否	否	TLOG
累积风险函数	否	否	HAZARD	CHAZ
对数尺度上的累积危险函数	否	否	否	LHAZ
对数减对数生存函数	否	否	LML	否
应要求保存				
最终模型的系数	否	否	是	否
生存表	否	否	是	否
对于每种情况：				
生存函数	是	是	是	否
如果去除当前案例，每个协变量的系数变化	否	DFBETA	是	否
每个协变量的残差或偏残差	否	是	是	否
线性预测变量的估计	XBETA	XBETA	XBETA	否
估计的线性预测变量的标准误差	STD	STDXBETA	否	否
均值校正的协变量乘以回归系数的线性组合	否	否	是	否
案例权重	否	否	否	是
响应时间或(时间)对数	否	是	否	LOWER
分位数估计和标准误差	QUANTILE	否	否	否

COXREG允许对分层以及离散协变量进行规范，是唯一一个在离散协变量对比中提供选择的程序．直接、序贯和逐步分析都可使用．模型参数和生存表都可以保存到一个文件中，还可以将残差、预测得分和其他统计量保存到一个额外的文件．

11.8.3　SYSTAT系统

SYSTAT有用于所有类型生存分析的单一程序SURVIVAL，包括寿命表和生存函数以及根据协变量预测生存的比例和非比例风险模型．生存函数中的组间差异可以被指定，然而，只有选择了乘积极限法，它们才能被检验．该程序还不允许在基于精算方法的生存函数的定义区间上太过灵活．平均生存时间和标准误差仅限于乘积极限法[⊖]．

通过协变量可以使用这里回顾的任何一个单一程序中的各种分布函数预测生存率，并且可以指定时间相关的协变量．可以进行直接和逐步分析，这是唯一实现交互式步骤的程序．提供了协变量的均值，但没有提供每个协变量的优势比及其置信区间．(然而，给出了回归系数的置信区间)．将寿命表和预测函数组合到一个程序中，可以在建模过程中提供各种生存函数图．保存到文件的信息很少，并且不包括预测得分或残差．

⊖　这里对乘积极限方法可能会存在偏差吗?

第 12 章　典型相关

12.1　概述

典型相关的目的是研究两组变量之间的相关关系．把一组变量设为自变量，另外一组设为因变量可能有用，也可能无用．在任何情况下，典型相关为研究提供了一种统计分析，在研究中，每个受试者都在两组变量上被测量，研究者想知道这两组变量之间是否存在相关关系以及两组变量是如何相互关联的．

例如，我们想研究病人遵医变量组(药品购买意愿、复查意愿、药物使用意愿、行为限制意愿)与人口特征变量组(受教育程度、宗教信仰、收入、医疗保险)之间的相关关系．典型相关可能揭示上述两组变量存在两种显著相关关系．第一种是人口特征变量组中收入、医疗保险与遵医变量组中药品购买意愿、复查意愿相关．总之，这些结果说明遵医性与基于医疗服务支付能力的人口特征之间的关系．第二种是遵医变量组中药物使用意愿、行为限制意愿与人口特征变量组中宗教信仰、受教育程度相关，这也许能说明患者遵循医嘱意愿取决于对权威的接受程度．

理解典型相关最简单的方法是考虑多重回归．在回归中，等号一边有多个变量，另一边为一个变量．在所有样本中，将几个变量进行组合，得到与单个变量高度相关的预测值．这些自变量的组合可以看作是预测因变量的众多变量中的一个维度．

典型相关与多重回归的差别在于典型相关等号两边都有多个变量．在等式每一边将变量组合起来，生成与另一边的预测值高度相关的预测值．两边变量的组合形式可以看作是将两边变量关联起来的维度．

但是典型相关比多重回归更复杂．在多重回归中，由于等式另一边只有一个因变量需要估计，所以只有一个变量组的线性组合．而典型相关方程两边都有多个变量，并且有多种方式来重新组合两边的变量，以使其相互关联．在上述的例子中，第一种认为两组变量之间的相关关系与经济能力相关，第二种则认为与权威相关．尽管在较小的集合中也有很多方法可以重组变量，但实际上，仅前两三种组合形式是统计显著的，需要加以解释．

典型相关的难点在于对术语意义的理解．首先是变量，其次是典型变量，最后是典型变量对．变量是指研究中测得的变量(如收入)．典型变量是变量的线性组合，一个是自变量组合(如收入、医疗保险)，另一个是因变量组合(如药物购买意愿、复查意愿)．将这两个组合形成一对典型变量．但是可能有多个显著相关的典型变量对(如与经济相关的变量对以及与权威相关的变量对)．

典型相关分析是多元分析方法中最普遍的一种．事实上，像多重回归分析、判别分析、多元方差分析等程序都是它的特例．但同时它也是最不常使用、最难创新的技术，原因如下．

虽然典型相关分析不是最流行的多元分析方法，但在各个学科中都可以发现运用典型相关的例子．Mann(2004)研究了涉及大学生适应性变量与某些人格变量之间的相关关系．等式一侧的变量是学习适应性、社会适应性、个人情感适应性以及制度适应性，而另一侧变量则是羞耻倾向、自恋创伤、自我导向完美主义、他人导向完美主义和社会导向完美主义．我们可以发现有一个典型组合占重叠方差的 33%．制度适应性较低的大学生有较高的自恋创伤、较低的自我导向完美主义、较高的他人导向以及社会导向完美主义．

Gebers 和 Peck(2003)通过这些变量以及前三年的人口统计变量的数据，研究了随后三年的交通处罚与交通事故之间的关系．通过研究发现，用得到的两个典型变量一起来预测随后的交通事件(事故和处罚)的效果比仅用交通处罚来预测的效果更好．越来越多的交通事故与曾有较多交通处罚的人、曾有较多交通事故的人、青少年以及男性有关．交叉验证样本证实了方程的有效性．

12.2　几类研究问题

虽然大量的研究问题是通过典型相关的某种特定形式(如判别分析)来回答的，但是也有少部分复杂的问题可以直接运用典型相关的计算机程序求解．在某种程度上，这与程序本身有关，另外，也需要考虑待解决的问题适用于哪种模型．

在目前的发展阶段，典型相关被认为是一种好的描述性方法或者筛选程序，而非假设检验方法．但是，以下各节所包含的问题，可以通过 SPSS 和 SAS 程序来解决．

12.2.1　典型变量对的数量

在数据集中有多少个显著的典型变量对？一组变量与另一组变量有多少个相关的维度？例如，与经济问题有关的变量对是否显著相关？如果显著，那么它们与权威是否也显著相关？由于典型变量对是按照量级的降序计算的，所以模型前一个或前两个变量对通常是显著的，其余的则不然．在 12.4 节和 12.5.1 节中将描述典型变量的显著性检验．

12.2.2　典型变量的解释

如何解释与两组变量有关的维度？在同一个典型变量对中，将得到典型变量的两组变量组合相互关联的意义是什么？在本章上述的例子中，对第一对典型变量重要的所有变量都与金钱有关，所以将该变量组合解释为经济维度．通常用变量和典型变量之间的相关矩阵来解释典型变量对的意义，如 12.4 节和 12.5.2 节所述．

12.2.3　典型变量的重要性

有几种方法可以评估典型变量的重要性．第一个是查看等式两边变量之间有多强的相关关系．也就是说，一对变量之间的相关关系有多强？第二个问题是问等式同一边的变量之间有多强的相关关系？第三个问题是问等式两边变量组之间的关联程度．

对于这个例子，遵医变量组与人口特征变量组中经济变量之间有何相关关系？其次，人口特征变量组中的经济变量方差占变量组的方差的多少？最后，从人口特征变量组中提取的经济变量的方差占遵医变量的方差的多少？这些问题将由 12.4 节和 12.5.1 节中描述的方法回答．典型相关的置信区间并不容易获得．

12.2.4 典型变量得分

如果有可能直接测量两组变量的典型变量，那么受试者在典型变量上的得分将会是多少？例如，如果可以直接测量遵医、人口特征变量组中经济变量方面得分，第一位受试者将获得什么分数？典型变量分数的检查揭示了异常案例、两个典型变量之间关系的样子以及典型变量、原始变量之间关系的样子，这些将在 12.3 节和 12.4 节进行简要讨论．

如果典型变量是可以解释的，那么典型相关分析得到的得分可以在其他分析中作为自变量或因变量．例如，我们可以用遵医变量组中经济变量的得分来检验公共医疗设施的影响．我们之前用预测得分来比较两组预测变量(5.6.2.5 节)，将这一方法进行拓展，典型相关得分就可以用来比较典型相关系数．Steiger(1980)以及 Steiger 和 Browne(1984)提供了比较相关分析的基本原理以及各种方法的例子．

12.3 局限性

12.3.1 理论问题[⊖]

典型相关有几个重要的理论局限性，这有助于解释其在文献中少见的缘由．也许关键的限制是可解释性问题．即使能让方程的相关性达到最大，也不一定会让典型变量对具有很好的解释性．因此，典型相关的方程往往在数学形式上很优美，但通常难以解释．虽然在因子分析和主成分分析(第 13 章)中常用旋转来提高因子的解释能力，但是典型相关分析中这一方法并不常见，甚至在一些计算机程序中都很少使用．

用于典型相关的算法最大化两组变量之间的线性关系．如果两组变量之间是非线性相关关系，那么其中的某些甚至大部分相关关系就会在分析时被忽略掉．如果怀疑一对典型变量维数中存在非线性关系，除非通过转换或组合变量来处理这些变量的非线性部分，否则使用典型相关分析是不合适的．

该算法还计算了独立于其他变量对的典型变量对．在因子分析(第 13 章)中，变量的处理方式可以选择正交(不相关)或者斜交(相关)，但在典型相关分析中，通常只使用正交处理变量．在本章的例子中，如果经济能力与对权威之间存在相关关系，那么典型相关分析可能是不恰当的．

一个重要的问题是一组变量的解对另一组变量中包含的变量的敏感性．在典型相关中，方程的解既取决于每个组中变量之间的相关性，也取决于方程两边变量组之间的相关性．改变一组变量可能会显著地改变另一组中典型变量的构成．在某种程度上，考虑到分析的目的，这是可以预期的，但该过程对这种明显微小变化的敏感性令人担忧．

在典型相关分析中，特别重要的是使用自变量和因变量这两个术语并不意味它们是因果关系．每组测量都是自然操作的，而不是通过设计实验得到的，并且统计量中没有任何东西可以改变这种安排——这确实是相关技术．当一组变量确实是通过设计实验得到时，虽然可以使用典型相关分析，但运用多元方差分析会更好且具有更高的可解释性．

研究典型相关分析的好处在于它引入了维度的概念，并提供了一个广泛的框架来理解其他技术，其中线性方程两边都有多个变量．

⊖ 非常感谢 James Fleming 对本节提供的许多见解．

12.3.2 实际问题

12.3.2.1 样本与自变量个数之比

分析所需的样本数取决于变量的可靠度．对于社会科学中的变量，可靠度约为 0.80，每个变量需要大约 10 个样本．然而，如果可靠度非常高，例如在政治学中，变量是衡量国家经济绩效的指标，那么样本与变量的比例很低也是可以接受的．

与其他技术一样，对势的考虑在典型相关分析中同等重要，但软件不太可能为预期效果的大小和所需势的样本量提供帮助．

12.3.2.2 正态性、线性和方差齐性

运用典型相关分析时，虽然没有要求变量服从正态分布，但如果它们服从正态分布会更有利于分析．然而，关于显著的典型变量对数量的推断基于多元正态性假设．多元正态性假设是说所有变量和所有变量的线性组合都服从正态分布．它本身不是一个很容易检验的假设(大多数检验过于严格)．但如果所有变量都服从正态分布，则多元正态分布的似然值会增加．

对于典型相关分析，线性性质至少在两个方面十分重要．首先，典型相关分析是在相关矩阵或方差-协方差矩阵上进行的，这些矩阵只反映线性关系．如果两个变量之间的关系是非线性的，则这种相关性就不会被这些统计量“捕获”．其次，典型相关会最大化两个变量组中变量之间的线性关系．典型相关分析忽略了典型变量对之间的潜在非线性相关关系．

最后，当变量对之间同方差时，即当一个变量的方差在另一个变量的所有水平上都大致相同时，典型相关分析的效果最好．

正态性、线性和方差齐性可以通过常规的筛选方法或者通过初步的典型相关分析所产生的典型变量得分的分布进行评估．如果进行常规筛选，则可通过如 SPSS FREQUENCIES 或 SAS 交互式数据分析这样的描述程序之一分别检验变量的正态性．可以通过如 SAS PLOT 或 SPSS GRAPH 程序，对集合内和集合间的变量对的非线性或异方差性进行检验．如果一个或多个变量违反假设，则可考虑进行转换．该问题在第 4 章进行了讨论并将在 12.6.1.2 节进行阐释．

另外，检验初步典型分析所产生的典型变量得分的分布是否具有正态性、线性和方差齐性，如果验证有上述三种性质，则无须再筛选原始变量．散点图是一对典型变量相互对照绘制的图，如果典型变量得分通过散点图程序写入文件以进行处理，则可通过 SAS CANCORR 获得散点图．SPSS CANCORR 宏会自动将典型变量得分添加到原始数据集．在散点图中，如果有证据证明不存在正态性、线性和方差齐性，那么就要对变量进行筛选．此过程将在 12.6.1.2 节进行说明．

如果存在持续的异方差性，可以考虑基于不一致方差的变量对样本加权，或者添加一个解释不一致方差的变量(见 5.3.2.4 节)．

12.3.2.3 缺失数据

Levine(1977)改变了处理缺失数据的方法从而给出了一个典型相关的解发生巨大变化的例子．由于典型相关对数据集的微小变化非常敏感，因此请仔细考虑用第 4 章的方法估

计缺失值或者消除数据缺失样本．

12.3.2.4 异常值的处理

不寻常样本通常对典型分析产生不当的影响．在每组变量中分别搜索一元异常值和多元异常值．参考第 4 章和 12.6.1.3 节的方法来检测和减少一元异常值和多元异常值的影响．

12.3.2.5 多重共线性和奇异性的处理

出于逻辑和计算的原因，每个集中和不同集之间的变量彼此不高度相关是很重要的．这限制了 $\boldsymbol{R}_{xx}$、$\boldsymbol{R}_{yy}$ 和 $\boldsymbol{R}_{xy}$ 的应用，见后文公式 12.1)．参考第 4 章关于识别和消除相关矩阵中多重共线性和奇异性的方法．

12.4 典型相关的基本公式

通过典型相关性进行适当分析的数据集有几个主题，每个主题都由 4 个或更多个变量确定．变量形成两个集合，较小的集合中至少有两个变量．表 12-1 给出了一个适用于典型相关的假设数据集．8 名中级和高级肚皮舞舞者的评分标准被分为两组变量，分别是"上半身"摆动(TS)、"上半身"画圈(TC)的才能和"下半身"摆动(BS)、"下半身"画圈(BC)的才能．舞蹈的每一个特征都由两名评委按 7 分制打分(较大的数字代表着质量更高)，并对评分进行平均．分析的目的是观察上半身的动作质量和下半身的动作质量之间的联系．

希望你亲自(或与之一起)手工和用计算机演练这个例子．使用几种流行的计算机程序进行分析的语法和输出示例在本节的末尾给出．

典型相关分析的第一步是生成相关矩阵．然而，在这种情况下，相关矩阵可分为四个部分：因变量间的相关矩阵($\boldsymbol{R}_{yy}$)、自变量之间的相关矩阵($\boldsymbol{R}_{xx}$)，以及因变量和自变量之间的两个相关矩阵($\boldsymbol{R}_{xy}$ 和 $\boldsymbol{R}_{yx}$)[⊖]．表 12-2 展示了例子中数据的相关矩阵．

有几种方法可以写出典型相关的基本公式，有些方法比其他方法更直观．这些公式都是下面这个公式的变形：

$$\boldsymbol{R} = \boldsymbol{R}_{yy}^{-1}\boldsymbol{R}_{yx}\boldsymbol{R}_{xx}^{-1}\boldsymbol{R}_{xy} \tag{12.1}$$

典型相关矩阵是 4 个相关矩阵的乘积，即因变量自相关矩阵的逆、自变量自相关矩阵的逆、因变量和自变量的相关矩阵．

表 12-1 典型相关分析的小样本假设数据

ID	TS	TC	BS	BC
1	1.0	1.0	1.0	1.0
2	7.0	1.0	7.0	1.0
3	4.6	5.6	7.0	7.0
4	1.0	6.6	1.0	5.9
5	7.0	4.9	7.0	2.9
6	7.0	7.0	6.4	3.8
7	7.0	1.0	7.0	1.0
8	7.0	1.0	2.4	1.0

⊖ 虽然在本例中既不是自变量的变量组，也不是因变量的变量组，但解释这个方法时它很有用．

表 12-2　表 12-1 中数据集的相关矩阵

	TS	TC	BS	BC
		$\boldsymbol{R}_{xx}$ / $\boldsymbol{R}_{yx}$	$\boldsymbol{R}_{xy}$ / $\boldsymbol{R}_{yy}$	
TS	1.000	−0.161	0.758	−0.341
TC	−0.161	1.000	0.110	0.857
BS	0.758	0.110	1.000	0.051
BC	−0.341	0.857	0.051	1.000

从概念上来说，将方程(12.1)和回归方程(5.6)进行比较是有帮助的．方程(5.6)表明，用一组 X 预测 Y 的回归系数是 X 的自相关矩阵和 X 与 Y 之间的相关系数矩阵的乘积．公式(12.1)可以看作是用来预测 X 的 Y 的回归系数 $\boldsymbol{R}_{yy}^{-1}\boldsymbol{R}_{yx}$ 和用来预测 Y 的 X 回归系数 $\boldsymbol{R}_{xx}^{-1}\boldsymbol{R}_{xy}$ 的乘积．

12.4.1　特征值和特征向量

通过求解方程(12.1)的矩阵 $\boldsymbol{R}$ 的特征值和特征向量来进行典型相关分析．特征值是通过分析方程(12.1)的矩阵得到的．首先获得关于 Y 的特征向量，然后使用 12.4.2 节中的公式(12.6)得到 X. 正如第 13 章和附录 A 所述，求解矩阵的特征值是重新分配矩阵中的方差，将其合并为几个复合变量而不是多个单独的变量的过程．对应每个特征值的特征向量被转换为用于将原始变量组合成复合变量的系数(例如，回归系数、标准系数).

在附录 A 中演示了特征值和相应特征向量的计算，但这很困难并且不是很有启发性．在这个例子中，该问题通过 SAS CANCORR 的协助完成的(见表 12-4，其中特征值被称为典型相关). 我们的目标是将原始变量的方差重新分配到极少数典型变量对中，使每一对都能得到很大的方差，并由方程一边的自变量的线性组合和另一边的因变量的线性组合来定义．选择线性组合以最大化每对典型变量的典型相关性．

虽然计算特征值和特征向量最好用计算机来做，但典型相关和特征值[⊖]之间的关系很简单，即

$$\lambda_i = r_{ci}^2 \tag{12.2}$$

对于典型变量对，每个特征值 λ_i 等于典型相关系数的平方 r_{ci}^2.

一旦为每对典型变量计算了特征值，就可以通过特征值的平方根求得典型相关系数．典型相关系数r_{ci}可以解释为一个普通的 Pearson 积矩相关系数．当把r_{ci}平方，它通常代表两个变量间的重叠方差，或者在这种情况下也可以表示为变量．因为$r_{ci}^2=\lambda_i$，特征值本身代表了典型变量对之间的重叠方差．

对于表 12-1 中的数据集，计算了两个特征值，对应较小集合(本例中的两个集合)中的每个变量．第一个特征值是 0.835 66，对应的典型相关系数为 0.914 14. 第二个特征值是 0.581 37，典型相关系数为 0.762 47. 也就是说，第一对典型变量关联性为 0.914 14，重叠

⊖　SPSS 和 SAS 分别用 Sq. Cor 和 `Squared Canonical Correlation` 表示特征值，而 eigenvalue(特征值)用来表示其他含义.

方差为 83.57%，而第二对关联性为 0.762 47，重叠方差为 58.14%.

但请注意，解所占原始变量中的方差不能超过 100%. 相反，第二对典型变量的典型相关系数的平方是在提取第一个典型变量对后，从残差中提取的方差比例.

显著性检验(Bartlett，1941)可用来检验有一个或一组 r_c 是否不为 0[⊖].

$$\chi^2 = -\left[N-1-\left(\frac{k_x+k_y+1}{2}\right)\right]\ln \Lambda_m \tag{12.3}$$

一个或多个典型相关的显著性被评估为卡方变量，其中 N 是样本数目，k_x 为自变量集中的变量个数，k_y 是因变量集中的变量个数，公式(12.4)定义了自然对数 Λ. 卡方自由度为$(k_x)(k_y)$.

$$\Lambda_m = \prod_{i=1}^{m}(1-\lambda_i) \tag{12.4}$$

Λ 是 m 个典型相关生成的特征值和 1 之差的乘积.

例如，检验典型相关系数是否不为零：

$$\Lambda_2 = (1-\lambda_1)(1-\lambda_2) = (1-0.84)(1-0.58) = 0.07$$

$$\begin{aligned}\chi^2 &= -\left[8-1-\left(\frac{2+2+1}{2}\right)\right]\ln 0.07\\ &= -(4.5)(-2.68)\\ &= 12.04\end{aligned}$$

χ^2 由$(k_x)(k_y)=4$ 自由度计算. 两个典型相关系数不为零：$\chi^2(4)=12.15$，$p<0.02$. 该检验的结果可以解释为：自变量组中的变量和因变量组中的变量之间方差有显著的重叠性，也就是说，上部矩的质量和下部矩的质量之间存在一定的关系. 该结果说明至少第一个典型相关关系是显著的.

将第一个典型相关关系移除后，两组变量之间是否仍然存在显著的相关关系？

$$\Lambda_1 = (1-0.58) = 0.42$$

$$\begin{aligned}\chi^2 &= -\left[8-1-\left(\frac{2+2+1}{2}\right)\right]\ln 0.42\\ &= -(4.5)(-0.87)\\ &= 3.92\end{aligned}$$

这个卡方自由度为$(k_x-1)(k_y-1)=1$，且显著不为零：$\chi^2(1)=3.92$，$p<0.05$. 该结果表明：除去第一对典型变量后，两组变量之间仍然存在显著的重叠方差. 作为证据，第二个典型相关关系同样显著.

典型相关系数的显著性也用 F 分布评估，例如，在 SAS CANCORR 和 SPSS MANOVA 中.

12.4.2 矩阵方程

每个典型相关需要两组典型相关系数(类似于回归系数)，一组与因变量结合，另一组与自变量结合. 因变量的典型相关系数如下：

⊖ 一些研究者(例如 Harris，2001)更喜欢只关注第一个特征值的策略. 关于这个问题的讨论详见 7.5.2 节.

$$\boldsymbol{B}_y = (\boldsymbol{R}_{yy}^{-1/2})' \hat{\boldsymbol{B}}_y \tag{12.5}$$

因变量的典型相关系数是因变量间的相关矩阵(逆的转置平方根)与因变量的特征向量的正定矩阵 $\hat{\boldsymbol{B}}_y$ 之间的乘积.

例如[⊖]:

$$\boldsymbol{B}_y = \begin{bmatrix} 1.00 & -0.03 \\ -0.03 & 1.00 \end{bmatrix} \begin{bmatrix} -0.45 & 0.89 \\ 0.89 & 0.47 \end{bmatrix} = \begin{bmatrix} -0.48 & 0.88 \\ 0.90 & 0.44 \end{bmatrix}$$

一旦计算出典型相关系数，自变量的系数就可以用下列公式计算出:

$$\boldsymbol{B}_x = \boldsymbol{R}_{xx}^{-1} \boldsymbol{R}_{xy} \boldsymbol{B}_y^* \tag{12.6}$$

自变量的系数是自变量间的相关矩阵的逆、自变量和因变量之间的相关矩阵与因变量的系数分别除以相应典型相关系数组成的矩阵的乘积.

例如,

$$\boldsymbol{B}_x = \begin{bmatrix} 1.03 & 0.17 \\ 0.17 & 1.03 \end{bmatrix} \begin{bmatrix} 0.76 & -0.34 \\ 0.11 & 0.86 \end{bmatrix} \begin{bmatrix} -0.48/0.91 & 0.88/0.76 \\ 0.90/0.91 & 0.44/0.76 \end{bmatrix} = \begin{bmatrix} -0.63 & 0.80 \\ 0.69 & 0.75 \end{bmatrix}$$

典型相关系数的以下两个矩阵用于估计典型变量的得分:

$$\boldsymbol{X} = \boldsymbol{Z}_x \boldsymbol{B}_x \tag{12.7}$$

和

$$\boldsymbol{Y} = \boldsymbol{Z}_y \boldsymbol{B}_y \tag{12.8}$$

典型变量的得分被估计为原始变量的标准化得分 $\boldsymbol{Z}_x$ 和 $\boldsymbol{Z}_y$ 与用于加权的典型相关系数 $\boldsymbol{B}_x$ 和 $\boldsymbol{B}_y$ 的乘积. 例如,

$$\boldsymbol{X} = \begin{bmatrix} -1.54 & -0.91 \\ 0.66 & -0.91 \\ -0.22 & 0.76 \\ -1.54 & 1.12 \\ 0.66 & 0.50 \\ 0.66 & 1.26 \\ 0.66 & -0.91 \\ 0.66 & -0.91 \end{bmatrix} \begin{bmatrix} -0.63 & 0.80 \\ 0.69 & 0.75 \end{bmatrix} = \begin{bmatrix} 0.34 & -1.91 \\ -1.04 & -0.15 \\ 0.66 & 0.39 \\ 1.73 & -0.40 \\ -0.07 & 0.90 \\ 0.45 & 1.47 \\ -1.04 & -0.15 \\ -1.04 & -0.15 \end{bmatrix}$$

$$\boldsymbol{Y} = \begin{bmatrix} -1.36 & -0.81 \\ 0.76 & -0.81 \\ 0.76 & 1.67 \\ -1.36 & 1.22 \\ 0.76 & -0.02 \\ 0.55 & 0.35 \\ 0.76 & -0.81 \\ -0.86 & -0.81 \end{bmatrix} \begin{bmatrix} -0.48 & 0.88 \\ 0.90 & 0.44 \end{bmatrix} = \begin{bmatrix} -0.07 & -1.54 \\ -1.09 & 0.31 \\ -1.14 & 1.39 \\ 1.75 & -0.66 \\ -0.38 & 0.66 \\ 0.05 & 0.63 \\ -1.09 & 0.31 \\ -0.31 & -1.11 \end{bmatrix}$$

⊖ 这些计算与本节中的其他内容一样，多保留小数点后几位然后再四舍五入回来. 结果与相同数据的计算机分析结果一致，但这里介绍的四舍五入的方法并不总得到两位小数.

在标准化得分(和适当的服装)中，第一个肚皮舞舞者在 TS 上 z 得分为－1.35，在 TC 上为－0.81，在 BS 上为－1.54，在 BC 上为－0.91. 利用典型相关加权这些 z 得分，该舞者在第一个典型变量的得分为 0.34，第二个典型变量的得分为－1.91，并且因变量(Y)上的第一个和第二个典型变量的得分分别为－0.07 和－1.54.

所有肚皮舞舞者在每个典型变量上的典型得分的总和是零．这些得分和因子得分(第 13 章)一样，如果直接在典型变量上评判它们，这些得分是对舞者所得到的得分的估计．

所谓载荷矩阵，就是变量和典型系数之间的相关矩阵，用于解释典型变量．

$$\boldsymbol{A}_x = \boldsymbol{R}_{xx}\boldsymbol{B}_x \tag{12.9}$$

和

$$\boldsymbol{A}_y = \boldsymbol{R}_{yy}\boldsymbol{B}_y \tag{12.10}$$

变量和典型变量之间的相关性由变量之间的相关矩阵乘以典型系数矩阵得到．例如，

$$\boldsymbol{A}_x = \begin{bmatrix} 1.00 & -0.16 \\ -0.16 & 1.00 \end{bmatrix}\begin{bmatrix} -0.63 & 0.80 \\ 0.69 & 0.75 \end{bmatrix} = \begin{bmatrix} -0.74 & 0.68 \\ 0.79 & 0.62 \end{bmatrix}$$

$$\boldsymbol{A}_y = \begin{bmatrix} 1.00 & 0.05 \\ 0.05 & 1.00 \end{bmatrix}\begin{bmatrix} -0.48 & 0.88 \\ 0.90 & 0.44 \end{bmatrix} = \begin{bmatrix} -0.44 & 0.90 \\ 0.88 & 0.48 \end{bmatrix}$$

这些数据的载荷矩阵汇总在表 12-3 中．结果在各组变量中按列向下解释．对于第一个典型变量对(第一列)，TS 关联度为－0.74、TC 为 0.79、BS 为－0.44 和 BC 为 0.88. 第一对典型变量将 TS 的低分和 TC(在第一组变量)的高分、BC(第二组)的高分关联在一起，表明低质量的上半身摆动和高质量的上半身画圈与高质量的下半身画圈有关．

对于第二个典型变量对(第二列)，TS 关联度为 0.68、TC 为 0.62、BS 为 0.90 和 BC 为 0.48. 第二个典型变量对表明，下半身画圈的高分与上半身画圈和上半身摆动的高分有关系．综合来说，这些结果表明，下半身画圈的能力与上半身画圈的能力有关，但会拉低上半身摆动能力．而下半身画圈的能力与上半身两种的能力都有关．

表 12-3　表 12-1 中数据集的载荷矩阵

变量集		典型变量对	
		第一	第二
第一	TS	－0.74	0.68
	TC	0.79	0.62
第二	BS	－0.44	0.90
	BC	0.88	0.48

图 12-1 显示了在一般情况下，变量、典型变量和第一对典型变量之间的关系．

图 12-2 显示了小样本示例中两对典型变量的路径图．

12.4.3 提取的方差比例

每个典型变量从方程自身一侧的变量中提取的方差是多少？自变量的典型变量从自变量中提取的方差的比例是

$$pv_{xc} = \sum_{i=1}^{k_x} \frac{a_{ixc}^2}{k_x} \tag{12.11}$$

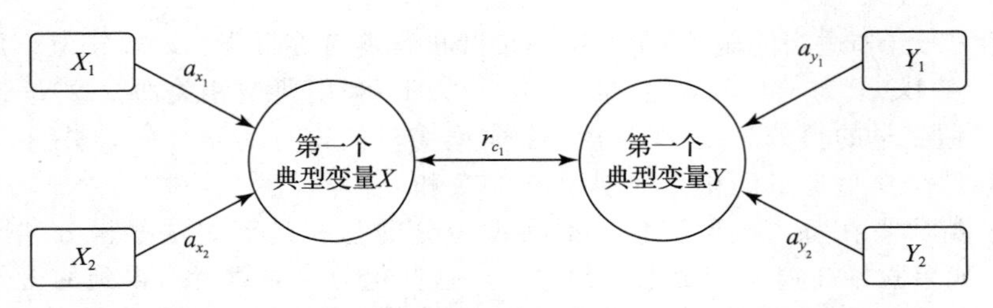

图 12-1　变量、典型变量和第一个典型变量对之间的关系

X_i = X 集中的变量　　Y_i = Y 集中的变量

a_{x_i} = 在典型变量 X 上的第 i 个 X 变量的载荷　　a_{y_i} = 在典型变量 Y 上的第 i 个 Y 变量的载荷

r_{c_1} = 第一个典型变量对的典型相关系数

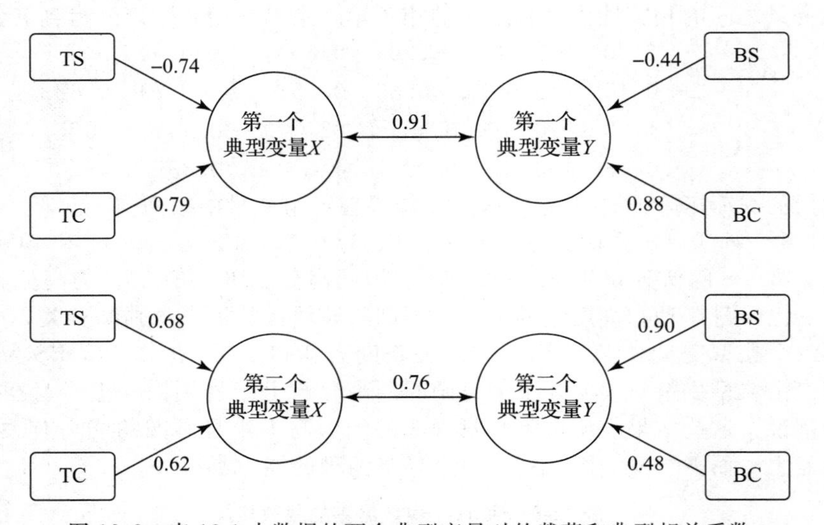

图 12-2　表 12-1 中数据的两个典型变量对的载荷和典型相关系数

和

$$pv_{yc} = \sum_{i=1}^{k_y} \frac{a_{iyc}^2}{k_y} \tag{12.12}$$

由典型变量提取得到的一组变量的方差比例可以由相关系数的平方和除以集合中变量的个数得到.

因此，对于自变量中的第一个典型变量，

$$pv_{x_1} = \frac{(-0.74)^2 + 0.79^2}{2} = 0.58$$

对于自变量中的第二个典型变量，

$$pv_{x_2} = \frac{0.68^2 + 0.62^2}{2} = 0.42$$

第一个典型变量提取上半身动作判断情况方差中的 58%，而第二个典型变量提取其中的 42%. 在两个变量的总和中，两个典型变量几乎提取了自变量方差中的 100%. 正如将这两个变量相加预期的那样，这两个典型变量提取了自变量方差中的100%. 当等式一边的变量数等于典型变量的数量时，会发生这种情况．如果变量多于典型变量，则方差比例的总和通常小于1.00.

对于因变量和第一个典型变量，

$$pv_{y_1} = \frac{(-0.44)^2 + 0.88^2}{2} = 0.48$$

对于第二个典型变量，

$$pv_{y_2} = \frac{0.90^2 + 0.48^2}{2} = 0.52$$

也就是说，第一个典型变量提取了下半身动作判断方差的48%. 第二个典型变量提取了下半身动作判断方差的52%. 加总后，两个典型变量几乎提取了100%的因变量方差．

然而通常情况下，人们感兴趣的是从因变量中提取的自变量得出的典型变量的方差是多少，反之亦然．在典型相关分析中，这种方差被称为冗余度(redundancy).

$$rd = (pv)(r_c^2) \tag{12.13}$$

典型变量的冗余度是它从自身的变量中提取的方差比例乘以该对的典型相关系数的平方．因此，对于这个例子，

$$rd_{x_1 \to y} = \left[\frac{(-0.44)^2 + 0.88^2}{2}\right](0.84) = 0.40$$

$$rd_{x_2 \to y} = \left[\frac{0.90^2 + 0.48^2}{2}\right](0.58) = 0.30$$

$$rd_{y_1 \to x} = \left[\frac{(-0.74)^2 + 0.79^2}{2}\right](0.84) = 0.48$$

$$rd_{y_2 \to x} = \left[\frac{0.68^2 + 0.62^2}{2}\right](0.58) = 0.24$$

因此，自变量中的第一个典型变量提取了评判下半身动作质量的方差的40%. 自变量中的第二个典型变量提取了评判下半身动作质量的方差的30%. 这两个变量共提取了因变量中70%的方差．

因变量的第一个和第二个典型变量分别提取了评判上半身动作质量48%和24%的方差. 它们加一起共提取了评判上半身运动质量的72%的方差．

12.4.4　小样本示例的计算机分析

表12-4和12-5分别显示了SAS CANCORR和SPSS CANCORR(宏)对该数据集的分析.

在SAS CANCORR(表12-4)中，一组变量(因变量)列在以 `var` 为开始的输入语句中，另一组(自变量)在以 `with` 为开始输入语句中列出，也可以进行冗余分析．

输出的第一部分包含每个典型变量(标为1和2)的典型相关系数，包括调整后的相关系数、相关系数的平方以及相关系数的标准误差．表格的下一部分展示了特征值、特征值之间的差异以及每个典型变量对在解中所占的比例和方差的累积比例．`The Test of H0:`…表中展示了典型变量对的“剥离”显著性检验，它是通过下表中的几个多元显著性检验的 F 值来评估的．原始的和标准化的典型系数矩阵的每个典型变量在语法中以“`VAR`”和“`WITH`”标记，载荷矩阵以 `Correlations Between the …Variables and Their Canonical Variables`

标记．标记为 Canonical Structure 的部分是冗余分析的一部分，它显示了另一种类型的载荷矩阵，即每组变量和另一组典型变量之间的相关性．

表 12-4　表 12-1 样本数据的典型相关分析的语法和选定的 SAS CANCORR 输出

```
proc cancorr data=SASUSER.SSCANON
    var TS TC;
    with BS BC;
run;

                                        The CANCORR Procedure

                                   Canonical Correlation Analysis

                                              Adjusted    Approximate       Squared
                             Canonical       Canonical       Standard     Canonical
                           Correlation     Correlation          Error   Correlation

                     1        0.914142        0.889541       0.062116      0.835656
                     2        0.762475         .             0.158228      0.581368

                           Test of H0: The canonical correlations in
Eigenvalues of Inv(E)*H  the current row and all that follow are zero
  = CanRsq/(1-CanRsq)

                                                       Likelihood  Approximate
 Eigenvalue  Difference  Proportion  Cumulative            Ratio      F Value  Num DF  Den DF  Pr > F

1     5.0848      3.6961       0.7855      0.7855  0.06879947         5.62       4       8  0.0187
2     1.3887                   0.2145      1.0000  0.41863210         6.94       1       5  0.0462

                           Multivariate Statistics and F Approximations

                                      S=2     M=-0.5     N=1

         Statistic                           Value     F Value    Num DF     Den DF     Pr > F

         Wilks' Lambda                  0.06879947        5.62         4          8     0.0187
         Pillai's Trace                 1.41702438        6.08         4         10     0.0096
         Hotelling-Lawley Trace         6.47354785        4.86         4          6     0.0433
         Roy's Greatest Root            5.08481559       12.71         2          5     0.0109

                NOTE: F Statistic for Roy's Greatest Root is an upper bound.
                        NOTE: F Statistic for Wilks' Lambda is exact.
              Canonical Correlation Analysis

     Raw Canonical Coefficients for the VAR Variables

                           V1                V2

            TS     -0.229789498      0.2929561178
            TC     0.2488132088      0.2703732438

     Raw Canonical Coefficients for the WITH Variables

                           W1                W2

            BS     -0.169694016      0.3087617628
            BC     0.3721067975      0.1804101724

              Canonical Correlation Analysis

 Standardized Canonical Coefficients for the VAR Variables

                           V1           V2

                TS      -0.6253       0.7972
                TC       0.6861       0.7456

Standardized Canonical Coefficients for the WITH Variables

                           W1           W2

                BS      -0.4823       0.8775
                BC       0.9010       0.4368
```

(续)

```
                         Canonical Structure

      Correlations Between the VAR Variables and Their Canonical Variables

                                   V1          V2

                      TS      -0.7358      0.6772
                      TC       0.7868      0.6172

      Correlations Between the WITH Variables and Their Canonical Variables

                                   W1          W2

                      BS      -0.4363      0.8998
                      BC       0.8764      0.4816

Correlations Between the VAR Variables and the Canonical Variables of the WITH Variables

                                   W1        W2

                        TS    -0.6727    0.5163
                        TC     0.7193    0.4706

                 Correlations Between the WITH Variables
             and the Canonical Variables of the VAR Variables

                                   V1        V2

                        BS    -0.3988    0.6861
                        BC     0.8011    0.3672
```

表 12-5 显示了通过 SPSS CANCORR 语法宏运行的典型相关分析．(SPSS MANOVA 也可通过语法用于运行典型相关分析，但输出结果难以解释．)INCLUDE 指令通过运行的语法文件(canonical correlation. sps)调用 SPSS CANCORR 宏[⊖].

表 12-5 表 12-1 中对样本数据进行典型相关分析的语法和选定的 SPSS CANCORR 输出

```
INCLUDE 'Canonical correlation.sps'.
CANCORR SET1 = ts, tc /
        SET2 = bs, bc /.

Run MATRIX procedure:

Correlations for Set-1
         TS        TC
TS   1.0000    -.1611
TC   -.1611    1.0000

Correlations for Set-2
         BS        BC
BS   1.0000     .0511
BC    .0511    1.0000

Correlations Between Set-1 and Set-2
         BS        BC
TS    .7580    -.3408
TC    .1096     .8570

Canonical Correlations
1      .914
2      .762

Test that remaining correlations are zero:

    Wilk's   Chi-SQ       DF    Sig.
1     .069   12.045    4.000    .017
2     .419    3.918    1.000    .048
```

⊖ 此语法文件的副本包含在本书联机的 SPSS 数据文件中．

（续）

```
Standardized Canonical Coefficients for Set-1
          1       2
TS    -.625    .797
TC     .686    .746

Raw Canonical Coefficients for Set-1
          1       2
TS    -.230    .293
TC     .249    .270

Standardized Canonical Coefficients for Set-2
          1       2
BS    -.482    .878
BC     .901    .437

Raw Canonical Coefficients for Set-2
          1       2
BS    -.170    .309
BC     .372    .180

Canonical Loadings for Set-1
          1       2
TS    -.736    .677
TC     .787    .617

Cross Loadings for Set-1
          1       2
TS    -.673    .516
TC     .719    .471

Canonical Loadings for Set-2
          1       2
BS    -.436    .900
BC     .876    .482

Cross Loadings for Set-2
          1       2
BS    -.399    .686
BC     .801    .367
                      Redundancy Analysis:

Proportion of Variance of Set-1 Explained by Its Own Can. Var.
        Prop Var
CV1-1       .580
CV1-2       .420

Proportion of Variance of Set-1 Explained by Opposite Can.Var.
        Prop Var
CV2-1       .485
CV2-2       .244

Proportion of Variance of Set-2 Explained by Its Own Can. Var.
        Prop Var
CV2-1       .479
CV2-2       .521

Proportion of Variance of Set-2 Explained by Opposite Can. Var.
        Prop Var
CV1-1       .400
CV1-2       .303
                          —END MATRIX—
```

相当紧凑的输出结果从两组变量自身的相关矩阵和两组变量间的相关矩阵开始．然后给出 Canonical Correlations，随后进行 χ^2 检验．然后以与 SAS 相同的格式显示标准化和原始的典型系数与载荷．一组变量与另一组典型变量之间的关系标记为 Cross Loadings. 冗余分析是默认生成的，它显示了每组变量与自身和其他组合相关的方差比例．将这些值与公式(12.11)到公式(12.13)的结果进行比较．该程序把典型相关得分写入数据文件，并把评分程序写入另一个文件．

12.5 一些重要问题

12.5.1 典型变量的重要性

在大多数统计程序中，显著性检验通常是评估解决方案的第一步．传统的统计程序可以检验典型变量对数量的显著性．公式(12.3)和公式(12.4)的结果或相应的 F 检验结果可用于评估 12.7 节回顾的所有程序．但是，如果 N 是相当大的，那么统计上显著的典型变量对的数量通常要大于可解释变量对的数量．

唯一潜在的干扰源是一系列显著性检验的意义．第一个检验是对所有的变量对一起进行检验，并检验两组变量之间独立性；第二个检验是在移除第一个同样重要的变量后对所有变量对的检验；第三个检验是删除前两对；依此类推．如果只有第一个检验具有显著性，第二个没有，那么只有第一对典型变量可以解释[㊀]．如果第一次和第二次检验都是显著的，但第三次不显著，那么前两个变量对可以解释，依此类推．由于典型相关分析中的典型变量按重要性的降序排列，所以通常只有前几对变量可以解释．

一旦显著性通过验证，其方差的数量就十分重要．因为有两组变量，所以对方差的几个评估是相关的．首先，一对变量对之间有重叠方差．其次，变量和其组内的变量之间有重叠方差．最后，变量和其他组的变量之间有重叠方差．

第一个，也是最简单的，统计上显著的典型变量对彼此之间的方差重叠．如公式(12.2)所示，典型相关系数的平方是一对典型变量之间的重叠方差．大多数研究人员都不解释小于 0.30 的典型相关对，即使它可以解释[㊁]，因为 0.30 的 r_c 值或者更小的值，导致平方后只有不到 10%的重叠方差．

接下来要考虑的是从它自身变量组中提取的典型变量的方差．一对典型变量可以从各自变量组中提取出迥然不同的方差．公式(12.11)和公式(12.12)表明提取的方差比例是变量的载荷的平方和除以变量组内的变量数目[㊂]．因为典型变量(正交)是相互独立的，所以方差比例在所有显著的变量之间进行求和，进而达到从变量组中提取的所有变量的总方差．

最后考虑的是一个变量组中的变量从另一个变量组中提取的方差，称为冗余度(Stewart 和 Love，1968；Miller 和 Farr，1971)．公式(12.13)表明，冗余度是由典型变量提取的方差的百分比乘以该对典型相关系数．来自自变量的典型变量可能与自变量有很强的相关性，但与因变量的相关性较弱(反之亦然)．因此，一对典型变量的冗余度通常不相等．由

㊀ 第一个典型变量对与自身不显著是可能的，只要与剩下的典型变量对组合获得显著性就可以．也就是说，每个变量对于自身无显著性检验．

㊁ 显著性很大程度上取决于 N.

㊂ 对于同样目的，这个计算等同于因子分析，如表 13-4 所示．

于典型变量是正交的，为了得到相对于自变量的总体因变量，还需要在典型变量之间加入一组变量的冗余度，反之亦然．

12.5.2　典型变量的解释

典型相关分析创建了变量的线性组合，典型变量代表了数学上可行的变量组合．不过，虽然数学上可行，但它们并不一定是可解释的．如果可能的话，研究者的主要任务就是识别典型变量对的含义．

典型变量对的显著性解释基于载荷矩阵，$\mathbf{A}_x$ 和 $\mathbf{A}_y$（分别是公式(12.9)和公式(12.10)）．每对典型变量都被解释为一个典型变量对，用一组变量中典型变量来解释另外一组中的典型变量．一个变量通过考虑与它高度相关（满载）的变量模式来解释．由于载荷矩阵中包含相关系数，并且因为相关系数的平方用来度量重叠方差，所以相关系数为 0.30（方差的 9%）及以上的变量通常被解释为变量的一部分，而载荷小于 0.30 的变量则不能．尽管在 13.6.5 节列出了一些指导方针，但是决定解释载荷的临界点还是一个人偏好选择的问题．

12.6　典型相关分析的完整案例

作为典型相关分析中的一个例子，变量是从附录 B 的 B.1 节所描述的研究提供的变量中选择的．分析的目标是发现某些态度变量与某些健康特征有关的维度（如果存在的话）．文件是 CANON. □.

选择的态度变量（组 1）包括对女性角色的态度（ATTROLE）、对控制点（CONTROL）、对当前婚姻状况的态度（ATTMAR）和自尊心（ESTEEM）．数字越大，表明越来越多的人对女性应有的角色保持传统态度、越来越多的人无能力控制自己的命运（是外控制点，而不是内控制点）、越来越多的人对目前的婚姻状况不满和越来越多的人缺乏自尊心．

选择的健康变量（组 2）包括心理健康（MENHEAL）、身体健康（PHYHEAL）、就诊次数（TIMEDRS）、对药物的态度（ATTDRUG）和精神药物的使用情况-持续时间测量（DRUGUSE）．较大的数字反映了较差的身心健康、更多的就诊次数、更愿意使用药物并长时间使用它们．

12.6.1　假设的评估

12.6.1.1　缺失数据

表 12-6 显示了通过 SAS MEANS 运行的筛选，发现 465 个样本中有 6 例缺失数据．一位女性缺失了 CONTROL 值，五位女性缺失了 ATTMAR 值．因此删除这些样本（少于 2%），剩余 $N=459$.

表 12-6　初步筛选的典型相关数据集的 SAS MEANS 的语法和选定输出结果

```
proc means data=SASUSER.CANON    vardef=DF
      N NMISS MIN MAX MEAN VAR STD SKEWNESS KURTOSIS;
   var TIMEDRS ATTDRUG PHYHEAL MENHEAL ESTEEM CONTROL ATTMAR
      DRUGUSE ATTROLE;
run;
```

The MEANS Procedure

Variable	Label	N	N Miss	Minimum	Maximum
TIMEDRS	Visits to health professionals	465	0	0	81.0000000
ATTDRUG	Attitude toward use of medication	465	0	5.0000000	10.0000000
PHYHEAL	Physical health symptoms	465	0	2.0000000	15.0000000

（续）

MENHEAL	Mental health symptoms	465	0	0	18.0000000
ESTEEM	Self-esteem	465	0	8.0000000	29.0000000
CONTROL	Locus of control	464	1	5.0000000	10.0000000
ATTMAR	Attitude toward current marital status	460	5	11.0000000	58.0000000
DRUGUSE	Use of psychotropic drugs	465	0	0	66.0000000
ATTROLE	Attitudes toward role of women	465	0	18.0000000	55.0000000

Variable	Label	Mean	Variance	Std Dev
TIMEDRS	Visits to health professionals	7.9010753	119.8695032	10.9484932
ATTDRUG	Attitude toward use of medication	7.6860215	1.3365499	1.1560925
PHYHEAL	Physical health symptoms	4.9720430	5.7039581	2.3882961
MENHEAL	Mental health symptoms	6.1225806	17.5862347	4.1935945
ESTEEM	Self-esteem	15.8344086	15.5436411	3.9425425
CONTROL	Locus of control	6.7478448	1.6015072	1.2655067
ATTMAR	Attitude toward current marital status	22.9804348	73.1608364	8.5534108
DRUGUSE	Use of psychotropic drugs	9.0021505	102.2737023	10.1130461
ATTROLE	Attitudes toward role of women	35.1354839	45.6734149	6.7582109

Variable	Label	Skewness	Kurtosis
TIMEDRS	Visits to health professionals	3.2481170	13.1005155
ATTDRUG	Attitude toward use of medication	-0.1225099	-0.4470689
PHYHEAL	Physical health symptoms	1.0313360	1.1235075
MENHEAL	Mental health symptoms	0.6024595	-0.2921355
ESTEEM	Self-esteem	0.4812032	0.2916191
CONTROL	Locus of control	0.4895045	-0.3992646
ATTMAR	Attitude toward current marital status	1.0035327	0.8119797
DRUGUSE	Use of psychotropic drugs	1.7610005	4.2601383
ATTROLE	Attitudes toward role of women	0.0498862	-0.4009358

12.6.1.2 正态性、线性和方差齐性

在评估典型变量对之间的正态性、线性和方差齐性方面，SAS 提供了一个特别灵活的方案．典型变量得分都被保存到一个数据文件，然后 PROC PLOT 允许绘制它们的散点图．

图 12-3 显示了 PROC PLOT 为示例使用默认大小值生成的两个散点图．CANCORR 语法做了初步的典型相关分析，并把得到的典型变量得分（以及原始数据）保存到一个名为 LSSCORES 的文件中．第一组的四个典型变量标记为 V1～V4：第二组的典型变量标记为 W1～W4．因此分别用 PLOT 语法，请求画出第一对典型变量与第二对典型变量之间的散点图．V1 是第一变量组中第一个典型变量的值，W1 是第二变量组中第一个典型变量的值．V2 是第一变量组中第二个典型变量的值．W2 是第二变量组中第二个典型变量的值．

```
proc cancorr data=SASUSER.CANON
   out=WORK.LSSCORES
   sing=1E-8;
   var ESTEEM CONTROL ATTMAR ATTROLE;
   with MENHEAL PHYHEAL TIMEDRS ATTDRUG DRUGUSE;
run;
proc plot data=WORK.LSSCORES;
   plot w1*v1;
   plot w2*v2;
run;
```

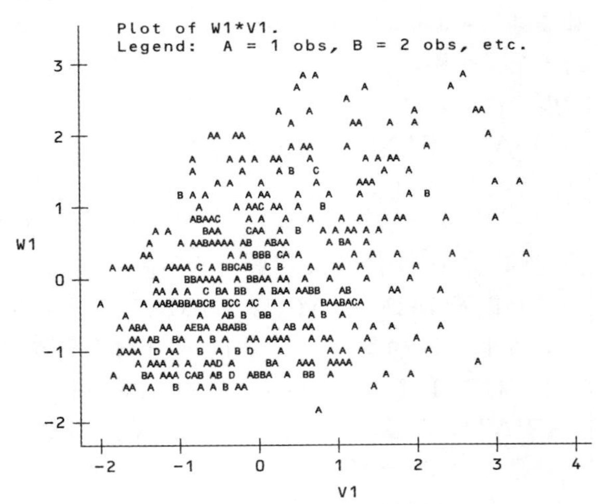

图 12-3　SAS CANCORR 和 PLOT 语法与输出显示第一与第二对典型变量之间的散点图

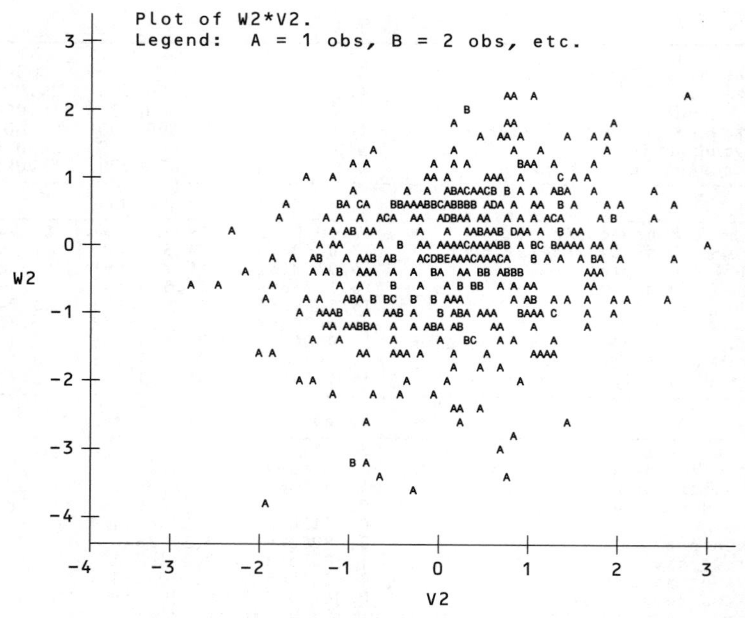

图 12-3　SAS CANCORR 和 PLOT 语法与输出显示第一与第二对典型变量之间的散点图(续)

散点图的形状反映了该解的较低典型相关性(见 12.6.2 节)，尤其是对于第二组的变量来说，除了在图中的 1/3 处有一些极端值以外，散点图几乎为圆形．没有明显证据说明存在非线性和方差齐性，因为整体形状没有弯曲，并且他们之间的宽度相同．

然而，对于两对典型变量来说，偏离正态是很明显的：在这两个图上，(0,0)点偏离了纵轴和横轴的中心．如果将这些点作为频率分布投影到图的纵轴或横轴上，则会进一步出现偏度．对于第一个图，在两个轴上都表现为，低分的样本大量堆积，高分的样本较少，从而表明这是正偏度．在图 2 中，有很多分散的样本，在 W2 上得分非常低，没有相应的高分，说明存在负偏度．

SAS MEANS 的输出证实了偏离正态分布．通过使用公式(4.4)计算偏度的标准误差，

$$s_s=\sqrt{\frac{6}{N}}=\sqrt{\frac{6}{465}}=0.1136$$

公式(4.5)计算偏度 z，表 12-7 显示了 TIMEDRS 的极端正偏度($z=3.248/0.1136=28.59$)以及 PHYHEAL、ATTMAR、DRUGUSE 的强偏度．对这些变量进行对数变换会大大减少变量的偏度、转换的变量被命名为 LATTMAR、LDRUGUSE、LTIMEDRS 和 LPHYHEAL. MENHEAL、ESTEEM 和 CONTROL 为中等偏度．然而，通过 SAS UNIVARIATE(未显示)的直方图和正态概率图发现没有严重偏离正态性．

第二个 SAS MEANS 的运行，提供了转换的和未转换的变量的一元统计信息．表 12-7 显示了 SAS DATA 删除了 CONTROL 和 ATTMAR 中缺失数据的样本，并完成其中四个变量的对数转换．新值(和旧的一起)保存在一个称为 CANONT 的数据集下．新变量只需要偏度和峰度．

表 12-7 SAS DATA 和 MEANS 语法与显示偏度和峰度的输出

```
data SASUSER.CANONT;
  set SASUSER.CANON;
  if CONTROL =. or ATTMAR =. then delete;
  LTIMEDRS = log10(TIMEDRS+1);
  LPHYHEAL = log10(PHYHEAL);
  LATTMAR = log10(ATTMAR);
  LDRUGUSE = log10(DRUGUSE + 1);
run;
proc means data=SASUSER.CANONT   vardef=DF
     N NMISS SKEWNESS KURTOSIS MEAN;
     var LTIMEDRS LPHYHEAL LATTMAR LDRUGUSE;
run;
```

The MEANS Procedure

Variable	Label	N	N Miss	Skewness	Kurtosis	Mean
LTIMEDRS	log(TIMEDRS + 1)	459	0	0.2296331	-0.1861264	0.7413859
LPHYHEAL	log(PHYHEAL)	459	0	-0.0061454	-0.6984603	0.6476627
LATTMAR	log(ATTMAR)	459	0	0.2291448	-0.5893927	1.3337398
LDRUGUSE	log(DRUGUSE + 1)	459		-0.1527641	-1.0922599	0.7637207

比较表 12-6 的 ATTMAR 和 DRUGUSE 与表 12-7 的 LATTMAR 和 LDRUGUSE 的偏度及峰度．基于转换变量的 SAS PLOT 散点图(未显示)证实了转换变量在正态性方面有所改善，特别是第二个典型变量对．

12.6.1.3 异常值

SAS STANDARD(表 12-8)创建的标准得分指定 **MEAN=0** 和 **STD=1**. 这些得分都保存到名为 CANPNS 的一个新文件中．然后对于分析中使用的所有变量，用 SAS MEANS 找到其中的最大值和最小值．

表 12-8 SAS STANDARD 和 MEANS 语法与评估一元异常值的输出

```
proc standard data=SASUSER.CANONT out=SASUSER.CANONS
     vardef=DF MEAN=0 STD=1;
     var LTIMEDRS LPHYHEAL LATTMAR LDRUGUSE
         ATTDRUG MENHEAL ESTEEM CONTROL ATTROLE;
run;
proc means data=SASUSER. CANONS vardef=DF
       N MIN MAX;
     var LTIMEDRS LPHYHEAL LATTMAR LDRUGUSE
         ATTDRUG MENHEAL ESTEEM CONTROL ATTROLE;
run;
```

Variable	Label	N	Minimum	Maximum
LTIMEDRS	log(TIMEDRS + 1)	459	-1.7788901	2.8131374
LPHYHEAL	log(PHYHEAL)	459	-1.6765455	2.5558303
LATTMAR	log(ATTMAR)	459	-1.8974189	2.7888035
LDRUGUSE	log(DRUGUSE + 1)	459	-1.5628634	2.1739812
ATTDRUG	Attitude toward use of medication	459	-2.3195715	2.0119310
MENHEAL	Mental health symptoms	459	-1.4747464	2.8675041
ESTEEM	Self-esteem	459	-1.9799997	3.3391801
CONTROL	Locus of control	459	-1.3761468	2.5569253
ATTROLE	Attitudes toward role of women	459	-2.5470346	2.9333009

除 ESTEEM(z=3.34)有较大的得分外，最低和最高标准得分在±3.29 的范围内，因此较大值对于一个超过 400 个观测的样本没有干扰．

SAS REGRESSION 通过请求保存在新数据文件中的杠杆值来筛选多元异常值．表 12-9 显示了在第一组变量中运行回归分析的语法，并将 H(杠杆)值保存到一个名为 CANONLEV 的数据文件中．表中显示了前一部分样本的杠杆值．

表 12-9　识别第一组变量的多元异常值的 SAS REG 语法和选定的部分数据文件

```
proc reg data=SASUSER.CANONT;
      model SUBNO= ESTEEM CONTROL LATTMAR ATTROLE;
      output out=SASUSER.CANONLEV H=H;
run;
```

SASUSER.CANONLEV

15 / 459	Int LTIMEDRS	Int LPHYHEAL	Int LATTMAR	Int LDRUGUSE	Int H
1	0.3010	0.6990	1.5563	0.6021	0.0163
2	0.6021	0.6021	1.3222	0.0000	0.0080
3	0.0000	0.4771	1.3010	0.6021	0.0111
4	1.1461	0.3010	1.3802	0.7782	0.0049
5	1.2041	0.4771	1.1761	1.3979	0.0121
6	0.6021	0.6990	1.4472	0.6021	0.0080
7	0.4771	0.6990	1.4314	0.0000	0.0100
8	0.0000	0.6021	1.2553	0.0000	0.0128
9	0.9031	0.6990	1.0792	0.4771	0.0114
10	0.6990	0.4771	1.7243	1.0414	0.0208
11	1.2041	0.7782	1.0414	1.2788	0.0150
12	0.0000	0.4771	1.2041	0.3010	0.0120
13	0.4771	0.4771	1.2304	0.6021	0.0184
14	1.1461	0.7782	1.3010	1.4771	0.0076
15	0.4771	0.4771	1.1761	0.0000	0.0102
16	0.4771	0.4771	1.0792	0.3010	0.0092
17	0.3010	0.4771	1.2553	0.0000	0.0090
18	0.4771	0.8451	1.0414	1.1761	0.0149
19	0.7782	0.6021	1.3222	1.3010	0.0066
20	0.7782	0.8451	1.4161	0.9031	0.0147
21	0.6021	0.6021	1.4150	0.3010	0.0096
22	0.6990	0.3010	1.3979	0.6021	0.0133
23	0.4771	0.4771	1.3222	0.6021	0.0037
24	0.0000	0.6990	1.5798	0.9031	0.0219
25	1.1461	0.8541	1.5051	1.4314	0.0123
26	0.9031	0.9031	1.3617	1.1139	0.0109
27	0.4771	0.7782	1.3222	0.4771	0.0098
28	1.1139	0.9542	1.3979	1.5563	0.0049
29	0.4771	0.4771	1.5441	0.4471	0.0094
30	0.7782	0.8451	1.2788	1.3424	0.0229
31	0.6990	0.9031	1.2788	0.9031	0.0039
32	0.8451	0.9031	1.2041	0.4471	0.0126
33	0.4771	0.7782	1.3222	0.4771	0.0241
34	0.6021	0.6021	1.2041	0.0000	0.0050

α=0.001 时，四个变量的马氏距离的临界值是 18.467. 使用公式(4.3)将其转换为临界杠杆值：

$$h_{ii} = \frac{18.467}{459-1} + \frac{1}{459} = 0.0425$$

在表 12-9 显示的数据集中以及其他变量组中没有任何异常值．

12.6.1.4　多重共线性和奇异性

SAS CANCORR 通过在主要分析中设置公差(sing)来避免多重共线性和奇异性．不需要进一步检查多重共线性，除非有理由期望在任何一组中都有较大的 SMC，并且希望消除逻辑上冗余的变量．

12.6.2 典型相关

典型变量的数量和重要性由本节(表 12-10)中的程序决定. RED 需要进行冗余统计.

变量之间关系的显著性直接由 SAS CANCORR 给出，如表 12-10 所示. 在所有四个典型相关系数中，$F(20,1,493.4)=5.58$，$p<0.001$. 随着删除第一个和第二个典型相关后，F 值不再显著，$F(6,904)=0.60$，$p=0.66$. 因此，只有前两对典型变量有显著相关关系，并且可以进行解释.

表 12-10 典型相关组的典型相关系数和显著性水平的 SAS CANCORR 语法与选定的部分输出

```
proc cancorr data=SASUSER.CANONT RED
  out=SASUSER.LSSCORNW
  sing=1E-8;
  var ESTEEM CONTROL LATTMAR ATTROLE;
  with LTIMEDRS ATTDRUG LPHYHEAL MENHEAL LDRUGUSE;
run;
```

The CANCORR Procedure

Canonical Correlation Analysis

	Canonical Correlation	Adjusted Canonical Correlation	Approximate Standard Error	Squared Canonical Correlation
1	0.378924	0.357472	0.040018	0.143583
2	0.268386	0.255318	0.043361	0.072031
3	0.088734	.	0.046359	0.007874
4	0.034287	.	0.046672	0.001176

Eigenvalues of Inv(E)*H = CanRsq/(1-CanRsq)

Test of H0: The canonical correlations in the current row and all that follow are zero

	Eigenvalue	Difference	Proportion	Cumulative	Likelihood Ratio	Approximate F Value	Num DF	Den DF	Pr > F
1	0.1677	0.0900	0.6590	0.6590	0.78754370	5.58	20	1493.4	<.0001
2	0.0776	0.0697	0.3051	0.9642	0.91957989	3.20	12	1193.5	0.0002
3	0.0079	0.0068	0.0312	0.9954	0.99095995	0.69	6	904	0.6613
4	0.0012		0.0046	1.0000	0.99882441	0.27	2	453	0.7661

典型相关系数(r_c)和特征值(r_c^2)也在表 12-10 中. 第一个典型相关系数为 0.38(调整值为 0.36)，表示第一对典型变量的重叠方差为 14%，见公式(12.2). 第二个典型相关系数为 0.27(调整值为 0.26)，表示第二对典型变量的重叠方差为 7%. 虽然典型相关系数都十分显著，但这两个典型相关的其余部分代表了典型变量之间的实质关系. 第二个典型相关系数及其对应的典型变量对的解释可以理解为一种边际效应.

典型变量和原始变量之间的载荷矩阵在表 12-11 中. 由载荷引起的两对显著典型变量的解释遵循 12.5.2 节中提到的方法. 变量与变量(载荷)之间的相关性超过 0.3 是可以被解释的. 解释典型变量时，要考虑在载荷矩阵和测量尺度之间相关性的方向.

第一个典型变量对在态度变量组 ESTEEM、CONTROL 和 LATTMAR(分别为 0.596、0.784 和 0.730)中，以及健康变量组 LPHYHEAL 和 MENHEAL(0.408 和 0.968)中都有较高载荷. 因此，自尊心弱、外部控制点和对婚姻状况的不满都与身心健康不佳有关.

第二对典型变量在态度变量组 ESTEEM、LATTMAR、ATTROLE(分别为 0.601，−0.317 和 0.783)中，以及健康变量组 LTIMEDRS、ATTDRUG、LDRUGUSE(分别为 −0.359，0.559 和 −0.548)中的健康方面都有较高载荷．ESTEEM 有较大值、LATTMAR 有较小值、ATTROLE 有较大值、LTIMEDRS 有较小值、ATTDRUG 有较大值以及 LDRUGUSE 有较小值．也就是说，自尊心弱、对婚姻满意、对女性在社会中角色的态度持保守态度，使得她很少去看医生，对药物的使用也持有良好的态度，并且在实际中很少使用它们(想想吧)．

表 12-11　本例中两组变量的载荷矩阵选定的 SAS CANCORR 输出，语法在表 12-10 中

Canonical Structure

Correlations Between the VAR Variables and Their Canonical Variables

		V1	V2	V3	V4
ESTEEM	Self-esteem	0.5958	0.6005	−0.2862	−0.4500
CONTROL	Locus of control	0.7836	0.1478	−0.1771	0.5769
LATTMAR	log(ATTMAR)	0.7302	−0.3166	0.4341	−0.4221
ATTROLE	Attitudes toward role of women	−0.0937	0.7829	0.6045	0.1133

Correlations Between the WITH Variables and Their Canonical Variables

		W1	W2	W3	W4
LTIMEDRS	log(TIMEDRS + 1)	0.1229	−0.3589	−0.8601	0.2490
ATTDRUG	Attitude toward use of medication	0.0765	0.5593	−0.0332	0.4050
LPHYHEAL	log(PHYHEAL)	0.4082	−0.0479	−0.6397	−0.5047
MENHEAL	Mental health symptoms	0.9677	−0.1434	−0.1887	0.0655
LDRUGUSE	log(DRUGUSE + 1)	0.2764	−0.5479	0.0165	−0.0051

通过应用公式(12.11)和公式(12.12)将载荷转换为方差比例．这些值在输出结果中的 **Standardized Variance of the...Variables Explained by Their Own Canonical Variables**(表 12-12)部分中展示．第一对典型变量对第一组变量的值是 0.38，对第二组变量的值是 0.24．也就是说，第一对典型变量从态度变量提取了 38%的方差，从健康变量中提取了 24%的方差．第二对典型变量对第一组变量的值是 0.27，对第二组变量的值是 0.15．第二个典型变量对从态度变量中提取了 27%的方差，从健康变量中提取了 15%的方差．通过加总，两个典型变量解释了态度组方差的 65%(38%+27%)，以及健康组的 39%(24%+15%)．

表 12-12　第一组和第二组典型变量的方差百分比和冗余度的选定的 SAS CANCORR 输出，语法在表 12-10 中

Canonical Redundancy Analysis

Standardized Variance of the VAR Variables Explained by

Canonical Variable Number	Their Own Canonical Variables: Proportion	Cumulative Proportion	Canonical R-Square	The Opposite Canonical Variables: Proportion	Cumulative Proportion
1	0.3777	0.3777	0.1436	0.0542	0.0542
2	0.2739	0.6517	0.0720	0.0197	0.0740
3	0.1668	0.8184	0.0079	0.0013	0.0753
4	0.1816	1.0000	0.0012	0.0002	0.0755

（续）

Standardized Variance of the WITH Variables Explained by

Canonical Variable Number	Their Own Canonical Variables Proportion	Cumulative Proportion	Canonical R-Square	The Opposite Canonical Variables Proportion	Cumulative Proportion
1	0.2401	0.2401	0.1436	0.0345	0.0345
2	0.1529	0.3930	0.0720	0.0110	0.0455
3	0.2372	0.6302	0.0079	0.0019	0.0474
4	0.0970	0.7272	0.0012	0.0001	0.0475

典型变量的冗余度展示在 SAS CANCORR 中名为 Variance of the…Variables Explained by The Opposite Canonical Variables(表 12-12)的部分中．也就是说，第一个健康变量占态度变量方差的 5%，第二个健康变量占态度变量方差的 2%．那么，两个健康变量“解释”了态度变量方差的 7%．第一个态度变量占健康变量总方差的 3%，第二个态度变量占健康变量总方差的 1%．那么，这两个态度变量占健康变量组重叠方差的 4%．

如果分析的目标是得到典型变量的得分，那么它们的系数就很容易得到．表 12-13 显示了标准化和非标准化生产的典型变量系数．如果需要一个输出文件(参见表 12-9 中的语法)，那么每个样本自身变量的得分可以由 SAS CANCORR 得到．表 12-14 列出了适合纳入期刊文章中的信息汇总表．

表 12-13　非标准化和标准化典型变量系数的选定的 SAS CANCORR 输出，语法在表 12-10 中

Canonical Correlation Analysis

Raw Canonical Coefficients for the VAR Variables

		V1	V2	W1	W2
ESTEEM	Self-esteem	0.0619490461	0.1551478815	-0.158970745	-0.172696778
CONTROL	Locus of control	0.465185442	0.0213951395	-0.086711685	0.6995969512
LATTMAR	log(ATTMAR)	3.4017147794	-2.916036329	4.756204374	-2.413350645
ATTROLE	Attitudes toward role of women	-0.012933183	0.0919237888	0.1182827337	0.0303123963

Raw Canonical Coefficients for the WITH Variables

LTIMEDRS	log(TIMEDRS + 1)	-0.64318212	-0.925366063
ATTDRUG	Attitude toward use of medication	0.0396639542	0.6733109169
LPHYHEAL	log(PHYHEAL)	0.2081929915	2.1591824353
MENHEAL	Mental health symptoms	0.2563584017	0.0085859621
LDRUGUSE	log(DRUGUSE + 1)	-0.122004514	-1.693255583

Raw Canonical Coefficients for the WITH Variables

		W3	W4
LTIMEDRS	log(TIMEDRS + 1)	-2.0510523	1.8736861531
ATTDRUG	Attitude toward use of medication	-0.03925235	0.3880909448
LPHYHEAL	log(PHYHEAL)	-2.144723348	-5.73998122
MENHEAL	Mental health symptoms	0.0368750419	0.0917261729
LDRUGUSE	log(DRUGUSE + 1)	1.0486138709	-0.102427113

（续）

Standardized Canonical Coefficients for the VAR Variables

		V1	V2	V3	V4
ESTEEM	Self-esteem	0.2446	0.6125	-0.6276	-0.6818
CONTROL	Locus of control	0.5914	0.0272	-0.1102	0.8894
LATTMAR	log(ATTMAR)	0.5241	-0.4493	0.7328	-0.3718
ATTROLE	Attitudes toward role of women	-0.0873	0.6206	0.7986	0.2047

Standardized Canonical Coefficients for the WITH Variables

		W1	W2	W3	W4
LTIMEDRS	log(TIMEDRS + 1)	-0.2681	-0.3857	-0.8548	0.7809
ATTDRUG	Attitude toward use of medication	0.0458	0.7772	-0.0453	0.4480
LPHYHEAL	log(PHYHEAL)	0.0430	0.4464	-0.4434	-1.1868
MENHEAL	Mental health symptoms	1.0627	0.0356	0.1529	0.3802
LDRUGUSE	log(DRUGUSE + 1)	-0.0596	-0.8274	0.5124	-0.0501

表 12-14　相关性、标准化典型系数、典型相关系数、方差比例，以及态度和健康变量与其相应典型变量之间的冗余度

	第一个典型相关变量		第二个典型相关变量	
	相关系数	变量系数	相关系数	变量系数
态度变量设置				
内控点与外控点	0.78	0.59	0.15	0.03
对当前婚姻状况的态度(对数化)	0.73	0.52	−0.32	−0.45
自尊心	0.60	0.25	0.60	0.61
对女性角色的态度	−0.09	−0.09	0.78	0.62
方差百分比	0.38		0.27	总计＝0.65
冗余度	0.05		0.02	总计＝0.07
健康变量设置				
心理健康	0.97	1.06	−0.14	0.04
身体健康(对数化)	0.41	0.04	−0.05	0.45
就诊次数(对数化)	0.12	−0.27	−0.36	−0.39
对药物的态度	0.08	0.05	0.56	0.78
精神药物的使用情况(对数化)	0.28	−0.06	−0.55	−0.83
方差百分比	0.24		0.15	总计＝0.39
冗余度	0.03		0.01	总计＝0.04
典型相关系数	0.38		0.27	

表 12-15 是典型相关分析的清单．对于 12.6 节描述的完整分析，下面是以期刊格式给出的结果部分的示例．

表 12-15 典型相关分析的清单

1. 问题 a. 缺失数据 b. 正态性、线性、方差齐性 c. 异常值 d. 多重共线性与奇异性 2. 主要分析 a. 典型相关系数的显著性 b. 变量的相关关系与变量	c. 方差计算： (1)通过典型相关系数 (2)通过同组典型变量 (3)通过不同组典型变量(冗余度) 3. 其他分析 a. 典型系数 b. 典型变量得分

结果

使用 SAS CANCORR 对一组态度变量和一组健康变量进行典型相关分析．态度变量组包括对女性角色的态度、内控点与外控点、对当前婚姻状况的态度和自尊心．健康变量组测量了心理健康、身体健康、就诊次数、对药物的态度和精神药物的使用情况-持续时间．越大的数字越反映对女性角色持保守态度、外部控制点、对婚姻状况的不满、自尊心弱、心理健康状况差、身体健康状况差、就诊次数更多、对药品的良好态度和更多地使用药物．

为了改善变量之间的线性关系及其分布的正态性，对当前婚姻状况的态度、就诊次数、身体健康和精神药物的使用情况进行了对数变换．尽管有 6 个样本缺失了关于内控点与外控点或对当前婚姻状况的态度的数据并被删除，留下 $N=459$ 个样本，但在 $p<0.001$ 时，未发现组内有多元异常值。满足组内多重共线性的假设．

第一个典型相关系数为 0.38(14%重叠方差)；第二个为 0.27(7%的重叠方差)．其余两个典型相关系数实际上为零．所有四个典型相关 $\chi^2(20)=108.19$，$p<0.001$，去除第一个典型相关，$\chi^2(12)=37.98$，$p<0.001$. 随后的 χ^2 检验无统计显著性。因此，前两个典型变量对解释了两组变量之间的显著性关系．

关于前两对典型变量的数据见表 12-14. 表中显示了变量和典型变量之间的相关性、标准化典型变量系数、典型变量所占的组内方差(方差百分比)、冗余度和典型相关性．总方差百分比和总冗余度表明，第一对典型变量是中度相关，但第二对典型变量仅是低相关的．对第二对的解释是值得怀疑的．

在态度变量组中，与第一个典型变量相关的变量是控制点、对当前婚姻状况的态度(对数变换)和自尊心，其中相关系数截断值为 0.3. 在健康变量中，心理健康和身体健康(对数变换)与第一个典型变量相关．第一对典型变量表明，那些有外部控制点(0.78)、对当前婚姻状况不满意(0.73)和自尊心较弱(0.60)的人与更多的心理健康症状(0.97)和更多的身体健康症状(0.41)相关．

在态度变量组中的第二个典型变量是对女性角色的态度、自尊心、对当前婚姻状况的态度(对数变换)的负值，健康变量组中相应的典型变量是精神药物的使用情况(对数变换)的负值、对药物的态度、就诊次数(对数变换)的负值．两组变量作为一对，这些变量表明对女性角色更为保守的态度(0.78)、自尊心弱(0.60)但相对满意当前婚姻状况(−0.32)的组合与对药物使用持更积极的态度(0.56)但很少使用精神药物(—0.55)和较少访问健康专业人员(—0.36)的组合相关.

也就是说,对女性角色持保守态度的女性、对自己的婚姻状况感到满意但自尊心较弱的女性,可能对药物的使用持更积极的态度但就诊次数较少,并且较少使用精神药物.

12.7 程序的比较

在SAS软件包中有一个程序可以用于典型相关分析.SPSS有两个程序可用于典型相关分析.表12-16比较了这些程序的重要特性.最好选用程序SAS CANCORR,如果受限制,可以用SPSS CANCORR宏.

表12-16 典型相关分析的SPSS、SAS和SYSTAT程序比较

特性	SPSS MANOVA①	SPSS CANCORR	SAS CANCORR	SYSTAT SETCOR
输入:				
相关矩阵	是	是	是	是
协方差矩阵	否	否	是	否
SSCP矩阵	否	否	是	否
典型变量的数量	否	是	是	否
公差	否	否	是	否
最小典型相关	指定 α	否	否	否
典型变量标签	否	否	是	否
(若残差输入)误差自由度	否	否	是	否
指定局部协变量	否	否	是	是
输出:				
一元:				
均值	是	否	是	否
标准差	是	否	是	否
置信区间	是	否	否	否
正态图	是	否	否	否
多元:				
典型相关系数	是	是	是	是
特征值(r_c^2)	是	否	是	否
显著性检验	F	χ^2	F	χ^2
lambda	是	否	是	RAO
额外检验标准	是	否	是	是
相关矩阵	是	是	是	是
协方差矩阵	是	否	否	否
载荷矩阵	是	是	是	是
相对集的载荷矩阵	否	是	是	否

（续）

特性	SPSS MANOVA[①]	SPSS CANCORR	SAS CANCORR	SYSTAT SETCOR
原始典型系数	是	是	是	是
标准化典型系数	是	是	是	是
典型变量得分	否	数据文件	数据文件	否
方差比例	是	是	是	否
冗余度	是	是	是	是
Stewart-Love 冗余度指标	否	否	否	是
集合间 SMC	否	否	是	否
多重回归分析	只有因变量	否	否	只有因变量
分组分析	否	否	是	否

①其他特性在 6.7 节和 7.7 节中列出.

12.7.1 SAS 系统

SAS CANCORR 是一个易于操作的软件包，有着丰富的特性并易于解释. 除了基础操作，你还可以为典型变量指定易于解释的标签，并且程序接受多种类型的输入矩阵.

多元输出是相当详尽的，有几个检验标准和大量的冗余分析. 然而，一元输出是最小的，但是如果需要绘图，则将典型得分这样的样本统计信息写入一个文件中，并由 SAS PLOT 程序进行分析. 如果需要，程序会使用从另一组预测的每个变量中分离出多重回归，你还可以为不同的组独立进行典型相关分析.

12.7.2 SPSS 软件包

对于典型相关分析，SPSS 有两个软件包，都只能通过语法实现：SPSS MANOVA 和 CANCORR 宏(见表 12-5). 一个完整的典型相关分析可通过 SPSS MANOVA 得到，它提供了载荷、方差百分比、冗余度和更多其他结果. 但是阅读结果时，相应的问题也随之出现，因为多元方差分析不是为典型相关分析专门设计的，一些标签很混乱.

典型相关分析是通过多元方差分析要求调用一组因变量和其他协变量组，但是没有列出自变量. 虽然 SPSS MANOVA 提供了一个比较完整的典型相关分析，但它不计算典型变量得分，也不提供多元曲线图. Tabachnick 和 Fidell(1996)给出了表 12-1 小样本情况下的 SPSS MANOVA 分析.

SPSS CANCORR 宏的语法和输出更简单，更容易解释. 然而，所有的关键信息都是可获得的，包括剥离检验，以及一个完整的相关集、典型系数和载荷. 默认情况下会进行冗余分析，并且典型变量得分会被写入用于绘图的原始数据集.

12.7.3 SYSTAT 系统

当前的典型相关分析最容易通过 SETCOR(SYSTAT 软件公司，2002 年)实现. 该软件包提供所有典型相关分析的基础操作以及一些其他相关操作. 对两组变量之间的整体相关性进行检验，并对从自变量集预测得到的每个因变量进行检验. 该软件包还提供了对其中一组从另一组部分分离的分析，对统计调整不相关的方差来源(方差分析中的协变量)以及曲线关系和交互作用的表述有帮助. 这些特性在手册中有很好的解释，同时也提供了

Stewart-Love 典型冗余度指标．典型因子可以旋转．

典型相关分析也可通过 SYSTAT 的一般多元线性模型 GLM 软件包实现．但要获得所有的输出，分析必须做两次，第一次使用作为因变量定义的第一组变量，第二次使用作为因变量定义的另一组变量．相比较下，SETCOR 的优点是典型变量得分可以保存在一个数据文件中，并提供了标准化典型系数．

第 13 章　主成分和因子分析

13.1　概述

主成分分析(Principal Components Analysis，PCA)和因子分析(Factor Analysis，FA)是依据变量的相关性将原始变量分为若干个相对独立子集的统计方法．将关系比较密切的几个变量归在同一类中，每一类变量就成为一个因子，因子在很大程度上是相互独立的[⊖]．我们通常认为因子反映出导致变量之间彼此相关的潜在过程．

以分析研究生特征为例，我们抽取大量研究生作为样本，对学生个性特征、积极性、智力、学术史、家族史、身体状况等方面进行测量．以上每一个方面的内容都由许多变量来评估，一次性分析所有变量并研究它们之间的相关性．分析揭示了变量之间的相关模式，这些变量被认为是影响研究生行为特征的潜在过程．例如，个性特征测量中的几个个体变量与积极性和学术史这两个方面的部分测量变量结合起来，形成反映一个人喜欢独立工作的程度的因子，我们称其为独立因子．从智力能力测量中提取的几个变量与其他一些来自学术史的变量相结合，得到了一个智力因子．

主成分分析和因子分析在心理学中主要应用于开发客观测试来测量人格、智力等．研究人员首先从大量的项目开始，对最终可能被证明有用的项目进行初步猜测．项目被给予了初步选定的对象，并推导出因子．作为第一个因子分析的结果，添加和删除项目，设计第二次测试，并对其他随机选择的对象再次测试．该过程会一直持续下去，直到测试形成的几个因子能够完全解释我们所研究的方面．这些因子的有效性是在研究中检验的，在研究中预测那些在某一因子上得分高或低的人的行为差异．

主成分分析或因子分析的目的是提取可观测变量之间的相关模式，将数目众多的可观测变量简化成数目较少的几个因子，使用可观测变量为潜在过程提供操作定义(回归方程)，或检验有关潜在过程性质的理论．这些目的也是某些研究课题的关注点．

主成分分析和因子分析在将众多变量简化为几个因子方面具有相当大的效用．数学上，两种分析方法产生了观测变量的几个线性组合，每一个线性组合为一个因子．因子可以概括观测相关矩阵的相关模式，并能从不同程度上用于重现观测相关矩阵．由于因子数通常远远少于观测变量的个数，所以因子分析可以大大简化分析过程．此外，当评估每个对象的因子得分时，它们往往比观测到的个别变量得分更可靠。

主成分分析和因子分析的步骤包括选择和测量一组原始变量，准备相关矩阵(进行主成分分析或因子分析)，从相关矩阵提取一组因子，确定因子的个数，有时可能需要旋转

⊖ 主成分分析产生成分，因子分析产生因子，但是在本节中，这两个分析因子的结果混淆性较小．

因子以增强可解释性，最后解释分析结论．虽然这些步骤中的大多数都有相关性的统计考虑，但对分析的一个重要检验是其可解释性．

好的主成分分析或因子分析应该“说得通”．因子的解释和命名取决于观测到的与每个因子高度相关的变量组合的意义．当观测到的几个变量与一个因子高度相关，而这些变量与其他因子不相关的情况下，因子更容易解释．

如果因子可以解释，最重要步骤是构建因子的有效结构来验证因子结构．研究者试图证明潜在变量(因子)的分数与其他变量的分数是一致的，或者潜在变量的分数随理论预测的实验条件而变化．

主成分分析和因子分析的问题之一是没有现成的标准来检验解的合理性．例如，在回归分析中因变量是一个标准，利用观测到的因变量分数和预测因变量的分数之间的相关性可以检验回归方程的拟合优度——类似于典型相关中用两组变量检验模型的优劣．在判别分析、logistic 回归分析、轮廓分析和多元方差分析中，通过预测群组成员身份的准确与否来判断解的优劣．但是在主成分分析和因子分析中没有此类评判标准．

因子分析或主成分分析的第二个问题是，提取因子后，有多种方法旋转因子，旋转改变因子的定义，但不改变因子解释原始变量方差的比例．我们根据可解释性和拟合优度选择合适的模型．最终的选择取决于研究人员对其可解释性和科学效用的评估。面对无数个数学上相同的解，研究者必然会对哪一个是最好的有不同看法。由于诉诸客观标准无法解决分歧，有关最优解的争论有时会变得激烈．然而，当其他研究人员选择不同的因子分析解决方案时，那些认为在选择最佳因子分析解决方案方面存在一定模糊性的人并不会感到惊讶．如果在执行因子分析的一个或多个步骤中做出了不同的决定，那么当结果不能完全复制时，他们也不会感到惊讶。

第三个问题是，构想糟糕的研究往往采用因子分析来强行“挽救”．如果找不到其他合适的统计方法，那么至少可以对数据进行因子分析．因此，在许多人心目中，各种形式的因子分析都与草率的研究有关．主成分分析和因子分析从混乱的数据中挖掘潜在秩序的强大能力导致它们作为科学工具的名声有所受损．

因子分析主要有两种类型：探索性分析和验证性分析．在探索性因子分析中，我们将相关的变量分在同一组来描述和汇总数据．选择变量时可能考虑也可能不考虑潜在过程．我们通常在研究的初始阶段进行探索性因子分析，这时它为合并变量和生成关于潜在过程的假设提供了一个工具．相比之下，验证性因子分析要复杂得多．它用于研究过程的高级阶段，以检验关于潜在过程的理论，变量要经过仔细筛选，以便揭示相关模式．验证性因子分析通常借助结构方程模型进行(第 14 章)．

在继续学习之前，我们先定义一些术语．第一组术语是相关矩阵．由观测变量导出的相关矩阵称为观测相关矩阵(Observed Correlation Matrix)，由因子导出的相关矩阵称为再生相关矩阵(Reproduced Correlation Matrix)，两者之间的差异称为残差相关矩阵(Residual Correlation Matrix)．一个好的因子分析模型残差相关矩阵较小，此时观测矩阵和再生矩阵之间拟合得比较好．

第二组术语指作为解的一部分而产生和解释的矩阵．因子旋转是在不改变基本数学性质的前提下尽可能地让解具有可解释性．旋转有两大类：正交(Orthogonal)旋转和斜交(Oblique)旋转．如果旋转是正交的(所有的因子都互不相关)，则得到载荷矩阵．它是观测变量和因子的相关系数矩阵．载荷的大小反映了每个观测变量与每个因子之间的关系强度．通过载荷阵可以观察哪些变量与因子相关，由此可以从载荷矩阵中解释正交因子分析．

如果旋转是斜交的(这样因子本身是相关的)，则需要给出另外几个矩阵．因子相关矩阵(Factor Correlation Matrix)包含因子之间的相关性．正交旋转的载荷矩阵可以分为两个斜交旋转的矩阵：一个是因子和变量之间的相关结构矩阵，另一个是每个因子与每个变量之间的唯一关联模式矩阵(不受因子之间的重叠影响)．依照斜交旋转，因子的含义从模式矩阵中确定．

最后，对于两种类型的旋转，都有一个因子得分系数矩阵，这个系数矩阵用于几个回归方程，根据每个观测的因子得分，从而预测出因子得分系数矩阵．

因子分析导出因子，而主成分分析导出成分．然而，两者除了提取准备观测的相关矩阵和基础理论之外没有什么区别．在数学上，主成分分析和因子分析之间的差异体现在分析的方差上．主成分分析分析观测变量的所有方差，然而，因子分析仅分析变量的共同方差，它试图估计和消除由于每个变量特有的误差和方差引起的方差．术语因子在这里用来指成分和因子，当两者之间的区别比较大时，我们才使用恰当的术语称谓．

理论上，因子分析和主成分分析不同的原因在于变量与因子还是成分相关联．因子被认为是"导致"变量的原因——它是生成变量值的基础结构(因子)．因此，探索性因子分析与理论开发有关，验证性因子分析与理论检验有关．探索性因子分析的问题是：在这些因素之间可能产生联系的潜在过程是什么？验证性因子分析的问题是：变量之间的相关性与假设的因子结构一致吗？成分仅仅是相关变量的组合，在这个意义上，变量是成分的"因"——用来导出成分．变量与因子之间的关联没有基础理论做支撑，它们之间只是经验上的相关．导出成分的任何标示仅仅是对与它相关的变量组合的简便描述，并不反映某种潜在过程．

Parinet、Lhote 和 Legube(2004)反复测量了象牙海岸 9 个湖泊 18 个维度的特征数据，利用没有旋转的主成分方法对其进行实证分析．提取出两个主成分能够解释原始变量总方差的 62%．第一个主成分概括了湖泊矿物质含量的测量，第二个主成分汇总了浮游植物的入侵．利用这些结果和变量之间的相关模式，我们可以进一步地将分析变量的个数降至 4 个，这大大降低了测量的难度并削减了测量的成本，同时还能提供较好的预测值．

Rubin 和 Peplau(1975)起初设计了"公平世界的信念"清单列表，Mudrack(2004)借助于正交旋转的主成分分析检验了这种信念的组成结构．从 20 个原始变量中提取出 11 个主成分，能够解释方差的 83.8%．前两个主成分分别定性为"应得的不幸"(因为不良行为)和"应得的好运"(因为良好的行为)．Mudrack 认为选取正确的成分个数能够明晰公平世界的信念结构．

Collins、Litman 和 Spielberger(2004)利用斜交旋转的主因子提取法研究了知觉好奇心的本质，分别从男性和女性的 6 个项目中识别出两个因子．第一个因子包含的项与"……探索新的地方并寻求广泛的知觉刺激……"相关，而与第二个因子相关的是"……对特定刺激进行的细查……”(p. 1137). 然而，两个因子对男性和女性的相关系数分别为0.48和0.52，该结论提供了广义知觉好奇心的理论支撑．寻求感观刺激和新奇体验量表的相关模式验证了这两个因子的效用．

13.2 几类研究问题

主成分分析或因子分析的研究目的是将众多的原始变量减少为较少的几个因子，简明地描述(也许是理解)观测变量之间的相关关系，或者是检验有关潜在过程的理论．13.2.1节到13.2.5节解释了几类经常遇到的具体问题．

13.2.1 因子个数

数据集中有多少可信并且可解释的因子？需要多少因子解释相关矩阵中的相关模式？在研究生的例子中，讨论了两个因子，它们两个都可信吗？还有其他可以信赖的因子吗？13.6.2节讨论了适当因子数量的选择和观测矩阵与再生相关矩阵之间的相应关系．

13.2.2 因子性质

因子有什么含义？如何解释因子？我们通常利用与因子相关的变量来解释它．13.6.3节讨论了如何利用因子旋转来提高因子的可解释性，因子本身的解释在13.6.5节做了说明．

13.2.3 因子和解的重要性

因子解释了原始数据集中的多少方差？哪一个因子解释的最多？在研究生的例子中，独立或智力因子是否解释了比观测变量更多的方差？每一个因子解释了多少方差？一个好的因子分析能够用前面少数几个因子解释观测变量的大部分方差．而且，由于因子是按照方差解释比例的降序排列的，所以第一个因子解释了最多的方差，之后的因子解释的方差越来越少，直到因子不再可靠为止．13.6.4节介绍了解和因子重要性的评估方法．

13.2.4 因子分析中的检验理论

得到的因子解与期望因子解拟合得有多好？在研究生的例子中，如果研究者给出了期望因子数量和性质的假设，则假设因子和因子解之间的比较提供了对假设的检验．13.6.2节和13.6.7节初步讨论了因子分析理论的检验方法．

在复杂数据集中检验理论的更先进技术可以采用结构方程模型的形式，它也可以用于检验关于因子结构的理论．其处理工具通常借助于两个非常流行的软件——EQS和LISREL. 第14章主要介绍结构方程模型．14.7节演示了验证性因子分析．

13.2.5 估计因子得分

如果对这些因子进行了直接的测量，那么这些样本在各个因子上面的得分是多少呢？例如，如果我们能够直接测量每个研究生的独立性和智力因子，那么每个学生能够得到多少的因子得分？13.6.6节主要介绍因子得分的估计．

13.3 局限性

13.3.1 理论问题

主成分分析或因子分析的很多应用在本质上是探索性的．因子分析主要用来确定变量的数量或检验变量间的相关性的模式．在这样的情况下，因子分析的理论和实践限制条件是比较宽松的，其主要是为了更好地解释数据．因子数量的选择和旋转方案的讨论都是基于实务需要，而不是任何理论性标准．

然而，对专门设计的研究项目进行因子分析，与其他项目有几个重要的不同之处。Comrey 和 Lee(1992)对这些差异进行了最详细的讨论，下面的一些结论就是从这些讨论中得出的．

研究者的第一个要务就是对该领域的基础因子提出因子假设，使其构成研究问题的理论架构．在统计上，为了得到稳定的模型解，我们尽量将假设因子的个数放宽到 5 个或 6 个；在逻辑上，为了揭示研究领域的潜在结构，模型解必须包括所有相关的因子，遗漏重要因子会误读变量间的关系．把所有相关因子都包括进来对研究者来说是一个逻辑问题，而不是统计问题．

接下来，需要选择观测变量．每个假设因子选择 5 个或 6 个变量，它们每一个都被认为是相对纯粹的测度．我们称这种纯粹测度为标记变量(Marker Variable)．无论怎么提取或旋转，标记变量都仅仅与一个因子高度相关．标记变量是有用的，因为它们清楚地定义了一个因子的性质．如果因子一开始就由标记变量明确定义，则向因子添加潜在变量才更有意义．

我们同样需要考虑变量的复杂度．变量与多个因子相关说明其具有复杂度．纯变量仅与一个因子相关，而复杂变量与多个因子相关．如果变量的复杂度不同，且都包含在同一因子分析中，那么那些复杂度差不多的变量可能会在与潜在过程几乎无关的因子中相互“捕获”．具有相似复杂度的变量之间的相互关联可能是由于它们的复杂度，而不是由于它们与相同的因子有关．估计(或者避免)变量的复杂度是因子假设和变量选择的一部分．

因子分析的研究设计还需要考虑其他一些问题．例如，所选样本必须使变量值和因子得分不同．如果所有样本在每个因子上的得分都一样，那么观测变量之间的相关系数是低的，因子或许没有起到分析的目的．受试者的选择在观测变量和潜在因子上有所不同是一个重要的设计考虑因素．

为了进行因子分析，应当警惕汇总多个样本的结果，或者在时间上重复测量同一个样本的结果．首先，依照某个分类标准(例如社会经济地位)将样本进行分组，不同的样本组可能具有不同的因子，检验分组样本之间的差异通常是很有启发性．其次，受试者在实验环境中有相同学习经历或经验时，潜在的因子结构可能会改变，这些差异可能也很有启示意义．在因子分析中不同组的结论汇总只能够混淆信息差异，而不是更清楚地解释它们．另一方面，如果不同的样本得到相同的因子，那么由于样本量的增加而使两者合并是可取的．例如，如果男性和女性导出相同的因子，那么我们应该合并样本，分别报告单个因子分析的结果．

13.3.2 实际问题

由于因子分析和主成分分析对相关性的大小非常敏感，我们在进行模型分析时必须使用真实的相关值．异常值的敏感性、缺失数据的问题以及分布不佳的变量之间相关性的退化都影响着因子分析和主成分分析．第 4 章的相关综述对因子分析和主成分分析非常重要．

无论进行探索性因子分析还是验证性因子分析，包括变量变换在内的诸多问题的解都可以显著提高因子分析的效果，但是施加在验证性因子分析上面的限制条件更加严格．

13.3.2.1　样本量和缺失数据

小样本估计出来的相关系数往往不太可靠．因此，样本量必须大到使得估计出的相关系数可靠．必需的样本量也取决于总体相关系数的大小和因子数：如果变量强相关且因子个数少，那么小样本就足够了．

Comrey 和 Lee(1992)给出了样本量的指导性原则：50 个很差、100 个较差、200 个还算好、300 个好、500 个非常好、1000 个超级好．根据经验法则，一般情况下因子分析至少需要 300 个样本．不像载荷较小和(或)较少标记变量的因子解，具有高载荷(>0.8)标记变量的解在进行因子分析时不需要如此大的样本量，大约 150 个就足够了(Guadagnoli 和 Velicer，1988)．在有些情况下，100 个或者甚至 50 个样本就足够了(Sapnas 和 Zeller，2002；Zeller，2005)．

如果案例中有缺失数据，那么我们在分析时要么估计出缺失值，要么删除案例，要么直接利用缺失数据的(两两)相关矩阵．寻找和估计缺失值的方法与案例成对删除的注意事项请参见第 4 章．估计还是删除缺失数据需要考虑缺失值的分布(是随机的吗?)和剩余样本量大小．如果缺失值的分布是非随机的或者样本量太小，那么采用估计方法．然而，要注意使用估计步骤(比如回归)，因为它往往过拟合数据，引起较高的相关系数．这些过程也许会“创造”一些因子．

13.3.2.2　正态性

只要主成分分析和因子分析被描述为一种便捷的方式来概括众多观测变量的关系，有关变量分布的假设就不起作用．正态分布会提高模型解的可靠度．如果变量不服从正态分布，则模型解的可靠度会降低，但仍旧是有价值的．

然而，使用统计推断来确定因子的数量时，假设了多元正态性．多元正态性假设要求所有的变量以及变量的所有线性组合都要服从正态分布．尽管多元正态性的检验是非常敏感的，但是一元正态性检验可以借助偏度和峰度来进行(参见第 4 章和 13.7.1.2 节)．如果一个变量具有较高的偏度和峰度，那么我们需要考虑变量变换．

13.3.2.3　线性

多元正态性也意味着变量之间的关联是线性的．由于相关系数测量的是线性关系而不反映非线性关系，所以当数据违背线性假设时，分析结果的可信度会降低．识别散点图可以评估变量之间的线性．线性的识别方法请参见第 4 章和 13.7.1.3 节．如果变量之间的关系出现了非线性，则需要考虑变量变换．

13.3.2.4　案例中的异常值

正如所有的多元方法，案例可能相对于单个变量(一元)或者变量组合(多元)是异常值．这样的案例对因子解更具有影响力．探测一元和多元异常值并降低其影响的统计方法请参见第 4 章和 13.7.1.4 节．

13.3.2.5　多重共线性和奇异性

在主成分分析中，由于不需要求矩阵的逆，所以多重共线性对主成分分析而言不是一个问题．奇异性或极端的多重共线性严重影响着大部分形式的因子分析和任何因子分析形式的因子得分估计．对于因子分析，如果 R 的行列式和特征值与一些因子相关接近于 0，那么因子分析中可能存在多重共线性或奇异性．

为了进行进一步研究，选择一个变量作为因变量，其余变量作为自变量计算多元相关性的平方，用其来判断奇异性或多重共线性．如果所有的多元相关性的平方值都等于 1，那么存在奇异性；如果所有的多元相关性的平方值都非常大(接近于 1)，那么存在多重共线性．删除具有多重共线性或奇异性的变量．第 4 章和 13.7.1.5 节给出了筛选和处理多重共线性与奇异性的例子．

13.3.2.6　*R* 的可因子化

一个可分解的矩阵需要包括几个较大的相关系数，其预期大小在某种程度上取决于 N(样本量越大，越容易得到较小的相关系数)．如果所有的相关系数都不超过 0.30，那么这时的因子分析可能没有任何因子可以进行分析，因子分析的使用也就存在问题了．识别 R 中超过 0.30 的相关系数，如果没有发现任何系数值满足条件，那么我们需要重新考虑是否使用因子分析．

变量间的相关系数高并不是相关矩阵包含因子的铁证．相关系数有可能仅仅反映两个变量之间的关联，但没有反映同时影响多个变量的潜在过程，所以此时的相关不能反映基础因子结构．基于此，我们很有必要检验矩阵的偏相关系数，其中的两两相关被调整为所有其他变量的效应．如果存在因子，那么较高的相关系数在偏相关方面会变得较低．SPSS 和 SAS 能生成偏相关系数矩阵．

众所周知，Bartlett(1954)的球形检验是一种非常敏感的检验方法，用于检验相关矩阵中相关系数为零的假设．SPSS FACTOR 过程可以给出球形检验的结果，然而由于球形检验的敏感性以及对 N 的依赖，即使相关系数比较低，只要样本量足够大，该检验就有可能是显著的．因此，只有在小样本情况下，比如说每个变量平均 5 个观测，我们才推荐使用球形检验．

SPSS 和 SAS 还可以给出可因子化 R 的其他球形检验方法．两个程序都能得到相关系数的显著性检验、反像相关矩阵和 Kaiser(1970，1974)的抽样充分性测度值．相关矩阵中的相关系数显著性检验能够显示变量间关系的可靠性．如果 R 是可因子化的，则很多对变量的相关是显著的．反像相关矩阵包含变量之间负的偏相关，它去除了其他变量的效应．如果 R 是可因子化的，反像阵的非对角线元素大部分都是较小的．最后，Kaiser 抽样充分性测度值是相关系数的平方和与相关系数的平方和加上偏相关系数的平方和之和的比值．如果偏相关系数较小，那么 Kaiser 值接近于 1. 好的因子分析需要 Kaiser 值不能小于 0.6.

13.3.2.7　变量中的异常值

在探索性和验证性因子分析之后，分析结论可以识别出那些与其他变量不相关的变量．这些变量通常与前面少数几个因子不相关，而与后面提取的因子相关．由于后面的因子解释非常少的方差，同时仅由一个或两个变量定义而成，具有不稳定性，从而这些因子通常也是不可信的．因此，我们根本不知道这些因子是否是“真的”．13.6.2 节提供了判断由少数变量形成因子的可信度建议．

如果因子仅由一个或两个变量定义而成，且解释的方差还比较高，那么基于实务角度的考虑，我们必须小心地解释这样的因子，或者干脆将其剔除．在验证性因子分析中，这种因子代表的要么是未来研究的拓展方向，要么是(可能的)误差方差，其解释有待更多的研究来探索．

如果变量与其他变量的多重相关是弱的，并且与所有重要因子的相关也是弱的，那么该变量就是变量中的异常值。在目前的因子分析中通常忽略异常变量，在未来的研究中要么剔除它，要么作为一个关系密切的参考变量．13.7.1.6 节将解释变量中异常值的识别方法．

13.4　因子分析的基本公式

由于准备相关矩阵、提取和旋转因子包含着多变而又复杂的计算过程，并且基于我们的判断，解释这些过程并不能得到很大的启迪，所以本节没有全面介绍因子分析过程．相反，借助于 SPSS FACTOR 的基本计算，我们仅仅解释几个比较重要的矩阵之间的关系．

表 13-1 列出了因子分析和主成分分析中的许多重要矩阵．尽管有些冗长，但是大部分矩阵都是相关矩阵(变量间的、因子间的、变量和因子之间的)、标准得分矩阵(变量、因子)、回归权重矩阵(利用变量推导因子得分的回归系数)和正交旋转之后因子与变量之间特殊关系的模式矩阵．

特征值矩阵及其相应特征向量矩阵也出现在表格中．特征值和特征向量在因子提取中是非常重要的，我们经常与其打交道，同时特征值与方差之间有密切的关联，所以我们在这里和附录 A 中都讨论了它们，尽管附录的叙述比较简略．

表 13-1　因子分析中通常遇到的矩阵

标签	名称	旋转	大小①	描述
$\mathbf{R}$	相关矩阵	正交与斜交	$p\times p$	变量间相关系数的矩阵
$\mathbf{Z}$	变量矩阵	正交与斜交	$N\times p$	标准化观测变量得分的矩阵
$\mathbf{F}$	因子得分矩阵	正交与斜交	$N\times m$	因子或成分标准化得分的矩阵
$\mathbf{A}$	因子载荷矩阵	正交	$p\times m$	用于估计每个因子在变量上方差占比的回归权重的矩阵
	模式矩阵	斜交		
$\mathbf{B}$	因子得分系数矩阵	正交与斜交	$p\times m$	用于产生因子得分的回归权重的矩阵
$\mathbf{C}$	结构矩阵②	斜交	$p\times m$	变量与因子间相关系数的矩阵
$\boldsymbol{\Phi}$	因子相关矩阵	斜交	$m\times m$	因子间相关系数的矩阵
$\mathbf{L}$	特征值矩阵③	正交与斜交	$m\times m$	每个因子的特征值的对角阵⑤
$\mathbf{V}$	特征向量矩阵④	正交与斜交	$p\times m$	每个特征值对应的特征向量的矩阵

①行维数乘以列维数，其中

　p＝变量的个数

　N＝观测数

　m＝因子或成分数

②在大部分教材中，结构矩阵用 $\mathbf{S}$ 来表示．然而，我们在其他地方利用 $\mathbf{S}$ 表示了平方和与叉积矩阵，所以我们在这里用 $\mathbf{C}$ 来表示结构矩阵．

③也叫特征根或潜在根．

④称为特征向量.

⑤如果矩阵是满秩的，那么特征值和特征向量实际上有 p 个，而不是 m 个．然而，我们只对 m 个感兴趣，所以将其余 $p-m$ 个忽略了．

适用于因子分析的数据集必须包含大量观测样本，每个样本都要在几个变量上进行测量．表 13-2 的数据集极不适合进行因子分析．研究者在一月份的最后一个周五晚上访问了五位试穿滑雪靴的顾客，询问他们四个变量对他们在选择滑雪地点时的影响程度．这些变量有滑雪门票(COST)、滑雪缆车的速度(LIFT)、雪的深度(DEPTH)和雪的湿度(POWDER)，变量取值越大说明变量越重要．研究者想要通过考察变量之间的关系模式，以便更好地理解滑雪场地选择的维度．

表 13-2　小样本的假设数据下说明因子分析

滑雪者	变量			
	COST	LIFT	DEPTH	POWDER
S_1	32	64	65	67
S_2	61	37	62	65
S_3	59	40	45	43
S_4	36	62	34	35
S_5	62	46	43	40
相关矩阵				
	COST	LIFT	DEPTH	POWDER
COST	1.000	−0.953	−0.055	−0.130
LIFT	−0.953	1.000	−0.091	−0.036
DEPTH	−0.055	−0.091	1.000	0.990
POWDER	−0.130	−0.036	0.990	1.000

注意相关矩阵的相关模式沿着纵向和横向排列．左上和右下象限的分数值说明滑雪门票和滑雪缆车的速度的关系比较强，雪的深度和雪的温度也是．而另外两个象限说明雪的深度和滑雪缆车的速度无关以及雪的湿度和滑雪缆车的速度无关等．如果幸运的话，主成分分析会发现这种关联模式，我们利用肉眼观察就可以在较小的相关矩阵中找出相关模式，然而在较大的相关矩阵中却不能这样了．

13.4.1　因子提取

矩阵代数的重要定理告诉我们，在特定的条件下，矩阵是可以对角化的．相关矩阵和协方差矩阵处于可以对角化的矩阵之列．当一个矩阵被对角化时，它被转换成一个对角线上有数字[⊖]而其他地方都是零的矩阵．在因子分析和主成分分析中，主对角线上的元素表示相关矩阵的方差，将相关矩阵重新包装如下：

$$\boldsymbol{L}=\boldsymbol{V}'\boldsymbol{R}\boldsymbol{V} \tag{13.1}$$

$\boldsymbol{V}$ 的列是特征向量，$\boldsymbol{L}$ 的主对角线上的值称为特征值．第一个特征向量对应着第一个特征值，以此类推．

本例有四个变量，可以导出四个特征值及其相应的特征向量．然而，由于因子分析的目的是用尽可能少的因子解释变量的相关结构，并且因为每个特征值对应一个不同的潜在

⊖　主对角线在矩阵中从左上到右下．

因子，所以我们通常仅保留具有较大特征值的因子．好的因子分析可以利用少数几个因子几乎完全地复制相关矩阵．

在本例中，当因子个数没有限制的情况下，计算出的四个特征值分别是 2.02，1.94，0.04 和 0.00. 仅有前两个因子的值比较大，超过了 1.00，因此在后续的分析中我们保留两个因子．因子分析再次分析提取出的这两个具体因子，计算它们的特征值，分别为 2.00 和 1.91，如表 13-3 所示．

表 13-3　特征向量及其相应的特征值

特征向量 1	特征向量 2
−0.283	0.651
0.177	−0.685
0.658	0.252
0.675	0.207
特征值 1	**特征值 2**
2.00	1.91

利用公式(13.1)，将值代入其中，我们得到

$$\boldsymbol{L}=\begin{bmatrix}-0.283 & 0.177 & 0.658 & 0.675\\ 0.651 & -0.685 & 0.252 & 0.207\end{bmatrix}\begin{bmatrix}1.000 & -0.953 & -0.055 & -0.130\\ -0.953 & 1.000 & -0.091 & -0.036\\ -0.055 & -0.091 & 1.000 & 0.990\\ -0.130 & -0.036 & 0.990 & 1.000\end{bmatrix}$$

$$\begin{bmatrix}-0.283 & 0.651\\ 0.177 & -0.685\\ -0.658 & 0.252\\ 0.675 & 0.207\end{bmatrix}=\begin{bmatrix}2.00 & 0.00\\ 0.00 & 1.91\end{bmatrix}$$

(所有值与由计算机输出一致．由于舍入误差，手工计算结果或许有些差异．)

特征向量矩阵左乘其转置得到单位矩阵．因此，相关矩阵左乘和右乘特征向量并不会改变它很多．

$$\boldsymbol{V}'\boldsymbol{V}=\boldsymbol{I} \tag{13.2}$$

在本例中，

$$\begin{bmatrix}-0.283 & 0.177 & 0.658 & 0.675\\ 0.651 & -0.685 & 0.252 & 0.207\end{bmatrix}\begin{bmatrix}-0.283 & 0.651\\ 0.177 & -0.685\\ -0.658 & 0.252\\ 0.675 & 0.207\end{bmatrix}=\begin{bmatrix}1.000 & 0.000\\ 0.000 & 1.000\end{bmatrix}$$

重要的是，由于相关矩阵通常满足对角化的要求，利用特征向量和特征值的矩阵代数理论变换相关矩阵，使其对角化，形成因子分析的结论．在矩阵被对角化之后，由其包含的信息将会重新组合．在因子分析中，相关矩阵的方差浓缩为特征值．最大特征值的因子具有最多的方差，以此类推，直至出现较小或负特征值的因子，我们通常将这样的因子从模型解中忽略．

特征向量和特征值的计算非常麻烦，而且不好理解(尽管附录 A 利用较小的矩阵解释

了它们的计算过程）. 我们需要在附加的边界限制条件下求解包含 p 个未知参数的 p 个方程，这很难用手工来完成．然而，我们一旦知道了特征值和特征向量，余下的因子分析（或主成分分析）就或多或少地“展现”出来了，参见公式（13.3）到公式（13.6）.

重组公式（13.1）如下：

$$\boldsymbol{R} = \boldsymbol{V}\boldsymbol{L}\boldsymbol{V}' \tag{13.3}$$

这个相关矩阵可以看作是三个矩阵的乘积——特征值矩阵和相应的特征向量矩阵．

重组之后，取特征值矩阵的平方根．

$$\boldsymbol{R} = \boldsymbol{V}\sqrt{\boldsymbol{L}}\sqrt{\boldsymbol{L}}\boldsymbol{V}'$$

$$\boldsymbol{R} = (\boldsymbol{V}\sqrt{\boldsymbol{L}})(\sqrt{\boldsymbol{L}}\boldsymbol{V}') \tag{13.4}$$

如果记 $\boldsymbol{V}\sqrt{\boldsymbol{L}}$ 为 $\boldsymbol{A}$，那么 $\sqrt{\boldsymbol{L}}\boldsymbol{V}'$ 是 $\boldsymbol{A}'$，则

$$\boldsymbol{R} = \boldsymbol{A}\boldsymbol{A}' \tag{13.5}$$

这个相关矩阵可以看作两个矩阵的乘积，每一个都是特征向量和特征值平方根的组合．

公式（13.5）通常称为因子分析的基本公式[⊖]，它表示相关矩阵是因子载荷矩阵 $\boldsymbol{A}$ 及其转置的乘积．

公式（13.4）和公式（13.5）也说明因子分析（和主成分分析）的主要工作是计算特征值和特征向量．一旦得到它们两个，（未旋转的）因子载荷矩阵就可以直接通过简单的矩阵乘积得到，如下所示：

$$\boldsymbol{A} = \boldsymbol{V}\sqrt{\boldsymbol{L}} \tag{13.6}$$

在本例中，

$$\boldsymbol{A} = \begin{bmatrix} -0.283 & 0.651 \\ 0.177 & -0.685 \\ 0.658 & 0.252 \\ 0.675 & 0.207 \end{bmatrix} \begin{bmatrix} \sqrt{2.00} & 0 \\ 0 & \sqrt{2.00} \end{bmatrix} = \begin{bmatrix} -0.400 & 0.900 \\ 0.251 & -0.947 \\ 0.932 & 0.348 \\ 0.956 & 0.286 \end{bmatrix}$$

因子载荷矩阵是因子和变量之间的相关矩阵．第一列是第一个因子依次与每一个变量的相关系数：滑雪门票（－0.400）、滑雪缆车的速度（0.251）、雪的深度（0.932）和雪的湿度（0.956）. 第二列是第二个因子依次与每一个变量的相关系数：滑雪门票（0.900）、滑雪缆车的速度（－0.947）、雪的深度（0.348）和雪的湿度（0.286）. 因子由与其高度相关的变量解释——这些变量对它有较高的载荷．因此，第一个因子主要是滑雪条件因子（雪的深度和雪的湿度），而第二个因子反映景点条件（滑雪门票和滑雪缆车的速度）. 景点条件因子得分较高的受试者将会关心滑雪门票，而不关心滑雪缆车的速度（负相关）. 相反，景点条件因子得分较低的受试者将会更关心滑雪缆车的速度，而不怎么考虑滑雪门票．

但是请注意，所有的变量都在一定程度上与两个因子相关．在本例中，因子的解释是非常清晰的，但是在实际数据中很有可能不是这样的．通常，当一些变量与一个因子高度相关而其他变量与之不相关时，这个因子是最易解释的．

⊖ 如公式（13.4）和公式（13.5）所示，要想精确地导出相关矩阵，我们必须利用所有的特征值和特征向量，而不仅仅是前面的少数几个．

13.4.2 正交旋转

提取因子之后，我们通常需要旋转载荷矩阵，以使因子和变量之间的强相关最大化且弱相关最小化．13.5.2 节将介绍很多旋转的方法，但是常用的是此处说明的最大方差(Varimax)．最大方差旋转是使方差最大化的方法．旋转的主要目的是最大化因子载荷的方差，对于每个因子而言，越大的载荷在旋转后越大，越小的载荷在旋转后越小．

最大方差旋转是通过变换矩阵 $\boldsymbol{\Lambda}$(如公式(13.8)所示定义)来完成的，其中

$$\boldsymbol{A}_{\text{未旋转}}\boldsymbol{\Lambda} = \boldsymbol{A}_{\text{旋转}} \tag{13.7}$$

这个未旋转的因子载荷矩阵乘以变换矩阵来得到旋转的载荷矩阵．

在本例中，

$$\boldsymbol{A}_{\text{旋转}} = \begin{bmatrix} -0.400 & 0.900 \\ 0.251 & -0.947 \\ 0.932 & 0.348 \\ 0.956 & 0.286 \end{bmatrix} \begin{bmatrix} 0.946 & -0.325 \\ 0.325 & 0.946 \end{bmatrix} = \begin{bmatrix} -0.086 & 0.981 \\ -0.071 & -0.977 \\ 0.994 & 0.026 \\ 0.997 & -0.040 \end{bmatrix}$$

比较旋转和未旋转的矩阵，我们注意到旋转矩阵里面较小的相关系数比未旋转矩阵的还要小，旋转矩阵里面较大的相关系数比未旋转矩阵的还要大．强调载荷的差异可以明确哪些变量与因子相关，便于因子的解释．

变换矩阵的元素具有空间解释．

$$\boldsymbol{\Lambda} = \begin{bmatrix} \cos\Psi & -\sin\Psi \\ \sin\Psi & \cos\Psi \end{bmatrix} \tag{13.8}$$

变换矩阵是由夹角 Ψ 的正弦和余弦组成的矩阵．

在本例中，夹角近似为 19°，则 $\cos 19° < 0.946$，$\sin 19° < 0.325$. 从几何角度来看，这相当于围绕原点将因子轴旋转了 19°. 13.5.2.3 节将更详细地介绍旋转的几何意义．

13.4.3 共同度、方差和协方差

一旦求出旋转载荷矩阵之后，其他的数量关系就可由其导出，如表 13-4 所示．变量的共同度是各因子所解释的方差．它是因子预测变量的平方多重相关系数．共同度是因子变量的载荷平方和(SSL)．在表 13-4 中，COST 的共同度是 $(-0.086)^2+(0.981)^2=0.970$，也就是说，因子 1 和因子 2 解释了 COST 方差的 97%.

因子解释所有原始变量的方差比例是因子的 SSL 除以变量的个数(如果是正交旋转的话)[⊖]. 对于第一个因子，方差比例是 $\frac{[(-0.086)^2+(-0.071)^2+(0.994)^2+(0.997)^2]}{4}=\frac{1.994}{4}=0.50$，第一个因子解释了所有变量方差的 50%. 第二个因子解释了 48%. 由于旋转是正交的，这两个因子共同解释了所有原始变量方差的 98%.

⊖ 仅仅对于未旋转的因子，其载荷平方和等于特征值．一旦我们旋转了载荷，相应的载荷平方和称为 SSL，它不再等于特征值．

表 13-4 正交旋转载荷、共同度、SSL、方差和协方差之间的关系

	因子 1	因子 2	共同度(h^2)
COST	−0.086	0.981	$\sum a^2=0.970$
LIFT	−0.071	−0.977	$\sum a^2=0.960$
DEPTH	0.994	0.026	$\sum a^2=0.989$
POWDER	0.997	−0.040	$\sum a^2=0.996$
SSL	$\sum a^2=1.994$	$\sum a^2=1.919$	3.915
方差比例	0.50	0.48	0.98
协方差比例	0.51	0.49	

因子在模型解中所能解释的方差比例称为协方差比例，它用因子的 SSL 除以共同度之和(或者等价地，SSL 的总和). 第一个因子解释了模型解方差的 51%(1.994/3.915)，而第二个因子解释了 49%(1.919/3.915). 两个因子共同解释了所有的协方差.

本例的再生相关矩阵由公式(13.5)导出：

$$\overline{\boldsymbol{R}}=\begin{bmatrix}-0.086 & 0.981\\ -0.071 & -0.977\\ 0.994 & 0.026\\ 0.997 & -0.040\end{bmatrix}\begin{bmatrix}-0.086 & -0.071 & 0.994 & 0.997\\ 0.981 & -0.977 & 0.026 & -0.040\end{bmatrix}$$

$$=\begin{bmatrix}0.970 & -0.953 & -0.059 & -0.125\\ -0.953 & 0.962 & -0.098 & -0.033\\ -0.059 & -0.098 & 0.989 & 0.990\\ -0.125 & -0.033 & 0.990 & 0.996\end{bmatrix}$$

注意再生相关阵与原始相关矩阵略有不同，它们之间的差是残差相关矩阵：

$$\boldsymbol{R}_{\text{res}}=\boldsymbol{R}-\overline{\boldsymbol{R}} \tag{13.9}$$

残差相关矩阵是观测相关矩阵和再生相关矩阵之差.

在本例中，将共同度插入 $\boldsymbol{R}$ 的主对角线：

$$\boldsymbol{R}_{\text{res}}=\begin{bmatrix}0.970 & -0.953 & -0.055 & -0.130\\ -0.953 & 0.960 & -0.091 & -0.036\\ -0.055 & -0.091 & 0.989 & 0.990\\ -0.130 & -0.036 & 0.990 & 0.996\end{bmatrix}-\begin{bmatrix}0.970 & -0.953 & -0.059 & -0.125\\ -0.953 & 0.960 & -0.098 & -0.033\\ -0.059 & -0.098 & 0.989 & 0.990\\ -0.125 & -0.033 & 0.990 & 0.996\end{bmatrix}$$

$$=\begin{bmatrix}0.000 & 0.000 & 0.004 & -0.005\\ 0.000 & 0.000 & 0.007 & -0.003\\ 0.004 & 0.007 & 0.000 & 0.000\\ -0.005 & -0.003 & 0.000 & 0.000\end{bmatrix}$$

在一个“良好”的因子分析中，残差相关矩阵的元素值很小，因为原始相关矩阵和由因子载荷导出的相关矩阵之间的差异就很小.

13.4.4 因子得分

得到因子载荷之后，我们就可以预测每个案例在各因子的得分. 首先计算回归系数，

然后与原始变量进行加权汇总，得到因子得分．因为 $\boldsymbol{R}^{-1}$ 是原始变量相关矩阵的逆矩阵，$\boldsymbol{A}$ 是因子和变量之间的相关矩阵，公式(13.10)的因子得分系数类似于多重回归公式(5.6)中的回归系数．

$$\boldsymbol{B} = \boldsymbol{R}^{-1}\boldsymbol{A} \tag{13.10}$$

从变量得分估计因子得分的因子得分系数是相关矩阵的逆与因子载荷矩阵的乘积．

在本例中，[⊖]

$$\boldsymbol{B} = \begin{bmatrix} 25.485 & 22.689 & -31.655 & 35.479 \\ 22.689 & 21.386 & -24.831 & 28.312 \\ -31.655 & -24.831 & 99.917 & -103.950 \\ 35.479 & 28.312 & -103.950 & 109.567 \end{bmatrix} \begin{bmatrix} -0.087 & 0.981 \\ -0.072 & -0.978 \\ 0.994 & 0.027 \\ 0.997 & -0.040 \end{bmatrix}$$

$$= \begin{bmatrix} 0.082 & 0.537 \\ 0.054 & -0.461 \\ 0.190 & 0.087 \\ 0.822 & -0.074 \end{bmatrix}$$

为了估计受试者的第一个因子得分，首先标准化所有的变量上的受试者得分，然后对 COST、LIFT、DEPTH 和 POWDER 的标准化得分分别赋权 0.082，0.054，0.190 和 0.822，加权之和即为受试者相应的第一个因子得分．用矩阵形式表示为

$$\boldsymbol{F} = \boldsymbol{ZB} \tag{13.11}$$

因子得分是变量的标准化得分与因子得分系数之积．

在本例中，

$$\boldsymbol{F} = \begin{bmatrix} -1.22 & 1.14 & 1.15 & 1.14 \\ 0.75 & -1.02 & 0.92 & 1.01 \\ 0.61 & -0.78 & -0.36 & -0.47 \\ -0.95 & 0.98 & -1.20 & -1.01 \\ 0.82 & -0.30 & -0.51 & -0.67 \end{bmatrix} \begin{bmatrix} 0.082 & 0.537 \\ 0.054 & -0.461 \\ 0.190 & 0.087 \\ 0.822 & -0.074 \end{bmatrix}$$

$$= \begin{bmatrix} 1.12 & -1.16 \\ 1.01 & 0.88 \\ -0.45 & 0.69 \\ -1.08 & -0.99 \\ -0.60 & 0.58 \end{bmatrix}$$

对第一个受试者而言，第一个因子的标准化估计得分是 1.12，第二个因子得分是 −1.16，其余四个受试者以此类推．第一个受试者在雪因子和景点因子上都有很大的值，一个正值，另一个负值(表示主要值分配给 LIFT)．第二个受试者是雪因子和景点因子值(滑雪缆车的速度比滑雪门票占比大)．第三个受试者更多地关注景点条件(特别是滑雪门票)，而对雪因子的重视程度较低．以此类推，单个因子的各个标准化因子得分之和为零．

⊖ 对于较小的数据集，计算机计算的因子得分系数与 $\boldsymbol{B}$ 不同，其原因在于由于相关矩阵具有多重共线性，在计算其逆矩阵时会产生舍入误差．同时还需注意矩阵 $\boldsymbol{A}$ 也包含相当大的舍入误差．

根据因子得分可以预测变量得分，公式如下：

$$\boldsymbol{Z}=\boldsymbol{F}\boldsymbol{A}' \tag{13.12}$$

变量的预测标准化得分是因子载荷加权的因子得分的乘积．

在本例中，

$$\boldsymbol{Z}=\begin{bmatrix}1.12 & -1.16\\1.01 & 0.88\\-0.45 & 0.69\\-1.08 & -0.99\\-0.60 & 0.58\end{bmatrix}\begin{bmatrix}-0.086 & -0.072 & 0.994 & 0.997\\0.981 & -0.978 & 0.027 & -0.040\end{bmatrix}$$

$$=\begin{bmatrix}-1.23 & 1.05 & 1.08 & 1.16\\0.78 & -0.93 & 1.03 & 0.97\\0.72 & -0.64 & -0.43 & -0.48\\-0.88 & 1.05 & -1.10 & -1.04\\0.62 & -0.52 & -0.58 & -0.62\end{bmatrix}$$

即第一个受试者（$\boldsymbol{Z}$ 的第一行）预计在 COST 上的标准化得分为-1.23，在 LIFT 上为 1.05，在 DEPTH 上为 1.08，在 POWDER 上为 1.16. 如同再生相关矩阵一样，如果因子分析正确描述了变量之间的关系，则这些值与观测值接近．

将这些值写出是有意义的，因为它们展现了在因子分析中变量的得分是如何概念化的. 例如，对于第一个受试者，

$$\begin{aligned}-1.23&=-0.086(1.12)+0.981(-1.16)\\1.05&=-0.072(1.12)-0.978(-1.16)\\1.08&=0.994(1.12)+0.027(-1.16)\\1.16&=0.997(1.12)-0.040(-1.16)\end{aligned}$$

或表示成代数形式，

$$\begin{aligned}z_{\text{COST}}&=a_{11}F_1+a_{12}F_2\\z_{\text{LIFT}}&=a_{21}F_1+a_{22}F_2\\z_{\text{DEPTH}}&=a_{31}F_1+a_{32}F_2\\z_{\text{POWDER}}&=a_{41}F_1+a_{42}F_2\end{aligned}$$

将观测变量的得分定义为适当加权求和后的综合因子得分．虽然因子本身的得分不同，但是每个案例都具有相同的潜在因子结构．特定样本在某观测变量上的得分是该样本在潜在因子上得分的加权组合．

13.4.5　斜交旋转

前面提到的所有关系都是正交旋转的．斜交（相关）旋转保留了大多数正交旋转的复杂性，还引入了更多的性质．请参考表 13-1 以获得更多矩阵的列表以及后续讨论的提示．

用 SPSS FACTOR 处理表 13-2 的数据，使用斜交旋转的默认选项（参见 13.5.2.2 节）得到模式矩阵 $\boldsymbol{A}$ 和因子得分系数 $\boldsymbol{B}$.

在斜交旋转中，载荷矩阵变成模式矩阵．模式矩阵中的值的平方表示每个因子对每个变量的方差的独特贡献，但不包括来自相关因子之间重叠的方差．例如，斜交旋转后的模式矩阵是

$$\boldsymbol{A}=\begin{bmatrix}-0.079 & 0.981\\ -0.078 & -0.978\\ 0.994 & 0.033\\ 0.977 & -0.033\end{bmatrix}$$

第一个因子对 COST 的方差贡献为-0.079^2，对 LIFT 的方差贡献为-0.078^2，对 DEPTH 的方差贡献为0.994^2，对 POWDER 的方差贡献为0.977^2.

斜交旋转后的因子得分系数为

$$\boldsymbol{B}=\begin{bmatrix}0.104 & 0.584\\ 0.081 & -0.421\\ 0.159 & -0.020\\ 0.856 & 0.034\end{bmatrix}$$

应用公式(13.11)生成因子得分，结果如下：

$$\boldsymbol{F}=\begin{bmatrix}-1.22 & 1.14 & 1.15 & 1.14\\ 0.75 & -1.02 & 0.92 & 1.01\\ 0.61 & -0.78 & -0.36 & -0.47\\ -0.95 & 0.98 & -1.20 & -1.01\\ 0.82 & -0.30 & -0.51 & -0.67\end{bmatrix}\begin{bmatrix}0.104 & 0.584\\ 0.081 & -0.421\\ 0.159 & -0.020\\ 0.856 & 0.034\end{bmatrix}$$

$$=\begin{bmatrix}1.12 & -1.18\\ 1.01 & 0.88\\ -0.46 & 0.68\\ -1.07 & -0.98\\ -0.59 & 0.59\end{bmatrix}$$

一旦因子得分确定了，就可以得到因子之间的相关性．公式如下：

$$\boldsymbol{\Phi}=\left(\frac{1}{N-1}\right)\boldsymbol{F}'\boldsymbol{F} \tag{13.13}$$

因子相关矩阵是斜交旋转后计算机输出的标准部分．在本例中，

$$\boldsymbol{\Phi}=\frac{1}{4}\begin{bmatrix}1.12 & 1.01 & -0.46 & -1.07 & -0.59\\ -1.18 & 0.88 & 0.68 & -0.98 & 0.59\end{bmatrix}\begin{bmatrix}1.12 & -1.16\\ 1.01 & 0.88\\ -0.45 & 0.69\\ -1.08 & -0.99\\ -0.60 & 0.58\end{bmatrix}$$

$$=\begin{bmatrix}1.00 & -0.01\\ -0.01 & 1.00\end{bmatrix}$$

前两个因子之间的相关性很低，为-0.01. 就这个例子而言，尽管在需要的情况下可以产生相当大的相关性，但是这两个因子之间几乎没有任何关系．通常在这种情况下使用

正交旋转，因为斜交旋转所带来的复杂度并不会因为因子之间的低相关性而得到保证．

然而，如果使用斜交旋转，结构矩阵 $\boldsymbol{C}$ 是变量和因子之间的相关性．这些相关性估计了变量和因子(模式矩阵)之间的独特关系，以及变量和因子之间重叠方差的关系．结构矩阵的公式是

$$\boldsymbol{C}=\boldsymbol{A\Phi} \tag{13.14}$$

结构矩阵是模式矩阵和因子相关矩阵的乘积．在本例中，

$$\boldsymbol{C}=\begin{bmatrix}-0.079 & 0.981\\ -0.078 & -0.978\\ 0.994 & 0.033\\ 0.997 & -0.033\end{bmatrix}\begin{bmatrix}1.00 & -0.01\\ -0.01 & 1.00\end{bmatrix}=\begin{bmatrix}-0.069 & 0.982\\ -0.088 & -0.977\\ 0.994 & 0.023\\ 0.997 & -0.043\end{bmatrix}$$

COST、LIFT、DEPTH 和 POWDER 与第一个因子的相关性分别为 −0.069，−0.088，0.994 和 0.997；与第二个因子的相关性分别为 0.982，−0.977，0.023 和 −0.043.

人们对于斜交旋转后的矩阵是解释为模式矩阵还是结构矩阵有一些争论．因为结构矩阵易于理解，所以它很吸引人．然而，变量与因子之间的相关性随着因子之间的重叠而被夸大．随着各因子之间相关性的增加，问题会变得更加严重，而且很难确定哪些变量与某个因子相关．另一方面，模式矩阵包含每个因子对变量方差的特定贡献值．共享(重叠)方差被省略(就像标准的多重回归一样)，但是组成一个因子的变量集通常更容易看到．如果因子之间的相关性很高，则可能看起来没有变量与它们相关，因为一旦忽略重叠部分，几乎就没有特定的方差．

大多数研究人员解释和报告的是模式矩阵而不是结构矩阵．然而，如果研究者报告结构矩阵、模式矩阵抑或是 $\boldsymbol{\Phi}$，那么感兴趣的读者可以使用公式(13.14)根据需要生成另一个．

在斜交旋转中，$\bar{\boldsymbol{R}}$ 的产生如下所示：

$$\bar{\boldsymbol{R}}=\boldsymbol{CA}' \tag{13.15}$$

再生相关矩阵是结构矩阵和模式矩阵转置的乘积．

一旦再生相关矩阵是可用的，公式(13.9)就可用于生成残差相关矩阵，以诊断因子分析中拟合的充分性．

13.4.6 小样本示例的计算机分析

以 SPSS 为例，给出了一种最大方差旋转的双因素主因子分析方法，SPSS FACTOR 和 SAS FACTOR 的结果展示在表 13-5 和 13-6 中．

表 13-5 表 13-2 中样本数据因子分析的语法及 SPSS FACTOR 输出结果

```
FACTOR
  /VARIABLES COST LIFT DEPTH POWDER /MISSING LISTWISE
  /ANALYSIS COST LIFT DEPTH POWDER
  /PRINT INITIAL EXTRACTION ROTATION
  /CRITERIA MINEIGEN(1) ITERATE(25)
  /EXTRACTION PAF
  /CRITERIA ITERATE(25)
  /ROTATION VARIMAX
  /METHOD=CORRELATION.
```

（续）

Communalities

	Initial	Extraction
COST	.961	.970
LIFT	.953	.960
DEPTH	.990	.989
POWDER	.991	.996

提取方法：主轴分解

Total Variance Explained

Factor	Initial Eigenvalues			Extraction Sums of Squared Loadings			Rotation Sums of Squared Loadings		
	Total	% of Variance	Cumulative %	Total	% of Variance	Cumulative %	Total	% of Variance	Cumulative %
1	2.016	50.408	50.408	2.005	50.118	50.118	1.995	49.866	49.866
2	1.942	48.538	98.945	1.909	47.733	97.852	1.919	47.986	97.852
3	.038	.945	99.891						
4	.004	.109	100.000						

提取方法：主轴分解

Factor Matrix①

	Factor	
	1	2
COST	–.400	.900
LIFT	.251	–.947
DEPTH	.932	.348
POWDER	.956	.286

提取方法：主轴分解
①提取2个因子，需要4步迭代.

Rotated Factor Matrix①

	Factor	
	1	2
COST	–.086	–.981
LIFT	–.071	.977
DEPTH	.994	–.026
POWDER	.997	.040

提取方法：主轴分解
旋转方法：Kaiser归一化最大方差法
①旋转在3步迭代后收敛.

Factor Transformation Matrix

Factor	1	2
1	.946	.325
2	.325	–.946

提取方法：主轴分解
旋转方法：Kaiser归一化最大方差法

表 13-6 表 13-2 中样本数据因子分析的语法和选定的 SAS FACTOR 输出结果

```
proc factor data=SASUSER.SSFACTOR
  method=prinit priors=smc nfactors=2 rotate=v;
  var cost lift depth powder;
run;

                    The FACTOR Procedure
     Initial Factor Method: Iterated Principal Factor Analysis

              Prior Communality Estimates: SMC

          COST          LIFT         DEPTH        POWDER

    0.96076070    0.95324069    0.98999165    0.99087317

Preliminary Eigenvalues: Total = 3.89486621 Average = 0.97371655

         Eigenvalue    Difference    Proportion    Cumulative

    1    2.00234317    0.09960565        0.5141        0.5141
    2    1.90273753    1.89753384        0.4885        1.0026
    3    0.00520369    0.02062186        0.0013        1.0040
    4    -.01541817                     -0.0040        1.0000

     2 factors will be retained by the NFACTOR criterion.

       WARNING: Too many factors for a unique solution.

Eigenvalues of the Reduced Correlation Matrix: Total = 3.91277649 Average = 0.97819412

         Eigenvalue    Difference    Proportion    Cumulative

    1    2.00473399    0.09539900        0.5124        0.5124
    2    1.90933499    1.90037259        0.4880        1.0003
    3    0.00896240    0.01921730        0.0023        1.0026
    4    -.01025490                     -0.0026        1.0000
Initial Factor Method: Iterated Principal Factor Analysis

                  Factor Pattern

                     Factor1       Factor2

      COST          -0.40027       0.89978
      LIFT           0.25060      -0.94706
      DEPTH          0.93159       0.34773
      POWDER         0.95596       0.28615

         Variance Explained by Each Factor

                 Factor1       Factor2

               2.0047340     1.9093350

     Final Communality Estimates: Total = 3.914069

      COST          LIFT          DEPTH         POWDER

0.96982841    0.95972502    0.98877384    0.99574170

              Rotation Method: Varimax

          Orthogonal Transformation Matrix

                         1             2

          1        0.94565      -0.32519
          2        0.32519       0.94565

              Rotated Factor Pattern
```

（续）

```
                    Factor1        Factor2

      COST         -0.08591        0.98104
      LIFT         -0.07100       -0.97708
      DEPTH         0.99403        0.02588
      POWDER        0.99706       -0.04028

       Variance Explained by Each Factor

              Factor1        Factor2

            1.9946455      1.9194235

   Final Communality Estimates: Total = 3.914069

     COST           LIFT           DEPTH          POWDER

 0.96982841     0.95972502     0.98877384     0.99574170
```

对于最大方差旋转的主因子分析，SPSS FACTOR 要求指定 EXTRACTION PAF 和 ROTATION VARIMAX[⊖]. SPSS FACTOR 首先输出每个变量的 SMC，如表 13-5 所示，并在输出的 Communalities 部分标记为 Initial. 在同一个表有最终的(Extraction)共同度，它们显示了每个变量中由解所占的方差部分，按表 13-4 中的共同度 h^2 计算．

表 13-5 显示了有关因子所占方差的大量信息．Initial Eigenvalues、% of Variance 和四个因子上累积的方差百分比(Cumulative%)是四个初始因子的输出(注意不要将因子与变量混淆). 表的其余部分显示了在提取和旋转后，提取特征值大于 1(默认值)的两个因子所占的方差的百分比(载荷平方和参见表 13-3).

对于两个提取因子，输出一个 Factor(载荷)Matrix. 给出了与表 13-4 中的载荷匹配的 Rotated Factor Matrix，以及采用 Kaiser 归一化方法进行正交最大方差旋转的 Factor Transformation Matrix(公式(13.8)).

SAS FACTOR(表 13-6)需要更多的指令来生成有两个正交旋转因子的主因子分析．你可以指定类型(method=prinit)、初始共同度(priors=smc)、要提取的因子数量(nfactors=2)以及旋转类型(rotate=v). 给出 Prior Communality Estimates: SMCs、所有四个因子的 Preliminary Eigenvalues 特征值的 Total 及 Average. 下一行展示了连续特征值间的 Differences. 例如，第一和第二特征值之差(0.099 606)，第三和第四特征值之差(0.020 622)，但第二和第三特征值之差(1.897534)较大．然后输出每个因子的方差比例(Proportion)和累积方差比例(Cumulative)，接下来是 Reduced Correlation Matrix 的信息．但关于迭代过程的信息没有显示出来．

Factor Pattern 矩阵包含前两个因子的未旋转的因子载荷(请注意 Factor2 的载荷符号与 SPSS 其他因子载荷的符号相反). 在这个表中每个因子的 SSL 都被标记为 Variance explained by each factor. 接下来给出 Final Communality Estimates(h^2)以及 Total h^2. 旋转的正交变换矩阵(公式(13.8))后面是 Rotated Factor Pattern 矩阵中的旋转因子载

⊖ SPSS FACTOR 的默认值是不旋转的主成分分析．

荷．旋转因子的 SSL——`Variance explained by each factor`——都出现在载荷下面．然后重复 `Final Communality Estimates`.

13.5 因子分析的主要类型

因为提取和旋转因子的程序有很多．但是，本书仅介绍 SPSS 和 SAS 软件包中所提供的程序．Mulaik(1972)、Harman(1976)、Rummel(1970)、Comrey 和 Lee(1992)以及 Gorsuch(1983)等描述了其他提取和旋转方法．

13.5.1 因子提取方法

在软件包中可用的因子提取方法有主成分法、主因子法、极大似然因子法、图像因子提取法、α 因子法以及未加权最小二乘因子法和广义(加权)最小二乘因子法(见表 13-7)．其中最常见的是主成分法和主因子法．

表 13-7 提取方法汇总

提取方法	软件	分析目标	特性
主成分法	SPSS SAS	通过正交化成分使提取的方差最大	数学上确定的经验解，有公共方差、特定方差和误差方差混合到成分中
主因子法	SPSS SAS	通过正交因子最大化提取的方差	估计共同度，以消除变量的特定方差和误差方差
图像因子提取法	SPSS SAS	提供经验因子分析	基于多重回归，将一个变量与其他变量的方差作为共同度，构造无误差方差和特定方差的模型
极大似然因子法	SAS SPSS	利用观测相关矩阵的极大似然估计，估计总体的因子载荷	对因子进行显著性检验；对验证性因子分析尤其有效
α 因子法	SPSS SAS	使正交因子的适用范围最大化	
未加权最小二乘因子法	SPSS SAS	使残差相关系数平方最小	
广义(加权)最小二乘因子法	SPSS SAS	根据重叠方差加权变量后，使残差相关系数平方最小	

所有的提取方法都计算一组正交成分或因子，它们组合起来重塑 $\boldsymbol{R}$. 建立解的标准(如最大方差或最小残差相关性)因方法而异．但是对于大样本、多变量、相似共同度的数据集，解的差异很小．实际上，对于因子分析模型解稳定性的检验，无论采取哪种提取方法都不会产生影响．表 13-8 列出了几种用不同的方法提取相同数据集的解，然后按最大方差法旋转因子．解之间的相似之处是显而易见的．

没有一种提取方法能保证不经过任何旋转就可以提供可解释的因子模型．所有提取方法得到的因子都可以通过 13.5.2 节中介绍的方法进行旋转．

表 13-8　基于相同数据集的不同提取方法的结果

变量	因子 1				因子 2			
	PCA	PFA	Rao	Alpha	PCA	PFA	Rao	Alpha
未旋转因子载荷								
1	0.58	0.63	0.70	0.54	0.68	0.68	−0.54	0.76
2	0.51	0.48	0.56	0.42	0.66	0.53	−0.47	0.60
3	0.40	0.38	0.48	0.29	0.71	0.55	−0.50	0.59
4	0.69	0.63	0.55	0.69	−0.44	−0.43	0.54	−0.33
5	0.64	0.54	0.48	0.59	−0.37	−0.31	0.40	−0.24
6	0.72	0.71	0.63	0.74	−0.47	−0.49	0.59	−0.40
7	0.63	0.51	0.50	0.53	−0.14	−0. 12	0.17	−0.07
8	0.61	0.49	0.47	0.50	−0.09	−0.09	0.15	−0.03
旋转后的因子载荷(方差最大法)								
1	0.15	0.15	0.15	0.16	0.89	0.91	0.87	0.92
2	0.11	0.11	0.10	0.12	0.83	0.71	0.72	0.73
3	−0.02	0.01	0.02	0.00	0.81	0.67	0.69	0.66
4	0.82	0.76	0.78	0.76	−0.02	−0.01	−0.03	0.01
5	0.74	0.62	0.62	0.63	0.01	0.04	0.03	0.04
6	0.86	0.86	0.87	0.84	0.04	−0.02	−0.01	−0.03
7	0.61	0.49	0.4b	0.50	0.20	0.18	0.21	0.17
8	0.57	0.46	0.45	0.46	0.23	0.20	0.20	0.19

注：提取方法之间单个变量共同度估计值的最大差为 0.08.

最后，在进行因子分析的时候，研究者应该暂时停止对数据窥探的防范措施．主成分分析或主因子分析广泛应用在初步提取信息过程中，随后进行一个或多个步骤，后续步骤可能会尝试不同的因子数量、变量共同度和旋转方法，直到构造出合适的模型．

13.5.1.1　主成分分析与因子分析的比较

研究中，我们在主成分分析和因子分析之间做出选择是非常重要的．在数学上，主成分分析和因子分析的差别在于相关矩阵主对角线(包含变量与其本身之间的相关系数的对角线)上的元素不同．无论是主成分分析还是因子分析，我们分析的方差是主对角线元素的总和．在主成分分析中，变量位于对角线上，要分析的方差就像观测到的变量一样多．每个变量通过对相关矩阵的主对角线元素贡献 1 来贡献一个单位方差．所有方差分布于各成分，包括每个观测变量的误差和特定方差．因此，如果保留所有成分，主成分分析就可以精确地再现观测相关矩阵和观测变量的标准得分．

相反，在因子分析中，只有观测变量间共享的方差才可用于分析．我们认为误差和特定方差会混淆相关模式，因此在因子分析中不考虑误差和特定方差．对于我们用共同度估计的重叠方差，它们在相关矩阵的主对角线上的取值在 0 和 1 之间[⊖]．因子分析中的模型主要由具有较高共同度的变量构成．共同度的总和(SSL 的总和)是分布在各因子之间的方差，小于观测变量集的总方差．由于忽略了特定方差和误差方差，一个因子的线性组合近似于

⊖　极大似然提取的对象通常是非对角元素而不是对角线上的元素．

观测相关矩阵和观测变量的得分，但不完全相同.

主成分分析关注方差，因子分析关注协方差(共同度). 主成分分析的目标是从一个有几个正交成分的数据集中提取最大的方差，因子分析的目标是用几个正交因子概括相关矩阵的信息. 主成分分析通常具有特定的数学解，而大多数因子分析并不是唯一的.

主成分分析和因子分析之间的选择取决于我们对模型、数据集和研究目标之间的拟合程度的评估. 如果希望构造一个未受到特定方差和误差方差影响的理论模型，并且基于潜在的结构设计了研究，应选择因子分析模型. 另一方面，如果你只需要对数据集进行经验总结，那么主成分分析才是更好的选择.

13.5.1.2 主成分法

主成分分析的目标是从每个成分的数据集中提取最大的方差. 第一个主成分是观测变量的线性组合，通过最大化其成分分数的方差来分离受试者. 第二个主成分由残差相关系数构成. 它是观测变量的线性组合，提取与第一个成分不相关的最大方差. 以此类推，之后的成分也从残差相关系数中提取最大方差，并且与之前提取的所有主成分正交.

主成分是有序的，第一个成分的方差最大，最后一个成分的方差最小. 该解在数学上是唯一的，如果保留所有主成分，模型可以精确地再生观测相关矩阵. 此外，由于这些成分是正交的，它们在其他分析中的使用(例如多元方差分析中的因变量)可以使结果更容易解释.

当我们希望将大量变量减少为较少数量的主成分时，应选择主成分分析. 主成分分析作为因子分析初始步骤也是有用的，在因子分析中它揭示了大量关于因子最大数量和性质的信息.

13.5.1.3 主因子法

主因子提取法与主成分法的不同之处在于共同度的估计，主因子估计的变量共同度处于观测相关矩阵的主对角线上. 这些估计是通过迭代过程得出的，迭代中的初始值为多重相关系数的平方(每个变量与所有其他变量的平方多元相关系数). 主因子法的目的与主成分法的目的一样，都是从每个后续因子的数据集合中提取最大正交方差. 主因子法的优点是应用广泛(且被广泛理解和接受)，并且符合因子分析模型的特点——只分析重叠方差，无视特定方差和误差方差. 由于主因子法的目的是最大限度地提取方差，因此这种方法有时不能像其他提取方法一样概括出相关系数矩阵的全部信息. 此外，我们必须对共同度进行估计，因为模型在某种程度上由这些估计值决定. 主因子分析可以通过 SPSS 和 SAS 进行.

13.5.1.4 图像因子提取法

它以一种类似于 SMC 的方式，将观测变量的方差分布在各因子之间，而方差是由其他变量反映的，这种方法被称为图像因子法. 图像因子提取法是主成分法和主因子法之间的一个有趣折中，它具有和主成分法一样的性质：能确定唯一的数学解，因为 $\boldsymbol{R}$ 的主对角线元素是固定的. 也具有和主因子法一样的性质：对角线上的值是共同度，并且无特定方差和误差方差.

图像因子分析中，每一个变量依次作为因变量进行多重回归，得到变量的图像得分. 我们根据图像(预测)得分计算协方差矩阵. 图像得分协方差矩阵的方差恰恰是因子提取的共同度．我们在解释由图像因子提取法构建的模型时需要注意，因子载荷代表的是变量和因子之间的协方差，而不是二者间的相关性．

图像因子分析可通过 SPSS 和 SAS FACTOR（有两种类型——“图像”和 Harris 成分分析）进行．

13.5.1.5 极大似然因子提取法

极大似然因子提取法最初由 Lawley 在 20 世纪 40 年代提出（参见 Lawley 和 Maxwell，1963）．极大似然提取的步骤是，首先计算使得从总体中抽得观测矩阵的概率最大的因子载荷，用这个载荷来估计总体因子载荷．在变量之间相关性所施加的约束条件下，计算因子载荷的总体估计值，使其产生具有观测相关矩阵的样本的最大概率．这种提取方法也使变量和因子之间的典型相关性最大（见第 12 章）．

极大似然提取法可通过 SPSS FACTOR 和 SAS FACTOR 进行．

13.5.1.6 未加权最小二乘因子法

未加权最小二乘因子提取法的目的是使观测相关矩阵和再生相关矩阵之间的平方差最小．我们只考虑非对角线元素的差异，共同度是由模型推导出的，而不是作为模型的一部分估计得出的．因此，未加权最小二乘因子法可以看作是主因子法的一个特例，它在模型确定后再对共同度进行估计．

这种方法最初被称为最小残差法，由 Comrey（1962）提出，随后 Harman 和 Jones（1966）进行了完善．未加权最小二乘因子法可以通过 SPSS FACTOR 和 SAS FACTOR 进行．

13.5.1.7 广义（加权）最小二乘因子法

广义最小二乘因子提取法的目的也是使观测相关矩阵和再生相关矩阵之间（非对角线）的平方差最小，同时在计算过程中考虑了变量的权重．重叠方差较大的变量具有更大的权重，反之，特定方差较大的变量权重较小．换句话说，在模型中，与集合中其他变量相关性不强的变量对解也不那么重要．这种提取法可以通过 SPSS FACTOR 和 SAS FACTOR 进行．

13.5.1.8 α 因子法

α 因子提取法是从心理测量研究中发展而来的，可以通过 SPSS FACTOR 和 SAS FACTOR 运行．其趣味在于当从总体变量提取重复的变量样本时，可以发现哪些公共因子是一致的。大多数一元统计和多元统计分析的核心问题与之类似——在取自同一总体的多个样本中发现一致的均值差异．

然而，在使用 α 因子法时，我们关注的是公共因子的可信度，而不是组间差异的可信度．α 系数起源于心理测量研究，用来度量各种情况下得分的可靠性（也称为概括性）．在 α 因子法中，我们使用迭代法估计因子的 α 系数最大值的共同度（有时超过 1.0）．

这种方法最大的优点是它把研究者的注意力从待研究变量的定义域转移到抽样变量上．缺点在于大多数研究者对于这种方法的步骤和原理并不熟悉．

13.5.2 因子旋转

无论使用哪种提取方法，未经旋转的因子提取结果都可能难以解释．提取后，因子旋转用于提高因子的可解释性和有效性．因子旋转的目的并不是提高观测矩阵和再生相关矩阵之间的拟合度，因为旋转前的解与所有正交旋转的解在数学上是等价的．

正如不同的提取方法往往会在一个良好的数据集中得到类似的结果一样，如果数据中的相关模式非常清晰，不同的旋转方法也会产生相似的结果．换句话说，无论使用哪种旋转方法，都会出现稳定的解．

因子旋转可分为正交旋转和斜交旋转．在正交旋转中，因子互不相关．正交解更易于解释、理解和报告结果．然而除非研究者确定潜在过程是互不相关的，否则他们会曲解“现实”．如果研究者认为潜在过程之间相互关联，则使用斜交旋转．在斜交旋转中，因子之间是相关的，具有概念上的优势，但在解释、描述和报告结果方面存在实际的劣势．

在现有的数十种旋转方法中，我们只讨论两个软件包中存在的方法(见表 13-9)．希望更多地了解因子旋转技术的读者可以参考 Gorsuch(1983)、Harman(1976)或 Mulaik(1972)．对于勤奋的人，可以参考 Comrey 和 Lee(1992)提出的手动旋转的方法．

13.5.2.1 正交旋转

最大方差旋转法、四次方最大正交旋转法、平均正交旋转法这三种正交技术在 SPSS 和 SAS 软件包中都可使用．在所有可用旋转法中，最大方差旋转法最常用．

正如不同提取步骤具有略微不同的目标一样，旋转过程也可以最大化或最小化不同的统计量．最大方差旋转法的目标是通过最大化变量中因子载荷矩阵的方差来简化因子．此时，因子载荷最大化后——原本具有较高载荷的因子载荷变高，而原本具有较低载荷的因子载荷变低．此时，变量与因子间的相关关系更显著，所以因子的实际意义更容易解释．最大方差旋转法还倾向于重新分配各因子之间的方差，使它们在重要性上变得相对相等，方差从第一个因子提取，并在之后的因子中分配．

类似最大方差旋转法对因子进行变换，四次方最大正交旋转法对变量进行变换．它通过增加各因子上变量的载荷的分散性来简化变量．最大方差旋转法对载荷矩阵进行列变换，四次方最大正交旋转法对载荷矩阵进行行变换．我们通常选择最大方差旋转法，因为我们更希望简化因子而不是简化变量．

平均正交旋转法是最大方差旋转法和四次方最大正交旋转法的混合体，它试图同时简化因子和变量．Mulaik(1972)报告说，除非研究人员能够确定因子的数目，否则平均正交旋转法的效果往往不稳定．

综上所述，最大方差旋转法简化因子，四次方最大正交旋转法简化变量，平均正交旋转法同时简化因子和变量．它们通过对某个简化标准(如 Γ)设置不同水平(1、0 和 1/2)来实现这一点．经过允许指定 Γ 水平的正交旋转后，Γ 可以在 0(变量最简)和 1(因子最简)之间连续变化．在 SAS FACTOR 中，这是通过给定 Γ 的最大正交完成的．SAS 中的 Parsimax 使用一个包含因子和变量数量的公式来确定 Γ(见表 13-9)．

很多情况下我们都选择最大方差旋转法，它也是很多软件包的默认选项．

13.5.2.2 斜交旋转

使用斜交旋转的研究人员将面临一个尴尬的局面(见表 13-9)．斜交旋转提供了因子之间连续相关性的范围．因子间允许的相关性数量由 SPSS FACTOR 的变量 δ 确定．δ 和 Γ

值限定了因子间的最大相关．当δ取值小于0时，因子趋向于正交，当δ约等于-4时，因子是正交的．当δ等于0时，因子可以具有较高的相关性．当δ接近1时，因子间的相关性非常高．尽管δ或Γ的值与因子相关系数之间存在一定关系，但是在给定Γ或δ时，因子间的最大相关性仍取决于数据集．

表 13-9 旋转方法的汇总

旋转方法	软件	类型	分析目标	注解
最大方差法	SAS SPSS	正交	通过最大化每个因子上的载荷方差，使因子的复杂度最小(简化载荷矩阵的列)	最常用的旋转；推荐作为默认选项
四次方最大正交法	SAS SPSS	正交	通过最大化每个变量的载荷方差来最小化变量的复杂度(简化载荷矩阵的行)	第一个因子往往是一般性的，其他因子是变量的子群
平均正交法	SAS SPSS	正交	简化变量和因子(行和列)；四次方最大正交法和最大方差法之间的折中	可能表现不正常
最大正交法	SAS	正交	简化因子或变量，这取决于Γ的值	连续变量Γ
Parsimax 法	SAS	正交	简化变量和因子：$\Gamma=(p(m-1))/(p+m-2)$	
直接最小斜交法	SPSS	斜交	通过最小化载荷的叉积来简化因子	Γ或δ的连续且可得的值；允许广泛的因子相互作用
(直接)四次方最小正交法	SPSS	斜交	通过最小化模式矩阵中载荷平方的叉积来简化因子	允许各因子之间有相当高的相关性．在 SPSS 中通过设置$\delta=0$来使用直接最小斜交法
正斜交法	SAS(HK) SPSS	正交和斜交	重新调整因子载荷，得到正交解；非标度载荷可以是相关的	
最优法	SAS		正交因子旋转到斜交位置	快捷简便
Procrustes	SAS	斜交	旋转到目标矩阵	在验证性因子分析中有用

需要强调的是，斜交旋转后的因子并不一定相关．实际上，它们确实不相关，研究人员报告了更简单的正交旋转．

在 SPSS 中，用于不同相关程度的斜交旋转的程序族是直接最小斜交旋转法．在Γ或$\delta=0$(程序的默认选项)的情况下，该过程称为直接四次方最小旋转法．Γ或δ大于0表示允许因子间具有强相关性，此时应注意选择因子的正确数量．否则，高度相关的因子之间可能难以区分．因此，为了确定最有用的Γ或δ大小，可能需要反复实验，并用散点图检验因子间关系，或者采用程序的默认值．

正斜交旋转使用四次方最大正交旋转法对重新缩放的因子载荷生成正交解．因此该解相对于原始因子载荷来说是斜交的．

在最优旋转法中，可通过 SAS 和 SPSS 对正交旋转解(通常为最大方差)再次旋转，以允许因子之间的相关性．对正交载荷进行乘方运算(通常为2、4、6次幂)，使较小载荷和中等载荷变为零，同时减小较大的载荷，但不减小到零．即使因子相关，通过阐明哪些变量与因子相关，哪些变量与因子不相关，可以使简单结构达到最优．斜交旋转法还具有简便快捷的优点．

在 SAS 提供的 Procrustean 旋转中，研究人员指定一个载荷的目标矩阵(通常是 0 和 1)，如果可能的话，寻求一个变换矩阵以将提取的因子旋转到目标上．如果因子解可以旋转到目标上，那么就接受因子模型的假设．然而，正如 Gorsuch(1983)所说的那样，在 Procrustean 旋转下，因子往往是高度相关的，并且有时由随机过程产生的相关矩阵也很容易旋转到目标上．

13.5.2.3 几何解释

旋转的几何解释见图 13-1，其中图 13-1a 是表 13-2 中例子的未旋转解，图 13-1b 是表 13-2 中例子的旋转解．通过列出相对于 X 和 Y 轴的坐标来描述二维空间中的点．以前两个未旋转的因子作为轴，未旋转的载荷是 COST(－0.400,0.900)、LIFT(0.251,－0.947)、DEPTH(0.932,0.348)和 POWDER(0.956,0.286).

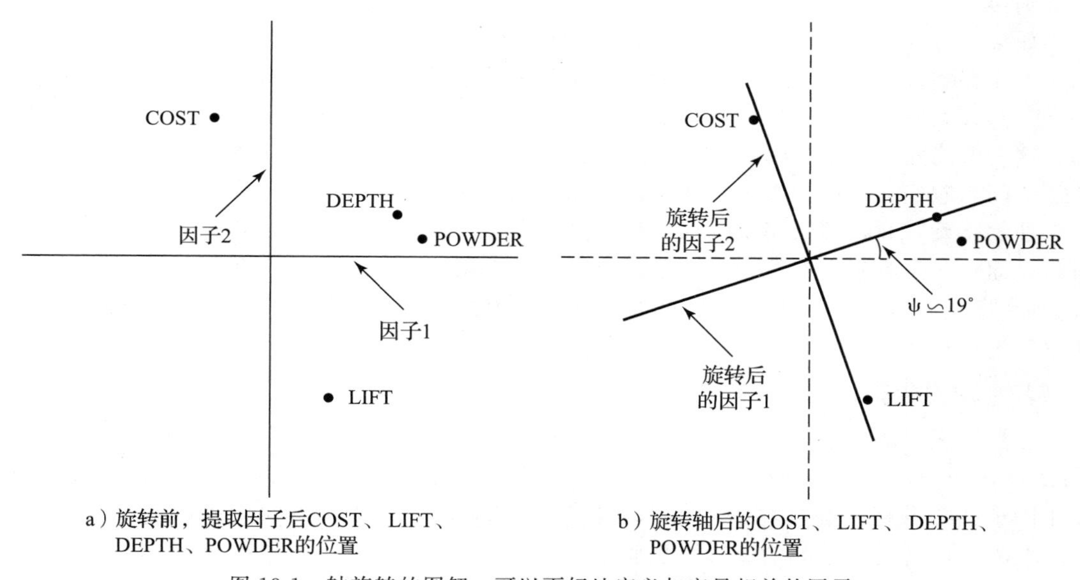

a）旋转前，提取因子后COST、LIFT、DEPTH、POWDER的位置

b）旋转轴后的COST、LIFT、DEPTH、POWDER的位置

图 13-1 轴旋转的图解，可以更好地定义与变量相关的因子

在图 13-1b 中，这些变量的点也以前两个旋转因子为坐标轴进行定位．在新的轴系统中，点的位置不变，但坐标会发生变化．现在它们的坐标如下：COST(－0.86,0.981)、LIFT(－0.071,－0.977)，DEPTH(0.994,0.026)和 POWDER(0.997,－0.040)．从统计上讲，旋转的作用是放大高载荷并减少低载荷．从空间上讲，因子旋转转动坐标轴，使它们更紧密地“穿透”变量簇．

因子提取得到了一个解，其中观测变量是从原点到坐标系指示点的向量．这些因子充当系统的坐标轴，每个点的坐标是变量载荷矩阵中的项．如果模型有三个因子，则该空间具有三个轴和三个维度，并且每个观测变量都由三个坐标定位．每个观测变量向量的长度代表变量的共同度．

如果这些因子是正交的，则因子轴之间互成直角，变量点的坐标是公因子与观测变量之间的相关性．通过从每个点到每个因子轴作垂直线，我们可以直接从这些图中知道相关性(因子载荷).

主成分分析或因子分析的主要目标之一，是找出确定变量位置所需因子轴的最小数量，这也是因子提取的目的．第二个主要目标，也是旋转的目的，是强调影响观测变量响应的因子的意义．我们通过解释用于定义空间的因子轴来实现这一目标．因子旋转重新定位因子轴，使其可解释性达到最大．重新定位坐标轴会改变变量点的坐标，但不会改变这些点之间的相对位置．

当一些观测变量在某个因子上的载荷很高时，这个因子通常可以被解释．而且，理想情况下，每个变量在且只在一个因子上有载荷．用图形语言来说，这意味着每个变量点沿一个轴远离原点，但在另一个轴上靠近原点，即该点的坐标对于一个轴较大，而对于其他的轴则接近于零．

如果只有一个观测变量，则很容易确定因子轴——可变点和轴在一维空间中重叠．然而，由于存在许多变量和多个因子轴，在确定因子轴时需要做出一些妥协．这些变量形成一个“群”，其中相互关联的变量形成一个点簇．我们的目标是要建立一个坐标轴．幸运的话，这些群之间大约成90°角，构成一组正交解．更理想的情况下，这些变量集中在少数几个群之间，它们之间有较大的空间，这样我们就可以很好地定义因子轴．

在斜交旋转时，情况稍微复杂一些．由于因子可能相互关联，所以因子轴不一定互成直角．而且，尽管斜交将每个坐标轴定位在一组点附近比较容易，但坐标轴之间可能非常接近(高度相关)，这使得因子模型更难以解释．有关使用图像来判断旋转是否充分的实用建议，请参见13.6.3节．

13.5.3　应用指南

虽然有大量的提取和旋转方法组合，但实际上它们之间的差别通常很小(Velicer 和 Jackson，1990；Fava 和 Velicer，1992)．当存在大量变量且变量之间具有较强相关性、模型中因子的数量相同并且具有相似的共同度时，无论使用哪种方法，提取的结果都很接近．此外，旋转后模型间的差异明显变小．

大多数研究人员最初都会使用主成分提取法和最大方差旋转法进行因子分析．根据结果，我们可以估计相关矩阵的因式分解能力(13.3.2.6节)、估计观测相关矩阵的秩(13.3.2.5节和13.7.1.5节)、确定因子数目(13.6.2节)和可能从后续分析中排除的变量(13.3.2.7节和13.7.1.6节).

在接下来的几次运行中，研究人员会尝试不同的因子数目、不同的提取方法以及正交和斜交旋转．将提取和旋转组合起来的一些因子产生的解具有最大的科学效用、一致性和意义．这就是被解释的解．

13.6　一些重要问题

本节提出的一些问题可以通过几种不同的方法来解决．通常不同的方法会得出相同的结论，但有时却不会．如果没有得出相同结论，就要根据解的可解释性和科学效用来判断结果．

13.6.1 变量共同度的估计

因子分析与主成分分析的不同之处在于，在因子提取之前，是否用变量共同度(0 和 1 之间的数字)替换 **R** 主对角线上的元素．使用变量共同度来消除每个观测变量的特定方差和误差方差，以便在解中只使用变量与因子共同的方差．但是共同度的值是估计的，关于如何做到这一点还存在一些争议．

每个变量的 SMC 作为因变量，样本中的其他自变量作为自变量通常是共同度的初步估计．随着研究过程的深入，通过迭代过程(可能需要人工操作)来调整共同度的估计，以便用最少的因子与观测相关矩阵相匹配．当变量共同度的估计趋于稳定时，迭代停止．

共同度的最终估计也是 SMC，但现在在变量(作为因变量)与因子(作为自变量)之间．变量共同度最终估计代表潜在因子可以解释的方差占变量方差的比例．正交旋转不影响变量的共同度的估计．

图像提取法和极大似然提取法略有不同．在图像提取法中，图像协方差矩阵的方差始终用作变量共同度．图像提取产生了数学上唯一的解，因为变量共同度没有改变．而极大似然提取法中，我们估计因子的数量而非共同度，并且"操纵"相关阵非对角线元素以在观测矩阵和再生矩阵之间产生最佳拟合．

SPSS 和 SAS 为共同度估计提供了几种不同的起始统计量．使用 SPSS FACTOR 时，我们只能在主成分法提取中规定共同度的取值，其他方法都默认使用 SMC 作为共同度. SAS FACTOR 可以给出每个变量的 SMC 估计，以使共同度之和等于事先给定的最大绝对相关系数总和、0 到 1 之间的随机数或用户指定值．

变量共同度估计可靠性取决于观测变量的数量．如果变量的数量超过 20，则样本 SMC 可能会合理地估计变量共同度．此外，如果观测变量为 20 个或更多个，则主对角线上的元素数量小于 **R** 中的元素总数，它们的大小对解的影响不大．实际上，如果因子分析中所有变量的共同度大致相同，则主成分分析和因子分析的结果非常接近(Velicer 和 Jackson，1990；Fava 和 Velicer，1992).

如果变量共同度大于或等于 1，则意味着模型存在问题，可能是数据太少、初始共同度错误或提取因子的数量错误，增加或删除因子可能会使共同度降到 1 以下．另一方面，如果变量共同度很低，说明带有它们的变量与集合中的其他变量无关(13.3.2.7 节和 13.7.1.6 节). SAS FACTOR 有两种方式处理共同度大于 1 的情况：HEYWOOD 选项设置共同度等于 1，而 ULTRAHEYWOOD 选项允许它们超过 1，但会提示这样做可能会导致趋同问题．

13.6.2 提取的充分性与因子数量

因为在模型中包含的因子越多越可以提高观测相关矩阵和再生相关矩阵之间的拟合度，所以提取的充分性取决于因子的数量．提取的因子越多，拟合效果越好，因子解"解释"数据的方差比例越大．但是，提取的因子越多，模型越复杂．为了概括数据集中的所有方差(主成分分析)或协方差(因子分析)包含的信息，因子数量通常要与观测变量一样多．显然，我们需要权衡：我们想要保留足够的因子以进行充分的拟合，但太多的因子会损失简约性．

选择因子的数量可能比选择提取和旋转方法或变量共同度更重要．在验证性因子分析中，因子数量的选择实际上代表了一个研究领域潜在的理论过程数量的选择．我们可以通过检验理论上所需要的因子数量是否足以拟合数据来确认假设的因子模型．

有几种方法可以评估因子提取的充分性和因子数量．当前并非所有方法都可以通过统计软件包获得，有关这些方法的详细介绍，请参见 Gorsuch(1983)以及 Zwick 和 Velicer (1986)．后面我们将介绍 SPSS 和 SAS 提供的方法．

我们可以从特征值的大小中快速获得因子数量的初步估计值，这些特征值作为主成分提取法初始运行报告的一部分．特征值代表方差．由于每个标准化变量对主成分提取贡献的方差为 1，因此从方差角度来看，特征值小于 1 的成分不如观测变量那么重要．特征值大于 1 的成分通常在变量总数的 1/5～1/3 之间(例如，20 个变量可以提取出 4～7 个特征值大于 1 的成分)．这个标准适用于观测变量数小于或等于 40、样本量很大且数据的因子数量合理的情况．在其他情况下，这个标准可能会高估数据集中的因子数量．

第二个标准是根据对因子绘制的特征值的碎石图检验(Cattell，1966)．因子按特征值降序沿横坐标排列，其中纵坐标表示特征值．在主成分分析和因子分析的初始运行和后期运行中适当使用绘图法，以确定因子的数量．碎石图可通过 SPSS 和 SAS FACTOR 获得．

通常情况下，碎石图是呈负向递减的——第一个因子的特征值最高，接下来的几个因子的特征值中等但递减，最后几个因子的特征值最小，如图 13-2 中通过 SPSS 的实际数据所示．我们要找的是这些点绘制的线斜率突然改变的位置．在这个例子中，前 4 个特征值点的斜率大致相同．之后，剩下的 8 个点拟合了一条斜率明显不同的线．因此，图 13-2 的数据中应该有 4 个因子．

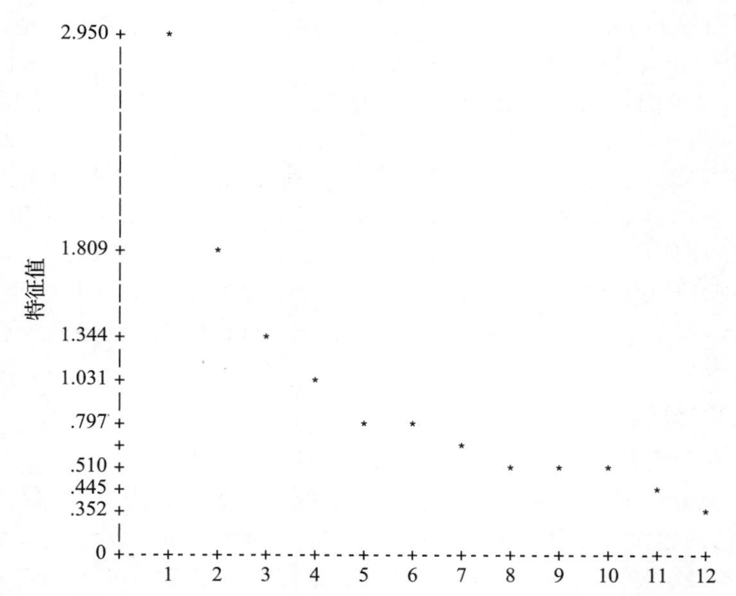

图 13-2　SPSS FACTOR 的输出结果．注意第 4 个和第 5 个因子之间的特征值大小的改变

可惜的是，碎石图检验的结果并不准确，因为它涉及判断特征值的间断点，而研究人员的主观判断有时候并不可靠．正如 Gorsuch(1983)所说的，当样本量较大时，变量共同度较高，每个因子上都有多个变量具有较高的载荷，所以碎石图检验的结果更为明显(可靠).Zoski 和 Jurs(1996)建议对视觉碎石图检验进行改进，该检验涉及计算最后几个成分的特征值的标准误差．

Horn(1965)提出平行分析作为保留特征值大于 1 的所有主成分的替代方法．这种方法分为三步．首先，随机生成一个案例数量和变量数量相同的数据集．接下来，对随机生成的数据集重复进行主成分分析并标记每次分析得到的所有特征值．然后对每个成分的特征值求平均，并与实际数据集的结果进行比较．只有当原始数据集中成分的特征值大于随机数据集平均特征值时，才保留该成分．这个过程的主要优点是提醒用户，即使随机生成的数据也可以产生特征值大于 1 的成分．

作为替代方案，Velicer(1976)提出了最小平均偏相关(MAP)检验．第一步是对一个成分进行主成分分析．在计算所有偏相关均方系数(主对角线的值)之前，偏相关用于从变量的组间相关性中提取第一个成分的方差．然后对两个成分进行主成分分析，并重复该过程．计算所有解的均方偏相关直到其最小为止．产生最小均方偏相关的成分数量就是应提取的成分数.Gorsuch(1976)指出，当某些成分只能解释几个变量时，这种方法的效果并不好．

Zwich 和 Velicer(1986)提出的碎石图检验、Horn 提出的平行检验和 Velicer 的 MAP 检验在模拟研究中使用了具有明确因子结构的数据集．平行检验和 MAP 检验的检验效果都很好．这些方法都被成功地推广到主因子分析．O'Connor(2000)提供了通过 SPSS 和 SAS 进行平行检验和 MAP 检验的程序．

确定因子数量后，观察旋转后的载荷矩阵来确定每个因子解释的变量数量非常重要(请参见 13.6.5 节).如果只有一个变量在某个因子上载荷很高，那么这个因子的定义不明确．如果两个变量都加载到一个因子上，那么该因子是否有效取决于这两个变量之间以及与 $\boldsymbol{R}$ 中其他变量的相关模式．如果这两个变量彼此高度相关(例如 $r > 0.70$)，且与其他变量相对不相关，则该因子可能是有效的．然而，即使在最具探索性的因子分析中，仅由一个或两个变量定义的因子进行解释也是危险的．

对于验证性因子分析中的主成分提取法和极大似然提取法，因子数量的显著性检验有很多种．Bartlett 检验将所有因子一起评估并且针对没有因子的假设分别评估每个因子．然而，有关这些检验存在一些争议．感兴趣的读者可以参考 Gorsuch(1983)或其他较新的因子分析的文章来讨论因子分析中的显著性检验．

如果因子数量不明确的话，保留较多还是较少因子更好呢？这存在争议．有时候，我们出于统计目的(例如，保持某些因子的共同度<1)，需要旋转边际因子而不是解释它们．其他时候，最后几个新因子代表了研究领域中最有趣和意外的发现．这些都是保留边际可靠因子的重要原因．但是，如果研究人员只想使用被证明可靠的因子，那么将保留尽可能少的因子．

13.6.3 旋转充分性与结构简单性

一旦确定可靠因子的数量后，就可以在正交旋转和斜交旋转中抉择．在多因子分析情况下，斜交旋转似乎比正交旋转更合理，因为因子之间存在相关关系的可能性看似较大．然而，解释斜交旋转的结果需要给出模式矩阵(**A**)和因子相关矩阵(**Φ**)的元素，而正交旋转只需要给出因子载荷矩阵(**A**)．因此，如果要求报告结果的简单性，则正交旋转更合适．此外，如果在其他分析中使用因子得分或类因子得分(13.6.6 节)作为自变量或因变量，或者分析的目标是比较组中的因子结构，则正交旋转具有明显的优势．

也许决定正交旋转和斜交旋转的最佳方法是要求具有期望数量的因子进行斜交旋转，并查看因子之间的相关性．如果需要拟合数据，SPSS 和 SAS 默认使用斜交旋转计算高度相关的因子．但是，如果因子相关不是由原始数据导致的，则因子解仍然是近似正交的．

当相关性大于或等于 0.32 时，我们应该关注因子相关矩阵．如果相关性超过 0.32，那么在因子之间的方差有 10%(或以上)重叠，除非有令人信服的正交旋转的理由，否则足以保证使用斜交旋转．其中令人信服的理由包括：希望比较组内的相关结构、在其他分析中需要正交因子或有正交旋转的理论需要．

一旦在正交和斜交旋转之间做出决定，就可以通过几种方式评估旋转的充分性．也许最简单的方法是比较相关矩阵中的相关模式与因子．这些模式是否代表旋转解？高度相关的变量是否倾向于加载在相同的因子上？如果加入标记变量，它们是否会加载在预测因子上？

另一个标准是结构简单性(Thurstone，1947)．如果存在简单结构(且因子之间相关性较低)，几个变量与每个因素都高度相关，但只有一个因子与每个变量高度相关．换句话说，**A** 的列定义因子相对于变量有几个较大值和许多较小值，而 **A** 的行定义变量相对于因子只有一个较大值．具有多个高相关性的行对应于被认为是复杂的变量，因为它们反映了不止一个因子的影响．我们通常避免复杂变量，因为它们使得因子的解释更加模糊．

旋转的充分性通过四个程序的 PLOT 指令来确定．在图中，一次考虑两个因子，每个图用一对不同的因子作为轴．观察图中变量点与原点的距离、点的聚集方向和点的聚类情况．

变量点到原点的距离反映了因子载荷的大小．与一个因子高度相关的变量在该因子轴上远离原点．理想情况下，每个变量点都在一个轴的远端，而在其他所有轴上均靠近原点．变量点的聚类情况说明因子定义的明确程度．我们希望在每个轴末端附近有一个由多个点组成的簇，同时其他点都靠近原点．沿轴以不同距离散布的点表示一个没有明确定义的因子，而在两个轴线中间的点簇说明了存在另一个因子或需要进行斜交旋转．正交旋转之后的簇的位置也可以说明是否需要斜交旋转．如果正交旋转之后，点簇落在因子轴之间或者几个簇之间相对于原点的夹角不是 90°，那么非正交模型可以提供更好的拟合．斜交旋转也许可以反映出因子之间的实质关系．图 13-3 描述了其中几种关系．

13.6.4　因子的重要性和内部一致性

一个因子(或一组因子)的重要性是由旋转后的因子所占的方差或协方差的比例来衡量的．各个因子的方差比例在旋转前后有所不同，因为旋转一般会重新分配因子的方差．确定因子的方差比例的难易程度取决于旋转是正交还是斜交．

正交旋转后，一个因子的重要性与其 SSL 的大小(旋转后的 **A** 的载荷平方和)有关．SSL 通过除以变量的数量 p 转换为因子的方差比例．将 SSL 除以 SSL 的总和(或变量共同度的总和)等于因子的协方差比例．这些计算如表 13-4 所示，并且 13.4 节给出了示例．

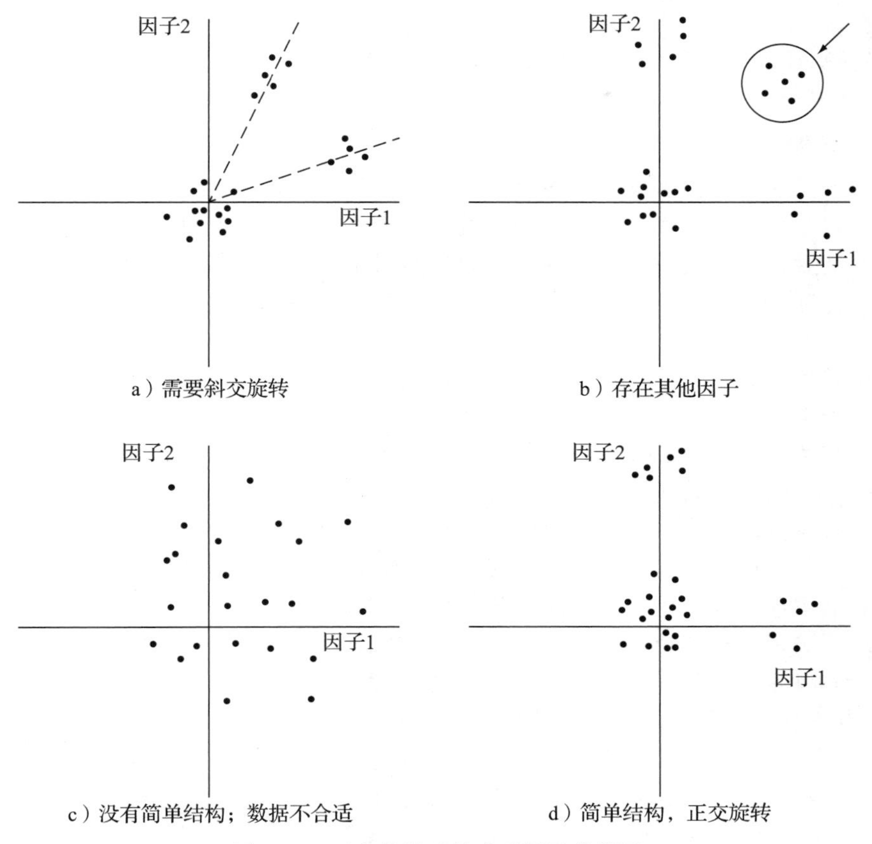

图 13-3 正交旋转后的成对因子载荷图

因子所占的方差比例是原始变量(每个变量贡献了一个单位的方差)中该因子提取的方差量．

方差比例(PV)是因子方差与变量方差之比．一个因子所占的协方差比例表示该因子对所有因子所占总协方差的相对重要性．协方差比例是因子的方差与解的方差之比．模型解的方差可能只占原始变量方差的一部分．

在斜交旋转中，可以用刚刚描述的方法从旋转前的 $\boldsymbol{A}$ 得到方差和协方差的比例，但这些只是旋转后因子的方差比例和协方差比例的粗略估计．由于因子是相关的，所以它们有重叠方差，并且方差分配给单个因子的比例并不明确．在斜交旋转之后，与因子相关的 SSL 值是其重要性的粗略估计值——SSL 越大因子越显著——但是无法确定方差比例和协方差比例．

根据观测变量上的得分预测的因子得分数的平方多重相关(SMC)，可以估计解的内部一致性，即因变量在变量空间中的稳定性．在一个较好的模型中，SMC 取值范围是 0 到 1. SMC 越大，因子越稳定．较大的 SMC(例如 0.70 或更大)意味着观测变量可解释因子得分的实质性方差．小 SMC 意味着观测变量的因子不明确．如果 SMC 是负的，则说明模型保留了太多因子．如果 SMC 大于 1，则需要重新评估整个模型．

SPSS FACTOR 将这些 SMC 输出为估计回归因子得分的协方差矩阵的对角线．在 SAS FACTOR 中，通过 SCORE 选项可以将 SMC 和因子得分系数一起输出．

13.6.5　因子解释

为了解释因子，我们需要理解将载荷组上的变量统一起来的基本维度．在正交旋转和斜交旋转中，载荷都是从载荷矩阵 **A** 中获得的，但载荷的含义在两种旋转中是不同的．

正交旋转后，因子载荷矩阵中的值是变量和因子之间的相关性．我们为有意义的相关性设定一个标准(通常是 0.32 或更大)，将因子载荷达标的变量组合在一起，并寻求统一它们的概念．

斜交旋转后，处理方法与正交旋转相同，但是模式矩阵 **A** 中的值的解释不再简单．因子载荷不是相关性，而是因子和变量之间的特殊关系的度量．因为因子相关，所以变量和因子之间的相关性(在结构矩阵 **C** 中)会因因子之间的重叠而被高估．一个变量可能通过中间因子与另一个因子关联而不是直接与另一个因子相关联．模式矩阵中的元素在“偏出”的因子之间具有重叠的方差，但以牺牲模型简洁性为代价．

实际上，我们通常研究模式矩阵，因为模式矩阵比结构矩阵更容易解释．模式矩阵中的高载荷和低载荷之间的差异比结构矩阵的载荷更加明显．

根据经验法则，只解释载荷在 0.32 及以上的变量．载荷越大，变量就越纯粹地衡量因子．Comrey 和 Lee(1992)确定了评价标准：载荷大于 0.71(50%重叠方差)为优秀、0.63(40%重叠方差)非常好、0.55(30%重叠方差)好、0.45(20%重叠方差)一般和 0.32(10%重叠方差)差．因子载荷的临界值的选择取决于研究者的偏好．有时，不同变量对某一因子的载荷的差别显著，如果将临界值(cuttoff)设在差别中，则很容易指定哪些变量加载，哪些变量不加载. 其他时候，小于某个值的载荷不能够被解释，那么这个值就被作为临界值．

因子载荷的大小受样本得分齐性的影响．如果怀疑齐性，则应解释较小的载荷．也就是说，如果样本在观测变量上产生相似的分数，就应选择较小的临界值来解释因子．

某种程度上，研究者通常会试图用数字或标签来描述一个因子，这个过程既涉及科学又涉及艺术．Rummel(1970)在解释和命名因子方面提供了许多有用的经验．输出分类载荷矩阵可以更好地解释因子，其中按照变量与因子的相关性对变量进行分组．分类载荷由 SAS FACTOR 中的 REORDER 和 SPSS 中的 SORT 生成．

解释中也考虑了因子的可重复性、效用和复杂度．该解是否可以及时用于不同组？这是否是对研究领域内科研思路的有益补充？关于现象的“解释”层次结构中的因子在什么位置？模型是否足够丰富能引起人们的兴趣，又不会导致结果难以解释？

13.6.6　因子得分

主成分分析或因子分析的结果中，因子得分可能是最有用的．因子得分是受试者在每个因子上得分的估计值．

因为因子通常比观测变量少，并且如果因子是正交的，则因子得分几乎不相关，因此在其他分析中使用因子得分更方便．例如，多重共线性矩阵可以通过使用主成分分析来简化为正交成分．或者，可以使用主成分分析减少因变量的数量以用作多元方差分析中的因变量．又或者，可以将大量的自变量转化为较少的因子，用于预测多重回归中的因变量或判别分析与 logistic 回归中的群组成员．如果因子数量少、稳定且可解释的话，则使用因子得分可以增强后面的分析．在因子分析的理论背景下，因子得分是对直接测量潜在结构时所产生的值的估计．

评估因子得分的方法介于简单(但经常练习)和复杂之间．Comrey 和 Lee(1992)描述了几种相当简单的估计因子得分的方法．对每个因子上载荷很高的变量得分求和也许是最简单的方法．标准差较大的变量对该过程产生的因子得分贡献更大．但如果先对变量得分进行标准化，或者如果变量的标准差大致相同，那么不容易出现上述问题．对于许多研究目的来说，这个“快速且粗糙”的因子得分估计是完全足够的．

估计因子有很多复杂的统计方法．所有这些产生的因子得分都与因子相关，但并不完全相关．当共同度越高、变量因子之比越高时，因子与因子得分之间的相关性就越高．但只要对共同度进行估计，因子得分就会受到不确定性的影响，因为存在无限个可能的因子得分都具有相同的数学特征．只要将因子得分仅看作估计值，我们就不会被它们过度欺骗．

13.4 节描述的方法(特别是公式(13.10)和公式(13.11))是用于估计因子得分的回归方法．这种方法使因子和因子得分之间相关性最高．各因子得分分布的均值为零、标准差为1(主成分分析后)或等于因子与变量之间的 SMC(因子分析后)．然而，与所有其他方法(参见第 5 章)一样，这种回归方法利用变量之间的机会关系，使得因子得分估计出现偏差(太接近“真实”因子得分)．此外，即使因子正交，因子得分有时与其他因子相关联，因子之间往往也有相关性．

估计因子得分的回归方法可以通过 SAS 和 SPSS 获得．这两个软件包都会将因子得分写入文件，以供在其他分析中使用．SAS 和 SPSS 可以输出标准化的因子得分系数．

SPSS FACTOR 提供了另外两种估算因子得分的方法．在 Bartlett 方法中，因子得分只与自身因子相关，因子得分是无偏的(也就是说，与“真实”因子得分不会系统上太近也不会系统上太远)．因子得分与因子的相关性几乎与回归方法中相同，与回归方法中具有相同的均值和标准差．然而，因子得分仍可能相互关联．

Anderson-Rubin 方法(由 Gorsuch 于 1983 年讨论)产生的因子得分彼此不相关，即使因子之间是相关的．因子得分的均值为零，标准差为 1．因子得分与回归方法相关，但有时它们也与其他因子(除估计的因子外)相关联，且有一定的偏差．如果需要相互独立的因子得分，最好选择 Anderson-Rubin 的方法；否则，回归方法可能更合适，因为它最易于理解且应用最广泛．

13.6.7　解和组间比较

通常，我们想判断两个具有不同特征的组是否具有相同的因子．因子解之间的比较涉及变量和因子之间的相关模式，或者它们之间相关的模式和量级．Rummel(1970)、Levine(1977)和 Gorsuch(1983)对此做过总结．其中较简单的方法在本书的之前版本中有描述(Tabachnick 和 Fideii，1989)．

理论检验(将理论因子载荷与样本得出的结果进行比较)和各组之间的比较是结构方程模型的重要组成部分．这些方法将在第 14 章中讨论．

13.7 因子分析的完整案例

B.1 节给出小组第二年的研究内容，参与者完成了 Bem 性别角色量表(BSRI；Bem，1974). 样本包括年龄在 21～60 岁之间会说英语的 369 名中产阶级女性，她们亲自接受了采访.

这项研究从 BSRI 中选择了 45 项，其中 20 项测量女性气质，20 项测量男性气质[⊖]，并且 5 项测量社会需求. 受访者通过将 1(“从不或几乎从不符合我”)和 7(“总是或几乎总是符合我”)之间分配数字，从而将特征(例如“温和”“害羞”“强势”)归到自己身上. 将受访者的回答进行汇总，从而得出男性气质和女性气质得分. 男性气质和女性气质都被认为是人格的正交维度，不论是单独哪个都不能描述完整的个体. 文件名是 FACTOR.*.

先前的因子分析已证明，BSRI 项目存在 3～5 个潜在因子. 该女性样本的因子结构调查是本分析的一个目标.

13.7.1 局限性的评估

因为 BSRI 既不是通过开发也不是为因子分析工作而设计的，所以它只能满足 13.3.1 节列出来的要求. 例如，分析不包括标记变量，且关于女性气质程度的变量在社会需求和含义上不同(例如“温柔”和“易上当的”)，所以其中一些变量可能较复杂.

13.7.1.1 样本量和缺失数据

数据最初来自 369 名女性，但没有缺失值. 删除了异常值(见下文)后，对 344 名女性的回答进行因子分析. 根据 13.3.2.1 节的指导原则，超过 300 个案例为因子分析提供了良好的样本量.

13.7.1.2 正态性

通过 SAS MEANS(参见第 12 章)分析 44 个变量的偏度. 许多变量是负向倾斜的，有些是正向倾斜的. 但是，由于 BSRI 已经发布并投入使用，因此不会删除任何变量或对其进行变换.

由于变量不具有正态性，因此不能进行显著性检验. 并且由于不同变量的偏度方向不同，我们预计 $\boldsymbol{R}$ 的相关系数会很低，从而导致分析效果减弱.

13.7.1.3 线性

变量偏度的差异表明某些变量对存在曲线性关系. 然而，对于 44 个变量，检验所有成对变量的散点图(约 1000 个图)是不切实际的. 因此，通过 SAS PLOT 抽检少数散点图. 图 13-4 显示了 LOYAL(强负偏度)和 MASCULIN(强正偏度)之间最差的图. 尽管该图并不尽如人意，因为显示出存在非线性关系或异常值的可能性，但没有证据证实存在曲线性关系(4.1.5.2 节). 并且，在考虑到变量集和分析目标的情况下，变换并不是一种好方法.

⊖ 由于笔误，男性项目之一——“侵略性”从问卷中被忽略了.

```
proc plot data=SASUSER.FACTOR;
 plot masculin*loyal;
run;
```

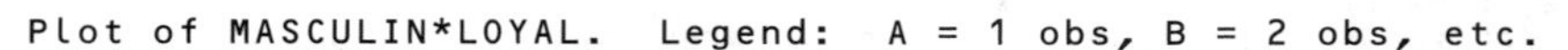

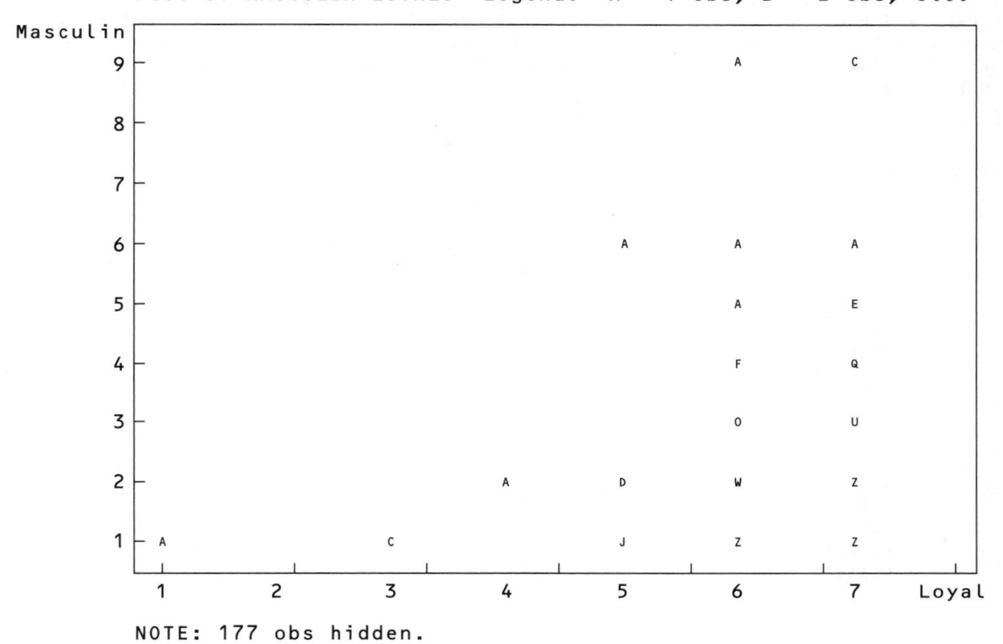

图 13-4　检查变量之间的线性关系 . SAS PLOT 的语法和输出

13.7.1.4　异常值

多元异常值使用 SAS REG(请参见第 12 章)进行识别，这会在数据集添加杠杆变量(现标记为 FACTLEV). 在 $\alpha=0.001$ 和 44 自由度的标准下，临界值 $\chi^2=78.75$，并使用公式(4.3)，$h_{ii}=0.2167$. 根据这个标准，有 25 名女性被认为是异常值，剩下 344 个案例 . 然后在简化的数据集中寻找异常值，其中 $h_{ii}=0.2325$. 另外有 11 个案例被识别为异常值，然而，其中只有一个案例超过了 Lunneborg(1994)提出的临界值的标准 $h_{ii}=2(k/N)=0.2558$. 因此，决定不再删除更多样本，并使用包含 344 个案例的数据集进行剩余的分析 .

由于存在大量的异常值和变量，因此逐个分析(参见第 4 章)是不可行的 . 相反，使用逐步判别分析来识别能显著区分异常值和非异常值 . 首先，将标记为 `DUMMY` 的变量添加到数据集中，其中每个异常值编码为 1，其余的案例标记为 0. 然后，`DUMMY` 在通过 SAS STEPDISC 的逐步回归运行中被声明为 `class`(分组)变量，如表 13-10 所示 . 要求所有变量均采用每组的均值 . 在判别分析的最后一步，两个变量(RELIANT 和 FLATTER)以 $p<0.001$ 来区分异常值 .

创建了仅包含 344 个非异常案例的简化数据集，称为“FACTORR”，用于所有后续分析.

表 13-10 使用 SAS REG 描述造成多元异常值的变量(语法和选定的输出)

```
proc stepdisc data=SASUSER.FACTLEV simple;
  class DUMMY;
  var HELPFUL RELIANT DEFBEL YIELDING CHEERFUL INDPT ATHLET SHY ASSERT
  STRPERS FORCEFUL AFFECT FLATTER LOYAL ANALYT FEMININE SYMPATHY MOODY SENSITIV UNDSTAND
  COMPASS LEADERAB SOOTHE RISK DECIDE SELFSUFF CONSCIEN DOMINANT MASCULIN STAND HAPPY
  SOFTSPOK WARM TRUTHFUL TENDER GULLIBLE LEADACT CHILDLIK INDIV FOULLANG LOVECHIL
  COMPETE AMBITIOU GENTLE;
run;
```

The STEPDISC Procedure
Simple Statistics

DUMMY = 0

Variable	N	Sum	Mean	Variance	Standard Deviation
HELPFUL	344	2089	6.07267	0.91307	0.9555
RELIANT	344	2068	6.01163	1.06109	1.0301
DEFBEL	344	2056	5.97674	1.46301	1.2096
YIELDING	344	1569	4.56105	1.57061	1.2532
CHEERFUL	344	2005	5.82849	1.00548	1.0027
INDPT	344	2033	5.90988	1.59244	1.2619
ATHLET	344	1258	3.65698	3.65459	1.9117
SHY	344	1020	2.96512	2.41860	1.5552
ASSERT	344	1605	4.66570	2.02494	1.4230
STRPERS	344	1757	5.10756	2.16624	1.4718
FORCEFUL	344	1365	3.96802	2.74241	1.6560
AFFECT	344	2058	5.98256	1.18337	1.0878
FLATTER	344	1553	4.51453	2.75197	1.6589
.					
.					
.					

DUMMY = 1

Variable	N	Sum	Mean	Variance	Standard Deviation
HELPFUL	25	143.00000	5.72000	2.12667	1.4583
RELIANT	25	120.00000	4.80000	5.91667	2.4324
DEFBEL	25	123.00000	4.92000	5.49333	2.3438
YIELDING	25	103.00000	4.12000	4.36000	2.0881
CHEERFUL	25	140.00000	5.60000	3.00000	1.7321
INDPT	25	127.00000	5.08000	4.91000	2.2159
ATHLET	25	83.00000	3.32000	4.89333	2.2121
SHY	25	87.00000	3.48000	3.92667	1.9816
ASSERT	25	111.00000	4.44000	5.59000	2.3643
STRPERS	25	116.00000	4.64000	5.24000	2.2891
FORCEFUL	25	93.00000	3.72000	5.71000	2.3896
AFFECT	25	134.00000	5.36000	3.24000	1.8000
FLATTER	25	82.00000	3.28000	4.79333	2.1894
.					
.					
.					

Stepwise Selection Summary

Step	Number In	Entered	Removed	Partial R-Square	F Value	Pr > F	Wilks' Lambda	Pr > Lambda	Average Squared Canonical Correlation	Pr > ASCC
1	1	RELIANT		0.0633	24.82	<.0001	0.93665946	<.0001	0.06334054	<.0001
2	2	FLATTER		0.0330	12.50	0.0005	0.90573479	<.0001	0.09426521	<.0001
3	3	TRUTHFUL		0.0275	10.32	0.0014	0.88082728	<.0001	0.11917272	<.0001

（续）

4	4 LEADACT	0.0144	5.33	0.0215	0.86811036	<.0001	0.13188964	<.0001
5	5 LEADERAB	0.0170	6.28	0.0127	0.85334921	<.0001	0.14665079	<.0001
6	6 FEMININE	0.0139	5.11	0.0244	0.84147148	<.0001	0.15852852	<.0001
7	7 MASCULIN	0.0187	6.88	0.0091	0.82573101	<.0001	0.17426899	<.0001
8	8 FOULLANG	0.0111	4.04	0.0452	0.81656744	<.0001	0.18343256	<.0001
9	9 SELFSUFF	0.0089	3.23	0.0732	0.80928660	<.0001	0.19071340	<.0001
10	10 CHILDLIK	0.0128	4.64	0.0319	0.79893591	<.0001	0.20106409	<.0001
11	11 DEFBEL	0.0099	3.57	0.0597	0.79103028	<.0001	0.20896972	<.0001
12	12 HAPPY	0.0079	2.83	0.0933	0.78478880	<.0001	0.21521120	<.0001
13	13 CHEERFUL	0.0209	7.57	0.0062	0.76839511	<.0001	0.23160489	<.0001
14	14 YIELDING	0.0083	2.96	0.0861	0.76201822	<.0001	0.23798178	<.0001

13.7.1.5　多重共线性和奇异性

通过 SAS FACTOR 运行的非旋转主成分分析显示最小特征值为 0.126，并不是非常接近于 0. 变量之间最大的 SMC 为 0.76，并不接近于 1(表 13-11). 这个数据集中不存在多重共线性问题.

SPSS FACTOR 相关矩阵(未显示)说明了 44 项之间的多数相关系数远大于 0.30，因此可以预测变量与响应的相关模式. 表 13-11 中的语法产生 Kaiser 抽样充分性度量(msa)，这是可以接受的，因为所有度量都大于 0.6(未显示). 负反图像相关矩阵(也未显示)中的大部分值都很小，这是理想的因子分析的另一个要求.

表 13-11　用于评估多重共线性的 SAS FACTOR 语法和选定的输出

```
proc factor data=SASUSER.FACTORR prior=smc msa;
    var HELPFUL RELIANT DEFBEL YIELDING CHEERFUL INDPT ATHLET SHY ASSERT
  STRPERS FORCEFUL AFFECT FLATTER LOYAL ANALYT FEMININE SYMPATHY MOODY SENSITIV UNDSTAND
  COMPASS LEADERAB SOOTHE RISK DECIDE SELFSUFF CONSCIEN DOMINANT MASCULIN STAND HAPPY
  SOFTSPOK WARM TRUTHFUL TENDER GULLIBLE LEADACT CHILDLIK INDIV FOULLANG LOVECHIL
  COMPETE AMBITIOU GENTLE;
run;
```

Prior Communality Estimates: SMC

HELPFUL	RELIANT	DEFBEL	YIELDING	CHEERFUL	INDPT	ATHLET	SHY
0.37427495	0.46116308	0.41691063	0.22995039	0.49202401	0.53847238	0.25760550	0.32497651

Prior Communality Estimates: SMC

ASSERT	STRPERS	FORCEFUL	AFFECT	FLATTER	LOYAL	ANALYT	FEMININE
0.53767397	0.59340397	0.56564996	0.55263932	0.29585781	0.39072689	0.24184436	0.35791153

Prior Communality Estimates: SMC

SYMPATHY	MOODY	SENSITIV	UNDSTAND	COMPASS	LEADERAB	SOOTHE	RISK
0.45290025	0.38090682	0.48603768	0.61662633	0.64933699	0.76269041	0.43513523	0.42237094

Prior Communality Estimates: SMC

DECIDE	SELFSUFF	CONSCIEN	DOMINANT	MASCULIN	STAND	HAPPY	SOFTSPOK
0.48929870	0.63267630	0.39916244	0.56213138	0.31595289	0.57283829	0.53576835	0.40179017

Prior Communality Estimates: SMC

WARM	TRUTHFUL	TENDER	GULLIBLE	LEADACT	CHILDLIK	INDIV	FOULLANG
0.61522559	0.35627431	0.60454474	0.29683146	0.76136184	0.29603932	0.37905349	0.11346293

Prior Communality Estimates: SMC

LOVECHIL	COMPETE	AMBITIOU	GENTLE
0.28419396	0.46467594	0.45870303	0.57953547

13.7.1.6　变量中的异常值

如13.3.2.7节所述，变量中的SMC(表13-11)也用于筛选变量中的异常值．变量中最小的SMC是0.11．尽管其中许多变量与其他变量基本无关，但我们决定保留全部44个变量．(事实上，在分析的44个变量中，有45%的变量在所有因子中的载荷都太低，不利于最终解的解释．)

13.7.2　最大方差旋转的主因子提取法

在初始运行中使用SAS FACTOR进行最大方差旋转的主成分提取法来从特征值估计可能的因子数量[㊀]．前13个特征值如表13-12所示．最大因子数(特征值大于1)为11．然而，保留11个因子似乎并不合理，所以使用碎石图检验寻找特征值大小的急剧变化的中断点(13.6.2节)．

前4个因子的Eigenvalue都大于2，而在第6个因子后，后续特征值的变化很小．这证明可能有4～6个因子．碎石图从图形化的角度说明4～6个因子之间有断裂．这些结果与较早的研究结论一致，表明BSRI有3～5个因子．

剔除变量的特定方差和误差方差，建立公共因子提取模型，用于接下来的几个步骤和最终的结论．从用于提取公因子的方法中选择主因子．重复进行主因子分析确定4～6个因子，以找到最佳的因子数目．

表13-12　前13个成分的特征值和方差比例(SAS FACTOR和主成分分析的语法和选定的输出)

```
proc factor data=SASUSER.FACTORR simple corr scree;
    var HELPFUL RELIANT DEFBEL YIELDING CHEERFUL INDPT ATHLET SHY ASSERT
  STRPERS FORCEFUL AFFECT FLATTER LOYAL ANALYT FEMININE SYMPATHY MOODY SENSITIV UNDSTAND
  COMPASS LEADERAB SOOTHE RISK DECIDE SELFSUFF CONSCIEN DOMINANT MASCULIN STAND HAPPY
  SOFTSPOK WARM TRUTHFUL TENDER GULLIBLE LEADACT CHILDLIK INDIV FOULLANG LOVECHIL
  COMPETE AMBITIOU GENTLE;
run;
```

Eigenvalues of the Correlation Matrix: Total = 44 Average = 1

	Eigenvalue	Difference	Proportion	Cumulative
1	8.19403261	3.04053048	0.1862	0.1862
2	5.15350213	2.56303643	0.1171	0.3034
3	2.59046570	0.51750786	0.0589	0.3622
4	2.07295785	0.42538555	0.0471	0.4093
5	1.64757230	0.23237531	0.0374	0.4468
6	1.41519699	0.12450020	0.0322	0.4789
7	1.29069678	0.06948058	0.0293	0.5083
8	1.22121620	0.11167570	0.0278	0.5360
9	1.10954050	0.03190183	0.0252	0.5613
10	1.07763867	0.04595329	0.0245	0.5857
11	1.03168538	0.08043037	0.0234	0.6092
12	0.95125501	0.00960040	0.0216	0.6308
13	0.94165462	0.05995335	0.0214	0.6522
.				
.				

11 factors will be retained by the MINEIGEN criterion.

㊀ 主成分提取法可以估计可能感兴趣的因子的最小数量．产生较少大于1的特征值的主因子分析是估计的合理替代．

（续）

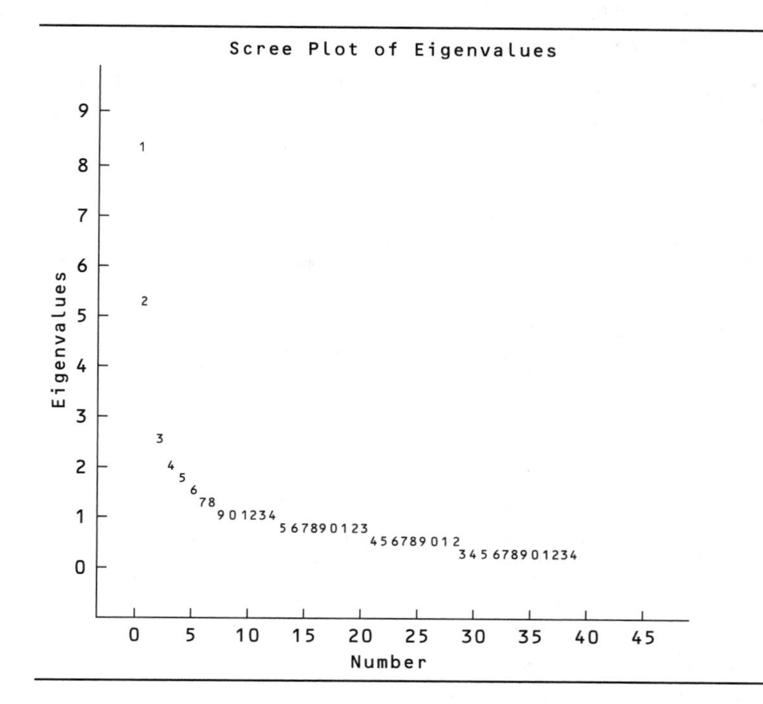

使用 5 个因子进行的主因子分析，旋转前有 5 个特征值大于 1. 旋转后，第 5 个因子的特征值在 1 以下，且没有大于 0.45 的载荷，这是本研究选择的解释标准. 另一方面，具有 4 个因子的模型解满足了可解释性的目标，因此选择 4 个因子进行后续分析. 表 13-13 显示了四因子解的前 6 个特征值.

表 13-13　前 6 个因子的特征值和方差比例、主因子提取和最大方差旋转(SAS FACTOR 语法和选定的输出)

```
proc factor data=SASUSER.FACTORR prior=smc nfact=4 method=prinit rotate=varimax plot
  reorder residuals out=SASUSER.FACSCPFA;
     var HELPFUL RELIANT DEFBEL YIELDING CHEERFUL INDPT ATHLET SHY ASSERT STRPERS FORCEFUL
  AFFECT FLATTER LOYAL ANALYT FEMININE SYMPATHY MOODY SENSITIV UNDSTAND COMPASS LEADERAB
  SOOTHE RISK DECIDE SELFSUFF CONSCIEN DOMINANT MASCULIN STAND HAPPY SOFTSPOK WARM
  TRUTHFUL TENDER GULLIBLE LEADACT CHILDLIK INDIV FOULLANG LOVECHIL COMPETE AMBITIOU
  GENTLE;
run;
```

Initial Factor Method: Iterated Principal Factor Analysis

Eigenvalues of the Reduced Correlation Matrix: Total = 15.6425418 Average = 0.35551231

	Eigenvalue	Difference	Proportion	Cumulative
1	7.61934168	3.01821307	0.4871	0.4871
2	4.60112861	2.64348628	0.2941	0.7812
3	1.95764234	0.49300719	0.1251	0.9064
4	1.46463515	0.52864417	0.0936	1.0000
5	0.93599097	0.16446358	0.0598	1.0598
6	0.77152739	0.21427798	0.0493	1.1092

作为因子个数和提取的充分性的另一种检验，注意到四因子正交解的残差相关矩阵中的大部分值接近于零．这进一步证明合理的因子数量为 4.

斜交旋转和正交旋转的判定是通过四因子斜交旋转的主因子提取法来实现的．最优法采用斜交方法，它限制因子间的最高相关系数．最高相关系数(0.299)在因子 2 和 3 之间(见表 13-14).

表 13-14　最优旋转后因子之间的相关性的 SAS FACTOR 主因子分析语法和选定的输出

```
proc factor data=SASUSER.FACTORR prior=smc nfact=4 method=prinit rotate=promax power=2
   reorder out=SASUSER.FACSCORE;
      var HELPFUL RELIANT DEFBEL YIELDING CHEERFUL INDPT ATHLET SHY ASSERT STRPERS FORCEFUL
   AFFECT FLATTER LOYAL ANALYT FEMININE SYMPATHY MOODY SENSITIV UNDSTAND COMPASS LEADERAB
   SOOTHE RISK DECIDE SELFSUFF CONSCIEN DOMINANT MASCULIN STAND HAPPY SOFTSPOK WARM
   TRUTHFUL TENDER GULLIBLE LEADACT CHILDLIK INDIV FOULLANG LOVECHIL COMPETE AMBITIOU
   GENTLE;
run;
```

Inter-Factor Correlations

	Factor1	Factor2	Factor3	Factor4
Factor1	1.00000	0.13743	0.10612	0.15100
Factor2	0.13743	1.00000	0.29925	0.01143
Factor3	0.10612	0.29925	1.00000	0.03143
Factor4	0.15100	0.01143	0.03143	1.00000

命令输出数据集(outfile=SASUSER.FACSORE)生成因子得分，并将其画成图，如图 13-5 所示．这两个因子之间的因子得分的散点图呈长方形，这证实了它们的相关性．这种相关性的大小可以作为判别选择正交解还是复杂的斜交解之间的临界值．我们应选择更简单的正交解．

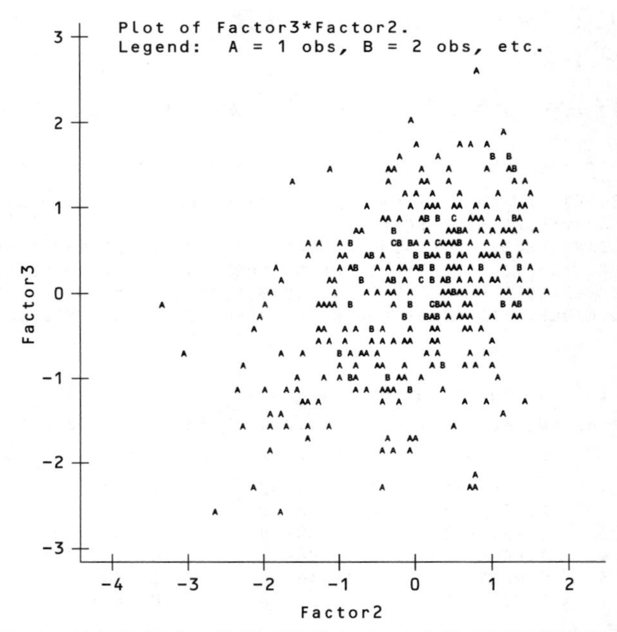

图 13-5　斜交旋转后，以成对因子(2 和 3)为轴的因子得分散点图

分别尝试主因子提取、最大方差旋转和四因子分析法来评估、解释和报告模型解．换句话说，在“尝试”斜交旋转之后，决定用正交旋转解释先前的运行．此运行所需命令如表 13-13 所示．

对变量共同度进行检验，来判断模型解是否很好地定义了变量．共同度表示变量中方差重叠的百分比．如表 13-15 所示，许多变量的共同度相当低(如 FOULLANG)．其中 10 个变量的共同度低于 0.2，表明变量之间存在显著的异质性．但应该记得，因子的纯度并不是一个 BSRI 的考虑因素．

表 13-15　共同度(四个因子)．SAS FACTOR 主因子分析的选定输出(语法见表 13-13)

Final Communality Estimates: Total = 15.642748

HELPFUL	RELIANT	DEFBEL	YIELDING	CHEERFUL	INDPT	ATHLET	SHY
0.28247773	0.39792405	0.24898804	0.15114135	0.35981928	0.45412974	0.18372573	0.15681146
ASSERT	STRPERS	FORCEFUL	AFFECT	FLATTER	LOYAL	ANALYT	FEMININE
0.44027299	0.50741884	0.46350807	0.47961520	0.20018392	0.29379728	0.15138438	0.15620355
SYMPATHY	MOODY	SENSITIV	UNDSTAND	COMPASS	LEADERAB	SOOTHE	RISK
0.44050701	0.27127119	0.44399028	0.58130105	0.68459538	0.57710696	0.38766356	0.27628362
DECIDE	SELFSUFF	CONSCIEN	DOMINANT	MASCULIN	STAND	HAPPY	SOFTSPOK
0.37646744	0.63646751	0.35022727	0.54004032	0.18936093	0.43845627	0.44207474	0.27748592
WARM	TRUTHFUL	TENDER	GULLIBLE	LEADACT	CHILDLIK	INDIV	FOULLANG
0.63155117	0.16826304	0.53456942	0.22140178	0.54070079	0.19201877	0.23621643	0.02475343
		LOVECHIL	COMPETE	AMBITIOU	GENTLE		
		0.13659523	0.33755360	0.26450504	0.51391804		

散点图可以在一定程度上评估旋转是否充分(13.6.3 节)，散点图以旋转的因子对为轴，变量为点，如图 13-6 所示．理想情况下，变量点位于原点(图中间未标记的部分)或者在因子轴末端的簇中．因子 1 和因子 2(仅显示一个)、因子 2 和因子 4 之间以及因子 3 和因子 4 之间的散点图看起来相当清楚．其他因子之间的散点图显示了斜交旋转后因子之间的相关性．除此之外，散点图检验的效果不好，但可以证明 BSRI 变量之间的异质性．

正交旋转后因子载荷结构的简单性(见 13.6.3 节)是根据 `Rotated Factor Pattern`(见表 13-16)进行评估的．在每一列中，变量和因子之间存在较少高相关性和较多低相关性．此外，还有许多中等载荷，因此除非建立了相当高的解释载荷临界值，否则多个变量将很复杂(解释多个因子)．变量的复杂度(13.6.5 节)是通过检验变量的因子载荷来评估的．当以 0.45 为临界值时，只有 WARM 和 INDPT 解释多个因子．

```
              Plot of Factor Pattern for Factor1 and Factor2

                              Factor 1
                                 .1

                                 .9

                                 .8
                                 K   V
                                B.7   J
                                   K   I
                                 .6         D
                               P
                                 .5  X
                                 Q FM
                                 .4   Z     C
                                     B
                              G  .3       O A L

                                 .2         A N
                                     E       H    G
                                 .1  E          I
                                      R P            W  S    U
 -1 -.9 -.8 -.7 -.6 -.5 -.4 -.3 -.2 -.L  N .1  .0  .3  .4R .5  .6  .T  .8  .9 1.0  Factor 2
                                     J                  Q
                                -.1
                                      D
                                -.2

                                -.3   F

                               H-.4

                                -.5

                                -.6

                                -.7

                                -.8

                                -.9

                                 -1

HELPFUL=A    RELIANT=B    DEFBEL=C     YIELDING=D   CHEERFUL=E   INDPT=F      ATHLET=G
SHY=H        ASSERT=I     STRPERS=J    FORCEFUL=K   AFFECT=L     FLATTER=E    LOYAL=N
ANALYT=O     FEMININE=P   SYMPATHY=Q   MOODY=R      SENSITIV=S   UNDSTAND=T   COMPASS=U
LEADERAB=V   SOOTHE=W     RISK=X       DECIDE=X     SELFSUFF=Z   CONSCIEN=A   DOMINANT=B
MASCULIN=G   STAND=D      HAPPY=E      SOFTSPOK=F   WARM=G       TRUTHFUL=H   TENDER=I
GULLIBLE=J   LEADACT=K    CHILDLIK=L   INDIV=M      FOULLANG=N   LOVECHIL=O   COMPETE=P
AMBITIOU=Q   GENTLE=R
```

图 13-6　选定的 SAS FACTOR 主因子分析输出显示以因子 1 和因子 2 为轴的变量载荷的散点图 .（语法见表 13-13）

表 13-16　4 个因子的主因子提取和最大方差旋转的因子载荷．选定的 SAS FACTOR 输出（语法见表 13-13）

Rotated Factor Pattern				
	Factor1	Factor2	Factor3	Factor4
LEADERAB	0.73903	0.08613	0.04604	0.14629
LEADACT	0.72702	-0.02385	0.02039	0.10565
STRPERS	0.70096	0.10223	-0.05164	-0.05439
DOMINANT	0.67517	-0.06437	-0.28063	0.03583

（续）

FORCEFUL	0.64508	0.05473	-0.21028	-0.01292
ASSERT	0.64259	0.14184	-0.08400	0.01351
STAND	0.59253	0.24355	0.04322	0.16179
COMPETE	0.54071	-0.08335	0.16245	-0.10883
RISK	0.49569	0.08158	0.15386	0.01561
DECIDE	0.48301	0.08503	0.12984	0.34508
AMBITIOU	0.46606	0.00019	0.19928	0.08705
INDIV	0.43516	0.09442	0.06890	0.18217
DEFBEL	0.41270	0.27996	0.00103	0.01695
ATHLET	0.32396	-0.12167	0.24707	-0.05413
HELPFUL	0.31087	0.26951	0.29585	0.16024
MASCULIN	0.30796	-0.10533	-0.28704	-0.03220
ANALYT	0.27719	0.23310	-0.05488	0.13117
SHY	-0.38348	-0.07433	-0.04977	-0.04188
COMPASS	0.05230	0.81101	0.15098	0.03640
UNDSTAND	0.02375	0.73071	0.17725	0.12402
SENSITIV	0.05619	0.65980	0.06857	0.02820
SYMPATHY	-0.04187	0.64934	0.12865	-0.02375
SOOTHE	0.06957	0.53975	0.29652	-0.05973
AFFECT	0.29979	0.39154	0.39101	-0.28905
LOYAL	0.20039	0.38769	0.31916	-0.03842
TRUTHFUL	0.13882	0.32001	0.13851	0.16553
HAPPY	0.12217	0.06907	0.64118	0.10615
WARM	0.14939	0.48347	0.59415	-0.14995
CHEERFUL	0.16664	0.08795	0.55905	0.10853
GENTLE	0.02278	0.44682	0.55386	-0.08360
TENDER	0.10734	0.44629	0.55110	-0.14200
SOFTSPOK	-0.29038	0.12946	0.38838	0.15991
YIELDING	-0.13886	0.11282	0.34504	-0.00906
FEMININE	0.05666	0.18883	0.32403	0.11109
LOVECHIL	0.02370	0.20065	0.28216	-0.12712
FOULLANG	-0.01697	0.03248	0.14994	0.03046
MOODY	0.03005	0.10334	-0.37409	-0.34605
SELFSUFF	0.41835	0.10969	0.13556	0.65654
INDPT	0.46602	0.04291	0.03648	0.48351
RELIANT	0.36502	0.08295	0.16676	0.47958
CONSCIEN	0.20263	0.28468	0.23462	0.41603
FLATTER	0.16489	0.09539	0.21485	-0.34313
CHILDLIK	0.00494	-0.06847	-0.11126	-0.41824
GULLIBLE	-0.04076	0.08513	0.11042	-0.44755

Variance Explained by Each Factor

Factor1	Factor2	Factor3	Factor4
6.0140024	4.0025570	3.3995972	2.2265911

因子重要性(13.4 节和 13.6.4 节)由该因子占据的方差和协方差的百分比来评估．计算中要用到 SSL，即表 13-16 中的 Variance Explained by Each Factor. 使用旋转后因子的 SSL 是很重要的，因为在旋转过程中重新分配了方差．一个因子的方差比例等于因子的 SSL 除以变量个数．协方差的比例等于 SSL 除以 SSL 的总和．结果转换为百分比，如表 13-17 所示．每个因子占变量集方差的 4%～16%，没有一个突出的因子．只有第一个因子可以解释显著的协方差．

表 13-17　每个旋转正交因子解释的方差和协方差的百分比

	因子			
	1	2	3	4
SSL	6.01	4.00	3.40	2.23
方差百分比	13.66	9.09	7.73	5.07
协方差百分比	38.42	25.57	21.74	14.26

因子的内部一致性(13.6.4 节)通过 SMC 进行评估，当请求因子得分时可以在 SAS FACTOR 中获得(表 13-13 中的语法为 out=SASUSER.FACSCPFA). 这些都可以在 Squared Multiple Correlations of the Variables with Each Factor 表中找到，其中因子作为因变量，变量作为自变量．定义明确的因子具有较高的 SMC 值，而定义不清的因子具有较低的 SMC 值．如表 13-18 所示，所有因子都是内部一致的．(这些矩阵中的非对角线元素是因子得分之间的相关系数．虽然很低，但值并不为零，正如 13.6.6 节所讨论的，即使正交旋转后，因子得分之间也常常有较低的相关性．)

表 13-18　变量作为自变量的因子的 SMC. 具有正交(最大方差)旋转的 SAS FACTOR 主因子分析的选定输出(语法见表 13-13)

```
Squared Multiple Correlations of the Variables with Each Factor

        Factor1       Factor2       Factor3       Factor4

     0.90317097    0.84911248    0.80546360    0.77855397
```

通过表 13-16 中的因子载荷(13.6.5 节)来解释因子．以 0.45 的载荷作为临界值(变量和因子之间 20%的方差重叠). 当使用 0.45 作为载荷的临界值时，将生成表 13-19，以进一步帮助解释. 在不太正式的因子分析结果中，可能会输出这个表，而不是表 13-16. 因子按载荷降序排列，将具有最大载荷的变量放在顶部．在解释一个因子时，列顶部附近的项被赋予更大的权重．将详细地写出变量名称，并且在每列的顶部给出合适的因子标签(例如，统治力). 表 13-20 显示了一个更正式的因子载荷汇总表，其中包括共同度、方差和协方差的百分比．

表 13-19　变量影响因子的顺序(按载荷大小)

因子 1：统治力	因子 2：同理心	因子 3：正向情感	因子 4：独立性
有领导能力	多愁善感	幸福	自立
担任领导者	宽容	热情	独立
个性强	对他人的需求敏感	开朗	自食其力
有主导性	有同情心	优雅	
有说服力	渴望被安慰	温柔	
有决断力	热情的		
愿意表明立场			
好竞争			
愿意冒险			
容易做决策			
独立			
有抱负			

注：因子中具有较高载荷的变量更靠近列的顶部．建议标签用斜体表示．

表 13-20　BSRI 项上的主因子提取和最大方差旋转的因子载荷、共同度(h^2)、方差和协方差百分比

项	$F_1$①	F_2	F_3	F_4	h^2
领导能力	0.74	0.00	0.00	0.00	0.58
担任领导者	0.73	0.00	0.00	0.00	0.54
个性强	0.70	0.00	0.00	0.00	0.51
有主导性	0.68	0.00	0.00	0.00	0.54
有说服力	0.65	0.00	0.00	0.00	0.46
有决断力	0.64	0.00	0.00	0.00	0.44
表明立场	0.59	0.00	0.00	0.00	0.44
好竞争	0.54	0.00	0.00	0.00	0.34
冒险	0.50	0.00	0.00	0.00	0.28
做决策	0.48	0.00	0.00	0.00	0.38
独立	0.47	0.00	0.00	0.48	0.25
有抱负	0.47	0.00	0.00	0.00	0.26
多愁善感	0.00	0.81	0.00	0.00	0.68
宽容	0.00	0.73	0.00	0.00	0.58
敏感	0.00	0.66	0.00	0.00	0.44
有同情心	0.00	0.65	0.00	0.00	0.44
渴望被安慰	0.00	0.54	0.00	0.00	0.39
热情的	0.00	0.48	0.72	0.00	0.63
幸福	0.00	0.00	0.64	0.00	0.44
开朗	0.00	0.00	0.56	0.00	0.36
优雅	0.00	0.00	0.55	0.00	0.51
温柔	0.00	0.00	0.55	0.00	0.53
自立	0.00	0.00	0.00	0.66	0.64
自食其力	0.00	0.00	0.00	0.48	0.40
深情	0.00	0.00	0.00	0.00	0.48
认真	0.00	0.00	0.00	0.00	0.35
捍卫信仰	0.00	0.00	0.00	0.00	0.25
男性气质	0.00	0.00	0.00	0.00	0.19
诚实的	0.00	0.00	0.00	0.00	0.17
女性气质	0.00	0.00	0.00	0.00	0.16
乐于助人	0.00	0.00	0.00	0.00	0.28
利己主义的	0.00	0.00	0.00	0.00	0.24
害羞	0.00	0.00	0.00	0.00	0.16
易怒的	0.00	0.00	0.00	0.00	0.27
方差百分比	13.66	9.09	7.73	5.06	
协方差百分比	38.42	25.57	21.74	14.26	

①因子标签：

F_1　统治力

F_2　同理心

F_3　正向情感

F_4　独立性

表 13-21 提供了因子分析的清单，以下是本节分析的数据的期刊格式的结果部分．

表 13-21 因子分析清单

1. 局限性	3. 附加分析
a. 案例中的异常值	a. 因子得分
b. 样本量和缺失数据	b. 因子的可区分性和简单性
c. ***R*** 的因子分解	c. 变量的复杂度
d. 变量的正态性和线性	d. 因子的内部一致性
e. 多重共线性和奇异性	e. 因子中的异常案例
f. 变量中的异常值	
2. 主要分析	
a. 因子数	
b. 因子的性质	
c. 旋转类型	
d. 因子的重要性	

结果

对于 344 名女性样本，通过 SAS FACTOR 对来自 BSRI 的 44 项进行了最大方差旋转的主因子提取．在提取主因子之前，先使用主成分提取来估计因子数量、异常值的存在、多重共线性的存在以及相关矩阵的可分解性．在临界值为 $\alpha=0.001$ 的水平下，369 名女性中，有 25 位得分较高，表明她们是异常值．因此，从主因子提取中删除了这些案例[⊖]．

我们提取了 4 个因子．正如 SMC 所表明的，所有因子都是内部一致的，并且由变量明确定义．变量因子的最小 SMC 为 0.78(有关 SMC 的信息来自表 13-18)．然而，反过来并不正确．总体而言，该因子解对变量的定义不充分．如表 13-15 所示，共同度偏低．将一个变量纳入一个因子解释中的临界值为 0.45 时，44 个变量中的 20 个没有加载到任何因子上．在因子上加载大量变量的失败反映了 BSRI 上项的异质性．然而，解中只有两个变量“热情”和“独立”是复杂的．

当要求斜交旋转时，解释为同理心和正向情感的两个因子的相关系数是 0.30．但是，由于相关性是适度的、仅限于一对因子，以及其余相关性较低，因此选择了正交旋转．

表 13-20 中显示了变量在因子上的载荷、共同度、方差和协方差的百分比．为方便解释，变量按载荷大小排序和分组．小于 0.45(方差 20%)的载荷将替换为零．建议在脚注中为每个因子提供解释性标签．

总之，这组女性 BSRI 的 4 个因子是统治力(例如，领导能力和个性强)、同理心(例如，多愁善感和宽容)、正向情感(例如，幸福和热情)和独立性(例如，自立和自食其力)．

⊖ 通过判别分析，将异常值作为一组与非异常值进行比较．在 $p<0.01$ 的显著性水平下，25 名女性较少自食其力，且比非异常值的女性更容易被奉承．

13.8 程序的比较

SPSS、SAS 和 SYSTAT 都有一个单独的程序来处理因子分析和主成分分析．前两个程序为提取和旋转提供了多个选项，并在用户指导分析的进度方面提供了相当大的自由度．表 13-22 描述了这三个程序的特性.

表 13-22 因子分析程序的比较

特性	SPSS FACTOR	SAS FACTOR	SYSTAT FACTOR
输入			
相关矩阵	是	是	是
关于起源	否	是	否
协方差矩阵	是	是	是
关于起源	否	是	否
SSCP 矩阵	否	否	是
因子载荷(未旋转模式)	是	是	是
因子得分系数	否	是	数据文件
因子载荷(旋转模式)和因子相关性	否	是	是
缺失数据的选项	是	否	是
分析偏相关或协方差矩阵	否	是	否
指定最大因子数	FACTORS	NFACT	NUMBER
提取方法(见表 13-7)			
PCA	PC	PRIN	PCA
PFA	PAF	PRINIT	IPA
图像(Little Jiffy，Harris)	IMAGE	是①	否
极大似然比	ML	ML	MLA
Alpha	ALPHA	ALPHA	否
未加权最小二乘法	ULS	ULS	否
广义最小二乘法	GLS	是	否
指定共同度	是	是	否
指定最小特征值	MINEIGEN	MIN	EIGEN
指定要考虑的方差比例	否	PROPORTION	否
指定最大迭代次数	ITERATE	MAXITER	ITER
允许共同度>1 的选项	否	HEYWOOD	否
指定公差	否	SING	否
指定提取的收敛标准	ECONVERGE	CONV	CONV
指定旋转的收敛标准	RCONVERGE	否	否
旋转方法(见表 13-9)			
最大方差法	是	是	是
四次方最大正交法	是	是	是
平均正交法	是	是	是
与 gamma 正交	否	ORTHOMAX	ORTHOMAX
Parsimax 法	否	是	否
直接最小斜交法	是	否	是
直接四次方最小正交法	DELTA=0	否	否
正斜交法	否	HK	否
最优法	否	是	否
Procrustes	否	是	否

（续）

特性	SPSS FACTOR	SAS FACTOR	SYSTAT FACTOR
预旋转标准	否	是	否
可选 Kaiser 归一化	是	是	仅正规化
用 Cureton-Mulaik 方法进行可选加权	否	是	否
模式矩阵对协方差的可选重新缩放	否	是	否
加权相关矩阵	否	WEIGHT	否
计算因子得分的替代方法	是	否	否
输出			
均值和标准差	是	是	否
每个变量的案例数(缺失数据)	是	否	否
相关性的显著性	是	否	否
协方差矩阵	是	是	是
初始共同度	是	是	是
最终共同度	是	是	是
特征值	是	是	是
连续特征值之差	否	是	否
每个特征向量元素的标准误差	否	否	是
由因子解释的总方差的方差百分比	是	否	是
累积方差百分比	是	否	否
协方差百分比	否	否	是
未旋转因子载荷	是	是	是
由所有载荷矩阵的因子解释的方差	否	是	是
简单性标准，每次旋转迭代	δ[②]	否	否
旋转因子载荷(模式)	是	是	是
旋转因子载荷(结构)	是	是	是
特征向量	否	是	是
每个特征向量元素的标准误差	否	否	是
变换矩阵	是	是	否
因子得分系数	是	是	数据文件[③]
标准化因子得分	数据文件	数据文件	数据文件[③]
残差成分得分	否	否	数据文件[③]
残差平方和(Q)	否	否	数据文件[③]
Q 的概率	否	否	数据文件[③]
碎石图	是	是	是
未旋转因子载荷图	否	是	否
旋转因子载荷图	是	是	是
分类旋转因子载荷	是	是	是
卡方因子数检验(极大似然估计)	否	是	否
所有特征值相等的卡方检验	否	否	是
最后 n 个特征值相等的卡方检验	否	否	是
因子载荷的标准误差(用极大似然估计和最优法求得的解)	否	是	否
相关矩阵的逆	是	是	否
相关矩阵的行列式	是	否	否
偏相关性(反图像矩阵)	AIC	MSA	否

（续）

特性	SPSS FACTOR	SAS FACTOR	SYSTAT FACTOR
抽样充分性的度量	AIC，KMO	MSA	否
反图像协方差矩阵	AIC	否	否
Bartlett 球度检验	KMO	否	否
残差相关矩阵	是	是	是
再生相关矩阵	是	否	否
因子相关性	是	是	是

①两种类型.

②仅斜交旋转.

③仅 PCA.

13.8.1 SPSS 软件包

SPSS FACTOR 在相关矩阵或因子载荷矩阵上进行主成分分析或因子分析，这对于对高阶因子分解(从以前的因子分析中提取因子)感兴趣的研究人员有所帮助．有多种提取方法和多种正交旋转方法可供选择．斜交旋转使用直接斜交转轴法，这是目前可用的最好方法之一(见 13.5.2.2 节).

一元输出仅适用于求平均值、标准差和每个变量的案例数量．所以，寻找一元异常值必须通过其他程序来进行．同样，它也没有在案例中筛检多元异常值．但是正如 13.3.2.6 节所讨论的那样，这个程序在评估 $\boldsymbol{R}$ 的可用性方面非常有用．

程序可输出多种关于提取和旋转的信息．它提供残差和再生相关矩阵，以帮助检验提取和旋转的适当性．在需要矩阵求逆的条件下，SPSS FACTOR 是唯一可以输出相关矩阵行列式的程序，这有助于检验多重共线性和奇异性(13.3.2.5 节和 4.1.7 节). 通过碎石图输出选项(13.6.2 节)，可以确定因子的数量．因子得分的几个评估程序(13.6.6 节)可作为文件输出．

13.8.2 SAS 系统

SAS FACTOR 是因子分析和主成分分析的另一个高度灵活、功能全面的程序，它唯一的缺点是要筛除异常值．只要提供了因子相关性，SAS FACTOR 就可以接受旋转的载荷矩阵，并且可以分析偏相关或协方差矩阵(排除特定变量)．软件有多个提取选项和两种旋转方法(正交旋转和斜交旋转)．极大似然估计提供了因子数量的χ^2 检验．对于具有极大似然估计的因子载荷和最优旋转因子载荷可能需要标准误差．目标模式矩阵可以作为验证性因子分析中的斜交旋转的标准．SAS 还提供了以下选项：确定因子数量时要考虑方差比例，以及允许变量共同度大于 1.0. 可以对相关矩阵进行加权来使用广义最小二乘法提取．

13.8.3 SYSTAT 系统

目前的 SYSTAT FACTOR 程序比早期版本的限制更少．由于不确定性问题(13.6.6 节)，Wilkinson(1990)主张使用主成分分析而不是因子分析．然而，该程序现在可以进行主因子分析(PFA)、主成分分析(PCA)和最大似然法(MLA)提取，并提供了斜交旋转和 4

种常见的正交旋转方法 . SYSTAT FACTOR 可以接受相关矩阵或协方差矩阵以及未处理的原始数据 .

SYSTAT FACTOR 程序提供了碎石图和因子载荷图，并将根据载荷的大小对载荷矩阵排序以帮助解释 . 通过输出数据文件的标准化成分得分、相关系数和载荷量，可以获得更多的信息 . 因子得分(来自主成分分析和因子分析)无法保存 . 但可以保存残差得分(实际值减去预测的 z 得分)，以及残差的平方和与其概率值的和 .

第 14 章　结构方程模型

Jodie B. Ullman　加州州立大学圣贝纳迪诺分校

14.1　概述

结构方程模型(SEM)是研究自变量与因变量之间多个维度相关关系的统计方法，其中自变量和因变量既可以是一元也可以是多元，既可以是连续型变量也可以是离散型变量．自变量和因变量都可以是因子或测量变量．结构方程模型也称为因果模型、因果分析、联立方程模型、协方差结构分析、路径分析或验证性因子分析．后两者实际上是结构方程模型的特殊类型[⊖]．

结构方程模型可以研究涉及因子的多重回归分析问题．探索性因子分析(EFA，第 13 章)与多重回归分析(第 15 章)相结合就形成了结构方程模型．在最简单的层面上，我们假设单个测量变量(比如研究生时期的成就)与其他测量变量(比如本科时期的绩点、性别以及平均每天咖啡饮用量)之间存在关系．这个简单模型是图 14-1 所示的多重回归模型．箭头连接的方框即 4 个测量变量，这些箭头表示绩点、性别和咖啡(自变量)可以预测研究生时期的成功(因变量)．双向直线箭头表示自变量之间具有相关性．残差的存在意味着预测有误差．

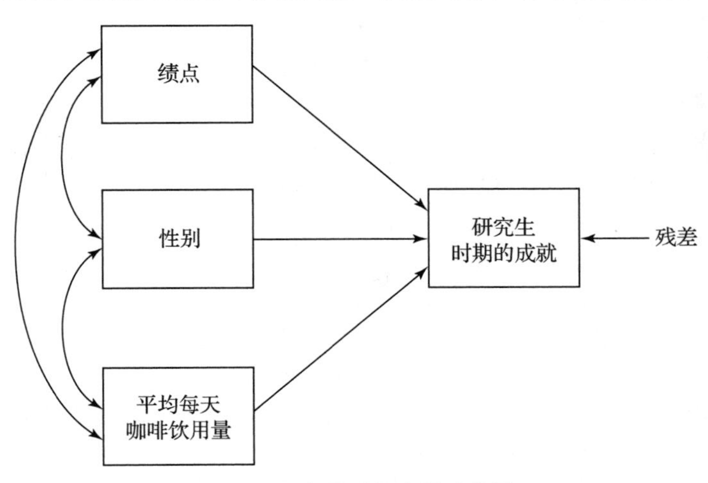

图 14-1　多重回归路径示意图

⊖ 在此感谢 Barbara Tabachnick 和 Linda Fidell 给我写这一章的机会，也感谢他们对早期的草稿提出宝贵意见．同时也要感谢 Peter Bentler，他不仅对早期版本进行了详细审查，而且负责修正我对 SEM 的想法．还要感谢 Lisa. Harlow、Jim Sidanius 及一些匿名评审专家的宝贵建议，以及 NlDA 拨款 POIDAO1070－32 支持本章的部分内容．

图 14-2 显示了更为复杂的研究生成就模型．在该模型中，研究生的成就是潜在变量(一个因子)，它不可以直接测量，而是通过出版物数量、成绩和教师评价这三个测量变量间接评估．反过来，研究生的成就是由性别(测量变量)和本科期间的成就预测的，其中第二个因子是通过本科的绩点、教师推荐和 GRE 分数(三个附加测量变量)进行评估的．为了使文章清晰明了，因子的名称用大写字母表示，测量变量的名称用小写字母表示．

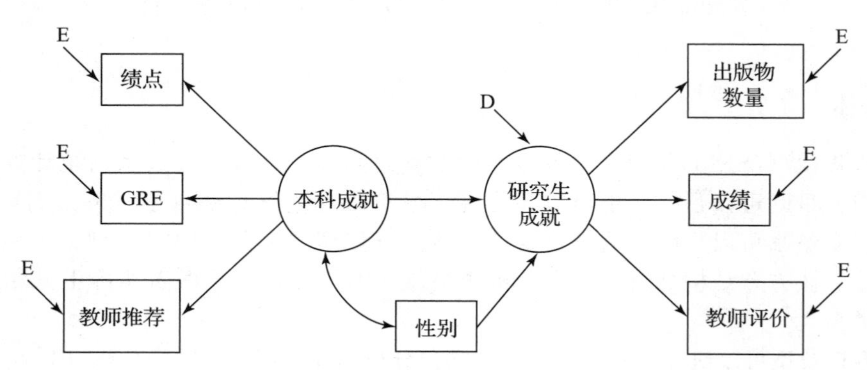

图 14-2　结构模型路径示意图

图 14-1 和图 14-2 是结构方程模型的路径示意图(path diagrams)．这些示意图是结构方程模型的基础，因为研究者可以根据路径图建立假定关系模型．这些示意图有助于厘清研究者分析变量关系的思路，并且可以将它们直接转化成分析所需要的方程式．

在绘制结构方程模型路径图时使用了一些常用记号．测量变量在路径图中用正方形或矩形表示，它也称为可测变量(observed variable)、指标(indicator)或观测变量(manifest variable)．有两个或两个以上指标的因子也称为潜在变量(latent variable)、构造变量(construct variable)或者不可测变量(unobserved variable)．因子在路径示意图中用圆形或椭圆形表示，变量之间的关系用连线表示．如果变量之间没有任何连线，则表示假设它们之间没有直接关系．在路径图中，既有单向直线箭头也有双向直线箭头．单向箭头连接两个变量说明假设有直接关系，箭头指向的变量是因变量．双向箭头表示两个变量间关系方向未知，只是有相关关系，并没有指示效应的方向．

在图 14-2 的模型中，研究生期间的成就是一个潜在变量(因子)，可以通过性别(测量变量)和本科成就(因子)来预测．我们可以看到带有双向箭头的线连接着本科成就和性别，暗示着变量之间有关系，但不能预测效应的方向．还要注意到将研究生成就这一构造变量(因子)与其指标相联系的箭头方向：构造变量估计测量变量．这意味着研究生的成就推动或创造了研究生的出版物数量、成绩以及教师评价．我们直接测量这一构造变量是不可能的，所以接下来最好测量研究生成就的几个指标．我们希望通过测量大量可观测的指标来深入了解研究生的真实成就水平．这和因子分析(第 13 章)中的逻辑相同㊀.

㊀ 现在回顾一下关于因子分析、多元方差分析、判别分析、典型相关分析的章节，如果研究生期间的成就这一因子和可测指标之间的箭头指向相反的方向，即这三个可测指标指向研究生期间成就，这样做意味着什么？这意味着研究生期间成就是主成分或可测指标的线性组合．

在图 14-2 的模型中，绩点、GRE、教师推荐、研究生的成就、出版物数量、成绩和教师评价都是因变量，都有单向箭头指向它们．在模型中，性别和本科期间的成就是自变量，没有单向箭头指向它们．我们注意到，所有因变量，不管是可测变量还是不可测变量，都有标着“E”或“D”的箭头指向它们．标有 E 的箭头(误差项)指向测量变量，标有 D 的箭头(干扰项)指向潜在变量(因子)．正如多重回归一样，没有什么是完美的预测，总是有残差或误差．在 SEM 中，自变量未能预测的残差会包含在这些路径的示意图中．

将测量变量与因子联系起来的模型有时称为*测量模型*(measurement model)．在本例中，本科期间的成就和研究生期间的成就这两个构造变量(因子)，以及构造变量的指标共同形成了*测量模型*(measurement model)．本例中，构造变量之间的假设关系，即本科期间成就和研究生期间成就之间的路径，称为结构模型(structural model)．

注意，到目前为止提出的两种模型都包含变量之间关系(协方差)的假设，但没有关于均值或均值差的假设．在 SEM 中也可以检验与组成员相关的均值差．

用合适的数据集分析实验后，也要考虑操作的充分性(Feldman、Ullman 和 Dunkel-Schetter，1998)．不管有没有均值结构，实验都可以通过结构方程模型分析．有关结构方程模型分析的例子，请参考 Feldman、Ullman 和 Dunkel-Schetter(1998)．Feldman 及其同事运用结构方程模型分析了一项实验，该实验研究了感知相似性和感知脆弱性对受害者的影响．Aiken、Stein 和 Bentler(1994)运用结构方程模型方法来评估胸部 X 光检查项目的有效性，并提供了治疗方案评估的标准．即使是在简单实验中，研究者也经常对比标准分析更复杂的过程感兴趣．如图 14-3 中的示意图所示．

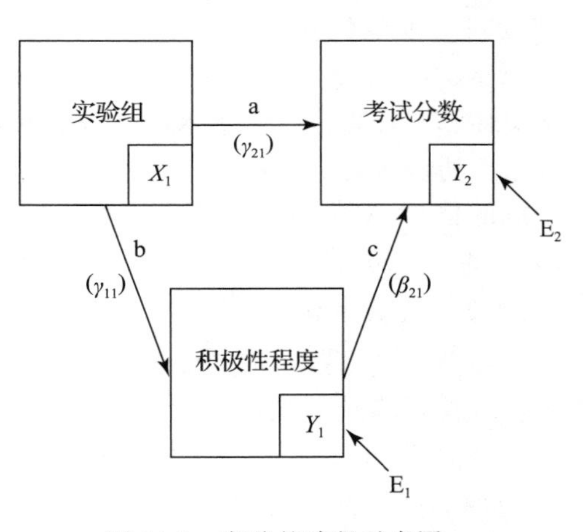

图 14-3　实验的路径示意图

在学期开始，将学生随机地分配到两个实验条件组(学习技能训练组或候补名单对照组)下的其中一个．X_1 是虚拟编码变量(参见 1.2.1 节)，它表示指定组，此时 0＝对照组，1＝实验组．在学期末记录了期末考试分数．方差分析本质上检验路径 a．但是，仅仅分配给一个组就能产生变化是否合理？或许不合理．相反，有可能是学习技能训练提高了学生的积极性水平，而更高积极性导致了更高的成绩．积极性水平作为实验和考试分数之间的中间变量(即实验与积极性的提高有关系，而积极性的提高与考试分数的提高有关系)．这是一个不同于方差分析甚至协方差分析或序贯回归的问题．方差分析的问题是“实验组和对照组在考试分数上是否不同?”协方差分析的问题是“因变量在经过协变量的调整之后，组间是否有差异(例如，积极性的程度)?”这些问题不同于图 14-3 中涉及的过程或间接效应(indirect effect)的举例假设．间接效应可以通过路径 b 和 c 的检验结果来检验．只用测量变量的案例称为*路径分析*(path analysis)．但是可以使用潜在变量和观测变量来检验间接假设．

结构方程模型分析的第一步是模型设定，所以这是一种验证性而不是探索性的分析．

模型可以估计、评估甚至可以修正．分析的目的可能是检验模型、检验关于模型的特定假设、修正现有模型或检验一组相关模型．

结构方程模型的使用有很多优势．当检查因子之间的关系时，由于已经估计和去除了误差，这些关系没有测量误差，所以只留下共同的方差．通过估计和消除测量误差，可以在分析中明确地说明测量的可靠性．另外，如图14-2所示，结构方程模型可以检查复杂的关系．当感兴趣的现象是复杂且多维时，结构方程模型是唯一允许对所有关系进行完整和同时检验的分析．

不幸的是，结构方程模型提供的灵活性要付出小小的代价．结构方程模型能够分析可观测的和潜在的离散变量与连续变量组合之间的复杂关系，所以它会更复杂和更不明确．事实上，有很多专业术语和分析方法可以选择．但如果你喜欢数据，那么你会喜欢结构方程模型．

14.2　几类研究问题

数据集是一个经验协方差矩阵，且模型生成一个估计的总体协方差矩阵．结构方程模型提出的主要问题是“模型产生的估计总体协方差矩阵和样本(观测到的)协方差矩阵是否一致?”在对模型进行充分性评估之后，关于模型的其他具体问题也得到解决．

14.2.1　模型的充分性

参数(路径系数、方差和自变量的协方差)的估计是为了生成估计的总体协方差矩阵．如果模型是优良的，那么参数估计将生成与样本协方差矩阵接近的估计矩阵．“接近”是通过卡方检验统计量和拟合指数进行初步评估的．对于图14-2的研究生成就模型，通过模型生成的估计总体协方差矩阵是否和数据的样本协方差矩阵一致？这将在14.4.5节和14.5.3节中进行讨论．

14.2.2　检验理论

每种理论(模型)都产生自己的协方差矩阵．哪种理论生成的估计总体协方差矩阵与样本协方差矩阵最一致？在特定的研究领域中，对代表竞争理论的模型进行估计、相互比较，并按照14.5.4.1节的说明进行评估．

14.2.3　因子所解释变量的方差

因变量(潜在变量和观测变量)的方差有多少是由自变量解释的？例如，研究生成就的方差有多少取决于性别和本科生成就？分析中包含的哪一个变量解释的方差最大？这个问题将会在14.5.5节通过讨论 R^2 统计量进行回答．

14.2.4　指标的可靠性

每个测量变量的可靠性如何？例如，教师评价的测量是否可靠？测量变量的可靠性和可靠性的内部一致性测量都可以从结构方程模型分析中获得，这将在14.5.5节中讨论．

14.2.5　参数估计

参数估计是结构方程模型分析的基础，因为它们用于生成模型的估计总体协方差矩阵．具体路径的路径系数是多少？例如，通过本科期间成就预测研究生成就的路径系数是多少？系数是否显著不同于0？在模型中，各种路径的相对重要性是什么？例如，通过本科期间成就预测研究生成就的路径，与通过性别进行预测的路径相比哪个更重要？参数估计也可以通过结构方程模型进行比较．单一路径的检验，称为*直接效应*(direct effect)检验．参数估计将会在 14.4.5 节、14.6.1.3 节和 14.6.2.4 节进行说明．

14.2.6 中间变量

自变量是否直接影响特定的因变量？或者，自变量是否通过中间变量影响因变量？在图 14-3 的例子中，实验组和考试分数之间的关系是否通过积极性程度来调节？因为积极性是一个中间变量，属于*间接效应*(indirect effect)检验．间接效应检验将在 14.6.2 节进行说明．

14.2.7 组间差异

两个或两个以上组的协方差矩阵、回归系数或均值是否不同？例如，如果对小学和高中青少年都进行了上述实验(见图 14-3)，那么相同的模型是否适合两个年龄组？这一分析可以借助或者不借助均值进行展示(参见 14.5.8 节)．14.5.7 节简要讨论了多组建模．Stein、Newcomb 和 Bentler(1993)研究了祖父母和父母吸毒对 2～8 岁男孩和女孩行为问题的影响．分别为男孩和女孩建立结构方程模型，然后进行统计学比较．

14.2.8 纵向差异

不同时间和人群的差异也可以考察．时间间隔可以是年、日或微秒．对于该实验的案例，实验在本学期几个不同的时间点如何改变表现和积极性？纵向建模在本章中没有举例说明．实际上有几种不同的纵向建模方法，而且有一个激动人心的分析纵向数据的新方法，即潜在增长曲线模型，它可用于分析具有三个或三个以上时间点的纵向数据．该方法具有创新性，因为它可以检验每个个体的增长模式．用该分析检验了几个假设，例如，青少年吸毒的因变量(潜在的或观测到的)如何在多个时间点(例如青少年和青年)变化？变化是线性的吗？是二次的吗？参与者(青少年)的吸毒初始水平是否有所不同？青少年的吸毒方式是否以同样的速度变化？

14.2.9 多水平模型

用不同的嵌套水平测量方法(例如，嵌套在学校里的教室内的学生)收集的自变量用于预测同一水平或其他测量水平上的因变量．例如，我们可以使用多组模型，从儿童、教室、学校的特征来检查对儿童教室进行干预的有效性．在本例中，儿童嵌套于教室，教室嵌套于学校．这部分将会在 14.5.7 节中进行简单的讨论，这也是第 15 章的主题．

14.3 结构方程模型的局限性

14.3.1 理论问题

与探索性因子分析不同，结构方程模型是一种验证性方法．结构方程模型最常用于检验理论，或许只是个人理论，但仍然是一种理论．事实上，如果没有对变量潜在关系的先验知识或假设，则不可能进行结构方程模型分析．这或许是结构方程模型与本书中其他方法的最大不同，也是其最大的优势之一．理论驱动的计划，对任何结构方程模型分析都是必不可少的．如 13.3.1 节中所述，计划探索性因子分析的指导方针也同样适用于结构方程模型分析．

虽然结构方程模型是一种验证性方法，但是在模型被估计后，有多种方法可以检验不同的模型(检验具体假设的模型或者提供更拟合的模型)．然而，如果为了找到最佳拟合模型而对模型进行大量修正检验，那么此时研究者便需要开始进行探索性数据分析，并且需要采取适当的措施以防止第一类错误水平过高．如果谨慎地查看显著性水平，并尽可能与另一个样本进行交叉验证，则最佳模型选取是合适的．

结构方程模型在某些领域已经形成了不好的口碑，部分原因是结构方程模型对探索性工作没有必要的控制．还可能是因为使用了因果模型一词来指代结构方程模型．在推断因果关系的意义上，结构方程模型的使用没有任何理由．归因于因果关系是设计问题，而不是统计问题．

不幸的是，结构方程模型在严格意义上通常认为是非实验性或关联性设计的方法．这是过度的限制．结构方程模型和回归一样，可应用于实验性和非实验性设计．事实上，在实验分析中用结构方程模型有优势：可以检验中介过程，并且可以在常规分析中获得关于操作充分性的信息(Feldman、Ullman 和 Dunkel-Schetter，1998)．

本书中关于其他方法一般化结果的注意事项也适用于结构方程模型．结果只能推广到用于估计和检验结构方程模型的样本类型．

14.3.2　实际问题

14.3.2.1　样本量与缺失数据

从小样本中估计的协方差(与相关性类似)不太稳定．结构方程模型是基于协方差的．参数估计和拟合的卡方检验对样本量也很敏感．结构方程模型与因子分析相似，是针对大样本的方法．Velicer 和 Fava(1998)指出在探索性因子分析中，因子载荷的大小、变量的数量及样本量是获得良好因子模型的重要因素．这可以推广到结构方程模型中．具有强大预期参数估计和可靠变量的模型可能只需要更小的样本．尽管结构方程模型是针对大样本的方法，但已经开发出了新的检验统计方法，可以对仅有 60 个参与者的模型进行评估(Bentler 和 Yuan，1999)．为了估计势计算的足够样本量，Mac Callum、Browne 和 Sugawara(1996)列出了良好拟合检验所需的最小样本量的表格．这些表格是基于模型的自由度和效应大小估计得出的．

第 4 章处理缺失数据的准则适用于结构方程模型分析．但是，如第 4 章所述，问题与删除或估计缺失数据有关．结构建模的一个优点是模型中可以包含缺失数据机制．现在，有一些软件包自带估计缺失数据的方法，其中包括 EM 算法．通过结构方程模型处理缺失数据模式的过程在本章中没有说明，但感兴趣的读者可以参考 Allison(1987)、Muthén、Kaplan 和 Hollis(1987)以及 Bentler(1995)．

14.3.2.2　多元正态性与异常值

结构方程模型中使用的大部分估计方法都假设多元正态性．为了确定非正态分布数据的范围和形状，用第 4 章所述方式检查测量变量(包括一元和多元)的异常值，以及测量变量的偏度和峰度．所有的测量变量不管是因变量还是自变量，都要检查异常值(一些结构方程模型软件包可以检验是否存在多元异常值、偏度及峰度)．如果发现显著的偏度，则尝试转换．然而，通常情况下，即使转换后变量依然高度偏斜或存在高峰度．某些变量，例如吸毒变量，预计无论如何它都不服从正态分布．如果转换后仍不能恢复正态性，或者变量预计不会在总体中服从正态分布，则可以选择估计方法来解决非正态性问题(参见 14.5.2 节、14.6.1 节和 14.6.2 节).

14.3.2.3 线性

结构方程模型方法仅可以检验测量变量之间的线性关系．潜在变量之间的线性关系难以评估．然而，测量变量之间的线性关系可以通过检查散点图来评估．如果假设测量变量之间存在非线性关系，如多重回归中一样，则可以通过提高测量变量的幂来包含这些关系．例如，如果研究生成就与平均每日咖啡因摄入量之间的关系是二次的(少量咖啡因是不够的，喝几杯是合适的，但再多一些是有害的)，则使用平均每日咖啡因摄入量的平方．

14.3.2.4 多重共线性和奇异性的处理

与本书讨论的其他方法一样，矩阵也需要在结构方程模型中倒置．因此，如果变量是彼此的完美线性组合或高度相关，则必要的矩阵不能倒置．如果可以，检验协方差矩阵的行列式．极小的行列式可能表示存在多重共线性或奇异性．一般来说，如果协方差矩阵是奇异的，则结构方程模型程序会中止并提供警告信息．如果你收到这样的信息，则检查你的数据集．通常情况是变量的线性组合无意中被包括在内，只需删除导致异常的变量．如果找到真正的奇异性，则构建复合变量并将其用于分析中．

14.3.2.5 残差

模型估计之后，残差应该很小并且以零为中心．残差协方差的频率分布应该是对称的．结构方程模型中的残差是残差的协方差，而不是其他章节讨论的残差分数．结构方程模型程序提供残差的诊断．频率分布中的非对称分布残差可能表示拟合度差的模型．该模型估计某些协方差很好，而估计其他协方差则很差．尽管模型拟合相当好，残差似乎是对称分布的，并且以零为中心，但有时仍会发生一个或两个残差相当大的情况．当发现较大的残差时，运用 14.5.4.2 节讨论的拉格朗日乘数(LM)检验，并考虑在模型中添加路径，这通常是有帮助的．

14.4 结构方程模型的基本公式

14.4.1 协方差代数

结构方程模型的思想是假设模型有一组基本参数，这些参数对应于回归系数与模型中自变量的方差和协方差(Bentler，1995)．根据样本数据估计这些参数是对总体值的“最佳猜测”．然后通过协方差代数均值组合估计的参数来生成估计的总体协方差矩阵．这个估计的总体协方差矩阵与样本协方差矩阵进行比较，在理想情况下，差异非常小且不是统计显著的．

协方差代数是计算结构方程模型中方差和协方差的有用工具，但是仍然普遍采用矩阵方法，因为随着模型变得越来越复杂，协方差代数会变得非常烦琐．对于小样本案例，协方差代数有助于解释参数估计是如何结合起来以产生估计的总体协方差矩阵．

协方差代数的三条基本规则如下所示，其中 c 是常数，X_i 是随机变量：

$$1.\ COV(c, X_1) = 0$$
$$2.\ COV(cX_1, X_2) = c\,COV(X_1, X_2) \tag{14.1}$$
$$3.\ COV(X_1 + X_2, X_3) = COV(X_1, X_3) + COV(X_2, X_3)$$

根据第一条规则，变量与常数之间的协方差是零．根据第二条规则，两个变量(其中一个变量乘以常数)之间的协方差等于两个变量之间的协方差乘以常数．根据第三条规则，两个变量的总和(或差值)与第三个变量之间的协方差等于这两个变量分别与第三个变量的协方差之和.

图 14-3 说明了协方差代数的一些原理.(现在忽视 γ 和 β 之间的差异，14.4.3 节解释了这种差异.)在结构方程模型中，正如多重回归那样，我们假设残差彼此不相关，也与模型中的其他变量不相关．在该模型中，积极性程度(Y_1)和考试分数(Y_2)都是因变量．回顾一下，结构方程模型中因变量是任何单向箭头指向的变量．实验组(X_1)是自变量，没有单向箭头指向它．为了具体说明这个模型，为每个因变量写一个单独的方程．对于积极性 Y_1，

$$Y_1 = \gamma_{11} X_1 + \varepsilon_1 \tag{14.2}$$

积极性程度是实验组和误差的加权函数．注意到方程中的 ε_1 对应于图 14-3 中的 E_1，对于考试分数 Y_2，

$$Y_2 = \beta_{21} Y_1 + \gamma_{21} X_1 + \varepsilon_2 \tag{14.3}$$

考试分数是实验组的加权函数加上积极性程度的加权函数再加上误差.

为了计算 X_1(实验组)和 Y_1(积极性程度)的协方差，第一步是将 Y_1 代入方程中：

$$COV(X_1, Y_1) = COV(X_1, \gamma_{11} X_1 + \varepsilon_1) \tag{14.4}$$

第二步是分配第一项，在这种情况下 X_1：

$$COV(X_1, Y_1) = COV(X_1\ \gamma_{11}\ X_1) + COV(X_1\ \varepsilon_1) \tag{14.5}$$

方程中的最后一项 $COV(X_1\varepsilon_1)$假设等于零，因为我们假设误差与其他变量之间不存在协方差．现在，根据第二条规则，

$$COV(X_1, Y_1) = \gamma_{11} COV(X_1\ X_1) \tag{14.6}$$

因为变量与它本身之间的协方差就是方差，所以

$$COV(X_1\ Y_1) = \gamma_{11}\ \sigma_{x_1 x_1} \tag{14.7}$$

X_1 和 Y_1 之间的估计总体协方差等于路径系数乘以 X_1 的方差．这是根据模型估计的 X_1 和 Y_1 之间的总体协方差．如果模型良好，那么 $\gamma_{11}\sigma_{x_1 x_1}$ 会产生非常接近样本协方差的协方差.

按照同样的步骤．Y_1 和 Y_2 之间的协方差是

$$\begin{aligned} COV(Y_1, Y_2) &= COV(\gamma_{11} X_1 + \varepsilon_1, \beta_{21} Y_1 + \gamma_{21} X_1 + \varepsilon_2) \\ &= COV(\gamma_{11}\ X_1\ \beta_{21}\ Y_1) + COV(\gamma_{11}\ X_1 \gamma_{21}\ X_1) + COV(\gamma_{11}\ X_1\ \varepsilon_2) + \\ &\quad\ COV(\varepsilon_1\ \beta_{21}\ Y_1) + COV(\varepsilon_1 \gamma_{21}\ X_1) + COV(\varepsilon_1\ \varepsilon_2) \\ &= COV(\gamma_{11}\ \beta_{21} \sigma_{x_1 y_1}) + COV(\gamma_{11} \gamma_{21}\ \sigma_{x_1 x_1}) \end{aligned} \tag{14.8}$$

因为我们从路径图中可以看到，误差项 ε_1 和 ε_2 与其他任何变量不相关.

模型中所有估计的协方差都可以用相同方式推导出来．即使在这个小例子中也很明显，协方差代数会迅速变得单一．该例子的“要点”是协方差代数可以用于估计参数，然后估计总体协方差矩阵．估计的参数为我们提供了估计的总体协方差矩阵.

14.4.2 模型假设

表 14-1 列出了适用于结构方程模型分析的原始数据集和相应的协方差矩阵．这个非常小的数据集包含 5 个连续的测量变量：(1)NUMYRS，参与者滑雪的年数；(2)DAYSKI，一个人滑雪的总天数；(3)SNOWSAT，李克特(Likert)量表测量雪景条件的整体满意度；(4)FOODSAT，李克特量表衡量度假村食品质量的整体满意度；(5)SENSEEK，李克特量表度量寻求刺激的程度．请注意，尽管分析是使用 100 名滑雪者的假设数据执行的，但仅对 5 名滑雪者的假设数据进行了分析．在最好的情况下，结构方程模型中的矩阵计算用手工完成也很烦琐．因此，用 MATLAB 矩阵处理程序执行这个计算．随后使用 MATLAB、SYSTAT 或 SAS IML 自行执行矩阵操作．此处给出的计算结果四舍五入到小数点后两位．

表 14-1 假设数据的小样本结构方程模型

	协方差矩阵				
	NUMYRS	DAYSKI	SNOWSAT	FOODSAT	SENSEEK
NUMYRS	1.00				
DAYSKI	0.70	11.47			
SNOWSAT	0.62	0.62	1.87		
FOODSAT	0.44	0.44	0.95	1.17	
SENSEEK	0.30	0.21	0.54	0.38	1.00

这些数据的假设模型如图 14-4 所示．潜在变量用圆表示，测量变量用正方形表示．单向直线箭头说明假设变量之间有直接关系．如果变量之间没有任何直线则表示假设它们之间没有直接关系．星号表示要估计的参数．阴影表示该变量是自变量．自变量的方差是模型的估计参数，并且被估计或固定为特定值．数字 1 表示已经将参数、路径系数或方差设置(固定)为 1.(此时，不必担心为什么我们将路径和方差“固定”为特定的值，例如 1. 这将在 14.5.1 节中讨论．)

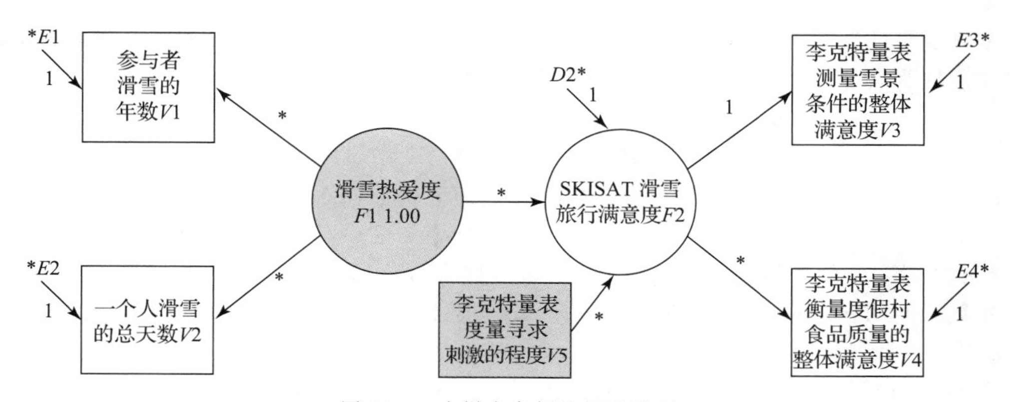

图 14-4 小样本案例的假设模型

本例包含两个假设的潜在变量(因子)：对滑雪的热爱程度(LOVESKI)和滑雪旅行满意度(SKISAT)．假设对滑雪的热爱程度(LOVESKI)因子有两个指标，即滑雪年数(NUMYRS)和天数(DAYSKI)．热爱滑雪预示着更多的滑雪年数和天数．我们注意到预测的方向与箭头的方向一致．滑雪旅行满意度(SKISAT)因子也有两个指标：雪景满意度(SNOWSAT)和食物满意度(FOODSAT)．较高的滑雪旅行满意度预示着对雪景和食物的满意程度较高．该模型还假设对滑雪的热爱和寻求刺激程度(SENSEEK)都可以预测滑雪旅行满意度，热爱滑雪和寻求刺激程度越高预示着滑雪旅行满意度越高．另外还注意到，热爱滑雪与寻求刺激的程度之间没有箭头连接，这表示假设它们之间没有关系(预测关系或相关关系)．但是，我们也将检验热爱滑雪与寻求刺激程度之间存在相关性的假设．

正如在协方差代数的讨论中一样，将这些关系直接转化为方程，然后对模型进行估计．分析通过在图中指定模型，然后将该模型转化为一系列的方程或矩阵进行．然后估计总体参数，得到协方差矩阵．将估计的总体协方差矩阵与样本协方差矩阵进行比较．这样做的目的正如你可能已经猜到的那样，是为了检验估计的总体协方差矩阵与样本协方差矩阵是否有明显的差异．这类似于因子分析(第 13 章)，再生相关矩阵与观测相关矩阵进行比较．结构方程模型和探索性因子分析之间的区别在于：在结构方程模型中，使用卡方检验统计量评估估计的总体协方差矩阵和样本协方差矩阵之间的差异[⊖]．

14.4.3　模型设定

模型设定的方法之一是 Bentler-Weeks 方法(Bentler 和 Weeks，1980)．在该方法中，模型中的每个变量(潜在变量或测量变量)都是自变量或者因变量．要估计的参数有回归系数和模型中自变量的方差以及协方差(Bentler，1995)．在图 14-4 中，用星号(□)表示要估计的回归系数和协方差．要估计的方差通过对独立变量加阴影表示．

在该例子中，SKISAT、SNOWSAT、FOODSAT、NUMYRS 和 DAYSKI 都是因变量，因为至少有一条单向箭头指向它们．我们注意到 SKISAT 既是潜在变量，也是因变量．无论该变量是因变量还是自变量，对其状态都没有影响．尽管 SKISAT 是一个因子，但它也是因变量，因为 LOVESKI 和 SENSEEK 都与它有箭头相连接．该例子中的 7 个自变量是 SENSEEK、LOVESKI、$D2$、$E1$、$E2$、$E3$ 和 $E4$.

测量变量的残差变量(误差)标记为 E，潜在变量的误差(也称为干扰项)标记为 D. 将残差变量视为自变量似乎很奇怪，但请记住类似的回归方程：

$$Y = X\beta + \varepsilon \tag{14.9}$$

式中，Y 是因变量，X 和 ε 是自变量．

事实上 Bentler-Weeks 模型是回归模型，用矩阵代数表示为

$$\boldsymbol{\eta} = \boldsymbol{B\eta} + \boldsymbol{\gamma\xi} \tag{14.10}$$

其中，q 是因变量的个数，r 是自变量的个数，那么 $\boldsymbol{\eta}$(eta)是因变量的 $q\times1$ 向量，$\boldsymbol{B}$(beta)是因变量之间回归系数的 $q\times q$ 矩阵，$\boldsymbol{\gamma}$(gamma)是因变量和自变量之间回归系数的 $q\times r$ 矩阵，$\boldsymbol{\xi}$ 是自变量的 $r\times1$向量．

在 Bentler-Weeks 模型中，只有自变量具有协方差，且这些协方差在 $\boldsymbol{\Phi}$(phi)$r\times r$ 矩阵中．因此，模型的参数矩阵是 $\boldsymbol{B}$、$\boldsymbol{\gamma}$ 和 $\boldsymbol{\Phi}$. 需要对矩阵中的未知参数进行估计．因变量的向量 $\boldsymbol{\eta}$ 和自变量 $\boldsymbol{\xi}$ 不用估计．

⊖　当使用极大似然因子提取时，可以在 EFA 中使用卡方检验统计量．

将该例的图表转化成 Bentler-Weeks 模型，其中 $r=7$，$q=5$，如下所示：

$$\boldsymbol{\eta} \quad = \quad \boldsymbol{B} \quad \boldsymbol{\eta} \quad + \quad \boldsymbol{\gamma} \quad \boldsymbol{\xi}$$

$$\begin{bmatrix} V1 \text{ 或 } \boldsymbol{\eta}_1 \\ V2 \text{ 或 } \boldsymbol{\eta}_2 \\ V3 \text{ 或 } \boldsymbol{\eta}_3 \\ V4 \text{ 或 } \boldsymbol{\eta}_4 \\ F2 \text{ 或 } \boldsymbol{\eta}_5 \end{bmatrix} = \begin{bmatrix} 0 & 0 & 0 & 0 & 0 \\ 0 & 0 & 0 & 0 & 0 \\ 0 & 0 & 0 & 0 & 1 \\ 0 & 0 & 0 & 0 & * \\ 0 & 0 & 0 & 0 & 0 \end{bmatrix} \begin{bmatrix} V1 \text{ 或 } \boldsymbol{\eta}_1 \\ V2 \text{ 或 } \boldsymbol{\eta}_2 \\ V3 \text{ 或 } \boldsymbol{\eta}_3 \\ V4 \text{ 或 } \boldsymbol{\eta}_4 \\ F2 \text{ 或 } \boldsymbol{\eta}_5 \end{bmatrix} + \begin{bmatrix} 0 & * & 1 & 0 & 0 & 0 & 0 \\ 0 & * & 0 & 1 & 0 & 0 & 0 \\ 0 & 0 & 0 & 0 & 1 & 0 & 0 \\ 0 & 0 & 0 & 0 & 0 & 1 & 0 \\ * & * & 0 & 0 & 0 & 0 & 1 \end{bmatrix} \begin{bmatrix} V5 \text{ 或 } \boldsymbol{\xi}_1 \\ F1 \text{ 或 } \boldsymbol{\xi}_2 \\ E1 \text{ 或 } \boldsymbol{\xi}_3 \\ E2 \text{ 或 } \boldsymbol{\xi}_3 \\ E3 \text{ 或 } \boldsymbol{\xi}_4 \\ E4 \text{ 或 } \boldsymbol{\xi}_5 \\ D2 \text{ 或 } \boldsymbol{\xi}_6 \end{bmatrix}$$

注意到 $\boldsymbol{\eta}$ 在方程的两边，这是因为因变量可以在结构方程模型中互相预测．图表和矩阵方程是相同的．图 14-4 中的星号直接对应于矩阵中的星号，并且这些矩阵方程直接对应于简单回归方程．在矩阵方程中，数字 1 表示我们已经将参数(方差或路径系数)“固定”为具体值 1. 通常固定参数是为了识别模型．模型识别将在 14.5.1 节中更详细地讨论．参数可以固定为任意数字，但通常固定为 1 或 0. 固定为 0 的参数也包含在路径图中，但容易忽略，因为参数 0 表示路径图中的直线不存在．

仔细比较图 14-4 中的模型与该矩阵方程．等号左侧的 5×1 向量 $\boldsymbol{\eta}$ 是按所示顺序列出因变量的向量，包括 NVMYRS($V1$)、DAYSKI($V2$)、SNOWSAT($V3$)、FOODSAT($V4$) 和 SKISAT($F2$). 下一个在等号右边的矩阵是因变量之间回归系数的 5×5 矩阵，因变量与上述顺序相同．矩阵包含 23 个 0、一个 1 和一个 *．请记住，矩阵乘法是将 $\boldsymbol{B}$ 矩阵的第一行中的元素与 $\boldsymbol{\eta}$ 矩阵中的第一列元素交叉相乘再相加(如有必要请参阅附录 A). $\boldsymbol{B}$ 矩阵的第一行、第二行和第五行中的零表示因变量 $V1$、$V2$ 和 $F2$ 之间不需要估计回归系数，第三行末尾的 1 表示 $F2$ 和 SNOWSAT 之间的回归系数固定为 1. 第四行末尾的 * 表示要估计 $F2$ 和 $V4$ 之间的回归系数．

现在看加号的右边．5×7 的伽马矩阵包含用自变量预测因变量的回归系数．与该矩阵行相关的 5 个因变量与上述顺序相同．矩阵列中的 7 个自变量按照指示的顺序为 SENSEEK($V5$)、LOVESKI($F1$)、$V1$ 到 $V4$ 的 4 个 E(误差)和 $F2$ 中的 D(干扰项). 自变量中的 7×1 向量与上面顺序相同．$\boldsymbol{\gamma}$(伽马)矩阵的第一行乘以 $\boldsymbol{\xi}$ 向量得到 NUMYRS 方程．* 是从 LOVESKI($F1$)预测 NUMYRS 的回归系数，1 是 NUMYRS 与其 $E1$ 之间关系的固定回归系数．例如，考虑从矩阵第一行读取的 NUMYRS($V1$)方程：

$$\boldsymbol{\eta}_1 = 0 \cdot \boldsymbol{\eta}_1 + 0 \cdot \boldsymbol{\eta}_2 + 0 \cdot \boldsymbol{\eta}_3 + 0 \cdot \boldsymbol{\eta}_4 + 0 \cdot \boldsymbol{\eta}_5 + 0 \cdot \boldsymbol{\xi}_1 + * \cdot \boldsymbol{\xi}_2 + 1 \cdot \boldsymbol{\xi}_3 + 0 \cdot \boldsymbol{\xi}_4 + 0 \cdot \boldsymbol{\xi}_5 + 0 \cdot \boldsymbol{\xi}_6 + 0 \cdot \boldsymbol{\xi}_7$$

或者删除零加权乘积，并使用图表中的符号，

$$V1 = *F1 + E1$$

在接下来的 4 行继续以这种方式进行，以确保了解它们与图表模型的关系．

在 Bentler-Weeks 模型中，只有自变量具有方差和协方差，并且它们在 $r \times r$ 矩阵 $\boldsymbol{\Phi}$ 中．例如，对于这 7 个自变量：

$$
\boldsymbol{\Phi} = \begin{array}{r} V5\text{ 或 }\xi_1 \\ F1\text{ 或 }\xi_2 \\ E1\text{ 或 }\xi_3 \\ E2\text{ 或 }\xi_4 \\ E3\text{ 或 }\xi_5 \\ E4\text{ 或 }\xi_6 \\ D2\text{ 或 }\xi_7 \end{array}
\overset{\begin{array}{ccccccc} V5\text{ 或 }\xi_1 & F1\text{ 或 }\xi_2 & E1\text{ 或 }\xi_3 & E2\text{ 或 }\xi_4 & E3\text{ 或 }\xi_5 & E4\text{ 或 }\xi_6 & D2\text{ 或 }\xi_7 \end{array}}{\begin{bmatrix} * & 0 & 0 & 0 & 0 & 0 & 0 \\ 0 & 1 & 0 & 0 & 0 & 0 & 0 \\ 0 & 0 & * & 0 & 0 & 0 & 0 \\ 0 & 0 & 0 & * & 0 & 0 & 0 \\ 0 & 0 & 0 & 0 & * & 0 & 0 \\ 0 & 0 & 0 & 0 & 0 & * & 0 \\ 0 & 0 & 0 & 0 & 0 & 0 & * \end{bmatrix}}
$$

上面 7×7 的 $\boldsymbol{\Phi}$ 矩阵包含了用于自变量估计的方差和协方差．图中对角线上的 * 表示 SENSEEK($V5$)、LOVESKI($F1$)、$E1$、$E2$、$E3$、$E4$ 和 $D2$ 需要估计方差．第二行中的 1 对应于设置为 1 的 LOVESKI($F1$)的方差．图中所有非对角位置都为零，表示自变量之间没有要估计的协方差．

14.4.4 模型估计

开始建模过程需要对参数进行初始预测(起始值)．猜测值和起始值越相似，找到解所需的迭代就越少．起始值的选择有多个选项(Bollen，1989b)．但是，在大多数情况下，允许结构方程模型计算机程序提供初始起始值是完全合理的．计算机程序生成的起始值在图中以及后文 Bentler-Weeks 模型的三个参数矩阵中($\hat{\boldsymbol{B}}$，$\hat{\boldsymbol{\gamma}}$ 和 $\hat{\boldsymbol{\Phi}}$)均用星号表示．矩阵上的 ^(hat)表示这些是估计参数的矩阵．$\hat{\boldsymbol{B}}$ 矩阵是因变量之间的回归系数矩阵，其中起始值已替换为 *(待估计的参数)．例如

$$
\hat{\boldsymbol{B}} = \begin{bmatrix} 0 & 0 & 0 & 0 & 0 \\ 0 & 0 & 0 & 0 & 0 \\ 0 & 0 & 0 & 0 & 1 \\ 0 & 0 & 0 & 0 & 0.83 \\ 0 & 0 & 0 & 0 & 0 \end{bmatrix}
$$

$\hat{\boldsymbol{\gamma}}$ 矩阵包含因变量和自变量的回归系数的起始值．对于这个例子，

$$
\hat{\boldsymbol{\gamma}} = \begin{bmatrix} 0 & 0.80 & 1 & 0 & 0 & 0 & 0 \\ 0 & 0.89 & 0 & 1 & 0 & 0 & 0 \\ 0 & 0 & 0 & 0 & 1 & 0 & 0 \\ 0 & 0 & 0 & 0 & 0 & 1 & 0 \\ 0.39 & 0.51 & 0 & 0 & 0 & 0 & 1 \end{bmatrix}
$$

最后，$\hat{\boldsymbol{\Phi}}$ 矩阵包含自变量的方差和协方差的起始值．对于这个例子，

$$\hat{\boldsymbol{\Phi}} = \begin{bmatrix} 1.00 & 0 & 0 & 0 & 0 & 0 & 0 \\ 0 & 1.00 & 0 & 0 & 0 & 0 & 0 \\ 0 & 0 & 0.39 & 0 & 0 & 0 & 0 \\ 0 & 0 & 0 & 10.68 & 0 & 0 & 0 \\ 0 & 0 & 0 & 0 & 0.42 & 0 & 0 \\ 0 & 0 & 0 & 0 & 0 & 0.73 & 0 \\ 0 & 0 & 0 & 0 & 0 & 0 & 1.35 \end{bmatrix}$$

为了计算由参数估计值所预测的估计总体协方差矩阵，首先使用选择矩阵将测量变量从完整的参数矩阵中提取出来.(请记住，参数矩阵同时包括测量变量和潜在变量.)选择矩阵简单地标记为$\boldsymbol{G}$，并且其中的元素为1或0[有关选择矩阵更详细的处理，请参阅 Ullman (2001)]. 结果向量标记为$\boldsymbol{Y}$，

$$\boldsymbol{Y} = \boldsymbol{G}_y * \boldsymbol{\eta} = \begin{bmatrix} V_1 \\ V_2 \\ V_3 \\ V_4 \end{bmatrix} \tag{14.11}$$

其中$\boldsymbol{Y}$是因变量的名称.

以同样的方式选择自变量，

$$\boldsymbol{X} = \boldsymbol{G}_x * \boldsymbol{\xi} = V5 \tag{14.12}$$

其中$\boldsymbol{X}$是自变量的名称.

估计的总体协方差矩阵的计算通过重写基本结构模型方程(14.10)进行[⊖]

$$\boldsymbol{\eta} = (\boldsymbol{I} - \boldsymbol{B})^{-1} \boldsymbol{\gamma\xi} \tag{14.13}$$

其中$\boldsymbol{I}$仅是一个与$\boldsymbol{B}$大小相同的单位矩阵. 该等式将因变量表示为自变量的线性组合. 此时，因变量的估计总体协方差矩阵$\hat{\boldsymbol{\Sigma}}_{yy}$为

$$\hat{\boldsymbol{\Sigma}}_{yy} = \boldsymbol{G}_y (\boldsymbol{I} - \hat{\boldsymbol{B}})^{-1} \hat{\gamma} \hat{\boldsymbol{\Phi}} \hat{\gamma}' (\boldsymbol{I} - \hat{\boldsymbol{B}})^{-1} \boldsymbol{G}'_y \tag{14.14}$$

对于本例，

$$\hat{\boldsymbol{\Sigma}}_{yy} = \begin{bmatrix} 1.04 & 0.72 & 0.41 & 0.34 \\ 0.72 & 11.48 & 0.45 & 0.38 \\ 0.41 & 0.45 & 2.18 & 1.46 \\ 0.34 & 0.38 & 1.46 & 1.95 \end{bmatrix}$$

自变量和因变量之间估计的总体协方差矩阵可以类似地通过下式得到：

$$\hat{\boldsymbol{\Sigma}}_{yx} = \boldsymbol{G}_y (\boldsymbol{I} - \hat{\boldsymbol{B}})^{-1} \hat{\gamma} \hat{\boldsymbol{\Phi}} \boldsymbol{G}'_x \tag{14.15}$$

对于本例，

$$\hat{\boldsymbol{\Sigma}}_{yx} = \begin{bmatrix} 0 \\ 0 \\ 0.39 \\ 0.38 \end{bmatrix}$$

⊖ 此处改写的方程通常称为“简化形式”.

最后，估计自变量之间的估计总体协方差矩阵：

$$\hat{\boldsymbol{\Sigma}}_{xx}=\boldsymbol{G}_x\,\hat{\boldsymbol{\Phi}}\boldsymbol{G}_x' \tag{14.16}$$

对于本例，

$$\hat{\boldsymbol{\Sigma}}_{xx}=1.00$$

在实际情况中，使用"超 $\boldsymbol{G}$"矩阵，以便一步估计所有协方差．将 $\hat{\boldsymbol{\Sigma}}$ 的分量组合在一起，使得在一次迭代之后就可以产生估计的总体协方差矩阵．

对于本例，使用 EQS 提供的起始值：

$$\hat{\boldsymbol{\Sigma}}=\begin{bmatrix}1.04 & 0.72 & 0.41 & 0.34 & 0\\ 0.72 & 11.48 & 0.45 & 0.38 & 0\\ 0.41 & 0.45 & 2.18 & 1.46 & 0.39\\ 0.34 & 0.38 & 1.46 & 1.95 & 0.33\\ 0 & 0 & 0.39 & 0.33 & 1.00\end{bmatrix}$$

计算出起始值后，将逐步改变参数估计值(反复迭代进行)，直到预先规定的(在这种情况下是极大似然)函数(14.5.2 节)达到最小(收敛)为止．经过 6 次迭代，极大似然函数最小，并且解收敛．最后的估计参数在 $\boldsymbol{B}$、$\boldsymbol{\gamma}$ 和 $\boldsymbol{\Phi}$ 矩阵中给出，以便比较．这些非标准化的参数也在图 14-5 中给出．

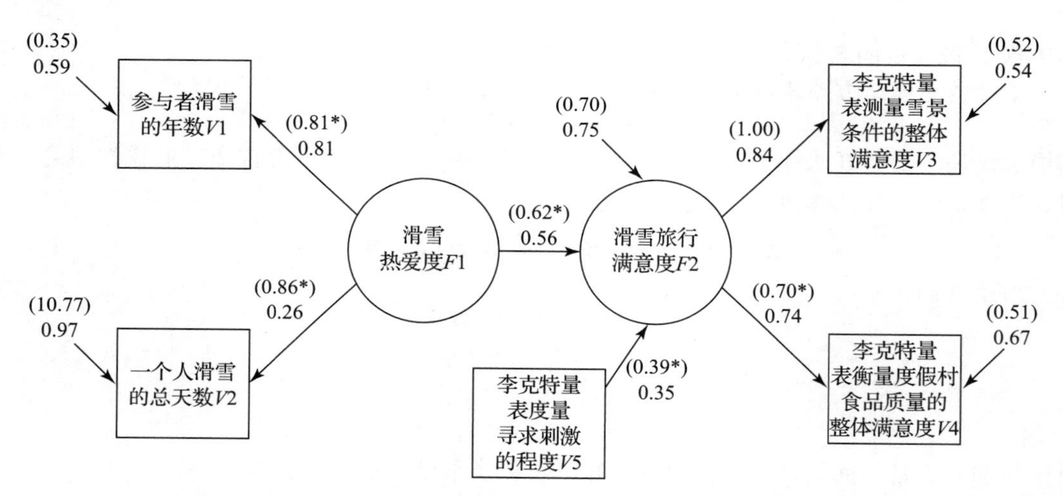

图 14-5　具有标准化(和非标准化)系数的小样本案例的最终模型

$$\hat{\boldsymbol{B}}=\begin{bmatrix}0 & 0 & 0 & 0 & 0\\ 0 & 0 & 0 & 0 & 0\\ 0 & 0 & 0 & 0 & 1.00\\ 0 & 0 & 0 & 0 & 0.70\\ 0 & 0 & 0 & 0 & 0\end{bmatrix}$$

$$\hat{\boldsymbol{\gamma}} = \begin{bmatrix} 0 & 0.81 & 1.00 & 0 & 0 & 0 & 0 \\ 0 & 0.86 & 0 & 1.00 & 0 & 0 & 0 \\ 0 & 0 & 0 & 0 & 1.00 & 0 & 0 \\ 0 & 0 & 0 & 0 & 0 & 1.00 & 0 \\ 0.39 & 0.62 & 0 & 0 & 0 & 0 & 1.00 \end{bmatrix}$$

$$\hat{\boldsymbol{\Phi}} = \begin{bmatrix} 1.00 & 0 & 0 & 0 & 0 & 0 & 0 \\ 0 & 1.00 & 0 & 0 & 0 & 0 & 0 \\ 0 & 0 & 0.34 & 0 & 0 & 0 & 0 \\ 0 & 0 & 0 & 10.72 & 0 & 0 & 0 \\ 0 & 0 & 0 & 0 & 0.52 & 0 & 0 \\ 0 & 0 & 0 & 0 & 0 & 0.51 & 0 \\ 0 & 0 & 0 & 0 & 0 & 0 & 0.69 \end{bmatrix}$$

最终估计的总体协方差矩阵由 $\hat{\boldsymbol{\Sigma}}$ 给出．对于本例，

$$\hat{\boldsymbol{\Sigma}} = \begin{bmatrix} 1.00 & 0.70 & 0.51 & 0.35 & 0 \\ 0.70 & 11.47 & 0.54 & 0.38 & 0 \\ 0.51 & 0.54 & 1.76 & 0.87 & 0.39 \\ 0.35 & 0.38 & 0.87 & 1.15 & 0.27 \\ 0 & 0 & 0.39 & 0.27 & 1.00 \end{bmatrix}$$

最终的残差矩阵是

$$\boldsymbol{S} - \hat{\boldsymbol{\Sigma}} = \begin{bmatrix} 0 & 0 & 0.12 & 0.08 & 0.30 \\ 0 & 0 & 0.08 & 0.06 & 0.21 \\ 0.12 & 0.08 & 0.12 & 0.08 & 0.15 \\ 0.08 & 0.06 & 0.08 & 0.06 & 0.11 \\ 0.30 & 0.21 & 0.15 & 0.11 & 0 \end{bmatrix}$$

14.4.5 模型评估

当解收敛时，根据函数最小值计算 χ^2 统计量．在本例中，函数的最小值是 0.094 32. 该值乘以 $N-1$(N=参与者的数量)得到 χ^2 值：

$$(0.094\ 32)(99) = 9.337$$

χ^2 的自由度等于自由度总数与估计参数数量之差．结构方程模型中的自由度等于样本方差或协方差矩阵(方差和协方差)中的唯一信息量减去要估计的模型的参数数量(回归系数和自变量的方差与协方差)．在有少量变量的模型中，很容易计算方差和协方差的数量．然而，在较大的模型中，数据点的数量计算为

$$\text{数据点的数量} = \frac{p(p+1)}{2} \tag{14.17}$$

其中 p 等于测量变量的数量．

在该例子中，有 5 个测量变量，有($5\times6/2=$)15 个数据点(5 个方差和 10 个协方差)．估计模型包括 11 个参数(5 个回归系数和 6 个方差)，所以 χ^2 自由度估计为 4，

$\chi^2(99, df=4)=9.337$，$p=0.053$.

因为我们的目标是开发一个拟合数据的模型，所以需要卡方检验不显著．由于 χ^2 是不显著的，所以我们得出结论，该模型可以拟合数据．但是，卡方值取决于样本量．在大样本的模型中，通常仅因样本量微小的差异而导致 χ^2 显著．因此，在消除或最小化样本量效应的同时，产生了许多拟合指数．这个模型所有的拟合指数只是表示拟合的充分性，但并不能表示完全拟合．14.5.3节将详细讨论拟合指数．

模型拟合充分，但这意味着什么？我们的假设是观测变量之间的协方差升高是由于模型中指定变量之间的关系而产生的．由于卡方检验不显著，所以我们得出结论，我们应该保留假设的模型．

接下来，研究人员通常会检查模型内的统计显著关系．如果将三个参数矩阵中的非标准化系数除以它们各自的标准误差，则获得每个以常规方式估计的参数的 z 分数[⊖].

$$z=\frac{\text{参数估计}}{\text{估计的标准误差}} \tag{14.18}$$

$$\text{对于从 LOVESK 预测的 NUMYRS，}\frac{0.809}{0.104}=7.76\text{，}p<0.05$$

$$\text{从 LOVESKI 预测 DAYSKI，}\frac{0.865}{0.106}=8.25\text{，}p=0.054$$

$$\text{从 SKISA 预测的 FOODSAT，}\frac{0.701}{0.127}=5.51\text{，}p<0.05$$

$$\text{从 SENSEEK 预测的 SKISAT，}\frac{0.389}{0.108}=3.59\text{，}p<0.05$$

$$\text{从 LOVESKT 预测的 SKISAT，}\frac{0.625}{0.128}=4.89\text{，}p<0.05$$

因为尺度的差异，所以有时难以解释非标准化的回归系数．因此，研究人员通常使用标准化的系数．最终模型的标准化和非标准化回归系数如图14-5所示，非标准化的系数在括号内．从因子到变量的路径恰好是标准化因子载荷．可以得出结论：滑雪年数(NUMYRS)是滑雪的热爱程度(LOVESKI)的一个重要指标，越热爱滑雪，滑雪的年数就越多．滑雪天数(DAYSKI)是热爱滑雪的一个重要指标(即越热爱滑雪，暗示滑雪天数就越多)，因为有先验假设表明了正相关关系．食物满意度(FOODSAT)是滑雪旅行满意度(SKISAT)的一个重要指标，滑雪旅行满意度越高预示着对食物的满意度越高．由于从SKISAT到SNOWSAT的路径固定为1进行识别，所以不计算标准误差．如果需要这个标准误差，则修改FOODSAT路径进行第二次运行．SENSEEK越高预示着SKISAT越高．最后，滑雪的热爱程度(LOVESKI)可以显著地预测滑雪旅行满意度(SKISAT)，因为这种关系也作为先验的单向假设进行检验．

14.4.6　小样本示例的计算机分析

表14-2、表14-4和表14-5分别显示了使用EQS、LISREL和AMOS对表14-1的数据

⊖ 标准误差来源于信息矩阵的逆．

进行分析的语法和选定输出．程序的语法和输出都是完全不同的．除了语法方法之外，这些程序中的每一个都提供了使用 Windows“点击”方法的选项．此外，EQS、AMOS 和 LISREL 允许基于图表进行分析．样本示例仅使用语法方法．“点击”方法和图表说明方法只是语法的特例．

如表 14-2 所示，如 14.4.3 节所述，该模型在 EQS 中使用一系列回归方程指定．在 /EQUATIONS部分，如普通回归中一样，因变量在方程的左侧，自变量在右边．所测量的变量由字母 V 和与/LABELS 部分中给出的变量相对应的数字表示．与测量变量相关的误差用字母 E 和变量编号表示．因子用字母 F 和/LABELS 部分中给出的数字来表示．与因子相关的误差或干扰项由字母 D 和对应于该因子的数字表示．星号表示要估计的参数．方程中没有星号的变量认为是固定为 1 的参数．在该例子中，未手动指定起始值，而是由程序自动估计．自变量的方差是模型的参数，并显示在/VAR 段落中．数据在标为/MATRIX 的段落中显示为协方差矩阵．在/PRINT 段落中，FIT=ALL 要求所有可用的拟合优度指数．

表 14-2　运用 EQS6.1 的小样本案例的结构方程模型(语法和选定的输出)

```
/TITLE
 EQS model created by EQS 6 for Windows—C:\JODIE\Papers\smallsample example
/SPECIFICATIONS
 DATA='C:\smallsample example 04.ESS';
 VARIABLES=5; CASES=100; GROUPS=1;
 METHODS=ML;
 MATRIX=covariance;
 ANALYSIS=COVARIANCE;
/LABELS
 V1=NUMYRS; V2=DAYSKI; V3=SNOWSAT; V4=FOODSAT; V5=SENSEEK;
 F1 = LOVESKI; F2=SKISAT;
/EQUATIONS
 !Love of Skiing Construct
 V1 = *F1 + E1;
 V2 = *F1 + E2;

 !Ski Trip Satisfaction Construct
  V3 = 1F2 + E3;
  V4 = *F2 + E4;

  F2 = *F1 + *V5 + D2;
/VARIANCES
 V5 = *;
 F1 = 1.00;
 E1 to E4 = *;
 D2 = *;
/PRINT
 EFFECT = YES;
 FIT=ALL;
 TABLE=EQUATION;
/LMTEST
/WTEST
/END

 MAXIMUM LIKELIHOOD SOLUTION (NORMAL DISTRIBUTION THEORY)
 GOODNESS OF FIT SUMMARY FOR METHOD = ML

 INDEPENDENCE MODEL CHI-SQUARE =         170.851 ON    10 DEGREES OF FREEDOM

   INDEPENDENCE AIC =   150.85057   INDEPENDENCE CAIC =   114.79887
          MODEL AIC =     1.33724          MODEL CAIC =   -13.08344
```

（续）

```
 CHI-SQUARE =          9.337 BASED ON     4 DEGREES OF FREEDOM
 PROBABILITY VALUE FOR THE CHI-SQUARE STATISTIC IS       .05320

 THE NORMAL THEORY RLS CHI-SQUARE FOR THIS ML SOLUTION IS          8.910.

 FIT INDICES
 -----------
 BENTLER-BONETT     NORMED FIT INDEX =           .945
 BENTLER-BONETT NON-NORMED FIT INDEX =           .917
 COMPARATIVE FIT INDEX (CFI)         =           .967
 BOLLEN    (IFI)            FIT INDEX =           .968
 MCDONALD (MFI)             FIT INDEX =           .974
 LISREL    GFI              FIT INDEX =           .965
 LISREL   AGFI              FIT INDEX =           .870
 ROOT MEAN-SQUARE RESIDUAL (RMR)     =           .122
 STANDARDIZED RMR                    =           .111
 ROOT MEAN-SQUARE ERROR OF APPROXIMATION(RMSEA) = .116
 90% CONFIDENCE INTERVAL OF RMSEA (          .000,          .214)

 MEASUREMENT EQUATIONS WITH STANDARD ERRORS AND TEST STATISTICS
 STATISTICS SIGNIFICANT AT THE 5% LEVEL ARE MARKED WITH @.


NUMYRS  =V1  =     .809*F1    + 1.000 E1
                   .104
                  7.755@

DAYSKI  =V2 =      .865*F1    + 1.000 E2
                   .105
                  8.250@

SNOWSAT =V3 =     1.000 F2    + 1.000 E3

FOODSAT =V4 =      .701*F2    + 1.000 E4
                   .127
                  5.511@

 CONSTRUCT EQUATIONS WITH STANDARD ERRORS AND TEST STATISTICS
 STATISTICS SIGNIFICANT AT THE 5% LEVEL ARE MARKED WITH @.


SKISAT  =F2 =      .389*V5    + .625*F1     + 1.000 D2
                   .108         .128
                  3.591@       4.888@


STANDARDIZED SOLUTION:                                                   R-SQUARED

NUMYRS  =V1 =      .809*F1    + .588 E1                                    .655
DAYSKI  =V2 =      .865*F1    + .502 E2                                    .748
SNOWSAT =V3 =      .839 F2    + .544 E3                                    .704
FOODSAT =V4 =      .738*F2    + .674 E4                                    .545
SKISAT  =F2 =      .350*V5    + .562*F1     + .749 D2                      .438
```

输出经过大量编辑．在获得许多诊断信息(不包括这里)之后，在标记为 GOODNESS OF FIT SUMMARY 的部分给出了拟合优度指数．独立模型的卡方标记为 INDEPENDENCE CHI-SQUARE. 独立模型的卡方可以检验变量之间没有关系的假设．卡方应总是显著的，这可以表明变量之间有某种关系．CHI SQUARE 是模型的卡方，理想情况下应不显著．从 BENTLER-BONETT NORMED FIT INDEX 开始，给出了几个不同的拟合优度指数(参见 14.7.1 节)．模型测量部分的每个参数的显著性检验可以在标记为 MEASUREMENT EQUATIONS WITH STANDARD ERRORS AND TEST STATISTICS 的部分找到．非标准化系数出现在第一行，紧接着是参数的标准误差．在第三行给出与参数(非标准化系数除以标准误差)相关的 z 分数．标记为 CONSTRUCT EQUATIONS WITH STANDARD ERRORS AND TEST STATISTICS 的部分包含非标准化回归系数、标准误差和 z 分数显著性检验，其中 z 分数显著性检验用于检验其他因子和测量变量的预测因子．标准化参数估计值出现在 STANDARDIZED SOLUTION 部分．

LISREL 提供了两种非常不同的指定模型的方法．SIMPLIS 使用方程，LISREL 使用矩阵．这两个程序都不允许检验图 14-4 中指定的确切模型．这两个程序的基础都是 LISREL 模型，尽管它们与 Bentler-Weeks 模型类似，但是 LISREL 模型使用 8 个矩阵而不是 3 个．表 14-3 给出了与 Bentler-Weeks 模型相对应的 LISREL 模型的矩阵．在 LISREL 模型中，没有回归系数矩阵用于从测量自变量预测潜在因变量．为了估计这些参数，我们采用了一些小技巧，如图 14-6 所示．在 SENSEEK 案例中，指定带有指标变量[㊀]的虚拟“潜在”变量．然后用虚拟潜在变量预测 SKISAT. 从虚拟“潜在”变量到 SENSEEK 的回归系数固定为 1，SENSEEK 的误差方差固定为零．通过这种修改，得到的解是相同的，因为 SENSEEK＝(虚拟潜在变量)＋0.

表 14-3 Bentler-Weeks 和 LISREL 模型规范中矩阵的等价性

Bentler-Weeks 模型			LISREL 模型			
符号	名称	说明	符号	名称	LISREL 中的简称	说明
$\boldsymbol{B}$	Beta	预测其他因变量的因变量回归系数矩阵	1. $\boldsymbol{B}$	1. Beta	1. BE	1. 潜在因变量预测其他潜在因变量的回归系数矩阵
			2. $\boldsymbol{\Lambda}_y$	2. Lambday	2. LY	2. 潜在因变量预测的测量因变量的回归系数矩阵
$\boldsymbol{\gamma}$	Gamma	自变量预测的因变量的回归系数矩阵	1. $\boldsymbol{\Gamma}$	1. Gamma	1. GA	1. 潜在自变量预测的潜在因变量的回归系数矩阵
			2. $\boldsymbol{\Lambda}_x$	2. Lambdax	2. LX	2. 潜在自变量预测的测量因变量的回归系数矩阵
$\boldsymbol{\Phi}$	Phi	自变量的协方差矩阵	1. $\boldsymbol{\Phi}$	1. Phi	1. PI	1. 潜在自变量的协方差矩阵
			2. $\boldsymbol{\Psi}$	2. Psi	2. PS	2. 与潜在因变量相关的误差的协方差矩阵
			3. $\boldsymbol{\Theta}_\delta$	3. Theta-Dalta	3. TD	3. 与潜在自变量预测的测量因变量相关的误差的协方差矩阵
			4. $\boldsymbol{\Theta}_\varepsilon$	4. Theta-Epsilon	4. TE	4. 与潜在因变量预测的测量因变量相关的误差的协方差矩阵

㊀ 请注意，此虚拟变量是不是真正的潜在变量．指标潜在变量只是测量变量．

LISREL 使用矩阵而不是方程来指定模型．表 14-4 给出了语法和编辑后的输出．矩阵和命令由表 14-3 中定义的两个字母的规范给出．带有星号的 CM 表示协方差矩阵的分析．在 LA(标签)之后，测量变量的名称按照与数据相同的顺序给出．LISREL 要求因变量出现在自变量之前，因此指定 SE(select)对变量重新排序．模型规范从 MO 开始．测量的因变量的数量显示在关键字母 NY(Y 的数量)之后．要测量的自变量的数量在关键字母 NX(X 的数量)之后确定．潜在因变量在 NE 之后指定，潜在自变量在 NK 之后指定．是否用标签是可选择的，但有帮助．潜在因变量的标签在关键字母 LE 之后，而潜在自变量的标签在关键字母 LK 之后．

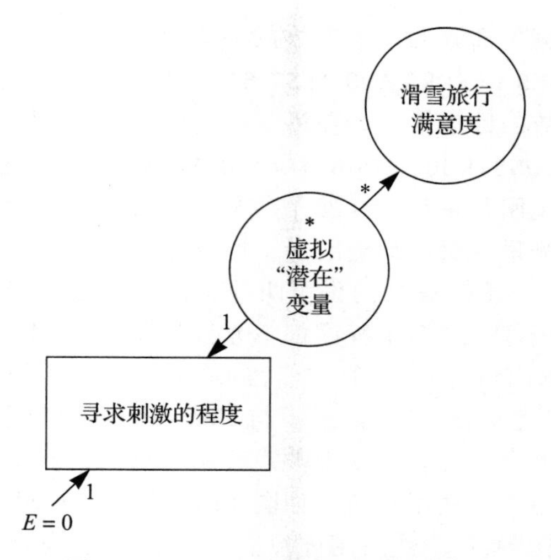

图 14-6　LISREL 应用于小样本案例

表 14-4　通过 LISREL 8.5.4 分析小样本案例的结构方程模型(语法和编辑的输出)

```
TI Small Sample Example — LISREL
DA NI=5 NO=100 NG=1 MA=CM
CM
*
1.00
 .70 11.47
 .623  .623 1.874
 .436  .436  .95  1.173
 .3    .21   .54   .38  1.00
LA
NUMYRS DAYSKI SNOWSAT FOODSAT SENSEEK
SE
SNOWSAT FOODSAT NUMYRS DAYSKI SENSEEK
MO NY =2 NX = 3 NE =1 NK = 2
LE
SKISAT
LK
LOVESKI DUMMY
FR LX(1,1) LX(2,1) LY(2,1)
FI PH(2,1) TD(3,3)
VA 1 LX(3,2) LY(1,1) PH(1,1)
OU SC SE TV RS SS MI ND=3

LISREL Estimates (Maximum Likelihood)
         LAMBDA-Y

              SKISAT
             --------
 SNOWSAT       1.000

 FOODSAT       0.701
             (0.137)
               5.120

         LAMBDA-X

             LOVESKI      DUMMY
             --------   --------
  NUMYRS       0.809        - -
             (0.291)
               2.782
```

（续）

```
 DAYSKI       0.865         - -
             (0.448)
              1.930

SENSEEK        - -          1.000

      GAMMA

             LOVESKI       DUMMY
            --------    --------
 SKISAT       0.625        0.389
             (0.185)      (0.112)
              2.540        3.480

      Covariance Matrix of ETA and KSI

              SKISAT     LOVESKI       DUMMY
            --------    --------    --------
 SKISAT       1.236
LOVESKI       0.625        1.000
  DUMMY       0.389         - -        1.000

      PHI
      Note: This matrix is diagonal.

             LOVESKI       DUMMY
            --------    --------
               1.000       1.000
                          (0.142)
                           7.036

      PSI

              SKISAT
            --------
               0.694
              (0.346)
               2.007

      Squared Multiple Correlations for Structural Equations

              SKISAT
            --------
               0.438

      THETA-EPS

             SNOWSAT     FOODSAT
            --------    --------
               0.520       0.507
             (0.223)      (0.126)
               2.327       4.015

      Squared Multiple Correlations for Y - Variables

             SNOWSAT     FOODSAT
            --------    --------
               0.704       0.546

      THETA-DELTA

              NUMYRS      DAYSKI     SENSEEK
            --------    --------    --------
               0.345      10.722         - -
             (0.454)      (1.609)
               0.760       6.664

      Squared Multiple Correlations for X - Variables

              NUMYRS      DAYSKI     SENSEEK
            --------    --------    --------
               0.655       0.065       1.000
```

（续）

```
                         Goodness of Fit Statistics

                          Degrees of Freedom = 4
          Minimum Fit Function Chi-Square = 9.337 (P = 0.0532)
 Normal Theory Weighted Least Squares Chi-Square = 8.910 (P = 0.0634)
            Estimated Non-centrality Parameter (NCP) = 4.910
        90 Percent Confidence Interval for NCP = (0.0 ; 17.657)

                    Minimum Fit Function Value = 0.0943
          Population Discrepancy Function Value (F0) = 0.0496
         90 Percent Confidence Interval for F0 = (0.0 ; 0.178)
        Root Mean Square Error of Approximation (RMSEA) = 0.111
        90 Percent Confidence Interval for RMSEA = (0.0 ; 0.211)
          P-Value for Test of Close Fit (RMSEA < 0.05) = 0.127

             Expected Cross-Validation Index (ECVI) = 0.312
        90 Percent Confidence Interval for ECVI = (0.263 ; 0.441)
                    ECVI for Saturated Model = 0.303
                   ECVI for Independence Model = 1.328

Chi-Square for Independence Model with 10 Degrees of Freedom = 121.492
                        Independence AIC = 131.492
                           Model AIC = 30.910
                         Saturated AIC = 30.000
                       Independence CAIC = 149.518
                          Model CAIC = 70.567
                        Saturated CAIC = 84.078

                      Normed Fit Index (NFI) = 0.923
                    Non-Normed Fit Index (NNFI) = 0.880
                Parsimony Normed Fit Index (PNFI) = 0.369
                    Comparative Fit Index (CFI) = 0.952
                    Incremental Fit Index (IFI) = 0.955
                     Relative Fit Index (RFI) = 0.808

                        Critical N (CN) = 141.770

                 Root Mean Square Residual (RMR) = 0.122
                         Standardized RMR = 0.0974
                    Goodness of Fit Index (GFI) = 0.965
              Adjusted Goodness of Fit Index (AGFI) = 0.870
             Parsimony Goodness of Fit Index (PGFI) = 0.257

Completely Standardized Solution

       LAMBDA-Y

              SKISAT
            --------
  SNOWSAT      0.839
  FOODSAT      0.769

       LAMBDA-X

              LOVESKI      DUMMY
             --------    --------
 NUMYRS        0.809         - -
 DAYSKI        0.255         - -
SENSEEK         - -        1.000

        GAMMA

              LOVESKI      DUMMY
             --------    --------
 SKISAT        0.562       0.350

        Correlation Matrix of ETA and KSI

               SKISAT    LOVESKI      DUMMY
             --------   --------   --------
 SKISAT        1.000
```

(续)

```
LOVESKI      0.562      1.000
  DUMMY      0.350       - -       1.000
       PSI
          SKISAT
         --------
           0.562
       THETA-EPS
          SNOWSAT    FOODSAT
         --------   --------
           0.296      0.454
       THETA-DELTA
           NUMYRS     DAYSKI    SENSEEK
         --------   --------   --------
           0.345      0.935       - -
       Regression Matrix ETA on KSI (Standardized)
          LOVESKI      DUMMY
         --------   --------
 SKISAT    0.562      0.350
```

默认情况下，矩阵的元素要么固定为零，要么为任意值．此外，矩阵是四种可能的形状之一：完全不对称、对称、按对角线对称或全是零．矩阵用两个字母表示，例如，LX(Lambda x)是一个完全非对称的固定回归系数矩阵，可以根据潜在自变量预测测量的因变量．

该模型由相关的矩阵中的自由(FR)或固定(FI)元素的组合确定．参数是随机的意味着要估计该参数．当矩阵的元素为关键字母 FI 时，参数为零．命令行以 FI(固定)或 FR(任意)开始．FI 或 FR 指令指定特定矩阵和特定元素(行，列)是任意的还是固定的．例如，从表 14-4 中可以看出，FR LX(1,1)表示 Lambda x 矩阵(LX)的第一行第一列(1，1)的元素是任意的(FR)，即 NUMYRS 在 LOVESKI 上的因子载荷．同样，FI PH(2,1)表示在 $\boldsymbol{\Phi}$ 矩阵(P H)的第二行第一列(2，1)中的协方差固定为零(FI)(即 LOVESKI 和 DUMMY 之间没有关系).

在上述例子中，LX(LAMBDA-X)是由潜在自变量预测的测量变量的回归系数的 3×2 完全固定矩阵．行是三个测量变量，它们是潜在自变量的指标——NUMYRS、DAYSKI 和 SENSEEK，列是潜在自变量——LOVESKI 和 DUMMY. LY(LAMBDA-Y)是一个完全固定的回归系数矩阵，潜在因变量以此来预测观测因变量．在该例子中，LY 是一个 2×1 的向量．行是测量变量 SNOWSAT 和 FOODSAT，列是 SKISAT. 潜在自变量之间的协方差的 PH($\boldsymbol{\Phi}$ 矩阵)默认是对称和任意的．在该例子中，$\boldsymbol{\Phi}$ 是一个 2×2 矩阵．在虚拟潜变量和 LOVESKI 之间没有指定协方差，因此 PH(2,1)是固定的(FI). 为了估计该模型，与 SENSEEK 相关的误差方差必须固定为零．这是通过指定 FI TD(3,3)来完成的．TD 是 Theta-Delta 矩阵(与测量自变量相关的误差充当潜在自变量的指标). 默认情况下，该矩阵为对角矩阵且是自由矩阵．对角矩阵除主对角线之外全为零．在这个小样本案例中，它是 3×3 矩阵．

模型(MO)行中只包含 8 个 LISREL 矩阵中的 4 个(LX、LY、PH 和 TD). LISREL 矩阵默认指定特定的形状和元素．如果这些默认值适用该模型，则不需要在 MO 行中提及未修改的矩阵．在该例子中，TE、GA、PS 和 BE 的默认规范均合适．TE(Theta-Epsilon)默认为对角矩阵和自由矩阵．TE 包含与潜在因变量相关的测量因变量的协方差．在该例子中，它是一个 2×2 矩阵．伽马(GA)包含潜在自变量来预测潜在因变量的回归系数．默认该矩阵是完全且自由的．在该例子中，GA 是 1×2 向量．PS 包含与潜在因变量相关的误差之间的协方差，默认它是对角矩阵和自由矩阵．在小样本案例中，只有一个潜在因变量，因此，PS 只是一个标量(一个数字)．BE 包含潜在因变量之间的回归系数，默认为零矩阵．小样本案例不包含潜在因变量之间的关系(只有 1 个潜在因变量)，所以不需要提及 BE.

最后，为了进行识别，在每个因子上将路径固定为 1，并且将 LOVESKI 的方差固定为 1.(关于识别的讨论见 14.5.1 节)．这可以通过关键字母 VA 1 和相关的矩阵以及相应的元素来实现．OU 行指定输出选项(SC——完全标准化解、SE——标准误差、TV——t 值、RS——残差信息、SS——标准化解和 ND——小数位数)，并非全部选项都包含在编辑的输出中．

高度编辑的输出提供了非标准化回归系数、回归系数的标准误差以及在标有 LISREL Estimates(Maximum Likelihood)部分的矩阵的 t 检验(非标准化回归系数除以标准误差)．参数估计的统计显著性由 t 分布表(表 C-2)确定．对于 $p<0.05$ 的显著性，需要大于 1.96 的 t 统计量；对于 $p<0.01$ 的显著性，则需要 t 大于 2.56 的统计量．这些是双尾检验．如果事先假设了效应的方向，则可以采用单尾检验(t 大于 1.65，$p<0.05$)．拟合优度总结标记为 Goodness Of Fit Statistics．矩阵的部分标准化解出现在标记为 Completely Standardized Solution 的部分中．回归系数、方差和协方差完全标准化(潜在变量均值为 0，标准差为 1；观测变量均值为 0，标准差为 1)，与 EQS 中的标准化解相同．Completely Standardized Solution 中给出的测量变量和潜在变量的误差方差实际上并未完全标准化，并且与 EQS 不同(Chou 与 Bentler，1993)．LISREL(未显示)中的一个选项是标准化解，这是第二类部分标准化解，其中潜在变量标准化到均值＝1，标准差＝0，但测量变量仍保留其原始值．

表 14-5　通过 AMOS 得到的小样本案例的结构方程模型（语法和选定的输出）

```
Sub Main
       Dim Sem As New AmosEngine
       Sem.TableOutput
       Sem.Standardized
       Sem.Mods 0

Sem.BeginGroup "UserGuide.xls", "smsample"
       Sem.Structure "numyrs<---loveski"
       Sem.Structure "dayski <---loveski"
       Sem.Structure "snowsat<---skisat (1)"
       Sem.Structure "foodsat<---skisat"
       Sem.Structure "loveski (1)"

       Sem.Structure "numyrs<---error1 (1)"
       Sem.Structure "dayski<---error2 (1)"
       Sem.Structure "snowsat <---error3 (1)"
       Sem.Structure "foodsat <---error4 (1)"

       Sem.Structure "skisat <---loveski"
       Sem.Structure "skisat <---senseek"
       Sem.Structure "skisat <---error5 (1)"
       Sem.Structure "loveski<--->senseek (0)"
```

（续）

```
End Sub
```

Computation of degrees of freedom (Model 1)

Number of distinct sample moments:	15
Number of distinct parameters to be estimated:	11
Degrees of freedom (15 - 11):	4

Result (Model 1)

Minimum was achieved
Chi-square = 9.337
Degrees of freedom = 4
Probability level = .053

Group number 1 (Group number 1 - Model 1)
Estimates (Group number 1 - Model 1)
Scalar Estimates (Group number 1 - Model 1)
Maximum Likelihood Estimates
Regression Weights: (Group number 1 - Model 1)

	Estimate	S.E.	C.R.	P	Label
skisat <-- loveski	.622	.245	2.540	.011	
skisat <-- senseek	.389	.112	3.480	***	
numyrs <-- loveski	.805	.289	2.782	.005	
dayski <-- loveski	.861	.446	1.930	.054	
snowsat <-- skisat	1.000				
foodsat <-- skisat	.701	.137	5.120	***	

Standardized Regression Weights: (Group number 1 - Model 1)

	Estimate
skisat <-- loveski	.562
skisat <-- senseek	.350
numyrs <-- loveski	.809
dayski <-- loveski	.255
snowsat <-- skisat	.839
foodsat <-- skisat	.739

Covariances: (Group number 1 - Model 1)

	Estimate	S.E.	C.R.	P	Label
loveski <--> senseek	.000				

Model Fit Summary
CMIN

Model	NPAR	CMIN	DF	P	CMIN/DF
Default model	11	9.337	4	.053	2.334
Saturated model	15	.000	0		
Independence model	5	102.841	10	.000	10.284

RMR, GFI

Model	RMR	GFI	AGFI	PGFI
Default model	.121	.965	.870	.257
Saturated model	.000	1.000		
Independence model	.451	.671	.506	.447

Baseline Comparisons

Model	NFI Delta1	RFI rho1	IFI Delta2	TLI rho2	CFI
Default model	.909	.773	.946	.856	.943
Saturated model	1.000		1.000		1.000
Independence model	.000	.000	.000	.000	.000

（续）

Parsimony-Adjusted Measures

Model	PRATIO	PNFI	PCFI
Default model	.400	.364	.377
Saturated model	.000	.000	.000
Independence model	1.000	.000	.000

NCP

Model	NCP	LO 90	HI 90
Default model	5.337	.000	18.334
Saturated model	.000	.000	.000
Independence model	92.841	63.951	129.194

FMIN

Model	FMIN	F0	LO 90	HI 90
Default model	.094	.054	.000	.185
Saturated model	.000	.000	.000	.000
Independence model	1.039	.938	.646	1.305

RMSEA

Model	RMSEA	LO 90	HI 90	PCLOSE
Default model	.116	.000	.215	.110
Independence model	.306	.254	.361	.000

AIC

Model	AIC	BCC	BIC	CAIC
Default model	31.337	32.757	59.994	70.994
Saturated model	30.000	31.935	69.078	84.078
Independence model	112.841	113.486	125.867	130.867

ECVI

Model	ECVI	LO 90	HI 90	MECVI
Default model	.317	.263	.448	.331
Saturated model	.303	.303	.303	.323
Independence model	1.140	.848	1.507	1.146

HOELTER

Model	HOELTER .05	HOELTER .01
Default model	101	141
Independence model	18	23

AMOS 语法使用方程来确定模型．表 14-5 给出了语法和编辑后的输出．在使用 `Dim Sem As New AmosEngine` 指定结构方程模型新模型之后，给出有关输出选项的一般命令．每个命令都以字母 `Sem` 开始．`Sem.Tableoutput` 表示输出将以类似 SPSS 中 Windows 风格的表格形式呈现．其他选项也是可行的．`Sem.Standardized` 要求一个完全标准化的解．`Sem.Mods 0` 要求所有修正指数．

高度编辑的表格输出如下．自由度计算后的第一部分包含模型卡方信息．模型卡方信息包含在标为 Chi-square 的部分中．详细的拟合优度信息在标为 Fit Measures 的部分中．每个参数的显著性检验在标为 Regression Weights 的部分中给出．该表的第一列是参数估计，标记为 Estimate. 下一列标为 S. E. 的部分包含标准误差．第三列标记为 C. R. 的部分是临界比，它是估计值除以 S. E.．C. R. 与 EQS 中的 z 检验相同．标为 P 的最后一列包含临界比的 P 值．标为 Standardized Regression Weights 的部分中给出了完全标准化的解．

该模型的详细说明以确定数据位置的命令为开始，`Sem.BeginGroup"UserGuide.xls","smsample"`. 本例中的数据在一个 Excel 表中，名为“UserGuide.xls”，它在称为“smsample”的工作表中．在对数据进行详细说明后，接着写出了模型中每个因变量各自的方程．具体公式都在命令 `Sem.Structure` 之后用双引号("")给出．与固定为 1 的 EQS 路径一样，(1)后面是等式．AMOS 自动关联自变量，如本例中的滑雪的热爱程度(LOVESKI)和寻求刺激程度(SENSEEK)．为了确定这些变量之间没有关系，给出了指令 `Sem.Structure "loveski <-> senseek(0)"`. AMOS 在语句规范方法中使用了色彩．当每行正确估算时，该行的关键字，比如 Structure，会改变颜色．如果该行的语法不正确，则不会有颜色变化．

14.5 一些重要问题

14.5.1 模型识别

在结构方程模型中，指定一个模型，使用样本数据估计模型的参数，并用参数生成估计的总体协方差矩阵．但只有确定的模型才可以被估计．如果模型中的每个参数都有唯一的数值解，则称为模型识别．例如，$Y=10$ 的方差和 $Y=\alpha+\beta$ 的方差，对于 α 和 β，任何两个数值均可以替换它们，只要和为 10 即可，因此没有唯一的数值解．即两个数字相加总和为 10 的组合有无限个．因此，该单一方程模型无法识别．然而，如果我们将 α 固定为 0，那么对于 β，则有唯一解为 10，继而方程确定．可以使用协方差代数来计算方程，并在非常简单的模型中评估．然而，在大样本模型中，该过程就变得困难．关于模型识别专业而详细的讨论，请参见 Bollen(1989b)．以下准则虽然粗略，但是对大部分模型来说是足够的．

第一步是计算数据点的数量和要估计的参数的数量．结构方程模型中的数据是样本协方差矩阵中的方差和协方差．数据点的数量是样本方差和协方差的数量(通过公式(14.17)找到)．将要估计的回归系数、方差和协方差的数量(即图中的星号的数量)的相加，可以得到参数的数量．

如果数据点多于要估计的参数，则称该模型过度识别，这是进行分析的必要条件．如果数据点的数量与要估计的参数相同，则说该模型恰好识别．在这种情况下，估计的参数完美地再生样本协方差矩阵，卡方和自由度等于零，分析是无意义的，因为不能检验模型的充分性假设．但是，可以检验关于模型中特定路径的假设．如果数据点比要估计的参数少，则该模型不可识别，不能估计参数．需要通过修正、约束或删除其中的一些参数来减少参数的数量．参数可以通过将其设定为特定值进行修正，也可通过将该参数设置为等于另一个参数来对其进行约束．

在图 14-4 的小样本案例中，有 5 个测量变量，因此有 15 个数据点：$5(5+1)/2=15$(5 个方差和 10 个协方差)．在假设模型中，有 11 个参数需要估计：5 个回归系数和 6 个方差．假设模型中的参数比数据点少 4 个，所以模型可以识别．

确定模型可识别性的第二步是检查模型的测量部分．模型的测量部分处理测量变量与因子之间的关系．既要确定每个因子的标度，又要评估模型这一部分的可识别性．

为了确定一个因子的标度，可以将因子的方差固定为 1，或者将因子到其中某个测量变量的回归系数固定为 1(或许是标记变量，参见 13.3.1 节)．将回归系数固定为 1，则可以得到与测量变量相同的方差．如果因子是自变量，则可以接受任意替代方案．如果该因子是因变量，则大多数研究人员会将回归系数固定为 1. 在小样本案例中，将滑雪旅行满意度因子的方差设置为 1(规范化)，并将滑雪旅游满意度因子的标度设定为与雪景满意变量的标度相同．

要确定建立模型测量部分的可识别性，看每个因子加载的因子以及每个因子上加载的测量变量(指标)的数量．如果只有一个因子且该因子至少有三个指标有非零载荷，误差(残差)彼此不相关，则该模型可以识别．如果有两个或更多因子，再次考虑每个因子的指标数量．如果每个因子都有三个或更多个指标，那么若与指标相关的误差不相关，其中每个指标只加载一个因子，并且允许因子共变，则可以识别模型．如果一个因子只有两个指标，那么若没有相关误差，每个指标只加载一个因子，并且因子之间的方差或协方差均不等于零，则可以识别模型．

在小样本案例中，每个因子均有两个指标．每个指标只加载一个因子，且误差是不相关的．另外，因子之间的协方差不是零．因此，该模型的这一部分可以识别．请注意，如果与误差相关或变量加载的因子不止一个，则仍可能进行识别，但它更复杂．

模型识别的第三步是检验模型的结构部分，只考察潜在变量(因子)之间的关系．暂时忽略测量变量，并且只考虑处理与潜在变量相关的回归系数的模型结构部分．如果没有潜在的因变量彼此预测(***B*** 矩阵全为零)，则可以识别模型的结构部分．小样本案例中只有一个潜在因变量，因此模型的这部分可以被识别．如果潜在的因变量彼此预测，那么观察模型中的潜在因变量，并看它们是递归的还是非递归的．如果潜在因变量是递归的，那么它们之间没有反馈回路，并且它们之间也没有相关的干扰项(误差).(在一个反馈回路中，因变量 1 预测因变量 2 和因变量 2 预测因变量 1. 即有两条线连接着因子，每条线各指向一个因子，相关的干扰项由带有双箭头的单曲线连接．)如果模型的结构部分是递归的，则可能是可识别的．这些规则也适用于仅有测量变量的路径分析模型．小样本案例是递归模型，因此可以识别．

如果模型是非递归的，那么因变量之间存在反馈回路，或者因变量之间存在相关的干扰项，或者两者都有，参见 Bollen(1989a).

识别往往难以建立．尽管已设计最好的计划，但仍有问题出现．导致识别问题的一个极为常见的错误是不能确定因子的标度．在小样本的案例中，如果我们已经设定了滑雪旅行满意度的标度，那么每个程序变动都有可能引发问题．表 14-6 中给出每个程序的错误信息．请注意，SIMPLIS 会自动解决问题，而不会打印出警告消息．这可能会潜在地导致一些混乱．

表 14-6　潜在变量方差不固定时的条件代码

(a) EQS

```
PARAMETER          CONDITION CODE
   V3,F2             LINEARLY DEPENDENT ON OTHER PARAMETERS
```

(b) LISREL

```
W_A_R_N_I_N_G: TE 2,2 may not be identified.
      Standard Errors, T-Values, Modification Indices,
      and Standardized Residuals cannot be computed.
```

（续）

(c) AMOS

Regression Weights

	Estimate	S.E.	C.R.	P	Label
skisat <-- loveski	Unidentified				
skisat <-- senseek	Unidentified				
skisat <-- error					
numyrs <-- loveski					
dayski <-- loveski					
snowsat <-- skisat	Unidentified				
foodsat <-- skisat	Unidentified				

Covariances

	Estimate	S.E.	C.R.	P	Label
loveski <-->senseek					

Variances

	Estimate	S.E.	C.R.	P	Label
loveski					
senseek					
error	Unidentified				
error1					
error2					
error3					
error4					

Computation of degrees of freedom

Number of distinct sample moments = 15
Number of distinct parameters to be estimated = 12
Degrees of freedom = 15-12 = 3

The model is probably unidentified. In order to achieve identifiability, it will probably be necessery to impose 1 additional constraint.

The (probably) unidentified parameters are marked.

表 14-6 的(a)部分说明了 EQS 如何表达这种类型的识别问题．这类信息通常表示在该例子中提到的特定变量中或所提到的变量的一般邻域中存在识别问题．(b)部分说明了同样识别问题的 LISREL 信息．`TE 2, 2` 是指 $\boldsymbol{\Theta}_{\varepsilon}$ 矩阵中的一个元素(参见表 14-3)．这表明 SNOWSAT 的误差方差可能无法识别．

表 14-6 的(c)部分显示了 AMOS 提供的错误信息．第一部分指出可能的识别问题，第二部分显示了可能已发生识别问题的方程式．

当这些问题出现时，将模型的图表与程序输入进行比较，并且绝对确定图表上的所有内容都与输入相匹配，且每个因子都有一个标度，这通常是有帮助的．这些基本原则的应用将解决许多识别问题．

另一个常见的错误是将因子方差固定为 1，将因子到指标的路径固定为 1．这虽然不会导致识别问题，但意味着模型非常受限制，几乎可以肯定不适合我们研究的数据．

14.5.2　估计方法

在指定模型之后，估计总体参数，目的是使观测的和估计的总体协方差矩阵之间的差异最小．为此，要让函数 Q 最小化，其中

$$Q = (\boldsymbol{s} - \boldsymbol{\sigma}(\boldsymbol{\Theta}))'\boldsymbol{W}(\boldsymbol{s} - \boldsymbol{\sigma}(\boldsymbol{\Theta})) \tag{14.19}$$

$\boldsymbol{s}$ 是数据向量（观测的样本协方差矩阵堆叠成一个向量）；$\boldsymbol{\sigma}$ 是估计总体协方差矩阵的向量（也是堆叠到一个向量中），$\boldsymbol{\Theta}$ 表示 $\boldsymbol{\sigma}$ 是来自模型的参数（回归系数、方差和协方差）．$\boldsymbol{W}$ 是对样本和估计的总体协方差矩阵之间的差的平方进行加权的矩阵．

回顾一下，在因子分析（第 13 章）中，将观测和再生相关矩阵进行了比较．这一概念在结构方程模型中被扩展，以包括差的统计检验．如果正确选择权重矩阵 $\boldsymbol{W}$ 使 Q 最小化，则 Q 乘以 $(N-1)$ 生成卡方检验统计量．

其中诀窍是选择 $\boldsymbol{W}$ 来使观测的和估计的总体协方差矩阵之间差的平方最小化．在普通的卡方检验（第 3 章）中，权重是单元分母中的期望频率的集合．如果我们使用其他的数字而不是期望频率，则结果可能是某种检验统计量，但不是 χ^2 统计量，即权重矩阵是错误的．

在结构方程模型中，估计方法随着 $\boldsymbol{W}$ 的选择而变化．表 14-7 列出了最常用的估计方法和相应的最小化函数[⊖]．未加权最小二乘估计（ULS）通常不会产生 χ^2 统计量或标准误差．因为我们通常对检验统计量感兴趣，所以未进一步讨论 ULS 估计（关于 ULS 的进一步讨论，请参见 Bollen，1989b）．

表 14-7　估计方法及相关函数最小化的总结

估计方法	函数最小化	关于权重矩阵 $\boldsymbol{W}$ 的解释
未加权的最小二乘[①]（ULS）	$F_{\mathrm{ULS}}=\frac{1}{2}\mathrm{tr}[(\boldsymbol{S}-\boldsymbol{\Sigma}(\boldsymbol{\Theta}))^2]$	$\boldsymbol{W}=\boldsymbol{I}$．单位矩阵
广义最小二乘（GLS）	$F_{\mathrm{GLIS}}=\frac{1}{2}\mathrm{tr}[(\boldsymbol{S}-\boldsymbol{\Sigma}(\boldsymbol{\Theta}))\boldsymbol{W}^{-1}]^2$	$\boldsymbol{W}=\boldsymbol{S}$．$\boldsymbol{W}$ 是 $\boldsymbol{\Sigma}$ 的任何一致估计量．通常使用样本协方差矩阵 $\boldsymbol{S}$
极大似然（ML）	$F_{\mathrm{ML}}=\mathrm{Log}\lvert\boldsymbol{\Sigma}\rvert-\mathrm{Log}\lvert\boldsymbol{S}\rvert+\mathrm{tr}(\boldsymbol{S}\boldsymbol{\Sigma}^{-1})-\rho$	$\boldsymbol{W}=\boldsymbol{\Sigma}^{-1}$ 估计总体协方差矩阵的逆。测量的变量数为 ρ
椭圆分布理论（EDT）	$F_{\mathrm{EDT}}=\frac{1}{2}(\kappa+1)^{-1}\mathrm{tr}[(\boldsymbol{S}-\boldsymbol{\Sigma}(\boldsymbol{\Theta}))\boldsymbol{W}^{-1}]^2-\delta[\mathrm{tr}(\boldsymbol{S}-\boldsymbol{\Sigma}(\boldsymbol{\Theta}))\boldsymbol{W}^{-1}]^2$	$\boldsymbol{W}$ 是 $\boldsymbol{\Sigma}$ 的任何一致估计量．κ 和 δ 为峰度的测量
渐近自由分布（ADF）	$F_{\mathrm{ADF}}=[\boldsymbol{s}-\boldsymbol{\sigma}(\boldsymbol{\Theta})]'\boldsymbol{W}^{-1}[\boldsymbol{s}-\boldsymbol{\sigma}(\boldsymbol{\Theta})]$	$\boldsymbol{W}$ 中有元素，$w_{ijkl}=\boldsymbol{\sigma}_{ijkl}-\boldsymbol{\sigma}_{ij}\boldsymbol{\sigma}_{kl}$（$\boldsymbol{\sigma}_{ijkl}$ 为峰度，$\boldsymbol{\sigma}_{ij}$ 为协方差）

① χ^2 统计量或标准误差可通过一般的公式获得．但是一些程序使用更普遍的计算给出这些．

其他估计方法有 GLS（广义最小二乘法）、ML（极大似然法）、EDT（椭圆分布理论）和 ADF（渐近自由分布）．Satorra 和 Bentler（1988）还对非正态性进行了调整，使得可以在任何估计过程之后应用卡方检验统计量．简而言之，Satorra-Bentler Scaled χ^2 是对 χ^2 统计检验

⊖　它真的不是什么技术问题，请参考附录 A 了解更多关于导出方程的指导．

的修正[㊀]. EQS 还校正与参数估计相关的标准误差，以解决非正态性问题(Bentler & Dijkstra，1985). 到目前为止，对标准误差的调整和 Satorra-Bentler Scaled χ^2 只在 EQS 的 ML 估计方法中得到应用.

从这些不同的估计过程得到的 χ^2 检验统计量受几个因素的影响，其中包括：(1)样本量；(2)误差分布的非正态性、因子分布的非正态性，以及因子和误差分布的非正态性；(3)是否违背因子和误差独立性的假设. 在 Monte Carlo 研究中，我们的目的是选择一个估计方法，从而产生一个检验统计量，该统计量既不过多地拒绝也不过多地接受真实模型，这是由预先设定的 α 水平决定的，通常 $p<0.05$. 两项研究为选择适当的估计方法和检验统计量提供指导. 以下几节总结了 Hu、Bentler 和 Kano(1992)以及 Bentler 和 Yuan(1999)在 Monte Carlo 研究中估计方法的性能. Hu 等人(1992)将样本量从 150 个变到 5000 个，Bentler 和 Yuan(1999)在研究中将样本量从 60 个变到 120 个. 这两项研究都检验了在违反因子正态性和独立性假设的情况下，几种估计方法得到的检验统计量的性能.

14.5.2.1 估计方法与样本量

Hu 及其同事(1992)发现，当正态性假设合理时，ML 和 Scaled ML 在样本量大于 500 时表现良好. 当样本量小于 500 时，GLS 表现略好. 有趣的是，在小样本量下，EDT 检验统计量的表现比 ML 要好一些. 应该注意的是，椭圆分布理论估计量(EDT)考虑了变量的峰度，并假定所有变量具有相同的峰度，尽管这些变量不需要正态分布.(如果分布正常，则没有多余的峰度.)最后，样本量在 2500 以下时，ADF 估计值很差. Bentler 和 Yuan(1999)发现，基于对 ADF 估计量的调整，一个与 Hotelling T 相似的检验统计量在小样本量($N=60$ 到 120)，且受试者数量多于样本协方差矩阵中非冗余方差和协方差的数量(即 $[p(p+1)]/2$，其中 p 是测量变量的数量)的模型中表现得非常好. 这个检验统计量(Yuan-Bentler)调整了由 ADF 估计量得到的卡方检验统计量，

$$T=\frac{[N-(p^*-q)]\,T_{\mathrm{ADF}}}{[(N-1)(p^*-q]} \tag{14.20}$$

这里 N 是受试者的数量，$p^*=[p(p+1)]/2$，其中 p 是测量变量的数量，q 是要估计的参数数量，T_{ADF} 是基于 ADF 估计量的检验统计量.

14.5.2.2 估计方法与非正态性

Hu 等人(1992)发现，当违背正态分布假设时，ML 和 GLS 估计量在样本量大于或等于 2 500 的情况下效果很好. 对于较小的样本量，GLS 估计量稍好一些，但会导致接受太多模型. EDT 估计量接受的模型更多. 样本量在 2 500 以下时，ADF 的估计量很差. 最后，Scaled ML 与 ML 和 GLS 估计量性能相同，比 ADF 估计量好(大样本除外[㊁]). 在样本量小的情况下，Yuan-Bentler 检验统计量性能最好.

㊀ Satorra-Bentler Scaled χ^2 是使用下面公式调整的极大似然检验统计量(T_{ML})：

$$\text{Satorra-Bentler Scaled } \chi^2=\frac{\text{模型的自由度}}{\mathrm{tr}(\hat{\boldsymbol{U}}\,\boldsymbol{S}_y)}T_{\mathrm{ML}}$$

这里，$\hat{\boldsymbol{U}}$ 是模型的权重矩阵和残差权重矩阵，$\boldsymbol{S}_y$ 是非对称的协方差矩阵.

㊁ 这是有趣的，因为 ADF 估计量没有假设分布，理论上在非正态性条件下表现应相当好.

14.5.2.3　估计方法与独立性

假设误差独立于结构方程模型和其他多元方法，Hu 等人(1999)研究了当误差和因子是相互依存但不相关时的估计方法和检验统计量性能[⊖]. ML 和 GLS 表现不佳，总是拒绝真实模型. 除非样本量大于 2500，否则 ADF 较差. EDT 优于 ML、GLS 和 ADF，但仍然拒绝了太多真实模型. Scaled ML 比 ADF 要好(大样本除外). Scaled ML χ^2 在中大型样本的情况下表现最好，Yuan-Bentler 检验统计量在小样本下表现最好.

14.5.2.4　估计方法的选择建议

在选择适当的估计方法和检验统计量时，需要考虑样本量以及正态性和独立性假设的合理性. ML、Scaled ML 或 GLS 估计量可能是中大型样本的良好选择，也是正态性和独立性假设合理性的证据. Scaled ML 是相当消耗计算机资源的. 因此，如果时间或成本是一个问题，那么当假设似乎合理时，ML 和 GLS 是更好的选择. ML 估计是目前结构方程模型中最常用的估计方法. 在中大型样本中，如果存在非正态性或因子和误差之间相互依赖，则 Scaled ML 检验统计量是一个很好的选择. 由于 Scaled ML χ^2 是很消耗计算机资源的，并且可能需要进行许多模型估计，所以通常的做法是在模型估计期间使用 ML χ^2，然后使用 Scaled ML χ^2 进行最终估计. 在小样本中，Yuan-Bentler 检验统计量似乎是最好的. 除非样本量非常大(>2 500)，否则在所有情况下，基于 ADF 估计量的检验统计量(未经调整)似乎都是不好的选择.

14.5.3　评估模型的拟合度

在模型被确定和估计之后，主要的问题是“这是一个好的模型吗?”“好”模型的一个要素是样本协方差矩阵和估计的总体协方差矩阵拟合得很好. 像多重列联表分析(第16章)和 logistic 回归(第10章)一样，有时用不显著的 χ^2 来表示拟合程度好. 不幸的是，拟合程度的评估并不总是像 χ^2 估计一样简单. 在大样本下，样本和估计的总体协方差矩阵之间微不足道的差异往往是显著的，因为函数的最小值乘以 $N-1$ 也很大. 对于小样本，计算的 χ^2，可能不是 χ^2 分布，从而导致不准确的概率水平. 最后，当违背 χ^2 检验统计量的假设时，概率水平是不准确的(Bentler，1995).

针对这些问题，已经提出了许多模型拟合的方法. 事实上，这是一个活跃的研究领域，每天都有新的指数出现. 然而，与 χ^2 值直接相关的一个非常粗糙的“经验法则”是，当 χ^2 与自由度的比率小于2时，表示是拟合良好的模型. 下面的讨论仅仅是给出每种拟合指数的一些示例. 感兴趣的读者可以参考 Tanaka(1993)、Browne 和 Cudeck(1993)、Williams 和 Holahan(1994)对拟合指数的讨论.

14.5.3.1　比较拟合指数

概念化拟合优度的方法之一是考虑一系列相互嵌套的模型. 嵌套的模型就像第16章讨论的对数线性建模中的层次模型. 嵌套模型是作为彼此子集的模型. 在连续体的一端是独立模型：这个模型对应于完全不相关的变量. 该模型的自由度等于数据点的数量减去估计

⊖ 因子相互依存但不相关，是因为在因子和误差之间建立了一种曲线关系. 相关系数只检验线性关系，因此，虽然因子与误差之间的相关性为零，但它们之间是相互依存的.

的方差的数量．在连续体的另一端是具有零自由度的饱和(完全或完美)模型．采用比较拟合方法的拟合指数将估计的模型置于这个连续体的某个位置．Bentler-Bonett(1980)指出规范拟合指数(NFI)通过比较模型的 χ^2 值和独立模型的 χ^2 值来评估这个估计模型，

$$\text{NFI}=\frac{\chi^2_{\text{indep}}-\chi^2_{\text{model}}}{\chi^2_{\text{indep}}} \tag{14.21}$$

这将生成一个在 0 到 1 范围内的描述性拟合指数．在这个小样本案例中，

$$\text{NFI}=\frac{102.841-9.337}{102.841}=0.909$$

较大值(大于 0.95)表示模型拟合良好．因此，与具有完全不相关的变量的模型相比，小样本案例的 NFI 仅仅表示边际拟合．不幸的是，NFI 可能会低估模型在良好拟合的小样本模型中的拟合度(Bearden、Sharma 和 Teel，1982)．对 NFI 进行调整，将自由度纳入模型中得到非规范拟合指数(NNFI)，

$$\text{NNFI}=\frac{\chi^2_{\text{indep}}-\dfrac{\text{df}_{\text{indep}}}{\text{df}_{\text{model}}}\chi^2_{\text{model}}}{\chi^2_{\text{indep}}-\text{df}_{\text{indep}}} \tag{14.22}$$

这样调整改善了低估良好拟合模型的拟合度问题，但有时可能产生在 0～1 范围之外的数字．在小样本中，NNFI 也可能太小，这表明当其他指数显示拟合度足够时，NNFI 会显示拟合度不好(Anderson 和 Gerbing，1984)．

增量拟合指数(IFI)解决了 NNFI 差异大的问题(Bollen，1989b)，

$$\text{IFI}=\frac{\chi^2_{\text{indep}}-\chi^2_{\text{model}}}{\chi^2_{\text{indep}}-\text{df}_{\text{model}}} \tag{14.23}$$

比较拟合指数(CFI；Bentler，1988)，顾名思义，也评估了相对于其他模型的拟合度，但使用不同的方法．CFI 使用具有非中心化参数 τ_i 的非中心化 χ^2 分布．τ_i 的值越大，模型误设越大．如果估计模型是完美的，则此时 $\tau_i=0$. CFI 定义为

$$\text{CFI}=1-\frac{\tau_{\text{est. model}}}{\tau_{\text{indep. model}}} \tag{14.24}$$

因此，显然，独立模型的非中心化参数 τ_i 越小，对应的估计模型的非中心化参数 τ_i 越小，CFI 越大，则拟合的越好．模型的 τ 值可以通过下式估算：

$$\begin{aligned}\tau_{\text{indep. model}}&=\chi^2_{\text{indep. model}}-\text{df}_{\text{indep. model}}\\ \tau_{\text{est. model}}&=\chi^2_{\text{est. model}}-\text{df}_{\text{est. model}}\end{aligned} \tag{14.25}$$

对于小样本案例，

$$\begin{aligned}\tau_{\text{independence model}}&=102.84-10=92.84\\ \tau_{\text{estimated model}}&=9.337-4=5.337\end{aligned}$$

$$\text{CFI}=1-\frac{5.337}{92.84}=0.943$$

大于 0.95 的 CFI 值通常表示拟合良好的模型(Hu 和 Bentler，1999)．CFI 值规定在 0～1 范围内，即使在小样本中也能很好地估计模型的拟合(Bentler，1999)．值得注意的是，所有这些指数的值都取决于所使用的估计方法．

近似的均方根误差(RMSEA；Browne 和 Cudeck，1993)认为模型与完美的(饱和)模型相比缺乏拟合．估计的 RMSEA 等式由下式给出：

$$\text{估计的 RMSEA} = \sqrt{\frac{\hat{F}_0}{\mathrm{df}_{\mathrm{model}}}} \tag{14.26}$$

其中 $\hat{F}_0 = \frac{\chi^2_{\mathrm{model}} - \mathrm{df}_{\mathrm{model}}}{N}$ 等于0或者很小的正数.

当模型是完美的时候，$\hat{F}_0=0$. 模型误设越大，$\hat{F}_0$ 就越大．0.06或更小的值表示模型相对于模型自由度有良好拟合(Hu 和 Bentler，1999). 当值大于0.10时，表示模型拟合不足(Browne 和 Cudeck，1993). Hu 和 Bentler(1999)发现，在小样本中，RMSEA 拒绝了真实模型，即其值太大．由于出现此问题，对于小样本来说，这个指数可能不太理想．与 CFI 一样，估计方法的选择也会影响 RMSEA 的大小．

对于小样本案例，

$$\hat{F} = \frac{9.337-4}{100} = 0.053\,37$$

因此，

$$\mathrm{RMSEA} = \sqrt{\frac{0.053\,37}{4}} = 0.116$$

14.5.3.2　绝对拟合指数

McDonald 和 Marsh(1990)提出了一种绝对指数，因为它不依赖于与另一个模型的比较，如独立或饱和模型(CFI)或观测数据(GFI). 该指数用小样本案例来说明，

$$\mathrm{MFI} = \exp\left[-0.5\,\frac{(\chi^2_{\mathrm{model}} - \mathrm{df}_{\mathrm{model}})}{N}\right]$$
$$\mathrm{MFI} = \exp\left[-0.5\,\frac{(9.337-4)}{100}\right] = 0.974 \tag{14.27}$$

14.5.3.3　方差比例指数

两个广泛适用的拟合指数计算了估计的总体协方差矩阵所占样本协方差的加权方差比例(Bentler，1983；Tanaka 和 Huba，1989). 拟合优度指数 GFI 可以定义为

$$\mathrm{GFI} = \frac{\mathrm{tr}(\hat{\boldsymbol{\sigma}}'\boldsymbol{W}\hat{\boldsymbol{\sigma}})}{\mathrm{tr}(\boldsymbol{s}'\boldsymbol{W}\boldsymbol{s})} \tag{14.28}$$

其中分子是来自估计模型协方差矩阵的加权方差的总和，而分母是来自样本协方差的平方加权方差的总和．$\boldsymbol{W}$ 是估计方法选择的权重矩阵(表14-7).

Tanaka 和 Huba(1989)认为 GFI 与多重回归中的 R^2 类似．该拟合指数也可以根据模型中估计的参数数量进行调整．经过调整后的拟合指数，标记为 AGFI，公式为

$$\mathrm{AGFI} = 1 - \frac{1-\mathrm{GFI}}{1-\frac{\text{估计的参数数量}}{\text{数据点的数量}}} \tag{14.29}$$

对于小样本案例，

$$\text{AGFI} = 1 - \frac{1-0.965}{1-\frac{11}{15}} = 0.87$$

估计的参数数量相对于数据点的数量越少，AGFI 越接近 GFI. 通过这种方式，AGFI 根据估计的参数数量调整 GFI. 通过估计结构方程模型中的大量参数来提高拟合度．然而，建模的第二个目的是建立参数尽可能少的简约模型．

14.5.3.4 简约拟合指数

为了考虑模型的简约程度已经新建了一些指数．其中最简单的是，对 GFI 进行调整(Mulaik 等人，1989)以产生 PGFI：

$$\text{PGFI} = \left[1 - \left(\frac{\text{估计的参数数量}}{\text{数据点的数量}}\right)\right]\text{GFI} \tag{14.30}$$

对于小样本案例，

$$\text{PGFI} = \left[1 - \left(\frac{11}{15}\right)\right]0.965 = 0.257$$

拟合指数越大越好(数值接近 1.00). 很明显，对于用该指数来估计很多参数，会有严重的惩罚．除非所估计参数的数量远小于数据点的数量，否则这个指数始终比其他指数小得多．

包括简约调整在内的完全不同的评估拟合度的方法有 AIC 和 CAIC(Akaike,1987;Bozdogan,1987). 这些指数也是 χ^2 和 df 的函数．

$$\text{模型 AIC} = \chi^2_{\text{model}} - 2\,\text{df}_{\text{model}} \tag{14.31}$$

$$\text{模型 CAIC} = \chi^2_{\text{model}} - (\ln N + 1)\,\text{df}_{\text{model}} \tag{14.32}$$

对于小样本案例，

$$\text{模型 AIC} = 9.337 - 2(4) = 1.337$$

$$\text{模型 CAIC} = 9.337 - (\ln 100 + 1)4 = -13.08$$

数值越小表示拟合优度越好，模型越简洁．多小才算足够小？没有明确的答案，因为这些指数没有规定范围为 0～1.“足够小”是与其他竞争模型相比来说很小．该指数适用于用极大似然法估计的模型．它对于交叉验证非常有用，因为它不依赖于样本数据(Tanaka,1993). EQS 使用公式(14.31)和公式(14.32)来计算 AIC 和 CAIC. 然而，LISREL 和 A-MOS 使用下列公式：

$$\text{AIC} = \chi^2_{\text{model}} + 2(\text{df}_{\text{number of est. parameters}}) \tag{14.33}$$

$$\text{CAIC} = \chi^2_{\text{model}} + (1 + \ln N)\,\text{df}_{\text{number of est. parameters}} \tag{14.34}$$

两组方程都是正确的．LISREL 和 AMOS 计算了包含常数的 AIC 和 CAIC、EQS 计算的 AIC 和 CAIC 不包含常数．因此，尽管两组计算都是正确的，但 EQS 计算的 AIC 和 CAIC 总是小于 LISREL 和 AMOS 中相同的值．

14.5.3.5 基于残差的拟合指数

最后是基于残差的指数．均方根残差(RMR)和标准均方根残差(SRMR)是样本方差与协方差和估计的总体方差与协方差之差的平均值．均方根残差由下式给出：

$$\mathrm{RMR}=\left[2\sum_{i=1}^{q}\sum_{j=1}^{i}\frac{(s_{ij}-\hat{\sigma}_{ij})^2}{q(q+1)}\right]^{1/2} \tag{14.35}$$

拟合的良好模型有较小的 RMR. 有时很难解释一个非标准化的残差，因为变量的标度会影响残差的大小．因此，标准均方根残差(SRMR)才是合理的．同样，值小表示模型拟合良好．SRMR 的范围为 0～1，我们期望的值为 0.08 或更小(Hu 和 Bentler，1999).

14.5.3.6　拟合指数的选择

在许多情况下，良好的拟合模型也能在许多不同的指数上产生一致的结果．如果所有的指数都得出类似的结论，那么报告哪些指数的问题就是个人偏好，或者是期刊编辑的偏好．CFI 和 RMSEA 可能是最频繁报告的拟合指数．如果要计算势，RMSEA 特别有用．在比较非嵌套的模型时，AIC 和 CAIC 是有用的指数．通常报告多个指数．如果拟合指数的结果不一致，则可能应重新检验模型．如果不一致无法解决，请考虑报告多个指数．Hu 和 Bentler(1999)建议报告两种类型的拟合指数：SRMR 和一种比较拟合指数．

14.5.4　模型修正

修正 SEM 模型至少有两个原因：为了提高拟合度(特别是在探索性工作中)和为了假设检验(在理论性工作中)．模型修正的三种基本方法是卡方差分检验、拉格朗日乘子检验(LM)和 Wald 检验．在原假设下，所有这些都是渐近等价的(与样本量接近无穷大时的行为相同)，但对模型修正的方式不同．

14.5.4.1　卡方差分检验

如果模型是嵌套的(一个模型是另一个模型的子集)，则较小模型的 χ^2 值减去较大模型的 χ^2 值，得到的差值也是 χ^2 值，其自由度等于两个模型的自由度之差．当数据是正态分布时，可以简单地减去卡方．然而，当数据是非正态的，并且使用 Satorra-Bentler Scaled 卡方时，需要进行调整，以使 Satorra-Bentler Scaled 卡方的分布为卡方分布(Satorra 和 Bentler，2002)．这将在 14.6.2.3 节和 14.6.2.4 节中加以说明．

回想一下，LOVESKI 和 SENSEEK 之间的残差非常大．我们允许这些自变量相互关联，并问："增加(估计)这个协方差是否能提高模型的拟合度?"尽管我们的"理论"是这些变量不相关，但理论方面有数据支持吗？为了检验这些问题，我们估计了第二个模型，这个模型中允许 LOVESKI 和 SENSEEK 相互关联．得到的模型中 $\chi^2=0.084$，df＝3. 在 14.4.5 节的小样本案例中，$\chi^2=9.337$，df＝4. χ^2 差分检验(或者极大似然的似然比)是 $9.337-0.084=9.253$，df＝4－3＝1，$p<0.05$. 随着协方差的加入，模型得到显著改善．事实上，其中一个指数(CFI)增加到 1，同时 RMSEA 下降到零．尽管这个理论规定了寻求刺激和热爱滑雪之间的独立性，但数据支持这样的一种概念，即这些变量是相关的．

χ^2 差分检验有一些缺点．首先是需要估计两个模型来获得 χ^2 差值．其次是如果模型很大或计算机很慢，那么估计两个模型中的每个参数是非常耗时的．第二个问题与 χ^2 本身有关．由于样本量和 χ^2 之间的关系，当样本量很小时很难检测到模型之间的差异．

14.5.4.2　拉格朗日乘子(LM)检验

LM 检验还比较了嵌套模型，但仅需要估计一个模型．LM 检验的目的是询问如果模型中当前固定的一个或多个参数得到了估计，模型是否得到了改进．或者换句话说，应该在模型中添加哪些参数来提高拟合度？这种模型修正方法类似于向前逐步回归．

应用于小样本案例的 LM 检验表明，如果我们在 LOVESK1 和 SENSEEK 之间添加一个协方差，则 χ^2 值近似下降为 8.801．因为这是一条路径，所以 8.801 的 χ^2 值是用 1 个自由度来计算的．该差值的 p 值是 0.003．如果决定添加路径，则重新评估该模型．当路径再添加时，χ^2 下降幅度会稍微大一些，为 9.253，但会产生相同的结果．

LM 检验可以检查一元也可以检查多元．仅查看一元 LM 检验的结果是有不妥的，因为参数估计之间的重叠方差可能使得若干参数看起来好像它们的加入会显著地改善模型．所有这些参数都是包含在一元 LM 检验结果的候选项，但是多元 LM 检验确定了将导致模型中 χ^2 急剧下降的单个参数，且计算了 χ^2 的预期变化．在方差消除之后，将以类似于 MANOVA 的 Roy-Bargmann 逐步分析的方式来评估模型 χ^2 最大下降的参数(第 7 章)．

EQS 提供一元和多元 LM 检验．此外，有几个选项可用于特定矩阵组和特定的检验顺序的 LM 检验．对于小样本案例，需要默认的 LM 检验．LM 检验输出的比例如表 14-8 所示．

表 14-8　用于拉格朗日乘子检验的 EQS 编辑输出(语法见表 14-2)

MAXIMUM LIKELIHOOD SOLUTION (NORMAL DISTRIBUTION THEORY)

LAGRANGE MULTIPLIER TEST (FOR ADDING PARAMETERS)

ORDERED UNIVARIATE TEST STATISTICS:

NO	CODE		PARAMETER	CHI-SQUARE	PROBABILITY	PARAMETER CHANGE	STANDARDIZED CHANGE
1	2	2	F1,V5	8.801	.003	.366	.366
2	2	11	V1,V5	8.529	.003	.287	.287
3	2	20	V1,F2	8.529	.003	.738	.664
4	2	12	V3,F1	.000	.985	.005	.003
5	2	11	V3,V5	.000	.985	-.003	-.002
6	2	11	V4,V5	.000	.985	.002	.002
7	2	12	V4,F1	.000	.985	-.003	-.003
8	2	20	V2,F2	.000	1.000	.000	.000
9	2	11	V2,V5	.000	1.000	.000	.000
10	2	0	F1,F1	.000	1.000	.000	.000
11	2	0	V3,F2	.000	1.000	.000	.000

MULTIVARIATE LAGRANGE MULTIPLIER TEST BY SIMULTANEOUS PROCESS IN STAGE 1

PARAMETER SETS (SUBMATRICES) ACTIVE AT THIS STAGE ARE:

PVV PFV PFF PDD GVV GVF GFV GFF BVF BFF

	CUMULATIVE MULTIVARIATE STATISTICS				UNIVARIATE INCREMENT	
STEP	PARAMETER	CHI-SQUARE	D.F.	PROBABILITY	CHI-SQUARE	PROBABILITY
1	F1,V5	8.801	1	.003	8.081	.003

首先展示 LM 一元输出．LM 检验建议添加的参数列在标有 PARAMETER 的列下．EQS 使用的惯例是(因变量，自变量)或(自变量，自变量)．因为 $F1$ 和 $V5$ 都是自变量，所以这是指 LOVESKI 和 SENSEEK 之间的协方差．CHI-SQUARE 列表示与此路径相关的近似卡方值 8.801．这个 χ^2 的概率水平在 PROBABILITY 列中，$p=0.003$．如果目标是对模型进行修正，那么寻求显著的 χ^2 值．如果假设检验指导 LM 检验的使用，那么期望的显著性(或缺

乏显著性)取决于特定的假设 . PARAMETER CHANGE 列表示加入的参数的近似系数 . 但是这一系列一元检验可能包括参数之间的重叠方差，所以使用多元 LM 检验 .

在给出多元检验之前，EQS 给出了在这一阶段分析中起作用的默认参数矩阵 . 矩阵以字母 P 开头，是自变量之间的协方差矩阵 **Φ**. 最后的两个字母说明包括变量的类型 . 例如，VV 指测量变量之间的协方差，FV 指因子和测量变量之间的协方差 . 以字母 G 开头的矩阵指因变量和自变量之间的回归系数伽马矩阵 . 以字母 B 开头的矩阵是指因变量与其他因变量之间的回归系数矩阵 . 有时只对潜在包含的非常特别的参数感兴趣 . 例如，可能唯一感兴趣的参数是潜在因变量之间的回归路径，在这种情况下，检测是否只有适当的矩阵是活动的是有帮助的(本例中是 BFF).

多元检验也提出增加 F1，V5 参数 . 另外，在增加这样一个参数后，其他参数都没有显著提高模型的 χ^2，因此就不再对其他多元 LM 检验进行说明 .

LISREL 呈现的只是一元 LM 检验，称为 Modification Indices. 表 14-9 给出了在小样本案例下 LISREL 的编辑输出 . 修正指数以矩阵为基础给出 . LISREL 模型中的每一个矩阵都包括模型修正的 4 个矩阵 . 第一个矩阵，标为 Modification Indices For…，包括特定参数的 χ^2 值 . 第二个矩阵，标为 Expected Change For…，包括未标准化的参数值的变化 . 第三个矩阵，标为 Standardized Expected Change For…，包括潜在变量已经标准化且标准差为 1 的参数变化，但保留了测量变量的原始标度 . 最后一个矩阵，标为 Completely Standardized Expected Change For…，包括当测量变量和潜在变量(潜在误差和观测误差例外)标准化为标准差为 1 时的近似参数变化 . 在给出所有 LISREL 矩阵之后，在 Maximum Modification Index…下边给出具有最大卡方值的参数 .

表 14-9　用于修正指数的 LISREL 的语法和编辑输出

```
Modification Indices and Expected Change

No Non-Zero Modification Indices for LAMBDA-Y

        Modification Indices for LAMBDA-X

            LOVESKI       DUMMY
            --------    --------
  NUMYRS       - -        8.529
  DAYSKI       - -         - -
 SENSEEK      8.801        - -

        Expected Change for LAMBDA-X

            LOVESKI       DUMMY
            --------    --------
  NUMYRS       - -        0.287
  DAYSKI       - -         - -
 SENSEEK      0.366        - -

        Standardized Expected Change for LAMBDA-X

            LOVESKI       DUMMY
            --------    --------
  NUMYRS       - -        0.287
  DAYSKI       - -         - -
 SENSEEK     -0.366        - -

        Completely Standardized Expected Change for LAMBDA-X

            LOVESKI       DUMMY
            --------    --------
  NUMYRS       - -        0.287
```

（续）

```
     DAYSKI         - -          - -
   SENSEEK       0.366          - -

 No Non-Zero Modification Indices for GAMMA

         Modification Indices for PHI

              LOVESKI      DUMMY
             --------   --------
    LOVESKI      - -
      DUMMY     8.801        - -

         Expected Change for PHI

              LOVESKI      DUMMY
             --------   --------
    LOVESKI      - -
      DUMMY     0.366        - -

         Standardized Expected Change for PHI

              LOVESKI      DUMMY
             --------   --------
    LOVESKI      - -
      DUMMY     0.366        - -

 No Non-Zero Modification Indices for PSI

         Modification Indices for THETA-DELTA-EPS

              SNOWSAT    FOODSAT
             --------   --------
     NUMYRS     0.000      0.000
     DAYSKI     0.000      0.000
    SENSEEK     0.000      0.000

         Expected Change for THETA-DELTA-EPS

              SNOWSAT    FOODSAT
             --------   --------
     NUMYRS     0.003     -0.002
     DAYSKI     0.000      0.000
    SENSEEK     0.003      0.002

         Completely Standardized Expected Change for THETA-DELTA-EPS

              SNOWSAT    FOODSAT
             --------   --------
     NUMYRS     0.002     -0.002
     DAYSKI     0.000      0.000
    SENSEEK    -0.002      0.002
         Modification Indices for THETA-DELTA
               NUMYRS     DAYSKI    SENSEEK
             --------   --------   --------
     NUMYRS      - -
     DAYSKI      - -        - -
    SENSEEK     8.529       - -        - -
         Expected Change for THETA-DELTA
               NUMYRS     DAYSKI    SENSEEK
             --------   --------   --------
     NUMYRS      - -
     DAYSKI      - -        - -
    SENSEEK     0.287       - -        - -
         Completely Standardized Expected Change for THETA-DELTA
               NUMYRS     DAYSKI    SENSEEK
             --------   --------   --------
     NUMYRS      - -
     DAYSKI      - -        - -
    SENSEEK     0.287       - -        - -
 Maximum Modification Index is 8.80 for Element ( 3, 1) of LAMBDA-X
```

表 14-10 给出了 AMOS 中的模型修正指数的编辑输出．修正指数被分组为：协方差、方差和回归权重．修正指数和近似的卡方值都在标记为 M. I. 的列中给出．参数变化近似减少的这种情况在 Par Change 列中给出．其中不包括与每个修正指数有关的概率．

表 14-10　修正指数的 AMOS 编辑输出(语法在表 14-5 中)

Modification Indices (Group number 1 - Model 1)
Covariances: (Group number 1 - Model 1)

	M.I.	Par Change
loveski <-- senseek	8.324	.345
error5 <-- senseek	.000	.000
error5 <-- loveski	.000	.000
error4 <-- senseek	.000	.000
error4 <-- loveski	.000	–.000
error4 <-- error5	.000	.000
error3 <-- senseek	.000	–.000
error3 <-- loveski	.000	.000
error3 <-- error5	.000	.000
error3 <-- error4	.000	.000
error2 <-- senseek	.000	.000
error2 <-- loveski	.000	.000
error2 <-- error5	.000	.000
error2 <-- error4	.000	.000
error2 <-- error3	.000	.000
error1 <-- senseek	7.111	.237
error1 <-- loveski	.000	.000
error1 <-- error5	.000	.000
error1 <-- error4	.000	–.000
error1 <-- error3	.000	.000
error1 <-- error2	.000	.000

Variances: (Group number 1 - Model 1)

	M.I.	Par Change
senseek	.000	.000
loveski	.000	.000
error5	.000	.000
error4	.000	.000
error3	.000	.000
error2	.000	.000
error1	.000	.000

Modification Indices (Group number 1 - Model 1)
Covariances: (Group number 1 - Model 1)
Regression Weights: (Group number 1 - Model 1)

	M.I.	Par Change
skisat <-- senseek	.000	.000
skisat <-- loveski	.000	.000
foodsat <-- senseek	.000	.001
foodsat <-- loveski	.000	–.001
foodsat <-- skisat	.000	.000
foodsat <-- snowsat	.000	.000
foodsat <-- dayski	.000	.000
foodsat <-- numyrs	.000	–.001
snowsat <-- senseek	.000	–.001
snowsat <-- loveski	.000	.001
snowsat <-- skisat	.000	.000
snowsat <-- foodsat	.000	.000
snowsat <-- dayski	.000	.000

（续）

snowsat <-- numyrs	.000	.001
dayski <-- senseek	.000	.000
dayski <-- loveski	.000	.000
dayski <-- skisat	.000	.000
dayski <-- foodsat	.000	.000
dayski <-- snowsat	.000	.000
dayski <-- numyrs	.000	.000
numyrs <-- senseek	7.111	.239
numyrs <-- loveski	.000	.000
numyrs <-- skisat	1.065	.092
numyrs <-- foodsat	.467	.058
numyrs <-- snowsat	.617	.053
numyrs <-- dayski	.000	.000

14.5.4.3 Wald 检验

当 LM 检验要求如果有参数就增加到模型中，而 Wald 检验要求如果有参数就删除．是否有任何当前正在估计的参数可以被固定为零？或者，等价地，模型中的哪些参数不是必要的？当删除变量时，Wald 检验与逐步回归中寻找方程中的不显著变化所用的向后删除变量方法类似．

当 Wald 检验应用于小样本案例时，第一个删除候选项是与 NUMYRS 相关联的误差方差．如果删去该参数，则 χ^2 值增加 0.578，这是一个不显著的变化($p=0.447$)．通过删除此参数不会显著降低模型的性能．但是，由于从模型中删除误差方差通常是不合理的，所以决定保留与 NUMYRS 相关联的误差方差．请注意，与 LM 检验不同，在使用 Wald 检验时，需要不显著性．

这说明了一个重要的观点．LM 和 Wald 检验都是基于统计学而非实质性的标准．如果这两个标准之间有冲突的话，实质性标准更重要．

表 14-11 给出了 EQS 的一元和多元 Wald 检验的编辑输出．表中显示了删除的特定候选项，并提供近似多元 χ^2 与其概率值．一元检验显示在表最后两列中．在该例子中，建议只有一个参数．在默认情况下，只有当删除不会导致与 Wald 检验相关联的多元 χ^2 变得显著时才考虑删除参数．谨记目的是舍弃对模型做出显著贡献的参数．LISKEL 和 AMOS 不提供 Wald 检验．

表 14-11 用于 Wald 检验的 EQS 编辑输出(语法在 14-2 中出现)

```
WALD TEST (FOR DROPPING PARAMETERS)
MULTIVARIATE WALD TEST BY SIMULTANEOUS PROCESS

     CUMULATIVE MULTIVARIATE STATISTICS                UNIVARIATE INCREMENT
     ----------------------------------                --------------------

  STEP  PARAMETER  CHI-SQUARE  D.F.  PROBABILITY     CHI-SQUARE  PROBABILITY
  ----  ---------  ----------  ----  -----------     ----------  -----------

   1      E1,E1       .578      1       .447            .578        .447
   2      V2,F1      3.737      2       .154           3.159        .076
```

14.5.4.4 模型修正的注意事项与提示

因为 LM 检验和 Wald 检验都是逐步的过程，所以夸大了第一类错误率，但是到目前为止在方差分析中还没有可用的调整．简单的方法是使用保守的概率值(比如，$p<0.01$)来添加 LM 检验的参数．如果进行修正，也强烈建议与另一个样本进行交叉验证．如果进行大量修正并且无法获得用于交叉验证的新数据，则仅使用两个模型共有的参数来计算原假设模型的估计参数与最终模型的估计参数之间的相关性．如果这种相关性高(>0.90)，那么虽然模型进行了修正，但模型中的相关性仍被保留(Tanaka 和 Huba，1984)．

不幸的是，释放或估计参数的顺序会影响其余参数的重要性．MacCallum(1986)建议在删除不必要的参数之前添加所有必要的参数．换句话说，在 Wald 检验之前进行 LM 检验．因为模型修正很容易变得混乱，所以每次只添加或删除一个参数通常是明智的．

一个更微妙的限制是检验会使模型修正检查 χ^2 的总体变化，而不是单个参数估计的变化．χ^2 很大的变化有时与参数估计的微小变化有关．缺失参数可能是统计上需要的，但估计系数可能有一个不可解释的符号．如果发生这种情况，最好不要添加参数．最后，如果假设模型是错误的，单单靠模型修正的检验本身可能不足以揭示真实的模型．事实上，任何模型的"真实性"都不是直接检验的，尽管交叉验证确实增加了模型是正确的证据．像其他统计量一样，这些检验必须慎重使用．

如果为了建立一个拟合良好的模型而进行模型修正，那么修正越少越好，特别是如果交叉验证样本不可用的话．如果使用 LM 检验和 Wald 检验来检验特定的假设，那么假设将决定必要检验的数量．

14.5.5 可靠性和方差比例

可靠性在传统意义上定义为真实方差相对于总体方差(真实方差与误差方差之和)的比例．测量变量的可靠性和方差比例都通过 SMC 评估，其中测量变量是因变量，因子是自变量．每个 SMC 解释为被测量变量的可靠性，以及作为该因子在变量中所占的方差比例，在概念上与因子分析中的共同度估计相同．

计算 SMC：

$$\mathrm{SMC}_{\mathrm{var}\ i}=\frac{\lambda_i^2}{\lambda_i^2+\Theta_{ii}} \tag{14.36}$$

即变量 i 的因子载荷的平方除以该值加上与变量 i 相关的残差方差．

该方程只适用于不存在复杂因子载荷或相关误差的情况[⊖]．评价该因子所占变量的方差比例为

$$R_j^2=1-D_j^2 \tag{14.37}$$

即 1 减因变量中因子 j 的干扰项(残差)的平方．

14.5.6 离散和顺序数据

SEM 假定测量变量是连续的，并在区间尺度上进行测量．然而，我们通常希望在分析中包括离散的或按顺序测量的分类变量．因为 SEM 中的数据点是方差和协方差，所以关键是为这些类型的变量生成可辨识的值以便用于分析．

⊖ 请注意，在本章中，因子载荷用 λ_i 表示，以保持与一般的 SEM 术语一致．在第 13 章中，载荷因子用 a_{ij} 表示．两者意味着同样的事情．

离散(名义水平)测量变量(如最喜欢的棒球队)通过虚拟编码变量(即道奇队的球迷或其他)，或者通过使用一个多组模型(其中一个模型用于检验每个球队的偏好)作为自变量被包含在一个模型中，正如下一节所讨论的那样．

顺序、分类变量需要在 SEM 中进行特殊处理．假设在每个序数变量下面都有一个正态分布的连续变量．为了将有序变量转换为连续变量，要将有序变量的类别转换为基本的(潜在的)正态分布的连续变量的阈值．

例如，如果我们问在糖果店外闲逛的人是讨厌、喜欢还是超爱巧克力．如图 14-7 所示，有序变量背后是一个正态分布的、潜在的、连续的结构，表示对巧克力的热爱程度．假设那些讨厌巧克力或者绝对不喜欢巧克力的人会达到或低于第一个阈值．那些喜欢巧克力的人会落在两个阈值之间，而那些超爱巧克力的人或者被巧克力迷住的人，会落在第二个阈值之上．计算每个类别的人数比例，并用这个比例从标准化的正态表中计算一个 z 分数．这个 z 分数是阈值．

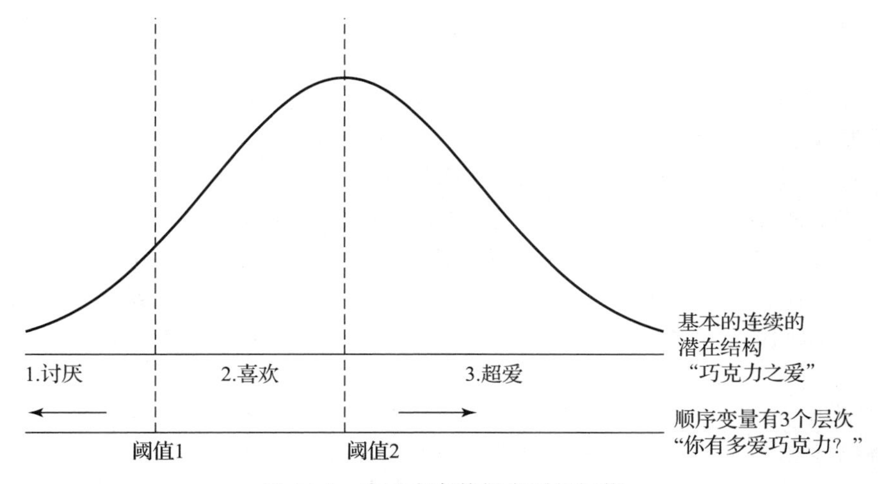

图 14-7　表示有序数据类别的阈值

SEM 通过使用多元相关系数(在两个有序变量之间)或多序列相关系数(一个有序变量和一个区间变量之间)而不是用协方差作为基础来进行分析．

EQS 和 LISREL(在 PRELIS 中)都计算阈值和适当的相关系数．为了在 EQS 中包含分类因变量，`SPECIFICATIONS` 部分中的说明语句 `CATEGORY=` 后面是离散变量标签，例如 $V1$、$V3$. 当在 EQS 中估计带有分类变量的模型时，所有的测量变量必须是因变量．如果模型包含测量自变量，那么这些自变量将首先通过类似于 LISREL 的方法转换为因子(Lee、Poon 和 Bentler，1994)．例如，如果 $V1$ 是测量自变量，它将通过 $V1=F1$ 转换为 `\ EQUATIONS`部分中的测量因变量. $F1$ 在方程中用于代替 $V1$.

使用 PRELIS，过程文件使用语句 `OUTPUT MATRIX=PMATRIX` 指定连续变量和有序变量，并请求多序列和多边相关的矩阵输出．该矩阵在 LISREL 中用作样本相关矩阵：在 LISREL 过程文件中用 PM 代替 CM. AMOS 不适用于分类数据．虽然在本章中没有特别说明，但对于具有分类数据的模型，特别有用的 SEM 程序是 Mplus（Muthén 和 Muthén，2004）.

14.5.7　多组模型

虽然本章中估计的每个模型都使用来自单个样本的数据，但也可以估计和比较来自两个或多个样本的模型，称为多组模型．在多组模型中检验的一般原假设是每个组的数据都来自相同的总体．例如，对于小样本案例，如果从一个男性样本和一个女性样本中抽取数据，那么所检验的一般原假设是这两个组是从同一总体中抽取的．

分析开始于为每个组分别开发拟合良好的模型．然后在一次运行中对模型进行检验，所有受约束模型中的参数都不相同．这个不受约束的多组模型可以作为判断受约束模型的基准．在基准模型估计之后，通过限制所有组中的各种参数，逐步指定更严格的约束．当参数被约束时，它们被迫彼此相等．每增加一组约束之后，就对约束较少和约束较多的模型之间的每个组执行卡方差分检验．目标是不通过限制组间参数来降低模型．因此，你想要一个不显著的 χ^2. 如果在任何阶段发现模型之间 χ^2 的显著差异，则通过 LM 检验来定位在组中不同的特定参数，并且在每个组中分别估计这些参数，即释放具体的组间参数约束．

各种假设按照特定的顺序进行检验．第一步通常是限制各因子及其指标之间的因子载荷(回归系数)，使其在组间相等．这一步检验"不同组中因子结构一样"这个假设．用有一个男性模型和一个女性模型的小样本例子，问男性和女性对热爱滑雪和滑雪旅行满意度因子是否有相同的潜在结构．如果这些约束是合理的，那么约束模型和基准模型之间的 χ^2 差分检验对两个组都是不显著的．如果约束模型和未受约束模型之间的差异性显著，我们就不需要立即放弃，而是应该检查 LM 检验的结果，一些模型中相等的约束或多或少会被释放．自然地，组间的差异参数越多，组的相似性也就越小．关于这些问题的技术讨论，请参阅 Byrne、Shavelson 和 Muthen(1989).

如果建立了相同的因子结构，第二步是查找因子的方差和协方差是否相等．在小样本例子中，相当于查找男性和女性对滑雪旅行满意度的方差是否相等．(回想一下，为了方便辨认，将热爱滑雪程度的方差设定为 1.)如果这些约束是可行的，第三步是检验回归系数的相等性．在小样本例子中，这相当于检验通过热爱滑雪来预测滑雪旅行满意度的回归系数是否相等．我们也可以检验由男性和女性寻求刺激度预测滑雪旅行满意度的回归路径是否相等．如果这些约束都是可行的，最后一步是检验组间的残差方差是否相等，极其严格的假定一般不检验．如果组间的所有回归系数、方差和协方差都是相等的，则可以得出男性和女性来自同一总体的结论．

这些组在一些方面经常是相似的，但在另一些方面却不是．例如，除了一个因子上的一个指标，男性和女性可以有同一因子结构．在这种情况下，在考虑更加长远、严格的约束之前，两组的载荷是分开估计的．或者男性和女性热爱滑雪和滑雪旅行满意度有相同的因子结构，但热爱滑雪与滑雪旅行满意度的回归系数大小是不一样的．

在研究这种类型的分析之前，一些关于多组模型的注意事项需要遵循．多组模型通常都是很难估计的．估计一个拟合较好的多组模型的关键是单组模型也要拟合得较好．多组模型比单组模型拟合得更好是根本不可能的．估计多组模型时，用户指定的起始值似乎更重要．对多组模型的证明不在本章的范围内，但是可以参阅 Bentler(1995)及 Byrne、Shavelson 和 Muthén(1989)的例子以及对这一过程的详细讨论．

多组模型的一个不同的类型叫作多层次模型．在这种情况下，模型是分别从不同嵌套的层次得来的．例如，你可能对评估一项干预措施对不同学校的几个班级学生的影响感兴趣．一个模型的估计是针对学校，另一个是针对嵌套在学校里的班级，第三个是针对嵌套在班级和学校里的学生的．每一层的预测变量被用于检验不同的层次内和跨层次假设．Duncan、Alpert 和 Duncan(1998)给出了一个多层次模型的例子．

14.5.8 结构方程模型的均值和协方差

到目前为止的讨论一直围绕回归系数、方差和协方差建模．然而，潜在变量和观测值的均值也可以建模(Sorbom，1974，1982)．潜在变量的均值也可能特别有趣．在 SEM 中均值通过添加一个特定的截距变量来估计．

典型的潜在均值是在多组模型的背景下估计的．如果男性和女性对滑雪的热爱度有相同的均值，或者如果滑雪旅行满意度的均值有性别差异，则将数据估计为两组模型，对因子结构进行约束，估计测量变量的均值，并估计对滑雪的热爱度和滑雪旅行满意度的潜在均值．最容易解释的潜在均值模型是两个因子结构相同或高度相似的模型．为了识别，一组的潜在均值被固定为零，另一组被估计．然后像任何其他参数(其中估计的参数除以标准误差)一样对均值之间的差进行 z 检验来估计和评估．潜在均值模型的证明不在本章的讨论范围之内．然而，Bentler(1995)以及 Byme、Shavelson 和 Muthén(1989)提供了这些模型的例子和详细讨论．

14.6 结构方程模型分析的完整案例

第一个案例是通过 LISREL 进行的验证性因子分析(CFA)模型．在该例子中使用的数据在附录 B 中介绍．该例子中我们对学习障碍儿童样本中 WISC 的因子结构进行了研究．该模型评估了智商指标与代表智商的两个潜在基础概念之间的关系．这种类型的模型有时称为度量模型．

第二个案例是通过 EQS 来执行的，它既有测量的成分，也有结构的成分．在该例中，研究了年龄、生活变化测量和代表自卑感、感知健康和医疗保健利用的潜在变量之间的关系．第二个案例的数据来自附录 B.1 中描述的妇女健康和药物研究．

14.6.1 WISC 的验证性因子分析

第一个例子用一个学习障碍儿童样本展示了 WISC 的 11 个子检验的验证性因子分析(CFA)．

14.6.1.1 验证性因子分析的模型设定

假设模型如图 14-8 所示．在该模型中，假设了一个双因子模型：语言因子(WISC 的常识、理解、算术、类同、词汇和数字广度分量表作为指标)和表现因子韦氏儿童智力量表中的(填图、排列、积木设计、拼图和译码分量表作为指标)．为了清楚起见，潜在变量的英文标签以大写字母开头，而测量变量不这样．两个主要的假设值得关注：(1)具有简单结构的双因子模型(每个变量只加载一个因子)ξ是否拟合数据？(2)语言和表现因子之间是否存在显著的协方差？

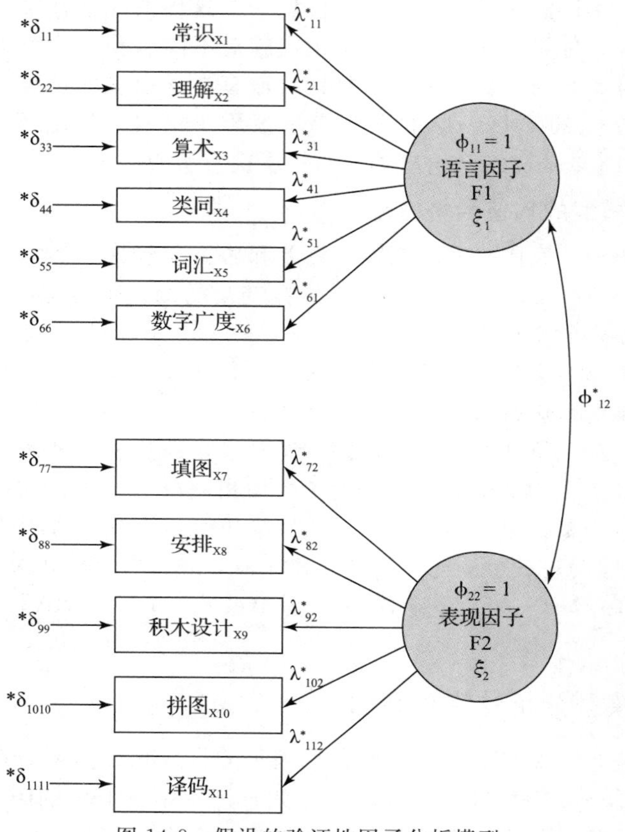

图 14-8　假设的验证性因子分析模型

在建立假设并绘制模型图之后，建模过程的第一步就完成了．此时，应该对模型的可识别性进行初步检查．计算模型中的数据点的数量和要估计的参数数量．11 个变量即有(11×(11+1))÷2=66 个数据点．假设模型需要估计 23 个参数(11 个回归系数、1 个协方差和 11 个带星号的方差)．因此，该模型过度识别，并用 43 个自由度(66－23)进行检验．

14.6.1.2　验证性因子分析的假设评估

计算机对假设的评估只有在方法或输出与本书其他章节不同时才会显示．

(1)样本量与缺失数据

该例子中有 177 个参与者和 11 个观测变量．案例与观测变量的比率为 16∶1. 案例与估计参数的比率为 8∶1. 考虑到 WISC-R 的子检验可靠性很高，该比例是合适的．而且该例子中没有缺失的数据．

(2)正态性和线性

观测变量的正态性通过使用 SPSS FREQUENCIES 检查直方图来评估．所有观测到的变量都没有显著的偏度或很大的峰度．所有变量的标准化偏度不会大于3.75．检查所有成对的散点图来评估线性是不可行的．因此，使用SPSS GRAPHS SCATTER检查随机选择的散点图．所有的观测变量似乎都是线性相关的．

(3)异常值

使用SPSS DESCRIPTIVES，发现一位参与者在算术子检验(19，$z=4.11$)中有极其高的分数，然后删除此异常值．使用SPSS REGRESSION和马氏距离，也检测到1个多元异常值并删除($p<0.001$)．该参与者有一个极其低的理解子检验分数和一个非常高的算术子检验分数．对剩余的175名参与者进行了分析．使用SPSS来创建一个没有两个异常值的新文件(也可以使用PRELIS)．新文件是必要的，因为在LISREL程序中，异常值不能被删除(也不能被转换)．

(4)多重共线性和奇异性

LISREL输出中没有给出协方差矩阵的行列式，但程序是收敛的，所以假设协方差矩阵为非奇异的．

(5)残差

残差评估是评估模型的一部分．

14.6.1.3 验证性因子分析模型估计和初步评估

表14-12列出了验证性因子分析的语法和编辑输出．作为第一步，检查自由参数是否是真正要估计的参数是有帮助的．检查协方差矩阵是否正确也是一个好主意，即它是否与来自初步分析的协方差矩阵相匹配．标有`Parameter Specifications`的输出列出了模型部分中指定的每个矩阵，并为每个自由参数编号．`Lambda-X`是要在指标和因子之间进行估计的回归系数矩阵．`PHI`是因子之间的协方差矩阵．`THETA-DELTA`是要对每个测量变量估计的误差对角矩阵．之所以只显示矩阵的对角线是因为矩阵中的其他元素都是零，即没有相关的误差．在其他矩阵中，零表示参数是固定的，也就是说，不用估计．在检查参数设定后，我们确认它们与路径图匹配．

表14-12 使用LISREL的验证性因子分析的语法和参数设定

```
CONFIRMATORY FACTOR ANALYSIS OF THE WISC-R
DA NI = 13 NO = 175
RA FI = WISCSEM.DAT
LA
CLIENT, AGEMATE, INFO, COMP, ARITH, SIMIL, VOCAB,
DIGIT, PICTCOMP, PARANG, BLOCK, OBJECT, CODING
SE
INFO, COMP, ARITH, SIMIL, VOCAB,
DIGIT, PICTCOMP, PARANG, BLOCK, OBJECT CODING/
MO NX=11 NK=2
LK
VERBAL PERFORM
FR LX(1,1) LX(2,1) LX(3,1) LX(4,1) LX(5,1) LX(6,1)
FR LX(7,2) LX(8,2) LX(9,2) LX(10,2) LX(11,2)
VA 1 PH(1,1) PH(2,2)
OU SC SE TV RS SS MI ND=3

CONFIRMATORY FACTOR ANALYSIS OF THE WISC-R

                          Number of Input Variables 13
                          Number of Y - Variables    0
```

（续）

```
                        Number of X - Variables   11
                        Number of ETA - Variables  0
                        Number of KSI - Variables  2
                        Number of Observations   175
CONFIRMATORY FACTOR ANALYSIS OF THE WISC-R

       Covariance Matrix to be Analyzed

              INFO       COMP      ARITH      SIMIL      VOCAB      DIGIT
          --------   --------   --------   --------   --------   --------
    INFO     8.481
    COMP     4.034      8.793
   ARITH     3.322      2.684      5.322
   SIMIL     4.758      4.816      2.713     10.136
   VOCAB     5.338      4.621      2.621      5.022      8.601
   DIGIT     2.720      1.891      1.678      2.234      2.334      7.313
PICTCOMP     1.965      3.540      1.052      3.450      2.456      0.597
  PARANG     1.561      1.471      1.391      2.524      1.031      1.066
   BLOCK     1.808      2.966      1.701      2.255      2.364      0.533
  OBJECT     1.531      2.718      0.282      2.433      1.546      0.267
  CODING     0.059      0.517      0.598     -0.372      0.842      1.344

       Covariance Matrix to be Analyzed

          PICTCOMP     PARANG      BLOCK     OBJECT     CODING
          --------   --------   --------   --------   --------
PICTCOMP     8.610
  PARANG     1.941      7.074
   BLOCK     3.038      2.532      7.343
  OBJECT     3.032      1.916      3.077      8.088
  CODING    -0.605      0.289      0.832      0.433      8.249

CONFIRMATORY FACTOR ANALYSIS OF THE WISC-R

Parameter Specifications

        LAMBDA-X

            VERBAL    PERFORM
          --------   --------
    INFO         1          0
    COMP         2          0
   ARITH         3          0
   SIMIL         4          0
   VOCAB         5          0
   DIGIT         6          0
PICTCOMP         0          7
  PARANG         0          8
   BLOCK         0          9
  OBJECT         0         10
  CODING         0         11

        PHI

            VERBAL    PERFORM
          --------   --------
  VERBAL         0
 PERFORM        12          0

        THETA-DELTA

              INFO       COMP      ARITH      SIMIL      VOCAB      DIGIT
          --------   --------   --------   --------   --------   --------
                13         14         15         16         17         18

        THETA-DELTA

          PICTCOMP     PARANG      BLOCK     OBJECT     CODING
          --------   --------   --------   --------   --------
                19         20         21         22         23
```

接下来，通过查看标注为 Goodness of Fit Statistics 的部分(表 14-13)中出现的 χ^2 和拟合指数可以帮助评估模型的整体拟合度．自由度为 55 的独立模型卡方是 $\chi^2_{indep}(55, N=175)=516.237$，$p<0.01$. 这个 χ^2 检验“变量是不相关的”假设，它应该始终是显著的. 对于非常小的样本来说，如果不是这样，建模应该被重新考虑．模型卡方显著，$\chi^2(43, N=175)=70.24$，$p=0.005$. 理想情况下，需要一个不显著的卡方．在这种情况下，模型卡方是显著的，但它也小于模型自由度的两倍．该比例给出了一个非常粗略的表示，即该模型可能与数据相符．LISREL 也输出其他拟合指数，包括 CFI=0.94、GFI=0.93 和标准化 RMSEA=0.06. 这些指数似乎都表明了一个拟合良好的模型．

表 14-13　使用 LISREL 的验证性因子分析模型的拟合优度统计量(语法在表 14-12 中显示)

```
                     Goodness of Fit Statistics

                        Degrees of Freedom = 43
          Minimum Fit Function Chi-Square = 70.236 (P = 0.00545)
 Normal Theory Weighted Least Squares Chi-Square = 71.045 (P = 0.00454)
            Estimated Non-centrality Parameter (NCP) = 28.045
        90 Percent Confidence Interval for NCP = (8.745; 55.235)

                  Minimum Fit Function Value = 0.404
            Population Discrepancy Function Value (F0) = 0.161
         90 Percent Confidence Interval for F0 = (0.0503; 0.317)
        Root Mean Square Error of Approximation (RMSEA) = 0.0612
       90 Percent Confidence Interval for RMSEA = (0.0342; 0.0859)
          P-Value for Test of Close Fit (RMSEA < 0.05) = 0.221

              Expected Cross-Validation Index (ECVI) = 0.673
        90 Percent Confidence Interval for ECVI = (0.562; 0.829)
                   ECVI for Saturated Model = 0.759
                  ECVI for Independence Model = 3.093

 Chi-Square for Independence Model with 55 Degrees of Freedom = 516.237
                      Independence AIC = 538.237
                         Model AIC = 117.045
                       Saturated AIC = 132.000
                     Independence CAIC = 584.050
                        Model CAIC = 212.835
                      Saturated CAIC = 406.876

                 Root Mean Square Residual (RMR) = 0.468
                       Standardized RMR = 0.0585
                   Goodness of Fit Index (GFI) = 0.931
              Adjusted Goodness of Fit Index (AGFI) = 0.894
             Parsimony Goodness of Fit Index (PGFI) = 0.606

                      Normed Fit Index (NFI) = 0.864
                   Non-Normed Fit Index (NNFI) = 0.924
                Parsimony Normed Fit Index (PNFI) = 0.675
                   Comparative Fit Index (CFI) = 0.941
                   Incremental Fit Index (IFI) = 0.942
                     Relative Fit Index (RFI) = 0.826

                        Critical N (CN) = 168.123
```

在拟合评估后检查残差．在表 14-12 中的语法的 OU(输出行)上请求 RS 的残差诊断．LISREL 提供了许多残差诊断．变量的原始尺度中的残差(标为 FITTED RESIDUALS(未显示))和部分标准化残差(标为 STANDARDIZED RESIDUALS)都包括在内．对于这两种类型的残差，给出了完整的残差协方差矩阵、汇总统计量和茎叶图．部分标准化残差输出见表 14-14．尽管该模型很好地拟合了数据，但排列(PARANG)和理解(COMP)之间存在相当大的残差(标准化残差为 3.060)．这表明该模型没有充分估计这两个变量之间的关系．PICTCOMP 和 COMP 之间的较大残差在茎叶图中也有清楚显示．茎叶图也显示残差集中在零附近并对称分布．残差中位数为零．LISREL 还提供了一个部分标准化残差的 QQ 图，如图 14-9 所示．如果残差是正态分布的，则 X 在对角线周围．如在多重回归中，与对角线偏差大表示非正态性．在图中的右上角，PICTCOMP 和 COMP 之间较大残差再次清晰可见．

表 14-14　使用 LISREL 的验证性因子分析的部分标准化残差(语法在表 14-12 中显示)

```
        STANDARDIZED RESIDUALS

                 INFO       COMP      ARITH      SIMIL      VOCAB      DIGIT
             --------   --------   --------   --------   --------   --------
     INFO       - -
     COMP    -2.279       - -
    ARITH     2.027      0.054       - -
    SIMIL    -0.862      0.817     -0.748       - -
    VOCAB     2.092     -0.008     -1.527     -0.138       - -
    DIGIT     1.280     -0.753      0.897     -0.342     -0.168       - -
 PICTCOMP    -0.734      3.065     -0.716      2.314      0.319     -0.942
   PARANG    -0.176     -0.096      1.092      1.759     -1.488      0.579
    BLOCK    -1.716      1.844      0.795     -0.441     -0.276     -1.341
   OBJECT    -1.331      1.673     -2.394      0.633     -1.403     -1.443
   CODING    -0.393      0.472      0.950     -1.069      1.051      2.146

         STANDARDIZED RESIDUALS

             PICTCOMP     PARANG      BLOCK     OBJECT     CODING
             --------   --------   --------   --------   --------
 PICTCOMP       - -
   PARANG    -0.779       - -
    BLOCK    -1.004      0.861       - -
   OBJECT     0.751     -0.319      0.473       - -
   CODING    -2.133      0.059      1.284      0.215       - -

 Summary Statistics for Standardized Residuals

 Smallest Standardized Residual =    -2.394
   Median Standardized Residual =     0.000
  Largest Standardized Residual =     3.065

 Stemleaf Plot

 - 2|431
 - 1|755443310
 - 0|99887774433322110000000000000
   0|1123556688899
   1|01133788
   2|0113
   3|1
 Largest Positive Standardized Residuals
 Residual for PICTCOMP and     COMP    3.065
```

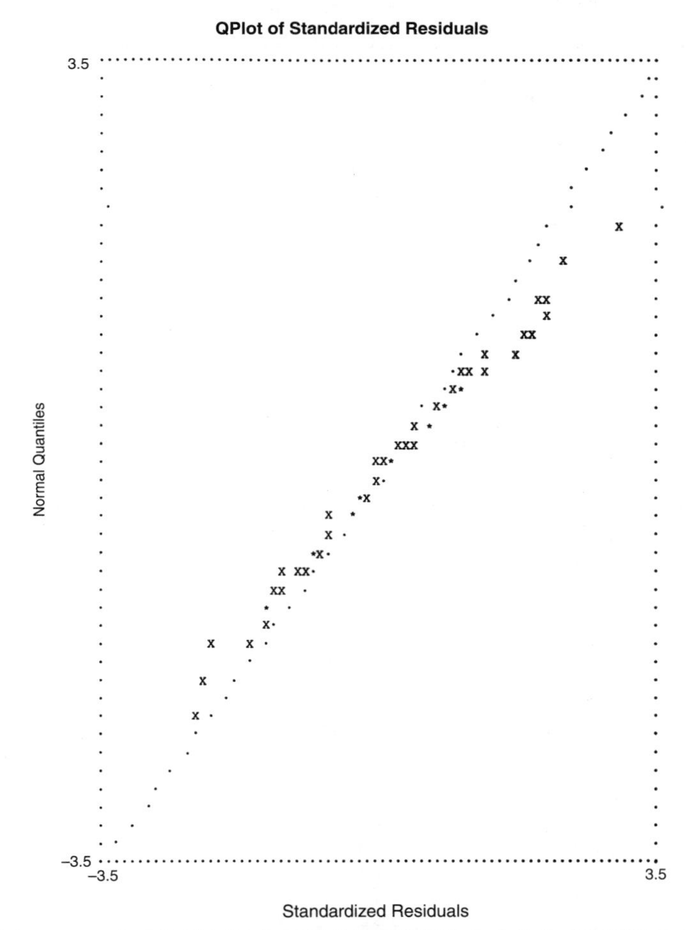

图 14-9 使用 LISREL 的验证性因子分析模型的部分标准化残差的 QQ 图输出(语法在表 14-12 中显示)

最后，检查参数估计值(表 14-15). 在标有 LISREL Estimates(Maximum Likelihood)的部分中，逐行计算的是非标准化回归系数、括号中的标准误差和每个指标[㊀]的 z 分数(系数/标准误差).

表 14-15 验证性因子分析模型的参数估计、标准误差、z 检验和部分标准化解的 LISREL 输出(语法在表 14-12 中显示)

```
LISREL Estimates (Maximum Likelihood)

        LAMBDA-X

              VERBAL    PERFORM
             --------   --------
```

㊀ 突击检验！根据对 SEM 和 EFA(第 13 章)的了解，与 EFA 等价的验证性因子分析回归系数是什么？回答：模式矩阵中的元素.

（续）

INFO	2.212 (0.201) 10.997	- -
COMP	2.048 (0.212) 9.682	- -
ARITH	1.304 (0.173) 7.534	- -
SIMIL	2.238 (0.226) 9.911	- -
VOCAB	2.257 (0.202) 11.193	- -
DIGIT	1.056 (0.213) 4.952	- -
PICTCOMP	- -	1.747 (0.244) 7.166
PARANG	- -	1.257 (0.226) 5.566
BLOCK	- -	1.851 (0.223) 8.287
OBJECT	- -	1.609 (0.237) 6.781
CODING	- -	0.208 (0.256) 0.811

PHI

	VERBAL	PERFORM
VERBAL	1.000	
PERFORM	0.589 (0.076) 7.792	1.000

THETA-DELTA

INFO	COMP	ARITH	SIMIL	VOCAB	DIGIT
3.586 (0.511) 7.014	4.599 (0.590) 7.793	3.623 (0.424) 8.547	5.125 (0.667) 7.680	3.507 (0.511) 6.866	6.198 (0.686) 9.030

THETA-DELTA

PICTCOMP	PARANG	BLOCK	OBJECT	CODING
5.558 (0.764) 7.276	5.494 (0.664) 8.275	3.916 (0.646) 6.066	5.499 (0.726) 7.578	8.206 (0.882) 9.309

Completely Standardized Solution

（续）

```
        LAMBDA-X

              VERBAL     PERFORM
             --------   --------
     INFO     0.760        - -
     COMP     0.691        - -
    ARITH     0.565        - -
    SIMIL     0.703        - -
    VOCAB     0.770        - -
    DIGIT     0.390        - -
 PICTCOMP      - -       0.595
   PARANG      - -       0.473
    BLOCK      - -       0.683
   OBJECT      - -       0.566
   CODING      - -       0.072

        PHI

              VERBAL     PERFORM
             --------   --------
   VERBAL     1.000
   PERFOR     0.589      1.000

        THETA-DELTA

             INFO       COMP      ARITH      SIMIL      VOCAB      DIGIT
           --------   --------   --------   --------   --------   --------
            0.423      0.523      0.681      0.506      0.408      0.848

        THETA-DELTA

           PICTCOMP    PARANG      BLOCK     OBJECT     CODING
           --------   --------   --------   --------   --------
            0.646      0.777      0.533      0.680      0.995
```

所有的指标都显著($p<0.01$)，但译码除外．有时测量变量的不同尺度使得非标准化系数难以解释，而且测量变量的尺度往往缺乏内在意义．标准化解在表 14-15 中标为 `Completely Standardized Solution` 的部分中，在这种情况下，通常更容易解释．在表 14-12 的语法中使用 SC(在 OU 输出行)请求完全标准化的输出．请注意，误差方差这个输出并没有完全标准化．

尽管 PICTCOMP 和 COMP 之间存在较大残差，但第一个假设，即模型与数据拟合的假设，已经得到了评估和支持．具有显著参数估计的最终模型以标准化的形式呈现，如图 14-10 所示．检查其他感兴趣的问题．语言因子和表现因子之间是否有显著的相关性？查看完全标准化解(或图 14-10)，语言因子和表现因子显著相关，$r=0.589$，支持这些因子之间存在关系的假设．

LISREL 提供了变量的 SMC 的估计，因子在标为 `Squared Multiple Correlations For X-Variables` 的部分中，如表 14-16 所示．同样清楚的是，在检查这些 SMC 时，译码的 SMC 为 0.005，因此它与表现因子无关．

14.6.1.4 模型修正

在该分析中有若干选择．该模型与数据吻合，并且我们已经证实这些因子之间存在显著的相关性．因此，我们可以结束分析并报告结果．然而，一般来说，还要检查几个额外的模型来检验进一步的假设(先验或事后)或尝试改善模型的拟合度．在这种模式中，至少有两个事后假设是值得关注的：(1)能否通过增加模型的其他路径来减少理解和填图之间的残差？(2)如果没有译码子检验数据的情况下，能否估计出一个拟合良好且更简洁的模型？

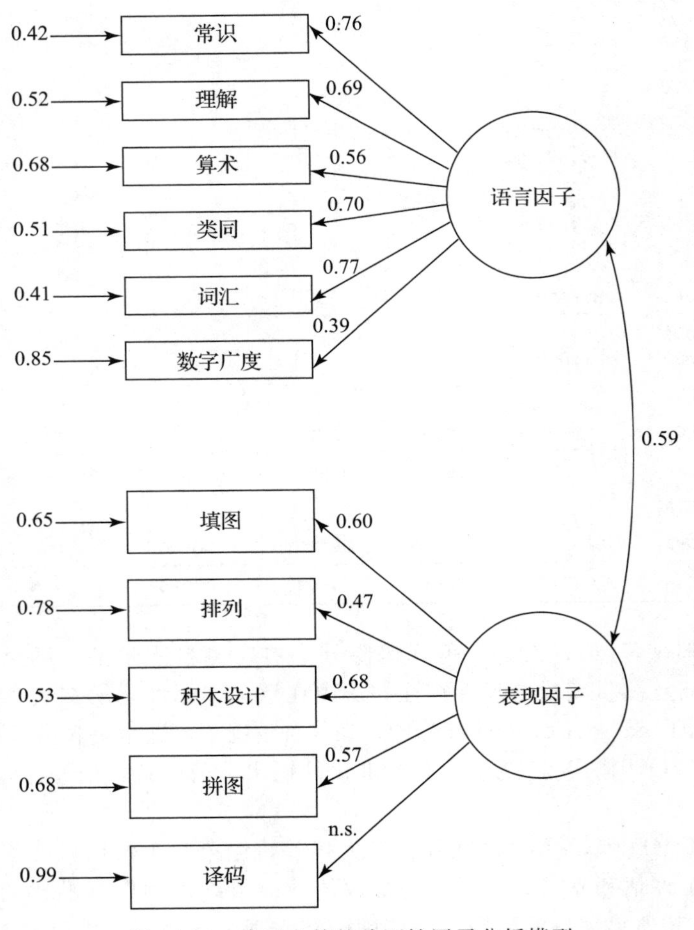

图 14-10　修正之前的验证性因子分析模型

表 14-16　LISREL 关于语言因子和表现因子的指标的 SMC 输出(语法在表 14-12 中显示)

Squared Multiple Correlations for X - Variables

INFO	COMP	ARITH	SIMIL	VOCAB	DIGIT
0.577	0.477	0.319	0.494	0.592	0.152

Squared Multiple Correlations for X - Variables

PICTCOMP	PARANG	BLOCK	OBJECT	CODING
0.354	0.223	0.467	0.320	0.005

在模型修改之前，请注意，在添加和删除参数时，常常会出现几乎完全混淆的情况．

我添加了什么？我删除了什么？我究竟在做什么？避免这种混淆的方法是，在进行任何修改之前，先将估计的模型绘制成图表，并制作几个副本．然后，随着参数的添加和删除，在副本上进行修改．通过这种方式，可以查看每个阶段的模型，而不必每次重复绘图．当一个副本太乱了，换下一个，必要时可以多做几个副本．

有了这张图的副本，我们将检查修正指数．表 14-17 列出了完全标准化的修正指数．最大的一元修正指数是表现因子预测理解的回归路径，$\chi^2=9.767$，近似完全标准化的参数值为 0.317. 由于该路径也可以减少理解和填图子检验之间的残差，因此我们用这条估计的路径运行模型 $\chi^2(42, N=172)=60.29, p=0.03$, CFI=0.96. 估计(第一个)模型和新修正的模型相互嵌套，估计模型是新修正模型的一个子集．因此，进行卡方差分检验以查看该路径的添加是否显著改善了模型．估计(第一个)模型自由度为 43，修正模型自由度为 42. 因此，这是 1 个自由度的检验．第一个模型的 χ^2 为 70.236，第二个的 χ^2 为 60.295. 两个卡方值之间的差值等于 9.941，$\chi^2_{\text{diff}}(1, N=172)=9.941. p<0.01$，约等于修正指数(LM 检验)中的预期值 9.767. 我们得出的结论是，从表现因子中增加一条预测理解的路径会显著改善模型．现在最大的标准化残差是 2.614，并且残差图也有所改进．

表 14-17　验证性因子分析模型修正指数的 LISREL 的输出(语法在表 14-12 中显示)

```
Modification Indices and Expected Change

        Modification Indices for LAMBDA-X

             VERBAL    PERFORM
            --------   --------
      INFO     - -       4.451
      COMP     - -       9.767
     ARITH     - -       0.177
     SIMIL     - -       2.556
     VOCAB     - -       1.364
     DIGIT     - -       1.852
  PICTCOMP    1.763       - -
    PARANG    0.020       - -
     BLOCK    0.181       - -
    OBJECT    1.174       - -
    CODING    0.199       - -

        Expected Change for LAMBDA-X

             VERBAL    PERFORM
            --------   --------
      INFO     - -      -0.597
      COMP     - -       0.940
     ARITH     - -      -0.106
     SIMIL     - -       0.512
     VOCAB     - -      -0.331
     DIGIT     - -      -0.435
  PICTCOMP    0.458       - -
    PARANG    0.043       - -
     BLOCK   -0.145       - -
    OBJECT   -0.357       - -
    CODING    0.148       - -

        Standardized Expected Change for LAMBDA-X

             VERBAL    PERFORM
            --------   --------
      INFO     - -      -0.597
      COMP     - -       0.940
```

（续）

ARITH	- -	-0.106
SIMIL	- -	0.512
VOCAB	- -	-0.331
DIGIT	- -	-0.435
PICTCOMP	0.458	- -
PARANG	0.043	- -
BLOCK	-0.145	- -
OBJECT	-0.357	- -
CODING	0.148	- -

Completely Standardized Expected Change for LAMBDA-X

	VERBAL	PERFORM
INFO	- -	-0.205
COMP	- -	0.317
ARITH	- -	-0.046
SIMIL	- -	0.161
VOCAB	- -	-0.113
DIGIT	- -	-0.161
PICTCOMP	0.156	- -
PARANG	0.016	- -
BLOCK	-0.054	- -
OBJECT	-0.126	- -
CODING	0.052	- -

No Non-Zero Modification Indices for PHI

Modification Indices for THETA-DELTA

	INFO	COMP	ARITH	SIMIL	VOCAB	DIGIT
INFO	- -					
COMP	5.192	- -				
ARITH	4.110	0.003	- -			
SIMIL	0.744	0.668	0.559	- -		
VOCAB	4.378	0.000	2.332	0.019	- -	
DIGIT	1.637	0.567	0.804	0.117	0.028	- -
PICTCOMP	1.318	4.659	1.672	3.251	0.000	0.767
PARANG	0.087	1.543	2.081	3.354	4.122	1.208
BLOCK	1.415	1.205	2.561	2.145	0.325	0.923
OBJECT	0.101	2.798	6.326	0.803	0.686	0.873
CODING	0.762	0.035	0.832	3.252	1.509	4.899

Modification Indices for THETA-DELTA

	PICTCOMP	PARANG	BLOCK	OBJECT	CODING
PICTCOMP	- -				
PARANG	0.607	- -			
BLOCK	1.008	0.742	- -		
OBJECT	0.564	0.102	0.223	- -	
CODING	4.549	0.004	1.648	0.046	- -

Expected Change for THETA-DELTA

	INFO	COMP	ARITH	SIMIL	VOCAB	DIGIT
INFO	- -					
COMP	-0.990	- -				
ARITH	0.701	0.020	- -			
SIMIL	-0.403	0.391	-0.291	- -		
VOCAB	0.918	-0.003	-0.530	-0.065	- -	
DIGIT	0.544	-0.342	0.344	-0.165	-0.071	- -
PICTCOMP	-0.479	0.975	-0.498	0.865	0.003	-0.430
PARANG	0.117	-0.533	0.529	0.835	-0.802	0.514

（续）

```
     BLOCK    -0.444     0.442     0.548    -0.627     0.213    -0.419
    OBJECT    -0.130     0.741    -0.950     0.422    -0.338    -0.450
    CODING    -0.404     0.093     0.392    -0.962     0.566     1.214

         Expected Change for THETA-DELTA

            PICTCOMP    PARANG     BLOCK    OBJECT    CODING
            --------  --------  --------  --------  --------
  PICTCOMP    - -
    PARANG    -0.419      - -
     BLOCK    -0.643     0.447      - -
    OBJECT     0.449    -0.165     0.283      - -
    CODING    -1.232     0.032     0.679     0.121      - -

         Completely Standardized Expected Change for THETA-DELTA

                INFO      COMP     ARITH     SIMIL     VOCAB     DIGIT
            --------  --------  --------  --------  --------  --------
      INFO      - -
      COMP    -0.115      - -
     ARITH     0.104     0.003      - -
     SIMIL    -0.043     0.041    -0.040      - -
     VOCAB     0.107     0.000    -0.078    -0.007      - -
     DIGIT     0.069    -0.043     0.055    -0.019    -0.009      - -
  PICTCOMP    -0.056     0.112    -0.074     0.093     0.000    -0.054
    PARANG     0.015    -0.068     0.086     0.099    -0.103     0.072
     BLOCK    -0.056     0.055     0.088    -0.073     0.027    -0.057
    OBJECT    -0.016     0.088    -0.145     0.047    -0.041    -0.059
    CODING    -0.048     0.011     0.059    -0.105     0.067     0.156

         Completely Standardized Expected Change for THETA-DELTA

            PICTCOMP    PARANG     BLOCK    OBJECT    CODING
            --------  --------  --------  --------  --------
  PICTCOMP    - -
    PARANG    -0.054      - -
     BLOCK    -0.081     0.062      - -
    OBJECT     0.054    -0.022     0.037      - -
    CODING    -0.146     0.004     0.087     0.015      - -
 Maximum Modification Index is 9.77 for Element (2, 2) of LAMBDA-X
```

其他路径也可以添加到模型中，但是已经决定接下来检验的第三个模型，其中去掉了译码子检验．由于在 LISREL 中 Wald 检验不可用，所以我们删除译码并估计第三个模型，$\chi^2(33,N=172)=45.018, p=0.08$,CFI＝0.974. 通过完全删除译码子检验，我们已经改变了数据和参数，所以模型不再是嵌套的并且卡方差分检验不再合适．虽然没有可用的统计检验，但可以检查其他拟合指数．AIC 和 CAIC 可以在模型之间进行比较，数值较小代表模型拟合良好且简洁．具有译码子检验模型的 AIC 是 108.30；在没有译码子检验的情况下，AIC 下降到 89.018. 在编码子检验删除之后，CAIC 也下降，有译码的 CAIC＝208.25，没有译码的 CAIC＝180.64. 由于 AIC 和 CAIC 没有进行规范，因此还不清楚这个下降是否足够大．然而，当删除译码子检验时，似乎在拟合度和简约性上有了相当大的提高．第三个模型的标准形式包含了显著性系数，如图 14-11 所示．

在该例子中模型修正是事后的，可能是偶然发生的．理想情况下，这些结果将与一个新样本进行交叉验证．但是，在没有新的样本的情况下，在修正过程中参数变化程度的一个有用度量是第一个和第三个模型的参数估计值之间的双变量相关系数．由 SPSS CORRELATE 计算，得出这个相关系数是 $r(18)=0.947$，$p<0.01$，这表明虽然对模型进行了修正，但参数的相对大小几乎没有改变．

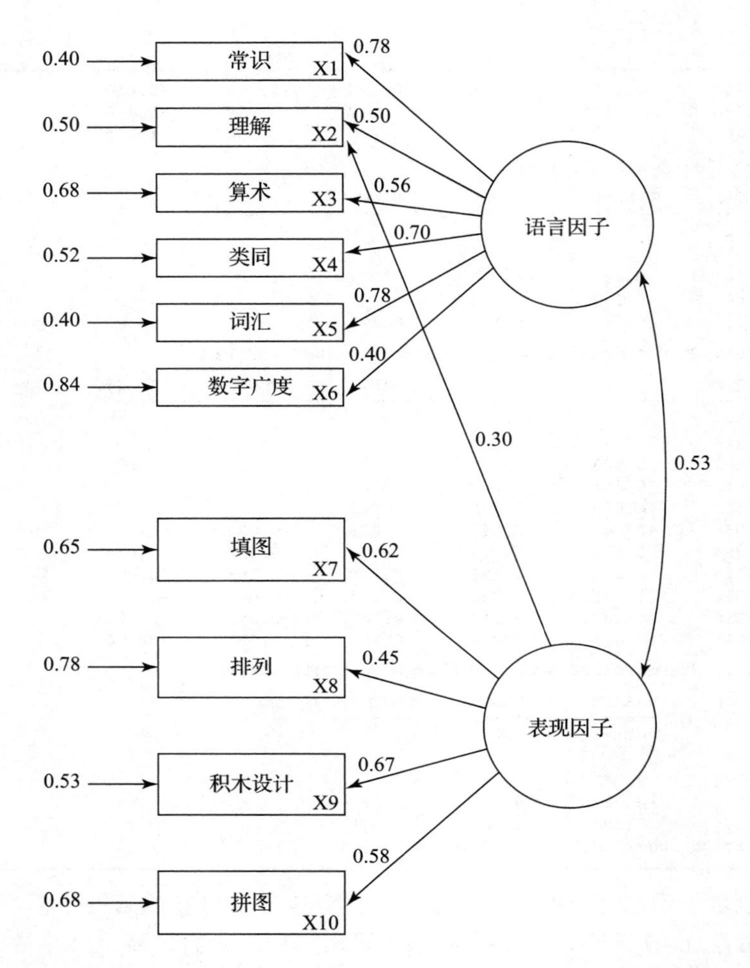

图 14-11 以标准化形式呈现显著性系数的最终修正验证性因子分析模型

表 14-24(在 14.6 节末尾部分附近)包含了 SEM 检查清单．以期刊形式给出了验证性因子分析的分析结果.

结果

假设模型

以学习障碍儿童的数据为基础，通过 LISREL 对 WISC-R 的 11 个子测试进行验证性因子分析．假设模型如图 14-8 所示，其中圆形代表潜在变量，矩形代表测量变量．没有连接变量的线意味着没有假设的直接影响．这里提出了一个智力的双因子模型，即语言因子和表现因子．常识、理解、算术、类同、词汇和数字广度分量表作为言语因子的指标．填图、排列、积木设计、拼图和译码分量表作为表现因子的指标．这两个因子被假设为相互影响．

假设

通过 SPSS 软件对多元正态性和线性假设进行评估．其中一个孩子在算术子测试中得分极高(19，$z=4.11$，$p<0.01$)，从分析中删除他的数据．使用马氏距离进行分析，发现另一个孩子是一个多元异常值，$p<0.001$，因此这个孩子的数据也被删除．因为这个孩子的理解分数非常低算术分数却非常高．结构方程模型(SEM)使用剩余的 175 名儿童的数据进行了分析．没有缺失数据．

模型的估计

所有模型的估计均采用极大似然法估计．检验所有变量不相关假设的独立模型很容易被拒绝，$\chi^2(55, N=175)=516.24$，$p<0.01$. 接下来对假设模型进行检验，结果显示 $\chi^2(43, N=175)=70.24$，$p=0.005$，比较固定指数(CFI)$=0.94$. 卡方差分检验表明，独立模型与假设模型之间的拟合度有显著提高．

为了建立一个拟合更好的且更简洁的模型，进行了事后模型修改．在拉格朗日乘子检验的基础上，增加了从表现因子预测理解子检验的路径，$\chi^2(42, N=172)=60.29$，$p=0.03$，CFI$=0.96$，CAIC$=108.25$，AIC$=108.295$. $\chi^2_{\text{diff}}(1, N=172)=9.941$，$p<0.01$. 第二，由于表现因子预测编码子量表的系数(0.072)不显著，SMC$=0.005$，故将该变量剔除，重新估计模型，$\chi^2(33, N=172)=45.018$，$p=0.08$，CFI$=0.974$，CAIC$=180.643$，AIC$=89.018$. 去掉译码子测试后，CAIC 和 AIC 的拟合效果更好，模型更简洁．

由于进行了事后模型修正，因此计算了模型参数估计与最终模型的参数估计之间的相关系数，$r(18)=0.95$，$p<0.01$. 这表明尽管修正了模型，但参数估计几乎没有变化．最终的模型，包括标准化形式的显著性系数，如图 14-11 所示．

14.6.2 健康数据的结构方程模型

第二个例子展示了健康和个人态度变量的结构方程模型．

14.6.2.1 SEM 模型设定

使用附录 B.1 中的数据，利用 EQS 6.1 评估图 14-12 中假设模型的拟合度．该模型包括三个假设因子：自卑感(自尊心——ESTEEM、对婚姻状况的满意度——ATTMAR 和控制点——CONTROL 作为指标)；感知疾病健康(心理健康问题的数量——MENHEAL 和身体健康问题的数量——PHYHEAL 作为指标)；医疗保健利用(对卫生专业人员的访问次数——TIMEDRS 和药物的使用——DRUGUSE 作为指标)．假设年龄和生活压力(STRESS)是两个测量变量，自卑感(SELF)是潜在变量，所有预测的感知疾病健康(PERCHEAL)和医疗保健利用(USEHEAL)是两个潜在变量．另外利用感知疾病健康(PERCHEAL)预测医疗保健利用．正如通常所做的那样，所有三个自变量(年龄、压力和自卑感)都允许自由共变．

有若干问题值得关注：(1)该模型估计总体协方差矩阵(即再生样本协方差矩阵)的效果如何？(2)这些结构对被测指标变量的预测程度如何，例如，测量模型有多强？(3)年龄、压力和自卑感是否可以直接预测感知疾病健康和医疗保健利用？(4)感知疾病健康是

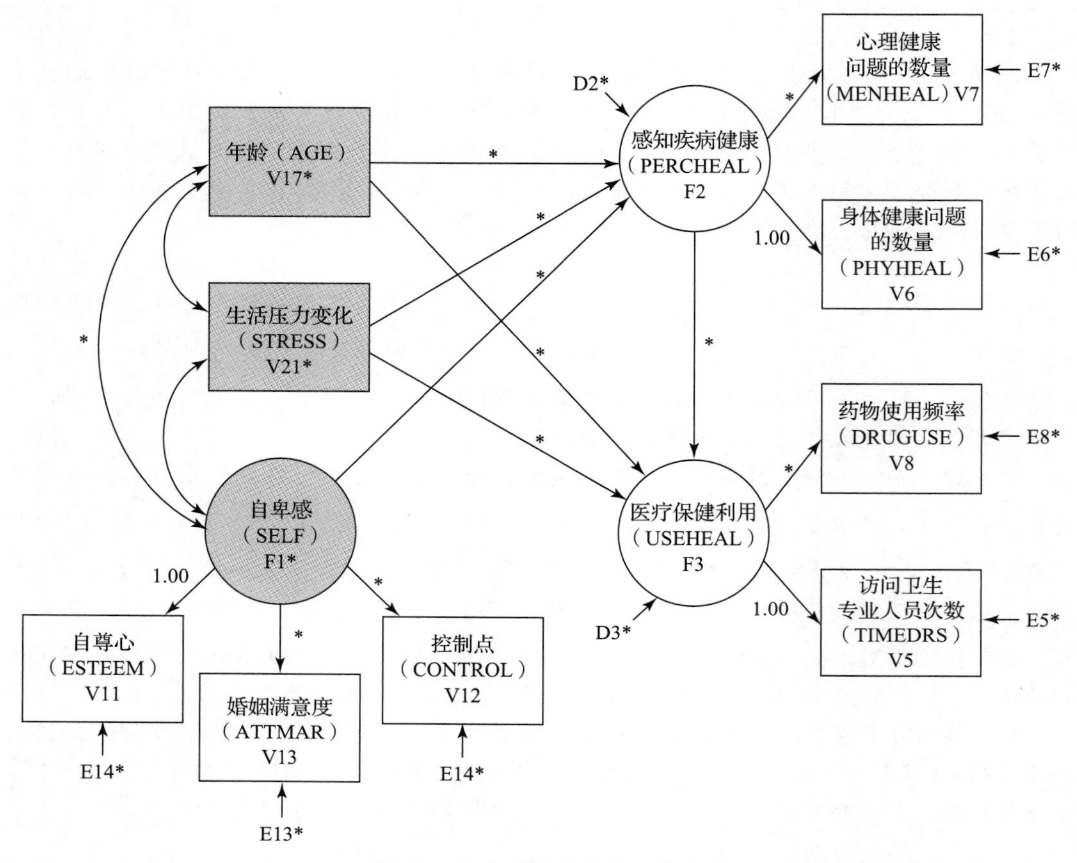

图 14-12　假设的结构方程模型

否可以直接预测医疗保健利用？(5)感知疾病健康是否在年龄、生活压力、自卑感、医疗保健利用等的中介变量中起作用？换言之，年龄、生活压力、自卑感、医疗保健利用之间是否存在间接关系？

作为模型可识别性的初步检验，计算了要估计的数据点和参数的数量．9 个变量有 9(9＋1)/2＝45 个数据点．假设模型包含 23 个估计参数(10 个回归系数、3 个协方差和 12 个方差)．因此，模型过度识别，并且检验的自由度为 22．为了设置因子的尺度，将感知疾病健康问题的路径预测数、医疗保健利用对卫生专业人员访问次数的路径预测数以及自卑感对自尊的路径预测数固定为 1．EQS 语法和汇总统计数据见表 14-18．

表 14-18　医疗利用的 SEM 模型的 EQS 语法和部分输出

```
/TITLE
 Large sample example
/SPECIFICATIONS
 DATA = 'healthsem.ESS';
 VARIABLES=21; CASES=459; GROUPS=1;
 METHODS=ML,ROBUST;
 MATRIX=RAW
```

（续）

```
 ANALYSIS=COVARIANCE;
/LABELS
 V1=SUBNO; V2=EDCODE; V3=INCODE; V4=EMPLMNY; V5=TIMEDRS;
 V6=PHYHEAL; V7=MENHEAL; V8=DRUGUSE; V9=STRESS; V10=ATTMED;
 V11=ESTEEM; V12=CONTROL; V13=ATTMAR; V14=ATTROLE; V15=ATTHOUSE;
 V16=ATTWORK; V17=AGE; V18=SEL; V19=LTIMEDRS; V20=LPHYHEAL;
 V21=SCSTRESS; F1=SELF; F2=PERCHEAL; F3=USEHEAL;
/EQUATIONS
 !F1 Poor sense of self
  V11'=  1F1 + 1E11;
  V12 =  *F1 + 1E12;
  V13 = *F1 + E13;
  V14 = *F1 + E14;

 !F2 PERCHEAL
  V6 = 1F2 + 1E6;
  V7 = *F2 + 1E7;

 !F3 USEHEAL
  V5 = F3 + E5;
  V8 = *F3 + E8;

  F2 = *V21 + *V17 + *F1 + D2;
  F3 = *F2 + *V17 + D3;
  V21 = *V17 + E21;

 /VARIANCES
  F1 = *;
  D2,D3 = *;
  v17 = *;
  E21 = *;
  E6,E7 = *;
  E5,E8 = *;
  E11,E12,E13,E14 = *;

 /COVARIANCES
   F1,V17 = *;
 /PRINT
   FIT=ALL;
   TABLE=EQUATION;
   EFFECT = YES;
  /LMTEST
  /WTEST
  /END
  SAMPLE STATISTICS BASED ON COMPLETE CASES
```

UNIVARIATE STATISTICS

VARIABLE	TIMEDRS	PHYHEAL	MENHEAL	DRUGUSE	ESTEEM
MEAN	7.5730	4.9412	6.0871	8.5643	15.8301
SKEWNESS (G1)	2.9037	1.0593	.6175	1.2682	.4870
KURTOSIS (G2)	9.9968	1.2271	-.2605	1.0620	.2822
STANDARD DEV.	9.9821	2.3768	4.1858	9.0952	3.9513
VARIABLE	CONTROL	ATTMAR	ATTROLE	AGE	SCSTRESS
MEAN	6.7429	22.7298	35.1503	4.3638	2.0087
SKEWNESS (G1)	.4912	.7937	.0551	.0372	.7637
KURTOSTS (G2)	-.3978	.8669	-.4190	-1.1624	.2436
STANDARD DEV.	1.2657	8.8654	6.7708	2.2284	1.2967

（续）

```
                    MULTIVARIATE KURTOSIS
                    ---------------------

   MARDIA'S COEFFICIENT (G2,P) =        23.7537
   NORMALIZED ESTIMATE  =               16.4249

               ELLIPTICAL THEORY KURTOSIS ESTIMATES
               ------------------------------------

MARDIA-BASED KAPPA =   .1979 MEAN SCALED UNIVARIATE KURTOSIS =    .3813

MARDIA-BASED KAPPA IS USED IN  COMPUTATION.  KAPPA=    .1979

COVARIANCE  MATRIX TO BE ANALYZED: 10 VARIABLES
                                  (SELECTED FROM 21 VARIABLES)
  BASED ON   459 CASES.

                      TIMEDRS   PHYHEAL   MENHEAL   DRUGUSE     ESTEEM
                       V  5      V  6      V  7      V  8        V 11
   TIMEDRS  V  5      99.643
   PHYHEAL  V  6      10.912     5.649
   MENHEAL  V  7      10.705     4.957    17.521
   DRUGUSE  V  8      26.779     9.151    14.136    82.722
   ESTEEM   v 11        .726      .852     3.600    -1.541     15.613
   CONTROL  V 12        .279      .328     1.490      .779      1.690
   ATTMAR   V 13       4.332     1.683     9.026     7.262     10.251
   ATTROLE  V 14      -5.460     -.814    -1.926    -5.897      4.947
     AGE    V 17       -.336      .144     -.757     -.544       .031
   SCSTRESS V 21       3.315      .926     2.099     3.619      -.468

                       CONTROL   ATTMAR    ATTROLE     AGE      SCSTRESS
                        V 12      V 13      V 14      V 17       V 21
    CONTROL  V 12      1.602
    ATTMAR   V 13      2.173     78.595
    ATTROLE  V 14      -.009     -3.804    45.844
      AGE    V 17      -.376     -1.762     3.423     4.966
    SCSTRESS V 21       .099      1.251    -2.114     -.838      1.681

  BENTLER-WEEKS STRUCTURAL REPRESENTATION:

        NUMBER OF DEPENDENT VARIABLES = 11
            DEPENDENT V'S :      5    6    7    8   11   12   13   14   21
            DEPENDENT F'S :      2    3

        NUMBER OF INDEPENDENT VARIABLES =  13
            INDEPENDENT V'S :    17
            INDEPENDENT F'S :     1
            INDEPENDENT E'S :     5    6    7    8   11   12   13   14   21
            INDEPENDENT D'S :     2    3

        NUMBER OF FREE PARAMETERS = 25
        NUMBER OF FIXED NONZERO PARAMETERS = 14

DETERMINANT OF INPUT MATRIX IS    .11552D+12

PARAMETER ESTIMATES APPEAR IN ORDER,
NO SPECIAL PROBLEMS WERE ENCOUNTERED DURING OPTIMIZATION.
```

14.6.2.2 结构方程模型的假设评估

只有当方法或输出不同于其他章节或验证性因子分析的例子时，才会显示假设评估的输出．

(1)样本量和缺失数据

数据集包含来自 459 名参与者的响应．有 443 名参与者对 9 个感兴趣的变量填写了完

整的数据 . 5 个参与者(1.1%)缺少关于对结婚态度的数据(ATTMAR)，4 个参与者(0.9%)缺少年龄(AGE)的数据，7 个(1.5%)缺少压力测量(STRESS)数据 . 在对缺失数据的模式进行检验之后，我们没有证据表明存在不可忽略的缺失数据模式(参见 4.1.3 节). 尽管估算缺失的数据是合理的，但这种分析只能使用完整案例 . 鉴于测量变量的数量和假设的关系，样本是足够的 .

(2)正态性和线性

通过使用 SPSS DESCRIPTIVES、EQS[㊀] 的直方图检验以及 EQS 中的汇总描述性统计量来评估观测变量的正态性 . 观察到的 10 个观测变量中有 8 个是显著偏态 .

(1)TIMEDRS	$z=24.84$	(2)PHYHEAL	$z=9.28$
(3)MENHEAL	$z=5.06$	(4)DRUGUSE	$z=10.79$
(5)STRESS	$z=4.22$	(6)CONTROL	$z=4.46$
(7)STRESS	$z=6.96$	(8)ATTMAR	$z=8.75$

EQS 还给出了有关多元正态性的信息(见表 14-18). 在标有 MULTIVARIATE KURTOSIS 的部分中，给出了 Mardia 系数和系数的标准化估计 . 标准化估计值可以解释为 z 分数 . 在本例中，删除所有异常值后，NORMALIZED ESTIMATE $=16.42$，这表明测量变量不符合正态分布 .

检查所有成对散点图来评估线性是不可行的 . 因此，使用 SPSS GRAPHS[㊁] 来检验随机选择的散点图对 . 如果有的话，所有观察到的对似乎都是线性相关的 . 对这些变量没有进行转换，因为这些变量在总体中有偏差是合理的(大多数女性很少使用药物、没有生病、也不经常去看医生). 相反，给定样本量($N=443$，一个大样本)时，决定使用 EQS 程序中的规定，在评估 χ^2 统计量和标准误差时考虑非正态性，并通过利用 Satorra-Bentler 的极大似然估计来扩大卡方，并将标准误差调整到非正态的程度 . EQS 通过 ME= ML,ROBUST 来请求分析(见表 14-18).

(3)异常值

使用 SPSS FREQUENCIES 和 GRAPHS，没有检测到异常值 . 尽管若干变量的 z 值大于 3.3，但这些大的分数与自然偏态的分布有关，即大多数女性不经常去看医生，而且经常看医生的人持续减少 . 使用 SPSS REGRESSION 也没有发现多元异常值 .

(4)多重共线性和奇异性

在 EQS(表 14-18)中给出矩阵的行列式为 DETERMINANT OF INPUT MATRIX IS. 1552D+12. 该值比 0 大，所以没有奇异点 .

(5)协方差的充分性

如果变量和协方差的尺度大不相同，那么结构方程模型程序难以进行计算 . 在该例子中，最大方差是 STRESS 的 17 049.99，最小方差是 CONTROL 的 1.61. 可以看出差别很大，在 200 次迭代之后，模型的初步运行并不收敛 . 因此 STRESS 变量乘以 0.01. 在重新设置尺度之后，新变量 SCSTRESS 的方差为 1.70，没有进一步的收敛问题 .

㊀ 散点图也可以通过 EQS Windows 程序进行检查 .

㊁ 散点图也可以通过 EQS Windows 程序进行检查 .

(6)残差

残差评估是模型评估的一部分．

14.6.2.3　SEM 模型估计和初步评估

SEM 分析的语法和编辑输出见表 14-18．一开始请看表 14-18 末尾显示 PARAMETER ESTIMATES APPEAR IN ORDER 的输出报表．如果存在识别问题或其他估算问题，则不会出现此报表，而是会输出 14.5.1 节中讨论的关于条件代码的信息．此消息用于诊断分析过程中出现的问题．

检查协方差矩阵以确定合理的关系之后，检查标记为 Bentler-Weeks STRUCTURAL REPRESENTATION 的输出部分，该部分列出了模型指定的自变量和因变量．在本例中，它应该和路径图匹配．

表 14-19 在标记为 GOODNESS OF FIT SUMMARY 的部分给出了估计模型残差和拟合优度的信息．评估和解释一个模型的一个必要条件是假设模型是独立模型的一个显著改进．独立模型检验了所有测量变量彼此独立的假设．我们提出的模型假设测量变量之间存在关系，因此我们的假设模型对于独立性模型是一个显著的改进．独立性和模型卡方之间的改进检验采用卡方差分检验．如果数据是正态的，我们可以简单地减去卡方检验统计量，并用与模型之间的差异相关联的自由度来评估卡方．然而，由于数据是非正态的，而且我们使用的是 Satorra-Bentler 标度的卡方，所以我们需要进行如下调整(Satorra 和 Bentler，2002)．首先计算标度校正，

$$\text{标度校正} = \frac{(df_{\text{嵌套模型}})\left(\frac{\chi^2_{\text{ML嵌套模型}}}{\chi^2_{\text{S-B嵌套模型}}}\right) - (df_{\text{对比模型}})\left(\frac{\chi^2_{\text{ML对比模型}}}{\chi^2_{\text{S-B对比模型}}}\right)}{(df_{\text{嵌套模型}} - df_{\text{对比模型}})} \tag{14.38}$$

$$\begin{aligned}\text{标度校正} &= \frac{(36)\left(\frac{705.53}{613.17}\right) - (20)\left(\frac{99.94}{86.91}\right)}{(36-20)} \\ &= 1.15\end{aligned}$$

然后对 ML χ^2 值进行标度校正，来计算 S-B 标度的 χ^2 差异检验统计量，

$$\begin{aligned}\chi^2_{\text{S-B差值}} &= \frac{\chi^2_{\text{ML嵌套模型}} - \chi^2_{\text{ML对比模型}}}{\text{标度校正}} \\ &= \frac{705.53 - 99.942}{1.15} \\ &= 525.91\end{aligned}$$

卡方差值用自由度等于 $df_{\text{嵌套模型}} - df_{\text{对比模型}} = 36 - 20 = 16$ 来评估．调整后的 S-B $\chi^2(N=443, 20)=525.91, p<0.01$. 卡方差分检验是显著的，因此，该模型是对独立模型的显著改进，模型评估可以继续进行．在实践中，只有当样本量很小或者假设的模型存在重大问题时，这种差异才不显著．

表 14-19 EQS 完整案例的标准化残差和拟合优度信息(语法在表 14-18 中显示)

```
STANDARDIZED RESIDUAL MATRIX:
                        TIMEDRS    PHYHEAL    MENHEAL    DRUGUSE    ESTEEM
                         V  5       V  6       V  7       V  8       V 11
   TIMEDRS  V  5          .000
   PHYHEAL  V  6          .094       .000
   MENHEAL  V  7         -.085      -.019       .000
   DRUGUSE  V  8          .000       .019      -.005       .000
   ESTEEM   V 11         -.079      -.065       .072      -.150       .000
   CONTROL  V 12         -.060      -.022       .159      -.023       .002
   ATTMAR   V 13         -.017      -.026       .145       .017       .021
     AGE    V 17          .005       .049      -.061      -.004       .073
   SCSTRESS V 21         -.013      -.049       .061       .010      -.094
                        CONTROL     ATTMAR      AGE      SCSTRESS
                         V 12       V 13       V 17       V 21
   CONTROL  V 12          .000
   ATTMAR   V 13         -.034       .000
     AGE    V 17         -.075      -.042       .000
   SCSTRESS V 21          .058       .107       .000       .000
                       AVERAGE ABSOLUTE STANDARDIZED RESIDUALS   =   .0404
          AVERAGE OFF-DIAGONAL ABSOLUTE STANDARDIZED RESIDUALS   =   .0505
MAXIMUM LIKELIHOOD SOLUTION (NORMAL DISTRIBUTION THEORY)
LARGEST STANDARDIZED RESIDUALS:
    NO.     PARAMETER     ESTIMATE          NO.     PARAMETER     ESTIMATE
    ---     ---------     --------          ---     ---------     --------
     1      V12,  V7         .159           11      V11,  V7         .072
     2      V11,  V7        -.150           12      V11,  V6        -.065
     3      V13,  V7         .145           13      V21,  V7         .061
     4      V21,  V13        .107           14      V17,  V7        -.061
     5      V21,  V11       -.094           15      V12,  V5        -.060
     6      V6,   V5         .094           16      V21,  V12        .058
     7      V7,   V5        -.085           17      V21,  V6        -.049
     8      V11,  V5        -.079           18      V17,  V6         .049
     9      V17,  V12       -.075           19      V17,  V13       -.042
    10      V17,  V11        .073           20      V13,  V12       -.034

DISTRIBUTION OF STANDARDIZED RESIDUALS
```

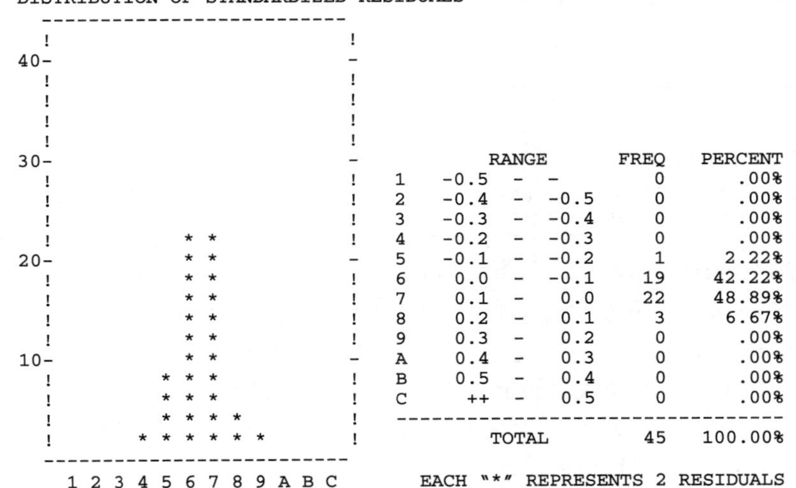

```
                 RANGE          FREQ    PERCENT
     1   -0.5  -   -             0         .00%
     2   -0.4  -  -0.5           0         .00%
     3   -0.3  -  -0.4           0         .00%
     4   -0.2  -  -0.3           0         .00%
     5   -0.1  -  -0.2           1        2.22%
     6    0.0  -  -0.1          19       42.22%
     7    0.1  -   0.0          22       48.89%
     8    0.2  -   0.1           3        6.67%
     9    0.3  -   0.2           0         .00%
     A    0.4  -   0.3           0         .00%
     B    0.5  -   0.4           0         .00%
     C     ++  -   0.5           0         .00%
    -------------------------------------------
                TOTAL           45      100.00%

  1 2 3 4 5 6 7 8 9 A B C     EACH "*" REPRESENTS 2 RESIDUALS

MAXIMUM LIKELIHOOD SOLUTION (NORMAL DISTRIBUTION THEORY)

GOODNESS OF FIT SUMMARY FOR METHOD = ML

INDEPENDENCE MODEL CHI-SQUARE =        705.531 ON    36 DEGREES OF FREEDOM
```

（续）

```
INDEPENDENCE AIC =    633.53117   INDEPENDENCE CAIC =    448,88536
       MODEL AIC =     59.94157          MODEL CAIC =    -42.63943

CHI-SQUARE =         99.942 BASED ON   20 DEGREES OF FREEDOM
PROBABILITY VALUE FOR THE CHI-SQUARE STATISTIC IS     .00000

THE NORMAL THEORY RLS CHI-SQUARE FOR THIS ML SOLUTION IS     102.834.

FIT INDICES
-----------
BENTLER-BONETT     NORMED FIT INDEX =      .858
BENTLER-BONETT NON-NORMED FIT INDEX =      .785
COMPARATIVE FIT INDEX (CFI)         =      .881
BOLLEN   (IFI) FIT INDEX            =      .883
MCDONALD (MFI) FIT INDEX            =      .917
LISREL    GFI  FIT INDEX            =      .952
LISREL   AGFI  FIT INDEX            =      .893
ROOT MEAN-SQUARE  RESIDUAL (RMR)    =     1.471
STANDARDIZED RMR                    =      .059
ROOT MEAN-SQUARE ERROR OF APPROXIMATION(RMSEA) = .093
90% CONFIDENCE INTERVAL OF RMSEA    (.075, .112)
GOODNESS OF FIT SUMMARY FOR METHOD = ROBUST

ROBUST INDEPENDENCE MODEL CHI-SQUARE = 613.174 ON  36 DEGREES OF FREEDOM
  INDEPENDENCE AIC = 541.17402   INDEPENDENCE  CAIC = 356.52821
         MODEL AIC = 46.90838            MODEL CAIC = -55.67262

  SATORRA-BENTLER SCALED CHI-SQUARE = 86.9084 ON   20 DEGREES OF FREEDOM
  PROBABILITY VALUE FOR THE CHI-SQUARE STATISTIC IS .00000

  RESIDUAL-BASED TEST STATISTIC                      = 70.815
  PROBABILITY VALUE FOR THE CHI-SQUARE STATISTIC IS .00000

YUAN-BENTLER RESIDUAL-BASED TEST STATISTIC           = 61.350
  PROBABILITY VALUE FOR THE CHI-SQUARE STATISTIC IS .00000

  YUAN-BENTLER RESIDUAL-BASED F-STATISTIC            = 3.394
  DEGREES OF FREEDOM                                 = 20,439
  PROBABILITY VALUE FOR THE F-STATISTIC I  .00000

  FIT INDICES
  -----------
  BENTLER-BONETT     NORMED FIT INDEX =      .858
  BENTLER-BONETT NON-NORMED FIT INDEX =      .791
  COMPARATIVE FIT INDEX (CFI)         =      .884
  BOLLEN   (IFI) FIT INDEX            =      .887
  MCDONALD (MFI) FIT INDEX            =      .930
  ROOT-MEAN SQUARE  ERROR OF APPROXIMATION (RMSEA) = .085
  90% CONFIDENCE INTERVAL OF RMSEA    (.067, .104)
```

然而，稳健 ML 估计的 Satorra-Bentler 标度的卡方检验也是显著的，$\chi^2(20, N=143)=86.91, p<0.001$，表明估计和观测协方差矩阵之间存在显著的差异．在这样的大样本中，微不足道的差异可以产生统计上显著的 χ^2，因此当样本量大时，拟合指数通常提供更好的拟合度量．然而，没有一个拟合指数表明模型拟合得好．残差对称分布在零附近，但是残差很大．最大的标准化残差是 0.159，并且有少量残差大于 0.1. 由于假设模型不拟合数据，因此延迟参数的进一步检验，改用拉格朗日乘子检验．

14.6.2.4　模型修正

假设模型不拟合．我们可以通过添加路径来改进模型，所以第一种方法是仔细检查假设模型的设置，以确保没有遗忘重要的路径．我们的模型中没有明显遗忘任何路径，所以下一步是拉格朗日乘子检验(LM Test)．进行模型修正以改善模型的拟合度，将分析从验证性分析转换为探索性分析，并且在解释显著水平时应该谨慎行事．初始一元和多元的LM检验结果的默认设置见表14-20．请注意，这些检验基于ML统计量，这是因为EQS还没有输出Satorra-Bentler LM检验．

表 14-20 一元和多元拉格朗日乘子检验的 EQS 编辑输出(语法在表 14-18 中显示)

```
  LAGRANGE MULTIPLIER TEST (FOR ADDING PARAMETERS)

                    ORDERED UNIVARIATE TEST STATISTICS:

                                                HANCOCK                    STANDARD-
                                   CHI-          20 DF    PARAMETER          IZED
 NO    CODE     PARAMETER        SQUARE   PROB.   PROB.     CHANGE          CHANGE
 --    ----     ---------        ------   -----   -----   --------       ---------
  1    2  12       V7,F1         32.199   .000    .041        .573            .055
  2    2  10       D3,D2         15.027   .000    .775       6.352           2.898
  3    2  16       F3,F1         15.027   .000    .775       -.765           -.059
  4    2  22       F2,F3         15.027   .000    .775       2.691            .295
  5    2  11     V11,V21         14.052   .000    .828       -.596           -.116
  6    2  11      V6,V21          9.991   .002    .968       -.364           -.118
  7    2  11      V7,V21          9.991   .002    .968        .598            .110
  8    2  20      V11,F3          9.956   .002    .969       -.168           -.008
  9    2  20       V6,F3          9.212   .002    .960       1.385            .113
 10    2  11     V11,V17          8.931   .003    .984        .283            .032

MAXIMUM LIKELIHOOD SOLUTION (NORMAL DISTRIBUTION THEORY)

MULTIVARIATE LAGRANGE MULTIPLIER TEST BY SIMULTANEOUS PROCESS IN STAGE  1

PARAMETER SETS (SUBMATRICES) ACTIVE AT THIS STAGE ARE:

  PVV PFV PFF PDD GVV GVF GFV GFF BVF BFF

     CUMULATIVE MULTIVARIATE STATISTICS           UNIVARIATE INCREMENT
     ----------------------------------           --------------------

                                                               HANCOCK'S
                                                              SEQUENTIAL
 STEP   PARAMETER   CHI-SQUARE   D.F.   PROB.   CHI-SQUARE   PROB.   D.F.   PROB.
 ----   ---------   ----------   ----   -----   ----------   -----   ----   -----
   1       V7,F1        32.199      1    .000       32.199    .000     20    .041
   2       V7,F21       62.428      2    .000       30.229    .000     19    .049
   3     V11,V21        76.480      3    .000       14.052    .000     18    .726
   4     V11,V17        80.363      4    .000        3.883    .049     17   1.000
```

多元LM检验表明，增加一条从FI预测V7的路径(从自卑感到预测心理健康问题数量)将显著改善该模型，并导致模型的χ^2大约下降32.199．这意味着，除了自卑感和心理健康问题的数量之间有感知疾病健康这一间接关系之外，这两个变量之间也有直接关系．这可能需要添加一个合理的参数．那些有自卑感的女性也报告了有更多的心理健康问题，它们之间的关系比自卑感和感知疾病健康之间的关系还要强．所以添加路径并且重新评估模型(未显示)．

不是PARAMETER ESTIMATES APPEAR IN ORDER信息，而是以下信息：

```
  PARAMETER        CONDITION CODE
     D3,D3           CONSTRAINED AT LOWER BOUND
```

这表明在估计期间，EQS将第三个因子(医疗保健利用因子)的干扰项(残差)固定为零，而不是允许其变为负值．该信息很可能很好地表明了解释方面的潜在问题(负误差方差)．该路径不是假设的，我们添加路径并重新估计模型．不幸的是，我们制造了一个条件代码(表明模型的问题)．因此不会添加该路径，而是通过 LM 检验来检查残差之间的相关性．

添加相关的残差在概念上和理论上都是棘手的．首先，这很接近数据钓鱼！当我们添加相关的残差时，我们就将因变量中未被自变量预测的部分联系了起来．所以本质上我们不能确切地知道我们关联了哪些不相关的东西．有时候这很有意义，有时则不然(Ullman)．

再次使用 LM 检验来检查将相关误差添加到模型的有用性⊖．结论是 EQS 要求相关误差：

```
/LMTEST
SET = PEE;
```

表 14-21 显示，如果加上 E6 和 E5 之间的残差，卡方将下降约 30.529 点．可能即使在通过它们各自的因子考虑了身体健康问题数和访问健康专家的次数之间的共同关系后，这两个测量变量之间仍然存在着独特的显著关系．这似乎是合理的，因此添加路径并且重新估计模型．

表 14-21　添加相关误差的多元 LM 检验的 EQS 修正语法和编辑输出(完整语法在表 14-26 中显示)

```
/LMTEST
 set=pee;
  LAGRANGE MULTIPLIER TEST (FOR ADDING PARAMETERS)

              ORDERED UNIVARIATE TEST STATISTICS:

                                        HANCOCK              STANDARD-
                             CHI-        20 DF    PARAMETER       IZED
NO     CODE     PARAMETER   SQUARE   PROB.   PROB.      CHANGE      CHANGE
--     ----     ---------   ------   -----   -----    --------   ---------
 1   2   6        E6,E5    30.259    .000    .062       5.661        .418
 2   2   6        E7,E5    18.845    .000    .532      -7.581       -.295

MULTIVARIATE LAGRANGE MULTIPLIER TEST BY SIMULTANEOUS PROCESS IN STAGE  1

PARAMETER SETS (SUBMATRICES) ACTIVE AT THIS STAGE ARE:

  PEE

   CUMULATIVE MULTIVARIATE STATISTICS              UNIVARIATE INCREMENT
   ----------------------------------              --------------------
                                                        HANCOCK'S
                                                        SEQUENTIAL
 STEP  PARAMETER  CHI-SQUARE  D.F.  PROB.  CHI-SQUARE  PROB.  D.F.  PROB.
 ----  ---------  ----------  ----  -----  ----------  -----  ----  -----
    1      E6,E5      30.529     1   .000      30.529   .000    20   .062
    2     E11,E8      41.280     2   .000      10.750   .000    19   .932
    3     E12,E7      51.575     3   .000      10.295   .000    18   .922
    4     E13,E7      60.250     4   .000       8.675   .000    17   .950
    5     E11,E7      69.941     5   .000       9.690   .000    16   .882
```

新模型的 Satorra-Bentler $\chi^2=60.37$，稳健 CFI＝0.93，RMSEA＝0.07．使用公式(14.38)，Satorra-Bentler $\chi^2_{\text{difference}}(1,N=459)=17.54, p<0.05$ 来计算调整后的标度 χ^2 差分检验．通过添加此路径(未显示)，模型显著改善．此时可以停止添加路径．然而，RMSEA有些高，而 CFI 有点太低，所以决定再次检查相关残差，目标是在概念上合理的

⊖ 注意：添加事后路径有点像吃咸花生，一个是远远不够的．所以在添加路径时应该非常谨慎，因为它们通常是事后的，因此可能会利用偶然机会．保守的 p 水平($p<0.001$)可以用作将事后参数添加到模型中的标准．

情况下进一步改善模型．在加入 E6 和 E5 之间的相关残差之后检查 LM 检验，并且此检验表明加入 E8 和 E6 之间的协方差将导致模型 χ^2 大约下降 23.63(未显示)．同样，药物使用频率和身体健康问题数量之间可能存在独特的关系，这似乎是合理的．这里有一个关于模型修正的警告是必要的．这些添加路径的决定是事后的，即在查看数据之后．当你看到添加路径会显著改善模型时，很容易用一个关于路径重要性理论的具有说服力的故事欺骗自己．请谨慎操作！

增加 E8 和 E6 之间的协方差，新模型的 Satorra-Bentler $\chi^2=40.16$，稳健的 CFI$=0.96$，RMSEA$=0.05$．经过调整的标度 χ^2 差分检验使用公式(14.38)来计算．Satorra-Bentler $\chi^2_{\text{difference}}(1, N=459)=20.60, p<0.05$.

表 14-22 给出了最终模型的拟合度信息．以标准化形式呈现的具有显著参数估计的最终模型如图 14-13 所示．增加了两条假设没有的路径，因此提供一些证据证明假设模型没有实质性改变是很重要的．理想情况下，模型应该在新数据上进行检验．然而没有新的数据可用于分析，因此计算初始参数估计与最终参数估计之间的双元相关系数．如果这种相关系数高(>0.90)，我们可以得出结论：尽管已添加路径，但模型没有发生实质性变化．计算最终参数与假设路径之间的相关系数，得到结果超过了 0.90($r=0.97$)，因此尽管模型被改变了，但却没有实质上的改变．

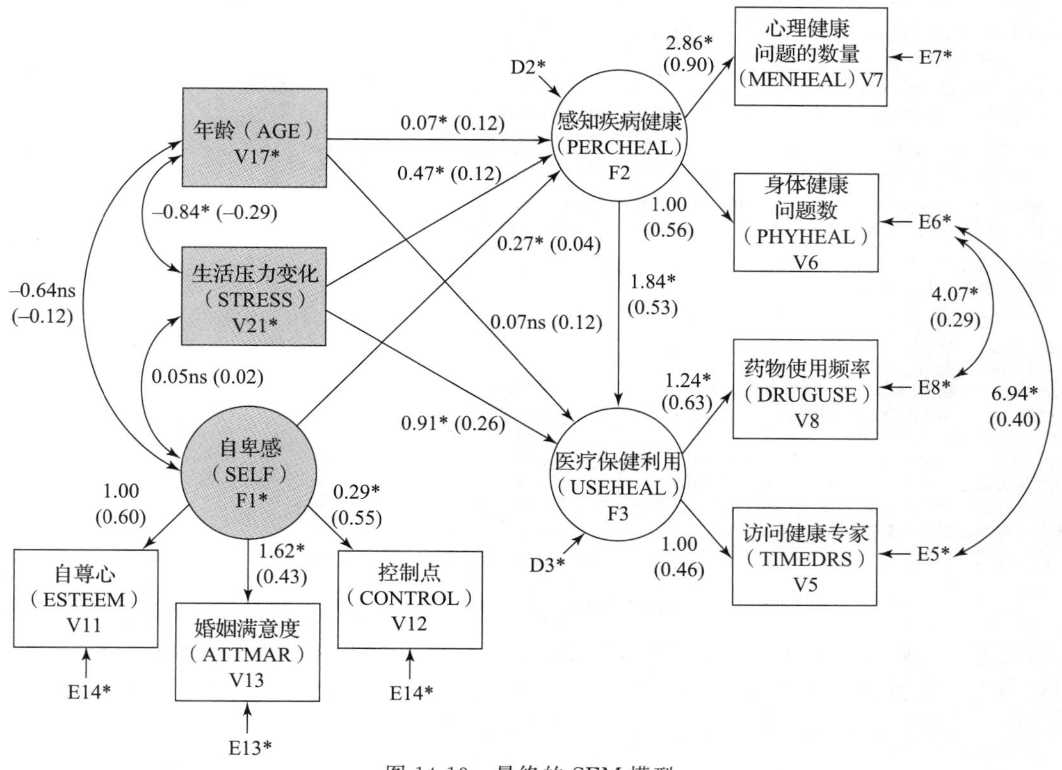

图 14-13 最终的 SEM 模型

表 14-22　最终模型拟合优度的 EQS 编辑输出总结

```
GOODNESS OF FIT SUMMARY FOR METHOD = ML

INDEPENDENCE MODEL CHI-SQUARE =        705.531 ON    36 DEGREES OF FREEDOM

INDEPENDENCE AIC =   633.53117   INDEPENDENCE CAIC =   448.88536
       MODEL AIC =     8.72072          MODEL CAIC =   -83.60219

CHI-SQUARE =        44.721 BASED ON     18 DEGREES OF FREEDOM
PROBABILITY VALUE FOR THE CHI-SQUARE STATISTIC IS         .00045

THE NORMAL THEORY RLS CHI-SQUARE FOR THIS ML SOLUTION IS          42.058.

FIT INDICES
-----------
BENTLER-BONETT     NORMED FIT INDEX =         .937
BENTLER-BONETT NON-NORMED FIT INDEX =         .920
COMPARATIVE FIT INDEX (CFI)         =         .960
BOLLEN (IFI)              FIT INDEX =         .961
MCDONALD (MFI)            FIT INDEX =         .971
LISREL GFI                FIT INDEX =         .980
LISREL AGFI               FIT INDEX =         .950
ROOT MEAN-SQUARE  RESIDUAL (RMR)    =         .992
STANDARDIZED RMR                    =         .044
ROOT MEAN-SQUARE ERROR OF APPROXIMATION(RMSEA) = .057
90% CONFIDENCE INTERVAL OF RMSEA (         .036,        .078)
GOODNESS OF FIT SUMMARY FOR METHOD = ROBUST

INDEPENDENCE MODEL CHI-SQUARE =        613.174 ON    36 DEGREES OF FREEDOM

INDEPENDENCE AIC =   541.17402   INDEPENDENCE CAIC =  356.52821
       MODEL AIC =   4.166650          MODEL CAIC =  -88.15640

SATORRA-BENTLER SCALED CHI-SQUARE =    40.1665 ON   18 DEGREES OF FREEDOM
  PROBABILITY VALUE FOR THE CHI-SQUARE STATISTIC IS       .00198

  RESIDUAL-BASED TEST STATISTIC                         =    51.064
  PROBABILITY VALUE FOR THE CHI-SQUARE STATISTIC IS         .00005

  YUAN-BENTLER RESIDUAL-BASED TEST STATISTIC            =    45.952
  PROBABILITY VALUE FOR THE CHI-SQUARE STATISTIC IS         .00030

  YUAN-BENTLER RESIDUAL-BASED F-STATISTIC      =         2.732
  DEGREES OF FREEDOM  =                             18,    441
  PROBABILITY VALUE FOR THE F-STATISTIC IS            .00018

FIT INDICES
-----------
BENTLER-BONETT     NORMED FIT INDEX =         .934
BENTLER-BONETT NON-NORMED FIT INDEX =         .923
COMPARATIVE FIT INDEX (CFI)         =         .962
BOLLEN (IFI)              FIT INDEX =         .963
MCDONALD (MFI)            FIT INDEX =         .976
ROOT MEAN-SQUARE ERROR OF APPROXIMATION(RMSEA) = .052
90% CONFIDENCE INTERVAL OF RMSEA (         .030,        .073)
```

现在检查具体的参数估计．最终模型的语法，与参数估计有关的部分输出以及标准化解如表 14-23 所示．标有 MEASUREMENT EQUATIONS WITH STANDARD ERRORS 和 TEST STATISTICS 的部分包含参数估计、标准误差和稳健性估计，因为使用了稳健性估计，所以稳健统计量在括号中也列出来了．这些用标准误差和 z 检验来解释．

表 14-23 最终模型的参数估计和标准化解的 EQS 语法和选定输出

```
/TITLE
  Large Sample Example Final Model
/SPECIFICATIONS
  DATA='healthsem 5th editon.ESS';
  VARIABLES=21; CASES=459; GROUPS=1;
  METHODS=ML,ROBUST;
  MATRIX=RAW;
  ANALYSIS=COVARIANCE;
/LABELS
   V1=SUBNO; V2=EDCODE; V3=INCODE; V4=EMPLMNY; V5=TIMEDRS;
   V6=PHYHEAL; V7=MENHEAL; V8=DRUGUSE; V9=STRESS; V10=ATTMED;
   V11=ESTEEM; V12=CONTROL; V13= ATTMAR; V14=ATTROLE; V15=ATTHOUSE;
   V16=ATTWORK; V17= AGE; V18=SEL; V19= LTIMEDRS; V20= LPHYHEAL;
   V21= SCSTRESS; F1=SELF; F2=PERCHEAL; F3=USEHEAL;
  /EQUATIONS
   !F1 Poor sense of self
   V11 = 1F1 + 1E11;
   V12 = *F1 + 1E12;
   V13 = *F1 + E13;

   !F2 PERCHEAL
    V6 = 1F2 + 1E6;
    V7 = *F2 + E7;

   !F3 USEHEAL
    V5 = F3 + E5;
    V8 = *F3 + E8;

    F2 = *V17 + *F1 + *V21 + D2;
    F3 = *F2 + *V17 + *V21 + D3;

   /VARIANCES
    F1 = *;
    D2,D3 = *;
    V17 = *;
    E6,E7 = *;
    E5,E8 = *;
    E11,E12,E13, = *;

   /COVARIANCES
    F1,V17 = *;
    F1,V21 = *;
    V17, V21 = *;
    E6,E5 = *;
    E8,E6 = *;
  /PRINT
   FIT=ALL;
   TABLE=EQUATION;
   EFFECT = YES;
/LMTEST
 SET = PEE;
/WTEST
/END

MEASUREMENT EQUATIONS WITH STANDARD ERRORS AND TEST STATISTICS
 STATISTICS SIGNIFICANT AT THE 5% LEVEL ARE MARKED WITH @.
 (ROBUST STATISTICS IN PARENTHESES)

TIMEDRS =V5  =   1.000 F3    + 1.000 E5

PHYHEAL =V6  =   1.000*F2    + 1.000 E6

MENHEAL =V7  =   2.859*F2    + 1.000 E7
                  .364
                 7.846@
```

（续）

```
             (    .368)
             (  7.774@

DRUGUSE =V8  =   1.244*F3    + 1.000 E8
                  .207
                 5.998@
             (    .212)
             (   5.855@

ESTEEM  =V11 =   1.000 F1    + 1.000 E11

CONTROL =V12 =    .293*F1    + 1.000 E12
                  .046
                 6.355@
             (    .052)
             (   5.641@

ATTMAR  =V13 =   1.616*F1    + 1.000 E13
                  .278
                 5.808@
             (    .268)
             (   6.034@

 CONSTRUCT EQUATIONS WITH STANDARD ERRORS AND TEST STATISTICS
 STATISTICS SIGNIFICANT AT THE 5% LEVEL ARE MARKED WITH @.
 (ROBUST STATISTICS IN PARENTHESES)


PERCHEAL=F2  =    .069*V17   +  .473*V21   +  .269*F1    + 1.000 D2
                  .030          .073          .054
                 2.297@        6.442@        4.962@
             (    .030)    (    .081)    (    .059)
             (   2.307@    (   5.870@    (   4.587@

USEHEAL =F3  =   1.837*F2    +  .070*V17   +  .905*V21   + 1.000 D3
                  .316          .119          .255
                 5.822@         .584         3.544@
             (    .322)    (    .116)    (    .267)
             (   5.697@    (    .602)    (   3.393@

 COVARIANCES AMONG INDEPENDENT VARIABLES
 ---------------------------------------
 STATISTICS SIGNIFICANT AT THE 5% LEVEL ARE MARKED WITH @.

               V                                 F
              ---                               ---
F21 -  SCSTRESS        -.838*I                              I
V17 -  AGE              .141 I                              I
                      -5.958@I                              I
                    (   .136)I                              I
                    ( -6.143@I                              I
                             I                              I
F1  -  SELF            -.642*I                              I
V17 -  AGE              .338 I                              I
                      -1.899 I                              I
                    (   .343)I                              I
                    ( -1.873)I                              I
                             I                              I
F1  -  SELF             .049*I                              I
V21 -  SCSTRESS,        .194 I                              I
                        .254 I                              I
                    (   .199)I                              I
                    (   .248)I                              I
                             I                              I
```

（续）

```
                   E                               D
                  ---                             ---
 E6  -PHYHEAL          6.941*I                            I
 E5  -TIMEDRS          1.026 I                            I
                       6.673@I                            I
                     ( 1.363)I                            I
                     ( 5.094@I                            I
                             I                            I
 E8  -DRUGUSE          4.074*I                            I
 E6  -PHYHEAL           .910 I                            I
                       4.479@I                            I
                     (  .975)I                            I
                     ( 4.179@I                            I
                             I                            I

  DECOMPOSITION OF EFFECTS WITH NONSTANDARDIZED VALUES
  STATISTICS SIGNIFICANT AT THE 5% LEVEL ARE MARKED WITH @.

  PARAMETER INDIRECT EFFECTS
  --------------------------
 TIMEDRS =V5   =   1.837 F2     +  .196 V17   - 1.775 V21   +  .494 F1
                    .316           .131         .309          .132
                   5.822@         1.495        5.744@        3.754@
               (    .322)     (    .137)    (   .345)    (    .144)
               (   5.697@     (  1.429)     (  5.142@    (   3.434@

                 + 1.837 D2    + 1.000 D3
                     .316
                    5.822@
                (    .322)
                (   5.697@

  PHYHEAL =V6   =     .069 V17    +  .473 V21   +  .269 F1     + 1.000 D2
                     .083           .073          .054
                    2.297@         6.442@        4.962@
                (    .030)     (    .081)    (    .059)
                (   2.307@     (   5.870@    (   4.587@

  MENHEAL =V7   =     .197 V17    + 1.353 V21   +  .769 F1     + 2.859 D2
                     .083           .141          .128           .364
                    2.381@         9.592@        6.024@         7.846@
                (    .097)     (    .381)    (   .240)     (    .368)
                (   2.041@     (   3.551@    (  3.207@     (   7.774@

  DRUGUSE =V8    = 2.284 F2     +  .244 V17   + 2.207 V21    +  .614 F1
                     .335           .161          .305           .147
                    6.823@         1.516         7.232@         4.167@
                (    .377)     (    .170)    (    .594)    (    .171)
                (   6.055@     (   1.434)    (   3.714@    (   3.591@

                  +2.284 D2     + 1.244 D2
                     .335           .207
                    6.823@         5.998@
                (    .377)     (    .212)
                (   6.055@     (   5.855@

  USEHEAL =F3    =   .127*V17   +  .869*V21   +  .494 F1     + 1.837 D2
                     .059           .204          .132           .316
                    2.131@         4.257@        3.754@         5.822@
                (    .060)     (    .227)    (    .144)    (    .322)
                (   2.112@     (   3.826@    (   3.434@    (   5.697@

 DECOMPOSITION OF EFFECTS WITH STANDARDIZED VALUES

 PARAMETER INDIRECT EFFECTS
```

（续）

```
--------------------------
 TIMEDRS =V5    =     .244 F2     + .044 V17    + .231 V21     + .118 F1
               +  .185 D2     + .340 D3

 PHYHEAL =V6    =     .065 V17    + .258 V21    + .269 F1      + .421 D2

 MENHEAL =V7    =     .105 V17    + .419 V21    + .438 F1      + .684 D2

 DRUGUSE =V8    =     .333 F2     + .060 V17    + .315 V21     + .161 F1
               +  .252 D2     + .464 D3

 USEHEAL =F3    =     .062*V17    + .246*V21    + .256 F1      + .401 D2
STANDARDIZED SOLUTION:                                                    R-SQUARED

 TIMEDRS =V5      =  .461 F3    + .887 E5                                     .213
 PHYHEAL =V6      =  .555*F2    + .831 E6                                     .309
 MENHEAL =V7      =  .903 F2    + .430 E7                                     .815
 DRUGUSE =V8      =  .629*F3    + .777 E8                                     .396
 ESTEEM  =V11     =  .603*F1    + .798 E11                                    .363
 CONTROL =V12     =  .552*F1    + .834 E12                                    .305
 ATTMAR  =V13     =  .434*F1    + .901 E13                                    .189
 PERCHEAL=F2      =  .116*V17   + .464*V21   + .485*F1   + .758 D2           .426
 USEHEAL =F3      =  .529*F2    + .034*V17   + .256*V21  + .737 D3           .457

 CORRELATIONS AMONG INDEPENDENT VARIABLES
 ---------------------------------------

                V                              F
               ---                            ---
 V21 -  SCSTRESS         -.290*I                                I
 V17 -  AGE                    I                                I
                               I                                I
 F1  -  SELF             -.121*I                                I
 V17 -  AGE                    I                                I
                               I                                I
 F1  -  SELF              .016*I                                I
 V21 -  SCSTRESS               I                                I
                               I                                I

 CORRELATIONS AMONG INDEPENDENT VARIABLES
 ---------------------------------------

                E                              D
               ---                            ---
 E6  -PHYHEAL             .398*I                                I
 E5  -TIMEDRS                  I                                I
                               I                                I
 E8  -DRUGUSE             .292*I                                I
 E6  -PHYHEAL                  I                                I
                               I                                I
```

所有测量变量和因子在模型中的所有路径系数都是显著的，$p<0.05$. 标记为 CONSTRUCT EQUATIONS WITH STANDARD ERRORS 的部分包含方程的相同信息，这些方程将一个因子与另一个因子关联起来．在 $p<0.05$ 的双尾检验中，系数是显著的，用符号@ 标记．年龄的增长与生活压力变化的增加和更强的自卑感都显著预测了更糟糕的健康状况(非标准化系数年龄[V17]=0.069、压力[V21]=0.473、自卑感[F1]=0.269)．通过增加的压力(非标准化系数=0.905)和感知疾病健康(F2，非标准化系数=1.837)来预测医疗保健利用率的增加．该模型中，年龄并不能显著预测医疗保健率的利用．(注意，为了建立一个简洁模型，运行最终模型并丢弃所有不重要的路径是合理的．)

间接效应的评估在标有 DECOMPOSITION OF EFFECTS WITH NONSTANDARDIZED VALUES

PARAMETER INDIRECT EFFECTS 部分中．年龄、生活压力变化的数量以及自卑感都会间接影响医疗保健的利用．换句话说，感知疾病健康是年龄、压力、自卑感和医疗保健利用之间的一个中介变量．随着年龄的增长、压力的增大和自卑感的增加都预示着更大的感知疾病健康状况，反过来，这三个变量一起增大还预示着更多的卫生保健利用率超过这些变量单独对卫生保健利用率的直接影响(年龄非标准化间接效应＝0.127，z＝2.112；压力非标准化间接效应＝0.869，z＝3.83；自卑感非标准化间接效应＝0.494，z＝0.49)．间接效应的标准化解出现在标记为 DECOMPOSITION OF EFFECTS WITH STANDARDIZED VALUES 的部分．包含在模型中的标准化的直接效应显示在 STANDARDIZED SOLUTION 部分．

表 14-23 的标准化解部分的 R-SQUARED 列中发现了预测因子所解释的因变量的方差百分比：感知疾病健康中 42.6％的方差由年龄、压力和自卑感解释；医疗保健利用的 45.7％方差由感知疾病健康、年龄和压力来解释．SEM 分析检查清单见表 14-24．以下是 SEM 分析的结果部分．

表 14-24　结构方程模型的检查清单

1. 问题	2. 主要分析	3. 其他分析
a. 样本量和缺失数据	a. 评估拟合程度	a. 拉格朗日乘子检验
b. 样本分布的正态性	(1)残差	(1)指定参数的检验
c. 异常值	(2)模型卡方	(2)增加参数以提高模型拟合度
d. 线性	(3)拟合指数	b. 丢弃参数的 Wald 检验
e. 协方差的充分性	b. 指定参数的显著性	c. 假设与最终模型或交叉验证模型之间的相关性
f. 识别	c. 由一个因子引起的变量的方差	d. 图表-最终模型
g. 路径图-假设模型		
h. 估计方法		

结果

假设模型

假设模型如图 14-12 所示．圆圈代表潜在变量，矩形代表测量变量．变量间缺少连接的线意味着假设中它们之间没有直接影响．

假设模型检验了医疗保健利用的预测因子．医疗保健利用是一个潜在变量，有两个指标(健康专家访问次数和药物使用频率)．假设感知疾病健康(一个具有两个指标的潜在变量——心理健康问题的数量和身体健康问题的数量)、年龄和生活压力直接预测了医疗保健利用率的增加．

此外，假设感知疾病健康是由自卑感、生活压力较大和年龄增长直接预测的．感知疾病健康是年龄、生活压力、自卑感和医疗保健利用之间的中介变量．

假设

这些假设通过 SPSS 和 EQS 软件进行评估．数据集包含 459 名女性的回答．有 443 名参与者关于 9 个感兴趣变量提供了完整数据．5 名参与者(1.1％)缺少对婚姻态度的数据(ATTMAR)，4 名参与者(0.9％)缺少年龄(AGE)，7 名参与者(1.5％)缺少压力测量(STRESS)．该分析仅使用了完整的案例(N＝443)．

没有一元或多元异常值．有证据表明一元和多元正态性都被破坏了．8个测量变量(TIMEDRS、PHYHEAL、MENHEAL、DRUGUSE、ESTEEX、CONTRGL、STRESS和ATTMAR)有显著的一元偏度，$p<0.001$. Mardia归一化系数$=6.42$，$p<0.001$，表明违背多元正态性．因此采用极大似然法对模型进行估计，并用Satorra-Bentler标度的卡方(Satorra和Bentler，1988)对模型进行检验．标准误差也根据非正态程度进行调整(Bentler和Dijkstra，1985).

模型估计

对假设模型只发现边际支持Satorra-Bentler $\chi^2(20, N=443)=86.91, p<0.05$，稳健CFI$=0.88$，RMSEA$=0.08$.

为了建立一个更好的拟合模型，需要进行事后模型修正．在拉格朗日乘子检验和相关理论的基础上，估计了两个残差协方差(身体健康问题数量和访问健康专家次数之间的残差协方差以及用药频率和访问健康专家次数之间的残差协方差). 模型显著改进了这些路径．$\chi^2_{\text{difference}}(2, N=443)=37.33, p<0.05$.

最终模型拟合数据较好，Satorra-Bentler $\chi^2(18, N=443)=40.17, p<0.05$，稳健CFI$=0.96$，RMSEA$=0.05$. 因为进行事后模型修正，计算出假设模型估计值与最终模型估计值之间的相关性，$r(20)=0.27, p<0.01$. 这种高相关性表明，从第一个和最后一个模型估计的参数是高度相关的．标准化和非标准化系数的最终模型见图14-13.

直接效应

医疗保健利用的增加是由更大的感知疾病健康(非标准化系数$=1.84, p<0.05$)和更大的压力(生活改变单位，非标准化系数$=0.9, p<0.05$)预测的．年龄的增长并不能显著预测健康保健利用率的提高(非标准化系数$=0.07, p>0.05$).

随着压力的增加(生活压力改变单位的数量，非标准化系数$=0.47, p<0.05$)、年龄的增加(非标准化系数$=0.07, p<0.05$)、女性的自卑感的增加(非标准系数$=0.27, p<0.05$)，感知疾病健康增大．

间接效应

干预变量的显著性是通过EQS(Sobel，1988)的间接效应测试来评估的．这种检查干预变量的方法比中介变量方法更有效果(Baron和Kenny，1986；MacKinnon，Lockwood，Hoffman，West和Sheets，2002).

感知疾病健康是年龄、生活压力变化单位和自卑感之间的一个中介变量．年龄的增长预示着更大的感知疾病健康，而更大的感知疾病健康预示着更大的医疗保健利用(非标准化间接影响系数$=0.13, p<0.05$，标准化系数$=0.06$). 更大的生活压力预测更差的感知疾病健康，更大的感知疾病健康预测更大的医疗保健的利用，(非标准化间接影响系数$=0.87$，$p<0.05$，标准化系数$=0.25$). 更大的自卑感也预示着与更高的医疗保健利用相关的更差的感知疾病健康(非标准化间接影响系数$=0.49$，$p<0.05$，标准化系数$=0.26$).

几乎一半(45.7%)的医疗保健利用的方差是由感知疾病健康、年龄、压力和自卑感造成的．自卑感、压力和年龄占感知疾病健康方差的42.6%.

14.7 程序的比较

讨论的 4 个 SEM 程序 EQS、LISREL、SAS CALIS 和 AMOS 都是全方位服务的多元化程序．表 14-25 列出了每个软件包中包含的选项列表．

表 14-25 结构方程模型的程序比较

特征	EQS	LISREL	AMOS	SAS CALIS
输入				
协方差矩阵				
下三角矩阵	是	是	是	是
全对称	是	是	是	是
输入流	是	是	否	否
渐近协方差矩阵	是	是	否	否
多重协方差矩阵	是	是	是	否
相关矩阵				
下三角矩阵	是	是	是	是
全对称	是	是	是	是
输入流	是	是	否	否
多分格、多序列相关矩阵	是	是	否	否
基于最优得分的相关矩阵	否	是	否	否
多重相关矩阵	是	是	是	否
矩量矩阵	是	是	是	是
平方和与叉积矩阵	否	否	否	是
原始数据	是	是	是	是
用户指定权重矩阵	是	是	否	否
分类(顺序)数据	是	是[①]	否	否
均值和标准差	是	是	是	是
删除案例	是	是[①]	否	是
基于图的估计模型	是	是[②]	是	否
窗口“点击”方法	是	是[②]	是	否
多层次模型	是	是	否	否
估计方法				
极大似然法 (ML)	是	是	是	是
未加权最小二乘法 (LS)	是	是	是	是
广义最小二乘法(GLS)	是	是	是	是
两阶段最小二乘法	否	是	否	否
对角加权最小二乘法	否	是	否	否
椭圆最小二乘法(ELS)	是	否	否	否
椭圆广义最小二乘法(EGLS)	是	否	否	否
椭圆重加权最小二乘法(ERLS)	是	否	否	否
任意分布广义最小二乘法(AGLS)	是	是	是	否
Satorra-Bentier 标度卡方	是	是	否	否
Bentler-Yuan(1999)F	是	否	否	否
稳健标准误差	是	否	否	否
椭圆相关卡方	否	否	否	是
工具变量	否	是	否	否
指定组数	是	是	是	否
无标度最小二乘法	否	否	是	否

（续）

特征	EQS	LISREL	AMOS	SAS CALIS
指定椭圆峰度参数——kappa	是	否	否	否
用方程指定模型	是	是[②]	是	是
用矩阵元素指定模型	否	是	否	是
用截距项指定模型	是	是	是	是
起始值				
自动	是	是	是	是[③]
用户指定	是	是	是	是
指定置信区间范围	否	否	否	否
自动标度潜在变量	否	是	否	否
指定协方差	是	是	是	是
指定一般线性约束	是	是	是	是
非线性约束	否	是	否	否
指定跨组约束	是	是	是	否
指定不等式	是	是	否	是
拉格朗日乘子检验——一元变量	是	是	是	是
拉格朗日乘子检验——多元	是	否	否	否
拉格朗日乘子选项				
说明添加时首先考虑的参数	是	否	否	否
注明具体的进入顺序	是	否	否	否
指定 LM 检验流程	是	否	否	否
仅指定特定矩阵	是	是	否	否
设置包含标准的概率值	是	是	否	否
指定不包括在 LM 检验中的参数	是	是	否	否
Wald 检验——一元	是	否	否	是
Wald 检验——多元	是	否	否	是
Wald 检验选项				
指明要首先考虑丢弃的参数	是	否	否	否
指明放弃考虑的具体顺序	是	否	否	否
设置概率值	是	否	否	是
指定 Wald 检验中不包含的参数	是	是	否	否
指定迭代次数	是	是	是	是
指定所使用的最大 CPU 时间	否	是	否	否
指定优化方法	否	否	否	是
特定收敛准则	是	是	是	是
指定公差	是	否	否	否
指定岭因子	否	是	否	是
图表	是	是	是	否
效应分解	是	是	是	是
模拟	是	是	否	是[④]
自助法	是	是	是	是
缺失数据估计	是	是	是	否
输出				
均值	是	否	否	是
偏度和峰度	是	否	否	是
Mardia 系数	是	否	否	是
规范化估计	是	否	否	是

（续）

特征	EQS	LISREL	AMOS	SAS CALIS
基于 kappa 的 Mardia	是	否	否	是
均值标度一元峰度	是⑤	否	否	是
多元最小二乘 kappa	是⑤	否	否	否
多元均值 kappa	是	否	否	否
调整后的均值标度一元峰度	是	否	否	是
相对多元峰度系数	否	否	否	是
对标准化多元峰度有最大贡献的案例数	是	否	否	是
样本协方差矩阵	是	是	是	是
样本相关矩阵	是	是	是	是
估计的模型协方差矩阵	是	是	是	是
参数估计之间的相关性	是	是	是	是
参数的渐近协方差矩阵	否	是	否	否
迭代汇总	是	否	是	是
输入矩阵的行列式	是	否	是	是
残差协方差矩阵	是	是	是	是
最大的原始残差	是	是	是	是
完全标准化的残差矩阵	是	否	否	是
最大的完全标准化残差	是	否	否	是
标准化残差的频率分布	是	否	否	是
最大的部分标准化残差	否	是	否	否
部分标准化残差矩阵	否	是	否	否
部分标准化残差的 Q 图	否	是	否	否
部分标准化残差的频率分布	否	是	否	否
估计的协方差矩阵	是	是	是	是
估计的相关矩阵	是	是	是	是
$\boldsymbol{B} * \boldsymbol{B}'$的最大特征值	否	是	否	否
拟合优度指数				
赋范的拟合指数（NFI）（Bentler 和 Bonett，1980）	是	是	是	是
非赋范拟合指数（NNFI）（Bentler 和 Bonett，1980）	是	是	否	是
比较拟合指数(CFI)(Bentler，1995)	是	是	是	是
拟合函数的极小值	是	是	是	是
非中心性参数(NCP)	否	是	是	否
NCP 的置信区间	否	是	是	否
拟合优度指数(GFI)	是	是	是	是
调整的拟合优度指数	是	是	是	是
均方根残差	是	是	是	是
标准化均方根残差	是	是	否	否
总体差异函数(PDF)	否	是	否	否
PDF 的置信区间	否	是	否	否
近似值的均方根误差(RMSEA)	是	是	是	否
RMSEA 的置信区间	是	否	是	否
Akaikes 信息准则模型	是	是	是	是
Akaikes 信息准则——独立模型	是	是	是	否

（续）

特征	EQS	LISREL	AMOS	SAS CALIS
Akaikes 信息准则——饱和模型	否	是	是	否
一致信息准则模型	是	是	是	是
一致信息准则——独立模型	是	是	是	否
一致信息准则——饱和模型	否	是	是	否
施瓦茨贝叶斯准则	否	否	否	是
McDonald 中心性(1989)	是	否	否	是
James、Mulaik 和 Brett(1982)简约指数	否	是	是	是
Z 检验(Wilson 和 Hilferty，1931)	否	否	否	是
赋范指数 rho 1(Bollen. 1986)	否	是	否	是
非赋范指数 delta 2(Bollen，1989a)	是	是	否	是
预期交叉验证指数(ECVI)	否	是	是	否
ECVI 的置信区间	否	是	是	否
饱和模型的 ECVI	否	是	是	否
独立模型的 ECVI	否	是	是	否
Hoelter 的临界 N	否	是	是	是
Brown-Cudeck 准则	否	否	是	否
贝叶斯信息准则	否	否	是	否
拟合程度检验的 P	否	否	是	否
因变量的 R^2	是	是	否	是
结构方程的 SMC	否	是	是	否
结构方程的决定系数	否	是	否	否
潜在变量得分回归系数	否	是	是	是
非标准化参数估计	是	是	是	是
完全标准化的参数估计	是	否	是	是
部分标准化的解	否	是	否	否
参数估计的标准误差	是	是	是	是
自变量方差	是	是	是	是
自变量的协方差	是	是	是	是
参数估计的检验统计量	是	是	是	是
将输出保存到文件				
条件代码标志	是	否	否	是
收敛标志	是	否	否	否
函数极小值	否	否	否	是
独立模型 χ^2	是	否	否	是
模型 χ^2 值	是	否	否	是
模型自由度	是	否	否	是
概率水平	是	否	否	是
Bentler-Bonett 赋范拟合指数	是	是	否	否
Bentler-Bonett 非赋范拟合指数	是	是	否	否
比较拟合指数	是	是	否	是
GFI	否	是	否	是
AGFI	否	是	否	是
均方根残差	否	是	否	是
模型中的参数数量	否	否	否	是
AIC	否	是	否	是
CAIC	否	是	否	是

（续）

特征	EQS	LISREL	AMOS	SAS CALIS
施瓦茨贝叶斯准则	否	否	否	是
James、Mulaik 和 Hilferty 简约指数	否	是	否	是
Wilson 和 Hilferty z 检验	否	否	否	是
Hoelter 的临界 N	否	是	否	是
生成的数据	是	是①	否	是④
导数	是	否	否	是
梯度	是	否	否	是
分析的矩阵	是	是	否	是
均值	否	否	否	是
标准差	否	否	否	是
样本量	否	否	否	是
一元偏度	否	否	否	是
一元峰度	否	否	否	是
信息矩阵	否	否	否	是
逆信息矩阵	是	否	否	是
权重矩阵	是	否	否	否
估计总体协方差矩阵	否	是	否	是
渐近协方差矩阵	否	是	否	否
参数估计的渐近协方差矩阵	否	是	否	否
参数估计	是	否	否	是
残差矩阵	是	否	否	否
标准误差	是	否	否	是
LM 检验结果	是	否	否	否
Wald 检验结果	是	否	否	否
更新起始值	是	否	是	是
自动模型修正	是	是	否	否

①在 PRELIS 中.

②在 SIMPLIS 中.

③在 COSAN 模型规范中不可得.

④在 SASIML 中.

⑤仅在 AGLS 估计中.

14.7.1 EQS

EQS 是这些程序中用户最友好的．指定模型的方程方法清晰易用，输出结构组织良好．在方程方法中，颜色将关键字与用户输入区分开来．除了模型设定的方程方法之外，还有通过图表或使用窗口“点击”方法来指定模型的选项．EQS 提供了许多用于评估假设的诊断方法，并可以非常简单地删除案例．在该程序中可以执行多元异常值和正态性的评估．缺失数据可以在 EQS 内进行估算．EQS 是唯一能够计算非正态数据的程序．EQS 从各种其他统计和数据库程序中读取数据集，并提供了几种估算方法．EQS 是提供正确调整的标准误差、Satorra-Bentler 标度卡方和 Bentler-Yuan(1999)检验统计量的唯一程序．该程序可以应用于数据非正态分布时．如果测量变量是非正态的，且具有相同的峰度，则可以使用特定的估计方法．还可以通过估计多分格或多序列相关系数来处理非正态数据．另外，EQS 能够分析多层次模型．

如果要进行模型修正，EQS 也是首选方案 . EQS 非常灵活，可以提供多元和一元拉格朗日乘子检验以及多元 Wald 检验 . EQS 提供了几个选项来修正矩阵，并允许指定这些矩阵的顺序 . 分类变量可以不经过处理就包含在模型中 . EQS 轻松地指定和检验多组模型 . 在 EQS 中也可以使用图表 . 整个 EQS 手册都包含在程序中 .

14.7.2 LISREL

LISREL 是三个程序的集合：PRELIS、SIMPLIS 和 LISREL. PRELIS 预处理数据，例如，分类或非正态数据，通过 LISREL 可以进行 SEM 分析 . SIMPLIS 是一个允许使用方程式来指定模型的程序 . SIMPLIS 使用非常简单，但在选项上有一定的局限性，必须以 LISREL 输出格式请求某些输出，例如，标准化的解 . 使用 SIMPLIS 可以通过图表或"点击"方法指定模型 . LISREL 用矩阵来指定 SEM 模型，当使用这种方法时，某些模型就变得相当复杂 . 缺失数据可以用 PRELIS 进行计算 . LISREL 还能够估算多层次模型 .

LISREL 提供残差诊断、多种估算方法和许多拟合指标 . LISREL 包含两种类型的部分标准化解 . 一元拉格朗日乘子检验也是可用的 . 非正态和分类数据也可以包含在 LISREL 中，这是通过首先预处理 PRELIS 中的数据并计算多分格和多序列相关系数达到的. LISREL 还计算方程中每个变量的 SMC. 在模型中计算潜在因变量的决定系数 . 图表在 SIMPLIS 中也可用 .

14.7.3 AMOS

AMOS 允许通过图表或方程来指定模型 . 方程方法有多种不同的选项 . AMOS 在方程指定方法中巧妙地使用了颜色 . 关键词以与用户指定的词不同的颜色呈现 . 如果连线正确，颜色会改变 . 如果连线不正确，颜色仍然保留 . 有几种不同的估算方法可用 . 输出中给出了详细的拟合优度信息 . 在 AMOS 中可以估计缺失数据 . AMOS 还具有广泛的自助法 . 可以检验多组模型 . 分类数据不在 AMOS 中处理 . 表格或文本选项目前也可用 . AMOS 有一个聪明的输出功能 . 如果将光标置于 AMOS 程序中输出的某些元素上，则会弹出一个小小的帮助屏幕，解释该部分输出内容 . AMOS 的一个局限是如果不将输出数据传输到文字处理程序中，它就无法保存输出数据。

14.7.4 SAS 系统

SAS CALIS 提供了一个模型规范方法的选择：lineqs(Bentler-Weeks)、ram 和 cosan (矩阵规范的一种形式). 诊断可用于评估假设 . 例如，可以在 CALIS 内完成对多元异常值和多元正态性的评估 . 如果数据是非正态的，但峰度均匀，则卡方检验统计量可以在程序内调整 . 它提供了几种不同的估算技术，并提供了大量有关估算过程的信息 . CALIS 不处理分类数据，也不能检验多组模型 .

第15章　多层线性模型

15.1　概述

多层(分层)线性模型[一](Multilevel/Hierarchical Linear Modeling，MLM)主要用于研究设计参与对象的数据被安排在多个层次的模型．例如，学生的成绩(因变量)是对班级里的学生测量的，相应地，班级又是在学校里组织的．不同的变量可以运用于不同分析层级，如在学生层有衡量学生学习动机的变量，在班级层有衡量老师教学热情的变量，在学校层有衡量学校贫困程度的变量．在3.2.5.1节中，嵌套方差分析设计对上述内容进行了介绍．多层线性模型还具有很多3.2.5.4节中涉及的随机效应方差分析的特点，因为在多数情况下，较低层次的分析单位并不是随机分配到高层次分析单位(班级中的学生、学校内的班级)．

在本书的其他部分，我们讨论了几个不同的实验设计，而多层线性模型则为那些实验设计提供了另一种分析方法．尽管在多层线性模型中最低层次的数据经常是一个个体，但也可以是个体的重复测量，如分别取得学生在学年初期、中期和末期的成绩，依次嵌套到学生、班级与学校等层次之中．这样，多层线性模型就为重复测量的一元分析和多元分析提供了一种替代的分析方法．随着时间的推移，个体数据日益增长，可以对每个个体进行单独的时序分析，生长曲线中的个体差异可以被评估．例如，学生在学年成绩上的变化趋势是否会有所不同？如果不同，是否存在一些变量(比如做家庭作业时间变量)能够预测这些差异呢？多层线性模型在结构方程模型的框架上发展起来，不仅可以对潜在变量(比如说，可能有几个因子代表教师热情度的不同方面)进行分析，还可以分析纵向数据．

在检验实验差异之前，先用协变量(个体差异)对因变量得分值进行调整，这是多层线性模型替代协方差分析的另一种有效的应用(Cohen、Cohen West和Aiken，2003)．回归分析需要齐性假定，即假设因变量和协变量的关系在所有的组中是一样的，但这个假定通常无法满足，而多层线性模型则不需要这个假定．

多层线性模型作为替代分析的优势在于对误差的独立性不做要求．实际上，违反独立性假定的情况在各层的分析中经常出现，例如，同一班级的学生会相互影响，因此会比来自不同班级的学生存在更大的相似性，同样，来自同一学校的学生会比来自不同学校的学生存在更大的相似性．在重复测量[二]的实验设计中，相较于时间间隔较远的测量值，时间间隔接近的测量值可能存在更高的相关性(回顾第8章相关内容)．此外，不同层次之间可

[一] 本章选用多层线性模型的英文名称为MLM(Multilevel Linear Modeling)而不是HLM(Hierarchical Linear Modeling)的原因是避免与HLM程序包产生混淆．

[二] 重复测量是多层线性模型中的惯用术语，但不是学科术语．

能具有交互作用．例如，最低层次上的学生学习动机变量很可能与班级层次上的教师热情变量相互影响．

在数据具有分层结构的情况下，将其放在同一层次上进行分析会产生解释性与统计性误差．例如，将学生成绩数据放到班级层面上以分析教师热情度不同的班级[⊖]是否会在班级平均成绩上存在显著差异．解释仅限于班级层面，然而，一个常见的解释性误差是将群组层次上的结果应用于解释个体层次，这就是所谓的生态学谬论．统计上，因为产生方差分析误差项的分析单位是群组，因此这种分析往往会造成有效信息缺失和模型势的低下．也就是说，n 是群组的数目，而不是每个群组中个体的数目．

一种不太常见但同样错误的做法是将个体层次的分析在群组层次上进行解释，这被称为原子谬误(Hox，2002)．多层模型对个体的预测得分能够根据个体所属群组的差异进行调整，同时各群组的预测得分也能够根据各群组内的个体差异进行调整．统计上，如果个体得分不考虑分层结构，那么由于分析基于太多的自由度，用于分析的样本数据并不独立，所以犯第一类错误的概率就会提高．

对于上述问题，多层线性模型可通过在更高一级层次的各个群组之间采用不同的截距(均值)和斜率(自变量-因变量的关系)的方式加以解决．例如，在不同班级的学生成绩(因变量)与学习动机(自变量)之间建立不同的关系．通过将本层次模型中的截距和斜率作为下一层次分析模型中的因变量来对这种变化进行建模．例如，根据不同班级教师热情程度的差异来预测班级内学生个体成绩的均值与斜率的差异．反过来，这种群组差异也存在于更高的层级之中(比如学校)，因此可以用第三层次的方程来拟合第二层次群组方程的变化，等等．

由于估算回归方程的样本数据从群组总体中随机抽取，得到的回归系数(截距与预测斜率)在各组(较高层级单位)间是不同的，因此多层模型也称为随机系数回归模型．例如，学生学习成绩和学习动机之间关系的回归系数，被认为是从众多班级构成的总体中随机抽取出来的样本数据计算出来的．在普通最小二乘回归(OLS)中，抽中的个体成员的集合被认为是总体的随机样本，在多层模型中，被抽中的组也被认为是群组总体的一个随机样本．

相比于其他分析多层次数据的方法，多层模型的优势在于可以在每一层级的分析中包含预测因子．例如，在学生层级的分析中，学生学习成绩的预测因子包括学生学习动机、学习时间和性别；在班级层级的分析中，预测因子包括教师的热情度和教师对家庭作业的重视程度；在学校层级的分析中，预测因子包括学校的贫困级别、学校类型(公立或私立)和学校规模．高层级的预测因子可能会有助于解释低层级模型的截距和斜率的差异，例如，学校的贫困级别会对班级平均成绩(截距)以及学生学习成绩与学习动机之间的关系(斜率)产生影响．同一层级内预测因子的交互作用(比如学校的贫困级别和学校规模)可以建模，以及跨层级预测因子的交互作用(比如老师对家庭作业的重视程度和学校的类型)都可以建模．

Rowan、Raudenbush 和 Kang(1991)用多层线性模型研究了不同组织方式对高中教师

⊖ 组、聚类和概念是 MLM 中的同义词，用来表示更高层次的分析单位．因此，多层次模型有时称为概念模型或聚类模型(不要与聚类分析相混淆)．

的影响．学校老师是分析的较低层级单位，该研究以教师等级结构或者氛围(评级)为因变量，选择作为自变量的变量有种族、性别、受教育年限、工作年限、评分方法(教师评价关乎学校平均成绩的每个学生成绩)以及表示教师常规教授课程的虚拟变量．学校层级选择的变量有主管部门(公立和教会)、规模、少数民族入学率、城市化程度、学生平均成绩以及学生平均 SES. 研究人员发现，各学校结构或者氛围的差异与学校是公立的还是私立的存在高度相关性，而同一学校内部教师之间在组织设计的认知上存在很大差异，这些差异与教师的学术部门、课程安排以及教师的个人背景特征相关．

Mcleod 和 Shanahan(1996)分析了国家青少年的纵向调查(National Longitudinal Survey of Youth)数据．该项目连续几年每年都对青少年进行心理、行为以及人口背景特征等方面的评估，对研究数据建立了二级潜在增长曲线模型(15.5.1 节)．该模型第一层级为学年，第二层级是青少年个体．Mcleod 和 Shanahan 发现在首次调查即被认为贫穷或者曾经历过贫穷生活的青少年，具有更严重的抑郁心理和反社会行为．同时研究也表明，调查期间贫困生活的年数与反社会行为的斜率相关，相比于只经历短暂贫穷或者没有经历过贫穷的青少年，那些长时间处于贫穷状态的青少年反社会行为增长率更高．作者总结出贫穷的经历影响的不仅仅是评估期内的测量分数，还有孩子的发展方式——一个孩子经历贫穷的时间越长，有不良行为的比例越高．

Barnet、Marshall、Raudenbush 和 Brenan(1993)将心理困扰变量作为因变量，将工作经历变量和人口特征变量作为自变量，研究了双薪夫妇因变量与自变量之间的关系．选中 300 对夫妇作为研究对象，每个个体是较低层级分析单位，并提供了低层次因变量和预测因子的观测数据，本层的预测因子包括年龄、受教育程度、职业声望、职业角色、工作奖金、工作关注点、夫妇间的关系和性别．夫妇是高层级分析单位，所有夫妇提供了高层次预测因子的观测数据，本层预测因子包括收入、结婚年数和双方父母的地位．研究结果显示，不论男性还是女性，个人报告的关于工作的主观体验都与心理困扰程度显著相关，影响程度与性别无关．

多层线性模型是一种非常复杂的统计分析技术，本书只介绍多层线性模型的浅层内容. 近期有几本书对多层线性模型进行了更深入的介绍．Hox(2002)的书通俗易懂，其中介绍了不依赖于任何软件包的软件．Snijders 和 Bosker(1999)不仅介绍了多层次建模还对更多高级主题进行了充分探讨，这本书列举了丰富的社会科学实例，探讨了更为多样的建模方法以求找到更好的拟合模型．多层次建模的经典著作是由 Raudenbush 和 Bryk(2001)创作的，他们同时也是独立软件包 HLM 的作者．Kreft 和 DeLeeuw(1998)的著作运用另一个独立软件包 MLwiN 对多层线性模型进行了阐述．Heck 和 Thomas(2000)的著作则详细介绍了多层因子模型和结构方程模型，以及本章重点强调的更常见的多重回归模型的详细信息．

本章仅演示 SPSS 和 SAS MIXED 的程序操作．但是，有两个好用的独立软件包 HLM 和 MLwiN 除了可以使用 SYSTAY MIXED REGRESSION 模型，还可以使用多层线性模型，而且比 SPSS 和 SAS 功能更全面．因此我们将在文章中讨论这些程序，在本章的最后部分对这些程序的特性进行比较．

15.2 几类研究问题

与多重回归模型一样，多层线性模型的最基本问题是：因变量与不同自变量之间的关系程度(学生的学习成绩与学习动机或教师的教学热情相关吗?)；自变量的重要性(学生的学习动机有多重要？教师的教学热情呢?)；增加和改变自变量(当学校的贫困程度纳入方程后会产生怎样的变化?)；在自变量中出现的意外事件影响(一旦将学生的学习动机差异纳入方程，那么老师的教学热情度会有什么变化呢?)；参数估计(学生的学习动机对学习成绩的回归方程的斜率是多少?)；对新的样本数据进行因变量得分的预测．因为需要考虑数据的多层嵌套结构以及变截距和变斜率问题，本章只针对新条件下产生的问题加以讨论．

15.2.1 均值的组间差异

均值的组间差异通常被当作多层次分析首先要解决的问题．各组的截距(均值)之间具有显著性差异吗？例如，不同班级学生平均成绩有显著差异吗？多层线性模型和方差分析类似，都研究关于变化性的问题．在方差分析中比较组间方差是否会大于组内方差，类似地，在多层线性模型中研究组间的方差是否会大于由随机性引起的方差．第一层级截距将在 15.4.1.2 节讨论．通过计算组内相关系数得到的组间差异亦被认为是多层线性模型分析的基础，具体见 15.6.1 节．

15.2.2 斜率的组间差异

这个问题也可以作为常规层次分析的一部分来回答．不同组的斜率有显著差异吗？例如，不同班级学生的学习成绩与学习动机之间关系的斜率存在显著差异吗？在协方差分析中，各组的自变量与因变量之间斜率的这种差异被认为是不满足回归分析的齐性假定，但是在多层线性模型中，这种差异在模型中可以被预测并纳入模型．如果存在一个以上的差异，则对所有一级预测变量单独评估这些差异．15.4.2.2 节将讨论第一层次预测变量的第二层次分析．

15.2.3 跨层次交互作用

当不同层次的(自)变量相互影响时，是否会对因变量产生影响？例如，学校贫困度(第三层次变量)是否会与学生学习动机(第一层次变量)相互作用，从而对学生的学习成绩产生影响？或者说，老师教学热情度(第二层次变量)是否会与学生的学习动机相互作用，从而对学生的学习成绩产生影响？又或者说，学校贫困度是否会与老师教学热情度相互作用，从而对学生的学习成绩产生影响？这种多层回归方程中的跨层次交互作用会在 15.6.3 节进行探讨．比较有趣的是，在实验中跨层次交互作用可以显示出自变量的组合与因变量之间(相对于对照组与因变量之间)的不同关系．Cohen 等人(2003)提出了一个例子，实验组为减肥动力更高的参与者提供有效节食的方法，结果有效评估了体重下降变量(因变量)与减肥动力变量(预测变量)之间的关系．

15.2.4 元分析

元分析的目的是统计文献中的研究结果，从而得到变量间的真实关系，多层线性模型为元分析提供了有效的方法．例如，可能有成百上千个研究来评估学生学习成绩的各个方面．原始数据通常不可获得，但是各个研究会以效应大小、p 值、均值和标准差的形式给出统计数据．很多研究通常都有相同的结果衡量标准，即为结果衡量标准(例如，学生成绩)的标准化效应大小．当这些问题通过多层线性模型解决时，个体的研究提供了最低层次的分析．通过一个简单的分析(15.4.1 节)来确定各个研究的效应值是否具有显著差异．然后调查自变量(比如学生的学习动机、教师的教学热情或者是学校的贫困程度)来确定不同研究中的差异是否可以由这些自变量预测(Hox，2002，第 6 章)．

15.2.5　不同层次预测变量的相对强度

个体层次变量与群组层次变量对因变量影响孰大孰小？或者说，更好的干预应该针对个体层次还是群组层次？例如，如果要提出一项提高学生学习成绩的干预措施，它应是针对学生的学习动机还是应针对教师的热情程度？通过结构方程模型(第 14 章)评估个体效应与群组效应的相对强度．Hox(2002)、Heck 和 Thomas(2000)对这种多层因子和路径分析进行了研究与论证．

15.2.6　个体和群组的结构

模型在个体和群组层面的因子结构是否相同？学生和老师回答问卷的方式是否相同？也就是说，在个体和群组层面上，家庭作业、课外活动、喜好程度在同一因子上的因子载荷是否相同？这些问题以及类似问题可以通过结构方程模型分析个体层面和群组层面数据的协方差结构(方差-协方差矩阵)来解决．15.5.3 节将会对此模型加以分析．

15.2.7　个体和组间层次的路径分析

如何基于一层自变量、二层自变量以及三层自变量来构建预测因变量的路径分析模型呢？例如，如何利用学生层变量(比如学习动机、学习时间和性别)、教师/班级层变量(教师的热情度和教师对家庭作业的重视程度)和学校层变量(学校贫穷程度、学校类型和学校规模)构建路径分析模型来对学生成绩进行预测？Hox(2002)通过分析教育环境为模型构建提供了例证．实际上，将结构方程模型用于分层数据可以充分发挥路径分析和潜在变量分析的作用．

15.2.8　纵向数据的分析

变量随时间的发展趋势如何？学生成绩在整个学年中呈现线性增长趋势还是在一段时间后会趋于平稳？随着时间的推移，不同个体的增长趋势(增长曲线)会有不同吗？有两种多层线性模型方法可以处理这种问题，而不需要重复测算方差分析的限制性假设：(1)在底层的分析中，直接利用多层线性模型；(2)运用结构方程模型方法的潜在增长模型(见第 14 章相关内容)．15.5.1 节演示了第一个方法的应用，并讨论了第二个方法的应用．15.7 节提供了一个运用多层线性模型方法构建三层重复测量模型的完整例子．

15.2.9　多层 logistic 回归分析

当个体被同时嵌入几个层次时，一个二元结果的概率是多少？例如，当学生嵌套在班级里，而班级嵌套在学校里时，某一个学生被保留的概率是多少？二元非正态的多层 logistic 回归分析的结果将在 15.5.4 节进行探讨．

15.2.10　多重响应分析

不同层次变量对个体层次上的多重因变量的影响如何？例如，在学生层次、教师/班级层次以及学校层次上的变量对不同种类的学生成绩(阅读成绩、数学成绩和解题成绩等因变量)的影响如何？在这些分析中，多重响应因变量被当作是对底层的分析．15.5.5节分析了多层线性模型的多重响应形式．在这些分析中，多重因变量是作为最初级的分析呈现的．15.5.5节讨论了多层线性模型的多元形式．

15.3　多层线性模型的局限性

15.3.1　理论问题

多层线性模型中预测变量的相关性所带来的后果比在简单线性回归模型中更为严重．多层线性模型解决了多层次建模问题，同时考虑了各个层次预测变量之间的相关性．由于各层次预测变量效应是相互调整的，因此可能会造成每个变量的回归系数在统计上都不显著．这一问题最好的解决方法是选择少量相对不相关的预测变量．完善的理论框架可以限制预测变量数目，同时提供便捷的处理方式．

如果预测变量存在交互作用(15.6.3节)，必然会影响主效应．交互作用与其主效应之间的多重共线性问题可以用轴心法来解决(参见15.6.2节)．

Raudenbush和Bryk(2001)介绍了一种多层线性模型的建模策略．首先，进行一系列的标准多重回归分析，在模型中首先纳入最有意义(或者理论上最重要)的预测变量，再按照重要性依次添加相对重要的预测变量．然后，如果预测变量不能与其他预测变量形成跨层次交互作用，而且不能增加模型的预测效果，则剔除该预测变量．此策略将在15.6.8节进行更为详细的介绍．

将高层次的预测变量在本层进行建模并不总是最优的处理方法．如果该层次的群组数量比较少，最好将其作为分类变量归入下一个较低的层次中加以处理．例如，如果仅有很少的学校，每所学校中有几个班级，每个班级有很多学生，那么学校变量就可以作为班级(第二)层次的分类变量进行建模，而不是将其归入第三个层次进行分析，原因在于学校数量过少以至于不能代表学校总体(Rasbash，2000)．

15.3.2　实际问题

多层线性模型是多重线性回归模型的扩展，因此5.3节所介绍的局限性和假设适用于所有的多层线性模型分析的所有层次．因此，如果数据和解中的假定分布和异常值均满足多重回归的要求，可以考虑使用多重回归的方法对数据进行处理．对每一层预测变量以及跨层次交互作用预测变量是否满足假定进行评估．Raudenbush和Bryk(2001)运用探索性多重回归分析在第二层次单位中寻找第一层次预测变量的异常值．例如，在每个班级中确定学生的学习成绩、学习动机、学习时间和性别等变量中的一元或多元异常值．理想情况下，所有筛选出的第一层次上的预测变量均包含在第二层次单位中，但当第二层级单位数量非常大时上述做法也许不可行．此种情况下，可以考虑将第二层次单位进行整合．同样，尽量第二层次的预测变量包含在第三层次单位中，否则在第三层次单位上对它们进行整合．多层线性模型程序可以对残差进行分析，也可以将残差单独保存为一个文件，供其在其他模块中应用．

多层线性模型采用极大似然估计，这就引起了更多问题，多层次结构增加了问题的复杂性，因此样本量以及多重共线性等问题的处理不同于普通的多重回归分析．多层线性模型对误差独立性的处理也会有所不同．

15.3.2.1 样本量、不相等 n 与缺失数据

大型复杂模型的代价是不稳定，因此每个层次均需要很大的样本量．即便是只有很少几个预测变量的简单模型，也会随着模型层次的增加，方程不断被引入，而使得模型变得越来越复杂．因此，即使只有很少的预测变量，也必须满足大样本条件．

极大似然估计方法的一般规则为，当被估计参数只有 5 个或者更少时，样本量至少要达到 60(Eliason，1993)．待估参数包括截距项、斜率项等．事实上，即使在大样本条件下也很难达到需要的收敛效果．而且，即便是运行很快的计算机处理多层线性模型时也会花费很长时间才能得出结果．

不同层次的样本量不同并不会产生问题，事实上这是我们所期望的．重复测量分析允许出现缺失值[不同于方差分析在所有层次均要求重复测量的自变量具有完整的数据(Rasbash，2000，129-130)]．在多层线性模型中，很多情况下会缺失一个或多个测量数据．在其他非重复测量情况下，可以运用 4.1.3 节讲述的方法估计缺失数据并将其插入适当的层次中进行分析．只要其他群组的样本量足够大，可以有群组的样本量小到 1(Snjders 和 Bosker，1999)．群组规模本身就可以作为因变量的预测变量，就像学校的规模可以作为学生成绩的预测一样．

在大多数的分析中，增加样本量会提高模型的势，而较小的效应量和较大的标准误差会降低模型的势．在多层线性模型中，还有其他的因素会影响模型势的大小，但是不容易预测这些因素的效应(Kreft 和 DeLeeuw，1998)．举例来说，势的大小取决于对分析假设的满足程度，每种形式的假设都会导致拒绝原假设的概率和真正的效应值之间产生不同．势在各层之间也会产生差异，不论这种效应是固定效应还是随机效应(随机效应条件下，势通常会比较小，因为此时的标准误差比较大)．各层次效应对应的势不同．例如，Kreft 和 DeLeeuw(1998)认为势的增长与组内相关性有关(组间差异相对于组内差异，参见 15.6.1 节)，对第二层次效应和跨层次交互作用而言更是如此．当第一层的样本量不是太小或者群组数量大于或等于 20 的时候，跨层次的效应势会比较显著．一般来说，模拟研究表明群组(第二层次单位)越多，而每个群组中的个体(第一层次单位)越少时，模型的势越强，其实群组和群组中的个体同时增加也会引起势的增强．Hox(2002)用了整整一章去研究模型的势与最优样本量的问题，并为势的模拟分析提供了指南．在多层线性模型中，确定模型势与最佳样本量软件可以从国际科学软件(Scientific Software International)上免费下载(Raudenbush、Liu 和 Congdon，2005)．

15.3.2.2 误差独立性

当组内个体共享可能会影响其响应的经验时，就违反了期望误差独立性的假定，多层线性模型的设计就是用来处理这类问题的．这种情况类似于协方差异质性，因为时间间隔短的事件比时间间隔长的事件具有更大的相似性．在多层线性模型中，组内个体比不同群组个体在距离和经验上更为相似．实际上，当底层的数据通过不同时间的重复测量得到时，

多层次建模提供了重复测量方差分析所需的协方差异质性假设的替代方案．

组内相关系数(ρ，见 15.6.1 节)是误差相关性的测量指标，因为它将组间差异与组内个体差异进行了对比．如果不考虑误差相关性，则 ρ 越大，违背误差独立性与犯第一类错误的可能性越高．如果不采用多层线性模型方法分析多层数据，一旦存在误差相关性，则犯第一类错误的概率就会显著增加．Barcikowski(1981)的研究表明，当样本量为 100，组内相关系数为 0.01 时，在 0.05 的显著性水平下，犯第一类错误的概率高达 0.17. 当组内相关系数提高到 0.2 时，犯第一类错误的概率就会飙升至 0.7. 因此，如果误差不满足独立性假定，那么实验的显著效果就不可靠．事实上，选择合适的模型进行分析时必须要考虑到数据的分层结构．

15.3.2.3 多重共线性和奇异性的处理

当跨层次交互作用存在时，预测变量之间的共线性是令人头疼的，而这种情况在多层线性模型中普遍存在，因为这种交互作用与其主效应高度相关．至少此问题经常致使主效应的显著性失效，最严重的情况甚至会导致整个模型无法收敛到某个解上．这一问题可以通过建立核心预测变量解决，这是一个额外的好处，此内容将在 15.6.2 节进行讨论．

15.4 基本公式

小的数据集很难通过多层线性模型进行分析．极大似然估计无法收敛到多重方程式，除非样本大到足以支持这些方程．如果样本不够大，用最大似然估计的方法得不到多重方程的结果．也不便用多层线性模型分析一个矩阵(或者是一系列的矩阵)．因此，我们摒弃小的样本数据集或者样本相关系数矩阵，取而代之的是使用其他人已经探索使用过的数据集的一部分，改变变量名称来进行我们的研究[㊀].

两个滑雪场共提供 10 个滑雪道，一个在阿斯彭高地(将 mountain 变量记为 1)，另外 9 个在猛犸山(将 mountain 变量记为 0)．共有 260 名滑雪者，每座山各有不同的滑雪者．表 15-1 显示了猛犸山上标记为 7472 号滑雪道上滑雪者的数据资料．因变量是滑雪速度，第一层预测变量是滑雪者技术水平[㊁]．“技术离差”列表示每名滑雪者技术得分与同一滑雪道中所有滑雪者平均技术得分之差(在后面的分析会用到).

表 15-1 部分样本数据

滑雪道	滑雪者	技术	山	速度	技术离差
7472	3	1	0	5	−0.39
7472	8	0	0	5	−1.39
7472	13	0	0	6	−1.39
7472	17	1	0	5	−0.39
7472	27	2	0	5	0.61
7472	28	1	0	5	−0.39
7472	30	5	0	4	3.61

㊀ 数据集由 Kreft 和 DeLeeuw(1998)从美国教育部国家教育统计中心收集的 NELS-88 数据中选出 260 例．实际变量是山区的公立和私立学校，学校的跑步、速度的成绩(四舍五入)和家庭作业的技能水平．

㊁ 与生存分析一样，术语“协变量”通常用于 MLM 中的预测变量．在本章中，我们将术语协变量用于连续预测变量，将因变量用于分类预测变量。术语“预测变量”在这里通常是指协变量、自变量或随机效应的组合．

（续）

滑雪道	滑雪者	技术	山	速度	技术离差
7472	36	1	0	7	−0.39
7472	37	1	0	4	−0.39
7472	42	2	0	6	0.61
7472	52	1	0	5	−0.39
7472	53	1	0	5	−0.39
7472	61	1	0	5	−0.39
7472	64	2	0	4	0.61
7472	72	1	0	6	−0.39
7472	83	4	0	4	2.61
7472	84	1	0	5	−0.39
7472	85	2	0	5	0.61
7472	88	1	0	5	−0.39
7472	93	1	0	5	−0.39
7472	94	1	0	4	−0.39
7472	96	1	0	5	−0.39
7472	99	1	0	5	−0.39

模型第一层次是滑雪者，第二层次是滑雪道(分组变量)，滑雪者和滑雪道均被认为是随机效应．滑雪者嵌套在滑雪道之中，滑雪道嵌套在山之中．由于只有两座山，可以认为该变量是在第二层次的固定预测变量，而不是指定的第三层次分析．主要问题是，在调整了滑雪者平均滑雪技术、不同的滑行速度以及不同的滑行速度与滑行技术的关系之后，滑雪者在不同滑雪道上滑雪的速度是否会随着山的不同而变化?

多层线性模型通常是按照一系列步骤进行的，因此，方程和计算机分析一般分为三种复杂程度递增的模型：第一种模型是只有截距项(null)的模型，这种模型中不存在预测变量，并且检验针对不同滑雪道(在组间是随机的)因变量(滑雪速度)的均值差异；第二种模型是将第一层次预测变量——滑雪技术变量加入第一种模型；第三种模型是将山变量作为第二层次的预测变量，加入第二种模型中．表 15-2 列示了 10 个滑雪道(组变量)、每个滑雪道所在的山、截距项(平均滑雪速度)和每个滑雪道的数据得到的表示滑雪技术和滑雪速度之间关系的二元回归方程斜率以及样本量的大小．

表 15-2　样本数据中 10 个滑雪道的截距和斜率

滑雪道	山	截距	斜率	样本量
7472	0	5.468 35	−0.305 38	23
7829	0	5.493 09	−0.294 93	20
7930	0	4.468 75	0.812 50	24
24 725	0	3.926 64	0.600 39	22
25 456	0	5.841 16	−0.447 65	22
25 642	0	5.557 77	−0.354 58	20
62 521	1	6.437 80	0.111 62	67
68 448	0	4.092 25	0.660 52	21
68 493	0	4.268 57	0.620 00	21
72 292	0	4.252 58	0.654 64	20

表15-3概括了关于多层线性模型文本(例如，Kreft 和 DeLeeuw，1998)和软件中常用的符号，以便读者理解三个模型中方程的表示方法及含义．

表 15-3 多层线性模型中方程和符号含义

符号	含 义
第一层次方程	$Y_{ij}=\beta_{0j}+\beta_{1j}(X_{ij})+e_{ij}$
Y_{ij}	第一层次案例的因变量得分，i 表示组内个体，j 表示组
X_{ij}	第一层次预测变量
β_{0j}	j 组中因变量的截距(第二层次)
β_{1j}	组 j(第二层次)中因变量和第一层次预测变量之间关系的斜率
e_{ij}	第一层次方程预测的随机误差(有时称为 r_{ij}) 在第一层次中，j 组的截距和斜率都可以是： 1. 固定的(所有组都有相同的值，但注意固定的截取很少) 2. 非随机变化(截距和斜率可从第二层次的自变量预测) 3. 随机变化(不同组的截距和斜率不同．每个都具有总均值和方差)
第二层次方程	DV 是第二层次中 j 组的 IV-DV 在第一层次下关系的截距和斜率 $\beta_{0j}=\gamma_{00}+\gamma_{01}W_j+u_{0j}$ $\beta_{1j}=\gamma_{10}+u_{1j}$
γ_{00}	整体截距；当所有预测变量＝0时，所有组的因变量得分的总均值
W_j	第二层次预测变量
γ_{01}	第二层次预测变量和因变量之间关系(斜率)的总回归系数
u_{0j}	组截距与整体截距离差的随机误差分量；j 组对截距的独特效应
γ_{10}	第一层次的预测变量和因变量之间关系(斜率)的总回归系数
u_{1j}	斜率的误差分量；组斜率与整体斜率的离差．当第二层次的预测变量 W 为0时，j 组对斜率的独特效应
跨层级相互作用的组合方程	$Y_{ij}=\gamma_{00}+\gamma_{01}W_j+\gamma_{10}X_{ij}+\gamma_{11}W_jX_{ij}+u_{0j}+u_{1j}X_{ij}+e_{ij}$
$\gamma_{01}W_j$	第二层次回归系数(γ_{01})乘以第二层次预测变量
$\gamma_{10}X_{ij}$	第二层次回归系数(γ_{10})乘以第一层次预测变量
$\gamma_{11}W_jX_{ij}$	第二层次回归系数(γ_{11})乘以第二层次和第一层次预测变量的乘积；跨层级交互作用项
$u_{0j}+u_{1j}X_{ij}+e_{ij}$	组合方程的随机误差分量
方差分量	
τ(tau)	随机误差分量估计值的方差-协方差矩阵
τ_{00}	随机截距的方差(平均值)
τ_{11}	随机斜率的方差
τ_{10}	斜率和截距之间的协方差

在多层线性模型分析之前需要做出几个选择．首先，选择模型中要包含哪些预测变量．其次，选择将某个参数在所有群组的值固定为一个常量还是让它是一个随机效应(每个群组的值不同)．例如，截距项在所有组中是固定的还是变化的．通常随机效应也有固定成分，也就是说，我们既要注意因变量在所有组中的固定截距(固定效应，γ_{00})，以及高层次单位的截距差异(随机效应，τ_{00})．因此，我们会用两个参数去估计截距项：固定均值和均值随机变动．对于预测变量，我们有时候会对他们在不同组(高层次单位)与因变量的不同

关系(随机效应，如τ_{11})感兴趣，也会对他们之间的平均关系(固定影响，如γ_{01})感兴趣．这种决策会对每一层的每个预测变量分别进行，但是并不认为最高层次预测变量是随机的，因为没有更高的预测变量可以在其中变化了．对于每一个随机的预测变量来说，还需要决定是否评估斜率和截距之间的协方差(随机效应，如τ_{10})．然后，决定是否在有多个随机效应预测变量的情况下评估不同随机效应预测变量之间的斜率协方差(表 15-3 中没有显示，因为该表仅有一个第一层次的预测变量，第二层次的预测变量也许不会变化)．

表 15-3 中元素是待估参数(γ、τ 和 e_{ij})．最后，参数估计的方法也需要进行选择(例如，极大似然估计法还是限制性极大似然估计法)．

15.4.1 截距模型

多层线性模型由一系列的回归方程来表示．在截距模型(没有预测变量的模型)的第一层级方程中，每个个体的效应(因变量得分)由组间不同的截距项来反映．在多层线性模型中截距模型非常重要，因为它提供了组内相关系数的信息(15.6.1 节)——一个有助于确定是否需要多层模型的值．

15.4.1.1 截距模型：第一层次方程

$$Y_{ij} = \beta_{0j} + e_{ij} \tag{15.1}$$

每一个个体因变量的得分记为Y_{ij}，不同组截距项(均值)不同，j 组的截距项记为β_{0j}，个体随机误差表示个体与其所在群组均值的离差，记为e_{ij}，Y_{ij}表示β_{0j}与e_{ij}之和．

普通回归中的Y和e项只有一个下标i，表示个体，多层线性模型中Y和e有两个下标ij，分别表示个体和组．截距项β_0(在回归方程中常被标记为A，见 3.5.2 节和 5.1 节)有一个下标j，表示各组之间的系数不同．也就是说，每个组都有各自的方程(15.1)．

β_{0j}不大可能有唯一值，因为它的值取决于群组．相反，我们提出了随机效应方差的参数估计(τ_{00})和标准误差．参数估计值反映了随机效应方差的大小．参数估计值较大表示效应是高度可变的．例如，群组的参数估计值代表了它们均值有多不一样．这些参数估计值及其显著性检验在计算机中的运行如下：检验统计量z值等于τ_{00}除以它的标准误差，该检验统计量的大小反映了各组均值之间的差异是否比预期的随机效应要大．

15.4.1.2 截距模型：第二层次方程

对于截距模型的第二层次分析(基于组为研究单位)，是将第一层次的截距项(组均值)作为因变量．预测j组截距项的方程如下：

$$\beta_{0j} = \gamma_{00} + u_{0j} \tag{15.2}$$

在没有预测变量的情况下，某一个滑雪道的截距项β_{0j}根据各组的平均截距γ_{00}以及组间误差u_{0j}(组j截距与各组平均截距的离差)来进行预测的．

每一组都可以单独写成公式(15.2)的形式．将公式(15.2)的右项代入公式(15.1)中，得

$$Y_{ij} = \gamma_{00} + u_{0j} + e_{ij} \tag{15.3}$$

平均截距(均值)为γ_{00}(一个固定项)，两个随机项分别是u_{0j}(组j中个体截距的离差)和e_{ij}(组j中个体i的离差)．

对于该样本数据，估计两层次截距模型的解是

$$\text{Speed}_{ij} = 5.4 + u_{0j} + e_{0j}$$

未加权的均值速度(10 个组均值的平均)是 5.4. 因此，一个滑雪者的滑雪速度是所有组的总均值(5.4)加上其所在组与整体的离差再加上个人速度与所在组的离差．与方差分析类似，个体得分等于总体得分均值加上所在组的组均值得分与总均值的离差，再加其上个人得分与其所在组的组均值之间的离差．

在多层线性模型中，分解为常量的项被称为“固定的”. 在方程(15.3)中，总体均值是固定项，它同时也是一个具有标准误差的参数估计值(5.4). 参数估计值与其标准误差的比值是在事先规定的 α 显著性水平下作为双侧 z 检验来评估的．这里的检验内容是滑雪速度的总均值是否不为 0，一般情况下我们对这一检验并不感兴趣，这类似于对标准二元或多元回归的截距项进行显著性检验．我们更想对方差(u_{0j}，e_{0j})进行检验，这些结果都会在计算机分析结果中呈现．

15.4.1.3　截距模型的计算机分析

表 15-4 与表 15-5 呈现了通过 SAS MIXED 和 SPSS MIXED 软件分析 15.4.1 节描述的数据的语法和选定的输出．

在表 15-4 中，我们看到，SAS MIXED 在一次二层运算中产生了一个“null”. 通常的 model 指令表明 SPEED 是因变量．因为这个模型中没有预测变量，所以在“=”之后什么都没有了．对 solution 的请求提供了固定效应的参数估计和显著性检验．covtest 指令提供了模型中随机误差项方差和协方差的假设检验．这里选择了极大似然估计的方式(method=ml). 模型的随机部分的研究单位(subject)是 RUN，它被定义为一个 class(类别)变量．这表明了第二层次的单位(滑雪道)是如何从第一层次单位(滑雪者)中形成的. random 指令设置该组的 intercept 是随机的．截距的固定效应(组的总均值)已暗含其中了. type=un 指令表明了关于方差-协方差矩阵的结构不做任何假设(比如不做球形假设).

表 15-4　截距模型的 SAS MIXED 分析的语法和选定的输出结果

```
proc mixed data=Sasuser.Ss_hlm covtest method=ml;
    class RUN;
    model SPEED= / solution;
    random intercept / type=un subject=RUN;
run;
```

Dimensions

Covariance Parameters	2
Columns in X	1
Columns in Z Per Subject	1
Subjects	10
Max Obs Per Subject	67

Covariance Parameter Estimates

Cov Parm	Subject	Estimate	Standard Error	Z Value	Pr Z
UN(1,1)	RUN	0.3116	0.1484	2.10	0.0178
Residual		0.7695	0.06872	11.20	<.0001

（续）

```
                    Fit Statistics

           -2 Log Likelihood              693.5
           AIC (smaller is better)        699.5
           AICC (smaller is better)       699.6
           BIC (smaller is better)        700.4

           Null Model Likelihood Ratio Test

            DF     Chi-Square     Pr > ChiSq

             1         110.16         <.0001

                Solution for Fixed Effects

                               Standard
Effect       Estimate            Error     DF     t Value     Pr > |t|

Intercept      5.4108           0.1857      9       29.13       <.0001
```

Dimensions 部分利用模型中参数的数量为对比模型提供了一些有用的信息. Covariance Parameters 指的是模型中的两个随机效应：组截距和残差 . Columns in X 指的是此时模型中的单一固定效应(总体截距). 因此，模型中参数总数为 3 个，即两个随机效应和一个固定效应 .

Covariance Parameters Estimates 部分应用于模型中随机部分 . UN(1,1)是滑雪道截距项的方差(即表 15-3 中的 τ_{00})，结果显示，在 $\alpha=0.05$ 水平(临界值=1.58)的单侧检验中(适用于检验截距的变化是否比预期的随机变化更多)，有证据表明，截距是变化的 . 这表明在预测滑雪速度的时候应该把组间差异考虑在内[㊀]. 在考虑了滑雪道之间的差异之后，显著的残差表明，在滑雪道中的滑雪者存在个体差异 .

拟合统计量对于模型对比(回顾 10. 4. 3 节)很有帮助. Null Model Likehood Ratio Test 表明与仅仅有单一的固定截距的模型相比，经过组识别的数据有显著的不同 .

剩下的输出结果是关于模型中的固定效应 . Intercept= 5. 4108 是 10 个组的未加权均值(10 个组均值的均值，表 15-3 的 γ_{00}). 它与 0 显著不同，但这没有研究意义 .

表 15-5 呈现了 SPSS MIXED 分析的语法和选定的输出结果 . 因变量在第一行语句中以 speed 显示 . 当没有预测变量的时候，则不会指定更多的内容 . FIXED 方程的语句也没有显示出任何预测变量 . 默认情况下，它包含总体截距的固定效应检验 . 方法选用 ML 而不是默认的 REML. PRINT 指令要求单个固定效应(SOLUTION)和两个随机效应(COVTEST)的参数估计和检验 . RANDOM 方程明确地列出了组截距 . 滑雪道被认为是“检验对象”(也就是说，是第二层次分析单位). 剩余的语法由菜单系统生成[㊁].

㊀ 因为样本量对样本的检验有很大的影响，所以评估组内相关性也很重要，这是一个衡量组间差异强弱的指标(参见 15. 6. 1 节).

㊁ 请注意，从 SPSS 的 11. 5 版开始，COVTYPE 的规范发生了变化 .

表 15-5 截距模型的 SPSS MIXED 分析的语法和选定的输出结果

```
MIXED
  speed
  /CRITERIA = CIN(95) MXITER(100) MXSTEP(5) SCORING(1)
  SINGULAR(0.000000000001) HCONVERGE(0, ABSOLUTE) LCONVERGE(0, ABSOLUTE)
  PCONVERGE(0.000001, ABSOLUTE)
  /FIXED = | SSTYPE(3)
  /METHOD = ML
  /PRINT = SOLUTION TESTCOV
  /RANDOM INTERCEPT | SUBJECT(run) COVTYPE(VC) .
```

Mixed Model Analysis

Model Dimension②

		Number of Levels	Covariance Structure	Number of Parameters	Subject Variables
Fixed Effects	Intercept	1		1	
Random Effects	Intercept①	1	Variance Components	1	run
Residual				1	
Total		2		3	

①从11.5版开始，RANDOM子命令的语法规则发生了变化.你的命令语法可能会产生与以前版本不同的结果.如果你正在使用SPSS语句，更多信息请参考当前的语句参考指南.
②因变量：SPEED.

Information Criteria①

–2 Log Likelihood	693.468
Akraike's Information Criterion (AIC)	699.468
Hurvich and Tsai's Criterion (AICC)	699.562
Bozdogan's Criterion (CAIC)	713.150
Schwarz's Bayesian Criterion (BIC)	710.150

信息标准以越小越好的形式显示.
①因变量：SPEED.

Fixed Effects

Type III Tests of Fixed Effects①

Source	Numerator df	Denominator df	F	Sig.
Intercept	1	10.801	848.649	.000

①因变量：SPEED.

Estimates of Fixed Effects①

Parameter	Estimate	Std. Error	df	t	Sig.	95% Confidence Interval	
						Lower Bound	Upper Bound
Intercept	5.4108323	.1857377	10.797	29.132	.000	5.0010877	5.8205769

①因变量：SPEED.

（续）

Covariance Parameters

Estimates of Covariance Parameters[①]

Parameter	Estimate	Std. Error	Wald Z	Sig.	95% Confidence Interval	
					Lower Bound	Upper Bound
Residual	.7694610	.0687191	11.197	.000	.6459031	.9166548
Intercept [subject = run] Variance	.3115983	.1483532	2.100	.036	.1225560	.7922380

①因变量：SPEED.

输出结果开始于固定和随机效应的指示、随机效应的协方差结构类型、参数的个数（参见15.6.5.1节）和用于结合受试者（滑雪道）的变量．参数总数显示出来对我们研究问题很有帮助．然后提供有用的信息来检验模型之间的差异，如－2 Log Likelihood.

固定效应在下面两个表中：一个是联合效应的显著性检验，另一个是参数估计、单一自由度检验和置信区间．除了分母自由度以外，SPSS结果与SAS的结果相符．对于固定效应来说，随机效应和不同的层次使分母自由度的计算变得复杂．SPSS在最简单的模型中也会修正随机效应和多层次，从而导致分母自由度为小数．SAS只有在需要的情况下才会运用这些修正方法（见表15-10）.

随机效应的输出结果总结在一个表中，其标记为Estimates of Covariance Parameters. Intercept的检验（检验不同滑雪道的平均速度是否不同）统计量 $z=2.100$，在统计上是显著的．注意Sig. 的值0.036是双侧检验 p 值而不是更合适的单侧检验 p 值．我们关心的仅仅是截距是否超出了我们的预期．因此，相对合适的 p 值是 $0.036/2=0.018$.

表15-6总结了随机效应和固定效应的参数估计及其解释．

表15-6　截距模型中符号和对应含义总结

效应的参数估计以及软件标记	表15-3的符号	特定样本解释	广义解释
		随机效应（协方差参数估计）	
Value = 0.3116 SPSS: Intercept [subject = run] Variance SAS:UN(1,1)	τ_{00}	在总体平均速度附近的滑雪道的平均速度方差	在因变量总体均值附近的因变量组均值的方差（组间方差）
Value = 0.7695 SPSS: Residual SAS: Residual	e_{ij}	单个滑雪者在平均速度附近的速度方差	组内围绕其自身组均值的因变量案例之间的方差（组内方差）
		固定效应（参数估计）	
Value = 5.4108 SPSS: Intercept SAS: Intercept	γ_{00}	滑雪道的未加权总体平均速度	总截距：各组平均值的未加权均值

15.4.2　第一层次预测变量模型

下一个模型是有一个预测变量的模型．滑雪者技术加入方程来预测滑雪速度．

15.4.2.1　第一层次预测变量模型的第一层次方程

现在第一层次方程扩展了，因此个体的因变量得分可以根据组间不同的随机截距（类似于之前部分)以及第一层次预测变量和因变量之间的随机斜率(也在组间变化)进行预测．

$$Y_{ij} = \beta_{0j} + \beta_{1j} X_{ij} + e_{ij} \tag{15.4}$$

因变量的个体得分表示为 Y_{ij}．第一部分 β_{0j} 是随着组 j 变化的截距．第二部分是随着组变化的斜率 β_{1j} 乘以某一预测变量(X_{ij} ㊀)上的个人得分．第三部分是误差 e_{ij}(单个滑雪者与其所在组均值的离差)．Y_{ij} 是上面三部分的和．

除了下标不同，上述方程式和通常的二元回归方程($Y_i = \beta_0 + \beta_1 X_i + e_i$)非常相似．二元回归方程所有的项($Y$，$X$，$e$)一般只用一个单独的下标 i 来表示案例，本节的模型方程用两个下标 ij 表示个体和组．回归系数 β_0 和 β_1 现在也有一个下标 j，表明这两个系数都随组的变化而变化．

滑雪例子中的方程如下：

$$\text{Speed}_{ij} = \beta_{0j} + \beta_{1j}\ \text{Skill}_{ij} + e_{ij} \tag{15.5}$$

第一部分 β_{0j} 是随着滑雪道(组)变化的截距．第二部分是随着滑雪道变化的权重 β_{1j} 乘以滑雪者技术水平．第三部分是误差 e_{ij}(滑雪者个体的得分离差)．个体的滑雪速度是上面三部分的和．

组间系数的变化被视为是随机的．因此，模型常被称为随机系数模型，指截距项 β_{0j} 和斜率项 β_{1j} 的这些随机系数会随组(滑雪道)的变化而变化．误差常被认为是随机的．这种变化的系数可以由不同滑雪道中滑雪者的滑雪技术和滑雪速度之间的散点图来阐明．例如，图 15-1 表明了在阿斯彭高地的滑雪道和猛犸山的第一条滑雪道滑雪者的技术与速度之间的关系．

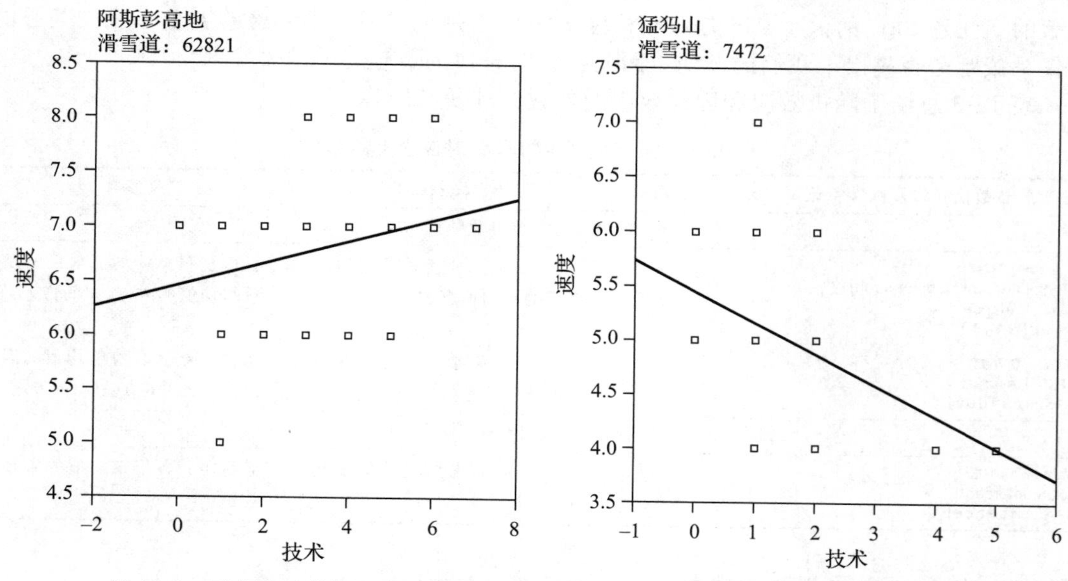

图 15-1　两条滑雪道的滑雪速度和滑雪技术之间的关系(由 SYSTAT PLOT 生成)

㊀ X 有时居中，例如，可以使用与组均值的离差(请参阅 15.6.2 节)．

在阿斯彭高地的滑雪道上滑雪者的技术和速度之间存在正相关关系，截距大约为6.25，但是在猛犸山的第一条滑雪道滑雪者的技术和速度之间存在负相关关系，截距大约是5.8. 因此，不同滑雪道截距和斜率都是不同的. 猛犸山其他滑雪道的截距和斜率在图15-2中给出，它给出了猛犸山10条滑雪道的情况．这可能会出现不符合回归齐性假设的情况，就像在第6章中(参见图6-2)探讨的．也就是说，滑雪技术(预测变量)和滑雪道(组)对滑雪速度(因变量)有交互作用，滑雪速度和滑雪技术之间的斜率会随着滑雪道的不同而不同．

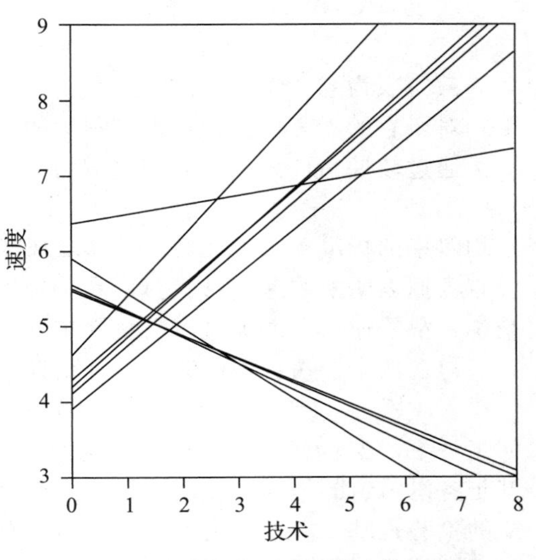

图15-2　10条滑雪道的滑雪速度和滑雪技术之间的关系(由SYSTAT PLOT生成)

通过对更高层次研究单位(在这个案例中是每一条滑雪道)分别进行单独的回归分析，得到变化的截距和斜率．利用表15-1中的数据，以滑雪技术为 X 和滑雪速度为 Y，根据公式(3.30)到公式(3.32)，我们做了一个二元回归分析．斜率和截距的结果在表15-2中呈现．如果存在几个第一层次预测变量，则使用5.4节的方法．

15.4.2.2　第一层次预测变量模型的第二层次方程

每一个随机效应(除了个体误差)都需要一个单独的第二层次方程．因此，第二层次分析(以组为研究单位)需要两个以第一层次中的截距和斜率作为因变量的方程(见表15-2). 预测随机截距的方程如下：

$$\beta_{0j} = \gamma_{00} + u_{0j} \tag{15.6}$$

一条滑雪道的截距记为β_{0j}，等式右边第一部分是当预测变量为0时各组的平均截距，记为γ_{00}(固定效应)，另一部分是误差u_{0j}(随机效应：偏离组 j 平均截距的离差)，β_{0j}由以上两部分进行预测．注意，这与截距模型中公式(15.2)相同．

预测随机斜率的方程如下：

$$\beta_{1j} = \gamma_{10} + u_{1j} \tag{15.7}$$

滑雪道的斜率记为β_{1j}，方程右侧第一部分是唯一的截距项，记为γ_{10}(固定效应：自变量与因变量斜率的均值)，第二部分是误差u_{1j}(随机效应：组 j 斜率与平均斜率的离差).

将公式(15.6)和公式(15.7)代入公式(15.4)：

$$Y_{ij} = \gamma_{00} + u_{0j} + (\gamma_{10} + u_{1j}) X_{ij} + e_{ij} \tag{15.8}$$

因此，将项重新排列后，得到的完整的二层次方程如下：

$$Y_{ij} = \gamma_{00} + \gamma_{10} X_{ij} + u_{0j} + u_{1j} X_{ij} + e_{ij} \tag{15.9}$$

两个固定分量是γ_{00}(平均截距)和γ_{10}(平均斜率). 三个随机项是u_{0j}(组 j 的截距离差)、u_{1j}(组 j 的斜率离差)乘以组 j 中的个体 i 的第一层次预测变量的得分和e_{ij}(个体 i 与其所在组

j 的离差).

通过 SAS 和 SPSS 软件估计公式(15.5)的解为

$$\beta_{0j} = 4.981 + u_{0j}$$

截距项为 4.981，当滑雪技术为 0 的时候，它是 10 条滑雪道的未加权均值．通常情况下，对于它的显著性检验，没有很大的研究意义．

通过软件估计公式(15.6)的解为

$$\beta_{1j} = 0.216 + u_{1j}$$

平均斜率的标准差为 0.151，$z=0.216/0.151=1.43$. 因此，在 $\alpha=0.05$ 的显著性水平下，没有证据表明滑雪速度(因变量)和平均滑雪技术(第一层次预测变量)之间存在关系．也就是说，滑雪速度不能通过滑雪技术来预测，因为它是所有滑雪道的平均速度．

包含两个层次各项的完整方程估计结果为

$$Y_{ij} = 4.981 + 0.216(\text{Skill}) + (\beta_{0j} - 4.981) + (\beta_{1j} - 0.216)(\text{Skill}) + e_{ij}$$

回想一下，β_{0j} 为组 j 的截距，β_{1j} 为组 j 的斜率．类似于截距模型，固定效应的参数估计是基于各滑雪道的平均值，因此检验它们就是检验集中趋势，运用双侧 z 检验．一些随机效应的检验是基于方差作为参数估计进行的，因此检验通常使用单侧 z 检验．方差会大于 0 吗？也就是说，单条滑雪道上的截距和斜率的变化是否比预期的要大？在下面的计算机分析中，将会检验不同滑雪道上的截距和斜率是否不同，同样的检验也检验斜率和截距是否相关(不包含在这些方程中).

15.4.2.3　第一层次预测变量模型的计算机分析

表 15-7 中的 SAS MIXED `model` 指令将 SPEED 指定为因变量、SKILL 为自变量．注意到 SKILL 已经被作为随机效应加入组截距，同时作为固定效应包含在了 `model` 指令中．剩下的语法是关于截距模型的．

表 15-7　第一层次预测变量模型的 SAS MIXED 分析的语法和选定的输出结果

```
proc mixed data=Sasuser.Ss_hlm covtest method=ml;
    class RUN;
    model SPEED= SKILL / solution;
    random intercept SKILL / type=un subject = RUN;
run;

                          The Mixed Procedure

                    Covariance Parameter Estimates

                                          Standard          Z
Cov Parm        Subject      Estimate       Error       Value          Pr Z
UN(1,1)         RUN            0.6281      0.3050        2.06        0.0197
UN(2,1)         RUN           -0.2920      0.1607       -1.82        0.0692
UN(2,2)         RUN            0.2104      0.1036        2.03        0.0211
Residual                       0.4585     0.04184       10.96        <.0001

                            Fit Statistics

                  -2 Log Likelihood             587.9
                  AIC (smaller is better)       599.9
                  AICC (smaller is better)      600.2
                  BIC (smaller is better)       601.7
```

(续)

```
                Null Model Likelihood Ratio Test

                  DF     Chi-Square     Pr > ChiSq

                   3        139.50          <.0001

                   Solution for Fixed Effects

                                     Standard
Effect          Estimate                Error      DF     t Value      Pr > |t|

Intercept         4.9808               0.2630       9       18.94        <.0001
SKILL             0.2160               0.1512       9        1.43        0.1868


                  Type 3 Tests of Fixed Effects

                         Num       Den
         Effect           DF        DF       F Value      Pr > F

         SKILL             1         9          2.04      0.1868
```

像以前一样，Covariance Parameter Estimates 部分应用于模型中的随机项部分. UN(1,1)是滑雪道的组截距(均值)方差(表 15-3 中的 τ_{00})，在 α=0.05(临界值为 1.58)的单侧检验下仍然有证据表明，滑雪道的组截距是变化的 . UN(2,1)是组截距和组斜率(表 15-3 中的τ_{10})的协方差 . 没有证据表明滑雪道上的组截距和组斜率是相关的(Pr Z= 0.0692). 也就是说，没有证据表明滑雪技术对不同滑雪速度的影响是基于该滑雪道的平均速度的 . 注意，这是双侧检验的概率值，因为协方差可正可负 . UN(2,2)是滑雪道间的组斜率的方差(表 15-3 中的 τ_{11}). 有证据表明在不同滑雪道之间，滑雪技术和滑雪速度是相关的，因此滑雪技术的一个固定效应也许就不可解释了 . 显著的残差表明在考虑了组成员和滑雪技术的差异之后，滑雪道上的滑雪者是存在个体差异的 . 注意-2 Log Likelihood 值比表 15-4 中的截距模型中的要小 . 这种差异可以通过把滑雪技术添加为一个预测变量的方式，由 χ^2 检验模型来估计，见 15.6.5.1 节 . Null Model Likelihood Ratio Test 表明了指定的模型与仅有一个固定截距的模型显著不同 .

剩余的输出结果是模型中的固定效应部分 . Intercept=4.9808 是当预测滑雪技术为 0 时，10 个组的平均值 . SPEED 与 SKILL 之间的总体关系在统计上并不显著(p=0.1868)，但是结果不能解释，因为不同滑雪道间的斜率的显著随机方差是 UN(2,2).

表 15-8 呈现了 SPSS MIXED 分析的语法和部分输出结果 . 连续的预测变量滑雪技术以 WITH 变量呈现(在菜单上被称作协方差). 在 SAS 中，滑雪技术既是一个固定的预测变量，也是一个随机的预测变量. COVTYPE(UN)指定一个非结构化的协方差矩阵，同时生成了与其他软件相匹配的输出结果[⊖]. 剩下的语法是关于截距模型的 .

输出结果显示固定效应、随机效应、随机效应的协方差结构类型、用于组合的变量(RUN)以及模型中的参数数量 . 然后提供的信息对检验模型中的差异是有用的，比如 −2 Log Likelihood. 固定效应有以下两个表，一个是检验组合效应的显著性，另一个是为

⊖ 感谢 Jodie Ullman 在 11.5 版中发现了这个技巧 .

了显示参数估计、单个自由度检验和置信区间．这些结果在 SAS 中可以算出来．在滑雪道被平均的时候，技术差异在统计上并不显著．

表 15-8　第一层次预测因子模型的 SPSS MIXED 分析的语法和选定的输出结果

```
MIXED
  speed WITH skill
  /CRITERIA = CIN(95) MXITER(100) MXSTEP(5) SCORING(1)
  SINGULAR(0.000000000001) HCONVERGE(0, ABSOLUTE) LCONVERGE(0, ABSOLUTE)
  PCONVERGE(0.000001, ABSOLUTE)
  /FIXED = skill | SSTYPE(3)
  /METHOD = ML
  /PRINT = SOLUTION TESTCOV
  /RANDOM INTERCEPT skill | SUBJECT(run) COVTYPE(UN) .
```

Model Dimension[②]

		Number of Levels	Covariance Structure	Number of Parameters	Subject Variables
Fixed Effects	Intercept	1		1	
	skill	1		1	
Random Effects	Intercept + skill[①]	2	Unstructured	3	run
Residual				1	
Total		4		6	

①从11.5版开始，RANDOM子命令的语法规则发生了变化. 你的命令语法可能会产生与以前版本不同的结果。如果你正在使用SPSS语句，更多信息请查看当前的语法参考指南.
②因变量：SPEED.

Information Criteria[①]

–2 Log Likelihood	587.865
Akraike's Information Criterion (AIC)	599.865
Hurvich and Tsai's Criterion (AICC)	600.197
Bozdogan's Criterion (CAIC)	627.229
Schwarz's Bayesian Criterion (BIC)	621.229

信息标准以越小越好的形式显示.
①因变量：SPEED.

Fixed Effects

Type III Tests of Fixed Effects[①]

Source	Numerator df	Denominator df	F	Sig.
Intercept	1	10.955	358.755	.000
skill	1	10.330	2.041	.183

①因变量：SPEED.

Estimates of Fixed Effects[①]

Parameter	Estimate	Std. Error	df	t	Sig.	95% Confidence Interval	
						Lower Bound	Upper Bound
Intercept	4.9808208	.2629674	10.955	18.941	.000	4.4017434	5.5598981
skill	.2159816	.1511620	10.330	1.429	.183	–.1193769	.5513400

①因变量：SPEED.

（续）

Covariance Parameters

Estimates of Covariance Parameters①

Parameter		Estimate	Std. Error	Wald Z	Sig.	95% Confidence Interval	
						Lower Bound	Upper Bound
Residual		.4585221	.0418398	10.959	.000	.3834324	.5483171
Intercept + skill	UN(1,1)	.6280971	.3050274	2.059	.039	.2424664	1.6270543
[subject = run]	UN(2,1)	−.2919760	.1606737	−1.817	.069	−.6068906	.0229386
	UN(2,2)	.2104463	.1036264	2.031	.042	.0801676	.5524383

①因变量：SPEED.

随机效应的标签和检验会在 SAS 中得到．也就是说，UN(1,1)表示组截距的统计显著性．注意到 $p=0.039$ 在单侧检验中是不对的，求得的 p 值应该取一半，因为这里检验的是方差是否大于偶然的预期．同样，UN(2,2)的 p 值是对组斜率的方差检验，它的值是 0.021 而不是 0.042．对于 UN(1,2)的检验，它是对截距和斜率之间的协方差的检验，被正确地解释为双侧检验，因为斜率和截距之间的关系可正可负．

表 15-9 总结了第一层次方程的模型中随机和固定效应的参数估计及其解释．

表 15-9　第一层次预测变量模型的符号和解释的总结

效应的参数估计和软件标签	表 15-3 的符号	特定样本解释	广义解释
		随机效应(协方差参数估计)	
Value = 0.6281 SPSS: UN(1,1) SAS: UN(1,1)	τ_{00}	当考虑到技术时，围绕速度总体均值的滑雪道速度均值的方差	当考虑预测变量时，围绕因变量总体均值的该因变量的均值的方差(组间方差)
Value = −0.2920 SPSS: UN(2,1) SAS: UN(2,1)	τ_{10}	滑雪道均值和滑雪道斜率(技术-速度)之间的协方差	组截距和斜率之间的协方差(预测变量-因变量关联)
Value = 0.2104 SPSS: UN(2,2) SAS: UN(2,2)	τ_{11}	围绕所有滑雪道平均斜率的技术斜率方差	所有组的平均斜率周围的预测变量的斜率方差
Value = 0.4585 SPSS: Residual SAS: Residual	e_{ij}	当考虑到技术时，围绕滑雪道速度平均值的该道中滑雪者速度的方差	当考虑到预测变量时，组内围绕其自身组均值(组内方差)的因变量案例之间的方差
		固定效应(参数估计)	
Value = 5.4108 SPSS: Intercept SAS: Intercept	γ_{00}	当技术等次为 0 时，滑雪道速度的未加权均值	总体截距；预测变量层次为 0 时各组均值的未加权均值
Value = 0.2160 SPSS: skill SAS: Skill	γ_{10}	所有滑雪道技术的未加权平均斜率	所有组预测变量的未加权平均斜率

15.4.3　第一层次预测变量和第二层次预测变量的模型

全模型相对于第一层次预测变量滑雪技术的模型加入了第二层次预测变量山．山是一个分类自变量(尽管自变量只有两层，它仍然可以被认为是分类的或者是连续的)．

15.4.3.1　两个层次下预测模型的第一层次方程

在两个层次上都有预测变量的第一层次方程与仅在第一个层次上有预测变量的第一层次方程没有区别．也就是说，包含第二层次自变量并不影响第一层次分析的方程．然而，它可以影响这些方程的结果，因为所有的效应都是针对其他效应进行调整的．

15.4.3.2　两个层次下预测模型的第二层次方程

第二层次分析(基于组作为研究单位)使用表 15-2 中的三个变量：第一层次截距、第一层次斜率和第二层次自变量(山)．对于这些分析，第一层次斜率和截距再次被作为因变量．为了预测随机截距：

$$\beta_{0j} = \gamma_{00} + \gamma_{01} W_j + u_{0j} \tag{15.10}$$

滑雪道的截距β_{0j}是由 γ_{00}(当所有的预测变量为 0 时所有组的平均截距)、斜率 γ_{01}(第一层次分析的截距和固定第二层次自变量的层次之间的关系)乘以W_j(组自变量的平均值)以及误差u_{0j}(组 j 的平均截距偏差)预测的．系数 γ_{01}是初始因变量 Y_{ij} 和自变量W_j之间的关系．

为了预测第一层次预测变量的随机斜率：

$$\beta_{1j} = \gamma_{10} + u_{1j} \tag{15.11}$$

滑雪道的斜率β_{1j}是由单个的截距 γ_{10}(平均第一层次预测变量因变量的斜率)和误差u_{1j}(组 j 的平均斜率离差)预测的．

将公式(15.10)和公式(15.11)代入公式(15.4)：

$$Y_{ij} = \gamma_{00} + \gamma_{01} W_j + u_{0j} + (\gamma_{10} + u_{1j}) X_{ij} + e_{ij} \tag{15.12}$$

因此，重新排列后，完整的二层次方程为

$$Y_{ij} = \gamma_{00} + \gamma_{01} W_j + \gamma_{10} X_{ij} + u_{0j} + u_{1j} X_{ij} + e_{ij} \tag{15.13}$$

三个固定项是 γ_{00}(总平均截距)、$\gamma_{01} W_j$(第二层次预测变量和因变量之间关系的整体斜率乘以组 j 的第二层次预测变量的得分)和 $\gamma_{10} X_{ij}$(当第二层次预测变量 W 是 0 时组 j 斜率的单独效应乘以组 j 中案例 i 的第一层次预测变量得分)．三个随机项是u_{0j}(组 j 中案例的截距离差)、$u_{1j}X_{ij}$(组 j 中案例的斜率离差乘以组 j 中案例 i 的第一层次预测变量得分)和 e_{ij}(组 j 中案例 i 的离差)．

用软件来解公式(15.9)：

$$\beta_{0j} + 4.837 + 1.472(\text{山}) + u_{0j}$$

当滑雪技术为 0 时，截距 4.837 是猛犸山滑雪道(mountain=0)的未加权均值．斜率的值为 1.472，标准差是 0.216. 因此 $z=1.472/0.197=7.467$，在 $\alpha=0.05$ 的水平上是显著的．这意味着猛犸山(编码 0)的截距(均值)比阿斯彭高地(编码 1)要小．滑雪速度对于两山来说是显著不同的．

用软件解公式(15.10)：

$$\beta_{1j} = 0.209 + u_{1j}$$

平均斜率为 0.209，标准误差为 0.156. 因此 $z=0.209/0.156=1.343$. 在 $\alpha=0.05$ 的水平上，没有证据表明因变量滑雪速度和预测变量滑雪技术之间存在相关性．也就是说，在所有的滑雪道被平均的情况下，滑雪速度不能由滑雪技术来预测．

完整的两层次方程(即方程(15.12))的解为

$$Y_{ij} = 4.837 + 1.472(\text{山}) + 0.209(\text{技术}) + (\beta_{0j} - 4.837) + (\beta_{1j} - 0.209)(\text{技术}) + e_{ij}$$

β_{0j}是组 j 的截距，β_{1j}是组 j 中因变量和第一层次预测变量之间关系的斜率．

下面的计算机运行中将显示检验不同滑雪道中斜率和截距是否不同，以及检验斜率和截距是否相关．

15.4.3.3　第一层次预测变量和第二层次预测变量模型的计算机分析

如表 15-10 所示，SAS 语法将 MOUNTAIN 加入了 `model` 指令．因为 MOUNTAIN 是一个虚拟变量，它可以被认为是连续的，简化对输出结果的解释．注意滑雪技术被定义为一个随机效应，但是 MOUNTAIN 仍然是一个固定效应．没有办法将 MOUNTAIN 指定为一个固定的第二层次(而不是第一层次)变量(使用滑雪道而不是滑雪者作为受试变量)，因此检验中的自由度需要调整．用 `ddfm=kenwardroger` 来近似适当的自由度．

模型中总的参数个数是 7 个，在 `Dimensions` 部分可以看到．4 个协方差参数分别是截距的方差、斜率的方差、斜率和截距之间的协方差以及残差．三个固定参数(`Columns in X`)是总截距、滑雪技术和山．

表 15-10　全模型的 SAS MIXED 分析的语法和选定的输出结果

```
proc mixed data=Sasuser.Ss_hlm covtest method=ml;
    class RUN;
    model SPEED= SKILL MOUNTAIN / solution ddfm = kenwardroger;
    random intercept SKILL / type=un subject = RUN;
run;

                              Dimensions

                  Covariance Parameters            4
                  Columns in X                     3
                  Columns in Z Per Subject         2
                  Subjects                        10
                  Max Obs Per Subject             67

                        Number of Observations

              Number of Observations Read            274
              Number of Observations Used            260
              Number of Observations Not Used         14

                     Covariance Parameter Estimates

                                             Standard         Z
Cov Parm       Subject       Estimate         Error       Value         Pr Z

UN(1,1)        RUN             0.4024        0.2063        1.95       0.0256
UN(2,1)        RUN            -0.2940        0.1473       -2.00       0.0460
UN(2,2)        RUN             0.2250        0.1098        2.05       0.0202
Residual                       0.4575       0.04167       10.98       <.0001

                            Fit Statistics

                 -2 Log Likelihood              570.3
                 AIC (smaller is better)        584.3
                 AICC (smaller is better)       584.8
                 BIC (smaller is better)        586.4
```

（续）

```
                Null Model Likelihood Ratio Test

                DF      Chi-Square       Pr > ChiSq

                 3           92.80          <.0001

                   Solution for Fixed Effects

                                 Standard
Effect          Estimate            Error       DF     t Value     Pr > |t|

Intercept         4.8367           0.2169     10.3       22.30       <.0001
SKILL             0.2090           0.1558     9.68        1.34       0.2105
MOUNTAIN          1.4719           0.2202     7.09        6.68       0.0003

          Type 3 Tests of Fixed Effects

                 Num         Den
Effect            DF          DF      F Value      Pr > F

SKILL              1        9.68         1.80      0.2105
MOUNTAIN           1        7.09        44.68      0.0003
```

再者，UN(1,1)是滑雪道截距项（均值）的方差．在 $\alpha=0.05$（临界值为 1.58）的水平下有证据表明在调整了其他效应后，截距是变化的．UN(2,1)是截距和斜率之间的协方差，在 $\alpha=0.05$ 水平下，现在有迹象表明全部滑雪道上的截距和斜率之间的关系是负相关的．负的估计值 -0.2940 表明在调整了其他效应后，滑雪速度越快，滑雪技术和滑雪速度之间的相关性就越低．在将 MOUNTAIN 加入模型之前，这个效应在统计上是不显著的．UN(2,2)是滑雪道间的斜率的方差，有证据表明在不同滑雪道之间滑雪速度和滑雪技术之间的关系是不同的（使得 SKILL 的固定效应难以解释）．显著的 Residual 表明即使在考虑了其他所有效应之后，滑雪者在滑雪过程中仍然存在个体差异．拟合统计量之前就描述了这一点．

剩余的输出是模型中的固定效应．在统计上显著的 Estimate 1.4719 表明编码为 1 的山（阿斯彭高地）滑雪速度更快．

Intercept=4.8367 是当滑雪技术水平为 0 时编码为 0 的山（猛犸山）的相应的组均值．滑雪速度与滑雪技术之间的关系整体来说仍是不显著的（$p=0.2120$），但是在面对滑雪道之间斜率的显著随机方差 UN(2,2)时，不管怎样，它都不可解释．

表 15-11 呈现了 SPSS MIXED 分析的语法和输出结果．滑雪技术和山都是连续型（WITH）变量，同时也是虚拟变量．MOUNTAIN 可能被认为是连续的．受试变量嵌入了滑雪道之中．滑雪技术表现为固定和随机的预测变量．MOUNTAIN 只是一个固定预测变量．剩余的语法和之前描述的一样．

表 15-11　全模型的 SPSS MIXED 分析的语法和选定的输出结果

```
MIXED
  speed WITH skill mountain
  /CRITERIA = CIN(95) MXITER(100) MXSTEP(5) SCORING(1)
  SINGULAR(0.000000000001) HCONVERGE(0, ABSOLUTE) LCONVERGE(0, ABSOLUTE)
  PCONVERGE(0.000001, ABSOLUTE)
  /FIXED = skill mountain | SSTYPE(3)
  /METHOD = ML
  /PRINT = SOLUTION TESTCOV
  /RANDOM INTERCEPT skill | SUBJECT(run) COVTYPE(UN) .
```

（续）

Model Dimension[②]

		Number of Levels	Covariance Structure	Number of Parameters	Subject Variables
Fixed Effects	Intercept	1		1	
	skill	1		1	
	mountain	1		1	
Random Effects	Intercept + skill[①]	2	Unstructured	3	run
Residual				1	
Total		5		7	

①从11.5版开始，RANDOM子命令的语法规则发生了变化. 你的命令语法可能会产生与以前版本不同的结果。如果你正在使用SPSS语句，更多信息请查看当前的语法参考指南.

②因变量：SPEED.

Information Criteria[①]

–2 Log Likelihood	570.318
Akraike's Information Criterion (AIC)	584.318
Hurvich and Tsai's Criterion (AICC)	584.762
Bozdogan's Criterion (CAIC)	616.242
Schwarz's Bayesian Criterion (BIC)	609.242

信息标准以越小越好的形式显示.

①因变量：SPEED.

Fixed Effects

Type III Tests of Fixed Effects[①]

Source	Numerator df	Denominator df	F	Sig.
Intercept	1	12.206	500.345	.000
skill	1	11.826	1.805	.204
mountain	1	7.086	55.759	.000

①因变量：SPEED.

Estimates of Fixed Effects[①]

Parameter	Estimate	Std. Error	df	t	Sig.	95% Confidence Interval Lower Bound	95% Confidence Interval Upper Bound
Intercept	4.8366975	.2162292	12.206	22.368	.000	4.3664530	5.3069421
skill	.2089697	.1555458	11.826	1.343	.204	–.1304878	.5484272
mountain	1.4718779	.1971118	7.086	7.467	.000	1.0069237	1.9368322

①因变量：SPEED.

Covariance Parameters

Estimates of Covariance Parameters[①]

Parameter		Estimate	Std. Error	Wald Z	Sig.	95% Confidence Interval Lower Bound	95% Confidence Interval Upper Bound
Residual		.4575351	.0416711	10.980	.000	.3827358	.5469526
Intercept + skill	UN(1,1)	.4024587	.2063647	1.950	.051	.1473191	1.0994700
[subject = run]	UN(2,1)	–.2941195	.1474021	–1.995	.046	–.5830223	–.0052168
	UN(2,2)	.2250488	.1098392	2.049	.040	.0864633	.5857622

①因变量：SPEED.

输出结果以固定和随机效应的说明(注意随机效应也在固定效应行列出)、随机效应的协方差结构类型和用于组合受试变量(RUN)的变量开始的．固定效应的结果和 SAS(除了自由度)中的一样．MOUNTAIN 差异是统计上显著的，但是 SKILL 和 SPEED 间的平均关系并不显著．

如果在 $\alpha=0.05$ 时采用单侧检验标准，则截距(无论平均速度是否不同)的随机效应检验 UN(1,1)在 $z=1.95$ 时具有统计显著性，Sig. 的值在双侧检验下为 0.051．滑雪技术的 UN(2,2)检验在 $z=2.049$ 时也表明了显著性差异，截距和斜率之间协方差的双侧检验也是如此．

表 15-12 概括了第一层次预测变量模型中随机和固定效应的参数估计及其解释．

表 15-12　在两层次下预测变量模型的符号和解释的概括

效应的参数估计和软件标签	表 15-3 的符号	特定样本解释	广义解释
		随机效应(协方差参数估计)	
Value = 0.6281 SPSS: UN(1,1) SAS: UN(1,1)	τ_{00}	当考虑到技术和山时，滑雪道围绕速度总均值滑雪道速度均值的方差	当考虑预测变量时，围绕因变量总均值因变量组均值的方差(组间方差)
Value = −0.2920 SPSS: UN(2,1) SAS: UN(2,1)	τ_{10}	当考虑到山时，滑雪道均值和滑雪道斜率(技术-速度)之间的协方差	当考虑到山时，组均值和滑雪道斜率(预测变量-因变量)之间的斜方差
Value = 0.2104 SPSS: UN(2,2) SAS: UN(2,2)	τ_{11}	当考虑到山时，技术斜率相对于所有滑雪道平均斜率的方差	当考虑所有其他预测变量时，预测变量的斜率相对于所有组斜率平均值的方差
Value = 0.4585 SPSS: Residual SAS: Residual	e_{ij}	当考虑到技术和山时，滑雪道内单个滑雪者的速度相对于滑雪道平均速度的方差	当考虑到预测变量时，围绕其自身组均值(组内方差)组内因变量上案例之间的方差
		固定效应(参数估计)	
Value = 5.4108 SPSS: Intercept SAS: Intercept	γ_{00}	当技术层次和山为零时，滑雪道速度的未加权总均值	总体截距；当所有预测变量层次为零时各组均值的未加权均值
Value = 0.2160 SPSS: skill SAS: Skill	γ_{01}	当考虑山时，所有滑雪道技术的平均斜率	当考虑所有其他预测变量时，所有组预测变量的平均斜率
Value = 1.472 SPSS: mountain SAS: MOUNTAIN	γ_{01}	考虑技术因素时，所有滑雪道山的平均斜率	将所有其他预测变量考虑在内时，所有组中预测变量的平均斜率

15.5　多层线性模型的类型

多层线性模型是一种通用的技术，如同结构方程模型一样，它可以被用于不同的研究设计．这里讨论的多层线性模型是我们所讨论程序中广泛使用的模型．本章演示了重复测量设计和高阶模型．本节提到的其他主题——潜在变量、非正态结果变量和多重响应模型——只是简单介绍，具体细节可参考其他来源．

15.5.1　重复测量

多层线性模型最常见的应用是分析一个重复测量设计，即违反了重复测量方差分析中的一些要求．纵向设计(称为成长曲线数据)在多层线性模型中经常被使用，它是通过设置测量场合作为分析的最低层次案例(例如，学生)的分组变量来实现．但是，重复测量不需要被限制在分析的第一层次(例如，也会有老师和学校的重复测量)．应用重复测量方差分析的多层线性模型的最大好处在于，不存在对不同场合完整数据的闲置(尽管假设数据随机缺失)，也不需要相等数量的案例或每种情形下相同的间隔．多层线性模型对于重复测量数据的另一个重要的好处是可以检验成长曲线(或重复测量的其他响应模式)的个体差异．回归系数在所有案例中都是相同的吗？因为当随机斜率和截距被指定时，每一个案例都有其各自的回归方程，所以有可能要评估个体在重复测量的平均响应和响应模式上是否确实不同．

另外的优势在于球形性(随时间的不相关误差)不是一个问题，因为作为一种线性回归技术，多层线性模型检验个体随时间的趋势(如果个体是分组变量)．最后，你可能创造明确的时间相关的第一层次预测变量，而不是时间周期本身．时间相关的预测变量(又称时变协变量)有多种形式：学习的时长、参与者的年龄、参与者的年级等．

和方差分析不同，对“重复测量”因素不存在整体检验，除非一个或多个时间相关的预测变量明确进入．一旦这个时间相关的预测变量进入方程，它就会被评估为一个单一自由度检验(例如，介于时间和因变量之间的线性关系，即纵向成长曲线)，从而避免了球形假设．如果对其他趋势感兴趣，那么它们将被编码并作为单独的预测变量进入模型(例如，对于二次型趋势就要时间平方)．因此，如果相关的预测变量被创建并输入，那么多层线性模型可以用来提供趋势分析的所有优点．

表 15-13 展示一个为 SPSS MIXED 准备的具有五种情况的较小假设数据集，其中每个月阅读书本数量作为因变量，小说的类型(科幻、浪漫、推理)作为固定的自变量．第一列代表小说的类型，第二列指示月份，第三列是案例身份，最后一列是因变量(某月读书的数量)．这对应于一个用月作为重复测量的自变量、小说作为样本间自变量的双因素样本间设计．样本量非常不足，尤其对于随机效应检验(尽管出乎意料地出现了一个解)，但是这提供了一个方便的工具来描述多层线型模型中重复测量分析的多种情况，并且有可以进一步改进的优点.

表 15-13　用于 SPSS MIXED 分析的重复测量的数据集

小说	月份	案例	书
1	1	1	1
1	1	2	1
1	1	3	3
1	1	4	5
1	1	5	2
1	2	1	3
1	2	2	4
1	2	3	3
1	2	4	5
1	2	5	4
1	3	1	6
1	3	2	8
1	3	3	6
1	3	4	7
1	3	5	5
2	1	6	3
2	1	7	4
2	1	8	5
2	1	9	4
2	1	10	4
2	2	6	1
2	2	7	4
2	2	8	3
2	2	9	2
2	2	10	5
2	3	6	0
2	3	7	2
2	3	8	2
2	3	9	0
2	3	10	3
3	1	11	4
3	1	12	2
3	1	13	3
3	1	14	6
3	1	15	3
3	2	11	2
3	2	12	6
3	2	13	3
3	2	14	2
3	2	15	3
3	3	11	0
3	3	12	1
3	3	13	3
3	3	14	1
3	3	15	2

图 15-3 展示了这个设计的数据分布.

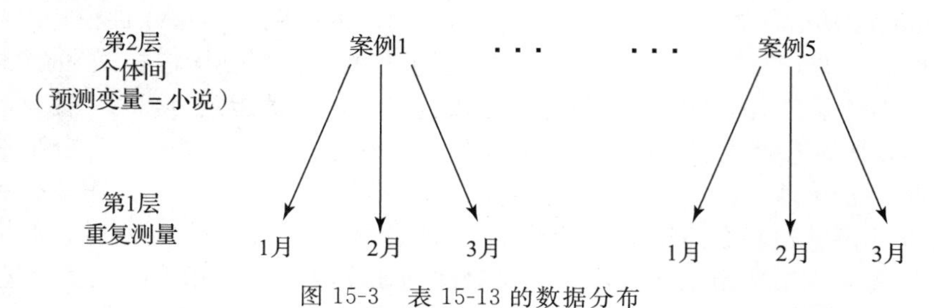

图 15-3　表 15-13 的数据分布

表 15-14 展示了分析月份、小说类型及其交互作用的线性趋势，还有阅读者均值差检验的语法和部分输出．截距是随机效应．月的线性趋势(1 到 2 到 3)被评估(而不是主效应)，因为 MONTH 并没有被声明是类别变量(即它是一个 WITH 变量而不是一个 BY 变量). 小说和月份的交互作用的线性趋势和小说的主效应通过 FIXED 指令被声明为固定效应．通过 RANDOM 指令，月份被声明为随机效应．CASE 是组标识符．

表 15-14　重复测量数据的 SPSS MIXED 分析的语法和选定的输出结果

```
MIXED
  books BY novel WITH month
  /CRITERIA = CIN(95) MXITER(100) MXSTEP(5) SCORING(1) SINGULAR(0.000000000001)
  HCONVERGE(0, ABSOLUTE) LCONVERGE(0, ABSOLUTE)
  PCONVERGE(0.000001, ABSOLUTE)
  /FIXED = novel month month*novel | SSTYPE(3)
  /METHOD = REML
  /PRINT = TESTCOV
  /RANDOM INTERCEPT month | SUBJECT(case) COVTYPE(UN).
```

Model Dimension②

		Number of Levels	Covariance Structure	Number of Parameters	Subject Variables
Fixed Effects	Intercept	1		1	
	novel	3		2	
	month	1		1	
	novel * month	3		2	
Random Effects	Intercept + month①	2	Unstructured	3	case
Residual				1	
Total		10		10	

①从11.5版开始，RANDOM子命令的语法规则发生了变化.你的命令语法可能会产生与以前版本不同的结果.如果你正在使用SPSS语句，更多信息请查看当前的语法参考指南
②因变量：books.

Fixed Effects

Type III Tests of Fixed Effects①

Source	Numerator df	Denominator df	F	Sig.
Intercept	1	12.000	50.586	.000
novel	2	1.2000	11.321	.002
month	1	1.2000	.320	.582
novel * month	2	1.2000	20.540	.000

①因变量：books.

（续）

Covariance Parameters

Estimates of Covariance Parameters①

Parameter		Estimate	Std. Error	Wald Z	Sig.	95% Confidence Interval	
						Lower Bound	Upper Bound
Residual		1.355556	.494979	2.739	.006	.662678	2.772887
Intercept + month	UN(1,1)	.492593	1.887086	.261	.794	.000270	898.209913
[subject = case]	UN(2,1)	−.208333	.838257	−.249	.804	−1.851287	1.434620
	UN(2,2)	.155556	.420704	.370	.712	.000776	31.187562

①因变量：books.

没有发现显著的随机效应．UN(1，1)检验，截距的方差($p=0.794$)，表明在五种情形下书本阅读的平均数之间没有明显的差异．随机检验UN(2,2)，$p=0.804$，表明阅读者在月份的线性趋势下没有显著差异．该检验在一元或多元方差分析中不可用．最后，UN(2,1)检验[随机 INTERCEPT 与 MONTH 协方差($p=0.552$)]表明书本阅读的平均数和不同阅读者的月份线性趋势之间的关系并没有显著差异．如果这些中任一个存在统计学显著性，那么探索个体的特征来“解释”那些个体差异可能是值得的．

考虑到固定效应，受试者月平均值没有显著的固定线性趋势($p=0.582$)．小说的主效应在统计学上是显著的($p=0.002$)，在显著月份出现时，通过小说的交互作用解释这一点是很谨慎的($p<0.001$)．因此，对全部读者平均而言，不同类型的小说，月份线性趋势是不同的．交互作用图(见图 8-1)将有助于解释．单元均值可以通过使用 SPSS 中“拆分案例”指令来说明，此指令在 DESCRIPTIVES 分析中指定 NOVEL 和 MONTH 作为组变量．

这个分析说明在多层线性模型中，重复测量与非重复测量相比没有特殊之处或者差异．重复测量被作为任何其他的分析第一层次单位，参与者作为分析的第二层次单位．如果案例被嵌入在多个单位中(例如，教室中的学生)，教室就变成分析的第三层次单位，以此类推．因此，重复测量可以为任何设计增加底部层次分析单位．所以，涉及重复测量的模型通常需要超过两个层次的分析(见 15.7.2 节的完整案例)．

使用多层线性模型进行重复测量的另一个问题在于时间变量的尺度(编码)．15.6.2 节讨论了预测变量的中心以及它如何影响解释．重复测量的一个问题在于斜率和截距间的相关关系可能非常有趣．例如，我们想知道开始时因变量上处在高水平的儿童(例如，阅读成绩)随着时间的推移，斜率是更陡峭还是更平稳．困难在于相关关系随着时间的编码结果而变化．因此，相关关系只能根据场合特定的尺度来解释．

这里的例子中第二层次分析有一个自变量——小说，但是第一层次分析没有时变的预测变量，即没有变量显示个体随着时间的变化，如年龄、疲劳或相似变量．一个第一层次时变预测变量在纵向研究中特别有用，因为在重复测量不同层次间的间隔对每一个参与者可以不相等．例如，阅读成绩可以在许多时机被评估，因为每一个儿童可以在不同年龄被测试，也可以有不同的测试数量．多层线性模型允许对年龄(第一层次预测变量)和阅读(因变量)之间关系进行评估，而不要求每个儿童根据一个标准的计划表进行测试．

附加的第二层次预测变量可能是性别或其他针对个体并随时间稳定的分组变量．例如就业状况或者一些其他用连续尺度衡量的稳定的特征，如 SES.

分析重复测量设计的另一种方法是通过以结构方程模型作为一个潜在成长(或曲线)模型来完成的. 时间变量在潜在因子测量中被定义(Hox, 2002). 对于截距有一个潜在变量，对于每一个斜率有另一个潜在变量(线性、二次的等). 这也是一个随机系数模型，并且 Hox(2002)表明，只要数据完整且时间间隔均等，它就等同于两层次多层线性模型.

潜在曲线分析的好处是，它可以在更复杂的两层次模型中使用，例如，当斜率是一些结果的预测变量时. 尽管更高层次的模型是可能的，但它们需要复杂的程序设置(Hox, 2002). 多层线性模型方法的优点包括自动处理缺失数据和不需要等间隔分割时间区间. Hox(2002)详细地比较了这两种方法(pp. 273-274). Little、Schnabel 和 Baumert(2000)也详细讨论了通过多层线性模型和结构方程模型的成长模型分析. Singer 和 Willett(2003)专注于分析纵向数据，包括多层线性模型策略. Singer(1998)专注于用 SAS PROC MIXED 来分析个体成长模型和多层线性模型的其他应用. SAS 和 SPSS MIXED 程序允许重复测量的两种方法：这里解释的多层线性模型方法和指定方差-协方差结构的“重复”方法.

15.5.2 高阶多层线性模型

15.4 节描述的模型有两个层次：滑雪者和滑雪道. 这是模型的最常见类型，很明显也是最容易分析的. 大多数多层线性模型软件可以分析三个层次的模型，并且一些程序可以容纳更多层次. 如果软件受限制，则另一种策略是运行一系列两层次模型，将一个层次的斜率和截距(如表 15-2 所示)用作下一个更高层次的因变量. 一个重复测量的三层次例子在 15.7 节演示.

15.5.3 潜在变量

潜在变量在多层线性模型中以多种方式被使用：结合成因子的观测变量(第 13 章和第 14 章)；不带测量误差的变量分析；一个或多个预测变量的缺失数据分析；基于时间的潜在因子模型.

HLM 手册(Raudenbush 等人, 2004)展示了两个应用的例子. 在第一个中，潜在变量回归选项被选择用于分析一个不带测量误差的潜在变量——性别，即进入二层次重复测量模型(场合和参与者)的所有层次，年龄是第一层次、时机层次预测变量. 因变量是对不正常行为的态度. 系数可用来检验因变量(不同时机的趋势)的线性增长率、性别对增长率的效应、因变量的初始值对线性增长率的效应，以及性别与增长率之间总体的、直接的和间接的联系.

在第二个例子中，在选择 HLM 中潜在变量回归选项进行缺失数据的普通单层次多重回归. 数据被重新整理，以便拥有完整数据的参与者和因变量拥有相同多的行，有缺失数据的参与者拥有较少的行. 变量值进入数据集的一列，并且有和因变量一样多的附加(指标)列. 每一种测量用一个 1 代表在该列中其测量的变量，用一个 0 代表在其余列中. Raudenbush 等人(2004)也展示了带有多层估算值数据的 HLM 分析是怎样进行的.

SEM 程序设计用于分析包含一些由多个测量变量(自变量)组成的潜在变量(因子)的多层模型. 与因子相关的变量在表 14-2 中使用 EQS 指定. 这类模型的分析基于方差-协方差矩阵划分为组内(第一层次)和组间(第二层次)矩阵. 概括性统计量的一个单一集合提供关

于组合的多层线性模型的拟合信息，通常的信息用于检验模型和替代选择(第14章). 模型两个层次的参数估计也是可得的——第一层(个人)和第二层(组)模型的结构.

当组很小时，例如，当夫妻或双胞胎组成第二层次分组单元时，将方差-协方差矩阵分成组内和组间矩阵也可以用多层线性模型使用在这样的数据上执行的普通多层线性模型，如果有第二层次预测变量，那么对每一个二因素-参与者组单独回归可能会有问题.

带有潜在变量的多层线性模型的另一个有益的应用是验证性因子分析，即调查不同水平(如在个体和组水平下)下因子结构的相似性. 来自个体水平变量的因子载荷在组成员被考虑进来时是否会发生实质性变化？或者当分析个体与组之间的协方差矩阵时我们可以看到相同的因子结构吗？换种方式，相同的因子结构能解释组差异和个体差异吗？

多层线性模型验证性因子分析在决定是否有任何组(更高水平)差异在将预测变量加入模型之前值得被考虑方面也是有用的. 通过对计算组内因子相关系数(15.6.1节)提供信息，人们可以决定当预测变量加入模型时多层线性模型是否必要.

Heck 和 Thomas(2000)介绍了潜在变量模型，包括展示了带有分层数据结构的验证性因子分析. Hox(2002)也用一章来介绍多层因子模型.

15.5.4 非正态结果变量

作为普通线性模型的一个变体，多层线性模型假设多元正态性，所以通常可以使用4.1.5节的诊断方法和补救措施. 但是，一些多层线性模型程序还提供了处理非正态数据的专业方法. 具有非正态结果(因变量)的模型经常称为多层广义线性模型.

MLwiN 软件包允许二项分布和泊松分布，以及多层线性模型的正态误差分布. 二元响应变量使用二项误差分布进行分析，响应变量被解释为一个比例. 这些与第10章的二分类结果 logistic 回归模型相类似. 采用泊松分布对频率计数数据进行建模. MLwiN 手册(Rasbash 等人，2000，第8章和第9章)描述了链接函数和估计方法的多种选择，并演示了这些模型的示例. 一个特殊的 MLwiN 手册(Yang 等人，1999)讨论了有序和无序分类的分类响应.

HLM 还允许一系列非线性选项：伯努利分布(对0-1结果的 logistic 回归)、两种类型的泊松分布(显示变量或常数项)、二项分布(实验的个数)、多项式分布(多于两个结果的 logistic 回归)、有序的结果. HLM6 手册(Raudenbush 等人，2004)论证了其中几种模型. 然而，另一种通过 HLM 提供的方法是对标准误差的估算，在违反正态性的情况下具有稳健性，默认情况下为所有固定效应提供此标准误差，并附有适当的注释. Hox(2002)用一章专门来讨论 logistic 回归模型，其中对广义模型和多层广义模型进行了充分讨论.

SAS 有一个独立的非线性混合模型程序(PROC NLMIXED)用来处理此类模型. SPSS 目前没有对多层线性模型的非正态选项. 但是，如同在第10章讨论的那样，SPSS COMPLEX SAMPLES LOGISTIC REGRESSION 对通过把组(第二水平单元)声明为聚类，可用于具有二分结果的两层模型.

15.5.5 多重响应模型

多层线性模型的真正多元模拟是对多重因变量和多重预测变量的分析. 这些模型是通过提供一个分析的附加最低层来指定的，将以类似于重复测量的方式定义多变量结构. 即一个案例有和因变量同样多的行，并且使用某种编码方案来识别在该行中记录的是哪个因变量．Snijders 和 Bosker(1994)讨论了多元多层模型相对于多元方差分析的优势．第一，缺失数据(假设它们随机缺失)不会造成任何问题．这是一个比多元方差分析对缺失数据的估算值要求更加宽松的假设——数据完全随机缺失(Hox，2002)．第二，可以通过检验来确定预测变量对一个因变量的影响是否大于另一个因变量．第三，如果因变量是高度相关的，那么对于单个因变量的特殊效应检验更加强大，因为标准误差更小．第四，因变量之间的协方差可以划分为个人和组水平，这样就可以比较组和个体层的相关系数大小．

MLwiN 和 HLM 在处理多重因变量时有一个特殊的多元模型技术．第一层次简单地对正在记录的响应进行编码．Rasbash 等人(2000)的第 11 章讨论了多重响应模型，并演示了带有两个因变量的模型(其中第一层次预测变量是一个 0，1 虚拟编码，表明记录了哪一个响应)．即在多元集合中，每一个响应都有单独的数据，还有一个虚拟变量表明它是哪一个响应．这个虚拟变量是第一层次预测变量．很明显，当因变量多于两个时，事情会变得更加复杂．每个自由度都需要一个独立的虚拟变量——例如，一个比因变量的数量更少的虚拟变量数．编码反映了感兴趣的比较．例如，如果因变量是在算术、阅读和拼写上的成绩，兴趣在于比较阅读与拼写，则虚拟编码之一应类似于 0＝阅读，1＝拼写．第二个比较可能是算术和其他两种度量之间的对比．

Hox(2002)的第 9 章讨论了一个带有两种响应的元分析，其中最低的层次是响应类型的虚拟编码，第二层是数据收集条件(面对面、电话或者邮件)，第三层是研究．每种响应方式有一个单独的回归方程，并检验它们之间的差异显著性．Hox 还讨论了一种测量模型，其中物品是最低层次，学生是第二层，学校是第三层．尽管重点可能不同，但这和 15.5.2 节讨论的重复测量模型相似．

15.6　一些重要问题

15.6.1　组内相关关系

组内相关性(ρ)[⊖]是在层级结构第二个层次(在小样本例子中的滑雪道)的组间方差与组内方差的比值．较高的值表示违反了误差独立的假设，并且误差相关，也就是说，组层次很重要．一个组内相关类似于单因素方差分析中的 η^2，尽管在多层线性模型中，这些组并不是故意进行不同的实验．

层次分析的必要性部分依赖于组内相关关系的大小．如果 ρ 是不重要的，则因变量在组间不存在显著的均值差异，并且可以在个体(第一)层次上分析数据，除非存在预测变量并且预测变量和因变量之间的关系在不同组中不同．在任何情况下，Barcikowski(1981)指出，即使很小的 ρ 也会使大型组的第一类错误率增大．例如，每组 100 个案例，$\rho=0.01$，名义上 $\alpha=0.05$，但实际的值高达 0.17．一个组有 10 个案例，$\rho=0.05$，名义上的 $\alpha=0.05$，实际的值是 0.11．当对层次分析的需求模棱两可时，一个实际的策略是用两种方法

⊖ 注意组内相关性．这是传统上使用的术语，是一个不恰当的词．这实际上是一个二次相关系数或关联强度(效应大小)的度量．

进行分析，查看结果是否有实质性差异，并且当结果相似时，则详细报告更简单的分析．

当有随机截距而没有随机斜率时，组内相关关系会被计算出来(因为对于预测变量值不同的情况，会有不同的相关系数)．因此，ρ 是从二层次截距模型(15.4.1 节中"零"或者无条件模型)计算出来的．该模型提供了每一层次上的方差；ρ 是第二层次方差(s_{bg}^2，组间方差)除以第一层次与第二层次方差之和($s_{wg}^2+s_{bg}^2$)．

这些成分显示在输出的随机效应部分．例如，在 SAS(表 15-4)中，第二层次方差为 0.3116，被标记为 UN(1,1)，第一层次方差为 0.7695，被标记为 Residual．因此，

$$\rho=\frac{s_{bg}^2}{s_{bg}^2+s_{wg}^2}=\frac{0.3116}{0.3116+0.7695}=0.288 \tag{15.14}$$

即因变量(滑雪速度)中大约 29%的方差与滑雪道之间的差异相关联．表 15-15 总结了数个程序组内相关关系的信息标记．

表 15-15　通过 5 个软件程序标记的组内相关系数的方差；样本数据的截距模型

软件(表)	组内方差(s_{wg}^2)	组间方差(s_{bg}^2)
SAS(表15-4)	Residual = 0.7695	UN(1,1) = 0.3116
SPSS(表15-5)	Residual = .7694610	Intercept [subject = RUN] = .3115983
HLM	level-1, R = 0.76946	INTRCPT1, U0 = 0.31160
SYSTAT	Residual variance = .769	Cluster variance = .312
MLwiN	$e_{0\text{skier,run}}=0.769$	$\mu_{0\text{run}}=0.311$

对于一个三层设计，有组内相关关系的两个版本，每个版本都有它自己的解释(Hox，2002)．对于任何一个版本，模型都是在不带预测变量的情况下运行(一个三层截距模型)．第二层的组内相关关系是

$$\rho_{\text{level2}}=\frac{s_{bg2}^2}{s_{bg2}^2+s_{bg3}^2+s_{wg}^2} \tag{15.15}$$

其中 s_{bg2}^2 是第二层次组间的方差，s_{bg3}^2 是第三层次组间的方差．第三层的组内相关关系是

$$\rho_{\text{level3}}=\frac{s_{bg3}^2}{s_{bg2}^2+s_{bg3}^2+s_{wg}^2} \tag{15.16}$$

每一个都解释为指定组层次上的方差比例．

第二个解释是同一组两个随机选择的元素之间的期望共享方差(Hox，2002)．这两个解释的第三层次方程相同，即方程(15.16)．这一解释的第二层次方程是

$$\rho_{\text{level2}}=\frac{s_{bg2}^2+s_{bg3}^2}{s_{bg2}^2+s_{bg3}^2+s_{wg}^2} \tag{15.17}$$

三层模型的组内相关系数的完整示例将在 15.7 节的复杂例子中进行展示．

15.6.2　居中预测变量及其解释的变化

从每个预测变量得分中减去一个均值，以其为"中心"，将原始数据转化为离差得分．这样做的一个主要原因是，当预测变量是交互作用的组成或为幂次时，要防止多重共线性，因为原始形式的预测变量与包含它们或带有它们自身的幂高度相关(参见 5.6.6 节)．

居中预测变量通常被用在第一层次中．第二层次预测变量普遍不是居中的(尽管在增强

的解释下，它可能这样)．一个例外是在两个或更多连续的第二层次预测变量之间形成交互作用时．居中因变量并不普遍，因为它不易解释．

当预测变量居中时，截距的意义就会发生改变．例如，如果所有自变量均以多重回归为中心，则截距是因变量的均值．在没有居中且被视为单一方程的多层模型中(例如，速度是技术和山的函数)，因变量(速度)的截距是所有自变量(能力和山)是0的情况下，因变量(速度)的值．另一方面，如果第一层次自变量(能力)居中并且0是其中一座山的编码，则截距变成在那座山上技术普通的滑雪者的速度．

因此，当一个预测变量的0值没有意义时，居中可以促进解释．例如，如果IQ是预测变量，则IQ的截距为0值没有意义．另一方面，如果IQ是居中的，则当IQ等于样本均值时，截距变成因变量的值．即对于非中心数据，截距可以被解释为IQ为0的学生的期望得分——这是一个不现实的值．另一方面，居中改变了截距的解释，即平均IQ的学生的期望得分．

在分层模型中，可以选择将预测变量居中在总均值(整体技术)上、居中在第二层单元均值(不同滑道的平均技术)上或者甚至集中在其他值上．在模型引入交互作用时，围绕总均值居中降低了多重共线性，这些模型可以轻松地转化回基于原始得分的模型．一些参数值会发生变化，但模型具有相同的拟合、相同的预测值和相同的残差．更进一步，参数估计彼此之间很容易可以转换(Kreft和DeLeeuw，1998)．因此，通过降低多重共线性来增强统计稳定性的目标达成，此时不需要改变基本模型．

以组均值为中心的更普遍的做法对解释有更严重的后果，除非组均值被重新引进为第二层次预测变量．如Kreft和DeLeeuw(1998，pp. 100-113)所示，在没有重新引入组均值作为第二层次预测变量的情况下，组居中模型和原始得分模型之间的差异很大，足以改变发现的方向，因为重要的组间信息丢失了．也就是说，自变量上组间的均值差异可以是因变量预测的重要因子．重新引入均值可以将那些组间差异带回模型中．在小样本例子中，这涉及为每一个组发现平均技术并且将它增加到第二层模型，因此方程(15.10)变成

$$\beta_{0j} = \gamma_{00} + \gamma_{01}(\text{山}) + \gamma_{02}(\text{平均技术}) + u_{0j}$$

这里第一层的预测变量在第二层以组为中心，即表15-1的“技术离差”．也就是说，DEV_SKL通过每一个案例原始得分减去组均值形成．

表15-16中通过SAS MIXED显示了一个模型，其中第一层次预测变量得分以组均值为中心．

表15-16　SAS MIXED分析的平均技术加入第二层方程的模型的语法和选定输出

```
proc mixed data=Sasuser.Meanskl covtest method=ml;
    class RUN;
    model SPEED= DEV_SKL MOUNTAIN MEAN_SKL /
        solution ddfm = kenwardroger;
    random intercept DEV_SKL / type=un subject = RUN;
run;

                    The Mixed Procedure

              Covariance Parameter Estimates
```

（续）

Cov Parm	Subject	Estimate	Standard Error	Z Value	Pr Z
UN(1,1)	RUN	0.08085	0.04655	1.74	0.0412
UN(2,1)	RUN	0.07569	0.05584	1.36	0.1752
UN(2,2)	RUN	0.2078	0.1025	2.03	0.0213
Residual		0.4594	0.04201	10.94	<.0001

Fit Statistics

-2 Log Likelihood	576.4
AIC (smaller is better)	592.4
AICC (smaller is better)	592.9
BIC (smaller is better)	594.8

Solution for Fixed Effects

Effect	Estimate	Standard Error	DF	t Value	Pr > |t|
Intercept	5.5328	0.3865	10.9	14.32	<.0001
DEV_SKL	0.2173	0.1505	9.69	1.44	0.1802
MOUNTAIN	1.9192	0.5026	8.85	3.82	0.0042
MEAN_SKL	-0.1842	0.2348	10.5	-0.78	0.4501

Type 3 Tests of Fixed Effects

Effect	Num DF	Den DF	F Value	Pr > F
DEV_SKL	1	9.69	2.09	0.1802
MOUNTAIN	1	8.85	14.58	0.0042
MEAN_SKL	1	10.5	0.62	0.4501

这个模型的结果并没有发生实质性改变．注意到新的预测变量 MEAN_SKL 加入该模型后并没有统计显著($p=0.4501$)．实际上，-2 Log Likelihod 的更大的值说明扩展模型和居中模型的拟合性较差(由于模型不是嵌套的，因此无法直接进行比较)．

在这个例子中，第一层次截距是平均技术层次(DEV_SKL 编码 0)的滑雪者在编码为 0 的山上滑雪的平均速度．第二层次自变量的斜率是对其他组(山编码为 1)因变量单元的增加(或损失)．对于第一层次以均值为中心的自变量来说，尝试在第二层引进组均值的模型，以观测在预测变量中组间(滑雪道)差异是否显著通常是值得的．当然，如果在那些组间差异方面有研究兴趣，这也是可选择的方法．如果围绕中心均值进行居中，则不必再引入组均值．

多层线性模型中的居中主题在 Kreft 和 DeLeeuw(1998)进行了详细的讨论和说明．Raudenbush 和 Bryk(2001)提供了在各种类型的居中下对多层线性模型参数的有用解释．Snijders 和 Bosker(1990)建议组均值居中应该仅在有理论表明因变量与预测变量不相关而与组内预测变量相关时使用．例如，如果因变量是老师对学生表现的评分，因为老师可能使用不同的评分标准，所以同一老师在每组内的相对分数才有意义．

15.6.3 交互作用

在多层线性模型中交互作用的意义可以在一层内或跨层．小样本示例在每一层仅有一个预测变量．那么是否有另一个第一层次预测变量，例如滑雪者年龄，技术和年龄(如果包括在模型中)之间的交互作用将会成为一个层内交互作用．但是，如果将技术和山之间的交互作用加到小样本例子中，则它是跨层的，因为技术在第一层次被测量，而山在第二层次被测量．

在多层线性模型中，包含交互作用很简单，并且服从多重回归的惯例：使交互作用形成的连续预测变量居中，并添加交互作用项．交互作用是在小样本数据集中形成的，这些数据来自居中的第一层次预测变量 SKILL 和第二层次预测变量 MOUNTAIN (DEV _ SKL * MOUNTAIN)．这个交互作用检验了两座山的技术和速度(在滑雪者水平被测量)之间的关系是否存在差异．注意到交互作用是在模型包含主效应之后加入 `model` 方程的．即使使用类型Ⅲ(默认)平方和，更改进入的次序也会影响固定效应的参数估计．

表 15-17 展示 SAS 语法和模型的选定输出，该模型包含山与山之间交互作用的技术．这个固定效应表显示，两座山之间的滑雪者技术和速度之间的关系在统计上没有显著性差异($p=0.8121$)．(注意，这种跨层的交互作用确实可以预测整个 NELS-88 数据集中的因变量，从中采集并重新标记了这个小样本．)

表 15-17　检验表 15-1 中数据跨层交互作用的 SAS MIXED 语法和输出

```
proc mixed data=Sasuser.Meanskl covtest method=ml;
   class RUN ;
   model SPEED=DEV_SKL MOUNTAIN DEV_SKL*MOUNTAIN MEAN_SKL/
         solution ddfm=kenwardrogers;
   random intercept DEV_SKL / type=un subject = RUN;
run;
```

Covariance Parameter Estimates

Cov Parm	Subject	Estimate	Standard Error	Z Value	Pr Z
UN(1,1)	RUN	0.08068	0.04641	1.74	0.0411
UN(2,1)	RUN	0.07520	0.05546	1.36	0.1751
UN(2,2)	RUN	0.2061	0.1020	2.02	0.0216
Residual		0.4595	0.04202	10.93	<.0001

Fit Statistics

-2 Log Likelihood	576.3
AIC (smaller is better)	594.3
AICC (smaller is better)	595.0
BIC (smaller is better)	597.0

Null Model Likelihood Ratio Test

DF	Chi-Square	Pr > ChiSq
3	77.56	<.0001

Solution for Fixed Effects

Effect	Estimate	Standard Error	DF	t Value	Pr > |t|
Intercept	5.5366	0.3863	10.9	14.33	<.0001

（续）

DEV_SKL	0.2302	0.1587	9.83	1.45	0.1781
MOUNTAIN	1.8765	0.5111	10.3	3.67	0.0041
DEV_SKL*MOUNTAIN	-0.1186	0.4834	8.5	-0.25	0.8121
MEAN_SKL	-0.1839	0.2346	10.5	-0.78	0.4503

Type 3 Tests of Fixed Effects

Effect	Num DF	Den DF	F Value	Pr > F
DEV_SKL	1	9.83	2.10	0.1781
MOUNTAIN	1	10.3	13.48	0.0041
DEV_SKL*MOUNTAIN	1	8.5	0.06	0.8121
MEAN_SKL	1	10.5	0.61	0.4503

15.6.4　随机和固定的截距及斜率

分层模型通常包含随机截距，因为它的目标之一就是当组的因变量平均值不同时，处理分层数据中增加的第一类错误率．但是，在任何给定的模型中，随机斜率可能合适也可能不适合．随机斜率的加入使得自变量和因变量之间的关系在组间有所不同．

图 15-4 说明了一些带有三个组(第二层次单元)随机参数和固定参数的理想结合．因为组在不同地方与 Y 轴交叉，所以图 15-4a 展示模型中包含随机截距，但不包含随机斜率，因为它们都是相同的．即随着 X(预测变量)的改变，所有组的 Y 的变化率都相同．图 15-4b 展示了随机截距和随机斜率的必要性．各组与 Y 轴在不同位置交叉，并且 Y 从预测变量(X)的低值到高值的变化也不同．图 15-4c 显示了一种罕见的情形：斜率随机，但截距固定．即所有组都有相同的均值，但是随着 X 从小到大的变化，Y 的变化是不同的．

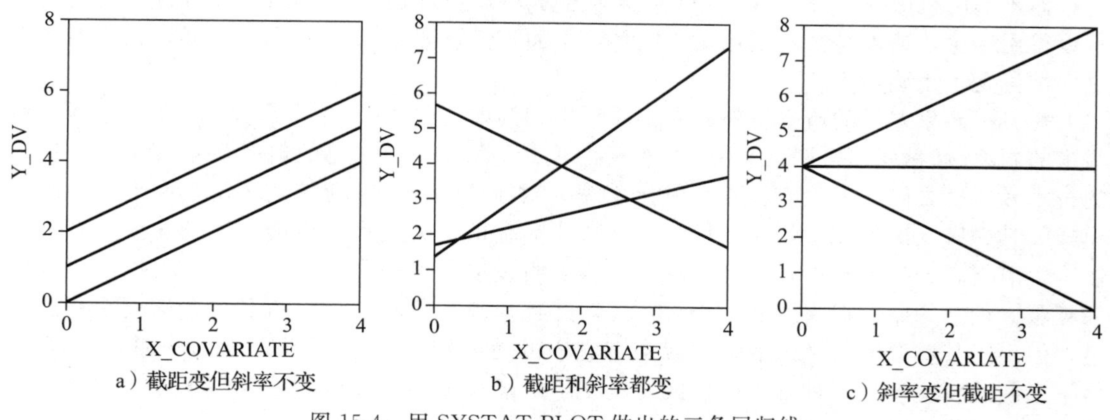

图 15-4　用 SYSTAT PLOT 做出的三条回归线

如果所有截距和斜率都可以固定，那么可能只有一条回归线，因为所有组的回归线都将重叠．在这种情况下，普通的(单层)回归是合适的，没有使用多层线性模型的必要．

在小样本示例中的随机截距检验询问滑雪道之间的速度是否有差异．然而，这些差异可能随着预测变量的增加而消失．例如，如果根据滑雪技术挑选不同的滑雪者，则一旦考虑到滑雪技术，速度截距的差异就会消失．记住在任意(标准)回归模型(包括多层模型)中，所有效应都会彼此适应．注意，在15.4节中三个滑雪者的截距方差并没有消失，但是它随着预测变量的增加而减小．

在小样本例子中，滑雪技术(自变量)和速度(因变量)之间关系是否对所有滑雪道都相同？如果在模型中固定斜率的值，那么就是假设它们的关系是固定的．除非你知道滑雪者的斜率变异性可以忽略，否则你应该允许随机斜率系数．在这个例子中，滑雪者的技术和速度关系固定的假设是不成立的，因为人们期望在更加困难的滑雪道上二者之间有更强的关系．包含随机斜率系数的代价是因变量预测关联检验的幂次降低，因为随机效应常常比固定效应有更大的标准误差．

一方面，关于固定斜率和随机斜率的决定分别适用于模型中的每个预测变量．另一方面，在不考虑任何预测变量的情况下，对整个模型进行固定截距与随机截距的决策．各组的平均速度不同吗？即滑雪者的平均速度是否不同？这个问题最好通过组内相关系数(15.6.1节)来回答．

可以在多层模型中检验斜率恒定的假设，在该模型中，随机斜率系数被指定为斜率方差的检验．在带有第一层次预测变量的小样本例子中，SAS和SPSS输出结果如表15-7和表15-8所示，斜率方差=0.2104，标准误差是0.1036. 这产生了一个z值(0.2104/0.1036=)2.03，在单尾显著性水平$\alpha=0.05$下是显著的．因此，随机斜率系数在这个模型中是合适的．斜率显著异质性的存在也显示了将不显著的因变量-预测变量关联(这里，速度和技术之间)解释为不重要的困难．回顾方差分析，在存在交互作用的情况下(违反斜率齐性假设)，无法明确解释主效应(在本例中为因变量-自变量关联).

不考虑随机斜率会产生严重的统计和解释后果．在小样本示例中，将技术视为固定效应，而不是随机效应，那么该效应(模型未显示)是显著效应．也就是说，根据这种模型，可以得出结论，速度与技术成正比．但是，正如我们在图15-2中看到的那样，在4条滑雪道中结论是不正确的．

对各组斜率差异的研究可能具有实质意义．例如，图15-2显示了小样本示例中所有滑雪道的斜率(和截距)，并提出了一个有趣的模式．Aspen滑雪道的斜率显示，这条滑雪道的技术和速度之间几乎没有关系。其余斜率，对于Mammoth滑雪道来说，似乎分为两种模式．其中有5次的截距相对较低，并且与技术有正相关关系．该滑雪道的速度一般都很慢，但滑雪者的技术越高，速度就越快．这说明该滑雪道是困难的，但困难可以通过技术来克服．剩下的四个滑雪道截距相对较高，并且与技术负相关．也就是说，这些是快速滑道，但出于某些原因，熟练的滑雪者穿越它们的速度较慢(也许是为了观看风景). 截距和斜率之间的负关系是一种常见的模式，反映了底部和顶端的效应．处于顶端的人比处于底部的人有更少的成长空间．

更高层的变量也可以有固定或随机的斜率，但是在最高层的分析中，斜率是固定的．因此，在15.4.3节的小样本示例中，山被视为固定的第二层次自变量．如果结果表明，第一层次所有预测变量的截距和斜率都可以视为固定的，则单层模型可能是一个不错的选择．

15.6.5 统计推断

关于多层线性模型的统计推断提出三个问题．这个模型好吗？让模型更加复杂会使它更好吗？单个预测变量的贡献是什么？

15.6.5.1 评价模型

模型预测因变量是否超出了偶然的预期？即它是否比截距模型表现得更好？一个模型比另一个更好吗？相同的方法也用来询问这个模型是否有用，并且来询问增加预测变量是否能改良它．一旦模型是嵌套的(简单模型的所有效应都在一个更加复杂的模型中)，就可以使用熟悉的模型间差异的 χ^2 似然比检验公式(10.7)，并且用完全极大似然估计(而不是限制性极大似然估计)方法来评估这两个模型．

有多种表达该检验的方法，具体取决于所使用程序中的可用信息．表 15-18 显示了每个软件包中术语对应的 χ^2 方程．

表 15-18　使用不同软件包的比较模型的方程

程序	方程
SAS MIXED	χ^2 = (−2 Log Likelihood)$_s$ − (−2 Log Likelihood)$_c$
SPSS MIXED	χ^2 = (−2 Log Likelihood)$_s$ − (−2 Log Likelihood)$_c$
MLwiN	χ^2 = (−2*loglikelihood)$_s$ − (−2*loglikelihood)$_c$
HLM	χ^2 = (Deviance)$_s$ − (Deviance)$_c$
SYSTAT MIXED REGRESSION	χ^2 = 2(Log Likelihood)$_c$ − 2(Log Likelihood)$_s$

注：下标 s=较简单模型，c=较复杂模型.

表 15-18 中 χ^2 方程的自由度是所比较模型的参数数量之差．回想一下，SPSS 直接在输出的 Model Dimension 部分提供了参数总数(参见表 15-5)．SAS 展示了在 `Dimensions` 部分以 `Covariance Parameters` 加上 `Columns in X`(参见表 15-4)．

本检验回答了一个问题："模型预测的结果比偶然预测的结果更好吗?"将表 15-5 的截距模型(包括 −2 Log Likelihood 693.468 和自由度 3)与表 15-11 的全模型(−2 Log Likelihood 570.318 和自由度 7)进行对比．从表 15-18：

$$\chi^2 = 693.468 - 570.318 = 123.15$$

该值在自由度为(7−3)=4 时具有统计显著性，所以该全模型要比随机模型预测显著更好. SAS MIXED 对所有模型提供了 `Null Model Likelihood Ratio Test`.

为了检验嵌套模型之间的差异，使用 χ^2 检验评估随机效应的结果、将虚拟编码分类变量作为单一效应进行检验或者构建一般的模型(15.6.8 节)．另外，也可以验证个体预测变量的 Wald 检验，尤其在样本小的时候，可以通过检验带有和不带有它们的模型之间的差异．但是要注意的是，如果是对协方差以外的随机效应(方差部分)进行检验，则应将与 χ^2 差异检验相关联的 p 值除以 2，来构造原假设(即方差不大于偶然期望)的单尾检验(Berkhof 和 Snijders，2001)．

非嵌套模型可以通过 SAS 和 SPSS 产生的 AIC 准则进行比较(Hox，2002)．AIC 可以根据离差(−2 倍对数似然)计算：

$$\text{AIC} = d + 2p \tag{15.18}$$

其中 d 是离差，p 是估计参数的数量．尽管没有统计检验可用于模型之间的 AIC 准则差异，但首选 AIC 准则值较小模型．

15.6.5.2　个体效应检验

所探讨的程序为参数估计提供标准误差，无论参数是随机的(方差和协方差[一])还是固定的．有的还会为这些参数提供 z 值(参数除以标准误差——Wald 检验)，还有一些增加 p 值(概率)．这些检验代表参数的预测变量对方程的贡献．但是，用这些检验也存在一些困难．

首先，标准误差只对大样本有效，但多大的样本才算足够大没有规定．因此，有必要使用 15.6.5.1 节中的模型比较程序来检验边界预测变量的显著性．其次，Raudenbush 和 Bryk(2001)认为，对于固定效应，比率应解释为 t(基于组数的自由度)而不是 z. 他们还认为 Wald 检验不适合由随机效应(例如，组之间的变异性)引起的方差，因为方差的抽样分布是偏态的．因此，他们的分层线性模型程序提供了随机效应的 χ^2 检验．即对于组之间截距是否不同的检验是 χ^2 检验．

当对随机效应使用带有和不带有个体预测变量(15.6.5.1 节)的检验时，回想一下，除了协方差，单尾检验也是合适的．人们想知道高层单元(第二层次组之间)之间的预测变量的差异是否比预期的更大？因此 χ^2 差异检验的 p 值应除以 2(Hox,2002).

通过比较 15.4.2 节和 15.4.3 节的结果，可以获得该检验应用固定预测变量的例子，其中第二层次自变量山，被添加到带有第一层次预测变量滑雪技术的模型中：

$$\chi^2 = 587.865 - 570.318 = 17.55$$

通过在不太复杂的模型中添加单一第二层次预测变量产生了 1 个自由度，这明显是一个统计显著的结果．通过增加山作为一个预测变量改良了模型．

将随机预测变量加入的检验应用，可以通过比较 15.4.1 节和 15.4.2 节中的模型实现，其中 SKILL 被添加到截距模型．使用最普遍的检验形式：

$$\chi^2 = 693.468 - 587.865 = 105.6$$

在 6－3＝3 个自由度时，这显然是一个显著的效应．记得将概率水平除以 2，因为预测变量被指定为随机的．

15.6.6　效应大小

回想一下，效应大小(关联的强度)是与一个或一系列预测变量相关的系统方差与总方差的比率．那么总方差对模型有多大的贡献呢？

Kreft 和 DeLeeuw(1998)指出当前用于估算多层线性模型中效应大小定义的方法中存在一些模棱两可之处．与直觉相反，当在模型中添加预测变量时，这些测量所基于的误差方差可能会增加，以至于可能存在“负的效应大小”．此外，除非预测变量居中，否则组间和组内估计都会被混淆．

Kreft 和 DeLeeuw(1998)为 η^2 的计算提供了一些指引，但要注意的是，这些方法仅应用于带有随机截距的模型中，而不应该应用于带有随机斜率的预测变量[二]．而且，对多层

[一] 回想一下，方差代表了组间斜率或截距之间的差异．如果存在多个随机预测变量，协方差是斜率和截距之间的关系或两个预测变量斜率之间的关系．

[二] 对具有随机斜率的模型进行演算要困难得多．Snijders 和 Bosker(1999. P. 105)指出，所需的值在 HLM 软件中可用．他们还建议，如果从仅包含固定斜率部分的运行中获取值，则公式(15.19)中计算出的效应大小不会太大.

线性模型的组内(第一层次)和组间(第二层次)部分进行了单独计算，因为这两个层次的残差方差定义不同.

通常来说，对于固定的预测变量，效应大小的估计值是通过从截距模型(更小的模型)的残差方差减去带有预测变量(更大的模型)的残差方差得到的，然后除以没有预测变量的残差方差[⊖]：

$$\eta^2 = \frac{s_1^2 - s_2^2}{s_1^2} \tag{15.19}$$

其中s_1^2是截距模型的残差平方，s_2^2是更大模型的残差平方(注意，更大模型通常具有更小的残差平方). 目前还没有方便的方法来寻找这些效应大小的置信区间.

对涉及的问题的全面讨论，以及当方法可以被应用和解释时，对那些相对较少的实例分析的组内和组间层次方差的定义，请参考 Kreft 和 DeLeeuw(1998,115～119 页).

15.6.7 估计方法和收敛性问题

像在所有迭代程序中一样，多种估计算法都是可以使用的. 不同的程序提供了不同的选择. 表 15-19 展示了一些程序中与多层线性模型相关的方法.

表 15-19 软件程序中可用的估计方法

估计方法	程序提供者	说明
极大似然(ML)	SAS SPSS HLM SYSTAT(仅)	可用于检验嵌套模型对
限制性极大似然估计(REML)	SAS(默认) SPSS(默认) HLM(默认)	随机成分估计平均所有固定效应的可能值. 不检验嵌套模型对时推荐
迭代广义最小二乘法(IGLS)	MLwiN(默认)	广义最小二乘的迭代版本. 产生与 ML 一致的结果
限制性广义最小二乘法(RIGLS)	MLwiN	给出随机参数的无偏估计. 等效于具有正态随机变量的 REML.
最小方差二次无偏估计(MIVQUEO)	SAS	仅建议用于大型数据集以及 ML 和 REML 不能收敛时

最普遍的方法是极大似然和限制极大似然法. 当要比较嵌套模型时(例如，当一种效应有几个参数估计要评价时、当一个分类变量表示为一系列二分虚拟变量时，或者当需要与截距模型进行比较时)，极大似然(ML)是一种很好的选择. 在分类变量的情况下，模型通过带有或不带有感兴趣的分类变量的一组虚拟编码预测变量进行比较. 极大似然是在 SYSTAT MIXED REGRESSION 中唯一可以使用的方法. 极大似然在 MLwiN 中的形式是 IGLS.

限制性极大似然法(REML)估计固定效应所有可能值的平均随机分量，而多层线性模型则通过最大化它们的联合似然来估计随机分量以及固定第二层次系数(Raudenbush 等人，

⊖ 组内相关系数和 ρ 不相同. 组内相关系数在不考虑预测变量的情况下评估组间和组内方差的差异. 由于固定的预测变量，当前的效应测量可评估模型中的预测方差改善.

2000 年). 限制性极大似然法的优点是方差和协方差(随机系数)的估计都依赖于区间，而不是固定效应的固定估计．这种方法更加实际，且偏差更小，因为它会针对固定效应的不确定性进行调整．缺点是表 15-18 中的 χ^2 差异、似然比检验仅对检验随机系数有效．即限制性极大似然法不能用来比较嵌套模型，因为它们的固定成分不同．这两种方法(极大似然法和限制性极大似然法)在第二层次单元数量大的情况下的结果非常相似，但是在第二层次单元较少的时候，限制性极大似然法会生成比极大似然更好的估计(Raudenbush 和 Bryk，2001). 限制性极大似然的 MLwiN 形式是 RIGLS. MLwiN 也有一些贝叶斯建模方法，在手册中有全面讨论(Rasbash 等人，2000).

在多层线性模型中收敛性问题是常见的．各种形式的极大似然估计都要求迭代，达到收敛的迭代次数可能会很大或者永不收敛．更重要的是，不同程序在默认的迭代次数和增加方式上差异巨大．通常因为模型不好而不能收敛．但是，如果样本很小，即使一个好的模型也可能不会收敛(或者需要多次迭代). 或者，可能有许多随机预测变量的效应非常小(例如，各组斜率的实际方差可能可以忽略不计). 解决这个问题的方法是尝试将随机预测变量更改为固定的．

在 SAS 中另一种解决方法是用*最小方差二次无偏估计*(MIVQUEO). 该程序不要求正态性假设，并且不涉及迭代．实际上，SAS 使用 MIVQUEO 估计作为极大似然和限制性极大似然法的起始值．但是，只在用极大似然和限制性极大似然法收敛困难的情况下，才能谨慎使用该程序．(Searle、Casella 和 McCulloch，1992；Swallow 和 Monahan，1984).

Hox(2002)指出，当只允许一次迭代时，系数的广义最小二乘估计(GLS)是用极大似然方法取得的．因此，GLS 估计是极大似然模拟最小方差二次无偏估计的算法．当样本非常大时，这些估计是准确的．尽管通过 GLS 的估计程序不是很有效，且标准误差不准确，但它们至少提供了关于模型性质的一些信息，并可能帮助诊断收敛失败．

15.6.8　探索性模型建立

多层次线性模型通常是通过一系列运行来建立模型．如果有许多潜在预测变量，则首先通过线性回归对其进行筛选，以消除一些明显对预测没有作用的变量．Hox(2002)提出了一种有益的逐步探索性策略来选择多层线性模型．

- 分析最简单的截距模型(原模型)，并检验组内相关系数(15.6.1 节).
- 分析所有第一层次预测变量(例如，技术)固定的模型．使用 15.6.5.1 节和 15.6.5.2 节中的方法，评估每个预测变量的贡献和观测模型中的差异．
- 评估允许每个预测变量的斜率是随机的．包括第二步中不显著的预测变量，因为它们在第二层次单元中可能变化，正如小样本例子中关于技术的案例．如果组内相关系数充分小，并且预测变量的随机效应不显著，则可以使用简单的单层回归．
- 检验带有所有必要随机成分的模型与第二步中所有预测变量(作为自由度使用的参数数量差异的计算，参见 15.6.5.1 节)都固定的模型之间的差异．
- 增加更高层的预测变量和跨层交互作用．(回想到，必须使用极大似然而不是限制性极大似然法比较模型，除非比较仅仅在随机预测变量之间进行．)

或者，一种自上而下的方法可以用来建立模型．即你可以从最复杂的模型开始，它包括所有可能的随机效应和更高层的预测变量与跨层的交互作用，然后系统地消除不显著的效应．确实，如果有效的话，这可能是一种更有效的策略，但是可能无法运行，因为最复杂的模型经常导致收敛失败．

如果整体样本足够大，那么探索性模型建立过程最好用交叉验证来检验．一半的样本用来建立模型，另一半用来交叉验证．否则，探索性技术的结果可能受到偶然因素的影响．即使是基于理论的模型，假设的全模型也很可能无法给出一个解．这些"探索性"技术可用来调整模型，直至找到可接受的解．当然，这样的调整会在结果中进行说明．

15.7　多层线性模型的完整案例

这些数据来自对两个机场及一个控制台点附近夜间飞机噪声影响的研究．机场位于 Merced 的 Castle Air Force Base 的 CA(地点 1)、洛杉矶地区没有暴露于夜间飞机噪声但暴露于高层的道路交通噪声(地点 2)和 LAX(地点 3)．对于当前的分析，从 24 个家庭中选择了 50 名参与者，每个家庭至少有两名参与者，他们每人至少提供连续 3 个晚上的数据．内部噪声级别(NIGHTLEQ)在晚上 10 点到早上 8 点进行监测．每名参与者在床边使用一个掌上电脑来填写晚上和早上的问卷，其中包括前一天晚上的入睡时间(LATENCY)和前一天晚上飞机噪声引起的愤怒程度(ANNOY)．潜伏期是在 1～5 的标度上测量的(1＝少于 10 分钟，2＝10～20 分钟，3＝20～30 分钟，4＝30～60 分钟，5＝1 小时以上)．

生气的程度在多层线性模型中是因变量，而夜晚代表第一层单位的一个重复测量．生气的程度在 0-5 标度上测量(0＝一点不生气，5＝极其生气)．第一层预测变量是前一天晚上的入睡时间和噪声级别．参与者充当第二层单位，而年龄作为预测变量．家庭充当第三层单位，地点 1(Castle AFB 和其他地点)及地点 2(控制台近邻社区和其他地点)作为虚拟变量．因此我们有一个复杂的在每一层有观测的预测变量的三层模型，同时没有交互作用假设．附录 B 提供了关于 Fidell、Pearsons、Tabachnick、Howe、Silvati 和 Barber(1995)的研究信息．数据文件是 MLM.*．

图 15-5 呈现了本案例需要分析的数据的布局．

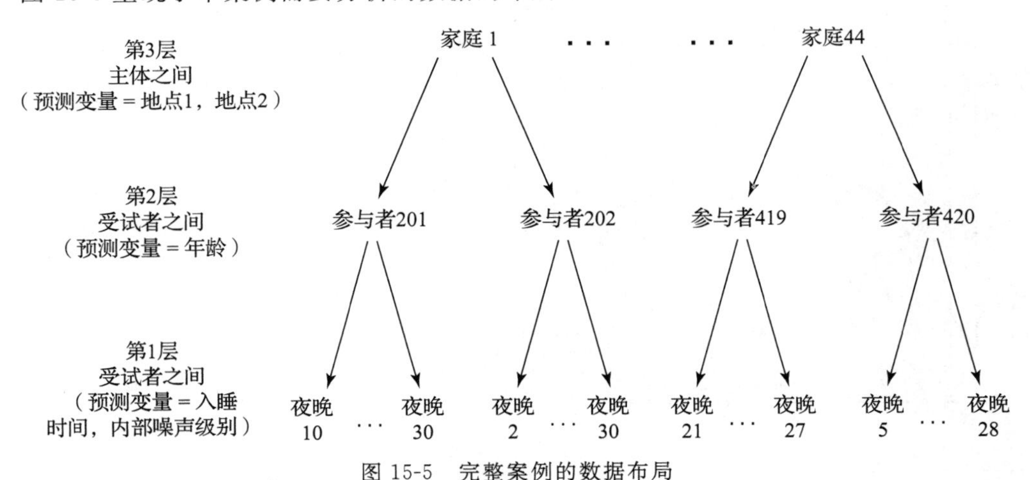

图 15-5　完整案例的数据布局

15.7.1 假设的评估

15.7.1.1 样本量、缺失数据和分布

从 24 个家庭(只有那些能提供至少两名参与者的家庭才包含在此次分析中)中搜集了 50 名参与者(只有那些至少能提供 3 个晚上的数据的参与者才包含在此次分析中)中的 747 个晚上的数据．对于多层线性模型来说，这不是一个很大的样本，因此可能会出现收敛困难，尤其是在这种有相当多的预测变量的情况下．只有 24 个家庭(每个家庭有很少的参与者)的参与是个问题．

第一层变量是生气的程度(因变量)、内部噪声级别和前一晚的入睡时间．两名参与者每个都未能提供一晚的入睡时间值．缺失的值将替换为参与者的平均入睡时间值(SUBNO=219 为 1.22，SUBNO=323 为 2.5). SPSS FREQUENCIES 在表 15-20 中提供了描述性统计量和直方图.

表 15-20　用 SPSS FREQUENCIES 的第一层次变量的描述性统计量

```
FREQUENCIES
 VARIABLES=nightleq latency annoy /FORMAT=NOTABLE
 /STATISTICS=STDDEV MINIMUM MAXIMUM MEAN SKEWNESS SESKEW KURTOSIS SEKURT
 /HISTOGRAM NORMAL
 /ORDER= ANALYSIS.
```

Frequencies
Histogram

Statistics

		NIGHTLEQ	LATENCY	ANNOY
N	Valid	747	745	747
	Missing	0	2	0
Mean		74.0855	1.7651	1.27
Std. Deviation		7.73557	1.00796	1.341
Skewness		1.090	1.447	.829
Std. Error of Skewness		.089	.090	.089
Kurtosis		1.572	1.705	-.218
Std. Error of Kurtosis		.179	.179	.179
Minimum		60.60	1.00	0
Maximum		111.50	5.00	5

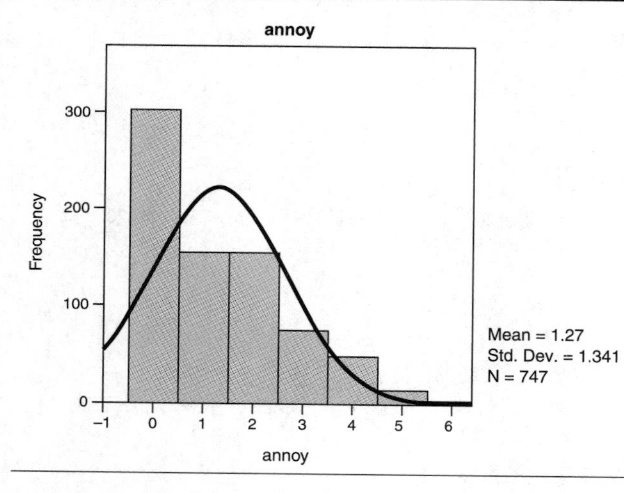

（续）

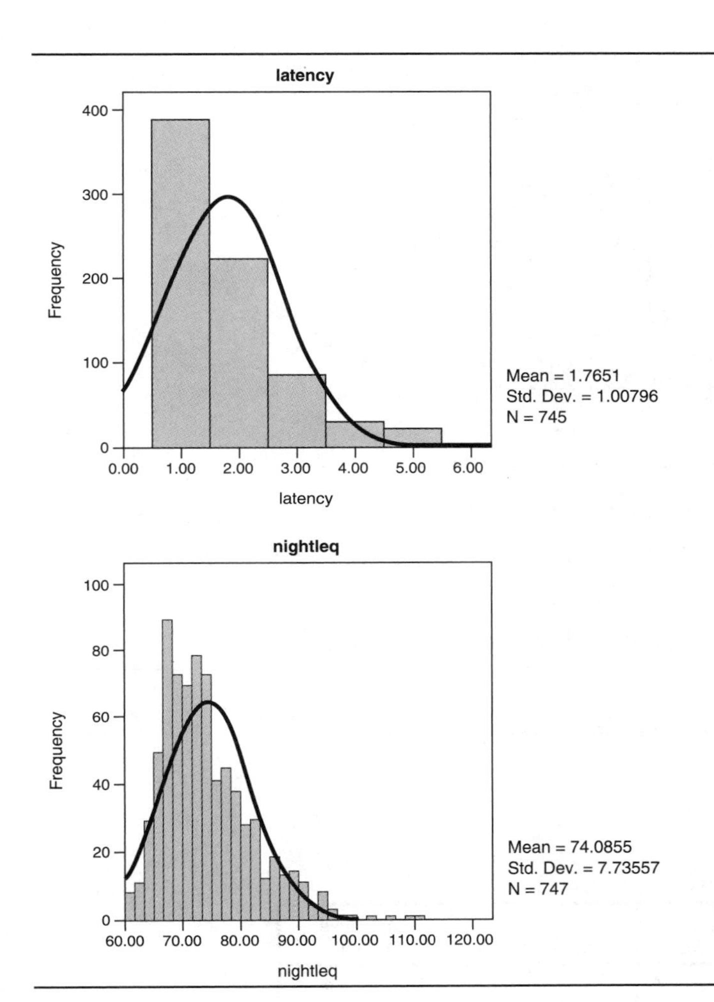

这三个变量都有极端的正偏度．通过对数变换，前一晚的入睡时间和内部噪声级别被显著改善，而有无变量变换的建模产生的结果没有实质性差异．因此，出于可解释性的考虑，决定对未变换的预测变量建立模型．对生气程度的不同变换增加负的峰度到不可接受的程度，因此也决定取消对因变量的变换．

Age(唯一的第二层次变量)服从可接受的分布，如表 15-21 所示，使用一个简化的数据集，其中每名参与者都有一个记录(与主要的数据集不同，每名参与者只有一个晚上的记录)．

表 15-21　第二层次预测变量的 SPSS FREQUENCIES 的描述性统计量

```
FREQUENCIES
  VARIABLES=age /FORMAT=NOTABLE
  /STATISTICS=STDDEV MAXIMUM MEAN SKEWNESS SESKEW KURTOSIS SEKURT
  /HISTOGRAM NORMAL
  /ORDER= ANALYSIS.
```

（续）

Frequencies

Statistics

AGE		
N	Valid	50
	Missing	0
Mean		48.060
Std. Deviation		17.549
Skewness		.033
Std. Error of Skewness		.337
Kurtosis		−1.380
Std. Error of Kurtosis		.662
Minimum		19.0
Maximum		78.0

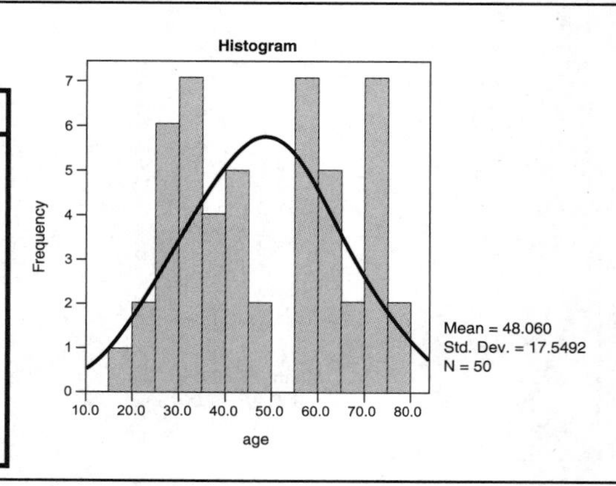

两个二分第三层次预测变量地点 1 和地点 2 的频率分布在表 15-22 中呈现，使用了一个进一步简化的数据集，其中每个家庭都有一条记录．分布虽然不是最佳的，但是有超过 10％的家庭在最不频繁的地点(非机场居民区)．

表 15-22　第三层次预测变量的 SPSS FREQUENCIES 的频率分布

```
FREQUENCIES
 VARIABLES=site1 site2
 /STATISTICS=STDDEV MEAN SKEWNESS SESKEW KURTOSIS SEKURT
 /ORDER= ANALYSIS .
```

Frequencies

Frequency Table

SITE1

		Frequency	Percent	Valid Percent	Cumulative Percent
Valid	0	16	66.7	66.7	66.7
	1				
	Total				

SITE2

		Frequency	Percent	Valid Percent	Cumulative Percent
Valid	0	21	87.5	87.5	87.5
	1	3	12.5	12.5	100.0
	Total	24	100.0	100.0	

15.7.1.2　异常值

在转化后的数据中，至少发现一个噪声等级高的一元异常值(L_LEQ，$z=4.19$，未显示)．通过 SPSS REGRESSION(表 15-23)对多元异常值的检验呈现了三个在 $\alpha=0.001$ 水平下自由度为 2，χ^2 临界值超过 13.815 的极端情况(参与者＃205 的序列号依次为 73,74,75)．

表 15-23 第一层次的多元异常值的语法和选定的 SPSS REGRESSION 输出结果

```
REGRESSION
 /MISSING LISTWISE
 /STATISTICS COEFF OUTS R ANOVA COLLIN TOL
 /CRITERIA=PIN(.05) POUT(.10)
 /NOORIGIN
 /DEPENDENT annoy
 /METHOD=ENTER nightleq latency
 /RESIDUALS=OUTLIERS(MAHAL).
```

Outlier Statistics[a]

		Case Number	Statistic
Mahal. Distance	1	75	23.408
	2	74	21.026
	3	73	16.494
	4	72	13.491
	5	665	13.476
	6	212	12.354
	6	71	11.834
	8	554	11.768
	9	21	11.648
	10	645	11.557

[a]Dependent Variable: annoy

原始数据的检验表明，参与者＃205 的几个噪声水平与同居者(参与者＃206)有很高的差异性，也有可能是记录错误．因此，参与者＃205 在第 17～23 个晚上的噪声值被参与者＃206 的记录值所代替．这对所有的案例都形成了一个可以接受的马氏距离．

表 15-21 显示单个第二层次预测变量 AGE 没有一元异常值．对于第三层预测变量(SITE1 和 SITE2，二分变量)来说，拆分没有较高的差异，因此在这层没有异常值．

15.7.1.3 多重共线性和奇异性

模型中没有交互作用，所以不会出现关于共线性的问题．通过 SPSS REGRESSION 进行的多重回归分析(包括来自所有层次的 5 个预测变量)(表 15-24)显示，尽管第 6 维的条件指数较高，但无须担心共线性．

15.7.1.4 误差的独立性：组内相关系数

组内相关系数是通过 SPSS 运行三层模型(夜晚，受试者，家庭)估计，有随机截距但是没有预测变量．表 15-25 呈现了程序语法和相关输出．注意只要存在一个仅具有一层(也就是 Intercept)的随机效应时，SPSS 就会将 Covariance Structure 从 COVTYPE(UN)更改为 Identity.

表 15-24 多重共线性的语法和选定的 SPSS REGRESSION 输出结果

```
REGRESSION
 /MISSING LISTWISE
 /STATISTICS COEFF OUTS R ANOVA COLLIN TOL
 /CRITERIA=PIN(.05) POUT(.10)
 /NOORIGIN
 /DEPENDENT annoy
 /METHOD=ENTER age nightleq latency site1 site2 .
```

（续）

Regression

Coefficients[a]

Model		Unstandardized Coefficients B	Std. Error	Standardized Coefficients Beta	t	Sig.	Collinearity Statistics Tolerance	VIF
1	(Constant)	−2.110	.517		−4.079	.000		
	age	.012	.003	.151	3.903	.000	.802	1.247
	nightleq	.035	.007	.193	5.097	.000	.834	1.199
	latency	.192	.047	.144	4.104	.000	.967	1.034
	site1	−.183	.106	−.066	−1.733	.084	.824	1.214
	site2	−.431	.159	−.111	−2.713	.007	.707	1.413

[a]Dependent Variable: annoy

Collinearity Diagnostics[a]

Model	Dimension	Eigen-value	Condition Index	Variance Proportions (Constant)	age	night-leq	latency	site1	site2
1	1	4.281	1.000	.00	.00	.00	.01	.01	.00
	2	1.021	2.048	.00	.00	.00	.00	.11	.45
	3	.447	3.096	.00	.02	.00	.02	.77	.25
	4	.193	4.713	.00	.06	.00	.93	.00	.04
	5	.055	8.822	.03	.91	.03	.04	.04	.20
	6	.004	32.006	.97	.01	.96	.00	.06	.05

[a]Dependent Variable: annoy

表 15-25　通过 SPSS MIXED 进行的三层截距模型（语法和选定的输出）

```
MIXED
  annoy BY site1 site2 WITH nightleq latency
  /CRITERIA = CIN(95) MXITER(100) MXSTEP(5) SCORING(1)
  SINGULAR(0.000000000001) HCONVERGE(0, ABSOLUTE) LCONVERGE(0, ABSOLUTE)
  PCONVERGE(0.000001, ABSOLUTE)
  /FIXED = | SSTYPE(3)
  /METHOD = ML
  /PRINT = SOLUTION TESTCOV
  /RANDOM INTERCEPT | SUBJECT(subno) COVTYPE(UN)
  /RANDOM INTERCEPT | SUBJECT(house) COVTYPE(UN) .
```

Model Dimension[a]

		Number of Levels	Covariance Structure	Number of Parameters	Subject Variables
Fixed Effects	Intercept	1		1	
Random Effects	Intercept	1	Identity	1	subno
	Intercept	1	Identity	1	house
Residual				1	
Total		3		4	

[a]Dependent Variable: annoy

（续）

Information Criteria[a]

–2 Log Likelihood	2307.764
Akraike's Information Criterion (AIC)	2315.764
Hurvich and Tsai's Criterion (AICC)	2315.818
Bozdogan's Criterion (CAIC)	2338.228
Schwarz's Bayesian Criterion (BIC)	2334.228

The information criteria are displayed in smaller-is-better forms.

[a]Dependent Variable: annoy.

Covariance Parameters

Estimates of Covariance Parameters[a]

Parameter	Estimate	Std. Error	Wald Z	Sig.	95% Confidence Interval Lower Bound	Upper Bound
Residual	1.120963	.0599997	18.683	.000	1.0093239	1.2449502
Intercept [subject Variance	.2860726	.1044476	2.739	.006	.1398605	.5851367
Intercept [subject Variance	.4114774	.1789685	2.299	.021	.1754378	.9650918

[a]Dependent Variable: annoy.

零模型具有 4 个参数，每个参数分别代表固定截距(总体均值)、参与者截距的变化性、家庭截距的变化性和残差方差．

将公式(15.15)应用于第二层模型：

$$\rho=\frac{s_{bg2}^{2}}{s_{bg2}^{2}+s_{bg3}^{2}+s_{wg}^{2}}=\frac{0.286\,07}{0.286\,07+0.411\,48+1.120\,96}=0.16$$

由于个体差异的联系(参与者之间的差异)导致的生气程度变化约占 16%，因此多层线性模型是可取的．

将公式(15.16)应用于第三层模型：

$$\rho=\frac{s_{bg2}^{2}}{s_{bg2}^{2}+s_{bg3}^{2}+s_{wg}^{2}}=\frac{0.411\,48}{0.286\,07+0.411\,48+1.120\,96}=0.23$$

与第三层(家庭之间的差异)相关的生气程度方差大约为 23%，因此建议使用三层多层线性模型．

15.7.2 多层模型

假设一个三层模型在所有三个层次(噪声、入睡的时间、年龄和地点)都有预测变量．回顾一下，在层次之间或层次之内，都假定没有交互作用．只有内部噪声级别被预测有一个随机斜率，噪声和生气程度之间可能会有个体差异．

将噪声认为是随机效应的模型不收敛，即使迭代次数达到 500，收敛的概率放宽至 0.001 也不行．因此，决定将所有的预测变量视为固定效应．表 15-26 显示了全三层模型的语法和输出结果.

表 15-26　噪声水平、入睡时间、年龄和地点对生气程度的三层预测模型(SPSS MIXED 语法和选定的输出)

```
MIXED
 annoy BY site1 site2 WITH age nightleq latency
 /CRITERIA = CIN(95) MXITER(500) MXSTEP(10) SCORING(1)
 SINGULAR(0.000000000001) HCONVERGE(0, ABSOLUTE) LCONVERGE(0, ABSOLUTE)
 PCONVERGE(0.001, ABSOLUTE)
 /FIXED = age nightleq latency site1 site2 | SSTYPE(3)
 /METHOD = ML
 /PRINT = SOLUTION TESTCOV
 /RANDOM = INTERCEPT | SUBJECT(subno ) COVTYPE(UN)
 /RANDOM = INTERCEPT | SUBJECT(house ) COVTYPE(UN)
```

Mixed Model Analysis

Model Dimension[a]

		Number of Levels	Covariance Structure	Number of Parameters	Subject Variables
Fixed Effects	Intercept	1		1	
	age	1		1	
	nightleq	1		1	
	latency	1		1	
	site1	2		1	
	site2	2		1	
Random Effects	Intercept	1	Identity	1	subno
	Intercept	1	Identity	1	house
Residual				1	
Total		10		9	

[a]Dependent Variable: annoy.

Information Criteria[a]

–2 Log Likelihood	2260.286
Akraike's Information Criterion (AIC)	2278.286
Hurvich and Tsai's Criterion (AICC)	2278.530
Bozdogan's Criterion (CAIC)	2328.830
Schwarz's Bayesian Criterion (BIC)	2819.830

The information criteria are displayed in smaller-is-better forms.

[a]Dependent Variable: annoy

Fixed Effects

Type III Tests of Fixed Effects[a]

Source	Numerator df	Denominator df	F	Sig.
Intercept	1	163.137	16.794	.000
age	1	36.847	.671	.418
nightleq	1	718.546	37.464	.000
latency	1	744.681	6.627	.010
site1	1	22.899	.564	.460
site2	1	24.387	1.223	.280

[a]Dependent Variable: annoy.

（续）

Estimates of Fixed Effects[a]

Parameter	Estimate	Std. Error	df	t	Sig.	95% Confidence Interval	
						Lower Bound	Upper Bound
Intercept	–3.195	.786	77.210	–4.063	.000	–4.761	–1.630
age	.007	.009	36.847	.819	.418	–.011	.025
nightleq	.043	.007	718.546	6.121	.000	.029	.057
latency	.122	.047	744.681	2.574	.010	.029	.214
[site1=0]	.249	.332	22.899	.751	.460	–.437	.935
[site1=1]	0[a]	0	.	.	.	.	.
[site2=0]	.569	.515	24.387	1.106	.280	–.492	1.630
[site2=1]	0[a]	0	.	.	.	.	.

[a]This parameter is set to zero because it is redundant.

[b]Dependent Variable: annoy.

Covariance Parameters

Estimates of Covariance Parameters[a]

Parameter		Estimate	Std. Error	Wald Z	Sig.	95% Confidence Interval	
						Lower Bound	Upper Bound
Residual		1.049	.056	18.661	.000	.944	1.165
Intercept [subject	Variance	.317	.114	2.780	.005	.157	.642
Intercept [subject	Variance	.332	.168	1.974	.048	.123	.895

[a]Dependent Variable: annoy.

全模型有 9 个参数，表 15-25 中记录了 4 个截距与残差的随机效应和截距的固定效应，以及 5 个固定预测变量的各一个参数．

对于随机效应，在家庭内部的参与者中，生气程度存在显著的变化（$p=0.005/2=0.0025$），同时在不同家庭之间的参与者的生气程度也呈现显著的变化（$p=0.048/2=0.024$）．不幸的是，在考虑了这个分层模型（$p<0.001$）中的所有效应后，仍存在一个显著的残差（不可解释）方差．

对于固定效应，当对参与者和家庭进行平均时，夜间噪声等级（$p<0.001$）和入睡时间（$p=0.010$）可以显著预测人们的生气程度．参数估计值显示，当夜间噪声比较大的时候，人们的生气程度会增加．在噪声水平上每增加一个单位，生气程度就会在 0～5 的标度区间增加约 0.04．当入睡时间比较久的时候，生气程度也会增加．入睡时间每增加一个单位，生气程度就会增加约 0.12．对于年龄或者虚拟变量地点来说，没有发现它们在统计上有显著效应．

此模型与表 15-25 的截距模型之间的比较表明，当丢弃这三个预测变量时，对生气程度的预测不会受到影响．按照表 15-18 中的公式：

$$\chi^2 = 2307.764 - 2260.286 = 47.48$$

在 $\alpha=0.05$，自由度为（9－4）＝5 时，存在显著差异．

最终简洁的模型剔除了三个不显著的效应（年龄和两个地点的虚拟变量）．表 15-27 显示了最终模型．

表 15-27 由噪声水平和入睡时间预测的最终三层生气程度模型(SPSS MIXED 语法和选定的输出)

```
MIXED
 annoy BY site1 site2 WITH age nightleq latency
 /CRITERIA = CIN(95) MXITER(500) MXSTEP(10) SCORING(1)
 SINGULAR(0.000000000001) HCONVERGE(0, ABSOLUTE) LCONVERGE(0, ABSOLUTE)
 PCONVERGE(0.001, ABSOLUTE)
 /FIXED = nightleq latency | SSTYPE(3)
 /METHOD = ML
 /PRINT = SOLUTION TESTCOV
 /RANDOM = INTERCEPT | SUBJECT(subno ) COVTYPE(UN)
 /RANDOM = INTERCEPT | SUBJECT(house ) COVTYPE(UN).
```

Mixed Model Analysis

Model Dimension[a]

		Number of Levels	Covariance Structure	Number of Parameters	Subject Variables
Fixed Effects	Intercept	1		1	
Random Effects	nightleq	1		1	
	latency	1		1	
	Intercept	1	Identity	1	subno
	Intercept	1	Identity	1	house
Residual				1	
Total		5		6	

[a]Dependent Variable: annoy.

Information Criteria[a]

–2 Log Likelihood	2263.414
Akraike's Information Criterion (AIC)	2275.414
Hurvich and Tsai's Criterion (AICC)	2275.527
Bozdogan's Criterion (CAIC)	2309.110
Schwarz's Bayesian Criterion (BIC)	2303.110

The information criteria are displayed in smaller-is-better forms.

[a]Dependent Variable: annoy.

Fixed Effects

Type III Tests of Fixed Effects[a]

Source	Numerator df	Denominator df	F	Sig.
Intercept	1	532.093	16.048	.000
nightleq	1	710.846	38.674	.000
latency	1	743.913	5.990	.015

[a]Dependent Variable: annoy.

Estimates of Fixed Effects[a]

Parameter	Estimate	Std. Error	df	t	Sig.	95% Confidence Interval	
						Lower Bound	Upper Bound
Intercept	–2.206	.551	532.093	–4.006	.000	–3.288	–1.124
nightleq	.044	.007	710.846	6.219	.000	.030	.058
latency	.116	.047	743.913	2.448	.015	.023	.208

[a]Dependent Variable: annoy.

（续）

Covariance Parameters

Estimates of Covariance Parameters[a]

Parameter		Estimate	Std. Error	Wald Z	Sig.	95% Confidence Interval	
						Lower Bound	Upper Bound
Residual		1.049	.056	18.665	.000	.944	1.165
Intercept [subject	Variance	.309	.110	2.797	.005	.153	.622
Intercept [subject	Variance	.427	.190	2.249	.025	.179	1.020

[a]Dependent Variable: annoy.

此模型和表 15-26 的全模型之间的比较表明，当三个预测变量被剔除后，生气程度的预测不会受到影响．按照表 15-18 中的公式：

$$\chi^2 = 2263.414 - 2260.286 = 3.13$$

在 $\alpha=0.05$，自由度为$(9-6)=3$时，不存在显著的差异．表 15-28 对比了这三个模型．

表 15-28　噪声引起的生气程度的多层模型比较

Model	−2 Log Likelihood	df	χ^2 Difference Test
Intercepts only	2307.764	4	
Full	2260.286	9	M1−M2=47.48*
Final	2254.000	6	M3−M2=3.13

表 15-29 以期刊报告形式显示结果．

表 15-29　由夜间噪声引起的生气程度的最终三层模型结果(摘自表 15-27)

Random effect at Level 3(Household Differences)

Effect	Parameter Estimate	Standard Error	Wald Z	p (1-sided)	95% Confidence Interval	
					Lower	Upper
Intercepts	0.427	0.190	2.25	0.013	0.179	0.622

Random effect at Level 2 (Individual Differences)

Effect	Parameter Estimate	Standard Error	Wald Z	p (1-sided)	95% Confidence Interval	
					Lower	Upper
Intercepts	0.309	0.110	2.80	0.003	0.153	0.622

Random effect at Level 1 (Nights)

Effect	Parameter Estimate	Standard Error	Wald Z	p (1-sided)	95% Confidence Interval	
					Lower	Upper
Intercepts	1.049	0.056	18.66	<0.001	0.944	1.165

Fixed effects (Averaged over Participants and Households)

Effect	Parameter Estimate	Standard Error	t ratio	Approx df	p (2-sided)	95% Confidence Interval	
						Lower	Upper
Intercepts	−2.206	0.551	−4.01	532	<0.001	−3.288	−1.124
Noise level	0.044	0.007	6.22	711	<0.001	0.030	0.058
Latency	0.116	0.047	2.45	744	0.008	0.023	0.208

表 15-30 是多层线性模型中需要考虑的项目检查清单．期刊格式的结果部分的示例展示在表 15-30 后．

表 15-30 多层模型的检查清单

1. 问题
   a. 样本量的充足性和缺失数据
   b. 各层分布的正态性
   c. 各层异常值的处理
   d. 多重共线性和奇异性的处理
   e. 误差的独立性(类内相关性)
2. 主要分析
   a. 使用第一层次预测变量进行分析
   b. 使用第二层次预测变量分析以及第一层次预测变量的显著性，等等
   c. 最终模型的确定
      (1)最终模型的参数估计
      (2)最终模型与截距模型的比较
3. 附加分析
   a. 添加主效应和/或交互作用
   b. 其他探索性分析

结果

模型假设

三级分层模型评估了夜间噪声级别、入睡时间、年龄和地点对夜间飞机噪声引起的生气程度的效应．预期生气程度将与噪声、入睡时间、年龄和接近航空基地呈正相关．

第一层次单位是受访者参加研究的夜晚，而受访者仅限于提供至少三晚数据的那些人，因此总共有 747 晚进行分析．第二层次单位是居住在 24 个家庭中的 50 位参与者，其中包括第三层次单位．仅选择至少有两位参与者的家庭进行分析．多层建模是通过 SPSS MIXED MODELS 13 版实现的．

分层模型是指在不违反线性多重回归中独立性假设的情况下，可以研究在不同分析层次(如人、家庭、地点)收集的数据的模型．例如，一个家庭中个体共同做出反应，并且有相同的经历，这意味着每个家庭中个体的反应不是互相独立的．多层建模通过估计与组(如家庭)平均反应差异(截距)相关的方差，以及预测变量和因变量之间关联(斜率)的组差异(如生气程度和噪声之间关系的组差异)来考虑这些依赖性．这是通过将截距和斜率声明为随机效应来实现的．图 15-5 显示了设计的布局．

在假设的模型中，个体和家庭被声明为随机效应，以评估家庭内部个体之间的变化性以及家庭之间的变化性．预测变量之一的噪声水平也被声明为随机效应，反映了以下假设：噪声水平与生气程度之间的关联会存在个体差异．

假设条件

两位参与者各自缺失的入睡时间被该参与者的平均值代替．注意到入睡时间和噪声水平存在极高的正偏度，但是使用对数变换的预测变量进行建模并没有实质性地改变结果．

因此，使用了未变换的值．生气程度的变换产生了不可接受的峰度值，所以因变量也保持不变．第二层次预测变量和第三层次预测变量的分布是可以接受的．一旦将错误记录的噪声水平替换为室友的噪声水平，便没有异常值($p<0.001$)．第二层和第三层的组内相关系数分别为0.16和0.23，这表明参与者作为随机的第二层次单位和家庭作为随机的第三层次单位的值．

多层次建模

预测变量噪声水平最初是作为一个随机效应输入的，基于噪声和生气程度之间的关系存在个体差异的假设．该模型未能收敛，因此全模型认为所有预测变量都是固定效应．

全模型总体上比截距模型(即个体和家庭之间的差异)显著要好，$\chi^2(6, N=747)=2307.764-2260.286=47.48$，$p<0.001$．因此，作为一个组的预测变量改进了模型，使其优于考虑个体和家庭间的差异的模型．

五个预测变量中有两个与生气程度显著相关，但年龄和两个地点指标没有显著相关．因此，提出了一个最终的模型，其中只评估了两个固定的预测变量：夜间噪声水平和入睡时间．该模型与全模型无显著差异，$\chi^2(3, N=747)=2263.414-2260.286=3.13$，$p>0.05$．表15-28总结了评估的三种模型．

表15-29显示截距存在个体差异和家庭差异(家庭和家庭中参与者的平均生气程度有所不同)．还应注意的是统计上显著的残差，表明模型仍有改进的空间．

平均而言，生气程度与夜间噪声水平呈正相关．对于每单位增加的噪声水平，生气程度在0到5的范围内增加约0.04．生气程度在夜间入睡时间较长时也增加．入睡时间每增加10分钟，生气程度就会增加约0.12．

因此，尽管个体和家庭的生气程度都不同，但平均来说，当噪声较大且入睡时间较长时，生气程度会增加．在年龄和生气程度之间以及地点与生气程度之间都没有发现统计学上的显著关联．也就是说，没有证据表明夜间噪声引起的生气程度会随着年龄的增长而增加，也没有证据表明在调整了噪声水平本身的效应之后，接近航空基地的生气程度会更大．

15.8 程序的比较

本章中讨论的程序在它们分析的模型种类甚至相同模型的分析结果上都有很大差异．这些软件的共同点少于其他的统计技术．SAS MIXED是SAS软件包的一部分，除用于多层次线性模型，它还用于很多分析．SPSS MIXED MODEL是SPSS软件包的一部分，从第11版开始出现，并且从11.5版开始进行了大幅度改进．MLwiN和HLM是多层线性模型的独立程序．SYSTAT MIXED REGRESSION从SASTYT软件包的第10版开始出现．表15-31比较了这些程序的特性．

表 15-31　从协变量预测生存时间的程序比较

特性	SAS MIXED	SPSS MIXED	HLM	MLwiN	SYSTAT MIXED REGRESSION
输入					
多重估计技术	是	是	是	是	否
处理多于2层的模型	是	是	是	是	否
指定随机或固定斜率	是	是	是	是	是
接受来自其他软件包的文件	是	是	是	否	是
可用于数据模拟	否	否	否	是	否
可用于输入的语法模式	是	是	是	否	是
需要常量的显式数据列	否	否	否	是	否
指定分类变量和交互作用，无需重新编码	是	是	否	是	是
指定非正态响应变量和非线性模型	否①	否②	是	是	否
指定贝叶斯建模	是	否	否③	是	否③
bootstrapping	否	否	否	是	否
交叉分类模型(重叠分组)的特殊规约	否	否	是	是	否
指定多重成员身份模型(属于多个高层次单位的低层次单位)	否	否	是	是	否
指定潜在变量	否	否	是	否	否
指定已知的方差和协方差值	是	否	是	否	否
指定方差-协方差矩阵的结构	是	是	是	否	是
指定设计权重	是	是	是	否	否
在一次运行中检验特定的假设	是	是	是	否	否
检验和处理第1层次方差齐性的违反	是	否	是	否	否
从第1层次模型中删除截距项	是	是	是	是	是
将效应限制为相等	是	否	是	是	否
指定固定截距	是	是	否	是	是
指定没有测量误差的潜在变量	否	否	是	否	否
具有缺失数据的单层多重回归分析的特殊程序	否	否	是	否	否
处理多重估算数据的程序	否	否	是	否	否
控制最大迭代次数	是	是	是	是	是
迭代的附加控制	是	是	是	是	否
OLS方程的控制单位数	NA	NA	是	NA	NA
确定收敛标准和公差	是	是	是	是	是
纠正不可接受的起始值的替代方案	否	否	是	否	否
重复测量分析的替代方法	是	是	否	否	是
重复测量的数据重组	否	否	否	是	是
输出					
参数估计和标准误差	是	是	是	是	是
具有稳健标准误差的参数估计	否	否	是	否	否
对数似然比、−2×对数似然值和离差	是	是	是	是	是
其他拟合统计量	是	是	否	否	否
t或z比率或卡方效应	是	是	是	否	是
效应的自由度	是④	是	是	否	否
效应检验的概率值	是	是	是	否	是
固定和随机效应的输出置信限	否	是	否	否	否
估计的参数的数量	否	是	是	否	否
方程式格式的模型摘要	否	否	是	是	否

（续）

特性	SAS MIXED	SPSS MIXED	HLM	MLwiN	SYSTAT MIXED REGRESSION
跨第二层次单位集的第一层次系数的最小二乘估计的可靠性	否	否	是	否	否
空/独立模型检验	是	否	否	否	否
第一层次单位上的第一层次截距、斜率和摘要	否	否	是	否	否
OLS分析的结果和具有稳健的标准误差的结果	否	否	是	否	否
输出迭代的开始值和进度	是	否	是	否⑤	是
输出参数的方差-协方差(和相关性)矩阵	是	是	是	否	是
残差方差-协方差矩阵	否	是	否	否	否
固定系数模型的类内(集群内)相关性	否	否	否	否	是
样本量分层结构的摘要	否	否	否	是	是
一元统计量	否⑥	是	是	是	是
残差分析	否	否	是	是	否
图像					
变量散点图	否⑥	否	否	是	否
残差图	否⑥	否	是	是	否
预测值图表	否⑥	否	是	是	否
网格图	否	否	否	是	否
附加诊断图	否⑥	否	是	是	是
应要求保存					
残差和预测得分	是⑦	是	是	否	是
估计和参数的方差-协方差矩阵	是	否	是	否	否
固定和随机效应的置信限	是	否	否	是	否

①PROC NLMIXED 处理非线性 MLM.

②带有二分因变量的两层模型可以通过 SPSS COMPLEX SAMPLES LOGISTIC REGRESSION 进行分析.

③常规地提供所有随机变化的第一层次系数的经验贝叶斯估计.

④`ddfm=kenwardroger` 提供的固定效应的适当的自由度.

⑤随着分析的进行，可以在屏幕上以交互方式看到.

⑥在软件包的其他程序中可用.

⑦SAS MIXED 中的任何表都可以转换为 SAS 数据集.

15.8.1 SAS 系统

SAS 系统中处理多层模型的程序是 PROC MIXED，尽管它不是专门为多层模型而设计的．这个程序非常灵活，所以它的 RANDOM 特性和嵌套规约的灵活运用可以广泛适用于多层线性模型中，包括超过两层的模型(Suzuki 和 Sheu，1999)．然而，在有更多关于 SAS 的适用信息之前，将 PROC MIXED 的使用限制在简单的多层线性模型可能是个好主意．这里只介绍了适用于多层线性模型的程序的特性．

SAS MIXED 具有许多用于指定方差-协方差矩阵的结构的选项(对多层线性模型来说，非结构化是最常见的选择)，并允许输入已知值．贝叶斯模型可以通过 `PRIOR` 指令指定．它还提供了许多拟合统计信息，包括离差(−2 log-likelihood)、AIC、AICC 和 BIC. SAS 还显示了虚无的/独立的拟合优度检验．

分类预测变量可以直接指定为 `CLASS` 变量．但是，默认的编码是不一样的，而且产生结果可能会比其他软件中产生的结果更难以解释，除非做出调整，比如重新编码数据集中的分类变量．更高层的固定效应的自由度需要进行调整(参见表15-10).

15.8.2 SPSS 软件包

SPSS 中的 MIXED MODEL 模块是一个功能全面的多层线性模型程序．它提供了指定固定效应和随机效应的选项，以及用于处理重复测量的替代方法(包括方差-协方差矩阵的规约，但其中的值未知). 通常情况下，输出结果格式非常规范，易于理解．但是，菜单系统在某种程度上让人迷惑，它用细微的方式来指定分层结构中的多个层次．这是唯一一款允许你指定效应置信区间的大小并定期打印出来的程序．

多种拟合指数(信息准则)会显示出来．一个方便的特性是列出模型中的参数的数量，以及每个参数是固定还是随机的．这是使残差方差-协方差矩阵可用的唯一审查程序．

15.8.3 HLM 程序

这里所说的 HLM 程序是第 6 版(Raudenbush 等人，2004)，旨在处理两层和三层数据. 实际上，这两种模型(标记为 HLM2 和 HLM3)有单独的模块．该手册广泛引用了其两位作者 Raudenbush 和 Bryk(2001)编写的有关分层线性模型的教材．

这个程序允许输入 SAS、SPSS、SYSTAT 和 ASCII 数据，可以对所有层使用相同的文件或对每层使用单独的文件．不管怎样，必须为每层定义变量，这有时是一个令人迷惑的过程．输出中通常会提供带有和不带有稳健标准误差的分析．

HLM 有处理无误差测量变量(如性别)和具有缺失数据的单层普通多重回归分析的程序，两者都被认为是 HLM 中的潜在变量技术．使用手册还呈现了如何用多重插补数据做多层线性模型分析．当方差和协方差已知而不需要估计时，还可以使用两层线性模型. HLM 提供了各种各样的非正态和非线性模型的分析．

参数估计和方差-协方差矩阵以及残差可以打印并保存到文件中．残差文件包含第 2 层次组的马氏距离．

第 1 层次参数(如截距和斜率)作为输出结果的一部分．还打印了固定效应的 OLS 结果. 将这些与最终结果进行对比，会显示出畸变，这是由简单多重回归替代了多层线性模型导致的．对于贝叶斯模型，有大量的工具可以利用．

15.8.4 MLwiN 程序

这个程序是作为伦敦大学教育学院的一个项目的一部分开发的(Rasbash 等人，2000). 这是一个综合的程序，它允许各种各样的模型，每个模型最多允许 5 层．它有很强的绘图能力去分析、诊断和解释模型．

该手册对建立简单和复杂的模型都极其有用，提供了许多示例以及对模型的特殊处理，比如多元、重复测量和非正态(二进制和计数的)数据．它是一个广泛的仿真模拟设备，包括贝叶斯模型和 bootstrapping. 使用手册还显示了如何处理交叉分类数据，在这种情况下，案例是部分嵌套而不是完整嵌套，例如，当儿童属于社区和学校时，但是在社区和学校之间存在重叠．多重成员身份模型也有可能，其中较低层次的单位可以嵌入不止一个较高层次的单位，例如，当纵向研究的学生更换学校时．

15.8.5 SYSTAT 系统

SYSTAT 系统的 MIXED REGRESSION 模块和 SYSTAT 中的大多数模块一样，便于使用且输出结果易于解释. 甚至还有一些在其他程序中无法广泛使用的特殊功能. 将重复数据转换为多层线性模型需要的数据非常简便，并且当指定没有预测变量的模型时，默认情况下会提供类内(集群内)相关性. 尽管此系统并不存在丰富的特殊功能，但提供了所有的基础功能以及重复测量过程的两种方法. 它主要的限制是只能分析两层模型.

第 16 章　多重列联表分析

16.1　概述

多重列联表分析及其拓展模型(对数线性分析)常用来研究三个或三个以上离散型变量(分类变量、定性变量)间的关系．我们利用二重χ^2列联表检验研究两个离散变量间的关系，如心理学的不同领域(临床心理学、综合实验心理学、发展心理学)与年均发表文章数量(0、1、2、3 和 4，或更多)之间的关系．如果在二重列联表分析中增加第三个变量，如选修的统计学课程数量(两门及以下与超过两门)，那么就要通过多重列联表分析来寻找二重和三重的关系．论文发表数量与心理学的不同领域和选修的统计学课程数量是否有关?选修的统计学课程数量与心理学的不同领域是否有关? 论文发表数量、心理学的不同领域和选修的统计学课程数量之间是否存在三重关系?

要做多重列联表分析，首先需要构造一重、二重、三重乃至更多重的列联表．然后计算列联表中交叉单元的(对数)期望频率，对其建立线性模型．对数线性模型从所有一重、二重、三重乃至更多重列联表开始，然后在保持期望频率与观测频率之间的误差足够小的情况下，尽可能多地剔除列联表中的维度．在上面的例子中，首先检验关于论文发表数量、心理学的不同领域和选修的统计学课程数量的三重列联表，如果检验不显著，则将其剔除．然后检验二重列联表(论文发表数量与心理学的不同领域、论文发表数量与选修的统计学课程数量、心理学的不同领域与选修的统计学课程数量)，如果检验不显著，则将其剔除．最后，针对各单元格观测频率是否相等的假设，对每个变量进行单项检验(例如，心理学不同领域的观测频率是否相等——类似于频率相等的χ^2拟合优度检验).

我们可能会考虑其中一个变量是因变量而其他变量为自变量的情况．例如，通过建立基于论文发表数量、心理学的不同领域、选修的统计学课程数量以及它们交互作用的方程，来判断一个心理学者是不是一个成功专业人士(成功与不成功)．利用这种方法，多重列联表分析类似于分析一个离散因变量和多个离散自变量的非参数方差分析．然而，离散因变量的分析方法通常是 logistic 回归(第 10 章).

多重列联表分析的应用包含男女生在数学测验中所犯错误类型的稳定性(Marshall，1983)．当只分析错误的响应时，每个项目都会形成一个三重列联表：性别、年份(1976～1979)和干扰项(三个错误备选项以及无回答)．模型中的明显获胜者是二重(二阶)效应．正如先前的假设，与性别关联的干扰项和与年份关联的干扰项都是显著的．这是在 160 个案例中正确描述 128 个案例的最佳拟合模型．

Pope 和 Tabachnick(1995)使用 2×2×2 多重列联表分析研究 10 种类型的因变量的每一种(如一个患者声称回忆起了童年时受到虐待的经历，而该经历是否被证实确实发生过?)，分别与382位有执照的心理医生以(a)至少有一位具有上述特征的男性患者、(b)至少有一位具有上述特征的女性患者、(c)有精神动力学方向的治疗专家为自变量建立方程．三重列联表关系检验均不显著．事实上，发现仅在具有上述经历的男性、女性患者之间存在显著关系．例如，有些治疗专家认为一个或多个男性患者的受虐经历并未真实发生，有些治疗专家认为一个或多个女性患者的受虐经历并未真实发生，而前者比后者更为普遍．

16.2 几类研究问题

多重列联表分析的目的是发现离散变量间的关联．一旦完成对关联的初步搜索，便会建立一个拟合模型，该模型只包含重现观测频率所必需的关联．每个单元都有自己的参数估计量组合，用于模型中保留的关联．我们用参数估计量预测单元频率，这些参数估计量也反映了各效应对单元频率的重要程度，如果变量中有一个是因变量，则可以从单元的参数估计值组合中预测案例落入其类别之一的概率．然后，可以用多重列联表分析解决以下问题．

16.2.1 变量的关联关系

哪些变量相互关联？通过知道一个案例在一个变量属于哪个特定类别时，我们能否预测该案例在另一个变量上属于哪个类别？16.4节的步骤介绍了对于一个简单数据集，如何统计确定哪些变量之间是关联的，以及如何确定描述关系所需的关联复杂程度．

随着变量个数的增加，变量之间潜在关联的数量及其复杂性也随之增加．当有三个变量时，共有七种潜在的关联关系：一种三重关系、三种二重关系和三种一重关系．当有四个变量时，就有了一种潜在的四重关系，四种三重关系，等等．然后，当存在更多变量时，首先检验最多重的关联关系是否显著，如果不显著就剔除该列联关系，再检验次多重关联关系的显著性，直至找到具有最少所需关联的初步模型．

在前面的例子中，在初步分析中剔除了关于论文发表数量、选修的统计学课程数量和心理学的不同领域的三重列联表．接下来检验二重列联表的组合，看看可以剔除哪些二重列联表．选修的统计学课程数量和论文发表数量以及心理学的不同领域和选修的统计学课程数量可能具有关联性，而心理学的不同领域和论文发表数量并无关联．最终，检验一重“列联表”. 例如，如果心理学家的数量在心理学的不同领域存在显著差异，就存在一重关联．

16.2.2 因变量的效应

在常规的多重列联表中，单元频率受一个或多个离散变量及其关联的因变量影响．有时我们将其中一个变量作为因变量．在这种情况下，关联问题就转变成主效应(因变量与每个自变量之间的关联)和交互作用(因变量与两个或多个自变量之间的联合效应之间的关联)的检验．

大多数情况下，这种类型的数据通过第10章的logistic回归进行分析更有效．logistic回归使用离散型因变量，但在自变量的使用上更具灵活性，既可以使用离散型自变量，也可以使用连续型自变量．因此，本章仅限于所有变量均不被视为因变量的分析．

16.2.3 参数估计

对于变量类别的特定组合，它的期望频率是多少？首先，要检验变量的统计显著性，然后得到所有统计显著变量的每个层次的系数，该系数称为参数估计(Parameter Estimate). 16.4.3.2节展示了如何计算参数估计，并用参数估计得出期望频率.

16.2.4 效应的重要性

由于参数估计是针对每个显著效应的各个层次(或者是不同变量层次之间的组合)进行的，因此我们可以评估各个效应对每个单元频率的相对重要性.在预测单元频率时，有更大标准化参数估计的效应比那些标准化参数估计较小的效应更为重要.例如，在检验心理学家是否成功时，如果选修的统计学课程数量比论文发表数量具有更大的标准化参数估计，则选修的统计学课程数量是更为重要的效应.

16.2.5 效应大小

模型拟合观测频率的效果如何？在用于对数线性分析的统计软件包中，效应大小度量通常不可获得.χ^2 值是模型和观测频率之间拟合程度的一个度量，当变量之间没有相关关系时，考虑到χ^2/df 的期望值是1，因此 χ^2 也可以作为效应大小的度量值.16.6.2.3节展示了计算χ^2 值及其置信区间的软件.

Bonett 和 Bentler(1983)描述了赋范拟合指数(NFI)的使用.尽管受样本量的影响，但用来描述模型对观测频率拟合程度的赋范拟合指数可能是比常规拟合优度检验(如卡方检验)更好的指标.14.5.3.1节对赋范拟合指数和其他模型拟合程度指标进行了深入讨论.

16.2.6 特定比较和趋势分析

如果找到一个显著的关联，那么对关联进行分解以找到它的显著成分可能是有意义的. 例如，心理学的不同领域和论文发表数量在不同层次上存在关联，那么哪些领域在发表的论文数量上与其他领域不同？这些问题类似于方差分析中的问题，在方差分析中，我们依据简单交互作用或者简单效应来研究众多交互单元(参见8.5.2节). 类似地，如果其中一个变量的类别在数量上有所不同(如论文发表数量)，则趋势分析通常可以帮助我们理解该变量与其他变量的关系.SAS CATMOD 和 SPSS LOGLINEAR(仅在语法中可用)提供了特定比较的方法.

16.3 多重列联表分析的局限性

16.3.1 理论问题

作为一种未对总体分布做任何假定的非参数统计方法，多重列联表分析几乎没有局限性.如果将该变量分割成离散的类别，则这种方法几乎是普遍适用的，甚至适用于不满足参数统计量分布假定的连续型变量.

对数线性分析方法有高度的灵活性，可以回答许多基于高度复杂数据集的问题.然而，这种分析方法最大的不足在于，众多的变量使得我们难以对其进行解释，这也是多因素方差分析经常面对的问题.

16.3.2 实际问题

使用多重列联表分析的局限是要求独立性、充足的样本量和每个单元期望频率的大小. 然而，在解释过程中，这种解决方案可能无法准确预测某些单元.

16.3.2.1 独立性

大多数分析中仅包含组间设计，以便每个单元中的频率与其他单元的频率之间是相互独立的．如果同一个案例对超过一个单元有贡献值，那么这些单元就不再独立．我们要验证总数 N 是否等于案例数量．

有时，可以通过包含时间变量来规避组间设计的限制，如二重 χ^2 检验中的 McNemar 检验．一个案例是在这一段时间内的特定单元组合中．类似地，还可以开发“是非”变量．例如，在 2×2 设计中，一个人参加空手道课程但没参加钢琴课程(空手道为是，钢琴为非)、两者都不参加(两者都为非)、两者都参加(两者都为是)和参加钢琴课程但没参加空手道课程(钢琴为是，空手道为非)．尽管在空手道和钢琴上都有“得分”，但每个案例仅能落在四个单元中的一个．SAS CATMOD 中存在一个可以分析离散型因变量的重复测量设计程序．当以集群定义案例时，SPSS COMPLEX SAMPLES 也可以用来分析二分型因变量的重复测量设计．

16.3.2.2 案例数与变量的比率

当相较于变量数量的案例数量太少时，可能会出现一系列问题．当许多变量组合的单元中没有案例时，对数线性分析可能无法收敛．在设计中，落在每个单元中的案例数量至少为 5 个．在上面的例子中，心理学的不同领域有 3 个层次，论文发表数量有 5 个层次，因此至少需要 3×5×5(即 75)个案例．软件程序可以用于二重列联表分析估计所需的样本量，但不能用于多重列联表分析．

16.3.2.3 期望频率是否充足

在离散型变量的列联表检验中，期望频率对观测频率的拟合是一个经验问题．样本落在单元中的数量是观测频率，统计检验将观测频率与通过某些假设得到的期望频率进行比较，例如变量间的独立性．多重列联表分析的要求是期望频率足够大．有两种情况将导致期望频率过小：多层次、多变量的小样本(如 16.3.2.2 节中讨论的)和稀有事件．

当事件很少发生时，边际频率在各变量的不同层次间并不是均匀分布的．例如，心理学家中很少有人平均每年发表四篇或四篇以上的论文．来自低概率行以及低概率列的单元将会有非常低的期望频率．避免低期望频率的最好方法是在收集数据之前，尝试先确定数据集中哪些单元是罕见的，然后抽样直至这些单元有足够数量的案例．

在任何情况下，对于所有的二重列联表，检查单元期望频率确保所有的都大于 1，并且小于 5 的单元数目不超过 20%．期望频率的不足一般不会导致第一类错误增加(除了在用皮尔逊 χ^2 统计量的某些情况下，参见 16.5.2 节)．然而，期望频率的不足将导致模型的势大幅下降，使得分析变得毫无价值．随着二重列联表分析中某些单元的期望频率降低至 5 以下，模型势的降低变得显著(Milligan，1980)．

如果收集的样本遇到了期望频率不足的情况，那么将有以下几种选择．首先，你可以简单接受期望频率不足带来的模型势的降低．其次，你可以将某些变量的两个或多个层次进行合并．例如，你可以把发表的论文数量中的“三个”和“四个及以上”合并成“三个及以上”．层次的合并既要有理论考虑也要符合实践要求，因为合并可能会导致关联消失．合并变量的不同层次等价于完全降低舍弃检验这些层次之间关联的势．

最后，你可以通过删除变量来减少单元的数量．删除变量时需要谨慎，仅可以删除那些与剩余变量没有关联的变量．例如，在三重列联表中，如果不存在三重关联关系，且至少有一个关于该变量的二重关联不显著，则可以考虑删除一个变量(Milligan，1980)．不建议在每个单元里添加常数，因为这样会进一步降低模型的势．这种做法的目的是稳定第一类错误率，但正如之前所提及的，这通常不是问题所在．即使这成为问题，也有其他的解决方法(16.5.2 节)．一些软件，如 SPSS LOGLINEAR 和 HILOGLINEAR，默认在任何情况下都加上一个常数，但这并不影响分析的结果．

16.6.1 节将展示筛选期望单元频率的多维频率表的方法．

16.3.2.4　异常值的处理

有时，最优拟合模型的某些单元中观测频率与期望频率也存在着巨大差别．如果差异足够大，那么可能就没有模型能够恰当地拟合这组数据．在拟合模型之前，可能必须删除或合并某些变量的部分层次，或者增加新变量．但无论模型的拟合程度如何，通过检查残差来寻找有差异单元都可以更好地解释数据集．残差分析将在 16.4.3.1 节和 16.6.2.3 节中讨论．

16.4　多重列联表分析的基本公式

多重列联表分析通常需要三个步骤：(1)筛选；(2)选择和检验适当模型；(3)评估和解释所选模型．一个包含三个离散变量的基于假设数据的小样本例子如表 16-1 所示．第一个变量是首选的阅读材料种类(READTYP)，具有两个层次：科幻小说(SCIFI)和谍战小说(SPY)．第二个变量是性别．第三个变量是职业的三个层次(PRO-FESS)：政治家(POLI-TIC)、管理人员(ADMIN)和肚皮舞舞者(BELLY)．

本节对于简单的计算进行了详细的说明，而对于复杂的计算仅仅提供用于多维数据集建模方法的思想．本节所使用的计算机软件包也是最直接的．对于真实的数据集，不同的计算机软件包允许我们在策略选择时可以基于实用性而不是简便性来选择策略．通过 SAS CATMOD、SPSS GENLOG 和 HILOGLINEAR 三种软件对此数据集的计算机分析见 16.4.4 节．

表 16-1　用于说明多重列联表分析的小样本假设数据

职业	性别		阅读种类		总计
			SCIFI	SPY	
政治家	男		15	15	30
	女		10	15	25
		总计	25	30	55
管理人员	男		10	30	40
	女		5	10	15
		总计	15	40	55
肚皮舞舞者	男		5	5	10
	女		10	25	35
		总计	15	30	45

如果只关心一个关联关系，正如在二重列联表分析中常遇到的情况，那么可以使用我们熟知的χ^2统计量：

$$\sum_{ij}(f_o - F_e)^2/F_e \tag{16.1}$$

其中f_o表示列联表中每个单元的观测频率；F_e表示在两变量相互独立(没有关联)的原假设下，列联表中每个单元的期望频率．求和是对二重列联表中的所有单元进行的．

如果还计算了两个边际效应的拟合优度，则通常两个一重效应和一个二重效应的χ^2值之和不等于总χ^2值．这种情况类似于n不相等的方差分析，其中主效应和交互作用的F检验不独立(参见第6章)．由于重叠的方差无法明确地分配给效应，而且重叠的方差是重复分析的，因此结果的解释不明确．在多重列联表中，与方差分析一样，随着追加的变量可能产生更高阶(如三重或四重)的关联，所以χ^2值的不可加性变得更加严重．

一个替代策略是选用似然比统计量G^2．似然比统计量服从χ^2分布，因此χ^2表可以用来评估显著性．然而，在16.4.2节所给出的条件下，G^2具有效应可加性．例如，在二重分析中，

$$G_T^2 = G_A^2 + G_B^2 + G_{AB}^2 \tag{16.2}$$

二重列联表中的总体关联检验值G_T^2等于一阶拟合优度检验值G_A^2与G_B^2以及关联检验值G_{AB}^2的和．

G^2和χ^2一样，其众多不同的表现形式都对应一个方程，不同的表现形式之间的区别仅在于如何得到期望频率．

$$G^2 = 2\sum(f_o)\ln(f_o/F_e) \tag{16.3}$$

16.4.1　效应筛选

如果我们是进行数据探测，并只希望确定统计上的显著效应，那么就要进行筛选．如果我们假设一个全模型，即包含所有可能效应的模型，那么也要进行筛选．如果我们假设了一个不完整的模型，即模型中包含一些效应并剔除其他效应，则不进行筛选．在这种情况下，通过后验分析对假设模型进行检验和评估(见16.4.2节)．

筛选的第一步要确定是否存在需要我们去研究的效应．如果存在，筛选过程就进行到计算每个效应的F_e，再检验每个效应(找到一阶效应、二阶效应或二重关联关系、三阶效应或三重关联所对应的G^2，以此类推)的可靠性(显著性)，然后得出统计上显著的效应大小的估计．由于式(16.3)可用于所有观测频率(f_o)的检验，关键之处在于检验不同假设以找到F_e，如表16-1中的数据所示．

16.4.1.1　总效应

如果是手动操作，则该分析过程从计算总体G_T^2开始，G_T^2是用来检验列联表中不存在效应的假设(即表中所有单元有相同频率的假设)．如果不能拒绝该假设，就没有必要进行进一步分析．(需要注意的是，在计算机程序中同时检验所有效应时，我们能检验G_T^2或每个效应的G^2，但无法对两者同时进行检验，因为自由度限制了要检验的假设的数量．)

对于总效应的检验，

$$F_e = N/rsp \tag{16.4}$$

期望频率F_e用来检验无效应的假设，这对表中的每个单元都是相同的．F_e由总频率(N)除以表中的单元个数得到，其中单元个数等于偏好的阅读材料种类的层次个数(由r表示)乘以性别的层次个数(由s表示)，再乘以职业的层次个数(由p表示).

对于上述例子中的数据，得到

$$F_e = 155/(2)(2)(3) = 12.9167$$

应用方程(16.3)进行总效应检验，

$$G_T^2 = 2\sum_{ijk}(f_o)\ln(f_o/F_e)\mathrm{df} = rsp - 1$$

其中$i=1,2,\cdots,r$，$j=1,2,\cdots,s$，$k=1,2,\cdots,p$.

将表 16-1 的每个单元中的频率填入上式，得到

$$\begin{aligned} G^2 &= 2[15\ln(15/12.9167) + 15\ln(15/12.9167) + 10\ln(10/12.9167) + \\ &\quad 15\ln(15/12.9167) + 10\ln(10/12.9167) + 30\ln(30/12.9167) + \\ &\quad 5\ln(5/12.9167) + \cdots + 25\ln(25/12.9167)] \\ &= 2[2.243 + 2.243 + (-2.559) + 2.243 + (-2.559) + 25.280 + (-4.745) + \\ &\quad (-2.559) + (-4.745) + (-4.745) + (-2.559) + 16.509] \\ &= 48.09 \end{aligned}$$

在自由度 df=12−1=11 和$\alpha=0.05$显著性水平下，临界值χ^2等于 19.68(参见表 C-4)，因此 12 个单元中的频率在统计意义上有显著差异[⊖]．因此，我们需要进一步分析，以筛选出导致这种不相等的原因．在数据分析过程中，通常首先检验最高阶关联关系，并以此类推．然而，由于列联表阶数越高，期望频率的复杂性越大，因此这里呈现的是一个相反的过程，即从一阶关联开始检验，直到最高阶列关联．

16.4.1.2 一阶效应

对于每个离散变量，都要检验其一阶效应，这里有三个一阶效应需要检验．从偏好的阅读材料种类开始，使用拟合优度检验评估人们对于科幻小说和谍战小说的偏好是否相同．只有两种类型的阅读材料的边际之和相关时，才会出现以下的观测频率：

f_o	
SCIFI	SPY
55	100

将总频率除以相关的“单元”个数可得到期望频率，即$r=2$，$F_e=155/2=77.5$. 那么，期望频率为

F_e	
SCIFI	SPY
77.5	77.5

⊖ 本节中的计算结果与计算机程序给出的结果可能会略微有些不同，这是由于舍入误差造成的．

拟合优度的检验为

$$G_T^2 = 2\sum_i (f_o)\ln(f_o/F_e) \quad \mathrm{df} = r - 1$$

$$= 2\left[55\ln\left(\frac{55}{77.5}\right) + 100\ln\left(\frac{100}{77.5}\right)\right] = 13.25 \quad \mathrm{df} = 1$$

在自由度 df=1 和 α=0.05 显著性水平下，临界值χ^2 等于 3.84，所以人们对于谍战小说的偏好在统计意义上是显著的．然而，与方差分析中一样，如果相同的变量存在高阶(交互作用)效应，则不能准确地解释显著的低阶(主)效应．

对性别、职业的主效应进行类似的检验，得到自由度为 1 的G_S^2=0.16，自由度为 2 的G_P^2=1.32，这表明男性人数(80)和女性人数(75)之间没有显著差异，政治家人数(55)、管理人员人数(55)和肚皮舞舞者人数(45)之间也没有显著差异，这是一个有趣的抽样策略．

16.4.1.3　二阶效应

部分关联关系的检验通过一种迭代方法改进所有的期望频率，其中所有的边际之和(除要检验变量的边际之和)都与观测边际频率相匹配[⊖]．首先，三重列联表分解成三个二重列联表，每个列联表对应一个二重交互作用．例如，对于 $R\times S$ 的二重列联表，在每个偏好的阅读材料种类和性别组合而成的列联表中，在职业(P)的三个层次上求和得到单元观测频率：

	f_o		
	SCIFI	SPY	
男	30	50	80
女	25	50	75
	55	100	155

期望频率的求法与二重χ^2 列联表检验中的常用方法相同：

$$\text{单元 } F_e = (\text{行和})(\text{列和})/N \tag{16.5}$$

对于每个单元的适当行和列，(如第一个单元，它表示男性偏好科幻小说)，有

$$F_e = (80)(55)/155 = 28.3871$$

对剩余单元计算期望频率之后，得到如下所示的期望频率表：

	F_e		
	SCIFI	SPY	
男	28.3871	51.6129	80
女	26.6129	48.3871	75
	55	100	155

一旦得到，期望频率就在另一个变量(职业)的每一个层次上都被重复计数．$R\times S$ 列联表的局部效应检验的迭代结果如表 16-2 所示．值得注意的是，在计算期望频率时，对政治

⊖　其他寻找部分关联关系的方法要基于不同分类模型间 G^2 的差异确定．

家、管理人员和肚皮舞舞者进行了重复计算．

表 16-2　偏好的阅读材料种类×性别关联局部效应检验期望频率第一次迭代估计

职业	性别		阅读种类		总计
			SCIFI	SPY	
政治家	男		28.3871	51.6129	80
	女		26.6129	48.3871	75
		总计	55	100	155
管理人员	男		28.3871	51.6129	80
	女		26.6129	48.3871	75
		总计	55	100	155
肚皮舞舞者	男		28.3871	51.6129	80
	女		26.6129	48.3871	75
		总计	55	100	155

由于二重表被简单地重复了三次，造成表中所有的频率都过大．如 $N=465$ 而不是真实值 155，有 80 个男性政治家而不是真实的 30 个，等等．进行第二次迭代来调整表 16-2 中的值，以获得另一个二重列联表，在本例中是 $R\times P$ 列联表．该迭代从观测频率和相应的边际之和的 $R\times P$ 表开始：

	f_o	
	SCIFI	SPY
政治家	25	30
管理人员	15	40
肚皮舞舞者	15	30
	55	100

注意，偏好科幻小说的政治家的真实人数是 25，而在第一次迭代后(表 16-2)，这个人数变成(28.3871+26.6129) = 55. 我们的目标是计算一个比例，将其应用于表 16-2 中相应的数值(在这个案例中是偏好科幻小说的男性和女性政治家)，以消除 $R\times P$ 交互作用的效应：

$$f_o/F_e^{\#1} = 25/55 = 0.454\ 55$$

对于偏好科幻小说的男性和女性政治家，得到

$$F_e^{\#2} = F_e^{\#1}(0.454\ 55) = (28.387\ 1)(0.454\ 55) = 12.9032$$

和

$$F_e^{\#2} = F_e^{\#1}(0.454\ 55) = (26.6129)(0.454\ 55) = 12.0968$$

为得到偏好谍战小说的女肚皮舞舞者的第二次迭代期望频率，根据上面表最后一个单元，我们有

$$f_o/F_e^{\#1} = 30/100 = 0.3$$

$$F_e^{\#2} = (48.3871)(0.3) = 14.5161$$

表 16-3 显示了将此过程应用于数据矩阵的所有单元的结果．

表 16-3 偏好的阅读材料种类×性别关联局部效应检验的期望频率的第二次迭代估计

职业	性别		阅读种类		总计
			SCIFI	SPY	
政治家	男		12.9032	15.4839	28.3871
	女		12.0968	14.5161	26.6129
		总计	25	30	55
管理人员	男		7.7419	20.6452	28.3871
	女		7.2581	19.3548	26.6129
		总计	15	40	55
肚皮舞舞者	男		7.7419	15.4839	23.2258
	女		7.2581	14.5161	21.7742
		总计	55	30	45

需要注意的是，对于总体 N，我们已经得到了正确的总数，这对于偏好的阅读材料种类(R)、职业(P)、性别(S)，以及偏好的阅读材料种类(R)×职业(P)，估计值也都是正确的，但是性别(S)×职业(P)中的值是不正确的．第三次也是最后一次迭代，通过对第二次迭代得到的性别(S)×职业(P)中的观测值进行调整，得到性别(S)×职业(P)的期望值．上述性别(S)×职业(P)矩阵如下所示：

	f_o			F_e	
	男	女		男	女
政治家	30	25	政治家	28.3871	26.6129
管理人员	40	15	管理人员	28.3871	26.6129
肚皮舞舞者	10	35	肚皮舞舞者	23.2258	21.7742

对于第一个单元(偏好科幻小说的男性政治家)，比例调整(约)为

$$f_o/F_e^{\#2} = 30/28.3871 = 1.0568$$

得到

$$F_e^{\#3} = F_e^{\#2}(1.0568) = (12.9032)(1.0568) = 13.6363$$

对最后一个单元(偏好谍战小说的女性肚皮舞舞者)，我们有

$$f_o/F_e^{\#2} = 35/21.7742 = 1.6074$$

$$F_e^{\#3} = (14.5161)(1.6074) = 23.3333$$

对矩阵的剩余的 10 个单元执行上述过程，得到第三次迭代估计值，如表 16-4 所示．这些值满足所有期望边际频率等于观测边际频率的要求，除了要进行检验的偏好的阅读材料种类(R)×性别(S)关联．

此时，我们有F_e，它是计算G_{RS}^2所必需的：

$$G_{RS}^2 = 2\sum_{ij}(f_o)\ln(f_o/F_e)$$

$$= 2[(f_o)\ln(f_o/F_e)]$$

$$= 2[15\ln(15/13.6363) + \cdots + 25\ln(25/23.3333)]$$
$$= 2.47$$

然而，还要对三重关联关系G^2_{RSP}(如后面计算所得)进行最终调整．偏好的阅读材料种类和性别关联关系的局部似然比统计量为

$$G^2_{RS(\text{part})} = G^2_{RS} - G^2_{RSP} \qquad \text{df} = (r-1)(s-1)$$
$$= 2.47 - 1.85 = 0.62 \qquad \text{df} = 1$$

该局部效应检验表明二者缺乏关联．

表 16-4　偏好的阅读材料种类×性别局部效应检验的期望频率的第三次迭代估计

职业	性别		阅读种类		总计
			SCIFI	SPY	
政治家	男		13.6363	16.3637	30
	女		11.3637	13.6363	25
		总计	25	30	55
管理人员	男		10.9090	29.0910	40
	女		4.0909	10.9091	15
		总计	15	40	55
肚皮舞舞者	男		3.3333	6.6666	10
	女		11.6667	23.3333	35
		总计	15	30	45

偏好的阅读材料种类(R)×职业(P)和性别(S)×职业(P)关联关系的局部效应检验也要进行同样的过程．偏好的阅读材料种类(R)×职业(P)关联关系的局部效应检验似然比统计量为

$$G^2_{RP(\text{part})} = 4.42 \quad \text{df} = 2$$

这表明阅读偏好和职业间的关联关系不显著．对于性别(S)×职业(P)关联关系，局部效应检验似然比统计量为

$$G_{SP(\text{part})} = 27.12 \quad \text{df} = 2$$

这是统计上显著的关联关系．

在示例中，相应的局部中间关联检验得出相同的结论和明确的解释：性别和职业间统计上存在显著的关联关系，但没有证据表明性别和阅读偏好或者阅读偏好和职业之间存在关联关系．然而，在一些情况下，由于边际结果和局部效应检验的结果之间存在差异，因此解释变得困难．16.5.3 节将讨论处理这类情况的方法．

16.4.1.4　三阶效应

偏好的阅读材料种类(R)×性别(S)×职业(P)的三重关联关系的检验所需的迭代过程更长，因为所有的边际期望频率必须与观测频率相匹配(偏好的阅读材料种类(R)、性别(S)、职业(P)、偏好的阅读材料种类(R)×性别(S)、偏好的阅读材料种类(R)×职业(P)以及性别(S)×职业(P))．对于 12 个单元(为了简洁，且避免无趣，迭代过程不再展示)，

需要进行 10 次迭代来计算恰当的F_e，这得到

$$G_{RSP}^2 = 2\sum_{ijk}(f_o)\ln(f_o/F_e) \quad df = (r-1)(s-1)(p-1)$$
$$= 1.85 \quad df = 2$$

它显示三重关联关系在统计上不显著．

所有效应计算结果的总结如表 16-5 所示．表的末尾是对所有的一重、二重和三重效应进行局部关联关系检验所计算的G^2 的加和．可以看出，总和与G_T^2并不一致，总和要大得多．进一步来说，基于不同的数据，对每个效应都有可能出现高估或者低估．因此，可能需要建立额外的模型(见 16.5.3 节)．

表 16-5　多重列联表分析小样本示例的筛选检验的总结

效应	自由度	G^2	P
总计	11	48.09	<0.05
阅读种类	1	13.25	<0.05
性别	1	0.16	>0.05
职业	2	1.32	>0.05
$R\times S$	1	0.62	>0.05
$R\times P$	2	4.42	>0.05
$S\times P$	2	27.12	<0.05
$R\times S\times P$	2	1.85	>0.05
总计	11	48.74	

16.4.2 模型建立

在多重列联表分析的一些应用中，仅筛选的结果就给我们提供了足够的信息．例如，在当前示例中，筛选结果是明确的．一个一阶效应(即偏好的阅读材料种类)是统计上显著的，与此同时性别和职业的关联关系也是显著的．然而，通常的结果并不那么明显和一致，而且(或者)我们的目标是找到用于预测某种设定下每个单元的频率的最佳模型．

对数线性模型是一个加法回归方程，其中期望频率(的对数)作为设计中不同效应的函数．这个过程类似于多重回归分析，通过若干自变量的组合得到因变量的预测．

全模型[⊖]包含多重列联表分析中所有可能的效应．该示例的三重设计的全模型为

$$\ln F_{e_{ijk}} = \theta + \lambda_{A_i} + \lambda_{B_j} + \lambda_{C_k} + \lambda_{AB_{ij}} + \lambda_{AC_{ik}} + \lambda_{BC_{jk}} + \lambda_{ABC_{ijk}} \tag{16.6}$$

对于设计中的每个效应，该效应有多少个层次就有多少个 λ 值(称为效应参数)，这些值的总和为零．在该例中，偏好的阅读材料种类有两个层次，因此科幻小说和谍战小说各有一个λ_R 值，这两个值的和为零．对于大部分单元，期望频率可由各效应参数组合得出．

全(饱和)模型始终是对数据的完美拟合，即期望频率正好等于观测频率．建模的目的是找到一个非饱和模型，使其包含最少的效应，仍然能够非常精确地模拟观测频率．进行

⊖ 全模型也称为饱和模型．

筛选是为了避免对所有可能的非饱和模型进行探讨，面对一个大型设定，即使利用计算机，研究所有可能的非饱和模型仍是十分不近人情的．在筛选过程中找到的不显著效应在建模时通常被忽略．

模型拟合是通过得到非饱和模型对应的G^2，并评估其显著性来实现的．G^2 检验观测频率和期望频率之间的拟合程度，一个好的模型要有不显著的G^2．然而通常会有许多"好"模型，在这些模型之间进行选择会遇到问题，我们的任务是在不显著的模型中进行比较．

模型有两种类型：层次模型和非层次模型．层次（嵌套）模型包含统计上显著的最高阶关联关系及其所有成分．非层次模型不需要包含所有成分（见 16.5.1 节）．对层次模型来说，与更复杂的模型之间没有显著差异的模型就是最优模型．因此，层次模型的选择是参照统计准则进行的．非层次模型中没有可选择的相应统计准则，因此不推荐．

有几种方法可以进行模型比较，这些方法将在 16.5.3 节讨论．在本书提供的最简单的比较方法中，根据筛选结果选择一些层次模型，并通过模型之间G^2 差异的显著性进行比较．在层次模型中，不同的两个G^2 之差仍是一个G^2．即

$$G_1^2 - G_2^2 = G^2 \tag{16.7}$$

如果模型 1 是模型 2 的一个子集，即模型 1 中所有的效应都包含于模型 2 之中，对于本例，模型 1 中包含偏好的阅读材料种类(R)×职业(P)、偏好的阅读材料种类(R)、职业(P)三种效应，模型 2 中包含偏好的阅读材料种类(R)×性别(S)、偏好的阅读材料种类(R)×职业(P)、偏好的阅读材料种类(R)、性别(S)、职业(P)五种效应，则模型 1 嵌套于模型 2 之中．

为了简化模型的描述，指定前面的模型 1 为(RP)，模型 2 为(RS，RP)．这是层次模型的一个非常标准的记法．模型中的每个关联项（如 RS）都包含其所有低维效应（R 和 S）．在示例中，最明显的模型是(SP，R)，它包含性别(S)×职业(P)关联关系和所有三个一维效应．

实践中，第一步是评估最高维效应，然后检验低维效应．在上述例子的筛选过程中，剔除了三重关联关系，但至少有一个二重关联关系是统计显著的．因为设计中只有三个效应，所以用计算机建立包含所有三个二重维关联关系（RS、RP 和 SP）的模型，并将其与所有的二重关联两两组合建立的模型进行对比并不困难．如果局部效应检验存在不确定性，则需要将包含此不确定效应的模型与不包含该效应的模型进行对比．

在本例中，对 RP 和 RS 效应的局部检验缺乏显著性，通常会将它们排除在待检验的模型之外．在此检验包含 RP 效应的模型，仅出于展示目的．

对于每个待检验的模型，可以得到期望频率和G^2．要得到模型的G^2，从总G^2 中减去模型中每个效应的G^2，得到模型中效应未解释的残差检验．如果残差的检验不显著，则从简化模型中得到的频率与期望频率之间有较好的拟合．

在示例中，(SP，R)模型的G^2 值可以从表 16-5 所示的筛选检验中得到．对于二重效应，使用局部检验中的G^2 值．(SP，R)模型中的G^2 为

$$\begin{aligned} G^2_{(SP,R)} &= G_T^2 - G_{SP}^2 - G_S^2 - G_P^2 - G_R^2 \\ &= 48.09 - 27.12 - 0.16 - 1.32 - 13.25 \\ &= 6.24 \end{aligned}$$

式中各部分的自由度是指 16.4.1 节中各关联效应的自由度，因此 df=11−2−1−2−1=5. 由于模型中的残差在统计上不显著，因此该模型是充分的.

在示例中，一个更复杂的模型包括偏好的阅读材料种类(R)×职业(P)的二重关联关系. 按照之前的步骤，(SP，RP)模型的$G^2=2.48$，df=3. (SP，R)和(SP，RP)模型之间差异的检验只是两模型G^2 之间的差异(公式(16.7))，显著性检验要用到两模型自由度之差：

$$G^2_{(\text{diff})} = G^2_{(SP,R)} - G^2_{(SP,RP)}$$
$$= 6.24 - 2.48 = 3.76 \quad \text{df} = 5 - 3 = 2$$

结果并不显著. 由于模型间的差异在统计上不显著，比起更复杂的(SP，RP)模型，我们更倾向于简单的(SP，R)模型. 那么，所选的模型为

$$\ln F_e = \theta + \lambda_R + \lambda_S + \lambda_P + \lambda_{SP}$$

16.4.3 评估与解释

最优模型一旦选定，就要根据与总体数据矩阵的拟合程度(如前一节所讨论的)和每个单元中拟合的离差来评估该模型.

16.4.3.1 残差

模型一旦选定，就使用每个单元的期望频率和观测频率之间的偏差(残差)来评估模型是否适合于该单元中的观测频率. 在一些案例中，模型在一些单元中对频率的预测表现较好，而在另一些单元中表现很差，从而表明模型适合或不适合变量层次的组合.

在示例中，观测频率见表 16-1. (SP，R)模型下的期望频率通过 16.4.1.3 节所示的迭代过程得到，如表 16-6 所示. 每个单元中的残差通过计算两个表对应单元之间的差值得到.

表 16-6 模型中的期望频率

职业	性别		阅读种类		总计
			SCIFI	SPY	
政治家	男		10.6	19.4	30.0
	女		8.9	16.1	25.0
		总计	19.5	35.5	55.0
管理人员	男		14.2	25.8	40.0
	女		5.3	9.7	15.0
		总计	19.5	35.5	55.0
肚皮舞舞者	男		3.5	6.5	10.0
	女		12.4	22.6	35.0
		总计	16.0	29.0	45

相较于差异的原始解释，通常残差是通过将观测频率与期望频率之差除以期望频率的平方根来标准化的，以此构造一个 z 值. 示例中的原始差异和标准化残差见表 16-7. 差异最大的单元是偏好科幻小说的男性政治家，期望频率比观测频率小 4.4，标准化残差 $z=1.3$. 尽管男性的差异比女性的差异要大，但这些单元之间的差异都不是很大，因此该模型看起来是可以接受的.

表 16-7　基于模型(*SP*，*R*)假设数据集的原始残差和标准化残差

职业	性别	阅读种类	
		SCIFI	SPY
原始残差($f_o - F_e$)：			
政治家	男	4.4	−4.4
	女	1.1	−1.1
管理人员	男	−4.2	4.2
	女	−0.3	0.3
肚皮舞舞者	男	1.5	−1.5
	女	−2.4	2.4
标准化残差$(f_o - F_e)/F_e^{1/2}$：			
政治家	男	1.3	−1.0
	女	0.4	−0.3
管理人员	男	−1.1	0.8
	女	−0.1	0.1
肚皮舞舞者	男	0.8	−0.6
	女	−0.7	0.5

16.4.3.2　参数估计

对于大部分单元，有不同的参数线性组合，单元中参数的大小反映了模型中各效应对于该单元频率的贡献．例如，我们可以评估偏好的阅读材料种类对于偏好科幻小说的女性政治家案例数量的重要程度．

模型的参数通过表 16-6 中的F_e 进行估计，估计方法与方差分析中非常相似．方差分析中，单元中效应的大小表现为其与总体均值的离差．每个单元都有各自不同的离差组合，对应于该单元统计上显著效应的特定层次组合．

在多重列联表分析中，离差从比例的自然对数中计算得出：$\ln(P_{ijk})$．通过将每个单元的F_e 除以 $N=155$，然后将模型的期望频率(表 16-6)转换成比例，再将该比例进行自然对数变换得到．例如，对于第一个单元——偏好科幻小说的男性政治家：

$$\begin{aligned}\ln(P_{ijk}) &= \ln(F_{e_{ijk}}/155)\\ &= \ln(10.6/155)\\ &= -2.682\,571\,1\end{aligned}$$

表 16-8 给出了所有的变换结果．

表 16-8　模型(*SP*,*R*)的期望 $\ln(P_{ijk})$

职业	性别	阅读种类	
		SCIFI	SPY
政治家	男	−2.682 571 1	−2.078 152 1
	女	−2.857 373 8	−2.262 605 8
管理人员	男	−2.390 183 2	−1.793 050 6
	女	−3.375 718 3	−2.771 299 2
肚皮舞舞者	男	−3.790 662 1	−3.171 622 9
	女	−2.525 728 6	−1.925 475 2

注：$\ln(P_{ijk})=(F_{ijk}/155)=\ln(F_{ijk})-\ln(155)$.

随后，将表 16-8 中的值用于一个三步过程，最后以标准差单位表示每个单元每个效应的参数估计．第一步计算总体均值和模型中每个效应不同层次的均值(用自然对数表示)．第二步将每个效应的不同层次表示为其与总体均值间的离差．第三步将离差转换为标准得分，来比较单元频率中不同参数的相对贡献．

在第一步中，通过在适当的单元中求和 $\ln(P_{ijk})$ 再除以相应的单元数来得到各个均值．例如，为求总体均值，

$$\begin{aligned}\overline{x}_{...} &= (1/rsp)\sum_{ijk}\ln(P_{ijk})\\ &= (1/12)[-2.6825711+(-2.0781521)+(-2.8573738)+\cdots+(-1.9254752)]\\ &=-2.6355346\end{aligned}$$

为计算偏好的阅读材料种类的第一个层次——科幻小说的均值：

$$\begin{aligned}\overline{x}_{1..} &=(1/sp)\sum_{jk}\ln(P_{ijk})\\ &=(1/6)[-2.6825711+(-2.8573738)+(-2.3901832)+\\ &\quad(-3.3757183)+(-3.7906621)+(-2.5257286)]\\ &=-2.9370395\end{aligned}$$

肚皮舞舞者的均值为

$$\begin{aligned}\overline{x}_{..3} &= (1/rs)\sum_{ij}\ln(P_{ijk})\\ &= (1/4)[-3.7906621+(-3.1716229)+(-2.5257286)+(-1.9254752)]\\ &=-2.8533722\end{aligned}$$

对于一阶效应也是如此．

利用相同的方法可以得到二阶效应的均值．例如，对于性别(S)×职业(P)关联关系，男性政治家的均值为

$$\begin{aligned}\overline{x}_{.11} &= (1/r)\sum_{i}\ln(P_{ijk})\\ &= (1/2)[-2.6825711+(-2.0781521)]\\ &=-2.3803616\end{aligned}$$

在第二步中，通过相减得到参数估计值．对于一阶效应，参数通过每个层次的均值减去总体均值得到．例如，偏好的阅读材料种类的第一个层次——科幻小说的参数 λ_{R_1} 为

$$\begin{aligned}\lambda_{R_1} &= \overline{x}_{1..}-\overline{x}_{...}\\ &=-2.9370395-(-2.6355346)\\ &=-0.302\end{aligned}$$

对于职业的第三个层次——肚皮舞舞者，

$$\begin{aligned}\lambda_{P_3} &= \overline{x}_{3..}-\overline{x}_{...}\\ &=-2.8533722-(-2.63555346)\\ &=-0.218\end{aligned}$$

以此类推．

要得到二阶效应中某单元的参数 λ，需用二阶关联中的均值减去两个适当的主效应均值，然后加上总体均值(与方差分析中的计算方法相似)．例如，女性肚皮舞舞者相应的参数$\lambda_{SP_{23}}$(性别的第二个层次，职业的第三个层次)通过用女性肚皮舞舞者的均值(对两种阅读偏好的女性肚皮舞舞者进行平均)减去女性的均值和肚皮舞舞者的均值，再加上总体均值得到．

$$\begin{aligned}\lambda_{SP_{23}} &= \bar{x}_{23.} - \bar{x}_{..2} - \bar{x}_{..3} + \bar{x}_{...} \\ &= -2.2256019 - (-2.6200335) - (-2.8533722) + (-2.6355346) \\ &= 0.612\end{aligned}$$

通过相同的方法得出了表 16-9 中显示的所有 λ 值．表中 θ 为总体均值由比例到频率单位的换算，再加上 $\ln(N)$计算得到：

$$\begin{aligned}\theta &= \bar{x}_{...} + \ln(155) \\ &= 2.4079\end{aligned}$$

由模型得到的每个单元的期望频率表示为适当的参数方程．例如，偏好谍战小说的男性政治家的期望频率(19.40)为

$$\begin{aligned}\ln F_e &= \theta + \lambda_{R_2} + \lambda_{S_1} + \lambda_{P_1} + \lambda_{SP_{11}} \\ &= 2.4079 + 0.302 + (-0.015) + 0.165 + 0.106 \\ &= 2.9659 \approx \ln(19.40)\end{aligned}$$

在舍入误差范围内．

表 16-9　θ(均值)=2.4079，模型(SP，R)的参数估计

效应	层次	λ	λ/SE
阅读种类	SCIFI	−0.302	−3.598
	SPY	0.302	3.598
性别	男	−0.015	−0.186
	女	0.015	0.186
职业	政治家	0.165	2.045
	管理人员	0.053	0.657
	肚皮舞舞者	−0.218	−2.702
性别与职业	男政治家	0.106	1.154
	女政治家	−0.106	−1.154
	男管理人员	0.506	5.510
	女管理人员	−0.506	−5.510
	男肚皮舞舞者	0.612	7.200
	女肚皮舞舞者	−0.612	−7.200

这些参数可以用来计算每个单元的期望频率，但在步骤 3 完成之前不能用于解释项的重要程度．在步骤 3 中，通过将参数除以各自的标准误差得到标准正态离差，并根据它们的相对大小进行解释．因此，表 16-9 中的参数值分别以 λ 形式和除以各自标准误差后的形式给出．

参数的标准差 SE 通过以下方式得到：先对参数的层次数的倒数求平方，再将其除以不同层次相应的观测频率，最后将其在不同层次间进行加总．例如，对偏好的阅读材料种类来说：

$$\begin{aligned} SE^2 &= \sum (1/r_i)^2/f_o \\ &= (1/2)^2/55 + (1/2)^2/100 \\ &= (0.25)/55 + (0.25)/100 \\ &= 0.0070455 \end{aligned}$$

以及

$$SE = 0.0839372$$

需要注意的是，这是最简单的计算 SE 的方法(Goodman，1978)，不像其他一些方法，用不同的边际频率对层次的数量进行加权．

要得到科幻小说(偏好的阅读材料种类的第一个层次)的标准正态离差，将科幻小说的 λ 除以其标准误差：

$$\begin{aligned} \lambda_{R_1}/SE &= -0.302/0.0839372 \\ &= -3.598 \end{aligned}$$

该比值被解释为标准正态离差(z)，将其与临界值 z 进行比较，以确定该效应对单元的贡献程度．单元中不同效应的相对重要程度也通过这些比值得出．例如，对于偏好谍战小说的女性肚皮舞舞者，参数的标准正态离差为 3.598(谍战小说)、0.186(女性)、−2.702(肚皮舞舞者)以及−7.200(女性肚皮舞舞者)．该单元频率最重要的影响依次是：性别×职业的关联关系、偏好的阅读材料种类和职业．由于它们都超过了 2.58，因此在 $p<0.01$ 统计显著．在该单元中，性别对期望频率几乎没有贡献，统计上也不显著．

由于在典型的对数线性模型中会产生较大的效应值，因此在进行统计显著性评估时，要使用更加保守的标准．通常认为使用 4.00 的 z 标准是合理的．

16.6.2.4 节将进一步研究模型解释．10.6.3 节讨论了当一个变量是因变量时参数到优势的转换．

16.4.4 小样本示例的计算机分析

表 16-1 中数据的计算机分析所需程序语法及选定的输出结果见表 16-10～表 16-12. SPSS HILOGLINEAR 和 GENLOG㊀ 的输出结果分别见表 16-10 和表 16-11，SAS CATMOD 的输出结果见表 16-12.

表 16-10 中的 SPSS HILOGLINEAR(Model Selection on Loglinear 菜单)给出的程序输出结果对分层多重列联分析进行了适当的筛选．模型检验还需要额外的说明．指令 PRINT＝FREQ 能得出 Observed, Expected Frequencies and Residuals. 由于程序语法中没有指定模型，所以程序得出了一个全模型(模型中包含所有效应)，其中期望频率和观测频率是相同的．SPSS 对全模型中的所有观测频率增加了 0.5. 然而，这种做法对后续结果没有影响. Goodness- of- fit test statistics 表也反映这是一个完美拟合的模型．

㊀ 另一个程序 SPSS LOGLINEAR 只能通过程序语法进行分析，相关操作在 16.6.2 节中演示．

表 16-10 利用 SPSS HILOGLINEAR 进行的小样本示例多重列联分析(程序语法及选定的输出结果)

```
WEIGHT by freq.
HILOGLINEAR
  profess(1 3) sex(1 2) readtyp(1 2) /METHOD=BACKWARD
  /CRITERIA MAXSTEPS (10) p(.05) ITERATION(20) DELTA(.5)
  /PRINT=FREQ ASSOCIATION ESTIM
  /DESIGN.
```

HiLog

```
Observed, Expected Frequencies and Residuals.
       Factor             Code             OBS count   EXP count
 profess                  1
  sex                      1
   readtyp                  1                  15.5        15.5
   readtyp                  2                  15.5        15.5
  sex                      2
   readtyp                  1                  10.5        10.5
   readtyp                  2                  15.5        15.5
 profess                  2
  sex                      1
   readtyp                  1                  10.5        10.5
   readtyp                  2                  30.5        30.5
  sex                      2
   readtyp                  1                   5.5         5.5
   readtyp                  2                  10.5        10.5
 profess                  3
  sex                      1
   readtyp                  1                   5.5         5.5
   readtyp                  2                   5.5         5.5
  sex                      2
   readtyp                  1                  10.5        10.5
   readtyp                  2                  25.5        25.5
---------------------------------------------------------------------------
Goodness-of-fit test statistics
   Likelihood ratio chi square =      .00000    DF = 0   P =     .
           Pearson chi square =      .00000    DF = 0   P =     .

-------------------------------------------------------------------------------------
Tests that K-way and higher order effects are zero.
         K     DF   L.R. Chisq    Prob  Pearson Chisq    Prob   Iteration

         3      2        1.848   .3969          1.920   .3828           3
         2      7       33.353   .0000         32.994   .0000           2
         1     11       48.089   .0000         52.097   .0000           0

-------------------------------------------------------------------------------------
Tests that K-way effects are zero.
         K     DF   L.R. Chisq    Prob   Pearson Chisq    Prob   Iteration

         1      4       14.737   .0053         19.103   .0008           0
         2      5       31.505   .0000         31.073   .0000           0
         3      2        1.848   .3969          1.920   .3828           0

-------------------------------------------------------------------------------------
 Tests of PARTIAL associations.
  Effect Name                                  DF  Partial Chisq    Prob   Iter

  profess*sex                                   2         27.122   .0000      2
  profess*readtyp                               2          4.416   .1099      2
  sex*readtyp                                   1           .621   .4308      2
  profess                                       2          1.321   .5166      2
  sex                                           1           .161   .6879      2
  readtyp                                       1         13.255   .0003      2

-------------------------------------------------------------------------------------

 Note: For saturated models .500 has been added to all observed cells.
 This value may be changed by using the CRITERIA = DELTA subcommand.
```

（续）

```
Estimates for Parameters.
profess*sex*readtyp
 Parameter        Coeff.     Std. Err.     Z-Value Lower 95 CI Upper 95 CI

       1    .0259458833       .11956      .21702     -.20839      .26028
       2  -.1763513737       .12929    -1.36397     -.42977      .07706
profess*sex
 Parameter        Coeff.     Std. Err.     Z-Value Lower 95 CI Upper 95 CI

       1    .1038757056       .11956      .86884     -.13046      .33821
       2    .4347541617       .12929     3.36255      .18134      .68817
profess*readtyp
 Parameter        Coeff.     Std. Err.     Z-Value Lower 95 CI Upper 95 CI

       1    .1517793544       .11956     1.26951     -.08255      .38611
       2  -.1790991017       .12929    -1.38522     -.43251      .07432
sex*readtyp
 Parameter        Coeff.     Std. Err.     Z-Value Lower 95 CI Upper 95 CI

       1    .0714203084       .09098      .78501     -.10690      .24974
profess
 Parameter        Coeff.     Std. Err.     Z-Value Lower 95 CI Upper 95 CI

       1    .1935846228       .11956     1.61918     -.04075      .42792
       2    .0064171131       .12929      .04963     -.24700      .25983
sex
 Parameter        Coeff.     Std. Err.     Z-Value Lower 95 CI Upper 95 CI

       1  -.0065095139       .09098     -.07155     -.18483      .17181
readtyp
 Parameter        Coeff.     Std. Err.     Z-Value Lower 95 CI Upper 95 CI

       1  -.2491455461       .09098    -2.73844     -.42747     -.07082
```

接下来的三个表是通过程序指令 ASSOCIATION 生成的，表中分别包含所有效应的单独检验、各阶的联合效应检验以及各阶和更高阶的联合效应检验．标签为 Tests of PARTIAL associations 的表展示了所有的一阶效应及二阶效应的检验．该表中数值与表 16-5 中手工计算的数值相同．标签为 Tests that K-way effects are zero 的表显示了各阶联合效应的检验．表中标签为 2 的行是对三个二阶关联关系的检验，在本例中，它显示了分别使用似然比（L. R.）准则和 Pearson chisq 准则的统计显著性度量．输出结果表明，至少有一个二阶关联关系在两个准则下都是显著的．表中也提供了单个三阶关联关系的检验（$k=3$），但该关系并不显著．在标签为 Tests that K-way and higher order effects are zero 的表中，标签为 1 的行包含了所有一阶、二阶、三阶关联关系的检验，在似然比准则和皮尔逊卡方准则下都是显著的．标签为 2 的行包含了所有二阶、三阶关联关系的检验，以此类推．

表 16-10 中的最后一部分包含了参数估计，这是检验效应的另一种方法．不同于对每个效应的局部检验，参数估计的检验通过将各效应的相关系数（Coeff.）除以其自身标

准误差(Std. Err.)来得到 Z 值和相应的 95%置信区间(Lower 95CI 和 Upper 95CI)[⊖]. 这些参数估计量仅适用于饱和模型——包含所有可能效应的模型．需要注意的是，若某效应的自由度不止一个，则不提供该效应的单一检验，这是因为参数估计对每个自由度进行单独检验．

表 16-11 给出了通过 SPSS GENLOG 得出的非特定(全、饱和)模型．需要注意的是，单元权重的确定在 GENLOG 过程之外．输出结果从对特定模型单元的观测频率、期望频率以及百分比的描述开始，特定模型在第一个输出结果表中用脚注 b 进行详细说明．所有单元计数都自动增加了 0.5. 尽管表的标题包含残差，但由于这是一个饱和模型，观测频率和期望频率完全相等，因此残差并未显示．最后一个表显示了参数估计，并展示了它的标准误差(Std. Error)和 z 值(Estimate 除以 Std. Error). 最后两列显示了每个参数估计值的 95%置信区间．需要注意的是，由于 SPSS HILOGLINEAR 和 GENLOG 两个程序中模型参数化的方法有所不同，所以这两个程序得出的参数和其标准误差之间有差异．

表 16-11　利用 SPSS GENLOG 进行的小样本本示例多重列联分析(程序语法及选定的输出结果)

```
GENLOG
  profess sex readtyp
  /MODEL = POISSON
  /PRINT = FREQ ESTIM
  /CRITERIA = CIN(95) ITERATE(20) CONVERGE(.001) DELTA(.5)
  /DESIGN
```

Cell Counts and Residuals[a,b]

			Observed		Expected	
profess	sex	readtyp	Count	%	Count	%
1.00	1.00	1.00	15.500	9.6%	15.500	9.6%
		2.00	15.500	9.6%	15.500	9.6%
	2.00	1.00	10.500	6.5%	10.500	6.5%
		2.00	15.500	9.6%	15.500	9.6%
2.00	1.00	1.00	10.500	6.5%	10.500	6.5%
		2.00	30.500	18.9%	30.500	18.9%
	2.00	1.00	5.500	3.4%	5.500	3.4%
		2.00	10.500	6.5%	10.500	6.5%
3.00	1.00	1.00	5.500	3.4%	5.500	3.4%
		2.00	5.500	3.4%	5.500	3.4%
	2.00	1.00	10.500	6.5%	10.500	6.5%
		2.00	25.500	15.8%	25.500	15.8%

[a]Model: Poisson

[b]Design: Constant + profess + sex + readtyp + profess * sex + profess* readtyp + sex * readtyp + profess * sex * readtyp

⊖ 这些参数估计值与那些手工计算得到的值(表 16-9)多少有些不同，因为该程序使用了不同的算法．

（续）

Parameter Estimates[b,c]

Parameter	Estimate	Std. Error	Z	Sig.	95% Confidence Interval	
					Lower Bound	Upper Bound
Constant	3.239	.198	16.355	.000	2.851	3.627
[profess = 1.00]	–.498	.322	–1.546	.122	–1.129	.133
[profess = 2.00]	.887	.367	–2.420	.016	–1.605	–.169
[profess = 3.00]	0[a]					
[sex = 1.00]	–1.534	.470	–3.262	.001	–2.455	–.612
[sex = 2.00]	0[a]					
[readtyp = 1.00]	–.887	.367	–2.420	.016	–1.606	–.169
[readtyp = 2.00]	0[a]					
[profess = 1.00]*[sex = 1.00]	1.534	.592	2.593	.010	.374	2.694
[profess = 1.00]*[sex = 2.00]	0[a]					
[profess = 2.00]*[sex = 1.00]	2.600	.591	4.401	.000	1.442	3.758
[profess = 2.00]*[sex = 2.00]	0[a]					
[profess = 3.00]*[sex = 1.00]	0[a]					
[profess = 3.00]*[sex = 2.00]	0[a]					
[profess = 1.00]*[readtyp = 1.00]	.498	.542	.918	.359	–.565	1.561
[profess = 1.00]*[readtyp = 2.00]	0[a]					
[profess = 2.00]*[readtyp = 1.00]	.241	.641	.375	.708	–1.017	1.498
[profess = 2.00]*[readtyp = 2.00]	0[a]					
[profess = 3.00]*[readtyp = 1.00]	0[a]					
[profess = 3.00]*[readtyp = 2.00]	0[a]					
[sex = 1.00]*[readtyp = 1.00]	.887	.706	1.257	.209	–.496	2.271
[sex = 1.00]*[readtyp = 2.00]	0[a]					
[sex = 2.00]*[readtyp = 1.00]	0[a]					
[sex = 2.00]*[readtyp = 2.00]	0[a]					
[profess = 1.00]*[sex = 1.00]*[readtyp = 1.00]	–.498	.887	-.561	.575	–2.236	1.241
[profess = 1.00]*[sex = 1.00]*[readtyp = 2.00]	0[a]					
[profess = 1.00]*[sex = 1.00]*[readtyp = 2.00]	0[a]					
[profess = 1.00]*[sex = 2.00]*[readtyp = 1.00]	0[a]					
[profess = 1.00]*[sex = 2.00]*[readtyp = 2.00]	–1.307	.950	–1.375	.169	–3.170	.556
[profess = 2.00]*[sex = 1.00]*[readtyp = 2.00]	0[a]					
[profess = 2.00]*[sex = 2.00]*[readtyp = 1.00]	0[a]					
[profess = 2.00]*[sex = 2.00]*[readtyp = 2.00]	0[a]					
[profess = 3.00]*[sex = 1.00]*[readtyp = 1.00]	0[a]					
[profess = 3.00]*[sex = 1.00]*[readtyp = 2.00]	0[a]					
[profess = 3.00]*[sex = 2.00]*[readtyp = 1.00]	0[a]					
[profess = 3.00]*[sex = 2.00]*[readtyp = 2.00]	0[a]					

[a]This parameter is set to zero because it is redundant. [b]Model: Poisson

[c]Design: Constant + profess + sex + readtyp + profess * sex + profess * readtyp + sex * readtyp + profess * sex *readtyp

表 16-12 给出了 SAS CATMOD 进行多重列联表分析的程序语法和输出结果．通过列出三阶关联关系程序指令 `PROFESS*SEX*READTYP` 指定一个饱和模型，该指令等价于 `_response_`，这是建立对数线性模型的一个关键词．可以通过 `noiter` 指令删减不必要的输出结果．还需要用到程序语法中的 `loglin` 指令，该语法中的指令指定所有变量（职业、

性别、偏好的阅读材料种类)都是自变量.

表 16-12　利用 SAS CATMOD 进行小样本案例的多重列联分析(程序语法及选定的输出结果)

```
proc  catmod data=SASUSER.SSMFA;
      weight  freq;
      model  PROFESS*SEX*READTYP=_response_/
             noiter;
             loglin  PROFESS|SEX|READTYP;
run;
```

```
                         The CATMOD Procedure
                            Data Summary

Response              PROFESS*SEX*READTYP        Response Levels    12
Weight Variable       FREQ                       Populations         1
Data Set              SSMFA                      Total Frequency   155
Frequency Missing     0                          Observations       12


                         Population Profiles

                        Sample    Sample Size
                        ---------------------
                           1            155


                         Response Profiles

               Response    PROFESS    SEX    READTYP
               -------------------------------------
                   1          1        1        1
                   2          1        1        2
                   3          1        2        1
                   4          1        2        2
                   5          2        1        1
                   6          2        1        2
                   7          2        2        1
                   8          2        2        2
                   9          3        1        1
                  10          3        1        2
                  11          3        2        1
                  12          3        2        2


                     Maximum Likelihood Analysis

            Maximum likelihood computations converged.

        Maximum Likelihood Analysis of Variance

Source                    DF    Chi-Square    Pr > ChiSq
--------------------------------------------------------
PROFESS                    2          3.46        0.1777
SEX                        1          0.01        0.9256
PROFESS*SEX                2         17.58        0.0002
READTYP                    1          7.61        0.0058
PROFESS*READTYP            2          2.62        0.2691
SEX*READTYP                1          0.66        0.4168
PROFESS*SEX*READTYP        2          1.89        0.3894

Likelihood Ratio           0           .             .
```

(续)

Analysis of Maximum Likelihood Estimates

Parameter		Estimate	Standard Error	Chi-Square	Pr > ChiSq
PROFESS	1	0.2081	0.1229	2.87	0.0903
	2	0.00538	0.1337	0.00	0.9679
SEX	1	-0.00878	0.0940	0.01	0.9256
PROFESS*SEX	1 1	0.1101	0.1229	0.80	0.3700
	2 1	0.4567	0.1337	11.67	0.0006
READTYP	1	-0.2595	0.0940	7.61	0.0058
PROFESS*READTYP	1 1	0.1581	0.1229	1.66	0.1982
	2 1	-0.1885	0.1337	1.99	0.1586
SEX*READTYP	1 1	0.0764	0.0940	0.66	0.4168
PROFESS*SEX*READTYP	1 1 1	0.0250	0.1229	0.04	0.8387
	2 1 1	-0.1777	0.1337	1.77	0.1837

在对该设计设定信息描述之后，CATMOD 提供了关于响应配置文件的详细信息．Maximum Likelihood Analysis of Variance 表包含了每个效应单独的似然比 Chi-Square 检验．需要注意的是，由于所用算法不同，这些估计值与 SPSS HILOGLINEAR 得出的结果有些许不同，而与 SPSS GENLOG 得出的结果有很大不同．

在接下来的章节中，有单一参数估计值的检验(Analysis of Maximum Likelihood Estimates)，但是表中的一些估计值与手工计算的估计值(表 16-9)、SPSS HILOGLINEAR 得出的估计值(表 16-10)以及 GENLOG 得出的估计值(表 16-11)都有差异．对每个参数估计值进行卡方检验．

16.5 一些重要问题

16.5.1 层次模型和非层次模型

如果一个模型在其保留的最高阶关联关系中包含所有的低阶效应，那么它就是层次模型，或嵌套模型．对一个四阶设计的层次模型 $ABCD$，有一个显著的三阶关联关系 ABC，即 $A\times B\times C$、$A\times B$、$A\times C$、$B\times C$、A、B 和 C. 层次模型可能会也可能不会包含一些其他的二阶关联关系和 D 的一阶效应．来自相同四阶设计的非层次模型仅包含显著的二阶关联关系、一阶效应以及显著的三阶关联关系，也就是说，不显著的 $B\times C$ 关联关系包含在保留 ABC 效应的层次模型中，而非层次模型中不自动包含该关联关系．

在多重列联表的对数线性分析中，通常使用的是层次模型(例如 Goodman，1978；Knoke 和 Burke，1980)．由于更高阶效应和低阶成分混合在一起，所以非层次模型往往不被信任．因此，在一般对数线性程序中指定模型时，最好是显著地包含各成分间的低阶关联关系．

层次模型的一个主要优点是能进行模型间差异的显著性检验，因此，通过推断方法可以确定最简单的充分拟合模型．除非其中一个备选模型恰好嵌套于另一个模型之中，否则非层次模型无法进行模型间差异的统计显著性检验．

SPSS LOGLINEAR、GENLOG 和 SAS CATMOD 用 Newton-Raphson 算法来评估模型，由于它们不会自动建立层次模型，所以被当作一般的对数线性程序．SPSS HILOGLINEAR 仅适用于层次模型．

16.5.2　统计准则

一个潜在的混淆来源是，模型的检验寻找统计上的不显著性，而效应的检验寻找统计上的显著性．这两种检验通常使用相同的统计数据．所有的检验方法都使用相同的统计量——χ^2 统计量．这是评估模型拟合方法中的一贯做法，详见第10章和第14章．

16.5.2.1　模型检验

皮尔逊χ^2 和似然比统计量G^2 可以用于筛选拟合数据必需的模型的复杂度，也可以用于检验模型的整体拟合程度．在两种统计量之间，由于G^2 统计量可以检验整体拟合程度，进行效应筛选，以及检验层次模型间的差异，故偏好于使用G^2 统计量．而且，在某些条件下使用皮尔逊χ^2 时，低期望频率会增加第一类错误率(Milligan，1980)．

在评价模型的拟合优度时，你要找到一个不显著的G^2，即模型中估计的频率和观测频率相近．因此，保留原假设是我们所期望的结果——选择合适的 α 水平并非易事．为了避免得到过多的"好"模型，你需要一个不那么严格的 α 水平，如 0.10 或 0.25.

而且，在大样本下，期望频率和观测频率间的较小差异通常也会导致统计显著性．一个显著的模型，即使在 $\alpha=0.05$ 时，实际上也可能充分拟合．另一方面，在小样本下，较大的差异往往也达不到统计显著，因此对一个不显著的模型，即使在 $\alpha=0.25$ 时，实际上也会拟合较差．显著性水平的选择，不仅要考虑到样本量，还要考虑到检验的性质．对于较大的样本，要选择较小的尾部概率值．

16.5.2.2　个体效应检验

在多重列联表中，对个体效应的检验主要有两种类型：局部效应的χ^2 检验和单一自由度下参数估计的 z 检验．

在一个全模型中，SPSS HILOGLINEAR 和 SAS CATMOD 能够对所有效应进行局部G^2 检验．此外，所有程序都输出参数估计值及其标准误差，它们被转换为参数的 z 检验，而在 SAS 中，使用χ^2 检验．但是 SPSS HILOGLINEAR 仅在饱和模型下输出这些结果．

SPSS LOGLINEAR 和 GENLOG 提供了参数估计和与之相关的 z 检验，但是缺乏对超过一个自由度效应的综合检验．如果一个效应有两个以上的层次，那么此效应就没有单一推断检验．虽然可以将统计显著性归因于任何单一自由度检验显著的效应，但此时不会提供总体尾部概率水平．而且，即使所有参数的单一自由度检验都不显著，该效应也可能是统计上显著的．仅使用参数的单一自由度 z 检验不能确定此效应．

16.5.3　模型选择策略

如果你有一个或多个先验假设模型，那么就没必要讨论本节的选择策略了．当你建模或寻找最简单的非饱和模型时，才会用到本节的方法．在所有的探索性建模中，应该关注那些过度拟合的结果，这可能会导致第一类错误率增大．

模型选择的策略因使用 SPSS 或 SAS 而不同．两个程序的选项和功能各有不同．你会发现用其中一个程序来筛选模型，用另一个程序评估模型是很方便的．前面说到，层次模型程序会自动包含高阶关联关系中的低阶成分．一般对数线性模型程序要求，在指定候选层次模型时要明确给出其中包含的更低阶的成分.

16.5.3.1 SPSS HILOGLTNEAR(分层)

该程序提供了每个单独效应(相应的局部χ^2)的检验、所有k阶效应的同步检验(所有一阶效应的联合检验、二阶效应的联合检验等),以及所有k阶和更高阶效应的同步检验(对于一个四阶模型,所有三阶、四阶效应的联合检验,所有二阶、三阶、四阶效应的联合检验,等等).皮尔逊χ^2和似然比G^2都有给出.遵循了Benedetti和Brown(1978)的建议策略的过程如下.

在一个四阶设计$ABCD$中考虑ABC的效应.首先,考虑所有三阶效应的联合检验和三阶、四阶效应的联合检验,因为联合检验的结果优于个体效应检验.如果联合检验都是不显著的,那么就不用顾及局部检验,可以直接剔除ABC的联合效应,除非预先假设存在ABC三阶交互作用.如果联合检验和ABC效应都是显著的,则在最终模型中会保留ABC效应.若有些检验显著而有些检验不显著,则需要进一步进行筛选.该过程见16.6.2.1节.(用于评估显著性的p值取决于样本量.较大的样本量用较小的p值进行检验,以避免包含统计上显著但影响甚微的效应.)

对存在不确定结果(如选用G^2还是选用皮尔逊χ^2,选用$\alpha=0.01$还是选用$\alpha=0.05$,存在争议)的效应的进一步筛选需逐步进行.SPSS HILOGLINEAR只能进行向后步进选择,从全模型开始进行最初筛选.首先剔除模型中贡献最小的项,随后对剩余的同阶项进行评估.计算并给出检验较简单模型和较复杂模型间差异的χ^2.筛选时那些删除后模型性能不会显著降低的项将被剔除.

需要注意的是,该逐步过程与其他过程一样,违背了假设检验的原则.因此,对该逐步过程中产生的χ^2和概率值不要太当真.将此视为寻求最合理模型的过程,χ^2为模型选择提供指导,而不是严格地说某些模型显著比其他模型更好或更差.

16.5.3.2 SPSS GENLOG(一般对数线性)

此程序无法对关联关系进行同步检验,也无法进行逐步筛选.因此,该程序用来选择合适模型的过程很简单,但不太灵活.

全模型的初步运行常用于确定参数值显著不为零的效应.每个单元中的每个效应都有一个相应的参数,如果一个效应具有两个以上的层次,那么相同的效应在不同的单元中参数的大小可能会有差异.若某个效应在任一单元中的参数都十分显著,则此效应被保留.若某个效应的所有参数都明显不显著,则该效应被剔除.

当某些参数在一定程度上显著时,就产生了不确定的情况.后续过程可能包含也可能不包含该不确定效应.在这些过程中,参数的显著性和模型的总体拟合度会一起进行评估.如上所述,为了达到最合理的模型,遵循简单效应向后剔除的策略.

16.5.3.3 SAS CATMOD和SPSS LOGLINEAR(一般对数线性)

虽然这些程序无法逐步建模,也无法同步检验各阶关联关系,但能对模型中每个效应提供单独检验,包括检验超过一个自由度的效应.全模型的初步运行常用来确定候选模型,通过最大似然卡方检验来检验模型中的关联关系.模型评估遵从简单效应向后剔除的思想,就像16.5.3.1节所描述的.

16.6 多重列联表分析的完整案例

用来演示多重列联表分析的数据来源于临床心理学家的调查(见B.3节). 这个案例是包含五个二分变量的层次分析: (1)治疗师是否认识到患者意识到治疗师对他们有吸引力(AWARE); (2)治疗师是否认识到吸引力对治疗是有益的(BENEFIT); (3)治疗师是否认识到吸引力对治疗是有害的(HARM); (4)治疗师在对患者有吸引力时是否有寻求商谈(CONSULT); (5)治疗师是否由于吸引力而感到不自在(DISCOMF). 这是一个探索性分析, 它旨在拟合模型, 而不是建立假设存在特定效应的模型. 在所有的理论模型中都会关注过拟合. 文件是MFA.*.

16.6.1 假设的评估: 期望频率的充分性

样本中有585位心理学家. 其中, 只有那些认为至少对一个患者存在吸引力的治疗师回答了用于分析的问题, 故151个存在缺失数据的样本被剔除. 可用于层次分析的样本由434位心理学家组成, 如表16-13 SPSS CROSSTABS的运行所示. 程序语法的第一部分COMPUTE是FILTER语句, 用来确保在分析中忽略任何变量上的缺失数据. 然后, 通过CROSSTABS指令要求对2×2表中的所有单元计算观测频率和期望频率. 在此仅展示部分表格.

样本量满足分析的要求. 2×2×2×2×2的数据表中包含32个单元, 434个样本应该是充足的. 如果二元分割不是太差, 那么预计每个单元会有五个以上的案例. 对表16-13中的所有二重列联表进行审查, 以确定期望频率是否充足. 最小的期望频率是41.3, 对应的单元是患者认识到治疗师对他们有吸引力以及吸引力对治疗是有益的, 该期望频率也大大超过所需的最小值——5个案例. 16.6.2.3节将对结果中的异常值进行探讨.

表16-13 在层次对数线性分析中, 初步SPSS CROSSTABS RUN的程序语法和部分输出结果

```
USE ALL.
COMPUTE filter_$=(aware < 3 and benefit < 3 and harm < consult < 3 and
  discomf < 3).
VARIABLE LABEL filter_$ 'aware < 3 and benefit < 3 and harm < consult < 3 and'+
  ' discomf < 3 (FILTER)'.
VALUE LABELS filter_$  0 'Not Selected' 1 'Selected'.
FORMAT filter_$ (f1.0).
FILTER BY filter_$.
EXECUTE .

CROSSTABS
 /TABLES=aware benefit harm  BY consult discomf
 /FORMAT= AVALUE TABLES
 /CELLS= COUNT EXPECTED ROW COLUMN .
CROSSTABS
 /TABLES=aware BY benefit harm
 /FORMAT= AVALUE TABLES
 /CELLS= COUNT EXPECTED ROW COLUMN .
CROSSTABS
 /TABLES=benefit BY harm
 /FORMAT= AVALUE TABLES
 /CELLS= COUNT EXPECTED ROW COLUMN .
CROSSTABS
 /TABLES=consult BY discomf
 /FORMAT= AVALUE TABLES
 /CELLS= COUNT EXPECTED ROW COLUMN .
```

（续）

Crosstabs

Was client aware of attraction? * Was there consultation about attraction? Crosstabulation

			Was there consultation about attraction?		
			NEVER	YES	Total
Was client aware of attraction?	PROB_NOT	Count	155	151	306
		Expected Count	126.9	179.1	306.0
		% within Was client aware of attraction?	50.7%	49.3%	100.0%
		% within Was there consultation about attraction?	86.1%	59.4%	70.5%
	YES	Count	25	103	128
		Expected Count	53.1	74.9	128.0
		% within Was client aware of attraction?	19.5%	80.5%	100.0%
		% within Was there consultation about attraction?	13.9%	40.6%	29.5%
Total		Count	180	254	434
		Expected Count	180.0	254.0	434.0
		% within Was client aware of attraction?	41.5%	58.5%	100.0%
		% within Was there consultation about attraction?	100.0%	100.0%	100.0%

Was client aware of attraction? * Was there discomfort due to attraction? Crosstabulation

			Was there discomfort due to attraction?		
			NEVER	YES	Total
Was client aware of attraction?	PROB_NOT	Count	119	187	306
		Expected Count	107.9	198.1	306.0
		% within Was client aware of attraction?	38.9%	61.1%	100.0%
		% within Was there discomfort due to attraction?	77.8%	66.5%	70.5%
	YES	Count	34	94	128
		Expected Count	45.1	82.9	128.0
		% within Was client aware of attraction?	26.6%	73.4%	100.0%
		% within Was there discomfort due to attraction?	22.2%	33.5%	29.5%
Total		Count	153	281	434
		Expected Count	153.0	281.0	434.0
		% within Was client aware of attraction?	35.3%	64.7%	100.0%
		% within Was there discomfort due to attraction?	100.0%	100.0%	100.0%

（续）

Was client aware of attraction? * Was attraction beneficial to therapy? Crosstabulation

			Was attraction beneficial to therapy?		
			NEVER	YES	Total
Was client aware of attraction?	PROB_NOT	Count	129	177	306
		Expected Count	98.7	207.3	306.0
		% within Was client aware of attraction?	42.2%	57.8%	100.0%
		% within Was attraction beneficial to therapy?	92.1%	60.2%	70.5%
	YES	Count	11	117	128
		Expected Count	41.3	86.7	128.0
		% within Was client aware of attraction?	8.6%	91.4%	100.0%
		% within Was attraction beneficial to therapy?	7.9%	39.8%	29.5%
Total		Count	140	294	434
		Expected Count	140.0	294.0	434.0
		% within Was client aware of attraction?	32.3%	67.7%	100.0%
		% within Was attraction beneficial to therapy?	100.0%	100.0%	100.0%

16.6.2 层次对数线性分析

16.6.2.1 初步模型筛选

之所以提出全模型，是因为没有先验理由来剔除任何关联关系．因此，模型的筛选和构建用来剔除那些对单元观测频率没有贡献的关联关系．表 16-14 包含了启动模型构建过程所需的信息，同时检验各阶效应、更高阶效应以及单个关联关系，这些都可以通过ASSOCIATION指令实现．

表 16-14　SPSS HILOGLINEAR 中同步和成分关联初步运行的程序语法和编辑的输出结果

```
HILOGLINEAR
  aware(1 2) benefit(1 2) harm(1 2) consult(1 2) discomf(1 2)
  /CRITERIA ITERATION(20) DELTA(0)
  /PRINT=ASSOCIATION
  /DESIGN.

Tests that K-way and higher order effects are zero.
         K      DF    L.R. Chisq     Prob   Pearson Chisq     Prob   Iteration

         5       1          .295    .5869            .164    .6859           3
         4       6        10.162    .1180          11.141    .0841           4
         3      16        24.086    .0876          21.854    .1480           6
         2      26       253.506    .0000         364.212    .0000           2
         1      31       436.151    .0000         491.346    .0000           0
-----------------------------------------------------------------------------

Tests that K-way effects are zero.
         K      DF    L.R. Chisq     Prob   Pearson Chisq     Prob   Iteration

         1       5       182.645    .0000         127.133    .0000           0
         2      10       229.420    .0000         342.358    .0000           0
         3      10        13.924    .1765          10.713    .3803           0
         4       5         9.867    .0791          10.978    .0518           0
         5       1          .295    .5869            .164    .6859           0
```

（续）

```
* * * * * * * * H I E R A R C H I C A L   L O G   L I N E A R * * * * * * * *

 Tests of PARTIAL associations.

  Effect Name                                  DF  Partial Chisq     Prob  Iter

  aware*benefit*harm*consult                    1          3.068    .0798     3
  aware*benefit*harm*discomf                    1          3.594    .0580     3
  aware*benefit*consult*discomf                 1          1.200    .2733     3
  aware*harm*consult*discomf                    1          2.059    .1513     4
  benefit*harm*consult*discomf                  1           .430    .5120     3
  aware*benefit*harm                            1          6.089    .0136     4
  aware*benefit*consult                         1           .660    .4165     4
  aware*harm*consult                            1           .613    .4338     4
  benefit*harm*consult                          1           .412    .5210     4
  aware*benefit*discomf                         1           .157    .6920     3
  aware*harm*discomf                            1           .745    .3879     4
  benefit*harm*discomf                          1          1.065    .3022     4
  aware*consult*discomf                         1          2.202    .1379     4
  benefit*consult*discomf                       1           .423    .5153     4
  harm*consult*discomf                          1           .055    .8139     4
  aware*benefit                                 1         31.954    .0000     6
  aware*harm                                    1         11.708    .0006     6
  benefit*harm                                  1          4.688    .0304     5
  aware*consult                                 1         15.947    .0001     6
  benefit*consult                               1          9.769    .0018     5
  harm*consult                                  1          4.283    .0385     5
  aware*discomf                                 1           .263    .6081     5
  benefit*discomf                               1           .313    .5760     5
  harm*discomf                                  1         28.987    .0000     5
  consult*discomf                               1         21.474    .0000     5
  aware                                         1         75.203    .0000     2
  benefit                                       1         55.854    .0000     2
  harm                                          1           .590    .4425     2
  consult                                       1         12.679    .0004     2
  discomf                                       1         38.318    .0000     2
```

似然比准则和皮尔逊准则均可用于评估 k 阶及更高阶效应、k 阶效应．需要注意的是，同步检验 k 阶效应、k 阶效应及更高阶效应时，所有高于二阶关联关系的 p 值都大于 0.05. 两组同时进行检验表明，在三阶和更高阶效应中变量是独立的．因此，模型中不需要包含超过二阶的关联关系[⊖].

表中最后一部分提供了寻找在一阶和二阶效应下的最优模型．在二阶效应中，一些关联关系是非常显著的($p<0.01$)：AWARE ×BENEFIT、AWARE ×CONSULT、AWARE ×HARM、BENEFIT×CONSULT、HARM×DISCOMF 和 CONSULT×DISCOMF. 两个二阶关联是明显不显著的：AWARE×DISCOMF 和 BENEFIT×DISCOMF. 其余的二阶效应——BENEFIT×HARM 和 HARM×CONSULT 是不明确的($0.01<p<0.05$)，并且通过逐步分析进行了检验．

在最终的层次模型中需要包含所有的一阶效应，主要是因为它们大都高度显著，而包含 HARM 是因为它是显著二阶关联关系中的一部分．回想一下，在层次模型中，如果某一项是较高阶关联关系的一部分，那么它就会被自动包含在模型中．

⊖ 尽管有一个三阶效应 BENEFIT×HARM×AWARE 达到 $p<0.01$ 标准，但该三阶关联关系仍未被纳入模型，因为同步检验优先于成分的关联．

16.6.2.2 模型逐步选择

表 16-15 展示了从 10 项二阶列联关系中简单剔除 8 项的逐步选择，该表是 SPSS HILOGLINEAR 中的运行结果．虽然指令 MAXSTEPS(10)允许最多迭代 10 次，但是由于达到了标准概率(0.01)，选择的过程在第二次之后就停止了．

表 16-15 SPSS HILOGLINEAR 中层次对数线性分析模型选择的程序语法和部分输出结果

```
HILOGLINEAR
 aware(1 2) benefit(1 2) harm(1 2) consult(1 2) discomf(1 2) /METHOD=BACKWARD
 /CRITERIA MAXSTEPS(10) P(.01) ITERATION(20) DELTA(0)
 /PRINT=ASSOCIATION
 /DESIGN aware*benefit aware*consult aware*harm benefit*consult benefit*harm
 consult*discomf consult*harm discomf*harm.

 * * * * * * H I E R A R C H I C A L   L O G   L I N E A R * * * * * *
Backward Elimination (p = .010) for DESIGN 1 with generating class

  aware*benefit
  aware*consult
  aware*harm
  benefit*consult
  benefit*harm
  consult*discomf
  consult*harm
  discomf*harm

 Likelihood ratio chi square =    24.54925   DF = 18  P = .138
--------------------------------------------------------------------------------

If Deleted Simple Effect is           DF   L.R. Chisq Change   Prob   Iter

 aware*benefit                         1             31.828  .0000      5
 aware*consult                         1             15.824  .0001      4
 aware*harm                            1             11.589  .0007      5
 benefit*consult                       1             11.267  .0008      4
 benefit*harm                          1              5.762  .0164      4
 consult*discomf                       1             23.481  .0000      5
 consult*harm                          1              4.368  .0366      4
 discomf*harm                          1             30.463  .0000      5

Step 1

  The best model has generating class

      aware*benefit
      aware*consult
      aware*harm
      benefit*consult
      benefit*harm
      consult*discomf
      discomf*harm

 Likelihood ratio chi square =   28.91701   DF = 19  P = .067
--------------------------------------------------------------------------------

If Deleted Simple Effect is           DF   L.R. Chisq Change   Prob   Iter

 aware*benefit                         1             30.474  .0000      4
 aware*consult                         1             19.227  .0000      4
 aware*harm                            1             14.992  .0001      4
 benefit*consult                       1             13.289  .0003      4
 benefit*harm                          1              7.784  .0053      4

 * * * * * * H I E R A R C H I C A L   L O G   L I N E A R * * * * * *
If Deleted Simple Effect is           DF   L.R. Chisq Change   Prob   Iter

 consult*discomf                       1             31.545  .0000      4
 discomf*harm                          1             38.527  .0050      4
```

（续）

```
Step 2
  The best model has generating class

      aware*benefit
      aware*consult
      aware*harm
      benefit*consult
      benefit*harm
      consult*discomf
      discomf*harm

 Likelihood ratio chi square =    28.91701    DF = 19   P = .067
-------------------------------------------------------------------------

 * * * * * * H I E R A R C H I C A L   L O G   L I N E A R * * * * * *

The final model has generating class

      aware*benefit
      aware*consult
      aware*harm
      benefit*consult
      benefit*harm
      consult*discomf
      discomf*harm

The Iterative Proportional Fit algorithm converged at iteration 0.
The maximum difference between observed and fitted marginal totals is  .071
and the convergence criterion is  .250
-------------------------------------------------------------------------

 Goodness-of-fit test statistics

    Likelihood ratio chi square =   28.91701    DF = 19    P = .067
             Pearson chi square =   28.04255    DF = 19    P = .083
-------------------------------------------------------------------------
```

回想一下，每一个潜在模型会生成一组期望频率．模型选择旨在寻找效应数量最小的模型，同时模型的期望频率仍对观测频率有较好的拟合．首先，最优模型必须有一个不显著的 Likelihood ratio chi square 值（对皮尔逊和似然比值的选择参见 16.5.2.1 节）．其次，所选的模型不能显著差于下一个更复杂的模型．也就是说，如果模型剔除了某一效应，那么剔除后的模型不能比包含上述效应的模型差．

首先注意到，在表 16-15 中，第一个模型（Step 1 之前）包含 8 个效应，其中也包含了某些不明确的效应．$\chi^2(18)=24.549$，$p=0.138$，因此模型是不显著的，意味着期望频率和观测频率之间的拟合是可以接受的．在 Step 1 中，一次剔除一个效应．在 Step 1 删除 CONSULT×HARM，因为剔除它 Chisq Change 最小，$p=0.0053$. 删除后$\chi^2(19)=28.917$，$p=0.067$ 模型也是不显著的．

任何效应的进一步剔除都违背了 $p=0.01$ 的准则、剔除 BENEFIT×HARM 时 Chisq Change 为 $p=0.0053$. 因此，Step 1 完成的模型得以保留．

然而，第二项准则是，该模型不应与下一个更复杂的模型有显著的差异．而下一个更复杂的模型是包含 CONSULT×HARM 的初始模型．Step 1 中剔除 CONSULT×HARM 后的模型和初始模型存在显著差异，$\chi^2(1)=(28.917-24.492)=4.37$，$p<0.05$. 因此，Step 1 中的模型不尽如人意，因为它明显比下一个更复杂的模型差．（使用一个更保守的 α 时（如 $p<0.01$），Step 1 中得到的最佳模型将有 7 个效应．）

在所有的准则下，最佳模型(8 个二阶效应)都令人满意．基于该模型的观测频率和期望频率没有显著差异．请记住，该模型包含了所有的一阶效应，因为一个或多个关联关系包含了所有的变量．

为了解释观测频率而选择的模型包含了所有一阶效应，以及 benefit×harm、benefit×awareness、benefit×consultation、harm×awareness、harm×discomfort、harm×consultation、awareness×consultation、discomfort×consultation 等二阶关联关系．模型中不包括 benefit×discomfort 和 discomfort×harm 两组二阶关联关系．

16.6.2.3　**充分拟合**

对模型的整体评估是建立在似然比χ^2基础之上的，如表 16-16 所示，似然比χ^2表明观测频率和期望频率之间拟合良好．所选模型的似然比值为 24.55，自由度为 18，$p=0.138$．通过将选定模型的χ^2值和自由度值，以及所需的置信区间的置信度水平输入 Smithson (2003)的文件 NoncChi.sav 中，并通过程序 NoncChi.sps 运行，就可以确定χ^2分布(似然比服从χ^2分布)下的置信限．正如表 16-16 所见，结果已添加到 NoncF.sav 中．置信限为从 0 到 27.49. 在$\alpha=0.05$，自由度为 18 时，最大值仍小于临界值 28.87. 这再次表明不能拒绝在观测频率和期望频率之间有良好拟合度的原假设．

表 16-16　通过 NoncChi.sps 数据集输出得到的 95%置信限(lc2 和 uc2)下似然比(卡方)的输出结果

	chival	df	conf	lc2	ucdf	uc2	lcdf	power
1	24.5500	18	.950	.0000	.8622	27.4869	.0250	.8292

对模型在每个单元的拟合度的评估仍通过标准化残差来检验(参见 16.4.3.1 节). 通过 SPSS HILOGLINEAR 得到的残差如表 16-17 所示．表中列出了每个单元的观测频率和期望频率(EXP Count)，以及它们之间的差值(Residual)、标准化偏差(Std Resid，用于评估差异的标准化残差值).

表 16-17　SPSS HILOGLINEAR RUN 中用线性运算求残差的语法和部分输出结果

```
HILOGLINEAR
 aware(1 2) benefit(1 2) harm(1 2) consult(1 2) discomf(1 2)
 /CRITERIA ITERATION(20) DELTA(0)
 /PRINT=FREQ RESID
 /PLOT=RESID NORMPROB
 /DESIGN aware*benefit aware*consult aware*harm benefit*consult benefit*harm
 consult*discomf consult*harm discomf*harm.

Observed, Expected Frequencies and Residuals.

                                   OBS        EXP                  Std
    Factor      Code               count      count    Residual    Resid

 aware          PROB NOT
  benefit       NEVER
   harm          NEVER
    consult       NEVER
     discomf       NEVER           43.0       37.1       5.92        .97
     discomf       YES             20.0       21.8      -1.84       -.39
    consult       YES
     discomf       NEVER           10.0        9.8        .17        .06
```

（续）

```
       discomf      YES              16.0         16.7       - .65         -.16
     harm         YES
       consult      NEVER
         discomf      NEVER           4.0          7.5       -3.50        -1.28
         discomf      YES            14.0         14.8        -.81         -.21
       consult      YES
         discomf      NEVER           4.0          3.2         .81          .45
         discomf      YES            18.0         18.1        -.14         -.03
   benefit        YES
     harm           NEVER
       consult        NEVER
         discomf        NEVER        27.0         28.0       -1.04         -.20
         discomf        YES          14.0         16.5       -2.51         -.62
     consult        YES
         discomf        NEVER        13.0         16.0       -2.97         -.74
         discomf        YES          30.0         27.1        2.93          .56
     harm           YES
       consult        NEVER
         discomf        NEVER        11.0          9.8        1.17          .37
         discomf        YES          22.0         19.4        2.59          .59
       consult        YES
         discomf        NEVER         7.0          9.0       -2.00         -.67
         discomf        YES          53.0         51.1        1.89          .26

Observed, Expected Frequencies and Residuals (continued)
                                      OBS          EXP                        Std
      Factor      Code               count        count    Residual          Resid

  aware           YES
    benefit         NEVER
      harm            NEVER
        consult         NEVER
          discomf         NEVER          .0          1.3       -1.27        -1.13
          discomf         YES            .0           .7        -.75         -.87
        consult         YES
          discomf         NEVER         1.0           .9         .06          .06
          discomf         YES            .0          1.6       -1.60        -1.26
      harm            YES
        consult         NEVER
          discomf         NEVER         1.0           .6         .41          .54
          discomf         YES           3.0          1.2        1.84         1.71
        consult         YES
          discomf         NEVER          .0           .7        -.70         -.83
          discomf         YES           6.0          4.0        2.05         1.03
    benefit         YES
      harm            NEVER
        consult         NEVER
          discomf         NEVER         3.0          5.4       -2.36        -1.02
          discomf         YES           7.0          3.2        3.85         2.17
        consult         YES
          discomf         NEVER        10.0          8.5        1.49          .51
          discomf         YES          15.0         14.4         .57          .15
      harm            YES
        consult         NEVER
          discomf         NEVER         5.0          4.3         .73          .35
          discomf         YES           6.0          8.4       -2.44         -.84
        consult         YES
          discomf         NEVER        14.0         10.9        3.08          .93
          discomf         YES          57.0         62.0       -4.99         -.63
-----------------------------------------------------------------------------------

  Goodness-of-fit test statistics

     Likelihood ratio chi square = 24.54925    DF = 18    P = .138
              Pearson chi square = 22.01415    DF = 18    P = .231
-----------------------------------------------------------------------------------
```

大多数标准化的残差值都很小，只有一个单元的标准化残差值超过了临界值 $z=1.96$. 由于分类表有 32 个单元，其中最大的一个标准化残差值是 2.17，这并不让人感到意外．该单元的偏差没有异常到足以将其作为异常值．然而，模型中拟合度最低的是治疗师有以下认知的单元：他们认为他们对患者的吸引力有益于治疗；认为患者意识到了这种吸引力；对这种吸引力感到不自在；从没感到吸引力对治疗有害，也没尝试就其寻求商谈．从观测频率表可以看出，434 位治疗师中有 7 人是这样回答的．期望频率表表明，根据模型，只有大约三个预测提供这种响应模式．

表 16-17 中的语法程序还提供了残差的正态概率图(/PLOT＝RESID NORMFROB)．如图 16-1 所示，在此命令下输出的结果中，观测到的标准化残差是可以接受的，接近预期的残差(对角线).

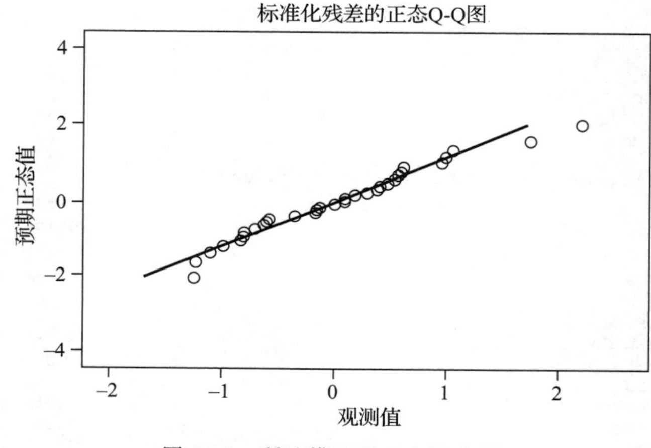

图 16-1　所选模型的正态概率图

16.6.2.4　所选模型的解释

在解释所选的模型时，两种类型的信息是有用的：模型的参数估计值与包含所有效应的边际观测频率表．

对于模型中的每个效应，在 SPSS LOGLINEAR(只在程序语句中可用)程序中可以得到对数线性参数估计值 λ(Coeff.)和 z 值比——Coeff./Std.Err(参见 16.4.3.2 节)，如表 16-18 所示．回顾一下，HILOGLINEAR 无法从非饱和模型中得到上述值．因为每个变量只有两个层次，所以每个效应可以通过一个参数值进行概括，其中效应的一个层次有正的参数值，而另一个有负的参数值．

表 16-18　SPSS LOGLINEAR 中参数估计的程序语法和部分输出结果

```
LOGLINEAR
  aware(1 2) benefit(1 2) harm(1 2) consult(1 2) discomf(1 2)
 /PRINT=ESTIM
 /DESIGN aware*benefit aware*consult aware*harm benefit*consult benefit*harm
 consult*discomf consult*harm discomf*harm aware benefit consult harm discomf.

* * * * * * * * * L O G   L I N E A R   A N A L Y S I S * * * * * * * * *
```

（续）

```
Estimates for Parameters
aware * benefit
 Parameter      Coeff.       Std. Err.      Z-Value Lower 95 CI Upper 95 CI
     1      .4275530136       .08643     4.94693       .25815       .59695
aware * consult
 Parameter      Coeff.       Std. Err.      Z-Value Lower 95 CI Upper 95 CI
     2      .2562875811       .06667     3.84412       .12561       .38696
aware * harm
 Parameter      Coeff.       Std. Err.      Z-Value Lower 95 CI Upper 95 CI
     3      .2055847749       .06127     3.35516       .08549       .32568
benefit * consult
 Parameter      Coeff.       Std. Err.      Z-Value Lower 95 CI Upper 95 CI
     4      .1915142665       .05724     3.34580       .07932       .30370
benefit * harm
 Parameter      Coeff.       Std. Err.      Z-Value Lower 95 CI Upper 95 CI
     5      .1381059298       .05766     2.39509       .02509       .25112
consult * discomf
 Parameter      Coeff.       Std. Err.      Z-Value Lower 95 CI Upper 95 CI
     6      .2649530804       .05507     4.81159       .15702       .37288
consult * harm
 Parameter      Coeff.       Std. Err.      Z-Value Lower 95 CI Upper 95 CI
     7      .1182768367       .05644     2.09545       .00765       .22891
discomf * harm
 Parameter      Coeff.       Std. Err.      Z-Value Lower 95 CI Upper 95 CI
     8      .3022378758       .05582     5.41421       .19282       .41165
aware
 Parameter      Coeff.       Std. Err.      Z-Value Lower 95 CI Upper 95 CI
     9      .7935949466       .09003     8.81471       .61713       .97006
benefit
 Parameter      Coeff.       Std. Err.      Z-Value Lower 95 CI Upper 95 CI
    10      -.617075264       .08537    -7.22819      -.78440      -.44975
consult
 Parameter      Coeff.       Std. Err.      Z-Value Lower 95 CI Upper 95 CI
    11      -.166275582       .07171    -2.31865      -.30683      -.02572
harm
 Parameter      Coeff.       Std. Err.      Z-Value Lower 95 CI Upper 95 CI
    12      .0351320444       .06924      .50742      -.10057       .17084
discomf
 Parameter      Coeff.       Std. Err.      Z-Value Lower 95 CI Upper 95 CI
    13      -.301825163       .05544    -5.44463      -.41048      -.19317
---------------------------------------------------------------------------
```

用于解释的标准化参数估计值(z- Value)十分有用．标准化参数估计值最大的效应对单元频率有最重要的影响．如果按照标准化参数估计值的大小对效应进行排序，那么各种效应的相对重要性变得十分明显．在标准化参数估计值为 8.815 时，单元中最重要的预测变量是治疗师是否认为患者认识到他们的吸引力．在标准化参数估计值为 0.508 时，该模型的所有效应中最弱的预测效应是患者是否认为治疗师的吸引力对治疗有害．(表 16-17 表明，这种一阶效应之所以出现在层次模型中，只是因为它是至少一种二阶关联关系的一个组成成分．它本身并不显著．)

参数估计值在确定效应的相对强弱及建立预测方程方面十分有用，但是对效应的方向没有给出明确说明．为了解释效应方向，模型中每个效应的边际观测频率表是有用的，该表在表 16-13 中的 CROSSTABS 的输出结果中进行了展示．

表 16-13 中显示的结果最好解释为治疗师以特定方式做出响应的比例．例如，BENEFIT 边际子表(见第三个子表)表明，32%(140/434)的治疗师认为，患者被治疗师吸引没有丝毫益处．BENEFIT×HARM 边际子表(倒数第二个子表)表明，在认为患者被治疗师吸引没有益处的人中，又有 64%(90/140)的人也认为它也没有坏处．在那些认为有些益处的人中，59%(175/294)的人认为至少存在一些坏处．

表 16-19 总结了由 Smithson(2003)发明的显著性检验和各自的置信区间．当原假设为真时，卡方的期望值等于自由度．表 16-20 总结了参数估计值．

表 16-19　治疗师对患者吸引力的层次模型的显著性检验，$N=434$

效应	部分关联卡方检验 自由度=1	卡方的 95%置信区间	
		下限	上限
一阶效应：			
AWARE	72.20②	42.73	109.35
BENEFIT	55.85②	30.39	88.98
DISCOMFORT	38.32②	17.91	66.43
CONSULT	12.68②	2.56	30.48
HARM	0.59	0	7.42
二阶效应：			
BENEFIT×AWARE	31.95②	13.64	57.95
HARM×DISCOMFORT	28.99②	11.72	53.94
DISCOMFORT×CONSULT	21.47②	7.15	43.47
AWARE×CONSULT	15.95②	4.14	35.45
HARM×AWARE	11.71②	2.14	28.97
BENEFIT×CONSULT	9.77②	1.36	25.86
BENEFIT×HARM	4.69①	0	17.02
HARM×CONSULT	4.28①	0	16.23

① $p<0.05$.

② $p<0.01$.

表 16-20 治疗师对患者吸引力的层次模型的参数估计值，$N=434$，常数 = 1.966

效应		对数线性参数估计(λ)		λ/标准误差	
一阶效应：					
		可能不	是	可能不	是
AWARE		0.794	−0.794	8.815	−8.815
		从不	是	从不	是
BENEFIT		−0.617	0.617	−7.228	7.228
		从不	是	从不	是
DISCOMFORT		−0.302	0.302	−5.445	5.445
		从不	是	从不	是
CONSULT		−0.166	0.166	−2.319	2.319
		从不	是	从不	是
HARM		0.035	−0.035	0.508	−0.508
二阶效应：					
		可能不	是	可能不	是
BENEFIT×AWARE	从不	0.428	−0.428	4.947	−4.947
	是	−0.428	0.428	−4.947	4.947
		从不	是	从不	是
HARM×DISCOMFORT	从不	0.302	−0.302	5.414	−5.414
	是	−0.302	0.302	−5.414	5.414
		从不	是	从不	是
DISCOMFORT×CONSULT	从不	0.265	−0.265	4.812	−4.812
	是	−0.265	0.265	−4.812	4.812
		从不	是	从不	是
AWARE×CONSULT	可能不	0.256	−0.256	3.844	−3.844
	是	−0.256	0.256	−3.844	3.844
		可能不	是	可能不	是
HARM×AWARE	从不	0.206	−0.206	3.555	−3.555
	是	−0.206	0.206	−3.555	3.555
		从不	是	从不	是
BENEFIT×CONSULT	从不	0.191	−0.191	3.345	−3.345
	是	−0.191	0.191	−3.345	3.345
		从不	是	从不	是
BENEFIT×HARM	从不	0.138	−0.138	2.397	−2.397
	是	−0.138	0.138	−2.397	2.397
		从不	是	从不	是
HARM×CONSULT	从不	0.118	−0.138	2.095	−2.095
	是	−0.118	0.118	−2.095	2.095

表16-21显示了多重列联表分析层次模型的检查清单．列联分析之后是期刊格式的结果部分．

表16-21 多重列联表分析层次模型检查清单

1. 问题
   a. 期望频率的充分性
   b. 结果中的异常值
2. 主要分析
   a. 模型筛选
   b. 模型选择
   c. 整体拟合评估．如果拟合充分：
      (1)模型中每个效应的显著性检验和置信区间
      (2)参数估计值
3. 附加分析
   a. 通过比例解释
   b. 确定极端单元(如果拟合不充分)

结果

本章采用五重探索性列联分析建立了关于治疗师对患者的吸引力的层次对数线性模型．分析中的二分变量是：(1)治疗师是否认为吸引力对患者有益；(2)治疗师是否认为吸引力对患者有害；(3)治疗师是否认为患者认识到这种吸引力；(4)治疗师是否感到不自在；(5)治疗师是否由于吸引力而寻求商谈．

434位治疗师为分析提供了可用数据．所有二重列联表中都提供了超过5个的期望频率．在模型选定后，32个单元都不存在异常值．

使用SPSS HILOGLINEAR通过效应的简单剔除的逐步选择，得出一个包含所有一阶效应和8个可能的二阶关联关系的模型．该模型的似然比为$\chi^2(18)=24.55$，95%置信限为从0到27.49，$p=0.14$，表明该模型中的期望频率和观测频率拟合较好．表16-19显示了模型显著性检验(局部似然比χ^2)的结果以及95%置信限．表16-20总结了对数线性参数原始估计值和标准化值．

大部分治疗师(68%)认为，他们对患者的吸引力对治疗有时是有益的，略占多数(52%)的人觉得吸引力对治疗有时也是有害的．71%的治疗师认为患者认识到了这种吸引力．大部分治疗师(65%)对这种吸引力多少有些感到不自在，一半以上(58%)的治疗师会因为这种吸引力而寻求商谈．

在那些认为这种吸引力对治疗有益的治疗师中，60%的人也认为这种吸引力有害．那些认为这种吸引力对治疗无益的治疗师中，36%的人认为它是有害的．有益的看法也和患者是否认识到这种吸引力有关．那些认为患者认识到这种吸引力的治疗师中，91%的人认为它是有益的．那些认为患者没有认识到这种吸引力的治疗师当中，仅58%的人觉得这种吸引力是有益的．

那些寻求商谈的人更有可能认为这种吸引力是有益的．在寻求商谈的人中，78%的人认为吸引力是有益的．而在不寻求商谈的治疗师中，53%的人认为它是有益的．

认为这种吸引力是无害的与认为患者没有认识到这种吸引力有关．认为患者没有认识到这种吸引力的治疗师中，57%的人觉得这种吸引力是无害的．认为患者认识到这种吸引力的治疗师中，只有28%的人认为这种吸引力是无害的．和那些认为这种吸引力对治疗无害的治疗师(49%)相比，那些认为这种吸引力对治疗有害的治疗师(80%)更容易感到不自在．同样，和那些认为这种吸引力对治疗无害的治疗师(45%)相比，那些认为这种吸引力对治疗有害的治疗师(71%)更倾向于寻求商谈．

寻求商谈也和患者是否认识到这种吸引力、治疗师对这种吸引力是否感到不自在有关．和那些认为患者没有认识到这种吸引力的治疗师(43%)相比，那些认为患者认识到这种吸引力的治疗师(80%)更有可能去寻求商谈．和那些没有感到不自在的治疗师(39%)相比，那些感觉不自在的治疗师(69%)更倾向于寻求商谈．

benefit×discomfort 和 aware×discomfort 都没有发现统计上显著的二阶关联关系．所有更高阶的关联关系都没有达到统计显著．

16.7 程序的比较

SAS、SPSS 和 SYSTAT 中有五个程序可以用来分析多重列联表．有两种类型程序用于对数线性分析，一种是专门处理层次模型的，另一种是也可以处理非层次模型的一般对数线性模型程序(参见 16.5.1 节)．SPSS GENLOG 和 LOGLINEAR、SYSTAT LOGLIN 和 SAS CATMOD 是处理层次模型和非层次模型的通用程序(参见 16.5.1 节)．SPSS HILOGLINEAR 只处理层次模型，但是有逐步模型构建的特点(参见 16.5.3 节)．所有的五个程序都可以计算观测单元频率和期望单元频率、进行非饱和模型的拟合检验和参数估计及其标准误差．此外，这些程序有很大差别，五个程序的特点如表 16-22 所示．

表 16-22 多重列联表分析的程序比较

特性	SPSS GENLOG	SPSS HILOG-LINEAR	SPSS LOGLINEAR	SAS CATMOD	SYSTAT LOGLIN
输入					
个案数据	是	是	是	是	是
单元频率和指数	否[①]	WEIGHT	WEIGHT	WEIGHT	FREQ
单元权重(结构零)	CSTRUCTURE	CWEIGHT	CWEIGHT	是	ZERO CELL
收敛标准	CONVERGE	CONVERGE	CONVERGE	EPSILON	CONV，LCONV
公差	否	否	否	否	TOL
置信区间水平	CIN	否	否	否	否
冗余检查的 ε	EPS	否	否	否	否
指定最大迭代次数	ITERATE	ITERATE	ITERATION	MAXITER	ITER
最大减半次数	否	否	否	否	HALF
步进选项	N. A.	是	N. A.	N. A.	N. A.
指定最大步数	N. A.	是	N. A.	N. A.	N. A.
指定充分拟合的显著性水平	N. A.	P	N. A.	N. A.	N. A.

（续）

特性	SPSS GENLOG	SPSS HILOG-LINEAR	SPSS LOGLINEAR	SAS CATMOD	SYSTAT LOGLIN
指定项的最大阶数	N. A.	MAXORDER	N. A.	N. A.	N. A.
强制项进入步进模型	N. A.	否	N. A.	N. A.	N. A.
协变量(连续)	是	否	是	否	否
分对数模型规范	是	否	是	是	否
单一自由度分区和对照	否	否	是	是	否
为每个单元指定增量	DELTA	DELTA	DELTA	ADDCELL	DELTA
包括用户缺失值的案例	INCLUDE	INCLUDE	INCLUDE	否	否
指定重复测量因子(仅因变量)	否②	否②	否②	是	否
指定有序因子	否③	否	是	是	否
泊松模型	Default	否	否	否	否
多项分对数模型	是	是	是	是	是
指定加权最小二乘法	否	否	否	是	否
输出					
非层次模型	是	否	是	是	是
部分关联检验	否	是	否	是	否
带和不带每个项的模型检验	否	否	否	否	是
最大似然 χ^2 关联检验(ANOVA)	否	否	否	是	否
k 阶效应的检验	否	是	否	否	否
k 阶和更高阶效应的检验	否	是	否	否	否
皮尔逊模型检验	是	是	是	否	是
似然比模型检验	是	是	是	是	是
观测频率和期望(预测)频率	是	是	是	是	是
观测和期望概率或百分比	是	否	是	是	是
原始残差	是	是	是	是	是
标准化残差	是	是	是	否	是
离差残差	是	否	否	否	否
广义残差	是	否	是	否	否
修正的残差	是	否	是	否	否
Freeman-Tukey 残差	否	否	否	否	是
皮尔逊 χ^2 残差	否	否	否	否	是
似然比分量	否	否	否	否	是
对每个单元的对数似然的贡献	否	否	否	否	是
对数线性参数估计	Parameter	Coeff③	Coeff	Estimate	Param
参数估计的标准误差	SE	Std. En③	Std. Err.	Standard error	SE(Param)
参数估计值与标准误差之比(z 或 t)	Z 值	Z 值③	Z 值	否	Param/SE
参数估计的置信限	是	是③	是	否	否

（续）

特性	SPSS GENLOG	SPSS HILOG-LINEAR	SPSS LOGLINEAR	SAS CATMOD	SYSTAT LOGLIN
参数估计的卡方检验	否	否	否	是	否
乘法参数估计	否	否	否	否	是
相异度指数	否	否	否	否	是
参数估计的相关矩阵	是	否	是	是	是
参数估计的协方差矩阵	是	否	否	是	是
设计矩阵	是	否	是	是	否
标准化残差或修正残差与观测频率和期望频率的图	是	是	是	否	否
修正残差的正态图	是	是	是	否	否
修正残差和离差残差的去趋势正态图	是	是	是	否	否④
Raftery 的 BIC	否	否	否	否	是
相异度	否	否	否	否	是

①在程序外做(见表 16-11).

②通过 SPSS COMPLEX SAMPLES LOGISTIC RERESSION 得到.

③仅饱和模型.

④可通过 PPLOT 获得.

16.7.1 SPSS 软件包

目前 SPSS 软件包中有两个程序用于分析多重列联表：HILOGLINEAR 只能处理层次模型，而 GENLOG 可以同时处理层次模型和非层次模型.

SPSS HILOGLINEAR 程序的 `Loglinear` 菜单中的 `Model Selection`，有几个控制逐步效应选择的选项，非常适合用于层次模型的选择. 所有 k 阶效应以及更高阶效应的检验能快速从复杂模型中做出逐步筛选. 该程序也可用于参数估计和关联关系的局部检验，但只适用于全模型.

虽然 SPSS GENLOG 可以比较各种使用者指定的模型，但是它不能用于层次模型的逐步选择. 该程序可以处理特定连续型协变量，也能用于简单的分对数模型分析(其中因变量是一个因子). SPSS GENLOG 也能对指定单元划分单一自由度，以用于单元之间的对比(参见 16.4.4 节). 单元权重变量的说明可以在 GENLOG 程序之外.

程序中没有成分构成的推断检验. 程序可以得到任一设定模型的参数估计值和 z 检验及其 95%置信区间. 然而，由于参数估计值通过单一自由度得出，所以对于由两种以上类型组成的因子，无论是其主效应还是其与其他效应的关联关系，该程序都没有给出综合显著性检验(参见 16.5.2.2 节). 在 k 阶检验中，不能进行快速筛选. 可以从全模型的建立中得到筛选信息，但是从诸多因子中确定一个合适模型的过程可能比较冗长. 两种 SPSS 程序都可以提供残差图. 只有 SPSS GENLOG 程序是唯一提供泊松模型规范的程序，它不限定分析中的总样本量.

SPSS LOGLINEAR 只有通过程序语法才能使用，填补了 SPSS HILOGLINEAR 程序建模时不足的部分，能够确定不饱和模型中的参数估计值．SPSS LOGLINEAR 同样可以用于非层次模型并允许特定的连续型协变量．当同一个二分因变量在分组中被重复测量时，可以用 SPSS COMPLEX SAMPLES LOGISTIC REGRESSION 进行处理．

16.7.2　SAS 系统

SAS CATMOD 是进行离散数据建模的通用程序，对数线性建模只是其中的一种类型．该程序主要用于其中一个变量是因变量的对数分析，然而该程序也可以用于建立对数线性模型．该程序能够提供简单的对数模型设计、对比参数的单一自由度检验，以及构成更复杂的极大似然检验．但该程序无法处理连续型协变量和逐步建模过程．

在参数估计和模型检验中，SAS CATMOD 使用的算法和其他三个程序不同．对比表 16-12和表 16-10、表 16-11 中的输出结果可以看出它们之间的不一致．

这是唯一允许指定效应阶数的程序．同时，这也是唯一允许同一变量重复测量的程序．

16.7.3　SYSTAT 系统

SYSTAT LOGLIN 是对分类数据进行对数线性分析的通用程序．在等式左边，该程序使用其一贯的 MODEL 语句建立饱和模型(如观测频率)，在等式右边是待检验的期望模型．该程序可以指定结构零，还有一些选项可以控制模型估计的迭代过程．程序中包含所有常用的描述性统计量和参数估计统计量，以及模型中效应的多重检验(包括层次模型和非层次模型)．该程序还输出偏差较大的单元，称之为“异常值”．频率估计值和参数估计值还可以保存到一个文件中．

第 17 章　一般线性模型概述

17.1　线性和一般线性模型

为了便于选择解决研究问题最有用的方法，我们一直把重点放在统计方法之间的差异上．然而，我们已经多次提到，这些方法大多数都是一般线性模型(GLM)的特殊应用．本章的目标是介绍一般线性模型，并将各种方法都用于这个模型．除了对一般线性模型的深入了解所带来的美学享受之外，通过促进使用更复杂的统计技术和计算机程序对它进行了解，还为数据分析提供了很大的灵活性．大多数数据集都可以通过一种或多种方法进行卓有成效的分析．17.3 节介绍了一个使用替代研究策略的例子．

线性和可加性对于一般线性模型来说是非常重要的．成对的变量之间被假定是有线性关系的，也就是说，假定成对变量之间的关系可以用一条直线充分表示．可加性也是相关的，因为如果一组变量可以由另外一组变量预测，则在预测方程中，该组变量的效应是可加的．第二个变量的设置增加了第一个变量的可预测性，第三个变量的设置增加了第二个变量的可预测性，以此类推．在所有的多元解中，关于变量集的方程都是由一系列加权项加在一起组成的．

但是，这些假设并没有拒绝包含具有曲线关系和乘法关系的变量．正如本书所讨论的，变量之间可以相乘，进一步可以进行加权、二分、转换或者重编码，以便更复杂的关系也可以通过一般线性模型进行评估．

17.2　二元到多元统计的方法概述

17.2.1　二元形式

一般线性模型建立在预测和回归的基础上．回归方程代表了因变量 Y 作为一个或多个自变量 X 以及误差项的组合方程．最简单的一般线性模型的情形就是大家熟知的二元回归：

$$A + BX + e = Y \tag{17.1}$$

其中 B 是 X 改变一个单位时 Y 的变化；A 是当 X 为 0 时 Y 的值，是一个常数；e 是预测的随机误差项．

如果 X 和 Y 转换为标准 z 得分 z_x 和 z_y，则它们现在有相同的测量标度，并且相交在 z 得分等于 0 的点上．常数项 A 自动变成 0，因为当 z_x 为 0 时，z_y 也为 0．进一步，在方差标准化为 1 之后，斜率以相同的单位来测量(而不是 X 和 Y 原值的不同单位)，现在它代表 X 和 Y 之间关系的强度．在标准化变量的二元回归中，β 等于皮尔逊积矩相关系数．β 越接近 1 和 -1，从 x 到 y 的预测效果越好．公式(17.1)可以简化为

$$\beta z_x + e = z_y \tag{17.2}$$

正如第 1 章和第 2 章讨论的那样，在统计中非常重要的一个区别是数据是连续还是离散的[⊖]. 因此对于 X 和 Y 的不同情形，这里有三种不同形式的二元回归，其中 X 和 Y：①都是连续的，用皮尔逊积矩相关系数进行分析；②是混合型的，X 是二分的，Y 是连续的，用点二列相关进行分析；③都是二分的，用 ϕ 相关系数分析．事实上，这三种相关性的形式是相同的．当二分变量编码为 0-1 时，所有相关系数都可以通过皮尔矩积矩相关方程进行计算．表 17-1 比较了一般线性模型的三种二元形式．

表 17-1　一般线性模型方法的概述

A. 二元形式，即公式(17.2)
  1. 皮尔逊积矩相关：X 连续，Y 连续
  2. 点二列相关：X 二分，Y 连续
  3. ϕ 系数：X 二分，Y 二分

B. 简单多元形式，即公式(17.3)
  1. 多重回归：所有 X 连续，Y 连续
  2. 方差分析：所有 X 离散，Y 连续
  3. 协方差分析：X 有的离散，有的连续，Y 连续
  4. 两组判别分析：所有 X 连续，Y 二分
  5. 多重列联表分析：所有 X 离散，Y 是类别频率(或者在分对数分析中是二分的)
  6. 两组 logistic 回归分析：X 有的离散，有的连续，Y 二分
  7. 多水平模型：在每个水平上 X 可能离散也可能连续，Y 在每个水平上都连续
  8. 生存分析：X 连续和/或者二分，Y 连续(时间)
  9. 时间序列分析：X 是连续的(时间)二分变量，Y 连续

C. 完全多元形式，即公式(17.4)
  1. 典型相关：X 连续，Y 连续
  2. 多元方差分析：X 离散，Y 连续
  3. 多元协方差分析：X 有的离散，有的连续，Y 连续
  4. 轮廓分析：X 离散，Y 连续且相称
  5. 判别分析：X 连续，Y 离散
  6. 因子分析(FA)/主成分分析(PCA)：Y 连续，X 是潜在变量
  7. 结构方程模型：X 是连续变量或是潜在变量，Y 是连续变量或是潜在变量
  8. 多重列联表分析：X 离散，Y 是类别频率
  9. 多元 logistic 回归分析：X 连续且/或离散，Y 离散

17.2.2　简单多元形式

一般线性模型的简单二元形式的一般推广就是增加用于预测 Y 的解释变量的 X 的个数．在这里，模型的可加性首次变得明显，它的标准化形式是

$$\sum_{i=1}^{k} \beta_i z_{x_i} + e = z_y \tag{17.3}$$

⊖ 当离散变量多于两个水平时，它们被编码为 $k-1$(自由度)的二分变量，以消除非线性关系的可能性，在本节，当提到用于离散变量的统计方法时，我们的意思是，不必重新编码，或者由用于特定分析的计算机程序内部处理．

也就是说，Y 是通过对 X 的加权求和预测的．权重β_i不仅仅反映 Y 与每一个 X 之间的相关关系，因为它也受 X 之间相关性的影响．正如表 17-1 表示的那样，关于所有的 X 是不是连续的，有一些特殊的统计方法．只要使用适当的编码，方程的最一般形式也可以用来解决所有的特殊情况．

如果 Y 和所有的 X 都是连续的，那么特殊的统计方法就是多重回归．正如第 5 章所看到的，公式(17.3)常常用来描述多重回归问题．但是如果 Y 是连续的，而所有的 X 是离散的，那么我们有一种特殊的回归情形，叫作方差分析．X 的值代表"组"，重点在于找到不同组间 Y 的均值差异，而不是预测 Y，但是基本方程是一样的．不同组之间的显著差异意味着 X 的信息可以用来预测 Y 的性能．

方差分析问题可以通过多重回归计算机程序来解决．X 与效应的自由度的数目一样多．例如，在单因素设计中，三组被重新编码为两个二分的 X，第一个二分的 X 中 1 代表第一组，其他两组为 0，第二个二分的 X 中 1 代表第二组，其他两组为 0. 第三组不属于前两组中任何一组．因为第三组可以完全由前两组预测出来，所以如果包含第三个二分的 X 会出现奇异值．

如果将自变量进行阶乘组合，则主效应和交互作用仍然被编码为一系列的二分 X 变量. 考虑一个例子，将一个自变量(焦虑水平)分为三组，将第二个自变量(任务难度)分为两组．与焦虑水平相联系的有两个 X 成分，自由度为 2，与任务难度相联系的有一个 X 成分，自由度为 1. 焦虑水平和任务难度有交互作用的两个自由度需要额外的两个 X 成分．这五个 X 成分联合起来检验每一个的主效应和交互作用，或者如果我们对编码到每个成分中的比较感兴趣，则单独检验．通过多重回归进行方差分析的详细说明请见 Tabachnick 和 Fidell(2007)、Cohen 等人(2003)以及 Keppel 和 Zedeck(1989).

如果一些 X 是连续的，另一些 X 是离散的，Y 是连续的，那么我们可以进行协方差分析．连续的 X 是协变量，离散的是自变量．在调整协变量对 Y 的效应后，评估自变量对 Y 的效应．事实上，一般线性模型可以用比传统的协方差分析更一般的方法来解决有连续的 Y 和离散的 Y 组合的问题，正如第 5 章和第 6 章提到的那样．

如果 Y 是二分的(两组)，X 是连续的，我们可以进行简单多元形式的判别分析．目的是在 X 的基础上预测组成员身份．方差分析和判别分析中有个术语代表了相反的意思，在方差分析中，组是用 X 来表示的，而在判别分析中，组是用 Y 来表示的．这种区别，虽然混乱，但在一般线性模型中是微不足道的．正如在下文中要看到的那样，所有的特殊技术只是一般线性模型的简单特例．

如果 Y 和 X 全部是离散的，我们就用多重列联表分析．需要对数线性而不是简单的线性模型来评估变量之间的关系．对数变换被应用到单元频率上，这些单元频率的加权和被用来预测组成员身份．由于方程最终归结为各项加权和的形式，所以在这里它被认为是一般线性模型的一部分．

如果 Y 是二分变量，X 是连续或离散变量，那么我们进行 logistic 回归分析．在 logistic 模型这种情况下，就还需要用非线性模型对变量间的关系进行估计．Y 表示在某一水平或另一水平的概率，线性回归方程是属于一组的(自然对数)概率除以属于另一组的概率．因为线性回归方程确实会出现在模型中，所以它可以被认为是一般线性模型的一部分．

多水平模型解决了 Y 和 X 的层次结构，并用方程组去解释它们．在第一个水平下，Y 可能是单个因变量上每个样本的单独得分、单个因变量上每个样本在特定时间(一般线性回归模型重复测量的应用)的单独得分，或者是多个因变量上每个案例的得分．在后续水平中，Y 是较低水平的截距或斜率．在每一个水平下，X 都是那个水平得分的预测变量．尽管除了第一个外，每个水平都有多个 Y(如果有多个因变量，甚至第一个水平也可能有多个 Y)，并且也可能有多个 X，但它们永远不会形成组合．因此，这不是一个真正的多变量策略．

如果 Y 是连续的，并且是某件事情发生所花费的时间，那么我们可以进行生存分析．X 可以是连续的协变量或二分类编码的实验．这里的方程是基于对数线性模型而不是线性模型，但与 logistic 回归一样，也可以被认为是一般线性模型的一部分．logistic 回归和生存分析的区别是，在 logistic 回归中，Y 是一些事情发生的概率，而在生存分析中，Y 是还有多久事情才会发生．

在时间序列分析中，Y 是连续的，并且总有一个 X 是时间．在干预研究中，至少需要有一个 X 是二分的，通常是一种持续性实验，很少是瞬间的实验操作．

17.2.3　完全多元形式

当方程的 Y 侧扩展时，一般线性模型发生了一个重大飞跃，因为把 X 和 Y 联系起来需要多个方程：

$$\begin{array}{ll}
\text{根} & \\
1: & \sum_{i=1}^{k}\beta_{i1}z_{xi1} = \sum_{i=1}^{p}\gamma j\, 1_{yj1}^{z} \\
2: & \sum_{i=1}^{k}\beta_{i2}z_{xi2} = \sum_{i=1}^{p}\gamma j\, 2_{yj2}^{z} \\
 & \vdots \\
m: & \sum_{i=1}^{k}\beta_{im}z_{xim} + e = \sum_{i=1}^{p}\gamma j m_{yjm}^{z}
\end{array} \tag{17.4}$$

其中 m 等于 p 和 k 中较小者，γ 是标准化 Y 变量的回归权重．

一般情况下，方程的数目与 X 变量和 Y 变量数目中较少的那一个相等．当只有一个 Y 时，X 的组合会与 Y 产生一个直线关系．一旦有多个 Y，Y 的组合和 X 的组合会以几种不同的方式组合在一起．9.1 节和图 9-1 展示了两个或三个组(Y)与三个预测变量 X 是如何匹配在一起的．

每一个 Y 和 X 的组合都是一个根．在特殊的统计理论中根有其他名字：判别函数、主成分、典型变量等．完全多元方法需要多维空间来描述变量之间的关系．当自由度为 2 时，可能需要二维空间，当自由度为 3 时，可能需要三维空间，以此类推．

用来描述两组变量之间关系所需的根数可能小于最大可用根数．出于这个原因，公式(17.4)的误差项不一定与第 m 个根有关．它和最后一个必要根有关，“必要”是从统计学或心理测量学上定义的.

与较简单形式的一般线性模型相比，特殊统计技术与变量是否连续有关，表 17-1 对此进行了总结．典型相关是一般线性模型中最一般的形式，也是当所有的 X 和 Y 连续时一般线性模型的首选方法．通过适当的编码，所有的二元问题和多元问题(除了 PCA、FA、MFA、logistic 回归、生存分析和时间序列分析)都可以通过典型相关来解决．然而，在有一个或多个 X 变量或 Y 变量离散时，典型相关方法通常不给出各种信息，只给出期望．多元一般线性模型的程序可以给出更多信息，但是使用起来更困难.

当所有的 X 都离散，所有的 Y 都连续时，我们可以进行多元方差分析．其中离散的 X 变量代表组，Y 变量的组合用于检查它们的重心如何随组成员身份的不同而不同．如果一些 X 是连续的，则它们可以作为协变量进行分析，就像在协方差分析中一样．在对协变量的效应进行调整后，常用多元协方差分析来发现各组在 Y 上的区别.

如果 Y 都是在相同尺度下测量或者代表了组内自变量的各个水平，那么轮廓分析(多元方差分析的一种形式)是可行的，且对这些种类的数据特别有用．如果在每一个水平下组内自变量都有多个因变量，则使用双多元方差分析来发现自变量对因变量的效应.

当 Y 离散(多于两组)，X 连续时，用判别分析的完全多元形式预测 Y 的成员身份.

当连续的 Y 是通过经验来测量的，但是 X 是潜在变量时，*FA* 和 *PCA* 程序都是可以用的．假设有基于 Y 的一组根，那么分析的目的就是揭示这组根的集合、因子或者 X.

在结构方程模型中，方程的两边(在 X 的一边和 Y 的一边)都可以接受连续变量和潜在变量，对于每一个 Y，无论是连续的(观测指标变量)还是潜在的(由多个观测指标变量组成的因子)，都有一个方程包含连续或者潜在变量 X. 对于一些方程，Y 可以作为另一些方程的 X，反之亦然．正是这些方程使结构方程模型成为一般线性模型建模的一部分.

最后，如果 Y 是离散的，而 X 是连续的或离散的，我们可以进行 logistic 回归分析. MFA 是一个非线性模型，也是 logistic 模型，用来评估变量之间的关系．Y 表示的是相对于其他任何一个水平的概率，对于每一个水平都有一个单独的方程．在每一个方程中，线性回归方程是在某一组中的概率除以在其他任意组中的概率(自然对数). 因为这个模型包含了线性回归方程，所以可以认为是一般线性模型的一部分.

表 17-2 和表 17-3 展示了每种方法是如何在 SPSS 和 SAS GLM 中建立的，同时解释了由程序产生的权重 B. 在某些情况下，如 logistic 回归和生存分析，变量之间的转换抵消了关系的非线性性质．当然，一般线性模型程序不一定要提供最令人感兴趣的技术信息．例如，一般线性模型在典型相关或因子分析中不显示变量 Y 和根之间的相关性.

表 17-2　一般线性模型方法的语法和系数的解释：二元和简单多元形式

方法	SPSS GLM 语法	SAS GLM 语法	解释权重
皮尔逊相关性检验	GLM Y WITH X /METHOD＝SSTYPE(3) /PRINT＝PARAMETER /DESIGN＝X.	proc glm; model Y=X; run;	B 是 X 的系数，X 增加一个单位，Y 相应增加 B 个单位

（续）

方法	SPSS GLM 语法	SAS GLM 语法	解释权重
多重回归	GLM Y WITH X1 X2 /METHOD＝SSTYPE(3) /PRINT＝PARAMETER /DESIGN＝X1 X2.	proc glm; model Y=X1 X2; run;	其他变量不变，X 增加一个单位，Y 增加 B 个单位

方差分析	GLM
	Y BY X
	/METHOD＝SSTYPE(3)
	/PRINT＝PARAMETER
	/DESIGN＝X.
		proc glm;
		class=X;
		model Y=X;
		run;
			其他 X 的自由度不变，X 自由度增加一个单位，Y 增加 B 个单位

协方差分析	GLM
	Y BY X2 WITH X1
	/METHOD＝SSTYPE(3)
	/PRINT＝PARAMETER
	/DESIGN＝X1 X2.
		proc glm;
		class=X2;
		model Y=X1 X2;
		run;
			其他变量不变，df($X2$)增加一个单位，Y 增加 B 个单位．保持 $X2$ 不变，$X1$ 增加一个单位，Y 增加 B 个单位

两组判别分析：Y 代表组，编码 0、1	GLM Y WITH X1 X2 /METHOD＝SSTYPE(3) /PRINT＝PARAMETER /DESIGN＝X1 X2.	proc glm; model Y=X1 X2; run;	保持其他 X 不变，X 增加一个单位，Y 增加 B 个单位．如果 Y 大于 0.5，则记为 1，否则记为 0
多重列联表分析；Y 代表频率的自然对数，X 代表列联表中的单元组合	GLM Y WITH X1 X2 /METHOD ＝ SSTYPE(3) /PRINT ＝ PARAMETER /DESIGN ＝ X1 X2 饱和模型(无误差项)不适用 GLM	proc glm; model Y=X1 X2; run;	通过考虑单元组合的效应，X 增加一个单位，单元的期望效率增加 B 个单位
两组 logistic 回归分析：Y 是在一个组内的优势的自然对数，见公式(10.3)	GLM Y WITH X1 X2 /METHOD＝SSTYPE(3) /PRINT＝PARAMETER /DESIGN＝X1 X2.	proc glm; model Y=X1 X2; run;	对于每个 Y 来说，保持其他变量不变，增加一单位 X，一个组的优势增加 e^B 个单位
多水平模型：第一水平之后，Y 是较低水平的截距和斜率，每个 Y 都有独立的方程	GLM Y WITH X1 X2 /METHOD＝SSTYPE(3) /PRINT＝PARAMETER /DESIGN＝X1 X2.	proc glm; model Y=X1 X2; run;	其他变量不变，X 增加一个单位，Y 增加 B 个单位
生存分析：Y 是生存的概率	GLM Y WITH X1 X2 /METHOD＝SSTYPE(3) /PRINT＝PARAMETER /DESIGN＝X1 X2.	proc glm; model Y=X1 X2; run;	保持其他变量不变，增加一单位 X，一个组的生存概率增加 e^B 个单位
时间序列分析：X 是 ARIMA 参数、时间和干扰(如果存在)	GLM Y WITH X1 X2 /METHOD＝SSTYPE(3) /PRINT＝PARAMETER /DESIGN＝X1 X2.	proc glm; model Y=X1 X2; run;	其他变量不变，X 增加一个单位，Y 增加 B 个单位

表 17-3 一般线性模型方法的语法和系数的解释：完全多元形式

方法	SPSS GLM 语法	SAS GLM 语法	解释权重
典型相关：对每组变量进行单独分析，并将其视为 Y. 典型变量分析需要专门的软件	GLM Y1 Y2 WITH X1 X2 /METHOD＝SSTYPE(3) /PRINT ＝PARAMETER /DESIGN＝X1 X2.	proc glm; model Y1 Y2 =X1 X2; run;	对于每个 Y 来说，其他变量不变，X 增加一个单位，Y 增加 B 个单位

多元方差分析	GLM
	Y1 Y2 BY X
	/METHOD＝SSTYPE(3)
	/PRINT＝PARAMETER
	/DESIGN＝X.
		proc glm;
		class=X;
		model Y1 Y2=X;
		run;
			对于每个 Y 来说，其他变量不变，X 的自由度增加一个单位，Y 增加 B 个单位

多元协方差分析	GLM
	Y1 Y2 BY X2 WITH X1
	/METHOD＝SSTYPE(3)
	/PRINT＝PARAMETER
	/DESIGN＝X1 X2.
		proc glm;
		class=X2;
		model Y1 Y2=X1 X2;
		run;
			对于每个 Y 来说其他变量不变，$X2$ 的自由度增加一个单位，Y 增加 B 个单位．保持 $X2$ 不变，$X1$ 增加一个单位，Y 增加 B 个单位

轮廓分析	GLM
	Y1 Y2 BY X
	/WSFACTOR＝factor1 2 Polynomial
	/METHOD＝SSTYPE(3)
	/PRINT＝PARAMETER
	/WSDESIGN＝factor1
	/DESIGN＝X.
		proc glm;
		class=X;
		model Y1 Y2=X;
		repeated factor 1 2 profile;
		run;
			对于每个 Y 来说，其他变量不变，X 的自由度增加一个单位，Y 增加 B 个单位

判别分析：Y 是虚拟编码组	GLM Y1 Y2 WITH X1 X2 /METHOD＝SSTYPE(3) /PRINT＝PARAMETER /DESIGN＝X1 X2.	proc glm; model Y1 Y2 =X1 X2; run;	保持其他 X 不变，X 对于每个 Y 组上的对比，(比如组 1 对组 2 和组 3)来说，保持其他变量不变，X 增加一个单位，Y 增加 B 个单位．如果 Y 大于 0.5，则记为 1，否则记为 0
因子和主成分分析：每个 X 是基于 Y 的线性组合的因子得分	GLM Y1 Y2 WITH X1 X2 /METHOD＝SSTYPE(3) /PRINT＝PARAMETER /DESIGN＝X1 X2.	proc glm; model Y1 Y2 =X1 X2; run;	对于每个 Y 来说，其他变量不变，X 增加一个单位，Y 增加 B 个单位
结构方程模型：一些 X 和 Y 是基于其他变量线性组合的因子得分	GLM Y1 Y2 WITH X1 X2 /METHOD＝SSTYPE(3) /PRINT＝PARAMETER /DESIGN＝X1 X2.	proc glm; model Y1 Y2 =X1 X2; run;	分别对于每个 Y 来说，其他变量不变，X 增加一个单位，Y 增加 B 个单位

（续）

方法	SPSS GLM 语法	SAS GLM 语法	解释权重
多重列联表分析：Y 是频率的自然对数，X 在列联表中代表单元组合	GLM Y1 Y2 WITH X1 X2 /METHOD＝SSTYPE(3) /PRINT＝PARAMETER /DESIGN＝X1 X2. 饱和模型（无误差项）不适用 GLM	proc glm; model Y1 Y2 =X1 X2; run;	通过考虑单元组合的效应，X 增加一个单位，单元的期望频率增加 B 个单位
多层次 logistic 回归分析：每个 Y 是在组中的优势的自然对数，见公式(10.3)，组是虚拟编码的	GLM Y1 Y2 WITH X1 X2 /METHOD＝SSTYPE(3) /PRINT＝PARAMETER /DESIGN＝X1 X2.	proc glm; model Y1 Y2 =X1 X2; run;	对于每个 Y 来说，保持其他变量不变，X 增加一个单位，在一个组中的优势就增加 e^B 个单位

17.3 研究方法选择

对于大多数数据集，有不止一种合适的分析方法，对它们的选择取决于各种因素的考虑，比如变量是如何相互关联的、你对与这些方法相关的解释统计量的偏好，以及你打算展示的受众群体．

有一个数据集，包含三种人群，他们分别接受三种类型治疗中的一种——行为矫正、短期心理治疗和等待名单中的对照组，我们需要找出哪个研究策略是恰当的．假设测量了大量变量：症状的自我报告、家庭成员的情绪报告、治疗师的报告以及大量性格和态度的测试．分析的目标是找出治疗后各组在哪些变量上存在差异．

显而易见的策略就是多元方差分析，但是它可能存在一个问题：变量的数量超过了某个组中客户的数量，导致出现奇异性．另外，在有如此多变量的情况下，变量之间有可能高度相关．你可以选择它们其中的一些变量，或者用合理的方式将它们组合起来，或者可以选择先根据经验看看它们之间的关系．

减少变量数的第一步是通过回归或因子分析程序检查每一个变量和其他所有变量的 SMC. 但是 SMC 可能会也可能不会提供足够的信息来决定哪一个变量应该被删除或被结合．如果没有，下一步就是对合并的单元内相关矩阵进行主成分分析．

决定成分数目和旋转类型的过程如下．从这个分析中可以得出每个客户对每个成分的得分，以及对每个成分含义的一些想法．根据不同的结果，随后的方法可能会有所不同．如果主成分是正交的，那么各成分的得分可以作为一系列一元方差分析的因变量，并可以用来调整实验性第一类错误．如果成分是相关的，那么多元方差分析与成分得分就会一起作为因变量．逐步递减序列可能很好地适应成分的顺序(第一个成分的得分先输入，以此类推).

或者你想根据判别分析来分析成分得分，例如，行为矫正和短期心理治疗之间的差异在态度和自我报告载荷较重的成分上最为显著，但是实验组和对照组之间的差异与治疗师报告和性格测量载荷较重的成分有关．

事实上，可以通过判别分析或 logistic 回归来解决全部的问题．这两种分析方法都可以通过设置容许水平来避免多重共线性和奇异性的问题，此举是为了让其他变量高度预测的变量不参与到问题的解决中．当预测变量是许多不同类型变量的混合时，logistic 回归就特别方便．

这些策略都是合理的，只是实现相同目标的不同方式．用 Sanford A. Fidell 的一句话说："你说你只知道一件事，但是你可以用十几个不同的名字称呼它．"

附　　录

附录 A　代数矩阵概述

本附录的目的不是全面复习代数矩阵知识，也不是促进对代数矩阵的深入理解，而是为读者提供足够的背景资料，以根据需要重复第 5～14 章的第 4 节所述的计算．对计算规则之外的内容感兴趣的读者可以在 Tatsuoka(1971) 及 Carroll、Green 和 Chaturvedi (1997)、Rummel(1970)中找到一些出色的讨论．

大部分读者熟悉的代数运算——加法、减法、乘法、除法——在代数矩阵中都有相应的计算．事实上，我们大多数人所知道的代数是代数矩阵的一个特例，它只涉及数值和标量，而不是数的有序数组或矩阵．从标量代数到矩阵代数的扩展看起来是“自然的”(即矩阵加法和减法)，而其他的(乘法和除法)则是进化的．尽管如此，矩阵代数提供了一个极其强大且严谨的方法来处理数据集使其达到期望的统计产品．

这里所示的矩阵计算都是方阵的计算．方阵的行数和列数相同．平方和与叉积矩阵、方差-协方差矩阵和相关矩阵均为方阵．另外，这三种常见的矩阵是对称的，它们的第一行第一列的值和第二行第二列的值相同，以此类推．对称矩阵中以主对角线为对称线的元素相同(对角线是从矩阵的左上角到右下角)．

有一个更完整的矩阵代数，其中也包括非方阵的矩阵．然而，从数据矩阵[其行数与研究单位(受试者)数目相同，列数与变量数目相同]到平方和与叉积矩阵，如 1.6 节所示，本书中大多数的计算都涉及方阵和对称矩阵．关于本附录的进一步要求是限制这些讨论只用于第 5～14 章第 4 节中使用的那些操作．为了用具体的例子进行说明，下面定义两个矩阵，它们是方阵但不是对称矩阵(以消除计算中任何关于元素的不确定因素)：

$$\boldsymbol{A}=\begin{bmatrix} a & b & c \\ d & e & f \\ g & h & i \end{bmatrix}=\begin{bmatrix} 3 & 2 & 4 \\ 7 & 5 & 0 \\ 1 & 0 & 8 \end{bmatrix}$$

$$\boldsymbol{B}=\begin{bmatrix} r & s & t \\ u & v & w \\ x & y & z \end{bmatrix}=\begin{bmatrix} 6 & 1 & 0 \\ 2 & 8 & 7 \\ 3 & 4 & 5 \end{bmatrix}$$

A.1 矩阵的迹

矩阵的迹是矩阵对角线元素的和．例如，矩阵 $\boldsymbol{A}$ 的迹是 16(3＋5＋8)，矩阵 $\boldsymbol{B}$ 的迹是 19. 如果矩阵是平方和与叉积矩阵，那么它的迹就是平方和．如果是方差-协方差矩阵，那么迹就是方差的和．如果是相关矩阵，则迹就是变量数(每个变量对迹的贡献为 1).

A.2 矩阵和常数之间的加法与减法

如果有一个矩阵 $\boldsymbol{A}$，并且想要加上或者减去一个常数 k，则只需要对矩阵的每一个元素加或减一个常数 k，

$$\mathbf{A}+k=\begin{bmatrix}a & b & c\\ d & e & f\\ g & h & i\end{bmatrix}+k=\begin{bmatrix}a+k & b+k & c+k\\ d+k & e+k & f+k\\ g+k & h+k & i+k\end{bmatrix} \tag{A.1}$$

如果 $k=-3$，那么

$$\mathbf{A}+k=\begin{bmatrix}0 & -1 & 1\\ 4 & 2 & -3\\ -2 & -3 & 5\end{bmatrix}$$

A.3 矩阵和常数之间的乘法与除法

用常数对矩阵进行乘法或除法是一个简单的过程．

$$k\mathbf{A}=k\begin{bmatrix}a & b & c\\ d & e & f\\ g & h & i\end{bmatrix}$$

$$k\mathbf{A}=\begin{bmatrix}ka & kb & kc\\ kd & ke & kf\\ kg & kh & ki\end{bmatrix} \tag{A.2}$$

$$\frac{1}{k}\mathbf{A}=\begin{bmatrix}\frac{a}{k} & \frac{b}{k} & \frac{c}{k}\\ \frac{d}{k} & \frac{e}{k} & \frac{f}{k}\\ \frac{g}{k} & \frac{h}{k} & \frac{i}{k}\end{bmatrix} \tag{A.3}$$

如果 $k=2$，则

$$k\mathbf{A}=\begin{bmatrix}6 & 4 & 8\\ 14 & 10 & 0\\ 2 & 0 & 16\end{bmatrix}$$

A.4 两个矩阵的加法和减法

这些过程很简单，也非常有用．如果矩阵 $\boldsymbol{A}$，$\boldsymbol{B}$ 如本附录开头所定义的那样，则只需要对相应元素进行简单的加减法．

$$\boldsymbol{A}+\boldsymbol{B}=\begin{bmatrix} a & b & c \\ d & e & f \\ g & h & i \end{bmatrix}=\begin{bmatrix} r & s & t \\ u & v & w \\ x & y & z \end{bmatrix}=\begin{bmatrix} a+r & b+s & c+t \\ d+u & e+v & f+w \\ g+x & h+y & i+z \end{bmatrix} \tag{A.4}$$

$$\boldsymbol{A}-\boldsymbol{B}=\begin{bmatrix} a-r & b-s & c-t \\ d-u & e-v & f-w \\ g-x & h-y & i-z \end{bmatrix} \tag{A.5}$$

对于一个具体的数值例子：

$$\boldsymbol{A}+\boldsymbol{B}=\begin{bmatrix} 3 & 2 & 4 \\ 7 & 5 & 0 \\ 1 & 0 & 8 \end{bmatrix}+\begin{bmatrix} 6 & 1 & 0 \\ 2 & 8 & 7 \\ 3 & 4 & 5 \end{bmatrix}$$

$$\boldsymbol{A}+\boldsymbol{B}=\begin{bmatrix} 9 & 3 & 4 \\ 9 & 13 & 7 \\ 4 & 4 & 13 \end{bmatrix}$$

需要考虑到两个矩阵之间计算的不同，我们有时需要计算矩阵的差．例如，在第 13 章的因子分析中，所得矩阵减去再生矩阵得到残差矩阵．或者，如果被减去的矩阵恰好由适当的变量均值的列构成，那么它和原始得分矩阵之差生成离差矩阵．

A.5 矩阵的乘法、转置和平方根

矩阵的乘法是复杂的，也是非常有用的．注意，结果矩阵的第 ij 个元素是第一个矩阵的第 i 行和第二个矩阵的第 j 列的函数．

$$\boldsymbol{AB}=\begin{bmatrix} a & b & c \\ d & e & f \\ g & h & i \end{bmatrix}\begin{bmatrix} r & s & t \\ u & v & w \\ x & y & z \end{bmatrix}=\begin{bmatrix} ar+bu+cx & as+bv+cy & at+bw+cz \\ rd+eu+fx & ds+ev+fy & dt+ew+fz \\ gr+hu+ix & gs+hv+iy & gt+hw+iz \end{bmatrix} \tag{A.6}$$

数值化：

$$\begin{aligned}\boldsymbol{AB}&=\begin{bmatrix} 3 & 2 & 4 \\ 7 & 5 & 0 \\ 1 & 0 & 8 \end{bmatrix}\begin{bmatrix} 6 & 1 & 0 \\ 2 & 8 & 7 \\ 3 & 4 & 5 \end{bmatrix}\\ &=\begin{bmatrix} 3\cdot 6+2\cdot 2+4\cdot 3 & 3\cdot 1+2\cdot 8+4\cdot 4 & 3\cdot 0+2\cdot 7+4\cdot 5 \\ 7\cdot 6+5\cdot 2+0\cdot 3 & 7\cdot 1+5\cdot 8+0\cdot 4 & 7\cdot 0+5\cdot 7+0\cdot 5 \\ 1\cdot 6+0\cdot 2+8\cdot 3 & 1\cdot 1+0\cdot 8+8\cdot 4 & 1\cdot 0+0\cdot 7+8\cdot 5 \end{bmatrix}\\ &=\begin{bmatrix} 34 & 35 & 34 \\ 52 & 47 & 35 \\ 30 & 33 & 40 \end{bmatrix}\end{aligned}$$

遗憾的是，在矩阵运算中，$\boldsymbol{AB}\neq\boldsymbol{BA}$，因此

$$\boldsymbol{BA}=\begin{bmatrix} 6 & 1 & 0 \\ 2 & 8 & 7 \\ 3 & 4 & 5 \end{bmatrix}\begin{bmatrix} 3 & 2 & 4 \\ 7 & 5 & 0 \\ 1 & 0 & 8 \end{bmatrix}=\begin{bmatrix} 25 & 17 & 24 \\ 69 & 44 & 64 \\ 42 & 26 & 52 \end{bmatrix}$$

如果引入矩阵代数的另一个概念，则可以显示矩阵代数的一些有用的统计特性．矩阵的转置可以用(′)表示，代表了矩阵元素的一种重排，第一行变成第一列，第二行变成第二列，以此类推．因此

$$\boldsymbol{A}'=\begin{bmatrix}a & d & g\\ b & e & h\\ c & f & i\end{bmatrix}=\begin{bmatrix}3 & 7 & 1\\ 2 & 5 & 0\\ 4 & 0 & 8\end{bmatrix} \tag{A.7}$$

当转置和乘法相结合使用时，矩阵乘法的一些优势就会变得明显，即

$$\begin{aligned}\boldsymbol{AA}'&=\begin{bmatrix}a & b & c\\ d & e & f\\ g & h & i\end{bmatrix}\begin{bmatrix}a & d & g\\ b & e & h\\ c & f & i\end{bmatrix}\\ &=\begin{bmatrix}a^2+b^2+c^2 & ad+be+cf & ag+bh+ci\\ ad+be+cf & d^2+e^2+f^2 & dg+eh+fi\\ ag+bh+ci & dg+eh+fi & g^2+h^2+i^2\end{bmatrix}\end{aligned} \tag{A.8}$$

主对角线的元素是平方和，非对角线的元素为叉积．如果 $\boldsymbol{A}$ 与自身相乘，而不是它的转置，则将产生不同的结果．

$$\boldsymbol{AA}=\begin{bmatrix}a^2+bd+cg & ab+be+ch & ac+bf+ci\\ da+ed+fg & db+e^2+fh & dc+ef+fi\\ ga+hd+ig & gb+he+ih & gc+hf+i^2\end{bmatrix}$$

如果 $\boldsymbol{AA}=\boldsymbol{C}$，则 $\boldsymbol{C}^{1/2}=\boldsymbol{A}$. 也就是说，矩阵代数中有一个等价于标量取平方根的运算．但是由于矩阵乘法的复杂性，矩阵的平方根运算更复杂．但是，如果有一个矩阵 $\boldsymbol{C}$，求它的平方根(如典型相关，第 12 章)，则可以寻找矩阵 $\boldsymbol{A}$，使它与自身相乘时得到 $\boldsymbol{C}$. 例如，

$$\boldsymbol{C}=\begin{bmatrix}27 & 16 & 44\\ 56 & 39 & 28\\ 11 & 2 & 68\end{bmatrix}$$

那么

$$\boldsymbol{C}^{1/2}=\begin{bmatrix}3 & 2 & 4\\ 7 & 5 & 0\\ 1 & 0 & 8\end{bmatrix}$$

A.6 矩阵的“除法”(逆和行列式)

如果你喜欢矩阵乘法，那么你也会爱上矩阵求逆．从逻辑上讲，这个过程类似于对数值进行除法运算，方法是求数的倒数．如果$a^{-1}=\dfrac{1}{a}$，则$(a)(a^{-1})=1$. 也就是说，标量的倒数是一个数，当乘以这个数本身时等于 1. 矩阵中相关的概念和符号与代数运算中的类似，但是更复杂，因为矩阵是一个数字数组．

为了判断矩阵的逆是否已经找到，我们需要和前面提到的 1 等价的矩阵．单位矩阵 $\boldsymbol{I}$ 是主对角线上的元素都为 1 且其他元素都为 0 的矩阵，即

$$\boldsymbol{I}=\begin{bmatrix}1&0&0\\0&1&0\\0&0&1\end{bmatrix} \tag{A.9}$$

矩阵的除法就变成了求 $\boldsymbol{A}^{-1}$的过程，它满足

$$\boldsymbol{A}^{-1}\boldsymbol{A}=\boldsymbol{A}\boldsymbol{A}^{-1}=\boldsymbol{I} \tag{A.10}$$

求解 $\boldsymbol{A}^{-1}$有两个步骤，第一步是先求出 $\boldsymbol{A}$ 的行列式 $|\boldsymbol{A}|$，有时我们称矩阵的行列式代表矩阵的广义方差．最常见到的就是 2×2 矩阵，因此我们定义一个新的矩阵如下：

$$\boldsymbol{D}=\begin{bmatrix}a&b\\c&d\end{bmatrix}$$

这里

$$|\boldsymbol{D}|=ad-bc \tag{A.11}$$

如果 $\boldsymbol{D}$ 是方差-协方差矩阵，其中 a 和 d 是方差，b 和 c 是协方差，那么 $ad-bc$ 表示方差减去协方差．它是行列式的值，在假设检验中非常有用(例如，7.4 节的多元方差分析应用了 Wilks 的 lambda)．

当矩阵变得复杂时，行列式的计算也变得非常复杂．例如，在 3 行 3 列的矩阵中，

$$|\boldsymbol{A}|=a(ei-fh)+b(fg-di)+c(dh-eg) \tag{A.12}$$

如果行列式为 0，则矩阵不能求逆，因为求逆的下一步运算将涉及被 0 除．有多重共线性的矩阵或奇异矩阵(如第 4 章讨论的某一变量和其他变量是线性相关的)，其行列式为 0，不能求逆矩阵．

$\boldsymbol{A}$ 的完全逆矩阵是

$$\begin{aligned}\boldsymbol{A}^{-1}&=\begin{bmatrix}a&b&c\\d&e&f\\g&h&i\end{bmatrix}^{-1}\\&=\frac{1}{|\boldsymbol{A}|}\begin{bmatrix}ei-fh&ch-bi&bf-ce\\fg-di&ai-cg&cd-af\\dh-eg&bg-ah&ae-bd\end{bmatrix}\end{aligned} \tag{A.13}$$

请回想一下，因为 $\boldsymbol{A}$ 不是方差-协方差矩阵，所以行列式有可能为负．因此，在这个数值例子中，

$$|\boldsymbol{A}|=3(5\cdot8-0\cdot0)+2(0\cdot1-7\cdot8)+4(7\cdot0-5\cdot1)=-12$$

和

$$\begin{aligned}&=\frac{1}{-12}\begin{bmatrix}5\cdot8-0\cdot0&4\cdot0-2\cdot8&2\cdot0-4\cdot5\\0\cdot1-7\cdot8&3\cdot8-4\cdot1&4\cdot7-3\cdot0\\7\cdot0-5\cdot1&2\cdot1-3\cdot0&3\cdot5-2\cdot7\end{bmatrix}\\&=\begin{bmatrix}\frac{40}{-12}&\frac{-16}{-12}&\frac{-20}{-12}\\\frac{-56}{-12}&\frac{20}{-12}&\frac{28}{-12}\\\frac{-5}{-12}&\frac{2}{-12}&\frac{1}{-12}\end{bmatrix}=\begin{bmatrix}-3.33&1.33&1.67\\4.67&-1.67&-2.33\\0.42&-0.17&-0.08\end{bmatrix}\end{aligned}$$

可以证明，在舍入误差范围内，公式(A.10)是正确的．一旦找到 **A** 的逆，“除法”就可以通过逆和矩阵的乘法来完成．

A.7 特征值和特征向量：合并矩阵方差的过程

这里我们会向读者演示矩阵的特征值和特征向量的计算．然而，你会发现这里的讨论是很简单的．但是在 Tatsuoka(1971)提出时，这个内容的描述很复杂．

大多数多元计算过程都以一种或另一种方式依赖特征值和它们对应的特征向量(也称作特征根和向量)，因为它们在提供了变量之间的线性组合(特征向量)的同时将方差合并到矩阵中(特征值)．在所有的多元过程中，施加到变量上以形成变量线性组合的系数是从特征向量中重新标度的元素．解“占”的方差和特征值相关联，有时直接称为特征值．

任何实际大小矩阵的特征值和特征向量的计算最好通过计算机实现．举一个例子，一个 2×2 矩阵，这个过程的逻辑有些困难，涉及矩阵代数中一些抽象的概念和关系，包含了矩阵之间的等价关系、具有未知变量的线性方程组和多项式方程的根．

特征问题的解涉及以下方程式的求解：

$$(\mathbf{D}-\lambda\mathbf{I})\mathbf{V}=\mathbf{0} \tag{A.14}$$

其中 λ 是特征值，**V** 是要求解的特征向量．拓展该方程：

$$\left[\begin{bmatrix} a & b \\ c & d \end{bmatrix}-\lambda\begin{bmatrix} 1 & 0 \\ 0 & 1 \end{bmatrix}\right]\begin{bmatrix} v_1 \\ v_2 \end{bmatrix}=\mathbf{0}$$

或者

$$\left[\begin{bmatrix} a & b \\ c & d \end{bmatrix}-\begin{bmatrix} \lambda & 0 \\ 0 & \lambda \end{bmatrix}\right]\begin{bmatrix} v_1 \\ v_2 \end{bmatrix}=\mathbf{0}$$

或根据公式(A.5)，

$$\begin{bmatrix} a-\lambda & b \\ c & d-\lambda \end{bmatrix}\begin{bmatrix} v_1 \\ v_2 \end{bmatrix}=\mathbf{0} \tag{A.15}$$

如果把求特征值的矩阵 **D** 看作方差-协方差矩阵，可以看到获得 **D** 中方差的一种方法是通过 v_1 重新标度 **D** 中的元素，对 v_2 也是如此．

从公式(A.15)可以看出，当 v_1 和 v_2 都为 0 时，求解方程是很容易的．当公式(A.15)最左边矩阵的行列式为 0 时，非平凡解也很容易获得．[㊀] 也就是说，如果[接着公式(A.11)]

$$(a-\lambda)(d-\lambda)-bc=0 \tag{A.16}$$

那么会存在不为 0 的 λ 和 v_1、v_2 满足方程，然而公式(A.16)的拓展是 λ 的一个多项式，幂指数为 2：

$$\lambda^2-(a+d)\lambda+ad-bc=0 \tag{A.17}$$

求解特征值 λ 需要求该多项式的根．如果矩阵具有某些性质(见脚注㊀)，则方程将有和矩

㊀ 摘自 Tatsuoka(1971)：当所有的 $\lambda_i>0$ 时，矩阵为正定阵；当所有的 $\lambda_i\geqslant 0$ 时，矩阵为半正定阵；当存在 $\lambda_i<0$ 时，矩阵为负定阵．

阵行数(或列数)相等数目的正根.

如果把公式(A.17)改写为 $x\lambda^2+y\lambda+z=0$ 的形式，则可以由下面式子得出根：

$$\lambda=\frac{-y\pm\sqrt{y^2-4xz}}{2x} \tag{A.18}$$

举一个数值例子，考虑下面的矩阵：

$$\boldsymbol{D}=\begin{bmatrix}5 & 1\\4 & 2\end{bmatrix}$$

根据公式(A.17)，可以得到

$$\lambda^2-(5+2)\lambda+5\cdot 2-1\cdot 4=0$$

或

$$\lambda^2-7\lambda+6=0$$

根据公式(A.18)解得这个多项式的根如下：

$$\lambda=\frac{-(-7)+\sqrt{(-7)^2-4\cdot 1\cdot 6}}{2\cdot 1}=6$$

和

$$\lambda=\frac{-(-7)-\sqrt{(-7)^2-4\cdot 1\cdot 6}}{2\cdot 1}=1$$

(根也可以通过因子分解得到$(\lambda-6)(\lambda-1)$求得.)

一旦求出根，就可以代入公式(A.15)解出 v_1 和 v_2. 第一个根有一组特征向量，第二个根也有一组特征向量. 两种求解方法都需要求解含有两个未知变量的两个联立方程组，即对第一个根 6，代入公式(A.15)，

$$\begin{bmatrix}5-6 & 1\\4 & 2-6\end{bmatrix}\begin{bmatrix}v_1\\v_2\end{bmatrix}=\mathbf{0}$$

或

$$\begin{bmatrix}-1 & 1\\4 & -4\end{bmatrix}\begin{bmatrix}v_1\\v_2\end{bmatrix}=\mathbf{0}$$

所以

$$-1\,v_1+1\,v_2=0$$

和

$$4\,v_1-4\,v_2=0$$

当 $v_1=1$，$v_2=1$ 时，求得一个解.

对第二个根 1，公式变为

$$\begin{bmatrix}5-1 & 1\\4 & 2-1\end{bmatrix}\begin{bmatrix}v_1\\v_2\end{bmatrix}=\mathbf{0}$$

或

$$\begin{bmatrix}4 & 1\\4 & 1\end{bmatrix}\begin{bmatrix}v_1\\v_2\end{bmatrix}=\mathbf{0}$$

所以

$$4\,v_1 + 1\,v_2 = 0$$

和

$$4\,v_1 + 1\,v_2 = 0$$

当 $v_1=-1$，$v_2=4$ 时，求得一个解．因此第一个特征值是 6，对应的特征向量是[1,1]；第二个特征值是 1，对应的特征向量是[−1,4]．

因为矩阵是 2×2 的，所以特征值的多项式是二次的，并且在两个未知数中有两个方程式可以来求解特征向量．假如矩阵是 15×15 的，则该多项式解的前半部分就是 15 次幂的，后半部分有 15 个方程，含有 15 个未知数．如果下次遇到的话，请使用计算机求解．

附录B　研究设计的完整案例

B.1　女性健康和药品研究

1974～1976年，美国国家药物滥用研究所(＃DA 00847)向L. S. Fidell和J. E. Prather提供帮助后，收集了大部分在大型样本中使用的数据．此处大致描述了收集数据的方法和对研究中所包括的内容的参考，因为它们在之前被介绍过(Hoffman和Fidell，1979)．

方法

第一次调查是在1975年2月，调查对象为随机抽取的465名居住在洛杉矶郊区的圣费尔南多谷的女性，年龄均在20～59岁且会说英语，对她们进行结构化访谈，内容包括各种健康、人口统计和态度测量等．第二次调查是在1976年2月对369名(占总数的79.4％)原始对象展开的，调查集中在关于健康变量的初步研究上，但也包含了Bem性别角色量表(BSRI；Bem，1974)和艾森克人格量表(EPI；Eysenck和Eysenck，1963)调查．

1975年的703个名字的目标样本是在圣费尔南多谷适龄的居民的名单中随机选取的大约0.003％的女性居民样本．为从217个人口普查中随机抽取的人口普查区块(与人口成比例)编制了名单，这些普查区块是随机绘制的，按收入分层后随机抽取并分配．受访者在第一次收到一封请求合作的委托书后，我们就联系了受访者，不允许替换．在终止调查尝试之前，至少需要进行四次回电．最终样本目标的完成率为66.1％，拒绝率为26％，不可获得率为7.9％．

1975年合作的465名受访者的人口特征证实了圣费尔南多谷基本都是白人、中产阶级和工人阶级，并基本上与根据1970年人口普查局的数据计算出的女性居民特征概况一致．最终的样本中91.2％为白人，家庭成员年收入(税前)的中位数为17 000美元，平均邓肯量表(Featherman，1973)社会经济水平(SEL)评分为51. 受访者也受过良好的教育(平均学校教育年数为13.2年)，38％是新教徒，26％是天主教徒，20％是犹太教徒，其余为“无”或“其他”. 在第一次采访时，78％的女性与丈夫同住，9％离婚，6％单身，3％分居，3％丧偶，不到1％的女性为“同居”. 总的来说，82.4％的女性有孩子，平均每名女性有2.7个孩子，其中2.1个孩子仍然和受访者住一起．

在初始的465名受访者中，有369人(79.4％)在一年后再次接受了采访．在未复访的96名受访者中，51人拒绝被采访，36人已迁居，8人已知在洛杉矶地区，但至少5次尝试复访后仍无法取得联系，1人已故．在健康状况和态度变量上，那些接受和没有接受再次采访的人是相似的(通过方差分析得到). 不过，她们在一些人口统计指标上有所不同．那些重新接受采访的女性往往是高收入的白人女性，她们的受教育程度更高，年龄更大，在

1975 年经历过的生活的变化单位(Rahe, 1974)明显更少.

1975 年的面谈时间表由评估人口统计、健康和态度特征的项目组成(见表 B—1). 尽可能使用以前经过测试和验证的项目及方法，尽管时间限制禁止包括某些方法中的所有项目. 大多数项目的编码都是预先安排好的，以便给出较大的响应，反映出更多的不利态度、不满、健康状况不佳、收入下降、压力增加、药物使用增加等.

1976 年的采访日程重复了许多健康项目，其中一组较短的项目评估婚姻状况和满意度的变化、工作状况和满意度的变化等. 如前所述，BSRI 和 EPI 也包括在内. 1975 年和 1976 年的采访时间平均花费了 75 分钟，并且由经验丰富、训练有素的采访者到受访者家中进行.

为了获取可比较的男性样本的 BSRI 男性化和女性化得分的中位数，将 BSRI 邮寄给了 369 名在 1976 年合作过的受访者，并由机构要求她们身边的男性(丈夫、朋友、兄弟等)填写并寄回. 从 162 名(44%)男性那里获得完整的 BSRI 问卷，其中 82%是丈夫，朋友占 8.6%，未婚夫占 3.7%，兄弟占 1.9%，儿子占 1.2%，前夫占 1.2%，姐夫占 0.6%，父亲占 0.6%. 使用方差分析比较收回问卷和没有收回问卷的女性身边的男性的人口统计学特征(这些特征可以由女性在 1975 年访谈中的回答来确定). 这两组人的不同之处在于，与没有再次接受采访的人一样，再次接受采访的女性身边的男性社会经济状况更优越. 受访者的社会经济水平评分更高，受教育程度更高，生活质量也更高. 根据男性和女性的男性化得分中位数和女性化得分中位数的未加权平均数将女性样本分为女性化、男性化、雌雄同体和无差别.

表 B-1 1975—1976 年访谈中可用的变量描述

变量	缩写	简要描述	来源
人口统计变量:			
社会经济水平	SEL, SEL2	适用就业的衡量标准	Featherman(1973)，邓肯量表的更新
教育	EDUC	教育完成年数	
	EDCODE	高中教育完成后，教育是否有提高的类别变量	
收入	INCOME	税前家庭总收入	
	INCODE	评估家庭收入的类别变量	
年龄	AGE	实际年龄，5 年为一档	
婚姻状况	MARITAL	衡量当前婚姻状况的类别变量	
	MSTATUS	评估当前是否结婚的二分变量	
子女情况	CHILDREN	衡量是否有孩子的类别变量	
民族	RACE	衡量种族关系的类别变量	
雇佣关系	EMPLMNT	衡量当前是否被雇佣的类别变量	
	WORKSTAT	评估当前就业状况的类别变量，如果没有，则评估对失业状况的态度	
宗教信仰	RELIGION	衡量宗教信仰的类别变量	

（续）

变量	缩写	简要描述	来源
态度变量：			
对待家务的态度	ATTHOUSE	对待家务持喜欢与不喜欢态度的变化频率	Johnson (1955)
对待有偿劳动的态度	ATTWORK	对待有偿劳动持喜欢或不喜欢态度的变化频率	Johnson (1955)
对女性角色的态度	ATTROLE	对待女性角色持保守或自由态度的测量	Spence 和 Helmreich (1972)
内控点与外控点	CONTROL	控制意识形态的测量：内部或外部	Rotter (1966)
对当前婚姻状况的态度	ATTMAR	对当前婚姻状况的满意度	Burgess 和 Locke (1960)；Locke 和 Wallace (1959)；Rollins 和 Feldman (1970)
个性变量：			
自尊心	ESTEEM	在各种情况下自尊心和自信的测量	Rosenberg (1965)
神经质	NEUROTIC	从因子分析得出的测量神经质与稳定性的量表	Eysenck 和 Eysenck(1963)
内向度-外向度	INTEXT	从因子分析得出的测量内向/外向的量表	Eysenck 和 Eysenck (1963)
双性测量	ANDRM	基于女性化和男性化的类别变量	Bem(1974)
健康变量：			
心理健康	MENHEAL	出现心理健康问题(感觉分离，不能独处)的频率计数	Langer (1962)
身体健康	PHYHEAL	各种身体系统出现问题(循环、消化等)的频率计数，健康情况的一般描述	
就诊次数	TIMEDRS	找专业医生看病的频率计数	
精神药物的使用情况	DRUGUSE	服用处方或非处方镇静剂、镇静催眠药、抗抑郁药和兴奋剂的频率	Balter 和 Levine (1971)
精神药物和非处方药的使用情况	PSYDRUG	DRUGUSE 加测量非处方情绪调节药物的频率	
对药物的态度	ATTDRUG	有关使用药物的态度的项目	
生活的变化单位	STRESS	反映生活状况变化的数量和重要性的加权项	Rahe (1974)

B.2 性别吸引研究

大样本多重列联表分析示例(7.6 节)中使用的数据收集于 1984 年，作为一项调查的一部分，该调查评估临床心理学家对客户性别吸引力的本质．正如美国心理学家的论文中展示的，以下是数据收集方法和人口统计特征(Pope、Keith-Spiegel 和 Tabachnick，1986).

方法

调查问卷一共有 17 个问题(15 个结构化问题和 2 个开放式问题)，以信件的方式发送给 1000 位心理学家(治疗师)(500 位男士，500 位女士)，这 1000 位心理学家是从 1983 年美国心理学家协会注册会员名册中第 42 部分(私人职业心理学家)的 4356 人中随机挑选的.

调查问卷要求受访者回答他们的性别、年龄组、在现领域的工作经验年数.同时，调查了有关受访者对男性和女性客户的性吸引力的信息、客户对这种吸引的反应、客户对吸引的认识和是否会重复做这件事、吸引力对治疗过程的影响、如何管理这种感受、关于客户的性幻想的发生率、受访者是否会选择避免与客户发生亲密行为(如果对治疗有影响)、哪些特征决定哪些客户会被认为具有性吸引力、与客户有实际性活动的发生率以及受访者接受过的培训和实习经验在多大程度上解决了此类问题.

585 位受访者回复了调查问卷，其中 59.7%为男性.男性受访者中有 68%的人回复了调查问卷，而女性调查对象只有 49%回复问卷.大约一半的受访者的年龄在 45 岁及 45 岁以下.样本年龄的中位数约为 46 岁，而 1983 年精神卫生服务调查中受访者的年龄中位数是 40 岁(VandenBos 和 Stapp，1983).

男女受访者在从业时间上没有明显的差别，大约是 16.99 年(标准差=8.43).较年轻的治疗师的从业时间大约是 11.36 年(标准差=8.43)，较年长的治疗师的从业时间大约是 21.79 年(标准差=8.13).585 位治疗师中只有 77 人表示从未被顾客吸引.

B.3　学习障碍资料库

8.6.1 节中的大样本示例(WISC 子量表的轮廓分析)的数据取自位于圣费尔南多谷的加利福尼亚教育治疗中心(CCET)开发的数据库.

所有在加利福尼亚教育治疗中心治疗的儿童都接受了一系列的心理诊断测试，以测量当前的智力功能、知觉发展、心理语言能力、视觉和听觉功能以及在一些学科中的成就.此外，一个广泛的家长信息大纲询问家长关于人口统计学变量、家庭健康史，以及孩子的成长史、优点、缺点、偏好，等等.整个数据库由 112 个测试变量外加 155 个来自父母信息的变量组成.

数据收集始于 1972 年 7 月，一直持续到 1993 年.第 8 章的样本包括 1984 年 4 月之前接受 WISC 测试并被诊断为有学习障碍的儿童，他们的父母同意将孩子的信息纳入数据库，并回答了一个关于孩子对玩伴年龄偏好的问题.这个问题的可选答案是：①年纪大一些；②年纪小一些；③年龄相仿；④无偏好.在第 8 章的分析中，后两类被合并成一个单独的类别，因为任何一个类别本身都太小了.在 1972～1984 年测试的 261 名儿童中，有 177 名儿童符合第 8 章样本的入选条件.

在全部 261 个病例中，平均年龄为 10.58 岁，范围为 5～61 岁 (第 8 章的样本仅包括学龄儿童).样本中有 75%是男孩.在测试期间，63%的样本就读于公立学校，33%的人被各种私立学校录取.94%的父母透露了他们的受教育水平，其中母亲平均完成了 13.6 年的学业，父亲平均完成了 14.9 年的学业.

B.4　识别数字的反应时间

本研究的数据由 Damos(1989)收集．要求 20 名惯用右手的男性尽可能快地在键盘上对刺激(字母 G 或符号)及其镜像做出“标准”或“镜像”的反应．每次实验包括 30 个刺激和 30 个镜像图像的展示，6 个方向中各有 5 次展示：直立(0)、60，120，180，240 和 300 度旋转．总的来说，该实验需要在连续两周内进行 10 次．每一阶段都有 4 个区块，每组 9 个实验，分布在上午和下午．因此，每个受试者在研究过程中做出了 21 600 次响应．一半的受试者在第一周被给予 G 刺激，第二周被给予符号刺激．另一半受试者仅接受一周的符号刺激．在所有实验中，所有刺激的呈现顺序都是随机的．

两个因变量是平均正确反应时间和错误率．对 60°和 300°绝对响应旋转取平均，120°和 240°响应取平均．分别计算标准实验和镜像实验的平均值．对每个受试者在每次实验中的平均值进行线性回归，得到斜率和截距．

在 8.6.2 节中选择进行分析的数据是前四个阶段的斜率和截距：第一周的第 1 天和第 2 天的上午和下午，以便可以观察其实践效应．仅使用受试者回答“标准”的实验．因此，这 20 名受试者中的每一位都提供了 8 个得分，以及 4 个时段中每一个时段的斜率和截距．

B.5　噪声诱发睡眠干扰的实地研究

这些数据来自 Fidell 等人(1995)报告的夜间噪声对睡眠干扰效应的调查．实验在两个机场和一个控制点附近进行了测量．机场是加利福尼亚州默塞德市的城堡空军基地，在洛杉矶的社区没有受夜间飞机噪声的影响，但是受较多的道路交通噪声的影响．对 82 名测试参与者的 45 个家庭的室内和室外噪声暴露进行了为期约一个月的测量，共测量了 1887 个实验对象的夜间情况．测量包括睡醒时间、入睡时间、睡眠中醒来次数、睡醒行为、睡眠质量、睡眠时间、早上生气、疲倦程度、清醒时间以及被飞机噪声吵醒的次数．

此外，还记录了一些个人特征，包括年龄、性别、自然睡醒率、居住时间、酒精和药物的使用情况以及退休后的疲劳程度．在 logistic 回归中，通过休息时间噪声水平、环境噪声水平、自然睡醒率、年龄、退休后的时间、居住时间以及退休后的疲倦情况来预测基于事件的觉醒．然而，觉醒与噪声暴露之间的关系的斜率较小．研究结果与其他的实地调查结果一致，但与实验室研究有一些不同．

B.6　原发性胆汁性肝硬化的临床研究

本例中的数据是 1974 年 1 月和 1984 年 5 月在梅奥诊所进行的一项双盲随机临床实验中收集的．在符合条件的 424 位患者中，有 312 人(及其医生)同意参与随机实验．对 312 位患者进行了大量的临床、生化、血清学和组织学测量，随机分配到安慰剂组和用 D－penicillamine 治疗组．1986 年对临床实验数据进行了分析，并发表在临床文献中．

第 11 章生存分析中使用的 312 个病例数据包括 125 个死亡病例(其中 11 位非 PBC 死亡的患者未被区分)和 19 个接受肝移植的病例．Fleming 和 Harrington(1991，第 1 章和第 4 章) 和 Markus 等人(1989)描述了这个数据和一些分析．后面的论文着重介绍了肝移植的功效，还讨论了 Mayo 模型，该模型确定了 11.7 节生存分析中使用的变量.

Fleming 和 Harrington 将 PBC 描述为"……一种罕见但致命的慢性肝病，病因不明，其患病率为每 100 万人约 50 个病例. 原发性病理事件似乎是小叶间胆管的破坏，这可能是免疫机制介导的"(第 2 页).

B.7　安全带法的影响

Rock(1992)应用 ARIMA 方法评估了伊利诺伊州安全带使用法对事故、死亡和各种伤害的影响. 数据从 1980 年 1 月开始每月收集，一直持续到 1990 年 12 月，安全带法于 1985 年生效. 事故统计数据可从伊利诺伊州交通局获得(IDOT). Rock 在考虑了除 ARIMA 之外的其他统计技术后，认为 ARIMA 是最好的(有较少的偏差).

分别评估的因变量是每月死亡人数、交通事故以及 A 级、B 级和 C 级伤害. A 级是最严重的伤害，定义为丧失行为能力. 将 5 个不同的因变量应用到 ARIMA 模型中，发现安全带法在统计学上显著影响的只有 A 级伤害. Rock 总结为：总的来说，法律的净影响是降低了伤害的严重程度.

附录C 统计表

表C-1 标准正态分布

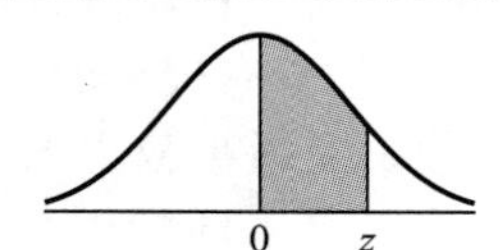

z	0.00	0.01	0.02	0.03	0.04	0.05	0.06	0.07	0.08	0.09
0.0	0.0000	0.0040	0.0080	0.0120	0.0160	0.0199	0.0239	0.0279	0.0319	0.0359
0.1	0.0398	0.0438	0.0478	0.0517	0.0557	0.0596	0.0636	0.0675	0.0714	0.0753
0.2	0.0793	0.0832	0.0871	0.0910	0.0948	0.0987	0.1026	0.1064	0.1103	0.1141
0.3	0.1179	0.1217	0.1255	0.1293	0.1331	0.1368	0.1406	0.1443	0.1480	0.1517
0.4	0.1554	0.1591	0.1628	0.1664	0.1700	0.1736	0.1772	0.1808	0.1844	0.1879
0.5	0.1915	0.1950	0.1985	0.2019	0.2054	0.2088	0.2123	0.2157	0.2190	0.2224
0.6	0.2257	0.2291	0.2324	0.2357	0.2389	0.2422	0.2454	0.2486	0.2517	0.2549
0.7	0.2580	0.2611	0.2642	0.2673	0.2704	0.2734	0.2764	0.2794	0.2823	0.2852
0.8	0.2881	0.2910	0.2939	0.2967	0.2995	0.3023	0.3051	0.3078	0.3106	0.3133
0.9	0.3159	0.3186	0.3212	0.3238	0.3264	0.3289	0.3315	0.3340	0.3365	0.3389
1.0	0.3413	0.3438	0.3461	0.3485	0.3508	0.3531	0.3554	0.3577	0.3599	0.3621
1.1	0.3643	0.3665	0.3686	0.3708	0.3729	0.3749	0.3770	0.3790	0.3810	0.3830
1.2	0.3849	0.3869	0.3888	0.3907	0.3925	0.3944	0.3962	0.3980	0.3997	0.4015
1.3	0.4032	0.4049	0.4066	0.4082	0.4099	0.4115	0.4131	0.4147	0.4162	0.4177
1.4	0.4192	0.4207	0.4222	0.4236	0.4251	0.4265	0.4279	0.4292	0.4306	0.4319
1.5	0.4332	0.4345	0.4357	0.4370	0.4382	0.4394	0.4406	0.4418	0.4429	0.4441
1.6	0.4452	0.4463	0.4474	0.4484	0.4495	0.4505	0.4515	0.4525	0.4535	0.4545
1.7	0.4554	0.4564	0.4573	0.4582	0.4591	0.4599	0.4608	0.4616	0.4625	0.4633
1.8	0.4641	0.4649	0.4656	0.4664	0.4671	0.4678	0.4686	0.4693	0.4699	0.4706
1.9	0.4713	0.4719	0.4726	0.4732	0.4738	0.4744	0.4750	0.4756	0.4761	0.4767
2.0	0.4772	0.4778	0.4783	0.4788	0.4793	0.4798	0.4803	0.4808	0.4812	0.4817
2.1	0.4821	0.4826	0.4830	0.4834	0.4838	0.4842	0.4846	0.4850	0.4854	0.4857
2.2	0.4861	0.4864	0.4868	0.4871	0.4875	0.4878	0.4881	0.4884	0.4887	0.4890
2.3	0.4893	0.4896	0.4898	0.4901	0.4904	0.4906	0.4909	0.4911	0.4913	0.4916
2.4	0.4918	0.4920	0.4922	0.4925	0.4927	0.4929	0.4931	0.4932	0.4934	0.4936

（续）

z	0.00	0.01	0.02	0.03	0.04	0.05	0.06	0.07	0.08	0.09
2.5	0.4938	0.4940	0.4941	0.4943	0.4945	0.4946	0.4948	0.4949	0.4951	0.4952
2.6	0.4953	0.4955	0.4956	0.4957	0.4959	0.4960	0.4961	0.4962	0.4963	0.4964
2.7	0.4965	0.4966	0.4967	0.4968	0.4969	0.4970	0.4971	0.4972	0.4973	0.4974
2.8	0.4974	0.4975	0.4976	0.4977	0.4977	0.4978	0.4979	0.4979	0.4980	0.4981
2.9	0.4981	0.4982	0.4982	0.4983	0.4984	0.4984	0.4985	0.4985	0.4986	0.4986
3.0	0.4987	0.4987	0.4987	0.4988	0.4988	0.4989	0.4989	0.4989	0.4990	0.4990

资料来源：Abridged from Table 1 of *Statistical Tables and Formulas*, by A. Hald. Copyright © 1952, John Wiley & Sons, Inc. Reprinted by permission of A. Hald.

表 C-2　t 分布的临界值，双尾检验，α＝0.05 和 0.01

自由度	0.05	0.01	自由度	0.05	0.01
1	12.706	63.657	18	2.101	2.878
2	4.303	9.925	19	2.093	2.861
3	3.182	5.841	20	2.086	2.845
4	2.776	4.604	21	2.080	2.831
5	2.571	4.032	22	2.074	2.819
6	2.447	3.707	23	2.069	2.807
7	2.365	3.499	24	2.064	2.797
8	2.306	3.355	25	2.060	2.787
9	2.262	3.250	26	2.056	2.779
10	2.228	3.169	27	2.052	2.771
11	2.201	3.106	28	2.048	2.763
12	2.179	3.055	29	2.045	2.756
13	2.160	3.012	30	2.042	2.750
14	2.145	2.977	40	2.021	2.704
15	2.131	2.947	60	2.000	2.660
16	2.120	2.921	120	1.980	2.617
17	2.110	2.898	∞	1.960	2.576

资料来源：Adapted from Table 9 in *Biometrika Tables for Statisticians*, vol. 1, 3d ed., edited by E. S. Pearson and H. O. Hartley (New York: Cambridge University Press, 1958). Reproduced with the permission of the *Biometrika* trustees.

表 C-3　F 分布的临界值

df_1 / df_2		1	2	3	4	5	6	8	12	24	∞
1	0.1%	405 284	500 000	540 379	562 500	576 405	585 937	598 144	610 667	623 497	636 619
	0.5%	16 211	20 000	21 615	22 500	23 056	23 437	23 925	24 426	24 940	25 465
	1%	4052	4999	5403	5625	5764	5859	5981	6106	6234	6366
	2.5%	647.79	799.50	864.16	899.58	921.85	937.11	956.66	976.71	997.25	1018.30
	5%	161.45	199.50	215.71	224.58	230.16	233.99	238.88	243.91	249.05	254.32
	10%	39.86	49.50	53.59	55.83	57.24	58.20	59.44	60.70	62.00	63.33
2	0.1	998.5	999.0	999.2	999.2	999.3	999.3	999.4	999.4	999.5	999.5
	0.5	198.50	199.00	199.17	199.25	199.30	199.33	199.37	199.42	199.46	199.51
	1	98.49	99.00	99.17	99.25	99.30	99.33	99.36	99.42	99.46	99.50
	2.5	38.51	39.00	39.17	39.25	39.30	39.33	39.37	39.42	39.46	39.50
	5	18.51	19.00	19.16	19.25	19.30	19.33	19.37	19.41	19.45	19.50
	10	8.53	9.00	9.16	9.24	9.29	9.33	9.37	9.41	9.45	9.49

（续）

df_1 / df_2		1	2	3	4	5	6	8	12	24	∞
3	0.1	167.5	148.5	141.1	137.1	134.6	132.8	130.6	128.3	125.9	123.5
	0.5	55.55	49.80	47.47	46.20	45.39	44.84	44.13	43.39	42.62	41.83
	1	34.12	30.81	29.46	28.71	28.24	27.91	27.49	27.05	26.60	26.12
	2.5	17.44	16.04	15.44	15.10	14.89	14.74	14.54	14.34	14.12	13.90
	5	10.13	9.55	9.28	9.12	9.01	8.94	8.84	8.74	8.64	8.53
	10	5.54	5.46	5.39	5.34	5.31	5.28	5.25	5.22	5.18	5.13
4	0.1	74.14	61.25	56.18	53.44	51.7	50.53	49.00	47.41	45.7	44.05
	0.5	31.33	26.28	24.26	23.16	22.46	21.98	21.35	20.71	20.03	19.33
	1	21.20	18.00	16.69	15.98	15.52	15.21	14.80	14.37	13.93	13.46
	2.5	12.22	10.65	9.98	9.60	9.36	9.20	8.98	8.75	8.51	8.26
	5	7.71	6.94	6.59	6.39	6.26	6.16	6.04	5.91	5.77	5.63
	10	4.54	4.32	4.19	4.11	4.05	4.01	3.95	3.90	3.83	3.76
5	0.1	47.04	36.61	33.20	31.09	29.75	28.84	27.64	26.42	25.14	23.78
	0.5	22.79	18.31	16.53	15.56	14.94	14.51	13.96	13.38	12.78	12.14
	1	16.26	13.27	12.06	11.39	10.97	10.67	10.29	9.89	9.47	9.02
	2.5	10.01	8.43	7.76	7.39	7.15	6.98	6.76	6.52	6.28	6.02
	5	6.61	5.79	5.41	5.19	5.05	4.95	4.82	4.68	4.53	4.36
	10	4.06	3.78	6.62	3.52	3.45	3.40	3.34	3.27	3.19	3.10
6	0.1	35.51	27.00	23.70	21.90	20.81	20.03	19.03	17.99	16.89	15.75
	0.5	18.64	14.54	12.92	12.03	11.46	11.07	10.57	10.03	9.47	8.88
	1	13.74	10.92	9.78	9.15	8.75	8.47	8.10	7.72	7.31	6.88
	2.5	8.81	7.26	6.60	6.23	5.99	5.82	5.60	5.37	5.12	4.85
	5	5.99	5.14	4.76	4.53	4.39	4.28	4.15	4.00	3.84	3.67
	10	3.78	3.46	3.29	3.18	3.11	3.05	2.98	2.90	2.82	2.72
7	0.1	29.22	21.69	18.77	17.19	16.21	15.52	14.63	13.71	12.73	11.69
	0.5	16.24	12.40	10.88	10.05	9.52	9.16	8.68	8.18	7.65	7.08
	1	12.25	9.55	8.45	7.85	7.46	7.19	6.84	6.47	6.07	5.65
	2.5	8.07	6.54	5.89	5.52	5.29	5.12	4.90	4.67	4.42	4.14
	5	5.59	4.74	4.35	4.12	3.97	3.87	3.73	3.57	3.41	3.23
	10	3.59	3.26	3.07	2.96	2.88	2.83	2.75	2.67	2.58	2.47
8	0.1	25.42	18.49	15.83	14.39	13.49	12.86	12.04	11.19	10.30	9.34
	0.5	14.69	11.04	9.60	8.81	8.30	7.95	7.50	7.01	6.50	5.95
	1%	11.26	8.65	7.59	7.01	6.63	6.37	6.03	5.67	5.28	4.86
	2.5%	7.57	6.06	5.42	5.05	4.82	4.65	4.43	4.20	3.95	3.67
	5%	5.32	4.46	4.07	3.84	3.69	3.58	3.44	3.28	3.12	2.93
	10%	3.46	3.11	2.92	2.81	2.73	2.67	2.59	2.50	2.40	2.29
9	0.1	22.86	16.39	13.90	12.56	11.71	11.13	10.37	9.57	8.72	7.81
	0.5	13.61	10.11	8.72	7.96	7.47	7.13	6.69	6.23	5.73	5.19
	1	10.56	8.02	6.99	6.42	6.06	5.80	5.47	5.11	4.73	4.31
	2.5	7.21	5.71	5.08	4.72	4.48	4.32	4.10	3.87	3.61	3.33
	5	5.12	4.26	3.86	3.63	3.48	3.37	3.23	3.07	2.90	2.71
	10	3.36	3.01	2.81	2.69	2.61	2.55	2.47	2.38	2.28	2.16
10	0.1	21.04	14.91	12.55	11.28	10.48	9.92	9.20	8.45	7.64	6.76
	0.5	12.83	8.08	7.34	6.87	6.54	6.12	5.66	5.17	4.64	
	1	10.04	7.56	6.55	5.99	5.64	5.39	5.06	4.71	4.33	3.91

（续）

df_1 / df_2		1	2	3	4	5	6	8	12	24	∞
	2.5	6.94	5.46	4.83	4.47	4.24	4.07	3.85	3.62	3.37	3.08
	5	4.96	4.10	3.71	3.48	3.33	3.22	3.07	2.91	2.74	2.54
	10	3.28	2.92	2.73	2.61	2.52	2.46	2.38	2.28	2.18	2.06
11	0.1	19.69	13.81	11.56	10.35	9.58	9.05	8.35	7.63	6.85	6.00
	0.5	12.23	8.91	7.60	6.88	6.42	6.10	5.68	5.24	4.76	4.23
	1	9.65	7.20	6.22	5.67	5.32	5.07	4.74	4.40	4.02	3.60
	2.5	6.72	5.26	4.63	4.28	4.04	4.88	3.66	3.43	3.17	2.88
	5	4.84	3.98	3.59	3.36	3.20	3.09	2.95	2.79	2.61	2.40
	10	3.23	2.86	2.66	2.54	2.45	2.39	2.30	2.21	2.10	1.97
12	0.1	18.64	12.97	10.80	9.63	8.89	8.38	7.71	7.00	6.25	5.42
	0.5	11.75	8.51	7.23	6.52	6.07	5.76	5.35	4.91	4.43	3.90
	1	9.33	6.93	5.95	5.41	5.06	4.82	4.50	4.16	3.78	3.36
	2.5	6.55	5.10	4.47	4.12	3.89	3.73	3.51	3.28	3.02	2.72
	5	4.75	3.88	3.49	3.26	3.11	3.00	2.85	2.69	2.50	2.30
	10	3.18	2.81	2.61	2.48	2.39	2.33	2.24	2.15	2.04	1.90
13	0.1	17.81	12.31	10.21	9.07	8.35	7.86	7.21	6.52	5.78	4.97
	0.5	11.37	8.19	6.93	6.23	5.79	5.48	5.08	4.64	4.17	3.65
	1	9.07	6.70	5.74	5.20	4.86	4.62	4.30	3.96	3.59	3.16
	2.5	6.41	4.97	4.35	4.00	3.77	3.60	3.39	3.15	2.89	2.60
	5	4.67	3.80	3.41	3.18	3.02	2.92	2.77	2.60	2.42	2.21
	10	3.14	2.76	2.56	2.43	2.35	2.28	2.20	2.10	1.98	1.85
14	0.1	17.14	11.78	9.73	8.62	7.92	7.43	6.80	6.13	5.41	4.60
	0.5	11.06	7.92	6.68	6.00	5.56	5.26	4.86	4.43	3.96	3.44
	1	8.86	6.51	5.56	5.03	4.69	4.46	4.14	3.80	3.43	3.00
	2.5	6.30	4.86	4.24	3.89	3.66	3.50	3.27	3.05	2.79	2.49
	5	4.60	3.74	3.34	3.11	2.96	2.85	2.70	2.53	2.35	2.13
	10	3.10	2.73	2.52	2.39	2.31	2.24	2.15	2.05	1.94	1.80
15	0.1	16.59	11.34	9.30	8.25	7.57	7.09	6.47	5.81	5.10	4.31
	0.5	10.80	7.70	6.48	5.80	5.37	5.07	4.67	4.25	3.79	3.26
	1	8.68	6.36	5.42	4.89	4.56	4.32	4.00	3.67	3.29	2.87
	2.5	8.20	4.77	4.15	3.80	3.58	3.41	3.20	2.96	2.70	2.40
	5%	4.54	3.80	3.29	3.06	2.90	2.79	2.64	2.48	2.29	2.07
	10%	3.07	2.70	2.49	2.36	2.27	2.21	2.12	2.02	1.90	1.76
16	0.1	16.12	10.97	9.00	7.94	7.27	6.81	6.19	5.55	4.85	4.06
	0.5	10.58	7.51	6.30	5.64	5.21	4.91	4.52	4.10	3.64	3.11
	1	8.53	6.23	5.29	4.77	4.44	4.20	3.89	3.55	3.18	2.75
	2.5	6.12	4.69	4.08	3.73	3.50	3.34	3.12	2.89	2.63	2.32
	5	4.49	3.63	3.24	3.01	2.85	2.74	2.59	2.42	2.24	2.01
	10	3.05	2.67	2.46	2.33	2.24	2.18	2.09	1.99	1.87	1.72
17	0.1	15.72	10.66	8.73	7.68	7.02	6.56	5.96	5.32	4.63	3.85
	0.5	10.38	7.35	6.16	5.50	5.07	4.78	4.39	3.97	3.51	2.98
	1	8.40	6.11	5.18	4.67	4.34	4.10	3.79	3.45	3.08	2.65
	2.5	6.04	4.62	4.01	3.66	3.44	3.28	3.06	2.82	2.56	2.25
	5	4.45	3.59	3.20	2.96	2.81	2.70	2.55	2.38	2.19	1.96
	10	3.03	2.64	2.44	2.31	2.22	2.15	2.06	1.96	1.84	1.69

（续）

df1 / df2		1	2	3	4	5	6	8	12	24	∞
18	0.1	15.38	10.39	8.49	7.46	6.81	6.35	5.76	5.13	4.45	3.67
	0.5	10.22	7.21	6.03	5.37	4.96	4.66	4.28	3.86	3.40	2.87
	1	8.28	6.01	5.09	4.58	4.25	4.01	3.71	3.37	3.00	2.57
	2.5	5.98	4.56	3.95	3.61	3.38	3.22	3.01	2.77	2.50	2.19
	5	4.41	3.55	3.16	2.93	2.77	2.66	2.51	2.34	2.15	1.92
	10	3.01	2.62	2.42	2.29	2.20	2.13	2.04	1.93	1.81	1.66
19	0.1	15.08	10.16	8.28	7.26	6.61	6.18	5.59	4.97	4.29	3.52
	0.5	10.07	7.09	5.92	5.27	4.85	4.56	4.18	3.76	3.31	2.78
	1	8.18	5.93	5.01	4.50	4.17	3.94	3.63	3.30	2.92	2.49
	2.5	5.92	4.51	3.90	3.56	3.33	3.17	2.96	2.72	2.45	2.13
	5	4.38	3.52	3.13	2.90	2.74	2.63	2.48	2.31	2.11	1.88
	10	2.99	2.61	2.40	2.27	2.18	2.11	2.02	1.91	1.79	1.63
20	0.1	14.82	9.95	8.10	7.10	6.46	6.02	5.44	4.82	4.15	3.38
	0.5	9.94	6.99	5.82	5.17	4.76	4.47	4.09	3.68	3.22	2.69
	1	8.10	5.85	4.94	4.43	4.10	3.87	3.56	3.23	2.86	2.42
	2.5	5.87	4.46	3.86	3.51	3.29	3.13	2.91	2.68	2.41	2.09
	5	4.35	3.49	3.10	2.87	2.71	2.60	2.45	2.28	2.08	1.84
	10	2.97	2.59	2.38	2.25	2.16	2.09	2.00	1.89	1.77	1.61
21	0.1	14.59	9.77	7.94	6.95	6.32	5.88	5.31	4.70	4.03	3.26
	0.5	9.83	6.89	5.73	5.09	4.68	4.39	4.01	3.60	3.15	2.61
	1	8.02	5.78	4.87	4.37	4.04	3.81	3.51	3.17	2.80	2.36
	2.5	5.83	4.42	3.82	3.48	3.25	3.09	2.87	2.64	2.37	2.04
	5	4.32	3.47	3.07	2.84	2.68	2.57	2.42	2.25	2.05	1.81
	10	2.96	2.57	2.36	2.23	2.14	2.08	1.98	1.88	1.75	1.59
22	0.1	14.38	9.61	7.80	6.81	6.19	5.76	5.19	4.58	3.92	3.15
	0.5	9.73	6.81	5.65	5.02	4.61	4.32	3.94	3.54	3.08	2.55
	1	7.94	5.72	4.82	4.31	3.99	3.76	3.45	3.12	2.75	2.31
	2.5	5.79	4.38	3.78	3.44	3.22	3.05	2.84	2.60	2.33	2.00
	5	4.30	3.44	3.05	2.82	2.66	2.55	2.40	2.23	2.03	1.78
	10	2.95	2.56	2.35	2.22	2.13	2.06	1.97	1.86	1.73	1.57
23	0.1%	14.19	9.47	7.67	6.69	6.08	5.65	5.09	4.48	3.82	3.05
	0.5%	9.63	6.73	5.58	4.95	4.54	4.26	3.88	3.47	3.02	2.48
	1%	7.88	5.66	4.76	4.26	3.94	3.71	3.41	3.07	2.70	2.26
	2.5%	5.75	4.35	3.75	3.41	3.18	3.02	2.81	2.57	2.30	1.97
	5%	4.28	3.42	3.03	2.80	2.64	2.53	2.38	2.20	2.00	1.76
	10%	2.94	2.55	2.34	2.21	2.11	2.05	1.95	1.84	1.72	1.55
24	0.1	14.03	9.34	7.55	6.59	5.98	5.55	4.00	4.00	3.74	2.97
	0.5	9.55	6.66	5.52	4.89	4.49	4.20	3.83	3.42	2.97	2.43
	1	7.82	5.61	4.72	4.22	3.90	3.67	3.36	3.03	2.66	2.21
	2.5	5.72	4.32	3.72	3.38	3.15	2.99	2.78	2.54	2.27	1.94
	5	4.26	3.40	3.01	2.78	2.62	2.51	2.36	2.18	1.98	1.73
	1.0	2.93	2.54	2.33	2.19	2.10	2.04	1.94	1.83	1.70	1.53
25	0.1	13.88	9.22	7.45	6.49	5.88	5.46	4.91	4.31	3.66	2.89
	0.5	9.48	6.60	5.46	4.84	4.43	4.15	3.78	3.37	2.92	2.38
	1	7.77	5.57	4.68	4.18	3.86	3.63	3.32	2.99	2.62	2.17

（续）

df_1 / df_2		1	2	3	4	5	6	8	12	24	∞
	2.5	5.69	4.29	3.69	3.35	3.13	2.97	2.75	2.51	2.24	1.91
	5	4.24	3.38	2.99	2.76	2.60	2.49	2.34	2.16	1.96	1.71
	1.0	2.92	2.53	2.32	2.18	2.09	2.02	1.93	1.82	1.69	1.52
26	0.1	13.74	9.12	7.36	6.41	5.80	5.38	4.83	4.24	3.59	2.82
	0.5	9.41	6.54	5.41	4.79	4.38	4.10	3.73	3.33	2.87	2.33
	1	7.72	5.53	4.64	4.14	3.82	3.59	3.29	2.96	2.58	2.13
	2.5	5.66	4.27	3.67	3.33	3.10	2.94	2.73	2.49	2.22	1.88
	5	4.22	3.37	2.98	2.74	2.59	2.47	2.32	2.15	1.95	1.69
	10	2.91	2.52	2.31	2.17	2.08	2.01	1.92	1.81	1.68	1.50
27	0.1	13.61	9.02	7.27	6.33	5.73	5.31	4.76	4.17	3.52	2.75
	0.5	9.34	6.49	5.36	4.74	4.34	4.06	3.69	3.28	2.83	2.29
	1	7.68	5.49	4.60	4.11	3.78	3.56	3.26	2.93	2.55	2.10
	2.5	5.63	4.24	3.65	3.31	3.08	2.92	2.71	2.47	2.19	1.85
	5	4.21	3.35	2.96	2.73	2.57	2.46	2.30	2.13	1.93	1.67
	10	2.90	2.51	2.30	2.17	2.07	2.00	1.91	1.80	1.67	1.49
28	0.1	13.50	8.93	7.19	6.25	5.66	5.24	4.69	4.11	3.46	2.70
	0.5	9.28	6.44	5.32	4.70	4.30	4.02	3.65	3.25	2.79	2.25
	1	7.64	5.45	4.57	4.07	3.75	3.53	3.23	2.90	2.52	2.06
	2.5	5.61	4.22	3.63	3.29	2.06	2.90	2.69	2.45	2.17	1.83
	5	4.20	3.34	2.95	2.71	2.56	2.44	2.29	2.12	1.91	1.65
	10	2.89	2.50	2.29	2.16	2.06	2.00	1.90	1.79	1.66	1.48
29	0.1	13.39	8.85	7.12	6.19	5.59	5.18	4.64	4.05	3.41	2.64
	0.5	9.23	6.40	5.28	4.66	4.26	3.98	3.61	3.21	2.76	2.21
	1	7.60	5.42	4.54	4.04	3.73	3.50	3.20	2.87	2.49	2.03
	2.5	5.59	4.20	3.61	3.27	3.04	2.88	2.67	2.43	2.15	1.81
	5	4.18	3.33	2.93	2.70	2.54	2.43	2.28	2.10	1.90	1.64
	10	2.89	2.50	2.28	2.15	2.06	1.99	1.89	1.78	1.65	1.47
30	0.1	13.29	8.77	7.05	6.12	5.53	5.12	4.58	4.00	3.36	2.59
	0.5	9.18	6.35	5.24	4.62	4.23	3.95	3.58	3.18	2.73	2.18
	1%	7.56	5.39	4.51	4.02	3.70	3.47	3.17	2.84	2.47	2.01
	2.5%	5.57	4.18	3.59	3.25	3.03	2.87	2.65	2.41	2.14	1.79
	5%	4.17	3.32	2.92	2.69	2.53	2.42	2.27	2.09	1.89	1.62
	10%	2.88	2.49	2.28	2.14	2.05	1.98	1.88	1.77	1.64	1.46
40	0.1	12.61	8.25	6.60	5.70	5.13	4.73	4.21	3.64	3.01	2.23
	0.5	8.83	6.07	4.98	4.37	3.99	3.71	3.35	2.95	2.50	1.93
	1	7.31	5.18	4.31	3.83	3.51	3.29	2.99	2.66	2.29	1.80
	2.5	5.42	4.05	3.46	3.13	2.90	2.74	2.53	2.29	2.01	1.64
	5	4.08	3.23	2.84	2.61	2.45	2.34	2.18	2.00	1.79	1.51
	10	2.84	2.44	2.23	2.09	2.00	1.93	1.83	1.71	1.57	1.38
60	0.1	11.97	7.76	6.17	5.31	4.76	4.37	3.87	3.31	2.69	1.90
	0.5	8.49	5.80	4.73	4.14	3.76	3.49	3.13	2.74	2.29	1.69
	1	7.08	4.98	4.13	3.65	3.34	3.12	2.82	2.50	2.12	1.60
	2.5	5.29	3.93	3.34	3.01	2.79	2.63	2.41	2.17	1.88	1.48
	5	4.00	3.15	2.76	2.52	2.37	2.25	2.10	1.92	1.70	1.39
	10	2.70	2.30	2.10	2.04	1.05	1.37	1.77	1.66	1.51	1.20

（续）

df_1 / df_2		1	2	3	4	5	6	8	12	24	∞
120	0.1	11.38	7.31	5.79	4.95	4.42	4.04	3.55	3.02	2.40	1.56
	0.5	8.18	5.54	4.50	3.92	3.55	3.28	2.93	2.54	2.09	1.43
	1	6.85	4.79	3.95	3.48	3.17	2.96	2.66	2.34	1.95	1.38
	2.5	5.15	3.80	3.23	2.89	2.67	2.52	2.30	2.05	1.76	1.31
	5	3.92	3.07	2.68	2.45	2.29	2.17	2.02	1.83	1.61	1.25
	10	2.75	2.35	2.13	1.99	1.90	1.82	1.72	1.60	1.45	1.19
∞	0.1	10.83	6.91	5.42	4.62	4.10	3.74	3.27	2.74	2.13	1.00
	0.5	7.88	5.30	4.28	3.72	3.35	3.09	2.74	2.36	1.90	1.00
	1	6.64	4.60	3.78	3.32	3.02	2.80	2.51	2.18	1.79	1.00
	2.5	5.02	3.69	3.12	2.79	2.57	2.41	2.19	1.94	1.64	1.00
	5	3.84	2.99	2.60	2.37	2.21	2.09	1.94	1.75	1.52	1.00
	10	2.71	2.30	2.08	1.94	1.85	1.77	1.67	1.55	1.35	1.00

资料来源：Adapted from Table 18 in *Biometrika Tables for Statisticians*, vol. 1, 3d ed., edited by E. S. Pearson and H. O. Hartley (New York: Cambridge University Press, 1958). Reproduced with the permission of the *Biometrika* trustees.

表 C-4　X^2 的临界值

df	0.250	0.100	0.050	0.025	0.010	0.005	0.001
1	1.32 330	2.70 554	3.841 46	5.023 89	6.634 90	7.879 44	10.828
2	2.77 259	4.605 17	5.991 47	7.377 76	9.210 34	10.5966	13.816
3	4.10 835	6.251 39	7.814 73	9.348 40	11.3449	12.8381	16.266
4	5.38 527	7.779 44	9.487 73	1.1433	13.2767	14.8602	18.467
5	6.62 568	9.236 35	11.0705	12.8325	15.0863	16.7496	20.515
6	7.840 80	10.6446	12.5916	14.4494	16.8119	18.5476	22.458
7	9.037 15	12.0170	14.0671	16.0128	18.4753	20.2777	24.322
8	10.2188	13.3616	15.5073	17.5346	20.0902	21.9550	26.125
9	11.3887	14.6837	16.9190	19.0228	21.6660	23.5893	27.877
10	12.5489	15.9871	18.3070	20.4831	23.2093	25.1882	29.588
11	13.7007	17.2750	19.6751	21.9200	24.7250	26.7569	31.264
12	14.8454	18.5494	21.0261	23.3367	26.2170	28.2995	32.909
13	15.9839	19.8119	22.3621	24.7356	27.6883	29.8194	34.528
14	17.1770	21.0642	23.6848	26.1190	29.1413	31.3193	36.123
15	18.2451	22.3072	24.9958	27.4884	30.5779	32.8013	37.697
16	19.3688	23.5418	26.2962	28.8454	31.9999	34.2672	39.252
17	20.4887	24.7690	27.5871	30.1910	33.4087	35.7185	40.790
18	21.6049	25.9894	28.8693	31.5264	34.8053	37.1564	42.312
19	22.7178	27.2036	30.1435	32.8523	36.1908	38.5822	43.820
20	23.8277	28.4120	31.4104	34.1696	37.5662	39.9968	45.315
21	24.9348	29.6151	32.6705	35.4789	38.9321	41.4010	46.797
22	26.0393	30.8133	33.9244	36.7807	40.2894	42.7956	48.268
23	27.1413	32.0069	35.1725	38.0757	41.6384	44.1813	49.728
24	28.2412	33.1963	36.4151	39.3641	42.9798	45.5585	51.179
25	29.3389	34.3816	37.6525	40.6465	44.3141	46.9278	52.620
26	30.4345	35.5631	38.8852	41.9232	45.6417	48.2899	54.052
27	31.5284	36.7412	40.1133	43.1944	46.9630	49.6449	55.476

（续）

df	0.250	0.100	0.050	0.025	0.010	0.005	0.001
28	32.6205	37.9159	41.3372	44.4607	48.2782	50.9933	56.892
29	33.7109	39.0875	42.5569	45.7222	49.5879	52.3356	58.302
30	34.7998	40.2560	43.7729	46.9792	50.8922	53.6720	59.703
40	45.6160	51.8050	65.7585	59.3417	63.6907	66.7659	73.402
50	56.3336	63.1671	67.5048	71.4202	76.1539	79.4900	86.661
60	66.9814	74.3970	79.0819	83.2976	88.3794	91.9517	99.607
70	77.5766	85.5271	90.5312	95.0231	100.425	104.215	112.317
80	88.1303	96.5782	101.879	106.629	112.329	116.321	124.839
90	98.6499	107.565	113.145	118.136	124.116	128.299	137.208
100	109.141	118.498	124.342	129.561	135.807	140.169	149.449

资料来源：Adapted from Table 8 in *Biometrika Tables for Statisticians*, vol. 1, 3d ed., edited by E. S. Pearson and H. O. Hartley (New York: Cambridge University Press, 1958). Reproduced with the permission of the *Biometrika* trustees.

表 C-5　前向逐步选择中平方多重相关(R^2)的临界值

k	F	N−k−1															
		10	12	14	16	18	20	25	30	35	40	50	60	80	100	150	200
		$\alpha=0.05$															
2	2	43	38	33	30	27	24	20	16	14	13	10	8	6	5	3	2
2	3	40	36	31	27	24	22	18	15	13	11	9	7	5	4	2	2
2	4	38	33	29	26	23	21	17	14	12	10	8	7	5	4	3	2
3	2	49	43	39	35	32	29	24	21	18	16	12	10	8	7	4	2
3	3	45	40	36	32	29	26	22	19	17	15	11	9	7	6	4	3
3	4	42	36	33	29	27	25	20	17	15	13	11	9	7	5	4	3
4	2	54	48	44	39	35	33	27	23	20	18	15	12	10	8	5	4
4	3	49	43	39	36	33	30	25	22	19	17	14	11	8	7	5	4
4	4	45	39	35	32	29	27	22	19	17	15	12	10	8	6	5	3
5	2	58	52	47	43	39	36	31	26	23	21	17	14	11	9	6	5
5	3	52	46	42	38	35	32	27	24	21	19	16	13	9	8	5	4
5	4	46	41	38	35	52	29	24	21	18	16	13	11	9	7	5	4
6	2	60	54	50	46	41	39	33	29	25	23	19	16	12	10	7	5
6	3	54	48	44	40	37	34	29	25	22	20	17	14	10	8	6	5
6	4	48	43	39	36	33	30	26	23	20	17	14	12	9	7	5	4
7	2	61	56	51	48	44	41	35	30	27	24	20	17	13	11	7	5
7	3	59	50	46	42	39	36	31	26	23	21	18	15	11	9	7	5
7	4	50	45	41	38	35	32	27	24	21	18	15	13	10	8	6	4
8	2	62	58	53	49	46	43	37	31	28	26	21	18	14	11	8	6
8	3	57	52	47	43	40	37	32	28	24	22	19	16	12	10	7	5
8	4	51	46	42	39	36	33	28	25	22	19	16	14	11	9	7	5
9	2	63	59	54	51	47	44	38	33	30	27	22	19	15	12	9	6
9	3	58	53	49	44	41	38	33	29	25	23	20	16	12	10	7	6
9	4	52	46	43	40	37	34	29	25	23	20	17	14	11	10	7	6
10	2	64	60	55	52	49	46	39	34	31	28	23	20	16	13	10	7
10	3	59	54	50	45	42	39	34	30	26	24	20	17	13	11	8	6
10	4	52	47	44	41	38	35	30	26	24	21	18	15	12	10	8	6
12	2	66	62	57	54	51	48	42	37	33	30	25	22	17	14	10	8
12	3	60	55	52	47	44	41	36	31	28	25	22	19	14	12	9	7

（续）

k	F	N−k−1															
		10	12	14	16	18	20	25	30	35	40	50	60	80	100	150	200
								$\alpha=0.05$									
12	4	53	48	45	41	39	36	31	27	25	22	19	16	13	11	9	7
14	2	68	64	60	56	53	50	44	39	35	32	27	24	18	15	11	8
14	3	61	57	53	49	46	43	37	32	29	27	23	20	15	13	10	8
14	4	43	49	46	42	40	37	32	29	26	23	20	17	13	11	9	7
16	2	69	66	61	58	55	53	46	41	37	34	29	25	20	17	12	9
16	3	61	58	54	50	47	44	38	34	31	28	24	21	17	14	11	8
16	4	53	50	46	43	40	38	33	30	27	24	21	18	14	12	10	8
18	2	70	67	65	60	57	55	49	44	40	36	31	27	21	18	13	9
18	3	62	59	55	51	49	46	40	35	32	30	26	23	18	15	12	9
18	4	54	50	46	44	41	38	34	31	28	25	22	19	15	13	11	8
20	2	72	68	64	62	59	56	50	46	42	38	33	28	22	19	14	10
20	3	62	60	56	52	50	47	42	37	34	31	27	24	19	16	12	9
20	4	54	50	46	44	41	37	35	32	29	26	23	20	16	14	11	8
								$\alpha=0.01$									
2	2	59	53	48	43	40	36	30	26	23	20	17	14	11	9	7	5
2	3	58	52	46	42	38	35	30	25	22	19	16	13	10	8	6	4
2	4	57	49	44	39	36	32	26	22	19	16	13	11	8	7	5	4
3	2	67	60	55	50	46	42	35	30	27	24	20	17	13	11	7	5
3	3	63	58	52	47	43	40	34	29	25	22	19	16	12	10	7	5
3	4	61	54	48	44	40	37	31	26	23	20	16	14	11	9	6	5
4	2	70	64	58	53	49	46	39	34	30	27	23	19	15	12	8	6
4	3	67	62	56	51	47	44	37	32	28	25	21	18	14	11	8	6
4	4	64	58	52	47	43	40	34	29	26	23	19	16	13	11	7	6
5	2	73	67	61	57	52	49	42	37	32	29	25	21	16	13	9	7
5	3	70	65	59	54	50	46	39	34	30	27	23	19	15	12	9	7
5	4	65	60	55	50	46	43	36	31	28	25	20	17	14	12	8	6
6	2	74	69	63	59	55	51	44	39	34	31	26	23	18	14	10	8
6	3	72	67	61	56	51	48	41	36	32	28	24	20	16	13	10	7
6	4	66	61	56	52	48	45	38	33	29	26	22	19	15	13	9	7
7	2	76	70	65	60	56	53	46	40	36	33	28	25	19	15	11	9
7	3	73	68	62	57	53	50	42	37	33	30	25	21	17	14	10	8
7	4	67	62	58	54	49	46	40	35	31	28	23	20	16	14	10	8
8	2	77	72	66	62	58	55	48	42	38	34	29	26	20	16	12	9
8	3	74	69	63	58	54	51	44	39	34	31	26	22	18	15	11	9
8	4	67	63	59	55	50	47	41	36	32	29	24	21	17	15	11	9
9	2	78	73	67	63	60	56	49	43	39	36	31	27	21	17	12	10
9	3	74	69	64	59	56	52	45	40	35	32	27	23	19	16	12	9
9	4	68	63	60	56	51	48	42	37	33	30	25	22	18	16	12	9
10	2	79	74	68	65	61	58	51	45	40	37	32	28	22	18	13	10
10	3	74	69	65	50	57	53	47	41	37	33	28	24	20	17	13	10
10	4	68	64	61	56	52	49	43	38	34	31	26	23	19	17	13	9
12	2	80	75	70	66	63	60	53	48	43	39	34	30	24	20	14	11
12	3	74	70	66	62	58	55	48	43	39	35	30	26	21	18	14	10
12	4	69	65	61	57	53	50	44	40	35	32	27	24	20	18	13	10
14	2	81	76	71	68	65	62	55	50	45	41	36	32	25	21	15	11
14	3	74	70	67	63	60	56	50	45	41	37	31	27	22	19	15	11

（续）

k	F	$N-k-1$															
		10	12	14	16	18	20	25	30	35	40	50	60	80	100	150	200
		$\alpha=0.01$															
14	4	69	65	61	57	54	52	45	41	36	33	28	25	21	19	14	10
16	2	82	77	72	69	66	63	57	52	47	43	38	34	27	22	16	12
16	3	74	70	67	64	61	58	52	47	42	39	33	29	23	20	15	11
16	4	70	66	62	58	55	52	46	42	37	34	29	26	22	20	14	11
18	2	82	78	73	70	67	65	59	54	49	45	39	35	28	23	17	12
18	3	74	70	67	65	62	59	53	48	44	41	35	30	24	21	16	12
18	4	70	65	62	58	55	53	47	43	38	35	30	27	23	20	15	11
20	2	82	78	74	71	68	66	60	55	50	46	41	36	29	24	18	13
20	3	74	70	67	65	62	60	55	60	46	42	36	32	26	22	17	12
20	4	70	66	62	58	55	53	47	43	39	36	31	28	24	21	16	11

注：省略小数；k=候选预测变量个数；N=样本量；F=F进入准则．

资料来源：Adapted from Tables 1 and 2 in "Tests of significance in forward selection regression," by L. Wilkinson and G. E. Dallal, *Technometrics*, 1981, *23*(4), 377-380. Reprinted with permission from *Technometrics*.

表 C-6　F_{max}　S^2_{max}/S^2_{min} 分布的临界值，$\alpha=0.05$ 和 0.01

$\alpha=0.05$

k / df	2	3	4	5	6	7	8	9	10	11	12
4	9.60	15.5	20.6	25.2	29.5	33.6	37.5	41.1	44.6	48.0	51.4
5	7.15	10.8	13.7	16.3	18.7	20.8	22.9	24.7	26.5	28.2	29.9
6	5.82	8.38	10.4	12.1	13.7	15.0	16.3	17.5	18.6	19.7	20.7
7	4.99	6.94	8.44	9.70	10.8	11.8	12.7	13.5	14.3	15.1	15.8
8	4.43	6.00	7.18	8.12	9.03	9.78	10.5	11.1	11.7	12.2	12.7
9	4.03	5.34	6.31	7.11	7.80	8.41	8.95	9.45	9.91	10.3	10.7
10	3.72	4.85	5.67	6.34	6.92	7.42	7.87	8.28	8.66	9.01	9.34
12	3.28	4.16	4.79	5.30	5.72	6.09	6.42	6.72	7.00	7.25	7.48
15	2.86	3.54	4.01	4.37	4.68	4.95	5.19	5.40	5.59	5.77	5.93
20	2.46	2.95	3.29	3.54	3.76	3.94	4.10	4.24	4.37	4.49	4.59
30	2.07	2.40	2.61	2.78	2.91	3.02	3.12	3.21	3.29	3.36	3.39
60	1.67	1.85	1.96	2.04	2.11	2.17	2.22	2.26	2.30	2.33	2.36
∞	1.00	1.00	1.00	1.00	1.00	1.00	1.00	1.00	1.00	1.00	1.00

$\alpha=0.01$

k / df	2	3	4	5	6	7	8	9	10	11	12
4	23.2	37	49	59	69	79	89	97	106	113	120
5	14.9	22	28	33	38	42	46	50	54	57	60
6	11.1	15.5	19.1	22	25	27	30	32	34	36	37
7	8.89	12.1	14.5	16.5	18.4	20	22	23	24	26	27
8	7.50	9.9	11.7	13.2	14.5	15.8	16.9	17.9	18.9	19.8	21
9	6.54	8.5	9.9	11.1	12.1	13.1	13.9	14.7	15.3	16.0	16.6

（续）

$\alpha=0.01$											
k / **df**	**2**	**3**	**4**	**5**	**6**	**7**	**8**	**9**	**10**	**11**	**12**
10	5.85	7.4	8.6	9.6	10.4	11.1	11.8	12.4	12.9	13.4	13.9
12	4.91	6.1	6.9	7.6	8.2	8.7	9.1	9.5	9.9	10.2	10.6
15	4.07	4.9	5.5	6.0	6.4	6.7	7.1	7.3	7.5	7.8	8.0
20	3.32	3.8	4.3	4.6	4.9	5.1	5.3	5.5	5.6	5.8	5.9
30	2.63	3.0	3.3	3.4	3.6	3.7	3.8	3.9	4.0	4.1	4.2
60	1.96	2.2	2.3	2.4	2.4	2.5	2.5	2.6	2.6	2.7	2.7
∞	1.00	1.0	1.0	1.0	1.0	1.0	1.0	1.0	1.0	1.0	1.0

注：在一组 k 个独立均方根中，S^2_{max} 最大，S^2_{min} 最小，每个均方根均基于自由度(df).

资料来源：Adapted from Table 31 in *Biometrika Tables for Statisticians*, vol. 1, 3d ed., edited by E. S. Pearson and H. O. Hartley (New York: Cambridge University Press, 1958). Reproduced with the permission of the *Biometrika* trustees.

参考文献

Aiken, L. S., Stein, J. A., and Bentler, P. M. (1994). Structural equation analysis of clinical subpopulation differences and comparative treatment outcomes: Characterizing the daily lives of drug addicts. *Journal of Consulting and Clinical Psychology, 62*(3), 488–499.

Aiken, L. S. and West, S. G. (1991). *Multiple Regression: Testing and Interpreting Interactions.* Newbury Park, CA: Sage Publications.

Akaike, H. (1987). Factor analysis and AIC. *Psychometrika, 52,* 317–332.

Algina, J., and Swaminathan, H. (1979). Alternatives to Simonton's analyses of the interrupted and multiple-group time-series design. *Psychological Bulletin, 86,* 919–926.

Allison, P. D. (1987). Estimation of linear models with incomplete data. In C. Cogg (Ed.), *Sociological Methodology 1987* (pp. 71–103). San Francisco: Jossey-Bass.

Allison, P. D. (1995). *Survival Analysis Using the SAS System: A Practical Guide.* Cary, NC: SAS Institute Inc.

American Psychological Association. (2001). *Publication Manual of the American Psychological Association* (5th ed.). Washington, DC: Author.

Anderson, J. C., and Gerbing, D. W. (1984). The effect of sampling error on convergence, improper solutions, and goodness-of-fit indices for maximum likelihood confirmatory factor analysis. *Psychometrika, 49,* 155–173.

Asher, H. B. (1976). *Causal Modeling.* Beverly Hills, CA: Sage Publications.

Baldry, A. C. (2003). Bullying in schools and exposure to domestic violence. *Child Abuse and Neglect, 27*(7), 713–732.

Balter, M. D., and Levine, J. (1971). Character and extent of psychotropic drug usage in the United States. Paper presented at the Fifth World Congress on Psychiatry, Mexico City.

Barcikowski, R. S. (1981). Statistical power with group mean as the unit of analysis. *Journal of Educational Statistics, 6,* 267–285.

Baron, R. M., & Kenny, D. A. (1986). The moderator-mediator variable distinction in social psychological research: Conceptual, strategic, and statistical considerations. *Journal of Personality and Social Psychology, 51,* 1173–1182.

Barnett, R. C., Marshall, N. L., Raudenbush, S., and Brennan, R. (1993). Gender and the relationship between job experiences and psychological distress: A study of dual-earner couples. *Journal of Personality and Social Psychology, 65*(5), 794–806.

Bartlett, M. S. (1941). The statistical significance of canonical correlations. *Biometrika, 32,* 29–38.

Bartlett, M. S. (1954). A note on the multiplying factors for various chi square approximations. *Journal of the Royal Statistical Society, 16* (Series B), 296–298.

Bearden, W. O., Sharma, S., and Teel, J. E. (1982). Sample size effects on chi-square and other statistics used in evaluating causal models. *Journal of Marketing Research, 19,* 425–430.

Belsley, D. A., Kuh, E., and Welsch, R. E. (1980). *Regression Diagnostics: Identifying Influential Data and Sources of Collinearity.* New York: John Wiley & Sons.

Bem, S. L. (1974). The measurement of psychological androgyny. *Journal of Consulting and Clinical Psychology, 42,* 155–162.

Bendel, R. B., and Afifi, A. A. (1977). Comparison of stopping rules in forward regression. *Journal of the American Statistical Association, 72,* 46–53.

Benedetti, J. K., and Brown, M. B. (1978). Strategies for the selection of log-linear models. *Biometrics, 34,* 680–686.

Bentler, P. M. (1980). Multivariate analysis with latent variables: Causal modeling. *Annual Review of Psychology, 31,* 419–456.

Bentler, P. M. (1983). Some contributions to efficient statistics in structural models: Specifications and estimation of moment structures. *Psychometrika, 48,* 493–517.

Bentler, P. M. (1988). Comparative fit indexes in structural models. *Psychological Bulletin, 107,* 238–246.

Bentler, P. M. (1995). *EQS: Structural Equations Program Manual.* Encino, CA: Multivariate Software, Inc.

Bentler, P. M., and Bonett, D. G. (1980). Significance tests and goodness of fit in the analysis of covariance structures. *Psychological Bulletin, 88,* 588–606.

Bentler, P. M., and Dijkstra, T. (1985). Efficient estimation via linearization in structural models. In P. R. Krishnaiah (Ed.), *Multivaraite analysis VI* (pp. 9–42). Amsterdam: North-Holland.

Bentler, P. M., and Weeks, D. G. (1980). Linear structural equation with latent variables. *Psychometrika, 45,* 289–308.

Bentler, P. M., and Yuan, K.-H. (1999). Structural equation modeling with small samples: Test statistics. *Multivariate Behavioral Research, 34*(2), 181–197.

Berkhof, J., and Snijders, T. A. B. (2001). Variance component testing in multilevel models. *Journal of Educational and Behavioral Statistics, 26,* 133–152.

Berry, W. D. (1993). *Understanding Regression Assumptions.* Newbury Park, CA: Sage Publications.

Blalock, H. M. (Ed.) (1985). *Causal Models in Panel and Experimental Designs.* New York: Aldine Publishing.

Bock, R. D. (1966). Contributions of multivariate experimental designs to educational research. In Cattell, R. B. (Ed.), *Handbook of Multivariate Experimental Psychology.* Chicago: Rand McNally.

Bock, R. D. (1975). *Multivariate Statistical Methods in Behavioral Research.* New York: McGraw-Hill.

Bock, R. D., and Haggard, E. A. (1968). The use of multivariate analysis of variance in behavioral research. In D. K. Whitla (Ed.), *Handbook of Measurement and Assessment in Behavioral Sciences.* Reading, MA: Addison-Wesley.

Bollen, K. A. (1986). Sample size and Bentler and Bonnett's nonnormed fit index. *Psychometrika, 51,* 375–377.

Bollen, K. A. (1989a). A new incremental fit index for general structural equation models. *Sociological Methods & Research, 17,* 303–316.

Bollen, K. A. (1989b). *Structural Equations with Latent Variables.* New York: John Wiley & Sons.

Bonett, D. G., and Bentler, P. M. (1983). Goodness-of-fit procedures for evaluation and selection of log-linear models, *Psychological Bulletin, 93*(1), 149–166.

Boomsma, A. (1983). On the robustness of LISREL (maximum likelihood estimation) against small sample size and nonnormality. Ph.D. Thesis, University of Groningen, The Netherlands.

Box, G. E. P., and Cox, D. R. (1964). An analysis of transformations. *Journal of the Royal Statistical Society, 26*(Series B), 211–243.

Box, G. E. P., and Jenkins, G. M. (1976). *Time Series Analysis: Forecasting and Control.* Rev. ed. Oakland, CA: Holden-Day.

Box, G. E. P., Jenkins, G. M., and Reinsel, G. (1994). *Time Series Analysis: Forecasting and Control* (3rd ed.). Englewood Cliffs, NJ: Prentice-Hall.

Bozdogan, H. (1987). Model selection and Akaike's information criteria (AIC): The general theory and its analytical extensions. *Psychometrika, 52,* 345–370.

Bradley, J. V. (1982). The insidious L-shaped distribution. *Bulletin of the Psychonomic Society, 20*(2), 85–88.

Bradley, J. V. (1984). The complexity of nonrobustness effects. *Bulletin of the Psychonomic Society, 22*(3), 250–253.

Bradley, R. H., and Gaa, J. P. (1977). Domain specific aspects of locus of control: Implications for modifying locus of control orientation. *Journal of School Psychology, 15*(1), 18–24.

Brambilla, P., Harenski, K., Nicoletti, M., Sassi, R. B., Mallinger, A. G., Frank, E., and Kupfer, D. J. (2003). MRI investigation of temporal lobe structures in bipolar patients. *Journal of Psychiatric Research, 37*(4), 287–295.

Brown, C. C. (1982). On a goodness-of-fit test for the logistic model based on score statistics. *Communications in Statistics, 11,* 1087–1105.

Brown, D. R., Michels, K. M. and Winer, B. J. (1991). *Statistical Principles in Experimental Design* (3rd ed.). New York: McGraw-Hill.

Brown, M. B. (1976). Screening effects in multidimensional contingency tables. *Applied Statistics, 25,* 37–46.

Browne, M. W. (1975). Predictive validity of a linear regression equation. *British Journal of Mathematical and Statistical Psychology, 28,* 79–87.

Browne, M. W., and Cudeck, R. (1993). Alternative ways of assessing model fit. In K. A. Bollen and J. S. Long (Eds.), *Testing Structural Models.* Newbury Park, CA: Sage Publications.

Burgess, E., and Locke, H. (1960). *The Family* (2nd ed.). New York: American Book.

Byrne, B. M., Shavelson, R. J., and Muthen, B. (1989). Testing for the equivalence of factor covariance and mean structures: The issue of partial measurement invariance. *Psychological Bulletin, 105,* 456–466.

Campbell, D. R., and Stanley, J. C. (1966). *Experimental and Quasi-experimental Designs for Research.* New York: Rand McNally.

Cantor, A. (1997). *Extending SAS® Survival Analysis Techniques for Medical Research.* Cary, NC: SAS Institute Inc.

Carroll, J. D., Green, P. E., and Chaturvedi, A. (1997). *Mathematical tools for applied analysis,* rev. ed., San Diego, CA: Academic Press.

Carver, R. P. (1978). The case against statistical significance testing. *Harvard Educational Review, 48,* 378–399.

Carver, R. P. (1993). The case against statistical significance testing, revisited. *The Journal of Experimental Education, 61*(4), 287–292.

Cattell, R. B. (1957). *Personality and Motivation Structures and Measurement.* Yonkers-on-Hudson, NY: World Book.

Cattell, R. B. (1966). The scree test for the number of factors. *Multivariate Behavioral Research, 1,* 245–276.

Cattell, R. B., and Baggaley, A. R. (1960). The salient variable similarity index for factor matching. *British Journal of Statistical Psychology, 13,* 33–46.

Cattell, R. B., Balcar, K. R., Horn, J. L., and Nesselroade, J. R. (1969). Factor matching procedures: An improvement of the *s* index; with tables. *Educational and Psychological Measurement, 29,* 781–792.

Cattin, P. (1980). Note on the estimation of the squared cross-validated multiple correlation of a regression model. *Psychological Bulletin, 87*(1), 63–65.

Chinn, S. (2000). A simple method for converting an odds ratio to effect size for use in meta-analysis. *Statistics in Medicine, 19*(22), 3127–3131.

Chou, C.-P., and Bentler, P. M. (1993). Invariant standardized estimated parameter change for model modification in covariance structure analysis. *Multivariate Behavioral Research, 28,* 97–110.

Cohen, J. (1965). Some statistical issues in psychological research. In B. B. Wolman (Ed.), *Handbook of Clinical Psychology* (pp. 95–121). New York: McGraw-Hill.

Cohen, J. (1988). *Statistical Power Analysis for the Behavioral Sciences* (2nd ed.). Mahwah, NJ: Lawrence Erlbaum Associates.

Cohen, J. (1994). The earth is round (p < .05). *American Psychologist, 49,* 997–1003.

Cohen, J., and Cohen, P. (1975). *Applied Multiple Regression/Correlation Analysis for the Behavioral Sciences.* New York: Lawrence Erlbaum Associates.

Cohen, J., and Cohen, P. (1983). *Applied Multiple Regression/Correlation Analysis for the Behavioral Sciences* (2nd ed.). New York: Lawrence Erlbaum Associates.

Cohen, J., Cohen, P., West, S.G., and Aiken, L. S. (2003). *Applied Multiple Regression/Correlation Analysis for the Behavioral Sciences* (3rd ed.). Mahwah, NJ: Lawrence Erlbaum Associates.

Collins, R. P., Litman, J.A., and Spielberger, C.D. (2004). The measurement of perceptual curiosity. *Personality and Individual Differences, 36*(5), 1127–1141.

Comrey, A. L. (1962). The minimum residual method of factor analysis. *Psychological Reports, 11,* 15–18.

Comrey, A. L., and Lee, H. B. (1992). *A First Course in Factor Analysis* (2nd ed.). Hillsdale, NJ: Lawrence Erlbaum Associates.

Conger, A. J. (1974). A revised definition for suppressor variables: A guide to their identification and interpretation. *Educational and Psychological Measurement, 34,* 35–46.

Cook, T. D., and Campbell, D. T. (1979). *Quasi-experimentation: Design and Analysis Issues for Field Settings.* Chicago: Rand McNally College Publishing Co.; Boston: Houghton Mifflin.

Cooley, W. W., and Lohnes, P. R. (1971). *Multivariate Data Analysis.* New York: Wiley.

Copland, L. A., Blow, F. C., and Barry, K. L. (2003). Health care utilization by older alcohol-using veterans: Effects of a brief intervention to reduce at-risk drinking. *Health Education & Behavior, 30*(3), 305–321.

Cornbleth, T. (1977). Effects of a protected hospital ward area on wandering and nonwandering geriatric patients. *Journal of Gerontology, 32*(5), 573–577.

Costanza, M. C., and Afifi, A. A. (1979). Comparison of stopping rules in forward stepwise discriminant analysis. *Journal of the American Statistical Association, 74,* 777–785.

Cox, D. R., and Snell, D. J. (1989). *The Analysis of Binary Data* (2nd ed.). London: Chapman and Hall.

Cromwell, J., Hannan, M., Labys, W. C., and Terraza, M. (1994). *Multivariate Tests for Time Series Models.* Thousand Oaks, CA: Sage Publications.

Cropsey, K. L., and Kristeller, J. L. (2003). Motivational factors related to quitting smoking among prisoners during a smoking ban. *Addictive Behaviors, 28,* 1081–1093.

Cryer, J. D. (1986). *Time Series Analysis.* Boston: Duxbury Press.

Cumming, G., and Finch, S. (2005). Inference by eye: Confidence intervals and how to read pictures of data. *American Psychologist, 60*(2), 170–180.

Damos, D. L. (1989). *Transfer of mental rotation skills.* Los Angeles: University of Southern California, Department of Human Factors.

D'Amico, E. J., Neilands, T. B., and Zambarano, R. (2001). Power analysis for multivariate and repeated measures designs: A flexible approach using the SPSS MANOVA procedure. *Behavior Research Methods, Instruments, & Computers, 33,* 479–484.

Dempster, A. P., Laird, N. M., and Rubin, D. B. (1977). Maximum likelihood from incomplete data via the EM algorithm. *Journal of the Royal Statistical Society,* Serial B, *39,* 1–38.

De Vaus, D. (Ed.) (2002). *Social Surveys* (4 vol. set). London: Sage Publications.

Diefenbach, G. J., Hopko, D. R., Feigon, S., Stanley, M. A., Novy, D. M., Beck, J. G., and Averill, P. M. (2003). "Minor GAD": Characteristics of subsyndromal GAD in older adults. *Behavior Research and Therapy, 41,* 481–487.

Dillon, W. R., and Goldstein, M. (1984). *Multivariate Analysis: Methods and Applications.* New York: Wiley.

Dixon, W. J. (Ed.) (1992). *BMDP Statistical Software: Version 7.0.* Berkeley, CA: University of California Press.

Duffy, D. L., Martin, N. G., Battistutta, D., Hopper, J. L., and Mathews, J. D. (1990). Genetics of asthma and hay fever in Australian twins. *American Review of Respiratory Disease, 142,* 1351–1358.

Duncan, T. E., Alpert, A., and Duncan, S. C. (1998). Multilevel covariance structure analysis of sibling antisocial behavior. *Structural Equation Modeling, 5*(3), 211–228.

Edwards, A. L. (1976). *An Introduction to Linear Regression and Correlation.* San Francisco: Freeman.

Egan, W. J., and Morgan, S. L. (1998). Outlier detection in multivariate analytical chemical data. *Analytical Chemistry, 70,* 2372–2379.

Elashoff, J. D. (2000). *nQuery Advisor® Version 4.0 User's Guide.* Cork, Ireland: Statistical Solutions, Ltd.

Eliason, S. R. (1993). *Maximum Likelihood Estimation: Logic and Practice.* Newbury Park, CA: Sage Publications.

Era, P., Jokela, J., Qvarnverg, Y., and Heikkinen, E. (1986). Pure-tone threshold, speech understanding, and their correlates in samples of men of different ages. *Audiology, 25,* 338–352.

Eysenck, H. J., and Eysenck, S. B. G. (1963). *The Eysenck Personality Inventory.* San Diego, CA: Educational and Industrial Testing Service; London: University of London Press.

Fava, J. L., and Velicer, W. F. (1992). The effects of overextraction on factor and component analysis. *Multivariate Behavioral Research, 27,* 387–415.

Featherman, D. (1973). Metrics of occupational status reconciled to the 1970 Bureau of Census Classification of Detailed Occupational Titles (based on Census Technical Paper No. 26, "1970 Occupation and Industry Classification Systems in Terms of their 1960 Occupational and Industry Elements"). Washington, DC: Government Printing Office. (Update of Duncan's socioeconomic status metric described in Reiss, J., et al., *Occupational and Social Status.* New York: Free Press of Glencoe.)

Feldman, P., Ullman, J. B., and Dunkel-Schetter, C. (1998). Women's reactions to rape victims: Motivational processes associated with blame and social support. *Journal of Applied Social Psychology, 6,* 469–503.

Fidell, S., Pearsons, K., Tabachnick, B., Howe, R., Silvati, L., and Barber, D. (1995). Field study of noise-induced sleep disturbance. *Journal of the Acoustical Society of America, 98,* 1025–1033.

Fleming, T. R., and Harrington, D. P. (1991). *Counting processes and survival analysis.* New York: Wiley.

Fox, J. (1991). *Regression Diagnostics.* Newbury Park, CA: Sage Publications.

Frane, J. W. (August 3, 1977). Personal communication. Health Sciences Computing Facility, University of California, Los Angeles.

Frane, J. W. (1980). The univariate approach to repeated measures—foundation, advantages, and caveats. BMD Technical Report No. 69. Health Sciences Computing Facility, University of California, Los Angeles.

Friedrich, R G. (1982). In defense of multiplicative terms in multiple regression equations. *American Journal of Political Science, 26,* 797–833.

Fullagar, C., McCoy, D., and Shull, C. (1992). The socialization of union loyalty. *Journal of Organization Behavior, 13,* 13–26.

Gebers, M. A., and Peck, R. C. (2003). Using traffic conviction correlates to identify high accident-risk drivers. *Accident Analysis & Prevention, 35*(6), 903–912.

Gini, C. (1912). *Variabiliteé Mutabilitá: Contributo allo Studio delle Distribuzioni e delle Relazioni Statistiche.* Bologna: Cuppini.

Glass, G. V., Wilson, V. L., and Gottman, J. M. (1975). *Design and Analysis of Time-Series Experiments.* Boulder, CO: Colorado Associated University Press.

Glock, C., Ringer, B., and Babbie, E. (1967). *To Comfort and to Challenge.* Berkeley: University of California Press.

Goodman, L. A. (1978). *Analyzing Qualitative/Categorical Data.* Cambridge, MA: Abt Books.

Gorsuch, R. L. (1983). *Factor Analysis.* Hillsdale, NJ: Lawrence Erlbaum.

Graham, J. W., Cumsille, P. E., and Elek-Fisk, E. (2003). Methods for handling missing data. Chapter 4 in J. A. Schinka and W. F. Velicer (Vol. Eds.), *Comprehensive Handbook of Psychology: Volume 2. Research Methods in Psychology.* New York: Wiley.

Gray-Toft, P. (1980). Effectiveness of a counseling support program for hospice nurses. *Journal of Counseling Psychology, 27,* 346–354.

Green, S. B. (1991). How many subjects does it take to do a regression analysis? *Multivariate Behavioral Research, 26,* 449–510.

Greenhouse, S. W., and Geisser, S. (1959). On the methods in the analysis of profile data. *Psychometrika, 24,* 95–112.

Guadagnoli, E., and Velicer, W. F. (1988). Relation of sample size to the stability of component patterns. *Psychological Bulletin, 103,* 265–275.

Haberman, S. J. (1982). Analysis of dispersion of multinomial responses. *Journal of the American Statistical Association, 77,* 568–580.

Hadi, A. S., and Simonoff, J. W. (1993). Procedures for the identification of multiple outliers in linear models. *Journal of the American Statistical Association, 88,* 1264–1272.

Hakstian, A. R., Roed, J. C., and Lind, J. C. (1979). Two-sample T^2 procedure and the assumption of homogeneous covariance matrices. *Psychological Bulletin, 86,* 1255–1263.

Hall, S. M., Hall, R. G., DeBoer, G., and O'Kulitch, P. (1977). Self and external management compared with psychotherapy in the control of obesity. *Behavior Research and Therapy, 15,* 89–95.

Harlow, L. L. (2002). Using multivariate statistics (4th ed.). [Review of the book]. *Structural Equation Modeling, 9*(4), 621–656.

Harlow, L. L., and Newcomb, M. D. (1990). Towards a general hierarchical model of meaning and satisfaction in life. *Multivariate Behavioral Research, 25,* 387–405.

Harman, H. H. (1967). *Modern Factor Analysis* (2nd ed.). Chicago: University of Chicago Press.

Harman, H. H. (1976). *Modern Factor Analysis* (3rd ed.). Chicago: University of Chicago Press.

Harman, H. H., and Jones, W. H. (1966). Factor analysis by minimizing residuals (Minres). *Psychometrika, 31,* 351–368.

Harris, R. J. (2001). *Primer of Multivariate Statistics* (3rd ed.). New York: Academic Press.

Hay, P. (2003). Quality of life and bulimic eating disorder behaviors: Findings from a community-based sample. *International Journal of Eating Disorders, 33*(4), 434–442.

Heck, R. H., and Thomas, S. L. (2000). *An Introduction to Multilevel Modeling Techniques.* Mahwah, NJ: Lawrence Erlbaum Associates.

Heise, D. R. (1975). *Causal Analysis.* New York: Wiley.

Hensher, D., and Johnson, L. W. (1981). *Applied discrete choice modelling.* London: Croom Helm.

Hershberger, S. L., Molenaar, P. C. M., and Corneal, S. E. (1996). A hierarchy of univariate and multivariate structural time series models. In G. A. Marcoulides and R. E. Schumacker (Eds.), *Advanced structural equation modeling: Issues and techniques* (pp. 159–194). Mahwah, NJ: Lawrence Erlbaum Associates.

Hintze, J. L. (2002). *PASS User's Guide—II: PASS 2000 Power Analysis and Sample Size for Windows.* Kaysville, UT: NCSS [documentation on software CD].

Hoffman, D., and Fidell, L. S. (1979). Characteristics of androgynous, undifferentiated, masculine and feminine middle class women. *Sex Roles, 5*(6), 765–781.

Holmbeck, G. N. (1997). Toward terminological, conceptual, and statistical clarity in the study of mediators and moderators: Examples from the child-clinical and pediatric psychology literatures. *Journal of Consulting and Clinical Psychology, 65,* 599–661.

Honigsfeld, A., and Dunn, R. (2003). High school male and female learning-style similarities and differences in diverse nations. *Journal of Educational Research, 96*(4), 195–205.

Horn, J. L. (1965). A rationale and test for the number of factors in factor analysis. *Psychometrika, 30,* 179–185.

Hosmer, D. W., and Lemeshow, S. (2000). *Applied Logistic Regression* (2nd ed.). New York: Wiley.

Hox, J. J. (2002). *Multilevel Analysis.* Mahwah, NJ: Lawrence Erlbaum Associates.

Hu, L., and Bentler, P. M. (1999). Cutoff criteria for fit indexes in covariance structure analysis: Conventional criteria versus new alternatives. *Structural Equation Modeling, 6,* 1–55.

Hu, L.-T., Bentler, P. M., and Kano Y. (1992). Can test statistics in covariance structure analysis be trusted? *Psychological Bulletin, 112,* 351–362.

Hull, C. H., and Nie, N. H. (1981). SPSS Update 7–9. New York: McGraw-Hill.

Huynh, H., and Feldt, L. S. (1976). Estimation of the Box correction for degrees of freedom from sample data in the randomized block and split-plot designs. *Journal of Educational Statistics, 1,* 69–82.

James, L. R., Mulaik, S. A., and Brett, J. M. (1982). *Causal Analysis: Assumptions, Models, and Data.* Beverly Hills, CA: Sage Publications, Inc.

Jamieson, J. (1999). Dealing with baseline differences: Two principles and two dilemmas. *International Journal of Psychophysiology, 31,* 155–161.

Jamieson, J. & Howk, S. (1992). The law of initial values: A four factor theory. *International Journal of Psychophysiology, 12,* 53–61.

Johnson, G. (1955). An instrument for the assessment of job satisfaction. *Personnel Psychology, 8,* 27–37.

Jöreskog, K. G., and Sörbom, D. (1988). *LISREL 7: A Guide to the Program and Applications.* Chicago: SPSS Inc.

Kaiser, H. F. (1970). A second-generation Little Jiffy. *Psychometrika, 35,* 401–415.

Kaiser, H. F. (1974). An index of factorial simplicity. *Psychometrika, 39,* 31–36.

Keppel, G., and Wickens, T. D. (2004). *Design and Analysis: A Researcher's Handbook* (4th ed.). Upper Saddle River, NJ: Prentice-Hall.

Keppel, G., and Zedeck, S. (1989). *Data Analysis for Research Designs: Analysis of Variance and Multiple Regression/Correlation Approaches.* New York: W. H. Freeman.

Kirk, R. E. (1995). *Experimental Design* (3rd ed.). Pacific Grove, CA: Brooks/Cole.

Kirkpatrick, B., and Messias, E. M. (2003). Substance abuse and the heterogeneity of schizophrenia in a population-based study. *Schizophrenia Research, 62,* 293–294.

Kish, L. (1965). *Survey Sampling.* New York: Wiley.

Knecht, W. (2003). Personal communication.

Knoke, D., and Burke, P. J. (1980). *Log-linear Models.* Beverly Hills, CA: Sage Publications.

Kreft, I., and DeLeeuw, J. (1998). *Introducing Multilevel Modeling.* Thousand Oaks, CA: Sage Publications.

Lachin, J. M., and Foulkes, M. A. (1986). Evaluation of sample size and power for analyses of survival with allowance for nonuniform patient entry, losses to follow-up, noncompliance, and stratification. *Biometrics, 42,* 507–516.

Langer, T. (1962). A 22-item screening score of psychiatric symptoms indicating impairment. *Journal of Health and Human Behavior, 3,* 269–276.

Larzelere, R. E., and Mulaik, S. A. (1977). Single-sample test for many correlations. *Psychological Bulletin, 84*(3), 557–569.

Lawley, D. N., and Maxwell, A. E. (1963). *Factor Analysis as a Statistical Method.* London: Butterworth.

Lee, S. Y., Poon, W. Y., and Bentler, P. M. (1994). Covariance and correlation structure analyses with continuous and polytomous variables. *Multivariate Analysis and Its Applications, 24,* 347–356.

Lee, W. (1975). *Experimental Design and Analysis.* San Francisco: Freeman.

Levine, M. S. (1977). *Canonical Analysis and Factor Comparison.* Beverly Hills: Sage Publications.

Leviton, L. C., and Whitely, S. E. (1981). Job seeking patterns of female and male Ph.D. recipients. *Psychology of Women Quarterly, 5,* 690–701.

Levy, P. S., and Lemeshow, S. (1999). *Sampling Populations* (3rd ed.). New York: Wiley Interscience.

Lin, P. M., and Crawford, M. H. (1983). A comparison of mortality patterns in human populations residing under diverse ecological conditions: A time series analysis. *Human Biology, 55*(1), 35–62.

Little, R. J. A., and Rubin, D. B. (1987). *Statistical Analysis with Missing Data.* New York: John Wiley and Sons.

Little, T. D., Schnabel, K. U., and Baumert, J. (Eds.) (2000). *Modeling Longitudinal and Multilevel Data.* Mahwah, NJ: Lawrence Erlbaum Associates.

Locke, H., and Wallace, K. (1959). Short marital-adjustment and prediction tests: Their reliability and validity. *Marriage and Family Living, 21,* 251–255.

Lunneborg, C. E. (1994). *Modeling Experimental and Observational Data.* Belmont, CA: Duxbury Press.

MacCallum, R. (1986). Specification searches in covariance structure modeling. *Psychological Bulletin, 100,* 107–120.

MacCallum, R. C., Brown, M. W., Sugawara, H. M. (1996). Power analysis and determination of sample size for covariance structure modeling. *Psychological Methods, 1,* 130–149.

MacKinnon, D. P., Lockwood, C. M., Hoffman, J. M., West, S. G., and Sheets, V. (2002). A comparison of methods to test mediation and other intervening variable effects. *Psychological Methods, 7,* 83–104.

Maddala, G. S. (1983). *Limited-Dependent and Qualitative Variables in Econometrics.* Cambridge, U.K.: Cambridge University Press.

Mann, M. P. (2004). The adverse influence of narcissistic injury and perfectionism on college students' institutional attachment. *Personality and Individual Differences, 36*(8), 1797–1806.

Marascuilo, L. A., and Levin, J. R. (1983). *Multivariate Statistics in the Social Sciences: A Researcher's Guide.* Monterey, CA: Brooks/Cole.

Mardia, K. V. (1971). The effect of nonnormality on some multivariate tests and robustness to nonnormality in the linear model. *Biometrika, 58*(1), 105–121.

Markus, B. H., Dickson, E. R., Grambsch, P. M., Fleming, T. R., Mazzaferro, V., Klintmalm, G. B. G., Wiesner, R. H., Van Thiel, D. H., and Starzl, T. E. (1989). Efficacy of liver transplantation in patients with primary biliary cirrhosis. *New England Journal of Medicine, 320*(26), 1709–1713.

Marshall, S. P. (1983). Sex differences in mathematical errors: An analysis of distractor choices. *Journal for Research in Mathematics Education, 14,* 325–336.

Martis, B., Alam, D. Dowd, S. M., Hill, S. K., Sharma, R. P., Rosen, C., Pliskin, N., Martin, E., Carson, V., and Janicak, P. G. (2003). Neurocognitive effects of repetitive transcranial magnetic stimulation in severe major depression. *Clinical Neurophysiology, 114,* 1125–1132.

Mason, L. (2003). High school students' beliefs about maths, mathematical problem solving, and their achievement in maths: A cross-sectional study. *Educational Psychology, 23*(1), 73–85.

Mayo, N. E., Korner-Bitensky, N. A., and Becker, R. (1991). Recovery time of independent function post-stroke. *American Journal of Physical Medicine and Rehabilitation, 70*(1), 5–12.

McArdle, J. J., and McDonald, R. P. (1984). Some algebraic properties of the Reticular Action Model for moment structures. *British Journal of Mathematical and Statistical Psychology, 37,* 234–251.

McCain, L. J., and McCleary, R. (1979). The Statistical Analysis of the Simple Interrupted Time-Series Quasi-Experiment. Chapter 6 in Cook, T. D., and Campbell, D. T. *Quasi-Experimentation: Design & Analysis Issues for Field Settings.* Chicago: Rand-McNally.

McCleary, R., and Hay, R. A. Jr. (1980). *Applied Time Series Analysis for the Social Sciences.* Beverly Hills, CA: Sage.

McDonald, R. P. (1989). An index of goodness-of-fit based on noncentrality. *Journal of Classification, 6,* 97–103.

McDonald, R. P., and Marsh, H. W. (1990). Choosing a multivariate model: Noncentrality and goodness of fit. *Psychological Bulletin, 107,* 247–255.

McDowall, D., McCleary, R., Meidinger, E. E., and Hay, R. A. Jr. (1980). *Interrupted Time Series Analysis.* Thousand Oaks, CA: Sage.

McLean, J. E. and Ernest, J. M. (1998). The role of statistical significance testing in educational research. *Research in the Schools, 5*(2), 15–22.

McLeod, J. D., & Shanahan, M. J. (1996). Trajectories of poverty and children's mental health. *Journal of Health and Social Behavior, 37,* 207–220.

Menard, S. (2001). *Applied Logistic Regression Analysis* (2nd ed.). Thousand Oaks, CA: Sage Publications.

Miller, J. K., and Farr, S. D. (1971). Bimultivariate redundancy: A comprehensive measure of interbattery relationship. *Multivariate Behavioral Research, 6,* 313–324.

Milligan, G. W. (1980). Factors that affect Type I and Type II error rates in the analysis of multidimensional contingency tables. *Psychological Bulletin, 87,* 238–244.

Milligan, G. W., Wong, D. S., and Thompson, P. A. (1987). Robustness properties of nonorthogonal analysis of variance. *Psychological Bulletin, 101*(3), 464–470.

Mitchell, L. K., and Krumboltz, J. D. (1984, April). The effect of training in cognitive restructuring on the inability to make career decisions. Paper presented at the meeting of the Western Psychological Association, Los Angeles, CA.

Moser, C. A., and Kalton, G. (1972). *Survey Methods in Social Investigation.* New York: Basic Books.

Mosteller, F., and Tukey, J. W. (1977). *Data analysis and Regression.* Reading, MA: Addison-Wesley.

Mudrack, P. E. (2004). An outcomes-based approach to just world beliefs. *Personality and Individual Differences, 38*(7), 380–384.

Mulaik, S. A. (1972). *The Foundation of Factor Analysis.* New York: McGraw-Hill.

Mulaik, S. A., James, L. R., Van Alstine, J., Bennett, N., Lind, S., and Stillwell, C. D. (1989). An evaluation of goodness of fit indices for structural equation models. *Psychological Bulletin, 105,* 430–445.

Muthén, B., Kaplan, D., and Hollis, M. (1987). On structural equation modeling with data that are not missing completely at random. *Psychometrika, 52,* 431–462.

Muthén, L. K., and Muthén, B. O. (2001). *Mplus User's Guide* (2nd ed.). Los Angeles, CA: Muthén & Muthén.

Myers, J. L., and Well, A. D. (2002). *Research Design and Statistical Analysis* (2nd ed.). New York: HarperCollins.

Nagelkerke, N. J. D. (1991). A note on a general definition of the coefficient of determination. *Biometrika, 78,* 691–692.

Nie, N. H., Hull, C. H., Jenkins, J. G., Steinbrenner, K., and Bent, D. H. (1975). *Statistical Package for the Social Sciences* (2nd ed.). New York: McGraw-Hill.

Nolan, T., Debelle, G., Oberklaid, F., and Coffey, C. (1991). Randomised trial of laxatives in treatment of childhood encopresis. *Lancet 338*(8766), 523–527.

Norušis, M. J. (1990). *SPSS Advanced Statistics User's Guide.* Chicago: SPSS.

Nunn, S. (1993). Computers in the cop car: Impact of the Mobile Digital Terminal technology on motor vehicle theft clearance and recovery rates in a Texas city. *Evaluation Review, 17*(2), 182–203.

O'Connor, B. P. (2000). Using Parallel Analysis and Velicer's MAP Test. *Behavior Research Methods, Instruments, & Computers, 32,* 396–402.

Olson, C. L. (1976). On choosing a test statistic in multivariate analysis of variance. *Psychological Bulletin, 83*(4), 579–586.

Olson, C. L. (1979). Practical considerations in choosing a MANOVA test statistic: A rejoinder to Stevens. *Psychological Bulletin, 86,* 1350–1352.

Overall, J. E., and Spiegel, D. K. (1969). Concerning least squares analysis of experimental data. *Psychological Bulletin, 72*(5), 311–322.

Overall, J. E., and Woodward, J. A. (1977). Nonrandom assignment and the analysis of covariance. *Psychological Bulletin, 84*(3), 588–594.

Pankrantz, A. (1983). *Forecasting with Univariate Box-Jenkins Models: Concepts and Cases.* New York: Wiley.

Parinet, B., Lhote, A., and Legube, B. (2004). Principal component analysis: an appropriate tool for water quality evaluation and management-application to a tropical lake system. *Ecological Modeling, 178*(3–4), 295–311.

Pisula, W. (2003). The Roman high- and low-avoidance rats respond differently to novelty in a familiarized environment. *Behavioural Processes, 63,* 63–72.

Pope, K. S., Keith-Spiegel, P., and Tabachnick, B. (1986). Sexual attraction to clients: The human therapist and the (sometimes) inhuman training system. *American Psychologist, 41,* 147–158.

Pope, K. S., and Tabachnick, B. G. (1995). Recovered memories of abuse among therapy patients: A national survey. *Ethics and Behavior, 5,* 237–248.

Preacher, K. J., & Hayes, A. F. (2004). SPSS and SAS procedures for estimating indirect effects in simple mediation models. *Behavior Research Methods, Instruments, & Computers, 36*(4), 717–731.

Prentice, R. L. (1976). A generalization of the probit and logit methods for dose response curves. *Biometrika, 32,* 761–768.

Price, B. (1977). Ridge regression: Application to nonexperimental data. *Psychological Bulletin, 84*(4), 759–766.

Rahe, R. H. (1974). The pathway between subjects' recent life changes and their near-future illness reports: Representative results and methodological issues. In B. S. Dohrenwend and B. P. Dohrenwend (eds.), *Stressful Life Events: Their Nature and Effects.* New York: Wiley.

Rangaswamy, M., Porjesz, B., Chorlian, D. B., Want, K., Jones, K. A., Bauer, L. O., Rohrbaugh, J., O'Connor, S. J., Kuperman, S., Reich, T., and Begleiter, H. (2002). Beta power in the EEG of alcoholics. *Biological Psychiatry, 51,* 831–842.

Rao, C. R. (1952). *Advanced Statistical Methods in Biometric Research.* New York: Wiley.

Rasbash, J., Browne, W., Goldstein, H., Yang, M., Plewis, I., Healy, M., Woodhouse, G., Draper, D., Langford, I., and Lewis, T. (2000). *A User's Guide to MLwiN.* Multilevel Models Project, Institute of Education, University of London.

Raudenbush, S. W., and Bryk, A. S. (2001). *Hierarchical Linear Models* (2nd ed.). Newbury Park, CA: Sage Publications.

Raudenbush, S., Bryk, A., Cheong, Y. F., and Congdon, R. (2004). *HLM 6: Hierarchical and Nonlinear Modeling.* Lincolnwood, IL: Scientific Software International.

Raudenbush, S. W., Spybrook, J., Liu, X.-F., and Congdon, R. (2005). Optimal design for longitudinal and multilevel research, Version 1.55 [Computer software and manual]. Retrieved October 20, 2005 from http://sitemaker.umich.edu/group-based/optimal_design_software.

Rea, L. M., and Parker, R. A. (1997). *Designing and Conducting Survey Research: A comprehensive guide.* San Francisco: Jossey-Bass.

Rock, S. M. (1992). Impact of the Illinois seat belt use law on accidents, deaths, and injuries. *Evaluation Review, 16*(5), 491–507.

Rollins, B., and Feldman, H. (1970). Marital satisfaction over the family life cycle. *Journal of Marriage and Family, 32,* 29–38.

Rosenthal, R. (2001). *Meta-analytic Procedures for Social Research.* Belmont, CA: Sage.

Rosenberg, M. (1965). *Society and the Adolescent Self-Image.* Princeton, NY: Princeton University Press.

Rossi, J. S. (1990). Statistical power of psychological research: What have we gained in 20 years? *Journal of Consulting and Clinical Psychology, 58,* 646–656.

Rotter, J. B. (1966). Generalized expectancies for internal versus external control of reinforcement. *Psychological Monographs, 80*(1, Whole No. 609).

Rousseeuw, P. J., and van Zomeren, B. C. (1990). Unmasking multivariate outliers and leverage points. *Journal of the American Statistical Association, 85,* 633–639.

Rowen, B., Raudenbush, S., and Kang, S. J. (1991). Organizational design in high schools: A multilevel analysis. *American Journal of Education, 99,* 238–266.

Rozeboom, W. W. (1979). Ridge regression: Bonanza or beguilement? *Psychological Bulletin, 82*(6), 242–249.

Rubin, D. (1987). *Multiple Imputation for Nonresponse in Surveys.* New York: Wiley.

Rubin, D. (1996). Multiple imputation after 18+ years. *Journal of the American Statistical Association, 91,* 473–489.

Rubin, Z., and Peplau, L.A. (1975). Who believes in a just world? *Journal of Social Issues, 31,* 65–90.

Rummel, R. J. (1970). *Applied Factor Analysis.* Evanston, IL: Northwestern University Press.

St. Pierre, R. G. (1978). Correcting covariables for unreliability. *Evaluation Quarterly, 2*(3), 401–420.

Sapnas, K. G., and Zeller, R. A. (2002). Minimizing sample size when using exploratory factor analysis for measurement. *Journal of Nursing Measurement, 10*(2), 135–153.

Satorra, A., and Bentler, P. M. (1988). Scaling corrections for chi-square statistics in covariance structure analysis. *Proceedings of the American Statistical Association,* 308–313.

Satorra, A., and Bentler, P. M. (2001). A scaled difference chi-square test statistic for moment structure analysis. *Psychometrika, 66,* 507–514.

Schafer, J. L. (1999). *NORM: Multiple Imputation of Incomplete Multivariate Data under a Normal Model, Version 2.* Software for Windows 95/98/NT, available from www.stat.psu.edu/~jls/misoftwa.html.

Schafer, J. L., and Graham, J. W. (2002). Missing Data: Our view of the state of the art. *Psychological Methods, 7*(2), 147–177.

Schall, J. J., and Pianka, E. R. (1978). Geographical trends in numbers of species. *Science, 201,* 679–686.

Scheffé, H. A. (1953). A method of judging all contrasts in the analysis of variance. *Biometrika, 40,* 87–104.

Searle, S.R., Casella, G., and McCulloch, C. E. (1992). *Variance Components.* New York: Wiley.

Sedlmeier, P., and Gigerenzer, G. (1989). Do studies of statistical power have an effect on the power of studies? *Psychological Bulletin, 105,* 309–316.

Seo, T., Kanda, T., and Fujikoshi, Y. (1995). The effects of nonnormality on tests for dimensionality in canonical correlation and MANOVA models. *Journal of Multivariate Analysis, 52,* 325–337.

Shannon, C. E. (1948). A mathematical theory of communication. *Bell System Technical Journal, 50,* 379–423 and 623–656.

Singer, J. (1998). Using SAS PROC MIXED to fit multilevel models, hierarchical models, and individual growth models. *Journal of Educational and Behavioral Statistics, 24*(4), 323–355.

Singer, J. D., and Willett, J. B. (2003). *Applied Longitudinal Data Analysis.* New York: Oxford University Press.

Smith, R. L., Ager, J. W. Jr., and Williams, D. L. (1992). Suppressor variables in multiple regression/correlation. *Educational and Psychological Measurement, 52,* 17–29.

Smithson, M. J. (2003). *Confidence Intervals.* Belmont, CA: Sage.

Snijders, T. A. B., and Bosker, R. (1994). Modeled variance in two-level models. *Sociological Methods & Research, 22,* 342–363.

Snijders, T. A. B., and Bosker, R. (1999). *Multilevel Analysis: An Introduction to Basic and Advanced Multilevel Modeling.* London: Sage Publications, Ltd.

Sobel, M. E. (1982). Asymptotic intervals for indirect effects in structural equations models. In S. Leinhart (Ed.), *Sociological methodology 1982.* San Francisco: Jossey-Bass (pp. 290–312).

Sörbom, D. (1974). A general method for studying differences in factor means and factor structures between groups. *British Journal of Mathematical and Statistical Psychology, 27,* 229–239.

Sörbom, D. (1982). Structural equation models with structured means. In K. G. Jöreskog & H. Wold (Eds.), *Systems under Indirect Observation: Causality, Structure, Prediction I* (pp. 183–195). Amsterdam: North-Holland.

Sörbom, D., and Jöreskog, K. G. (1982). The use of structural equation models in evaluation research. In C. Fornell (Ed.), *A second generation of multivariate anaysis: Vol 2. Measurement and Evaluation* (pp. 381–418). New York: Praeger.

Spence, J., and Helmreich, R. (1972). The attitudes toward women scale: An objective instrument to measure attitude towards rights and roles of women in contemporary society. *Journal Supplementary Abstract Service (Catalogue of selected Documents in Psychology), 2,* 66.

Statistical Solutions, Ltd. (1997). *SOLAS for Missing Data Analysis 1.0.* Cork, Ireland: Statistical Solutions, Ltd.

Stefl-Mabry, J. (2003). A social judgment analysis of information source preference profiles: An exploratory study to empirically represent media selection patterns. *Journal of the American Society for Information Science and Technology, 54*(9), 879–904.

Steiger, J. H. (1980). Tests for comparing elements of a correlation matrix. *Psychological Bulletin, 87*(2), 245–251.

Steiger, J. H., and Browne, M. S. (1984). The comparison of interdependent correlations between optimal linear composites. *Psychometrika, 49,* 11–24.

Steiger, J. H., and Fouladi, R. T. (1992). R2: A Computer Program for Interval Estimation, Power Calculation, and Hypothesis Testing for the Squared Multiple Correlation. *Behavior Research Methods, Instruments, and Computers, 4,* 581–582.

Stein, J. A., Newcomb, M. D., and Bentler, P. M. (1993). - Differential effects of parent and grandparent drug use on behavior problems of male and female children. *Developmental Psychology, 29,* 31–43.

Steinberg, D., and Colla, P. (1991). *LOGIT: A Supplementary Module for SYSTAT.* Evanston, IL: SYSTAT Inc.

Stewart, D., and Love, W. (1968). A general canonical index. *Psychological Bulletin, 70,* 160–163.

Strober, M. H., and Weinberg, C. B. (1977). Working wives and major family expenditures. *Journal of Consumer Research, 4*(3), 141–147.

Suzuki, S., and Sheu, C.-F. (1999, November). *Fitting Multilevel Linear Models using SAS.* Paper presented at the meeting of the Society for Computers in Psychology, Los Angeles, CA.

Swallow, W. H., and Monahan, J. F. (1984). Monte Carlo comparison of ANOVA, MIVQUE, REML and ML estimators of variance components. *Technometrics, 26*(1), 47–57.

SYSTAT Software Inc. (2004). *SYSTAT 11: Statistics II manual.* Richmond, CA: SYSTAT Software Inc.

Tabachnick, B. G., and Fidell, L. S. (2007). *Experimental Designs Using ANOVA.* Belmont, CA: Duxbury Press.

Tabachnick, B. G., and Fidell, L. S. (1989). *Using Multivariate Statistics* (2nd ed.). New York: Harper and Row.

Tabachnick, B. G., and Fidell, L. S. (1996). *Using Multivariate Statistics* (3rd ed.). New York: HarperCollins.

Tabachnick, B. G., and Fidell, L. S. (2001). *Using Multivariate Statistics* (4th ed.). New York: Allyn and Bacon.

Tanaka J. S. (1993). Multifaceted conceptions of fit. In K. A. Bollen and J. S. Long (eds.), *Testing Structural Models.* Newbury Park: Sage Publications.

Tanaka J. S., and Huba G. J. (1989). A general coefficient of determination for covariance structure models under arbitrary GLS estimation. *British Journal of Mathematical and Statistical Psychology, 42,* 233–239.

Tatsuoka, M. M. (1971). *Multivariate Analysis: Techniques for Educational and Psychological Research.* New York: Wiley.

Tatsuoka, M. M. (1975). Classification procedures. In D. J. Amick and H. J. Walberg (Eds.), *Introductory Multivariate Analysis.* Berkeley: McCutchan.

Theil, H. (1970). On the estimation of relationships involving qualitative variables. *American Journal of Sociology, 76,* 103–154.

Thurstone, L. L. (1947). *Multiple Factor Analysis.* Chicago: University of Chicago Press.

Tzelgov, J., and Henik, A. (1991). Suppression situations in psychological research: Definitions, implications, and applications. *Psychological Bulletin, 109,* 524–536.

Ullman, J. B. (2001). Structural equation modeling. In B. G. Tabachnick and L. S. Fidell, *Using Multivariate Statistics* (4th ed., pp. 653–771). New York: Allyn & Bacon.

Ullman, J. B. (in press). Structural equation modeling: Demystified and applied. *Journal of Personality Assessment.*

VandenBos, G. R., and Stapp, J. (1983). Service providers in psychology: Results of the 1982 APA human resources survey. *American Psychologist, 38,* 1330–1352.

Van der Pol, J. A., Ooms, E. R., van't Hof, T., and Kuper, F. G. (1998). Impact of screening of latent defects at electrical test on the yield-reliability relation and application to burn-in elimination. *1998 IEEE International Reliability Physical Symposium Proceedings: 36th Annual* (pp. 370–377). Piscataway, NJ: Institute of Electrical and Electronic Engineers, Inc.

Vaughn, G. M., and Corballis, M. C. (1969). Beyond tests of significance: Estimating strength of effects in selected ANOVA designs. *Psychological Bulletin, 72*(3), 204–213.

Velicer, W. F. (1976). Determining the number of components from the matrix of partial correlations. *Psychometrika, 41,* 321–327.

Velicer, W. F., and Fava, J. L. (1998). Affects of variable and subject sampling on factor pattern recovery. *Psychological Methods, 3,* 231–251.

Velicer, W. F., and Jackson, D. N. (1990). Component analysis versus common factor analysis: Some issues in selecting an appropriate procedure. *Multivariate Behavioral Research, 25,* 1–28.

Vevera, J., Zukov, I., Morcinek, T., and Papezová, H. (2003). Cholesterol concentrations in violent and non-violent women suicide attempters. *European Psychiatry, 18,* 23–27.

Wade, T. C., and Baker, T. B. (1977). Opinions and use of psychological tests: A survey of clinical psychologists. *American Psychologist, 32*(10), 874–882.

Waternaux, C. M. (1976). Asymptotic distribution of the sample roots for a nonnormal population. *Biometrika, 63*(3), 639–645.

Wesolowsky, G. O. (1976). *Multiple Regression and Analysis of Variance.* New York: Wiley-Interscience.

Wherry, R. J. Sr. (1931). A new formula for predicting the shrinkage of the coefficient of multiple correlation. *Annals of Mathematical Statistics, 2,* 440–457.

Wiener, Y., and Vaitenas, R. (1977). Personality correlates of voluntary midcareer change in enterprising occupation. *Journal of Applied Psychology, 62*(6), 706–712.

Wilkinson, L. (1979). Tests of significance in stepwise regression. *Psychological Bulletin, 86*(1), 168–174.

Wilkinson, L. (1990). *SYSTAT: The System for Statistics.* Evanston, IL: SYSTAT, Inc.

Wilkinson, L., and Dallal, G. E. (1981). Tests of significance in forward selection regression with an *F*-to-enter stopping rule. *Technometrics, 23*(4), 377–380.

Wilkinson, L., and Task Force on Statistical Inference (1999). Statistical methods in psychology journals: Guidelines and explanations. *American Psychologist, 54*(8), 594–604.

Williams, L. J., and Holahan, P. J. (1994). Parsimony-based fit indices for multiple-indicator models: Do they work? *Structural Equation Modeling, 1,* 161–189.

Willis, J. W., and Wortman, C. B. (1976). Some determinants of public acceptance of randomized control group experimental designs. *Sociometry, 39*(2), 91–96.

Wilson, E. B., and Hilferty, M. M. (1931). The distribution of chi-square. *Proceeding of the National Academy of Science, 17,* 694.

Woodward, J. A., Bonett, D. G., and Brecht, M.-L. (1990). *Introduction to Linear Models and Experimental Design.* San Diego: Harcourt Brace Jovanovich.

Woodward, J. A., and Overall, J. E. (1975). Multivariate analysis of variance by multiple regression methods. *Psychological Bulletin, 82*(1), 21–32.

Yang, M., Rasbash, J., Goldstein, H., and Barbosa, M. (1999). *MLwiN Macros for Advanced Multilevel Modeling, Version 2.0.* London, Multilevel Models Project, Institute of Education.

Young, R. K., and Veldman D. J. (1981). *Introductory Statistics for the Behavioral Sciences* (4th ed.). New York: Holt, Rinehart and Winston.

Zeller, R. A. (2005). *How Few Cases Is Enough to Do a Credible Factor Analysis? A Monte Carlo Simulation.* Manuscript submitted for publication.

Zoski, K.W., and Jurs, S. (1996). An objective counterpart to the visual scree test for factor analysis: The standard error scree. *Educational and Psychological Measurement, 56,* 443–451.

Zwick, W. R., and Velicer, W. F. (1986). Comparison of five rules for determining the number of components to retain. *Psychological Bulletin, 99,* 432–442.